JN184883

地球儀学入門

宇都宮陽二朗 著

2.1- P. 3 (a) 2.1- P. 3 (b) 2.1- P. 4 2.1- P. 5 2.1- P. 6

2.1- P. 7 2.1- P. 8 2.1- P. 9 2.1- P. 12 2.1- P. 14

2.1- P. 15 2.1- P. 16 (a), (b) 2.1- P. 17 2.1- P. 18(a)

(a) (b) 2.1- P. 19(a),(b) 2.1- P. 20 2.1- P. 21 2.1- P. 23

2.1- P. 24 2.1- P.25 (b) 2.1- P. 26 2.1-P. 27(a),(b) 2.1- P. 28

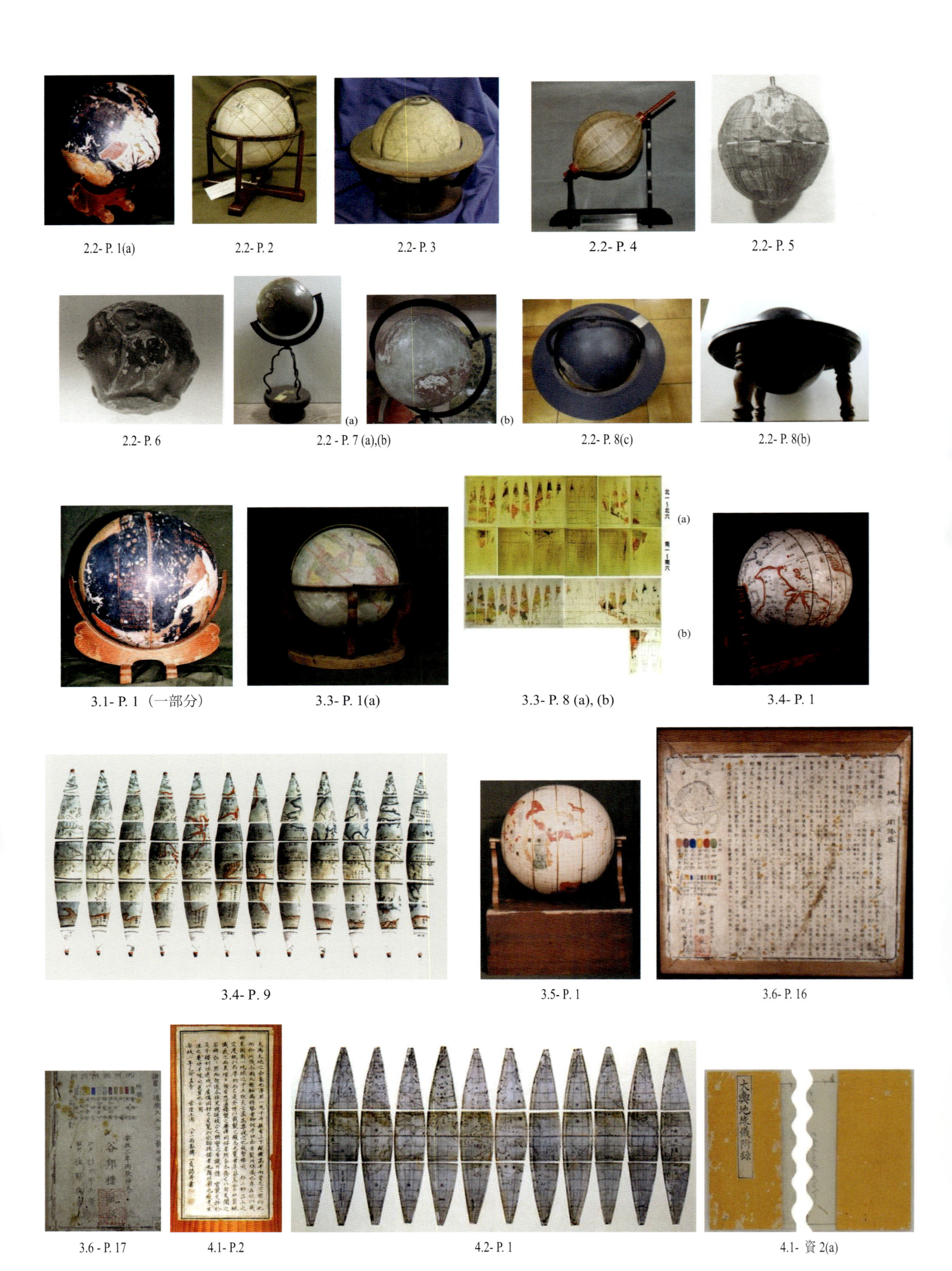

2.2- P. 1(a)
2.2- P. 2
2.2- P. 3
2.2- P. 4
2.2- P. 5
2.2- P. 6
(a) (b)
2.2 - P. 7 (a),(b)
2.2- P. 8(c)
2.2- P. 8(b)
3.1- P. 1 （一部分）
3.3- P. 1(a)
(a) (b)
3.3- P. 8 (a), (b)
3.4- P. 1
3.4- P. 9
3.5- P. 1
3.6- P. 16
3.6 - P. 17
4.1- P.2
4.2- P. 1
4.1- 資 2(a)

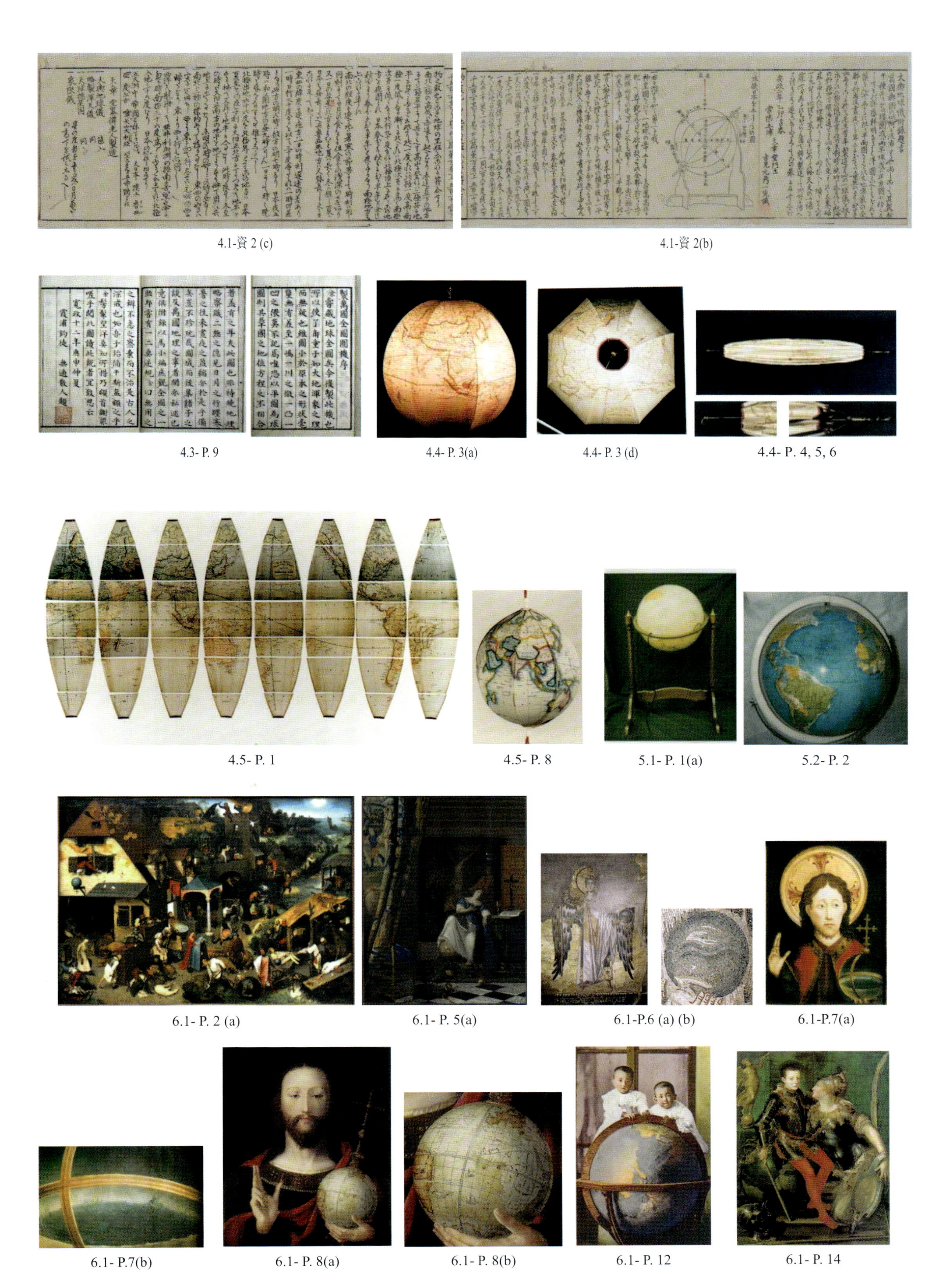

4.1-資 2 (c)

4.1-資 2(b)

4.3- P. 9

4.4- P. 3(a)

4.4- P. 3 (d)

4.4- P. 4, 5, 6

4.5- P. 1

4.5- P. 8

5.1- P. 1(a)

5.2- P. 2

6.1- P. 2 (a)

6.1- P. 5(a)

6.1-P.6 (a) (b)

6.1-P.7(a)

6.1- P.7(b)

6.1- P. 8(a)

6.1- P. 8(b)

6.1- P. 12

6.1- P. 14

6.1- P.16(a)　6.1- P.17 (b)　6.1- P.19　6.1- P.20 (a)

6.1-P. 21(a)　6.1-P. 21 (b)　6.1-P. 24　6.2- P. 1 (b)

6.2- P. 1 (a)　6.2- P. 2　6.2- P. 3　6.2- P. 12

3.3- P. 10 (a), (b)

［図版について］　本図版では、タイトル及び撮影/制作者や版権等の情報は省き、本書中の図版/写真番号（章節毎の番号、但し、P.：写真、資：資料）のみ示した。詳細は、巻末（pp.418-427）の図表写真リスト及び、本文を参照されたい。一部図版には、本来の色彩に近似させるため、色調補正を加えた。球体の撮影では顕著となるが、周辺光量及び歪みは補正していない。なお、各図葉部分の縮尺の相違も予めお断りしたい。

序

日本の国民的シリーズ映画で、ある時は居間のタンス、ある時は学習机の上にそれとなく置かれた地球儀は、初等教育の三種の神器の一つを物語っている。本書はかなり以前には、環境データベースの構築、リモートセンシングやGIS研究、その後には大学での自然地理や環境教育の合間に手がけてきた地球儀とそれに関する道楽研究を取り纏めたものである。最近、とみに地球儀の通俗本の出版や、TV企画もあり、一般啓蒙書とすべきか迷ったが、ここでは、一応、軽い話題を交え、地球儀学の構築の試みとして進め、1・2章は地球儀の基礎的な事柄を述べ、3章以降は著者の研究成果の紹介としたい。著者は、3〜5章の本論では不確かな事実に基づく推論や妄想を排し、徹底的に事実に基づく記載を試み、考察はそれに従うとの立場をとる。歴史的遺物や文化財は、略奪、事故、天災や戦争または狂信的所業による人為破壊により、失われこそすれ、増えないため、詳細な記載を残すことは必須かつ喫緊であろう。残念なことに、地球儀研究の中には、地球儀自体の詳細な記載や吟味でなく、一瞥による速断や2.３次情報の引用や製作者の人物紹介に留まるものが多く、その段階に満足し、著しいのは先達の誤謬の無批判な踏襲すら認められる。ここに地球儀研究や、歴史地理学の最大の弱点がある。洋の東西を問わず、地球儀そのものの詳細で徹底的な観察・測定に基づく記載は少なく、ごく一部のみの管見に基づく作文や、これらに含まれる誤謬の再引用や拡散には目を覆うものがある。著者はこれらの風潮の是正や、地球儀の新しい研究手法の開発も摸索してきた。本書はその過程における一書であり、著者なりの地球儀学の構築の試みでもある。勿論、筆者とて、正確な記載でなく、あるいは誤謬、誤解のあることは承知しており、このため、躊躇していたが、学会の折に、某先達から、後日修正すればとの言葉を頂き、気を取り直してようやく出版にこぎつけた次第である。

筆者は、地球儀研究は、地球儀の形状・構造や寸法と素材、球面の刻銘、エンブレム、カルトシェ（花枠飾り)、注釈の記載や考察、球面上のゴアすなわち世界図（その特徴、類似する世界図や作図者との比較）などを通じて世界観を探ることであり、これら、架台を含めた地球儀製作に関わる材質や工芸技術（当時の技術水準）を含め総体としてあつかうべきであると考える。さらに、研究課題は地球儀製作者と関係者、権力者、あるいは実務家である船乗りなど地球儀利用者との関係、当然のことであるが、製作された時代における製作目的や意義の考察など多岐にわたると考えている。

イコノロジーからみると地球儀は、俗世間や人間社会を表わすものとして、様々なシーンに登場する。ここでは地球儀の取り扱い自体が、社会学、宗教学、絵画芸術さらには比較文化論の領域でもある。対象とする物体そのものは、古い時代では、時の権力者、教皇などへの献上品として製作され、現今と同様に政治的意図の潜在も散見されるが、商品として製作された地球儀は少ない。その目的を問わず、人の手による作品であり、自然科学畑を永らく歩いてきた小生にとっては、研究対象は自然より薄いとはいえ、見方を変えれば、製造過程の金工、木工技術に加えて、その時代時代による製作者、または依頼者の知識、社会、宗教・世界観がこの球体と架台に凝縮されている点では、非常に興味ある対象となる。社会の円熟化にともない、近代建築の一角に設えられた水琴窟など伝統的な東屋や、田舎育ちには異質/違和感を覚える、某趣味人の笠間の日本風家屋、あるいはサグラダファミリアなどのように、この球体にも、実用でなく嗜好品/懐古趣味の作品が出現してくる。球面の世界図と地球儀の組み立て時期の異なる地球儀もみられ、古地球儀の吟味には、これら不確実性も考慮しなければならなくなる。

本書は地球儀学構築と大上段に構えてはいるが、国内では学として確立されてはいない。この地球儀学はドイツ語の「Globuskunde」が最も馴染むが、本書の内容は、地球儀学のごく一部でしか過ぎないことを予めお断りして、地球儀の話を進めたいと思う。

目　次

1. 地球儀の基礎

本章では地球儀の基礎として、個々の地球儀を構成する各部分の名称について整理した後、いろいろな呼び名があり、一部には混乱もみられるため地球儀の分類を試みたい。何れの分類でも同様であるが、地球儀の分類でもそれぞれの分類基準に基づき分類される。それ故、ここでは試案として述べるにとどめたい。

1.1 地球儀の各部名称

1.1.1 はじめに

ここでは、地球儀がどのようなものか、その形態を中心に説明する。地球儀は、その名のとおり宇宙に浮かぶ地球を縮小した球体のモデルで、簡単に言えば、世界図を描いた球体とそれを支える架台から構成される（図1)。この地球儀には図1に示す主に床置き型の他に卓上型（図2)、風船型、傘型、懐中型などの携帯型からクレードルに乗るタイプなどがあるが、ここでは、本書で述べる地球儀の理解を容易にするため、主に基本的な地球儀と関連する天球儀、アーミラリスフィアについて、構成する各部の名称を概観した後に地球儀を中心として説明し、表1 地球儀の構造・名称の一覧表を附した。巻間の説明や解説書では、初出の名称に加え、曖昧な対訳や用語の混乱があり、ここでは、その訂正も試みた。表の作成では、ミスを犯さないように充分注意したつもりではある。

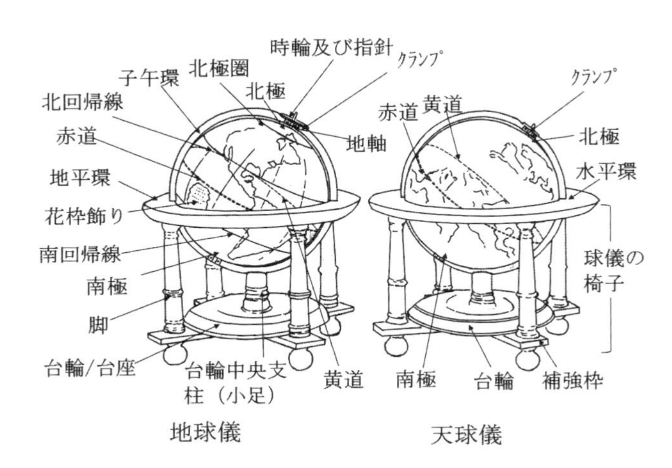

図1　地球儀及び天球儀の各構成部分名称
（素描図、宇都宮作成）

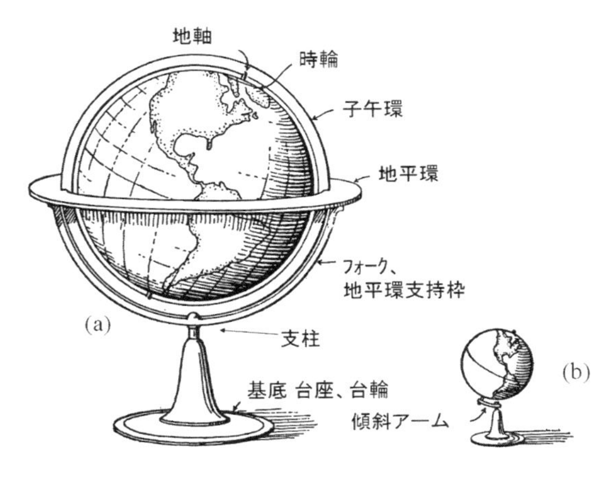

図2　卓上型地球儀（図はRaisz（1938）による）
(a) 地平環、全円子午環を備える地球儀
(b) 傾斜アーム付き地軸支柱一体型の地球儀

1.1.2 地球儀の構造と各部名称

1.1.2.1 地球儀の構造

地球儀には、床置き型（floor/floor standing)、卓上（tabletop）型、ポケット（pocket）型などの設置場所や球体を支える架台で、それぞれ、形態や構造が異なる。図1はValk（1701）の重厚な地球儀（terrestrial globe）及び天球儀（celestial globe）で一対をなす。このような、製作者がほぼ同時期に製作し、一対を一セットとして献呈または販売した天球儀と地球儀を蘭語で、globepaar（天・地球儀一対）と呼ぶ。独訳はGlobus Paar、英訳ではGlobe coupleであろうが、英語圏ではa pair of globesと表現されている。地球儀、天球儀を含むglobesは意味不明となるため、ここでは、「球儀類または天・地球儀一対（一組)」と仮訳しておく。

図1に示すように、地球儀は球体と架台に分けられ、球体は子午環を介し、架台に納まる。球体（globe）は金属球への鏤刻や紙の張子、木製の粗球に、西欧では石膏を貼付け、本邦では粘度の強い胡粉で球に整形した上に薄

く胡粉を塗ったものなどがあり、sphere又はorbとも呼ばれ、その表面には、本邦では、まれに、尚古趣味による時代遅れの地図もあるが、製作者側の所持する最新の世界地理情報（世界地図）が表示されている。同一製品を複数個、製作する場合は、世界図を印刷した先細り/紡錘形の一般に8〜12枚一組の図葉（gores; ゴアまたはsegments; セグメントで、いずれも複数）が球体に貼り付けられる。これは、当然ながら紙と印刷技術の発達に依存する。丁寧な造りの地球儀では、極中心投影による丸い地図/紙片（ポーラキャップ）が南極（south pole）及び北極（north pole）を中心とした極圏部分のゴアの上に貼付けられている。最近の地球儀ではアクリル板に印刷した一枚の南北半球図をプレス加工し、半球に整形し、赤道で接合する方法により球体が製作されているものもある。

図3に12枚のゴア（gores）またはセグメント（Segments）と円い地図片（又は極片、ポーラキャップ: polar cap）を示す。数枚一組であるため、goresと複数形で表わされるゴアは、日本では、東都紀行録（桜岳・新発田らの呼称?）に舟図と記され、また、専門誌では舟底型断片、地球儀用地図あるいは地球儀用舟型図と名付けられ、最近は業界で舟形世界地図と呼ばれている。南・北極を中心とする地域でゴアの上に貼付けられる円形の地図片をポーラカップ（round pieces, polar pieces, polar capsあるいは、calottes/polar calottes）と呼ぶ。米では西欧製の地球儀に多いと指摘されているが、必ずしもこれに限らない。なお、これは球体と地軸受けの間に挟在する緩衝用の薄片とは異なる。ゴアは球状図法の変更（modified globular projection）或いは多円錐図法（polyconic projection）により作図されるが、ポーラカップは 極を中心とした正距方位図法（a polar azimuthal equidistant projection）による。

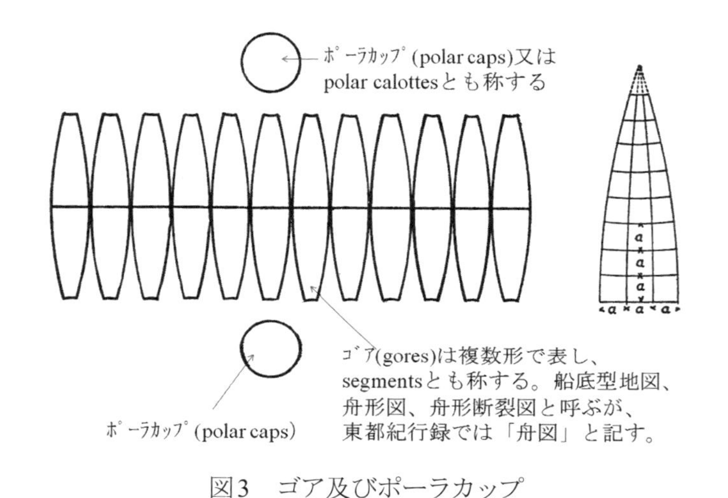

図3　ゴア及びポーラカップ
イラストはRaisz（1938）による

1.1.2.2 球面の地理情報

地球儀球面上の世界図には赤道（Equator）、北回帰線（Tropic of Cancer）南回帰線（Tropic of Capricorn）や黄道（Zodiac）、緯線（Latitude）・経線（Longitude）、航程線（Rhumb Line/Loxodroom）や、地図編集者と製作会社/地、まれに製作年などを記した花枠飾り（cartouche）、本初子午線（The Prime Meridian）および、国際日付変更線（International Date Line）、アナレマ（Analemma）などが描かれる。地球儀球面上の航程線は世界図上で任意の距離で描かれる32方位を示すコンパスローズ（compass rose）に相等し、どの子午線とも同角度で交わる球面上の線である。コンパスローズが地図一面に描かれたポルトラノ海図（Portlano chart）は地球球面上の方位を平面地図上の限られた範囲内で直線として示したもので、この航海上の不都合の改良型がメルカトール図法による世界図である。3次元の球面から2次元に正確に表すことは不可能で、地図の一部の要素を犠牲にしながら、それぞれの利用目的に合った地図投影法が考案されている。メルカトール図法の最大の弱点はその作図法故に高緯度の過大な面積表示と極の描けないことにより世界全域が図郭内に納まらないことにあるが、広大な高緯度の国土が表示されるため、地政学用の地図として利用されたこともある。最近、市販の世界地図で、図郭内に南・北極域を極中心投影図を内挿した「世界全図（メルカトール図法）」と名付けられている地図を目にするが、正しくは世界主要図とすべきであろう。

両極を通る大円をなし、子午線（Meridian）とも称する経線（Longitude）と、これに直交し、赤道に平行でparallelとも称する緯線（Latitude）による経緯線網は地球上の絶対位置決定に必須である。経度については、古くは地球一周360度とされたこともあるが、現在では、グリニッジ天文台の0度から東側180度までを東経、この西側180度までを西経で表す。緯線は赤道を境に南を南緯、北を北緯で表し、赤道から極方向へ90度に区分される。一般に地球儀上では、経緯線は、縮尺にもよるが、10度、15度まれに20度毎に描かれている。本邦製の古地球儀では、5度間隔の経緯線を描く司馬江漢の地球儀及び宗吉の世界図に基づく地球儀や、幕末に製作された地球儀を除き、30度ごとの経線やこれを全く欠くものもある。この場合、赤道の梯子状シンボルを1度ごとに刻み、度数を示している。緯線についても、10度間隔に緯線が描かれる江戸中期以降の精巧な地球儀を除き、現在の、赤道、南北回帰線、極圏に相当する緯線のみが描かれ、両回帰線の間を暖帯、回帰線と極圏の間を正帯、それより高緯度を寒帯と表している。

地球上の絶対座標を表す経度・緯度のうち、緯度は、古くから赤道を緯度0度として天文学的にも定められていた。これに対して、経度（東西）は後に時計、木星、地球等の衛星観測をもとに試みられたが、船の進む速度による進行距離で表され、その位置には曖昧さが残されていた。ハリソンによるクロノメータの開発は経度の正確な測定を可能とし技術的な問題は解決した。しかしながら、位置同定や地図作成の基準となる経度0の子午線、即ち、本初子午線（Prime Meridian）が地図毎に異なれば、マゼランの到着日のズレとは異なるが、落語の「時そば」と似たような不都合が生じる。本初子午線は各国独自に決められており、古い時代はプトレマイスの地図で西端とされたFortunate Isles.（現在のカナリア諸島the Canary Islands）から、大西洋中の島々、後にカナリア諸島のテネリファ、同諸島の西端にある鉄島Fero Is.などが西洋では採用されてきた。ローマ教皇のスペイン、ポルトガル間の植民地争奪の係争回避のための裁定、トルデシリヤス条約や、後にマゼランの航海による丸い地球の確認により、泥縄式に取り決められたサラゴサ条約でも当時の本初子午線が境界線の基準とされた。また、和蘭のブラウ（Blaeu）の地球儀にもある鉄島（Fero Is）は、各国の世界地図に採用された。特に、蘭書をはじめとする西洋地理書に依存する、明治時代以前の本邦における世界地図や地球儀もこれに従うが、他に、京都、後に江戸もその役目を担ったことがある。その後、列強の思惑もあり、仏はパリに置くなど、その位置は定着しなかった。これらの不都合を解消するため、1884年開催の国際子午線会議（International Meridian Conference）で英国のロンドン東方、グリニッジ天文台（Royal Greenwich Observatory）を通る子午線を本初子午線とすることが合意された。また、この会議では、原則として、この東西180°の子午線に沿う国際日付変更線（International Date Line）も取り決められている。

図4はアナレマを示す。アナレマ（Analemma）は南中時の太陽高度（軌道傾斜角と均時差）を示す8字形の目盛り尺で、南北の回帰線（南緯23.5°、北緯23.5°）を南限、北限とする。形状は地球儀により異なり、8字やトラックコース型もあるが、本図はその中間の形状を示している。形状はデザイナーによる。

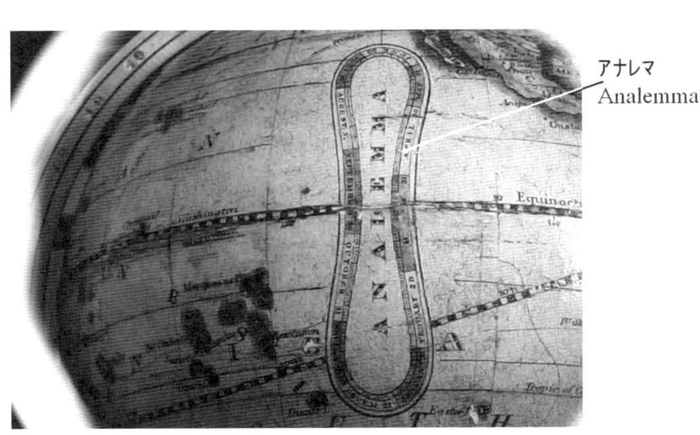

図4　アナレマの一例
（写真はMS. Heide Wohlschläger撮影・提供）

1.1.2.3　子午環

子午環（meridian ring）は南北極を通過する大円で、一般に度数目盛りが刻まれた全円（full meridian）又は半円（semi-Meridian ring/half meridian）の主に金属環からなり、全円では軸受けクランプで球体の両極の地軸（axis/pivot）を固定し、球体と共に、架台の地平環（horizon ring）の切込みに納まる。地軸を留める北極側の子午環上には時間を示す時輪（hour circles/hour ring/time dial /time ring）や、時刻を示す指針/時針（index arms）が附属することもある（図5（a））。最近、本邦で市販されている簡易な教育用地球儀では、北極と子午環の間の地軸に挟み込まれ、「時差表示盤」と呼ばれている。

図5（b）に示すように、子午環には、これに直角をなす四分の一環が取付けられているが、古地球儀では亡失していることが多い。古地球儀では、角田地球儀に見られるように「高弧環」と訳されている。この上端は、コの字型をなし、子午環を挟みスライドさせ、任意の位置でネジ止めされ、下方は、赤道の南方までをカバーする長さを有し、球面に調和して湾曲する帯状の計測尺である。その表面には0度を挟み北に90度、南に18度、合計108目盛が刻まれている。本図では赤道以南は明瞭ではない。北側の目盛りは、球面上の任意の2点間の距離測定用であり、南側は、計算することなく、薄明かりの場所や継続時間を知るために使用されるという。豪州西沖で17、8世紀に沈没した蘭のバタビヤ交易船のそれでは、北側の90度の目盛りのみ復元されている。

図1の天・地球儀に見られる地平環（Horizon ring）と4本の脚及び、脚を対角線に結ぶ補強枠（ストレッチャー）上の台輪（正確にはCircular platform base on blockish stretchersであるが、base plate/plinth base/center base、（蘭語では）grondplaat、台座など曖昧に呼ばれる）が一体化された架台を、オランダでは「Globestoel」と呼ぶ。適訳がないため、ここでは「Globe chair」及び「球儀の椅子」と仮訳した。この台輪の中央で、子午環を支える短い支柱を蘭語でVoetje（足）、英語では地平環を支える支柱も含めcenter base balusterあるいはpedestal columnという。蘭語では架台全体を支える4ないし6本の支柱（脚）をpoot（poten）、英語のleg（s）（脚）として区別する。形状が、階段の手すり支柱などの建築物にも一般的な柘榴の花萼を擬した「手すり子」をなす場合が多く、地球儀の他の3ないし4本（まれには6本）の脚やにも見られる。この短い足の上端には溝があり、直上で回転する子午環を挟み、垂直に保つ。なお、balusterは単に支柱を指すことも多い。

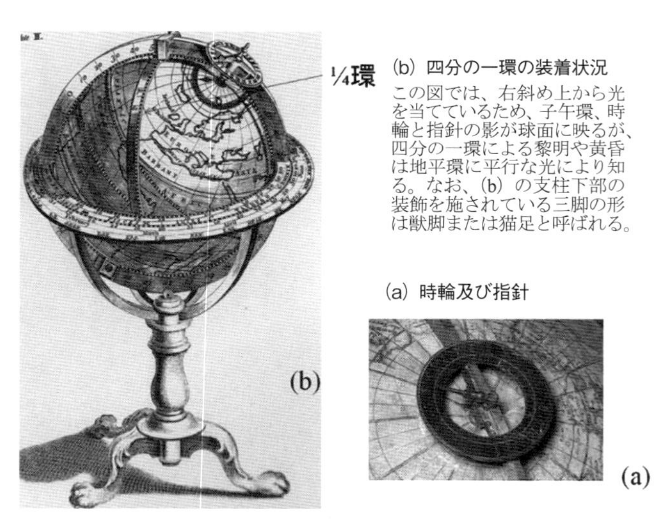

図5　四分の一環の装着状況と時輪
（図、写真はSchmidt (2007) Modelle von Erde und Raumによる）

1.1.2.4　地軸

地軸（pivot / axis）は南北極を貫く地球儀（球体）の回転軸で、一般に南北極方向の1本の円柱状の木棒である(図6)。図6は本邦の古地球儀（角田桜岳の製作した地球儀）に使用されている木製円柱状の地軸であり、その両端部近くには、破れ紙が残されているが、張り子の球体（南北極部）に固定するための接続部分を示す。両端の中心部には金属棒が挿入され、この金属棒は子午環側面の上下2個のクランプで保持される（図1)。図6の地球儀では、長さ1.5cm程度のネジを子午環の北極の延長にあたる位置の孔にネジ込み留めている（別章参照)。この極を支え回転軸をなす地軸の他に、中空の球体内部を、赤道の内側の、東西南北の4方向（南北方向の地軸を加えると全体で6方向）を内側から支え補強する蘭語でDwars-as（Cross-axis、十字型地軸）と呼ばれる地軸もある（図7)。地軸は、地球の公転面の法線（直角をなす垂線）に対して23°26'（一般に23.5度）傾くため、半円の子午環（semi-meridian circle）を備える地球儀では地軸の傾きは、一般にこの角度に固定されている。地軸の下端が支柱を兼ね台座に固定されるものと支柱に傾斜アームで留めるものもある（図2（b))。米国最初の地球儀製作者であるS. Laneの地球儀や江戸時代の和製地球儀のように、車軸型とも言える水平の地軸もみられ、クレードルに乗る最近の装飾的な地球儀では、地軸はもとより子午環、地平環を欠く。これらは、地球の地軸傾度の存在そのものから、これに伴う季節変化などの理解を困難にするため、教育上好ましくない。ところで、地球儀の地軸角度は23.5度に固定されてはいるが、実際の地球回転軸（地軸）は、独楽（コマ）の首振り運動の様な、歳差運動のため年々変化する。従って、当然ながら、南・北回帰線の位置もわずかながら年々変動することになる。

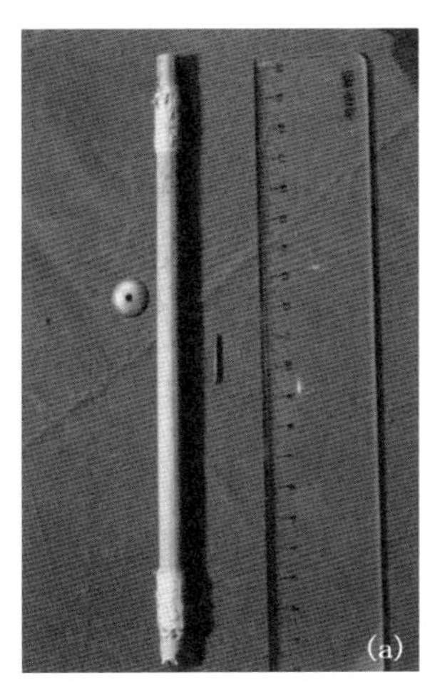

(a) 日本製古地球儀（角田桜岳の破損地球儀）に使用されている木製円柱状地軸とワッシャー及び地軸を北極側の子午環に固定するための真鍮製ネジ。子午環に固定するため、長さ1.5cmの真鍮の半分にはネジ山が切られている。地軸の両端部に付着する和紙は、球体との接着部。

(b) 角田桜岳の破損地球儀の子午環北極側に固定された時輪、座金、裂けた球体。地軸は座金に隠れて見えない。

図6　日本製古地球儀の地軸及び時輪

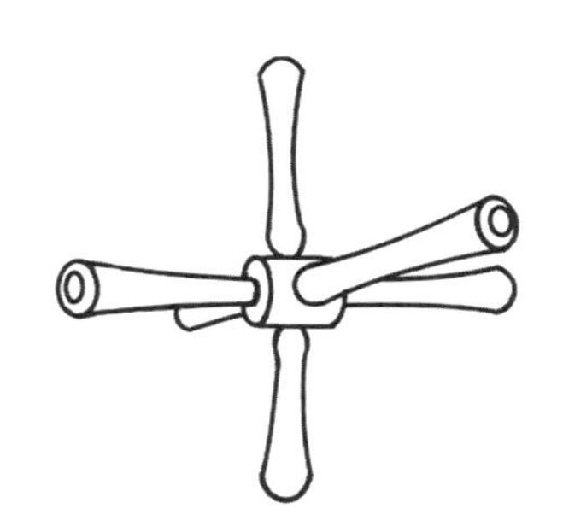

図7　十字型地軸の模式図

1.1.2.5　地平環

地平環（horizon ring / band）は、水平線を表すための（換言すれば、太陽高度が90°をなす仮想の平面)、球体及び子午環を取り囲む金属や木製の円環で、内側の2箇所に子午環を挿入する切り込みを有する（図8)。これには深浅の隣り合わせの2段型切込みと深い切込みだけの二種類あるが、後者が普通である。子午環は深い切込みに嵌り、前述の台輪中央の足で支えられる。図2（b）に示す卓上型地球儀では円形台座に支えられる支柱に2本の地平環支持枠（fork）で固定される地平環が見えるが、強度上、これらの支持枠の部分は金属が使用されている。地平環の表（上）面には、度数、時間、方位、月日と黄道十二宮のサインや名称などが記されている。これらは地球儀により多様で一般的でないため、説明は、概ねJohnstonに従うが、自社製品の解説書のため、当然ながら修正を加えた。この地平環の配列や天文暦日などの情報は、地球儀蒐集家でコロネリ地球儀学会元会長のSchmidt氏によると、地球儀製作者/デザイナーに依存するという。

図8は地球儀の北極側を上から見た模式平面図で、中央の円は球体を示し、時輪に隠れるクランプや子午環と地平環が示されている。この地平環上の数値1〜8は、図では円を省略したが、同心円（concentric circles）状に第1から第8に配列される天文、暦などの情報の順序を表す。これらの情報を全て備える地平環は少なく、そのごく一部のみや、全てを欠くことも多い。なお、各情報が、8列あるわけではなく、一部は度を示す梯状シンボルなどで代替されることもある。

1：天体の出没方位角Amplitudeで、これは東を起点に北、または南に向かって0-90度。西を起点に北、または南に向かって0-90度の数値が振られる。

2：天体の方位角Azimuthで、これは平面の北を起点に東または西に向かって0-90度。南を起点に東または西に向かって0-90度の数値が振られる。なお、この南北の0度を、Johnston（1899）及びそれを踏襲した秋岡（1971）は、それぞれ south point（南点）、north point（北点）と呼ぶが、一般的な名称ではない。

3：コンパスの32方位で、方位を32方位で示す。

4：黄道十二宮のサイン（シンボル）と名称で、黄道十二宮のサイン、図象と名称を示している。

5：黄道十二宮の度数。各々は30度をなす。

6：黄道での太陽出現場に対応する月日で、黄道上の太陽の見かけの位置の度数に一致する月日。

7：時計と日時計間の時間差（これはJohnson地球儀固有の情報）で、正確な時計と日時計の時間差を示す。時計が日時計より早ければ、分の数値の後に＋記号を、逆に遅ければ、数値の後に－記号を付す。この、6及び7で、閏年の間（4年間）の日を曜日単位（a-g）に分け配列（地平環上では4周）する古地球儀も見られる。

8：十二ヶ月の暦月名：月の中の日はその日に太陽が出現する点で示される。この暦月名は球面上に描かれている黄道の南側にも書かれることがある。

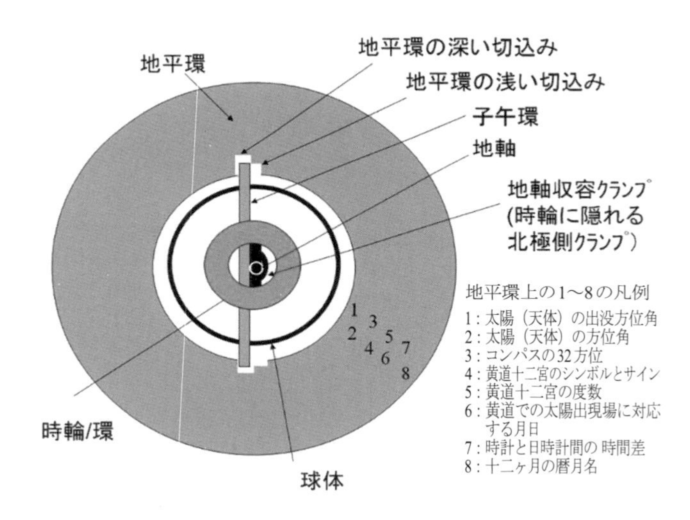

図8　地球儀の模式平面図と情報

1.1.2.6　天球儀

天球儀（celestial globe）は、球体と架台から構成され、子午環（Meridian ring）や水平環（Horizon ring）を備え、構造は地球儀にほぼ同じである（図1）。異なるのは、地上から見て無限遠にある天体を球体に見立てて、その内側に投影した距離の異なる星座、恒星などを、球体の内側でなく、球体表面に黄道等と共に描いていることである。宇宙に見える星は銀河系の遙か遠くにあり、地球が太陽を周回しても、人間の目には、その位置が不変として映る。そこで、地球との距離を無視し、天体宇宙を球体と見なし、その内側に、実際上は地球との距離の違う多くの星を投影してその空間配置を示した、いわば、星の配置模型図が天球儀である。但し、隣接する星々は連結したイメージ、星座として、球体の内側に表示すべきであるが、そうではなく、球体の外側（表面）に実際に観察しているように描かれており、投影図として内側からみる姿とは左右が逆に描かれている。その他、球面には、経緯度、北極圏、南極圏、北極（North Pole）南極（South Pole）、南・北回帰線、赤道（Celestial equator）が描かれる。

星座は、個別認識の不自由さを、数個の星を連結し、神々や、動物その他の身近な物に擬えて示したものである。これらの星座名などが、国や地方で異なり、時代の推移による取捨選択や消滅が見られる。政治的意図による付会もあり、増加一方となったため、国際天文学連合（1928年開催）で88星座に調整され、今に至る。以下に、水平環に描かれることの多い黄道十二星座・宮とシンボルを示しておきたい。

おひつじ座（Aries）	おうし座（Taurus）	ふたご座（Gemini）	かに座（Cancer）	しし座（Leo）	おとめ座（Virgo）	てんびん座（Libra）	さそり座（Scorpio）	いて座（Sagittarius）	やぎ座（Capricorn）	みずがめ座（Aquarius）	うお座（Pisces）
白羊宮（Ram）	金牛宮（Bull）	双児宮（Twins）	巨蟹宮（Crab）	獅子宮（Lion）	処女宮（Virgin）	天秤宮（Balance）	天蝎宮（Scorpion）	人馬宮（Archer）	磨羯宮（Goat）	宝瓶宮（Water Bearer）	双魚宮（Fishes）
♈	♉	♊	♋	♌	♍	♎	♏	♐	♑	♒	♓

1.1.2.7　アーミラリスフィア

図9に示すように、アーミラリスフィア（Armillary sphere）は分点経線、至点経線、赤道、南北回帰線、南北の極圏及び黄道を表す環を組み合わせた環状球体で、この球状の骨格をなす環の軸の中心には金属の小球がある。このほかに、太陽や、月の小球がアームで内側に備えられるものもある。

環状球体の骨格をなす子午線に相当する環は2つあり、極から見ると、十字（90度）に交叉して取り付けられており、その1つを分点経線、他の1つを至点経線と呼ぶ。分点経線（Equinoctial colure）は春分点（Vernal point; これは赤道と交わる点で黄経ゼロ度Celestial zero）と秋分点（Autumnal equinox; これは、赤道と交わる点で黄経180度）を通る経線で、至点経線（Celestial colure）は夏至点（Summer solstice）の黄経90度と冬至点（Winter Solstice）の黄経270度を通る経線である。

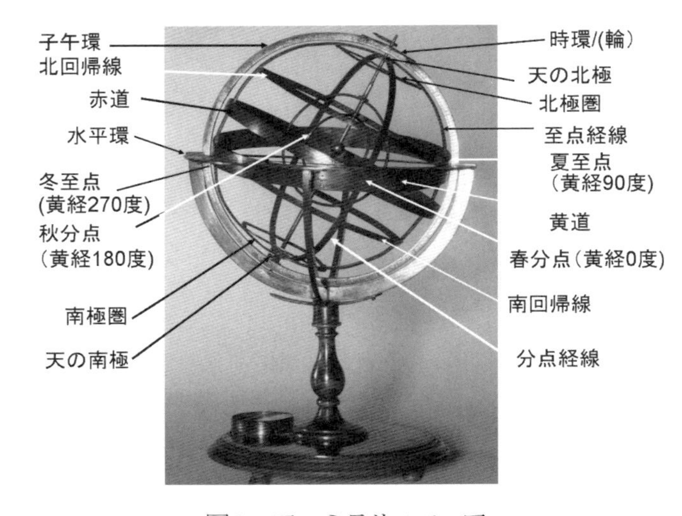

図9　アーミラリスフィア
写真はRudolf Schmidt(1989): Modelle von Erde und Raum. 19, pp.99.による

地球の各々を天球に投影した赤道（Celestial equator）は天球上の赤道、北極（North Pole）は天の北極を、南極（South Pole）は天の南極を指す。他に、南北の極圏（Arctic circle及びAntarctic circle）、北回帰線（Tropic of Cancer）南回帰線（Tropic of Capricorn）、及び黄道（Ecliptic）のそれぞれも同様に投影され環で表されている。この環状球体の南北極を貫く軸は子午環（meridian ring）にクランプで留められ、この北極側の子午環上には、時輪（hour ring）が乗る。この子午環は、天球のゼロからの月日を表す水平環（Horizon ring）に納まり水平環支持枠（Fork）に沿っ

たガイドに挟まれ回転できる。この支持枠は支柱を介して台座に固定されている。アーミラリスフィアの中心に設えられる球体は、観察者の位置をなすが、初めは地球、後に太陽に換えられた。これをもって、天動説から地動説への逆転を示すとされるが、球儀自体が、見かけの天体の運動を表すことに留意する必要があろう。さらに、球体中心の金属球が、「地球」である場合、この器具に附属する球体を地球儀に類別する向きもあるが、この環状球体は明らかに地球儀でなく、地球儀として一括することはできない。但し、地球儀の球体部分がアーミラリスフィアやプラネタリウム、ルナリウムの地球に利用される場合やその球体のみが残存する場合もある。

謝辞

Rudolf Schmidt氏には、本稿の写真使用許可を頂き、MS. Heide Wohlschläger女史にはアナレマの撮影と写真を頂くとともに、両氏から各部名称に関する不明点についても教示いただいた。記して謝意を表する次第である。

参考文献

Diederick Wildeman (2006): De Wereld in het klein Globes in Nederland <The world in a small>

Walburg Pers, Vereeniging Nederlandsch Historisch Scheepvaart Museum, Stichting Nederlands Scheepvaartmuseum, Amsterdam, 128p.

Erwin Josephus Raisz(1938): General cartography 370p. New York : McGraw-Hill, (1948 2d Ed.) xiii, 354p.

Rudolf Schmidt (2007): Modelle von Erde und Raum. - Stiftung Schleswig-Holsteinische Landesmuseum Schloss Gottorf, herausgegeben von Herwig Guratzsch, 99p.

Rudolf Schmidt (1994, 95): The world in your hands - An exhibition of globe and planetaria from the collection of Rudolf Schmidt. An exhibition at Christie's London (1994) and Museum Boerhaave, Leiden (1995), 122p.

Staatsbibliothek Berlin (1989) Die Welt in Händen. - Globus und Karte als Modell von Erde und Raum. Staatsbibliothek Preussischer Kulturbesitz, 148p. Schmidt et.al 1989

Rudolf Schmidt, Globe labels. An addition to the catalogue "The world in your hands" - An exhibition of globe and planetaria from the collection of Rudolf Schmidt. An exhibition at Christie's London (1994) and Museum Boerhaave, Leiden (1995), 16p.

Diederick Wildeman (2006): De Wereld in Het Klein- in Nederland (The World In The Small - in Netherlands) 128p. Walburg Press, Association Netherlands Historical Maritime Museum, Foundation Netherlands Historical Maritime Museum.

表1　地球儀の構造・名称の一覧

名称（英文）	名称（日本語）	説　　　　明
Analemma	アナレマ	赤道を挟み南北緯23.5度（南・北の両回帰線）まで描かれる、一般に8の字又はトラックコース状の形をなし、年間を通じた毎日の太陽の軌道傾斜角と均時差；定時、一般に南中時の太陽高度を表す8字形の目盛り尺である。
Antarctic circle	南極圏	赤道に平行な南緯66.5度の緯線。これより南の寒冷な地域と区別するため南極線の訳もあるが、「圏」が一般的に使用されている。歳差運動の影響を受け、年々変動をする。
Armillary sphere	渾天儀	仮の空中輪を示す動物オール、天の赤道、時輪、極圏、秋分・春分点、分点経線、夏至・冬至点、至点経線及び黄道など、金属のリング枠で構成され、中心には金属などの球がある。支那及び日本では渾天儀と呼ばれる。なお、このアーミラリ球と天球儀を混同した解説が多いが、別物である。
Arctic circle	北極圏	赤道に平行な北緯66.5度の緯線。これより北の寒冷な地域と区別するため北極線の訳もあるが、「圏」が一般的に使用されている。歳差運動の影響を受け、年々変動をする。
Axis/pivot/ Cross-axis	地軸/十字型地軸	地軸は球体の回転のため、一般に南北極方向で球体内部の補強のための棒で、子午環のクランプ部分では金属棒が埋め込まる。南北方向に加え、東西南北方向（球全体で6方向）を内側から支える軸（十字型地軸（Cross-axis））もある。これは、一般に西欧の地球儀に多い。日本の場合、角田桜岳の破損地球儀でみるように、前者の地軸が用いられている。
Base plate/ (circular) base/ pedestal/plinth base	台板/台座	地球儀の土台をなす基底部。台座。一般に木製又は金属製で円形又は多角形をなす。台板/床板plinth baseまたはbase plateとも言う。台座、基底など広義に訳される事も多い。
North / south mounting bracket	地軸収容クランプ	地軸の軸受けクランプ。北極及び南極側の地軸を子午環に固定するためのクランプである。
Cartoche	花枠飾り	球面上の太平洋など島嶼のない海洋部を選んで、四角形や、楕円形の花枠のラベルが描かれ、その中には、地図編集者、製造者、製作地、地球儀の型式が表記されている。地球儀上の製造年の表記は皆無にちかいが、まれに製造年を記すこともある。
Celestial globe	天球儀	天体に見える恒星及び星座の位置を経緯度とともに球面に描いた球体を架台に乗せたもの。
Center base pedestal column/ stand	台輪（板）中央 支柱（足）	台板、脚を結ぶ十字の補強枠、台輪中央で子午環を下から支える短い柱で、Center base pedestal column台輪中央支柱という。短く細い支柱を蘭語でVoetje（足；英訳ではstandまたはfootあるいはcenter base balusterあるいはpedestal column）という。蘭語では架台全体を支える4ないし6本のpoot (poten)、英語leg (s)（脚）とは峻別する。一般に、足の上端には子午環を挟む溝があり、この溝に沿って子午環が回転する。この装飾が、手すり子型であれば、Center base baluster pedestal columnという。
Direction	方位	地図の基本の一。地球儀上の任意の地点では経緯度の示す格子により東西南北などの方向（方位）を容易に知ることができる。
Eastern hemisphere	東半球	西欧、アフリカ、アジア、豪州と太平洋の一部を含む半球を東半球という。
Equator	赤道	赤道　地球を南北半球に分ける大円（大圏）
Equatorial band	赤道の帯	機械プレス加工による半球の縫合部を覆う帯
Equinoxes	昼夜平分点/ 春分・秋分	年2回（3月21日;春分と9月23日;秋分)、太陽が赤道の真上にある時、日夜の長さは等しい。
Fork/Semi-circular support/palm-shape supporting frame/ support ring holder/ supporting frame	フォーク/ 地平環支持枠	地平環を支える地平環支持枠でフォークと呼ばれる。他にSemi-circular support, palm-shape supporting frame, support ring holder, supporting frame（半子午環支持枠、掌状支持枠、地平環ホールダ、支持枠）などの名称がある。
Globe	球体	Sphere或いは orb ともいう。天球儀、地球儀を一括してglobesと呼ぶこともある。球儀であろうが、限定して天・地球儀と訳したい。これらの球体部分を指す。金属球、反古紙による半球を貼り合わせて地球儀の球を製作。反古紙の球体表面に貼り付けた和紙に直接、あるいは、さらに胡粉や漆塗りで表面加工し、地理情報を描くか、ゴアを貼付る球体が認められる。日本の場合、花火玉製造技術が転用されている。
Globestoel / Globe chair	球儀の椅子	地平環と4本の脚、小足或いは台輪が一体となった架台はオランダでは［Globestoel］（球儀の椅子）と呼ばれている。ここでは、「Globe chair」と仮訳しておく。
Pair of globes / Globe couple	天・地球儀一対/ 一組	対をなす天・地球儀のこと。製作者がほぼ同時期に天球儀と地球儀を製作し、一対のセットとして献呈または販売した製品である。この天・地球儀一対を蘭語で、Globepaarと呼ぶ。英訳はGlobe couple、あるいは、a pair of globesであろうが、後者の使用例が散見される。
Gores/segments	ゴア、舟形地図	球面に貼り付ける地図の断片で、紡錘形の南北方向に先細る世界地図の断片。一般に12枚で構成されることが多い。日本では舟形地図とも云う。洋傘の傘布（ゴア）に由来するか? セグメント（Segments）と呼ばれることもある。なお、ゴア goresは数枚で一組をなすため、複数で表す。12枚のゴアの間隔は30°をなす。
GRID	グリッド　方格	球面上で経緯度がなす方格を指す。地球上赤道面に平行な緯線と両極を通り前者と直角をなす線のなすgrid方格で任意の位置を決定するため、航海用ナビゲーションに使用されてきた。

Horizon Ring or Band	地平環	地球儀を両半球に分ける大円をなす水平線を表すため付属する。天球儀、地球儀いずれもHorizonringであるが、地球儀の場合は地平環という。材質は金属や木であるが、一般に木製の地平環が多く、上面には、度数、マイル、時間、方位、月日と黄道十二宮の記号や名前などが表示される。一般に、度数は梯子様シンボルで示される。
Hour circles/ hour ring/time dial/ time ring	時輪	北極側の地軸が固定される真上の子午環に設えられた金属輪であり、24の目盛りが刻まれ、日中夜間の時間を示す。これで球面上の各地の時間差を計算できる。これには、指針が附属することもある。
Inclination arm	傾斜アーム	傾斜アームは、基底又は基底から直立する支柱に南極側の地軸を23.5度傾けて固定するための補助フレームである。
Inclination of the earth's axis	地軸の傾度	地軸が地球の公転面の法線（直角をなす垂線）に対して23°26'（一般に23.5度）傾いていること。地球の回転軸をなす地軸が、独楽（コマ）の首振り運動と同様の歳差運動で変動するため、毎年変わる。これに伴い、当然ながら、南北回帰線の位置もわずかながら年々、変動する。
International Coloring Scheme	国際配色基準案	地図や地球儀の表面を立体的に表示（等高線表示）するため、標高の低い低地から高地にかけて緑〜黄色/オレンジ（黄色とオレンジ色の配合など）〜茶色と変化させ、標高を示す国際的な世界図上の色彩の配色基準案。
International Date Line	国際日付変更線	国際子午線会議（1884年）で付随的に、グリニッジから180°に当たる子午線に若干の変更を加えた線を国際日付変更線とした。
Land hemisphere	陸半球	陸域の面積の割合が最大となる、フランスを中心とする半球を陸半球と呼ぶ。
Latitude /Parallel	緯線	赤道を境に南を南緯、北を北緯で表し、赤道から極に向かい90度に区分する。等緯度の点を結んだ赤道に平行な東西方向の線で、parrarelともいう。
Leg/column	脚・柱脚	地平環を支える4本または3本（希に6本）の脚、下部には十字補強枠（ストレッチャー）があり、これに台輪を載せるものもある。或いは、円形台座の中心に直立し、半子午環やフォークを支える支柱。脚の形が手すり子型であれば、baluster column、湾曲する曲がり脚、その他に、獣足、或いは猫足がある。
Longitude	経線	地球の南北極を通る大圏
Meridian ring	子午環	子午環は、地球儀の球体を取り巻く全円の一般に度数目盛りのある金属環で、半円（弓状）のものは（half meridianまたはsemi-Meridianring）半子午環といわれ、全円の子午環（full meridian）と区別される。球体を南北両極の地軸で保持する全円の子午環は、地平環の2箇所の切込み溝及び小足の頂部の溝に挿入され、球儀の椅子（架台）に納まる。そのため、時輪のない子午環はほぼ360度回転可能となる。半子午環は、アームのない場合は、基底またはこれに直立する支柱に固定されるため、回転出来ず、地軸角度は変えられない。
North pole	北極点	地球を含む天体の最北に当たる北緯90度の地点を指す。
The Northern Hemisphere	北半球	赤道より北側の半球を北半球と呼ぶ。
Notch in horizon ring (shallow and deep notch)	地平環の切込み (浅い切込み/ 深い切込み)	子午環を垂直に安定させるため地平環の内側の2箇所に切込み溝をつくる。これには隣接する深浅の2様があり、子午環は地平環の深い切り込み溝に嵌り、回転できる。浅い溝は、地平環に隠れ、見づらい地域の観察のために設えられたと推定される。
Pocket globe	懐中地球儀 ポケット地球儀	ポケット地球儀。中空の球殻ケースに収納される地球儀の球儀。球殻ケース内面に星座を描くこともあり。
Polar caps	ポーラカップ	球体と地軸受けの間の緩衝材とは異なり、球面上の極圏及び極を覆う円形の紙片で、西欧製の地球儀に一般的である。 南北極を中心とする地域でゴアの上に貼り付けた円形の（地図）紙をポーラカップ（round pieces, polar pieces, polar caps）或いはCalotte ＜polar calottes＞と呼ぶ。西欧製の地球儀に多いとされるが、これに限らず、緻密に作られた地球儀に見られる。このポーラカップは極中心等距離方位図法（A polar azimuthal equidistant projection（A polar azimuthal projection））による。
The Prime Meridian (Greenwich time)	本初子午線	本初子午線。現代では英国の天文台のあるGreenwichを通る子午線を0°として、地球上の緯度を決めている。1884年の国際子午線会議（International Meridian Conference）までは、各国は、例えば、英はグリニッジ、仏はパリなど、独自に本初子午線を決めていた。古い時代はプトレマイスの世界地理で西端とされたカナリア諸島（Fortunae Is.）の鉄島（Fero）にあり、ローマ教皇のスペインポルトガル植民地争奪係争回避の裁定サラゴサ条約、丸い地球の確認後の泥縄式取り決められた、トルデシリヤス条約にも、これが基準となっている。和蘭はじめとする各国の世界地図や地球儀も同様で、日本もこれに従うが、日本では京都、後に江戸も原初子午線としての役目を帯びた。なお、この本初子午線の東西180°には国際日付変更線が位置する。
Projection/ map projection	地図投影法	球面（三次元）の世界地理情報を平面（二次元）の世界図として描くための地図投影法。
Quadrant/ quadrant of altitude/ quarter circle	1/4（四分の一）環	子午環に対して直角方向に取り付けられる弓状に湾曲した、測定尺で、四分の一環と呼ばれる。Johnston's Globeでは、108の度数目盛りは、上に向かい（北方向に）0-90度、南方向に0-18度が刻まれる。北側の目盛は2点間の距離を、南のそれは黄昏の継続時間を示すという。バタビア沖の東インド会社の沈没船（1628年）中の復元された北側0-90度の四分の一環では、薄明かりの地域の所在を計算せずに知る便益が記される。さし繪（絵画）で地平環の南側まで描かれる四分の一環は子午環でなく、地平環に直角をなすが、画家による想像もあろう。

Rhumb Line/ Loxodroom	航程線	航程線は球面の世界図上に描かれているコンパスローズで、すべての子午線に同角度で交わる。羅針盤上の32方位を示す。 地球上の2点間を結ぶ航路のうち、進行方向が経線となす角度（舵角）が常に一定となるもので、航程線と呼ばれる。
Scale	縮尺	現実の空間距離と地図上の距離との比率。方位と共に地図の基本の一。
Segments		goresを見よ。
Semi-Meridianring/ half meridian	半子午環	meridian ringをみよ。
The Southern Hemisphere	南半球	赤道より南側の半球を南半球と呼ぶ。
Solstices	至点/夏至・冬至	年1回（6/21；夏至及び12/22；冬至）の太陽光が北回帰線又は南回帰線の真上を照らす時、日夜長さはそれぞれ最長又は最短となる。
South pole	南極点	地球を含む天体の最南に当たる南緯90度の地点を指す。
Terrestrial globe	地球儀	地球儀には床上地球儀、卓上地球儀、携帯型（Pocket globe 懐中地球儀ポケット型、風船型、組み立て型）がある。据付け方法による分類では、クレードル型、ステーショナリ型、一般型がある。地球儀は架台と球体に分けられ、球体表面に世界地図が描かれるか、印刷された紡錘形の地図の切図（ゴアまたはセグメント：いずれも複数形）が、南北極にはポーラキャップが貼り付けられる。古い金属球の地球儀では、世界図が金属の球面に鏤刻された地球儀もある。 球体には、世界図の他に赤道、南北回帰線や黄道、経線、緯線や花枠飾りが表示され、この南極点及び北極点を貫く地軸が子午環で支えられる。 子午環上の北極側には時間を示す時輪が乗る。 子午環に直角をなす四分の一環を伴う。 地平環と4本の脚及び台輪/脚が一体化した架台を、オランダでは「球儀の椅子」と呼ぶ。台輪の中央で子午環を支える支持柱をバルスター柱/短い足という。地球儀には机上タイフ（tabletop globe）と床置きタイプ（floor globe/floor standing globe）がある。
Tropic of Cancer	北回帰線	赤道に平行な北緯23.5度の緯線。夏至の南中時の太陽高度が90度をなす地球上の緯度を連ねた線で、地軸の歳差運動により、年々変化する。
Tropic of Capricorn	南回帰線	赤道に平行な南緯23.5度の緯線。冬至の南中時の太陽高度が90度をなす地球上の緯度を連ねた線で、地軸の歳差運動により、年々変化する。
Water hemisphere	水半球	陸半球の反対側で、海域面積が大部分を占める、ニュージーランド付近を中心とする半球を水半球という。
Western hemisphere	西半球	南北アメリカを中心として大西洋、太平洋の一部を含む半球を西半球という。

1.2　地球儀の分類試案

1.2.1　はじめに

地球儀には玩具や人形劇の小道具、教育用地球儀から巨大地球儀まで様々な形態があり、目的や規模により便宜的に命名されている。あるいは用語の錯誤もあり、混乱もみられるため、本稿では分類項目を、1）設置場所、2）用途、3）据付け方法、4）球径、5）球面の形状、6）地理情報の描画/表示方法、7）球面上の地理情報、8）表示方法（全体/部分表示）、9）球面表示の常時性、10）子午環の有無、11）地軸と支柱の接合、12）地平環の有無、13）地平環・子午環支持枠、14）携帯性、15）携帯地球儀の種類に定め、以下のように地球儀の分類を試みた。これを整理したものが、表1の地球儀分類試案で地球儀の型、名称、仕様及び2、3の例などを示した。

1.2.2　基準別の地球儀の分類試案

1.2.2.1　設置場所

設置場所は野外と室内に区分され、野外では、モニュメント或いは彫像の属性材料として耐腐食性の素材で構成され、球面の世界図は粗雑で、デフォルメされた図が多い。一方、室内に据え付けられる地球儀は、壊れやすいガラスや陶磁から頑健な木材や金属などの素材が使用され、球面の世界図の新旧は兎も角、当時の世界図に忠実な図が多く、展示から研究用に耐える地理情報が表示されている。

1.2.2.2　用途

用途は、航海用、教育用、単なるモニュメントなどであるが、実用目的の航海用地球儀が古く、教育用地球儀は新しいといえる。教育用の地球儀は、初め、上流階級の家庭内教育、後に一般の学校教育（遅れて女子教育）に使用されている。玩具/アクセサリー用の地球儀としては、英国で盛んに製造され、紳士の知的遊具とされた軟式野球ボール大のポケット地球儀があり、英女王のAnneがFriedrich I世 へ手土産としたことでも知られている。インテリア又は展示用の地球儀は、直径10cm余から数mに及ぶが、巨大地球儀は、古くは、コロネリが仏王（ルイ14世）のために製作した直径3.8mの天・地球儀一対や、ロンドンのレスター広場に10年余にわたり展示され、「Monster Globe」とも呼ばれたWyld IIの直径18mの巨大地球儀、最近では、明石天文科学館、東京ディズニーシー、YANMARびわ工場、岩手県のN40°の北山崎、ノルウエーの最北の町「ノールカップ」、プリマスのDrakeの肖像の属性やモニュメントとしての地球儀がある。

モニュメントとしての地球儀の製作意図/意義は、明石天文科学館、北山崎、「ノールカップ」などの経緯線の通過、最北端などの地理上の特異な地点、ドレーク船長など探検、航海、地図製作者、軍人など人物の属性、東京ディズニーシー、YANMARびわ工場や東京の本郷郵便局など、世界的展開や世界規模/空間性の意図や属性を示すが、各種公園の芸術的装飾作品の一部には地球儀の意図や意義を全く考慮しない作品もある。

1.2.2.3　据付け方法

据付け方法による分類では、伝統的な床置きの地球儀（floor stand）と机上/卓上地球儀（desktop, tabletop）に分けられ、地球儀の主流をなす。最近では、磁場を利用した空中浮遊型の浮遊地球儀が製作されているが、球面の測定用ではなくインテリア/装飾品としての機能を主とする。また、吊り下げ方式では、天井等から球体を吊り下げて表示する球面液晶パネル方式の日本科学未来館の「ジオ・コスモス」や球状スクリーン方式のディスカバリーセンターの「データ投影型科学地球儀；サイエンス・オン・ア・スフェア」がある。

1.2.2.4　球径

球径により地球儀を分類すると、巨大地球儀、大地球儀、地球儀、小地球儀、ポケット地球儀、ミニチュア地球儀などに分類できよう。巨大地球儀は、直径数m以上の地球儀で、コロネリの3.8m（BnFミッテラン館）、Wyld IIの18m余の地球儀、明石天文科学館、東京ディズニーシー、YANMARびわ工場、北山崎、ノールカップ、ワシントンDCのNational Geographicの地球儀などが例として挙げられる。大地球儀は直径100cm程度、大きくても200cm以下であろう。これには、Hitlerの地球儀として知られるColumbus社の直径106cmの大地球儀や仏国立図書館（BnFリシリュー館）のコロネリの直径1m程の天・地球儀一対などがある。直径50〜90cm程度（?）の地球儀が製作されているが、これを「中地球儀」とは一般には呼ばない。地図の大・中・小縮尺に倣って、名付けることも無理ではないが、慣例上は「中」はつかない。小地球儀は直径20〜45cm程度（?）の地球儀で、各家庭の学習机に普通見られる学校教育用の地球儀である。ポケット地球儀は直径7.5〜10cm程度の軟式ボール大で、球面に地理情報が印刷されたゴアが貼られている。これは蝶番で接続される半球のケースに納まるが、ケースの裏面には天球図が表示され、天球儀の役目を果たすため、天・地球儀一対をなすとも言えよう。ハンド地球儀は球径がポケット地球儀に等しいが、蓋付きの木製エッグスタンド似のケースに納まる。ミニチュア地球儀は直径10cm程度以下の小さい地球儀を指す。これら球径の小さな球儀はVopel Caspar（1511-1561）が1541年、1543、44、45年にアーミラリスフィア用に、直径7ないし10cmの球儀（地球）を製作したように、アーミラリスフィア、ルナリウム（月軌道儀）、プラネタリウム、太陽、地球や月の運行を示すテルリウム等の「地球」に転用されることが多い。従って、球体部分のみ残された球儀で、地球儀用の球体とは断定できず、その判断には併存する部品も考慮する必要があろう。

1.2.2.5　球面の形状

球面の形状による分類では球面が滑らかで、描画や印刷によるゴアの貼り付けられた、いわば「滑面地球儀（仮称)」とも呼べる地球儀と、球表面が凹凸する「起伏地球儀」に分けられる。後者は標高や海の深度など海陸の凹凸起伏を立体化して球面に表示した地球儀で、標高は水平距離の大体40倍に強調されてある。これは、一般的に健常者向けに製作されるが、盲人の地理教育用に製作された地球儀が京都に残されている。明治18年の教育に関する太政官布告に少し遅れ、篤志家により設立された盲学校（京都盲唖院、現京都府立盲学校）で、師範学校から借用した地球儀を参考に特注されており、健常者の教育はともかく、盲人教育への地球儀の活用は世界的にも早いのではなかろうか。起伏地球儀は、独ではライマーやライプチッヒの工房などで製作されたが、我が国では、斑鳩寺の、一時期、「聖徳太子の地球儀」と喧伝された地球儀がこれに相当する。仏では、構造はポケット地球儀に似ているが、ベルサイユ宮殿に残される王太子教育用の大地球儀が例に挙げられる。

1.2.2.6　地理情報の描画/表示方法

地理情報の描画/表示方法による分類では、球面に刻む鏤刻地球儀、直接描画する手書き地球儀、ゴア貼付地球儀及びプレス成形によるアクリル製地球儀、起伏地球儀に分けられる。鏤刻地球儀は銅その他の金属表面に直接、地理情報を刻み、線画などにより表示した地球儀であり、表面に直接、筆で描画する方法とは球面に地理情報を描くか、鏤刻する点で異なるのみである。直接、筆で描画する手書き地球儀では手彩となることは言うまでもない。球面にゴアを貼付けたゴア貼付地球儀は、木、アクリルなどの球体、張り子の球体の表面に別途印刷または手書きによる断裂世界地図を貼り付けたもので、ゴアの枚数が12枚で構成される地球儀が多い。小地球儀では南北極が一続きの12枚のゴアから、大地球儀では、それぞれのゴアの南北40°を境とした3分割や赤道で2分割のゴアからなる。さらに南北極近くにポーラカップ（polar caps/polar calottes）を備える地球儀もある。プレス成形のアクリル製地球儀はアクリル平板に極中心投影の地図を印刷した後に半球にプレス成形し、或いは半球に被せて赤道部分で接合した地球儀である。起伏地球儀は、標高、深浅に応じ、古くは漆喰（胡粉?）の塊、商用生産品では張り子表面に石膏又は紙等で、最近ではプレス成形で凹凸（起伏）を成形した地球儀で、米国の起伏地球儀では標高の比率は水平距離の40倍とされ、現在でもこの倍率は踏襲されている。起伏地球儀は独のライマーや、パリのHachette社に製品を提供したErnst Schotte社などが製作している。

1.2.2.7 球面上の地理情報

球面上の地理情報による分類では、自然/地勢、政治/経済、交通、土地被覆などに分けられるが、これ以外もあろう。特に最近では、液晶表示や投影による地理情報の一時的表示の地球儀もあり、地図表示も多様化されている。自然/地勢では地勢、気候、海流、植生などの地理情報が主で都邑などの表示が少ない地球儀で、政治/経済は、国境、行政界や都邑が多く表示されている。交通地球儀は世界の交通網（航路）などを主に表示した地球儀で、独のライマーとキーパーが1905年頃製作したとされる直径81cmの交通地球儀（world traffic globe）や、Ernst Schotteの1924年頃製作した直径48cmの交通地球儀があり、1935年頃の交通地球儀用ゴアも残されている。土地被覆は、文字に示す如く、地球表面の被覆状態を示す地球儀で、最近の衛星観測で撮影された写真により製作されている。昼夜別もあり、夜間の地球表面の光源群（夜間光）を表示した図もある。この夜間光は地球上の生産活動拠点や経済活動の強さを示す指標や大災害前後の活動比較に利用されるが、PC・ソフト技術により容易に地球儀に表示可能であろう。

1.2.2.8 表示方法（全体/部分表示）

表示方法（全体/部分表示）による分類では、一般の情報を表示した地球儀と「沈黙の地球儀」がある。必要な地理情報を表示した地球儀は、球面の面積、表示すべき地理情報の種類に応じて情報が過不足なく全て表示される、我々が一般に接する地球儀で、「沈黙の地球儀」は一般の地球儀に表示される地理情報を間引いて表示する地球儀で、主に教育用として製作された地球儀である。西欧製の古い地球儀では海洋名が省略された地球儀などが知られ、「沈黙の地球儀、‘Stummer Globus’又は‘Silent globe’」と呼ばれている。日本では所謂「白地図」から拡大解釈されたと思われるが、大陸の輪郭や国境などが描かれた「白地球儀」、海外ではblackboard globeと呼ばれている地球儀がこれに相当するであろう。

1.2.2.9 球面表示の常時性

球面表示の常時性による分類では地理情報の常時/固定表示と一過性表示に2分される。前者は一般の地球儀で、後者の一過性表示の地球儀はさらに、内部表示と外部投影方式に分けられる。地理情報が常時固定表示される地球儀の球面は鏤刻、描画、印刷ゴア貼付、印刷プレスによる表示であり、球面に描かれ或いは刻まれた地理情報は消去や変更はできない。この種の地球儀は一般に見られる地球儀である。この利点は、教科書とタブレットのデジタル教科書（この場合は再現性が確保されているが）の関係と同じであり、常時表示の地球儀では、即座に読め、任意地点/地域、特に地球の裏側との比較や対蹠点を球体上で（一番大切なことであるが）実感/体得できることである。

地理情報の球体上の一過性表示には2種類あり、1つは、球面液晶パネル方式で、もう一つは球形スクリーンへの投影による表示である。これには、地理情報を周囲から球面に投影する方式と内部光源から半球スクリーンの内面に投影する方式の2種類がある。これらは、球面に地理情報が常時表示される従来型の地球儀とは異なり、電源とコマンド入力による指示により、はじめて地理情報が表示される。そのため、球面の地理情報は、利用操作者が恣意的に操作でき、衛星観測データや蓄積されている情報のみを操作者の力量に応じて、多種多様に組み合わせて表示可能な装置でもある。情報の更新機能により表示内容は多様性に富み、衛星情報のリアルタイム表示が可能なものもある。前者の例が、日本科学未来館のジオ・コスモ（Geo-Cosmo ; 内部表示）であり、日本科学未来館のWeb pageによると、同館のジオ・コスモは一辺9.6cmの有機FLを10,362枚貼付けた直径6mの球体で、この表示システムによる海表面温度、土地分類図、地球の四季、地球の姿などが示されている。画素数が1000万画素以上とされるが、パネル間の断裂を解消できれば、よりスムースな表示となろう。後者の一つは東松島ディスカバリーセンターに2014年導入された「データ投影型科学地球儀 ; サイエンス・オン・ア・スフェア」で直径1.7mの球面に4隅から投影する方式で、内外を含め110余基稼働しているという。後者のもう一つは学研が研究機関や民間技術者らと開発した直径25cmの半球内部表面に地理情報を投影する、半球内部投影方式であり、「Gakken Sta: Ful Worldeyeワールドアイ ; 家庭用投影地球儀」（2013）と名付けられている。なお、PCプログラマーの三土たつお氏は市販の発泡スチロール半球面にNICT（国立研究開発法人情報通信研究機構）公開の「ひまわり8号リアルタイムWeb」ソフトによりPC外部出力にスライドプロジェクターを用い地理情報を投影するという極めて安価な「リアルタイム地球儀」を考案している（webpage, “リアルタイムの地球儀を作る”）。ただし、球面への単純な投影では画素や投影上の問題が残るため、球面の正面（中央部）付近のみが正確な画像となるであろう。

1.2.2.10　子午環の有無

地球儀には子午環を有するものとこれを欠くものがあり、子午環にも、全円子午環と半円子午環の2種類がある。子午環を欠く地球儀には、地軸と支柱一体型と吊下げ型/浮遊型/クレードル型の地球儀などがある。

全円子午環（Meridian ring, Full meridian ring）の地球儀は例外もあるが、一般に単脚又は複数脚や地平環支持枠に支えられる地平環に納まる。半円子午環（Semimeridian ring, Half meridian ring）は単脚（中央支柱）の上端が半子午環の下方部に地軸角度が23.5°となるように固定されているものがほとんどである。子午環を欠く地球儀には吊下げ型、浮遊型及び古くは米軍が英米首脳に贈ったクリスマスギフトのクレードル型などがある。

1.2.2.11　地軸と支柱の接合

地軸と支柱の接合では子午環や地平環を介在させる間接型と地軸と支柱が同一の型があり、後者には、地軸と支柱直置き（水平/傾斜地軸）型、支柱地軸直結（串刺）型、支柱地軸傾斜アーム介在型などがある。

地軸支柱直置き（水平/傾斜地軸）型は、一本掛けの「刀掛台」に類似した構造をなし、支持台の上に2本の支柱を立て、支柱上端を半円形に刳りぬき、ここに北南極側の地軸を乗せる。2本の支柱が同高の場合、地軸は水平となり、支柱に高低差があれば、その高低差に応じて傾斜する。これは江戸時代の地球儀に見られ、香月家旧蔵、萩博蔵妙元寺旧蔵の地球儀、久留米の本庄莊吉、国立科学博物館蔵の江戸中期の地球儀では地軸が水平をなし、沼尻墨僊、大山融齊、堀内直忠等の製作した地球儀では傾斜する。支柱地軸直結（串刺）型は支柱と地軸が同一で、一般に地軸傾度は垂直が多く、本邦では佛教世界観と舶来の西洋新地理情報の融合を試みた宗覚の地球儀がこれに相当する。最近の地球儀では台座から斜め（23.5°）の支柱兼地軸を取付けるインテリア用の地球儀も見られる。支柱地軸傾斜アーム介在型は支柱が直に地軸をなさず、支柱から斜め横方向にアームが取り付けられ南極側地軸がアームの先に固定されており、地軸傾度は23.5°なす。

1.2.2.12　架台部の地平環の有無

架台部の地平環の有無による分類では、地平環のある地球儀では単脚（中央支柱）又は複数脚（3-6脚）で支えられる地球儀で、地平環の無い地球儀では中央支柱が地軸や半子午環に直結し固定される型と、中央支柱が全円子午環に直結（固定/可動）する型や吊り下げ、浮遊型、クレードル型がある。

地平環のある地球儀で3ないし6本の複数脚（legs）に支えられる型は、日本では聞き慣れないが、地球儀製作で伝統のある蘭では「球儀の椅子」と呼ばれている。本邦の製品紹介では「揺籠式」とも呼ばれているが、「揺る」ことが目的でないためこの呼び名の説明力は弱い。単脚（中央支柱）で地平環のある地球儀では、中央支柱に固定される2ないし4本の地平環支持枠（アーム）で地平環が支えられる。

地平環の無い地球儀の内で中央支柱が地軸や半子午環に直結し固定される型では、中央支柱の上半部が地軸を兼ねた支柱と地軸の一体型（上述）や、地軸が23.5°となるように半子午環に支柱を固定する型があり、後者は学校教育用の地球儀に一般に見られる。

1.2.2.13　地平環・子午環支持枠

地平環・子午環支持枠は、地平環と子午環を備える地球儀のみにあり、これらを欠く、空中浮遊型、吊り下げ型、クレードル型、電動駆動型などには無い。支持枠のある地球儀は上述（1.2.2.12）の地平環の有無による分類と重複するが、単脚（中央支柱）に地平環を備える型の他に全円子午環と支柱直結（固定及び可動）型がある。

地平環支持枠は地平環を支え固定する支柱上端部の上に凹の馬蹄形の枠で、その数は2〜4本あり、材質は地平環や支柱に調和させ、木材や金属からなる。子午環支持枠は地平環を欠き、中央支柱に直に全円子午環が乗る全円子午環と支柱直結（固定及び可動）型の地球儀に見られるが、支持枠は子午環と支柱の固定部の補強材をなす。ただし、この環より内側に、地軸を固定した同厚の環を設け、両環を爪金具で挟み、地軸傾斜を変える事が出来る。言い換えれば、子午環が内外の2枚あり、外側が固定され、球儀を固定する内側は可動式となっている。この例はBehaimの有名な地球儀に見られ、その子午環（外側）は支持枠の役も果たしている。戦艦「長門」艦内で山本五十六他3名と写っている奥村越山堂の地球儀は一枚の全円子午環であるが、可動式である。狭い艦内では、地平環は無用の長物なのか、作戦海域の太平洋を遮るため除かれたのであろう。支柱上端に取付けたT字形の支持枠に全円子午環が乗り、両者は2個の洗濯鋏（clothes peg）様の留め具で固定されているが、必要に応じてそれを緩め、全円子午環を回転させることができる構造となっている。当然ながら、空中浮遊、吊り下げ方式、クレードルに載せる球体や、電動駆動型の地球儀では、地球儀を吊り下げる鎖やワイヤーは「枠」とは別として除くと、これらの支持枠を必要としない。

1.2.2.14　携帯性

携帯性については、携帯性重視か否かによる分類で、普段目にする設置型の地球儀は任意場所に設置後は基本的には移動させないため、脆弱あるいは重厚な構造となっている。これに対し、携帯性重視の地球儀は携帯地球儀と呼ばれ、小型軽量で折畳むことによりコンパクト化でき、携帯容易なケースや化粧箱などに収納されている。

1.2.2.15　携帯地球儀

携帯地球儀は玩具を含み、支那ランタン型、傘式地球儀、風船型地球儀、ポケット地球儀、ハンド地球儀、厚紙切込み地球儀、パズル地球儀などに分類できよう。支那ランタン型は、ゴアに厚紙で裏打ちし、赤道部の裏側に布又は丈夫な紙を貼り付け360° 連結させ、両極側の端に紐を付け、留具の孔を通して束ねている。この留具をゴアの赤道側（地球の中心側）にスライドさせて球体化する。球体に展開する直前の形から、Mokre氏は支那のランタン風と表現した。この地球儀としては、英国BETTS社の旧式携帯地球儀（1850）が例として挙げられる。

傘式地球儀では沼尻墨僊の（大輿）地球儀（1854（?）/55）とBETT社の新型携帯地球儀（1855-1858）の2例が挙げられよう。これらは和・洋傘の構造を転用した地球儀で、傘の小骨を取り去り、親骨のみとし、その露先部を手元轆轤に直ちに接続させている。親骨は、湾曲容易さと弾力性を確保するため、竹の表皮部分を残し薄く削いでいる。洋傘も全く同構造であるが、洋傘の歴史から親骨が鯨の髭から鋼鉄製の親骨に替わり、大量生産化されたことにより製造可能となったことが知られる。風船型地球儀は、空気で球体を膨らませる地球儀で、人の乗る凧や凧に引かせる馬車など風の力を使った実験で有名な英国の学校教師、Pocockが1830年に製作した熱風吹込み式の風船型地球儀が知られている。但しそのアイデアは、教育者のEdgeworth父娘の著書「実践教育（Practical Education, 1798)」中にあるが、Pocockのそれが、これに基づくか否かは定かで無い。本邦では明治に入り製作された梶木源次郎の「万国富貴球」がある。ポケット地球儀は、球径による分類でも記したが、直径7.5～10cm程度で、球面に地理情報が印刷されたゴアが貼り付けられ、2つの半球を蝶番で留めた球体のケースに入る。その裏面には天球図が描かれ、天球儀を兼ね、天・地球儀一対と見なされることもある。紳士の知的な手慰みとして求められたためか、Fergusonをはじめ英国に製造が盛んであった。木製蓋付きのエッグスタンド様ケースにポケット地球儀とほぼ同じ大きさの球儀が納まる地球儀はハンド地球儀と呼ばれるが、ケースの相違のみによる区別にすぎない。

厚紙切込み地球儀（cardboard dissected globe）は幼児玩具のロンディ（Rondi）と同構造で架台から球体まで切込みのある厚紙片を噛み合わせて立体化する地球儀で、英国のJohnston夫人製作の地球儀がある。パズル地球儀には球面に地図片を填め込む3次元jigsaw puzzleや、球体を南北に円筒状に輪切りし、両極部を除いた4層をさらに60°及び90°で6ないし4分割したブロックを積み上げる独のCharles Kappの地球儀などがある。

1.2.2.16　地球儀の構成素材

地球儀の各部は単一又は複数の素材で構成されるが、1）子午環では鉄、銅、真鍮、木・竹が、2）球体部分では、鉄/銅、アルミ、ガラスや、所謂、宝石地球儀とも呼ばれる鉱物・鉱石、真珠が象眼されたもの、張り子の紙の球面に成形又は湿気保護や補強のため石膏や胡粉を塗布したもの、木球（Samuel Lane、司馬江漢、川谷薊山の地球儀)、粘土（赤鹿歓貞の地球儀)、漆喰（斑鳩寺の起伏地球儀)、硬質ビニールやプラスチックが使用されている。

宝石地球儀とも言える御木本真珠島の地軸支柱一体型で高さ131cm、直径33cmの地球儀は、同島のwebpageの説明によると、銀製の球体には陸地を金、海と湖に12,500余の真珠を貼り付け、赤道にルビー、黄道にはそれぞれ370余のダイヤモンドを、北極部分に南洋真珠、ダイヤ、プラチナ製のオブジェが設えられ、ブロンズ鋳造による直径70cm、高さ15cmの12角形の台座で、くの字形の中央支柱には真珠と金の黄道十二宮の各星座が象嵌されているという。テヘランの国立宝石博物館The National Jewelry Treasuryの高さ1m程、球径約66cmで、木球に純金と3.6kg（51,300余）の宝石を鏤めた地球儀は中央支柱に地平環、子午環を備え、海洋はエメラルド、陸はルビーで覆われ、東南アジア、イラン、英、仏はダイヤが使用されており、1869年に当時保有していた宝石類を用いて製作したといわれる（Iranian national jewelry treasury-SlideShare、さすらいの風景　テヘラン　その3、テヘラン通信第18号)。

3）地平環の材質は単一、又は複数の素材を含むが、鉄、銅、真鍮や木・竹で、架台等が金属であれば、例えば、Schönerの地球儀のように同素材の鋳物である場合が多い。木製の地平環は白木のままか塗装されているが、Columbus社製の大地球儀では、暦日、黄道十二宮及び方位などが刻まれた真鍮板が填め込まれている。江戸末期に製作された角田桜岳の地球儀ではこれらの情報を印刷した紙が貼付けられている。本邦では、他に子午環と2カ所で固定され十字に組まれた、それぞれ木又は竹の単なる輪の地平環を有する地球儀も存在するが、後の応急処置か、修復によるか確認できていない。4）架台（主に脚と台座）の材質は、鉄、真鍮や木で、地平環でも記したように、金属の地平環と脚の一体型では鋳物鉄などが使用されるが、木製地平環では一般に同素材からなる。大型の地球儀などでは材料入手の問題や組立後の強度の点から合板または蟻継ぎ接合などにより製作されている。

1.2.2.17　まとめ

全ての事象は、仕分け人の錯誤もあるが、分類基準により如何様にも分類でき、地球儀もその例外では無い。名称も、コマーシャルベースでは便宜的な命名も散見され、用語の錯誤や、混乱もみられるため、整理を試みた。一般に使用されている名称を参考としたが、本邦では目新しい名称も紹介した。このように新しい命名も含み、基準軸の多さから、分類結果に重複もあるため、本稿では分類試案として提示し、最後に地球儀の素材にも若干触れた。

文献等資料

本書中の別章に掲載した文献及び、地球儀製作者、ディーラー、個人及び博物館開設のwebpageによるが、以下にそれ以外のwebpageのみを挙げる。

Iranian national jewelry treasury-SlideShare, http://www.slideshare.net/ARCHOUK/iranian-national-jewelry- treasury-15130012?related=1

さすらいの風景 テヘラン その3, http://blog.goo.ne.jp/iide3/e/534e15a0b2d8cd222db3271bb9af6a4c

テヘラン通信第18号, http://www.geocities.co.jp/SilkRoad-Desert/2941/index.html

御木本真珠島の地球儀, http://www.mikimoto-pearl-museum.co.jp/collect/collct_2_6.html

リアルタイムの地球儀を作る, http://portal.nifty.com/kiji/150813194298_1.htm

表1　地球儀の分類

分類基準項目		地球儀の型、名称など	仕様/型又は名称の例
1設置場所		野外	モニュメント或いは彫像の属性材料
		室内	
2用途		航海用	
		教育用地球儀	
		インテリア/展示用	Wyld IIのMonster Globe
		玩具/アクセサリ	ポケット地球儀 軟式野球ボール程の大きさ。
		モニュメント	ディズニーシー、明石天文科学館等の地球儀
3据付け方法		床置（型）地球儀	床置きの地球儀　floor stand
		机上/卓上地球儀	机上/卓上地球儀
		空中浮遊型	磁場を利用した浮遊地球儀
		吊り下げ型	球面液晶パネル/球体スクリーン。ジオ・コスモス等
		クレードル型	英米両首脳へクリスマスに贈呈された地球儀
4球径		巨大地球儀	数m以上。コロネリの3.8m、Wyld IIの18m余の地球儀
		大地球儀	直径100cm程度、200cm以下。Columbus社の大地球儀
		地球儀	直径50～90cm程度（?）「中地球儀」の名はない
		小地球儀	直径20～4, 50cm程度（?）
		ポケット地球儀	直径7.5cm程、10cm以下
		ミニチュア地球儀	直径10cm程度以下　アルミラリスフェア-等に転用
5球面の形状		滑面地球儀（仮称）	描画/印刷による滑らかな球面の地球儀（仮称）
		起伏地球儀	球面起伏/凹凸型
6地理情報の描画方法		鏤刻地球儀	
		直接描画	
		紙貼り地球儀	ゴア貼付
		アクリル板を半球にプレス成形	アクリル地球儀
		立体表示	
7球面上の地理情報		自然/地勢	地勢、気候、海流、植生
		政治/経済	
		交通地球儀	
		土地被覆	
8表示方法 （全体/部分表示）		一般の（必要情報の全表示）地球儀	必要な地理情報の表示された地球儀
		沈黙の地球儀（白地球儀）	地理情報を間引き表示する教育用地球儀
9球面表示の常時性		地理情報 常時固定	鏤刻、描画、印刷ゴア貼付、印刷プレス加工
		地理情報 一過性　内部表示	球形ディスプレイ
		地理情報 一過性　内部又は外部投影	半球又は球形スクリーン内部又は外部からの投影
10子午環の有無	有	全円子午環（Meridian ring）	Full meridian ringとも言う。
	〃	半円子午環（Semimeridian ring）	Half meridian ringとも言う。
	無	地軸支柱一体型	
	〃	吊下げ/浮遊/クレードル型	
11地軸と支柱の接合		子午環、地平環介在型	
		地軸と支柱直置き（水平/傾斜地軸）型	香月家旧蔵、萩博蔵地球儀、沼尻墨僊の地球儀
		支柱地軸直結（串刺）型	地軸傾度は垂直が多い。宗覚の地球儀
		支柱地軸傾斜アーム介在型	地軸傾度は23.5°が多い。学校教育用小地球儀
12地平環の有無	有	単脚（中央支柱）	支柱はcenter columnと呼ばれる
	〃	複数脚（3-6脚）/球儀の椅子型	脚はlegsで、球儀の椅子は本邦では揺籠式とも言う
	無	中央支柱、地軸、半子午環直結（固定）	
	〃	中央支柱、全円子午環直結（固定/可動）	奥村越山堂及びBehaimの地球儀
13地平環・子午環支持枠 （arm（枠）本数1～4）	有	地平環単脚/複数脚（3-6脚）	
	〃	地軸固定（地平環無）	学校教育用小地球儀
	〃	全円子午環直結（固定/可動）	奥村越山堂及びBehaimの地球儀
	無	空中浮遊、吊り下、クレードル、電動型等	
	〃	電子/駆動型	
14携帯性 （携帯性重視の有無）	無	設置型の地球儀	任意場所に設置後は一般に移動させない
	有	携帯地球儀	小型軽量で折畳み携帯容易なケースに収納
15携帯地球儀 （玩具を含む）		支那ランタン型	BETTS旧型携帯地球儀
		傘式地球儀	墨僊の大輿地球儀、BETTS新型携帯地球儀
		風船型地球儀	Pocockの風船型地球儀、梶木源次郎の万国富貴球
		ハンド地球儀	エッグスタンド様のケース入りの地球儀
		ポケット地球儀	Fergusonはじめ英で多産。ソフト球程のケース入り地球儀
		厚紙切込み地球儀	Mrs Johnstonの地球儀
		パズル地球儀	Charles Kappの地球儀ゲーム

（但し、名称には本表で仮に名付けた名称を含む）

2. 地球儀の歴史

地球儀の歴史は宇宙観や地球観に依存する。宇宙の中に平らな地球が存在すると考えた時代には、球状の地球儀は製作され得ない。その時代の西欧・中近東では地球儀は殆どなく、歴史的には天球儀の製作が先行している。本邦では支那経由や舶来知識により暦学、蘭学や教育分野で地球儀の模作が始まったが、西洋渡来の地理情報と佛教世界観の融合を試みた18世紀初の仏僧、宗覚を除き、宗教界では危機感から佛教世界観をモデル化した「須彌山儀」が製作され、19世紀末に及ぶ。本章では、欧米における地球儀製作、次に製作技術及び構造からみた本邦の地球儀製作について記述する。

2.1 欧米における地球儀製作について

2.1.1 地球儀製作史の概要

地球儀の歴史は、地図の歴史でもあり、昔からその一部として扱われてきた。当然ながら、この地球を球体であると人間の側が認識しなければ地球儀は日の目をみないが、我々が普段、慣れ親しむ球体としての地球儀が最初から存在したわけではない。そこで、人類が地球をどう理解してきたか、硬く言えば人類の世界観/地球観を、加えて、その三次元または二次元表示である模型や地図の歴史をも見なければならない。地球儀は当時の文化の中心であった南欧や中近東で考案され、西欧で発達したものであり、その歴史認識において、地球の裏側の住民である我々の最大の弱点は実体に触れる機会が乏しいことであり、隔靴掻痒の感がある。国際地球儀学会で新情報が追加されつつあるが、地球儀製作史の概要は、約1世紀前のE. L. Stevenson（1921）の大著[1]、近年では、Elly Dekker（1999）[2]の西欧ルネッサンスの地球儀類を含む労作やSchmidt氏、Dahl氏らの著書[3), 4)]などで説明尽くされている感がある。当然ながら、地球儀と密接な地理学・地図学史のお復習いも必須となり、地図学史だけでも膨大で、地球儀に至っては、その解明にラテン語はじめ西欧の多言語に精通し、美術工芸から裁判係争や特許取得に係る情報の駆使も必須で、著者の及ぶところでない。欧米以外では、北京や南京、紫金山の天球儀、渾天儀、大英博蔵の1623年の支那製[5]及びインド製地球儀[6]や、朝鮮製ゴア[7]で示されるようにインド、支那及び朝鮮にも地球儀類の製作が見られるが、本稿では欧米以外は取り扱わない[8]。ここでは、主に欧米に残る地球儀について作成した表1により、欧米の地球儀製作史の一端を述べたい。

数年前、冥王星が恒星から外されるという一連の騒動の中で、某国の占星術師たちは依然として惑星と看做すとしたと揶揄まじりに新聞は報じていた。彼らの眼前の磨かれた水玉（水晶玉）は六方柱状結晶の無水珪酸で、不純物の混入により有色をなすが、一般に無色透明の石英である。今日では、地球がこれらの水晶玉のような球体であることは誰もが知るところである。ところが、古代のフエニキア、エジプトやインドでは、この地球は、自己の生活空間を中心とする水平円盤であり、古代エジプトではパピュルスに描かれた「死者の書」で示すように、星を散りばめた天のシュウが大地を覆うと看做されていた。また、天井部に星をちりばめた、聖櫃あるいはかまぼこ型郵便受け様の空間の中央に聳える山体を一巡する太陽が山の背後に隠れれば夜、前面にあれば昼と6世紀のコスマス・インディコプレウステース（Cosmas Indicopleustes）は考えている。ギリシャの哲学者達は、思索的に物質の完全な形を「球」と看做したが、大多数は地球の考察には至らなかった。インドでは象に支えられる円盤、支那では皇帝居住地を中心とし、外周に夷狄を配する平面空間であり、科学の暗黒時代ともいえる西欧の中世では人の住む円盤を取り巻く水域（オケアヌスという海）や炎の柵があり、その東方に到達できない天国が存在すると信じられていた。このように、色々な地球観（世界観）が地域や時代とともに現れては消えていった。

アリストートル（384-322BC）は、他の2、3の事象に加え、月に映る地球の影の「円形」に注目し、地球を球と認識していた。これに従い、アレキサンドリア図書館長であったギリシャの哲学者エラトステネス（275-194BC）は、夏至の日にシエネの井戸水に太陽が映る（太陽が真上にある）ため、それと同時にアレキサンドリアで太陽高度を測り、これとシエネにおける太陽高度の差（7°）と2点間の距離（5000スタジア）から、地球の大きさを算出した。その値は現在のそれと比べても大きくは違わない。この球体説も、中世のカトリック全盛時代には前述の平板地球へ退化し、コペルニクスの地動説を支持するガリレイが（実際は讒言により）迫害を受けたことは、今では誰でも知っている。幸いなことに、この西欧科学の暗黒時代には、古代科学はイスラム諸国に継承された。東洋においても、時を同じくし、中世のキリスト教的世界観とよく似た仏教世界観が見られる（後述）。古代西欧において、エウドクソス（fl. 366 BC）やアルキメデス（287-212 BC）の天球儀との関与や、天球儀や天体の運動をモデルとした球儀が考案されたことは、ナポリ国立考古学博物館（Museo Archeologico Nazionale di Napoli）の忠実な複製品、直径65cmの大理石製天球を背負うアトラス像「Atlante Farnese（250BC頃）」[9] より知られる（写真1）。時代が降るが、150-220AD頃、ローマ帝国東方の属州で製作された直径10cmほどの小さな天球（儀）が現存する（写真2a, b）。これは、南北極方向に空洞のある天球儀（球体部分）で、南極側の円形穴は、北極側の小さな四角形の穴より大きく、尖頭に球体を刺す日時計として、ローマのオベリスクや、バチカンの細い四角錐につき刺される球との類似性から、貫通する四角錐の細長い支柱に（串団子状に）支えられた天球儀と推定されている（Ernst Künzl, 1998）[10]。これに対し、地球儀は後れを取り、世界最古の地球儀は、ストラボン、Strabo（54 BC-24 AD）の「地理学」で「クラテスの地球儀のような」の記述でのみ残されている。ギリシャのマロス（現在のトルコ、地中海側のアナトリア地方）の哲学者であり図書館長であったクラテス（Crates of Mallus）が150BC年頃、製作した地球儀は、物体は対称であるという観念からエクメネ（OECUMENA: 居住地域を意味し、当時の全世界）と海を挟み対置する大陸（PERIOECI）が、これらの北半球

写真1　ナポリ国立考古学博物館（Museo Archeologico Nazionale di Napoli）の直径65cmの大理石製の天球を背負うアトラス（Atlante Farnese; 250BC頃）（Berthold Werner, Wikimedia Commons, Napoli BW 2013-05-16 15-26-03 DxO.jpgによる）

写真2　50-220AD頃、ローマ帝国東方の属州で製作された直径約10cmの天球（儀）（Römisch-Germanisches Zentralmuseum蔵・提供）
（a）オリジナルInv. O.41339, (Photo: Iserhardt)
（b）複製Inv. 42696, (Photo: Steidl)

の2つの大陸に対応する南半球の2大陸（ANTOECIとANTIPODES）が想定されている。これは四象限の各々に各大陸を配するような単純なものであった（図1）。[11] ストラボンは、地理学（XII Chapter3）[12] の中で「陥落したSinopeの中で、Leucullusは他の装飾は残したが、市の創立者で神格化されたAutolycus像（Sthenisの作品だが）とglobe of Billarusのみは携行した」と、クラテス（Crates）のそれとは別の球儀類を記すが、地球儀か否か詳細は不明である。別の資料には、像の方は港にうち捨てられていたとあり、船に乗せるには巨大すぎたのであろう。

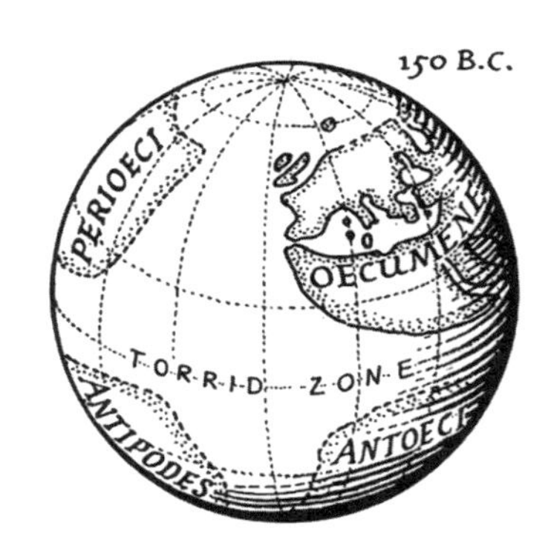

図1　クラテスの地球儀想定復元図
（Erwin Raisz, 1938による）

アレキサンダー大王の東征（300BC年頃）で拡大した「世界」は、著者の死後、十数世紀をへて刊行されたアレキサンドリア（Alexandria）のプトレミー（Ptolemy Claudius, ca. 87-150, fl. 150頃）の世界地図で窺えるように、西のカナリア諸島から、ギリシャ、ローマとアフリカ、中近東の地中海地域、東は印度、支那の一部地域である。爾来、カナリア諸島は世界の最西端として西欧で広く認識され、本初子午線がここに設定されることになる。ギリシャの学問に対し建築など実学分野の発達したローマ帝国時代の地図としては、4世紀のポイティンガー図（16世紀に模写したポイティンガーの名前に由来）などの路程図程度の地図しか残されていない。これ以降（14世紀ころまで）の西欧では、11～13世紀の十字軍遠征などを経ても「世界」が広がった形跡は見えず、キリスト教世界観が災いして、諸科学の発達は沈滞し、科学的知見、地図や地球儀に見るべき発達は少なく、むしろ退化し、模式化されたTO mapや、ヘルフォード図、フラ・マウロ図など、宗教上の想像と事実が混在するマッパ・ムンディ（Mappae Mundi）と呼ばれる地図が残されている。

中には球体地球の認識を持った識者もいたようだが、このような背景から、この時代の地球儀は西欧では、ほとんど見られない。幸いにして、西欧科学の暗黒時代には、科学文化の担い手はイスラム諸国に移り、ここでは、主にギリシャ時代の天文、化学や地理知識をはじめとした科学や文化が吸収され、特に天文学については発達をとげた。天文・数学では、Abu'l-Wafaや伊のゲラルドゥス・クレモネンシス（Gerardus Cremonensis, ca. 1114-1187）の羅訳で西欧に知られたジャビール・イブン・アフラ（ca. 1100-ca. 1160）など、地理学分野では、イドリーシ（Idrisi, 1099-1164）により1154年に製作された世界図などを見る。交易上、各地の地理的知識が豊富であったにもかかわらず、天文知識の増加に伴い製作された天球儀に比べて地球儀は残されていない。これは、ひたすら単調で（?）植被のない広大な砂漠の中を移動する民には、風で変わりやすい地形（砂丘）を描いた地図類よりも天文知識とそのモデルである天球儀が、あたかも航海におけるそれと同様に、位置や方向を知るために重要であったためであろうか。このイスラム諸国も、蒙古の侵略と元帝国（1100-1400年頃の元朝）に取って代わられた。これにより、イスラム圏（トレド）留学したゲラルドゥスのような学者もいたが、イスラム圏からの知識人の亡命に伴う文化や科学の南欧への回帰が見られたという。この間、西欧においては、プロテスタントへの危機感から各地に派遣されたカトリックの宣教活動、隊商貿易を通じた支那との交流は天文学など西洋科学を支那へもたらす一方、元朝に旅したマルコ・ポーロ（1254-1324）の残した東方見聞録により、黄金の国、ジパングの伝聞が西欧に知られることとなった。これらの断片的で不確かな地理情報に未知への探求心と物欲が加わり、西欧人を探検へ駆り立て、大航海時代を経て、西欧諸国における支配階級と知識人の世界空間は瞬く間に、新大陸、南米、東南アジアに拡大した。北欧ヴァイキングが到達した5世紀後のコロンブス（Christopher Columbus（1451-1506）の（新）大陸発見（1492年）、ヴァスコ・ダ・ガマ（Vasco da Gama, ca. 1460-1524）のインド航路開拓（1497-1498年）、カブラルのブラジル発見（1500年）、アメリゴ・ヴェスプッチの中・南米航海（1497-1504年）などが続く。地球の丸いことは、ポルトガルの東方航路に対抗したスペインの意向により西方航路開拓を目指したマゼランの航海（1519-1522年）で確認され、教会側も沈黙せざるを得ず、支那や日本の布教活動に見るごとく、一転して、その科学的知識を積極的に宣教の具に活用した。ところで、西方航路の先鞭をつけたコロンブスの新大陸発見と時を同じくし、ベハイム（Martine Behaim, 1459-1507）により1492年に製作された地球儀が、現存する世界最古の地球儀としてニュールンベルグのゲルマン博物館に、Johannes Schöner（1520）、他の地球儀とともに展示されている。一介の商人の地理的知識には、マイルズ・ハーベイ（Miles Harvey）[13] のように懐疑的な見方もあるが、数名の協力を得て地球儀が製作されたという。

「Globi Neerlandici」に、地図や地球儀製作の中心は、手描きや金属製地球儀中心の地中海諸国から、銅板印刷によるゴアを用いた地球儀を主とする内陸をへて、ライン川を下り、オランダに移ったと指摘されているように、スイスやドイツの地球儀製作につづき、オランダ（ネーデルランド）で地図、地球儀の製作が始まる。ベネチアを含む地中海諸港の東方貿易に代わり、大航海時代幕開け役のスペイン、ポルトガルが先鞭をつけた植民地経営は新興勢力、海運国家のオランダ、さらには、海上戦闘力に長け、制海権を握った英国の手に移ったが、加えて、イスパニア、オランダなどの入植地略奪による植民地拡大により、世界の地理情報が、英国に集積するにつれて、世界地図や地図帳、地球儀製作も英国が主役になった感があるが、大陸側で製造された英語表記の地球儀も残されており、健在であったことが知られる。米国の地球儀は、初期には専ら西欧からの輸入に頼ったが、北米の地理情報不足や高額な料金を解消するため、James Wilsonが商業的生産に先鞭をつけた後は、シカゴを中心に教材用地球儀が生産され、今に至っている。

2.1.2　欧米の地球儀製作とその製作者について

地球儀の製作史を一瞥したが、西欧及北米を中心とした地球儀製作の一部を概観してみたい。この部分は地球儀類製作の羅列となるため、製作者とその周辺及び相互関係を示す人物評伝を交えた。情報は諸外国の文献・書籍、NMM（National maritime Museum: 英国海事博物館）をはじめとした公共機関や古地球儀・古物商、オークション業者のウエブページ（webpages）、筆者らの調査による。洋の東西を問わず伝聞の多い評伝は、南九州の俚言「げなげな話は嘘じゃげな（そうだ、そうだという伝聞話はうそだそうだ）」の自虐風の警告にもかかわらず、専ら、Web事典（Wikipedia他）等のwebpageに依存するところが多い。朝某新聞やその著名人の関連書籍の記事で明らかなように紙媒体でさえ捏造が多く、Web上の情報については異情報源によりクロスチェックをかけ、特に注意したつもりである。地球儀製作者の評伝は、本邦においては本人や使用人の日記、帳簿や真偽の乏しい瓦版などから掘り起こさねばならず、著しい困難さを自覚し、専ら作家諸氏に譲っている。一方、早くから商業生産が行われた西洋では、国際取引を含む商業活動に加えて、Jacob Van LangrenとHondiusとの法廷闘争や、法廷闘争に明け暮れたというDesnosなどの例があり、裁判記録や司法記事からの検証も必須となる。なお、情報源を明示した部分もあるが、筆者の加筆や要約により、必ずしも原著者の原文を示すものではない。表1は西欧、北米における地球儀製作の一覧表である。（表1）本表は、思うところがあり、日本語はタイトルのみにとどめている。

表1は、西欧の第一次大戦による情報収集不足、誤植や落丁にもかかわらず、多くの事例を含み名著とされる、E.L.Stevenson（1921）のTerrestrial and Celestial Globe I, IIの、II巻末の一覧表（Index of globes makers）をベースに、Elly DekkerのGlobes in Renaissance Europeの付表6. 1　List of Globes and Globe Gores Made in Europe from 1300 until 1600やNational museum of Greenwich、Elly Dekker and Peter van der Krogt（1993）のGlobes from the western world[14]、米国では、Deborah Jean Warner（1987）のThe geography of Heaven and Earth. III[15]、仏では、Monique Pelletier（1987）[16] 及びBnFデータベース（Web上で公開されている55件のみであるが、BnFのコレクションは1冊のノートほどの分量である）[17]、英国ではNational Maritime Museum（国立海事博物館）のデータベース[18] をキー

ワード「globe」により検索し補充した。ほかに、georgeglazer.com[19] など、古地図・古地球儀・古物商やオークション、博物館、大学等のwebページなどを情報源とし追加・編集した。残念ながら、本表では、オーストリア国立図書館付属の地球儀博物館、本邦の大学図書館に収蔵されているコレクションは含んでいない。表1は調査時期の違いによる所有者の移動、収蔵機関の改廃、大戦を交えた破壊、火災や略奪による亡失あるいは重複による差異を含む可能性がある。重複は、製造年、所有機関、球径、写真や入手経緯/記録があれば写真や記述で同定し、排除に努めたが見落としがあろう。今後も地球儀や関連史資料の発掘は続き、追加や修正は必須であるが、一方では、狂信的な破壊や放火で文化財が今日でも失われており、確定は困難を極めるであろう。地球の裏側の非力な著者にとっては、西欧事情の正確な把握は、難しいと承知の上で、既存資料を整理し、現今や次代の研究者への素材提供として表1を作成した。ただし、既存資料の作成方針をみると、人物の属性として描いた地球儀をその所有/製作者と短絡した絵画による記載や、同一所有者または製作者の複数の地球儀を各々、別個とするStevensonの網羅法から、Dekkerのように複数残存しても、「・他」と省略する方法、ゴアや天球儀、地球儀やその他、アーミラスフィア中の球体「地球」、地球儀を模した球形の蓋付き杯（terrestrial globe-cup)、彫刻に付随した球体（地球儀類)、時計仕掛けの地球儀などの装飾品を除外するか、あるいは含めるかなど様々である。これも区別整理する必要があり、年表整備は、多くの真摯な研究者が集まり、まず目の細かな投網をかけた網羅的な調査によりリストを作成し、作成基準を定め、分類コードで識別して整備することが望ましい。ただし、同一製作者が、地球儀の球体部をそのままアーミラスフィア中の球体「地球」に用いた例もあり、球体のみ残存する場合は地球儀の球体か否かの判定に苦慮することもあろう。

この表の製作年では、原資料の「世紀」はその世紀の中間、例えば、3 BCは-250、9ADは850、Mid 19Cは1850に読み替え、さらに「?」付きの年号は外し、製作年不詳は製作者の生存/fl.（活躍時期）により想定して表中に配した。花枠飾り等に製作年を明記するものを除き、記録の残されていない古代は当然のこと、最近でも長期間の販売を可能にするため省略されており、製造年はカタログや、その注記、あるいはカタログの発行年に依存するため、正確な製作年の不明なものも多い。本文中で「xx年に製作」と限定的に記載しているが、献上目的の地球儀とは異なり、西洋では、Van der Krogtの「Globi Neerlandici」(1993)、337-370頁、Globes for the general public[20] のコマーシャルが示すように生業としての地図/地球儀製造業として継続的に生産・販売されたもので、偶々、その中の現存する地球儀のみが表1に記載されており、本文では限定的に記述したが、当該年を含む数年にわたって多くの地球儀が製造されたとみるべきであろう。また、地球儀類として、アーミラスフィア及びその他の機器も含ませ、地球儀、天球儀や渾天儀等の存在を「1」、ゴアのみを「0」とした。他は「1」を“有”、「　」あるいは「9998」を「無」または「不明」とした。球径など欄中の「9999」は「不明」である。直径は、資料原著者の数値を尊重した。筆者は換算値に1インチ＝2.54cmを採用したが、本邦の尺貫法にもみられるように、換算値は時代や国に依存する。そのため、cmへ統一せず元のインチの値はそのまま残した。将来の加筆・修正と検証/解析のため、原則として原著者による地球儀の名称・属性は、元のままとし、検索のため製作者名を先頭に付与するか重複させた。なお、本文では地球儀の前の数値は「直径」を省略して、値のみとし、付随する（　）内の名称は所蔵機関/者と都市を示す。但し、オークションなど短期取扱者も含む。同年または1、2年以内に製作された直径のほぼ等しい天球儀と地球儀は、天・地球儀一対とした。さらに、この区別のない「globeまたはglobes」は球儀とすべきであるが地球儀類又は球儀類と記した。

デンマーク、ロシアの北欧や東欧では国別には記載していないが、イタリア、瑞西/墺太利、ドイツ、和蘭、フランス、英国から米国の順に主な地球儀製作及び製作者を概観する。製作者の人物評伝の基礎となる生年/没年が、例えばStevensonと最近の資料とは異なる場合は、新しい資料の情報を採用している。表中のd.は死亡年であり、生没年不明の「fl.」は主な活躍時期を示す。きわめて少ないが、原表中の製作年不明も製造者の「fl.」や、近親者、特に親兄弟の活動場所/年より補充した。

2.1.2.1 イタリア

イタリアでは、Stevensonによると、Toscanelli, Paolo（1397-1482）が1474年に、Cabot, John（fl. 1495）が1497年頃?に地球儀類を製作したとされる。ほかに、製作者不明ながら、1505年以前に製作されたJulius II, Pope (1503-1513)ゆかりの95cmの天・地球儀一対、1542年のUlpius, Euphrosinus（fl. 1540）の39cmの地球儀、Gianelli, Giovanni（fl. 1550）の14cmの天球儀（1549年）、Viseo, Cardinal（fl. 1545）の89cmの地球儀（1550年）などがあり、各地に残るAntonio Floriano（Florianus, Antonius, fl. 1550）の約26cmの地球儀用ゴア（1555年頃）は地球儀が製作されたことを示すであろう。

ベネチアのPaolo Forlaniの10cmの地球儀をはじめ、Greuter, Matthaeus（1564-1638）は1632年に、49～50cmの地球儀を、1636年にはほぼ同サイズの天球儀を、1695年には50cmの天・地球儀一対を製作している。中でも、Coronelli, P. Vincenzo（1650-1718）は著名である。

P. Vincenzo Maria Coronelli

P. Vincenzo Maria Coronelli（1650-1718）は、ベネチアの仕立屋の家に生まれ、10才で木版印刷の見習い、1663年にはフランシスコ会に入り、1665年に修道士見習いとなった。神学の学位を取るため、ローマの聖ボナベンツラのカレッジに入学したが、天文学と幾何学に長けており、1678年以前から地球儀を製作するなど、宇宙及び地図学に造詣が深く、またこれらに関する出版もある。年及び直径に錯誤を含むが、Stevensonによれば、彼は1683年にParisで475cm、1688年及び1693年に、110cmの地球儀、1696、99年に48cmの天・地球儀一対を製作している。1697年の5cmの天・地球儀用のゴアがLeiden大学図書館に、天球儀用のゴアがベネチアのMuseo Correrにあり、1704年には364cmの巨大な天・地球儀一対（Royal Library, Madrid）を製作している。1754年の直径108cmの地球儀はNMMに所蔵され、1693年製の直径約110cmの天・地球儀一対がフランス国立図書館（National Library, BnF）旧館（Richelieu-Louvois）[21] に所蔵されている。高官の依頼で製作しフランス国王ルイ14世に寄贈された直径3.8m（展示されてない地平環等を含めると4.9m）、重さ2.3tonの地球儀と天球儀は、修復され、球体のみ（正確には架台から分解された一本の支柱とともに）フランス国立図書館のミッテラン館（François-Mitterrand Library）のオープンスペース（薄暗い一角にあり、北極圏、高緯度を観察できないことと照明光源の球面反射に難があるが）に展示されており、精力的な製作活動がうかがえる（写真3a, b）。

1690年に有名な地球儀類に関する内容を含む「Atlante Veneto」を刊行した彼はベネチアのSanta Maria Gloriosa dei Frari修道院で人生の大半を過ごしたが、この地で1684年に「Accademia degli Argonauti」を創立している。これは、世界最古の地理学会の一つと見られており、メンバーは、彼がヴェニスで製作したゴアを受け取るために会員登録している。英グリーニッジ天文台のパンフレッドガイドによると、ここには、数学の修道士Tobias Ederの監督により1752-54年にウィーンで組み立てられた直径1m余のコロネリの地球儀が所蔵され、球面には説明や歴史記事が散りばめられているが、錯誤が多く、また、コロネリ自身の肖像まで描かれているという。この事実は、球面のゴア（世界図）と地球儀の製作年、或いはゴア制作者と地球儀製造/組立者が必ずしも一致しないことを示している。

(a)

写真3（a）　フランス国立図書館新館のミッテラン館に展示中のコロネリ製作の直径3.8mの天・地球儀一対（Photo: Y. Utsunomiya）

フランス国立図書館（BnF）のミッテラン館（François-Mitterrand Library）のオープンスペースに展示中のCoronelli, P. Vincenzo製作に係る直径3.8mの天・地球儀一対。高官の依頼でフランス国王ルイ14世のために1681-83年に製作された。現在、製作当時の色彩に修復され、地軸と球体（及び支柱1本）のみが展示されている。手前の地球儀の奥は天球儀。左端見学者の肩の高さと比較すれば、大きさが知れる。(なお、地球儀球面の赤道付近及び両球儀の中・高緯度にみられるハレーションは照明光の反射であり、暗い展示室における照明上の問題を示す。右壁面には当時の設置状態を示す画像が投影されている。

(b)

写真3（b）　フランス国立図書館新館のミッテラン館に展示中のコロネリ製作地球儀球面上の日本付近（Photo: Y. Utsunomiya）

(b) は (a) 球面の上方に見える日本付近と東方に続く大陸（現在のアラスカ）を示す。ここでは、蝦夷（北海道）と千島列島が大陸に続く、一大半島をなす。その東方に、TERRE DE ILESSR SG FELRが存在する。また、日本の中部地方を縦断する子午線は、1529年、葡萄牙、西班牙間で批准されたサラゴサ条約の境界線にほぼ相当し、この地球儀の本初子午線が1494年、両国間で批准されたトルデシリャス条約による境界線「LINEA DIVISONIS CASTELEANORV ET PORTVGALIEN」に在ることを示唆する。しかしながら、この球体の裏側に当たる本初子午線は、ヴェルデ岬西方、カナリア諸島を通過する旧来の子午線位置にある。意図的に描いたとしても、球面の180度の子午線の描画に不自然さが生ずる。1728-64年のJ. Harrisonのクロノメータの開発まで、船舶の行程等で経度を求めた当時の算出法による位置の誤差であろうか。

Cassini, Giovanni Maria

一方、彫刻家で、地図製作から地球儀及び天球儀の製作も手がけたCassini, Giovanni Maria（1745-1824ca.; 但し、仏で三角測量した測地学の権威、Cassini, Gian Domenico（Jean-Dominique, Cassini I）とは別人）はエッチングと彫刻、透視法やステージデザインを学び、1788年にAmericaの地図を発行するとともに、1792-1801年の地図帳（3巻）にも寄与した。1790年には、34cmの地球儀、92年には34cmの天球儀及びアーミラリスフェアなどを製作している。その花枠飾りには「英国クック船長の航海による最新の地球儀、1790年、Calcograf. Cam, Gio. M. Cassini C.R.S.社、ローマ」とあり、南北80°までは12枚のゴア、極域がポーラカップで覆われ、ニュージーランド、北太平洋のタヒチなどがCook航海記の地理情報にもとずく地球儀は地平環、時輪を備える真鍮の子午環に納まる。彼は、1801年に、ニュージランドと豪州を含むクックの第3次航海を記載し、南北両島と豪州東海岸を初めて描いた「Emisfero Terrestre Meridionale delineato secondo le ultime Observazioni con I Viaggi e nuove Scopente del Cap. Cook. Roma presso la calcorgrapia Cam 1789」と題する南極中心投影の半球図を出版した。この図には、Cape Howe, Cape Mortonなどはあるが、Botany湾やEndeavour河はない。豪州東岸は‘Nuova Olanda’で、タスマニアまで連続する東海岸は、‘N. Galles Meridionale’と名付けられている。Cassiniは1790及び1792年にも天球儀、地球儀を製作し、12枚の地球儀及び天球儀用のゴアを発行しているが、これは、彼の地図帳「新しいユニバーサル地図帳」“Nuovo Atlante Geografico Universale”の中で、地球儀とゴアの製作規則とともに収録されている。写真4はSchmidt氏蔵の1690/92年に製作された天・地球儀一対のうちの地球儀である（写真4）。

写真4　Giovanni Maria Cassini Venedigが1790/92年、ローマで製作した直径33cmの地球儀
Cassiniには直径33cmのほぼ同形態の天球儀があり、天・地球儀一対をなす。
（Schmidt（2007）：Modelle von Erde und Raumより転載）

2.1.2.2　オーストリア・スイス

Hans Dornが1480年にMartin Bylicaのために製作し、現在のポーランドCracowのJagiellonian大学博物館に所蔵されている40cmの天球儀はイスラム社会でなく、南欧イタリアを除いたキリスト教世界で製作された最古のものされている。Nicolaus Leopold of Brixenが1522年に製作した36.8cmの天・地球儀一対は、転々とし、一時、行き方知れずであったが、現在は米国のYale大学[22]の所蔵となっている（Christopher S. Wood, 2000）[23]。Historischs Museum Baselによると、1550年頃、チューリッヒの金細工（日本でいえば錺職に相当するか?）のJakob StampferはCosmographic globe cupと呼ばれる、北極のポーラキャップにアーミラリスフェアを乗せた高さ38cm、直径14cmで、陸は金色のプレート、海は銀色よりなる地球儀を、1579年には、Gerhard Emmoserが14cmの時計仕掛け天球儀を製作している（hmb. ch）[24]。

Gessner, Abraham

Gessner, Abraham（1552-1613）が製作した1580頃の17cm/18.5cm及び、1590年頃の15.5cmのアルミラリを乗せるカップ型地球儀（Terrestrial globe-cup with a small armillary sphere on top）は各地に残存し、1595年のそれはLibrary S. J. Phillips, Londonの所蔵となっている。1758年にAnich, Peter（1723-1766）がInnsbruckで製作した直径20.5～21cmの天球儀及び、19.9cmの地球儀はNMMに残されている。Schmidt氏によると、チロルのオーバペルフースの農夫の子で羊飼いの彼は日曜日毎に地理学と天文学、数学、筆耕/写字及び彫刻を習うため、山からインスブルックに歩いて下り、直径1mの手書き地球儀、直径20cmの天・地球儀一対を製作したという（Schmidt, 2007）。これは、米国で地球儀の商業生産を創始したJ. Wilsonの苦労に似ている（後述）。

Joseph Jüttner及びFranz Lettany

Joseph Jüttner（1775-1848）とFranz Lettany（1793-1863）が1822、1824年に、プラハで製作した31cmの天・地球儀一対は、ウイーンのオーストリア国立図書館（Osterreichische Nationalbibliotek, Vienna）に現存する。Joseph Jüttnerは、1838、39年にも24インチ（62cm）の天・地球儀一対を製作している。

Franz Xaver Schönninger

1840年頃、Franz Xaver Schönninger（1820-1897）が地球儀を、1849年にはFranz Leopold SchöningerがJoseph Riedl von Leuensternによる直径24cmの月球儀を、1869年にはJoseph Riedl, Edler von Leuenstern（1786-1856）が直径23cmの地球儀を製作しており、いずれもOsterreichische Nationalbibliotek, Viennaに所蔵されている。Dekkerらによると、

1887年に閉店した、Franz Xaver Schöninger（Leopold Schöningerの息子）は、1870年頃には、年間1万5千個の地球儀類を製造したとされる。1870年当時に、単純に、1年、365日として、日産41個は疑問なきにしもあらずだが、学校教育機器に加え、地理情報がめまぐるしく変わるこの時代には、それだけの需要があったということであろうか。天球儀を乗せる直径17～19cmのカップ型地球儀も各地にあり、装飾品に近い時計仕掛けの地球儀などは、時計技術の発達したスイスならではの地球儀といえるかもしれない。

2.1.2.3 ドイツ

Martin Behaim

ドイツでは、何をおいても、まず、Nürnbergのゲルマン博（GNM; Germanisches Nationalmuseum）に残されているMartin Behaim（1459-1506）が1492年に製作した直径50cmほどの地球儀を挙げなければならない（写真5）。この地球儀は直径51cm、高さは折尺を用いた写真判読による筆者の概測では、130cm余、同博の説明及びDekkerによると133cmとされる。地球儀球面上の世界図でユーラシアは東方に誇張/間延び（?）され、現在の「アメリカ大陸及び太平洋」の地理情報は描かれていない。大海、現在の「大西洋と太平洋を合わせた海」を挟み、アジアと西欧が対峙し、この大海には、架空の島「Saint Brendan's Isle」やアジアの島々と北緯10-28°ほどに納まるジパングが誇張して描かれている（Gerhard Bott (ed.), 1992）[25]。黄金の国ジパング（日本）が支那のカタイ大陸東方の大海中、中程に、いかにも西欧、大陸側から目先の位置にあるように描かれてあり、当時の地球を球体と認識した探検家達が西回り航路の方がジパングやインド到達に利ありと速断したことがうかがえる。なお、コロンブスは同年に発見した島（現在の西印度諸島）を最後までインドと信じたという。

写真5　ゲルマン博蔵Martin Behaimの地球儀（Germanisches Nationalmuseum蔵、画像WI1826、同館提供）

Nürnbergのゲルマン博物館（Germanisches Nationalmuseum）に展示されているMartin Behaim（1459-1506）が1492年に製作した直径50cmの地球儀で、現存する最古の地球儀として知られている。この球面の太平洋とアメリカ大陸が欠け、ユーラシア大陸が東西に過大な世界図から、西回り航海がアジアへの近道と、冒険者達が考えたのも無理からぬことである。

Behaimは、Nürnbergの商人の子として生まれ、充分な教育を受け、アントワーフで布商人として見習い修行を終え独立した後、ポルトガルに移住し、西アフリカの沿岸に沿って、アゾーレス諸島まで、2回ほど探検（1485–86）している。この間（1486年）、アゾーレス諸島のFayalおよびPicoの有力者の娘と結婚した。また、König Joãos II.（1481-95）の統治時に宮廷へ出入りし、リスボン帰還後には、ジョン王からナイトの爵位を与えられ、その庇護の下で、天文航海法の改良に従事したといわれる。帰国時に、遺産問題の和解のため（或いは市会有力者の援助により）、有名な「ベハイムの地球儀」を製作し（市に寄付し）たといわれる（nuernberg.bayern-online.de）[26]。中空の木製半球を合せた球は紙や石膏で整形され、羊皮紙に手書きのゴアとポーラカップで包まれており、大部分は製作時のオリジナルであるが、後年、補修または取り替えられ、球面の地理情報が読めるようになったとされる。球面には、中世の地図に特徴的な、天国/楽園は描かれていない（GNMの説明、他）。球面の世界図は、プトレミー、ストラボン、マルコ・ポーロ、マンデヴィールの情報に加え、1489年のマルテス・ゲルマヌスや1474年のトスカネリの世界図及びポルトガルの西アフリカ航海の成果に基づき地球儀を製作したとする（織田武雄, 1968, 1988）[27), 28]。地球儀製作には、ニュールンベルグの職人Hans GlockengießerとGeorg Glockendonが関わり、彩色ではHieronymus MünzerとHartmann Schedelの助けを得て、地図はGeorg Glockendon the Elder（fl. 1484-1514）により描かれたとされる。この地球儀は永らく、市のホールに置かれたが、1907年にゲルマン博に移された[29]。また、1890年代以降、MartinとRavenstein, E GやRand McNally & Coなどによる43.5×68.5の直径17cmの地球儀ゴアや、1908年の複製地球儀、1960年のゴア複製（NMM）など、地球儀の複製は幾度となく繰り返されており、本邦では国土地理院の「地図と測量の科学館」他にも複製がある。ゲルマン博の地球儀の傍らには、Focus Behaim Globus I（Germanisches Nationalmuseum, 1992）中の画像、Abb. 1-26と同じゴア形式の地図が展示されている。なお、同書では、修復により地球儀の地平環を含む架台や素材等が製作時とは異なることも指摘されている。

Johannes Schöner

ゲルマン博で1室/コーナーを占めるベハイム地球儀の脇にヒッソリと展示される地球儀（写真6）の製作者は、カールシュタット（Karlstadt）に生まれ、ニュールンベルグで活躍した司祭のJohannes Schöner（1477-1547）で、天文学、占星、地理学、地図製作、数学に造詣が深く、地球儀と科学器具製作や編集・発行など多才であり、1515年頃に直径28cmの天球儀用ゴア（Library of Congress, Washington, D.C.）や、27cmの地球儀（City Library, FrankfurtやWeimarのHerzogin Anna Amalia Bibliothek）を、1517年には天球儀のゴア（Library Wolfegg Castle）を製作した。

写真6　ゲルマン博蔵、Johannes Shönerの地球儀（Germanisches Nationalmuseum蔵、同館提供）
Nürnbergゲルマン博物館（Germanisches Nationalmuseum）に展示中の、Johannes Shönerが1534年より前にNürnbergで製作したとされる地球儀。チパング、南北米大陸とカリブ海の諸島が描かれている。

Stevensonによると木球へ手描手彩された87cmの地球儀で、1520年製作と記載された地球儀は折尺と目測では直径80-85cm、高さ130cmほどである。ゲルマン博の説明では高さ129cm、球径89.7cmの地球儀は1534年より前にNürnbergで製作され、木球に貼付けた、木版カラー刷りのゴアよりなるとされる。また、Stevensonによれば、1523年に地球儀、1533年には27/28cm地球儀及び天球儀が製作されている。

一方、ワイマール憲法で有名なWeimarのHerzogin Anna Amalia Bibliothekには2基所蔵され、古い1515年製の地球儀は、Bambergで製作された直径27cm、全高43.5cmの地球儀で、12枚のカラー刷りのゴアからなり、金属の子午環、木製の地平環と3脚を備え、新しい方は1534年より以前にニュールンベルグで製造された、金属の子午環及び地平環と獣足様の三脚からなる地球儀で、ゲルマン博蔵の地球儀より小型である（写真7, 写真8）。彼の地球儀はゴアによる地球儀製作では初期のものである。架台の異なるFrankfurt歴博蔵の同年製の地球儀はBirgit Harandによれば全高39cmである。一方、英、Oxford大の科学史博（Museum of the History of Science）には、Anna Amalia蔵の上記の1534年以前の製作とされる地球儀のペアをなすと思われる金属の子午環、地平環と獣脚（獣脚及び地平環支持枠の形が異なる）を備えた、高さ43cmの1535年製とされる天球儀（The Royal Astronomical Society; 王立天文学会蔵: 目録13311）が陳列されており、後述の「大使達」に描かれる天球儀のモチーフと説明されている。彼は、1507年発行の世界図に新大陸名をAmerigo Vespucciに因み、アメリカと名付け、後に撤回した（?）ヴァルトゼーミュラー（Martin Waldseemüller, ca. 1470-ca. 1522）の弟子で、彼のゴア（1509）を所持していたといわれる。

写真7　WeimarのHerzogin Anna Amalia Bibliothekが所蔵するJohannes Schöner製作の地球儀（Photo: Y. Utsunomiya）
1515年にBambergで製作された直径27cm、全高43.5cmの地球儀で、12枚のカラー刷りのゴアからなり、金属の子午環と木の地平環及び3脚より構成されている。

写真8　WeimarのHerzogin Anna Amalia Bibliothekが所蔵するJohannes Schöner製作の地球儀（Photo: Y. Utsunomiya）
1534年より前にNürnbergで製造された金属の子午環、地平環及び3脚を備えた地球儀。

Waldseemüller

1507頃、Strasburg（?）で、最初の印刷による12cmの地球儀用のゴア（Utrecht, Faculteit der Ruimtelijke Wetenschappen）を製作したMartine Waldseemüllerは、パリのBnFが所蔵する1507-1528年頃の製作とされる直径24cmの「緑の地球儀（Globe vert、Green Globe、又はthe Quirini Globeとも呼ばれる）」及び1509年のBüchlin Globeの製作者と疑われているが、確証はなく、本人製作の地球儀は知られていない。但し、BnFのデータ・ベースの「緑の地球儀」の説明では彼が製作したと説明されている。その証拠についての筆者の質問には、回答は無かった。

ドイツでは他にVopel Caspar（1511-1561）、Strasbourg出身の画家で彫刻家のGreuter, Mattheus（1564-1638）、Stöffler, Johannes（1452-1531）、Apianus, Peter（1495-1552）、Bürgi, Jost（1552-1633）、Johann Reinhold（c.1550-1590）、Isaac Habrecht家、Johannes Prätorius、Johann Gabriel Doppelmayr（1677-1750）、Seutter Mattheus（1678-1756）、Johann Georg Klinger（1764-1806）、Peter Salziger（ -1853）、Landes Industrie Comptoir（17c末～20c初頃）、Friedrich Justin

Bertuch（1747-1822）、Dietrich Reimer（1818-1899）などが地図、地球儀類を製作している。（britishmuseum.org, mhs.ox.ac.uk, about.com, georgeglazer.com 他）[30), 31), 32), 33)]。

Greuter, Mattheus

Greuter, Mattheus（1564-1638）はチコ・ブラエ（Tycho Brahe）やウィレム・ブラウ（Willem Blaeu）に指導をうけ1632年に50cmの地球儀、1636年には50cmの天球儀を、1638年に50cmの天・地球儀一対を製作した。Greuter死後の1638年に、1932及び36年版による地球儀がローマで再版され、1695年にも、全高115cm、直径49cmの地球儀が発売されている（Franz Wawrik,1989）[34)]

Vopel Caspar

天文学、数学及び地図学者であり機器製作者でもあるMedebach生まれのVopel Caspar（1511-1561）は1532年、28cmの天球儀（Kölnisches Stadtmuseum）を、1542及び1545年には29cmの地球儀を製作した。単体ではないが、アーミラリスフィア（日本では渾天儀と称する）中の7ないし10cmの地球を1541年、1543、44、45年に製作しており、1543、45年の7cmの球体は、コペンハーゲンのNationalmuseetやミュンヘンのDeutsches Museumに、1543、44、45年の直径10cmの球体はLibrary Congress, WashingtonやSalzburg市博及びSr. Frey, Bernに各々、所蔵されている。1536年の直径28/29cmの天球儀（Kölnisches Stadtmuseum）と地球儀及びゴアがあり、28cmの張り子の球に12枚のゴアを貼った地球儀及び34cmの天球儀は天理大図書館、1542年の29cmの地球儀はKölnisches Stadtmuseum蔵となっている。なお、このような直径の小さな地球儀（球体部分）の転用や、ポケット地球儀などの例外はあるが、直径の著しく小さい地球儀の球体部分はアーミラリスフィア中やテルリウム、ルナリウムの地球に利用される場合もある。1544年には、28cmの地球儀（Salzburg, Carolino Augusteum Salzburger Museum für Kunst und Kulturgeschichte）を製作している。天文知識については、コペルニクス（Nicholas Copernicus, 1473-1543）の太陽中心説公表の年（1543年）に、アーミラリスフィアの11本の円環の中心に天動説を示すという地球（北米とアジア大陸が未分離）を置いている（britishmuseum.org, mhs.ox.ac.uk, modernconstellations.com）[35), 36), 37)] ことから理解できよう。なお、ベルリンの独歴史博物館（DHM）には、救済主の掲げるorbに著しく詳細な地球儀の描かれた油絵の「世の救い主ー地球儀とキリスト」があり、Vopelが描いたと推定されている（Dieter Vorsteher, 1977）（後述）。

Stöffler, Johannes

Stöffler, Johannes（1452-1531）は1493年に、49cmの天球儀（Germanisches Nationalmuseum, Nürnberg）を、1499には48cmの天球儀（German National Museum, Nürnberg及びLiceum Library, Constance）を製作している。

Johannes Prätorius

Johannes Prätorius（1537-1616）は1565年、28cmの天球儀（Vienna, Lichtenstein旧蔵）を、1566年にはHans Epischoferとの共作で28cmの天・地球儀一対（Nürnberg Germanisches Nationalmuseum）を、1568年には、28cmの地球儀（Dresden, Staatliche Mathematisch-Physikalischer Salon）を製作している。1568年の縮尺1 : 45,500,000、直径28cmの地球儀は高さ47.5cmで本初子午線はカナリア諸島のMadeira IsとPort Santo Is.（マデイラとポルト・サント両島）の間[38)] を通るという[39)]。

Apianus, Peter

Apianus, Peter（1495-1552）は、1525年に、天・地球儀一対を、1527年頃には、10.5cmの地球儀用のゴアを製作している。現在散逸しているこれらの地球儀は、嘗て、Escorial and K. B. Hofの図書館や、Staatsbibliothek Münchenに所蔵されていた。なお、12枚組goresの3組しか残存してないが、1518年のNordenskiöld Globesと呼ばれる直径10cmの地球儀用ゴア（Library Baron Nordenskiöld, Stockholm）はIngolstadtの地名からApianusの製作と推定されている。息子のPhilipp Apian（1531-1589）が1576年に製作した直径76cmの地球儀及び同年の直径118cmの天・地球儀一対は、いずれもミュンヘンのBayerische Staatsbibliothekが所蔵している。天文学者としての彼はPtolemyに基づきCosmographia “*Cosmographia seu descriptio totius orbis*” [40]「宇宙又は世界の記述（仮訳）」を1524年に著したが、関連書は、Gemma Frisiusのような後続の研究者によって出版されている（history.mcs.st-andrews.ac.uk）[41]。

Bürgi, Jost

Bürgi, Jost（1552-1633）は1582、1592年に72cmの天球儀（Royal Museum, Cassel）を、1582、1585、1594年には時計式の23cmの天球儀を、1590、1594年には13ないし14cmの天球儀を製作している。直径23cmの天球儀はパリのConservatoire National des Arts et Métiers（CNAM）、カッセルのStaatliche Kunstsammlungen Kassel及びワイマールのHerzogin Anna Amalia Bibliothekに、13cm、14cmの天球儀は元Rothschild Collection（Christie）及びチューリッヒのSchweizerisches Landesmuseumに各々、所蔵されている。

Johann Reinhold及びGeorg Roll

Johann Reinhold（c. 1550-1590）とGeorg Roll（1546-1592）の両名は1584年に時計仕掛けの21cmの天球儀と9cmの地球儀（Kunsthistorisches Museum, Kunstkammer, Vienna）を、同年、30.4cmの時計仕掛けの天球儀（Victoria and Albert Museum, London）を、1586年には同じく時計仕掛けで、20.5cmの金メッキされた銅と真鍮の球儀（アーミラリスフィアを戴く大きな天球儀の下に地球儀を配置（Staatliche Mathematisch-Physikalische Salon, Dresden）を、1588、1589年には、時計式の21cmの天球儀と10cmの地球儀（Conservatoire National des Arts et Métiers, Paris: CNAM）及び10cmの地球儀を製作しており、前者はNMMに後者はナポリのOsservatorio Astronomico di Capodimonteに所蔵されている[42]。

Isaac Habrecht家

Habrecht家はスイス出身の代々、時計製作一家で、Isaac Habrecht（1544-1620/22）、Issacの弟、Josias（1552-1575）、哲学、医師、天文と数学の教授として活躍した息子のIsaac Habrecht II（1589-1633）及びその甥、Isaac Habrecht III（1611-1686）らが、球儀の製作に係わっている。Isaac Habrecht（1544-1620/22）は1570年には86cmの天球儀（Musée des Beaux-Arts, Strasbourg）を、1594年には、天文時計の一部をなす天球（Rosenborg Slot, Copenhagen）を製作し、西欧に残る天文時計の製作で知られている。中でも、Isaacの息子、Isaac Habrecht II（1589-1633）は1621年頃、20cmの地球儀（NMM）をStrasbourgで製作しており、NMMによれば、球面上の32点から航程線（loxodrome）や正しく半島としてのカルフォルニアは描かれるが、未知の南方大陸（TERRA AUSTRALIS INCOGNITA）も示されており、Hondiusの地理情報にBlaeuの情報が加味されているという。1621年頃には、20cmの地球儀（NMM）を製作しており、後年の組み立てながら天球儀（NMM）の製作もみられる。なお、15cmのIsaac Habrecht IIの地球儀杯（terrestrial goblet globe）（NMM）は19世紀の複製とされている。

1612年より後、及び1625年に製造された2基の地球儀（いずれもHispanic Soc., N. Y. 蔵）の製作後、Habrecht IIは1628年に、彼の製作した天・地球儀を、ラテン語の著書“Tractatum de planiglobio coelesti & terrestri”、「地球儀及び天球儀の取扱（仮訳）」で説明した。彼の没後の1666年に羅、独訳（NürnbergのJohann Christoph Sturm訳）版が出版されたとStevensonは記している。残存する天・地球儀類はIsaac Habrecht IIによるものが多いが、甥のIsaac Habrecht IIIも協力したであろう。

Doppelmayr, Johann Gabriel

Doppelmayr, Johann Gabriel（1671-1750）はJohann Georg Puschner（1680-1749）と共同して、1728年に32cmの天・地球儀1対（Cathedral Library, Verona）を、1730年には、カラー刷り12枚のゴアを貼付けた直径20cmの球体、真鍮の子午環、銅板嵌込みで8角形の木製地平環および4本脚からなる高さ29cmの地球儀を製作した。同年に20cmの天球儀を、1736年には20cmの天・地球儀一対を製作しており、1736年の一対はGerman National Museum, Nürnberg

蔵となっている。

写真9はSchmidt氏蔵の1730年にNürnbergで製作された直径20cmのDoppelmayrの地球儀である。時輪を備えた真鍮の子午環と木製の八角形の地平環と脚からなる。同年、Puschnerと共に10cmの地球儀ゴアを製作している。Deutsches Museum, Munichには、1790年頃の花枠飾りに探検家達の肖像を描いた32cmの地球儀が、Anna Amalia Libraryには、Doppelmayrの1787年製とされる地球儀が収蔵されている。この地球儀は、直径32cmで、真鍮の子午環と銅板を貼り付けた木製の八角の地平環と脚からなるが、この1787年製とされる地球儀は、彼の没後の作品である。Doppelmayrは、大学で数学、物理と法律を学び、後に大学で数学を教えている。

写真9　Schmidt氏蔵Doppelmayrの地球儀
1730年、Nürnbergで製作された直径20cmの地球儀（Rudolf Schmidt (2007) Modelle von Erde und Raumによる）

Seutter, Mattheus

Seutter, Mattheus（1678-1756）は、1710年頃、Augsburgで20cmの天球儀（NMM）を製作した。この球面は、銅板印刷による赤道で分割された12枚、合計24枚のゴアとポーラカップからなり、地平環を備える。同年の23cmの地球儀及び天球儀は、それぞれヴェネチアのLibrary Professor Tono及びUrbinoのUniversity Libraryに所蔵されているが、RomeのAstronomical Museum及びMacerata のCommunal Libraryには天・地球儀一対がある。 また、1725年頃の作者不詳の36cmのドイツ製地球儀（NMM）は、Seutter, Matthaeusの製作と目されている。彼はNürnbergの彫刻家Johann B. Homannの下で見習い後、Augsburgで地図会社を立ち上げ、後に、Homannに経営を任せており、1730年には、「Atlas Novus Siv Tabulae Geographicae」2巻本を発行している。表1に、一件のみ表示されるデンマークのTycho Brahe（1546-1601）は1584年にアーミラリスフィアと直径150cmの天球儀を製作している。彼は、プトレミーかコペルニクスの天体システムのいずれかが正しいかを決定づける正確な天文観測を実施したといわれる。

北欧ではTycho BraheやValk, Gerhardのように球儀類製作または、製作者育成に多大な貢献をしてはいるが、自国外で活躍したためか、北欧における地球儀類の製作は独や蘭のように華々しくない。その中で、スエーデンのAnders Akerman（1721/23?-1778）はStockholmで1779年、直径30cmの天・地球儀一対を製作している。彼は、財政破綻に見舞われ、不遇の内に一生を終えたが、彼及びその後継者Fredric Akrel (1748-1804）による地図学的製作技術は高く評価されているという。1800年頃の石版印刷技術の開発以後は地図や地球儀の製作は迅速化でき簡便になったが、彼は既存地球儀を継承するばかりでなく、銅板を頻繁に更新して、最新の地理情報の表示に努めた。西欧では見られないが、彼らの地球儀に対する評価は高く、スエーデン国内では多く販売されているという（写真10）(Rudolf Schmidt, 2007)。写真10に示すSchmidt氏蔵の地球儀は、Anders AkermannがFredric Akrelと共同してStockholmで1779年に製作した直径30cmの地球儀である。他に、天球儀（同モデルの1759年製の30cm）が蔵されており、製造時期ではやや年を経るが天・地球儀一対とみなしてよいであろう。

写真10 Schmidt氏蔵のAnders AkermannとFredric Akrel共作による天・地球儀一対中の地球儀
1779年にStockholmで製作された直径30cmの地球儀、他に、製作時期は離れるが1759年製の同型、同寸法の天球儀があり、天・地球儀一対をなすであろう。(Schmidt (2007): Modelle von Erde und Raumより転載)

Johann Georg Klinger

Johann Georg Klinger（1764-1806）はNürnbergで1790年に32cmの天・地球儀一対（Rijkmuseum, Amsterdam）を製作しており、1792年製作の31.7cm及び25cmの地球儀は、各々、NMM、History museum, Frankfurtの所蔵となっている。また、1800年頃には、4.3～5.8cmのハンド地球儀（NMM）を製作している。1831年に、Johann Paul Dreykorn（1805-75）に買収されてはいるが、1832年には、J. G. Klingerの名を冠した美術商/骨董店のCarl Abel（Carl Abel of J. G. Klinger's Kunsthandlung）により、箱入りのオランダ版地球儀（Universiteitsmuseum, Utrecht）が、1850年頃には、4.3cmのミニチュア地球儀（NMM）がJohann Georg KlingerとCarl Abelの名で販売されている。後述のBetts社の例のように、販売戦略上、名義のみ残したことも考えられるが、定かではない。

Geograpisches Institut Weimar

Geograpisches Institut Weimar（1804-1907）の存続時代は1802-1861（ca.1869）、あるいは17C末～20C初頃と異なるが、Landes Industrie Comptoirとの混同のためであろう。Weimarの市立博物館（写真11）で2011年に開催されたGeograpisches Institut Weimar特別展（Die Welt aus Weimar/zur Geschichte des Geographischen Instituts）カタログによると、翻訳家・出版者・商社マンまたはオーガナイザなど様々な顔を持つFriedrich Justin Bertuchによりドイツ及びSaxony Weimarにおける社会及び経済の普及促進のため、1791年4月に設立された事業と出版を兼ねる商社「Landes-Industrie-Comptoirs」から地理研究所（Das Geographische Institut）は、1804年に独立している。銅板彫刻、地図作製者がおり、アトラス、各国地図、大陸の一般図や特殊図、地形・地質、天文図、月球図に加えて地球儀、天球儀の製造や、雑誌と地理統計年鑑も発行され、個人や一族経営の多い書籍や地球儀製造・販売、出版業とは異なり、ドイツのみならず西欧全般を見ても、注目すべき組織、今で言う総合商社であり、地図と地球儀製作や地理調査に先導的役割を担っていた。1798年には、Franz Ludwig Guessefeld（1744-1808）のデザインによる4インチ（10.4cm）の地球儀を製作しており、英NMMには箱入りの10.4cmのミニチュア地球儀が収蔵されている。クックの第2次、3次の航海路が日付付きで描かれているが、海洋には名前がなく、所謂、「沈黙の地球儀」'Stummer Globus' または 'Silent globe' [43] と呼ばれるものである。なお、英、Whipple博にも製作者は別であろうが、黒地に15°間隔の経緯線と白の汀線のみ描いた沈黙の地球儀が所蔵されている。Weimar市立博の特別展では、この研究所が1831、20年に発売した地球儀類のカタログが展示されており、1831、1832年の英尺4インチ、1825、1831年の1フートの地球儀、天球儀、1825、1832年のパリ尺8インチの地球儀、天球儀類が、金額や、子午環、架台の材質、さらには、地球儀類の使用にはJ. H. Voigt著「Cosmographische Entwickelung」参照のことなどが記されている。カタログ（正確にはその複製）には、地図、地球儀類や書籍の展示を示す写真（1848年当時の3, 4, 6, 8, 12インチの地球儀類、1859年のテルリウム、1871年頃のルナリウムのイラスト、1798年の10cmの天球儀、上述の販売カタログに記載された英尺1フートの天・地球儀一対の写真）などが示されている。また、特別展展示に、学校教材として、木製ケースに納まる地球儀や地図帳があり、後述のNMMのミニチュア地球儀は収納箱とともにこれに酷似し、学校教材の可能性がある。また、「沈黙の地球儀」は現在、書き消し可能で、本邦では「白地球儀」とよばれる地球儀で、教育用地球儀と推定される。この研究所の、少なくとも英仏の尺単位に合わせた地球儀製作は、標準となる尺度単位の国毎の相違を示すと同時に、輸出先の相手国に合わせた、きめ細かな製品が製作されていたことを示し、この研究所の販売戦略がうかがわれる。なお、創立年が正確なら、上記ミニチュア

写真11　Weimarの市立博物館
この建物は、Landes Industrie Comptoir及び地理研究所（Geographische Institut）の創立者、Friedrich Justin Bertuchの住宅兼事務所であったという。（Photo: Y. Utsunomiya）

地球儀の製作年が錯誤となるが、1798年の天球儀もあり、地理研究所発足前の製品であろう。終了年にしても1861年、69年頃あるいは20C初頃、1903年と記されているが、1855年のLudwig Denickeへの売却などを経て、少なくとも後継者により受け継がれ、1907年の広告掲載を最後に経営が閉じられたとされる。1798年から最初の科学的な地理学雑誌が発行されており、これは先駆的なもので、地球儀類はFranz Xaver von Zach, Adam Christian Gaspari, Heinrich Kiepert, Karl, Adolf Gräf, Carl Ferdinand Weiland, Julius Iwan Kettler, Carl Riemer及びKarl Christian Bruhnsらによって製造されている。写真12はAnna Amalia図書館蔵のWeimar地理研究所で製作された地球儀で、Karl Ferdinand WeilandとKiepertが描き、Jungmannが鏤刻した1847年頃の真鍮の子午環と地平環及び真鍮の支柱からなる直径31cmの地球儀である。ここには、この地球儀とともに、1831年頃製作されたKarl Ferdinand Weilandによる天球儀も所蔵されている。これは、石膏で表面加工された直径30.5cmの木球に、正確な観測やGilpinの新天球儀に基づき、3500余の星が描かれ、刻み目盛のある真鍮の子午環と鋼鉄と黒色の果樹材の架台からなる。

その業務をみると、この研究所は、現代における大学または国立の地理研究室/施設及び学会や、工房を兼ねており、一時期、4～500人もの従業員を抱えたといわれ、当時としては優良商社（?）であったといえよう。ただ、Bertuch自身の事業は、1806年のナポレオン戦争勃発後は、動乱に組み込まれ、政治的、軍事的に危機に落ち入ったといわれている（thesaurus.cerl.org）[44]。

写真12　WeimarのHerzogin Anna Amalia Bibliothek所蔵の地理研究所（Geographische Institut）で製作された地球儀（Photo: Y. Utsunomiya）

WeimarのKarl Ferdinand WeilandとKiepertが描き、Jungmannが鏤刻した1847年頃の地球儀。直径31cm、真鍮の子午環、真鍮のフレームのある地球儀。他に1831年頃製作されたKarl Ferdinand Weilandによる英国尺で示された天球儀がある。これは、3500余の星があり、正確な観測とGilpinの新天球儀に基づき、鋼鉄で木のフレーム、直径30.5cmの木球にチョークベース、真鍮の子午環は刻み目盛りされ、黒色の果樹材のフレームからなる。

Peter Salziger

Peter Salziger（ -1853）については、1850年頃製作された直径約16cm、高さ26cmの英文表記（輸出用）の地球儀がある。また、ニュールンベルグで製作された筒状ケース入りの8.5cmのポケット地球儀は、「M.P.S.」のイニシャルから彼の製作に係ると解釈されており、これにはCookの第3航海が描かれている（bonhams.com, Princeton.edu）[45), 46)]。どのタイプの地球儀か不明であるが、1853年のNew York産業博覧会の公式出品目録には「11 Terrestrial globes. -J. P. Salziger, Nuremberg, Bavaria.」と記されており[47)]、海外への地球儀販売に積極的であったこともうかがえる。Peter Salzigerは1816年頃、Nürnbergに越してきた熟練の大工で、1820年にはマイスターとなったが、製造所取引のための整備士であったといわれる。

Dietrich Reimer

Dietrich Reimer商会（Verlag Dietrich Reimer: 1845-1960's）は1845年にDietrich Reimer（1818-1899）が創設し、1852年、地球儀製造のAdami社を傘下に収めた。Adami（1802-1874）はReimer社の下で、地球儀の製造を継続しているため、地球儀の製作販売事業はこの時期に始まると見てよい。Dietrich Reimer商会は1861年、Berlinで78.7cmの地球儀（NMM）を製作している。NMMによれば、これには、クック航海の最南端地点やBellingshausen, 1821、Biscoe, 1833及びBalleny, 1839など6名の探検家の記録のほか、極東の米、西欧船会社の航路、海流や南極域の氷塊などの障害が注記されており、最新の情報では、Heard I., 1853やMc. Donalds I., 1854などもあり、4海洋名が記されている。1854年1月4日の発見者の名を冠したMc. Donalds島の発見は1861年時点の西欧各国では周知の事実であったことが知られる[48)]。1879年、Dietrich ReimerとHeinrich Kiepertの両名で販売されたDr. Heinrich Kiepert（1818-1899）編図による54cmの地球儀の花枠飾りには航路図の注記がみられる。1883年には、80cmの地球儀を、1905年頃には81cmの交通地球儀（world traffic globe）を製作している。このほか、19世紀末に製作された6個（10.5, 15, 21, 34, 54, 80cmなど）の地球儀がDietrich Reimer's collectionに残されているという。Omniterrum.comのWebsiteには、1927年に製造された半子午環を支柱に固定して、23.5度に地軸を傾けた卓上地球儀や1928、29年の半子午環型の卓上地球儀の紹介もある[49)]。また、Reimerは1853年に34cmの起伏地球儀（terrestrial relief globe）も製作しており、1853年のニューヨーク国際産業博公式カタログ（Official catalogue of the New York Exhibition of the Industry of All Nations. 1853）の36番には、「36 Observatory apparatus for seeking stars ; relief globes. −Dietrich Reimer, manu. Berlin. − Agent, B. Westermann & Co., New York.」と記録され、星の探査用観測機器とともに起伏地球儀が出品されている[50)]。1896年には、天文学者のCarl Rohrbach（1861-1932）による星座のない10.5cmの天球儀（private collection, Vienna）も製作している（Dekker Krogt, 1993）。omniterrum.com[51)]によると、この会社は、第2次大戦で破壊された後、1951年に再建されたが、以前のような繁栄に至らず、1960年代初頭に閉鎖を余儀なくされたとある。これと無関係かも知れないが、現在、ウエブ・ページには少なくとも書籍出版部門で同名の会社が存在する[52)]。

Max Kohl A. G

Max Kohl A. G.は独のChemnitzに1876年、設立された物理、科学機材・測定器、実験器具販売の株式会社で、研究者によっては単なるディーラーとの指摘もあるが、20世紀初めには有名企業の一つとなった（hasi.gr）[53)]。同社のカタログ[54)]では、そのほとんどが物理科学機器類で、海外向けに製品を販売しているが、卓上型の天文教育用教育機器類を除くと、その中には、本格的な地球儀は見当たらない。しかし、縦横高さ、42×42×71cm、直径30.9cmの床置き型で英文表記の英語圏輸出品としての地球儀が、福山誠之館同窓会に所蔵されており[55)]、この会社による地球儀の製作（福山誠之館同窓会webpage及び三村敏征氏の私信、測定と画像による）が窺える。現存するスミソニアンのコレクションカタログには同型の地球儀はなく、奇異であり、会社の主力は科学/化学測定器機類で、地球儀製造は従であったようにも見受けられる。福山誠之館同窓会の三村敏征氏の指摘されたように球面のSt. Helena

(a)

写真13（a）　福山誠之館同窓会蔵、Max Kohl社製の床置き地球儀（福山誠之館同窓会webpageによる）
英文表記から英語圏への輸出品であることを示す。

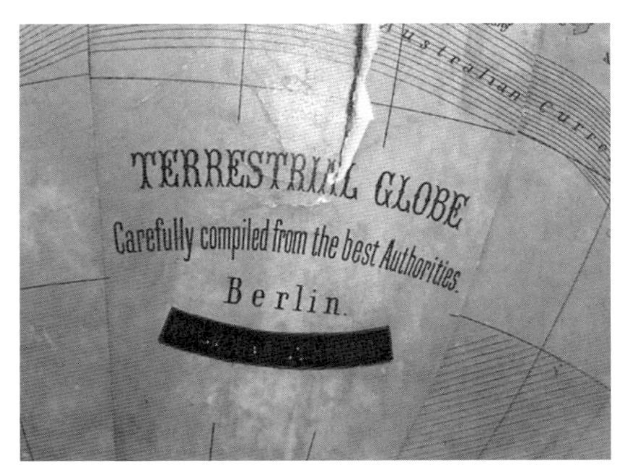

(b)

写真13（b）　Max. KOHL A. G. CHEMNIRZ社の床置き地球儀の花枠飾り部分（福山誠之館同窓会提供、三村征雄氏撮影）
花枠飾りの “TERRESTRIAL GLOBE/ Carefully compiled from the best Authorities/ Berlin/ MAX KOHL A.G. CHEMNITZ” では、「MAX KOHL A. G. CHEMNITZ」の文字が別書体で、かつ、黒枠内に白抜き文字で、デザイン上の統一がないこと、科学器機製造販売を専門とするこの会社（本社?）がCHEMNITZに存在するにも拘わらず、製造地を示すと思われるBerlinが記されていることなど疑問が多い。ゴアの印刷後、花枠飾りのデザインに対応させ、下に凸の文字を配列したｽﾀﾝﾌﾟで黒枠部分を重ね書きしており、Berlinの地球儀製造会社の地球儀に急遽、自社名や所在地を押印したと推定されるが、インクの化学分析で明確となろう。こう判断して、「MAX KOHL A.G. CHEMNITZ」を注視すると、この部分の地色は他の部分のそれより薄く、上3行と類似のフォントの活字や模様が微かに浮かぶが明瞭ではない。しかしながら、この地球儀は他社製の名称等を消し、自社印を押した可能性が高いと解釈される。

の遥か南方、南緯40-60°の英文名称が「SOUHT」と誤植されている。誤植は「Hitlerの地球儀」（後述）の逆ケースであるが、独語圏の癖が出たのであろう。このため販売に後れを取り、地球儀部門は閉じられ、製作数が限られたのかも知れない。（写真13a, b）

花枠飾りの記載「TERRESTRIAL GLOBE/Carefully compiled from the best Authorities/Berlin/MAX KOHL A.G. CHEMNITZ」では、「MAX KOHL A.G. CHEMNITZ」の文字が別書体で、かつ、褐黒色の枠内の白抜き文字であること（正確に言えば、褐色の球面を緑混の褐（汚）色に塗り、その上に少し小さい褐黒色塗り潰しに白抜き文（陰刻）で印字）、上の三行とデザイン上の統一性がないこと、科学器機製造販売を専門とするこの会社がCHEMNITZに存在するにも拘わらず、製造地（?）を示すBerlinが重複して記されるなど疑問が多い。緑混の褐（汚）色の縁幅（褐黒色塗潰し枠の外側に結果として生ずる）が不規則に変化すること、上側縁の左右角のはみ出し、下側右角の曲線が左側と異なることから、ゴア印刷と同時でなく、既印刷の社名等を緑混り黒褐色塗料で上塗り消去し、その上に陰刻スタンプ（黒色塗料を用いて）で自社名等を押印したと判断できる。この文字配列は、「Berlin」の上側のデザインに対応するように、南（下）側にカーブさせ、違和感を押さえてはいるが、文体と印字の異質感は隠せなかった。改板によるゴアの印刷に時間が無く、買収したBerlinの地球儀製造会社の地球儀の花枠飾りに急遽、自社のMAX KOHLや所在地を押印したと推定される。インクの質の科学分析でこの花枠飾りの印刷の異同は明確とはなろう。こう判断して、「MAX KOHL A.G. CHEMNITZ」の文字の下側を注視すると、心なしか、上のフォントと同じ文字が微かに浮き上がるように見えるが、気のせいであろうか。現段階では、この地球儀は買収したBerlinの会社名を花枠飾りから消し、急遽、自社名等を押印したものと推定される。なお、1876年創立のMAX KOHL A. Gが、1911年のカタログ（todocoleccion.net）や、1940年の有価証券（sammleraktien-online.de）[56]まで活動したとすれば、この地球儀の製造年は1876年（明治9年）＋αから1940年頃の間と推定されるが、最近の研究では、後年のユーザによる1935年頃の加筆（?）を除くと、球面上の1）東欧バルカン半島の国境、2）アフリカ植民地の名称（Congo Free State 1885-1908）、3）日本周辺では樺太の日ソ国境（1905）、山東半島の都邑、港湾名の独製地球儀への表記が1898年以降であること、4）中・南米では1904年の国境線の表示などから、この地球儀の製作年は1898-1908年頃と推定されている（宇都宮・三村・Wohlschläger, 2016）[57)]。

Geographisch Artistische Anstalt (Ludwig Julius Heymann)

ベルリン州立/国立図書館の説明によると、Ludwig Julius Heymannは1858年にBreslau（プロイセン時代の名称、現在のポーランド領Wrocraw）で設立され、1861年まで書店として、1883年にはBerlinに移り、Geographisch Artistische Anstalt Ludwig Julius Heymann（1833-1930）の名前で地球儀を製作した。Schotteと同様に直径の異なる例えば、直径5, 8, 10, 15, 19, 25, 32及び37cmの地球儀を製作している。この会社の地球儀は外国向けの金属の彫像や木製フレームに支えられる単純な型で、ゴア（世界地図）のデザインはProf. Dr. Henry Lange（1821-1893）が担当している。1899年のHeymannの死後、多くの経営者により経営されている。1909年頃、ライプチッヒに移り、第一次大戦後までWagner & Debes社と共同で経営されたが1930年に閉店したという（staatsbibliothek-berlin）[58)]。

ベルリン州立図書館に所蔵されているHeymann製作に係る地球儀類は、1880年頃の5cmの直立支柱地軸一体型（串刺し型）、1892/94年頃の10cmのアーム付き直立支柱、1883/88年及び1880/95年頃の15cmのヘラクレス彫像の支柱、1905/06年頃19cmの直立型支柱の地球儀、1905年頃には時計上に半子午環をのせる19cmの地球儀、1905年頃及び1909年頃のいずれもアーム付き直立支柱の19cmの地球儀、1889/91年頃の25cmの角度付き半子午環地球儀、1909/11年頃の25cmで半子午環型の起伏地球儀、1925/28年頃の32cmの半子午環、1884年頃の37cmの半子午環の地球儀などである。これらのほとんどが小型の卓上型で、置き時計または彫像の上に乗る装飾・工芸品の類いである。地球（球体部分）は同社製の地球儀のみでなく、理科教材のルナリウム（Lunarium）の構成部品としても使用されている（wp1.fuchu.jp[59)]）。

Ernst Schotte & Co社

Ernst Schotte & Co（エルンスト・ショッテ社）は、1855年に創立され1940年まで続いたベルリンの出版社であり、1861年から起伏地球儀を含み、15の異なる言語で、単純な半子午環から子午環、時輪、磁針を備える球儀の椅子型地球儀類を含み、直径2, 5, 4, 7, 9, 12, 15, 17, 25, 33, 40, 48, 66及び125cmなどの直径の異なる地球儀類を製作した。さらに、テルリウムや4サイズの天球儀をも製作しており、これらの小さな球径の地球儀（球体）はテルリウム等の構成部品として生産されたであろう。なお、このSchotte社は、19世紀後半の有力企業の1つをなしたと言われる（staatsbibliothek-berlin）[60)]。

ベルリン州立図書館に所蔵されているErnst Schotte製作の地球儀類には球儀の椅子型はないが、以下のような各タイプの地球儀がある。1890年頃の2.5cmの串刺し（地軸支柱一体型）地球儀、1864/71年頃の12cmの恐らくテルリウム用と思われる地球、1892/95年頃の串刺し地球儀、1900/02年頃、角度付き支柱地球儀が製作されている。他に、1889/90年頃の15cmの、1869/74頃17cmの、1878/81頃17cmのいずれも半子午環型の地球儀、1870/72年頃の25cmの木製三脚及び金属支柱にサポートされる地平環を備えた全円子午環型、1874/76年頃の、25cmの串差し地球儀、1883/85年頃の25cmの角度付き支柱地球儀に加えて、1867/68年に仏のHachetteと共同販売した33cmの金属彫像支柱の半子午環地球儀などがある。この球面のインド洋、マクドナルド島北東部の花枠飾りには「GLOBE SCHOTTE de Berlin/revu et corrige/par/M. VIVIEN DE SAINT-MARTIN/PARIS/L. Hachette & Cie」と記されている。英文では「GLOBE SCHOTTE Berlin/reviewed and corrected/by/M. VIVIEN DE SAINT-MARTIN/PARIS/L. Hachette & Cie（仮訳）」となろう。さらに、1867/74年に英文版の33cmの木製三脚支柱の地平環に収まる全円子午環型の33cm

の地球儀（1870/72年版と同デザインでMettke製作）、1878/81年には33cm/7cmの月に付属した角度付き地軸支柱一体型地球儀（テルリウム）を、1884/85年には33cmの半子午環の地球儀、1892年及び1902/03年頃、1903/05年頃、1920年、1925/30年には2個の33cmの学校や家庭教育用の半子午環型地球儀を製作している。1940年製作の33cmの学校及び家庭用地球儀のゴアが残されており、同年の地球儀製作が推定される。1908年頃には40cmのユニバーサル地球儀（Universal-Globus）が、1875/78年頃には木製支柱に続く金属の地平環支持枠と地平環及び全円子午環を備えた40cmの起伏地球儀が製作されており、この起伏地球儀の花枠飾りの記載はパリのHachette社の委託製造・販売品を示す。1924年頃の48cmの半円子午環型の交通地球儀（Verkehrsglobus）に加えて、1935年頃の48cmのVerkehrsglobus（交通地球儀）用ゴアが残されており、地球儀の生産が示唆される。天球儀については、1893/95年頃の、串刺し地軸支柱一体型の12cmの天球儀が、1880年頃の木製3脚支柱に続く金属の（地平環）支持枠に支えられる木製地平環に納まる真鍮製子午環を備えた33cmの天球儀及び、1881年頃の8cm、1875/1900年頃の（博物館ではテルリウムと誤称）ルナリウムがある。但し、後者（Kart. 26520）は地球（儀）の欠落を除くと、福山誠之館同窓会の「三球儀（No.02379）」に酷似する。さらに、1890年ころの11cmのプラネタリウム（Planetarium）、1894年の水平面が円環内に納まる43cmのアーミラリスフィアなどの製造が知られる。福山誠之館同窓会の「三球儀、No.02379」のルナリウム（Lunarium）の地球の花枠飾りには、「TERRESTRIAL GLOBE/constructed by/Th. Mettke/BERLIN,/ERNST SCHOTTE」とあり、文字盤には「Geograph Artist Anstalt/Ernst Schotte & Co in Berlin」と記されている[61]。上記のとおり、このルナリウムの架台その他の構成部品及び外観はベルリン州立図書館のそれ（Kart. 26520）に酷似する。但し、それは独語圏向けの独文表記であり、福山誠之館同窓会の英語圏向け英文表記の輸出品とは異なる。その製作年が、1875/1900年と推定されており、このタイプのルナリウムの生産が同一時期であれば、この福山誠之館同窓会のルナリウム（三球儀02379）は1875/1900年頃に製作されたことになろう。

また、同社の製作した地図の中には起伏地図もあり、doeandhope.comのwebpageによると、縦横20.5cmの漆喰（石膏?）製のそれぞれ東半球、西半球の壁掛けの起伏地図が1876年にベルリンで製作されており[62]、起伏地球儀製作の基礎技術はこの時点で有していたとみられる。一般に、ERNST SCHOTTE社製の製品はTh. Mettke印刷所との提携により製作されており、ルナリウムや1890〜1900年製作に係る33cmの地球儀もTh. MettkeとShotte社による製造・販売を示す。1865年の12枚のゴアを張り子の球に貼り、真鍮の半子午環を支える丸削りの黒い木製支柱で全高、44cmほどの卓上地球儀（millersantiquesguide.com）[63]も「Geographisch: Artist. Anstalt v. Ernst Schotte in Berlin Gez. u. gest. von Th. Mettke. Lith. Anst. Berlin」とあり、製図はSchotte地理（地図）製作、鏤刻はMettke石版印刷（Lith. Inst. v. Th. Mettke）による共作である。

2.1.2.4　オランダ、ベルギー

ネーデルランド（蘭）では、メルカトール（Gerardus Mercator, 1512-1594）、アブラハム・オルテリウス（Abraham Ortelius, 1527-1598）、ホンデウスHondius, Jodocus（1563-1612）、ブラウ（Blaeu, Willem Jansz. (1571-1638), Johannes Janssonius (1588-1664), Valk, Gerhard (1626-1720) などが地球儀製作に関わっている。製作された地図や地球儀のあるものはフェルメールの絵画にも描かれ、また、あるものは江戸時代の窓口が長崎に限定された鎖国政策下の本邦にも舶来している。教科書や壁地図で目にする、あまりにも有名な図法の陰に隠れ、メルカトールが地球儀を製作したことは我が国では、あまり知られていない。著者もアムステルダム開催のISPRS 2000（国際写真測量学会）の際に訪れた海事博物館で1580年のメルカトール地球儀の複製（10.8cm, インド製）を目にして再認識させられた。

Frisius, Gemma

ゲンマ・フリシウス、Frisius, Gemma（1508-1555）は1530年、地球儀（Franciscеum Gymnasium, Zerbst）を、1536年頃にLouvainでGemma Frisius, Gaspard van der Heyden及びGerardus Mercatorの3人で直径37cmの地球儀（Osterreichische Nationalbibliothek, Vienna）及び天球儀を製作し、翌1537年にもLouvainで同寸法の天球儀（Franciscеum Gymnasium, Zerbst, NMM）を製作している。彼は、商人の子として生まれ、後にルーヴァン大学で学ぶとともに、そこで教鞭を執った。数学、天文及び地図学の労作で知られるPetrus Apianusの「Cosmographia（1529）」注解、「De usu globi, 1530」、「球儀の利用（仮訳）」などを著す他、地球儀を製作し、メルカトールを指導している。

Gerard Mercator

Gerard Mercator（1512-1594）は、フリシウスの指導により、地球儀製作を手がけ、1541年製作の3枚の地球儀用ゴア紙片（Koninklijke Bibliotheek Albert I, Brussel）を残しており、1541及び1551年には、Louvainで42cmの地球儀（NMM、Astronomical Museum, Rome）を製作した。WeimarのAnna Amalia lib.には1541年より前に製作されたという直径42cm、高さ55cmの地球儀が所蔵されている（写真14）。さらに、彼はガラスに星座を刻んだ天球儀もDuisburgで製作している。表1から、41〜42cmの地球儀は、Astronomical Museum, Romeを含め、少なくとも13基は存在したことが知られ、オスマン帝国の第12代皇帝ムラト3世（1546-1595, 在位1574-1595年）が所蔵した1579年製の直径29.5cmの天・地球儀一対はメルカトールの工房で製作されたとみられている。また、星の位置計算に、コペルニクスの軸変動説を、初めて適用したとも言われている。

写真14　WeimarのAnna Amalia図書館蔵の1541年より前に製作されたメルカトールの地球儀（Anna Amalia Lib. 提供）
直径42cm、高さ55cmの地球儀で、銅板印刷による12枚のゴアと2枚のポラーカップ、真鍮の子午環、時輪、地平環、6重の目盛のあるオーク材の地平環と脚からなる。

地理及び地図学者のメルカトール（Gerardus Mercator: ラテン名はGerardus Mercator de Rupelmonde, 1512-1594）は、フランダースの貧農兼靴屋に生まれ、司祭の叔父Gisbertの保護もあり、司祭になるべく、ルーバン（Louvain）大学で人文学と哲学を修めた。大学卒業後、アリストテレスの世界観と宗教の教義との一致に苦心し、哲学を諦め、心機一転を図った旅行の間、神の創造した地球の構造を説明する地理学に興味を持ったといわれる。Louvainに帰り、フリシウス（Gemma Frisius）について数学を学びはじめた。数学の基礎がなく一時挫折したが、師の助言もあり、数学の地理や天文学への応用を模索し、学生らに数学を教えると共に、ヘイデン（Gaspard Van der Heyden）から彫刻と機器製造を習った。1535-36年にかけてヘイデン（Van der Heyden）とフリシウス（Gemma Frisius）の下で地球儀を製作したが、銅版印刷によるゴアは、フリシウス（Gemma Frisius）が地図を担当し、メルカトールは彫刻者として関わった。1537年にはVan der Heyden と Gemma Frisiusとともに、対等の立場で、天球儀を製作し、同年、パレスチナの地図を、翌1538年にはハート形（heart-shaped; cordiform）と呼ばれる仏数学者のOronce Fineの投影法による最初の世界図を発行した。この地図には北から南に広がるアメリカが描かれ、その北の部分にアメリカが命名された最初の世界図でもある。1540年に、ジェント市（Ghent）を故意に強調した政治的意図をもつフランダースの地図を、1541年には最初に航程線（Rhumb line）を描いた41cmの地球儀を製作している。1544年には宗教上の異端を疑われ、7ヶ月間、ルペルモンド（Rupelmonde）城に投獄されている。家宅捜査でも異端の証拠はなく、Louvain大学の支援により同年に釈放され、Louvainに移転したが、生活は困窮を極めたという。1548年のLouvain着任後のJohn Dee（数学者、占星術師）とは3年間、友人して仕事を共にした。この間、1551年には1541年の地球儀と同サイズ（41cm）で、1550年に宇宙のコペルニクスモデルにより修正した星座の位置を表す天球儀を製作した。1552年には、Duisburgに移り、ここで、西欧各国の世界図を製作している。1559-1562年はDuisburgで教鞭を執り、1569年には航海図として重宝される有名なメルカトール図法による世界図を刊行している（mcs.st-and.ac.uk）[64]。同図法はドイツで彼の50年前に開発済みとの情報もあるが、事実ならば、オゾンホール第一発見者の日本人研究者と同様、先駆者、必ずしも名誉獲得ならずの好例であろう。

Abraham Ortelius

アブラハム・オルテリウス（Abraham Ortelius, 1527-1598）はアントウエルペン生まれの地図製作・地理学者で、西欧を旅行している。1547年、地図の刷師ギルドに属し、1554年にはGerhard Mercatorにも会ったという（trinitysaint-david.ac.uk）[65]。1564年に世界図（mappemonde）を、次いで、1565年、エジプト、1568年、オランダ、スペインの地図を、1570/72年には、有名な地図帳「世界の舞台（Teatrum Orbis terrarum）」を製作した。彼は、ウエーゲナーより遙か昔の1596年に大陸の輪郭から大陸移動説を提唱したという（princeton.edu）[66]。ただし、数々の証拠を挙げて科学的説明を加えたのは畑違いであるが、Köppenの義理の息子で高層気象学者のウエーゲナーの他にはいない。オルテリウスは地球儀製作者への世界地理情報の提供では多大な貢献はしてはいるが、地球儀の製作そのものには直接関わっていない。高知尾仁（1991）[67]によると、宗教的には中立で秘密結社「愛の家」のメンバーであり、画家のブリューゲルの友人でもあったオルテリウスは、1576年のスペイン兵の略奪や争乱を逃れJohhn Deeに身を寄せ、1577年には、Dee（1527-1608）の図書館も訪問している。海賊、後に軍人のFrancis Drake（c.1540-1596）の友人で、世界周航の後ろ盾でもあったDeeは、同年、「完全なる航海術に関する一般的かつ希少なる記録」を通じ、海賊を海軍に編成することを提唱している。数学、天文学及び占星術師の彼は、西欧各国に招聘され、その間、フリシウスども知人となり、Mercatorの地球儀をケンブリッジに持ち帰っているという。

Langren父子

Langren家は祖父のJacob Floris van Langren (ca 1525-1610) と息子のArnold FlorentiusVan Langren (1580-1644)、孫のMichael Florent van Langren（1598-1675）の三代つづく天文学者、地図製作者一家で、Arnold FlorentiusVan Langren（1580-1644）は1580及び1585年に32cmの地球儀（1585年のみAstronomical Museum, Rome）を、Jacobと息子のArnoldは1586年に、32.5cmの天球儀（Stifts Och Landesbiblioteket, Linköping）を、1589年に、52.5/53.5cmの地球儀（Rijkmuseum Nederlands Sheepvaartmuseum, Amsterdam）及び、32.5cmの天・地球儀一対（NMM）を、1594年には32.5cm天球儀及び29cmの地球儀（Historisches Museum, Frankfurt）を製作した。1597以降、Jacobと息子のArnoldは52.5cmの地球儀（Muzeum Archidiecezjalne, Wroclaw）を、1612、1616年には息子のArnoldが53cmの地球儀（City Museum, Zütphen, University of Ghent, Ghent）を、1625、30年には、52.5/53cmの天・地球儀一対を製作し

ており、1625年の地球儀はNMMが、天・地球儀一対はAntwerpのPlantin-Moritus Museumが、1630年の一対はLeipzigのHiersemann, Karlが所有している。

Hondius, Jodocus父子

Hondius, Jodocus（1563-1612）は1592年に、60cmの天球儀（German National Museum, Nürnberg）を、1597年より前にはJodocus Hondius the Elderが8cmの地球儀用ゴア（Württembergische Landesbibliothek, Stuttgart）や、35cmの天・地球儀一対を製作しており、LucerneのHistorisches Museumが所蔵する。1597年4月以降製作された35cmの地球儀は、StrasbourgのMaison de l'Oeuvre Notre-Dameに、1598年より以前に製作された8cmの天球儀ゴアはStuttgartのWürttembergische Landesbibliothekに現存する。彼は、1598年頃に、35.5cmのPetrus Planciusの天球儀（Historisches Museum, Lucern）をAmsterdamで、1600年には35.6/34cmの天球儀（NMM）及び34/35cmの天・地球儀一対（Library Henry E. Huntington, New York及びLibrary Sr. Giannini, Lucca）を、1601年に21cm及び34cmの地球儀（NMM）及び同寸法の天・地球儀一対（Municipal Museum, Milan）を、1613年には35.6cmの地球儀、55及び53.5cmの天・地球儀一対（City Library, Treviso）を製作している。

Hondius父子による地球儀の区別は難しいが、1613年に息子のJodocus Hondius Jr.（本名Adriaen Veen; 1594-1629）が製作した53.5cmの地球儀はAmsterdamのRijkmuseum Nederlands Sheepvaartmuseumに、同寸法の天球儀はNMMに所蔵されている。1614年製作の21cm及び32cm、1615年製作の21cmの天・地球儀一対はFlorence のLibrary Sr. Lessiに、天球儀はローマのAstronomical Museumに収蔵されている。同年、ミラノでRossi, Giuseppe deが、Hondiusによる1601年版の21cmの地球儀を複製しており、こちらの方はNMMに収蔵されている。1618年の34cm及び21cmの地球儀は各々、NürnbergのGerman National Museum及びNew YorkのHispanic Society of Americaにある。息子のJodocus Hondius Jr.は1620年以降、1613年版を改版した53.5cmの地球儀（NMM）を、1640年には、53cmの天・地球儀一対（Episcopal Seminary, Portogruaro）を製作した。

なお、1613から1618年の間に製造された35.6cmの地球儀（NMM）は1600年のゴアの1613年以降の改板によるとされる（NMM）。次男のHondius, Henricus（1597-1651）は1640年に直径52又は53cmの天・地球儀一対を復刻製作している。ホンデウスHondius, Jodocus（1563-1612）はジェント（Ghent）生まれの彫刻家で地図製作者とされる。1583-1593年のLondon生活の後、1593年にアムステルダムで開業し、上記のように、数々の地球儀を製作した。ロンドン亡命時代に、英国最初の地球儀製作者であるEmery Molyneuxの球儀製作でゴアの原版を鏤刻している。Emery Molyneuxの小地球儀の銅板を1593年に持ち帰っており、ほとんど指摘されてはいないが、蘭帰国後のHondiusの地球儀製作は、Molyneuxの指導の賜とみてよい。Molyneux自ら、1596、97年のオランダ移住の際に、大判の天・地球儀一対の銅板をアムステルダムに持ち込んでいる。また、結果は不明であるが同業者のJacob Van LangrenとHondiusの法廷闘争があったという（Anna Maria Crinò and Helen Wallis, 1987）[68]。時代を問わず商業活動上の争議は熾烈であったようで、恐らく後発のHondiusによる地図や球儀類の図法や製作技術の模倣が原因であったと思われ、後発者の人柄が垣間見える。彼は1604年にメルカトールから版権を購入して、約40枚の地図を追加し、1608年にメルカトール名義の地図帳を発行した。今日、地図帳をアトラスと呼ぶが、これはメルカトールの遺言に由来するという。彼はメルカトールの再評価に貢献し、1577年には世界周航前の海賊から海軍将兵に昇格した（?）ドレイクの肖像画を制作している。これには地球儀が描かれ、世界周航を意図することは前述の高知尾氏の指摘のとおりである。ついでながら、実見したところではNational Portrait Galleryの無名画家によるドレイクの肖像画はHondiusのモチーフである甲冑を地球儀に換え、右手で鷲掴みさせており、無名ながらも愛国的画家による模作とみられる。なお、当時、地球儀類が絵画のモチーフとされているが、地図、地球儀類を多く描いたVermeerは、彼の天球儀と地球儀を知人（Antoni van Leeuwenhoek）から借りて、1660年代末に、天文学者（Astronomer）や地理学者

(Geograph) などの絵画を描いたという (Arthur K. Wheelock, 1997) [69]。

Johannes Janssonius

Johannes Janssonius (1588-1664) は1621年に作成した12cmの地球儀ゴア (Library Leiden University, Leiden) を残しており、地球儀の製作が窺われる。NMMには、Janssonius, JohannesとSeyler, Johann Tomasの共作とされる地球儀時計が所蔵されており、そのスケールは28×12cm、球径は9.5cmで 駆動部は1.2×5.1cmとされる。同館によれば、この地球儀時計は、1650年のゴアに17C中頃の駆動部が取り付けられているが、1620年代のJanssoniusのゴアには認められない'Strait of Ie Maire'が加筆され、19世紀又は20世紀初頭に製造されたと推定されている (NMM)。Johannes JanssoniusはArnhemの出版兼本屋の子として生まれ、若い頃、本の印刷や取引を教わり、1612年にはJodocus Hondiusの娘婿となり、蘭の有力な本屋一族に加わった。1616年にはフランスやイタリアの地図を初めて発行した。1623年には、Frankfurt am Mainに、遅れて、Danzig, Stockholm, Copenhagen, Berlin, Königsberg, GenevaやLyonに書店を展開し、世界図や都市図、アトラスをBlaeu出版と競合しつつ発行した。"Atlas Majoris Appendix" (1639), "Atlas Novus" (1638以降) 6巻及び "Atlas Major" 11巻 (1647) を発行した彼は義兄弟のHenricus Hondiusらと共同して、1630年代にはMercator/Hondius/Janssoniusの地図帳を刊行している。

Willem Jansz Blaeu父子 (Willem Jansz, John Wiliamson Blaeu及びCornelis Jan Blaeu)

Willem Jansz Blaeu;Willem Janszoon Blaeu (1571-1638) と2人の息子、Joan Blaeu; Johannes Willemszoon Blaeu (1596-1673) 及びCornelis Jan Blaeu (ca.1610-1644) らは1597年に34cmの天球儀 (Cambridge Massachusetts, Harvard University, Houghton Library)、1599年に同寸法の地球儀 (University Library, Göttingen) を製作している。また、1598年頃とされる3枚の天球儀用ゴア (Houghton Library (Harvard University), MASS. , Cambridge) も残されている。彼は1602年に、24cmの天・地球儀一対 (City Library, Nürnberg)、1603年に34cmの天球儀 (German National Museum, Nürnberg)、1606年に13cmの天・地球儀一対 (British Museum, London)、1616年に10cmの天球儀及び地球儀一対 (Muller, Frederick, Amsterdam) を、1621年には、1602年のゴアを同年に改版した23cmの天球儀や地球儀を、さらに、1603年のゴアを1621年以降に改版して34cmの天球儀や同寸法の地球儀 (1599年版ゴアを1621年以降改版) を製作しており、いずれもNMMに所蔵されている。1621年以降、34cmの地球儀 (Rijkmuseum Nederlands Sheepvaart-museum, Amsterdam)、1622年に67cmの地球儀 (German National Museum, Nürnberg) 及び同寸法の天球儀が製作されており、BolognaのAstronomical Observatoryは天球儀、地球儀の双方を所有する。1640年の67cmの天・地球儀一対 (Loyal Library, Madrid及びGeographical Institute, Utrecht)、60cmの地球儀ゴア及び24cmの天球儀 (British Museum, London)、76cmの天・地球儀一対 (Math. Phys. Salon, Dresden)、1645/46年の 68cmの天・地球儀一対、1650頃の68cm天球儀 (NMM)、1650年より前に製造された地球儀 (Anna Amalia Lib. 及びWienの個人蔵) など、地球儀類が各地に残されている (写真15)。なお、1682年には、Johann van Keulen, (fl. 1675) がBlaeuの1599年版で43cmの地球儀 (Marine School, Rotterdam) を複製している。

ブラウは蘭の地図学者兼地図発行者で、北オランダのUitgeest又はAlkmaarのニシン商の家に生まれたが、数学と天文学に興味を持ち、1594-1596年にはデンマークの天文学者チコ・ブラエ (Tycho Brahe) に師事し機器と地球儀製作技術を習得した後、1599年にAmsterdamに移り、地図及び地球儀製作を始め、Atlas Novusのような地図帳、各国地図や世界図を製作し、1633年には東インド会社 (Dutch East India Company.) 指定の地図製作者となった。また、編集人として、ウィレブロルト・スネル (Willebrord Snell)、デカルト (Descartes)、エイドリアン・メチウス (Adriaan Metius)、レーマー・ヴィシア (Roemer Visscher)、ゲルハルド・ヨハン・ヴォシウス (Gerhard Johann Vossius)、カスパー・バーラウエス (Caspar Barlaeus)、ヒューゴー・グロチウス (Hugo Grotius)、ジョースト・バン・デン・フォンデル (Joost van den Vondel)、ペータ・コーネリズーン・ホーフト (Pieter Corneliszoon Hooft) らの作品

写真15　WeimarのAnna Amalia図書館蔵の1650年より前に製作されたBlaeuの地球儀。ただし、補強枠下部の脚は展示台の穴に隠れる（Photo: Y. Utsunomiya）
1621年より後に製作された直径34cmのSchmidt氏蔵の地球儀は、従来の本初子午線が描かれるが、Anna Amalia図書館蔵の1650年以前の製作とされるBlaeuの地球儀の本初子午線は、黄道と赤道との交叉から推定すると、1494年のトルデシリャス条約による境界線「LINEA DIVISONIS CASTELEANORV ET PORTVGALIEN」に置かれているようである。

を発行した。彼の死後、2人の息子JohannesとCornelisが事業を引き継ぎ、1599年に34cmの地球儀、1602年に24cm、1606年に13cm、1616年に10cm、1622年に67cmの天・地球儀一対を製作している。1640年の67cmの天・地球儀一対及び1648年の蘭独立を記念した壁地図は息子のJoan（Johannes）らの発行であり、Blaeu家は地球儀や多くの地図を世に送り出し、そのあるものは、本邦にも舶来し、国会図書館（A-9360）など数点残存している。1604年頃、Blaeu商会は設立され、1621年まで‘Guilielmus Janssonius’又は‘Willem Jans Zoon’と署名したが、競合相手のJohannes Janssonius（1588-1664）との混同を避けるため、‘Blaeu’に変えたという。1638年以降、息子のCornelisとJoan（1596-1673）に引き継がれたこの会社は、1672年の火災で灰燼に帰した。その後、Amsterdam出版社Covens & MortierのようなBlaeu家の相続人と後継者らが、17Cから18CにかけてBlaeu 家の成果を発行し続けたとされる（georgeglazer.com）[70]。

Valk, Gerhard父子（Gerhard及びLeonard）

Valk, Gerhard（1626-1720）はデンマークやアムステルダムで活躍した画家、銅板彫刻家で、出版業を営み、1700年に、23cm及び30cm、1707年に30cm、1715年に46cmの天・地球儀一対を、1745年には62cmの地球儀、1750年にはそれぞれ、23cm、30cm及び、46cmの天・地球儀一対を製作しており、九州の松浦家も1700年製と目される、いずれも直径、31cmの天・地球儀一対（松浦史料博物館蔵）を入手している[71]。アムステルダムでGerhard及びLeonard Valk（1675-1746）父子が1715年に製作した直径45cmで、張り子の球面に20度ごとに印刷された18枚のゴアを貼付けた地球儀（Bologna Astronomical Observatory, Bologna）は金色のプッチ（putti; キューピット似の幼子）に支えられた地平環に収まる[72]。また、九州鍋島藩が1844（天保15）年に入手した実質的には息子のLeonardによりValk工房で、1745乃至1750年に製作された地球儀（全高34.5cm、直径22.2cm）及び天球儀（全高34.5cm、直径24.8cm）は武雄市歴史資料館に収蔵されている。製造年に5年の差があるが、球径、デザインの類似から天・地球儀一対と言えよう[73]。なお、製造約1世紀後に入手された鍋島家の天・地球儀一対は、当時の航海用の最新品ではなく、古物商の扱う類いの地理情報が陳腐な地球儀であったが、東洋では最新の舶来物として珍重されたであろう。他に、年不詳ながら、UtrechtのUniversiteits museumには、GrardとLeonard 父子のValk工房で製造された7.75, 15, 23, 31, 39, 46及び62cmの天球儀及び地球儀一対が収蔵されている。写真16a, bはSchmidt氏蔵のValk父子が1700

(a)  (b) 

写真16　Valk父子の天・地球儀一対（Schmidt (2007) Modelle von Erde und Raumによる）
（a）地球儀、（b）天球儀、1700年、Gerard Valkと息子のLeonhard ValkがAmsterdamで製作した直径23cmの地球儀及び天球儀

年に製造した直径23cmの天・地球儀一対である。

Merzbach & Falk

Merzbach & Falk（1875-1882）は、1875年にThéodore Falk-Fabian（1845-after1914）とHenry Merzbach（1837-after 1892）の両名によりBrusselsに創立され、Mercatorの地球儀や月球儀の曲面部品の複製を販売していたが、1875年からメルカトール（Gerard Mercator）のゴアをもとに地球儀や天球儀を複製した。1878年頃から“Géographique de Merzbach et Falk.”の名の下に最新の地球儀類を、1879年には、32cmの地球儀を製作している。1882年にはMerzbachが退き、Falkが地理研究所“Institute National de Geographique（1882-c.1900）”を創立した。これは急速に名声を得て、各サイズ、各国語表記の地球儀類を製作した。この地理研究所は1898年に息子のHenriに継承されたが、1900年代初頭、おそらくは、父の死後まもなく閉鎖されたといわれる（omniterrum.com）[74]。

2.1.2.5　フランス

年代的には、オランダの地球儀製作時代より遅れ、英国と並ぶフランスではRigobert Bonne（1727-1795）のボンヌ図法やNicolas Sanson（1600-1667）のサンソン図法（実際は両図法とも遙か昔に開発されていたといわれる）などの投影法やカシニ父子の三角測量と地形図整備で知られる割には、地球儀製作分野は華やかではない。18C前半のフランスには、後述のRobert de Vaugondy父子らの他にJacques Baradelle（1701-1776; fl. 1752-1794ともいわれる）の青銅や紙張り子製地球儀、1750年の天球儀（Musée Rolin）、カプチン修道会のルイス・レグランド神父（Father Louis Legrand; fl. 1720）の地球儀がある。レグランド神父はパリのMarly城（Chateau de Marly）におけるコロネリの巨大地球儀の製作以来、最大の地球儀を製作したとされる。1729年に製作されたレグランド神父の直径7フィート（194cm）の木製の地球儀はDijon市立図書館（College of Dijon, Dijon）に、162cmの天・地球儀一対はChalon-sur-Saoneの市立図書館（Edward H Dahl and Jean-François Gauvin, 2000）に現存する。他に、Jacques Hardy（fl. 1738-1745）及び彼の息子のNicolas Hardy（bef. 1717-1744）、その後継者で、地図や地図帳を発行したLouis-Charles Desnos（1725-1805）などの地球儀製作者がいたが、製作数が限られ、ほとんど残存していない。デンマーク王からの年金支給の返礼に多数の地図類を献呈したDesnosは、内容の精粗吟味不十分や版権無視によりパリの地図発行

同業者達との法廷闘争に明け暮れたとして評判は良くない（Edward H Dahl and Jean-François Gauvin, 2000[75)], query.nytimes.com[76)], dssmhi1.fas.harvard.edu[77)], geographicus.com[78)], Monique Polletler, 1987[79)]）。

Louis Boulengier

Louis Boulengier（fl. 1515）は、1514年頃製作した11cm地球儀のゴア（Public Library, New York）を残しており、地球儀の製作が窺われる。また、Stevenson（1921）によれば、ポーランド、クラコウのJagellonicus University図書館蔵の地球儀「Jagiellonian globe」は1510年に仏で製作されたアーミラリスフィア（armillary sphere）中の直径7.3cmの球体で、時計の一部をなす。金メッキされた銅の球面には、10°毎の経緯度、フェロ島（Ferro）を通過する本初子午線が描かれるが、球面に銘はない。13cmのLenox globeに酷似するが、それより名称等は多いという。球径が小さいにも拘わらず、球面上に情報量の多いことは製作時期の新旧を示すかも知れない。1530年にはBailly, Robertusが14cmの地球儀（Library J. P. Morgan, New York）を製作している。

François De Mongenet

François De Mongenetは1550年以降とされる地球儀ゴア（Museo Correr, Venezia）を残しており、1552年には9cmの天・地球儀一対（British Museum, London）や同寸法の天球儀と地球儀用のゴア（New York Public Library）を製作しており、1560年には、ほぼ同寸法の天球儀及び地球儀を製作した。British Museum及びRomeのMuseo Astronomico e Copernicanoは地球儀のみで、仏国立図書館（BnF; Bibliothèque nationale de France）は天・地球儀一対を所有している。

Giles Robert de Vaugondy父子（GillesとDidier）

Le Sieur 又は Monsieur Robertとも呼ばれたGiles Robert de Vaugondy（1688-1766）は製作年不詳であるが182cmの天球儀、地球儀を製作しており、1751年の48cmの天球儀及び地球儀は息子の助力によるという。1754年に、23cmの天・地球儀一対（Palatin Library, Parma）を、1764年には23cm及び48cmの天球儀を製作し、それぞれLuccaのCovernmental Library、ヴェネチアのQuirini Pinacotecaの所蔵となっている。Gilles Robert de Vaugondy（1688-1766）と息子のDidier Robert de Vaugondy（c. 1723-1786）の製作した地球儀を区分することは難しいが、製作には、息子の手助けがあったとされている。息子のRobertは1751年に、19インチ（49cm）の球儀（Plantin-Moretus Museum, Antwerp）を、1773年には、48cmの地球儀（Covernmental Library, Lucca）を製作した。Monique Pelletier（1987）によれば、Didier Robert de Vaugondy（1723-1786）は、1751年の49cmの天・地球儀一対、1763年には、12インチの地球儀類のほか、18, 9, 6及び3インチの地球儀類を、1777年には9インチ（22.9cm）の天・地球儀一対を製作している（Monique Pelletier,1987[80)]、Dekker and Krogt, 1993[81)]、geographicus.com[82)]）。現在、1745年製ポケット地球儀の複製品が販売されており、1763年の3インチ（7.6cm）の地球儀類は直径から、ポケット地球儀と推定される。

Gilles Robert de Vaugondyとその息子、Didier Robert de Vaugondyは、1712年、サンソン図法として知られるNicolas Sansonの孫からHubert Jaillotの遺材を継いだサンソンの加工による地図類や銅原版などを入手し、1757年の世界図「The Atlas Universel」製作の基礎とした。彼らの製作方針は、実測や資料にもとづき、正確さを旨としたこと、不要な装飾を排したことにあるが、未探検地域は当時、一般に行われていた思索的方法でカバーされているという。1745年、王の正規地理学者（Geographe Ordinaire de Roi）の肩書きを得るため、直径17cmの地球儀用のゴアを作製し、その6年後には直径45cmの天・地球儀一対を海軍用として国王に献呈している。1730年代にラップランドと南米ペルーに派遣した仏調査隊の発見した地球の扁平なこと（回転楕円体）を説明するため、次年、王は195cmの地球儀を所望した。しかし、このプロジェクトは研究集会（Workshop）込みで、莫大な額となるためキャンセルとなったという。1757年、Denis Dederotの百科事典「Encyclopédie」に地球儀製作芸術で貢献している。これにより、仏において地球儀製作を妨げている技術的な問題は解消したと言われ、1760年には、ルイ15世の正規地理学者に任命されている。彼らは地図の発行と共に専門職人を雇用し、張り子の球体に石膏で整形し、銅板印刷によるゴアを貼り付けて各サイズの地球儀を製作した。最大のそれは、直径2.6mであったという。18世紀の複製品に直径12.4インチ（31.5cm）、全高18.5インチ（47cm）のものがある。息子のDidierが1764、1773年に製作した直径45.5cmの天・地球儀一対はStewart博の収蔵品となっている。Robertは家庭内の問題から1778年にはビジネスを地球儀メーカーのJean Fortinに譲渡したが、その後、Charles Francis Delamarche（後述）により取得された。手放したとはいえ、この時代におけるGilles Robert de Vaugondyと息子Didier Robert de Vaugondyによる華麗な地球儀事業を展開した地理及び地図学者としての立場は揺るぎなかったとされる。現在でも、quirao.com、onlyglobes.comやlithuanianmaps.comなどの球儀製作社により、Gillesや息子のDidierデザインによる直径14cmの地球儀や直径8.5cmのポケット地球儀などの複製品が製作され、ベルサイユ宮殿等で販売されている[83]。これも、時代を超えた彼らの仏国内での評価を示しているのであろうか。

Edme Mentelle

Edme Mentelle（1730-1815）とJean Tobie Mercklein は1786年に、ルイ16世から命ぜられ、皇太子（Dauphin）の教育用として、地球儀兼天球儀を製作したが（写真17）、実作業では機械工のMerckleinがMentelle らの指示どおりに製作したものである。この2重の地球儀の内側は起伏地球儀をなし、外側は、Mentelleデザインによる地球儀の新大陸と旧大陸からなる西東の両半球で構成されている。国境の変動の激しかった時代のためか、地球儀球面の政治地理は、嵌め絵式で、球面の小穴に地図の図形をねじ込み留める方式とされ、当時としては画期的な構造であったという。特別展「ベルサイユ宮殿の科学と珍品（26 Oct. 2010-27 Feb. 2011）」で展示されたBnF寄託の地球儀は、計測部位の曖昧さがあるが、高さ240cm、幅130cmという（sciences.chateauversailles.fr）[84]。この値とWebpage掲載画像に基づく写真計測によると、外側の地球儀及び内側の起伏地球儀の直径は各々、100.89cm、85.5cmと推定され、球面上

写真17　Versailles宮殿に所蔵されるMentelleとMerckleinの共作による地球儀（©RMN-Grand Palais (Château de Versailles)/ Droits réservés / distributed by AMF）

Edme Mentelle（1730-1815）とJean Tobie Mercklein（fl. 1770-1810）が1786年にルイ16世から命ぜられ、皇太子（Dauphin）の教育用として製作した。実作業は機械工のMerckleinがMentelleの指示により製作した二重式の地球儀で天球儀も兼ねている。内側（第1）の地球儀は起伏地球儀で、不正確ながら陸、海域の凹凸を示し、外側（第2）の地球儀はMentelleデザインによる半球に分割できる地球儀である。写真に示すように上の半球には旧世界、下の半球には新世界が描かれている。政治地図は、嵌め絵式で、当時としては画期的であったという。この外側の半球（第2の地球儀）の裏側には天球図が描かれ、これを起伏地球儀のケースとすれば、英国に多いポケット地球儀と同構造をなすと言える。外側の地球儀球面の経緯線は5度間隔で引かれている。

世界図のきりのいい縮尺（1200万分の1及び1500万分の1）を考慮すると、各々、直径は106cm、約85（84.8）cmと推定される。画像では、カムチャッカ半島東海岸沖に新旧大陸を構成する半球の境があり、この半球の他方の境はパリの本初子午線とは異なり、カナリア諸島（マデイラとポルトサント島の間）と推定され、フェロ島基準の子午線（Ferro Meridian）に従うようである。写真上では、上下に2分割される張り子の旧世界/東半球と新世界/西半球をなす各半球の内側には星座や黄道が描かれ天球儀を兼ね、地平環を支えるイルカ形の三脚に連なる金属柱上部の横木（rigid arm）に東半球を乗せ、天球図や内部の起伏地球儀を観察できる仕組みとなっている。球体表面に世界地図を描き、その内側に天球図を描くものは、他に見当たらない。ただし、外側の地球儀の各半球からなる球を起伏地球儀のケースとみなせば、ポケット地球儀のケースに見られるような、地球を取り巻く天体という認識は保たれる。

仏国立図書館（la Bibliothèque nationale de France: BnF）のデータ・ベース及びeBayによると、ベルサイユ宮殿以外の起伏地球儀製作では、Thury及びJoseph Levitteらの製作があり、1855年より以前に製作されたというThuryの起伏地球儀（BnF）は、全高、60cm、直径、31cmであるが、1858-68年とされる起伏地球儀にはパリに子午線が設定されており、さらに、花枠飾りに1855年にParis博で2e（銀賞?）、次いでDijon博覧会で1re（金賞?）を獲得したと示されているという。1858年のRichardの印刷によるThury & BelnetのDijon製の起伏地球儀は全高、53.3cm、直径、30.5cmで石版多色刷りの12枚のゴア及び2セットのポーラキャップからなる起伏地球儀である。Thury及びJoseph Levitteの1860年頃の製作にかかる起伏地球儀は系統的展示の貧弱なWhipple博（Cambridge University大学付属博物館）に陳列されている。Joseph Levitteは、1878年に全高、24.5cm、直径、14.65cmのニッケル製の起伏地球儀を製作している。

なお、当時の地球儀では、本初子午線がカナリア諸島のフェロ島に置かれているが、パリとの差が20度と理解されていた仏では、フェロ島の本初子午線設定に従ったが、1667年に至り、ルイ14世が本初子午線のパリ設置を決定し、パリ天文台を建設して基準としたことにより、パリ天文台を通貨する子午線が仏では本初子午線となった（写真18）。今日では、国際子午線会議で、隣国にお株を奪われたことと、見学自由なこともあり、教会儀式の必要上、暦や、夏至や冬至の南中時の決定のため、天文台より先に設置されたSt. シュルピス（Saint-Sulpice）教会のオベリスクは、小説や映画で一躍有名となった。写真19は、1884年の国際子午線会議で決定された現在の本初子午線が通過するグリーニッジ天文台である。仏はこの会議の決定後にも、かなり長い間、パリに拘っていたという（写真19）。

(a)

(b)

写真18　パリ天文台（Photo: Y. Utsunomiya）

(a) パリ天文台、(b) Le Verrierの銅像。この天文台はフランス国内では地図の基準（本初子午線）とされた。各国独自に設定された異なる本初子午線では混乱するため、国際地理会議（1875）で、カナリア諸島のHierro島を通過する子午線（フェロ子午線）をこれに定めた。実質的にはパリより20°隔てるのみであった。1884年の国際子午線会議で、英国のグリニッジ天文台（写真19）を通る子午線を本初子午線と定めたが、フランスは1911年までパリ天文台を通過する子午線を本初子午線としている。北側の広場には、アトラスに背負われる南北の亀裂のある天球を指さす、天文及び数学者のLe Verrier（1811-1877）の彫像がある。

(a)  (b) 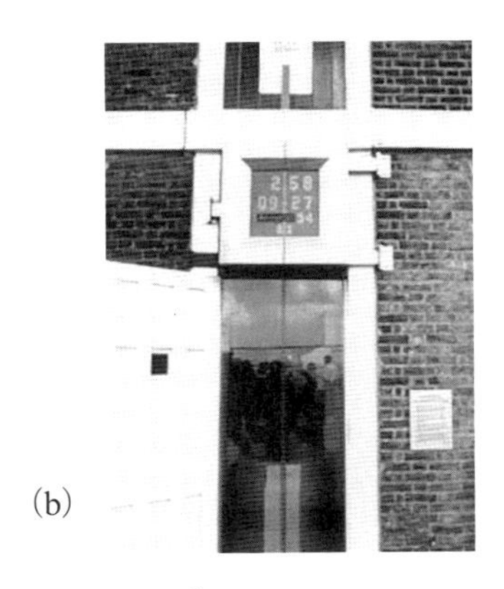

写真19　グリニッジ天文台（Photo: Y. Utsunomiya）

(a) グリニッジ天文台、(b) 本初子午線の位置を示す標示。英国海事博物館のほぼ南に位置する小高い丘の上にあるグリニッジ天文台は、本初子午線として世界の時刻及び地図の基準とされている。館内には、アーミラリスフィアなどの天文器機、有名なHarrisonのクロノメータ、地球儀や天球儀が展示されている。

Charles François Delamarche

Charles François Delamarche（1740-1817）は1770年に7インチ（18cm）の天球儀、小地球を内包するアーミラリスフェア（いずれも、Vienna個人蔵）と48cmの地球儀（Patriarchal Observatory, Venice）を、1787年には9.5インチ（24cm）の地球儀を、1791年には18cmの天球儀（Universiteitsmuseum, Groningen, Mission Brothers Convent, Chieri）、18cmの天・地球儀一対（Charles Albert Liceum, Novara, Hiersemann, Karl, Leipzig, National Library, Milan）、地球儀（Nautical Institute, Palermo, Patriarchal Observatory, Venice）及びテルリウム（Palace Sr. Scaramucci, S. Maria a Monte）や30cmの地球儀（Physics Museum, Siena）などを製作している。

1805年頃に製作された32.2cmの天球儀及び地球儀はNMMにあり、1806年のカタログには18インチの天球儀及び地球儀が掲載され（Monique Pelletier, 1987）、1808年には、多機能プラネタリウムの中の7インチ（18cm）の天・地球儀一対（Universiteitsmuseum, Groningen）が製作されている。Aimé Andréによれば、1843年に、彼の会社「Maison Delamarche」は1843年版の地球儀を販売している（Monique Pelletier, 1987）。最近までGirardとBorréreが経営したJ. Andriveau-Goujon商会の1841年のカタログにはDelamarcheの1839年版の直径2フィート（65cm）の地球儀、Lapieの1833年版の14インチの地球儀、Charies Dienの11インチの地球儀に加え、18インチと8インチの新しい風船型（blown up globes）地球儀類が掲載されている。なお、Charles-Françoisの会社「Maison Delamarche」は1817年にFortinのような球儀類の技術者のFelix Delamarcheが継承したが、その後はAlexandre Delamarcheが継いでいる（Monique Pelletier, 1987）。

Charlas Francis Delamarche (1740-1817) はParis在住の地図出版者とされるが、元々は研修所養成の弁護士で、1786年に、Robert de Vaugondyの資産・事業を取得し、しばらく後には、彼らの傘下にあった地図製作者を手中にした。彼の地球儀はVaugondy親子の地球儀に大きさや架台もほぼ同じで、1785年の天球儀は彼らの天球儀の再販といわれる。1791年には直径18cmの天・地球儀一対を製作している。いくつかの地球儀や天球儀を製作してはいるが、ほとんどがRobert de Vaugondyの複製であった。Vaugondy未亡人を差し置き、相続人と自称しての資産取得や当該事業参入への経緯（geographicus.com）[85] からして、独創性の少ないことは容易に理解できよう。商才に長けた彼は、仏革命後は教育市場に目を向け、製造コストを押えるため、真鍮の子午環を外した木製や張り子による地球儀やアルミラリスフェアなどの廉価品の製作を始めた。これは、18世紀から19世紀にかけて贅沢品から広く消耗品に変わる地球儀の製造における劇的変化（Monique Pelletier, 1987）と言われる。Monique Pelletier（1987）は、「Maison Delamarche」の創業者が、1788年の同社カタログで、「Fortinの継承者としての“地理学者”であり、当然ながら、

Robert de Vaugondyの継承者でもある。従って、MM. Sanson, Robert de Vaugondy、さらには、ルイ宮廷地理学者の肩書きまで継承しているなどと宣伝している」と書き留めている。ここで地理学者が“ ”付きであることはこの著者（Monique Pelletier）が控えめながら、彼女の心情を明確に顕していると見てよい。ルイ15世の庇護の下で事業を展開した地理学者とするむき（Wikipedia）もあるが、ルイ16世の皇太子の教育用機器製作がEdme Mentelle（1730-1815）らの手により実施されたことはこれらの状況を物語っているであろう。なお、仏における地球儀製作は他の国に比し、18C後半と遅れて始まり、次世紀前半の地理学的発達に対応した更新に迫られ、最新で、かつ、学校教育用の適当な大きさの安価な地球儀が求められていたが、その後半世紀の間に達成されたという。また彼女は、カシニの指導を受けたGulliaume Delisle（1675-1726）が1700年に世界図や地球儀を製作しており、原理的にはわかっていたが、他のサイズや大地球儀は市場に出なかったことが18世紀前半における地球儀の遅々とした発達の原因ではあるが、地球儀類の製造法の技術不足が問題であったと解釈している（Monique Pelletier, 1987）[86]。

2.1.2.6　英国

英国における地球儀製作の早いものでは、1590年頃にCharles Whitwellが製作したとされる、6.2cmの天・地球儀一対（National Maritime Museum, London）が残されている。

Emery Molyneux

Stevenson他によるとEmery Molyneuxは1592年に61cmないし66cmの天・地球儀一対を製作しており、61cmの地球儀はSussexのPetworth Houseに、天球儀は、NürnbergのGermanisches NationalmuseumとKasselのStaatliche Kunstsammlungenにあり、66cmの地球儀はCasselのRoyal Museumに、66cmの天・地球儀一対はLondonのMiddle Templeに所蔵されている。最近の資料によると、Middle Templeの天球儀は1592年であるが、地球儀は1603年の製作とされている。また花枠飾から、1592年の天球儀はメルカトルの1551年製天球儀の複製であり、1603年の地球儀はHondiusの製品である（Wallis, 1951）。Petworth HouseのEmery Molyneuxによる地球儀は英国人により、英国で最初に製造された地球儀という（Wallis, 1951; Anna Maria Crino and Helen Wallis, 1987）[87]。大陸諸国と比較しても、彼はHondiusやBlaeuらと、ほぼ同時代、あるいは、やや先んじた地球儀製作者と言える。Crino &Wallis（1987）はLondon滞在中のHondiusとの交流や、彼の蘭移住後の事業上の関係も記載している。Molyneuxはゴアの原図製作後、知人の助言で英国亡命中のHondiusに鏤刻させている。1592年の地球儀の透かし彫りの花枠飾りを含め、球面の海獣、魚、船はHondius独特のデザインでフリーハンドによるとされる（Wallis, 1951）。地球儀の花枠飾りの署名、天球儀球面上のサンダーソン家紋章と1592年の女王への献辞に沿う署名「Iodocus Hondius Flan. Sc./1592」（Iodocus Hondius Flanders. Scotland./1592）や、LondonのMiddle Templeの地球儀球面に「Emerius Mulleneux Angl.'/sumptibus Gulielmi-/Sandersoni Londinē:/sis descripsit」（Emerius Mulleneux England.'/Expense William -/Sanderson London/are described; Emerius Mulleneux英国、経費はWilliam Sanderson、London/記載）と署名されている（Wallis, 1951）。英国特注であるためか、1603年製作とされるMiddle Templeの地球儀にMolyneuxの名を残している。これは、持ち帰った原板の改版によるものであろうか。

Molyneuxの死後発行されたHondiusの1608年のメルカトル図法による世界図は、Molyneuxの地球儀の凡例、名称、輪郭の多くを複製しているという（H. M.Wallis, 1951）。これより、HondiusがMolyneuxの仕事上のパートナーと同格視することは疑問で、Molyneuxはゴアの原板を鏤刻させたHondiusに地球儀製造法をも教授したか、あるいは、Hondiusが彼の知識/技法を貪欲に吸収したと見て良い。なぜなら、1584年の渡英前にHondiusが製作した地球儀は残存せず、また英国からMolyneuxの原板を持ち帰っており、蘭帰国後に突如として地球儀類の製作が開始されていることから窺える。これらの前後関係から、数年間のLondon滞在後、1593年にアムステルダムで開業したHondius

の地球儀製作は、Molyneuxに触発されたか、あるいはMolyneuxの指導を受けた賜とみてよい。また、Crino and Wallis（1987）は、HondiusとVan Langrenとの訴訟に触れており、この時代の業者間の利害関係も垣間見られる。

Emery Molyneux（ -d. 1598）はthefullwiki. orgなどによると、1577-80年のドレークの世界一周に付き従い、帰国後に地図や地球儀を製作している。球面には、ドレーク及びこれと張り合ったThomas Cavendishの世界周航の航路を赤、青線で示している。極域を描かず、どのようにして英国のLizardとニューフォンドランドのRace岬間の大西洋の距離を訂正したかは球面にラテン語で注記されており、またソロモン群島のスペイン語の凡例は、スペイン軍人捕虜から得た情報をもとにしたWalter Raleighの助言によるという。Molyneuxはエリザベス朝における地球儀、コンパスや砂時計などの数学/科学機器や兵器製作者であり、大砲技術の開発により女王の覚えもめでたかったためか報償と年金を授与されたという。当時の著名人で作家のRichard Hakluyt、数学者のRobert HuesやEdward Wright、さらには、冒険家（海賊）のThomas Cavendish, Francis Drake, Walter RaleighやJohn Davisなどとも知り合いであった。Davisにより紹介されたLondonの商人William SandersonがMolyneuxの後援者となり地球儀類が製造されている。エリザベス一世に献上された大地球儀は王侯貴族、富裕層及び学問上で求められ、小地球儀は航海用や教育用に販売されている。航海用では、海の湿気にも耐えることが第一に求められ、石膏の塗膜で覆われるが、彼が最初の考案者とされる。彼の発明した大砲技術が大きく影響したであろうが、彼は、10年余の滞在許可を得て、大砲技術や、自ら製作した地球儀類の原板とともに、母国の年金を辞退してまで、蘭に移住し、大砲技術によりオランダで成功したとあるが、1598年6月から1599年4月の間に、移住後1年足らずでどういうわけか、急死した。そのため彼の妻は母国で、旧財産管理は許されたが、僅かばかりの年金で貧困のうちに亡くなった。彼の死により、英国の地球儀産業の発展も途絶えたといわれる（Crinò &Wallis, 1987）[88]。彼が蘭に持ち込んだ地球儀原板の行方は不明だが、大砲技術に専念すべくHondiusに売却したのではないかという意見も紹介されている（thefullwiki.org）。いづれにせよ、他者にとっては無価値な彼の原板はHondiusの所有となったであろう。なお、この歴史的事実は、一国内の名声に飽き足らなかった一個人の行動であるが、「オランダの諺」にも加えるべき、人の晩年を考えさせる教訓ともとれなくもない。

写真20はPetworth House, North Galleryの所蔵するEmery Molyneuxが1592年に製作した地球儀で、英国に現存する最古の地球儀である。直径2ft. 1in.（62.2cm）、全高80cmで、赤道で分かれる12枚のゴア、合計24枚と80度より高緯度のポーラカップ、2枚が貼られている。砂を紙片で被覆した球体は、厚さ1/8インチ（3.2mm）の石膏で補強後、さらに紙で覆ったうえにゴアを貼り付けている。なお、Kassel蔵のものも同様であるが、張子の球体との説明書の記述は誤であるとする（Wallis, 1951）。さらに、今のPetworthの地球儀では欠落しているが、時輪や指針を頂く真鍮の子午環がブナや樫の木材の球儀の椅子型架台に納まる。この架台の6本脚の補強枠/ストレッチャ上には台輪が乗り、花枠飾りに「Anno Domini 1592」（西暦1592）の製作年が記されている。なお、子午環は度数目盛でなく、日の長さ、プトレミーの気候帯で区分される緯線と気候帯（parallels, climates）が記され、地平環には、コンパスの点と黄道十二宮のサインが示され、同心円状に、外に向かって教会の記念日付きユリウス歴、グレゴリィ歴、カレンダー順に3種のカレンダーが印刷された紙が貼られるが、このカレンダーは、Dadeが1591年に著したTriple Almanackeの最新情報に依拠している。

写真20　Molyneuxが1592年に製作した英国最古の地球儀
National Trust the North Gallery at Petworth House蔵の地球儀（©National Trust the North Gallery at Petworth House）

さらに、球面にはMercator, OrteliusやPeter Planciusとは違い、極地や、未知の南方大陸も点線とするなど、不確かなことは描いていない。DrakeやCavendishの航路を描くが、後者については東を西とするなど錯誤がある。BlundevilleがMercatorの1541年版地球儀との違いを指摘しているが、Molyneuxが最新の地理情報を基にゴアを製作したことによる。しかし、天球儀の方は、フリシウスが製作した1537年のそれに基づくMercatorの1541年版天球儀の全くのコピーである。Petworthの地球儀は他に比べて痛んでおり、地平環及び子午環は虫喰いが特に進んでおり、一旦取り外し修復されている。地平環の紙は破損するが、残存部分はMiddle Templeのそれと同等という（Wallis, 1951）。余談であるが、文化を大切にする英国でさえ、Middle Templeの地球儀が、同組織の事業推進のため、競売に付される危機に瀕したことがあるという（thefullwiki.org）が、これも歴史文化財の意義あるいはそれに対する当事者意識が問われていることを示す。また、16世紀の英植民地政策、北西航路の摸索もあり、Cohen（2006）によれば、実用性や比喩的な意味で地球儀の要望や認識の高まりはMolyneuxの地球儀製作により、その頂点に達し、彼の地球儀は、有名なシェイクスピアにも影響を与え、シェイクスピアは、Globeと名付け、天井や中の座席配置まで凝っている劇場ばかりでなく、戯曲に幾度となく登場させているという（Adam Max Cohen, 2006）[89]。

Joseph Moxon

1670頃、Joseph Moxon（1627-1691）は直径9cm余の張り子製半球の内側に天球図が描かれ、天球儀を兼ねる収納ケースに納まる7cmのポケット地球儀（Kunstgewerbemuseum, Berlin）を、1683年には36cmの地球儀を製作しており、1700年に製作された天球儀及び地球儀はRoyal Museum, Casselに所蔵されている。Moxonのポケット地球儀は英のAnneがFriedrich I世へ手土産としたことでも知られている。

Joseph MoxonはCharles IIの水文学者で、数学書や地図を出版し、地球儀及び数学機器の製作も手がけ、英語版数学事典を最初に発行し、1678年には商人として初めてRoyal Society会員に選出されている。この工房にはWilliam Berry, Robert Mordenらが見習いをしており、1670年から1690年にかけてポケット地球儀の類いが製造された。彼の教えを受けた、William Berry（1639-1718）、Philip Lea（fl. 1666-1700）及びRobert Morden（ca. 1650-1703）らは、地図、書籍販売とともに、地球儀の製作も手がけ、彼の継承者であり、ライバルでもあったとされる（Norman J. W. Thrower, 1978）[90]。

Robert Morden

Robert Morden（c. 1650-1703）はWilliam Berry（fl. 1669-1708）とPhilip Lea（fl. 1666-1700）の3人で1683年に36cmの地球儀（Whipple Museum of the History of Science, Cambridge）を、1685年頃、36cmの天・地球儀一対（NMM）を製作した（collections.rmg.co.uk[91], artworld.york.ac.uk[92]）。1683年にMordenが製作したという35cmの地球儀用ゴア（12枚中9枚のみ）が発見され、LondonのBritish Museumに所蔵されているとStevensonが著書（II, 156-157）で記載した地球儀は、1683年が正しければ、寸法等の計測誤差を考慮すると、3名の共同作品であろう。MordenはMoxonの下で見習い後、書籍や地図の出版のほか地球儀を製作した地図業の草分けの一人である。1695年には「Britannia」および、Robert Gordon of StralochやBlaueらによる1654年の地図に新図を加え、Scotlandの地図や、米国における英領植民地の地図、遊戯地図などを発行した。Philip Lea（fl. 1666-1700）は地図や地球儀の製作者であり、当時の最良書とされた旅行ガイドなどを発行している。また、John Ogilbyらの既存図の海岸線と水系を修正し、道路と距離を加えたサクソンの地図の再版やポケット地球儀などの製作で知られる（murrayhudson.com[93], orbexpress.library.yale.edu）[94]。

William Berry及びLea, Philip

William Berry（1639-1718）は前述のようにRobert, Morden, Philip Leaらと地球儀及び天球儀を製作している。Londonのパン屋に生まれ、1656年にMoxon工房へ弟子入りし、1669年までRobert Mordenと共に天文学書や地図と地球儀を発行した。1671-1700年まで、地図と地球儀を販売したが、Warwickshire移転後は再びMordenと働いたという（artworld.york.ac.uk）[95]。Lea, Philip（fl. 1683-d. 1700）は前述のようにRobert, Morden, Philip Leaらと地球儀及び天球儀を製作している。1700年頃に7cmのポケット地球儀（NMM）を製作しており、その花枠飾りには製作者、Londini Sumptibus Phillip Leaの名が記され、カリフォルニアは島として、北及び西の海岸線の描かれる豪州は新オランダと記されるが、仮想の南方大陸はない。

Senex, John

Senex, John（1678-1740）とPrice, Charlesは1706年、12枚の手彩ゴアとポーラキャップ（又はpolar calottes）からなる12インチ（30.5cm）の天球儀を、1710年には7cmのポケット地球儀を製作している。John Senexは、1720年に41.5cmの地球儀（Bibliotheque Nationale, Paris)、1730頃に、68cmの天球儀及び地球儀（NMM）、1750年頃に、7cmの天球儀及び地球儀（NMM）を、1793年には40cmの天球儀と地球儀（National Library, Paris）を製作している。Hiersemann, Karl, Leipzigには年不詳の40cmの地球儀があるが、直径から類推すると、あるいは同年の製作に係るものかもしれない。なお、Price, Charlesは、1706、1710年におけるSenex, Johnとの地球儀の製作後、1714年に23cmの天球儀を、1715年には同寸法の地球儀を単独で製作しており、いずれもNMMに所蔵されている。

Senex, JohnはShropshire, Ludlowに生まれ、1692年にRobert Clavell文具商の見習いをはじめ、その後、地図や地球儀の販売を手がけた。1714年にはMaxwellと共に英国の地図を、1719年にはOgilby により、Britaniaの地図を出版している。北米については、カリフォルニアを島として描くことに特に興味があったとされる。1721年にはローマの市街図や地図学者のGuillaume Delisle（1675-1726）の成果によるアトラスを発行している。1728年にはthe Royal Society of Londonに推挙され会員となった（cyclopaedia.org）[96]。

ポケット地球儀については、1719年、Moll, Hermanも7cmのポケット地球儀（NMM）を製作し、前述のMoxon、SenexやCusheeなどを含め、英国では、1670年頃以降、各社が競ってミニチュア地球儀やハンド地球儀とともにポケット地球儀を製作しており、地球儀の中では安価な、子供の玩具に近いこの種の地球儀は、教養のある紳士達の格好の知的アクセサリーとして重宝され、世間でも一大ブームとなっていたようである。それ故にか、Friedrich I世への手土産に安価すぎの感じはするが、加えられたものと思われる。

Cushee, Richard

表1にはないが、測量士、彫刻家であり地図と地球儀製作者のCushee, Richardは1731年に、7cmのポケット地球儀を、1730年頃に、高さ145cm、38cmの天・地球儀一対（Georgian Library Globes: 架台は1750年製）を製作している（aradergalleries.com）[97]。Nathaniel Hill（1708-1768）は1730年からCusheeの1733年の死までのごく短期間であるが、徒弟として働き、後に未亡人を妻とし、その事業を継いでいる。Hillの死後、しばらくは妻が家業を続け、Thomas Bateman（fl. 1754-1781）が事業を引き継いだ。ここにJohn Newtonを見習いとして受け入れたが、Newton自身は彼の名前で新しい事業を立ち上げている（omniterrum.com）[98]。

Nathaniel Hill

Nathaniel Hill（1708-1768）は、1754年に、7cmのポケット地球儀を、1755年頃には、22cmの天球儀及び14.5cmの地球儀を製作しており、いずれもNMMに所蔵されている。彼が、9, 12, 15インチ（23, 31, 38cm）の大きさの異なる地球儀類を販売したことは名刺等から窺われる（mapforum.com）[99]。1754年のポケット地球儀では、緯度60°までは、12枚の印刷、手彩のゴアが貼られてあり、赤道を挟み貿易風が矢印で描かれている。北米は、スペイン、英仏の抗議を受けて、それぞれが縁取りで区別されている。河川などは不正確で、西海岸のブリティシュコロンビアの海岸線を欠くが、英探検家のGeorge Ansonの航跡やアニアン海峡が描かれているという。15cm足らずの卓上地球儀には、32の航程線や貿易風及び季節風を示す矢印があり、カリフォルニアは半島として描かれている。北米には、‘1741年の発見地’や、‘広大な未知の地域’のラベルがあり、蘭が発見した豪とニュージランドは描かれているが、豪南東海岸は推定線のままである。支那には長城があり、4大海が名付けられており、Ansonの探検航路（1740-1743）も描かれている（NMM）。彼は土地鑑定士/測量士であり、ポケット地球儀や卓上型地球儀の他に、数学及び関連機器、地球儀類の画像などを販売した。地球儀については、カタログの外に、彼の名刺には3, 8, 12, 15インチの最新で正確な地球儀の販売、と書かれていたという（Edward Dahl and Jean-Francois Gauvin, 2000）[100]。また、Stevenson（1921）によれば、地図彫刻者であった彼の興味は18世紀の中頃、地球儀に向かったという。New York公立図書館やStewart Museumが所蔵する1754年製の直径7cmの地球儀の地理情報は貧弱で、Fergusonのようなポケット地球儀の製作には参考となったと考えられている（Stevenson, 1921）。このような小さな地球儀は木製の蓋付きエッグスタンド様ケースに収まるハンド地球儀、あるいは、しばしば、オーラリイ（orreries）中の地球として製作されている。

John Newton Son & Berry

1830年頃、Newton Son & Berryは、7.6cmのポケット地球儀を、1836年には、50.5cmの地球儀「Newton's New and Improved Terrestrial Globe」、1838年には15cm及び50.8cmの天球儀を製作しており、いずれも、NMMの所蔵となっている。1834年には直径29.4cmで、全高83.3cmの天・地球儀一対がLondonで製造されている。

Newton Son & Berry商会はJohn Newton（1759-1844）により1780年に創立され、19世紀の英国における先導的な地球儀製造会社であった。彼は、18C中期のNathaniel Hillの地球儀類の製造法を引き継いだThomas Bateman（fl. 1754-1781）から訓練され、Nathaniel Hill（1708-1768）の流れをくむものである。John Newtonは最初、William Palmerと組んで、直径6.7cmのNathaniel Hillによる1754年のポケット地球儀を再版したが、19世紀はじめに、次男のWilliam（1786-1861）が事業に加わり、1841年以降は孫のWilliam Edward Newton（1818-79）が事業を引き継ぎ、会社名をJ. & W. Newtonに変えた。1831から1841年までは土木技師のMiles Berryがおり、Alfred Vincent（1821-1900）も事業に参加した（aradergalleries.com）[101]。

Ferguson, James

Ferguson, James（1710-1776）は1756年に、8ないし7.4cmのポケット地球儀を、1757年頃には7.5cmのミニチュア天球儀（NMM）、1782年には、ほぼ同寸法のポケット地球儀（Communal Library, Palermo, Karl Hiersemann, Leipzig, Meteorological Observatory, Syracuse, The Hispanic society of America, New York）を製作している。Fergusonはスコットランド、Banffshire, Mayenの日雇い労働者の家に生まれ、7才の時に3ヶ月間だけKeith Grammar schoolに通った以外は独学であったという。機械技術の才能があり車軸や時計の製造などを生業とし、1730-32年には地球儀製造に取り組み、時計及び機材の修理や、オーラリィ（太陽系儀）製作の傍ら、学生に講義し、1743年には、オーラリィを製作している。ロンドンに移り、Royal Societyの依頼で1745年に彼の月の軌道儀「trajectorium lunare」で月と地球の描く軌道の曲線を製版し、1746年には、「新太陽系儀（new Orrery）の利用」と題するパンフレットを、1747年には「天球儀の改良」を発行し、1748年には、一般科学の教師および講師となった。1756年にはIsaac Newtonの原理に基づくFerguson天文学を出版している。これには理論的な新味はないが、提示方法では全くオリジナルであったと言われる。有名にはなったが、家計は依然として苦しく、天文学の初版の宣伝に、2ギニーのために天球儀を使用しながら教え、1ギニーのためにさし繪を書いているとまで記しているが、視力の衰えにより芸術的仕事は少なくなったという（en.

写真21　ポケット地球儀

Schmidt氏蔵の直径7.5cm、1775年製ポケット地球儀。製作者不明であるが、J. Mynde鏤刻によるFergusonの1756年製ポケット地球儀に基づくという。（Rudolf Schmidt (2007) Modelle von Erde und Raumによる。）

wikipedia.org[102), words.fromoldbooks.orgほか[103)]）。写真21はSchmidt氏蔵の1775年に無名作家により製造された直径7.5cmのポケット地球儀で、J. Fergusonの1756年製ポケット地球儀に基づくとされている。

Adams, George父子

Adams, George, Sr.（1704-1772）は、1769年頃、46cmの天・地球儀一対（Britisch Museum）を、1770年頃に7cmほどのポケット地球儀（NMM）を製作した。ロンドンの対蹠地、季節風や貿易風を示す矢印やカリフォルニアが正しく半島として示され、New ZealandとTasmaniaの混同はあるが、豪州及びDampierの探検とAnsonの航跡が示されている。両極にラベルがあり、四大海名は記されている。ケース内面の天体図はNMM蔵のSenexやPriceらと同じく、22の恒星と3星群の名があり、プトレマイオスの48星雲の外に2星雲が描かれている。Adams, George, Jr.（1750-95）が1772年に製作した46cmの天・地球儀一対はNMM, Astronomical Museum (Rome), Capodimonte Observatory (Naples), Lassense Library (Ravenna), Episcopal Seminary (Padua), Royal Library (Madrid), University Library (Bologna)などに所蔵されている。

生年が1709年の洗礼年説とされるAdams, George, Sr.（1704-1772）は1724年、数学機器製作社に転職して、見習い後、1734年に機器製作のアダムス商会を創業し、1766年の地球儀製作法と使用説明書の他、多くの著書がある。英博（NMM）には1766年頃に製作された羅針儀（steering compass）が現存するが、彼の工房では、SenexやFergusonなどのゴアを購入して地球儀を製作したとされる（oxforddnb.com, georgeglazer.com）[104), 105)]。長男のGeorge Adams, Jr.（1750-1795）と次男のDudley（1762-1830）がLondonのアダムス商会を継ぎ、床置きや卓上及びポケット地球儀を、1765年には艦載用の八角形デッキケース入りの12インチの天球儀を製作している。次男のDudley Adamsは1789年に、18インチ（46cm）の天・地球儀一対、第2版（個人蔵）を、1795年頃に、7.6cmのポケット地球儀（NMM）を、1797年には46cmの天・地球儀一対を製作しており、これらは、American Antiquarian Society（Worcester）及びAmerican Geographical Society（New York）に所蔵されている。Dudleyによる1795年のポケット地球儀は、Fergusonの1756年のそれと同じであるが、地理情報は更新されているという。Dudleyは1808年頃にも、ほぼ同寸法のポケット地球儀（NMM）を製作している。英博（NMM）には1770年頃（Dekkerによれば1775年頃）製作された直径6.7cmのポケット地球儀が現存する（Dekker, Elly, et al, 1993, 99[106)]; Dahl and Gauvin, 2000, pp.93-95）[107)]。1808年頃の7.5cmと8.4cmの地球儀（NMM）の地理情報は、Dudley Adamsの1795年のミニチュア地球儀と同じで、万里の長城や4大海の名があり、天球儀は、James Fergusonの1756年のそれと同じである。Dudley Adamsのpocket globeの原板は1817年の破産によりLane商会に移ったという。

William Bardin

William Bardin（c. 1740-1798）は、1782年にFergusonの製作した花枠飾りのある31cmの地球儀（個人蔵）を、1783年にはWright, Gabriel（ -d. 1803/04）と連名で、23cmの地球儀を、1795年頃に30.4cmの地球儀を、1800年頃には23cmの天・地球儀一対を、1785年には、Petrus PlanciusとWright, Gabrielを加えた3名で、23cmの天球儀を製作している。1783年販売の直径9インチ（23cm）の地球儀の花枠飾りには、James Ferguson（1710-76）の原図をもとにGabriel Wrightが1782年に改訂した地図を更新し、クックの1769及び1779年の航路を加えたと記載されている。球面上の北アメリカ大陸北部がNew Albionに、中西部が米連邦州と記載されていることに対して仏は警告し、New France/Louisianaと呼称した。また、1740年代のAnsonの航海も記されている。 豪州はNew HollandでTasmaniaは半島で示され、北極及び南極海は「The Icy Ocean (North Pole)」及び「Ice Sea (South Pole)」と名付けられている。海洋名の他には、“Islands of Ice” and “Mountains of Ice”のみで、南極大陸の名はなく、南北の回帰線間には季節風の矢印が、“The Indian Sea”と“The Eastern Ocean”には、モンスーンの2表が記入されている（NMM, georgeglazer.com）。Bardin単独では1800年頃に30.5cmの天球儀を、1807年に30.4cmの地球儀を製作しているが、後者は明らかに息子のThomas Marriottによる。Bardin, WilliamとThomas Marriottの父子は1800年頃、46cmの天球儀を製造しており、いずれもNMMに所蔵されるが、米国マサチューセッツ州SalemのPeabody & Essex Museumには、米国の冒険家Nathaniel Bowditch（1773-1838）旧蔵の直径46cmの天球儀及び地球儀がある。これらの製作年は不詳だが、天球儀の46cmの球径とBowditchの活躍時期から1800年またはそれ以降と推定される。NMMには1807年製地球儀のスタンドが所蔵されており、同年の地球儀の製作を示唆される。

William Bardinは1775年、35才で皮革製商会を退職し、一年後、ガードル帯製造会社に移ったという。理由は不明だが、1780年頃、Gabriel Wrightとともに地球儀製造を開始した。彼らの最初の地球儀は直径9及び12インチで1782年1月1日に製造されたという。2人の提携はHind Courtから16 Salisbury Squareへ1794/5 年にBardin商会が移転する前には終ったという。1783年来、見習中の息子Thomas Marriott Bardin（1768-1819）が、1790の年季明けよりBardinの事業に加わり、社名はW & T. M. Bardinに変更された。1798年頃にはBardin商会の地球儀生産は18インチの天・地球儀一対を含むほど拡大したが、これらの地球儀はW and S. Jones商会と提携して生産されたという。数年後、直径12インチの天・地球儀一対が製造されている。息子のThomas Marriottが1798年に亡くなり、T. M. Bardinの名を残すのはこれが唯一とされる。Thomas Marriott Bardin の地球儀生産は1820年、父の死1年後、娘のElizabeth Marriott Bardin（1799-1851）に引き継がれた。1832年の銀細工師でCutlers商会の一員であったSamuel Sabine Edkinsと結婚後に製作された地球儀類にはT M. Bardinの義理の息子、S. S. Edkinsの名があるが、1848年来、事業に参加していたため、S. S. Edkins & Sonに名前が変わった。1852年にS. S. Edkins & Sonのもとで製作された天・地球儀一対はRoyal Societyの会長 Sir Joseph Banks, Bar, KBに贈呈されているという。なお、1853年の S. S. Edkinsの死後、会社は閉鎖された。

Cary 兄弟（John/William Cary）

John Cary（ca. 1754-1835）とWilliam Cary（c. 1760-1825:1759説もあり）兄弟は1791年に、8cmの地球儀（NMM）及び12インチ（30.5cm）の天・地球儀一対を製作しており、NMMは地球儀のみであるが、RomeのAstronomical MuseumやLibrary Count Vespignani、LoanoのLibrary Lorenzo Novellaには天・地球儀一対が所蔵されている。弟のCary, Williamは1799年に54cmの、1810年には31cmの天球儀及び地球儀を製作しており、それぞれ、RomeのAstronomical Museum及びLondonのTrevor Philip & Sons Ltd.の所蔵となっている。

1815年に、53.5cm、1817年には46cmの天球儀を製作しており、それぞれUtrechtのUniversiteits museumやAmsterdamの個人の所蔵となっている。1817年の天球儀には星座が描かれていないという。1817年には9, 23, 31及び53.5cmの各サイズに加えて、18インチ（46cm）の天・地球儀一対を製造している。1818年には直径46cmの張り子の球体に手彩のゴアを貼り、真鍮の子午環及び木製の地平環と4脚の架台を備えた地球儀を製作した。JohnとWilliamの兄弟は1824年にDr. William Muller考案の、オーラリィ、月球儀、テルリウム、アーミラリスフィア、天球儀や地球儀に代わるものとして、ガラス製（48.4×24.3×24.3cm）の「Cosmosphere」と名付けた装置を、翌1825年には、8cm（子午環込みで9.5cm）のミニチュア天球儀（NMM）を、1827及び1836年には、45.8cmの床置き地球儀を製作しており、いずれもNMMに所蔵されている。1827年製の地球儀は縦横112×62cm、直径45.8cmの石膏塗りの張り子、真鍮及び木より構成され、銅版印刷による手彩のゴアが貼り付けられている。後年、彼らは1816年製版で1836年に組み立てた46cmの床置き地球儀（NMM）を販売している。Cary商会（Cary & Co）は1900年及び1925年頃、船舶搭載用の木箱（21×22×22cm）に収納した状態で使用できる14.2cmの航海用天球儀も製作したと説明されているが、航海の実用目的にしては直径が小さすぎる。前にも記載したが、独のGeograpisches Institut Weimar（1804-1907）の収納箱入りの教材用球儀類に類似するため、学校教材用とも考えられる。

John Cary（1754-1835）は彫刻家で、地図や地球儀を製作したが、Ronald Vere Tooleyによれば、正確さを重視する地図製作者とされる。1808年発行の地図帳「Cary's New Universal Atlas」はこの業界の後進にとって手本となったといわれている。彼はこの独創的な地図帳を1811, 1819, 1824, 1828, 1833, 1836年、さらに1844年に再版している。Stevenson（1921）によれば、弟の科学機器専門のWilliamは有名な技術屋のRamsdenと提携していたが、1790年の独立後、事業を展開して、直径2フィートの円環と顕微鏡を備えた英国最初のtransit circle（天体の赤緯を測定し、子午線通過時の決定に使われる天文測定器）の製造者として有名であり、数々の機器を製作しているが、地球儀や天球儀の製作にも興味があったという。

Charles Smith & Son

Charles Smith & Son（1799-1888）は1825年頃に、61cmの天・地球儀一対を、1834年に、9.6cmのポケット地球儀を、1860年頃には、30.7cmの天球儀を製作しており、いずれもNMMに所蔵されている。1825年頃に、高さ43インチ（109cm）、18インチ（61cm）の図書館用の天・地球儀一対をLondonで製作した。これは、張り子に薄い石膏を塗った球体に銅板印刷で手彩のゴアが貼られた球儀の椅子型地球儀で、球面の地理情報は著名な探検航路に加えて最新の地理的発見が、北米では、1804/05年のLewis陸軍大尉とClark少尉による北米横断調査が記されている。また、1857年には12インチの天・地球儀一対も製作している（aradergalleries.com; bonhams.com）[108), 109)]。

Charles Smith & Sonは、1799年にPrince of Walesの彫刻者Charles Smithにより創立された地図出版社で、1820年頃より地球儀を製作している。この商会は繁栄し、英国の地球儀業界の牽引役を担ったが、1888年、Phillips & Sonに買収された（dssmhi1.fas.harvard.edu）。1860年代初頃、当時、米国、Holbrook社員であった後述のA. H. AndrewsがChicagoで目にした地球儀はこのCharles Smith & Sonの製品であったという。また、1841年頃の上書きラベルで、1780年頃の三脚を備える天・地球儀一対も残されている（georgeglazer.com）[110)]。

James Wyld II

James Wyld II（1812-1887）は水文、軍事地図で知られている地図製作者の息子で、兵学校に入学したが、父の後を継ぐべく地図屋となり、軍事や水文学用の地図に加えて鉄道マニア向けの地図を発行し、好評を得た。1867年には、Thomas Malbyと共同で新地理発見を含む最新かつ本物の情報源に基づくColossus Globe（教育的なLondonの巨大地球儀）と銘した、寸法、136×101cm、直径92cmの床置き型地球儀（NMM）を製作し、1870年にはスケールが42×42×89cm、直径30.9cmの床置き型地球儀（福山誠之館）を製作している（写真22 a, b）[111)]。ここには、花枠飾りはないが、ほぼ同径、同型の天球儀もあり、福山誠之館同窓会三村敏征氏の私信と画像の吟味によるとwyld製の地球儀とほぼ同時期の製造に係ると推定される。そうであれば、天・地球儀一対をなすと思われる。彼は、ロンドン中心部に位置する約70〜80m四方のLeicester Squareに「Wyld's Globe」または「Wyld's Monster Globe」と呼ばれた、内部に数階の回廊を設え、内側から球面の地図を眺めることが出来る、直径18m余の巨大地球儀を、1851年から1862年の10年余の間、展示したことでも知られている。この巨大地球儀で知られる彼が製造した地球儀類は地図類に比較して少ない。なお、Tooleyによるこの地球儀の記載はやや異なり、高さ6フイートの地球儀を1853-61年とするが、誤記であろう[112)]。Wyldで一時、働いていた（sothebys.com）[113)] Thomas Malbyが1879年頃製作した18インチの天・地球儀一対（sothebys.com）に見る、架台の台輪/ストレッチャの代用としてのコンパスや脚部分のデザインは、福山誠之館同窓会蔵のwyldのそれに酷似している。NMM蔵のWyldの地球儀はMalbyとの共作であるが、WyldはMalby製の地球儀に自社ラベルを貼るか、上書き印刷して販売したとされており、Wyldの地球儀の実質的製作者はThomas Malbyと考えて良いであろう（onlinegalleries.com）[114)]。とすれば、福山誠之館同窓会蔵のWyld名のある地球儀はもとより、上記の花枠飾りを欠く無銘の天球儀も、Wyld社名の上書き直前のMalby社の納品した製品が、何らかの手違いで、そのまま販売されたことを示すかも知れない。どのような経緯で舶来したものか興味のあるところである。

(a)

(b)

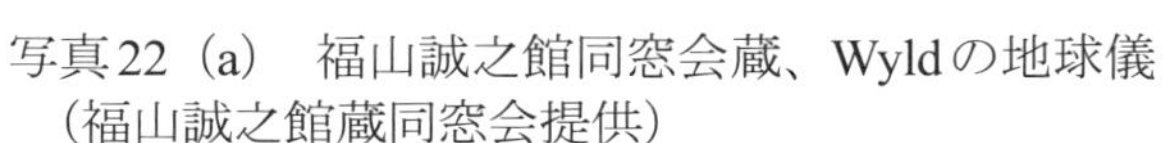

写真22（a） 福山誠之館同窓会蔵、Wyldの地球儀（福山誠之館蔵同窓会提供）
福山誠之館同窓会には、無銘ながら、これとほぼ同寸法、同型の天球儀も所蔵されており、同社製の天・地球儀一対をなすものと推定される。（福山誠之館蔵同窓会webpage及び同会提供）本文参照。

写真22（b） 福山誠之館同窓会蔵、Wyldの地球儀花枠飾り（福山誠之館同窓会三村征雄氏撮影・提供）
製作社名のWyld及び製造年1870年が認められる。

Edward Stanford

Edward Stanford（1827-1904）は、1862年に蓋付きエッグスタンド様の木製容器に格納されたハンド地球儀（hand globe）と呼ばれる5.2cmの地球儀及び天球儀を、1880年には、Cookが1778年に命名した太平洋の島々の名を表示した45.2cmの地球儀及び天球儀を製作しており、いずれもNMMに所蔵されている。彼はthe City of London Schoolで教育を受けた後、Mr Trelawney Saundersの地図及び文具店で働き、1852年、25歳で彼の共同経営者となった。彼は、翌、1853年の会社倒産後も、地図の専門家となるべく、Londonで地図製作と本屋を続けた。1862年には、彼の名は正確なLondonの地図製作者として著名となり、「Stanford's Library Map of London」は150年後の今日でも販売されている。Stanford家は、1947年にGeorge Philip & Sonに買収された後も、経営者として残り、Philip社が仏のメディア出版社に買収された2001年にはtravel bookshopのStanfordsとして分離・独立している（dg-maps.com）[115)]。

Pocock, George

発明好きの、Pocock, George（1774-1843）は1830及び1843年に、ブリストル（Bristol）で、それぞれ120cm及び60cmの風船型地球儀（NMM）を製作している（写真23）。彼は、幼い時期から凧に興味があり、はじめは、道路で石や木片を運ぶ凧の実験をおこなった。学校教師になってからは、凧で人を運べるか否かについて、今日では我が子ながら、児童虐待の誹りを受けるであろうが、1824年に9mの凧に椅子を艤装し、娘を乗せ82mに達する実験を、その後、息子を60mの崖の上で椅子から解放させ、たこ糸を伝い地上で回収する実験をおこない、人の運搬可能なことを明らかにしたという。次に、凧で馬車を引く実験を行ない、凧で数名を乗せた馬車をかなりの速度で牽引できることを明らかにし、1826年には“Charvolant” buggyの特許を取得した。1827年には英国の田舎を、何日かかったか不明であるが、113マイルほど旅行したという。風任せのため、広大な草原の道ならともかく、方向など制御に難点があり、普及には至らなかったようである。風船型地球儀の開発は、彼の風に拘った発明の延長線上にあったと言えるかも知れない[116]。ただし、Katie Taylorはhps.cam.ac.uk/whippleのwebpageで、教育者のEdgeworth父娘（RichardとMaria）が、1798年の著書「実践教育（Practical Education）」中で「普通のふいごで膨らむように油加工した絹で、安くて携帯用の便利な地球儀が出来ないだろうか?」と提言した40年後の1830年頃に風船型地球儀が開発されたと記載している[117]。Bristolの学校経営者でもある同じ教育者のPocockが知らないはずはないと思うが、ほぼ30年前に出版された教育書「Practical Education」に目を通したか、その情報を聞いていれば、彼の風船型地球儀の開発はEdgeworth父娘の提言にヒントを得たと見ることが出来よう。

写真23　英国海事博物館蔵Pocock, Georgeの1830年製風船型地球儀
Pocock, George（1774-1843）が1830年に製作した風船型地球儀（a terrestrial inflatable globe by Pocock, George (GLB0230)）

この風船型の地球儀は英滞在のミュンヘンの商人Cella, Philipp（1831）により大陸側に導入され、ベルリンのJ. L. Grimm（1832）、ミュンヘンのAnton Klein（1835）などが製作した。ほぼ、同時期に仏などで製作された同型地球儀が、独自の発想か、模倣かについては意見が分かれている。この直径48インチ（122cm）の地球儀の修復報告（Ute Larsen and Camilla Baskcomb, 2010）から、その構造が窺える（後述）。

John Betts

John Betts（fl.1844-63）は、NMMの説明によると、1850年頃、12.5cmの地球儀を、1860年、1880年頃には「Betts's Patent Portable Globe」と名付けた40ないし41cmの地球儀を製作しており、いずれもNMMの所蔵となっている。1880年の地球儀は収納箱入りの絹製とされ、その蓋裏にBetts社の製品広告が貼られている。1855～1858年頃（遅くとも1868年の明治維新前であることは確実）に製作されたBetts社の携帯地球儀が江戸末期に舶来し、大野藩主をへて柳廼社（やなぎのやしろしゃ；福井県大野市）の所蔵となっている（宇都宮・杉本, 1994及び宇都宮他1997, UTSUNOMIYA, 2009）[118), 119), 120)]。（写真24）

写真24　大野市博物館蔵BETTS新型携帯地球儀（大野市博物館）

John Betts社はKelly's Dictionaryによると、1827年に7 Compton Street Brunswick Squareに文具、書籍商として設立され、1841年には書籍販売商と出版社となった。1845年には、第2のJohn Betts社が地図出版社、書籍販売・文具商として115 Strandに設立された。Kelly's Dictionaryの1846年版では、115 Strandの同一住所にJohn Bettsの名称で、2社が登録され、1社は書籍販売・出版社で、もう1社は地図出版社、書籍販売・文具商である[121]。1847-74年の間、John Betts社は115 Strandで、地図出版社、書籍販売・文具商として登録されている。Tooley's dictionary of Mapmakers（1979版）のBettsの項では、活躍した時代（fl.）は、1844-63年で、London, 7 Compton St. Brunswick Sq.及び115 Strand.で出版社を営業し、Itinerant and commercial map England(1939), Family Atlas (1848 1863, with Carson), Six-penny Maps (1846), portable globe (1850), educational maps (1852-1861) などを発行したとされる[122]。なお、Tooleyは古い型のportable globe（1850）のみを記載しており、本事典の参照（信奉?）者に多大な錯誤を与えている。Betts社は傘式と厚紙製の新旧の2タイプの携帯地球儀を製作しているが、このportable globe（1850）は大陸側諸国で開発された厚紙（cardboard）製地球儀と同型で、筆者の言うところのBetts社の旧型携帯地球儀である。新型のBettsの傘式携帯地球儀は、Mc.

Donald I.s（Disc.d 1854）の注記（Utsunomiya, 2009）[123]から、1855年以降で、限りなく1855年に近い年に製作され、1868年（明治維新）以前に本邦に輸入された、「New」の文字が示すとおり、新型の携帯地球儀である（写真25）。なお、大野藩の地球儀と同時期の製造か不明であるが、Lanmanはアラスカがロシア領で、Albert湖がなく、ベネチアがオーストリア領であること等から、1860年頃の製作と推定している。さらに、Philip and Son社販売の1895、1920年代とされるBetts携帯地球儀があり、1880年の製品リストは版権取得を示すという[124]。Bettsの新型携帯用（傘式）地球儀については、Lanmanの指摘するように、Philip社が製作と販売権を取得したが、その販売開始は1880年でなく、John Betts社の閉店（1875年）まで遡ることが可能であろう（宇都宮, Mazda and Thynne, 1997）[125]。従って、この年（1875年）以降のBetts名を冠した地球儀類は、名の知られたBetts社名を残すPhilip社の販売戦略に係るものである。

Katie Taylorは、Pocockの風船型地球儀以外の携帯地球儀として、Bettsが1850年に傘式地球儀を開発したと記載するが、彼女自身、1850年製の傘式地球儀は確認していない。上記のことからBettsの厚紙製携帯地球儀（旧型携帯地球儀）と傘式携帯地球儀（新型携帯地球儀）の混同は明白で、「1850年」は錯誤である。なお、傘式の携帯型地球儀については、章を改めて詳述する。

(a)

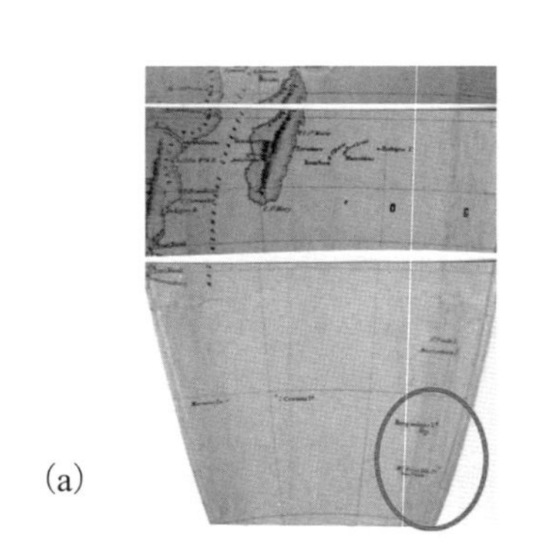

(b)

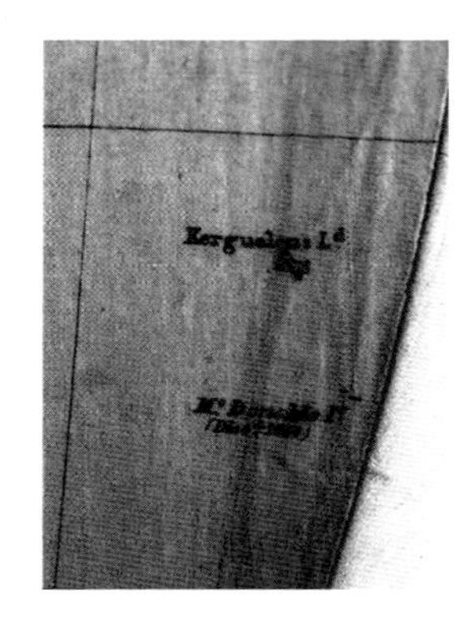

写真25　大野市博物館蔵BETTS新型携帯地球儀の「マクドナルド島発見の注記」(Photo: Y. Utsunomiya)
(a) マクドナルド島の位置、(b) マクドナルド島発見の注記。この“M. C Donald I. S (Disc. d 1954)”、「1854年、マクドナルド島発見」の注記はBETTS社製の洋傘式新型携帯地球儀の製作年が、1855年又はそれ以降であることを示す。商業競争の激しいこの地図製作業界では、販売戦略上、最新情報は直ちに製品に反映されるため、この地球儀は1855年より間を置かず製造されたであろう。少なくとも、土井家旧蔵のBETTS地球儀は豪州、アフリカ内陸部の地理情報から、1855-1858年、さらに限れば、1855-56年に製造されたと推定される。本文4.5、5.3参照。

George Philip & Son

1834年設立のGeorge Philip & Son商会は19世紀中頃より、Wyldにも製品を納入したMalby（Thomas Malby）社の地球儀を販売したが、20世紀に入り自社ブランドの6, 8, 9, 12インチ（15, 20, 23及び36cm）と40インチ（102cm）の折り畳み地球儀を販売している（Dekkerら, 1993）[126]。1875年頃のBetts社買収後の1880年にもBettsのブランド名のまま折り畳み地球儀「Betts's Terrestrial collapsible globe（NMM）」を販売したが、1920年頃には、自社ブランドとしてGeorge Philip & Sonの名前で41cmの折り畳み地球儀（NMM）を販売している。

地図出版者のGeorge Philip（1800-1882）はHuntly, Aberdeenshire, Scotlandのカルビン派の家庭に生まれ、1819頃、Liverpoolの印刷兼本屋William Grapelの見習いとなり、15年後の1834年には、そこで、書籍と地図の販売会社を創立した。彼の初期における地図事業はJohn Bartholomew Sr, August PetermannやWilliam Hughesらと組んだ教育的製品（教材）の販売であった。1848年から息子のGeorge Philip Jr.（1823-1902）が事業に加わり、社名をGeorge

Philip & Son Ltdとし、1875年頃にはBetts社を買収している。NMMのwebpageに、Malby社を1860年、Betts社を1875年、Smith社を1888年、Johnston社を1871年にそれぞれ買収したとあり、繁栄を誇ったが、その約1世紀後の1987年には自らも、Reed Internationalに買収されたが、社名は、その後もGeorge Philip Ltd.のまま取引されている。1988年には、Octopus Publishing Group傘下となったが、2001年にはメディア出版の総合商社であるHachette Livre（仏）に買収された。これを機に、半世紀前に買収されたStanfordsが袂を分かっている（geographicus.com [127]，hachette.com [128]，en.wikipedia.org [129]）。

Johnston（William & Alexander Keith）兄弟

Johnston, William（1802-1888）とJohnston, Alexander Keith（1804-1871）兄弟は、1884年以降、15.5cmの地球儀（NMM）を、1890年以降、15.6/15.1cmの地球儀及び天球儀を製作している。1902年頃の76cmの図書館用地球儀や、1900年のAlfred J. Nystrom、1907年のWeber Costello.comの地球儀及び、NMMの1925年頃の46cmの地球儀ゴアから同社の地球儀製作がうかがえる。米国では同社からの輸入品にラベルが上貼りされた製品もあり、生産数はJohnston社銘入り地球儀に留まらない。W. & A. K. Johnston社の創立者、William Johnstonは1825年のクリスマスにEdinburghで、鋼及び銅版印刷（steel and copper plate printer）を始め、1826年5月に弟のAlexander Keith Johnstonが加わった。設立前は、2人ともJames Kirkwood & Sonsで、修行している。Alexanderは地理に興味があり地図製作を担当し、スコットランドの既存地図の誤りに嫌悪の念を抱いていたという。はじめ、Hill Streetで開業し、High Street.に移り、1837年までにはSt Andrews Squareに移った。1862年にはLizars商会を買収して銀行券の印刷を始めている。1879年まで事業は拡大し、作業場が手狭となりEaster RoadからEdinaに移転している。「National Atlas of General Geography」を発行したJohnstonは、Alexander von Humboldtに啓示を受けて、自然地理学を英国に導入したという。苦心の後、1848年に自然地理地図帳（Physical atlas）を、1851年の万国博覧会では、自然地理地球儀（physical globe）を出品している。1856年には、凸版印刷で地質、水文、気象、動植物及び民族学上の挿絵を加えた増補版を発行している。1848年の「Alison's History of Europe」に伴う軍事地理、更に教育目的の地図を、1850年には地理学辞典を、1855年に「Royal Atlas of Modern Geography」を発行している。弟のAlexander Keith Johnstonの息子、Alexander Keith Johnston Jr.（1844-1879）は地理探検家で、1873-1875年のパラグアイ探検を主導し、Royal Geographical Societyによるニアサ湖探検中にアフリカで客死した（en.wikipedia.org [130]，dg-maps.com）[131]。Johnston社は1899年、「Jhonston's Hand-book to the Terrestrial globe」と題する42頁の付属説明（リーフレット）を発行しているが、これをもとに下田禮佐が1913年に、地学雑誌で「地球儀の實習法」を解説している [132]。

オランダに続いて地図や地球儀の製造を始めた英国（United Kingdom）は、John Dee（1527-1608）の具申（1577）によるドレイクなど海賊の海軍への編入とイスパニア無敵艦隊撃破後の制海権の確保、イスパニアやオランダ植民地の襲撃、オランダの東インド会社の独占的東方貿易の剥奪や植民地拡張 [133]、あるいは、アフリカ内陸部の宣教師による布教活動/探検により、結果として最新地理情報の独占化を進めた。それらを視覚化した地図類の需要が高まり、軍用地図を含む地図・地理書や地球儀などの出版が盛んとなった。独、蘭、伊では主に彫刻家や数学、天文学や地図学者が地球儀の製作に携わった。仏、英国では、全てでは無いが、専ら出版業界（家族経営ながら会社組織）が先頭に立って地理書や地図、科学器材の製作販売の傍ら地球儀の製作を手がけている。蘭は英仏や独、伊との中間的存在で、出版業界の占める数が増したが、中には、古地球儀や古地図の複製再販を手がける専門会社Ludwig Rosenthal（1859- ）も現れ、今日に至っている。しかしながら、ほとんどの地図や地球儀類の製作・出版業は、家族経営的な組織であり、事業の失敗による倒産、同業者、異業種からの強引な参入や吸収合併がみられるが、中には、事業提携を解消し、再度、独立するStanfordのような希有な例もある。このように、西欧における地球儀製造業界は、弱小の一族経営が多く、その浮沈の著しいことが窺える。製造工程の分業化のため（?）か、Londonの指導的地球儀製造業者であるGeorge Adamsが、従業員ストによる、天・地球儀一対の納期遅れをオランダ側の依頼主に通知しており[134)]、個人的依頼でなければ、所謂、オランダ製地球儀とされるものが、必ずしも純正のオランダ国産品でないことが窺われる。これは、現在の委託生産や隣国製地球儀を嘗ての米国のように、あたかも自社製品としてラベルを上貼りして販売する本邦の地球儀販売事情に通じる。残念なことではあるが、国内業者の利潤至上主義のあまり、その地理情報の吟味は皆無であり、地図に隠潜させた意図的戦略情報の吟味や意識の欠如は著しい。

日の沈まぬ国と言われた大英帝国では、大陸側で開発された地球儀に、耐湿性、風船型や傘式などの改良には寄与しているが、独自技術による地球儀製作は少ない。この国にも、自ら地球儀製作に取り組み、Hondiusの師匠とも見なせるEmery Molyneuxがおり、先鞭をつけたが、彼自身、大陸側での地球儀販売の意図を持ち、そのゴア原板を含む知的財産や大砲など武器軍事技術（機密?）を携え、地球儀類製作の激戦地である蘭へ移住したが、1年足らずで急死した。英の地球儀製作で彼の後継者がなく、技術の途絶えたことがその発展を遅滞させた（Crino & Wallis, 1987）。上述のように海外進出と制海権確保の賜である最新地理情報を球面上の世界図（ゴア）へ反映させたが、地球儀の製作技術ではオランダやドイツにおける地球儀が既に完成域に達しており、風船型地球儀を除き、技術的には比すべくもなかった。しかしながら、前述のようにオランダの下請け作業（?）もあったようである。ただし、航海に用いるため、球体を湿気から守る技術が生まれ、Navigation globesのように、揺れの激しい船舶搭載に便利な地球儀は、必要に迫られた独自の発想によるかもしれない。

2.1.2.7　米国

この英国、古くはスペイン、仏の植民地としての歴史を持つアメリカの地球儀は、Samuel Lane, James Wilson, Holbrook family, A. H. Andrews & Co., J. Chein & Co., Julius Chein, Rand McNally, George F. Cram Company, Replogle Globe Company, The Beckley Cardy Co., George M. Smith & Co., Denoyer-Geppert Company, Franklin Globes (Merriam, Moore, Nims and Knight), J. L. Hammett & Co., C. S. Hammond & Co., Gilman Joslin, K-B Printing Co., The Kittinger Company, Laing Planetarium Company, Alfred J. Nystrom, J. Schedler, Weber Costello & Co., Robert Gairなど、多数の会社により製作・販売されてきたが、中には単にラベルを上貼りしたディーラーも含まれるという。

米国では、19C以降、Chicagoに、A. H. Andrews & Co, C. F. Weber & Co, A. J. Nystrom, Rand McNally, The George F. Cram Company, The Beckley Cardy Co.など、多くの地図や学校教材用具としての地球儀製作業者が集まり、地図製造業の一大中心地となった。これは、シカゴが鉄道網のハブ駅として交通の要衝となり最新の鉄道交通網が地図に描かれたことや革新的な蝋版彫刻をとりいれた蝋刻印刷法が導入されて、大判の地図が印刷可能となり、地図や地図帳の更新が容易となったことが要因とされている（George D. Glazer）[135)]。これは、海運の盛んで運河の発達する蘭（アムステルダム）で、船乗りの要望や新発見の事実をいち早く取り入れ製品に反映できるため、地図や地球儀製作者が集まったことと相通じるものがある。

米国は英国からの移民が多く、発足が主に英領植民地という性格から、大陸の独、仏など地球儀製作会社の英文表記や、英国舶来の地球儀で占められ、この国の地球儀製造/販売者の中には英国のW. & A. K. Johnston製地球儀や他の業者の地球儀に自社ラベルを上貼りして販売したAlfred J. NystromやC. S. Hammond & Co.のような輸入販売業者さえいた（Deborah Jean Warner (1987), georgeglazer.com）[136)]。また、米国の地球儀製造はその初期から、学校教材（教育）用として製作されたことが特徴といえる。

Samuel Lane

Samuel Lane（1718-1806）が植民地からの脱却最中（米国独立の1760年頃）に製作した地球儀（ニューハンプシャー歴史協会；New Hampshire Historical Society）は現存する米国最初の地球儀といえよう。これは台座に穴を開けた搾乳腰掛型の架台（日本流に言えば、中央を丸く刳り抜いた俎板の4隅に円柱脚を刺した形）の中央に収まる7インチの木球からなる水平地軸の地球儀で、Bedini（2000）及び同協会の写真や解説によれば、11重の同心円が描かれる架台（地平環に相当する）中央のくり抜き穴に収まる球体及び南北極の地軸に続く子午環には10°ごとの刻み目が認められる。球面の摩耗により地理情報は不明瞭であるが、黄灰色の球面には10°ごとの経緯線および黄道が茶色の線で描かれている。また、この地球儀の素材は金属の地軸以外は楢材からなり、白色にペイントされた球面に大陸の輪郭や度数の印が刻まれ、名称は手書きされている[137]。

Hampton生まれの靴屋、製革業者、土地調査者、農民、投資家及び公務員と多才な、Samuel Lane（1718-1809）は靴屋と皮革職人修行の傍ら、土地調査法を修めた後、靴及び製革業を営み、町の運営にも関わる議員を歴任し、地方の探検家でもあった。1741年に内陸のStrathamに移ったが、Laneの移住当時、原住民の襲撃も頻繁で、1744年の暮でも、Newmarketの砦に避難せざるを得なかったという。町の人口増加につれ、生業は順調にすすみ、土地を買い足し、購入した農場の収益でも潤沢になった。多才な活動で、町の名士となり、代議員や助祭を務め、一方ではBow やHolderness, Pemigewasset川の調査に携わり、1760頃には地球儀を製作している。独立戦争時には、地方議会の過激な行動に反対し、独立後も愛国的な動機/理由に固執したという。Laneの地球儀製作は、北米の製作史では、商業的な生産とは異なる時代に先駆けた、希有な製作事例であろう。

以下では、Deborah Jean Warner（1987）ほかにより、アメリカの地球儀製作を概観した後に、本来は先に述べるべき、この国の商業的地球儀製造の父と呼ばれるJames WilsonをKimball（1938）に基づき紹介する[138), 139)]。

Daniel Haskel

Daniel Haskel（1784-1848）はVermont大学の学長を勤めた後、1830年頃にBrooklynに移り、直径5, 3, 2から0.5インチの地球儀や球状に回転する世界地図などの学校教材・機器の製作会社「New York School Apparatus Co.」を設立し、オリジナルな考案により、目的に合った単純な学校教材を提供した。

Gilman Joslin

Gilman Joslin（1804-ca. 1886）は、轆轤師ともいわれるが、ガラス製造家のようである。1837年頃、Josiah Loringで働きはじめた。マサチューセッツ教育福祉機器協会（Massachusetts Charitable Mechanic Association）では、1839年にグローブメダルを獲得したLoring社の実質的な地球儀製作者とされており、1839年にLoringを継承した。1850年の住民統計では、彼は時計製造者として、同年の産業統計では、2、3馬力の蒸気機関、5名の従業員をかかえた地球儀製造者として登録されている。JoslinはLoringばかりでなく、Sylvester Blissや、恐らくH. B. Nims & Co.にも地球儀を提供しており、Silas Cornell（Rochester, N. Y）の地球儀とも関係があったとされる。彼の興味は地球儀にとどまらず、1839年にはBostonで最初に銀板写真法に取り組んだ。後年、船舶や船舶エンジン製造のAtlantic Works of East Bostonの組織者として、幾度か会長となり、また、巨大な鉄剪断機を設計し組立てている。後年、彼はCoffer Dam Companyの会長にもなった。1868年、エレベータの特許を、1869年には、他の数人と共に、液体貨物の運搬用船舶のための特許を取得している。

Joslinは1839年に彼自身の名前で最初の地球儀を製造したが、直径6インチの地球儀は学校教材用に製作され、財政の範囲内で購入可能な価格とマサチューセッツ教育福祉機器協会が解説した。これは、William B. Anninが彫刻し、毎年更新されたが、政治的境界が無く、実質的な更新は明瞭でないという。1844年の地球儀には、米海軍キャプテンのWilkesにより南極が発見されたこと、1848年のGuadalupe Hidalgo条約により1860年代までには、米に帰属すると注記され、アリゾナとニューメキシコ両州南方のメキシコ領土を購入し現国境線とした1853年のガッデン購入（Gadsden Purchase）、バナナ、ワイン、穀類の栽培、森林の南北限などが示されている。

彼はマサチューセッツ教育福祉機器協会の1841年のフェアで、4セットの天・地球儀一対を展示したが、6インチと恐らくは彼が継承したLoring社の9-1/2、12インチと18インチの球儀であろうとWarner（1987）は記している。1852年には、new solar telluric globeを紹介している[140]。これは、Day circle（prices4antiques.com）の画像で確認すると、太陽に対して常に直角をなす日夜を分割する環を備えており、1853年のマサチューセッツ教育福祉機器協会見本市で銅メダルを獲得し、1880年にはsolar telluric globeの改良により特許を取得した。Joslinの10インチの天球儀はWilliam B. Anninが彫刻しており、1830年代後期に製作されている。初期の10インチの地球儀はNims & Co.のそれと同一で、アラスカ（1867）、イエローストーン国立公園（1872）、ワイン、穀類、バナナや森林の南北限などを示し、米国の太平洋岸側の北限を54度40分まで伸張したが、後の地球儀では、南北ダコタ（1889）、モンタナやアイダホ（1890）が描かれている。Joslinは16インチの天・地球儀一対をマサチューセッツ教育福祉機器協会の1869年の見本市で展示した。これらは、Charles Copleyが彫刻した地球儀類の改訂版とされるが、この天・地球儀一対は見出されていない（Warner, 1987）。1870年代にLoring社のBostonの彫刻家George W. Boyntonが改訂した12インチの新版地球儀ではDakota territory（1867）や統一ドイツ、イタリア（1871）などの表示がある。1874年に息子のWilliam B. Joslinが加わわり、社名をGilman Joslin & Sonとし、1907年まで続いた。彼らの最高傑作はマサチューセッツ教育福祉機器協会の1874年の産業見本市に出品された36インチ（91.4cm）の地球儀で、USA最大の地球儀として銀賞メダルを受けたとされる。

Globe Clock Co.

Globe Clock Co.は、1883年にLaPorte Hubbell & Sonによる時計動力部にMoore & Hadleyデザインによる球体部が9インチの時計式地球儀を製作している。

Holbrook & Co.

Josiah Holbrook（1788-1854）は、目的教育として知られる教育法を主張する教育改革者で、文化運動団体の創始者であり、養育機器製作の起業家でもあった。学校用の簡単なオーラリィ（orrery）を販売し、地理教材として、高価な大型の教材より、生徒の全てが手にできる小さな地球儀が教育に叶うとして販売した。New YorkのBenjamin Pike, Jr.の場合と同様、アルバニーではHenry Rawlsが彼の機器を宣伝しているが、何れも彼の名前はなかった。彼がNew Yorkで文化運動を展開している時期に製作した、現存する初期のHolbrookの地球儀は1840年代以降の直径5インチの地球儀である。

Holbrook & Co.は1840年代にJosiah Holbrookの2人の息子、AlfredとDwightによってオハイオ州のBereaに創設された文化活動村の中にあり、そこで教育機器を製作している。直径5インチの地球儀は木球に紙のゴアを貼り付けており、「Texas」や共和国（1836-46）の名称から製造時期が知られるという。彼のテルリウム（Tellurian）には、直径5インチの太陽、直径3インチの地球を備えたものもある。Holbrook教材製作社（Holbrook Apparatus Mfg. Co.）は多くの学校教材を販売している。その中に、直径3ないし5インチの半球の教具があり、オハイオ州の報告には、1855年に直径5インチの地球儀を6508個、半球を5182個購入したと記されてある。1857年には、直径8インチの地球儀が製作されている。半球からなる地球儀教具は、カナリア諸島付近を蝶番で繋ぐ半球2個の表面に15°毎の経緯度及び世界図が描かれており、1855年頃にコネクチカット州ウエザーズフィールドのホルブロック製作所で作られた半球の教育用球儀（Semi-spherical educational globe）として知られている。Holbrook School Apparatus Co.はHartfordに1855年に開業されており、Holbrook代理人のFranklin C. Brownellは後にAmerican School Apparatus.

Co.を創業している。販売については、シカゴのA. H. Andrewsやフィラデルフィアの J. W. Queenなどのディーラーに一任し、1860年頃、Holbrookは小売を止めたとされる。

Charles W. HolbrookはDwightの息子で1870年代に後を継ぎ、学校や図書館へ地球儀を供給したが、1888年にLunar tellurianの特許を、1895年には他の一件を加えtellurianの特許を取得している。直径5, 8及び12インチの地球儀を製作しており、季節教材を含む直径5インチの地球儀は、George S. Gardnerによる1900年頃のものである。直径8インチは不明であるが、1882年のO. D. Case & Co.製造で、地平環に「Chas. Holbrook's 12 in globe」と記された12 インチの地球儀が残されている。また、1887年には特許済の青銅色の鉄製スタンドを備える新しい地球儀の広告も出している。

Charles Goodyear

Charles Goodyear（1800-1860）はゴムの加熱薬品処理の発明家でインドゴム又はゴムで上塗りされた絹製で直径2feetの（風船型）地球儀を含む各種ゴム製品を、さらに、インドゴム製の地図を1851年のLondon万博に出品したが、20年前の1831及び1834年に販売されたGeorge Pocockの紙風船型地球儀を知るロンドン子の心境は、複雑であったろう。なお、Charles Goodyearの兄弟と思われるHenry, B. Goodyearは1861年に、型に入れて造る伸縮自在の地球儀で地理的輪郭を浮き彫りにする方法の特許を取っているが、これを応用した地球儀（今で言う起伏地球儀）が製作されたか否かは明らかでない。

Franklin Globes

New York州 TroyのFranklin Globes（Merriam & Moore, Nims及び Knight）は1850頃から19世紀末にかけて、直径12インチの地球儀を製造した。1867年に米国に買収されたアラスカは初期の地球儀では、アラスカロシアであるが、大西洋の海底電信線が示されている。なお、直径30インチの地球儀の広告が米国歴史博（NMAH, National Museum of American History）の記録に残されている。Franklin Globesはalbanyinstitute.org[141] によれば、Troy市の1853年から60年までの名簿に地球儀類製作者として記録されており、事業開始時には6インチの地球儀類のみ生産したが、1859年までには6インチから30インチの間で5サイズの地球儀類を販売している。この地球儀はほぼ10インチで装飾のある鋳物鉄の支柱、黄道十二宮を示す紙の貼られた木製の地平環を備えている。広告には、TroyのMerriam & Moore社の手彩の世界図は、既存のどの地球儀類より強靭で、裂けにくく落下や他の衝撃にも強い球体に貼られているとあり、製作年は世界図から1850年代中頃と推定されている。広大なOregon Territoryから1853年に分離したWashington Territoryはあるが、1858年敷設の大西洋電信ケーブル（Atlantic telegraph cable）や、1859年に連合に加わったOregon州はない。さらに、国・地域と地勢に加えて、コロンブス（Columbus, 1492）やメイフラワー（Mayflower, 1620）の航跡を示すが、南極（Antarctica）はごく一部のみ描かれ、1840年にWilks他に望見され、想定された南極大陸「Supposed Antarctic continent seen by Wilks and Others in 1840」と注記されている。地球儀類は、初めは“Franklin globes”の作業所で製造されたが、1860年以降は、Merriam & Mooreや数多の製作者及び継承者の一つにより19Cの終わりまで製造された。このFranklin作業場で製造された最古の地球儀の一つがAlbany Instituteに所蔵されているという（albanyinstitute.org)。

Louis Paul Juvet

Louis Paul Juvet（1838-1930）は、スイスの宝石職人であったが、1864年N.Y.州のGlens Fallsに移住した。1864年に時計式地球儀（time globe）及び地理時計（geograpical clock）のそれぞれ特許を取り、N.Y.州のCanajoharieでtime globeの製造工場を設立した。1886年の火災後、Glens Fallsに再建している。このtime globeはPhiladelphiaで1876年に開催された百周年記念博覧会（Centennial Exhibition）で受賞している。天球儀、地球儀の球体は、初めは木球に薄い紙を巻きつけたが、1879年以後、James Arkellの特許による紙の張り子の球体に変わった。Juvetの地球儀の世界図（ゴア）は、英国EdinburghのW. & A. K. Johnstonによる世界図（ゴア）とされるが、現存する地球儀にはJuvetのサインがある。冬と夏の気温を示す青と赤の等温線、海流、航路が描かれる直径30インチの地球儀には、1879年9/23及び10/28の特許取得の注記があり、直径18インチの地球儀には鷲の装飾の花枠飾りがある。また、12インチの時計型地球儀にも花枠飾りの外枠に特許云々が記されているとされている。

John S. Kendall

John S. Kendallは、シカゴのNational School Furniture Co.のマネージャーで、ルナリウム（lunarrium、地球を廻る月の軌道とその挙動を知る教材）にもテルリウム（tellurium; 太陽を廻る地球と月の軌道とその挙動を知る教育機材）にも利用可能な教育器機であるsimple lunar telluric globeを開発し、1880年（あるいは1886年頃?）に販売した（Deborah Jean Warner, 1987）[142)]。

Robert Gair

Robert Gair（1839-1927）は1890年代より、ほとんどがSchedlerの製図と彫刻によるが、3, 4, 6, 9, 12及び20インチの地球儀類を発行しており、大きな地球儀には航路、鉄道、電信、海流、水深、貿易風及び等偏差線が描かれている。

Gardner

GardnerはEna YongeによりJames W. Gardnerと推定されているが、性別を含め、人物は不明で、1825年に4インチの天球儀、1823年に12インチの天・地球儀一対を製造した。なお、天球儀の方はDavid Felt Stationer's Hallにより1829年に再版された。

George Lampton Houghton

George Lampton Houghtonは、地理学にも興味があり、1900年、ミネソタ州（Minn.）のWoodstockで、「globe and fixture therefor」の特許を取り、1902年にイリノイ州のMarseilleで直径8, 12及び18インチの地平環と4分の1環をそなえたHoughton社製地球儀を発行予定と記した広告が残されている。

William M. Goldthwaite

シカゴのWilliam M. Goldthwaiteは、Globe map of the world (1900), The earth: illustrating the correct use of the terrestrial globe (1889), Goldthwaite's universal atlas, geographical, astronomical and historical (1887) やMap of Mount Vernon and environs (1890)、道路マップなどを著しているが、1888年、地球儀の据付け方の特許を取得し、New Yorkで、可動式半子午環の特許を有する地球儀製造者として広告を出している。シカゴに帰り、傘式に開閉できる絹製地球儀を製造して、1899年に「Collapsible globe-map and mounting therefor」として特許を取っている。12インチの多色刷地球儀のみが知られており、会社名と発行年の整合性を欠くが、個人収集品の銘文に「1898年特許承認の折畳み地球儀」「Gol (?) meian globe社1893年発行」とあるという（D. J. Warner, 1987)。これは墨僊の大輿地球儀やBettsの地球儀に30〜40年遅れており、墨僊はともかく、Betts社の情報を入手し得なかったとすれば、独自の発想かも知れない。

Andrew Jackson

サンフランシスコのAndrew Jacksonは1883年に自動時計型地球儀の特許を取得しているが、地球儀の製造は明らかではない。

Isaac and Mary Ann Hodgson

マサチューセッツ州SpringfieldのIsaac and Mary Ann Hodgsonは1892年に空気で膨らませる地球儀の特許を取っている。一つは1894年にシカゴでスレート状の表面を持つ空気で膨らませる地球儀の特許で、もう一つは、スタンドが空気入れの構造をなす地球儀の特許である。しかし、この技術を用いた地球儀製作は知られていない。

Thomas Jones

デンバーのThomas Jonesは1890年に地図またはレリーフ球の製造工程の特許を、1896年にはシカゴで地球儀と類似品の製造に関する特許を取っている。1897年にはJonesの地球モデルが製造され、A. H. Andrews Co.で販売予定と広告には記されている。この起伏地球儀は、見やすくするため、水平距離に対し標高は40倍に強調され、海底は水が省略されている。ある評論家により、今までの初等教育教材としては画期的な「地理学的事実が凝集された塊」と評された。この地球儀はA. H. Andrews Co. 教材部門の消滅後（1907年から?)、Rand, McNally & Co.によって販売されている。

次に、USAにおいて、最初に商業的な地球儀製造を始めたJames Wilson（1763-1855）について、主にKimball（1938）の労作により、紹介したい。

LeRoy E. Kimball（1938）[143]によれば、Wilsonは1763年3月15日にニューハンプシャー州、ロンドンデリー（Londonderry, New Hampshire）で農家の子として生まれ、農業の傍ら、鍛冶見習いをしている。1796年、Hanover 北方のBradford Vermontの1マイルほど北のコネクチカット河の土手に移った。Dartmouth CollegeのMr. Miltmoreを訪問した際、地球儀と天球儀に感銘を受け、地球儀の複製を思い立ったが、知識の不足は否めず、百科辞典を購入するため、家畜を売り、Encyclophedia Britanica第3版や、芸術、科学、種々雑多の文芸に関する事典を購入した。さらに、知識を得るためにBostonやNewburyportに出かけた。Newburyportの彫刻家、John Akin（1773-1846）の100ドルの請求にも、彼は持ち合わせが無かったという。Bradfordに帰り、幾度か失敗を重ねた後、「アメリカ地理学の父」であるJedediah Morse（1761-1826）のUSA最初の地理書「Geography made Easy（1784)」の2枚の地図を彫刻したコネクチカットのAmos Doolittle（1754-1832）に会うため、徒歩でNew Heavenにでかけた。LexingtonとConcordの4枚の地図彫刻者としても知られる彼はNew HeavenでなくCheshireでWilsonに銅板彫刻プロセスの基礎を教えた。彼はVermontの後妻と息子達のもとへ、歩いて帰ったという。最初は大きな木球に国々をペンとインクで描いた紙を貼り付けた地球儀を製作したが、地球儀の製造でなく、彫刻を完璧にすることと新世界（米国）で使用中の英語表記の地球儀に欠ける地理情報の表示が主目的であり、農業の傍ら、鍛冶技術を習い、習得はできたが、地球儀と鍛冶屋との間には大きな隔たりがあった。彼にとって地球儀類の製造は新航路の書き込みや、星雲の描画など非常に魅力的であり、自分自身で何でも作業しなければ気が済まなかった。旋盤レースからプレス機まで工具、インク、印刷機、糊とワニス、それに子午環を作り、全ての地図をデザインした。細線の接続に大難儀し、最初の大きな銅板の彫刻に300日も費やしたが、球面上の子午線の真の比率を得るのは困難であった。そこで、CharlestownのJedediah Morseのところに教えを請いに出かけたが、Morseは、同じ銅板では修復不可能なことをこの地球儀に憑かれた男に話した。彼は地球儀製作の鍛冶場にもどり、新銅板を製造した。最初の地球儀が売れた1810年には、それぞれ17、15、13才になっていた3人の息子、Samuel, JohnそれにDavidは家業を継ぐことを決めていた。Wilson, Bradford, Vermontの刻印された地球儀が1810年以前に販売された可能性はあるが、Kimballの調査では明らかにできなかったという。

最初の地球儀の販売はJudge Nilesに地球儀1個とWilson自身が書き込んだ1810年1月25日である。そこで、大量生産が開始されたようであり、1月以降、記名無しではあるが、さらに、11個、製造されている。1810年11月1日にはAmherstのMr. Melindyに地球儀1個と正確に記録されている。これには、価格についての個別の記述を欠くが、1810年版の天・地球儀一対（a pair of the 1810 edition）に50$を受領していることで明らかである。鍛冶屋はAmherstの街では英国からの地球儀の輸入を無力化するほどの地球儀製造所に成長したが、彼の目はAmherstに留まらず、

BostonやAlbanyを商圏とみていた。1866年9月8日附のBoston地方紙“Boston Cultivator”で通信員、Nathan Bowenの8月11日付報告では、WilsonはBostonでWilliam Wells社の紙のお得意様となったが、Bradford産の紙もいくらか使用していた。また、通信員は1811年に米国で最初に地球儀を完成させたというWillsonの談話を報告し、通信員自身、1810年から1814年まで勤めていたBradford村の製紙工場とWillson宅は村の北1マイルほどにあり、彼の店には数回訪れたことがあること、1812年には、Willson氏の地球儀製作で使う紙の製造を手助けをした際、使用中に裂けず伸びない、強くて堅い紙を彼が欲したことなどを記している。

Wilsonはさらに、Isaac Eddy（1777-1847）と提携し、地図も製作している。地図の左側には1813年、Vermont WeathersfieldのIsaac Eddy発行、右側にはJames WilsonとIsaac Eddyが彫刻したと記されている。1822年には、直径3インチの天・地球儀一対を製造している。1824年に3インチの地球儀や天球儀の新版を彫刻していた三男のDavid Wilsonが兄弟と別れ、New Yorkに移り、ミニチュア画家として成功したが、1827年に死亡している。New York州のHaverstraw在住の息子のLavalette Wilsonは、ハドソン地方の高地探検家であった。

1827年12月にWilsonの地球儀会社から連邦図書館（United State Library）に贈られた直径13インチの天・地球儀一対は米国の純国産地球儀であるが、図書館の展示物となった経緯は、Kimballらの調査でも明らかにし得なかったという。9, 13インチのWilson's American Globeの説明には、この地球儀は地理的、数学的な正確さにおいても西欧製のそれには引けを取らず、多くの航海者の航路や最近のParryとFranklinの発見など、信頼できる調査に基づき製作された。USA国内の地理情報は輸入品には誤りが多いが、これは正確であること、また輸入品より安価で、学校教育、学術及び個人の利用に最適などと謳われている。彼は1831年にも直径13インチ（31.9cm）の木製球体からなる天・地球儀一対を製作した。National Geographic Societyの地球儀の南半球の注記には、多くの島々と一面の氷の広がりとあるが、南極大陸は示されていない。天球儀には、羽ばたくペガサスのような星座が入念に描かれている（写真26)。

1833年、大黒柱である2人の息子SamuelとJohnが亡くなり、Cyrus Lancasterが継承した。彼は2年後、Samuel未亡人を妻とし、Wilson家の一員となり、1862年に亡くなった。Wilsonの地理と天文への飽くなき興味は1855年、92才の死の数年前まで尽きなかったと記したKimballは、83才のWilson自身が彫刻したプラネタリウム製作に対してEdward L. Parkerの「History of Londonderry」（1851年）中の驚嘆の言を借りてWilsonの業績を評価している。

以上、欧米の地球儀製作史を数名の地球儀製作者に着目し概観してきたが、以下では、その中の一部、特異な地球儀である携帯地球儀や起伏地球儀について整理し、日本の地球儀製作との比較の参考としたい。

写真26　National Geographic Society蔵のJames Wilsonの天・地球儀一対（Photo: Y. Utsunomiya）

USAで最初に地球儀の製造会社を創業したJames Wilsonが1831年に製造した直径13インチの天・地球儀一対。

2.1.3　欧米の携帯地球儀及び起伏地球儀

地球儀は、大きく分けると床置き型、テーブル型地球儀に2分され、小型のテーブル型地球儀の中で、より小さいミニチュア地球儀は、携帯可能であるが、携帯地球儀としては、玩具を含み、懐中/ポケット地球儀、ハンド地球儀、ミニチュア地球儀から、折り畳み地球儀としてのカードボード型（切り込み方式と支那ランタン方式）、填込み式パズル型、風船型、傘式地球儀などが製作されている。ポケット地球儀とハンド地球儀の違いは、直径7cmの地球儀の収納用球体ケースの内側に星座が描かれ天球儀をなす球体ケースか、蓋付のエッグスタンド様の木製容器かに納まるかの違いであり、球体の直径はほぼ等しい。

2.1.3.1　教育用地球儀玩具

小型の地球儀で、教育玩具の要素を含み、携帯地球儀とは若干異なるが、英Johnston夫人の「dissected terrestrial globe」（切込み/切欠き地球儀）と呼ばれる厚紙製の地球儀（1812）及びEdward Moggによる1813年のLondon製天球儀「Mogg's celestial sphere」は、いずれも切込み方式の球儀（cardboard dissected globe）で、支持台、支柱及び球体の全ての部分は、各部分の図形が印刷された板状の厚紙片で構成され、この厚紙片に刻まれた切込み部分を噛み合わせて立体化される[144]。これらは、組み立て方法や構造が現今の子供玩具のロンディ（Rondi）に似ている。当然ながら、2枚の厚紙は十字の交叉する形となり、地球儀や天球儀の本来「球体」であるべき部分も厚紙片の組み合わせであり、あたかも木の葉の寄せ集め様となり、球体の形成は不可能なため、子供達が地球や天球儀を「球体」として理解することはできず、逆に混乱させたと思われる。これに対し、NürnbergのCharles Kappが1870年頃製作した“La Terre, Etudes geographiques. Le jeu de globe”（地球、地理的学習、地球儀のゲーム）[145]は球体地球と世界地理を理解させるに十分な「球」を形作る填め込み方式の立体型ジグソーパズルである。これは高さ21cmのパズル地球儀で、赤道に平行に輪切りにした4層の切片（これは、更に放射状に4ないし6分割される）と、両極部の各1層、全6層から構成され、それぞれスライスされた平面部分には、ヒントとなる地図や大陸が説明されてある。hordern.comによるとCharles Kappは、西欧各国に教育玩具としてこれを輸出しており、仏語表記のこの地球儀はフランスへの輸出品という（写真27 a, b）。なお、Whipple museumには英語表記の同型地球儀が収蔵されている[146]。

折り畳み地球儀では、風船型や傘式地球儀及び4ないし6枚のゴアの赤道部を連結させ、ゴアの南・北極に結ぶ糸を絞り球体化させる厚紙製の地球儀も製作されている（後述）。

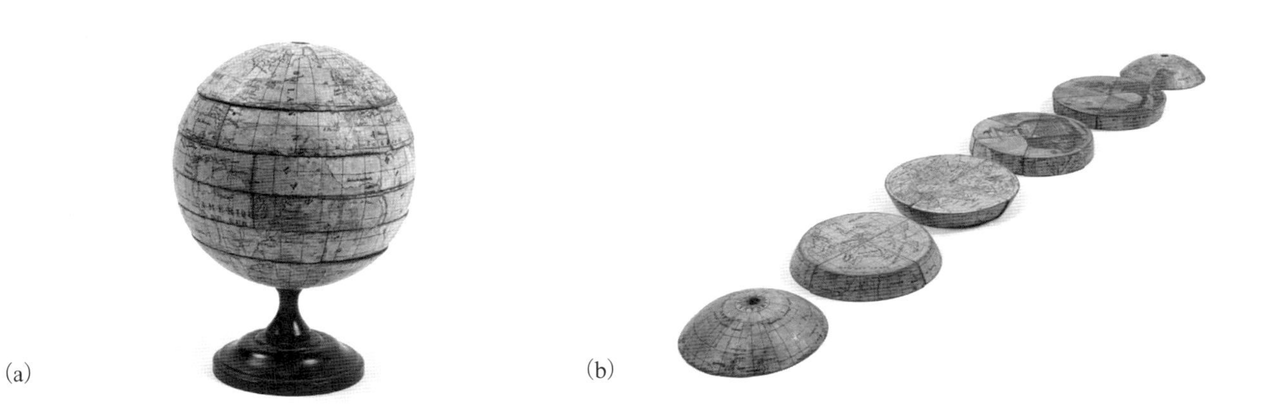

(a)　(b)

写真27　Kappのパズル地球儀

(a) 組立てた状態、(b) 分解した球体部分。（この写真a, bは豪のHordern House Rare Books社の好意による; Images by courtesy of Hordern House Rare Books, Sydney, www.hordern.com）

ニュールンベルグのCharles Kappが製作・輸出したジクゾーパズル地球儀で、Whipple museum蔵のそれは英文表記であるが、豪州のHordern House Rare Books社蔵の地球儀は仏文表記であり、Kapp社が教育用玩具として西欧各国に輸出したことを示している。

2.1.3.2　携帯地球儀

携帯地球儀は文字どおり、携帯に便利な小型でコンパクトな地球儀であり、球径の小さな卓上型やhand globeなどの地球儀も容易に持ち運べるため、これに纏めることも可能であるが、一般に折り畳みでき、懐中物として持ち運びできる地球儀で、ソフトボール（1号ボール; 直径8.5cm）大のポケット地球儀（pocket globe）、厚紙製地球儀、傘式地球儀や風船型地球儀を指す。

2.1.3.2.1　ポケット地球儀（pocket globe）

直径7cm程の地球儀と、これを収納する球体（2つの半球をヒンジで結合した張り子の球体ケース）内側に天球図が描かれ、天球儀を兼ねるポケット地球儀（pocket globe）は、同寸法の地球儀でありながら、蓋付きエッグスタンドに似た木製容器に納まるハンド地球儀（hand globe）とは区別される。また、ほぼ同寸法の球体からなる小さな卓上地球儀はミニチュア地球儀と呼ばれているが、これもポケット地球儀とは別名称であり、ここには含まれない。

独では、19世紀前半、ニュールンベルグで製作され、茶筒様の収納ケースに収まる、8.5cmのポケット地球儀があり、イニシャル「M.P.S.」から、Peter Salzigeの製作と推定されている。仏では、今日、1745年製ポケット地球儀の複製品が多いDidier Robert de Vaugondyも、1763年に18, 12, 9, 6及び3インチ（7.6cm）の地球儀類を製作している。3インチ（7.6cm）のそれは直径から、ポケット地球儀の類と推定される。西欧では大陸側諸国の製作もあるが、英国に多く製作されており、1670頃に製作したJoseph Moxonの直径7cmの地球儀はじめ、1670年から1690年にかけてポケット地球儀類が製造されている。Moxonのポケット地球儀はAnneがFriedrich I世へ手土産としたことでも知られている。Philip Lea（fl. 1666-1700）は1700年頃に7cmのポケット地球儀を製作しており、Senex, John（1678-1740）とPrice, Charlesは1710年に7cmのポケット地球儀を、Moll, Hermanは1719年に、Cushee, Richardは1731年に、Nathaniel Hillは、1754年に各々、いずれも7cmのポケット地球儀を製作している、1754年のNathaniel Hillのポケット地球儀では、その緯度60°までは、12枚の印刷、手彩のゴアが貼られてあり、赤道を挟み貿易風が矢印で描かれているという。北米は、スペイン、英仏の抗議を受け、それぞれが縁取りで区別されている。河川などは不正確で、西海岸のブリティシュコロンビア（British Columbia）の海岸線を欠くが、アニアン峡や英探検家のGeorge Ansonの航跡が描かれているという。1754年製作の直径7cmの地球儀の地理情報は貧弱でポケット地球儀の製作には参照されたであろうとStevenson（1921）は述べている。このような小さな地球儀は蓋の付いたエッグスタンド似のケースに収まるハンド地球儀として、あるいは、しばしば、オーラリイ（orreries）やテルリウム（tellurium）の中の地球として供されている。英国では、ミニチュア地球儀やハンド地球儀とともに多くのポケット地球儀が製作されているが、地球儀の中では安価で、子供の玩具に近いこの種の地球儀は、教養ある紳士達の格好の知的アクセサリーとして重宝され、世間でも一大ブームとなっていたようである。それ故にか、Anneが手土産に加えたものと思われる。Ferguson, James（1710-1776）は1756年、8ないし7.4cmのポケット地球儀、1757年頃には7.5cmのミニチュア天球儀、1782年には、ほぼ同寸法のポケット地球儀を製作している。Nathaniel Hillの流れをくむJohn Newton（Newton Son & Berry）は、当初は、William Palmerと組んで、直径6.7cmのNathaniel Hillの1754年のポケット地球儀を再版したが、1830年頃には、7.6cmのポケット地球儀を製作している。

Adams, George, Sr.（1704-1772）は、1770年頃に7cmほどのポケット地球儀を、Adams, Jr.（1750-95）と次男のDudley（1762-1830）もポケット地球儀を製作したが、次男のDudley Adamsは1795年頃にも、7.6cmのポケット地球を製作している。この1795年のポケット地球儀は、Fergusonの1756年のそれと同じであるが、地理情報の更新はみられるという。Dudleyは1808年頃にも、ポケット地球儀を製作している。NMMには1770年または1775年頃とされる直径6.7cmのポケット地球儀が現存する。1808年頃の7.5cmと8.4cmの地球儀（NMM）の地理情報は1795年製造のミニチュア地球儀と同じである。このpocket globeの原板は1817年の破産により、Lane商会に移ったという。また、Charles Smith & Sonも1834年に、9.6cmのポケット地球儀を製作している。

このように、英国におけるポケット地球儀、ミニチュア地球儀及びハンド地球儀の生産は他の国に比較して活発であった。これに対して、米国では、歴史的に国内製造が遅れたことや、地球儀製造の主目的が学校教材にあり、日本も同様であるが、植民地宗主国としての経済的余裕があった英に比して、知的遊具を嗜むという習慣や生活スタイルに乏しいためか、この種の地球儀はほとんど残されていない。このことから、製造される地球儀の型式もそれぞれの国の必要性に加えて、ライフスタイルや国民性に依存すると見ることが出来よう。

2.1.3.2.2 厚紙製地球儀

Mokre（2008）によると、1820年代より、初めはウィーン、次にグラーツで、厚紙製の折り畳み式地球儀や天球儀が製作された。グラーツのJosef Franz Kaiserは1830年頃、天・地球儀一対からなる6枚ゴアの直径13cmの折り畳み型地球儀（Faltgloben）を製作している。続いて1850年代に伊やスペインで、1850年には英のBetts社により製造されている。Betts社のそれは他に比べてゴアの枚数が多く、8枚のゴアで構成され、“支那のランタン様”で、12cmほどの球体になる。同様のものは、直径は大きいが、ロシアのSt. Petersburgでも製造されたとされる（Mokre, 2008）[147]。

スペインのPedro Martin de Lopezが1850年頃、マドリッドで製作した6枚のゴアからなる天・地球儀一対とオーラリスフェアの一式及び、ほぼ同時期にこの種の地球儀が、Regazzoni, Giocondoによりミラノで製作されており、寸法は前者が、15×21cm、後者が20×13cmである。これは厚紙に石版印刷のゴアを貼付けた折り畳み型地球儀Terrestrial collapsible globeであり、6枚の紡錘形断面をなすゴアを赤道部裏面で布状の帯輪あるいは厚紙に挟み、連結させ、6枚のそれぞれのゴアの北・南極に糸を付け、象牙などの留輪を通し絞り込み球体化する構造で（宇都宮・杉本, 1994）、天球儀も地球儀と同構造である。Mokreの上記の喩えは、ひもで絞り込み球体化する直前の王冠のように展開した状態を指している。

筆者は、故Schmidt氏宅でMs. Heide Wohlschläger所蔵のBetts社製傘式携帯地球儀の撮影の際に、Schmidt氏蔵の、深さ数cmの化粧箱に収まり、表紙に1850年と手書きされた数頁のリーフレットとBetts社製の“旧型”地球儀を寸見させてもらった。手書きの発行年はリーフレット中の宣伝文から解釈されると宣伝文を示され、筆者も確認した[148]。同氏は他に6枚のゴアで構成される同型の地球儀も所蔵するが、これは、スエーデン語で表記されるゴアからなる（写真28）。なお、この種の厚紙製の折畳み地球儀は、「Tooley's Dictionary of mapmakers」の記述不足に大きく影響されて日本では、残念ながら、次に説明する傘式地球儀と同一視されている。

写真28　Schmidt氏蔵、スエーデン語表記の厚紙製地球儀（Photo: Y. Utsunomiya）
支那ランタン型の地球儀で、これは6枚の厚紙製ゴアから組み立てられている。球を仮定し、成人男性の指のスケールから推定すると直径13cm程度となり、Betts社の旧型携帯地球儀のそれと、ほぼ同寸法をなすことが知られる。

2.1.3.2.3　傘式地球儀

1850年代後半に開発された折り畳みできる傘式携帯地球儀は約半世紀後の、1930年代末の広告にも、小さく格納が容易で、世界旅行の携行品として最適などと掲載されている（Mokre, 2008）[149]。英国では、Betts社が厚紙式地球儀の改良により文字どおり新型の携帯地球儀、「Betts's New Portable Terrestrial Globe」を製作している。これは、洋傘の頭轆轤と手元轆轤に細い鋼鉄線から成る親骨の両端を繋ぎ、傘の開閉と同じく手元轆轤を上げ下げして球体化または折りたたみできる地球儀である。Lanmanの調査により、アラスカがロシア領で、ベネチアがオーストリア領であり、Albert湖を欠くため、1860年頃の製作と推定されて以降、その後の研究者に製造年として踏襲されている。

1868年（明治維新）以前に舶来した大野藩主旧蔵品の新型の携帯地球儀は、初めは、鯨髭から鋼鉄製親骨の量産化以後で1875年のBetts社閉店までの製作と推定した(宇都宮・杉本, 1997)。しかし、Mc. Donald I. S (Disc. d 1854)の注記（Utsunomiya, 2009）[150]から、この地球儀は、1855年から1875年のBetts社閉店の間で、1855年に極めて近い年（恐らく1855、56年）に開発されたと考えられる。球面の最新地理情報は、西欧では販売促進に不可欠であり、その発見は直ちに製品に反映されたであろう。西欧に残る同型地球儀は恐らく製作時期が異なり、Dekkerは1860年頃、NMMは1880年頃と推定している。本邦に少なくとも2個は舶来したこの型の地球儀は、大野藩主と尾島家（尾島碩宥氏旧蔵、現在では不明）の所蔵となっており、戦前に府立中学で複製品が造られたようではあるが、定かではない。また、秋岡（1933）が証拠を示さず、1853年より58年迄の間の製作と推定した尾島家のそれは所在不明であり、Betts社純正品とは特定できず、現在、本邦に残る確実なBetts社製地球儀は大野市博物館に展示されている地球儀のみである。Betts社閉店後、Bettsの名を冠した同型の地球儀がPhilip & Sonsから発売されており、Lanman（1987）がBetts社製としてPhilips社のリスト中の掲載から、1880年頃の製造とした地球儀は1875年のBetts社閉店後であり、Betts純正品でないことは言うまでもない。

オランダでは、1880-1883年頃に、RotterdamのElsevier社がGualtherus J. Dozyに執筆の謝礼として1880年製の直径約45cmの傘式地球儀を贈っている（Jan Mokre, 2008）。gaiaglobes.comのwebsiteによると、直径は40.6cm、全高75cmとされ、その木製収納箱はBetts社のそれに酷似するが、側面には「DE ELSEVIER GLOBE」と記されている。さらに、同社websiteの画像によると、1880年に製作された地球儀の花枠飾りには蘭語表記で、「DE ElSEVIER-GLOBE/ NAAR DE NIEUWSTE BRONNEN BEWERKT/ONDER TOEZICHT VAN/ DR. G. J. DOZY/ GRATIS- PREMIE/ op / HET BOEK DER REIZEN EN ONTDEKKINGEN/ ROTTERDAM/ UITGEVERS MAATSCHAPPIJ ELSEVIER」とあり、仮訳すると「Dr. G. J. Dozy監修の下で編集された最新の情報に適合したElsevier社の地球儀/無料-旅行と発見の書に対するプレミア/Rotterdamの Elsevier社発行」となろう（gaiaglobes.com）[151]。米国では、1888年、地球儀の据付けの特許をとったシカゴのWilliam M. Goldthwaiteが傘式に開閉できる絹製地球儀を製造し、1899年に「Collapsible globe-map and mounting therefor」の特許を取得しており、「1898年特許承認の折畳み地球儀」「Gol (?) meian globe社発行」と記された12インチの多色刷地球儀のみが残されているという（D. B. Warner, 1987）。

2.1.3.2.4　風船型地球儀

NMM他のwebsiteによると、凧に執着した英国の学校経営/教育者、Pocock, George（1774-1843）が1830年に直径120cmの風船型地球儀を考案し、翌31年にGeorge & Ebenezer Pocock（Bristol）社から販売している。NMMの説明では、1843年（NMM蔵, GLB0238）のそれは熱風吹き込み方式で、「W Hogsflesh and Walter W Hamblen」と男生徒2名の製作に係るが、前者は後者の偽名で、詳細不明とされている。Katie Taylorはhps.cam.ac.ukのウエブページで、教育者のEdgeworth父娘の「実践教育（Practical Education）1798年」の風船型地球儀の提言から40年を経た1830年頃に風船型地球儀がPocockにより開発されたと記している。凧に拘り凧の実験を続けた同じ教育者のPocockが「Practical Education」の提言を直接、間接に識っていれば、それにヒントを得たことも考えられる。

このPocockの開発した風船型地球儀は、ニュージランドの海事博物館に所蔵されているが、この風船型地球儀を修復したMs. Ute LarsenとMs. Camilla Baskcombの修復作業の記録（Ute Larsen and Camilla Baskcomb, 2010）及び私信によると、北極側は象牙の飾りボタン様装飾が、南極側は竹の輪（空気孔）が見られ、北極部の装飾及びこの竹輪とゴア（紙製）の、それぞれ結合部分は亜麻布で補強されているという。修復前の観察によると、蝋燭等で暖気を内部に注入したためか焦げた部分が認められている。球体を構成する12枚の石版印刷による手彩のゴアには10度ごとの経緯線が引かれ、南北方向では70度余（北極圏では80度付近）まで地理情報が描かれる。また、本初子午線はLondonを通る子午線が当てられ、黄道も描かれている。球面は経度30度で1枚をなすゴアを12枚貼り合わせて構成されるが、東西は約15°ごとに山折り、谷折りを繰り返すつづら折りで畳まれた後、南北方向で三つ折りされている。東西の30度幅の山折りの中間が谷折りされているため、あたかも地図帳のようにゴアを捲ることが出来る。南極部分のゴア及び竹輪はゴアの幅2～3cm部分を含めリネンで補強されている（Ms. Camilla Baskcombの2015.11.18私信による）。写真解析によると、厚い竹では直径20cm程の小さな竹輪の製作は困難なためか、薄く削いだ竹板4枚を貼り合せて竹輪としたことが窺われる。

英国に対し、大陸側では、商人として16年間の英国滞在中にPocockの風船型地球儀を知ったCella, Philipが1831年にミュンヘンで、直径114cmの風船型地球儀を発行している。trove.nla.gov.au[152]のwebsiteによると、翌1832年にはベルリンのJ. L. Grimmが、1835年にはミュンヘンのAnton Kleinが風船型地球儀を発売している。Pocockとは独立に製作されたようであるが、パリのDesmadrylも1833年に同じく40インチ（102cm）の風船型地球儀を製作しており、Benoît, Troyesより発売された12枚のゴア及びPolar capからなる彼の風船型地球儀（Balloon globe）がChristie'sの出品歴にある。但し、Mokre（2008）は各国の風船型地球儀をPocockのそれの模造と見なしている。

Monique Pelletier（1987）によれば、仏では、1833年、Marin & Schmidt社が、Strasbourgで製作した18インチ（44.1cm）の空気式地球儀“Globe aérophyse”は、仏地理学会French Geographical Societyの報告で、この羊皮紙の地球儀は金箔製より好ましく、精度はPoirson社の地球儀に及ばないが、強く軽いため取扱容易で、Lopie社の地球儀の1/3の価格で安価と記されている。同年、Troyesの出版社、Benoitが羊皮紙で作られた4 feetの風船型地球儀を提示しており、1840年にはStrasbourgでMarin & Schmidt社が畳むと8.5×32.0cm、膨らせると球径22cmの風船型天球儀（NMM; Celestial inflatable globe: GLB0241）を製作している。また、J. Andriveau-Goujon商会の1841年の広告にはCharies Dienの18インチと8インチの風船型地球儀（blown up globe）が見られるという（Monique Pelletier, 1987)。

米国では、ゴムの加熱薬品処理に関する発明家のCharles Goodyear（1800-1860）が、インドゴム又はゴムで上塗りされた絹製で直径2feetの（風船型）地球儀を含む各種ゴム製品を、さらに、インドゴム製の地図を1851年のLondon万博に出品している。また、マサチューセッツ州SpringfieldのIsaac and Mary Ann Hodgsonは1892年に空気で膨らませる地球儀の特許を取り、1894年にはシカゴで、空気で膨らませるスレート状の表面をなす地球儀、もう一つは、スタンドが空気入れの構造をなす地球儀の特許を取得したが、地球儀は残されていないようである。ロシア製地球儀に関しては、秋岡武次郎（1933）[153]が「沼尻墨僊作傘式伸縮地球儀」と同様として1867年製の紙地球儀を記載しているが、風船型か傘式か、伝聞や文字面のみかの区別も含めて記載がなく詳細は不明で、Mokre (2008)の紹介した厚紙製折り畳みの地球儀と混同したものかもしれない。

2.1.3.3　起伏地球儀

独のDietrich Reimerは34cmの起伏地球儀を1853年開催のNew York国際産業博に出品している。1876年にベルリンで20.5cmの壁掛け用の石膏製の東半球、西半球の起伏地図を製作したErnst Schotte & Co社は、この時点で起伏地球儀の基礎的な製作技術を有していたことが窺えるが、1875/78年頃に、パリのHachette社に提供する製品として、木製支柱に続く金属の地平環支持枠と地平環及び全円子午環を備えた40cmの起伏地球儀を製作している。Ludwig Julius Heymannは1900年頃に、同じくBerlinで直径25cmの半子午環型の起伏地球儀を製作し、1925年頃には、Paul Räthが、LeipzigでNorddeutscher Lloydのために、それぞれ、直径32cm、61cmの起伏地球儀を製作している（Wolfram Dolz, 2007）[154]。

仏では、1786年に皇（王）太子の教育機器としてルイ16世の命によりEdme Mentelle（1730-1815）とJean Tobie Mercckleinが入れ子式の地球儀兼天球儀を製作した。これは、内側の起伏地球儀をケースとしての役割を有する外側のMentelleデザインによる地球儀が包む二重構造をなす。高さと幅による外側の地球儀及び起伏地球儀の直径は、写真判読によりゴアの縮尺を考慮すると各々の直径は106cm、約85cm程度と推定される。画像から本初子午線はカナリア諸島にあり、2個の張り子製半球ケースの外面にはMentelleによる旧世界（東半球）と新世界（西半球）の世界図が描かれ、これ自体が地球儀であるが、この半球内側には星座や黄道が描かれ天球儀をなす。表面に世界図を描く地球儀の内側に天球図を描く例は西洋では、これ以外にはない。しかし、これを起伏地球儀のケースと見なせば、ポケット地球儀と同じく地球を取り巻く天体という認識は保たれる。他に、1855年より以前の製作とされるThuryの直径、31cmの起伏地球儀（BnF蔵）があり、また、1858～68年頃に製造された地球儀の花枠飾りには、1855年のParis開催及び1858年のDijon開催の各博覧会でそれぞれ銀賞、金賞を獲得したと記されている。1858年のThury & BelnetによるDijonの起伏地球儀は12枚の多色石版刷りゴア（gores）と2枚のポーラカップからなる。直径30.5cmの起伏地球儀の大陸は緑/黄色で、山、町、市、河川及び万里の長城などが描かれている。さらにJoseph Levitteは1878年に直径14.6cmのニッケル製の起伏地球儀を製作している。

米国では、Henry, B. Goodyearが1861年に、型に入れて造る伸縮自在の地球儀で地理的輪郭を浮き彫りにする方法の特許を取得しているが、実際の起伏地球儀の製作は不明である。1890年にレリーフ球の製造工程の特許を取ったデンバーのThomas Jonesが1896年にシカゴで地球儀類製造の特許を取得し、1897年にはその地球モデルの販売を広告しており、A. H. Andrews Co.、次いで、Rand, McNally & Co. により起伏地球儀が販売された。この起伏地球儀は水平距離に対し標高が40倍に強調されている。現在では、一般向けに、Replogle社の12インチのworld Ocean seriesの地球儀や、Rand McNally & Co. のトレド大学（USA）の特注で直径、高さ各々75及び90インチの起伏地球儀をはじめ、多くの会社により起伏地球儀が製造・販売されている。ただし、起伏表示のみではコマーシャルベースで成り立たないためか、いずれも一般向けの地球儀で山脈等に起伏を付加したものが多い。欧米における起伏地球儀の製作経緯は、古くは当時の蘭学かぶれの知識人の（?）手慰みや、近代の盲人用地理教育の教材として製作が開始された本邦の起伏地球儀（滑面球儀（仮称）と一対をなす）のそれとは異なるようである。

あとがき

本稿は、書籍、論文及び国・行政機関、法人組織及び個人運営のwebsiteに掲載された情報やweb事典など各種情報源からの情報に基づくが、はじめに断ったとおり、地球儀製作やそれに関わる個人の履歴や実績は、伝言に頼らざるを得ない。時代を遡及すればするほど、例え身内や弟子による伝記でさえ、身内であるが故の美化/改竄を含み、信頼性は著しく低下する。改竄や新聞・雑誌の写真や記事の捏造など、枚挙に暇が無いため、クロスチェックをかけて、極力、錯誤を排除したつもりであるが、比較記事の無い場合は依存せざるを得ず、含まれている可能性は否定できない。情報の精粗や質の評価は別におき、記述引用や、画像の転載許可を頂いた各位・機関には謝意を表したい。付表は、Wienの地球儀博物館、図書館などいくつかの地球儀の収集機関などを除き、論文、書籍、web-pageで表された公開情報を収集してまとめた。時期の新旧による情報の重複、散逸は当然排除に努めたが、残された可能性はある。未公開の地球儀類が公開され情報が共有されることにより、個別の博物館、図書館などの抱え込みと保存のみでは不可能な、多研究者による考察と評価が可能となり、逆にその成果が所蔵館にフィードバックされるため、その価値が高まり、当該研究の進捗を促すであろう。博物館、美術館や図書館等の非公開の地球儀類の記載と写真（ゴア表示可能な15×15或いは20×20°毎の多角写真を含む）の公表は大いに希望されところである。

謝辞

西洋、北米の地球儀製作史の調査は地球の裏側に住む者にとっては非常に難しい問題である。我が国では地図学史に比べて、地球儀製作史はほとんど言及されたことが無いため、その一端でも把握することを試み、困難を覚悟で幾らか整理し概観を可能とした。これは、websiteによる知識の他、多くの方々の情報提供の賜である。順不同であるが、以下に列記し謝意を表することにしたい。

特に閲覧、写真と文献資料の入手、写真の掲載許諾に尽力頂いた、Römisch-Germanisches ZentralmuseumのDr. Ute Klatt、仏国立図書館BnFのMs. Christine Baril及びMr. François Nawrockiの両氏、Herzogin Anna Amalia BibliothekのMr. Mokansky, Olaf氏、RMN-Grand Palais (Château de Versailles) Versailles, Chargé du récolement des dépôts Informatisation des collectionsのMr. Olivier Delahaye, Internationale Coronelli Gesellschaft für Globenkunde元会長のMr. Rudolf Schmidt及び、事務局のMs. Heide Wohlschläger、前/現編集（Herausgeber）・事務局長のDr.Franz Wawrik及びJan Mokre両氏、Royal Geographical Societyの館長、Dr. A. F. Tatham, Royal Museums Greenwich, Picture Librarianの担当者及びProdigiのMr. Steve Levin, New Zealand Maritime Museum、登録担当（Registrar）のMs. Anne Harlow, Auckland Art Gallery Toi O Tāmaki、紙修復専門家（Paper Conservator）のMs. Camilla Baskcombの各位には謝意を表する次第である。

注及び文献

1) Edward Luther Stevenson (1921)「Terrestrial and celestial globes - their history and construction including a consideration of their value as aids in the study of geography and astronomy. Vol. I, Vol. I, Yale University Press. The Hispanic Society of America, 218p.

Edward Luther Stevenson (1921)「Terrestrial and celestial globes - their history and construction including a consideration of their value as aids in the study of geography and astronomy. Vol. I, Vol. II, Yale University Press. The Hispanic Society of America, 291p.

2) Elly Dekker (2007): Globes in Reneassance Europeの付表6.1 List of Globes and Globe Gores Made in Europe from 1300 until 1600. The History of Cartography, Volume 3, 2, 272pages, 135-173. The University of Chicago Press, Chicago.

Dekker, Elly (1999) Globes at Greenwich: A Catalogue of the Globes and Armillary Spheres in the National Maritime Museum, Greenwich. London: Oxford University Press NewYork, 1999. 592p.

Elly, Dekker and Peter van der Krogt (1993) Globes from the western world. Zwenmmer London. 183p.

3) Rudolf Schmidt (2007): Modelle von Erde und Raum. - Stiftung Schleswig-Holsteinische Landesmuseum Schloss Gottorf, herausgegeben von Herwig Guratzsch, 99p.

Staatsbibliothek Berlin (1989) Die Welt in Händen. - Globus und Karte als Modell von Erde und Raum. Staatsbibliothek Preussischer Kulturbesitz, 148pp. Schmidt et.al 1989.

The world in your hands - An exhibition of globe and planetaria from the collection of Rudolf Schmidt. An exhibition at Christie's London (1994) and Museum Boerhaave, Leiden (1995), 122p.

Globe labels. An addition to the catalogue "The world in your hands" -An exhibition of globe and planetaria from the collection of Rudolf Schmidt. An exhibition at Christie's London (1994) and Museum Boerhaave, Leiden (1995), 16p.

4）Edward H. Dahl and Jean François Gauvin 2000, Sphæræ Mundi. - Early globes at the Stewart museum. Septentrion McGill-Queen's University Press, 204p.

5）Helen M.Wallis and E. D. Grinstead (1962) A Chinese Terrestrial globe, A.D. 1623., The British Museum Quarterly, 25 (3/4), 83-91. Helwig Schmidt Glintzer (1992) Das Weltbild im Alten China., 71-80, Focus Behaim Globus I, Germanisches Nationalmuseum, Nürnberg Sir Percival Collection.

6）British Museumtの展示，Brass terrestrial globe North India Samvat 1915 (AD1867) Henry Willett, Esq; OA 1886. 11-27. 1, Henry Willett氏，Samvat朝1915（AD1867）1999年3月撮影．

7）秋岡武次郎（1933），安鼎福筆地球儀用世界地圖－東洋製作の古地球儀用舟形圖の一－，歴史地理61（2），107-114．京城帝大今西龍旧蔵，十°経緯線，南北80°＝281mm，12個舟形，赤道長＝53mm，総長は633mm，水涯線描く，彩色，製作年代＝1786以前<∵安（1712-1786）故に>水陸の地図はマテオリッチ，歴史地理61（2）口絵写真，地図，中村拓撮影あり．

8）平川祐弘，マテオ・リッチ伝（1）（1969, 306p.），（2）（1997, 312p.），（3）（1997, 305p.），（1）pp.165-167では，肇慶での世界図印刷前後の地球儀製作の報告（1592/11/12）を，pp.215-216では，南昌での日時計と2，3の地球儀製作の報告（1595/11/4）を紹介している．

9）Atlante Farnese, Museo Archeologico Nazionale
http://cir.campania.beniculturali.it/museoarcheologiconazionale/itinerari-tematici/galleria-di-immagini/RA104

10）Ernst Künzl, 1998, Ernst Künzl. Der Globus im Römisch-Germanischen Zentralmuseum Mainz: Der bisher einzige komplette Himmelsglobus aus dem Griechisch-Römischen Altertum. (German text, pp.7-80) = The Globe in the "Römisch-Germanischen Zentralmuseum Mainz" : The only complete celestial globe found to-date from classical greco-roman antiquity (English text, pp.81-153). (Deutsche Zusammenfassung und Abbildung - English Summary with illustration), Der Globusfreund, No. 45/46 (1997/98, published February 1998), マインツの博物館（Römisch-Germanischen Zentralmuseum）で150-220AD. 頃の南北極方向に空洞のある天球儀（球体部分）が報告されている．南の円形穴の径は，小さな四角形の北より大である．尖頭に球体を刺す日時計としてのローマのオベリスクや，バチカンの球体他から，天球儀の串団子型とも見える設えが窺える．

11）Erwin Josephus Raisz, 1938, General cartography 370p. New York : McGraw-Hill, (1948 2d Ed.) xiii, 354p.

12）Webpage reproduction of "The Geography of Strabo" published in Vol. II of the Loeb Classical Library edition, 1923.
http://penelope.uchicago.edu/Thayer/E/Roman/Texts/Strabo/home.html中の，（XII Chapter3）による．

13）「古地図に魅せられた男」の著者，Miles Harvey著，島田三蔵訳「古地図に魅せられた男」文春文庫，文藝春秋，東京，2001，原題 The Island of Lost Maps, A True Story of Cartographic Crime, 1999, New York : Random House.

14）webpage of NMM: http://collections.rmg.co.uk/collections.html#!cbrowse; Dekker, Elly, et al. Globes at Greenwich: A Catalogue of the Globes and Armillary Spheres in the National Maritime Museum, Greenwich. London: Oxford University Press and the National Maritime Museum, 1999. 245p. および，Elly, Dekker and Peter van der Krogt (1993) Globes from the western world. Zwenmmer London.183p.

15）Deborah Jean Warner (1987) のThe geography of Heaven and Earth. III, Rittenhouse Journal of the American Scientific Instrument Enterprise, 2 (3), 88-103.

16）Monique Pelletier (1987) From the luxury item to the current globe consumption product: Development of French globe publishing in 18th-19th centuries. Der Globusfreund, No.35/37 1987, 131-144.

17）仏国立図書館（National Library, BnF）の地球儀データベース．現在一冊の原簿ノートの情報から抽出した，55件の地球儀がデータベース化されている．担当者の話では，現段階では未公開であるが，何れ公開されるという．

18）National Maritime Museum（国立海事博物館；NMM）
web pages: http://collections.rmg.co.uk/collections.html#!cbrowse

19）http://www.georgeglazer.com/globes/globeref/globemakers.html

20）Van der Krogtの「Globi Neerlandici」（1993）の337-370頁の表，Globes for the general public.

21） 仏国立図書館（National Library, BnF）の旧館（Richelieu-Louvois）と新館のミッテラン館（François-Mitterrand Library）の休日は異なる．閲覧には，旧館では顔写真付き入館証を作成しなければならない．

22） The Center for Britisish Art at Yale University, New Haven, Connecticut, USA.

23） Christopher Stewart Wood, “Print Technology and the Brixen Globes”, Kunsthistoriker, Mitteilungen des österreichischen Kunsthistorikerverbandes, 15/16 (1999/2000): 15-20.

24） Historischs Museum Baselのwebpage：http://www.hmb.ch/en/sammlung/objects/71725-globuspokal

25） Gerhard Bott (ed), Focus Behaim Globus I, Abb.1-26 Verebnete Segmente des Behaim-Globus mit zwei Polkappen., pp.257-271. Verlag des Germanischen Nationalmuseums, Nürnberg, 1992.

26） http://nuernberg.bayern-online.de/die-stadt/wissenswertes/der-behaim-globus/

27） 織田武雄（1968）マルチン・ベハイムの地球儀に関する2，3の問題．人文地理学の諸問題 - 小牧實繁先生古稀記念論文集，大明堂，東京　623p.，125-137.

28） 織田武雄（1988）マルチン・ベハイムと地球儀．古地図研究，200号記念論集，日本地図資料協会編，原書房，東京　460p.，3-27.

29） 26）

30） http://www.britishmuseum.org/research/collection_online/search.aspx

31） MHS collection database search, http://www.mhs.ox.ac.uk/collections/imu-search-page/

32） http://geography.about.com/od/understandmaps/a/datingoldmaps.htm

33） http://www.georgeglazer.com/globes/globeref/globemakers.html

34） Franz Wawrik, 1989, Santi e Profani Matthäus Creuter Vincenzo Coronelli Giovanni Maria Cassini., Die Welt in Händen. Globus und karte als Modell von Erde und Raum. Ausstellungskataloge 37, Staatsbibliothek Preussischer Kulturbesitz, Berlin, 148p., pp.83-94.

35） 30）

36） 31）

37） modernconstellations.com

38） 本初子午線はカナリア諸島のmadeira IsとPort Santo Is.（マデイラとポルト・サント両島）の間にあり．日本では，この南方のTenerife Is（テネリフェ島）とされることが多いが、蘭学者の参照した原著にもよろう．

39） Zemský glóbus, http://www.zememeric.cz/11-01/filatelie.html

40） 「宇宙誌，或いは円形をなす場の全記載」仮訳

41） http://www-groups.dcs.st-and.ac.uk/; http://www-history.mcs.st-andrews.ac.uk/history/Biographies/Apianus.html

42） http://sio.midco.net/mapstamps/globes2.htm

43） 経緯度，海陸の行政界、国境などの輪郭線などのみを描く地球儀を「沈黙の地球儀」Stummer Globusまたはsilent globeと呼ぶ．古くは，Güssefeld, Franz L.の“Neuester Erd-Globus”（1798?）がある．CHRISTIE'S London - 5 November 2002の競売及びMapová sbírka University Karlovy http://www.mapovasbirka.cz/english/gallery3d_eng.htmlで知られる．これには，山川や，クックの航路と日付以外には文字一切が示されていない．国内では各社が製造する「白地球儀」と呼ばれる地球儀，独のwenschow.deの製品がこれに相当し，利用者は消去可能なカラーペンで必要事項を球面に書き込む．

44） http://thesaurus.cerl.org/record/cni00033787によると，この研究所の存続は1802年から1869年頃までであるが，Andress Christoph und Olaf Breidbach編著［Die Welt aus weimar- zur Geschichte des Geographischen Instituts］，Weimar市博特別展カタログ，Katalog zur Ausstellung Stadtmuseum Weimar 29. Juli-16. October 2011, 165p.では1804-1907年とされる．

45） http://www.bonhams.com/auctions/17548/lot/3148/

46） http://libweb5.princeton.edu/visual_materials/maps/globes-objects/globe16.html

47） 1853年のNew York産業博覧会の公式出品目録には「11 Terrestrial globes. − J. P. Salziger, Nuremberg, Bavaria.」とある．https://archive.org/stream/ldpd_6943124_000/ldpd_6943124_000_djvu.txt

48） 大野市博蔵のBetts's new portable terrestrial globe球面上の南緯45-60°，東経60-75°には“Mc. Donald I.S (Disc.d 1854)”の注記から1854年後の製作は明白で，恐らく，1855年以降に製作されたと推定される．1996年，Schmidt宅で撮影させてもらったMS.Wohlschlager所有の地球儀にも認められるが，南極の水涯線の改訂状況から，大野市博蔵の地球儀より新しい版であることが知られる．

49） http://omniterrum.com/globe-inventory/sold/dietrich-reimers-13-dated-1928/; http://omniterrum.com/globe-inventory/sold/a-handsome-1929-dietrich-reimers-erdglobus-with-dated-cartouche/

50） https://archive.org/details/ldpd_6943124_000; https://archive.org/stream/ldpd_6943124_000/ldpd_6943124_000_djvu.txt;「Official catalogue of the New York Exhibition of the Industry of All Nations. 1853. (1853)」の，「36 Observatory apparatus for seeking stars ; relief globes. − Dietrich Reimer, manu. Berlin. − Agent, B. Westermann & Co., New York.」とある．

51） http://omniterrum.com/reimer/; http://www.worthpoint.com/worthopedia/world-globe-vintage-celestial-mid-century-mod

52） 書籍出版の「reimer社」のwebpageは存在している．http://www.reimer-mann-verlag.de/

53） http://www.hasi.gr/makers/max-kohl

54） http://commons.wikimedia.org/wiki/Category:Max_Kohl_cataloguesほか

55） 誠之館HP「地球儀1」02377，http://wp1.fuchu.jp/~sei-dou/rekisi-siryou/02377chikyuugi1/02377chikyuugi1.htm

56） APPAREILS DE PHYSIQUE - MAX KOHL A.G.- CHEMNITZ ALLEMAGNE - CATALOGO N° 50, TOMOS II Y III - 1911 http://www.todocoleccion.net/appareils-physique-max-kohl-g-chemnitz-allemagne-catalogo-n-50-tomos-ii-iii-1911~x38897597及び，Max Kohl AG, Chemnitz http://www.sammleraktien-online.de/html/de/max-kohl-ag/article-1-3608-3608-deu90deum90.html

57） 宇都宮陽二朗，三村敏征，Heide Wohlschläger（2016）：福山誠之館同窓会蔵の一地球儀（Max Kohl's globe）に関する疑問．2016年度日本地理学会春季学術大会発表要旨集，89，p.121.

58） ベルリン市立博，http://staatsbibliothek-berlin.de/?id=14838

59） Heymann社製三球儀，http://wp1.fuchu.jp/~sei-dou/rekisi-siryou/02379sankyuugi/02379sankyuugi.htm

60） Karten Berliner Globen 1800-1955，http://staatsbibliothek-berlin.de/?id=14837

61） http://www.onomichi.ne.jp/astro/satou/3/index2.html

62） A Pair of Rare Plaster Relief Maps of the World, Published by Ernst Schotte & Co, Berlin 1876, http://www.doeandhope.com/products/a-pair-of-rare-plaster-relief-maps-of-the-world-published-by-ernst-schotte-co-berlin-1876-ap89

63） Ac. 1865 Ernst Schotte Berlin, http://www.millersantiquesguide.com/items/204072/c-1865-ernst-schotte-berlin/

64） http://www-history.mcs.st-andrews.ac.uk/Biographies/Mercator_Gerardus.html

65） http://www.trinitysaintdavid.ac.uk/en/rbla/onlineexhibitions/walkingaroundwales/pioneeringmapmakers/abrahamortelius/

66） http://www.princeton.edu/~achaney/tmve/wiki100k/docs/Continental_drift.html

67） 高知尾仁（1991），球体遊戯，同文舘出版，東京，307頁．

68） Anna Maria Crinò and Helen Wallis (1987): New researches on the Molyneux globes, Der Globusfreund 35: 11-20.

69） Arthur K. Wheelock (1997): Der Astronom und der Geograph. Stadelsches Kunstinstitute und Stadtsche Galerie, Johannes Vermeer - Der Geograph und der Astronom nach 200 Jahren wieder vereint., 15. Mai bis13 Juli 1997, 95pp. 14-22. なお，Vermeerの「地理学者，天文学者」に描かれた地球儀と天球儀はHondius製作とされ，参考写真として，1618年の地球儀，1600年の天球儀が示されている．

70） http://www.georgeglazer.com/globes/globeref/globemakers.html#blaeu

71） 長崎県文化財データベース，松浦史料博物館，地球儀・天球儀（１対）
http://www.pref.nagasaki.jp/bunkadb/index.php/view/335

72） Bologna Astronomical Observatory, Bologna http://www.bo.astro.it/dip/Museum/english/glo_56.html Terrestrial globe by G. and L. Valk Amsterdam, 1715

73） http://bunka.nii.ac.jp/SearchDetail.do?heritageId=254150&isHighlight=true&pageId=1;
http://bunka.nii.ac.jp/SearchDetail.do?heritageId=206691

74） http://www.omniterrum.com/pages/Globe%20makers.html

75） Edward H. Dahl and Jean François Gauvin 2000, Sphæræ Mundi. - Early globes at the Stewart museum. Septentrion McGill-Queen’s University Press, 204p., Montreal

76） New York Times Dec. 8, 1884; http://query.nytimes.com/mem/archive-free/pdf?res=F40E13F73B5C15738DDDA10894DA415B8484F0D3

77） http://dssmhi1.fas.harvard.edu/emuseumdev/code/emuseum.asp?style=browse¤trecord=1&page=search&profile=objects&searchdesc=Hardy&quicksearch=Hardy&sessionid=84867B99-8F4C-4F22-B657-2C9E378C65A9&action=quicksearch&style=single¤trecord=1

78） http://www.geographicus.com/P/AntiqueMap/desnos

79） 16）

80） 16）

81） Elly Dekker and Peter van der Krogt, 1993 Globes from the western world. Zwemmer, 183p.

82） http://www.geographicus.com/P/AntiqueMap/vaugondy

83） http://www.quirao.com/en/rec.htm ; http://www.onlyglobes.com/Vaugondy_Floor_Globe_p/gl008b.htm ; http://www.indiamart.com/greenwoodheights/vaugondy-globes.html#vaugondy-globes

84） http://sciences.chateauversailles.fr/index.php?option=com_content&view=article&id=154&Itemid=476_&lang=en

85） 彼の評判は芳しくない．特にgeographicus.comによる2世紀後の評価は手厳しい．
http://www.geographicus.com/mm5/merchant.mvc?Screen=CAD&Product_Code=delamarche

86） 16）

87） Helen M. Wallis (1951): The first English globe: a recent discovery, The geographical Journ. 117 (3), 275-290, Anna Maria Crinò and Helen Wallis (1987): New researches on the Molyneux globes, Der Globusfreund 35: 11-20.

88） 68）

89） Adam Max Cohen (2006): Englishing the globe: Molyneux’s globes and Shakespeare’s theatrical career. The sixteenth Century Journal, 37 (4), 963-984.

90） Norman J W Thrower (1978): The compleat plattmaker: essays on chart, map and globe making in England in The Seventeenth And Eighteenth Centuries. Paperback – 1 Jan 1978, 12pagesにあり Paperback – 1 Jan 1978 University of California, Berkeley, CA 241p.

91） http://collections.rmg.co.uk/collections/objects/19851.html 及び http://collections.rmg.co.uk/collections/objects/19852.html

92） http://artworld.york.ac.uk/quickSearch.do

93） http://www.murrayhudson.com/philip_lea_pocket_globe.htm

94） http://orbexpress.library.yale.edu/vwebv/search?searchType=7&searchId=8840&maxResultsPerPage=50&recCount=50&recPointer=0&resultPointer=0

95） http://artworld.york.ac.uk/quickSearch.do

96） http://www.cyclopaedia.org/senex/senexnotes.html

97） http://www.aradergalleries.com/detail.php?id=3915

98） http://omniterrum.com/globe-inventory/sold/an-impressive-and-rare-1750-nathaniel-hill-terrestrial-celestial-globe/

99） http://www.mapforum.com/12/12emphem.htm

100）Edward H. Dahl and Jean François Gauvin 2000, Sphæræ Mundi. - Early globes at the Stewart museum. Septentrion McGill-Queen’s University Press, 204p. , Montreal, pp.93-94.

101）http://www.aradergalleries.com/detail.php?id=3009, http://www.aradergalleries.com/detail.php?id=3012

102）http://en.wikipedia.org/wiki/James_Ferguson_%28Scottish_astronomer%29

103）http://words.fromoldbooks.org/Chalmers-Biography/f/ferguson-james.html

104）http://oxforddnb.com/view/printable/49854

105）http://www.georgeglazer.com/globes/globeref/globemakers.html#adams

106）Dekker, Elly, et al. Globes at Greenwich: A Catalogue of the Globes and Armillary Spheres in the National Maritime Museum, Greenwich. London: Oxford University Press and the National Maritime Museum, 1999. p.245. Dekker, Elly and van der Krogt, Peter. Globes from the Western World. London: Zwemmer, 1993. pp.111-112. Dahl and Gauvin, 2000, pp.93-95.

107）Edward H. Dahl and Jean François Gauvin 2000, Sphæræ Mundi. - Early globes at the Stewart museum. Septentrion McGill-Queen's University Press, 204pp., Montreal, pp. 93-95.

108）http://www.aradergalleries.com/detail.php?id=3007; http://www.aradergalleries.com/detail.php?id=3927

109）http://www.bonhams.com/auctions/19598/lot/4073/

110）http://www.georgeglazer.com/globes/globeref/globemakers.html#andrews; http://www.georgeglazer.com/globes/archive-novelty/masonpair.html

111）「地球儀2」03703，http://wp1.fuchu.jp/~sei-dou/rekisi-siryou/03703chikyuugi2/03703chikyuugi2.htm

112）Tooley's Dictionary of Mapmakers compiled by Ronald Vere Tooley with preface by Helen Wallis Alan R. Liss Inc. New York, New York Meridian Publishing Company, Amsterdam, The Netherlands, 684p., 1979.

113）A pair of 18in. Terrestrial and Celestial globes by Thomas Malby ca. 1879 http://www.sothebys.com/en/auctions/ecatalogue/2012/arts-of-europe/lot.185.html

114）http://www.onlinegalleries.com/artists/d/thomas-malby-globes/11103

115）http://www.dg-maps.com/edward-stanford.html; http://en.wikipedia.org/wiki/Stanfords ; http://www.stanfords.co.uk/The-History-of-Stanfords.htm ; http://en.wikipedia.org/wiki/Edward_Stanford

116）http://en.m.wikipedia.org/wiki/George_Pocock_%28inventor%29

117）Katie Taylor, 'Portable 'umbrella' globe', Explore Whipple Collections, Whipple Museum of the History of Science, University of Cambridge, 2009; http://www.hps.cam.ac.uk/whipple/explore/globes/portableumbrellaglobe/

118）宇都宮陽二朗・杉本幸男，幕末における一舶来地球儀－英国BETTS製携帯用地球儀について－．地図，32（3）12-24, 1994. 10.

119）宇都宮陽二朗，X.Mazda, B. D. Thynne，土井家旧蔵のBETTS携帯型地球儀球面上の世界図に関する2，3の知見．地図，35（3），1-11．1997. 9.

120）Yojiro UTSUNOMIYA, The Amount of Geographical Informations on 'Betts's Portable Terrestrial Globe' (S. 100) Globe Studies, No.55/56 (2009, for 2007/2008) Die Menge geographischer Informationen auf Betts 'tragbarem Erdglobus', Der Globusfreund, No.55/56 (2009, für 2007/2008) (S. 103-114).

121）119）

122）Tooley, Ronald Vere, Tooley's dictionary of Mapmakers（1979版），684p.

123）120）

124）Jonathan T. Lanman Folding or collapsable terrestrial globes. Der Globusfreund Nr. 35/37, JUNI 1987, 39-44.

125）119）

126）106）

127）http://www.geographicus.com/P/AntiqueMap/stanford; http://www.geographicus.com/P/AntiqueMap/philip

128）http://www.hachettebookgroup.com/about/

129）en.wikipedia.org; http://en.wikipedia.org/wiki/Stanfords; http://en.wikipedia.org/wiki/George_Philip_%28cartographer%29; http://www.stanfords.co.uk/The-History-of-Stanfords.htm ; http://en.wikipedia.org/wiki/Edward_Stanford

130）http://en.wikipedia.org/wiki/Alexander_Johnston

131）http://www.dg-maps.com/w-ak-johnston.html

132）下田禮佐（1913）地球儀の實習法．地学雜誌25，297，657-670.

133）文化5年（1808）8月15日，オランダ国旗で偽装した英艦フエイトン号が長崎港に侵入し，蘭人を捕縛し，我国（幕府）に食糧や燃料を要求したフエイトン号事件はナポレオン戦争の余波とされるが，英による植民地襲撃戦略の一環であり，その示威範囲が東南アジアから極東に及び，蘭の植民地と解釈した出島とその背後の日本を支那に次ぐ獲物とした軍事行動と解釈されよう．

134）Helen Turner ed. (2002): The construction of globes of heaven and earth., Trevor Philip & Sons Ltd., London, 48p., p.15

135）Chicago Globe Makers 19th-21st Century Chicago; http://www.georgeglazer.com/globes/globeref/globemakers.html#chicago

136）15）及びhttp://www.georgeglazer.com/globes/globeref/globemakers.html#chicago

137）Silvio A. Bedini History Corner: Shoemaker Surveyor of Stratham Samuel Lane (1718-1809), Professional Surveyor Magazine - July/August 2000; http://archives.profsurv.com/magazine/article.aspx?i=628

138）LeRoy E. Kimball (1938) James Wilson of Vermont, America's first globe maker. Proceedings American Antiquiarian Society Vol.48, 29-48.

139）Jaffee David James, Wilson and the American globe makers. The Portlan (Journ. of Washinton map society), 2003, 56, 24-32. もWilsonに言及しているが，視点が異なる．なお，彼女の参考文献にKimball（1938）の名がないが，この地球儀製作者の記載は，自ら調査したKimball（1938）のそれに及ばない．彼女はWilsonが宣伝として配布した世界図を縫い込んだ布製の地球儀は，正確さに欠けるが，裁縫実習と地理教育に有用として教育現場に取り入れられ，一大ブームなったことを紹介している．

140）http://www.prices4antiques.com/Globe-Joslin-Gilman-New-Solar-Telluric-Zodiac-Circle-Cast-Iron-Base-6-inch-D9988624.html

141）http://www.albanyinstitute.org/details/items/terrestrial-globe.html

142）15）

143）LeRoy E. Kimball (1938) James Wilson of Vermont, America's first globe maker. Proceedings American Antiquiarian Society Vol.48, 29-48.

144）地球儀の球体部分も円盤状紙片の切込み部分を相互に差込み組立てるため，球面の形成は不可能である．したがって，地球を球体として認識できず，むしろ子供達を混乱に陥れる代物で，教育的効果はパズル地球儀（puzzle globe）より，遥かに劣る．Whipple Museumのwebpageに画像がある．
http://www.hps.cam.ac.uk/whipple/explore/globes/dissectablepaperglobes/

145）La Terre, Etudes geographiques. Le jeu de globe. (PUZZLE GLOBE)
http://www.hordern.com/pages/books/4102392/puzzle-globe/la-terre-etudes-geographiques-le-jeu-de-globe

146）http://www.hps.cam.ac.uk/whipple/explore/globes/jigsawpuzzleglobe/

147）Jan Mokle Rund um den Globus -Uber Erd- und Himmelsgloben und ihre Dastellungen. Herausgegeben von Peter E. Allmayer-Brck in der Bibliophilen Edition, 2008 Wien, 224p., p.75.

148）このリーフレットの手書き数字「1850」の筆跡から，昔日，Lanmann氏に依頼し，大英図書館経由で頂いたコピーの原本と知れたが，Lanmann論文投稿時のGrobusfreund編集者がSchmidt氏がであったことから了解できた．

149）146）p.76

150）120）

151）http://www.gaiaglobes.com/Mijn%20webs/globe%20122.htm

152）http://trove.nla.gov.au/work/21035980?q=Anton+Klein+Cella%2C+Philipp&c=map&versionId=25027024

153）秋岡武次郎（1933）は「地球儀の用法（小光社）」p.69の安政2年沼尻墨僊作傘式伸縮地球儀のキャプションに，「・・次頁のベッツ製蝙蝠傘式地球儀乃至1867年のロシア製の紙地球儀と共に同じく軟式地球儀・・・」と記載している．「軟式」は硬い厚紙（カードボード）でなく傘式か風船型を意味するが，詳細は不明である．

154）Wolfram Dolz (2007) The globes of the Leibniz Institute for regional geography at Leipzig. Globusfreund. 2007 (für 2005/2006), 109-121.

表1　西欧とアメリカにおける地球儀製作史
Table 1　The history of globe production in Europe and America

[Remarks of this table] In this list of the history of the globe-making, firstly, the production year, then, country name, lastly, the globe manufacturer was used as a sort key. **Identification number:** The number 1-713 indicates the data by Stevenson (1921); 901-999, 1002-1051 Dekker & Krogt (1993); 2001-2181, data from Dekker (2007); 3006-3888, data from NMM home page; 4001-4055, BnF Data Base; 55010-55830, Leroye Kimball (1938); 99999, data has been added by the author. Identification number, also shows the source of the data. Therefore, this code allows rearrangement of these data for each information source. **Country code:** 1 Italy, 11 Spain, 111 Greece and Rome, 12 Portugal, 2 Austria and Swiss, 3 Germany, 4 Netherlands and Belgium, 5 France, 6 UK, 7 USA, 8 Persia, 81 Japan, 86 China, 9 Russia, Northern Europe/Denmark, and unknown. **Kind of globe:** Terr indicates terrestrial globe, Cel, celestial globe, Arm, Armillary sphere and Tell and Luna, other instruments such as Tellurium, Lunarium, etc. "1" indicates existence and "blank", non-existence. '0' means that there remain only gores. **Dimension/size:** Unit of the scale of Overall (H-W-D) and Diameter is centimeter; 9999, unknown, and 9998, blank. When there was not author's calculation values, the diameter was calculated using values of a dimension of 2.45/inch.**Year of production:** Estimated year is indispensable for data processing, therefore, 17c, 18c, end of 17c and BC 3C were replaced with 1650, 1750, 1690 and -250, respectively. While it was extremely rare, year of production was also, estimated by maker's floruit. **Engraving or hand painted, and print** show handwriting and printing (copper plate/wood cut), respectively. In the future, it will be necessary, adding a globe type classification in this table and replenishing the missing information.

In the creation of the list of globes, the author was careful so as not to overlap of them. But, it might have been left with a lot of mistakes. In addition, the globes of such libraries as BnF, Canadian library and globe museum of Österreichische Nationalbibliothek are not almost included. Therefore, this table is only to present the research material, and the unfinished manuscript.

Country & region（国又は地域コード）	Identification No. of data（データの識別コード）	No. or code（登録番号又はコード）	Globe and globe makers and attributes（地球儀製作者及び属性）	Kind of globe（球儀区分）				Dimesion/size（寸法及び球直径）		Year/period of production（製作年代/年）		Engraving or hand-painted 木板・銅販印刷	Print (copper / wood) 彫金・手描き手彩	Locations（所蔵機関等）	References（文献等）
0 - 9	Source and individual globe（情報源又は球儀）	Original code and data no. fed to a PC（登録コード又はPC入力番号）	For information retrieval, description of attributes is based on the original reference in principle（検索・参照のため、名称・属性等の記載は元資料に原則的に従う）	Terr. 地球儀	Cel. 天球儀	Arm. アルミラリスフェア	Tell, Luna テルルリウム、月球儀	H-W-D（高×幅×奥行）	Diam.(cm)（球の直径）	Year /period (original)（原資料に記す製作年）	Converted period and year to numerical value（数値化した年/推定年）			Based on the original in principle, except abbreviation（略語を除き、原則的にオリジナルの記載に従う）	
111	320	320	Eudoxus (fl. 366 B.C.) See reference in text, I, 15		1				9999	9999	**-366**				Stevenson (1921)
1	322	322	Atlante, Farnese (250 B.C. ca.) National Museum, Naples, I, 15		1			210+65 ??	65	BC 3C	-250	1		National Museum, Naples	Stevenson (1921)
11	69	69	Archimedes (287-212 B.C.) See reference in text I, 15			1			9999	9999	**-250**				Stevenson (1921)
111	268	268	Grates (fl. 150 B. C.) see reference in text, I, 7	1					9999	-150	-150				Stevenson (1921)
111	464	464	Hipparchus (fl. 160 B.C.). see reference in text, I, 19		1				9999	2 B.C.	-150				Stevenson (1921)
111	99999	99999	Globe of Billarus Strabo (54 B. C.- 24 A. D.) Geography, XII Chapter3	1	1				9998	70BC	-70			Sinope, (now in Turkey); lost	Strabo (54 B. C.-24 A. D.) Geography, XII Chapter3
111	640	640	Strabo (54 B. C.-24 A. D.) see reference in text, I, 8	1					9999	9999	**10**				Stevenson (1921)
111	587	587	Ptolemy, Claudius (fl. 150 A. D.),I, 5. Public Library, Kahira, I, 28		1				9999	9999	**150**			Public Library, Kahira	Stevenson (1921)
111	99999	99999	Celestial globe by Alexis Kugel and Hélène Cuvigny (Paris-Kugel Globus?)		1				6.3	150-220AD	**200**				Elly Dekker (2009), Alexis Kugel (2002), Helene Cuvigny (2004)
111	99999	99999	Himmelsglobus made in the eastern provinces of the Roman Empire (Greece, Asia Minor, Syria, or Egypt)		1				11	150-220AD	**200**			Romisch-Germanischen Zentralmuseum in Mainz	Ernst Künzl (1998), Elly Dekker (2009),
111	502	502	Leontius, Mechanicus (fl. 550) see reference in text, I, 21-23		1				9999	9999	**550**				Stevenson (1921)
1	352	352	Gerbert (Pope Silvester II) (fl. 1000). see reference in text, I, 38		1	1			9999	1000	1000				Stevenson (1921)
8	15	15	Alsufi Abul, Hassan (ca. 1000), see reference in text, I, 28		1				9999	Ca. 1000	**1000**				Stevenson (1921)
86	57	57	Anonymous Anonymous Astronomical Observation, Peking, II, 129			1			9999	1074	1074	1		Astronomical Observation, Peking,	Stevenson (1921)
11	483	483	Ibrahim Ibn Said-as-Sahli (fl. 1075), I, 28. Museum of Ancient Instruments, Florence, I, 28		1				20	1075	1075	1		Museum of Ancient Instruments, Florence	Stevenson (1921)
8	1003	1003	Islamic celestial globe (Dia.approx. 8in/ 21cm, Valencia, 1080/85)		1				8in/ 21	1080/ 85	**1080**			Instituto e Museo Di Storia Della Scienza, Florence	Dekker and Krogt (1993) 25
11	4001	BnF ID Ge A 325	Arabo-Kufic Celestial globe, Valencia or Morocco		1			35	18.3	ca. 1080	1080			BnF	BnF's data base
8	315	315	Edrisi (Idrisi) (Abū 'Abd Allāh Muhammad al-Idrīsī) (1099-1164). See reference in text, I, 27			1			9999	1150	1150				Stevenson (1921)
8	164	164	Caissar ben Abul Alcasem (fl. 1225) National Museum, Naples, I, 29		1				22	1225	1225			National Museum, Naples	Stevenson (1921)
86	495	495	Ko-Shun-King (fl. 1250). Astronomical Observatory, Peking, II, 129			1			194	1274	1274	1		Astronomical Observatory, Peking	Stevenson (1921)
8	539	539	Mohammed ben Helal (fl. 1275), I, 29. Royal Asitic Society, London, I, 29		1				9999	1275	1275			Royal Asitic Society, London	Stevenson (1921)

8	540	540	Mohammed ben Muwajid al Ordhi (fl. 1275), I, 30. Math. Phys. Salon, Dresden, I,30		1				14	1279	1279			Math. Phys. Salon, Dresden	Stevenson (1921)
1	165	165	Campano, Giovanni, da Novara (fl. 1300) See reference in text, I, 42			1			9999	1303?	1303				Stevenson (1921)
	2001	2001	anonymous 1. Celestial, anonymous		1				27	Ca. 1325	1325	1		Bernkastel-Kues, St. Nikolaus Hospital (Cusanusstift)	Dekker (2007)
1	301	301	Dondi, Giovanni (1318-1380) (fl. 1350), I, 136. see reference in text, I, 136			1			9999	14c	1350				Stevenson (1921)
	2002	2002	anonymous 2. Celestial, anonymous		1				17	ca. 1450	1450	1		Bernkastel-Kues, St. Nikolaus Hospital (Cusanusstift)	Dekker (2007)
1	644	644	Toscanelli, Paolo (1397-1482). see reference in text, I, 52	1					9999	1474	1474				Stevenson (1921)
2	2003	2003	Hans Dorn 3.Celestial, Hans Dorn		1				40	1480	1480	1		Cracow, Museum of the Uniwersytetu Jagiellon skiego	Dekker (2007)
3	77	77	Behaim, Martin (1459-1506), I, 47. German National Museum, Nürnberg, I, 48	1					50	1492	1492	1		Nuremberg, Germanisches Nationalmuseum	Stevenson (1921), Ravenstein (1908); Focus Behaim Globus (1992), 1: 173-308 and 2: 745-46; see also fig. 6.4
3	2005	2005	Johannes Stöffler 5. Celestial, Johannes Stöffler		1				49	1493	1493	1		Stuttgart, Württemberg-isches-Landesmuseum	Dekker (2007)
3	1004	1004	Johann Stöffler Celestial globe by Johann Stöffler (Dia. 19½in/ 49cm, Nuremberg, 1493)		1				49	1493 (1499)	1493			Germanisches Nationalmuseum, Nürnberg	Dekker and Krogt (1993) 27 Stevenson (1921)
9999	497	497	Anonymous Laon Globe. City Library, Laon, I, 51 Paris, precise location unknown	1					16	1493	1493			Paris, precise location unknown	Stevenson (1921) http://cartographic-images.net/Cartographic_Images/259_Laon_Globe.html
3	200	200	Celtes, Conrad (Konrad Celtes) (1459-1508), see reference in text, I, 54	1	1				9999	1495?	1495				Stevenson (1921)
1	163	163	Cabot, John (fl. 1495). See reference in text I, 53	1					9999	1497?	1497				Stevenson (1921)
3	638	638	Stöffler, Johannes (1452-1531). I, 53, Liceum Library, Constance, I, 53		1				48	1499	1499			Liceum Library, Constance	Stevenson (1921)
	2007	2007	Anonymous 7. Celestial, anonymous		1				69	1502	1502	1		Ecouen, Musée National de la Renaissance	Dekker (2007)
1	489	489	Anonymous Julius II, Pope (1503-1513). see reference in text, I, 62~63	1					95	before 1505 1504	1504				Stevenson (1921)
1	490	490	Anonymous Julius II, Pope (1503-1513). Vatican Observatory, Rome, I, 62~63		1				95	before 1505 1504	1504			Vatican Observatory, Rome	Stevenson (1921)
3	4003	BnF ID Ge A 335	Waldseemüller Terrestrial globe, aka, "Green globe", or "Quirini globe"; Stevenson, Waldseemüller?? I, 76 Globe vert/ Green/ Quirini Globe,	1				45	24	ca. 1506 1507/1515 -15281515	**1506**	1		BnF In the geographical department of BnF	BnF's data base http://cartographic-images.net/Cartographic_Images/342.1_Green_%28Quirini%29_Globe.html
3	2008	2008	Martin Waldseemüller 8. Terrestrial gores Martin Waldseemüller	0					12	ca. 1507	1507			Munich, BSB Minneapolis, University of Minnesota, James Ford Bell Library	Dekker (2007)
3	1002	1002	Martine Waldseemueller The first printed globe gores (Dia. 4½in/ 12cm, Strasburg?, c.1507)	0					4½in/ 12	c. 1507	1507			Faculteit der Ruimtelijke Wetenschappen, Utrecht	Dekker and Krogt (1993) 22
9999	156	156	Bünau, Henry. See reference in text, I,67	1					9999	1507?	1507				Stevenson (1921)
9999	683	683	Veldico, Willem (fl. 1510). see reference in text, I, 66	1					9999	1507	1507				Stevenson (1921)
3	154	154	Büchlin Globe (Waldseemüller?). See reference in text I, 71	1					9999	1509	1509				Stevenson (1921)
9999	501	501	Anonymous Lenox Globe. (Hunt-Lenox Globe) New York Public Library, New York, I, 74	1					13	1510	1510			New York Public Library, New York	Stevenson (1921) http://cartographic-images.net/Cartographic_Images/314_Lenox_Globe.html
	2010	2010	Anonymous 10. Terrestrial (Jagiellonian globe), anonymous Jagellonicus library, Cracow, I, 74	1					7.3	Ca. 1510	1510	1		Cracow, Museum of the Uniwersytetu Jagiellon skiego	Dekker (2007), Stevenson (1921), 1: 74-75
1	694	694	Vinci, Leonardo da (1452-1519). Windsor Castle, I, 78	1					9999	1514	1514			Windsor Castle	Stevenson (1921)
5	2011	2011	Louis Boulengier (fl. 1515) 11. Terrestrial gores, Louis Boulengier Public Library, New York, I, 79	0					11	ca. 1514	1514		1	New York Public Library	Dekker (2007), Stevenson (1921) 151
11	510	510	Martyr, Peter Martyr, Peter (Pietro Martire Anghiera, 1455–1526) see reference in text	1					9999	1514	1514				Stevenson (1921) http://oxfordindex.oup.com/view/10.1093/acref/9780195065480.013.3052
3	2012	2012	Johannes Schöner 12. Celestial gores, Johannes Schöner Washington, D.C., Library of Congress		0				28	ca. 1515	1515		1	Washington, D. C., Library of Congress	Dekker (2007)
3	314	314	Dürer, Albrecht (1471-1528). See reference in text, I, 88	1	1				9999	1515	1515				Stevenson(1921)

3	617	617	Schöner, Johann (1477-1547), I, 82. City Library, Frankfurt, I, 84	1					27	1515	1515			City Library, Frankfurt	Stevenson (1921)
3	618	618	Schöner, Johann (1477-1547), I, 82. Grand Ducal Library,Weimar, I, 84 Weimar,Herzogin Anna Amalia Bibliothek	1					27	1515	1515			Grand Ducal Library,Weimar	Stevenson (1921)
9999	458	458	Hauslab Globes. Library Prince Liechtenstein, Vienna, I, 75	1					37	1515	1515			Library Prince Liechtenstein, Vienna	Stevenson (1921)
9999	457	457	Hauslab Globes. Library Prince Liechtenstein, Vienna, I, 75 (12 gores)	0					37	1515	1515			Library Prince Liechtenstein, Vienna	Stevenson (1921)
9999	504	504	Liechtenstein Globe. see reference in text, I, 77	1					37	1515	1515				Stevenson (1921)
3	619	619	Schöner, Johann (1477-1547), I, 82. Library Wolfegg Castle (gores)		0				9999	1517	1517			Library Wolfegg Castle	Stevenson (1921)
3 ?	569	569	Apianus? Nordenskiöld Globes. Library Baron Nordenskiöld, Stockholm, I, 77	0					10	1518	1518			Library Baron Nordenskiöld, Stockhol	Stevenson (1921)
11	507	507	Magellan Globe. see reference in text, I, 81	1					9999	1519	1519				Stevenson (1921)
3	620	620	Schöner, Johann (1477-1547), I, 86. German National Museum, Nürnberg, I, 86 Germanisches Nationalmuseum	1					87	1520	1520	1		German National Museum, Nürnberg	Stevenson (1921)
1	645	645	Transilvanus, Maximilian (fl. 1520). see reference in text	1					9999	1522	1522				Stevenson (1921)
2	2016	2016	Nicolaus Leopold of Brixen 16. Celestial, Nicolaus Leopold o f Brixen		1				37	1522	1522	1		Present location unknown	Dekker (2007)
2	2015	2015	Nicolaus Leopold of Brixen 15. Terrestial, Nicolaus Leopold of Brixen	1					37	1522	1522	1		Present location unknown	Dekker (2007)
3	621	621	Schöner, Johann (1477-1547), I, 87. see reference in text, I, 87	1					9999	1523	1523				Stevenson (1921)
3	4004	BnF ID Ge A 333	Workshop of Johann Schöner Terrestrial globe, aka, "Globe doré"or"globe de Bure"	1				37	23	ca. 1524 -1528	1524			BnF	BnF's data base
3	67	67	Apianus, Peter Apianus, Peter (1495-1552), I, 176. See reference in text I,176	1	1				9999	9999	**1525**			Now missing. globes were possessed in old days in Library of the Escorial and K. B. Hof- u. Staatsbibliothek München	Stevenson (1921)
9999	2017	2017	anonymous 17. Celestial, anonymous		1				11	ca. 1525	1525	1		Private collection	Dekker (2007)
9999	2019	2019	anonymous 19. Celestial (after Johannes Schöner), anonymous		1				17.5	ca. 1525	1525	1		Paris, Bibliothèque Sainte-Geneviève	Dekker (2007)
9999	545	545	Monachus, Franciscus (fl.1525), I, 96. see reference I, 96	1					9999	1525	1525				Stevenson (1921)
1	601	601	Rosselli, Francesco (fl. 1526). see reference in text, I, 64	1					9999	9999	**1526**				Stevenson (1921)
11	319	319	Elcano, Sebastian (fl.1520) See reference in text, I, 82	1					9999	1526	1526				Stevenson (1921)
3	2020	2020	Peter Apian 20. Terrestrial gores, Peter Apian	0					10.5	ca. 1527	1527		1	BnF	Dekker (2007)
3	360	360	Glareanus, Henricus (1488-1551) II, 203. see reference in text, II, 203 (globe gores) and its description in page 204.	0	0				9998	1527	1527				Stevenson (1921)
9999	358	358	Gilt Globe. National Library, Paris, I, 98 Dekker 27. Terrestrial (gilt globe), anonymous	1					23 22	1527 ca. 1535	1527	1		National Library, Paris (BnF)	*Stevenson (1921)*
1	503	503	Libri, Francesco dai. see reference in text, I, 100, 136	1					9999	1529	1529				*Stevenson (1921)*
3	4006	BnF ID Ge A 397	Schniepp (Christoff) Terrestrial globe, aka, "des Welser" or "Chadenat" Augsburg	1				35	22 24	mid-XVI Century 1530	1530			BnF	BnF's data base Stevenson(1921) I, 108.
4	349	349	Frisius, Gemma (1508-1565), I, 102. Franciscеum Gymnasium, Zerbst, I, 103	1					9999	1530	1530			Francisceum Gymnasium, Zerbst	Stevenson (1921)
4	348	348	Frisius, Gemma (1508-1565), I, 102. see reference in text, I, 102	1					9999	1530	1530				Stevenson (1921)
5	71	71	Bailly, Robertus (fl. 1525), I, 105, Library J. P. Morgan, New York, I, 106	1					14	1530	1530			Pierpont Morgan Library, New York	Stevenson (1921)
5	72	72	Bailly, Robertus (fl. 1525), I, 105, National Library, Paris, I, 105	1					14	1530	1530			National Library, Paris	Stevenson (1921)
5	573	573	Parmentier, Jean (fl. 1530) see reference in text, I, 99-100	1					9999	9999	**1530**				Stevenson (1921); Albert M.Hyamson (1951) A Dictionary of Universal Biography of All Ages of All Peoples (webpage of/ books.google.co.jp)
3	699	699	Vopel, Caspar (1471-1561), I, 112. City Archives, Cologne, I, 113 Cologne, Kölnisches Stadtmuseum		1				28	1532	1532			Cologne, Kölnisches Stadtmuseum	Stevenson (1921) Zinner (1967), 578
3	2024	2024	Johannes Schöner 24. Celestial, Johannes Schöner		1				28	ca. 1533	1533		1	Weimar, Herzogin Anna Amalia Bibliothek; London, Royal Astronomical Society (on loan to the Science Museum)	Dekker (2007)
3	622	622	Schöner, Johann (1477-1547), I, 108. Grand Ducal Library,Weimar, I, 108 Weimar, Herzogin Anna Amalia Bibliothek	1					27	1533	1533			Weimar, Herzogin Anna Amalia BibliothekWeimar	Stevenson (1921)

5	2025	2025	Julien and Guillaume Coudray and Jean Du Jardin 25. Celestial (probably originally part of clock-work-driven armillary sphere), attributed to workshop of Julien and Guillaume Coudray and Jean Du Jardin			1			26	1533	1533	1		Montreal, Stewart Museum	Dekker (2007)
3	455	455	Anonymous Hartmann, George (fl. 1535), I, 117 (he was mere an owner)	1	1				9998	9998	**1535**			Nürnberg mathemati-cian Onece owened by Hartmann, George (fl. 1535), see I, 117	Stevenson (1921)
3	351	351	Furtembach, Martin (fl. 1525). see reference in text, I, 110	1					9999	1535	1535				Stevenson (1921)
9999	4005	BnF ID Ge A 338	Terrestrial globe, aka, "Wooden globe" Stevenson (1921)National Library, Paris, I, 111	1				42	20	ca. 1535 1355	1535	1		BnF	BnF's data base
	2026	2026	Anonymous 26. Terrestrial gores, anonymous	0					35	ca. 1535	1535		1	Stuttgart, Württem-bergische Landes-bibliothek, Nicolai Collection	Dekker (2007)
	2029	2029	Anonymous 29. Terrestrial (Nancy globe), anonymous	1					15	ca. 1535	1535	1		Nancy, Musée His-torique Lorrain	Dekker (2007), Ste-venson (1921) 1: 101-2
	2030	2030	Anonymous 30. Terrestrial (marmor [marble] globe), anonymous	1					12	ca. 1535	1535	1		Gotha, Schloßmuse-um	Dekker (2007)
3	3308	GLB0095	after Vopel Celestial table globe Germany		1				29	after 1536	1536			NMM	Description in object details
3	2032	2032	Caspar Vopel 32. Terrestrial, Caspar Vopel	1					29	1536	1536		1	Tenri, Tenri Central Library	Dekker (2007)
3	2033	2033	Caspar Vopel 33. Terrestrial gores (fragment), Caspar Vopel	0					29	1536	1536		1	Bath (UK), The Ameri-can Museum in Britain	Dekker (2007)
4	2034	2034	Gemma Frisius, Gaspard van der Heyden, and Gerardus Mercator 34. Cosmographic, Gemma Frisius, Gaspard van der Heyden, and Gerardus Mercator	0	0	0			37	ca. 1536	1536		1	Vienna, Collection of Rudolf Schmidt (on loan to the Ös-terreichsische Na-tionalbibliothek)	Dekker (2007)
4	1007	1007	Gemma Frisius Indian Ocean and eastern part of Africa on the terrestrial globe by Gemma Frisius (Dia. 14½in/ 37cm, Louvain, c. 1536)	1					14½in/ 37	c. 1536	1536			Osterreichische Na-tionalbibliothek, vi-enna	Dekker and Krogt (1993) 30
4	350	350	Frisius, Gemma (1508-1565), I, 102. Fran-cisceum Gymnasium, Zerbst, I, 105		1				9999	1537	1537			Francisceum Gym-nasium, Zerbst	Stevenson (1921)
4	3209	GLB0135	Frisius, Gemma and Mercator, Gerard and Heyden, Gaspard van der Celestial table globe. Louvain, Belgium		1			57.5 x 53.5	37	1537	1537	1	1	NMM	Description in object details Dekker (2007) Dekker and Krogt (1993) 33
3	2036	2036	Georg Hartmann 36. Celestial gores, Georg Hartmann		0				20	1538	1538		1	Munich, Bayerische Staatsbibliothek; Stuttgart, Württem-bergische Landes-bibliothek, Nicolai Collection	Dekker (2007)
3	637	637	Stampfer, Jacob (1505-1579). See illustration, I, 102	1		1			9999	1539	1539				Stevenson (1921) http://historydb.adlerplanetari-um.org/signatures/search.pl?signature=Stamp-fer%2C+Jacob&lim-it=100&searchfields=Sig-nature&search=1&off-set=0
1	2038	2038	Giulio Romano 38. Terrestrial (crystal, part of a triumphal column attributed to Giulio Romano)	1					5	ca. 1540	1540	1		Florence, Museo degli Argenti	Dekker (2007)
1	592	592	Ramusio Globes. see reference in text, I, 137	1	1				9999	1540?	1540				Stevenson (1921)
9999	2037	2037	after Caspar Vopel 37. Celestial gores (after Caspar Vopel)		0				28	ca. 1540	1540		1	Stuttgart, Würt-tem-bergische Landes-bibliothek, Nicolai Collection	Dekker (2007)
9999	561	561	Nancy Globe. City Library, Nancy, I, 102	1					16	1540	1540			City Library, Nancy	Stevenson(1921)
3	2040	2040	Caspar Vopel 40. Terrestrial (part of an armillary sphere by Caspar Vopel)			1			7	1541	1541		1	Washington, Nation-al Museum of Amer-ican History	Dekker (2007), Ste-venson (1921), 1: 113
3	2041	2041	Caspar Vopel 41. Terrestrial (part of an armillary sphere by Caspar Vopel)			1			7	1541	1541		1	London, Science Museum	Dekker (2007)
4	1008	1008	Gerard Mercator pair of globes by Gerard Mercator (Dia. 16in/ 41cm, Louvain, 1541 and 1551)	1	1				16in/ 41	1541/1551	**1541**			Kultur und Stadthis-torisches Museum, Duisburg	Dekker and Krogt (1993) 31
4	1011	1011	Gerard Mercator Sheet with three gores of Mercator's terrestial globe, 1541	0					9998	1541	1541			Koninklijke Biblioth-eek Albert I, Brussel	Dekker and Krogt (1993) 34
4	2039	2039	Gerardus Mercator 39. Cosmographic, Gerardus Mercator				1		42	1541	1541		1	London, National Maritime Museum	Dekker (2007)
4	3293	GLB0096	Mercator, Gerard Terrestrial table globe Louvain, Belgium	1				62.5 x 58.0	42	1541	1541	1	1	NMM	Description in object details

4	523	523	Mercator, Gerhard (1512-1594), I, 124. Astronomical Museum, Rome, I, 134 (2 copies)	1					41	1541	1541			Astronomical Museum, Rome	Stevenson (1921)
4	519	519	Mercator, Gerhard (1512-1594), I, 124. Astronomical Observatory, Paris, I, 133	1					41	1541	1541			Astronomical Observatory, Paris	Stevenson (1921)
4	525	525	Mercator, Gerhard (1512-1594), I, 124. City Archives, St. Nicolas, I, 133	1					41	1541	1541			City Archives, St. Nicolas	Stevenson (1921)
4	528	528	Mercator, Gerhard (1512-1594), I, 124. Communal Library, Urbania, I, 134	1					41	1541	1541			Communal Library, Urbania,	Stevenson (1921)
4	512	512	Mercator, Gerhard (1512-1594), I, 124. Convent Adamont, Adamont, I, 133	1					41	1541	1541			Convent Adamont, Adamont	Stevenson (1921)
4	517	517	Mercator, Gerhard (1512-1594), I, 124. German National Museum, Nuremburg, I, 133	1					41	1541	1541			German National Museum, Nuremburg	Stevenson (1921)
4	515	515	Mercator, Gerhard (1512-1594), I, 124. Governmental Library, Cremona, I, 133	1					41	1541	1541			Governmental Library, Cremona	Stevenson (1921)
4	532	532	Mercator, Gerhard (1512-1594), I, 124. Grand Ducal Library, Weimar, I, 133	1					41	1541	1541			Grand Ducal Library, Weimar	Stevenson (1921)
4	530	530	Mercator, Gerhard (1512-1594), I, 124. Imperial Library, Vienna, I, 133	1					41	1541	1541			Imperial Library, Vienna	Stevenson (1921)
4	521	521	Mercator, Gerhard (1512-1594), I, 124. Library Marquis Gherardi, Prato, I, 133	1					41	1541	1541			Library Marquis Gherardi, Prato	Stevenson (1921)
4	527	527	Mercator, Gerhard (1512-1594), I, 124. Monastery Library, Stams, I, 133	1					41	1541	1541			Monastery Library, Stams	Stevenson (1921)
4	513	513	Mercator, Gerhard (1512-1594), I, 124. Royal Library, Brussels, I, 127	1					41	1541	1541			Royal Library, Brussels	Stevenson (1921)
1	647	647	Ulpius, Euphrosinus (fl. 1540), I, 117. Library New York Historical Society, New York, I, 117	1					39	1542	1542			Library New York Historical Society, New York	Stevenson (1921) http://historydb.adlerplanetarium.org/signatures/search.pl?signature=Ulpius&limit=100&searchfields=Signature&-search=1&offset=0
3	2045	2045	Caspar Vopel 45. Terrestrial, Caspar Vopel	1					29	1542	1542		1	Cologne, Kölnisches Stadtmuseum	Dekker (2007)
3	2042	2042	Caspar Vopel 42. Terrestrial (part of an armillary sphere by Caspar Vopel)			1			7	1542	1542		1	UK, Private collection	Dekker (2007)
3	466	466	Honter, Johann (fl. 1540). see reference in text, II, 93	1					9999	1542	1542				Stevenson (1921) Leo Bagrow History of Cartography p251
3	701	701	Vopel, Caspar (1471-1561), I, 112. City Archives, Cologne, I, 113	1					28	1542	1542			City Archives, Cologne	Stevenson (1921)
5	2044	2044	Eufrosino della Volpaia 44. Terrestrial, Eufrosino della Volpaia	1					39	1542	1542	1		New York Historical Society	Dekker (2007), Stevenson (1921), 1: 117-20
11	269	269	Cruz,Alonso de Santa (1500-1572), I, 121. Loyal Library, Stockholm, I, 121 (gores) Stockholm, Kungliga Biblioteket, Sveriges Nationalbibliotek	0				Parchment sheets; 79 x 144 overall	9999	1542	1542	1		Loyal Library, Stockholm	Stevenson (1921)
11	606	606	Sata Cruz, Alonso de (1500-1572), I, 121. Royal Library, Stockholm, I, 122	1					9998	1542	1542			Royal Library, Stockholm,	Stevenson (1921) http://en.wikipedia.org/wiki/Alonzo_de_Santa_Cruz
3	2046	2046	Caspar Vopel 46. Terrestrial (part of an armillary sphere by Caspar Vopel			1			7	1543	1543		1	Copenhagen, Nationalmuseet	Dekker (2007)
3	2047	2047	Caspar Vopel 47. Terrestrial (part of an armillary sphere by Caspar Vopel			1			7	1543	1543		1	Washington, D.C., Library of Congress	Dekker (2007)
3	703	703	Vopel, Caspar (1471-1561), I, 112. Library Congress, Washington, I, 115	1		1			10	1543	1543			Library Congress, Washington	Stevenson (1921)
3	2048	2048	Caspar Vopel 48. Terrestrial, Caspar Vopel	1					28	1544	1544		1	Salzburg, Carolino Augusteum Salzburger Museum für Kunst und Kulturgeschichte	Dekker (2007)
3	2049	2049	Caspar Vopel 49. Terrestrial (part of an armillary sphere by Caspar Vopel)			1			7	1544	1544		1	Formerly in the collection of Jodoco Del Badia of Florence; present location unknown	Dekker (2007), Stevenson (1921), 1: 115-16
3	706	706	Vopel, Caspar (1471-1561), I, 112. City Museum, Salzburg, I, 116			1			10	1544	1544			City Museum, Salzburg	Stevenson (1921)
3	2050	2050	Caspar Vopel 50. Terrestrial (part of an armillary sphere by Caspar Vopel			1			7	1545	1545		1	Munich, Deutsches Museum	Dekker (2007)
3	707	707	Vopel, Caspar (1471-1561), I, 112. Library Sr. Frey, Bern, I, 116			1			10	1545	1545			Library Sr. Frey, Bern	Stevenson (1921)
3	2051	2051	Jacob Rabus 51. Celestial, Jacob Rabus		1				17	1546	1546	1		Harburg, Fürstl. Oettingen- Wallerstein'sche Sammlung	Dekker (2007)
1	80	80	Bembo, Pietro (1470-1547). see reference in text I, 120	1					9999	1547	1547				Stevenson (1921)
3	2052	2052	Georg Hartmann 52. Celestial gores, Georg Hartmann		0				8.4	1547	1547		1	Munich, Bayerische Staatsbibliothek; Stuttgart, Württembergische Landes-bibliothek, Nicolai Collection	Dekker (2007)

3	2053	2053	Georg Hartmann 53. Terrestrial gores, Georg Hartmann	0					8.4	1547	1547		1	Stuttgart, Württembergische Landesbibliothek, Nicolai Collection	Dekker (2007)
1	357	357	Gianelli, Giovanni (fl. 1550), I, 135. Ambrosiana Library, Milan, I, 135		1				14	1549	1549			Ambrosiana Library, Milan	Stevenson (1921)
8	3161	GLB0007	Unknown Celestial Islamic globe Pakistan		1			28 x 14	12.7	ca 1549	1549			NMM	Description in object details
1	347	347	Fracastoro, Girolamo (16th Cent.) see reference in text, I, 136	1	1				9999	9999	**1550**				Stevenson (1921)
1	594	594	Rinaldi, Pier Vincenzo Dante (fl. 1550). see reference in text, I, 158-159			1			9999	9999	**1550**				Stevenson (1921)
1	99999	99999	Vanosino, Giovanni Antonio Vatican, loggia della cosmografia, Western hemisphere. World map	0					9998	16c	**1550**			Rome, Vatican	http://library.clevelandart.org/node/205217
1	695	695	Viseo, Cardinal (fl. 1545). see reference in text, I, 152	1					89	1550	1550				Stevenson (1921)
2	2055	2055	Jakob Stampfer 55. Cosmographic globe-cup, Jakob Stampfer	1					14	ca. 1550	1550	1		Basel, Historisches Museum	Dekker (2007)
5	99999	99999	François De Mongenet Terrestrial gores, François Demongenet	0					9998	after 1550	1550		1	Museo Correr, Venezia	http://correr.visitmuve.it/?attachment_id=5179 Stevenson (1921), 1, 147-150
5	2056	2056	Pierre de Fobis 56. Celestial and terrestrial (part of clock-work-driven armillary sphere by Pierre de Fobis)			1			C=15.5 T=8	ca. 1550	1550	1		Formerly Rothschild Collection; exhibited in Vienna, Kunst-historisches Museum	Dekker (2007)
5	3156	GLB0020	Unknown Terrestrial table globe France	1				365 x 185	12	ca 1550	1550			NMM	Description in object details
9999	4007	BnF ID Ge A 340	anonymous Terrestrial globe, aka, "globe de Rouen" or "de Lécuy" Rouen	1				43	26 25.5	after 1550	1550			BnF	BnF's data base Duprat (1973), no. 214; for the date, see Dörflinger (1973), 95-96
	2054	2054	Anonymous 54. Terrestrial, French, anonymous	1					12	ca. 1550	1550	1		London, National Maritime Museum	Dekker (2007)
4	1012	1012	Gerard Mercator Sheet with three gores of Mercator's celestial globe, 1551		0				9998	1551	1551			Koninklijke Bibliotheek Albert I, Brussel	Dekker and Krogt (1993) 36
4	3318	GLB0097	Mercator, Gerard Celestial table globe Louvain, Belgium		1			60.1 x 54.5	41.6	1551	1551	1	1	NMM	Description in object details
4	524	524	Mercator, Gerhard (1512-1594), I, 124. Astronomical Museum, Rome, I, 134		1				41	1551	1551			Astronomical Museum, Rome	Stevenson (1921)
4	520	520	Mercator, Gerhard (1512-1594), I, 124. Astronomical Observatory, Paris, I, 133		1				41	1551	1551			Astronomical Observatory, Paris	Stevenson (1921)
4	526	526	Mercator, Gerhard (1512-1594), I, 124. City Archives, St. Nicolas, I, 133		1				41	1551	1551			City Archives, St. Nicolas	Stevenson (1921)
4	529	529	Mercator, Gerhard (1512-1594), I, 124. Communal Library, Urbania, I, 134		1				41	1551	1551			Communal Library, Urbania,	Stevenson (1921)
4	518	518	Mercator, Gerhard (1512-1594), I, 124. German National Museum, Nuremburg, I, 133		1				41	1551	1551			German National Museum, Nuremburg	Stevenson (1921)
4	516	516	Mercator, Gerhard (1512-1594), I, 124. Governmental Library, Cremona, I, 133		1				41	1551	1551			Governmental Library, Cremona	Stevenson (1921)
4	531	531	Mercator, Gerhard (1512-1594), I, 124. Imperial Library, Vienna, I, 133		1				41	1551	1551			Imperial Library, Vienna	Stevenson (1921)
4	522	522	Mercator, Gerhard (1512-1594), I, 124. Library Marquis Gherardi, Prato, I, 133		1				41	1551	1551			Library Marquis Gherardi, Prato	Stevenson (1921)
4	514	514	Mercator, Gerhard (1512-1594), I, 124. Royal Library, Brussels, I, 127		1				41	1551	1551			Royal Library, Brussels	Stevenson (1921)
5	2059	2059	François De Mongenet 59. Terrestrial gores, François Demongenet	0					ca. 9	1552	1552		1	New York Public Library	Dekker (2007), Stevenson (1921), 1: 147-48
5	2060	2060	François De Mongenet 60. Celestial gores, François Demongenet		0				ca. 9	1552	1552		1	New York Public Library	Dekker (2007), Stevenson (1921), 1: 147-48
5	2061	2061	Jacques de la Garde 61. Terrestrial, Jacques de la Garde	1					12	1552	1552	1		London, National Maritime Museum	Dekker (2007)
5	2062	2062	Jacques de la Garde 62. Terrestrial globe, attributed to Jacques de la Garde	1					6.2	ca. 1552	1552	1		Present whereabouts unknown	Dekker (2007)
5	287	287	De Mongenet, François (fl. 1550), I, 147. British Museum, London, (12 gores), I, 150	1	1				9	1552	1552			British Museum, London	Stevenson (1921)
5	289	289	De Mongenet, François (fl. 1550), I, 147. German National Museum, Nürnberg, I, 148	1					9	1552	1552			German National Museum, Nürnberg	Stevenson (1921)
5	286	286	De Mongenet, François (fl. 1550), I, 147. Library Count Pilloni, Belluno, I, 150	1					9	1552	1552			Library Count Pilloni, Belluno	Stevenson (1921)
5	3198	ZAA0070	Garde, Jacques de la Terrestrial globe clock. Blois, France	1				31 x 20	12	1552	1552			NMM	Description in object details
9999	149	149	Bonifacius, Natoli (1550-1620) see Günther (E. u. H. Gl., p.68)	1					9999	1552?	1552				Stevenson (1921)
3	2063	2063	Philipp Immser 63. Celestial (part of a planetary clock), Philipp Immser		1				18	1554/ 61	**1554**	1		Vienna, Technisches Museum	Dekker (2007)
1	2065	2065	Antonio Floriano 65. Terrestrial gores, Antonio Floriano	0					26	Ca. 1555	1555		1	Rotterdam, Maritiem Museum	Dekker (2007)
1	338	338	Florianus, Antonius (fl. 1550), I, 150. City Library, Treviso (36 gores), I, 151	0					25	1555	1555			City Library, Treviso	Stevenson(1921)

1	332	332	Florianus, Antonius (fl. 1550), I, 150. Harvard University Library, Cambridge, I, 152 (36 gores) Venice	0					25	1555	1555			Harvard University Library, Cambridge	Stevenson (1921)
1	336	336	Florianus, Antonius (fl. 1550), I, 150. Library Baron Nordenskiöld, Stockholm, I, 152, (36 gores)	0					25	1555	1555			Library Baron Nordenskiöld, Stockholm	Stevenson (1921)
1	341	341	Florianus, Antonius (fl. 1550), I, 150. Library of Congress, Washington (36 gores), I, 152	0					25	1555	1555			Library of Congress, Washington	Stevenson (1921)
1	333	333	Florianus, Antonius (fl. 1550), I, 150. Library Professor Giovanni Marinelli, Florence, I, 151, (36 gores) Venice	0					25	1555	1555			Library Professor Giovanni Marinelli, Florence	Stevenson (1921)
1	340	340	Florianus, Antonius (fl. 1550), I, 150. Marciana Library, Venice (36 gores), I, 151,	0					25	1555	1555			Marciana Library, Venice	Stevenson (1921)
1	334	334	Florianus, Antonius (fl. 1550), I, 150. New York Public Library, New York, I, 152, (36 gores) Venice	0					25	1555	1555			New York Public Library, New York	Stevenson (1921)
1	337	337	Florianus, Antonius (fl. 1550), I, 150. Victor Emanuel Library, Rome, (36 gores) I, 151,	0					25	1555	1555			Victor Emanuel Library, Rome	Stevenson (1921)
1	335	335	Florianus, Antonius (fl. 1550), I, 150.British Museum, London, I, 152, (36 gores)	0					25	1555	1555			British Museum, London	Stevenson (1921)
1	339	339	Florianus, Antonius (fl. 1550), I, 150.State Archives, Turin (36 gores), I, 151	0					25	1555	1555			State Archives, Turin	Stevenson (1921)
3	2064	2064	Tilemann Stella 64. Celestial, Tilemann Stella		1				28	1555	1555		1	Weissenburg Römermuseum	Dekker (2007)
1	696	696	Volpaja, Girolamo Camillo (fl. 1560), I, 155. Museum of Ancient Instruments, Florence, I, 155			1			14	1557	1557			Museum of Ancient Instruments, Florence	Stevenson (1921)
1	2066	2066	Paolo Forlani 66. Terrestrial, Paolo Forlani (Dia. 10cm, Venice, c.1560)	1					10	ca. 1560	1560	1		Whipple Museum of the History of Science, Cambridge	Dekker (2007)
3	459	459	Heyden, Christian (1526-1576), I, 156. Math. Phys. Salon, Dresden, I, 156		1				7	1560	1560			Math. Phys. Salon, Dresden	Stevenson (1921)
5	290	290	De Mongenet, François (fl. 1550), I, 147. British Museum, London, (12 gores), I, 150	1					9	1560	1560			British Museum, London	Stevenson (1921)
5	291	291	De Mongenet, François (fl. 1550), I, 147. Library Prince Trivulzio, Milan, I, 150	1					9	1560	1560			Library Prince Trivulzio, Milan	Stevenson (1921)
5	292	292	De Mongenet, François (fl. 1550), I, 147. National Library, Paris, I, 150	1	1				9	1560	1560			National Library, Paris	Stevenson (1921)
5	294	294	De Mongenet, François (fl. 1550), I, 147. Astronomical Museum, Rome, I, 150		1				9	1560	1560			Astronomical Museum, Rome	Stevenson (1921)
5	2068	2068	François De Mmongenet 68. Terrestrial, François Demongenet Rome, Museo Astronomico e Copernicano	1					8	ca. 1560	1560		1	Rome, Museo Astronomi co e Copernicano	Dekker (2007)
5	2067	2067	François De Mongenet 67. Terrestrial gores, François Demongenet	0					8	ca. 1560	1560		1	Stuttgart, Württemberg ische Landesbibliothek, Nicolai Collection	Dekker (2007)
5	2069	2069	François De Mongenet 69. Celestial gores, François Demongenet		0				8	ca. 1560	1560		1	Stuttgart, Württemberg ische Landesbibliothek, Nicolai Collection; Vienna, Collection Rudolf Schmidt	Dekker (2007)
5	2070	2070	François De Mongenet 70. Celestial, François Demongenet Rome, Museo Astronomico e Copernicano		1				8	ca. 1560	1560		1	Rome, Museo Astronom ico e Copernicano	Dekker (2007)
5	2071	2071	Jean Naze 71. Terrestrial (part of a table clock), Jean Naze	1					6.5	ca. 1560	1560	1		Kassel, Staatliche Kunstsammlungen Kassel	Dekker (2007)
1	362	362	Gonzaga, Gurzio (fl. 1550), I, 154. see reference in text, I, 154	1					203	1561	1561				Stevenson (1921)
1	608	608	Sanuto, Giulio (fl. 1560). see reference in text, I, 154	1					9999	1561	1561				Stevenson (1921)
3	2073	2073	Eberhard Baldewein and Hermann Diepel 73. Celestial (part of a planetary clock), Eberhard Baldewein and Hermann Diepel			1			24	**1561/2**	**1561**	1		Kassel, Staatliche Kunstsammlungen Kassel	Dekker (2007)
4	2072	2072	Cornelis Verweiden 72. Terrestrial of Erik's "Reichsapfel," Cornelis Verweiden	1					Not known	1561	1561	1		Stockholm, Kungliga Slottet, Husgera° ds kammaren	Dekker (2007)
1	697	697	Volpaja, Girolamo Camillo (fl. 1560), I, 155. Museum of Ancient Instruments, Florence, I, 156			1			13	1564	1564			Museum of Ancient Instruments, Florence	Stevenson (1921)
3	2074	2074	Johannes Prätorius 74. Celestial, Johannes Prätorius		1				28	1565	1565	1		Vienna, Sammlung des Fürsten von Lichtenstein	Dekker (2007)
3	2077	2077	Eberhard Baldewein and Hermann Diepel 77. Celestial (part of planetary clock), Eberhard Baldewein and Hermann Diepel			1			29	**1566 /7**	**1566**	1		Dresden, Staatlicher Mathematisch Physikalischer Salon	Dekker (2007)
3	2075	2075	Johannes Prätorius and Hans Epischofer 75. Terrestrial, Johannes Prätorius and Hans Epischofer	1					28	1566	1566	1		Nuremberg Germanisches Nationalmuseum	Dekker (2007)
3	2076	2076	Johannes Prätorius and Hans Epischofer 76. Celestial, Johannes Prätorius and Hans Epischofer		1				28	1566	1566	1		Nuremberg Germanisches Nationalmuseum	Dekker (2007)
1	271	271	Danti, Ignazio (1537-1586), I, 158. see reference in text, I, 162		1				200	1567	1567				Stevenson (1921)
1	2078	2078	Egnazio Danti 78. Terrestrial, Egnazio Danti	1					204	1567	1567	1		Florence, Palazzo Vecchio	Dekker (2007)

1	2085	2085	Giovanni AntonioVanosino 85. Celestial, Giovanni AntonioVanosino		1				95	1567 ca. 1570	**1567**	1		Vatican City, Vatican Museum	Dekker (2007) www.sun-sentinel.com
3	2079	2079	Johannes Prätorius 79. Terrestrial, Johannes Prätorius	1					28	1568	1568	1		Dresden, Staatlicher Mathematisch-Physikalischer Salon	Dekker (2007)
4	3175	AST0618	Arsenius, Gualterus Armillary sphere Louvain, Belgium				1	36 x 26		1568	1568			NMM	Description in object details
9999	34	34	Anonymous Anonymous Library Sir A. W. Franks, London	1					9999	1569	1569			Library Sir A. W. Franks, London	Stevenson (1921)
1	74	74	Barrocci, Giovanni Maria (fl. 1560), I, 165. Lancisiana Library, Rome, I, 165			1			36	1570	1570			Lancisiana Library, Rome	Stevenson (1921)
1	75	75	Basso (Pilizzoni or Pelliccioni), Francesco (fl. 1560). National Library, Turin, I, 163	1					17	1570	1570			National Library, Turin	Stevenson (1921)
1	152	152	Boncompagni, Hieronymo de. See reference in text I, 165		1				29	1570	1570				Stevenson (1921)
1	2081	2081	Francesco Basso (fl.1560-70) 81. Terrestrial, Francesco Basso	1					56	1570	1570	1		Turin, Biblioteca Nazionale	Dekker (2007)
1	1009	1009	Giulio and Livio Sanuto terrestial globe by Giulio and Livio Sanuto (Dia. 27in/ 69cm, Venice, c.1570)	1					27in/ 69	c. 1570	1570			Staatsbibliothek, Berlin	Dekker and Krogt (1993) 32
1	2084	2084	Giulio Sanuto and Livio Sanuto 84. Terrestrial, Giulio Sanuto and Livio Sanuto	1					69	ca. 1570	1570		1	Berlin, Staatsbibliothek	Dekker (2007)
1	2087	2087	Vicenzo de' Rossi 87. Celestial globe, attributed to Vicenzo de' Rossi		1				12	ca. 1570	1570	1		Present whereabouts unknown	Dekker (2007)
1	99999	99999	Vicenzo de' Rossi (1527-1587) Hercules with celestial sphere, Florence, ca. 1570		1				9998	ca. 1570	1570	1		Private collection	http://brunelleschi.imss.fi.it/galileopalazzostrozzi/object/VincenzoDeRossiAttrHerculesWithCelestialSphere.html
3	2080	2080	Christian Heiden 80. Terrestrial globe inside a (clockwork) celestial globe by Christian Heiden	1	1				T=10.5, C= 9	1570	1570	1		Vienna, Schatzkammer des Deutschen Ordens	Dekker (2007), www.mhs.ox.ac.uk
5	2086	2086	Isaac Habrecht (I) 86. Celestial (part of the Strassbourg clock), Isaac Habrecht (I)		1				86	1570	1570	1		Strasbourg, Musée des Beaux-Arts	Dekker (2007)
	2082	2082	Anonymous 82. Terrestrial globe, anonymous	1					12	ca. 1570	1570	1		Private collection	Dekker (2007)
	2083	2083	Anonymous 83. Terrestrial globe, anonymous	1					12	ca. 1570	1570	1		Present whereabouts unknown	Dekker (2007)
5	3337	GLB0174	Isaac Habrecht III Celestial clockwork globe Strasbourg, Germany		1			47.0 x 29.5	19	after 1571	1571			NMM	Description in object details and Wiki
5	2088	2088	Josiah Habrecht 88. Terrestrial (part of an armillary sphere), Josiah Habrecht			1			5	1572	1572	1		Copenhagen, Nationalmuseet	Dekker (2007)
8	4008	BnF ID Ge A 326	Djem al-ed-din-Mohammed, ibn Mhammed el Hachimi et mekki Arabic celestial globe, Mecca		1			9999	13	1573	1573			BnF	BnF's data base
8	541	541	Mohammed Diemat Eddin (fl. 1575), I, 31. National Library, Paris, I, 31		1				15	1573	1573			National Library, Paris	Stevenson (1921)
3	2089	2089	Eberhard Baldewein 89. Celestial (clockwork is lost), Eberhard Baldewein		1				14	**1574/ 75**	**1574**	1		Vienna, Kunsthistorisches Museum, Kunstkammer	Dekker (2007)
5	272	272	Dasypodius, Conrad (1532-1600), I, 173. Strassburg Cathedral Clock, Strassburg, I, 175	1	1				82	1574	1574			Strassburg Cathedral Clock, Strassburg	Stevenson (1921)
1	166	166	Caraf f a, Giovanni (fl. 1561) See reference in text, I, 152	1					68	1575	1575				Stevenson (1921)
1	202	202	dedication to Cocco, Jacomo (fl. 1575) see reference in text, I, 152	1					68	1575	1575				Stevenson (1921)
1	331	331	Filiberto, Emanuele (fl. 1575), I, 165. Astronomical Museum, Rome,, I, 165	1					28	1575	1575			Astronomical Museum, Rome,	Stevenson (1921)
1	511	511	Maurolico, Francesco (1494-1575) see reference in text, II, 167		1				9999	1575	1575				Stevenson (1921)
1	603	603	Rovere, Giulio Feltrio Dalla. see reference in text, I, 152	1					104	1575	1575				Stevenson (1921)
3	2091	2091	Christoph Schissler 91. Celestial, Christoph Schissler		1				42	1575	1575	1		Sintra, Palácio Nacional	Dekker (2007)
3	2090	2090	Eberhard Baldewein 90. Celestial (with clockwork), Eberhard Baldewein		1				33	1575	1575	1		London, British Museum (loan from a private collection)	Dekker (2007)
3	2096	2096	Heinrich Arboreus 96. Celestial, Heinrich Arboreus		1				76	1575	1575	1		Munich, Bayerische Staatsbibliothek	Dekker (2007)
9999	27	27	Anonymous National Library, Florence, I, 166		1				10	1575	1575			National Library, Florence	Stevenson (1921)
9999	23	23	Anonymous Anonymous Laurentian Library, Florence, I, 166			1			32	1575	1575			Laurentian Library, Florence	Stevenson (1921)
9999	24	24	Anonymous Anonymous Laurentian Library, Florence, I, 166			1			23	1575	1575			Laurentian Library, Florence	Stevenson (1921)
9999	41	41	Anonymous Anonymous Metropolitan Museum, New York, I, 201		1				8	1575	1575			Metropolitan Museum, New York	Stevenson (1921)

9999	28	28	Anonymous Anonymous National Library, Florence, I, 166	1	1				5	1575	1575			National Library, Florence	Stevenson (1921)
9999	55	55	Anonymous Anonymous National Library, Paris, I, 106	1					12	1575	1575			National Library, Paris	Stevenson (1921)
9999	56	56	Anonymous Anonymous National Library, Paris, I, 107	1					21	1575	1575			National Library, Paris	Stevenson (1921)
9999	58	58	Anonymous Anonymous Victor Emanuel Library, Rome, II, 165	1	1				70	1575	1575			Victor Emanuel Library, Rome	Stevenson (1921)
	2092	2092	Anonymous 92. Celestial, anonymous		1				71	1575	1575	1		Rome, Biblioteca Nazionale Centrale	Dekker (2007)
	2093	2093	Anonymous 93. Celestial globe, anonymous		1				Not known	ca. 1575	1575	1		Angers, Museé d'Angers	Dekker (2007)
	2094	2094	Anonymous 94. Terrestrial, anonymous	1					71	1575	1575	1		Rome, Biblioteca Nazionale Centrale	Dekker (2007)
	2095	2095	Anonymous 95. Cosmographic (St. Gallen globe), anonymous	9	9	9			121	ca. 1575	1575	1		Zurich, Schweizerisches Landesmuseum	Dekker (2007)
3	2097	2097	Philipp Apian 97. Terrestrial, Philipp Apian	1					76	1576	1576	1		Munich, Bayerische Staatsbibliothek	Dekker (2007)
3	68	68	Apianus, Philip Apianus, Philip (fl. 1575), II, 178. Royal Bavarian Library, Munich, II, 178	1	1				118	1576	1576			Royal Bavarian Library, Munich	Stevenson (1921)
1	99999	99999	Mario Cartaro Celestial Globe Signed by Mario Cartaro 1577; Rome Wood; 156 mm in diameter		1				15.6	1577	1577			Oxford Uni. London	https://www.mhs.ox.ac.uk/epact/catalogue.php?ENumber=87909, http://www.myoldmaps.com/renaissance-maps-1490-1800/4152-maris-cartarus-viterb/4152-cartaro-globe.pdf
1	170	170	Cartaro, Mario (fl. 1575), I, 167. Astronomical Museum, Rome, I, 168		1				16	1577	1577			Astronomical Museum, Rome	Stevenson (1921)
1	168	168	Cartaro, Mario (fl. 1575), I, 167. Library Mr. Reed, New York, I, 168	1					16	1577	1577			Library Mr. Reed, New York	Stevenson (1921)
1	2100	2100	Mario Cartaro 100. Celestial, Mario Cartaro		1				16	1577	1577		1	Florence, Istituto e Museo di Storia della Scienza; Rome, Museo Astronomico e Copernicano	Dekker (2007)
1	2098	2098	Mario Cartaro 98. Terrestrial gores, Mario Cartaro	0					16	1577	1577		1	Chicago, Newberry Library	Dekker (2007)
1	2099	2099	Mario Cartaro 99. Terrestrial, Mario Cartaro	1					16	1577	1577		1	Rome, Museo Astronomico e Copernicano	Dekker (2007)
1	579	579	Platus, Carolus (fl. 1580), I, 180. Museum of Ancient Instruments, Florence, I, 180			1			20	1578	1578			Museum of Ancient Instruments, Florence	Stevenson (1921) http://historydb.adlerplanetarium.org
5	499	499	L'Écuy, Abbé. National Library, Paris, I, 188~189	1					25.6	1578	1578			National Library, Paris	Stevenson (1921)
2	2101	2101	Gerhard Emmoser 101. Celestial (with clockwork), Gerhard Emmoser		1				14	1579	1579	1		New York, Metropolitan Museum of Art	Dekker (2007)
3	1013	1013	Gerard Mercator's workshop The Murad III globes, a pair of globes ascribed to Mercator's workshop (Dia. 11½in/ 29.5cm, Duisburg, 1579)	1	1				11½in/ 29.5	1579	1579			christe's	Dekker and Krogt (1993) 38
4	2103	2103	Gerardus Mercator 103. Cosmographic (Murad III), attributed to workshop of Gerardus Mercator				1		30	1579	1579	1		Private collection; present whereabouts unknown	Dekker (2007)
4	2104	2104	Gerardus Mercator 104. Celestial (Murad III), attributed to workshop of Gerardus Mercator		1				30	1579	1579	1		Private collection; present whereabouts unknown	Dekker (2007)
	2102	2102	Anonymous 102. Celestial globe anonymous		1				44	1579	1579	1		Milan, Museo Bagatti Valsecchi	Dekker (2007)
	2105	2105	Anonymous 105. Terrestrial globe, anonymous	1					44	1579	1579	1		Milan, Museo Bagatti Valsecchi	Dekker (2007)
2	2108	2108	Abraham Gessner 108. Terrestrial globe-cup with a small armillary sphere on top, Abraham Gessner	1					17	ca. 1580	1580	1		Present whereabouts unknown	Dekker (2007)
2	2109	2109	Abraham Gessner 109. Terrestrial globe-cup with a small armillary sphere attributed to Abraham Gessner	1					18.5	ca. 1580	1580	1		Copenhagen, Nationalmuseet	Dekker (2007)
2	2112	2112	Abraham Gessner 112. Terrestrial globe-cup with a small armillary sphere by Abraham Gessner	1				Height, 41.5		ca. 1580	1580	1		Nancy, Musée Lorrain	Dekker (2007)
2	2113	2113	Abraham Gessner 113. Terrestrial globe cup (small sphere missing) by Abraham Gessner	1				H, 35; diam, 15	15	ca. 1580 (1569 en-graved on a plate)	**1580**	1		London, British Museum	Dekker (2007)
2	2114	2114	Abraham Gessner 114. Terrestrial globe-cup with a small armillary sphere by Abraham Gessner	1					17	ca. 1580	1580	1		Genève, Musée de l' Histoire des Sciences	Dekker (2007)
3	2106	2106	Hans Reimer ? 106. Terrestrial, anonymous (formerly attributed to Hans Reimer)	1					2.5	ca. 1580	1580	1		Munich, Schatzkammer der Residenz	Dekker (2007)

3	2107	2107	Hans Reimer 107. Celestial, anonymous (formerly attributed to Hans Reimer)		1				2.5	ca. 1580	1580	1		Munich, Schatzkammer der Residenz	Dekker (2007)
3	2115	2115	Johann Reinhold 115. Celestial globe (with clockwork), attributed to Johann Reinhold		1				21	ca. 1580	1580	1		Present whereabouts unknown	Dekker (2007)
4	662	662	Van Langren, Arnold Florentius (fl. 1600), I, 204. see reference in text, I, 204	1					32	1580	1580				Stevenson (1921)
9999	2116	2116	anonymous 116. Celestial globe (part of an armillary sphere), anonymous			1			13.5	ca. 1580	1580	1		Nuremberg, Germanisches Nationalmuseum	Dekker (2007)
9999	2117	2117	anonymous 117. Celestial globe, anonymous		1				17	ca. 1580	1580	1		Present whereabouts unknown	Dekker (2007)
9999	2118	2118	anonymous 118. Celestial (with clockwork),anonymous		1				24	ca. 1580	1580	1		Darmstadt, Hessisches Landesmuseum	Dekker (2007)
9999	33	33	Anonymous Anonymous Record Sixth International Geographical Congress, London	1	1	1			9999	1580	1580			Record Sixth International Geographical Congress, London	Stevenson (1921)
9999	2119	2119	Anonymous 119. Celestial, anonymous		1				51	ca. 1580	1580	1		Kaiserslautern, Pfalzgalerie	Dekker (2007)
	2110	2110	Anonymous 110. Terrestrial, anonymous	1					24	ca. 1580	1580	1		Darmstadt, Hessisches Landesmuseum	Dekker (2007)
	2111	2111	Anonymous 111. Terrestrial globe, anonymous	1					2.5	ca. 1580	1580	1		Present whereabouts unknown	Dekker (2007)
3	158	158	Bürgi, Jost (1552-1633) Royal Museum, Cassel, I, 196		1				72	1582	1582			Royal Museum, Cassel	Stevenson (1921)
3	2120	2120	Jost Bürgi 120. Celestial (with clockwork) by Jost Bürgi		1				23	1582	1582	1		Paris, Conservatoire National des Arts et Métiers (CNAM)	Dekker (2007)
3	2121	2121	Johann Reinhold and Georg Roll 121. Celestial (with clockwork) and terrestrial, Johann Reinhold and Georg Roll	1	1				C=21 T=9	1584	1584	1		Vienna, Kunsthistorisches Museum, Kunstkammer	Dekker (2007)
3	2122	2122	Johann Reinhold and Georg Roll 122. Celestial (with clockwork), Mechanical globe clock (Celestial with mechanical handle) 246-1865		1			42.8	30.4	1584	1584	1		London, Victoria and Albert Museum	Dekker (2007) http://collections.vam.ac.uk/item/O120887/mechanical-globe-clock-roll-georg/
3	2123	2123	Johann Reinhold and Georg Roll 123. Celestial (with clockwork) and terrestrial, Johann Reinhold and Georg Roll	1	1				C=21 T=9	ca. 1584	1584	1		St. Petersburg, State Hermitage Museum	Dekker (2007)
9	153	153	Brahe, Tycho (1546-1601). I, 183. See reference in text I, 185		1	1			150	1584	1584				Stevenson (1921)
2	99999	99999	Gessner, Abraham (1552-1613) Covered cup (Globuspokal) • Swiss (Zurich) Double cup; globe; armillary sphere	1		1	1	50.5	16.8	1580-90	1585			Museum of Fine Arts Boston	http://www.mfa.org/collections/object/covered-cup-globuspokal-481293
2	2124	2124	Giovanni Battista Fontana 124. Celestial, attributed to Giovanni Battista Fontana		1				18	ca. 1585	1585		1	Innsbruck, Schloß Ambras	Dekker (2007)
3	157	157	Bürgi, Jost (1552-1633) Royal Museum, Cassel, I, 196 (numerous examples)		1	1			9999	1585	1585			Royal Museum, Cassel	Stevenson (1921)
3	2126	2126	Jost Bürgi 126. Celestial (with clockwork), Jost Bürgi		1				23	ca. 1585	1585	1		Weimar, Herzogin Anna Amalia Bibliothek	Dekker (2007)
3	2127	2127	Jost Bürgi 127. Celestial (Kassel I, with clockwork), Jost Bürgi		1				23	ca. 1585	1585	1		Kassel, Staatliche Kunstsammlungen Kassel	Dekker (2007)
4	2125	2125	Gerard de Jode 125. Terrestrial gores, attributed to Gerard de Jode	0					73.5	ca. 1585	1585		1	BnF	Dekker (2007)
4	663	663	Van Langren, Arnold Florentius (fl. 1600), I, 204. Astronomical Museum, Rome, I, 205	1					32	1585	1585			Astronomical Museum, Rome	Stevenson (1921)
1	3247	GLB0041	Aspheris, Petrus Armillary sphere. Padua, Italy			1		30.5 x 17	14	1586	1586			NMM	Description in object details
1	2129	2129	Petrus Aspheris 129. Celestial (part of armillary sphere), Petrus Aspheris			1			14	1586	1586	1		London, National Maritime Museum	Dekker (2007)
3	2128	2128	Johannes Reinhard and Georg Roll 128. Celestial (with clockwork) and terrestrial, Johannes Reinhard and Georg Roll	1	1				C=21 T=10	1586	1586	1		Dresden, Staatlicher Mathematisch Physikalischer Salon	Dekker (2007)
3	595	595	Roll, George, and Reinhold, Johannes (fl. 1585). Math. Phys. Salon, Dresden, I,182.		1				35	1586	1586			Math. Phys. Salon, Dresden,	Stevenson (1921) http://historydb.adlerplanetarium.org/signatures/search.pl?signature=Reinhold&limit=100&searchfields=Signature&search=1&offset=0
4	2130	2130	Jacob Floris van Langren and his sons 130. Celestial, Jacob Floris van Langren and his sons		1				32.5	1586	1586		1	Linköping, Stifts- och Landesbiblioteket	Dekker (2007)
2	2131	2131	Abraham Gessner 131. Terrestrial globe- cup with a small armillary sphere, Abraham Gessner	1					18	1587	1587	1		Vienna, Kunsthistorisches Museum, Kunstkammer	Dekker (2007)
3	2133	2133	Johann Reinhold and Georg Roll 133. Celestial (with clockwork) and terrestrial, Johann Reinhold and Georg Roll	1	1				C=21 T=10	1588	1588	1		Paris, Conservatoire National des Arts et Métiers (CNAM)	Dekker (2007)
3	3126	GLB0022	Reinhold, Johann Terrestrial table globe Augsburg, Germany	1				305 x 125	10	1588	1588			NMM	Description in object details

3	596	596	Roll, George, and Reinhold, Johannes (fl. 1585). Royal Library, Vienna, I, 181		1				9999	1588	1588			Royal Library, Vienna	Stevenson (1921)
3	2134	2134	Johann Reinhold and Georg Roll 134. Celestial (withclockwork) and terrestrial, Johann Reinhold and Georg Roll	1	1				C=21 T=10	1589	1589	1		Naples, Osservatorio Astronomico di Capodimonte	Dekker (2007)
4	2138	2138	Jacob Floris van Langren and his sons 138. Terrestrial, Jacob Floris van Langren and his sons	1					52.5	1589	1589		1	Amsterdam, Nederlands Scheepsvaart-museum	Dekker (2007)
4	1016	1016	Jacob Floris van Langren Sothern part of the celestial globe by Van Langren (Dia. 13in/ 32.5cm, Amsterdam, 1589)	1					13in/ 32.5	1589	1589			NMM, London	Dekker and Krogt (1993) 42
4	3294	GLB0099	Langren, Arnold Floris van and Langren, Jacob Floris van Celestial table globe Amsterdam, Netherlands		1			49.4 x 44.5	32.5	1589	1589	1	1	NMM	Description in object details
4	3284	GLB0098	Langren, Arnold Floris van and Langren, Jacob Floris van Terrestrial table globe Amsterdam, Netherlands	1				50 x 46	32.5	1589	1589	1	1	NMM	Description in object details
5	2135	2135	Lenhart Krug 135. Terrestrial globe- cup, Lenhart Krug	1					9	1589	1589	1		Steiermark, private collection	Dekker (2007)
1	2143	2143	Antonio Santucci 143. Cosmographic (part of Ptolemaic sphere by Antonio Santucci)			1			ca. 60	<u>ca. 1590</u> <u>1588-1593</u>	<u>1590</u>	1		Florence, Istituto e Museo di Storia della Scienza	Dekker (2007)
2	2139	2139	Abraham Gessner 139. Terrestrial globe-cup with small armillary sphere on top, Abraham Gessner	1					15.5	<u>ca. 1590</u>	<u>1590</u>	1		Basel, Historisches Museum	Dekker (2007), Stevenson (1921), 1: 200
2	2140	2140	Abraham Gessner 140. Terrestrial globe- cup with a small celestial globe on top, Abraham Gessner	1				H 46 ; diam unknown		<u>ca. 1590</u>	<u>1590</u>	1		Ribeauvillé (Rappoltsweiler Rathaus, just north of Colmar)	Dekker (2007), Stevenson (1921), 1: 200
3	2142	2142	Jost Bürgi 142. Celestial, attributed to Jost Bürgi		1				13	<u>ca. 1590</u>	<u>1590</u>	1		Formerly Rothschild Collection	Dekker (2007)
6	2141	2141	Charles Whitwell 141. Terrestrial and celestial, attributed to Charles Whitwell	1	1				6.2	<u>ca. 1590</u>	<u>1590</u>	1		London, National Maritime Museum	Dekker (2007)
6	3052	GLB0025	Whitwell, Charles Terrestrial and celestial pocket globe engraved; silver London, England	1	1				6.2	1590	1590			NMM	Description in object details
9999	32	32	Anonymous Anonymous Brirish Museum, London	1					25	1590	1590			Brirish Museum, London	Stevenson (1921)
	2144	2144	Anonymous 144. Celestial, anonymous		1				72	<u>ca. 1590</u>	<u>1590</u>	1		Kassel, Staatliche Kunstsammlungen Kassel	Dekker (2007)
3	159	159	Bürgi, Jost (1552-1633) Royal Museum, Cassel, I, 196		1				72	1592	1592			Royal Museum, Cassel	Stevenson (1921)
3	160	160	Bürgi, Jost (1552-1633) Royal Museum, Cassel, I, 196		1				72	1592	1592			Royal Museum, Cassel	Stevenson (1921)
4	470	470	Hondius, Jodocus (1546-1611), II, 4. German National Museum, Nürnberg, II, 4		1				60	1592	1592			German National Museum, Nürnberg	Stevenson (1921)
6	2145	2145	Emery Molyneux 145. Terrestrial, Emery Molyneux, London	1					61	1592	1592		1	Sussex, Petworth House	Anna Maria Crinò and Helen Wallis (1987); Dekker (2007)
6	2146	2146	Emery Molyneux 146. Celestial, Emery Molyneux		1				61	1592	1592		1	Nuremberg, GNM; Kassel Staatliche Kunstsammlungen Kassel	Dekker (2007)
6	1013	1013	Emwry Molyneux Cartouche of the celestial globe by Emwry Molyneux (Diam. 24½in/ 61cm, London, 1592)		1				24½in/ 61	1592	1592			Germanishes ational-museum, Nürnberg	Dekker and Krogt (1993) 38
6	544	544	Molyneux, Emery (fl. 1590), I, 190. Middle Temple, London, I, 190	1	1				66	1592	1592			Middle Temple, London	Stevenson (1921)
6	543	543	Molyneux, Emery (fl. 1590), I, 190. Royal Museum, Cassel, I, 195, (Sanderson)	1					66	1592	1592			Royal Museum, Cassel	Stevenson (1921)
1	2147	2147	Antonio Spano 147. Terrestrial, Antonio Spano	1					8	1593	1593	1		New York, Pierpont Morgan Library	Dekker (2007)
1	607	607	Santucci, Antonio (fl. 1590), I, 212. Museum of Ancient Instruments, Florence, I, 213			1			22	1593	1593			Museum of Ancient Instruments, Florence	Stevenson (1921)
1	636	636	Spano, Antonio (fl. 1590), I, 201. Library J. P. Morgan, New York, I, 201	1					8	1593	1593			Library J. P. Morgan, New York	Stevenson (1921)
3	2149	2149	Jost Bürgi 149. Celestial (Kassel II, with clockwork), Jost Bürgi		1				23	<u>ca. 1594</u>	<u>1594</u>	1		Kassel, Staatliche Kunstsammlungen Kassel	Dekker (2007)
3	2150	2150	Jost Bürgi 150. Celestial (with clockwork), Jost Bürgi		1				14	1594	1594	1		Zurich, Schweizerisches Landesmuseum	Dekker (2007)
4	2148	2148	Jacob Floris van Langren and his sons 148. Celestial, Jacob Floris van Langren and his sons		1				32.5	1594	1594		1	Frankfurt, Historisches Museum	Dekker (2007)
4	664	664	Van Langren, Arnold Florentius (fl. 1600), I, 204. City Museum, Frakfurt	1					29	1594	1594			City Museum, Frakfurt	Stevenson (1921)
5	2151	2151	Isaac Habrecht [I] 151. Celestial (part of an astronomical clock by Isaac Habrecht [I])		1				Not known	1594	1594	1		Copenhagen, Rosenborg Slot	Dekker (2007)
2	2153	2153	Abraham Gessner 153. Terrestrial globe- cup with a small armillary sphere by Abraham Gessner	1				h. 52cm diam ca. 25	ca.25	<u>ca. 1595</u>	<u>1595</u>	1		Plymouth, City Museum and Art Gallery	Dekker (2007)
2	353	353	Gessner, Abraham (1552-1613), I, 199. Library S. J. Phillips, London, I, 218	1		1			9999	1595	1595			Library S. J. Phillips, London	Stevenson (1921)

4	2152	2152	Ottavio Pisani 152. Terrestrial (part of an armillary sphere by Ottavio Pisani)			1			8.5	ca. 1595	1595	1		Private collection	Dekker (2007)
9	641	641	Theodorus, Peter (fl. 1590), II, 75. National Museum, Copenhagen, II, 75		1				23	1595	1595			National Museum, Copenhagen,	Stevenson (1921)
8	3177	GLB0005	Unknown Celestial Islamic globe unknown		1			8 x 10.8	8	ca 1596	1596			NMM	Description in object details
3	2155	2155	Christoph Schissler and Amos Neuwaldt 155. Terrestrial, Christoph Schissler and Amos Neuwaldt	1					15	1597	1597	1		London, National Maritime Museum	Dekker (2007)
3	2156	2156	Christoph Schissler and Amos Neuwaldt 156. Celestial, Christoph Schissler and Amos Neuwaldt		1				15	1597	1597	1		Private collection; present whereabouts unknown	Dekker (2007)
3	3130	GLB0021	Neuwaldt, Amos and Schissler, Senior, Christoph Terrestrial table globe Augsburg, Germany	1				510 x 200	15	1597	1597			NMM	Description in object details
4	2154	2154	Jodocus Hondius the Elder 154. Terrestrial gores, Jodocus Hondius the Elder	0					8	Before 1597	1597		1	Stuttgart, Württem-bergische Landes-bibliothek	Dekker (2007)
4	2162	2162	Jacob Floris van Langren and his sons 162. Terrestrial, Jacob Floris van Langren and his sons	1					52.5	After 1597	1597		1	Wroclaw, Muzeum Archidiecezjalne	Dekker (2007)
4	2157	2157	Jodocus Hondius 157. Terrestrial, Jodocus Hondius	1					35	1597	1597		1	Lucerne, Histor-isches Museum	Dekker (2007)
4	2158	2158	Jodocus Hondius 158. Celestial, Jodocus Hondius		1				35	1597	1597		1	Lucerne, Histor-isches Museum	Dekker (2007)
4	2160	2160	Jodocus Hondius 160. Terrestrial, Jodocus Hondius	1					35	After April 1597	**1597**		1	Strasbourg, Maison de l'Oeuvre Notre-Dame	Dekker (2007)
4	2161	2161	Willem Jansz. Blaeu 161. Celestial gores, Willem Jansz. Blaeu		0				34	1597	1597		1	Cambridge Mass., Harvard University, Houghton Library	Dekker (2007)
1	3066	GLB0072	Platus, Carolus Celestial table globe Rome, Italy		1			54 x 34	23	1598	1598			NMM	Description in object details
1	580	580	Platus, Carolus (fl. 1580), I, 180. Barbarini Library, Rome, I, 180		1				14	1598	1598			Barbarini Library, Rome	Stevenson (1921) http://historydb.adlerplanetarium.org
4	2159	2159	Jodocus Hondius 159. Celestial gores, Jodocus Hondius		0				8	Bef. 1598	**1598**		1	Stuttgart, Württem-bergische Landes-bibliothek	Dekker (2007)
4	1017	1017	Jodocus Hondius Southern sky of the celestial globe of Petrus Plancius produced by Jodocus Hondius about 1598 (Dia. 14in/ 35.5cm, Amsterdam, c.1598)		1				14in/ 35.5	c. 1598	1598			Historisches Muse-um, Lucern	Dekker and Krogt (1993) 44
4	1018	1018	Willem Jansz Blaeu (1571-1638) Three gores of the first celestial globe by Willem Jansz Blaeu (Dia. 13½in/ 34cm, c.1598)		0				13½in/ 34	c. 1598	1598			MASS. Harvard Uni-versity, Houghton Library, Cambridge	Dekker and Krogt (1993) 45
4	91	91	Blaeu, Willem Jansz. (1571-1638), II, 18-44. University Library, Göttingen, II, 26	1					34	1599	1599			University Library, Göttingen	Stevenson (1921)
4	100	100	Blaeu, Willem Jansz. (1571-1638), II, 18-44. Angelica Library, Rome, II, 27	1					34	1599	1599			Angelica Library, Rome	Stevenson (1921)
4	101	101	Blaeu, Willem Jansz. (1571-1638), II, 18-44. Angelica Library, Rome, II, 27	1					34	1599	1599			Angelica Library, Rome	Stevenson (1921)
4	87	87	Blaeu, Willem Jansz. (1571-1638), II, 18-44. Communal Library, Fano, II, 27	1					34	1599	1599			Communal Library, Fano	Stevenson (1921)
4	96	96	Blaeu, Willem Jansz. (1571-1638), II, 18-44. German National Museum, Nürnberg, II, 27	1					34	1599	1599			German National Museum, Nürnberg	Stevenson (1921)
4	97	97	Blaeu, Willem Jansz. (1571-1638), II, 18-44. German National Museum, Nürnberg, II, 27	1					34	1599	1599			German National Museum, Nürnberg	Stevenson (1921)
4	92	92	Blaeu, Willem Jansz. (1571-1638), II, 18-44. Library Adam Kästner, Göttingen, II, 27	1					34	1599	1599			Library Adam Käst-ner, Göttingen	Stevenson (1921)
4	89	89	Blaeu, Willem Jansz. (1571-1638), II, 18-44. Library Dr. Baumgärtner, Göttingen, II, 26	1					34	1599	1599			Library Dr. Baumgärt-ner, Göttingen	Stevenson (1921)
4	85	85	Blaeu, Willem Jansz. (1571-1638), II, 18-44. Muller, Frederick, Amsterdam, II, 27	1					34	1599	1599			Muller, Frederick, Amsterdam	Stevenson (1921)
4	94	94	Blaeu, Willem Jansz. (1571-1638), II, 18-44. University Library, Leiden, II, 27	1					34	1599	1599			University Library, Leiden	Stevenson (1921)
4	2164	2164	Willem Jansz. Blaeu 164. Terrestrial, Willem Jansz. Blaeu	1					34	1599	1599		1	Rome, Biblioteca Angelica	Dekker (2007)
2	2167	2167	Abraham Gessner 167. Terrestrial globe-cup with a small celestial globe by Abraham Gessner	1				h. 59.5; diam. Un known	9999	ca. 1600	1600	1		Los Angeles, County Museum of Art	Dekker (2007)
2	2168	2168	Abraham Gessner 168. Terrestrial globe-cup with a small celestial globe by Abraham Gessner	1				h., 55; diam. 19	19	ca. 1600	1600	1		Basel, Historisches Museum	Dekker (2007)
2	2170	2170	Abraham Gessner 170. Terrestrial globe-cup with a small celestial globe on top, Abraham Gessner	1					17	ca. 1600	1600	1		Wolfegg, Schloß Wolfegg	Dekker (2007), Steven-son (1921), 1: 199-200
2	2171	2171	Abraham Gessner 171. Terrestrial globe-cup with a small celestial globe, Abraham Gessner	1					T=17 C=6	ca. 1600	1600	1		Steiermark, private collection	Dekker (2007)
2	2172	2172	Abraham Gessner 172. Terrestrial globe- cup with a small celestial globe on top, Abraham Gessner	1					17	ca. 1600	1600	1		Basel, Historisches Museum	Dekker (2007), Ste-venson (1921), 1: 200

2	2173	2173	Abraham Gessner 173. Terrestrial globe- cup with a small celestial globe on top, Abraham Gessner	1					19	ca. 1600	1600	1		Zurich, Schweizer-isches Landesmuse-um	Dekker (2007), Ste-venson (1921), 1: 200 -201
2	2174	2174	Abraham Gessner 174. Terrestrial globe-cup with a small armillary sphere, Abraham Gessner	1				h. 49; diam. unknown	9999	ca. 1600	1600	1		Zurich, Schweizer-isches Landesmuse-um	Dekker (2007)
3	73	73	B. F. Math. Phys. Salon, Dresden, I, 215		1				12	1600	1600			Math. Phys. Salon, Dresden	Stevenson (1921) http://historydb.adler-planetarium.org/signa-tures/search.pl?signa-ture=B.F.&limit=100 &searchfields=Signature& search=1&offset=0
3	2169	2169	Christoph Jamnitzer 169. Terrestrial globe-cup, Christoph Jamnitzer	1					13	ca. 1600	1600	1		Amsterdam, Ri-jksmuseum	Dekker (2007)
3	2178	2178	Joannes Oterschaden 178. Celestial gores, Joannes Oterschaden		0				17	ca. 1600	1600		1	Amsterdam, Neder-lands Scheepvaart-museum	Dekker (2007)
3	2175	2175	Joannes Oterschaden 175. Terrestrial gores, Joannes Oterschaden	0					17	ca. 1600	1600		1	Amsterdam, Neder-lands Scheepvaart-museum	Dekker (2007)
4	4010	BnF ID Ge A 1151	Hondius (Jodocus) Celestial globe, Amsterdam		1			51	35.6	1600	1600		1	BnF	BnF's data base
4	4009	BnF ID Ge A 1150	Hondius (Jodocus) Terrestrial globe, Amsterdam	1				51	35.6	1600	1600		1	BnF	BnF's data base
4	3235	GLB0157	Hondius, Jodocus Celestial table globe. Amsterdam, Netherlands		1				35.6	1600	1600	1	1	NMM	Description in object details
4	472	472	Hondius, Jodocus (1546-1611), II, 4. Library Henry E. Huntington, New York, II, 4	1	1				34	1600	1600			Library Henry E. Huntington, New York	Stevenson (1921)
4	471	471	Hondius, Jodocus (1546-1611), II, 4. Library Sr. Giannini, Lucca, II, 8	1	1				34	1600	1600			Library Sr. Giannini, Lucca	Stevenson (1921)
4	2165	2165	Jodocus Hondius 165. Celestial, Jodocus Hondius		1				35	1600	1600		1	Amsterdam, Neder-lands Scheepvaart-museum; London, National Maritime Museum	Dekker (2007)
4	2165	2165	Jodocus Hondius 165. Celestial, Jodocus Hondius		1				35	1600	1600		1	Amsterdam, Neder-lands Scheepvaart-museum; London, National Maritime Museum	Dekker (2007)
4	2166	2166	Jodocus Hondius 166. Terrestrial, Jodocus Hondius	1					35	1600	1600		1	Salzburg, Carolino Augusteum Salz-burger Museum für Kunst und Kulturg-eschichte	Dekker (2007)
4	1022	1022	Jodocus Hondius Terrestial and celestial globes by Jodocus Hondius (Dia. 14in/ 35.5cm, Amsterdam, c.1600)	1	1				14in/ 35.5	c. 1600	1600			Antiquariaat Forum, Utrecht	Dekker and Krogt (1993) 49
5	3220	GLB0120	Oterschaden, Joannes Celestial table globe. France		1			30.0x23.6 x23.4	16.5	ca 1600	1600	1	1	NMM	Description in object details
5	3295	GLB0119	Oterschaden, Joannes Terrestrial table globe France	1				29.8 x 23.0	16.5	ca 1600	1600			NMM	Description in object details
8	3321	GLB0141	Unknown Celestial Islamic globe unknown		1			33 x 21	17	ca 1600	1600			NMM	Description in object details
81	486	486	Japanese Globe. Library Professor David E. Smith, New York		1				10	**1600?**	**1600**			Library Professor David E. Smith, New York	Stevenson (1921)
9999	29	29	Anonymous Anonymous Musee Ariana, Geneva		1	1			9999	1600?	1600			Musee Ariana, Gene-va	Stevenson (1921)
9999	2180	2180	Anonymous 180. Terrestrial (Helmstedt) anonymous	1					90	ca. 1600	1600	1		Wolfenbüttel, Her-zog August Biblio-thek	Dekker (2007)
9999	2181	2181	Anonymous 181. Celestial (Helmstedt), anonymous		1				90	ca. 1600	1600	1		Wolfenbüttel, Her-zog August Biblio-thek	Dekker (2007)
9999	557	557	M. P. Vallicellian Library, Rome	1	1				55	1600	1600			Vallicellian Library, Rome	Stevenson (1921)
4	3281	GLB0129	Hondius, Jodocus Terrestrial table globe Amsterdam, Netherlands	1				33.1 x 31.6	21	1601	1601			NMM	Description in object details
4	474	474	Hondius, Jodocus (1546-1611), II, 4. Episcopal Seminary, Rimini, II, 11		1				21	1601	1601			Episcopal Seminary, Rimini	Stevenson (1921)
4	473	473	Hondius, Jodocus (1546-1611), II, 4. Municipal Museum, Milan, II, 9	1	1				21	1601	1601			Municipal Museum, Milan	Stevenson (1921)
1	329	329	Ferreri, Giovanni Paolo (fl. 1600), II, 44. Barbarini Library, Rome, II, 44		1				23	1602	1602			Barbarini Library, Rome	Stevenson (1921)
4	4012	BnF ID Ge A 407	Blaeu (Willem Janszoon) Celestial globe, Amsterdam		1			38	23	1602	1602		1	BnF	BnF's data base
4	4011	BnF ID Ge A 406	Blaeu (Willem Janszoon) Terrestrial globe, Amsterdam	1				38	23	1602	1602		1	BnF	BnF's data base
4	105	105	Blaeu, Willem Jansz. (1571-1638), II, 18-44. City Library, Nürnberg, II, 30	1	1				24	1602	1602			City Library, Nürn-berg	Stevenson (1921)

4	109	109	Blaeu, Willem Jansz. (1571-1638), II, 18-44. City Library, Rüdlingen, II, 30	1				24	1602	1602			City Library, Rüdlingen	Stevenson (1921)
4	108	108	Blaeu, Willem Jansz. (1571-1638), II, 18-44. Concordia Academy, Rovigo, II, 30	1	1			24	1602	1602			Concordia Academy, Rovigo	Stevenson (1921)
4	106	106	Blaeu, Willem Jansz. (1571-1638), II, 18-44. German National Museum, Nürnberg, II, 30	1	1			24	1602	1602			German National Museum, Nürnberg	Stevenson (1921)
4	107	107	Blaeu, Willem Jansz. (1571-1638), II, 18-44. German National Museum, Nürnberg, II, 30		1			24	1602	1602			German National Museum, Nürnberg	Stevenson (1921)
4	104	104	Blaeu, Willem Jansz. (1571-1638), II, 18-44. Royal Museum, Cassel, II, 30	1				24	1602	1602			Royal Museum, Cassel	Stevenson (1921)
4	4013	BnF ID Sg globe nº 3	Blaeu (Willem Janszoon) Celestial globe, Amsterdam		1		51	33.5	1603	1603		1	BnF	BnF's data base
4	98	98	Blaeu, Willem Jansz. (1571-1638), II, 18-44. German National Museum, Nürnberg, II, 27		1			34	1603	1603			German National Museum, Nürnberg,	Stevenson (1921)
4	99	99	Blaeu, Willem Jansz. (1571-1638), II, 18-44. German National Museum, Nürnberg, II, 27		1			34	1603	1603			German National Museum, Nürnberg,	Stevenson (1921)
4	95	95	Blaeu, Willem Jansz. (1571-1638), II, 18-44. University Library, Leiden, II, 27		1			34	1603	1603			University Library, Leiden	Stevenson (1921)
4	102	102	Blaeu, Willem Jansz. (1571-1638), II, 18-44. Angelica Library, Rome, II, 27		1			34	1603	1603			Angelica Library, Rome	Stevenson (1921)
4	103	103	Blaeu, Willem Jansz. (1571-1638), II, 18-44. Angelica Library, Rome, II, 27		1			34	1603	1603			Angelica Library, Rome	Stevenson (1921)
4	88	88	Blaeu, Willem Jansz. (1571-1638), II, 18-44. Communal Library, Fano, II, 27		1			34	1603	1603			Communal Library, Fano	Stevenson (1921)
4	93	93	Blaeu, Willem Jansz. (1571-1638), II, 18-44. Library Adam Kästner, Göttingen, II, 27		1			34	1603	1603			Library Adam Kästner, Göttingen	Stevenson (1921)
4	90	90	Blaeu, Willem Jansz. (1571-1638), II, 18-44. Library Dr. Baumgärtner, Göttingen, II, 26		1			34	1603	1603			Library Dr. Baumgärtner, Göttingen	Stevenson (1921)
4	86	86	Blaeu, Willem Jansz. (1571-1638), II, 18-44. Muller, Frederick, Amsterdam, II, 27		1			34	1603	1603			Muller, Frederick, Amsterdam	Stevenson (1921)
5	78	78	Belga, Guilielmus Nicolo (fl. 1600). Bodel Nyenhuis, Leyden (gores)	0				9999	1603	1603			Bodel Nyenhuis, Leyden	Stevenson (1921)
4	4016	BnF ID Sg globe nº 4	Blaeu (Willem Janszoon) Celestial globe, Amsterdam		1		26	13.5	1606	1606		1	BnF	BnF's data base
4	4015	BnF ID Sg globe nº 1	Blaeu (Willem Janszoon) Terrestrial globe, Amsterdam	1			26	13.5	1606	1606		1	BnF	BnF's data base
4	110	110	Blaeu, Willem Jansz. (1571-1638), II, 18-44. British Museum, London, II, 31	1	1			13	1606	1606			British Museum, London	Stevenson (1921)
4	111	111	Blaeu, Willem Jansz. (1571-1638), II, 18-44. The Hispanic Society of America, New York, II, 30	1				13	1606	1606			The Hispanic Society of America,	Stevenson (1921)
12	578	578	Pilot Globe. see reference in text, II, 53	1				9999	1606	1606				Stevenson (1921)
4	1021	1021	Petrus Plancius and Pieter van den Keere The new constellation of Monoceros on the celestial globe by Petrus Plancius and Pieter van den Keere (Dia. 10½in/ 26.5cm, Amsterdam, c.1612)		1			26.5	c. 1612	1612			Maritime Museum 'Prins Hendrik', Rotterdam	Dekker and Krogt (1993) 48
4	1020	1020	Pieter van den Keere Cartouches on the terrestrial globe of Peter van den Keere (Dia. 10½in/ 26.5cm, Amsterdam, c.1612)	1				26.5	c. 1612	1612			Maritime Museum 'Prins Hendrik', Rotterdam	Dekker and Krogt (1993) 47
4	577	577	Plancius, Peter (1552-1622), II, 45. see reference in text, II, 50	1	1			9999	9999	**1612**				Stevenson (1921) http://nl.wikipedia.org/wiki/Petrus_Plancius
4	4017	BnF ID Ge A 275	Van Langren (Arnold Floris) Terrestrial globe	1			80	51	1612	1612		1	BnF	BnF's data base
4	666	666	Van Langren, Arnold Florentius (fl. 1600), I, 204. City Museum, Zütphen I, 212	1				53	1612	1612			City Museum, Zütphen	Stevenson (1921)
4	665	665	Van Langren, Arnold Florentius (fl. 1600), I, 204. Royal Geog. Society, Amsterdam, I, 208	1				53	1612	1612			Royal Geog. Society, Amsterdam	Stevenson (1921)
9999	505	505	Lud. Sem. (unknown) Library Sr. Lissi, Florence, II, 45			1		20	1612	1612			Library Sr. Lissi, Florence	Stevenson (1921)
4	3210	GLB0167	Hondius, Jodocus Terrestrial table globe Amsterdam, Netherlands	1			59.3 x 49.8	35.6	*published bet. 1613 and 1618*	1613			NMM	Description in object details
4	477	477	Hondius, Jodocus (1546-1611), II, 4. City Library, Treviso, II, 13	1	1			55	1613	1613			City Library, Treviso	Stevenson (1921)
4	475	475	Hondius, Jodocus (1546-1611), II, 4. Museum of Ancient Instruments, Florence, II, 13		1			55	1613	1613			Museum of Ancient Instruments, Florence	Stevenson (1921)
4	476	476	Hondius, Jodocus(1563-1612) (?1546-1611), II, 4. Barbarini Library, Rome, II, 13	1	1			55	1613	1613			Barbarini Library, Rome	Stevenson (1921)
4	1024	1024	Jodocus Hondius, Jr.(1593-1629) and Adriaen Veen(b.1572) Dedication cartouche from the terrestial globes by Jodocus Hondius, Jr. and Adriaen Veen (Dia. 21in/ 53.5cm, Amsterdam, 1613)	1				53.5	1613	1613			Rijkmuseum 'Nederlands Sheepvaartmuseum', Amsterdam	Dekker and Krogt (1993) 53
4	3334	GLB0122	Veen, Adriaen&Junior, Jodocus Hondius Celestial table globe Amsterdam, Netherlands		1		74.5 x 71.1	53.5	1613	1613	1	1	NMM	Description in object details
4	576	576	Plancius, Peter (1552-1622), II, 45. Franciscеum Gymnasium, Zerbst, I, 140		1			26	1614	1614			Franciscеum Gymnasium, Zerbst	Stevenson (1921)

4	574	574	Plancius, Peter (1552-1622), II, 45. Stein Museum, Antwerp, II, 50	1					26	1614	1614			Stein Museum, Antwerp	Stevenson (1921)
4	575	575	Plancius, Peter (1552-1622), II, 45.Astronomical Museum, Rome, II, 48	1	1				26	1614	1614			Astronomical Museum, Rome	Stevenson (1921)
1	1032	1032	Giuseppe de Rossi Terrestial and celestial globes by Giuseppe de Rossi (Dia. 8in/ 20cm, Rome, 1615) This was a facsimile of globes made by Jodocus Hondius in 1601	1	1				20	1615	1615			Maritime Museum 'Prins Hendrik', Rotterdam	Dekker and Krogt (1993) 61
1	3081	GLB0153	Rossi, Giuseppe de Terrestrial table globe Milan, Italy	1				30.9 x 30.5	21	1615	1615			NMM	Description in object details
4	478	478	Hondius, Jodocus (1546-1611), II, 4 . Library Sr. Lessi. Florence, II, 14 (Rossi)	1					21	1615	1615			Library Sr. Lessi. Florence	Stevenson (1921)
4	479	479	Hondius, Jodocus (1546-1611), II, 4. Astronomical Museum, Rome, II, 14 (Rossi)		1				21	1615	1615			Astronomical Museum, Rome	Stevenson (1921)
4	480	480	Hondius, Jodocus (1546-1611), II, 4. Private Dutch Collection, II, 68, n. 12	1					21	1615	1615			Private Dutch Collection	Stevenson (1921)
8	3285	GLB0026	Unknown Celestial Islamic globe Persia		1			115 x 88	6	ca 1615	1615			NMM	Description in object details
8	3163	GLB0003	Unknown Celestial Islamic globe Persia		1			14.5x 10	7.5	ca 1615	1615			NMM	Description in object details
4	113	113	Blaeu, Willem Jansz. (1571-1638), II, 18-44. Muller, Frederick, Amsterdam	1	1				10	1616	1616			Muller, Frederick, Amsterdam	Stevenson (1921)
4	112	112	Blaeu, Willem Jansz. (1571-1638), II, 18-44. The Hispanic Society of America, New York, II, 30	1	1				10	1616	1616			The Hispanic Society of America,	Stevenson (1921)
4	667	667	Van Langren, Arnold Florentius (fl. 1600), I, 204. University of Ghent, Ghent, I, 210	1					53	1616	1616			University of Ghent, Ghent	Stevenson (1921)
4	481	481	Hondius, Jodocus (1546-1611), II, 4. German National Museum, Nürnberg, II, 15	1					34	1618	1618			German National Museum, Nürnberg	Stevenson (1921)
4	482	482	Hondius, Jodocus (1546-1611), II, 4. The Hispanic Society of America, New York, II, 14	1					21	1618	1618			Hispanic Society of America, New York	Stevenson (1921)
5	449	449	Habrecht, Isaac (fl. 1625), II, 50. Communal Library, Asti, II, 53	1	1				21	1619	1619			Communal Library, Asti	Stevenson (1921)
3	456	456	Hauer, Johann (fl. 1625), II, 53. National Museum, Stockholm, II, 53	1					9999	1620	1620			National Museum, Stockholm	www.vialibri.net/552 display_i/year_1625_0_518217.html; Stevenson (1921) II, 53
4	488	488	Janssonius, Johann (fl. 1620), II, 66. see reference in text, II, 66	1					9999	9999	1620				Stevenson (1921)
4	3287	GLB0121	Veen, Adriaen and Junior, Jodocus Hondius Terrestrial table globe Terrestrial table globe Amsterdam, Netherlands	1				78.0x70.7	53.5	gores 1613; plates after 1620	1620			NMM	Description in object details
3	3310	GLB0111	II, Isaac Habrecht Terrestrial table globe Strasbourg, Germany	1				36.5x31.8	20	ca 1621	1621			NMM	Description in object details
4	3241	GLB0151	Blaeu, Willem Jansz Celestial table globe. Amsterdam, Netherlands		1			38.5x33.5	23	gores 1602; plates after 1621	1621	1	1	NMM	Description in object details
4	3278	GLB0083	Blaeu, Willem Jansz Terrestrial table globe Amsterdam, Netherlands	1				40.0x34.4 x34.1	23	gores 1602; plates after 1621	1621	1	1	NMM	Description in object details
4	3302	GLB0100	Blaeu, Willem Jansz Terrestrial table globe Amsterdam, Netherlands	1				52.0x47.3	34	gores 1599; plates: after 1621	1621	1	1	NMM	Description in object details
4	3341	GLB0152	Blaeu, Willem Jansz Ams Terrestrial table globe Amsterdam, Netherlands	1				38.5x33.0	23	gores 1602; plates after 1621	1621			NMM	Description in object details
4	3242	GLB0101	Blaeu, Willem Jansz Celestial table globe. Amsterdam, Netherlands		1			52 x 47	34	gores 1603 plates after 1621	1621	1	1	NMM	Description in object details
4	487	487	Janssonius, Johann (fl. 1620), II, 66. Library Leiden University, Leiden, II, 66 (gores)	0					12	1621	1621			Library Leiden University, Leiden	Stevenson (1921)
4	1019	1019	Willem Jansz Blaeu (1571-1638) The strait of le Maire on the terrestial globe by Willem Jansz Blaeu (Dia. 13½in/ 34cm, after.1621)	1					34	after 1621	1621			Rijkmuseum 'Nederlands Sheepvaartmuseum', Amsterdam	Dekker and Krogt (1993) 46
5	902	902	Isaak Habrecht II (1589-1633) Celestial globe by Isaak Habrecht II (1589-1633) 1621	1	1				9998	1621	1621				Dekker and Krogt (1993) 91
4	128	128	Blaeu, Willem Jansz. (1571-1638), II, 18-44. German National Museum, Nürnberg, II, 44	1					67	1622	1622			German National Museum, Nürnberg,	Stevenson (1921)
4	115	115	Blaeu, Willem Jansz. (1571-1638), II, 18-44. Astronomical Observatory, Bologna, II, 43	1	1				67	1622	1622			Astronomical Observatory, Bologna	Stevenson (1921)
4	119	119	Blaeu, Willem Jansz. (1571-1638), II, 18-44. Astronomical Observatory, Florence, II, 41	1	1				67	1622	1622			Astronomical Observatory, Florence	Stevenson (1921)
4	132	132	Blaeu, Willem Jansz. (1571-1638), II, 18-44. Barbarini Library, Rome, II, 42	1	1				67	1622	1622			Barbarini Library, Rome	Stevenson (1921)
4	133	133	Blaeu, Willem Jansz. (1571-1638), II, 18-44. Chigi Library, Rome, II, 44	1	1				67	1622	1622			Chigi Library, Rome	Stevenson (1921)
4	127	127	Blaeu, Willem Jansz. (1571-1638), II, 18-44. City Library, Nürnberg, II, 43		1				67	1622	1622			City Library, Nürnberg	Stevenson (1921)
4	136	136	Blaeu, Willem Jansz. (1571-1638), II, 18-44. City Museum, Venice, II, 44	1					67	1622	1622			City Museum, Venice	Stevenson (1921)
4	118	118	Blaeu, Willem Jansz. (1571-1638), II, 18-44. Communal Library, Como, II, 44	1					67	1622	1622			Communal Library, Como	Stevenson (1921)

4	130	130	Blaeu, Willem Jansz. (1571-1638), II, 18-44. Communal Library, Palermo, II, 42	1	1				67	1622	1622			Communal Library, Palermo	Stevenson (1921)
4	131	131	Blaeu, Willem Jansz. (1571-1638), II, 18-44. Gambalunga Library, Rimini, II, 42	1	1				67	1622	1622			Gambalunga Library, Rimini	Stevenson (1921)
4	123	123	Blaeu, Willem Jansz. (1571-1638), II, 18-44. Governmental Library, Lucca, II, 44	1	1				67	1622	1622			Governmental Library, Lucca	Stevenson (1921)
4	138	138	Blaeu, Willem Jansz. (1571-1638), II, 18-44. Library Count Francesco Franco, Vicenza, II, 44	1	1				67	1622	1622			Library Count Francesco Franco, Vicenza	Stevenson (1921)
4	129	129	Blaeu, Willem Jansz. (1571-1638), II, 18-44. Library Reichsgraf Hans v. Oppersdorf, Oberglogau, II, 43		1				67	1622	1622			Library Reichsgraf Hans v. Oppersdorf, Oberglogau	Stevenson (1921)
4	135	135	Blaeu, Willem Jansz. (1571-1638), II, 18-44. Marco Foscarini Liceum, Venice, II, 44	1	1				67	1622	1622			Marco Foscarini Liceum, Venice	Stevenson (1921)
4	122	122	Blaeu, Willem Jansz. (1571-1638), II, 18-44. Mission Brothers, Genoa, II, 44	1					67	1622	1622			Mission Brothers, Genoa	Stevenson (1921)
4	125	125	Blaeu, Willem Jansz. (1571-1638), II, 18-44. National Library, Naples, II, 44	1	1				67	1622	1622			National Library, Naples	Stevenson (1921)
4	114	114	Blaeu, Willem Jansz. (1571-1638), II, 18-44. Public Library, Aquila, II, 44		1				67	1622	1622			Public Library, Aquila	Stevenson (1921)
4	137	137	Blaeu, Willem Jansz. (1571-1638), II, 18-44. Quirini Pinacoteca, Venice, II, 44 (2 copies)	1	1				67	1622	1622			Quirini Pinacoteca, Venice	Stevenson (1921)
4	124	124	Blaeu, Willem Jansz. (1571-1638), II, 18-44. Royal Estense Library, Modena, II, 43	1	1				67	1622	1622			Royal Estense Library, Modena	Stevenson (1921)
4	116	116	Blaeu, Willem Jansz. (1571-1638), II, 18-44. Royal Museum, Cassel, II, 44	1					67	1622	1622			Royal Museum, Cassel	Stevenson (1921)
4	120	120	Blaeu, Willem Jansz. (1571-1638), II, 18-44. Technical Institute, Florence, II, 44	1					67	1622	1622			Technical Institute, Florence	Stevenson (1921)
4	126	126	Blaeu, Willem Jansz. (1571-1638), II, 18-44. The Hispanic Society of America, New York, II, 44	1					67	1622	1622			The Hispanic Society of America,	Stevenson (1921)
4	117	117	Blaeu, Willem Jansz. (1571-1638), II, 18-44. Episcopal Library, Chioggia, II, 44	1	1				67	1622	1622			Episcopal Library, Chioggia	Stevenson (1921)
4	121	121	Blaeu, Willem Jansz. (1571-1638), II, 18-44. Museum of Ancient Instruments Florence, II, 44	1	1				67	1622	1622			Museum of Ancient Instruments Florence	Stevenson (1921)
4	134	134	Blaeu, Willem Jansz. (1571-1638), II, 18-44. Scuole Pie, Savona, II, 44	1	1				67	1622	1622			Scuole Pie, Savona	Stevenson (1921)
8	3280	GLB0175	Unknown Celestial Islamic globe unknown		1			22.5 x 14.5	11	ca 1622	1622			NMM	Description in object details
1	330	330	Ferreri, Giovanni Paolo (fl. 1600), II, 44. Barbarini Library, Rome, II, 44		1				39	1624	1624			Barbarini Library, Rome	Stevenson (1921)
4	3279	GLB0106	Langren, Arnold Floris van (1580-ca.1644) Celestial table globe Amsterdam, Netherlands		1			72.5 x 74.2	52.5	ca 1625	1625	1	1	NMM	Description in object details
4	669	669	Van Langren, Arnold Florentius (fl. 1600), I, 204. National Library, Paris, I, 210	1					53	1625	1625			National Library, Paris	Stevenson (1921)
4	668	668	Van Langren, Arnold Florentius (fl. 1600), I, 204. Plantin-Moritus Museum, Antwerp I, 211	1	1				53	1625	1625			Plantin-Moritus Museum, Antwerp	Stevenson (1921)
5	3288	GLB0250	after Spirinx Celestial table globe France		1			18.5 x 15.5	999.9	ca 1625	1625			NMM	Description in object details
5	3266	LB0248	after Spirinx Terrestrial table globe. France	1				18.5 x 15/5	999.9	ca 1625	1625			NMM	Description in object details
5	3888	GLB0248	after Spirinx Terrestrial table globe France	1				18.5 x 15.5	9999	ca 1625	1625			NMM	Description in object details
5	452	452	Habrecht, Isaac (fl. 1625), II, 50. German National Museum, Nürnberg, II, 53		1				21	1625	1625			German National Museum, Nürnberg	Stevenson (1921)
5	451	451	Habrecht, Isaac (fl. 1625), II, 50. The Hispanic Society of America, New York, II, 50	1					21	1625	1625			The Hispanic Society of America, New York	Stevenson (1921)
5	453	453	Habrecht, Isaac (fl. 1625), II, 50. Communal Library, Sondrio, II, 53	1	1				21	1625	1625			Communal Library, Sondrio	Stevenson (1921)
5	450	450	Habrecht, Isaac (fl. 1625), II, 50. Royal Museum, Cassel, , II, 53		1				21	1625	1625			Royal Museum, Cassel	Stevenson (1921)
4	670	670	Van Langren, Arnold Florentius (fl. 1600), I, 204. Hiersemann, Karl, Leipzig	1	1				53	1630?	1630			Hiersemann, Karl, Leipzig	Stevenson (1921)
81	99999	99999	Anonymous a 17th century Japanese celestial globe		1				25	ca. 1630	1630			Library Museum of Columbia University, New York	Donald & Friedl Corcoran. The restoration of an early Japanese globe (pp. 167-171). Der Globusfreund, No. 38/39 (1990/91, 1990)
1	3230	GLB0082	Greuter, Matthaeus Terrestrial table globe Rome, Italy	1				75.0 x 62.0	49	1632	1632			NMM	Description in object details
1	3313	GLB0158	Greuter, Matthaeus (1564-1638) Terrestrial table globe Rome, Italy	1				70.2 x 68.0	49	1632	1632			NMM	Description in object details
1	412	412	Greuter, Mattheus (1564-1638), II, 54 Communal Library, Palermo	1					50	1632	1632			Communal Library, Palermo	Stevenson (1921)
1	410	410	Greuter, Mattheus (1564-1638), II, 54 Episcopal Seminary, Padua II, 59	1					50	1632	1632			Episcopal Seminary, Padua	Stevenson (1921)
1	425	425	Greuter, Mattheus (1564-1638), II, 54 Library Canon Luigi Belli, Treviso, II, 60	1					50	1632	1632			Library Canon Luigi Belli, Treviso	Stevenson (1921)
1	383	383	Greuter, Mattheus (1564-1638), II, 54 Agabiti Museum, Fabriano, II, 59	1					50	1632	1632			Agabiti Museum, Fabriano	Stevenson (1921)
1	376	376	Greuter, Mattheus (1564-1638), II, 54 Atheneum, Brescia, II, 60	1					50	1632	1632			Atheneum, Brescia	Stevenson (1921)
1	416	416	Greuter, Mattheus (1564-1638), II, 54 Capitulary Library, Reggio, II, 59	1					50	1632	1632			Capitulary Library, Reggio	Stevenson (1921)

1	381	381	Greuter, Mattheus (1564-1638), II, 54 Communal Library, Fabriano, II, 59	1					50	1632	1632			Communal Library, Fabriano	Stevenson (1921)
1	369	369	Greuter, Mattheus (1564-1638), II, 54 Communal Library, Bassano, II, 60	1					50	1632	1632			Communal Library, Bassano	Stevenson (1921)
1	372	372	Greuter, Mattheus (1564-1638), II, 54 Communal Library, Bologna, II, 59	1					50	1632	1632			Communal Library, Bologna	Stevenson (1921)
1	373	373	Greuter, Mattheus (1564-1638), II, 54 Communal Library, Bologna, II, 59		1				50	1632	1632			Communal Library, Bologna	Stevenson (1921)
1	377	377	Greuter, Mattheus (1564-1638), II, 54 Communal Library, Carmarino, II, 59	1					50	1632	1632			Communal Library, Carmarino	Stevenson (1921)
1	385	385	Greuter, Mattheus (1564-1638), II, 54 Communal Library, Ferrara, II, 59	1					50	1632	1632			Communal Library, Ferrara	Stevenson (1921)
1	392	392	Greuter, Mattheus (1564-1638), II, 54 Communal Library, Gubbio, II, 59	1					50	1632	1632			Communal Library, Gubbio	Stevenson (1921)
1	423	423	Greuter, Mattheus (1564-1638), II, 54 Communal Library, Sanseverino, II, 59	1					50	1632	1632			Communal Library, Sanseverino	Stevenson (1921)
1	379	379	Greuter, Mattheus (1564-1638), II, 54 Episcopal Seminary, Carpi II, 59	1					50	1632	1632			Episcopal Seminary, Carpi	Stevenson (1921)
1	396	396	Greuter, Mattheus (1564-1638), II, 54 Gonzaga Library, Mantua, II, 59	1					50	1632	1632			Gonzaga Library, Mantua	Stevenson (1921)
1	394	394	Greuter, Mattheus (1564-1638), II, 54 Governmentall Library,Lucca, II, 59	1					50	1632	1632			Governmentall Library, Lucca	Stevenson (1921)
1	389	389	Greuter, Mattheus (1564-1638), II, 54 Joseph Baer, Frankfurt, II, 59	1					50	1632	1632			Joseph Baer, Frankfurt	Stevenson (1921)
1	367	367	Greuter, Mattheus (1564-1638), II, 54 Library Communal School, Ancona, II, 59	1					50	1632	1632			Library Communal School, Ancona	Stevenson (1921)
1	370	370	Greuter, Mattheus (1564-1638), II, 54 Library Count Piloni, Belluno, II, 60	1					50	1632	1632			Library Count Piloni, Belluno	Stevenson (1921)
1	374	374	Greuter, Mattheus (1564-1638), II, 54 Library General Antonio Gandolfi, Bologna, II, 60	1					50	1632	1632			Library General Antonio Gandolfi, Bologna	Stevenson (1921)
1	391	391	Greuter, Mattheus (1564-1638), II, 54 Library Sr. Luigi Belli, Genga, II, 60	1					50	1632	1632			Library Sr. Luigi Belli, Genga	Stevenson (1921)
1	387	387	Greuter, Mattheus (1564-1638), II, 54 Lirary Santa Maria Nuova, Florence, II, 59	1					50	1632	1632			Lirary Santa Maria Nuova, Florence	Stevenson (1921)
1	422	422	Greuter, Mattheus (1564-1638), II, 54 Mercantile Marine Library, Rotterdam	1					50	1632	1632			Mercantile Marine Library, Rotterdam	Stevenson (1921)
1	414	414	Greuter, Mattheus (1564-1638), II, 54 Palatin Library, Parma, II, 59	1					50	1632	1632			Palatin Library, Parma	Stevenson (1921)
1	380	380	Greuter, Mattheus (1564-1638), II, 54 Physics Museum, Catania, II, 60	1					50	1632	1632			Physics Museum, Catania	Stevenson (1921)
1	408	408	Greuter, Mattheus (1564-1638), II, 54 Physics Museum, Padua, II, 59	1					50	1632	1632			Physics Museum, Padua	Stevenson (1921)
1	398	398	Greuter, Mattheus (1564-1638), II, 54 Private Library, Matelica	1					50	1632	1632			Private Library, Matelica	Stevenson (1921)
1	427	427	Greuter, Mattheus (1564-1638), II, 54 State Archives, Venice, II, 60	1					50	1632	1632			State Archives, Venice	Stevenson (1921)
1	407	407	Greuter, Mattheus (1564-1638), II, 54 The Hispanic Society of America, New York, II, 55	1					50	1632	1632			The Hispanic Society of America, New York	Stevenson (1921)
1	400	400	Greuter, Mattheus (1564-1638), II, 54 University Library, Messina, II, 59	1					50	1632	1632			University Library, Messina	Stevenson (1921)
1	420	420	Greuter, Mattheus (1564-1638), II, 54 Victor Emanuel Library, Rome, II, 59	1					50	1632	1632			Victor Emanuel Library, Rome	Stevenson (1921)
1	418	418	Greuter, Mattheus (1564-1638), II, 54 Astronomical Museum, Rome, II, 59	1					50	1632	1632			Astronomical Museum, Rome	Stevenson (1921)
1	404	404	Greuter, Mattheus (1564-1638), II, 54 City Library, Modena, II, 59	1					50	1632	1632			City Library, Modena	Stevenson (1921)
1	406	406	Greuter, Mattheus (1564-1638), II, 54 Ludwig Rosenthal, Munich	1					50	1632	1632			Ludwig Rosenthal, Munich	Stevenson (1921)
1	402	402	Greuter, Mattheus (1564-1638), II, 54 National Library, Milan, II, 59	1					50	1632	1632			National Library, Milan	Stevenson (1921)
1	3079	GLB0143	Greuter, Matthaeus Celestial table globe Rome, Italy		1			68.5 x 66.0	48.8	1636	1636	1	1	NMM	Description in object details
1	413	413	Greuter, Mattheus (1564-1638), II, 54 Communal Library, Palermo		1				50	1636	1636			Communal Library, Palermo	Stevenson (1921)
1	424	424	Greuter, Mattheus (1564-1638), II, 54 Communal Library, Sanseverino, II, 59		1				50	1636	1636			Communal Library, Sanseverino	Stevenson (1921)
1	411	411	Greuter, Mattheus (1564-1638), II, 54 Episcopal Seminary, Padua II, 59 (2 copies)		1				50	1636	1636			Episcopal Seminary, Padua	Stevenson (1921)
1	426	426	Greuter, Mattheus (1564-1638), II, 54 Library Canon Luigi Belli, Treviso, II, 60		1				50	1636	1636			Library Canon Luigi Belli, Treviso	Stevenson (1921)
1	409	409	Greuter, Mattheus (1564-1638), II, 54 Physics Museum, Padua, II, 59		1				50	1636	1636			Physics Museum, Padua	Stevenson (1921)
1	429	429	Greuter, Mattheus (1564-1638), II, 54 Communal Library, Serra S. Quirico, II, 60		1				50	1636	1636			Communal Library, Serra S. Quirico	Stevenson (1921)
1	384	384	Greuter, Mattheus (1564-1638), II, 54 Agabiti Museum, Fabriano, II, 59		1				50	1636	1636			Agabiti Museum, Fabriano	Stevenson (1921)
1	419	419	Greuter, Mattheus (1564-1638), II, 54 Astronomical Museum, Rome, II, 59		1				50	1636	1636			Astronomical Museum, Rome	Stevenson (1921)
1	417	417	Greuter, Mattheus (1564-1638), II, 54 Capitulary Library, Reggio, II, 59		1				50	1636	1636			Capitulary Library, Reggio	Stevenson (1921)
1	428	428	Greuter, Mattheus (1564-1638), II, 54 Chigi Library, Rome, II, 59		1				50	1636	1636			Chigi Library, Rome	Stevenson (1921)

1	382	382	Greuter, Mattheus (1564-1638), II, 54 Communal Library, Fabriano, II, 59		1				50	1636	1636			Communal Library, Fabriano	Stevenson (1921)
1	378	378	Greuter, Mattheus (1564-1638), II, 54 Communal Library, Carmarino, II, 59		1				50	1636	1636			Communal Library, Carmarino	Stevenson (1921)
1	386	386	Greuter, Mattheus (1564-1638), II, 54 Communal Library, Ferrara, II, 59		1				50	1636	1636			Communal Library, Ferrara	Stevenson (1921)
1	393	393	Greuter, Mattheus (1564-1638), II, 54 Communal Library, Gubbio, II, 59		1				50	1636	1636			Communal Library, Gubbio	Stevenson (1921)
1	397	397	Greuter, Mattheus (1564-1638), II, 54 Gonzaga Library, Mantua, II, 59		1				50	1636	1636			Gonzaga Library, Mantua	Stevenson (1921)
1	395	395	Greuter, Mattheus (1564-1638), II, 54 Governmentall Library,Lucca, II, 59		1				50	1636	1636			Governmentall Library,Lucca	Stevenson (1921)
1	390	390	Greuter, Mattheus (1564-1638), II, 54 Joseph Baer, Frankfurt, II, 59		1				50	1636	1636			Joseph Baer, Frankfurt	Stevenson (1921)
1	368	368	Greuter, Mattheus (1564-1638), II, 54 Library Communal School, Ancona, II, 59		1				50	1636	1636			Library Communal School, Ancona	Stevenson (1921)
1	371	371	Greuter, Mattheus (1564-1638), II, 54 Library Count Piloni, Belluno, II, 60		1				50	1636	1636			Library Count Piloni, Belluno	Stevenson (1921)
1	375	375	Greuter, Mattheus (1564-1638), II, 54 Library General Antonio Gandolfi, Bologna, II, 59		1				50	1636	1636			Library General Antonio Gandolfi, Bologna	Stevenson (1921)
1	388	388	Greuter, Mattheus (1564-1638), II, 54 Library Santa Maria Nuova, Florence, II, 59		1				50	1636	1636			Lirary Santa Maria Nuova, Florence	Stevenson (1921)
1	430	430	Greuter, Mattheus (1564-1638), II, 54 Library W. B. Thompson, Yonkers, II, 60		1				50	1636	1636			Library W. B. Thompson, Yonkers	Stevenson (1921)
1	415	415	Greuter, Mattheus (1564-1638), II, 54 Palatin Library, Parma, II, 59		1				50	1636	1636			Palatin Library, Parma	Stevenson (1921)
1	399	399	Greuter, Mattheus (1564-1638), II, 54 Private Library, Matelica		1				50	1636	1636			Private Library, Matelica	Stevenson (1921)
1	401	401	Greuter, Mattheus (1564-1638), II, 54 University Library, Messina, II, 59		1				50	1636	1636			University Library, Messina	Stevenson (1921)
1	421	421	Greuter, Mattheus (1564-1638), II, 54 Victor Emanuel Library, Rome, II, 59		1				50	1636	1636			Victor Emanuel Library, Rome	Stevenson (1921)
1	405	405	Greuter, Mattheus (1564-1638), II, 54 City Library, Modena, II, 59		1				50	1636	1636			City Library, Modena	Stevenson (1921)
1	403	403	Greuter, Mattheus (1564-1638), II, 54 National Library, Milan, II, 59		1				50	1636	1636			National Library, Milan	Stevenson (1921)
1	432	432	Greuter, Mattheus (1564-1638), II, 54 Episcopal Seminary, Macerata II, 61	1					50	1638	1638			Episcopal Seminary, Macerata	Stevenson (1921)
1	435	435	Greuter, Mattheus (1564-1638), II, 54 Episcopal Seminary, Toscanella II, 61	1	1				50	1638	1638			Episcopal Seminary, Toscanella	Stevenson (1921)
1	434	434	Greuter, Mattheus (1564-1638), II, 54 Library Cav. Carlotti, Piticchio, II, 61	1	1				50	1638	1638			Library Cav. Carlotti, Piticchio	Stevenson (1921)
1	433	433	Greuter, Mattheus (1564-1638), II, 54 Library Count Conestabile, Perugia, II, 61		1				50	1638	1638			Library Count Conestabile, Perugia	Stevenson (1921)
1	431	431	Greuter, Mattheus (1564-1638), II, 54 Private Library, Ancona, II, 61	1	1				50	1638	1638			Private Library, Ancona	Stevenson (1921)
4	140	140	Blaeu, Willem Jansz. (1571-1638), II, 18-44. British Museum, London, II, 44		1				24	1640	1640			British Museum, London	Stevenson (1921)
4	141	141	Blaeu, Willem Jansz. (1571-1638), II, 18-44. British Museum, London, II, 44 (gores)	1					60	1640	1640			British Museum, London	Stevenson (1921)
4	142	142	Blaeu, Willem Jansz. (1571-1638), II, 18-44. Geographical Institute, Utrecht	1					67	1640	1640			Geographical Institute, Utrecht	Stevenson (1921)
4	139	139	Blaeu, Willem Jansz. (1571-1638), II, 18-44. Math. Phys. Salon, Dresden, II, 44	1	1				76	1640	1640			Math. Phys. Salon, Dresden	Stevenson (1921)
4	143	143	Blaeu, Willem Jansz. (1571-1638), II, 18-44. Royal Library, Madrid	1	1				67	1640	1640			Royal Library, Madrid	Stevenson (1921)
4	3208	GLB0171	Colom, Jacob Aertsz Celestial table globe. Amsterdam, Netherlands		1			47.4 x 47.4	33.3	ca 1640	1640	1	1	NMM	Description in object details
4	3283	GLB0170	Colom, Jacob Aertsz (ca.1599-ca.1673) Terrestrial table globe Amsterdam, Netherlands	1				46.6 x 47.5	34	ca 1640	1640			NMM	Description in object details
4	468	468	Hondius, Henricus (1580-1644), II, 18. Episcopal Seminary, Portogruaro, II, 18	1	1				53	1640	1640			Episcopal Seminary, Portogruaro	Stevenson (1921)
4	467	467	Hondius, Henricus (1580-1644), II, 18. Quirinal Library, Brescia, II, 18	1	1				53	1640	1640			Quirinal Library, Brescia	Stevenson (1921)
4	469	469	Hondius, Henricus (1580-1644), II, 18. City Museum, Vicenza, II, 18	1	1				53	1640	1640			City Museum, Vicenza	Stevenson (1921)
5	1039	1039	Jean Boisseau Gores for a celestial globe by Jean Boisseau (Dia. 5½ in/ 14cm, Paris, c.1640)		0				14	c. 1640	1640			Bibliothéque Nationale, paris	Dekker and Krogt (1993) 70, 71
4	1023	1023	Willem Jansz Blaeu (1571-1638) Celestial and terrestial globes by Willem Jansz Blaeu (Dia. 27in/ 68cm, c.1645/46)	1	1				68	c. 1645/46	**1645**			Historisch Museum, Amsterdam	Dekker and Krogt (1993) 50-51
1	629	629	Settalla, Manfredo Settalla, Manfredo (1600-1680), II, 65. Ambrosiana Library, Milan, II, 65			1			18	1646	1646			Ambrosiana Library, Milan	Stevenson (1921)
4	363	363	Goos, Abraham (fl. 1640), II, 66. Library Marquis Borromeo, Milan, II, 67 (Amsterdam)	1	1				44	1648	1648			Library Marquis Borromeo, Milan	Stevenson (1921)
3	460	460	Heroldt, Adam (fl. 1650), II, 64. Astronomical Museum, Rome, II, 65			1			13	1649	1649			Astronomical Museum, Rome	Stevenson (1921)
3	3499	GLB0172	after Oterschaden Celestial globe gore Germany		0			31.5 x 55.5	16	ca 1650	**1650**			NMM	Description in object details
4	3140	GLB0131	Blaeu, Willem Jansz Celestial floor globe Amsterdam, Netherlands		1			116.8 x 91.6	68	ca 1650	1650	1	1	NMM	Description in object details

4	3145	GLB0105	Blaeu, Willem Jansz Celestial floor globe Amsterdam, Netherlands		1			108.0 x 89.7	68	ca 1650	1650	1	1	NMM	Description in object details
4	3146	GLB0130	Blaeu, Willem Jansz Terrestrial floor globe Amsterdam, Netherlands	1				116.8 x 91.6	68	ca 1650	1650	1	1	NMM	Description in object details
4	3144	GLB0104	Blaeu, Willem Jansz Terrestrial floor globe Amsterdam, Netherlands	1				108.0 x 90.5	68	ca 1650	1650	1	1	NMM	Description in object details
9999	54	54	Anonymous Anonymous German National Museum, Nürnberg	1					42	17c	1650			German National Museum, Nürnberg	Stevenson (1921)
9999	61	61	Anonymous Anonymous Collection John Wanamaker, New York			1			30	17c	1650			Collection John Wanamaker, New York	Stevenson (1921)
9999	44	44	Anonymous Library Professor David E. Smith, New York (Italian)			1			11	17c	1650			Library Professor David E. Smith, New York	Stevenson (1921)
9999	35	35	Anonymous Anonymous Ambrosiana Library, Milan, II, 66			1			15	1650	1650			Ambrosiana Library, Milan	Stevenson (1921)
9999	60	60	Anonymous Anonymous Collection John Wanamaker, New York			1			150	17c	1650			Collection John Wanamaker, New York	Stevenson (1921)
9999	45	45	Anonymous Anonymous Library Professor David E. Smith, New York (Arabic)		1				21	17c	1650			Library Professor David E. Smith, New York	Stevenson (1921)
9999	46	46	Anonymous Anonymous Library Professor David E. Smith, New York (Arabic)		1				15	17c	1650			Library Professor David E. Smith, New York	Stevenson (1921)
9999	43	43	Anonymous Anonymous Library Professor David E. Smith, New York (French)			1			8	17c	1650			Library Professor David E. Smith, New York	Stevenson (1921)
9999	48	48	Anonymous Anonymous Library Professor David E. Smith, New York (French)			1			6	17c	1650			Library Professor David E. Smith, New York	Stevenson (1921)
9999	47	47	Anonymous Anonymous Library Professor David E. Smith, New York (German)			1			9	17c	1650			Library Professor David E. Smith, New York	Stevenson (1921)
9999	49	49	Anonymous Anonymous Library Professor David E. Smith, New York (Hindu)			1			10	17c	1650			Library Professor David E. Smith, New York	Stevenson (1921)
9999	42	42	Anonymous Anonymous Library Professor David E. Smith, New York (Italian)			1			16	17c	1650			Library Professor David E. Smith, New York	Stevenson (1921)
9999	50	50	Anonymous Anonymous Library Professor David E. Smith, New York (Italian)			1			9	17c	1650			Library Professor David E. Smith, New York	Stevenson (1921)
9999	51	51	Anonymous Anonymous Library Professor David E. Smith, New York (Japanese)			1			22	17c	1650			Library Professor David E. Smith, New York	Stevenson (1921)
	52	52	Anonymous Anonymous German National Museum, Nürnberg		1				14	17c	1650			German National Museum, Nürnberg	Stevenson (1921)
3	161	161	Busch, Andreas (fl. 1650) see also, Olearius, Adam, and Gottorp, II, 73. National Museum, Copenhagen, II, 74			1			120	1657	1657			National Museum, Copenhagen	Stevenson (1921)
3	162	162	Busch, Andreas (fl. 1650) see also, Olearius, Adam, and Gottorp, II, 73. Tsarskoe Selo Castle, II, 74	1	1	1			441	1664	1664			Tsarskoe Selo Castle	Stevenson (1921)
6	923	923	Joseph Moxon (1627-1691) Pocket globe by Joseph Moxon (Dia. 3 in / 7cm, London, c.1670)	1	1				3in/ 7	ca. 1670	1670			Kunstgewerbemuseum, Berlin	Dekker and Krogt (1993) 109
1	79	79	Benci, Carlo (fl. 1660), II, 79. Palace Prince Massimo, Rome, II, 80	1	1				120	1671	1671			Palace Prince Massimo, Rome	Stevenson (1921)
1	547	547	Moroncelli, Silvester Amantius (1652-1719), II, 83. Marciana Library, Venice, II, 83	1	1				200	1672	1672			Marciana Library, Venice	Stevenson (1921) Leo Bagrow, 1966 History of Cartography
3	710	710	Weigel, Erhard (1625-1699), II, 75. see reference in text, II, 77, 78	1	1	1			9999	bef. 1672 9999	**1672**				Stevenson (1921)
86	684	684	Verbiest, Ferdinand (1623-1688), II, 131. Astronomical Observatory, Peking, II, 131		1				190	1674	1674			Astronomical Observatory, Peking,	Stevenson (1921)
86	685	685	Verbiest, Ferdinand (1623-1688), II, 131. Astronomical Observatory, Peking, II, 131			1			300	1674	1674			Astronomical Observatory, Peking,	Stevenson (1921)
5	571	571	Otterschaden, Johann (fl. 1675). The Hispanic Society of America, New York, II, 214, 216 (gores), II, 214	1	1				12	1675	1675			The Hispanic Society of America, New York	Stevenson (1921)
1	548	548	Moroncelli, Silvester Amantius (1652-1719), II, 83. Alessandrian Library, Rome, II, 84	1					89	1679	1679			Alessandrian Library, Rome	Stevenson (1921) Leo Bagrow, 1966 History of Cartography
6	198	198	Castlemaine, Earl of (Roger Palmer) (1634-1705), II, 94 University Library Cambridge, II, 94	1	1				29	1679	1679			University Library Cambridge	Stevenson (1921)
1	549	549	Moroncelli, Silvester Amantius (1652-1719), II, 83. Alessandrian Library, Rome, II, 84		1				89	1680	1680			Alessandrian Library, Rome	Stevenson(1921) Leo Bagrow, 1966 History of Cartography
4	4014	BnF ID Sg globe n°2	Blaeu (Willem Janszoon) Terrestrial globe, Amsterdam	1				51.5	33.5	1682	1682		1	BnF	BnF's data base

4	3256	GLB0107	Ceulen, Jan Jansz van Terrestrial table globe. Amsterdam	1				51.5 x 47.7	34	plate 1599 globe as semled 1682	1682			NMM	Description in object details
4	491	491	Keulen, Johann van (fl. 1675), II, 66. Marine School, Rotterdam, II, 66 (Blaeu, 1599)	1					43	1682	1682			Marine School, Rotterdam	Stevenson (1921)
1	206	206	Coronelli, P. Vincenzo (1650-1718) II, 98, National Library, Paris, II, 100	1	1				475	1683	1683			National Library, Paris BNF (François Mitterrand)	Stevenson (1921)
3	646	646	Treffler, Christopher (fl. 1680), II, 94. see reference in text, II, 95	1		1			9999	1683	1683				Stevenson (1921)
6	922	922	Morden, Berry and Lea Part of terrestrial globe (Dia. 14in / 36cm London, 1683) by	1					36	1683	1683			Whpple Museum of the History of Science, Cambridge	Dekker and Krogt (1993) 108
6	546	546	Morden, Robert (fl. 1700), II, 156. British Museum, London, II, 156-157 (9 of /12gores)	0					35	1683	1683			British Museum, London	Stevenson (1921)
6	3319	GLB0164	Morden, Robert (ca.1650-1703) and Berry, William and Lea, Philip Terrestrial table globe London, England	1				55.5 x 52.0	36	ca 1685	1685	1	1	NMM	Description in object details
6	3315	GLB0155	Morden, Robert and Berry, William and Lea, Philip Celestial table globe London, England		1			58.0 x 52.0	36	ca 1685	1685	1	1	NMM	Description in object details
6	3336	GLB0165	Morden, Robert& Berry, William& Lea, Philip Celestial table globe London, England		1			55.5 x 51.8	36	ca 1685	1685	1	1	NMM	Description in object details
	53	53	Anonymous Anonymous German National Museum, Nürnberg		1				11	1686	1686			German National Museum, Nürnberg	Stevenson (1921)
1	14	14	Alberti, Gian Battista (fl. 1675), II, 96, Atheneum, Brescia, II, 96			1			9999	1688	1688			Atheneum, Brescia	Stevenson (1921)
1	215	215	Coronelli, P. Vincenzo (1650-1718) II, 98, Communal Library, Faenza, II, 111	1	1				110	1688	1688			Communal Library, Faenza	Stevenson (1921)
1	216	216	Coronelli, P. Vincenzo (1650-1718) II, 98, Communal Library, Fano, II, 111	1	1				110	1688	1688			Communal Library, Fano	Stevenson (1921)
1	232	232	Coronelli, P. Vincenzo (1650-1718) II, 98, Academy of Sciences, Turin, II, 114	1	1				110	1688	1688			Academy of Sciences, Turin	Stevenson (1921)
1	226	226	Coronelli, P. Vincenzo (1650-1718) II, 98, Antonian Library, Padua, II, 114	1	1				110	1688	1688			Antonian Library, Padua	Stevenson (1921)
1	221	221	Coronelli, P. Vincenzo (1650-1718) II, 98, Astronomical Observatory, Milan, II, 114	1	1				110	1688	1688			Astronomical Observatory, Milan	Stevenson (1921)
1	222	222	Coronelli, P. Vincenzo (1650-1718) II, 98, Brancascia Library, Naples, II, 114	1	1				110	1688	1688			Brancascia Library, Naples	Stevenson (1921)
1	219	219	Coronelli, P. Vincenzo (1650-1718) II, 98, British Museum, London, II, 114 (gores)	1					110	1688	1688			British Museum, London	Stevenson (1921)
1	229	229	Coronelli, P. Vincenzo (1650-1718) II, 98, Cathedral Library, Reggio, II, 114	1					110	1688	1688			Cathedral Library, Reggio	Stevenson (1921)
1	208	208	Coronelli, P. Vincenzo (1650-1718) II, 98, City Library, Bergamo, II, 111	1	1				110	1688	1688			City Library, Bergamo	Stevenson (1921)
1	218	218	Coronelli, P. Vincenzo (1650-1718) II, 98, City Mission, Genoa, II, 114	1	1				110	1688	1688			City Mission, Genoa	Stevenson (1921)
1	235	235	Coronelli, P. Vincenzo (1650-1718) II, 98, Civic Museum, Venice, II, 114	1					110	1688	1688			Civic Museum, Venice	Stevenson (1921)
1	228	228	Coronelli, P. Vincenzo (1650-1718) II, 98, Classense Library, Ravenna, II, 114	1	1				110	1688	1688			Classense Library, Ravenna	Stevenson (1921)
1	209	209	Coronelli, P. Vincenzo (1650-1718) II, 98, Communal Library, Bologna, II, 114	1	1				110	1688	1688			Communal Library, Bologna	Stevenson (1921)
1	236	236	Coronelli, P. Vincenzo (1650-1718) II, 98, Communal Library, Vicenza, II, 114	1					110	1688	1688			Communal Library, Vicenza	Stevenson (1921)
1	211	211	Coronelli, P. Vincenzo (1650-1718) II, 98, Convent Osservanza, Bologna, II, 114	1	1				110	1688	1688			Convent Osservanza, Bologna	Stevenson (1921)
1	207	207	Coronelli, P. Vincenzo (1650-1718) II, 98, Episcopal Seminary, Aversa, II, 114	1	1				110	1688	1688			Episcopal Seminary, Aversa	Stevenson (1921)
1	220	220	Coronelli, P. Vincenzo (1650-1718) II, 98, Gonzaga Library, Mantua, II, 111	1	1				110	1688	1688			Gonzaga Library, Mantua	Stevenson (1921)
1	231	231	Coronelli, P. Vincenzo (1650-1718) II, 98, Lancisiana Library, Rome, II, 114	1	1				110	1688	1688			Lancisiana Library, Rome	Stevenson (1921)
1	227	227	Coronelli, P. Vincenzo (1650-1718) II, 98, Library Count Manin, Passeriano, II, 111	1	1				110	1688	1688			Library Count Manin, Passeriano	Stevenson (1921)
1	212	212	Coronelli, P. Vincenzo (1650-1718) II, 98, Library Professor Liuzzi, Bologna, II, 114	1					110	1688	1688			Library Professor Liuzzi, Bologna	Stevenson (1921)
1	233	233	Coronelli, P. Vincenzo (1650-1718) II, 98, Marciana Library, Venice, II, 111	1	1				110	1688	1688			Marciana Library, Venice	Stevenson (1921)
1	214	214	Coronelli, P. Vincenzo (1650-1718) II, 98, Math. Phys. Salon, Dresden, II, 111	1	1				110	1688	1688			Math. Phys. Salon, Dresden	Stevenson (1921)
1	217	217	Coronelli, P. Vincenzo (1650-1718) II, 98, Museum of Ancient Instruments, Florence, II, 114	1	1				110	1688	1688			Museum of Ancient Instruments, Florence	Stevenson (1921)
1	223	223	Coronelli, P. Vincenzo (1650-1718) II, 98, National Library, Naples, II, 114	1	1				110	1688	1688			National Library, Naples	Stevenson (1921)
1	225	225	Coronelli, P. Vincenzo (1650-1718) II, 98, National Library, Palermo, II, 114	1	1				110	1688	1688			National Library, Palermo	Stevenson (1921)
1	234	234	Coronelli, P. Vincenzo (1650-1718) II, 98, Patriarchal Seminary, Venice, II, 114	1					110	1688	1688			Patriarchal Seminary, Venice	Stevenson (1921)
1	213	213	Coronelli, P. Vincenzo (1650-1718) II, 98, Royal Library, Brussels, II, 114	1	1				110	1688	1688			Royal Library, Brussels	Stevenson (1921)

1	210	210	Coronelli, P. Vincenzo (1650-1718) II, 98, State Archives, Bologna, II, 114	1	1				110	1688	1688			State Archives, Bologna	Stevenson (1921)
1	224	224	Coronelli, P. Vincenzo (1650-1718) II, 98, University Library, Naples, II, 111	1	1				110	1688	1688			University Library, Naples	Stevenson (1921)
1	230	230	Coronelli, P. Vincenzo (1650-1718) II, 98, Victor Emanuel Library, Rome, II, 118	1					110	1688	1688			Victor Emanuel Library, Rome	Stevenson (1921)
5	1036	1036	Vincenzo Coronelli (1650-1718) Pair of Coronelli's largest globes (Dia. 43in/110cm, Paris, 1688)	1	1				110	1688	1688			Koninklijke Musea voor Kunst en Geschiedenis, Brussel	Dekker and Krogt (1993) 64, 65
1	506	506	Maccari, Giovanni of Mirandola (fl. 1685), II, 96. Liceo Spallanzi of Liceum, Reggio Emilia, II, 96-97			1			16	1689	1689			Liceo Spallanzi of Liceum, Reggio Emilia	Stevenson (1921)
1	698	698	Volpi, Jos. Antonio (fl.1680), II,97. City Museum, Modena, II, 97			1			9999	1689	1689			City Museum, Modena	Stevenson (1921)
1	708	708	Vulpes, Jos. Antonius (fl. 1685). Estense Library, Modena, II, 97			1			15	1689	1689			Estense Library, Modena	Stevenson (1921)
9999	36	36	Anonymous Anonymous Royal Estense Library, Modena, II, 97			1			9999	1689	1689			Royal Estense Library, Modena,	Stevenson (1921)
1	359	359	Giordani, Vitale (1633-1711) II, 120 Lancisiana Library, Rome, II, 120			1			9999	1690	1690			Lancisiana Library, Rome	Stevenson (1921)
1	550	550	Moroncelli, Silvester Amantius (1652-1719), II, 83. see reference in text II, 92 (2 or more)	1	1				26	1690	1690				Stevenson (1921) Leo Bagrow, 1966 History of Cartography
1	609	609	Scarabelli, Giuseppe (fl. 1690). see reference in text, II, 121	1	1				188	1690	1690				Stevenson (1921)
3	3202	GLB0118	II, Isaac Habrecht Celestial table globe. Strasbourg, Germany		1			29 x 31	20.4	plates ca. 1621 globe assembled: 1690	1690	1	1	NMM	Description in object details
9999	64	64	Anonymous Anonymous Communal Library, Siena, II, 120			1			66	1690	1690			Communal Library, Siena	Stevenson (1921)
1	241	241	Coronelli, P. Vincenzo (1650-1718) II, 98, Academy of Sciences, Turin, II, 114		1				110	1693	1693			Academy of Sciences, Turin	Stevenson (1921)
1	239	239	Coronelli, P. Vincenzo (1650-1718) II, 98, British Museum, London, II, 114		1				110	1693	1693			British Museum, London	Stevenson (1921)
1	238	238	Coronelli, P. Vincenzo (1650-1718) II, 98, City Museum, Genoa, II, 114		1				110	1693	1693			City Mission, Genoa	Stevenson (1921)
1	237	237	Coronelli, P. Vincenzo (1650-1718) II, 98, Episcopal Seminary, Aversa, II, 114		1				110	1693	1693			Episcopal Seminary, Aversa	Stevenson (1921)
1	242	242	Coronelli, P. Vincenzo (1650-1718) II, 98, Library of Congress, Washington, II, 112	1					110	1693	1693			Library of Congress, Washington	Stevenson (1921)
1	240	240	Coronelli, P. Vincenzo (1650-1718) II, 98, National Library, Paris, II, 114	1	1				110	1693	1693			National Library, Paris BNF (Richelieu-Louvois)	Stevenson (1921)
1	1030	1030	Vincenzo Coronelli (1650-1718) Part of a decorative frame, made by an unknown artist for a pair of Vincenzo Coronelli globes of 42in/110cm diameter (globe: venice, 1693)				1		110	1693	1693			Koninklijke Musea voor Kunst en Geschiedenis, Brussel	Dekker and Krogt (1993) 58-59
5	99999	99999	Nicolas Bion (1652-1733) Terrestial globe by Nicolas Bion(1652-1733) (Dia. 25cm, Paris, 1700)	1					25	1694	1694				Monique Pelletier (1987)
1	3424	GLB0234	Celestial globe gores Milan, Italy GLB0234.1- 24 suffix 1-24 (7 lack) data were collected here in this column 'Celestial globe gores Milan, Italy'. Scale of gore (separated) is slightly different each other.		0			43.5 x 19.5		Plates 1636; Gores prod. 1695	1695			NMM	Description in object details
1	448	448	Greuter, Mattheus (1564-1638), II, 54 Cathedral Library, Pescia	1	1				50	1695	1695			Cathedral Library, Pescia	Stevenson (1921)
1	442	442	Greuter, Mattheus (1564-1638), II, 54 Communal Library, Imola, II, 63	1	1				50	1695	1695			Communal Library, Imola	Stevenson (1921)
1	445	445	Greuter, Mattheus (1564-1638), II, 54 Communal Library, Osimo		1				50	1695	1695			Communal Library, Osimo	Stevenson (1921)
1	446	446	Greuter, Mattheus (1564-1638), II, 54 Communal Library, Palestrina	1	1				50	1695	1695			Communal Library, Palestrina	Stevenson (1921)
1	447	447	Greuter, Mattheus (1564-1638), II, 54 Communal Library, Savignano, II, 63		1				50	1695	1695			Communal Library, Savignano	Stevenson (1921)
1	443	443	Greuter, Mattheus (1564-1638), II, 54 Episcopal Seminary, Ivrea		1				50	1695	1695			Episcopal Seminary, Ivrea	Stevenson (1921)
1	440	440	Greuter, Mattheus (1564-1638), II, 54 Technical Institute, Florence, II, 63	1	1				50	1695	1695			Technical Institute, Florence	Stevenson (1921)
1	441	441	Greuter, Mattheus (1564-1638), II, 54 Badia of Santa Maria, Gretta Ferrata, II, 63		1				50	1695	1695			Badia of Santa Maria, Gretta Ferrata	Stevenson (1921)
1	439	439	Greuter, Mattheus (1564-1638), II, 54 Communal Library, Ferrara, II, 63		1				50	1695	1695			Communal Library, Ferrara	Stevenson (1921)
1	437	437	Greuter, Mattheus (1564-1638), II, 54 Episcopal Library, Benevento, II, 63	1	1				50	1695	1695			Episcopal Library, Benevento	Stevenson (1921)
1	436	436	Greuter, Mattheus (1564-1638), II, 54 Joseph Baer, Frankfurt	1	1				50	1695	1695			Joseph Baer, Frankfurt	Stevenson (1921)
1	438	438	Greuter, Mattheus (1564-1638), II, 54 Technical Institute, Casale Monserrate, II, 63	1	1				50	1695	1695			Technical Institute, Casale Monserrate	Stevenson (1921)
1	444	444	Greuter, Mattheus (1564-1638), II, 54 The Hispanic Society of America, New York, II, 62	1	1				50	1695	1695			The Hispanic Society of America, New York	Stevenson (1921)

1	3250	GLB0234	Rossi, Domenico de Celestial globe gores. Milan, Italy		0			44 x 19	49	Plate 1636; Gores prod. 1695	1695			NMM	Description in object details
3	316	316	Eimmart, George Christopher (1638-1705). II, 122 See reference in text, II, 122			1			9999	1695	1695				Stevenson (1921)
1	251	251	Coronelli, P. Vincenzo (1650-1718) II, 98, Astronomical Museum, Rome, II, 118		1				48	1696	1696			Astronomical Museum, Rome	Stevenson (1921)
1	249	249	Coronelli, P. Vincenzo (1650-1718) II, 98, Certosa, Pisa, II, 118		1				48	1696	1696			Certosa, Pisa	Stevenson (1921)
1	252	252	Coronelli, P. Vincenzo (1650-1718) II, 98, City Museum, Trieste, II, 118	1	1				48	1696	1696			City Museum, Trieste	Stevenson (1921)
1	248	248	Coronelli, P. Vincenzo (1650-1718) II, 98, Communal Library, Perugia, II, 118	1	1				48	1696	1696			Communal Library, Perugia	Stevenson (1921)
1	243	243	Coronelli, P. Vincenzo (1650-1718) II, 98, Episcopal Seminary, Finale, II, 118	1	1				48	1696	1696			Episcopal Seminary, Finale	Stevenson (1921)
1	245	245	Coronelli, P. Vincenzo (1650-1718) II, 98, Franzoniana, Genoa, II, 118	1	1				48	1696	1696			Franzoniana, Genoa	Stevenson (1921)
1	247	247	Coronelli, P. Vincenzo (1650-1718) II, 98, German National Museum, Nurnberg, II, 118	1	1				48	1696	1696			German National Museum, Nurnberg	Stevenson (1921)
1	244	244	Coronelli, P. Vincenzo (1650-1718) II, 98, National Library, Florence, II, 118	1					48	1696	1696			National Library, Florence	Stevenson (1921)
1	246	246	Coronelli, P. Vincenzo (1650-1718) II, 98, The Hispanic Society of America, New York, II, 115	1					48	1696	1696			The Hispanic Society of America, New York	Stevenson (1921)
1	3084	GLB0124	Coronelli, Vincenzo Terrestrial table globe Venice, Italy	1				62.3 x 64.1	47.5	1696	1696	1		NMM	Description in object details
1	3300	GLB0125	Coronelli, Vincenzo Celestial table globe Venice, Italy		1			62.2 x 64.1	47.8	1696	1696	1	1	NMM	Description in object details
1	1037	1037	Vincenzo Coronelli (1650-1718) Gores of Coronelli's smallest globes (Dia. 2, 4 in/ 5, 10cm, Venice, 1697) shown in his 'Libro dei Globi (1697)'	0	0				5, 10	1697	1697			Universiteitsbibliotheek, Leiden	Dekker and Krogt (1993) 66-67
4	1026	1026	Abraham van Ceulen Pocket globe by Abraham van Ceulen (Dia. 2in/ 5cm, Amsterdam, 1697)	1	1				5	1697	1697			Trevor Philip & Sons LTD, London	Dekker and Krogt (1993) 54
1	257	257	Coronelli, P. Vincenzo (1650-1718) II, 98, Astronomical Museum, Rome, II, 118	1					48	1699	1699			Astronomical Museum, Rome	Stevenson (1921)
1	261	261	Coronelli, P. Vincenzo (1650-1718) II, 98, British Museum, London, II, 119 (gores)	1					48	1699	1699			British Museum, London	Stevenson (1921)
1	256	256	Coronelli, P. Vincenzo (1650-1718) II, 98, Certosa Library, Perugia, II, 118		1				48	1699	1699			Certosa Library, Perugia	Stevenson (1921)
1	250	250	Coronelli, P. Vincenzo (1650-1718) II, 98, Certosa, Pisa, II, 118	1					48	1699	1699			Certosa, Pisa	Stevenson (1921)
1	254	254	Coronelli, P. Vincenzo (1650-1718) II, 98, Hiersemann, Karl, Leipzig	1					48	1699	1699			Hiersemann, Karl, Leipzig	Stevenson (1921)
1	260	260	Coronelli, P. Vincenzo (1650-1718) II, 98, Hiersemann, Karl, Leipzig (gores)	1					48	1699	1699			Hiersemann, Karl, Leipzig	Stevenson (1921)
1	258	258	Coronelli, P. Vincenzo (1650-1718) II, 98, Library Giovanni Bargagli, Rome, II, 118	1	1				48	1699	1699			Library Giovanni Bargagli, Rome	Stevenson (1921)
1	255	255	Coronelli, P. Vincenzo (1650-1718) II, 98, Library Sr. Remigio Salotti, Modena, II, 118	1	1				48	1699	1699			Library Sr. Remigio Salotti, Modena	Stevenson (1921)
1	253	253	Coronelli, P. Vincenzo (1650-1718) II, 98, Marucellian Library, Florence, II, 118	1	1				48	1699	1699			Marucellian Library, Florence	Stevenson (1921)
1	259	259	Coronelli, P. Vincenzo (1650-1718) II, 98, Victor Emanuel Library, Florence, II, 118	1	1				48	1699	1699			Victor Emanuel Library, Florence	Stevenson (1921)
3	712	712	Weigel, Erhard (1625-1699), II, 75. Royal Museum, Cassel (copper)		1				36	1699	1699			Royal Museum, Cassel	Stevenson (1921) http://historydb.adlerplanetarium.org/signatures/search.pl?signature=Weigel%2C+Erhard&limit=100&searchfields=Signature&search=1&offset=0
3	711	711	Weigel, Erhard (1625-1699), II, 75. Royal Museum, Cassel (silver)		1				36	1699	1699			Royal Museum, Cassel	Stevenson (1921)
3	3023	GLB0086	Weigel, Erhard Celestial instruction globe Jena, Germany		1			58.5 x 49.5	35.5	1699	1699			NMM	Description in object details
5	4018	BnF ID Ge A 1123	Delisle (Guillaume) Celestial globe, Paris		1			53	33.3	1699	1699		1	BnF	BnF's data base
5	99999	99999	Delisle, Guillaume Celestial globe Paris, France		1				33	1699	1699			dedicated to the duke of Chartres	Monique Pelletier (1987)
1	76	76	Battista, Giovanni, da Cassine (fl. 1560). See reference in text, II, 121	1	1				9999	1700?	1700			once owened in the library of the Immaculate Conception. disappeared after dissolution of the convent in 1810	Stevenson (1921) II, 121
1	99999	99999	Coronelli (1650-1718) Gores for a celestial globe		0					1670-1718	**1700**			Museo Correr, Venezia	http://correr.visitmuve.it/?attachment_id=5178
3	901	901	Johann Christoph Weigel's edition of celestial globe by Isaak Habrecht II (1589-1633) 1621 8in/ 20cm Nürnberg c.1700		1				20	c 1700	1700			private collection, Vienna	Dekker and Krogt (1993) p.90, 91 and http://naa.net/ain/personen/show.asp?ID=112

4	3282	GLB0156	Feuille, Jacques de La Terrestrial table globe Amsterdam, Netherlands	1				52.5 x 46.9	34	Plate, 1599; Globe assem-bled: ca. 1700	1700			NMM	Description in object details
4	652	652	Valk, Gerhard (1626-1720), II, 143. German National Museum, Nürnberg, II, 150	1	1				30	1700	1700			German National Museum, Nürnberg	Stevenson (1921)
4	651	651	Valk, Gerhard (1626-1720), II, 143. Math. Phys. Salon, Dresden, II, 150		1				30	1700	1700			Math. Phys. Salon, Dresden	Stevenson (1921)
4	648	648	Valk, Gerhard (1626-1720), II, 143. Physics Museum, Bologna, II, 150	1	1				46	1700	1700			Physics Museum, Bologna	Stevenson (1921)
4	649	649	Valk, Gerhard (1626-1720), II, 143. Royal Museum, Cassel, II, 150	1					23	1700?	1700			Royal Museum, Cas-sel	Stevenson (1921)
4	650	650	Valk, Gerhard (1626-1720), II, 143. Royal Museum, Cassel, II, 150		1				30	1700	1700			Royal Museum, Cas-sel	Stevenson (1921)
4	99999	99999	Valk, Gerhard celestial globe once owned by Matsuura clan, Japan		1				31	ca. 1700	1700			Matsura Historical Museum	http://www.matsura.or.jp/#wrap
4	99999	99999	Valk, Gerhard terrestrial globe once owned by Matsuura clan, Japan	1					31	ca. 1700	1700			Matsura Historical Museum	http://www.matsura.or.jp/#wrap
5	4019	BnF ID Ge A 1322	Delisle (Guillaume) Terrestrial globe, Paris	1				68	29	1700	1700		1	BnF	BnF's data base
5	283	283	Delisle, Guillaume (1675-1726), II, 138. Museum of Ancient Instruments, Florence, II, 140	1					32	1700	1700			Museum of Ancient Instruments, Flor-ence	Stevenson (1921)
5	284	284	Delisle, Guillaume (1675-1726), II, 138. Royal Library, Madrid, II, 141	1					32	1700	1700			Royal Library, Ma-drid	Stevenson (1921)
5	3296	GLB0146	Delisle, Guillaume Terrestrial table globe Paris, France	1				54.6 x 47.3	32.5	1700	1700	1	1	NMM	Description in object details
5	1040	1040	Guillaume Delisle Gores of the terrestrial globe by Guillaume Delisle (Dia. 12in/ 31cm, Paris, 1700)	0					12in/ 31	1700	1700			Service Historique de la Marine, Vin-cennes	Dekker and Krogt (1993) 72-73
5	484	484	Jaillot, Charles Hubert Alexius (1640-1712). German National Museum, Nürnberg	1					41	1700?	1700			German National Museum, Nürnberg	Stevenson (1921)
5	1041	1041	Nicolas Bion(1652-1733) Celestial globe by Nicolas Bion (1652-1733) (Dia. 7in/ 18cm, Paris, 1700)		1				18	1700	1700			Historisches Muse-um, Bern	Dekker and Krogt (1993) 75
6	3344	ZBA4350	Lea, Philip Pocket Globe London	*1*	*1*			7.8	7	about 1700	1700	1	1	NMM	Description in object details
6	559	559	Moxon, Joseph (1627-1700), II, 124 Royal Museum. Cassel	1	1				9999	1700	1700			Royal Museum. Cas-sel	Stevenson (1921)
6	558	558	Moxon, Joseph (1627-1700), II, 124 see reference in text, II, 126	1	1				9999	1700?	1700				Stevenson (1921)
8	3160	GLB0004	Unknown Celestial Islamic globe unknown		1			19 x 16	12.7	early 18th century	**1700**			NMM	Description in object details
9999	39	39	Anonymous Anonymous Library W. R. Hearst, New York,II, 92		1				90	1700?	1700			Library W. R. Hearst, New York	Stevenson (1921)
8	593	593	Ridhwan (fl. 1700). Imperial Library, Petrograd, I, 32		1				19	1701	1701			Imperial Library, Pe-trograd	Stevenson (1921)
6	542	542	Moll, Herman (fl. 1700). The Hispanic Society of America, New York, II, 170	1					8	1703	1703			The Hispanic Society of America, New York,	Stevenson (1921)
1	262	262	Coronelli, P. Vincenzo (1650-1718) II, 98, Royal Library, Madrid, see reference in text, II, 119	1	1				364	1704	1704			Royal Library, Ma-drid	Stevenson (1921)
3	3317	GLB0085	Eimmart, Georg Christoph Celestial table globe Nuremburg, Germany		1			47.0 x 45.8	30.4	1705	1705	1	1	NMM	Description in object details
3	318	318	Eimmart, George Christopher (1638-1705). II, 122 Astronomical Museum, Rome, II, 122	1	1				30	1705	1705			Astronomical Muse-um, Rome	Stevenson (1921)
3	317	317	Eimmart, George Christopher (1638-1705). II, 122 City Library, Bergamo II, 124		1				30	1705	1705			Library, Bergamo	Stevenson (1921)
3	323	323	Faber, Samuel (1657-1716), German National Museum, Nürnberg	1					48	1705	1705			German National Museum, Nürnberg	Stevenson (1921)
3	915	915	Georg Chritoph Eimmart (1638-1705) gores for terrestrial and celestial globes by Georg Chritoph Eimmart (1638-1705) 12in / 30cm, Nürnberg 1705	0	0				30	1705	1705			Universiteitsbiblio-thek, Amsterdam	Dekker and Krogt (1993) 90, 83, 100-101
4	653	653	Valk, Gerhard (1626-1720), II, 143. University of Ghent, Ghent, II, 144	1	1				30	1707	1707			University of Ghent, Ghent	Stevenson (1921)
5	4021	BnF ID Ge A 1834	Delure (Jean-Baptiste) Celestial globe, Paris		1			39	21	1707	1707		1	BnF	BnF's data base
5	4020	BnF ID Ge A 1318	Delure (Jean-Baptiste) Terrestrial globe, Paris	1				35.5	21	1707	1707		1	BnF	BnF's data base
5	1043	1043	Jean-Baptiste Delure Gores of the terrestial globe by Jean-Baptiste Delure (Paris, 1707) this sheet of gores of a terrestrial globe with a diam. of 8inches(21cm).	0					8in/ 21	1707	1707			Maritime Museum 'Prins Hendrik', Rot-terdam	Dekker and Krogt (1993) 77
5	285	285	Delisle, Guillaume (1675-1726), II, 138. Royal Museum, Cassel, II, 140	1	1				16	1709	1709			Royal Museum, Cas-sel	Stevenson (1921)
1	263	263	Coronelli, P. Vincenzo (1650-1718) II, 98, Atlante Veneto of Coronelli, II, 119, (small globes)	1	1				9999	9999	**1710**			Atlante Veneto of Coronelli	Stevenson (1921)

1	538	538	Miot, Vincenzo (fl. 1700) II, 143 Marco Foscarini Liceum, Venice, II, 143		1				23	1710	1710			Marco Foscarini Liceum, Venice	Stevenson (1921)
1	551	551	Moroncelli, Silvester Amantius (1652-1719), II, 83. Etruscan Academy, Cortona, II, 92		1				27	1710	1710			Etruscan Academy, Cortona	Stevenson (1921) Leo Bagrow, 1966 History of Cartography
3	3289	GLB0112	Seutter, Matthaeus Celestial table globe Augsburg, Germany		1			31.5 x 22.6	20	ca 1710	1710	1	1	NMM	Description in object details
3	633	633	Seutter, Mattheus (1678-1756), II, 154. see reference in text, II, 156	1					23	1710	1710				Stevenson (1921)
3	635	635	Seutter, Mattheus (1678-1756), II, 154. Library Professor Tono, Venice	1					23	1710	1710			Library Professor Tono, Venice	Stevenson (1921)
3	634	634	Seutter, Mattheus (1678-1756), II, 154. University Library, Urbino, II, 156		1				23	1710	1710			University Library, Urbino	Stevenson (1921)
3	631	631	Seutter, Mattheus (1678-1756), II, 154. Astronomical Museum, Rome, II, 156	1					23	1710	1710			Astronomical Museum, Rome	Stevenson (1921)
3	632	632	Seutter, Mattheus (1678-1756), II, 154. Astronomical Museum, Rome, II, 156	1	1				23	1710	1710			Astronomical Museum, Rome	Stevenson (1921)
3	630	630	Seutter, Mattheus (1678-1756), II, 154. Communal Library, Macerata, II, 156	1	1				23	1710	1710			Communal Library, Macerata	Stevenson (1921)
5	99999	99999	Bion, Nicolas (1650-1733), celestial globe		1				32	before 1710	1710				Monique Pelletier (1987)
5	82	82	Bion, Nicolas (1650-1733), II, 152. Malvezzi Library, Bologna, II, 153		1				9999	1710	1710			Malvezzi Library, Bologna	Stevenson (1921)
6	3297	GLB0013	Price, Charles and Senex, John Terrestrial and celestial pocket globe London, England	1	1			80	7	ca 1710	1710	1	1	NMM	Description in object details
9999	713	713	Wellington, Lieutenant. Royal Museum, Cassel	1					7	1710	1710			Royal Museum, Cassel	Stevenson (1921)
4	3311	GLB0126	Valk, Gerard and Valk, Leonard Celestial table globe Amsterdam, Netherlands		1			46.7 x 50.5	31	Gores 1700; plate altered: after 1711	1711	1	1	NMM	Description in object details
5	4022	BnF ID Ge A 402	Bion (Nicolas) Terrestrial globe, Paris	1				49.5	25	1712	1712		1	BnF	BnF's data base
5	4023	BnF ID Ge A 403	Bion (Nicolas,1650-1733) Celestial globe, Paris		1			49.5	25	1712	1712		1	BnF	BnF's data base Monique Pelletier (1987) ?
5	83	83	Bion, Nicolas (1650-1733), II, 152. Thechnical Institute, Florence, II, 153	1					25	1712	1712			Thechnical Institute, Florence	Stevenson (1921)
9999	84	84	Bion, Nicolas (1650-1733), II, 152. Astronomical Museum, Rome, II, 154	1					9999	1712	1712			Astronomical Museum, Rome	Stevenson (1921)
1	552	552	Moroncelli, Silvester Amantius (1652-1719), II, 83. Communal Library, Fermo, II, 86	1					194	1713	1713			Communal Library, Fermo	Stevenson (1921) Leo Bagrow, 1966 History of Cartography
5	4024	BnF ID Ge A 1609	Pigeon (Jean) Celestial globe, Paris		1			19.5	13.5	1714-1739	**1714**		1	BnF	BnF's data base
6	3221	GLB0149	Price, Charles Celestial table globe. London, England		1			39.0 x 33.8	23	1714	1714	1	1	NMM	Description in object details
1	553	553	Moroncelli, Silvester Amantius (1652-1719), II, 83. Etruscan Academy, Cortona, II, 88	1					80	1715	1715			Etruscan Academy, Cortona	Stevenson (1921) Leo Bagrow, 1966 History of Cartography
1	554	554	Moroncelli, Silvester Amantius (1652-1719), II, 83. Etruscan Academy, Cortona, II, 93		1				80	1715	1715			Etruscan Academy, Cortona	Stevenson (1921) Leo Bagrow, 1966 History of Cartography
1	3159	GLB0159	Unknown Terrestrial floor globe Italy	1				130.0 x 130.0	88.9	ca 1715	1715			NMM	Description in object details
3	1048	1048	Baptist Homann Pocket globe by Baptist Homann (Dia. 2½in/ 6.5cm, Nuremberg, C.1715)	1	1				2½in/ 6.5	c. 1715	1715			Trevor Philip & Sons LTD, London	Dekker and Krogt (1993) 82-83
3	465	465	Homann, Johann Baptista (1663-1727), II, 154.German National Museum, Nürnberg	1	1				7	1715?	1715			German National Museum, Nürnberg	Stevenson (1921)
3	916	916	Johann Ludwig Andreae (1667-1725) constellations on the 19-inch globe 19in/ 48cm, (Nürnberg 1715)		1				19in/ 48	1715	1715			Deutsches Museum, Munich	Dekker and Krogt (1993) 102, 103
3	916	916	Johann Ludwig Andreae (1667-1725) Europe on the 19-inch globe 19in/ 48cm, (Nürnberg 1715)	1					19in/ 48	1715	1715			Deutsches Museum, Munich	Dekker and Krogt (1993) 102
4	1027	1027	Valk Northern America on Valk's terrestrial globe (Dia. 18in/ 46cm, Amsterdam, 1715)	1					18in/ 46	1715	1715			Maritime Museum 'Prins Hendrik', Rotterdam	Dekker and Krogt (1993) 56
4	654	654	Valk, Gerhard (1626-1720), II, 143. Royal Museum, Cassel, II, 150	1	1				46	1715	1715			Royal Museum, Cassel	Stevenson (1921)
6	3082	GLB0154	Price, Charles Terrestrial table globe London, England	1				38.5 x 34.4	23	1715	1715	1	1	NMM	Description in object details
1	555	555	Moroncelli, Silvester Amantius (1652-1719), II, 83. Casanatense Library, Rome, II, 89	1					160	1716	1716			Casanatense Library, Rome	Stevenson (1921) Leo Bagrow, 1966 History of Cartography
1	556	556	Moroncelli, Silvester Amantius (1652-1719), II, 83. Casanatense Library, Rome, II, 90		1				150	1716	1716			Casanatense Library, Rome	Stevenson (1921) Leo Bagrow, 1966 History of Cartography
3	16	16	Andreae, Johann (fl. 1720) City Historical Museum, Frankfurt, II, 140	1	1				45	1717	1717			City Historical Museum, Frankfurt	Stevenson (1921)
3	81	81	Beyer, Johann (fl.1720) Royal Museum, Cassel	1	1				30	1718	1718			Royal Museum, Cassel	Stevenson (1921)

6	3223	GLB0197	Moll, Herman Terrestrial and celestial pocket globe London, England	1	1			9	7	1719	1719	1	1	NMM	Description in object details
1	171	171	Cartilia, Carmelo (fl. 1720), Astronomical Museum, Rome, II, 154			1			26	1720	1720			Astronomical Museum, Rome	Stevenson (1921)
3	926	926	John Senex Terrestrial globe by John Senex (Dia. 16in/ 41.5cm, London c. 1720)	1					41.5	ca. 1720	1720			Bibliotheque Nationale, Paris	Dekker and Krogt (1993) 113
4	300	300	Deur, Johannes (fl. 1725). Frederick Muller (Cat. Maps and Atlases), Amsterdam	1	1				6	1720	1720			Frederick Muller (Cat. Maps and Atlases), Amsterdam	Stevenson (1921)
5	500	500	Legrand, P. (fl. 1720). College of Dijon, Dijon (see Laland, Bib. Astr.) II. 266	1					190	1720	1720			College of Dijon, Dijon	Stevenson (1921)
6	4026	BnF ID Ge A 279	Senex (John) Celestial globe, London		1			103	41.5	1720	1720		1	BnF	BnF's data base
6	4025	BnF ID Ge A 278	Senex (John) Terrestrial globe, London	1				103	41.5	1720	1720		1	BnF	BnF's data base
9999	560	560	Muth Brothers (fl. 1720) Royal Museum. Cassel		1				4	1721	1721			Royal Museum. Cassel	Stevenson (1921)
2	3290	GLB0110	Unknown Terrestrial table globe Vienna, Austria	1				85.0 x 50.0	48	1725	1725			NMM	Description in object details
3	17	17	Andreae, Johann (fl. 1720) Royal Museum, Cassel	1					25	1725	1725			Royal Museum, Cassel	Stevenson (1921)
3	3143	GLB0162	Unknown (Seutter, Matthaeus ?) Terrestrial table globe Germany	1				59.0 x 54.0	36	ca 1725	1725			NMM	Description in object details
3	3142	GLB0163	Unknown Celestial table globe Germany		1			59.0 x 54.0	36	ca 1725	1725			NMM	Description in object details
4	3197	GLB0247	Valk, Gerard and Valk, Leonard Celestial miniature globe Amsterdam, Netherlands		1			15.5 x 13.0	8	ca 1725	1725	1	1	NMM	Description in object details
4	3252	GLB0246	Valk, Gerard and Valk, Leonard Terrestrial miniature globe. Amsterdam, Netherlands	1				15.2 x 13.0	8	ca 1725	1725	1	1	NMM	Description in object details
5	572	572	Outhier (fl. 1725). see reference in text, II, 143		1				9999	1725?	1725				Stevenson (1921)
6	908	908	celestial globes by Flamsteed's star catalogue 1725		1				9998	1725	1725				Dekker and Krogt (1993)
6	3158	GLB0039	Unknown Celestial table globe England		1			34.0 x 14.5	10	ca 1725	1725			NMM	Description in object details
6	3157	GLB0038	Unknown Terrestrial table globe England	1				35.5 x 14.5	10	ca 1725	1725			NMM	Description in object details
9999	19	19	Anonymous Anonymous Royal Museum, Cassel	1	1				7	1725	1725			Royal Museum, Cassel	Stevenson (1921)
9999	20	20	Anonymous Anonymous Royal Museum, Cassel		1				5	1725	1725			Royal Museum, Cassel	Stevenson (1921)
9999	21	21	Anonymous Anonymous Cusani Palace, Chignolo, II, 163	1					120	1725	1725			Cusani Palace, Chignolo	Stevenson (1921)
2	199	199	Caucigh, R. P. Michael (fl. 1725) German National Museum, Nürnberg, II	1					17	1726	1726			German National Museum, Nürnberg	Stevenson (1921)
3	18	18	Andreae, Johann (fl. 1720) Hiersemann, Karl, Leipzig (Cat. 483)	1	1				14	1726	1726			Hiersemann, Karl, Leipzig	Stevenson (1921)
1	4027	BnF ID Ge A 295	Bianchini (Francesco) Globe of planet Venus, Rome				1	9999	19	1727	1727		1	BnF	BnF's data base
3	4029	BnF ID Ge A1128	Doppelmayer (Johann Gabriel) Celestial globe, Nuremberg		1			46.5	32	1728	1728		1	BnF	BnF's data base
3	4028	BnF ID Ge A1129	Doppelmayer (Johann Gabriel) Terrestrial globe, Nuremberg	1				46.5	32	1728	1728		1	BnF	BnF's data base
3	307	307	Doppelmayr, Johann Gabriel (1671-1750), II,159 Cathedral Library, Verona, II, 162	1	1				32	1728	1728			Cathedral Library, Verona	Stevenson (1921)
3	304	304	Doppelmayr, Johann Gabriel (1671-1750), II,159 City Library, Nürnberg, II, 160	1					32	1728	1728			City Library, Nürnberg	Stevenson (1921)
3	305	305	Doppelmayr, Johann Gabriel (1671-1750), II, 159 German National Museum, Nürnberg, II, 160	1	1				32	1728	1728			German National Museum, Nürnberg	Stevenson (1921)
3	302	302	Doppelmayr, Johann Gabriel (1671-1750), II,159 Math. Phys. Salon, Dresden, II, 162		1				32	1728	1728			Math. Phys. Salon, Dresden	Stevenson (1921)
3	306	306	Doppelmayr, Johann Gabriel (1671-1750), II,159 Phys.Museum, Pavia, II, 162	1					32	1728	1728			Phys.Museum, Pavia	Stevenson (1921)
3	303	303	Doppelmayr, Johann Gabriel (1671-1750), II,159 The Hispanic society of America, New York, II, 160	1					32	1728	1728			The Hispanic society of America, New York	Stevenson (1921)
3	904	904	Johann Gabriel Doppelmayr (1671?-1750) and Johann Georg Puschner I (1680-1749) globes, 12½ in /32cm, Nürnberg	1					32	1728	1728				Dekker and Krogt (1993) 92, christee's images
3	588	588	Puschner, Johann George (fl. 1730), II, 160. Math. Phys. Salon, Dresden, II, 162		1				28	1728	1728			Math. Phys. Salon, Dresden	Stevenson (1921) http://historydb.adlerplanetarium.org/signatures/search.pl?signature=Johann+Georg&limit=100&searchfields=Signature&search=1&offset=0
4	1028	1028	Gerard Valk The constellation 'Lynx' on Valk's celestial globe (Dia. 24in/ 62cm, Amsterdam, 1728)		1				62	1728	1728			Universitteitsmuseum Utrecht	Dekker and Krogt (1993) 57

5	4030	BnF ID Ge A1741	Nollet (Jean-Antoine) Terrestrial globe, Paris	1				55	32.5	1728	1728		1	BnF	BnF's data base
5	3248	GLB0113	Nollet, Jean Antoine Terrestrial floor globe. Paris, France	1				104.0 x 45.8	32	1728	1728	1	1	NMM	Description in object details
5	566	566	Nollet, Jean Antoine (1700-1770), II, 157. Episcopal Sminary, Mondovi, II, 159	1					35	1728	1728			Episcopal Sminary, Mondovi	Stevenson (1921)
5	563	563	Nollet, Jean Antoine (1700-1770), II, 157. Library Count Fenaroli, Brescia, II, 159	1					35	1728	1728			Library Count Fen-aroli, Brescia	Stevenson (1921)
5	564	564	Nollet, Jean Antoine (1700-1770), II, 157. Maldotti Library, Guastalla, II, 159	1					35	1728	1728			Maldotti Library, Guastalla	Stevenson (1921)
5	3127	GLB0136	Petrus Plancius, Petrusand and Cattin, Jean Baptiste and Outhier, Abbe Reginald Celestial clockwork globe Fort du Plasne, France		1			43.8 x 21.9	15	1728	1728			NMM	Description in object details
5	673	673	Vaugondy, Giles Robert de (1686-1763), II, 176 see reference in text, II, 177	1	1				182	9999	**1728**				Stevenson (1921)
3	3328	GLB0075	Doppelmayr, Johann Gabriel Nuremburg Terrestrial table globe Nuremburg, Germany	1				29.4 x 32.5	19.8	1730	1730	1	1	NMM	Description in object details
3	309	309	Doppelmayr, Johann Gabriel (1671-1750), II,159 Geographical Institute Göttingen, II, 162	1	1				20	1730	1730			Geographical Insti-tute Göttingen	Stevenson (1921)
3	310	310	Doppelmayr, Johann Gabriel (1671-1750), II,159 German National Museum, Nürn-berg, (4 copies) II, 162	1	1				20	1730	1730			German National Museum, Nürnberg	Stevenson (1921)
3	311	311	Doppelmayr, Johann Gabriel (1671-1750), II,159 Library of Congress, Washington	1					20	1730	1730			Library of Congress, Washington	Stevenson (1921)
3	308	308	Doppelmayr, Johann Gabriel (1671-1750), II,159 Math. Phys. Salon, Dresden, II, 162		1				20	1730	1730			Math. Phys. Salon, Dresden	Stevenson (1921)
3	3218	GLB0087	Doppelmayr, Johann Gabriel Celestial table globe. Nuremburg, Germany		1			31.0 x 30.3	20	1730	1730	1	1	NMM	Description in object details
3	3254	GLB0076	Doppelmayr, Johann Gabriel Celestial table globe. Nuremburg, Germany		1			29.0 x 32.9	19.8	1730	1730	1	1	NMM	Description in object details
3	589	589	Puschner, Johann George (fl. 1730), II, 160. Math. Phys. Salon, Dresden, II, 162		1				28	1730	1730			Math. Phys. Salon, Dresden	Stevenson (1921)
3	590	590	Puschner, Johann George (fl. 1730), II, 160. University Library, Göttingen, II, 162	1	1				28	1730	1730			University Library, Göttingen	Stevenson (1921)
5	4031	BnF ID Ge A1742	Nollet (Jean-Antoine) Celestial globe, Paris		1			55	32.5	1730	1730		1	BnF	BnF's data base
5	567	567	Nollet, Jean Antoine (1700-1770), II, 157. Episcopal Sminary, Mondovi, II, 159		1				35	1730	1730			Episcopal Sminary, Mondovi	Stevenson (1921)
5	565	565	Nollet, Jean Antoine (1700-1770), II, 157. Maldotti Library, Guastalla, II, 159		1				35	1730	1730			Maldotti Library, Guastalla	Stevenson (1921)
5	568	568	Nollet, Jean Antoine (1700-1770), II, 157. Astronomical museum, Rome, II, 159		1				35	1730	1730			Astronomical muse-um, Rome	Stevenson (1921)
6	3124	GLB0139	Senex, John Celestial table globe London, England		1			93.0 x 88.0	68	ca 1730	1730	1	1	NMM	Description in object details
6	3125	GLB0138	Senex, John (1678-1740) Terrestrial table globe London, England	1				93.0 x 88.0	68	ca 1730	1730	1	1	NMM	Description in object details
9999	63	63	Anonymous Anonymous Communal Library, Siena, II, 163	1					120	1730	1730			Communal Library, Siena	Stevenson (1921)
1	201	201	Chignolo Globe. Library Marquis Cusani Palsce, Cusani, Chignolo	1					120	1731	1731				Stevenson (1921)
5	3128	GLB0137	Cattin, Jean Baptiste and Outhier, Abbe Reginald and Pigeon, Jean Celestial clockwork globe Fort du Plasne, France		1			56.2 x 24.1	16.1	1731	1731	1	1	NMM	Description in object details
6	3320	GLB0056	Cushee, Richard Terrestrial and celestial pocket globe London, England	1	1			8.5	7	1731	1731	1	1	NMM	Description in object details
6	3325	GLB0044	Cushee, Richard Terrestrial and celestial pocket globe London, England	1	1			8.5	7	1731	1731	1	1	NMM	Description in object details
3	312	312	Doppelmayr, Johann Gabriel (1671-1750), II,159 German National Museum, Nürnberg, II, 162	1	1				20	1736	1736			German National Museum, Nürnberg	Stevenson (1921)
3	313	313	Doppelmayr, Johann Gabriel (1671-1750), II,159 The Hispanic society of America, New York, II, 160	1	1				20	1736	1736			The Hispanic society of America, New York	Stevenson (1921)
3	906	906	Johann Gabriel Doppelmayr (1671?-1750) and Johann Georg Puschner I (1680-1749) globes, 4 in /10cm, Nürnberg	1					10	1736	1736				Dekker and Krogt (1993) 92, christee's images
3	905	905	Johann Gabriel Doppelmayr (1671?-1750) and Johann Georg Puschner I (1680-1749) globes, 8 in /20cm, Nürnberg	1					20	1736	1736				Dekker and Krogt (1993) 92, christee's images
5	3244	GLB0147	Hardy, Jacques Celestial table globe. Paris, France		1			54.5 x 48.0	31.5	1738	1738	1	1	NMM	Description in object details
1	643	643	Torricelli, Joseph (fl. 1730), II, 165. Museum of Ancient Instruments, Florence, II, 165			1			15	1739	1739			Museum of Ancient Instruments, Florence	Stevenson (1921)
5	4033	BnF ID Ge A1304	Baradelle (Jacques) Celestial globe, Paris		1			35	25	1740	1740		1	BnF	BnF's data base
5	4032	BnF ID Ge A1303	Baradelle (Jacques) Terrestrial globe, Paris	1				35	25	1740	1740		1	BnF	BnF's data base
6	624	624	Senex, John (fl. 1740), II, 150. Hiersemann, Karl, Leipzig	1					40	9999	**1740**			Hiersemann, Karl, Leipzig	Stevenson (1921)

5	4034	BnF ID Ge A1392	Baradelle (Jacques) Terrestrial globe, Paris	1				49	24	1743	1743		1	BnF	BnF's data base
1	1031	1031	R. C. A. Terrestial globe by Matthäus Greuter (Dia. 19½in/ 49cm, Rome, 1632; republished by 'R. C. A.', Rome, 1744)	1					49	1744	1744			Maritime Museum 'Prins Hendrik', Rotterdam	Dekker and Krogt (1993) 60
9999	31	31	Anonymous Anonymous Episcopal Seminary, Ivrea, II, 164	1					50	1744	1744			Episcopal Seminary, Ivrea	Stevenson (1921)
9999	30	30	Anonymous Anonymous Communal Library, Imola, II, 164	1					50	1744	1744			Communal Library, Imola,	Stevenson (1921)
9999	59	59	Anonymous Anonymous Communal Library, Siena, II, 164	1		1			45	1744	1744			Communal Library, Siena	Stevenson (1921)
9999	62	62	Anonymous Anonymous Communal Library,Savignano, II, 164	1					50	1744	1744			Communal Library, Savignano	Stevenson (1921)
4	3080	GLB0150	Valk, Gerard and Valk, Leonard Tellurium Amsterdam, Netherlands				1	38.5 x 37.3 x 33.4	15.5	1745	1745	1	1	NMM	Description in object details
4	655	655	Valk, Gerhard (1626-1720), II, 143. Private Dutch Collection, Amsterdam	1					62	1745	1745			Private Dutch Collection, Amsterdam	Stevenson (1921)
4	99999	99999	Valk, Gerhard terrestrial globe once owned by Nabeshima clan, Japan; obtained in 1844	1				34.5, H	22.2	1745	1745			Takeo City Historical Museum	http://www.city.takeo.lg.jp/rekisi/kikaku/2013/yougaku/y-siryou.html
9999	508	508	Maria, Pietro (fl. 1745), II, 165. Episcopal Seminary, Casale, II, 166	1	1				60	1745	1745			Episcopal Seminary, Casale	Stevenson (1921)
3	969	969	Georg Morits Lowits (1722-74) Pair of globes by Georg Morits Lowits (1722-74) (Dia. 5½/13.5cm, Nuremberg, 1747)	1	1				13.5	1747	1747			Osterreichische Nationalbibliotek, vienna	Dekker and Krogt (1993) 93
3	907	907	Georg Moritz Lowitz (1722-74) Pair of globes by Georg Moritz Lowitz (1722-74) 1747 based on Flamsteed's star catalogue 1725 5½ in /13.5cm, Ost Nationalbibliothek wien	1	1				13.5	1747	1747			Osterreichische Nationalbibliotek, vienna	Dekker and Krogt (1993) 93
4	1029	1029	Maria Schenk and Petrus Schenk II The date on Valk's 12-inch terrestrial globe changed by pasting in a '5' in the year.	1					30.5	1750	1750			Rijkmuseum 'Nederlands Sheepvaartmuseum', Amsterdam	Dekker and Krogt (1993) 57
4	3316	GLB0103	Valk, Gerard and Valk, Leonard Celestial table globe Amsterdam, Netherlands		1			71.0 x 63.5	46	plates 1715; Globe assembled: 1750	1750	1	1	NMM	Description in object details
4	3228	GLB0102	Valk, Gerard and Valk, Leonard Terrestrial table globe. Amsterdam, Netherlands	1					46	1750	1750	1	1	NMM	Description in object details
4	659	659	Valk, Gerhard (1626-1720), II, 143. Frederick Muller, Amsterdam (Cat. Maps and atlases)	1	1				40	1750	1750			Frederick Muller, Amsterdam	Stevenson (1921)
4	660	660	Valk, Gerhard (1626-1720), II, 143. Frederick Muller, Amsterdam (Cat. Maps and atlases)	1	1				24	1750	1750			Frederick Muller, Amsterdam	Stevenson (1921)
4	656	656	Valk, Gerhard (1626-1720), II, 143. The Hispanic Society of America, New York, II, 144	1	1				46	1750	1750			The Hispanic Society of America, New York	Stevenson (1921)
4	657	657	Valk, Gerhard (1626-1720), II, 143. The Hispanic Society of America, New York, II, 144	1	1				30	1750	1750			The Hispanic Society of America, New York	Stevenson (1921)
4	658	658	Valk, Gerhard (1626-1720), II, 143. The Hispanic Society of America, New York, II, 144	1	1				23	1750	1750			The Hispanic Society of America, New York	Stevenson (1921)
4	99999	99999	Valk, Gerhard celestial globe once owned by Nabeshima clan, Japan; obtained in 1844		1			34.5, H	24.8	1750	1750			Takeo City Historical Museum	http://www.city.takeo.lg.jp/rekisi/kikaku/2013/yougaku/y-siryou.html
5	4035	BnF ID Ge A1393	Baradelle (Jacques) Celestial globe, Paris		1			49	24	1750	1750		1	BnF	BnF's data base
5	4036	BnF ID Ge A 1332	Desnos (Louis Charles) Terrestrial globe, Paris	1				46	20	1750	1750		1	BnF	BnF's data base
5	295	295	Desnos, L. C. (fl. 1750), II, 178. Spallanzani Liceum, Reggio Emilia, II, 178		1				22	1750	1750			Spallanzani Liceum, Reggio Emelia	Stevenson (1921)
6	3147	GLB0034	Senex, John (1678-1740) Terrestrial miniature globe London, England	1				15.5 x 11.5	7	ca 1750	1750			NMM	Description in object details
6	3148	GLB0035	Senex, John Celestial miniature globe London, England		1			15.5 x 11.5	7	ca 1750	1750	1	1	NMM	Description in object details
1	509	509	Maria, Pietro (fl. 1745), II, 165. Municipal Library, Alessandria, II, 166	1	1				105	1751	1751			Municipal Library, Alessandria	Stevenson (1921)
5	99999	99999	Didier Robert de Vaugondy(1723-1786) globes by Didier Robert de Vaugondy (Dia. 49cm, Paris, 1751)	1	1				49	1751	1751			49cm approx. globes =terr and celest	Monique Pelletier (1987)
5	672	672	Vaugondy, Giles Robert de (1688-1766), II, 176 see reference in text, II, 176	1	1				48	1751	1751				Stevenson (1921)
6	3342	GLB0115	after Cushee, Richard, Terrestrial table globe England	1				30.3 x 30.1	20.6	after 1752	1752			NMM	Description in object details
5	296	296	Desnos, L. C. (fl. 1750), II, 178. See reference in text, II, 178	1	1				9999	1753	1753				Stevenson (1921)
1	3083	GLB0123	Coronelli, Vincenzo and Eder, Tobias Terrestrial floor globe Venice, Italy	1				153.4 x 147.4	108	1754	1754	1	1	NMM	Description in object details

1	265	265	Costa, Gian Francesco (fl. 1775), II, 179. Astronomical Museum, Rome, II, 179		1			20	1754	1754			Astronomical Museum, Rome	Stevenson (1921)
1	264	264	Costa, Gian Francesco (fl. 1775), II, 179. Communal Library, Cagli, II, 179		1			20	1754	1754			Communal Library, Cagli	Stevenson (1921)
1	266	266	Costa, Gian Francesco (fl. 1775), II, 179. Library Sr. Fronzi, Senigallia, II, 179	1				20	1754	1754			Library Sr. Fronzi, Senigallia	Stevenson (1921)
1	267	267	Costa, Gian Francesco (fl. 1775), II, 179. University Library, Urbino, II, 179	1				20	1754	1754			University Library, Urbino	Stevenson (1921)
5	297	297	Desnos, L. C. (fl. 1750), II, 178. Library Marquis Costerbosa, Parma, II, 179	1	1			26	1754	1754			Library Marquis Costerbosa, Parma	Stevenson (1921)
5	4037	BnF ID Ge A 1512	Robert de Vaugondy (Didier) Celestial globe, Paris		1		50	23	1754	1754		1	BnF	BnF's data base
5	674	674	Vaugondy, Giles Robert de (1688-1766), II, 176 Palatin Library, Parma, II, 178	1	1			23	1754	1754			Palatin Library, Parma	Stevenson (1921)
5	675	675	Vaugondy, Giles Robert de (1688-1766), II, 176 Spinola Palace, Tassarolo, II, 178	1	1			23	1754	1754			Spinola Palace, Tassarolo	Stevenson (1921)
6	461	461	Hill, Nathaniel (fl. 1750), II, 187. British Museum, London, II, 187	1	1			7	1754	1754			British Museum, London	Stevenson (1921)
6	462	462	Hill, Nathaniel (fl. 1750), II, 187. Public Library, New York, II, 188	1				7	1754	1754			Public Library, New York	Stevenson (1921)
6	463	463	Hill, Nathaniel (fl. 1750), II, 187. National Library, Paris, II, 187	1	1			7	1754	1754			National Library, Paris	Stevenson (1921)
6	928	928	John Newton Hill's pocket globe (Dia. 3in/ 7cm, london, 1754)	1				3in/ 7	1754	1754			Private collection	Dekker and Krogt (1993) 115
6	918	918	Nathaniel Hill trade card of Nathaniel Hill shows two pocket globes. One is pocket globe.1754, they made globes 9, 12,15in(23,31,39cm) London	1	1			ca. 7 cm	1754	1754			trade card of Nathaniel Hill shows two pocket globes. One is pocket globe. 1754,	Dekker and Krogt (1993) 105, 106
1	365	365	Grandi, P. Francesco (fl. 1750) II, 179. see reference in text, II, 179	1				21	1756/ 1755	1755			Tone's collection owned by Prof. Tone in Venetia	Stevenson (1921)
6	3215	GLB0092	Hill, Nathaniel Celestial table globe. London, England		1		28.0 x 26.7	22	ca 1755	1755			NMM	Description in object details
6	3309	GLB0091	Hill, Nathaniel Terrestrial table globe London, England	1			23.5 x 22.0	14.5	ca 1755	1755	1	1	NMM	Description in object details
6	3500	GLB0092	Nathaniel Hill Celestial table globe		1			22	ca. 1755	1755			NMM	Description in object details
6	3258	GLB0057	Ferguson, James Terrestrial and celestial pocket globe. London, England	1	1		8	7.4	1756	1756			NMM	Description in object details
9999	65	65	Anonymous Anonymous Library Professor Tono, Venice, II, 179	1				9999	1756	1756			Library Professor Tono, Venice	Stevenson (1921)
6	3331	GLB0063	Ferguson, James (1710-1776) Celestial miniature globe London, England		1		14.2 x 12 x 12	7.5	ca 1757	1757	1	1	NMM	Description in object details
2	3078	GLB0133	Anich, Peter Celestial table globe Innsbruck, Austria		1		32.5 x 30.5	20.5	1758	1758			NMM	Description in object details
2	3263	GLB0134	Anich, Peter Celestial table globe. Innsbruck, Austria		1		35.0 x 29.0 x 28.8	21	1758	1758			NMM	Description in object details
2	3291	GLB0078	Anich, Peter Celestial table globe Innsbruck, Austria		1		42.5 x 30.4	20.8	1758	1758			NMM	Description in object details
2	3322	GLB0077	Anich, Peter Terrestrial table globe Innsbruck, Austria	1			42.5 x 30.4	19.9	1758	1758			NMM	Description in object details
9	11	11	Akerman, Andrea (1718-1778), II, 179 Geographical Institute, Göttingen, II, 180		1			30	1759	1759			Geographical Institute, Göttingen	Stevenson (1921)
9	1050	1050	Åkerman's workshop <Anders Åkerman (1723-78)> His first globes, terrestrial and celestial one, are dated 1759.	1	1			9998	1759	1759				Dekker and Krogt (1993) 85
5	298	298	Desnos, L. C. (fl. 1750), II, 178. Spallanzani Liceum, Reggio Emelia, II, 178	1				22	1760	1760			Spallanzani Liceum, Reggio Emelia	Stevenson (1921)
7	55010	55010	Samuel Lane (1718-1806) 7 in terrestrial globe, Stratham, NH, USA, 1760.	1				17.8	ca. 1760	1760	1		New Hampshire Historical Society 6 Eagle Square, Concord, NH 03301	http://nhhistory.pastperfect-online.com/36926cgi/mweb.exe?request=record;id=B14444C4-3BAC-4B23-9FB7-236538818495;type=101
8	3162	GLB0006	Unknown Celestial Islamic globe Persia				9.5 x 7.2	5	ca 1761	1761			NMM	Description in object details
1	600	600	Rosini, Pietro (fl. 1760), II, 180. University Library, Bologna, II, 180	1				150	1762	1762			University Library, Bologna	Stevenson (1921)
9	1050	1050	Åkerman's workshop <Anders Åkerman (1723-78)> In 1762 he designed a pair of 11cm in diameter.	1	1			11	1762	1762				Dekker and Krogt (1993) 85
9	1050	1050	Anders Åkerman (1723-78) Set of gores of the convex celestial globe by Anders Åkerman (Dia. 4½ in/ 11cm, Uppsala, 1762)		0			4½in/ 11	1762	1762			Kungl. Biblioteket, Stockholm	Dekker and Krogt (1993) 86-87
5	99999	99999	Didier Robert de Vaugondy (1723-1786) globes by Didier Robert de Vaugondy	1	1			12in	1763	1763				Monique Pelletier (1987)
5	99999	99999	Didier Robert de Vaugondy(1723-1786) globes by Didier Robert de Vaugondy (pocket globe ?)	1	1			3in	1763	1763				Monique Pelletier (1987)

1	150	150	Borsari, Bonifacius (BONIFACIO) (fl. 1760) City Museum, Modena			1			18	1764	1764			City Museum, Modena	Stevenson (1921)
2	3222	GLB0144	Unknown Terrestrial table globe. Austria		1			56.2 x 53.4	41	1764	1764			NMM	Description in object details
5	680	680	Vaugondy, Giles Robert de (1688-1766), II, 176 Covernmental Library, Lucca, II, 177		1				23	1764	1764			Covernmental Library, Lucca	Stevenson (1921)
5	677	677	Vaugondy, Giles Robert de (1688-1766), II, 176 Patriarchal Observatory, Venice		1				23	1764	1764			Patriarchal Observatory, Venice	Stevenson (1921)
5	676	676	Vaugondy, Giles Robert de (1688-1766), II, 176 Quirini Pinacoteca, Venice, II, 178		1				48	1764	1764			Quirini Pinacoteca, Venice	Stevenson (1921)
5	678	678	Vaugondy, Giles Robert de (1688-1766), II, 176 Royal Library, Caserta, II, 177		1				23	1764	1764			Royal Library, Caserta	Stevenson (1921)
6	4038	BnF ID Sg globe nº 5	Adams (George) Terrestrial globe, London	1				57	30.5	ca. 1765	1765		1	BnF	BnF's data base
9	13	13	Akerman, Andrea (1718-1778), II, 179 Astronomical Observatory, Milan, II, 180		1				59	1766	1766			Astronomical Observatory, Milan	Stevenson (1921)
9	1050	1050	Åkerman's workshop <Anders Åkerman (1723-78)> Four years later, in 1766, a pair of 2-foot globes followed	1	1				61	1766	1766				Dekker and Krogt (1993) 85
9	1047	1047	Anders Åkerman Pair of 2-foot globes by Anders Åkerman (Dia. 23in/ 59cm, Uppsala, 1766)	1	1				59	1766	1766			Kungl. Biblioteket, Stockholm	Dekker and Krogt (1993) 81
6	3	3	Adams, George, Sr. (fl. 1760), II, 184 Britisch Museum, II, 185	1	1				46	1769?	1769			Britisch Museum	Stevenson (1921)
5	3888	GLB0046	Fortin, Jean Armillary sphere (AST0637) France				1	12.5 x 8.9	6.2	1770	1770			NMM	Description in object details
5	1033	1033	Charles-François Delamarche (1740-1817), celestial globe of 7in (18cm), dated 1770 this celestial globe is fitted inside of Armillary sphere.	1	1	1			18	1770	1770			private collection, Vienna	Dekker and Krogt (1993) 63
5	3096	GLB0008	Fortin, Jean Terrestrial hand globe Paris, France	1				14.5 x 10	6.7	1770	1770	1	1	NMM	Description in object details
5	3195	GLB0031	Fortin, Jean Terrestrial hand globe Paris, France	1				12 x 10	6.7	1770	1770	1	1	NMM	Description in object details
5	3178	GLB0045	Fortin, Jean Terrestrial hand globe Paris, France	1				11.7 x 9.9	6.5	1770	1770	1	1	NMM	Description in object details
5	3196	GLB0244	Fortin, Jean Terrestrial miniature globe Paris, France	1				16.5 x 9.3	6.7	1770	1770			NMM	Description in object details
5	3286	GLB0245	Fortin, Jean Celestial miniature globe Paris, France		1			16.3 x 9.3	6.6	1770	1770	1	1	NMM	Description in object details
5	3249	ZAA0589	Fortin, Jean Terrestrial clockwork globe. Paris, France	1				31 x 17 x 10	5.5	ca 1770	1770			NMM	Description in object details
6	3240	GLB0052	Adams, George (1704-1772) Terrestrial and celestial pocket globe. London, England	1	1			8	7	ca 1770	1770	1	1	NMM	Description in object details
6	3236	GLB0014	Adams, George Terrestrial and celestial pocket globe. London, England	1	1			8	7	ca. 1770	1770	1	1	NMM	Description in object details
6	3264	GLB0079	Martin, Benjamin Terrestial table globe London, England	1				53.0 x 43.5	30	ca 1770	1770			NMM	Description in object details
6	3212	GLB0080	Martin, Benjamin Celestial table globe. London, England		1			51.0 x 43.5	30	ca 1770	1770			NMM	Description in object details
5	145	145	Bonne, Rigobert (1727-1795), II, 181 see reference in text, II, 181	1					31	1771	1771				Stevenson (1921)
6	4039	BnF ID Sg globe nº 6	Adams (George) Celestal globe, London		1			57	30.5	1771	1771		1	BnF	BnF's data base
5	299	299	Desnos, L. C. (Louis Charles) (fl. 1750), II, 178. Library Alberoni College, Piacenza, II, 179	1	1				26	1772	1772			Library Alberoni College, Piacenza	Stevenson (1921)
6	4	4	Adams, George, Sr. (fl. 1760), II, 184 Britisch Museum, II, 185	1	1				46	1772	1772			Britisch Museum	Stevenson (1921)
5	4041	BnF ID Sg globe nº 18	Robert de Vaugondy (Didier) Celestial globe, Paris		1			92	45.5	1773	1773		1	BnF	BnF's data base
5	4040	BnF ID Sg globe nº 17	Robert de Vaugondy (Didier) Terrestrial globe, Paris	1				92	45.5	1773	1773		1	BnF	BnF's data base
5	681	681	Vaugondy, Giles Robert de (1688-1766), II, 176 Covernmental Library, Lucca, II, 177	1					48	1773	1773			Covernmental Library, Lucca	Stevenson (1921)
5	679	679	Vaugondy, Giles Robert de (1688-1766), II, 176 Royal Library, Caserta, II, 177	1					48	1773	1773			Royal Library, Caserta	Stevenson (1921)
5	4042	BnF ID Ge A 1663	Bonne (Rigobert) Terrestrial globe, Paris	1				57	31	1775	1775		1	BnF	BnF's data base
5	1045	1045	Bonne and Lalande Pair of globes by Bonne and Lalande in a tellurium (globe diameter 6in/ 15cm, Paris, 1775 and 1783, respectively)	1	1		1		15	1775 1783	**1775**			Koninklijke Musea voor Kunst en Geschiedenis, Brussel	Dekker and Krogt (1993) 78
5	99999	99999	Desnos, L. C. (Louis Charles) a pair of the 12in globes	1	1				32.5	1775	1775			12, 10, 8, and 6in globes	Monique Pelletier (1987)
5	1046	1046	Joseph-Jerome de Lalande Celestial globe by Joseph-Jérôme de Lalande, published by Jean Lattré (Dia. 8in/ 21cm, Paris, 1775)	1					21	1775	1775			private collection, Vienna	Dekker and Krogt (1993) 80

5	4043	BnF ID Ge A 1662	Lalande (Jérôme) Celestial globe, Paris		1			57	31	1775	1775		1	BnF	BnF's data base
6	3246	GLB0196	after Moll Terrestrial and celestial pocket globe. England	1	1			9	7	ca 1775	1775			NMM	Description in object details
5	99999	99999	Didier Robert de Vaugondy (1723-1786) globes by Didier Robert de Vaugondy	1	1				9in	1777	1777				Monique Pelletier (1987)
5	146	146	Bonne, Rigobert (1727-1795), II, 181 Astronomical Observatory, Palermo, II, 181	1	1				31	1779	1779			Astronomical Observatory, Palermo,	Stevenson (1921)
5	147	147	Bonne, Rigobert (1727-1795), II, 181 Library Mrs. C. L. F. Robinson, Hartford	1					31	1779	1779			Library Mrs. C. L. F. Robinson, Hartford	Stevenson (1921)
5	148	148	Bonne, Rigobert (1727-1795), II, 181 Geographical Institute, Göttingen, II, 182	1	1				31	1779	1779			Geographical Institute, Göttingen	Stevenson (1921)
5	498	498	Lalande, Joseph Jérôme le Français (1732-1807), II, 181. Astronomical Library, Palermo, II, 182 p181~182		1				32	1779	1779			Astronomical Library, Palermo	Stevenson (1921)
6	3170	GLB0028	Lane, Nicolas Terrestrial and celestial pocket globe London, England	1	1			85	7	gores 1776; plate altered: 1779	1779	1	1	NMM	Description in object details
9	12	12	Akerman, Andrea (1718-1778), II, 179 Geographical Institute, Göttingen, II, 180	1					30	1779	1779			Geographical Institute, Göttingen	Stevenson (1921)
9	1050	1050	Åkerman's workshop <Fredrik Akrel (1748-1804)> In 1779, he published a new revised edition of the 1-foot pair of globes.	1	1				30.5	1779	1779				Dekker and Krogt (1993) 85
3	454	454	Hahn, P. G.(1739-1790). German National Museum, Nürnberg		1				9999	1780	1780			German National Museum, Nürnberg	Stevenson (1921)
5	1034	1034	Charles-François Delamarche (1740-1817), armillary sphere with small terrestrialand celestial globe, 1780			1			9999	1780	1780			private collection, Vienna	Dekker and Krogt (1993) 63
5	344	344	Fortin, Jean (1750-1831), II, 184 Communal Library, Corregio, II, 184		1				22	1780	1780			Communal Library, Corregio	Stevenson (1921)
5	343	343	Fortin, Jean (1750-1831), II, 184 Convent of Mission Brothers, Chieri, II, 184		1				22	1780	1780			Convent of Mission Brothers, Chieri	Stevenson (1921)
5	346	346	Fortin, Jean (1750-1831), II, 184 Dorian Liceum, Novi, II, 184		1				22	1780	1780			Dorian Liceum, Novi	Stevenson (1921)
5	345	345	Fortin, Jean (1750-1831), II, 184 The Hispanic society of America, New York, II, 184			1			22	1780	1780			The Hispanic society of America, New York	Stevenson (1921)
5	534	534	Messier, Charles (1730-1817), II, 183 City Library, Nürnberg,, II,183-184		1				31	1780	1780			City Library, Nürnberg	Stevenson (1921)
5	533	533	Messier, Charles (1730-1817), II, 183 Machiavellian Liceum, Lucca, II,184		1				31	1780	1780			Machiavellian Liceum, Lucca	Stevenson (1921)
5	535	535	Messier, Charles (1730-1817), II, 183 Meteorological Observatory, Parma, II,184		1				31	1780	1780			Meteorological Observatory, Parma	Stevenson (1921)
5	537	537	Messier, Charles (1730-1817), II, 183 Monastic Library, Subiaco, II,184		1				31	1780	1780			Monastic Library, Subiaco	Stevenson (1921)
5	536	536	Messier, Charles (1730-1817), II, 183 Physics Museum, Siena, II,184		1				31	1780	1780			Physics Museum, Siena	Stevenson (1921)
9	1050	1050	Åkerman's workshop <Fredrik Akrel (1748-1804)> In the ensuing years,improved versions of the other pair of 2-foot globes followed.	1	1				61	1780	1780				Dekker and Krogt (1993) 85
5	99999	99999	Desnos, L. C. (Louis Charles) (fl. 1750), fig 129a 179p.	1					9999	1782	1782				Stevenson (1921) 179p.
6	10	10	Adams, George, Jr. (fl. 1750-95), II, 185 Astronomical Museum, Rome, II, 185	1	1				46	1782	1782			Astronomical Museum, Rome,	Stevenson (1921)
6	7	7	Adams, George, Jr. (fl. 1750-95), II, 185 Capodimonte Observatory, Naples, II, 186	1	1				46	1782	1782			Capodimonte Observatory, Naples,	Stevenson (1921)
6	9	9	Adams, George, Jr. (fl. 1750-95), II, 185 Classense Library Ravenna, II, 186	1	1				46	1782	1782			Classense Library Ravenna,	Stevenson (1921)
6	8	8	Adams, George, Jr. (fl. 1750-95), II, 185 Episcopal Seminary, Padua, II, 186	1					46	1782	1782			Episcopal Seminary, Padua,	Stevenson (1921)
6	6	6	Adams, George, Jr. (fl. 1750-95), II, 185 Royal Library Madrid, II, 186	1					46	1782	1782			Royal Library Madrid	Stevenson (1921)
6	5	5	Adams, George, Jr. (fl. 1750-95), II, 185 University Library Bologna, II, 186	1					46	1782	1782			University Library Bologna,	Stevenson (1921)
6	3182	GLB0220	Dunn, Samuel Celestial globe gores London, England		0			40 x 58	13	1782	1782	1	1	NMM	Description in object details
6	3193	GLB0218	Dunn, Samuel Celestial globe gores London, England		0			20 x 49	13	1782	1782			NMM	Description in object details
6	327	327	Ferguson, James (1710-1776), II, 168. Communal Library, Palermo, II, 171	1	1				7	1782	1782			Communal Library, Palermo	Stevenson (1921)
6	324	324	Ferguson, James (1710-1776), II, 168. Harvard University Library, Cambridge, II, 171	1	1				7	1782	1782			Harvard University Library, Cambridge	Stevenson (1921)
6	325	325	Ferguson, James (1710-1776), II, 168. Karl Hiersemann. Leipzig	1	1				7	1782	1782			Karl Hiersemann. Leipzig	Stevenson (1921)
6	328	328	Ferguson, James (1710-1776), II, 168. Meteorological Observatory, Syracuse, II, 171	1	1				7	1782	1782			Meteorological Observatory, Syracuse	Stevenson (1921)
6	326	326	Ferguson, James (1710-1776), II, 168. The Hispanic society of America, New York, II, 169	1	1				7	1782	1782			The Hispanic society of America, New York	Stevenson (1921)
6	927	927	William Bardin(c.1740-98) Cartouche of Ferguson's terrestrial globe, published by William Bardin (Dia. 12in/31cm, London, 1782)	1					31	1782	1782			Private collection	Dekker and Krogt (1993) 114

6	3139	GLB0029	Palmer, William and Newton, John Terrestrial and celestial pocket globe London, England	1	1			7.6	7	1783	1783	1	1	NMM	Description in object details
6	3259	GLB0169	Bardin, William and Wright, Gabriel Terrestrial table globe. London, England	1				34.5 x 32.5	23	1783	1783			NMM	Description in object details
6	929	929	John Newton Hill's pocket globe later edition by John Newton (Dia. 3in/ 7cm, London, 1783)	1					7	1783	1783			Private collection ?	Dekker and Krogt (1993) 115
6	935	935	John Newton (1759-1844) Newton's first globe (pocket globe) of Newton's globes London 1783 using Hill's copper plate from 1754	1	1				7	1783	1783				Dekker and Krogt (1993) 118
1	693	693	Viani, Mattio di Venezia (fl. 1780), II, 188. Astronomical Museum, Rome, II, 190	1					20	1784	1784			Astronomical Museum, Rome	Stevenson (1921)
1	692	692	Viani, Mattio di Venezia (fl. 1780), II, 188. Episcopal Seminary, Rimini, II, 190	1					20	1784	1784			Episcopal Seminary, Rimini	Stevenson (1921)
1	691	691	Viani, Mattio di Venezia (fl. 1780), II, 188. Library Sr. Fenaroli, Brescia, II, 190	1					20	1784	1784			Library Sr. Fenaroli, Brescia	Stevenson (1921)
1	689	689	Viani, Mattio di Venezia (fl. 1780), II, 188. Roberti Tipografia, Bassano, II, 190	1					20	1784	1784			Roberti Tipografia, Bassano	Stevenson (1921)
1	690	690	Viani, Mattio di Venezia (fl. 1780), II, 188. Studio Sr. Bortognoni, Bologna, II, 190	1					20	1784	1784			Studio Sr. Bortognoni, Bologna	Stevenson (1921)
5	615	615	Scaltaglia, Pietro (fl.1780), II, 188. Astronomical Museum, Rome, II, 189		1				23	1784	1784			Astronomical Museum, Rome	Stevenson (1921)
5	612	612	Scaltaglia, Pietro (fl.1780), II, 188. Communal Library, Brescia, II, 189	1					23	1784	1784			Communal Library, Brescia	Stevenson (1921)
5	614	614	Scaltaglia, Pietro (fl.1780), II, 188. Communal Library, Cagli, II, 189	1					23	1784	1784			Communal Library, Cagli	Stevenson (1921)
5	613	613	Scaltaglia, Pietro (fl.1780), II, 188. Episcopal Seminary, Brescia, II, 189		1				23	1784	1784			Episcopal Seminary, Brescia	Stevenson (1921)
5	611	611	Scaltaglia, Pietro (fl.1780), II, 188. Eredita Bottrigari, Bologna, II, 189		1				23	1784	1784			Eredita Bottrigari, Bologna	Stevenson (1921)
5	610	610	Scaltaglia, Pietro (fl.1780), II, 188. Roberti Tipografia, Bassano, II, 189	1					23	1784	1784			Roberti Tipografia, Bassano	Stevenson (1921)
81	99999	99999	Anonymous The Japanese star globe and historical astronomy		1				9999	1784	1784			Whipple Museum of the History of Science, Cambridge Uni.	http://www.hps.cam.ac.uk/whipple/explore/globes/japanesestarglobe/
5	274	274	Delamarche, Charles François (1740-1817), II, 190 Patriarchal Observatory, Venice, II, 190	1					48	1785	1785			Patriarchal Observatory, Venice	Stevenson (1921)
6	3267	GLB0168	Petrus Plancius, Petrus and Bardin, William and Wright, Gabriel Celestial table globe. London, England		1			34.5 x 32.2	23	1785	1785			NMM	Description in object details
9	984	984	The commission of instituting people's schools' St. Petersburg Workshops attached to the commission of instituting people's schools' St. Petersburg 8in (20cm) 1785-86	1	1				20	1785/ 1786	1785				Dekker and Krogt (1993) 153
5	99999	99999	Edme Mentelle (1730-1815) and Jean Tobie Mercklein Mentelle's terrestrial & celestial globe, commissioned from Edme Mentelle by King Louis XVI for the Dauphin's education in 1786	1	1			227 x 146	86 101	1786	1786			Château de Versailles	http://www. pinterest.com/olilag/ instrumenta/ http://sciences.chateauversailles.fr/index.php?option=com_content&view=article&id=154&Itemid=476_&lang=en
5	1035	1035	Charles-François Delamarche (1740-1817), terrestrial globe of 9.5in/ 24cm diameter, 1787) this terrestrial globe is fitted inside of Armillary sphere.	1					24	1787	1787			private collection, Vienna	Dekker and Krogt (1993) 63
6	562	562	Newton, George (fl. 1780). Astronomical Observatory, Padua	1	1				38	1787	1787			Astronomical Observatory, Padua	Stevenson (1921)
6	924	924	Dudley Adams Pair of 18in (46cm) globes by George Adams in the 2nd edition by Dudley Adams (Dia. 18in/ 46cm, London 1789)	1	1				46	1789	1789			private collection	Dekker and Krogt (1993) 110-111
1	3204	GLB0145	Cassini, Giovanni Maria Terrestrial table globe. Rome, Italy	1				47.8 x 49.5	33.4	1790	1790	1	1	NMM	Description in object details
1	196	196	Cassini, Giovanni Maria (fl. 1790), II, 192 Episcopal Seminary, Vigevano	1					34	1790	1790			Episcopal Seminary, Vigevano	Stevenson (1921)
1	194	194	Cassini, Giovanni Maria (fl. 1790), II, 192 Astronomical Museum, Rome	1					34	1790	1790			Astronomical Museum, Rome	Stevenson (1921)
1	188	188	Cassini, Giovanni Maria (fl. 1790), II, 192 Cathedral Library, Perugia	1					34	1790	1790			Cathedral Library, Perugia	Stevenson (1921)
1	185	185	Cassini, Giovanni Maria (fl. 1790), II, 192 Communal Library, Crevalcuore	1					34	1790	1790			Communal Library, Crevalcuore	Stevenson (1921)
1	179	179	Cassini, Giovanni Maria (fl. 1790), II, 192 Communal School, Ancona	1					34	1790	1790			Communal School, Ancona	Stevenson (1921)
1	192	192	Cassini, Giovanni Maria (fl. 1790), II, 192 Episcopal Seminary, Rimini	1					34	1790	1790			Episcopal Seminary, Rimini	Stevenson (1921)
1	181	181	Cassini, Giovanni Maria (fl. 1790), II, 192 Liceum Arpino	1					34	1790	1790			Liceum Arpino	Stevenson (1921)
1	183	183	Cassini, Giovanni Maria (fl. 1790), II, 192 Maletesta Library, Cesena	1					34	1790	1790			Maletesta Library, Cesena	Stevenson (1921)
1	190	190	Cassini, Giovanni Maria (fl. 1790), II, 192 Nautical Institute, Palermo	1					34	1790	1790			Nautical Institute, Palermo	Stevenson (1921)

3	144	144	Bode, Johann Elert (1747-1826) German National Museum, Nürnberg		1			32	1790	1790			German National Museum, Nürnberg	Stevenson (1921)
3	917	917	Doppelmayr cartouche with portraits of discoveres on the terrestrial globe by Doppelmayr 12½/ 32cm, edition ca.1790	1				32	ca. 1790	1790			Deutsches Museum, Munich	Dekker and Krogt (1993) 102 103
3	909	909	Johann Elert Bode (1747-1826) Celestial globe by Johann Elert Bode (1747-1826) 12in/ 31cm, Nürnberg 1790		1			31	1790	1790			private collection, Vienna	Dekker and Krogt (1993) 94
3	988	988	Johann Elert Bode (1747-1826) Celestial globe by Johann Elert Bode (1747-1826) Diam. 12in/31cm, Nürnberg 1790		1			31	1790	1790			private collection Vienna	Dekker and Krogt (1993) 94
3	912	912	Johann Georg Klinger (1764-1806) the first pair of globes by Johann Georg Klinger (1764-1806) 12½/ 32cm, Nürnberg 1790 celestial globe	1	1			32	1790	1790			Rijkmuseum, Amsterdam	Dekker and Krogt (1993) 96, 97
3	493	493	Klinger, Johann George (fl. 1790). Hiersemann, Karl, Leipzig (Cat. 483)		1			32	1790	1790			Hiersemann, Karl, Leipzig	Stevenson (1921)
5	342	342	Fortin, Jean (1750-1831), II, 184, see reference in text, II, 184	1				9999	9999	**1790**				Stevenson (1921)
5	99999	99999	Jean Lattre (fl. 1742 - 1793), engraver and map publisher, who had issued the terrestrial globe designed by hydrographer Rigobert Bonne (1727-1795) and the celestial one by the astronomer Joseph de Lalande (1732-1807)	1	1				ca. 1790	1790				Monique Pelletier (1987)
3	974	974	Friedrich Justin Bertuch (1747-1822) The Geograpisches Institute Weimar set up by Friedrich Justin Bertuch in 1791					9998	1791	1791				Dekker and Krogt (1993) 149
3	903	903	Wolfgang Paul Jenig (d. 1805) reedited a pair of globes of Johann Gabriel Doppelmayr and Georg Puschner I (1680-1749) 12½ in/ 32cm, Nürnberg 1791	1	1			32	1791	1791				Dekker and Krogt (1993) 92, christee's images
5	1049	1049	Delamarche Celestial globe by Delamarche (Dia. 7in/ 18cm, Paris, 1791)		1			18	1791	1791			Universiteitsmuseum, Groningen	Dekker and Krogt (1993) 84
5	278	278	Delamarche, Charles François (1740-1817), II, 190 Charles Albert Liceum, Novara, II, 190	1	1			18	1791	1791			Charles Albert Liceum, Novara	Stevenson (1921)
5	276	276	Delamarche, Charles François (1740-1817), II, 190 Hiersemann, Karl, Leipzig (Cat.483)	1	1			18	1791	1791			Hiersemann, Karl, Leipzig	Stevenson (1921)
5	275	275	Delamarche, Charles François (1740-1817), II, 190 Mission Brothers Convent, Chieri, II, 190		1			18	1791	1791			Mission Brothers Convent, Chieri	Stevenson (1921)
5	277	277	Delamarche, Charles François (1740-1817), II, 190 National Library, Milan, II, 190	1	1			18	1791	1791			National Library, Milan	Stevenson (1921)
5	279	279	Delamarche, Charles François (1740-1817), II, 190 Nautical Institute, Palermo, II, 190	1				18	1791	1791			Nautical Institute, Palermo	Stevenson (1921)
5	280	280	Delamarche, Charles François (1740-1817), II, 190 Palace Sr. Scaramucci, S. Maria a Monte, II, 191			1		9999	1791	1791			Palace Sr. Scaramucci, S. Maria a Monte	Stevenson (1921)
5	282	282	Delamarche, Charles François (1740-1817), II, 190 Patriarchal Observatory, Venice	1				18	1791	1791			Patriarchal Observatory, Venice	Stevenson (1921)
5	281	281	Delamarche, Charles François (1740-1817), II, 190 Physics Museum, Siena, II, 190	1				30	1791	1791			Physics Museum, Siena	Stevenson (1921)
6	3271	GLB0001	Cary, John and Cary, William Cary terrestrial pocket globe London, England	1			9	8	1791	1791	1	1	NMM	Description in object details
6	932	932	John and William Cary first globes 1791/ pair of 12in (31cm) globe	1	1			9998	1791	1791				Dekker and Krogt (1993) 118
1	186	186	Cassini, Giovanni Maria (fl. 1790), II, 192 Communal Library, Crevalcuore		1			34	1792	1792			Communal Library, Crevalcuore	Stevenson (1921)
1	184	184	Cassini, Giovanni Maria (fl. 1790), II, 192 Maletesta Library, Cesena		1			34	1792	1792			Maletesta Library, Cesena	Stevenson (1921)
1	195	195	Cassini, Giovanni Maria (fl. 1790), II, 192 Astronomical Museum, Rome		1			34	1792	1792			Astronomical Museum, Rome	Stevenson (1921)
1	189	189	Cassini, Giovanni Maria (fl. 1790), II, 192 Cathedral Library, Perugia		1			34	1792	1792			Cathedral Library, Perugia	Stevenson (1921)
1	187	187	Cassini, Giovanni Maria (fl. 1790), II, 192 Collection John Wanamaker, New York	1	1	1		34	1792	1792			Collection John Wanamaker, New York	Stevenson (1921)
1	180	180	Cassini, Giovanni Maria (fl. 1790), II, 192 Communal School, Ancona		1			34	1792	1792			Communal School, Ancona	Stevenson (1921)
1	193	193	Cassini, Giovanni Maria (fl. 1790), II, 192 Episcopal Seminary, Rimini		1			34	1792	1792			Episcopal Seminary, Rimini	Stevenson (1921)
1	197	197	Cassini, Giovanni Maria (fl. 1790), II, 192 Episcopal Seminary, Vigevano		1			34	1792	1792			Episcopal Seminary, Vigevano	Stevenson (1921)
1	182	182	Cassini, Giovanni Maria (fl. 1790), II, 192 Liceum Arpino		1			34	1792	1792			Liceum Arpino	Stevenson (1921)
1	191	191	Cassini, Giovanni Maria (fl. 1790), II, 192 Nautical Institute, Palermo		1			34	1792	1792			Nautical Institute, Palermo	Stevenson (1921)
1	1038	1038	Giovanni Maria Cassini (ca.1745-1824) Gores of the celestial globe by Giovanni Maria Cassini (Dia. 13in/ 33cm, Rome, 1792)		0			33	1792	1792			Staatsbibliothek, Berlin	Dekker and Krogt (1993) 66-67
3	910	910	Daniel Friedrich Sotzmann (1754-1840) for complement the celestial globe (Bode, 1790), terrestial globe was designed by daniel Friedrich Sotzmann (1754-1840) Nürnberg	1				9998	1792	1792				Dekker and Krogt (1993) 94, 95

3	913	913	Johann Georg Klinger (1764-1806) terrestrial globe designated by Johann Wolfgang Müller (1765-1828) 12½/ 32cm, Nürnberg 1792	1					/ 32	1792	1792			Rijkmuseum, Amsterdam	Dekker and Krogt (1993) 96, 97
3	3338	GLB0148	Klinger, Johann Georg Terrestrial table globe Nuremburg, Germany	1				53.5 x 49.8	31.7	1792	1792			NMM	Description in object details
3	494	494	Klinger, Johann George (fl. 1790). Hiersemann, Karl, Leipzig (Cat.483)	1					32	1792	1792			Hiersemann, Karl, Leipzig	Stevenson (1921)
3	492	492	Klinger, Johann George (fl. 1790). History museum, Frankfurt	1					25	1792	1792			History museum, Frankfurt	Stevenson (1921)
1	599	599	Rosa, Vincenzo (fl. 1790), II, 191. Foscolo Liceum, Pavia	1					98	1793	1793			Foscolo Liceum, Pavia	Stevenson (1921)
1	598	598	Rosa, Vincenzo (fl. 1790), II, 191. University Library, Pavia, II, 192	1					98	1793	1793			University Library, Pavia	Stevenson (1921)
6	3217	GLB0009	Miller, John Terrestrial and celestial pocket globe Lothian, Edinburgh, Scotland	1	1			9	7.6	1793	1793	1	1	NMM	Description in object details
6	628	628	Senex, John (fl. 1740), II, 150. National Library, Paris, II, 151	1	1				40	1793	1793			National Library, Paris	Stevenson (1921)
6	627	627	Senex, John (fl. 1740), II, 150. Royal Library, Madrid, II, 152	1					40	1793	1793			Royal Library, Madrid	Stevenson (1921)
6	626	626	Senex, John (fl. 1740), II, 150. British Museum, London, II, 152	1					40	1793	1793			British Museum, London	Stevenson (1921)
9	985	985	The commission of instituting people's schools' St. Petersburg Workshops attached to the commission of instituting people's schools' St. Petersburg, 16in (41cm) 1793	1	1				41	1793	1793				Dekker and Krogt (1993) 153
5	4044	BnF ID Ge A 1473	Dupuis (Charles François) Celestial globe, Paris		1			53	21	1795	1795		1	BnF	BnF's data base
6	3332	GLB0051	Adams, Dudley Terrestrial and celestial pocket globe London, England	1	1			8.5	7.6	ca 1795	1795	1	1	NMM	Description in object details
6	3305	GLB0042	Adams, Dudley Terrestrial miniature globe London, England	1				9.5	7.6	ca 1795	1795	1	1	NMM	Description in object details
6	3186	ZBA0130	Bardin, William and Wright, Gabriel Terrestrial instruction globe London, England	1				40 x 44 x 30.4	30.4	ca 1795	1795			NMM	Description in object details
9999	155	155	Bühler, James A. (fl.1790) Hiersemann, Karl, Leipzig (Cat. 483)	1					10	1795	1795			Hiersemann, Karl, Leipzig	Stevenson (1921)
6	1	1	Adams, Dudly (fl. 1797), II, 185 American Antiquarian Society, Worcester, II, 186	1	1				46	1797	1797			American Antiquarian Society, Worcester	Stevenson (1921)
6	2	2	Adams, Dudly (fl. 1797), II, 185 American Geographical Society, New York, II, 186	1	1				46	1797	1797			American Geographical Society, New York	Stevenson (1921)
6	3224	GLB0140	Russell, John Selenographia London, England (a sort of lunarium; it eqipes with a large lunar sphere and a small terrestrial sphere.)				1	50.4 x 34.0 x 45.3	30	1797	1797			NMM	Description in object details
3	3056	GLB0047	Landes Industrie Comptoir (1804-) Terrestrial miniature globe Weimer, Germany	1				18.8 x 13.7 x 13.7	10.4	1798	1798	1	1	NMM	Description in object details
3	974	974	The Geograpisches Institute Weimar The first 4-inch (10cm) terrestrial globe designed Franz Ludwig Guessefeld (1744-1808)	1					10	1798	1798				Dekker and Krogt (1993) 149
6	177	177	Cary, William (1759-1825), II, 194. Astronomical Museum, Rome, II, 194	1	1				54	1799	1799			Astronomical Museum, Rome	Stevenson (1921)
6	174	174	Cary, William (1759-1825), II, 194. British Museum, London	1					54	1799	1799			British Museum	Stevenson (1921)
6	178	178	Cary, William (1759-1825), II, 194. Library Count Vespignani, Rome	1	1				54	1799	1799			Library Count Vespignani, Rome	Stevenson (1921)
6	173	173	Cary, William (1759-1825), II, 194. Library Lorenzo Novella, Loano	1	1				54	1799	1799			Library Lorenzo Novella, Loano	Stevenson (1921)
6	175	175	Cary, William (1759-1825), II, 194. Library Vittorio Bianchini, Macerata, II, 194	1	1				54	1799	1799			Library Vittorio Bianchini, Macerata	Stevenson (1921)
6	176	176	Cary, William (1759-1825), II, 194. Library Vittorio Bianchini, Macerata, II, 194 (2 copies)		1				54	1799	1799			Library Vittorio Bianchini, Macerata	Stevenson (1921)
6	172	172	Cary, William (1759-1825), II, 194. Western Reserve Historical Society, Cleveland		1				54	1799	1799			Western Reserve Historical Society, Cleveland	Stevenson (1921)
3	3073	GLB0201	Klinger, Johann Georg Terrestrial hand globe Nuremburg, Germany	1				7.9 x 8.0 x 8.0	5.8	ca 1800	1800	1	1	NMM	Description in object details
3	3214	GLB0017	Klinger, Johann Georg (1764-1806) Terrestrial hand globe Nuremburg, Germany	1				60 x 55	4.3	ca 1800	1800			NMM	Description in object details
5	3306	GLB0249	Unknown Terrestrial pocket globe France	1				8.5	7.5	ca 1800	1800			NMM	Description in object details
6	3134	GLB0070	Bardin Celestial table globe London, England		1			45.6 x 43.3	30.5	ca 1800	1800			NMM	Description in object details
6	3135	GLB0166	Bardin, William and Bardin, Thomas Marriott Celestial table globe London, England		1			65.1 x 62.2	46	ca 1800	1800			NMM	Description in object details
6	3243	GLB0094	Bardin, William and Wright, Gabriel Celestial table globe. London, England		1			34.5 x 32.2	23	ca 1800	1800			NMM	Description in object details
6	3298	GLB0093	Bardin, William and Wright, Gabriel Terrestrial table globe London, England	1				34.5 x 32.2	23	ca 1800	1800			NMM	Description in object details

6	934	934	John Newton (1759-1844) Pair of Newton's globes (Dia. 15in/ 38cm, early 19C)	1	1				38	early 19C	**1800**				Dekker and Krogt (1993) 118-9
6	3239	GLB0010	West Terrestrial and celestial pocket globe. London, England	1	1			8	7	ca 1800	1800	1	1	NMM	Description in object details
9999	40	40	Anonymous Anonymous The Hispanic Sociaty of America, New York, II, 192	1					21	1800	1800			The Hispanic Sociaty of America, New York	Stevenson (1921)
6	938	938	James Kirkwood and Sons (fl.1774-1824) a pair of globes by James Kirkwood and Sons (fl.1774-1824) first pair of globes Edinburgh 1804, 1806	1	1				9998	1804/ 1806	1804				Dekker and Krogt (1993)
9	1050	1050	Åkerman's workshop <Carl Fredrik Akrel (1779-1862)> After his father's death in 1804, his son, Carl secceeded the workshop.						9998	1804	1804				Dekker and Krogt (1993) 85
9	1051	1051	Anders Åkerman Cartouche of the 12-inch terrestial globe from Åkerman's workshop (Stockholm, 1804)	1					31	1804	1804				Dekker and Krogt (1993) 87
5	3257	GLB0117	Delamarche, Charles-François Celestial table globe. Paris, France		1			56.3 x 41.7	32.2	ca 1805	1805			NMM	Description in object details
5	3262	GLB0116	Delamarche, Charles-François Terrestrial table globe. Paris, France	1				59.3 x 47.0	32.2	ca 1805	1805	1	1	NMM	Description in object details
5	99999	99999	Delamarche, Charles-François proposed the pair of 18 inch globes in his catalogue.	1	1				47.5	1806	1806				Monique Pelletier (1987)
6	3133	GLB0195	Bardin Terrestrial table globe London, England	1				46.0 x 43.4	30.4	1807	1807			NMM	Description in object details
3	910	910	Daniel Friedrich Sotzmann (1754-1840) terrestial globe by daniel Friedrich Sotzmann (1754-1840) 12in/ 31cm, Nürnberg 1808	1					31	1808	1808			Staatbibliothek, Berlin	Dekker and Krogt (1993) 99,94
5	1044	1044	Charles-François Delamarche (1740-1817) Pair of 7in(18cm) globe by Charles-François Delamarche (1740-1817) I box with parts of a multi-functional planetarium (1808)	1	1		1		18	1808	1808			Universiteitsmuseum, Groningen	Dekker and Krogt (1993) 78
5	4045	BnF ID Ge A 296	Delamarche (Charles François) Terrestrial globe, Paris	1				9999	18.2	1808	1808		1	BnF	BnF's data base
6	3207	GLB0200	Adams, Dudley Terrestrial and celestial pocket globe London, England	1	1			7.5	8.4	ca 1808	1808	1	1	NMM	Description in object details
6	3255	GLB0208	Patrick, Thomas Terrestrial and celestial pocket globe. London, England	1	1			9	7.6	1808	1808	1	1	NMM	Description in object details
3	3312	GLB0048	Bauer, Johann Bernard Terrestrial and celestial miniature globe Nuremburg, Germany (Terrestrial sphere diam: 5.5cm Celestial sphere diam: 6.7cm)	1	1			10.5 x 9.0	5.5	ca 1810	1810	1	1	NMM	Description in object details
3	973	973	The Geograpisches Institute Weimar pair of globes from the Geograpisches Institute Weimar (Dis. 31cm, Weimar) The 1 foot (31cm) globes, first time 1810	1	1				31	1810	1810				Dekker and Krogt (1993) 149
5	99999	99999	Jean-Baptiste Poirson (1760-1831) collaborated on the big manuscript globe constructed in 1810 by Edme Mentelle, book-seller, at Napoleon's request.	*1*					99.1	1810	1810				Monique Pelletier (1987)
6	932	932	John and William Cary Pair of table globes by John and William Cary (Dia. 12in/31cm, London, 1816/1810)	1	1				31	1810	1810			Trevor Philip & Sons LTD, London	Dekker and Krogt (1993) 118
7	55020	55020	James Wilson (1763-1855) Terrestrial globe the first edition, Bradford	1					33	1810	1810		1		Leroy E. Kimball (1938) James Wilson of Vermont, America's first globe maker. Procs American Antiquarian Society, Vol. 48, 29-48.
7	55030	55030	James Wilson (1763-1855) Title of the 'New American Terrestrial globe' by James Wilson, Bradford	1					33	1811	1811		1	National Museum of American History , Washington D. C.	Leroy E. Kimball (1938) Procs American Antiquarian Society, Vol. 48, 29-48.
6	99999	99999	Mrs Johnstone's dissected paper globe, made the year before Mogg's celestial sphere, London	1						1812	1812				Whipple Museum
6	99999	99999	Mrs Johnstone dissected terrestrial globe	1					9999	1812	1812			Whipple Museum of the History of Science, Cambridge Uni.	http://www.hps.cam.ac.uk/whipple/explore/globes/dissectablepaperglobes/
7	55040	55040	James Wilson (1763-1855) Bradford		1			18in (45.7)	33	1812	1812		1		Leroy E. Kimball (1938) Procs American Antiquarian Society, Vol. 48, 29-48.
6	99999	99999	Edward Mogg made a celestial sphere which was made of interlocking cardboard plates, rather than being 3-D globes, London		1					1813	**1813**				Whipple Museum
6	99999	99999	Edward Mogg a 'celestial sphere		1				9999	1813	1813			Whipple Museum of the History of Science, Cambridge Uni.	http://www.hps.cam.ac.uk/whipple/explore/globes/dissectablepaperglobes/

2	992	992	Franz Leopold Schöninger (1790-1877) a terrestrial globe 9in (23cm) 1815. this globe's production was commissioned by Joseph Schreyvogel.	1					23	1815	1815				Dekker and Krogt (1993) 157
5	3276	GLB0114	Langlois, Hyacinthe and Lapie, Pierre Terrestrial table globe Paris, France	1				52.0 x 4.25	27	1815	1815			NMM	Description in object details
6	942	942	Cary Cary's celestial globe (Dia. 21in/ 53.5cm, London, 1815)		1				53.5	1815	1815			Universiteitsmuseum, Utrecht	Dekker and Krogt (1993) 122
6	932	932	John and William Cary Pair of table globes by John and William Cary (Dia. 2in/31cm), London, 1816/1810)	1	1				31	1816	1816			Trevor Philip & Sons LTD, London	Dekker and Krogt (1993) 118
6	3059	GLB0058	Newton Terrestrial and celestial pocket globe London, England,	1	1			9.9	7.6	1816	1816	1	1	NMM	Description in object details
5	99999	99999	Jean-Baptiste Poirson (1760-1831) published celestial globe in Paris in 1817 (31 cm diameter on 71 cm height).		1			H:71	31	1817	1817			La Société de Géographie	http://www.socgeo.org/bibliotheque/globes-et-cartes/
5	4046	BnF ID Sg globe n° 12	Poirson (Jean-Baptiste) Celestial globe, Paris		1			71	31	1817	1817		1	BnF	BnF's data base
6	942	942	Cary Cary's celestial globe without constellation figures (Dia. 18in/ 46cm , London, 1817)		1				46	1817	1817			private collection, Amsterdam	Dekker and Krogt (1993) 123
6	933	933	John and William Cary globes in four sizes:9, 23, 31, and 53.5cm plus a new pair of 18in (46cm) globe, London 1817	1	1				9, 23, 31, 53.5 and 46	1817	1817				Dekker and Krogt (1993) 118
6	937	937	Kirkwood and Alexander Donaldson (fl.1799-1828) A nw edition of the Celestial globe by Kirkwood and Donaldson (Dia. 12in/ 31cm, Edinburgh 1818) This gorews were lost in the1824's fire.		1				31	1818	1818			Royal Observatory, Edinburgh	Dekker and Krogt (1993)
5	99999	99999	Aimé André, book-seller gave out a developped notice on the terrestrial globe of Jean-Baptiste Poirson (1760-1831)	1					34 ??	1820	1820				Monique Pelletier (1987)
7	55140	55140	Annin & Smith Boston	*1*						1820s-1831	1820				georgeglazer.com/globes/globeref/globemakers.
7	944	944	James Wilson and Co. Pair of 3-inch globes by James Wilson and Co. (Albany, ca. 1820)	1	1				7.6	ca. 1820	1820				Dekker and Krogt (1993) 125
5	99999	99999	Hyacinthe Langois terrestrial globes --. 18, 14, 19, 8, and 6 inches	1					45.7, 35.6, 48, 20, 15	ca. 1821	1821				Monique Pelletier (1987)
2	975	975	Joseph Jüttner (1775-1848) and Franz Lettany (1793-1863) Celestial globe (a pair of globes by Joseph Jüttner and Franz Lettany Dia. 12in/ 31cm, Prague, 1822-24)		1				31	1822-1824	1822			Osterreichische Nationalbibliotek, vienna	Dekker and Krogt (1993) 150
5	4047	BnF ID Ge A 1477	Selves (de) Terrestrial globe, Paris	1				27	15	1822	1822		1	BnF	BnF's data base
7	953	953	Elizabeth Mount(1800-1830) Terrestrial globe Elizabeth Mount geographical and astronomical data on silk covered globe: terrestrial globe by Elizabeth Mount 1820	1	1			72.5	51	ca.1820 1822	1822			Yale University Art Gallery, New Haven	Dekker and Krogt (1993) 133 http://artgallery.yale.edu/collection/search/terrestrial%20globe
7	55070	55070	James Wilson (1763-1855) Bradford	1	1				3in (7.6)	1822	1822		1		Leroy E. Kimball (1938) Procs American Antiquarian Society, Vol. 48, 29-48.
7	55390	55390	James W. Gardner Cummings, Hilliard & Co., published Gardner's 12 inches terrestrial globe in 1829. Boston	1	1				30.5	1823	1823				Deborah Jean Warner (1987): Rittenhouse Jour. of the Amer. Sci. Instr. Enterprise. 2 (3), 88-103.
2	987	987	Tranquillo Mollo (1767-1837) Terrestial globe by Tranquillo Mollo (1767-1837) Vienna	1					21	1824	1824				Dekker and Krogt (1993) 154, 155
6	3888	GLB0173	Muller, William and Cary, John and William Cosmosphere (AST1063) London, England	1			1	48.4 x 24.3 x 24.3	9999	1824	1824	1	1	NMM	Description in object details
7	55080	55080	James Wilson (1763-1855) Bradford	1					7.6	1824	1824		1		Leroy E. Kimball (1938) Procs American Antiquarian Society, Vol. 48, 29-48.
2	986	986	Tranquillo Mollo (1767-1837) Celestial globe by Tranquillo Mollo (Dia. 8in/ 21cm, Vienna, 1825)		1				21	1825	1825			Universitaetsbibliothek, Vienna	Dekker and Krogt (1993) 155
3	914	914	Carl Bauer (1752-1839) small terrestrial globe with box and prints by Carl Bauer (1752-1839) 2in/ 4.3cm, Nürnberg c. 1825	1					4.3	ca. 1825	1825			Universiteitsmuseum, Utrecht	Dekker and Krogt (1993) 98
6	3062	GLB0066	Cary, John (1754-1835) Cary, William Celestial miniature globe London, England		1			9.5	8	ca 1825	1825			NMM	Description in object details
7	55380	55380	James W. Gardner		1				10.2	1825	1825				Deborah Jean Warner (1987): Rittenhouse Jour. of the Amer. Sci. Instr. Enterprise. 2 (3), 88-103.

2	988	988	Tranquillo Mollo (1767-1837) two small pair of globes by Tranquillo Mollo (1767-1837) Vienna in the next few years after 1825, (Diam. 5 and 4 in/ 14 and 10.5cm)	1	1				10.5, 14	c. 1827	1827				Dekker and Krogt (1993) 155
6	3011	GLB0242	Cary, John (1754-1835) & Cary, William Terrestrial floor globe London, England	1				112 x 62	45.8	1827	1827	1	1	NMM	Description in object details
7	55090	55090	James Wilson (1763-1855) Bradford	1	1					1827	1827				Leroy E. Kimball (1938) Procs American Antiquarian Society, Vol. 48, 29-48.
7	55400	55400	James W. Gardner David Felt Stationer's Hall published Gardner's 12 inches celestial globe in 1829. New York and Boston, and Hilliard Gray & Co., Boston also issued it.		1				12in (30.5)	1829	1829				Deborah Jean Warner (1987): Rittenhouse Jour. of the Amer. Sci. Instr. Enterprise. 2 (3), 88-103.
6	3058	GLB0054	Newton Son & Berry Terrestrial and celestial pocket globe London, England	1	1			10	7.6	ca 1830	1830	1	1	NMM	Description in object details
6	3019	GLB0230	Pocock, George Terrestrial inflatable globe Bristol, North Somerset, England	1				12 x 29	120	1830	1830		1	NMM	Description in object details
7	55480	55480	Daniel Haskel (1784-1848) New York School Apparatus Co	1					12.7, 7.6, 6.4	ca. 1830	1830				Deborah Jean Warner (1987): Rittenhouse Jour. of the Amer. Sci. Instr. Enterprise. 2 (3), 88-103.
3	973	973	Carl Ferdinand Weiland (1782-1847, Geograpisches Institute Weimar) The 1831 edition of 1 foot (31cm) globes supervised by Carl Ferdinand Weiland in 1831	1	1				31	1831	1831			Osterreichische Nationalbibliotek, vienna	Dekker and Krogt (1993) 149
3	3129	GLB0203	Cella, Philipp Terrestrial inflatable globe Munich, Germany	1				10 x 40 x 31	114	1831	1831			NMM	Description in object details
3	920	920	Johann Paul Dreykorn (1805-75) acquired J. G. Klinger's Kunsthandlung in 1831.						9998		1831				Dekker and Krogt (1993) http://www.christies.com/lotfinder/LotDetailsPrintable.aspx?intObjectID=834063
7	55050	55050	James Wilson (1763-1855)	1	1				33	1831	1831		1	Bradford	Leroy E. Kimball (1938) Procs American Antiquarian Society, Vol. 48, 29-48.
7	55150	55150	Pendleton's Lithography (a publisher of maps and globes)	*1*						1831	1831				georgeglazer.com/globes/globeref/globemakers.
3	919	919	Carl Abel of J.G. Klinger's Kunsthandlung Terrestrial globe (Dutch edition) in a box by Carl Abel of J. G. Klinger's 'Kunsthandlung 3 and 4in/ 7.5, 10cm	1					7.5, 10	1832	1832			Universiteitsmuseum, Utrecht	Dekker and Krogt (1993) 106
5	99999	99999	Benoit, publisher at Troyes, proposed a 4 feet "globe aérophyse" in parchment- paper	1					121.9	1833	1833				Monique Pelletier (1987)
5	99999	99999	Lapie, Pierre Lapie's 14 inch globes of 1833	1					35.6	1833	1833				Monique Pelletier (1987)
5	99999	99999	Schmidt, a publisher of Strasbourg Schmidt, a publisher of Strasbourg presented "Globe aérophyse"	1					45.7	1833	1833				Monique Pelletier (1987)
6	3277	GLB0040	Adams Terrestrial and celestial pocket globe London, England	1	1			8.5	7.6	after 1833	*1833*			NMM	Description in object details
6	3095	GLB0012	Lane N. Terrestrial and celestial pocket globe London, England	1	1			85	7.5	after 1833	*1833*	1	1	NMM	Description in object details
6	3051	GLB0015	Newton & Son Terrestrial hand globe London, England					110 x 100	7.6	after 1833	1833	1	1	NMM	Description in object details
7	945	945	Josiah Loring (1775-ca.1840) and Gilman Joslin (1804-1886) Pair of 12-inch globes by Josiah Loring (Boston ca. 1870 and 1833)	1	1				31	ca. 1870 and 1833	1833			Trevor Philip&Sons LTD, London	Dekker and Krogt (1993) 126 wick-antiques.co.uk
5	4048	BnF ID Ge A 1405	Delamarche (Charles François) Terrestrial globe, Paris	1				39	18	1834	1834		1	BnF	BnF's data base
6	3061	GLB0061	Charles Smith & Son Terrestrial and celestial pocket globe London, England	1	1			10.5	9.6	1834	1834	1	1	NMM	Description in object details
6	3097	GLB0011	Charles Smith & Son Terrestrial and celestial pocket globe London, England	1	1			105	9.6	1834	1834	1	1	NMM	Description in object details
4	3085	GLB0132	Vandermaelen, Philippe Terrestrial floor globe Low Countries	1				132.5 x 113.0	80	1835	1835		1	NMM	Description in object details
7	952	952	Cyrus Lancaster (ca.1802-1862) title of Wilson's 'New thirteen-Inch Celestial Globe by Cyrus Lancaster (Albany, 1835) (Original Globe by Wilson, from 1812)		1				33	1835	1835			Washington D.C., National Museum of American History	Dekker and Krogt (1993)
7	951	951	Cyrus Lancaster (ca.1802-1862) Title of Wilson's 'New American Thirteen-Inch Terrestrial globe' by Cyrus Lancaster (Albany, 1835)	1					33	1835	1835			National Museum of American History , Washington D. C.	Dekker and Krogt (1993) 132

5	4049	BnF ID Ge A 1758	Dufour Auguste Henri (1798-1865) aka Adolphe Hippolyte Dufour Terrestrial globe, Paris	1				39	18	1836	1836		1	BnF	BnF's data base
6	3065	GLB0069	Cary, John and Cary, William Terrestrial floor globe London, England	1				11.3 x 62.5	46	1836	1836	1	1	NMM	Description in object details
6	3303	GLB0089	Newton Son & Berry Newton's New and Improved Terrestrial Globe London, England	1				118 x 68	50.5	1836	1836	1	1	NMM	Description in object details
6	99999	99999	Selves Henry Terrestrial globe, Paris 2 edition (Pocket globe-like table globe)	1	1	1		29	17	ca. 1837	1837		1	delalande-antiques.com	http://www.delalande-antiques.com/globe-armillary-sphere/terrestrial-globe-selves-1837.html http://www.irisglobes.nl/secondglobesandmaps-60016
7	55760	55760	Gilman Joslin (1804-ca. 1886)		1				25.4	after 1837	1837				Deborah Jean Warner (1987): Rittenhouse Jour. of the Amer. Sci. Instr. Enterprise. 2 (3), 88-103.
2	982	982	Joseph Czerny produced gores by lithograph; these gores for the first terrestrial globe in the Armenian language and characters designed by Father Alexander Balgian (Dia. 8in 21cm, Vienna 1838)	0					21	1838	1838			Royal Geographical Society, London	Dekker and Krogt (1993) 152, 153
2	975	975	Joseph Jüttner (1775-1848) Pair of globes of 24in (62cm) diameter.	1	1				62	1838/ 1839	1838				Dekker and Krogt (1993) 150
5	4050	BnF ID Ge A 1193	Dien (Charles) Terrestrial globe, Paris	1				45	22.2	1838	1838		1	BnF	BnF's data base
6	3275	GLB0074	Newton Son & Berry Celestial table globe London, England		1			24.7 x 16.2	15	1838	1838	1	1	NMM	Description in object details
6	3022	GLB0090	Newton Son & Berry Newton's New and Improved Celestial Globe London, England		1			118.2 x 67.8	50.8	1838	1838	1	1	NMM	Description in object details
5	99999	99999	Delamarche traditional products Delamarche's terrestrial globe of 1839 (diameter,: 2 feet, 65cm)	1					65	1839	1839				Monique Pelletier (1987)
7	55710	55710	Gilman Joslin (1804-ca. 1886)	1					15.2 ?	1839	1839			Massachusetts	Deborah Jean Warner (1987): Rittenhouse Jour. of the Amer. Sci. Instr. Enterprise. 2 (3), 88-103.
7	55690	55690	Gilman Joslin (1804-ca. 1886) globemaker of the Loring globes awarded a gold medal at Massachusetts Charitable Mechanic Association in 1839	1						1839	1839			Massachusetts	Deborah Jean Warner (1987): Rittenhouse Jour. of the Amer. Sci. Instr. Enterprise. 2 (3), 88-103.
2	993	993	Franz Xaver Schönnnger (1820-1897) published globes about 1840	1	1				9998	ca. 1840	1840				Dekker and Krogt (1993) 157
5	3010	GLB0241	Marin & Schmidt Celestial inflatable globe Strasbourg, France		1			8.5 x 32.0	22	1840	1840			NMM	Description in object details
7	55530	55530	Alfred & Dwight (sons of Josiah Holbrook (1788-1854)				1		7.6	1840's	1840			Berea, Ohio	Deborah Jean Warner (1987): Rittenhouse Jour. of the Amer. Sci. Instr. Enterprise. 2 (3), 88-103.
7	55520	55520	Alfred & Dwight (sons of Josiah Holbrook (1788-1854)	1					12.7	1840's	1840			Berea, Ohio	Deborah Jean Warner (1987): Rittenhouse Jour. of the Amer. Sci. Instr. Enterprise. 2 (3), 88-103.
7	55240	55240	George M. Smith & Co.							1870 1815-1840	**1840**			Boston, USA	http://www.davidrumsey.com/luna/servlet/detail/RUMSEY~8~1~1006~80028:-Covers-to--Townsend-s-Patent-Foldi
5	99999	99999	J. Andriveau-Goujon firm new items such as 18 and 8 inch blown up globes	1					18, 8in/ 45.7, 20.3	**ca. 1841**	**1841**				Monique Pelletier (1987)
5	99999	99999	Charies Dien's Charies Dien's 11 inch globe	1					11in/ 27.9	**ca. 1841**	**1841**				Monique Pelletier (1987)
5	99999	99999	In a cataloque of 1841, J. Andriveau-Goujon firm, proposed traditional products Delamarche's terrestrial globe of 1839 (diameter,: 2 feet, 65cm),lapie's 14 inch globe of 1833, Charies Dien's 11 inch globe, and new items such as 18 and 8 inch blown up globes	1					65, 35.6, 27.9, 45.7, 20.3	1841	1841				Monique Pelletier (1987)
7	55730	55730	Gilman Joslin (1804-ca. 1886) showed 4 set of pair of globes at the 1841 fair of the Massachusetts Charitable Mechanic Association.	1	1				15.2, 24.1, 30.5, 45.7	1841	1841				Deborah Jean Warner (1987): Rittenhouse Jour. of the Amer. Sci. Instr. Enterprise. 2 (3), 88-103.
6	3314	ZBA0150	Malby & Co Terrestrial hand globe London, England	1					4	1842	1842	1	1	NMM	Description in object details
6	3272	GLB0236	Newton & Son Terrestrial table globe London, England					36.6 x 23.1 x 24.5	23.1	1842	1842	1	1	NMM	Description in object details
5	99999	99999	The Delamarche firm Aimé André's 1843 editions of terrestrial globe Aimé André, book-seller,the 1843 editions (of terrestrial globe) was published by the Delamarche firm	1				9999	9998	1843	1843				Monique Pelletier (1987)

6	3013	GLB0238	Pocock, George Terrestrial inflatable globe Bristol, North Somerset, England	1				4 x 16	60	1843	1843		1	NMM	Description in object details
7	55720	55720	Gilman Joslin (1804-ca. 1886) terrestrial globes for 1844 and later showed Antarctica as land discov'd by Capt. Wilkes of the U. S. Navy	1						1844	1844				Deborah Jean Warner (1987): Rittenhouse Jour. of the Amer. Sci. Instr. Enterprise. 2 (3), 88-103.
6	3205	GLB0186	Bale Celestial gore plate London, England				1	20.3 x 42.0	13	1845	1845			NMM	Description in object details
6	3171	GLB0270	Bale Celestial globe gores London, England		0			31 x 52	13	1845	1845			NMM	Description in object details
6	3190	GLB0255	Bale Celestial globe gores London, England		0			22 x 44	13	1845	1845			NMM	Description in object details
6	3191	GLB0256	Bale Celestial globe gores. London, England		0			23 x 45	13	1845	1845			NMM	Description in object details
6	3028	GLB0081	Malby & Co Terrestrial table globe London, England	1				46.0 x 30.5	30.5	1845	1845	1	1	NMM	Description in object details
3	4002	BnF ID Ge A 276	Copy of Martine Behaim's Nuremberg terrestrial globe of 1492	1				132	50	1847	1847	1		BnF	BnF's data base
2	998	998	Franz Leopold Schöninger Lunar globe by Joseph Riedl von Leuenstern published by Franz Leopold Schöninger (Dia. 9½/ 24cm, Vienna, 1849)				1		24	1849	1849			Osterreichisch Akademie der Wissenschaften	Dekker and Krogt (1993) 161
6	930	930	Malby & Son terrestrial globe by Malby & Son 36in/ 92cm	1					92	1849	1849				Dekker and Krogt (1993) 116
1	3094	GLB0235	Lopez, Pedro Martin de Terrestrial and celestial collapsible globes and orrery set. Madrid, Spain	1	1		1	15 x 21; diam.: globe., 12; or-rery,17	12	ca 1850	1850		1	NMM	Description in object details
1	3012	GLB0240	Regazzoni, Giocondo Terrestrial collapsible globe Milan, Italy	1				20 x 13	12	ca 1850	1850		1	NMM	Description in object details
3	3339	GLB0239	Klinger, Johann Georg (1764-1806) & Abel, Carl Terrestrial miniature globe Nuremburg, Germany	1				6x8x8	4.3	ca 1850	1850	1	1	NMM	Description in object details
3	3149	GLB0016	J G Klinger's Kunsthandlung Terrestrial miniature globe Nuremburg, Germany	1				230 x 160	10	ca 1850	1850		1	NMM	Description in object details
3	3086	GLB0177	M Rosenburg facsimile (after: II, Isaac Habrecht) Celestial goblet globe Aachen, Germany		1			42.5 x 15.5	15	19 C	1850			NMM	Description in object details
3	3330	GLB0128	Unknown Celestial table globe Germany		1			24.5 x 22.5	15	19C	**1850**			NMM	Description in object details
3	3329	GLB0127	Unknown Terrestrial table globe Germany	1				24.5 x 22.5	15	19C	**1850**			NMM	Description in object details
5	3292	GLB0064	Unknown Terrestrial table globe France		1			20 x 49.8	9.9	ca 1850	1850			NMM	Description in object details
6	3018	GLB0231	Betts, John Terrestrial collapsible globe London, England	1				4 x 16	12.5	ca 1850	1850		1	NMM	Description in object details
6	3167	GLB0257	Bale Celestial globe gores London, England		0			14 x 30	7.6	ca 1850	1850			NMM	Description in object details
6	3168	GLB0258	Bale Celestial globe gores London, England		0			22 x 44	13	ca 1850	1850			NMM	Description in object details
6	3169	GLB0259	Bale and Woodward, George Celestial globe gores London, England		0			30 x 57	18	ca 1850	1850			NMM	Description in object details
6	3192	GLB0260	Bale and Woodward, George Celestial globe gores London, England		0			30 x 57	18	ca 1850	1850			NMM	Description in object details
6	931	931	George Philip & Son Malby's globes (London mid-19th C) 18in /46cm	1	1				46	Mid 19C	1850				Dekker and Krogt (1993) 116
6	3017	GLB0233	James Kirkwood & Sons Celestial table globe Edingburgh, Scotland		1			45.6 x 42.8	30.5	ca 1850	1850	1	1	NMM	Description in object details
6	3165	GLB0266	Woodward, George Terrestrial globe gores London, England	0				12 x 30	7.6	ca 1850	1850			NMM	Description in object details
6	3166	GLB0265	Woodward, George Terrestrial globe gores London, England	0				14 x 34	7.6	ca 1850	1850			NMM	Description in object details
6	3172	GLB0271	Woodward, George Terrestrial globe gores London, England	0				23 x 45	13	ca 1850	1850			NMM	Description in object details
6	3189	GLB0263	Woodward, George Terrestrial globe gores London, England	0				23 x 45	13	ca 1850	1850			NMM	Description in object details
6	3270	GLB0262	Woodward, George Terrestrial globe gores London, England	0				22 x 35	18	ca 1850	1850			NMM	Description in object details
6	3307	GLB0264	Woodward, George Terrestrial globe gores London, England	0				23 x 45	13	ca 1850	1850			NMM	Description in object details
6	3269	GLB0261	Woodward, George Terrestrial globe gores London, England	0				22 x 35	18	ca 1850	1850			NMM	Description in object details
6	3245	GLB0185	Woodward, George Terrestrial gore plate. London, England				1	22.0 x 44.0	13	ca 1850	1850			NMM	Description in object details
7	55700	55700	Gilman Joslin (1804-ca. 1886) manufactured globes for Sylvester Bliss and H.B.Nims & Co.	1						1850	1850			Massachusetts	Deborah Jean Warner (1987): Rittenhouse Jour. of the Amer. Sci. Instr. Enterprise. 2 (3), 88-103.
7	958	958	Marriam & Moore in Troy, N. Y. 6-inch Franklin instructional globe (once owened by Nathaniel Bowditch (1773-1838))	1					15.2	1850s	1850			Peabody & Essex Museum, Salem, Mass	Dekker and Krogt (1993) 136-7
7	957	957	Marriam & Moore in Troy, N. Y. A pair of 12-inch Franklin globes (once owened by Nathaniel Bowditch (1773-1838))	1	1				30.5	1850s	1850			Peabody & Essex Museum, Salem, Mass	Dekker and Krogt (1993) 136-7

7	55460	55460	Charles Goodyear (1800-1860)	1					61	1851	1851				Deborah Jean Warner (1987): Rittenhouse Jour. of the Amer. Sci. Instr. Enterprise. 2 (3), 88-103.
7	55100	55100	James Wilson (1763-1855)				1			1851	1851			Bradford	Leroy E. Kimball (1938) Procs American Antiquarian Society, Vol. 48, 29-48.
7	963	963	Charles Copley (fl. 1843-69) A terrestrial and celestial globe gores by Charles Copley (Dia. 16in/ 41cm, New York, 1852)	1	1				41	1852	1852			Library of Congress, Washington D. C.	Dekker and Krogt (1993) 140
7	55750	55750	Gilman Joslin (1804-ca. 1886) introduced his new solar telluric globe.				1			1852	1852				Deborah Jean Warner (1987): Rittenhouse Jour. of the Amer. Sci. Instr. Enterprise. 2 (3), 88-103.
7	955	955	Merriam Moore & Co. An early 'Franklin' terrestrial globe by Merriam Moore & Co. Dia. 6in/ 15cm, Troy N. Y., c. 1852)	1					15	1852	1852			private collection, Vienna	Dekker and Krogt (1993) 135
3	980	980	Dietrich Reimer 13½ in (34cm) relief globe		1				34	1853	1853				Official cat. of NY Ex. of the Indus. of All Nations. 1853 Dekker and Krogt (1993) 151, 159
6	3253	GLB0187	Hatch, Charles Terrestrial skeleton globe London, England	1				60.0 x 46.0	29	1854	1854			NMM	Description in object details
5	4051	BnF ID Ge A 1534	Thury Raised-relief Terrestrial globe,Dijon, Paris	1				60	31	before 1855	1855		1	BnF	BnF's data base
6	99999	99999	John Betts (fl. 1844-63) Betts's New portable terrestrial globe (London, c. 1855-1858), deposited by Shinto shrine "Yanagino-yasirosya", Ono Historical Museum, Japan; onece owned Doi fsmily of Ohno Clan	1					39.5	1855-1858 (after 1855)	*1855*			Shinto shrine "Yanagino-yasirosya", now kept by Ono Historical Museum, Japan	Utsunomiya & Sugimoto (1994), Utsunomiya, Mazda and Thynne (1997), and Utsunomiya (2009)
7	55540	55540	Holbrook Apparatus Mfg. Co	1					12.7	1855	1855			Berea, Ohio	Deborah Jean Warner (1987): Rittenhouse Jour. of the Amer. Sci. Instr. Enterprise. 2 (3), 88-103.
7	943	943	Henry Whitall Celestial planisphere by Henry Whitall 1856				1		9998	1856	1856			NMM, London	Dekker and Krogt (1993) 124
7	55550	55550	Holbrook Apparatus Mfg. Co	1					20.3	1857	1857				Deborah Jean Warner (1987): Rittenhouse Jour. of the Amer. Sci. Instr. Enterprise. 2 (3), 88-103.
7	55260	55260	Franklin 12-inch terrestrial globe traces a submarine telegraph cable (1858) across the Atlantic, but Alaska is still shown as Russian America.	*1*					30.5, 76.2	the late 1850's after 1958	**1858**				Deborah Jean Warner (1987) and .georgeglazer.com/globes/globeref/globemakers.
6	3301	ZBA2229	Charles Smith & Son Celestial table globe London, England		1			80.4 x 43.0	30.7	ca 1860	1860	1	1	NMM	Description in object details
6	947	947	John Betts (fl. 1844-63) Betts's Patent Portable Globe (London, c. 1860), British Library, London	1					40	1860	1860			British Library, London	Dekker and Krogt (1993) 127
6	3333	GLB0059	Newton & Son Newton's New & Improved Terrestrial Globe London, England	1				11 x 10	7.6	ca 1860	1860	1	1	NMM	Description in object details
6	3060	GLB0060	Petrus Plancius, Petrus and Newton & Son Newton's Improved Pocket Celestial Globe London, England		1			11 x 10	7.6	ca 1860	1860	1	1	NMM	Description in object details
7	55110	55110	A. H. Andrews & Co	*1*						after 1860s-1900	1860			Chicago	georgeglazer.com/globes/globeref/globemakers.
3	973	973	The Geograpisches Institute Weimar 35 types globes in 1861	1	1				9998	1861	1861				Dekker and Krogt (1993) 149
3	3335	GLB0088	Verlag Dietrich Reimer Terrestrial floor globe Berlin, Germany	1				160 x 102.9	78.7	1861	1861			NMM	Description in object details
7	55470	55470	Henry B.Goodyear obtained a patent for a method of relieving geographical outlines on molded elastic globes in 1861.	*1*						1861	1861				Deborah Jean Warner (1987): Rittenhouse Jour. of the Amer. Sci. Instr. Enterprise. 2 (3), 88-103.
6	3014	GLB0225	Stanford, Edward Celestial hand globe London, England		1			8.2 x 6.9 x 6.9	5.2	1862	1862	1	1	NMM	Description in object details
6	3015	GLB0224	Stanford, Edward Terrestrial hand globe London, England	1				7.9 x 6.9 x 6.9	5.2	1862	1862		1	NMM	Description in object details
5	99999	99999	J. Andriveau's grandson new and promising items: the metrical globes, no more identified by their diameter, but by their circumference related to the scale.	1					9998	**1866**	**1866**				Monique Pelletier (1987)
5	99999	99999	Larochette (Ch.) and Bonnefont (Louis) Terrestrial globe, Paris	1				95	42	1866	1866		1		http://www.anticstore.com/grand-globe-terrestre-mappemonde-mouraux-bonnefont-larochette-1866-19e-31369P
5	4052	BnF ID Ge A 1515	Larochette (Ch.) and Bonnefont (Louis) Terrestrial globe, Paris	1				93	40	1867	1867		1	BnF	BnF's data base
6	3201	ZBA0353	Wyld (James Wyld II) Terrestrial floor globe. London, England	1				136.0 x 100.6	92	1867	1867			NMM	Description in object details

7	966	966	Joseph Schedler (fl. 1850-80) globes produced in the 1850s. 1867's Paris EXPO, 1869 American institute fair, Vienna EXPO of 1873 In 1875 he (bookseller E. Steiger) illustrated manual of terrestrial globe.	1					15 and others	1850's 1867, 1869, 1873, 1875	1867			New York and Jersey City, New Jersey 1969: National Museum of American History, Washington D. C.	Deborah Jean Warner (1987): Rittenhouse Jour. of the Amer. Sci. Instr. Enterprise. 2 (3), 88-103. 2(3), 88-103., Dekker and Krogt (1993) 142
7	55790	55790	Louis Paul Juvet (1838-1930) obtained a patent for a time globeand another for a geographical clock in 1867	1						1867	1867				Deborah Jean Warner (1987): Rittenhouse Jour. of the Amer. Sci. Instr. Enterprise. 2 (3), 88-103.
6	930	930	Thomas Malby & Son terrestrial globe by Malby & Son (Dia. 8½/ 22cm, London, 1868)	1					/22	1868	1868			Trevor Philip & Sons LTD, London	Dekker and Krogt (1993) 116
2	990	990	Franz Leopold Schöninger Terrestrial globe by Joseph Riedl, Edler von Leuenstern (1786-1856) published by Franz Leopold Schöninger (Dia. 9in/ 23cm, Vienna, 1869)	1					23	1869	1869			Osterreichische Nationalbibliotek, vienna	Dekker and Krogt (1993) 157
7	999	999	Charles B. Boyle Lunar globe by Charles B. Boyle (New York, before 1869)				1		9998	before 1869	1869			unknown.	Dekker and Krogt (1993) 161
7	55301	55301	Gilman Joslin (1804-1886) Pair of 16-inch globes were exhibited at the 1869 fair of the Massachusetts Charitable Mechanic Association.	1	1				40.6	1869	1869				wickantiques.co.uk
7	55770	55770	Gilman Joslin (1804-ca. 1886) showed a pair of 16 inch globes at the 1869 fair of the Massachusetts Charitable Mechanic Association.	1	1				40.6	1869	1869				Deborah Jean Warner (1987): Rittenhouse Jour. of the Amer. Sci. Instr. Enterprise. 2 (3), 88-103.
7	966	966	Joseph Schedler (fl. 1850-80) globes produced in the 1869 American institute fair, (Diam., 6in/ 15cm)	1					15	1869	1869			New York and Jersey City, New Jersey 1969 :National Museum of American History, Washington D. C.	Deborah Jean Warner (1987): Rittenhouse Jour. of the Amer. Sci. Instr. Enterprise. 2 (3), 88-103. 2 (3), 88-103. Dekker and Krogt (1993) 142
2	994	994	Franz Xaver Schöninger, son of Leopold Schöninger produced 15,000 globes a year around 1870, This com. Dissolved in 1887						9998	around 1870	1870				Dekker and Krogt (1993)
3	99999	99999	Charles Kapp puzzle globe, Nürnberg	*1*						mid-1870s	1870		1		http://www.hps.cam.ac.uk/whipple/explore/globes/jigsawpuzzleglobe/
3	99999	99999	Charles Kapp puzzle globe, Nürnberg	*1*				21.0, H	15	ca. 1870	1870		1		http://www.abebooks.com/book-search/kw/boys-own-paper/pics/sortby/1/
3	970	970	Firm of Schotte in Berlin Globes in series of globes by firm of Schotte: at the end of 1870s 9 different sizes from doll's globe 2.5cm to school globe 48cm with 4 sizes of celestial globes: second half of 19C and the beginning of the 20C.	1	1	1			2.5, 4, 8, 12, 17, 24, 31, 48	end of 1870s (1850-ca. 1900)	1870			Staatbibliothek, Berlin	Dekker and Krogt (1993) 145
6	99999	# 02376	Wyld (?) Celestial globe (# 02376), "Tenkyuugi", donated by Abe family; Its stand resemble to that of terrestrial globe 2 (# 03703) Wyld (?) London (?) stand with three curving legs and tiptoes of this globe closely resembles to that of the terrestrial globe 2 (03703)		1			42 x 42 x 89	30.9	ca. 1870	*1870*			Hiroshima Prefectural Fukuyama Seishikan High School old-boys's association	http://wp1.fuchu.jp/~sei-dou/rekisi-siryou/02376tenkyuugi/02376tenkyuugi.htm
6	99999	#03703	Wyld Terrestrial globe 2 "Chikyuugi 2" (# 03703), donated by Abe family Wyld, London	1				42 x 42 x 89	30.9	1870	1870			Hiroshima Prefectural Fukuyama Seishikan High School old-boys's association	http://wp1.fuchu.jp/~sei-dou/rekisi-siryou/03703chikyuugi2/03703chikyuugi2.htm
7	55560	55560	Charles W. Holbrook (Dwight's son)	1					12.7, 30.5, 45.7	1870s～	1870				Deborah Jean Warner (1987): Rittenhouse Jour. of the Amer. Sci. Instr. Enterprise. 2 (3), 88-103.
9	983	983	A. K. Zalesskaja Russian terrestrial globe by A. K. Zalesskaja (Dia. 6½in/ 17cm, Moscow, ca.1870) Factory of Anastasia Karlovna Zalesskaja	1					17	ca. 1870	1870			Vienna, private collection	Dekker and Krogt (1993) 153
33	981	981	Jan Felkl Title of the Dutch edition of Jan Felkl's terrestrial globe 6in/ 16cm Prague c. 1870	1					16	ca. 1870	1870			private collection	Dekker and Krogt (1993) 152
7	99999	99999	Henry Whitall Celestial planisphere by Henry Whitall 1871 (15 inch diameter disk; not globe but disk)				1	(Diam. 38.1 disk)		1871	1871				http://www.georgeglazer.com/maps/celestial/whitall1871.html
7	965	965	Frm Rand McNally. terrestrial globe by Rand McNally & co.s Wax engravng was introduced in USA in 1872 by the firm Rand McNally.	1					9998	**1872**	**1872**				Dekker and Krogt (1993) 138
7	967	967	New York Silicate Book Slate Co. The telegraphic globe by the New York Silicate Book Slate Co. (Dia. 2in/ 31cm, New York, 1872)	1					31	1872	1872			National Museum of American History, Washington D. C.	Dekker and Krogt (1993) 142-143
6	997	997	Hans Busk globe of Mars by Hans Busk 8in/ 21cm Cambridge 1873				1		21	1873	1873			Wipple Museum of the History of Science, Cambridge	Dekker and Krogt (1993) 160

7	55780	55780	Gilman Joslin & Son	1					91.4	1874	1874				Deborah Jean Warner (1987): Rittenhouse Jour. of the Amer. Sci. Instr. Enterprise. 2 (3), 88-103.
7	55302	55302	Gilman Joslin and William B. Joslin 36 inch terrestrial globe was shown at the 1874 fair of the Massachusetts Charitable Mechanic Association.	*1*	*1*				91.4	1874	1874				wickantiques.co.uk
4	971	971	Henry Merzbach & Theodore Falk produced facsimile of terrestrial and celestial globes based on the gores of Gerard Mercator	1	1				9998	1875	1875			Koninklijke Bibliotheek Albert I/ Bibliotheque Royale Albert 1ER	Dekker and Krogt (1993) 148
7	55800	55800	Louis Paul Juvet (1838-1930) The time globes won an award at the Centennial Exhibition held at Philadelphia in 1876. (These globes were made of laminated wood overlaid with paper.)	1	1					1876	1876				Deborah Jean Warner (1987): Rittenhouse Jour. of the Amer. Sci. Instr. Enterprise. 2 (3), 88-103.
33	995	995	Felkl (Jan Felkl & Son) German terrestrial globe by Felkl (Diam. 6in/ 16cm Roztok near Prague, c.1877)	1					16	ca.1877	1877			private collection Vienna	Dekker and Krogt (1993) 158
5	4054	BnF ID Ge A 1732	Levitte (Joseph) Raised-relief terrestrial globe, Paris	1				24.5	14.65	1878	1878			BnF	BnF's data base
2	99999	99999	Joannes Oterschaden Terrestrial gores, Joannes Oterschaden (Globus aus der Mitte des XVI Jahrhunderts)	0					17	1879	1879		1	Library of Congress Geography and Map Division Washington, D. C. 20540-4650 USA dcu	http://www.loc.gov/item/2009582743/
3	977	977	Dietrich Reimer and Heinrich Kiepert 21in/ 54cm terrestrial globe by Heinrich Kiepert	1					54	1879	1879				Dekker and Krogt (1993) 151
3	4053	BnF ID Sg globe nº 9	Kiepert (Heinrich) Terrestrial globe, Berlin	1				90	47	1879	1879		1	BnF	BnF's data base
4	971	971	Merzbach & Falk terrestrial globes with a circumference of 1 meter (Dia. 12in/ 32cm 1879) by Merzbach & Falk	1					12in/ 32	1879	1879			Koninklijke Bibliotheek Albert I/ Bibliotheque Royale Albert 1ER	Dekker and Krogt (1993) 148
7	948	948	Ginn & Heath 'Fitz Globe' published by Ginn & Heath (Dia. 12in/ 31cm, Boston, 1879)	1					12in/ 31	1879	1879			National Museum of American History, Washington D. C.	Dekker and Krogt (1993) 127-128
7	55810	55810	Louis Paul Juvet (1838-1930) From 1879 on he made globes of papier mache.	1	1				76.2, 45.7, 30.5	1879	1879				Deborah Jean Warner (1987): Rittenhouse Jour. of the Amer. Sci. Instr. Enterprise. 2 (3), 88-103.
6	3132	GLB0207	Betts, John Terrestrial collapsible globe London, England	1				8x8	41	ca 1880	1880		1	NMM	Description in object details
6	3069	GLB0073	Newton & Co Terrestrial floor globe London, England	1				90 x 44	30	ca 1880	1880	1	1	NMM	Description in object details
6	3006	GLB0161	Stanford, Edward Celestial floor globe London, England		1			113.0 x 58.8	45.2	1880	1880		1	NMM	Description in object details
6	3007	GLB0160	Stanford, Edward (1827-1904) Terrestrial floor globe London, England	1				112.9 x 58.5	45.2	1880	1880		1	NMM	Description in object details
7	55740	55740	Gilman Joslin (1804-ca. 1886) obtained a patent for a modification of his solar telluric globe.				1			1880	1880				Deborah Jean Warner (1987): Rittenhouse Jour. of the Amer. Sci. Instr. Enterprise. 2 (3), 88-103.
7	55830	55830	John S. Kendall simple lunar telluric globe				1			ca. 1880 ca. 1886	**1880**				Deborah Jean Warner (1987): Rittenhouse Jour. of the Amer. Sci. Instr. Enterprise. 2 (3), 88-103.
7	55800	55800	Louis Paul Juvet (1838-1930) A factory to manufacture these time gklobes was established in Canajoharie, N. Y.	1	1					**1882**	**1882**				Deborah Jean Warner (1987): Rittenhouse Jour. of the Amer. Sci. Instr. Enterprise. 2 (3), 88-103.
3	978	978	Dietrich Reimer and Heinrich Kiepert 31½in/ 80cm terrestrial globe by Heinrich Kiepert	1					80	1883	1883				Dekker and Krogt (1993) 151, 159
7	55620	55620	Andrew Jackson obtaied a patent for an automatic time globe in 1883.	0						1883	1883			San Francisco	Deborah Jean Warner (1987): Rittenhouse Jour. of the Amer. Sci. Instr. Enterprise. 2 (3), 88-103. 2 (3), 88-103.
7	55410	55410	The Globe Clock Co	1					22.9	1883	1883				Deborah Jean Warner (1987): Rittenhouse Jour. of the Amer. Sci. Instr. Enterprise. 2 (3), 88-103.
6	3180	GLB0067	Johnston, William and Johnston, Alexander Keith Terrestrial table globe UK	1				25.4 x 16.3	15.5	after 1884	**1884**			NMM	Description in object details
7	55590	55590	Charles W. Holbrook (Dwight's son)	1						1887	1887				Deborah Jean Warner (1987): Rittenhouse Jour. of the Amer. Sci. Instr. Enterprise. 2 (3), 88-103.
7	961	961	Rand McNally & Co. s The gores of the first known terrestrial globe by Rand McNally (Dia. 12in/ 31cm, Chicago, 1887)	0					31	1887	1887				Dekker and Krogt (1993) 138

7	55570	55570	Charles W. Holbrook (Dwight's son)				1			1888	1888				Deborah Jean Warner (1987): Rittenhouse Jour. of the Amer. Sci. Instr. Enterprise. 2 (3), 88-103.
7	55420	55420	William M. Goldthwaite obtained a patent for a method of mounting a globe in 1888.	1					7.6, 10.2, 15.2, 22.9, 30.5, 50.8	1888	1888				Deborah Jean Warner (1987): Rittenhouse Jour. of the Amer. Sci. Instr. Enterprise. 2 (3), 88-103. 2 (3), 88-103.
7	968	968	Schedler Title of the 20-inch terrestrial globe by Schedler (Dia. 20in/ 51cm, Jersey City, 1889)	1					51	1889	1889			Library of Congress, Washington D. C. St. Jersey City, N. J.	Dekker and Krogt (1993) 143
3	3379	GLB0221	Rosenthal, Ludwig Terrestrial facsimile globe gores Munich, Germany	0				27x57	17	Gores: ca. 1556-60; Facsim.1890	1890			NMM	Description in object details
3	979	979	Dietrich Reimer and Heinrich Kiepert Dietrich Reimer's collection six different terrestrial globes (ϕ 4, 6, 8, 13½, 21, 31½, / 10.5, 15, 21, 34, 54, 80cm) kept by Dietrich Reimer's collection	1					10.5, 15, 21, 34, 54, 80	end of 19C: c.1890s	1890			1879, 54cm, 1883 80cm. At the end of 19C, 6 different globes published from Reimer	Dekker and Krogt (1993) 151
3	3053	GLB0033	Rosenthal, Ludwig Terrestrial facsimile globe Gores: circa 1556-60; Facsimile globe: 1890 Munich, Germany	1				37 x 17	17	1890	1890			NMM	Description in object details
4	972	972	Thedore Falk, The Institute National de Géographie, Brussels A series of thematic globes of 40cm circumference (Dia. 12.5cm)	1	1				9998	1890-1895	1890			a series (six) of thematic globes	Dekker and Krogt (1993) 148
6	3265	GLB0251	Johnston, William and Johnston, Alexander Keith Terrestrial table globe. United Kingdom	1				24.4 x 23.5	15.6	after 1890	1890			NMM	Description in object details
6	3326	GLB0252	Johnston, William& Johnston, Alexander Keith UK Celestial table globe United Kingdom		1			24.5 x 23.3	15.1	after 1890	1890			NMM	Description in object details
7	964	964	Moore & Gilman Joslin Revised versions published by Moore & Gilman Joslin until the 1890s, based on globe's gores (based on that of Charles Copley 41cm 1852)	1	1				41 ?	1890s	1890				Dekker and Krogt (1993) 140
7	55370	55370	Robert Gair (1839-1927) He began in 1890s producing globes of 2, 4, 6, 9, 12 and 20 inches diameter. He also offered tellurians and slated globes	1	1		1		7.6, 10.2, 15.2, 22.9, 30.5, 50.8	**1890- ?**	**1890**				Deborah Jean Warner (1987): Rittenhouse Jour. of the Amer. Sci. Instr. Enterprise. 2 (3), 88-103. georgeglazer.com/globes/globeref/globemakers.
7	55630	55630	Thomas Jones obtained a patent for a process of manufacturing relief geographical maps or globes in 1890.	0						1890	1890			Denver	Deborah Jean Warner (1987): Rittenhouse Jour. of the Amer. Sci. Instr. Enterprise. 2 (3), 88-103.
7	55490	55490	Isaac and Mary Ann Hodgson obtained a patent for an inflatable terrestrial globe in 1892.	1						1892	1892				Deborah Jean Warner (1987): Rittenhouse Jour. of the Amer. Sci. Instr. Enterprise. 2 (3), 88-103.
7	55500	55500	Isaac and Mary Ann Hodgson obtained a patent for an inflatable globe with an exterior slate-like surface, and another air-pump built into the globe stand in 1894.	1						1894	1894				Deborah Jean Warner (1987): Rittenhouse Jour. of the Amer. Sci. Instr. Enterprise. 2 (3), 88-103.
6	3054	GLB0049	Francis Barker & Son Celestial navigational globe London, England		1			22.9 x 26.2 x 26.3	15.2	ca 1895	1895			NMM	Description in object details
7	55580	55580	Charles W. Holbrook (Dwight's son)				1			1895	1895				Deborah Jean Warner (1987): Rittenhouse Jour. of the Amer. Sci. Instr. Enterprise. 2 (3), 88-103.
7	55310	55310	Laing Planetarium Company				1			1895	1895			Detroit, Mich. U.S.A	www.loc.gov/search/?q=&fa=contributor%3Alaing+planetarium+company
3	996	996	Dietrich Reimer celestial globe without constellations by Carl Rohrbach(1861-1932) (Diam. 4in/ 10.5cm Berlin, Dietrich Reimer, 1896)		1				10.5	1896	1896			private collection Vienna	Dekker and Krogt (1993) 159
5	4055	BnF ID Ge A 1683	Gaudibert and Flammarion (Camille) Lunar globe, Paris				1	27	14	1896	1896		1	BnF	BnF's data base
7	55640	55640	Thomas Jones obtained a patent for a globe and method of making same in 1896.	1						1896	1896			Chicago	Deborah Jean Warner (1987): Rittenhouse Jour. of the Amer. Sci. Instr. Enterprise. 2 (3), 88-103.
7	55650	55650	Thomas Jones relief globe; Jones' model of the earth was in production by 1897, and advertizsed for sale by A. H. Andrews CO. This relief globe with the vertical dimensions multiplied 40 times the horizontal scale. This globe was marketed by Rand, McNally & Co. after 1907.	1						after 1896 after 1907	1897				Deborah Jean Warner (1987): Rittenhouse Jour. of the Amer. Sci. Instr. Enterprise. 2 (3), 88-103.
7	55440	55440	William M. Goldthwaite multi-colored 12 inch folding globe of the world with umbrella-like mechanism.	1					30.5	1898	1898				Deborah Jean Warner (1987): Rittenhouse Jour. of the Amer. Sci. Instr. Enterprise. 2 (3), 88-103.

7	55430	55430	William M. Goldthwaite obtained a patent for a collapsible globe-map and mounting therefor in 1899.	1						1899	1899				Deborah Jean Warner (1987): Rittenhouse Jour. of the Amer. Sci. Instr. Enterprise. 2 (3), 88-103. 2 (3), 88-103.
1	3299	GLB0109	Coronelli, Vincenzo Celestial facsimile globe Venice, Italy		1			46.5 x 45.3	32.2	gores: 1696; facsim.: ca 1900	1900	1	1	NMM	Description in object details
3	99999	# 02377	MAX KOHL A. G. Terrestrial globe 1 "Chikyuugi 1" (# 02377) donated by Abe family Berlin, MAX KOHL A. G. Chemnitz	1				42 x 42 x 71	30.9	ca. 1900 (1898-1908)	*1900*			Hiroshima Prefectural Fukuyama Seishikan High School old-boys's association	Utsunomiya Y., T. Mimura and H. Wohlschläger (2016), http://wp1.fuchu.jp/~sei-dou/rekisi-siryou/02377chikyuugi1/02377chikyuugi1.htm
4	3231	GLB0108	Petrus Plancius, Petrus and Keere, Pieter van den Terrestrial facsimile globe Amsterdam, Netherlands	1				46.5 x 45.6	32.3	orig. gores: 1614; facsim.: ca 1900	1900			NMM	Description in object details
6	3888	GLB0053	Cary & Co. Celestial navigational globe London, England		1			21 x 22 x 22	14.2	ca 1900	1900			NMM	Description in object details
6	3089	GLB0184	Cary & Co. Celestial navigational globe London, England		1			21.2 x 22.1 x 22.1	14.2	ca 1900	1900			NMM	Description in object details
6	3055	GLB0050	Cary & Co. Celestial navigational globe London, England		1			21.6 x 22.0 x 22.1	14.2	ca 1900	1900		1	NMM	Description in object details
6	3057	GLB0053	Cary & Co. Celestial navigational globe London, England		1			21 x 22 x 22	14.2	ca 1900	1900			NMM	Description in object details
7	55350	55350	Alfred J. Nystrom put their own over-label on the globe from W. & A. K. Johnston	*1*						around 1900	1900				Deborah Jean Warner (1987) Rittenhouse Jour. of the Amer. Sci. Instr. Enterprise. 2 (3), 88-103. georgeglazer.com/globes/globeref/globemakers.
7	55120	55120	C. F. Weber & Co.	*1*						ca.1900-1907	1900			Chicago	georgeglazer.com/globes/globeref/globemakers.
7	55280	55280	C. S. Hammond & Co.	*1*					22.9	end of 19c -today, 1930	**1900**			New York, Brooklyn, Boston	georgeglazer.com/globes/globeref/globemakers.
7	55600	55600	George Lampton Houghton In Woodstock, Minn.he obtained a patent for "globe and fixture therefor."	0						1900	1900			Minn.Woodstock	Deborah Jean Warner (1987): Rittenhouse Jour. of the Amer. Sci. Instr. Enterprise. 2 (3), 88-103. 2 (3), 88-103.
7	55270	55270	J. L. Hammett & Co.	*1*						term. 19C -mid. of 20C	**1900**			New York and Boston	georgeglazer.com/globes/globeref/globemakers.
6	941	941	W. & A. K. Johnston Large library globe (Dia. 30in/ 76cm, Edinburgh and London, ca. 1902)	1					76	ca. 1902	1902				Dekker and Krogt (1993)
7	55610	55610	George Lampton Houghton	1					20.3, 30.5, 45.7	1902	1902			Marseill, state of Illinois	Deborah Jean Warner (1987): Rittenhouse Jour. of the Amer. Sci. Instr. Enterprise. 2 (3), 88-103.
3	976	976	Dietrich Reimer (1818-1899) and Heinrich Kiepert World traffic globe by Heinrich Kiepert (Dia. 31½in/ 80cm) Berlin	1					80	ca. 1905	1905			FU-Institute fur Geograph-ische Wissenschften, Berlin	Dekker and Krogt (1993) 151
6	3176	GLB0032	Richard Terrestrial clockwork globe Paris, France and London, UK	1				30 x 18.5	15.5	ca 1905	1905			NMM	Description in object details
7	55340	55340	Weber Costello & Co.	*1*						1907-1970s	1907				Deborah Jean Warner (1987): Geography of heaven and earth –III, Rittenhouse Journ. of the American Sci. Instrument Enterprise. 2 (3), 88-103: georgeglazer. com/lobes/globeref/ globemakers.
7	55130	55130	Weber Costello Com. Import and trading company of globes. They pasted frequently their own label on globes imported from Johnston.	*1*						1907-60s	1907			Chicago	georgeglazer.com/globes/globeref/globemakers.
3	3304	GLB0253	Behaim, Martin and Ravenstein, E G Terrestrial facsimile globe Nuremburg, Germany	1				60 x 51	50	orig.gores: 1492;facsim. 1908	1908			NMM	Description in object details
6	3211	GLB0062	Richard and S. Smith & Son Terrestrial clockwork globe. London, England	1				41 x 27 x 24	20	ca 1910	1910			NMM	Description in object details
6	931	931	George Philip & Son Philip's terrestrial globe (6, 8, 9 and 12 in (15, 20, 23, 36cm) and inflatable globe of 40in (102cm) were advertized in the 1912's prospectus.	1					15, 20, 23, 36, 102	1912	1912				Dekker and Krogt (1993) 116
6	3232	GLB0228	George Philip & Son Terrestrial table globe. London, England	1				79.0 x 50.5	48	ca. 1915	1915			NMM	Description in object details
7	55250	55250	Denoyer-Geppert Company	*1*						1916-	1916				georgeglazer.com/globes/globeref/globemakers.
6	99999	99999	James Kirkwood & Sons A pair of James Kirkwood & Sons 12-inch terrestrial and celestial table globes, Scottish, published 1818	1	1			H: 18in/46	130.5	1918	1918				http://www.bonhams.com/auctions/17572/lot/700/

6	3237	GLB0232	George Philip & Son Terrestrial collapsible globe. London, England	1				7	41	ca 1920	1920			NMM	Description in object details
6	3251	ZBA0780	Henry Hughes & Son Celestial navigational globe. London, England		1			24.4 x 27.5 x 27.5	18.5	1920	1920			NMM	Description in object details
6	3063	GLB0065	Henry Hughes & Son Celestial navigational globe London, England		1			27.7 x 26.6 x 26.6	18.5	1920	1920			NMM	Description in object details
5	3406	GLB0188	Magnac, H De Celestial navigational globe France		1			32.0 x 25.0	21.8	ca 1925	1925			NMM	Description in object details
6	3090	GLB0189	Cary & Co. Celestial navigational globe London, England		1			21.4x 20.6 x 20.5	14.2	ca 1925	1925			NMM	Description in object details
6	3238	ZBA0322	Johnston, William and Johnston, Alexander Keith Terrestrial globe gores. United Kingdom	0				81.5 x 51	46	ca 1925	1925			NMM	Description in object details
4	3199	GLB0036	Janssonius, Johannes (1588-1664) and Seyler, Johann Tomas Terrestrial clockwork globe Amsterdam, Netherlands	1				overall: 28 x 12 diam.: 9.5 movement: 1.2 x 5.1	9.5	gores 1620 watch: ca 1650; assembled: 1930	1930	1	1	NMM	Description in object details
6	3119	GLB0179	Georama Ltd Terrestrial illuminated globe London, England	1				34.4 x 30.0	30	ca 1930	1930			NMM	Description in object details
7	55180	55180	Julius Chein J. Chein & Co. (1903-1992) small tin globe coin banks	*1*					14	1903-1992 1930's-	1930			New York & Burlington, N.J.,	georgeglazer.com/globes/globeref/globemakers.
7	55220	55220	Replogle Globe Company (Luther Irvin Replogle)	*1*	*1*					term. 1920s - today	**1930**				georgeglazer.com/globes/globeref/globemakers.
7	55300	55300	The Kittinger Company Table and floor globes were sold vigorously in the period between 1930 and 1950.	1	1					after 1930s	**1930**			Buffalo, New York	georgeglazer.com/globes/globeref/globemakers.
7	55200	55200	George F. Cram Company; George Franklin Cram (1842-1928)	*1*						1932s -today	1932			Chicago/ Indianapolis, Indiana.(after1936)	georgeglazer.com/globes/globeref/globemakers.
3	3152	GLB0182	Ernst Schotte & Co Celestial navigational globe Berlin, Germany		1			22.4 x 27.8	17	ca 1940	1940			NMM	Description in object details
3	3088	GLB0183	Ernst Schotte & Co Celestial navigational globe Berlin, Germany		1			29.9 x 27.8	17	ca 1940	1940		1	NMM	Description in object details
6	3216	ZBA1744	George Philip & Son Terrestrial table globe. London, England	1				38.2x 32.2 x30.6	30.5	1946	1946			NMM	Description in object details
7	55230	55230	The Beckley Cardy Co. (seller), G.W. Bacon & Co. Ltd. 8-Inch Terrestrial Globe, Tripod Iron Stand, c. 1930s-40s (gores printed by G. W. Bacon & Co. Ltd., London)	1				H:15in	20.3	mid 20th century	**1950**			a Chicago-based school supply company	.georgeglazer.com/globes/globeref/globemakers.
6	3071	GLB0206	Heath & Co. Ltd Celestial navigational globe New Eltham, England, UK		1			27.8 x 26.7 x 26.6	18.5	1953	1953			NMM	Description in object details
3	3141	GLB0071	Behaim, Martin and Ravenstein, E G and Rand McNally & Co. Terrestrial facsimile globe gores Nuremburg, Germany	0				43.5 x 68.5	17	gores: 1492; facsim. globe 1908; gores: 1960	1960			NMM	Description in object details
3	3183	GLB0268	Behaim, Martin and Ravenstein, E G and Rand McNally & Co. Terrestrial facsimile globe gores Nuremburg, Germany	0				43.5 x 68.5	17	gores:1492, facsim. globe 1908; gores, 1960	1960			NMM	Description in object details
3	3184	GLB0269	Behaim, Martin and Ravenstein, E G and Rand McNally & Co. Terrestrial facsimile globe gores Nuremburg, Germany	0				43.5 x 68.5	17	gores: 1492; facsim. globe 1908; gores: 1960	1960			NMM	Description in object details
6	3327	ZBA1740	George Philip & Son Celestial table globe London, England		1			38.0 x 30.4 x 32.3	30.5	ca 1960	1960			NMM	Description in object details
6	3233	ZBA1742	Georama Ltd Terrestrial illuminated globe. London, England	1				400	34.3	ca.1960	1960			NMM	Description in object details
6	3268	ZBA1746	George Philip & Son Celestial table globe London, England		1			18.4	15.4	ca 1960	1960			NMM	Description in object details
6	3016	GLB0226	George Philip & Son Terrestrial instruction globe London, England	1				59 x 48	47.5	ca 1960	1960		1	NMM	Description in object details
6	3008	GLB0237	George Philip & Son Terrestrial table globe London, England	1				46.5 x 37.0	34.3	1960	1960		1	NMM	Description in object details
6	3340	ZBA1728	George Philip & Son Celestial table globe London, England		1			38.0 x 30.5	30.5	ca 1960	1960			NMM	Description in object details
9	3227	GLB0227	Sajelawo Celestial armillary sphere Russia, Soviet Union				1	60.5 x 49.0	41.5	ca 1960	1960			NMM	Description in object details
7	3064	GLB0068	Replogle Globes Inc Terrestrial table globe Chicago, USA	1				35.2 x 35.8	30.6	1961	1961	1	1	NMM	Description in object details
9	3087	GLB0178	Central Research Institute Lunar table globe Moscow, Russia				1	38.5 x 25.9	25.9	1961	1961		1	NMM	Description in object details
6	3225	ZBA0326	George Philip & Son Terrestrial globe gores London, England	0				55 x 12	30	1966	1966			NMM	Description in object details
6	3261	ZBA0328	George Philip & Son Terrestrial globe gores. London, England	0				55 x 12	30	1966	1966			NMM	Description in object details
7	3092	GLB0192	Replogle Globes Inc Terrestrial table globe Chicago, USA	1				40.7	40.7	1966	1966			NMM	Description in object details
4	3226	GLB0193	Mercator, Gerard Celestial facsimile globe gores Brussels, Belgium		0			62.0 x 58.0	42	Orig gores: 1541, 51; facsim.: 1968	1968			NMM	Description in object details
7	3260	GLB0191	Replogle Globes Inc Terrestrial globe gores. Chicago, USA	0				67.5 x 67.5	41	1968	1968			NMM	Description in object details

7	3091	GLB0190	Replogle Globes Inc Terrestrial table globe Chicago, USA	1				46.5 x 48.5	41	1968	1968		NMM	Description in object details
3	3070	GLB0204	Kiepert KG Buchhandlung Terrestrial climate globe Berlin, Germany	1				51.5 x 38.5	36	1969	1969		NMM	Description in object details
9	3093	GLB0194	Globe, Scan Lunar table globe Denmark				1	16.5 x 17.5	15	1969	1969		NMM	Description in object details
6	3324	ZBA1745	George Philip & Son Terrestrial table globe London, England	1				42.0 x 34.8 x 36.3	34.3	ca 1970	1970		NMM	Description in object details
7	3234	ZBA1743	Denoyer-Geppert Lunar table globe. Chicago, Illinois, USA				1	463 x 406	40.6	ca 1970	1970		NMM	Description in object details
7	3274	GLB0198	Replogle Globes Inc Celestial table globe Chicago, USA		1			62.5 x 35.0 x 30.3	30	1970	1970		NMM	Description in object details
6	3219	GLB0199	Wightman, A. J. Terrestrial relief globe. United Kingdom	1				77.6x62.5 x 66.3	62.5	1971	1971		NMM	Description in object details
6	3343	ZBA4534	A. J. and Lunasphere Productions Ltd. The Wightman Luna globe Penzance, Cornwall, England				1	42.0 x 32.2 x 32.2	29.4	ca. 1971	1971		NMM	Description in object details
6	3229	ZBA0325	Georama Ltd Terrestrial globe gores. London, England	0				61.0 x 17.5 (15.2??)	76	1971	1971		NMM	Description in object details
7	3185	GLB0267	Replogle Globes Inc Terrestrial globe gores Chicago, USA	0				153 x 82	41	1971	1971		NMM	Description in object details
7	3194	GLB0222	Replogle Globes Inc Terrestrial globe gores Chicago, USA	0				153 x 82	41	1971	1971		NMM	Description in object details
9	3072	GLB0202	Globe, Scan Lunar table globe Denmark				1	41.9 x 34.7 x 30.0	30	1971	1971		NMM	Description in object details
6	3164	ZBA0327	Kelvin & Hughes Ltd Celestial globe gores London, England		0			56 x 37	19	1975	1975		NMM	Description in object details
6	3173	ZBA0324	Kelvin & Hughes Ltd Celestial globe gores London, England		0			56 x 37	19	1975	1975		NMM	Description in object details
6	3187	ZBA0092	Kelvin & Hughes Ltd Celestial navigational globe London, England		1			28 x 27	19	1975	1975		NMM	Description in object details
7	3206	ZBA1741	Denoyer-Geppert Mars table globe Chicago, Illanois, USA (Overall display height: 46.2cm; Sphere diameter: 40.7cm)				1	H:46.2, diam: 40.7	40.7	ca 1975	1975		NMM	Description in object details
3	3188	GLB0254	Behaim, Martin and Ravenstein, E G Terrestrial facsimile globe gores Nuremburg, Germany	0				74 x 238	50	Orig. 1492 facsim.1908 gores: 1986	1986		NMM	Description in object details
6	3273	GLB0243	George Philip & Son Celestial facsimile globe London, England		1				77	Orig.gores bef. 1948; facsim. globe 1989	1989		NMM	Description in object details
6	3200	ZBA0323	George Philip & Son Celestial globe gores London, England		0			71 x 102	77	Orig. < 1948 Repro. 1989	1989	1	NMM	Description in object details
4	1025	1025	Grard Valk (1652-1726) and Leonard Valk (1675-1746) A group of Grard and Leonard Valk globe pairs (seven different sizes of globes; 3, 6, 9, 12, 15, 18, 24inches/ 7.75, 15, 23, 31, 39, 46 and 62cm)	1	1				7.75, 15, 23, 31, 39, 46, 62	9998	9998		Universiteitsmuse-um, Utrecht	Dekker and Krogt (1993) 53
6	956	956	Bardin's New British globes (Dia. 18in/ 46cm) Globes from a collection in New England and American Flanklin globes (once owened by Nathaniel Bowditch (1773-1838))	1	1				46	9999	9999		Peabody & Essex Museum, Salem, Mass	Dekker and Krogt (1993) 136-7
6	3346	ZBA3076	Celestial floor globe Celestial floor globe on stand. There is a compass at the stand base London, England		1			117.3 x 58.8	50.8 >	9999	9999		NMM	Description in object details
6	3348	ZBA3075	Philips and Malby & Co Terrestrial floor globe. London, England	*l*					48.7	9999	9999	1	NMM	Description in object details
8	3155	GLB0176	Unknown Celestial Islamic globe unknown		1			16.3 x 9.4	6.9	9999	9999		NMM	Description in object details
8	3174	GLB0142	Unknown Celestial Islamic globe unknown		1			25.0 x 23.5	18	9999	9999		NMM	Description in object details
8	3203	ZBA1747	Unknown Celestial MacMillan globe unknown		1			41 x 42 x 42	36.5	9999	9999		NMM	Description in object details
8	3323	GLB0180	Unknown Celestial Islamic globe Persia		1				15	9999	9999	1	NMM	Description in object details
8	3150	GLB0002	Unknown Islamic globe unknown		1			17 x 11.5	9	9999	9999		NMM	Description in object details
9999	25	25	Anonymous Anonymous Laurentian Library, Florence, I, 166			1			9999	9999	9999		Laurentian Library, Florence	Stevenson (1921)
9999	26	26	Anonymous Anonymous Laurentian Library, Florence, I, 166			1			9999	9999	9999		Laurentian Library, Florence	Stevenson (1921)
9999	66	66	Anonymous Anonymous Library Adminal Acton, I, 79	1					9999	9999	9999		Library Adminal Acton	Stevenson (1921)
9999	22	22	Anonymous Anonymous References in the 'Fihrist', I, 28		1	1			9999	9999	9999		References in the 'Fihrist'	Stevenson (1921)
9999	38	38	Anonymous Anonymous Royal Bavarian Court and State Library, Munich, I, 177 (numerous examples)	1	1	1			9999	9999	9999		Royal Bavarian Court and State Li-brary, Munich	Stevenson (1921)
9999	37	37	Anonymous Anonymous Royal Estense Library, Modena, II, 97			1			9999	9999	9999		Royal Estense Li-brary, Modena,	Stevenson (1921)

2.2　本邦における地球儀製作について　－製作技術及び構造からみた本邦における地球儀製作史－

2.2.1　本邦における世界/地球観

西欧の地図や地球儀の舶来とその模倣より始まった本邦の地球儀製作の説明の前に、世界/地球観について一瞥しておきたい。西欧の中世キリスト教世界観に対応した同時代の本邦を含む東洋の世界/地球観は仏教世界観即ち須彌山世界観であり、高くそびえる山頂に神々が居住し、その山裾を太陽が周る須彌山を中心とし、海で隔てられた最外縁の山脈を含め、8重の海と山脈に交互に囲繞されるやや厚みのある円盤と考えられた。(図1a)[1]。なお、これらの全ては地下に向かって金輪、水輪、風輪と呼ばれる円盤で構成され、無限空間に浮かぶとされている。須彌山を囲む最初の海を須彌海とよび、7番目の尼民達羅山までは、八功徳水の海であるが、この外側の海水に満たされる8番目の海には須彌山を中心とした東西南北の四方向にそれぞれ浅瀬が点在し、南側の1つが瞻部洲（南にあるため南瞻部洲とも呼ぶ）であり（図1b)、人間の居住する（俗）世界とされた。このような世界観の下では球体をなす地球は思い浮かばず、当然、球形の地球儀の製作余地はなかった。東南アジアに目を向けると、絵画ばかりでなく、この須彌山を模したインドシナの古代都市、アンコール・ワットも残されている。

瞻部洲は東西方向に底辺、南に頂点の逆三角形をなし（図2）[2]、この瞻部洲の中心には北側に香酔山を抱く無熱悩池があり、ここを水源とした、北西（アムダリア）、北東（シルダリア）、南東（ガンジス）及び南西（インダス）の4大河川が流出する。ガンジス川とインダス川はその南の東西に連なる雪山（ヒマラヤ山脈?）を横切り、さらに、南の九黒山で各々、東西にそれる。本邦では、この仏教世界観に基づく14世紀ころの五天竺の図や瞻部洲に西洋から直接舶来した地理情報を強引に組み込んだ世界図（南瞻部洲掌菓之圖）[3] が18世紀前半に発行されている（図3)。

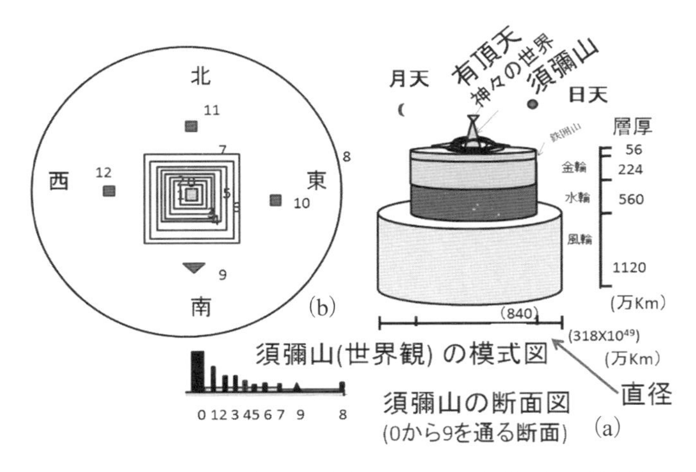

図1　須彌山世界（仏教世界観）及びその南北断面（須彌山より南端の鉄囲山まで）（龍光山正寶院飛不動webpage他により模式化した）

凡例　0：須彌山、1：持双山、2：持軸山、3：檐木山、4：善見山、5：馬耳山、6：象耳山、7：尼民達羅山、8：鉄囲山、9：瞻部洲、10：勝見洲、11：倶盧洲、12：牛貨洲

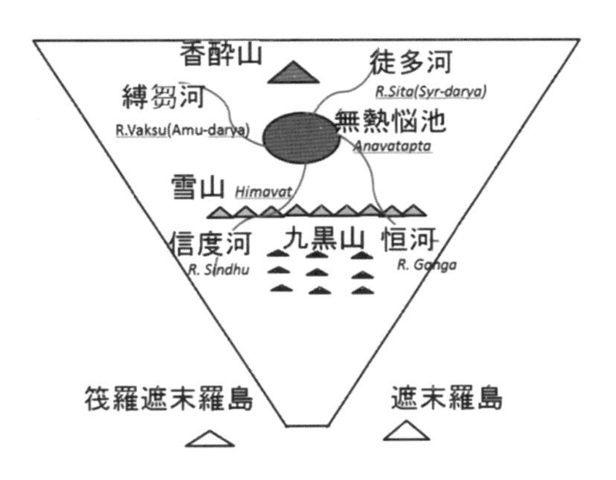

図2　須彌山南方の沿岸洲（瞻部洲）の概念図（逆三角形に注意）（総合佛教大辞典に基づき、改描・加筆した）

「五天竺図」に示される仏教世界観から脱却できない、図3の浪華子（鳳潭）の南瞻部洲萬國掌菓之圖（宝永7, 1710年）は、瞻部洲の東隅に支那海を隔てた日本、やや南の海中に南米の国名が示されるアメリカ、北西隅にオランダ、イギリス、エウロパやトルコなどを配し、仏教世界観と西欧舶来の新地理情報を強引に合体させた苦肉策としての世界地図と言えよう。この世界図は、編者独自の発想でなく、西欧中近東の配置は14-17世紀の製作とされる

「大明混一圖（1386）」（宮、2007）[4]や「混一彊理歴代國都之圖」（1402）のそれと調和的であり、支那、天竺を中央部に据え、仮想の無熱悩池を中心とし、支那をその北東側に配している[5]。なお、デザインは「うちわ型仏教系世界図」に依拠する（金田・上杉, 2012）[6]とすれば、逆三角形は西欧その他を継ぎ足したためかも知れない。筆者はこの作者が、瞻部洲が逆三角形をなすという仏教世界観に忠実に従ったとみなし、図3に模式的な逆三角形を加えた。

神の国である立体的な須彌山（本島）の南の中州（人間世界；南瞻部洲）を配する仏教世界観に対し、平面的な空間把握に違いはあるが、西欧のコスマス図、ヘルフォード図などマッパムンディにおいて、人間世界を取り巻く海の遙か東方、平面上に天国を想定するキリスト教世界観に通じるものがある。この仏教世界観の立体化モデルとして田中久重は江戸末期の1850年に環中・晃厳に依頼され縮象儀を、また、1877年には視実等象儀を製作している。文明開化の明治中頃まで、仏教世界観が生き延びたことは、驚嘆に値するが、彼らの製作したモデルは、仏教世界観を説明するための、いわば、地球儀といえよう。これに先立ち、仏僧宗覚（1708頃）が製作した地球儀は、球体をなす地球上での仏教世界観と西洋渡来の世界知識の組み合わせの試みであるが、科学的記載が少なく、不明なことが多い。仏僧のなかにも、1848年に箕作省吾の世界図に基づく地球儀を製作した僧 栄光もおり、全ての宗教家が須彌山説に対して全面的に賛同していたわけではなく、その中の幾人かは西洋渡来の世界認識（地球観）との間を彷徨っていたようである。

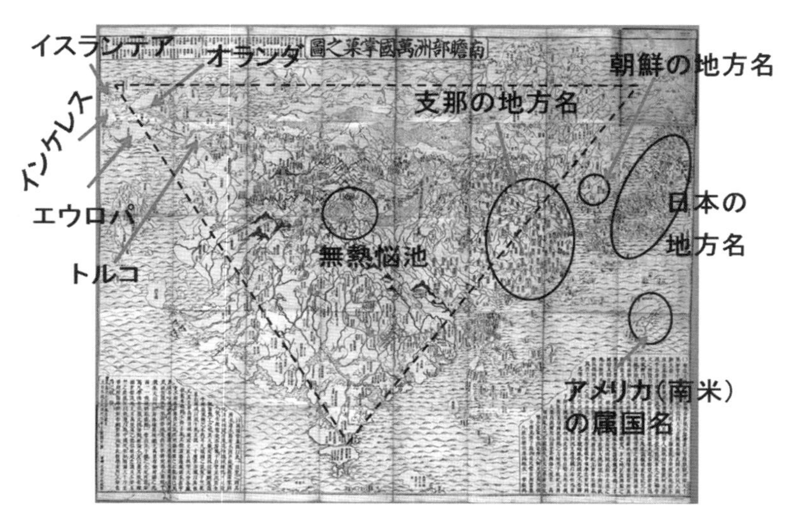

図3　宝永7（1710）年における浪華子（仏僧；鳳潭）の地理情報

本図は明治大学芦田文庫蔵の南瞻部洲萬國掌菓之圖に加筆したものである。本図は、仏教世界観と西欧渡来の世界知識の合体による苦肉の作品としての世界地図で、破線の逆三角形は南瞻部洲を示唆する。中心部に無熱悩池が、日本南方のアメリカは南米の（属）国名が描かれ、西欧では、トルコ、英国、和蘭、イスランテアがこの州の北西隅に群がる。日本、支那、朝鮮はそれぞれ、国内の地方名が示されている。なお、逆三角形は「うちわ型仏教系世界図（南瞻部洲図）」に依拠（金田・上杉, 2012）し、西洋渡来の地理情報を継ぎ足した事によろう。

2.2.2　本邦における地球儀製作

朝鮮、支那との古くからの交流により伝来した仏教世界観は、日本で永らく君臨し、江戸から文明開化の明治の中期にかけても仏僧の間では後生大事にされており、越中おわら節や津軽山唄、鯨唄にいうところの「三国一」の三国は、日の本、支那、天竺を指し、一般的な日本人の世界地理空間であった。また、ザビエルの「～地球の丸いことは、彼らに識られてゐなかった。～」(1549年の書翰第30) [7] で明らかなように、少なくとも、織豊時代には地球が球体であるという認識は一般（大多数の知識人や権力者にも）にはなかった。科学知識を武器とした支那における宣教活動では、権力者への贈答品に天文機器、地球儀や時計など科学機器が取り入れられ、功を奏した（平川祐弘, 1969, 97）[8]、(平岡隆二, 2008) [9]。本邦でも同手法が採られたことは当然であろう。宣教師と権力者、信長の舶来地球儀を挟んだ謁見以後に移入された世界認識の飛躍的な拡大は、肇慶＜1589年（萬暦17年）＞の王泮の命により利瑪竇（マテオ・リッチ）が作製した世界図（圖書編（1600）中の山海輿地全図より窺われる世界図）の改訂図である坤輿萬國全圖（1602）が支那より伝来したことによる。「耶蘇会士日本通信」[10] によると、1568年、1569、1579年の信長と宣教師フロイスらとの会見では地球儀が使用されており、1587（天正15年）、1591年（天正19）の秀吉への献上品には世界図、地球儀などが含まれていた。

1596年（慶長元年11月18日）の増田長盛による軍船サン・フェリペ号の点検と積荷没収時に示された世界図や航行要領の説明は、当時の航海に地球儀が不可欠であったこと（スハープ、ビレヴエルトの回答）を示しており、1600（慶長5）年、1611（慶長16）年及び1613（慶長18）年のアダムス・家康の会談には世界図、地球儀などが使用されている。林道春（羅山）の「排耶蘇」中で、「・・円模の地図を見る・・」と記された1606年（慶長11年6月15日）の耶蘇会士不干（ハビアン）との論争記事については、海老沢有道（1970）をはじめとした歴史家及び鮎澤（1949）は「円模」を円内に描いた世界地図（地図投影法ではglobular projectionによる地図）または円模の圖即ち地球圖と解釈しているが、上下にセットして展示されている（一般に北を上として描かれる）世界地図（?）を指し、地図の上下を重ねて問うかという素朴な疑問や、文の前後関係から地球儀と解釈する方が自然であろう。ただし、この一文も1630年代の知見を基にした天文主義批判の書で、1606年時点の記録ではないと指摘されている（キリ・パラモア, 2004）[11), 12)]。従って、この地球儀か否かの区別は不毛の議論かもしれず、これ以上は触れないことにしよう。また、1643年以前の和蘭献上の地球儀を井上筑後守が使用しており、1657年（明暦3年）、1659年（萬治2年）地図類と1658年にアムステルダムで製造された銅製地球儀2個が献上されたことも知られている（藤田, 1942)。アムステルダムで1700年に製造されたとされるファルク天・地球儀一対は松浦史料博物館に現存するが、その球儀上の世界図は1737/38年に北島見信により翻訳された（織田ら, 1975)。他に、1745、50年の製造からほぼ1世紀後の1844年に鍋島藩が入手したValk天・地球儀一対も残存している。また、江戸時代後期の馬道良（1795：寛政7）は江戸天文台蔵の1640製天球儀や地球儀を寛政3年～寛政6年（1791-94）に補修するとともに、両球の欧文を要訳し、漢字・国字による地名記入と日本北辺の地図を訂正している（鮎沢, 1953)。このように幕府が所持した地球儀は古文書調査で知られているが、古地球儀上の地理情報の製造150年後の訳出と流布（?）は、考察が不十分であれば、当時の知識人や国人に新旧混在（逆転?）の地理情報を提供し、混乱を招かせたことになる。なお、製作者不明ながら1784年製とされる、両端が渦巻き装飾で終わる鉄製Semi-meridianを備え、木製の球儀の椅子型架台に納まる直径40cm前後の天球儀が英、Whipple博に陳列されてあるが、この時代では暦学関係者以外の製作は考えられず、土御門、或いは、幕府天文方の渋川一門またはその流れをくむ者の製作に係ると推定される。次章3.2「渋川春海（安井算哲）の製作に係る最古の地球儀」の表1に同門における球儀製作の一部を表示した。同門（仙台）では坤輿萬國全圖の透写が課されたと推定されているが、天球儀の習作も行われたであろう。なお、球儀の椅子型架台でありながら、球儀の椅子型架台に一般的な全円子午環full-meridianでなく、半円子午環Semi-meridianであることは奇異である。架台/台座は別として、半円子午環の採択は徴古農業館蔵の春海奉納の地球儀のそれに似ている。ただし、春海の天球儀では全円子午環である。

船舶搭載の直径30-40cm程度以下の実用地球儀では旧版は常識的に見れば、危険防止上、即廃棄処分されること、製作数の少ない王侯貴族向けの直径の大きな装飾・献上品は特注で高価なこと、保存に不利な立体形で嵩張るため、地球儀は地図に比べて保存数が多くない。製造が少ない上に容易に破損するためであろう。ほとんどの舶来品は球径から実用品と見られるが、また贈答品として多くの所有者を経ていなければ、製造から1世紀後に入手された古色を帯びた実用地球儀は、西洋では廃棄品または骨董品ともいえよう。宣教師が、積極的に宣教の具とした丸い地球“地球儀”、最新の世界地理情報や諸科学は、当時の日本人の世界観に大打撃を与え、信長の面前における刃傷寸前となった仏僧 日乗とロレンソの論争[13]などを経て、世界地理情報が日本の知識人に浸透し始めたが、支那経由の世界知識は、中華思想や三才圖會にみるごとく、支那人の想像が多く含まれた。慶長丙午六月十有五日（慶長11年6月15日；1606/07/19）に、立ち寄り、修道士ハビアンとの論争の勝利（?）に酔った儒学者・朱子学者で策士の林羅山の「排耶蘇」など、江戸期に入っても球体説は、宗教家らには受け入れられていない。知識人であるが故に仏僧の間には依然として須彌山説から抜けだせず、苦し紛れの世界図の製作や、宗覚の地球儀、須彌山儀、視実等象儀の製造など、その尾を明治時代まで引くことになる。

畳4枚程の大きさの利瑪竇（マテオ・リッチ）の「坤輿萬國全圖」[14]はその大きさ（380×170余cm）と共に三国以外の世界を知らなかったこの国人らに衝撃を与えたことは想像に難くないが、これに先んじて航海実用機器として文字どおり舶来した地球儀は、献上品として信長、秀吉を筆頭に、時の権力者をはじめとする人々の目に触れている。これらの中には、1593年、名護屋で、フィリピン総督に派遣されたドミニコ会のファン・コーボが秀吉に漢字表記の地球儀上で、カトリック（スペイン）王の植民地とこれらの島々の距離を示した（岡本良知, 1973）[15]とあるように、漢字表記の地球儀も記録に残る。岡本は威嚇とは記載してないが、後年の1596年のサン・フィリペ号水先案内人の言[16]で推察できるように、コーボの説明は聴きようによっては、それに近かったものと思われる。岡本は漢字表記の地球儀の製造地をマニラと推定するが、マカオ、ゴアかマニラ、或いは国内のセミナリヨのいずれかの工房で製作されたであろう。しかしながら、それらの一切は、日本に残されていない。余談ながら、秀吉の危惧は宣教師の示威（コエリオのフスタ船）や地政学的な発言及び説教/誘導による耶蘇教信者の敵対勢力化と反乱（岡本, 1948；高橋, 1969･70･72；清水, 2001）[17]や、古い時代のシナ交易において商社も兼ねた仏教寺院と同様に行われた宣教師側の商社活動には奴隷貿易（耶蘇会士日本通信の報告文中の捕囚となっていた元主人を嘗て家来であった者が奴隷売買直前に救出した美談にも明らか）も含んでおり、秀吉の解放要求が示すように、奴隷として同胞人を国外へ輸出することへの嫌悪が宣教師やこの宗教（＋商社活動）の排斥（1587）の要因の一つとの見方もある（岡本, 1934）[18]。彼らの宣教活動を仏僧の既得権封殺手段として活用した信長も奴隷売買や、衣の下に留意し、同じく対処したことであろう。あるいは、敵対者を積極的に奴隷として国外へ放逐するという逆の見方も出来る。島原の乱は決定的事件ではあるが、これらが相俟って鎖国政策に進んだと考えられる。地球儀は宣教師らにより到来し、林道春（羅山）が耶蘇会士不干の教会（?）で目にした「円模の地図」は、国内の教会あるいはセミナリヨに置かれた地球儀を示唆するが、豊臣時代の建前としての禁教は兎も角、明治維新の廃仏毀釈、太平洋戦争敗戦後の黒塗り教科書と同様、江戸時代の禁教令による厳格な耶蘇教排斥により徹底的に破壊や焼却を受けたと思われる。残念ながら、この時代に支配者層が所持した献上品の舶来地球儀は、その後の抗争や騒乱の中で失われ、わずかに宣教師側の書簡や文書に記録を留めるのみである。

2.2.2.1　本邦の地球儀製作史

動乱の時代には、乱立する宗教に比べ、文化の育たないこともあり、織豊時代の地球儀は舶来ものを含め、その模作も残されていない。積極的に宣教の具とされた地球儀は、その後、禁教の対象として廃棄・破壊されたことも窺える。そこで、江戸時代以降、各地の知識階級や豪商の後裔及び神社等に残された地球儀やそれらに関する既存資料に基づき製作史を概観する。表1はオーストリアの知人からの問合せに回答した「List of terrestrial globe produced in Japan」を補ったものである。これは、Kawamura et al.（1990）[19]の調査結果を増補改訂した海野（2005）[20]の表の錯誤訂正と、2、3の所有者から提供を受けた写真、図及び情報をもとに技術的側面から吟味・編集し、年代順に整理したものである。本表の作成では、仏教世界観の具現化されたモデルも地球像（儀）として加えている。なお、天球儀及びアーミラリスフィアの中心に地球がある場合も、本表には含めた。製作年の「19世紀」は最大で±50年の時間差を含むが「1850年」に読み替え、出来るだけ製作年代に合わせた配列に努めた。製作者は実際に製作に携わった製作者またはクライアントである。Kawamura et al.（1990）をはじめとした既存表における製作者の錯誤は、「高木秀豊」の地球儀で、これは正しくは、クライアントの佐野與市（角田桜岳）の製作に係るものである。角田家史料（角田家日記）に直接の記述はないが、記述の前後関係や行間から、球面のゴアについては、当代きっての地図学者で、重訂萬國全圖の実質的（?）編纂者でもあった新発田収蔵の編集/作図が窺える（宇都宮・伊藤，2008）[21]。なお、スケール、各構成部分、地軸角度、球面上の地図表記、描法や構造などの考察は無意味として、球面の世界図やその原図のみ重視するアプローチは、mm単位までの寸法の計測を愚として避けるのと同様、貴重な情報を見逃すこととなり科学的研究においては賢明ではない。

所有者は現在及び旧所有者または機関、所在は所有者の住所（市まで）とした。子午環は全円の子午環（Full meridian ring）を“2”、セミメリデアン（半子午環）を“1”、欠如を“空欄”とした。以下の項目はいずれも「有」の場合を“1”とする。地軸の角度の可変は一般に全円の子午環（Full meridian ring）で、当然ながら、地平環を備えた地球儀（球儀の椅子型）であるが、中には全円子午環や地平環を備えても、両者が固定され、従って地軸角度の固定された地球儀がある。角度固定と球体のみの現存は一般に、地平環、角度の欄がいずれも空欄となる。地軸固定（“36 or 23.5”）は、著しく大きな角度（65°）もあるが、地軸が23.5°か、約35〜36°に固定されていることを示す。35〜36度は、江戸又は京の緯度に一致し、本邦が真上となるが、寺子屋の子弟らが上からこれを見下ろすための教育的配慮と、攘夷派の攻撃を避けるという政治的配慮が働いていたと思われる。地軸が水平をなす車軸型ともいえる地球儀は、台座（Gabelbein）に固定される2本の等高のブレード状支柱上端の凹部（爪: Ausfallend）に地軸を乗せる。天球儀とアーミラリスフィア“celestial globe and armillary sphere”は地球儀類とペアか否かに関わらず、同一所有者が所蔵する場合を“1”としたが、必ずしも天・地球儀一対（Globepaar/ a pair of globes）を意味しない。いずれの欄も“有”は“1”と記入している。なお、項目間のクロス情報により、球体のみの残存か否かを知りうる。

織田武雄・室賀信夫・海野一隆（1975）らは地図[22]に内包される世界知識及び世界観を1）東洋的世界図、2）南蛮系世界図、3）マテオ・リッチ系世界図、4）蘭学系世界図、5）幕末民衆の世界図に大別して記載したが、2）は屏風絵などの嗜好品の類で、5）は4）または3）あるいは1）と4）が混在するため、分類基準としてやや恣意的であろう。

世界図の更新の程度は、仏教世界観を0とし、1から15は海野の原図類型による分類番号（1. 南蛮系、2. 本邦模写改描リッチ卵形図系、3. リッチ単円世界図系、4. 湯若望系、5.「万国総界図」系、6. ファルク系、7. 桂川甫周系、8. 司馬江漢系、9. 橋本宗吉系、10. 石塚崔髙系、11. 官版「新訂万国全図」系、12. 田謙図系、13. 箕作省吾系、14. 新発田収蔵系、15. 系統不明）に準じ、筆者の追加調査でも、概ね彼の類型に従って振り分けた。製作年不明示の場合、製作年はゴアの原図（世界図）より推定されるが、製作者又はクライアントが原図の発行直後にそれをいち早く入手したか否か、古い地図を意図的に採用したかなど、彼らの尚古癖の有無如何では製作年に誤謬が生ずる。当然のことながら、この類型区分では、江戸末期以降は例外となる。そこで、これらの地理情報を以下のように5分類した。但し、南蛮系とされた地球儀付きからくり人形は「千成瓢箪」の「千」が江戸中期以降、巷間に生まれた流行意匠であるため、この時代の製作と見なした。括弧内の数値は、海野の分類番号を示す。

1. 仏教系（仏教系及び仏教・西欧世界折衷型）宗覚他、田中久重、佐田介石、環中・晃厳
2. 西欧系（リッチ直系）マテオ・リッチの坤輿萬國全圖の地理情報　渋川（2, 3, 4）
3. 西欧系（南蛮・旧西洋系）地図屏風などの地理情報　からくり〜（1, 5, 6, 7, 8, 9, 12）
4. 西欧系（更新型）石塚、高橋景保の新訂萬國全圖、箕作らの地理情報　真言宗僧侶 栄光（10, 11, 13）
5. 西欧系（1850年以降）重訂萬國全圖など最新西欧渡来の地理情報　梶木、大屋、北川、角田（14）

構造や製作技術については、西欧の地球儀を参考に、日本独自の意匠・構造を考慮して、ポケット型地球儀、風船型、傘式地球儀、地球儀としてオーソドックスな形態をなす球儀の椅子型、串団子様の支柱兼地軸型、セミメリデアン（半子午環）型、吊し/銅鑼型、ナビゲーション型（箱入）、平板等高支柱及び長短支柱型、衝立脚等高支柱及び長短支柱型、衝立脚半子午環型、衝立脚三日月台座型地球儀及び起伏地球儀として分類し、表2に加えた。表1は、構造による地球儀の区分と分類コード表である。（表1）、（表2）

現存する江戸時代最古の地球儀の中で製作者の明らかなものは、1690年に渋川春海が製作し、伊勢神宮に奉納した地球儀（伊勢神宮徴古館農業館蔵）（写真1）である。最近では、作者不明ながら、室賀家、伊達安藝家旧蔵、龍門寺蔵の地球儀もほぼ同時代か少し古いものと疑われており[23)]、表1ではそれに従い配列した。伊勢神宮徴古館農業館には、渋川の他に1751（寛延4）年5月に入江修敬も直径30cm以下の地球儀を奉納したことが渋川の地球儀を保管する収納箱の内径とその箱書きによって明らかである（宇都宮, 2006)。残念ながら、現在では修敬の奉納した地球儀本体は行き方知れずで、同時に奉納された別文書も同館には保存されていない。佐倉の歴博の秋岡コレクションには、この前年の修敬作とされる直径21.6cmの地球儀（写真2）が収蔵されているが、相互の関係は今のところ不明としておきたい。渋川は、神宮に地球儀より直径の大きい天球儀も奉納しており、天・地球儀一対（Globe-paar）をなすといえよう。彼が1695年に製作したという30cmの地球儀は国立科学博物館に天球儀とともに収蔵されているが、神宮奉納の1691年より20年前の1670年に直径53cmの地球儀（亡失）を製作している。これは、透写により製作されたゴア（Heeren, 1873）から推定される（宇都宮, 2015)。

これ以後、修敬が地球儀を製作した1750年までの間に、南蛮文化館蔵地球儀、地球儀からくり人形、宗覚の地球儀、斑鳩寺の凹凸地球儀（起伏地球儀）、後藤松斎らの地球儀の製作が見られる。「からくり人形〜」の飾り物の千成瓢箪は、秀吉の馬印に由来するが、秀吉のそれは、元々、瓢箪1個であり、幕府に豊臣アレルギーが薄れ、政権の足場の固まる江戸中期以降の大衆文学や芸能の華やかな中で、瓢箪は1個から「千」個に格上げされており、これから逆にからくり人形に付随する地球儀の製作時期が推察される。久修園院蔵、宗覚の直径20cm、支柱地軸一体（串団子様）型の地球儀は、球面の世界図は万国総界図に依り、北極側に野球バットの頂部に似た水晶の地軸を子午環から突出させ須彌山を模した仏教世界観に基づく地球儀である[24)]。

さらに、この地球儀製作の黎明期?ともいえる初期に、地球儀の構造として完成域に達したオーソドックスな「球儀の椅子」型の地球儀が、龍門寺蔵地球儀、南蛮文化館蔵地球儀、後藤松斎旧蔵地球儀、京都大学地理学教室蔵地球儀、国立歴史民俗博蔵の入江修敬作（?）地球儀に見られる。ただし、地平環に子午環が固定された「ニセ椅子型」というべきのものもある。1715（宝永5）年以降であるが、斑鳩寺に凹凸地球儀（terrestrial relief globe）が奉納されており、内外をふくめ、このタイプの地球儀としては古いものの部類にはいる。

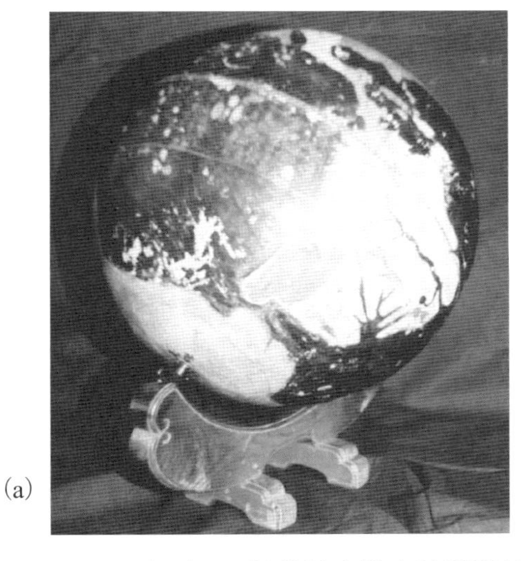
(a)

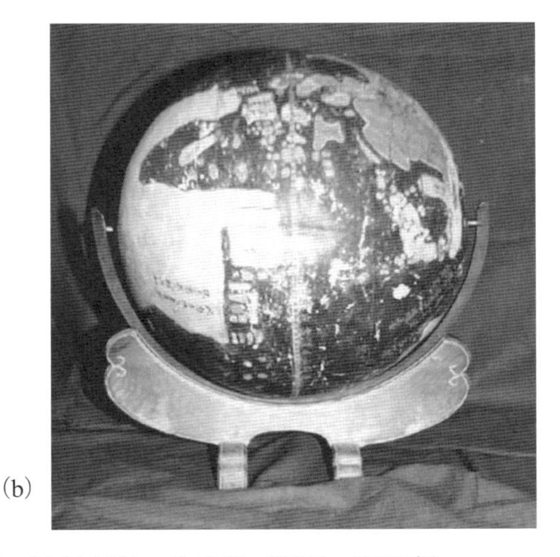
(b)

写真1　伊勢神宮徴古館農業館蔵の渋川春海の地球儀（撮影：宇都宮）
(a) 地軸を傾けた状態　　(b) 地軸を水平にした状態

この写真（a)、(b）により、地軸が35度で固定され、天動説と関係づけた解釈の誤が理解できよう。地軸の傾度は架台の上面の溝内で半子午環（Semi-meridian ring）を滑らせ、自由に変えられるが、溝内の半子午環の範囲と球体のなす重心の偏りにより、地軸傾度には限界がある。

写真2　佐倉暦博蔵　入江修敬作と見なされている地球儀（撮影：宇都宮）

秋岡の記載によれば、1794年には桂川甫周がゴアを貼り付けた地球儀（水戸彰考館、現水府明徳会蔵）を製作しており、一旦は所在不明となったが、海野（2005 pp.448-449）[25]が藤田元春（1942）[26]の掲載した鱸重時製作に係る地球儀の写真と記事をもとに再発掘し、残存する甫周のゴアと球面の世界図は概ね近似するが、やや異なり、秋岡の記載した図形の一部を改補した新しい方の地球儀ではないかと推定した。しかし、ゴアについては触れておらず、手書きの地球儀と記している。

土博の特別展図録のカラー写真を詳細に吟味すると、球面の剥落、接着状況から、球面の世界図の経緯度は10度毎に引かれるが、東西幅20度単位の1枚の舟形図（ゴア）で覆われていることが知られる。本章で、甫周のゴアについて記載せず、記載するのは片手落ちであるが、残存する稲垣家、石黒信由、松井家のゴアは経緯度間隔10度で、1枚の舟形図が20度毎に描かれ、南北半球で各々18枚、全体で36枚からなる。

地球儀球面のゴアの東西間隔は同じく20度毎である。しかし、三家に旧蔵された甫周由来のゴアは-10°～+10°、+10°～+30°の単位で描かれるが、地球儀のゴアは、0°～+20°、+20°～+40°であり、各舟形図の東西の経度が異なる。従って、三家のゴアと球面上のゴアは全く異なる作図によることを示す。各舟形図の描画範囲の違いは、前者とは異なる時期の編集・作図であり、当然ながら、描かれた地理情報も違うことを意味する。

稲垣定穀の所蔵した地球儀用世界図（ゴア）は、本邦に数点残されている桂川甫周の世界図（ゴア）（ただし透写図）に近似するが、交流のあった本多利明経由で入手した桂川のゴアに基づき、稲垣定穀は1802-1835（享和2-天保6）年頃に手描き手彩の地球儀を製作している。北極圏の島の位置を誤写し、異体文字が見られるなど、細部では異なるが、概ねゴアの地理情報が再現されている（宇都宮, 2013）[27]。この稲垣は享和2（1802）年に坤輿全圖説を著した稲垣子戩で、Ricciの地理情報から一足飛びに、新しい世界図に基づく地球儀を製作した意図は不明だが、磁石代やその他、本多利明の書状も残されており、その影響は大いにあると見られる。これとほぼ同時期の1809

（文化5）年に、堀田仁助が、1810（文化7）年には司馬江漢が地球儀を製作した。後者は和楽器の銅鑼の部分に子午環装着の地球儀を吊した銅鑼型とも言える形で、地軸は当然ながら垂直となり、季節変化に係る地軸の傾き、回帰線の意味を考慮していないという点で、製作者の天文知識/素養が窺われる。

1796（寛政8）年の津藩士と推定される作者不明の地球儀は、直径が30cmと大きく、ポケットの名はそぐわないが、西欧のポケット地球儀に類似した構造の地球（儀）である。半球の表面に世界図が、その裏面に星座が描かれている。この種の地球儀は遙か後世の作と推定される内側に星座を欠き、容器を兼ねた万古焼地球儀（南波蔵地球儀, 秋岡, 1988, p.202）[28]など数少ない。19世紀中頃まで、1812（文化9）年に久米通賢及び小原宗好、1818（文政元）年に、部坂発蔵、1838（天保9）年に、中条澄友、1843（天保14）年に、赤鹿歓貞、1843（天保14）年に、本庄恕吉、1849（嘉永2）年に五代友厚らが、それぞれ地球儀を製作している。粘土製の赤鹿歓貞の地球儀は収納箱の軸受けに竹の地軸を置き、収納した状態で操作できるとされる（海野, 2005）[29]。なお、五代の直径60cm余の地球儀については、身内故の思い入れや誤謬を含むであろうが、婿養子の五代龍作の記事に従うと、14歳の時、藩主島津齊彬が曾て外國で購入した世界地圖の模写を父秀堯に命じ、父は友厚に任せた。友厚は2枚、寫し、一枚は献上し、一枚は書齋に掲げ凝視し、陽の沈まぬ英国を手本にすべしと慨嘆していたが、地図に飽き足らず、直徑ニ尺餘の球を作り、地図を元にゴアを作製して着色し球に貼付けたとされる[30]。

地球儀球面の地理情報に関しては、橋本宗吉の喎蘭新譯地球全圖（1796; 寛政8年）や、長久保赤水述・田謙校閲の地球萬國山海輿地全圖説（新製輿地全図）（1844; 天保15年）を基図とした、例えば、萩博蔵妙元寺旧蔵地球儀[31]や、1857（安政4）から明治5（1872）年頃の間に、宗吉の世界図を基に製作された石淵八龍の地球儀[32), 33), 34]もあるが、19世紀中頃以降では地理情報が一新されてくる。1848（嘉永元）年、仏僧の中でも最新地理情報に目覚めた僧侶 栄光が箕作省吾の世界図に基づき地球儀を製作した。しかし、1850（嘉永3）年、田中久重・環中の須彌山儀、同年の田中久重・環中・晃厳らの縮象儀は、まさしく仏教世界観/須彌山の模型であり、守旧（正統?）派の仏僧による、最新地理情報に対抗した仏教界の地球儀といえよう。幕末から明治にかけて論陣を張った佐田介石らは日本のエジソンと異名を取った田中久重をして同種のモデルを製作させており、1873（明治6）年製作の佐田介石・中谷桑南/田中久重らの須彌山儀（時計式）や、1877（明治10）年製作の田中久重の視実等象儀[35]が残されている。

本邦の地球儀製作とは異なるが、海外への注目を集め、幕末における各地の地球儀製作の動機付け（?）あるいは、幕末動乱の火付け役とも言えるペリーによる1852、53、54年の3回のシナ海・日本遠征の内、2回目の1853年7月12日に、浦賀沖に停泊した艦船サスケハナに乗り込み交渉に当たった浦賀奉行所与力、カヤマ ヤザイモン（香山栄左衛門）と2人の通事（ホリ タツノスキ、ファチスコ トクシュモ）が、艦船で供応を受け、特に興味を示した内燃機関など、船内見学をしたこと、（香山の?）忘れた刀を刃材や柄まで吟味したことに加えて、地球儀を前にした会話が残されている。地球儀が前に置かれた時、彼らはワシントン、ニューヨーク及び英仏独他の王国を直ちに示したこと、山地で途切れた道路に鉄路のトンネルを想定し、また船舶用と自動車用小型エンジンの差異に興味を示したこと、さらに、パナマ運河や鉄道、両大洋の話題で、幕府交渉役人及び通訳による地球儀上の地理情報の的確な指摘とパナマ運河開削状況の質問などに驚いている（the expedition of an American squadron, p.248）。この地球儀がどのような地球儀であったか、記載を欠くが、船上の安定性から、おそらく4本脚の球儀の椅子に納まる地球儀であったと推定される[36]。

幕末から明治にかけて、1852（嘉永5）年、鱸重時の製作した直径110cm（宮内庁蔵）と直径33cmの地球儀（亡失?）や、同年の太山融斎[37), 38]、環中の弟子である中谷桑南（1819-1883; 活躍期はc. 1840-1883）が製作した地球儀、1855（安政2）年の堀内直忠の地球儀、1855（安政2）年の沼尻墨僊作大輿地球儀（別称、傘式地球儀）[39]、1856（安政3）年、角田桜岳の地球儀、1867（慶応3）年、村岡啓斎の地球儀など、一部新旧混在はあるが、彼らが入手しうる最新地理情報により製作されている。明治に入り、1873（明治6）年の梶木源次郎の万国富貴球（風船型地球儀）、大屋愷敓の地球儀や、1872-1877（明治5-10）年頃の北川嘉七らの地球儀がみられる。北川嘉七模造と明記された地球儀は神戸市立博物館概査に基づく新聞報道[40]によると、直径33cmの手描き手彩の張り子製の地球儀で、佐藤政養の官許「新刊輿地全図」に基づき、1872-77年に製作されたという。梶木の地球儀「万国富貴球」は風船式である。これらの地球儀とは異なる特殊な地球儀が、1879（明治12）年に京都府立盲学校によって地理教材として製作され、「凸形地球儀」と呼ばれており、斑鳩寺の地球儀と同様の起伏地球儀（terrestrial relief globe）である。なお、同校には球儀の椅子型の球体が残されている（後述）。

2.2.2.2　地球儀の形態/構造

地球儀の形態区分では、西洋の地球儀に準じたが、これに加えて日本独自の意匠・構造を考慮し、分類コードにより、ポケット地球儀、風船型、傘式地球儀、地球儀としては、オーソドックスな球儀の椅子型、子午環を欠く串団子様の支柱兼地軸型、地軸に傾きを持たせたセミメリディアン（半子午環）型、吊し/銅鑼型、ナビゲーション型（箱入）、平板等高支柱及び長短支柱型、衝立脚等高支柱及び長短支柱型、衝立脚半子午環型、衝立脚三日月台座型地球儀、起伏地球儀に分類した。ただし、傘式地球儀は衝立脚長短支柱型でもあるが、傘式とした。表1の日本の地球儀製作史をその形態/構造から眺めると、地平環や全円（full circle）の子午環が設えられた地平環と脚や支柱の台座一体型（蘭語で「球儀の椅子」）の地球儀は、本邦では、龍門寺蔵、南蛮文化館、後藤家、京大地理学教室（子午環と球体がオリジナルであれば）に各々所蔵される地球儀、入江修敬作（?）歴博蔵地球儀など、その初期にも認められ、全円の子午環と地平環を備えた地球儀が、新しい形態/構造とは言えない。真鍮の子午環を外し、セミメリディアン（半子午環）を支柱に固定し、アーム又はサポートを兼ねる地球儀は、フランスではDelamarcheに始まる地球儀の消耗品化/大衆化（製作費削減のための簡略化と大量生産）により普及し、最近の教育用地球儀に見られるが、西欧では、半子午環はそれ以前にも製作されている。この半子午環が地軸を支える地球儀にあっても、渋川春海の伊勢神宮奉納の地球儀のように、この半子午環を三日月形の支持アームの溝中でスライドさせ、ある範囲内であるが、地軸角度の可変可能な地球儀も存在する。この時代の地球中心の天動説に従い角度が30余度に固定されたとの記述は、筆者による精査により、その錯誤が明らかになった（写真1（b））。なお、この可動なことは、秋岡（1988）も指摘している。逆に、全円の子午環を備えた球儀の椅子型でありながら、子午環が地平環内側のノッチや地平環の外側の2箇所で固定された地球儀は、部坂、僧 栄光、入江修敬（?）（歴博蔵）らの地球儀に見られる。これは全円の子午環（meridian circle / full meridian ring）であっても、回転はできず、従って地軸の傾度が固定されるため「ニセ椅子型」とも言えよう（写真2）。このような例外もある、地球儀の地軸傾度の可変な、子午環や地平環を備えた台座一体型（球儀の椅子型）の地球儀は、製作技術からみて完成度の高い地球儀といえるが、本邦の地球儀製作史をみると、その初期から存在する。「ニセ椅子型」の地球儀は、手本とした全円の子午環（full meridian）や地平環を備える地球儀の外観上の模倣にしかすぎないが、これらの本邦製の地球儀は、航海に必要としないため、意識的に地軸傾度の変更を不要としたか、手本となる地球儀の直接観察でなく、挿絵など間接的な情報に基づき、かつ、吟味不十分なまま模倣されたことを意味するであろう。

球儀の椅子型の地球儀が歴史的に早くから見られるが、これは、本邦への伝来当初の舶来地球儀が船舶に設えられた文字通り航海用実用品であり子午環や地平環と台座一体の「球儀の椅子型」であったためと思われる。Johannes Lingelbach（1622-1674）の絵画「地中海の波止場; Hafenszene am Mittelmeer, 1669」[41]（後述）にも描かれているが、バタビア沖で沈没した東インド会社の船から回収された4分の1環（Diederick Wildeman, 2006）[42]は、船舶搭載のそれが球儀の椅子型であったことを示している。これは、現在、小中学校の教材器機として目にするセミメリディアン（半子午環）に地軸の傾きが23.5度に固定された地球儀では、船舶の位置や、距離測定、黎明や黄昏などを求める必要のある航海では用をなさないことによることは言うまでもない。ただし、例外は戦艦長門作戦室で宇垣参謀長、山本五十六らの写真に残された地球儀にみられる（後述）。

NMMのX線写真で見る小型の西欧製地球儀では、張り子の球体内部に、球体の南北極方向の補強と回転軸を兼ねた地軸は多いが、南北と赤道の4方向を補強する十字型地軸はほとんど無い。これは、西欧でも、中小の地球儀ではなく大地球儀に適用されたと推定される。数少ない破損した地球儀で見る限り、本邦製地球儀に十字型地軸の使用は見られない。また、球体のバランスをとるため、球内側に砂袋様の錘を注入した地球儀も無いようである。ただし、調査した中で一件だけ、球の回転時にカラカラと音のする地球儀が存在した。内部の破損片の音とみなしたが、今後、X線撮影により明らかにする必要があろう。地軸の傾きについては、支持台に直立する支柱が地軸を兼ねる支柱地軸一体型の地球儀では、セミメリディアン（半子午環）や、当然であるが、地平環を欠く。台座または支柱一体型には、支柱にアームを介し23.5°傾ける地軸と支柱を兼ねる垂直の地軸の2種類あり、西欧でも彫像やアーミラリスフィアに乗る装飾主体の地球儀では直立が多い。西欧あるいは現在では、一般的に23.5°に傾けているが、本邦の地球儀には地軸傾斜が水平や垂直の場合が見られ、地球儀の製作者またはクライアントが23.5°の地軸の傾きに無理解で、季節変化における地軸傾度の役割、冬至や夏至書長線、春秋分書夜平線とも呼ばれた南北回帰線に無関心であったか、地球儀球面に世界図や正帯、暖帯あるいは寒帯などの境界線や黄道を手本に従い正確に描いたとしても、23.5°の傾きが、気候帯の分界線、冬至/夏至書長線、春秋分書夜平線の緯度と一致することに無知であったか、この地軸の傾きや角度そのものを全く理解できなかったことを示していよう。ただし、京都府立盲学校蔵の起伏地球儀のように特殊な地球儀では地軸が65°の傾きを示すものもある。

2.2.2.3 地球儀の素材について

本邦における地球儀の素材は木、竹及び紙を主とし、和紙の球面の他に、胡粉や漆が使用されている場合がある。細川家旧蔵の天球儀などを除くと、明治40年、成田山新勝寺に奉納されたモニュメントとしての青銅製地球儀を除き、球体に鉄、銅、真鍮など金属を使用した例はほとんどないが、子午環や地軸には鉄、銅あるいは真鍮が使用されている。これらの加工は鍛冶職人や錺職人によるが、真鍮の子午環のみでも低廉ではなく、素材の種類選定は製作者やクライアントの財力にも依存し、製作中や仕上がり後の訂正は、容易ではなかったと思われる。中には支那天文学と西欧天文学の齟齬を解決できないまま（?）の完成品もみられる[43]。

地球儀の球体を支える架台は、一般に木製である。地平環には木が、子午環には、木及び真鍮、銅、鉄などの金属が使用される。後年の補修の際の変更がなければ、極めて希であるが、地平環及び子午環に木材（または竹）の素材がみられ、両者が2箇所で固定され、全円の子午環（meridian circle / full meridian）であっても回転できず、地軸角度を変えられない地球儀がある。地球儀の球体は、西欧では、金属、木、張り子（紙）、石膏が、地軸には木材や金属が用いられる。本邦では、中空の木球、張り子の紙及び胡粉、粘土や漆喰で構成されている。司馬江漢の地球儀及び宇部市の部坂発蔵の地球儀は（部坂のそれは木片を組み合わせた）木球（前者は中空）であり、下関市立美術館（旧香月家旧蔵）の地球儀は荒削りの木球（?）を胡粉（牡蠣殻の粉を獣膠で溶いたもので、粘度は膠の調合割合による）で包み、成形している。これに似た萩博（妙元寺旧蔵）の地球儀も重量感と形態から同素材と推定されている（宇都宮，2005, 2009）[44), 45]。斑鳩寺の凹凸地球儀（起伏地球儀）の素材は化学分析により石灰や海藻が含まれ、漆喰とされているが、西洋で見られる石膏と同質の漆喰を素材とした地球儀は本邦には他に例が無く、本邦で工芸に使用されている一般的な素材である（粘性を強くした）胡粉の可能性がある[46]。1843（天保14）年に赤鹿歓貞が製作した地球儀は球というよりは林檎に近い形をなし、粘土を固めたものといわれる。本邦では、人形の顔や手足の成形や、つや出しに使われる胡粉は、木または張り子などによる地球儀の球体に使用されている。これらの数点を除くと地球儀の球体は反古紙の張り子製であり、球体は、二つの半球を接合し、和紙で包む花火玉であり、希には人形等の製作技術によって製作されたと推定されている。ただし、球体の製作過程は、富士宮市から刊行された角田桜岳日記に断片的に記載されるのみである。地球儀の球面は幾重にも貼られた和紙が一般的であるが、その上に黒漆や胡粉の塗布が見られる。特に黒漆塗りの地球儀は神社または有力者への奉納や献上品として製作されたようである。それらの中のごく一部が、偶々、タイムカプセルとしての神社仏閣や彼らの末裔のもとに残されたと見る方が正しいであろう。

2.2.2.4　球面上の世界図

既に述べたように、張り子の和紙の球面、あるいは、漆塗りまたは胡粉が塗布された球面に描かれた世界図は、ほとんどフリーハンドによる手書き手彩であるが、江戸に続く明治時代の梶木源次郎（1873）や大屋愷敀（1873）らの地球儀には印刷による世界図（ゴア）が認められる。明治以前のゴアは極めてまれで、手書きでゴア又はゴア様の地図は稲垣定穀の「桂川所蔵地球圖共十二枚」と折封に表書きされたゴア、及び「寛文庚戌秋安井算哲謹記焉」と銘記され4枚一組の絹布に描かれた世界図であろう。後者を算哲直筆による手書き世界図と解釈する向きもあるが、O. Heeren（1873）が、「日本の一地球儀（Eine Japanische Erdkugel）」と題した論文の作業原図であり、そのまま主要な水涯線で示される大陸、島弧や注記にアラビア数字を付し独訳し、論文の索引図（版下図）としている[47]。不鮮明ながら、この作業原図は解読上必要であるばかりか、史料としても貴重である。1911（明治44）年、歴史地理17（4）口絵写真として、新見吉治撮影に係る「獨逸ライプチヒ博物館所藏安井算哲自筆の世界地圖」及び解説（pp.174-175）[48]により本邦では知られているが、Heerenが加筆し、考察を加えた作業原図そのものである（図4）。1873年横浜で開催されたDie Deutschen Gesellschaft für Natur-und Völkerkunde Ostasiens（OAG・ドイツ東洋文化研究協会）の例会において、Heerenが発表したタイトルどうり、この図は地球儀球面の地理情報を透写した地図である。透写地図の作製法は光太夫の送還を兼ねた通商交渉のため根室に寄港したラックスマンの地球儀を透写した鈴木熊蔵（別章参照）のそれと同一とみられる。この論文中でHeerenが掲載した作業原図の文字は邦人の筆運びであり、地球儀は日本人に透写させたと推定される。日本人の世界知識の吸収や地球儀製作を紹介したRichard Andree（1878）[49]は、Heeren論文に基づき、算哲の地球儀製作を記載している。Heeren報告によれば、安井算哲は1670年秋に地球儀を製作していたことになる。歴史地理17（4）の新見の観察と測定によれば縦横、各々、93cm及び50cmの淡彩を施した絹地4枚の世界図であり、各ゴアは赤道で幅42cm、子午線長は、83cmとされる。新見及び解説者らは、

図4　Heeren論文の付図；Ein Japanischer Globus

横浜の1873年の例会で発表後、独文誌「Mittheilungen der Deutschen Gesellschaft für Natur-und Völkerkunde Ostasiens」Heft 2（Juli 1873），9-13pp」に掲載されたHeeren論文「O. Heeren（1873）Eine japanische Erdkugel」付図であり、作業原図（透写図）を撮影した写真4枚がA4版1頁に貼付けてある。この作業原図を新見吉治がGrassi Museumで発見し、若干の観察と撮影写真を編集委員に託し、歴史地理口絵写真「安井算哲自筆の世界地図」（1911）として掲載された。新見によると、絹に描かれたゴアの赤道幅は42cm、南北長は83cmである。従って、円周長は168ないし166cmとなり、直径53.5cmの地球儀用ゴアに相当する。1911年頃にGrassi Museumに所蔵された原図で、新見が算哲自筆と信じた地図下部の「A, B, C, D」は後日の補筆という。この透写図は運筆からHeerenの下で日本人が透写したゴアと推定される。新見らは横浜のHeeren報告に全く気付かず、結果として後学を混乱に陥れた。同館には2015年現在では痕跡すらないため、掲載誌以外では、辛うじて解読出来る新見の口絵写真は貴重である。本文及び3.2参照

前年の深澤論文に密接な重要史料であり、注記の頭の数字及び各図葉の南極部のABCDを後の加筆とみて、それ以外を寛文庚戌（1670年）の「算哲自筆の世界地図」と速断しており、彼の認識は後世に影響を与え、最近もこれに沿う記述がみられる。新見の測定値から円周長は赤道で168cm、子午線方向で166cmとなり、ほぼ等しく、直径、約53cm（正確には53.48～52.85cm）の地球儀球面上の地理情報の平面図（ゴア）化と解釈される。百歩譲って元図が新見、秋岡及び海野らの指摘するように地球儀製作に先立つ算哲直筆の世界図であり、この地図からHeerenが地球儀製作を早合点したとしても、研究上必要とはいえ、また、Heerenがいくら迂闊でも、貴重な元史料に直接、加筆することはあり得ず、少なくとも研究者であれば、基礎資料（地図）への加筆/改変は捏造に相当することぐらいは熟知しているはずであり、論文タイトルのとおり、Heerenは算哲製作の地球儀を記載していると考えざるを得ない（宇都宮, 2015）[50]。

現存する本邦最古のゴア（但し、透写手書き図）による地球儀は、桂川甫周が1794（寛政6）年に製作した地球儀（秋岡, 1988, 205p.）[51]であり、それ以外には江戸後期の沼尻墨僊、角田桜岳による地球儀がある。特に、形態とともに角田桜岳の地球儀の地図情報は、当時の西欧のそれに比しても見劣りはしない（写真3）。

写真3　角田桜岳の地球儀（最も保存のよい地球儀）（撮影：宇都宮）

利瑪竇（マテオ・リッチ）が北京で印刷した坤輿萬國全圖（1602）、圖書編や三才圖會の伝来後、支那やオランダ経由で舶来した西洋の世界図及び地理書やその翻訳、編纂書に基づき、世界地理情報が更新されてきたが、利瑪竇（マテオ・リッチ）の世界図は、この国人に世界知識の取得と普及・浸透において多大な役割を果たした。渋川春海製作の地球儀をはじめ、初期の地球儀の球面は、亜流も含め専ら坤輿萬國全圖や、これより古い輿地山海全圖（圖書編　巻二十九（33、34丁））、三才圖會の山海輿地全圖などの世界地理情報に基づく（宇都宮, 2015）。しかしながら、時の経過につれ、この世界地図・知識への過度の信頼や固執が新知識の獲得と更新に負の影響を持つに至った。江戸時代以前は、ほんの一握りの権力者達が宣教師らの携行した地球儀や地図により、世界知識を獲得したに過ぎなかったが、江戸中期以降では知識の大衆化が進み、新旧の混在した地理情報が溢れたともいえる。従来から行われた通常の支那貿易を通じ伝来した西欧知識は、必然的にタイム・ラグやその介在者達の解釈と想像の混入した間接的情報であった。通詞は別として、オランダ貿易の恩恵をうけ、蘭語や西欧医学を学んだ蘭学者・蘭方医らは、同時に西欧の世界地理情報や科学をも吸収している。この中には世界地誌に興味を持った山村昌栄（才助）のような藩士も含まれる。貿易相手国が支那やオランダに、貿易港が長崎に限定された鎖国政策下にあっても、蘭方医らは西欧科学や知識に独占的に接近できる立場にあり、彼らの中では世界知識の更新が頻繁になされている。当然ながら、その製作に係る地球儀は当時の最新地理情報に基づく。ただし、舶来地球儀の中の、航行には時代遅れの古い地理情報の描かれた1世紀前の地球儀は当時としても古地球儀の類であり、邦人は地理情報の新旧判断に混乱したであろう。この時代には、一方では、国学や朱子・儒学者及び暦を編纂する暦法家、または寺子屋師匠、藩校教授、それに加えて地理好きで裕福な商人など中産階級の幾人かが地球儀を製作している。彼らのあるものは、最新の、また、あるものは時代遅れの地理情報に基づき、球面に世界図を描いた。中には、地球儀球面の一方には最新の、その片方には、明らかに時代遅れの地理情報を描くものもいる。これらの新旧の地理情報の混在は、彼らが、西洋直輸入の書物でなく、国内の啓蒙書、地理書や西洋情報に依存し、地理情報の新旧の確認手段を保持しないか確認を怠ったためと考えられる。たとえば、太山融斎の地球儀（1852）[52),53]は、キャプテン・クックの数回の探検航路（1768～1780）を描くが、北蝦夷（樺太）は島でなく、アジア大陸に連なる半島である。半世紀ほど昔に刊行された官版新訂萬國全圖（1810, 1816）及びこれを手本とした箕作省吾の新製輿地全圖（1844年刊）[54]では島をなすが、太山融斎の地球儀球面では半島として描かれている。

これらの新旧地理情報の混在は、製作者の不注意であるが、情報交流のタイムラグ、さらに当時の筆写による書物の流通、当局の庶民に対する西洋最新情報や事件・情勢の秘匿方針や、書籍の流通システムの弱さによるものもあろう。権力側の事情は、現在の近隣国家や国内における禁書や情報隠蔽と同様であるが、出版差し止め、禁書の政策下にあっても、知識欲旺盛な庶民や知識人らは、密かに筆写を重ねている。江戸、大坂から遠く離れた各地の商家や寺子屋師匠の末裔には禁書とされた「海国兵談」をはじめとする写本が残されており、当時の知識人や地理狂の庶民が禁書を入手又は筆写したことが知られる。国内の諸事件から海外に目が向いたにもかかわらず、最新地理情報から遠く隔離された世間には、時代遅れともいえる坤輿萬國全圖（1602）の地理情報に固執する大衆版世界図が江戸時代を通じて発売され、大衆の知的欲求を満たし、地図の辻売りさえもいたという。

藩の教育・文化政策もあるが、情報取得の拡散とその速度は江戸、京及び大坂など、貸本業やそのための副業（内職）としての筆写の成立つ文化都市（江戸、大坂）からの距離のほかに、上記の本多利明と稲垣のように、著しく個人的な交流に依存している。なお、蘭学、国学、儒学、暦学それに漢方医など専門・派閥（?）を越えた交流は少なく、新情報は彼らグループ内に囲い込まれていた。これは、彼らの学者習性と思想的立場あるいは、幕末では頻繁な攘夷過激派の暴挙を避けるために、交流が避けられていたことも考えられる。以上のような情報の流通状況が、蘭学者や蘭方医以外への新情報の浸透を弱くし、その速度を遅くさせ、結果として地球儀球面上の世界図の新旧に影響したと考えられる。同一地球儀の中の新旧の地理情報の混在や、古い地理情報に基づく地球儀は、中には藩校教師も含まれるが、主に地理狂の庶民や暦学家により製作されている。研究者が、注意を怠らないようにすべきことであるが、時代遅れの地理情報が描かれた地球儀やゴアの中には、一部には、製作者らの尚古趣味を満足させた地球儀や、古い時代における贋作も存在するかもしれない。

2.2.3　本邦における2、3の地球儀

本邦の地球儀製作を概観してきたが、いくつかの地球儀のうち、携帯地球儀及び起伏地球儀について整理し、西欧との比較を試みることにしたい。

2.2.3.1　携帯地球儀について

地球儀は、大きく分けると床置き型、テーブル型地球儀に2分され、小型のテーブル型地球儀の中で、より小さいミニチュア地球儀は、携帯可能であるが、既述したように、小型の地球儀としては、懐中/ポケット地球儀、ハンド地球儀、ミニチュア地球儀から、折り畳み地球儀としてのカードボード型（切り込み方式と支那ランタン方式）、填込み立体ジクゾーパズル型、風船型、傘式地球儀などの携帯可能な地球儀が製作されている。ポケット地球儀とハンド地球儀の違いは、天球儀を兼ねる収納用の球体（半球）ケース内側に天体図が描かれるか、エッグスタンド様の木製容器に納まるかの違いであり、球体の直径はほぼ等しい。

折り畳み地球儀には、支那のランタン風の厚紙「カードボード」製地球儀、風船型や傘式地球儀があるが、支那のランタン風の厚紙製地球儀は1820年台にオーストリアで、続いて1850年台に伊やスペインで、1850年には英、Betts社により製造されている。本邦では、繊維が長く、柔らかさを特徴とする和紙が使用されるためか、カードボード型はみられず、風船型地球儀及び傘式地球儀が製造されている。

1）食籠型地球儀（ポケット地球儀類似の地球儀）

主に、英国の複数の工房で頻繁に製作された懐中/ポケット地球儀（pocket globe）に類似するサッカーボールほどの食籠型地球儀（海野の仮称）[55] が伊賀上野の古美術商（松岡家）に一点残存する。海野は、球面上の寛政8（1796）年、洞津士何某の注記から、津藩士が製作したとする。張り子の半球を組み合わせた球表面には世界図を、内側（裏）面には、天球図を描いた直径30cmの地球儀で、構造は西欧のポケット地球儀に類似するが、独自の発想とみている（海野, 2005）。元々、英国をはじめとする西欧の懐中地球儀（pocket globe）は、直径7cm余で、これを収納するための直径9cm余で、2つの張り子の半球をヒンジで繋いだ球体或いは筒型のケースに納まる。半球ケースの内側には星や星座が描かれ、ケース自体が天球儀をなし、地球を包む天体という概念やその大きさが表現されている。これに対し、本邦における上記の類似地球儀は直径が30cm、（1尺玉花火と同径）と大きく、一対の半球の接合からなる地球儀の内側に星が描かれ、地球儀と天球儀が各々、張り子の球体の外側/球面と中側/裏面で構成される。半球を組み合わせた一個の球で地球儀と天球儀を兼用させたことは便宜的かつ合理的とはいえ、地球を包む天体という位置づけに注目すると、この製作者の学問的背景には決定的な差がみられる。西欧では、ポケット地球儀の地球儀の内側に天球を描いたものは皆無で、ポケットにしては巨大すぎるベルサイユ宮殿の地球儀、天球儀（正確には外側から地球儀・天球儀・起伏地球儀）が唯一の例外であるが、これも、2つの半球を組み合わせた外側の地球儀を内側の起伏地球儀を包む球体ケースとみなせば、一概に例外とは言えない。従って、その寸法もさることながら、西欧、特に英国で紳士の知的な嗜み（?）として流行したポケット地球儀は、文化の違いか、北アメリカ同様、本邦ではほとんど製作されなかったと考えてよいであろう。

2）傘式地球儀について

傘式地球儀については、1855年より前に、和傘技術に基づき製作された沼尻墨僊の大輿地球儀があり、傘式地球儀と呼ばれている。これは、携帯に便利で、地球儀製作史及び構造上、ともにユニークである。西欧ではカードボード（厚紙）製や風船型の地球儀に続き、1855～58年（Lanmanは1860年頃）に、英国Betts社のポータブル地球儀が開発された。Betts社のポータブル地球儀と沼尻墨僊が1855年に公表した大輿地球儀（写真4）は、洋傘、和傘の違いはあるが、何れも傘の構造を生かした地球儀である[56), 57)]。墨僊は1855年の大輿地球儀収納箱の蓋裏に貼付けた箱書に、少壮の頃、地球儀を製作したと記載している。

写真4　沼尻墨僊製作の大輿地球儀（別名、傘式地球儀）（撮影：宇都宮）

Betts社閉店後の1880年頃とされるNMM蔵地球儀は当然、除外し、製作時期を比べると、1855年公表の沼尻墨僊の傘式地球儀に対し、Bettsの携帯（傘式）地球儀は1854年のMc Donald島発見の英国内における周知後、早くとも1855年以降であろう。或いは研究者により1860年頃の製作とされるため、幕末の常陸土浦の寺子屋師匠、沼尻墨僊の製作した大輿地球儀（傘式地球儀）は世界初の傘式地球儀と言えよう。なお、墨僊が少壮の頃（寛政12（1800）年）に著した「地球万国圖説」[58)] 中に「製萬國全図圓機序」の記述がある。郷土史家もこれに注目し、地球儀と解釈したことがある。「萬國全図圓」の「圓」に着目すれば、この時代にみられる東半球、西半球を各々圓として描いた世界図（東半球図、西半球図）とも見なせるが、「製萬國全国圓機序」と「機」が付され、本文中に「・・以平圖為球・・」と明記されてあり、地球儀と考えられる。ただし、図を欠き、球の素材や構造の説明がないため、「傘式」の地球儀か否かは不明である。傘式ならば、世界の地球儀製作史上、遥か先頭を走っていたことになる。1800年或いは1855年公表のいずれにせよ、墨僊の折り畳みできる傘式地球儀は、世界的に見てほぼ最初の傘式地球儀であり、世界の地球儀製造史におけるフロンティアをなしたと言えよう。

3）風船型地球儀

墨僊の傘式地球儀の約20年後、1873年に梶木源次郎が風船式の地球儀、「万国富貴球」を製作している。土浦市立博物館特別展図録（1994）によると、これは直径16cmの地球儀で、折り畳んだ状態の寸法は27cmであり、球面には木版刷り世界図（ゴア）が用いられている。南北の地軸は金属管（真鍮?）からなり、金属管を通して空気を吹き込み膨らませ球体とする紙風船と同構造の地球儀である。本体の包み紙の裏には解説があり、本体に「官許摂州有馬梶木源次郎蔵板」と刻まれているとされる（写真5）。不鮮明な掲載画像より球面上の100-130°W、24-45°Sの範囲に「大日本東京築地ヨリ…、…インドカルカッタ、ポルトガル、イギリス、アメリカメキシコ、ワシントン、同ニウヨウク…」など、距離が表示されていることが読み取れる。摂州有馬の在か縁のある梶木源次郎が、江戸末から明治にかけて庄屋や年寄りとして、公共/福祉事業に私財を投じたあまり、（破産し）困窮した後、有馬温泉十二坊の内「中の坊」の経営を任され、後に、町長を務め、温泉水分析の依頼や町の振興に関わった同姓同名の実務家/知識人、梶木源次郎（1812-1892）[59]と同一人の可能性はあるが断定はできない。しかしながら、学識、経済的余裕と遊び心、温泉水分析依頼にみる科学的アプローチ、地域や中央政界人との親交などの交友関係から同一人の可能性は高い。墨僊の「てびかえ」には、求めに応じて、100個以上の傘式地球儀を江戸末期の本邦各地に出荷したことが記録されており、その一つが毛利家旧蔵の大輿地球儀である（後述）。梶木が、英のGeorge Pocock（1774-1843）の風船型地球儀（1830、31及び43年）、独のCella, Philipp（1831）、J. L. Grimm（1832）、仏のDesmadryl（1833年）の地球儀や、その情報に接していなければ、墨僊の傘式地球儀の頭轆轤や手元轆轤を金管に代え、ゴアを支える親骨（竹籤）を取り除けば、紙だけの風船となるため、沼尻墨僊の傘式携帯地球儀は、梶木に少なからぬヒントを与えたと考えられよう。付言すれば、昭和8（1933）年、小光社（東京）より、大野邦光製作に係る四分の一環、時輪を備える直径42cmのゴム引き羽二重製軟式地球儀の発売予告があり、価格は和英文、いずれも3円20銭で従来の地球儀の2割で、携帯や保管に便利と謳われている[60]。

写真5　梶木源次郎製作の風船型地球儀「万国富貴球」（土浦市立博物館、『地球儀の世界』図録から転載）
1873年（明治6年）、梶木源次郎が製作した風船型地球儀、「万国富貴球」。この製作には沼尻墨僊の100個以上とされる大輿地球儀の全国的頒布の影響も考えられる。地球儀本体に「官許摂州有馬梶木源次郎蔵板」と刻まれる播磨在の梶木源次郎は庄屋、年寄や町長を務め温泉水分析など町を振興した実務家梶木源次郎（1812-1892）の可能性がある。

2.2.3.2　起伏地球儀

本邦における起伏地球儀（terrestrial relief globe）については、古くは、1715（宝永5）年以降の製作に係る斑鳩寺蔵の直径10cmほどの漆喰造りとされる地球儀（写真6）があり、永らく聖徳太子（574-622）の地球儀と喧伝されてきたが、某TV番組[61]で、豪州を含む南方の未知大陸に付されたマゼラン（Fernão de Magalhães: ca.1480-1521）に由来する「メガラニカ」から遥か後世の作であることが明らかにされた。なお、その存在は、利瑪竇（マテオ・リッチ）の坤輿萬國全圖（1602）の地理情報が支那より舶来し、江戸時代に入り、動乱の収まった17世紀半ば以降に広く知られることとなったであろう。この地球儀の製作者が、最近では遊び心の持主（知識人）で、斑鳩寺近傍の寺院と因縁の深かった「倭漢三才圖會（1712）」の作者、寺島良安（1654- d.（1723-36?））と想定されている[62]。彼ならば、倭漢三才圖會成立前後の製作となろう。一歩進めて、彼の製作とすれば、仏のEdme Mentelleらが1786年に

写真6　斑鳩寺の起伏地球儀（土浦市立博物館『地球儀の世界』図録から転載）
斑鳩寺蔵の1715（宝永5）年以降の製作に係る直径10cmほどの漆喰造りとされる地球儀は、永らく聖徳太子（574-622）の地球儀と喧伝されてきたが、球面（?）の世界図（海陸分布）は太子の与り知らぬことであり、南方大陸の「メガラニカ」の付箋は、伝説の域を出ないことを示す。しかしながら、地球の海陸分布の凹凸表示は、起伏地球儀そのものであり、時代の特定が進めば、最古の起伏地球儀と言えるかも知れない。

製作した起伏地球儀より古いことになるが、製作者共々、定かではない。もう一つの起伏地球儀は、その約200年後、1879（明治12）年に京都府立盲学校が特注した起伏地球儀である。この盲学校は、明治の学制に対応し、京都府の篤志家が盲人教育のため建学し、後に府立学校となったとされる。最近では、各地の盲学校でも備えているようであるが、明治初期の盲学校における地理教育に早くも地球儀が使用され、その重要性が認識されていたことを示している。松尾達也（2011）[63]によると、京都府立盲学校の地球儀は、高さ61cm、直径20cmで地軸傾度は65°をなす起伏地球儀で「凸形地球儀」と呼ばれている。経線はなく、三脚の内の一脚には、可動ねじが、他の脚には、内向きの突起がある。翌13年の博覧会出品一覧に「凸形地球儀及方向感覚器壱個」の記録があり、同年の「著書草稿」の教授指導法には、中段の羅針盤による方向と、2重の半子午環（Semi-meridian circle）内側の半子午環（可動のためか活鐶と称する）を回転させ全円（?）として緯度を測り、球面の海陸分布の把握・・と記されているという。京都府立盲学校資料室、岸博実氏撮影による写真及び私信[64]によると、仏具の丸鈴台または仏像の台座に似せた台座に金属の3脚で固定された2重の半子午環の両端に球体の南北極地軸が留められ、内側の子午環は外側とは別に360度、自由に回転でき、固定された外側の半子午環に対置させれば、全円の子午環（full meridian circle）に変わる。地球儀球面の陸域は海域より一段高く、山岳地域はさらに突出し、山脈などの走行が表現されている。唐草模様に擬した三脚の中ほどの高さには、1本の脚に内側に向く木ねじが残されており、ここに着脱可能な台の存在したことを示している。指導教程には、「中段の羅針盤」で方位を示す磁石の取り扱い方が記されており、また、出品目録に両者は一式とされていることから、ここに着脱可能な、恐らく磁石付きの台をねじで固定し、操作したと推定される。とすれば、この三脚は磁石に影響しない金属の銅か真鍮製となろう。なお、半子午環（Semi-meridian circle）でありながら、全円子午環（Full-meridian circle）も兼ねる地球儀は、洋の東西及び製作史を見ても他に例を見ない。盲学校が凸形地球儀を製作した際に又借りした京都師範学校備品（地球儀）の返却督促状（岸博実，2013）[65]があり、その地球儀に似せたのであろうか。同時製作を前提とするが、次に述べる全円子午環（full meridian circle）タイプの「地球儀状器具」の構造が借用地球儀に忠実であるとすると、京都師範学校備品は全円子午環で、4分の1環が付属したか不明であるが、地平環を備える地球儀で、球儀の椅子型と推定される。凸形地球儀では、生徒が球面に触れる際の障害となるため、半子午環（Semi-meridian circle）として製作し、内側の活鐶（半子午環）を180°対置させて全円の子午環として機能させたと見て良いであろう。手本とした京都師範学校備品の地球儀に（子午環に沿い位置を変えられる）4分の1環がなければ、この工夫は京に多い仏具の製作技術か、半世紀前には我々が囲炉裏で普段見慣れた、自在鉤を応用した独自の工夫と思われる（写真7)。

盲学校には、この地球儀のほかに、黒色の球体をなす「地球儀状器具」が残されている（写真8)。岸氏の私信と画像によると、この球体は、全円子午環と3本脚を固定した地平環に収まる。収納時には地平環の内側に沿って子午環を載せて固定するが、組み立て時には、地平環の180度隔てる左右の切込み（notch）に子午環を挿入する。これは台輪を欠くが、いわゆる「球儀の椅子型」に近い架台に納まる球儀である。地球儀や天球儀とこの球儀の異なる点は、球面に一切の情報が描かれていないことである。地球儀製作では、ゴアを貼る、または世界図を描く直前の球体のまま組み立てられた未完成品に見えるが、目の不自由な生徒の学ぶ学校で「凸形地球儀」とともに存在することから以下のことが考えられる。ここで、場違いな本質論であるが、物事の理解に一般化と特殊化（個性的）があり、特殊（個性的）は、一般からどれだけ離れているかを示す。地理学で言えば一般地理学と地誌学であり、

(a)

(b)

写真7　京都府立盲学校の凸型地球儀（起伏地球儀）（京都府立盲学校資料室、岸博実氏　撮影提供）

(a) 半子午環を備える半子午環（Semi-meridian circle/ring）型起伏地球儀、(b) 起伏地球儀の半子午環の内側の半子午環を180°回転させ、全円子午環（full meridian circle/ring）型の地球儀に変えた状態を示す。
半子午環は、生徒が球面を触る際の妨げを避けるために採用されたと推定され、全円子午環に変更できるこの子午環の構造は、360°回転する自在鉤の応用であり、京の地場産業をなす仏具製造の金具技術の転用であろう。

(a) (b) (c)

写真8　地球儀状器具と呼ばれる球儀（盲人用の“沈黙の地球儀”とも言える）（京都府立盲学校資料室、岸博実氏　撮影提供）

(a) 球体収納状態、(b) 球体収納時に地平環の斜め下方より見た状態、(c) 組み立てた状態。
起伏地球儀とこの球儀を交互に触り、球体地球とその凹凸分布から大陸分布を把握し、国々の配置（世界地誌）の理解に進んだと推定され、起伏地球儀とセットとして授業で使用されたと考えられる。

これらが別個でなく、交互に考究されてはじめて両者は発達する。話をこれらの教育器具に戻すと、球体の滑らかな曲面をなす（地）球儀に触れて地球の球体であることを理解し、次にこの「凸形地球儀」の凹凸をなす曲面を触り、はじめて陸と海の輪郭や分布、山と平地など陸地の高低を知り、山脈分布の体得/理解に進む。あるいは平滑な球儀と凸型地球儀の球面を交互に触れることにより、両者の差や違いを確認できる。従って、両者はペアであり、両者の併用によりはじめて「凸形地球儀」の教育効果が発揮されたと解釈されよう。これは、球面に地図情報を欠くため、やや意味合いは異なるが、西欧でStummer Globus又はSilent globe（沈黙の地球儀）、国内では白地球儀に対応する、盲人用の「沈黙の地球儀」とも呼べよう。なお、最近海外でblackboard globe（黒地球儀？（白地球儀に対応させた仮訳））と呼ばれている教材用の黒い球体はsilent globeの別称である。

欧米のように、健常者である一般大衆に地球表面の地形（地勢）を理解させるため、水平に対し垂直方向を40倍、あるいは適当な倍率で立体化して製作した起伏/立体地球儀とは異なり、日本の場合、古くは、斑鳩寺の直径10cm前後の凹凸地球儀のように、酔狂な知識人の手慰みとして、明治以降は、盲人教育教材として京都府盲学校で起伏地球儀が製造されている。後者では、滑らか球面からなる球体を備えた（沈黙の地）球儀と共存する。現在では、特殊教材として、あるいは、一般用として、欧米と同様の起伏地球儀が製作されている。

地球儀の歴史では、発祥の地である西欧については既存文献や、図書館、博物館・大学及び古地図、科学器材の古物商、ネット百科事典から民間のHome pageまで探り、情報を求め、日本についてはKawamura, Unno, Miyajima（1990）らの成果に少しく修正を加えた海野（2005）の表に、筆者の調査に基づく訂正と新たな情報を加え、不確かな部分もあるが時系列にまとめ、技術的側面から製作史を概観した。もとより、既存のほとんどの学術文献も緻密な計測や観察と詳細かつ系統的な科学的記載が少なく、解釈の先立つ文章（作文）が多く、情報不足は否めないが、年表をもとに江戸時代の地球儀製作の傾向とその背景について述べた。さらに、特殊な地球儀である、食籠型地球儀（ポケット地球儀類似の地球儀）、傘式、風船型地球儀などの携帯地球儀及び起伏（凹凸）地球儀とそれに付随する盲人用の沈黙の地球儀ともいえる球儀について若干の記載を試みた。

謝辞

京都府立盲学校資料室の岸博実教諭には同校蔵の凸形（起伏）地球儀類の画像・資料及びblackboard globeの情報を、冨永吉喜校長には写真掲載許可を頂いた。特に、岸博実教諭には、凸形地球儀及び地球儀状器具の撮影依頼を快諾されると共に貴重な情報を提供して頂いた。安中市ふるさと学習館主任・学芸員の佐野亨介氏には真下家及び同市蔵の太山融斎作地球儀について、久留米市市民文化部文化財保護課の穴井綾香さんには本庄恕吉の地球儀について、それぞれ画像や修復に関する情報を頂き、熊本県立大学大島明秀准教授には、石淵八龍の製作に係る地球儀の情報を頂いた。なお、安中市ふるさと学習館の佐野亨介氏には、地軸角度を測定して頂いた。太子町の斑鳩寺住職の大谷康文氏及び津市の茅原弘氏には起伏地球儀や風船型地球儀の写真転載を快諾頂いた。記して謝意を表する次第である。

なお、本稿は国際地球儀学会元会長のRudolf Schmidt氏（墺太利）から日本の地球儀製作（史）における技術的側面を問われ、この大問題にしばし躊躇したが、Kawamura et.al.、海野らの情報をベースに、新知見を加えて回答した。同氏から公表を勧められたが、これも控えていた。本稿は、2014年日本地理学会春季大会で報告した内容に、その後の新情報を加えたものである。就中、研究の端緒を与えて頂き、骨子部分の公表を存命中に勧められたSchmidt氏には特に謝意を表すると共に、本稿により少しは恩返しできたと思いたい。

注及び文献

1) 龍光山正寶院のHP［須弥山］, http://tobifudo.jp/newmon/betusekai/uchu2.html及び，総合佛教大辞典編集委員会（1988）総合佛教大辞典上（あ～し）807p. 法蔵館.

2) 1)

3) 浪華子　南瞻部洲萬國掌菓之圖（宝永7年, 1710）明治大学図書館, 蘆田文庫.

4) 宮紀子（2007）モンゴル帝国が生んだ世界図，日本経済新聞出版社，東京，299p.

5) アムダリヤ，シムダリヤ両水系，ヒマラヤの相互関係からやや変則的であるが，無熱悩池は現在のタクラマカン砂漠，香酔山は天山山脈の位置に相当する．過去1万年前の最終氷期後の湖沼化した時期の記憶/伝説や空想の混在した空間情報であろう.

6) 金田章裕・上杉和央（2012）日本地図史，吉川弘文館，東京380p. +index, 12p.

7) ザビエルの「～地球の丸いことは、彼らに識られてゐなかった。～」(1549年の書翰第30)

8) 平川祐弘　マテオ・リッチ伝（1）（1969, 306p.），（2）（1997, 312p.），（3）（1997, 305p.）

9) 平岡隆二（2008）イエズス会の日本布教戦略と宇宙論－好奇と理性，デウスの存在証明，パライソの場所－，長崎歴史文化博物館研究紀要，第3号, 43-73.

10) 1568年10月4日の堺発フロイスの手紙，1569年7月12日のフロイスの手紙，1580年9月12日「耶蘇会士日本通信」.

11) 林道春（1610?）排耶蘇，鷲尾順敬編「日本思想闘諍史料」第10巻，名著刊行会，東京，1969, 115-117. ＜羅山林先生文集巻第五十六雑著一所載＞

海老沢有道（1970）日本思想大系　25　キリシタン書・排耶書，岩波書店，1970.10 pp.413-417.

鮎澤信太郎（1949）近世日本の世界地理学, 東光協会, 東京文京区, 66p.

12) 金沢英之（2004）＜地球＞概念のもたらしたもの－林羅山「排耶蘇」を読みながら，札幌大紀要　14, 15-41. なお，金沢は「――又彼圓模之地圖春曰――」を地図と解釈するが，地球儀と解釈する方が適切である．ただし，PARAMORE, Kirilov（2006）政治支配と排耶論－徳川前期における「耶蘇教」批判言説の政治的機能（東京大学博士論文，要旨）によると，この「排耶蘇」も羅山とハビアンの論争の記録でなく1650年代の言説により記された，後の著作であるとされており，これが，事実とすれば，地図か地球儀を挟んだ議論か否かの是非は意味をなさないが，球体説を否定する論調が根強く残っていることを示すことには変わりはない.

キリ・パラモア（2004）:「ハビアン」対「不干」－17世紀初頭日本の思想文脈におけるハビアン思想の意義と「排耶蘇」日本思想史学，36, 82-99.

13) 岡本良知（1942）天正14年大阪城謁見記，笠原書店，東京，130p. pp.27-28.

14) Vatican蔵など数点が現存する．本邦では，宮城県立図書館にあり，国指定重要文化財となっている．他に京都大学，その他筆写図が本邦各地に現存する．黄時鑒，龔纓晏（2004）利瑪竇世界地圖研究，上海古籍出版社，218p., 図版35及び全件印本の「坤輿萬國全圖」1図葉.

15) 岡本良知（1973）十六世紀における日本地図の発達，八木書店，東京，306p., p.96.

16) 柳谷武夫訳　ルイス・フロイス日本史1　キリシタン伝来のころ，平凡社東洋文庫4，321p. 1989. 解説, pp.20-21.

17) 岡本良知（1948）長崎のフスタ船，天正末に於ける耶蘇会の軍備問題．桃山時代のキリスト教文化，206p. 東洋堂，東京, pp.75-152.

高橋弘一郎（1969, 70, 72）キリシタン宣教師の軍事計画（上），（中），（下）．史学42 (3), 41-72, (1970), 43 (3), 35-69, (1972) 44 (4), 41-74.

清水紘一（2001）近世史研究叢書⑤織豊政権とキリシタン－日欧交渉の起源と展開－430p., 岩田書院, 東京.

岩田温（2015）人種差別から読み解く大東亜戦争. 223p., 彩図社, 東京.

18) 岡本良知（1934）十六世紀に於ける日本人奴隷問題（上），（下）．社会経済史学4 (3), 1-19, 4 (4), 16-29.

19) Kawamura, Hirotado, Kazutaka Unno & Kazuhiko Miyajima (1990) List of old globes in Japan. Globusfreund, 38 173-177.

20) 海野一隆（2005）江戸時代地球儀の系統分類. 東洋地理学史研究　日本篇. 清文堂出版, 大阪, 625p., pp.426-487.

21）宇都宮陽二朗・伊藤昌光（2008）：角田家地球儀について. 人文論叢 2008, 25, 1-31.
22）織田武雄・室賀信夫・海野一隆（1975）日本古地図大成　世界図編　講談社, 東京, 274p.
23）20）
24）海野一隆（2005）宗覚の地球儀とその世界像, 488-505. 東洋地理学史研究　日本篇. 清文堂出版, 大阪, 625p.
25）20）
26）藤田元春（1984）改訂増補　日本地理学史（1942版刀江書院, 東京　復刻版), 原書房, 677p.
27）宇都宮陽二朗（2013）稲垣家旧蔵地球儀ー予報ー Terrestrial globe kept in INAGAKI Family -- Preliminary report　日本地理学会発表要旨集 Vol.83, p.247.
28）秋岡武次郎（1988）世界地図作成史（遺稿）272p. 河出書房新社, 東京, p.202.
29）20）
30）五代龍作（1934）：五代友厚傳（訂正再販, 初版は1933年), 605p., 五代龍作編, 自費出版（昭和9（1934）年), 東京市小石川區. 同書11頁7〜14には「君が十四歳の時、藩主島津齊彬、君の父秀堯に命じ、曾て外國にて購ふ所の世界地圖を模寫せしむ。父君又た之を君に命ず。君は喜んで二枚を寫し、一枚は之を公に献じ、一枚は之を自己の書齋に掲げ、修業の餘暇常にこれを凝視して倦むことを知らず。一日慨然として曰く、「嗚呼何んぞ英國の隆盛なる、渺たる一孤島を以て克く世界を雄視す、聞くが如くんば其の版圖に日沒なしと、我が國も亦必らず此の如くならざるべからず」。讃歎之を久ふして更に直徑二尺餘の球を作り、紙を延べて緻密に該圖を臨寫し、これに色彩を施して球に貼付し、世界各國の也位を究め、距離を察し、航路を測りて心密かに期する所あり。･･･」と記され, 幕末, 薩摩の五代友厚が, 1849（嘉永2）年, 14歳の時, 父の秀堯が藩主に命じられた世界地図透写を友厚が代わり, 2枚透写した. その1枚をしばらく書斎に掲げていたが, これを基にゴアを描き, 直径2尺余の球体に貼付け地球儀を製作したとされる. 別記事により, 地球儀製作を13才とも14才ともされる. また世界地図はポルトガルより入手との説もあるが不明である. ここでは, 身内故の思い入れや誤謬を含むであろうが, 婿養子の五代龍作の記事に従っておこう.
31）後述　第3章, 3.4, 3.5参照.
32）堤克彦（2007）：ふるさとを知ろう　シリーズ⑯　文教菊池の人々（江戸期の人物篇）石淵八龍（万寿), 広報きくち 2007 November, 26p. 堤克彦（2007）：ふるさとを知ろう　シリーズ⑰　文教菊池の人々（江戸期の人物篇）父子学者栃原五郎助（漆潭, 菊潭), 広報きくち 2007 December, 24p.
33）佐藤公亮（2015）：幕末の地球儀発見ー私塾で教材に使用か　熊本日々新聞　平成27年8月13日朝刊26面.
34）熊本県菊池市の石淵八龍（1837-1902）が私塾「楽只堂」で教材（?）に使用したという直径40cmの地球儀の新聞報道に関し, 当該新聞社及び同市教委に関連写真や情報の提供を依頼したが, 協力が得られなかったため, 記事及び掲載写真から判断すると, 江戸期の5度間隔の経緯線を備えた世界図は橋本宗吉と司馬江漢のみであり, 海陸分布の形状及びコンパスローズの記載位置の一致から宗吉の「喎蘭新譯地球全圖」をもとに球面に世界図が描かれたことが知られる. 従って, 宗吉の世界図の刊行年1796年以降の地球儀製作は当然ながら, 石淵八龍の活躍年1857年頃（1837+20歳として）から没年（1902年）間と見ることができる. しかし, 明治5（1872）年の「学制」発布で, 学校制度が確立され, 私塾が閉鎖されるまでと期間は限定されよう. 従って, 地球儀の製作年は1857年頃（1837年+20歳）から明治5（1872年）頃の間と推定される. 残念なことは,「楽只堂」が地方の儒学、国学系統の塾のためか, 世界図の入手が限られ, 当時としてもかなり古い, 半世紀前の刊行に係る宗吉の世界図で, 最新の蘭学系の地理情報を取り入れた地図でなかったことである.
35）須彌山儀等は, 博物館によっては「時計」に分類され,「地球儀」では検索できない. この類いは「地球儀」類似の球儀が天文機器として分類されるNMMにもみられる. なお, 歴史の古い博物館では,「分類」基準に時代変遷が認められる. 国外の極端な分類であるが, 地球儀が単なる「家具」として整理されている例もある.
36）The Congress of the United States (1856) : Narrative of the expedition of an American sequdron to the China seas and Japan, performed in the years 1852, 1853, and 1854, under the commande of Commodore M. C. Perry, United States Navy, by order of the government of the United States. compiled from the original notes and journals of Commodore M. C. Perry and his officers, at his request, and under his supervision,/ Francis L. Hawks, D. D. L. L. D. / with numerous illustrations./ published by order of the

Congress of the United States./ Washington: Beverley Tucker, Senate Printer. 1856. 537p. この軍事行動の一環としての日本と支那海への遠征物語の243-260頁に浦賀沖の出来事，観察記録がある．なお，このシリーズには2，3巻があり，2巻には，図や手交文書の複製とその訳文などが，3巻には星座の観察スケッチと短い記録がある．

37）安中市教育委員会（2003）大山融斎製作の地球儀　安中市教育委員会，真下家蔵.

38）飯塚修三・澤田平（2009）安中藩の幕末の地球儀．人文地理学会大会研究発表要旨及び本文，2009　12/16公開，https://www.jstage.jst.go.jp/article/hgeog/2009/0/2009_0_16/_pdf（本文）　https://www.jstage.jst.go.jp/article/hgeog/2009/0/2009_0_16/_article/-char/ja/（要旨）豪のナポレヲンラント，米の共和政治をもって箕作省吾の新製輿地全圖弘化元年1844年刊行によるとする．樺太は陸続きで，間宮海峡はなしとするが，箕作省吾の世界図や景保の「新訂萬国全圖」には「島」として描かれている．

39）宇都宮陽二朗（1991）：沼尻墨僊の考案した地球儀の製作技術地学雑誌，100 (7), 1111-1121　1991.12.

40）読売online「地名びっしり、小島も…超細密な手書き地球儀」2011年11月24日15時25分　読売.

41）Johannes Lingelbach (1622-1674) Hafenszene am Mittelmeer, 1669, 樽の底の直径に近似する高さの球儀の椅子型地球儀が描かれる．人物の大きさは恣意的で，比較できないため，樽と比較すると，樽の底の直径に匹敵する高さの地球儀であることがうかがえ，地球儀は小型の地球儀と推定される．王侯貴族，富裕層の所有や，学術上に用いられる大型の地球儀に対し，小型の地球儀が航海や教育目的に製作されたことを表している．

42）Diederick Wildeman De Wereld in Het klein. Globes in Nederland. (The World in the small. Globes in the Netherlands), Walburg Pers Vereeniging Nederlandsch Historisch Scheepvaart Museum, Stichting Nederlands Scheepvaartmuseum Amsterdam, 2006, 128p.

43）製作者本人が西洋と支那流天文度数の齟齬に混乱したか，職人の錯誤に気づいたが，再加工の経費を考慮し，放置したことが考えられる．

44）宇都宮陽二朗（2005）：下関市立美術館蔵，香月家地球儀について．人文論叢：三重大学人文学部文化学科研究紀要22, 201-212.

45）宇都宮陽二朗（2009）：萩博物館蔵妙元寺旧蔵の地球儀について．人文論叢：三重大学人文学部文化学科研究紀要．2009, 26, 15-28.

46）漆喰は，石灰岩由来の消石灰に加水して製造し，硬化で$CaCO_3$が残る．胡粉は貝殻を乾燥粉砕して作成するといわれるが，成分は同じく$CaCO_3$である．

47）O. Heeren (1873): Eine japanische Erdkugel. Mittheilungen der deutschen Gesellschaft für Natur- und Völkerkunde Ostasiens. Yokohama. 2. Heft, 9-13; 1Fig. Juli 1873「ドイツ東アジア自然学民族学協会会誌」と和訳されている．

48）新見吉治（1911）口絵安井算哲世界地図．歴史地理，17 (4), p.369及び，歴史地理編集委員会・新見吉治（1911）口絵安井算哲世界地図の解説．歴史地理，17, 474-475. ゴアの寸法（42×83cm）は新見による．LeipzigのGrassi Museumに1911年頃所蔵されていた．この地図は，後年（WWII後），探索した研究者によると，行き方知れずであったという．

49）Richard Andree (1878) Ethnographische Parallelen und Vergleiche., Stuttgart. Verlag von Julius Maier. Google's Full text of "Ethnographische Parallelen und Vergleiche".

50）宇都宮陽二朗（2015）日本地球儀製作史　拾遺－渋川春海（安井算哲）製作に係る最古の地球儀－　日本地理学会要旨集，87, p.243.

51）秋岡武次郎（1988）世界地図作成史（遺稿）272p. 河出書房新社，東京，p.205.

52）37）

53）38）

54）箕作省吾　新製輿地全圖　竹内貞齊　杉田祐齊同鐫　34×141.5cm，弘化元（1844）年．

55）20）

56）宇都宮陽二朗・杉本幸男（1994）：幕末における一舶来地球儀－英国BETTS製携帯用地球儀について－．地図，32 (3) 12-24.

57） 39）

58） 沼尻墨僊（霞浦釣徒　無適散人題）（1800）：地球萬國圖説，36丁，土浦．

59） 官許摂州有馬梶木源次郎蔵板から，有馬小温泉郷で，実務家であり知識人としての梶木源次郎（1812-1892）と同一人と推定されるが，確証は無い．http://www.morikinseki.com/kinseki/morike.htmによれば，周辺の旧家と婚姻や養子縁組が多く，政府の要職についた人物も多いという．ただ，郷里のために私財を擲つなど，また有馬温泉の泉質分析手配を手がけており，多方面への興味の持ち主といわれており，同人が1873年に製造したとすれば，地球儀は61歳で製作されたことになる．

60） 秋岡武次郎　地球儀の用法，小光社，東京，1933, 70p. 著者自ら「羽二重製軟式地球儀添付説明書」の単独刊行版と述べている．

61） TV番組，日本テレビ『特命リサーチ200X』2003年3月放映．

62）『特命リサーチ200X』（2003）では，仮説として製作者を寺島良安と紹介しており，海野（2005）もそれと同意見を記載した．彼は，番組制作にコミットしていた可能性がある．

63） 松尾達也（2011）京都盲唖院における地理教育と地図．地理，56 (2), 100-111.

64） 岸博実氏より提供していただいた画像と私信（2014年）．

65） 岸博実（2013）48m2の宝箱－京盲史料monoがたり　（23）立体地球儀．点字ジャーナル，44 (2), 2013, 44-47.

表1　構造による地球儀の分類とコード表

分類コード	地球儀の構造による区分	
1	ポケット地球儀型	松岡家
3	風船型地球儀	梶木源次郎　「萬國富貴球」
4	傘式地球儀	沼尻墨僊「大輿地球儀」
5	球儀の椅子型*)	須江家、角田家、稲垣家 ⑤ニセ椅子型　部坂、僧 栄光、入江修敬？（歴博）
60	子午環ナシ 支柱兼地軸型（串団子型？）	宗覚
61	角度有り半子午環型	川谷薊山、北川嘉七、大屋愷敆
63	銅鑼(吊るし）型	司馬江漢
7	ナビゲーション型（箱入）	赤鹿喜貞（但し収納箱中で観察できる点のみ類似）
8	平板等高支柱型	本庄、萩・神戸・一関市博、下関市美/堀内直忠
81	平板長短支柱型	太山融齊
9	衝立脚等高支柱型	村岡啓斎
91	衝立脚半子午環型	神戸市博　池長コレクション　直径25.3cm地球儀
92	衝立脚三日月型	渋川春海（伊勢神宮）　半子午環で地軸角度可変
93	衝立脚長短支柱型	沼尻墨僊「大輿地球儀」（重複）
100	起伏地球儀	斑鳩寺「凹凸地球儀」、「凸型地球儀及び地球儀状器具」

*) 正しくは天球儀、地球儀の両球儀の椅子型だが、球儀の椅子型と仮訳した。

表2　日本の地球儀製作史

地球儀の名称、製作年、所有者及び諸元

通し番号	製作年 概略（年） 西暦	和暦	製作者及び製作依頼者	名称等	直径	所蔵者・機関	住所
1	1670	寛文10庚戌	安井算哲	Eine Japanische Erdkugel	53	Heeren氏透写図(Grassi博旧蔵)	亡失
2	1689	元禄2年？	作者不明	室賀家蔵地球儀. 23	23	室賀家	京都
3	1689	元禄2年頃	作者不明	伊達安藝家旧蔵地球儀	21	茅原家（伊達安芸家旧蔵）	三重県津市
4	1689	元禄2年？	作者不明	龍門寺蔵地球儀	30.2	龍門寺	兵庫県姫路市
5	1690	元禄3年	渋川春海	渋川春海作地球儀25	25.3	神宮徴古農業館	三重県伊勢市
6	1695	元禄8年	渋川春海	渋川春海作地球儀	30	国立科学博物館	東京
7	ca.1700	18世紀江戸中期	作者不明	南蛮文化館蔵地球儀	25.2	南蛮文化館	大阪市
8	1700-1800	18世紀初頭	作者不明	国立科学博物館蔵地球儀	9999 ca.30	国立科学博物館	東京
9	1700-	江戸中期以降元禄13年?-	作者不明	地球儀付きからくり人形	3.8	茅原家	三重県津市
10	1695-1708	元禄8-宝永5年頃	宗覚	宗覚製作の地球儀	20	久修園院	大阪府枚方市
11	1715-	宝永5年以降	作者不明（寺島良安説あり）	凹凸（漆喰）地球儀（aka. 聖徳太子の地球儀）	10	斑鳩寺	兵庫県太子町

地軸角度、同所蔵の有無、世界観、地理情報の更新（例外を含む）、地理情報の新旧

通し番号	子午環△12	地平環△1	地軸角度 地軸傾斜可動	地軸固定36～23.5	地軸固定水平	同所蔵の有無 天球儀有無	渾天儀有無	仏教世界観 0	球面上世界図の類型区分 1	2	3	4	5	6	7	8	9	10	11	12	13	14	15	地理情報の新旧 1 仏教系／仏洋折衷型	2 西欧系／リッチ直系	3 西欧系／旧西洋系	4 西欧系／更新型	5 西欧系／1850年以降
1										1															1			
2										1															1			
3										1															1			
4	2	1	1			1	1			1															1			
5	1		1			1				1															1			
6	1		?			1	1			1															1			
7	2	1	1			1						1													1			
8					1	1	1			1															1			
9					1				1																	1		
10	2	1		1		1		1					1											1		1		
11											1														1			

補足、地球儀の構造区分、作図法

通し番号	補足	地球儀の構造区分	1 偽ポケット地球儀	3 風船型地球儀	4 傘式地球儀	5 球儀の椅子型	60 地軸兼支柱／串刺型	61 半子午環	63 銅鑼／吊し型	7 航海型	8 平台 等高支柱	81 平台 長短支柱	9 衝立脚 等高支柱	91 衝立脚 半子午環	92 衝立脚 三日月型受台	93 衝立脚 長短支柱	100 起伏地球儀	作図法 球面図手書き	球面ゴア貼付
1	リッチ	92																1	
2	リッチ	?																1	
3	リッチ	?																1	
4	リッチ	5⑤				1												1	
5	リッチ	92													1			1	
6	リッチ	92													1			1	
7	湯若望	5				1												1	
8	リッチ	8									1							1	
9	千成瓢箪から製作年推定可能	-																1	
10	万国総界圖石川流宣+西川如見「華夷通商考1695の地名あり	60					1											1	
11	リッチ単円	100															1		

12	1741-1797	寛保元年-寛政9年	作者不明	後藤松斎(1721-1797)旧蔵地球儀	21.7	後藤家	堺市	2	1				1				1															1				リッチ	5				1												1	
13	1700-1800	18世紀	作者不明	京都大学地理学教室蔵地球儀32	32	京大地理教室	京都市	2?	1?												1													1		ファルク	5?				1												1	
14	1750	寛延3年	入江修敬？	入江修敬作と称される地球儀（資料H-110-4-1）	21.6	国立歴史民俗博秋岡コレクション	千葉県佐倉市	?	1	1			1								1													1		ファルク	⑤				×												1	
15	1751	寛延4年	入江修敬	地球	30>	1751年伊勢神宮奉納亡失、収納箱のみ	三重県伊勢市	?	?	?	?	?	?	?							1?											?	?	?		ファルク？	?				?													
16	1762	宝暦11年12月	川谷薊山	川谷薊山作地球儀	35	山内神社	高知県高知市	1			1			1			1															1				リッチ	61						1										1	
17	1792/1226-	寛政4年11月24日-	鈴木熊蔵	ゴア又はゴア類似の世界地図		ラックスマンより借用地球儀の透写図	根室（亡失）																													ラックスマン携行地球儀																		
18	1793/0112-0210	寛政4年12月（?）	桂川甫周	桂川甫周 作図のゴア	45.4	津市図書館稲垣文庫ほかゴア透写図	三重県津市	2	1	1												1												1		甫周	5				1												1	
19	1794	寛政6年4月	桂川甫周（秋岡実見地球儀と海野訂正）	桂川甫周作地球儀、土浦博は鱸重時と誤記	36	徳川家水府明徳会	茨城県水戸市	2	1	1												1												1		甫周作の水陸図形が改補された地球儀	5				1													1?
20	1793-	寛政5年以降	作者不明	秋岡コレクション資料: H-110-4-3	21	国立歴史民俗博	千葉県佐倉市	2	1	1													1											1		江漢地球図刊行後製作	5				1												1	
21	1796	寛政8年	作者不明（津藩士か?）	古美術商（松岡俊一）蔵地球儀	26.5	古美術商蔵松岡俊一氏	三重県伊賀市																1											1		江漢	1	1															1	
22	1779-1834	安永10-天保5年	作者不明	名取春仲及び須江充頼旧蔵	26.5	須江家（須江充頼旧蔵）	宮城県岩出山町（現大崎市）	2	1	1			1			1																1				リッチ	5				1												1	
23	1802-1835	享和2年-天保6年	稲垣定穀	地球	36.3	津市教育委員会稲垣文庫	三重県津市	2	1	1												1												1		甫周	5				1												1	
24	1809	文化5年12月	堀田仁助	堀田仁助作地球儀	36	太皷谷稲成神社	島根県津和野市	2	1	1												1												1		甫周	5				1												1	
25	1810	文化7年	司馬江漢	司馬江漢作地球儀	45.2	永青文庫	東京都	2	1	x		1											1											1		江漢1792/93輿地全図/地球図	63							1									1	
26	1812	文化9年	久米通賢1780-1841	久米通賢作地球儀1780-1841	30	鎌田共済会郷土博物館	香川県坂出市	2	1	1			1												1									1		石塚崔高	5				1												1	
27	1812	文化9年	小原宗好	小原宗好製作渾天儀内蔵の球体	9999	城端町立中央公民館	富山県城端町																	1										1		橋本	-																1	

28	1818	文政元年	部坂発蔵	部坂発蔵作地球儀	15.5	部坂家旧蔵地球儀	山口県宇部市	2	1?														1											1		江漢	⑤				x												1	
29	1838	天保9年	中条澄友	中条澄友作地球儀	29.4	鎌田共済会郷土博物館	香川県坂出市																			1								1		新訂万国全図 球と地軸のみ	?																1	
30	1843	天保14年	赤鹿歓貞	赤鹿歓貞作地球儀	16.5	飯塚家	兵庫県西宮市				1 x	1								1													1			万国総界石川流宣＋稲垣坤輿全圖	7								1								1	
31	1843	天保14年	本庄恕吉	本庄恕吉作地球儀	50	久留米文化財収蔵館	福岡県久留米市					1														1								1		新訂万国全図 支柱が補修済み?	8									1							1	
32	1844-1900	19世紀後半	作者不明	神戸市立博物館蔵 地球儀31-2	31	神戸市立博物館池長家旧蔵	兵庫県神戸市					1															1						1			田謙	8									1							1	
33	1844-1874(68)	弘化元年-明治7年（元年）	作者不明	下関市立美術館蔵地球儀	30.6	下関市立美術館 （香月家旧蔵）	山口県下関市					1															1							1		田謙圖	8									1							1	
34	1844-1862	天保15-文久2年	北原民右衛門	渾天儀内蔵地球	9999	長野県飯田市立座光寺小学校	長野県飯田市																													田謙圖	-																1	
35	1847	弘化4年	藤村覃定	藤村覃定作地球儀	37.6	明石市立天文科学館（明石神社旧蔵）	兵庫県明石市	2	1	1																		1						1		箕作省吾新製輿地全図 弘化2	5				1												1	
36	1848	嘉永元年	僧 栄光	僧 栄光作（?）地球儀	21.7	知積院	京都	2	1	x	1 45?			1														1						1		箕作省吾新製輿地全図 弘化2年	⑤				×												1	
37	1793-1868	寛政5年以降（明治以前）	作者不明	一関市博物館蔵地球儀	19.1	一関市博物館	岩手県一関市					1	1										1											1		江漢	8									1							1	
38	1796-1937	寛政8年-昭和12年	作者不明	萩市博物館蔵、妙元寺旧蔵地球儀	30.5	萩市博物館 （妙元寺旧蔵）	山口県萩市					1												1										1		橋本	8									1							1	
39	1800-1900	19世紀江戸中期以前	作者不明	神戸市立博物館蔵 地球儀. 25.3	25.3	神戸市立博物館池長家旧蔵	兵庫県神戸市	1		1	1 45?		1				1															1				リッチ	91												1				1	
40	1821-1877	文政4年-明治10年	佐野鶴渓（博洋）(1801-77)	佐野鶴渓（博洋）作地球儀	29	佐野家	大分県杵築市						1															1						1		箕作省吾新製輿地全図 弘化2(1845)	?																1	
41	1849	嘉永2年	五代友厚	地球儀	60	(五代友厚傳)	(亡失?)																												1?	蘭製世界地図	?																	1
42	1850	嘉永3年	田中久重	須彌山儀		国立科学博物館	東京								1																					仏教世界観																		
43	1850	嘉永3年	田中久重・環中	須彌山儀	55	西本願寺大学林 (現龍谷大学)	京都								1																1					仏教世界観																		

44	1850	嘉永3年	田中久重(環中禅機・晃厳)	縮象儀		西本願寺大学林(現龍谷大学)	京都市								1																1					仏教世界観																		
45	1800s	19世紀	作者不明	熊本市立熊本博物館蔵地球儀20	22	熊本市立熊本博物館	熊本県熊本市	2	1	1			1	1								1												1		甫周	5				1												1	
46	1852	嘉永5年	鱸　重時	鱸重時作地球儀	110	宮内庁	東京	2	1	1																1								1		新訂万国全図	5				1												1	
47	1852	嘉永5年	鱸重時or作者不明	徳川家旧蔵 鱸重時作地球儀(亡失)?	33	徳川家水府明徳会	茨城県水戸市	2	1	1																1								1		新訂万国全図	5				1												1	
48	1852	嘉永5年	太山融斎	太山融斎作地球儀	35	ふるさと学習館安中市教育委員会	群馬県安中市				1																	1						1		箕作省吾新製輿地全図弘化2(1845)年	81										1						1	
49	1852	嘉永5年	太山融斎	太山融斎作地球儀	35	ふるさと学習館安中市教育委員会	群馬県安中市				1																	1						1		箕作省吾新製輿地全図弘化2(1845)	81										1						1	
50	1853	嘉永6年6月7日	ペリー携行地球儀	香山他通詞2名の言から世界知識把握		ペリー東シナ海・日本遠征記7/12、1853の記録	戦艦サスケハナ艦載地球儀																																																
51	c.1840-1883	天保10年-明治16年	中谷桑南(1819-83)	中谷桑南作地球儀	21.4	正立寺	和歌山県和歌山市	2	1	1			1												1									1		あるいは⑤か?橋本	5				1												1	
52	1855	安政2年	堀内直忠	堀内直忠作地球儀	31.7	神戸市立博物館	兵庫県神戸市				1																	1						1		箕作省吾新製輿地全図弘化2(1845)	81										1						1	
53	1855	安政2年	沼尻墨僊	大輿地球儀(別称、傘式地球儀)	21.5	本間家(土浦市立博物館)	茨城県土浦市				1																		1					1		新訂万国全図	4 93			1											1			1
54	1855	安政2年	沼尻墨僊	大輿地球儀	23	岡野家(土浦市立博物館)	茨城県土浦市				1																		1					1		新訂万国全図	4 93			1											1			1
55	1855	安政2年	沼尻墨僊	大輿地球儀	23	吉田家(吉田一也氏)	茨城県阿見町				1																		1					1		新訂万国全図	4 93			1											1			1
56	1855	安政2年	沼尻墨僊	大輿地球儀(別称、傘式地球儀)	21.5	神戸市立博物館	兵庫県神戸市				1																		1					1		新訂万国全図	4 93			1											1			1
57	1855	安政2年	沼尻墨僊	大輿地球儀	21.5	毛利博物館	山口県防府市				1																		1					1		新訂万国全図	4 93			1											1			1
58	1856	安政3年	角田桜岳	地球	19.8	富士宮市立郷土資料館	静岡県富士宮市	2	1	1																			1					1		柴田収蔵	5				1													1
59	1856	安政3年	角田桜岳	角田桜岳作地球儀	19.8	富士宮市立郷土資料館	静岡県富士宮市	2	1	1																			1					1		柴田収蔵	5				1													1

60	1856	安政3年？	角田桜岳	角田桜岳作地球儀	20	角田家（手書き）	静岡県富士宮市	9	1	1																		1					1		柴田収蔵	5				1													1
61	1856	安政3年	角田桜岳	地球儀	.19.8	国立歴史民俗博	千葉県佐倉市	2	1	1																		1					1		柴田収蔵	5				1													1
62	1856	安政3年	角田桜岳	（地球儀）	19.8	尚古集成館	鹿児島県鹿児島市	2	1	1																		1					1		柴田収蔵	5				1													1
63	ca. 1857-1872	安政4-明治5年	石淵八龍	地球儀	40	八龍の私塾「楽只堂」で使用か？	熊本県菊池市																	1									1		橋本喝蘭新譯地球全圖	8																1	
64	1867	慶応3年	村岡啓斎	村岡啓斎作地球儀	21.7	森町教育委員会（北海道）	北海道芽室郡森町				1															1							1		新訂万国全図	9											1					1	
65	1871	明治4年	東京府立中学	東京府立中学旧蔵地球儀	9999	阿部家	東京都																												1	？	？																	
66	1873	明治6年	梶木源次郎	万国富貴球（風船型地球儀）	16	茅原家	三重県津市																												1		3		1															1
67	1873	明治6年	佐田介石・中谷桑南/田中久重	須彌山儀（時計式）	21.4	正立寺	和歌山県和歌山市								1																1					仏教世界観																		
68	1873	明治6年	大屋愷敆	大屋愷敆作地球儀	21	茅原家	三重県津市	1			1x																						1			x 61						1											1
69	1872-1877	明治5年-明治10年	北川嘉七	北川嘉七作地球儀	33	個人蔵	京都市？	1			1																								1	佐藤政養(1861)新刊輿地全図？	61						1											
70	1877	明治10年	田中久重	視実等象儀		国立科学博物館	東京								1																1					仏教世界観																		
71	1879	明治12年頃？	盲唖院	地球儀状器具	?	京都府立盲学校	京都	1			1																								1		100															1		
72	ca. 1879	明治12年	盲唖院	凸型地球儀	20	京都府立盲学校	京都	1			1																								1		100															1		

コード等の説明（本文参照）

子午環欄は2：全円子午環（Full meridian ring）、1：セミメリデアン（半子午環）、［△/空欄］：欠如とする。
地平環欄以降の項目はいずれも「有」の場合を"1"とする。世界図の更新の程度は、地理情報により、1. 仏教系（仏教系及び仏教・西欧世界折衷型）、2. 西欧系（リッチ直系）、3. 西欧系（南蛮・旧西洋系）、4. 西欧系（更新型）、5. 西欧系（1850年以降）のように5分類している。
地球儀の構造区分は表1の分類コードに従う。作図法は、球面の世界図が、手書きか、ゴアの貼り付けか否かを示す。なお、ゴアの製作方法は印刷、手書（透写）を問わない。
球面上世界図の類型区分、1-15は、1. 南蛮系、2. 本邦模写改描リッチ卵形図系、3. リッチ単円世界図系、4. 湯若望系、5. 万国総界図系、6. ファルク系、7. 桂川甫周系、8. 司馬江漢系、9. 橋本宗吉系、10. 石塚崔高系、11. 官版「新訂万国全図」系、12. 田謙系、13. 箕作省吾系、14. 新発田収蔵系、15. 系統不明の15分類（海野, 2005）による。
xは推定を示す。

3. 本邦製地球儀について

本章では本邦で製作された地球儀の中のごく一部について実施した筆者の調査結果を記載するが、おおむね製作年順に神宮徴古館農業館蔵の渋川春海作地球儀、渋川春海（安井算哲）の製作に係る最古の地球儀、稲垣定穀の製作した地球儀、下関市立美術館蔵香月家地球儀、萩博物館蔵妙元寺旧蔵の地球儀、江戸時代における世界地理の集大成ともいえる角田家地球儀について記述する。

3.1 神宮徴古館農業館蔵の渋川春海作地球儀

3.1.1 はじめに

伊勢神宮徴古館農業館蔵の渋川春海作とされる地球儀は今日、重要文化財に指定されているが、この調査は必ずしも充分でなく、深澤（1910）、藤田（1942）、秋岡（1988）らの部分的な記載があるのみである。これらの中で、少なくとも深澤（1910）は当時としては詳細な調査の後、元禄4年（1691）に春海が内宮文殿にそれぞれ円周3尺3寸、2尺6寸の天球儀、地球儀を奉納したことを記載し、後者については球面上世界図の形状、地名、注記を記載しているが、観察不十分による誤謬が一部に認められる。藤田（1942）は、球面上に描かれているメガラニカの形状から利瑪竇（マテオ・リッチ）の坤輿萬國全圖に基づくこと、赤道、南北半球が回帰線と極圏で区分されること及び経線が欠けていることを指摘した。筆者は本邦に残存する地球儀調査の一環として、渋川春海作とされているこの地球儀を調査したので報告することにしたい。

3.1.2 調査方法

調査方法は筆者の従来の調査方法（宇都宮, 1991, 1992, 1994）に従うが、地球儀の形態とスケールを明らかにするため、定規、スチール尺、曲尺、曲線定規及びノギス等を用いて、0.1mm単位まで測定した。金属部分については、磁石片を近づけ、素材を判定している。さらに、球面の世界図を多方向から写真撮影して、ほぼ同径の球面上でモザイク写真合成を行った後にそれを分割してゴアを作成し、特徴を吟味した。

3.1.3 地球儀本体

地球儀は、子午環を含む球儀と支持台から構成され、組み立てた状態で、高さ324mm、長さ291mmをなす。以下、球から順に記載する（写真1）。

写真1　地球儀の正面及び斜写真

3.1.3.1　球儀

地球儀の球体とその支持台を図1に示す。球の直径は地軸方向で252.5mm、赤道方向で253.2mmである。球表面の海域では紺色、陸域では赤褐色、赤、肌色、緑色に彩色が施されている。さらに、表面には細かな傷が多数あり、板の角で強く押されて生じたと思われる深さ5mm程の線状の凹みが1ケ所、認められる。球面は貼合わせた和紙の皺状の表面や上記の凹みの存在及び、球体が比較的、軽いことから、中空の張り子製と推定される。

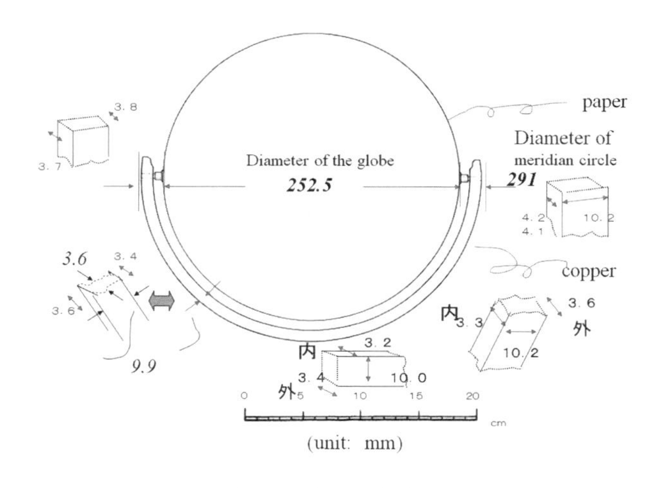

図1　球と子午環

3.1.3.2　子午環

子午環は図1、2で示されるように、部分的にはサイズが異なるが、その幅は半円の内側で、3.2〜3.4mm、外側で、3.7〜3.6mm、軸穴部分の内側は4.8〜4.0mm、外側で、4.4〜4.2mmをなすが、一般に3.2×3.7×10.1mmの断面が台形の金属を半円状に湾曲させた半円子午環（セミメリディアン）よりなる。その直径は外側で291mmをなし、組み立て時には、この子午環の外側部分が後述の支持台（架台）の上部凹面に刻まれた溝に収まる（図1，2)。なお、黒褐色の子午環の側面に度盛りは観察できなかった。子午環の北極側は地軸の軸受け部分で「く」の字形に曲っている。これは、地軸を子午環の軸穴に挿入する際、湾曲させ、ずらせておき、地軸の挿入後、曲げ戻されたが、多少の湾曲は残されたことを示すであろう。この子午環の素材は磁石に反応しないため、銅と考えられる。原ほか (2000) は、東大本郷構内で出土した1633年以前の製造にかかる真鍮製のキセルの報告で、江戸初期には舶来の亜鉛を用いて真鍮が製造されていたことを指摘しているが、この子午環は光沢のない黒褐色を呈し、真鍮とは異なるようである。

3.1.3.3　地軸

球体の両極部の保護として固定されるφ11mmの金属円板に、φ6.5〜6.9mm、長さ、6.3mmの円筒状の座金を介し、両極に接続されるφ2.7mmの黒い地軸は子午環の軸穴に押し込まれる。この地軸の部分は磁石に反応するため、素材が鉄であると推定されるが、使用した磁石片が測定部分の隙間に比較して、やや大きいため、地軸、ワッシャや円筒部の座金の何れが鉄か厳密には区別できなかった（図2)。

3.1.3.4　支持台（架台）（脚および台木）

支持台（架台）は木製で、三日月状の横断面をなす赤褐色の台木からなり、底部には、4本の脚をなす2組の横木がキ字型にあたかも衝立の脚の様に固定されている（図3，4，写真2，3)。赤さびた鉄の楔が脚の底部、中央で差込まれ、台木と脚を留めている。片方の脚から約12mm上の台木にφ2.5〜2.8mmの（竹?）ピン穴が認められ、台木と脚はこのピンと脚の底から打ち込まれた鉄の楔で固定されていることになる。江戸時代の木工細工で釘などの金属を利用することは希であるが、ピン穴が片方の脚の上方にのみ存在することは、製作途次に強度を考慮して楔が使用されたと考えることも出来よう。組み立てた状態で脚の底から台木上端までの高さは114〜117mmである。台木は、縦、93〜91mm、横、273mm、厚さ、22mmの板で、半月状の横断面形をなし、凹面をなす上面の中央部には、幅と深さがそれぞれ約3.7×3.7mmの溝が刻まれている（図2，3)。この溝に、子午環の外周部が嵌め込まれ、溝

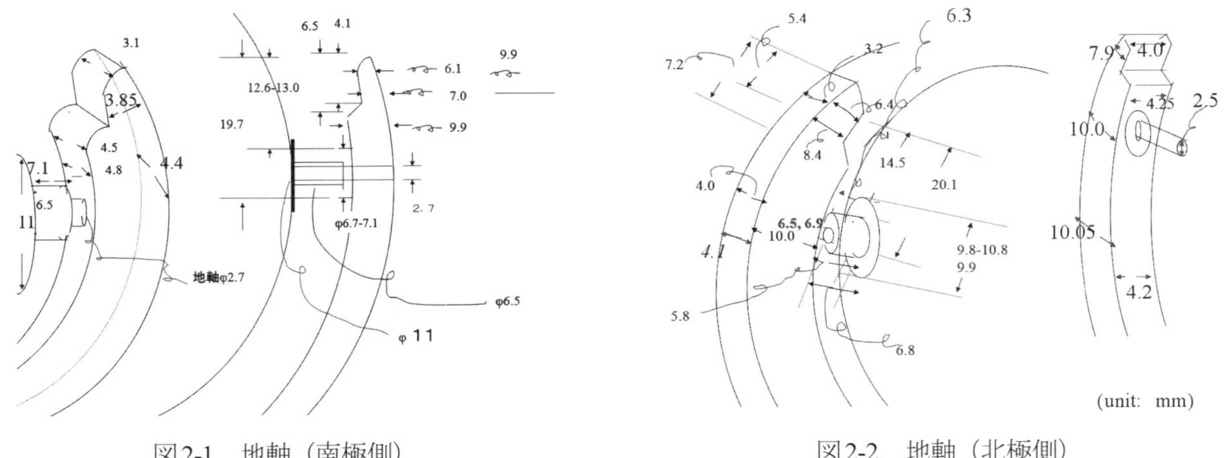

図2-1　地軸（南極側）

図2-2　地軸（北極側）

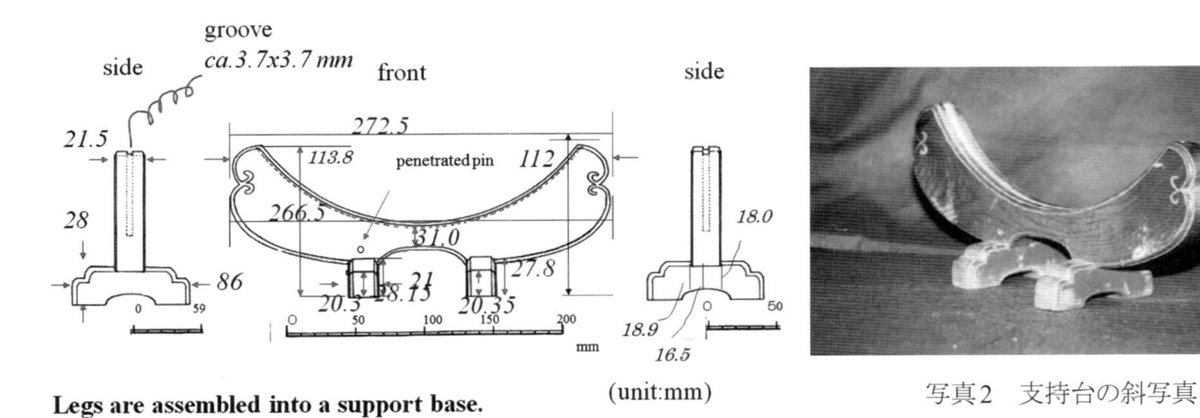

図3　支持台の台木及び脚の断面

写真2　支持台の斜写真

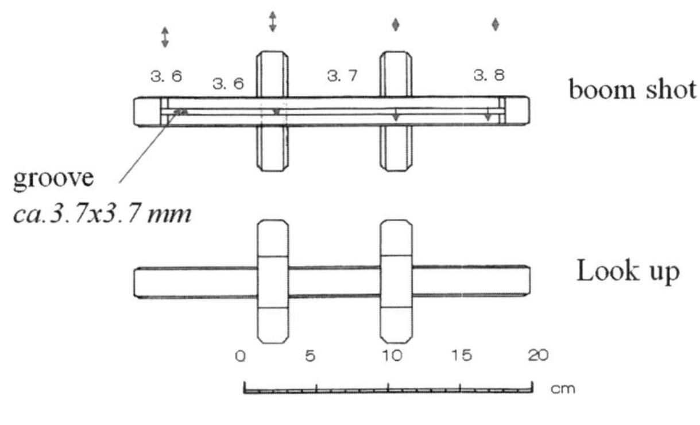

図4　支持台の平面図

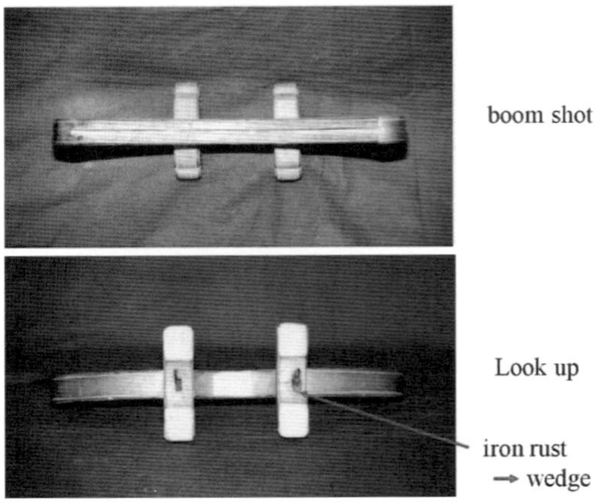

写真3　上下方向から見た台木及び脚

中を左右にスライドさせることにより、地軸の傾きを自由に調節できるように工夫されている。ただし、その角度は、溝が子午環を支えることが出来る範囲に限られる。なお、無理に木部の溝をスライド出来るが、セミメリディアンをなす子午環の形態及び弧長と球体地軸一体の重心の位置（換言すれば安定性の問題）から、急角度の地軸の設定は考慮されていないことを示す。

3.1.4　地球儀収納箱

収納箱は縦横が各々388mm、362mm、深さ、415mmの木箱（板目や材質から桐か?）からなる（図5)。箱は、深さ205mmの箱の蓋と211mmの（底）箱から構成され、蓋の表面には、「地球一塊」、「別有記文」や簗南（久留米藩）の入江修敬による献納を示す箱書きがあり、箱の底面には、「豊宮崎文庫　寛延4年5月」と記されている（写真4, 5)。箱の上部四隅の一つに、一辺が内側に弧状に湾曲する三角形状（2辺長は166.7×145.2mm）の厚さ7-8mmの板が（三角板と仮称する）残されている（写真6（a))。この三角板は、写真6（b）が示すように、詳しく見れば破損により二つに分かれており、その残片が箱に付着した状態で観察される。箱を構成する縦板のうち2枚の中程には弧

写真4　収納箱及び箱蓋の箱書

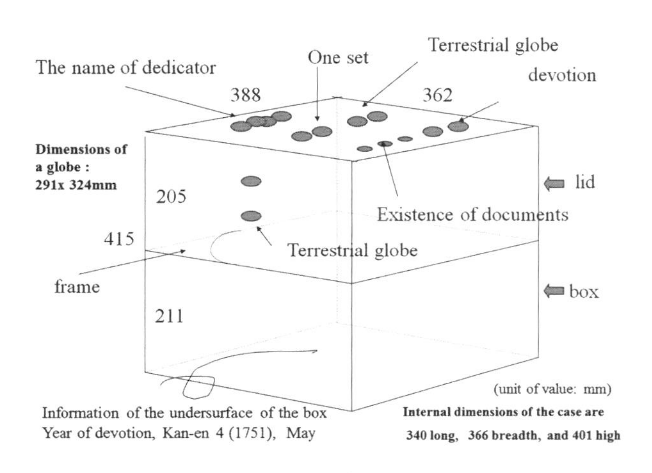

図5　収納箱と箱書の位置

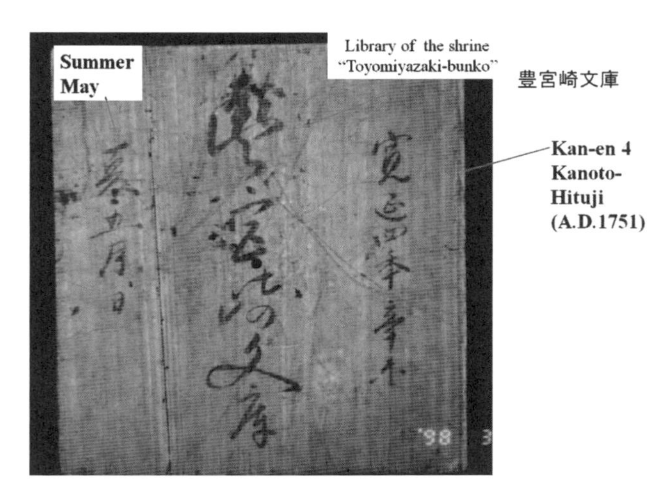

写真5　収納箱底面の箱書

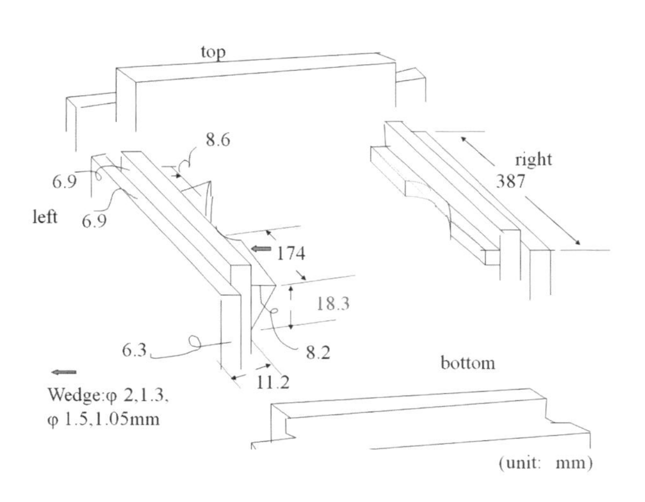

図6　収納箱の内側面の補助板

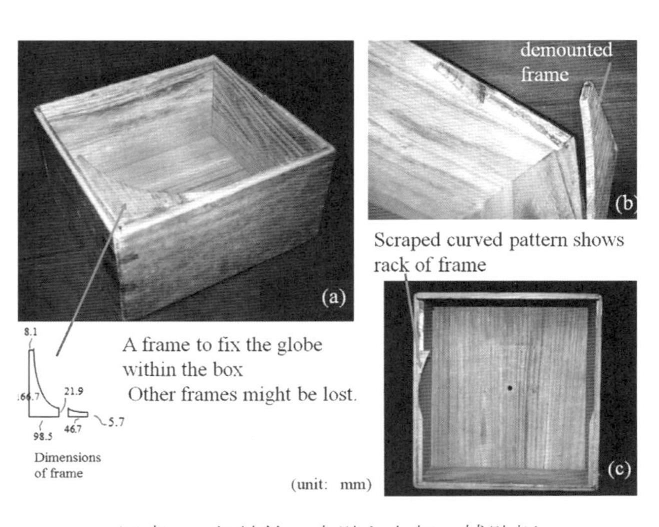

写真6　収納箱の内壁と上部の補助板

状に削られた横木（図6（c））が木又は竹釘で留められてあり、箱の四隅には同様の三角板が球儀を保護するために設えられたと推定される。この三角板が取り外し可能であったか否かは不明で、一部が箱板の側面縁に付着しているため、固定されていたと考えられる。ただし、分解して格納するとしても地球儀の出し入れには支障をきたしたであろう。なお、この箱に収納された地球儀の状態をみると、球の周囲には適当な遊びの空間があり、球体に比較して箱の（正確には蓋を含めた）収納空間が狭いという不自然さは認められない。強いて言えば、全体としてみた場合、このスケールの地球儀には蓋が深すぎることであろう。しかし、昔日の収納箱には、一枚板でなく深みのある蓋を有する箱が存在していることも事実である。付言すれば、上記の球面の凹みは、何らかの圧迫により、この横板により生じたと推定することも可能である。

3.1.5 製作者について

現在は、箱の中に地球儀が収納されている。地球儀本体と収納箱がこれらの奉納時点から1セットとして存在したものであれば、渋川春海が製作、奉納したとされる地球儀は入江修敬が奉納した地球儀で、春海の奉納に係るものではないことを示す。箱と地球儀が別々に奉納されたとすれば、箱書きの「別有記文」と箱中に収納されたはずの入江修敬製作の「地球」すなわち地球儀が焼失記録あるいは「豊宮崎文庫」の後継組織に存在しなければならない。同館に、修敬の地球儀の存在は知られていず、別途作成されている収蔵品の焼失に係る文書の閲覧は困難であったため、これ以上は解明できなかった。この収納箱の箱書にある「寛延4（西暦1751）年5月」（写真5）の地球儀奉納は春海が地球儀を奉納したとされる1691年から半世紀以上経過していることに注目すべきであろう。重要文化財[1]として定着（?）しているこの地球儀とその製作者に関連して、以下の4ケースを仮定してみる。

（1）入江修敬は春海から贈られた地球儀を奉納した。（2）春海は確かに収納箱なしの地球儀を奉納したが、後に収蔵者が、身近に存在した空箱を収納箱として代用した。（3）収蔵者が日常の保守作業で収納箱を取り違えた。（4）神宮が空襲から収蔵品を退避させた際に収納箱を取り違えた。以上の4ケースを仮定した場合、仮定（2）－（4）の場合は、入江修敬の奉納した地球儀が収蔵されたはずである。これらの収蔵品の有無は焼失記録などによる確認から始める必要があろう。ただし、（1）については入江修敬の生年が1699（元禄12）～1773（安永2）で、渋川春海の没年が修敬、16歳の1715（正徳5）年であるため、両者の接点は少ないであろう。ただし、算哲作の地球儀用地図の報告[2]のあることも事実であり、製作者は定説どおりかもしれない。

3.1.6 球面上の世界図

地球儀の球面上の世界図を平面図として示すため、直径30cmの発泡スチロールの球に、地球儀を多方向から撮影した写真を貼り付け、モザイク写真図による地球儀を作製した後、あたかも西瓜を切る様に両極で24分割し、展開して平面地図を作製した。個別の写真の一枚一枚で撮影距離の微妙な違いにより縮尺が異なるため、この球面への貼り付けには、写真のスケールの調整を繰り返し、最初に赤道部に写真を巻付け、そこから両極方向に貼り足していく方法をとった。この極方向への貼付け作業も試行錯誤であり、完成までに3ヶ月を要した。図7は展開して世界図（ゴア）を作製したものである。撮影方向と光源の関係で露出過多により生じた色ムラはやむを得ないが、一応、ゴアが完成した。なお、追加調査時に再撮影してはいるが、当該写真によるゴアの製作は作業半ばである。ここでは、この世界図の詳細な記載は別稿に譲り、世界図の概要のみ記載することにしたい。

この球面には、坤輿萬國全圖や、この基となった地理情報により、大陸、島などの水涯線が描かれ、赤道及び極圏、春秋分界線（回帰線）が直接、記入されている。その幅と形は不定で、不明瞭な部分もあり、フリーハンドまたは筆を球面に接触させ、球を回転させて描いたと推定される。これらの線は赤道以外では地図上に直接、重ね書

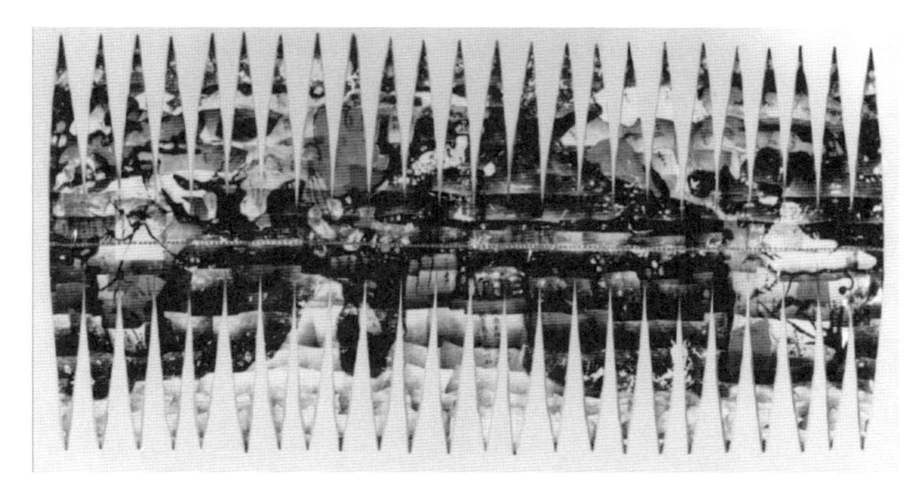

図7　モザイク写真によるゴアの試作

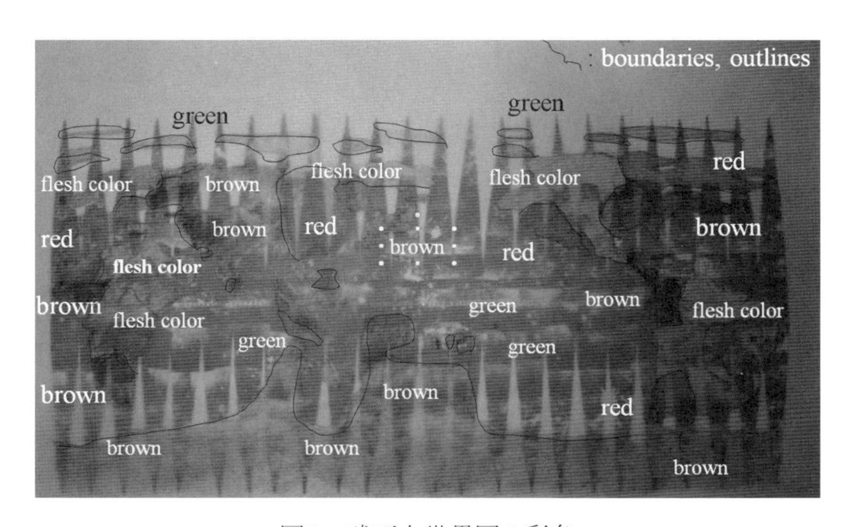

図8　球面上世界図の彩色

きされるが、赤道では、陸域は世界図に直接、海域では帯状の白地（恐らく海域のこの赤道部分は紺色に着色しないで、和紙の白地のまま残したと思われる）の上に赤のチックマークが描かれている。手本としたと思われる坤輿萬國全圖では経緯線が10°毎に引かれているが、この地球儀上の世界図には描かれていない。球面上に地図を直接描く困難さがあったとしても、マテオリッチの原図、特に経緯線と大陸の輪郭を詳細に参照すれば、南米のホーン岬からリオ・デ・ジャネイロ付近の水涯線は、違った形状となったと思われる。同時に調査した天球儀から判断すると、春海は経緯線の重要性を認識していたと推定されるが、この経緯線を欠く世界図は原図に対して忠実とはいえない[3)]。

図8は、展開した断裂世界図（ゴア）の上にトレーシングペーパーを重ね、世界図上の色区分に従って着色し、それぞれの色名とその主な境界をトレースし、ゴアに重ねて撮影したものである。紺色の海域以外の、水涯線が赤で縁取りされる大陸及び島々は、緑、赤、茶及び肌色に着色されている。詳細に見ると、北極圏の島々及び東南アジアから大洋州（以下、現在の地方名、国名を用いる）にかけて分布するいくつかの島々は緑色で、北米大陸ローレンシアからラブラドル一帯、カリフォルニアを含む北米中西部、シナ、ルソン及びセイロン、西ヨーロッパや南米のアルゼンチン南部からチリ南部にかけた一帯は赤色に着色されている。北欧、西アジアから北中部アフリカにかけた地域、東シベリアから北米大陸の北西部一帯～グレートプレーンズ一帯にかけた地域、南米大陸の北東部から

東部、中西部一帯が肌色に、それ以外の地域、ユーラシア大陸中北部からインド、東南アジア、アフリカ北西部～西部と南アフリカ、北米東岸から中米にかけた一帯、オーストラリアから南極大陸を含むメガラニカと呼ばれる南方大陸が茶色で示されている。ただし、陸域の山脈や高山の一部には緑色の部分もある。

これらの着色による大陸または地域の区分は宮城県図書館蔵などの坤輿萬國全圖には認められず、春海が、新たな情報を加えて着色したと推察される。著者が弟子であるだけに、いささか褒めすぎの感があるが、「春海先生實記」によれば、利氏世界図の縮図を保持していたことが記されている。日本は茶系統に近い色を呈するが、深沢（1910）は調査当時には金箔が塗布されていたと記している。筆者の調査では、本邦の一部に金箔の残片らしき金色がかすかに認められたが、不明瞭であった。もし、深沢の観察どおりであれば、恐らく、その後に剥離したものと思われる。これに限らず、南米、アフリカなど、傷や和紙の剥離で、球面上の注記などが現在では不明瞭となっている。

誰でも一見すれば気づくように、この地球儀は天球儀に比較して造りが雑であるが、縮尺を考慮しても地球儀球面上の世界図の形状や地理情報は原図とされる地図に比べて、正確とは言えない。それは、アフリカ大陸南部で、南回帰線が連結しないことからも明らかである（写真7）。恐らく、回転時に地軸が南北に僅かであるがずれたため、起点と終点の筆先の位置が合致しなかったと思われるが、そのままに放置したことは、春海の学問への姿勢や性格を示していよう。

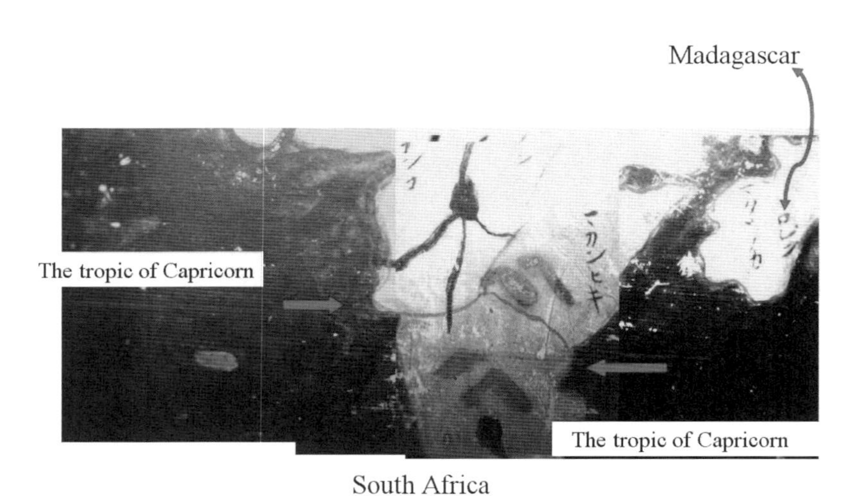

写真7　南回帰線の不連続

3.1.7　まとめ

伊勢神宮徴古館蔵の地球儀について、形態と素材及び世界図について記載したが、従来から渋川春海作とされてきた地球儀が、あるいは別人により製作されたのではないかという疑問も生じてきた。今後、関連する史資料と地球儀の調査を進め、これらの疑問について解明していく必要がある。また、世界図や本邦各地の地球儀の吟味や、原本とされる利瑪竇（マテオ・リッチ）の坤輿萬國全圖との詳細な比較も試みたい。

あとがき

本調査の目的は、科学的な調査と記載することであり、いわゆる粗探しではない。調査で明らかにされた事実や疑問を記載することは研究者としての責務である。本調査により疑問が出されたが、今後の調査で春海の製作が確認されるかもしれない。あるいは、別人の作であるかも知れないが、例えそうであったとしても、寛延4（西暦1751）年より古いことが確実である、この地球儀の価値は変わらないであろう。なお、本稿は人文論叢 (2006), 23, 29-36に掲載した報告に錯誤訂正と最小限度の加筆修正を加えたものである。次に述べる算哲製作の地球儀調査後にこの伊勢神宮蔵の春海作地球儀を記載していれば、記載内容は異なったであろう。

謝辞

本稿の執筆にあたり、地球儀の計測・撮影と調査を快諾された、神宮徴古館・農業館の中西和夫及び矢野憲一の両館長をはじめ、文化部の尾崎友季神掌、深田一郎、本多久子学芸員の各氏及び館員の方々、特に、実際の調査、計測に多大の協力を頂いた尾崎友季神掌に謝意を表したい。三重大学人文学部の山田雄司教授には貴重な情報を頂いた。なお、本研究の一部に、岡三学術振興会の補助金を充当させていただいたことを明記し、あわせて謝意を表する次第である。

注

1） 文化財指定のための審査で調査した記録及び資料について文化庁へ問合わせ、資料開示を求めたが、パンフレット「文化財」より詳細な資料の閲覧は不可能であった。審査委員には地図学、地球儀学分野の識者が加わっていないようであり、当該委員会による新たな独自調査と分析を加えた判定ではなく、提出書類等にもとづく型どおりの審査で判定を下しており、一般行政における諮問委員会と同程度のものであるように見受けられる。

2） 後年、本地図について疑念が出されており（宇都宮, 2015)、内容は本書に収録した（後述）。

3） 本調査の時点では、「坤輿萬國全圖」以外の圖書編中の世界図「輿地山海全圖」や三才圖會の世界図「山海輿地全圖」との比較・吟味は行っていない。(後述)。

文献

秋岡武次郎（1988）: 世界地図作成史, 河出書房新社, 272p.

深沢黜吉（1910）: 元禄年間の地球儀と天球儀. 歴史地理, 16, 43-55, 278-286.

藤田元春（1984, 初版は1932）: 改訂増補日本地理学史, 原書房, 413-442, 524-549, p.677.

原祐一，小泉好延，伊藤博之（2000）近世の真鍮製造と亜鉛輸入ー東京大学本構内遺跡出土キセルの材質分析からー江戸遺跡研究会第74回例会発表要旨.

新見吉治（1911）: 安井算哲作舟形図（口絵写真図）. 歴史地理, 17, 4, p.104.

小寺裕（東大寺学園高校）開設のHP http://www.wasan.jp/nenpyo/nenpyo2.html 20051024

宇都宮陽二朗（1991）: 沼尻墨僊の考案した地球儀の制作技術. 地学雑誌, 100, 1111-1121.

宇都宮陽二朗（1992）: 沼尻墨僊作製の地球儀上の世界図. 地学雑誌, 101, 117-126.

宇都宮陽二朗・杉本幸男（1992）: 幕末における一舶来地球儀についてー土井家（土井利忠）資料中の地球儀, 日本地理学会予稿集, 42, 130-131.

宇都宮陽二朗・杉本幸男（1994）: 幕末における一舶来地球儀ー英国BETTS社製携帯用地球儀について, 地図 32, 12-24.

宇都宮陽二朗（2006）: 神宮徴古館農業館蔵のいわゆる渋川春海作地球儀に関する研究. 第1報　人文論叢, 23, 29-36.

宇都宮陽二朗 (2015) 日本地球儀製作史　拾遺ー渋川春海（安井算哲）製作に係る最古の地球儀. 日本地理学会要旨集No.87,（20150329）243p.

Utsunomiya Yojiro (2002) A terrestrial globe kept in the museum of Ise shinto shrine, Japan. Papers and Summaries of 10th Coronelli Symposium - Nürnberg 23-25 Sept. 2002.

3.2　渋川春海（安井算哲）の製作に係る最古の地球儀

3.2.1　はじめに

渋川春海（1639-1715）の製作した天球儀や地球儀・等については、弟子らの記述（春水（渋川敬也）、谷秦山）の外、O. Heeren（1873）、深澤（1910）、新見（1911）、藤田（1942）、秋岡（1988）、海野（2005）など錚錚たる研究者の論文がある。それらの記事を素直に吟味した結果、渋川（安井）は伊勢神宮への天・地球儀一対の奉納の20年前に地球儀を製作した可能性が出てきたので、その疑問を含めて報告することとしたい。

3.2.2　渋川春海及び弟子による球儀類の製作について

渋川春海（安井算哲）による球儀類の製作を整理した表1によると球儀類は、12（図書作や京大地理學教室蔵の天球儀を除くと10）件余が指摘される。ただし、錯誤の多さを編集者に指摘された享保元（1716）年の渋川圖書（春水）著「春海先生實記」には春海の天球儀、渾天儀製や地球儀製作について触れているが、天文や改暦、貞享暦の話題が主であり、また、「寛文7年丁未‥‥同十年庚戌先生＜割注年三十二＞欲修渾天儀而驗天象依用工夫新制圖儀＜割注名新制渾天儀＞‥‥以青點記之輿古漢土所名之列舎衆星幷圖書之於一機殊號曰天球＜割注又著本朝天文分野之圓圖幷方圖＞・」と、球面の赤点、黄點、黒點などの星を説明し、夜に先生を訪問した際に聞いた説明について述べ、「先生所指示倏明知覚其星曷入乎神至乎妙之若斯甚也又以欧羅巴利瑪竇所著之坤輿萬国横圖＜割注?屏六幅＞縮書一圓球縦横象天度及里方號曰地球是亦便于學地理且制我國之地圖合天度而定方位別為深秘之一圖＜割注　前代所未曾有之書而本朝第一之寶也＞〇同十二年‥‥」[1)] と続く。さらに、「天和三年癸亥先生＜割注年四十五〇此年生男昔伊於京都＞秋八月凭光圀卿之命圖天球呈之即献之于御上＜割注将軍綱吉公置之大成殿云＞[2)]」と光圀依頼により天球儀を製作し将軍へ献上されたが大成殿に奉納されたと付記している。しかしながら、「〇我黄赤師＜割注稱遠藤小五郎衛久後七左衛門盛俊老號一葉軒吾仙臺侯吉村之家士也＞會蒙君命遊先生之門＜割注正徳四年＞盡得其道之秘奥面命親炙蓋有年　赤師當時制日刻圖＜割注名晝夜長短圖〇春水師作日刻或問＞及天地圖儀＜割注名九重渾天地儀此外所制之圖儀十有七＞」[3)] と記され、話題は春海の記述から私の赤/黄赤（遠藤盛俊）先生へと移り、赤/黄赤師が藩命で遊学し春海に師事し学を極め～と移る。ここで、「我黄赤師　/　赤師・・・・・〇春水師作…」と続ければ、赤師が、春水（敬也）先生（自身を春水先生と呼ぶことは異常だが）の著書「日刻或問」に相当する日刻圖を製作し、球儀類を17基製作したと解されるが、〇を重視して、〇以下を別文とすると、春水師（渋川敬也先生）は「日刻或問」や地図、渾天儀の外、地球儀を17基製作したと解され、春海が直接製作した地球儀のみでなく、門弟らの球儀類の製作が知られる。注記の文言から疑義もある、春海製作として伝来する地球儀が、春海のそれの模作か否かの区別は、今日では困難である。日本とは全く質が異なるが、似たようなことは西欧でもみられ、伊太利のコロネリが製作し、彼の創設した地理学会の入会者に配布したコロネリ自作のゴアを貼り付けた地球儀が後年、ウィーンで製作（組立）された例がある。なお、『春海先生實記』は元文4年（1739年）に土御門へ出された佐竹義根（1689-1767）の校正のためか、「日本教育史資料」編纂者の指摘のとおり、著者と校正者の立場の混同や記述に正確さを欠き、当たり障りの無い表現で言えばスマートではないと言えよう。

表1の内訳は、不明や本人以外の製作に係る球儀を除くと、天球儀7+α、地球儀3+α、渾天儀1となり、天文関係の球儀が地球儀の2倍に達する。年代を見ると、1670年の渾天儀から、1673、83年の天球儀、1690、92、95年の天・地球儀一対、97年の天球儀の製作で、初期に天文関係の渾天儀や天球儀が、後に天・地球儀一対などが製作された。球儀は初期の40～50cmから25cm余へと球径の小さくなる傾向が見られる。一見すると天文器機が先行するが、道中の春海の世間話までを書き留めた妄言の多い新蘆面命上下は論外として、曾孫（春水子）とその校正者（佐竹義根）の加筆による乱文の「春海先生實記」、新見（1911）の寄稿した口絵写真「安井算哲の世界地図」やO. Heeren

の「Eine japanische Erdkugel（日本の一地球儀）」の評価如何で状況は変わる。

3.2.3　安井算哲の地球儀資料について

3.2.3.1　新見の報告

新見は前年、1910年の深澤が報告した伊勢神宮蔵渋川春海の地球儀の論文に触発され、その40年ほど前に公表されたHeeren論文に全く気付かないまま、Grassimuseumで、「安井算哲の世界地図」[4]を彼の表現で言えば「発見」し、学会（委員の藤田明宛に寄贈）に送付した写真や短い観察記録が「歴史地理」口絵写真と解説（1911）として掲載された（図1）。

歴史地理17巻第4号の「口繪安井算哲の世界地圖」の解説[5]には「『寛文庚戌秋安井算哲謹記焉』の文字あるよりして・・安井算哲自筆たるらしと、絹地四枚より成り淡彩を施し、絹は竪約九十三サンチメートル、横五十サンチメートル圖は地球を四分して其表面を平面・・赤道線の長さが毎圖四十二サンチメートル子午線の長さが八十三サンチメートルあり。此四枚の圖にABCDの符號を附けて順序を立て、其上地名其他の記事にアラビア數字を以て番號を附けたるは、恐く西洋人の手に入りて後に、何人かが此地圖に附いて研究したる痕跡を留めたるものと認めらる。但し此數字の記入は決して近年のものにあらざる如し、D圖は非常に汚れ居るも記載の文字は猶悉く讀むを得と。」と、編集者は新見の言を転載（?）している。

この報告から、新見は1）ゴアの『寛文庚戌秋安井算哲謹記焉』から算哲の自筆と信じ込んだこと、2）地図が4枚からなり、その地圖の各ゴアの南極部分に記入されたABCD、地名や記事の先頭に付された数値は西洋人が考究のため追加した、3）A～Dと数値の補筆は後年だが古いこと、4）絹布に描かれていること、5）淡彩されていること、6）各地圖の寸法は93×50cmであるが、紡錘形の断面をなすゴアは83×42cmであること、さらに、7）編集者も新見の報告を真実と考えて、写真を口絵写真とするとともに新見の観察や言を取り入れた解説を付して掲載したことが知られる。この図は後述のHeeren論文の写真図“Ein japanischer Globus”の原図そのもの（以下、Heeren図と呼ぶ）である。

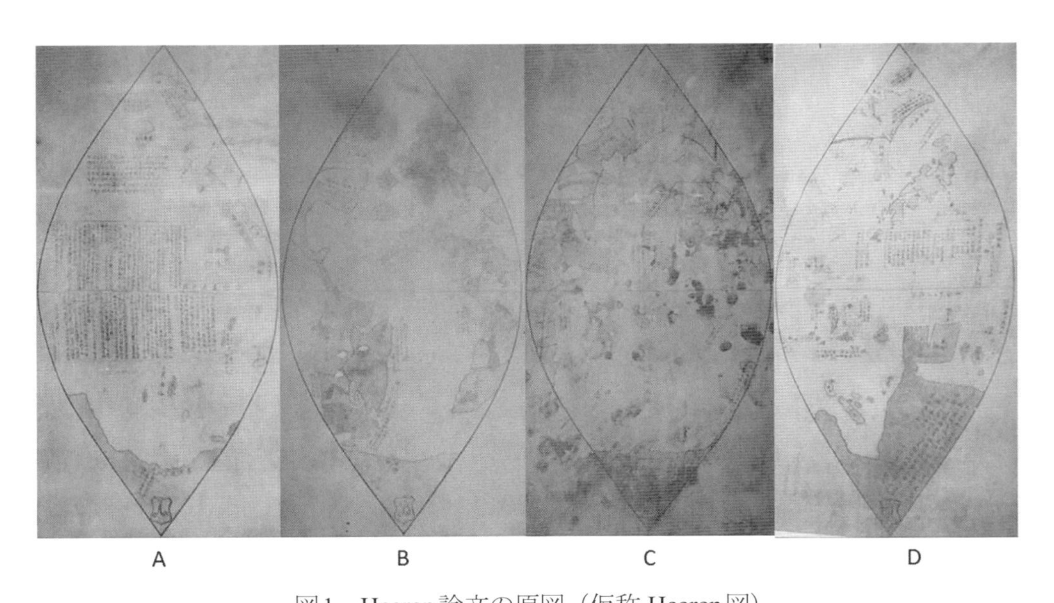

図1　Heeren論文の原図（仮称Heeren図）
歴史地理17（4）の折込み口絵写真（新見吉次撮影, 1911）より。なお、この口絵写真が、現在では唯一の判読可能な写真地図である。

3.2.3.2　秋岡（1962, 1988）の記載

秋岡武次郎（1962）は南波、落合の両名が所蔵する渋川春海描世界図屏風の紹介の中で、「〜の外にも『寛文庚戌〜秋保井算哲謹記焉』の4個からなる地球儀用舟型世界図を作り〜1873年O. HeerenがMittheilungen der Deutschen Gesellschaft für Natur-und Völkerkunde Ostasiensにこの図を紹介しているから、同年以前にドイツに伝わる。」と記載しており、後年出版された秋岡の世界地図作成史[6]でも、(1) 安井算哲作の、寛文十年（1670）作地球儀用舟型世界図（ドイツ・ライプチッヒ民族博物館蔵）について、「この舟型世界図が何年ころ、どのようにしてドイツに伝わったかは明らかではない。しかしこの舟型図に関する記事が、ドイツの東亜雑誌にヘーレンによって発表されている。したがって本図は記事掲載の1873年（明治6年）以前にドイツに渡ったものであることが分かる。〜」と自説を披露している。なお、他にもあるが、誤植は引用に際し筆者が訂正した。

彼の記載したこの「〜1873年（明治6年）以前にドイツに渡った〜」は後述のとおり、秋岡の事実誤認で全くの錯誤である。彼は続けて、「本図は〜〜地球儀用舟形図とみなすべきものである。しかし、算哲作の諸球儀は手書きのもの、または金属の上に鏤刻されたもので、かならずしも球儀用舟形図を必要とするものではない。〜」と記し、算哲の地球儀製作方法としては、ゴアの製作は異例であると見て、一瞬間の短い間ではあるが、この圖や新見の報告に疑問を抱いたことを示す。しかしながら、球面を4分割して製作した各球儀用舟形図の曲線については、「左右の輪郭曲線を経験的に何回も引きなおしながらこの曲線を作り上げたものであろう」と記し、続けて「〜地球の4分の1の表面積を表すのに赤道対子午線の比を考えつつ、左右の輪郭曲線を経験的に何回も引きなおしながらこの曲線を作り上げたものであろう。赤道または経線の縮尺からして、この舟形図の縮尺は2380万分の1となる。4個の地球儀用舟形図だけでなめらかな曲面にすることは無理がある。ただし、算哲の舟形図は簡単で素朴なものであるとはいえ、舟形図の一例として興味あるものである。」と想像を逞しくしている。

秋岡の記載を纏めると以下の6点に絞られる。すなわち、1）新見報告の「地球儀用舟型世界図」を安井算哲作の地図と信じ、2）東亜雑誌のヘーレン論文掲載（1873（明治6）年）以前にドイツに渡ったと判断したが、3）算哲作の諸球儀製作はゴアを使用しないはずと一瞬の疑問を示す。また、4）隣接するゴア間の曲線は赤道対子午線の比を考え、試行錯誤により描いたが、5）これで曲面形成は無理と述べ、舟形図の一例とみなし、6）縮尺を2380万分の1と試算した。

3.2.3.3　海野（2005）の記載

海野（2005）は他と同様、Heeren論文を単に眺めたのみで、充分に確かめず、新見の「安井算哲の世界地図」から秋岡と同様、地球儀用舟形図とみなし、「・・・やや不鮮明ながら・・・複製図版は1973年当時ドイツ人ヘーレン（O. Heeren）氏の所蔵品で・・雑誌において、図中の地名や注記をローマ字化し、訳も付けている。絹布各図葉下部に、A・B・C・Dと記入したのも彼であって、原図にはなかったものである。〜正確な断裂多円錐図法とはなっておらず、この図形をそのまま球面に貼り付けることはできない。海陸の図形も粗略であり、恐らく、球面の描画を担当する画家か細工職人に手渡した春海の腹案であったと考えられる。卵型図法の大型リッチ図の模写本の図形を球面に転写する際の参考用であったにちがいない。」、さらに、「〜〜寛文十年秋の序文を添えた地球儀が完成するまでには、やはりかなりの歳月を要したであろう。一方、享保6年（1721）渋川敬也著、元文4年（1739）佐竹義根補の「春海先生實記」には、<寛文十年庚戌・・・号ケテ天球トイフ。（中略）又欧邏巴ノ利瑪竇著ス所ノ坤輿万国横図・・・ヲ以テ、一円球ニ縮画シ、縦横天度及ビ里方ニ象リ、号ケテ地球トイフ。〜とあり、この記事を信用するならば、地球儀もまた完成に及んでいたとしてよいのではあるまいか」[7]と読み下し文につづけて、春海先生實記の記述が事実なら、地球儀が製作されたと記載をしている。

海野（2005）は他と同様、Heeren論文を単に眺めたのみで、充分に確かめず、新見と秋岡の記載をもとに、1）新見の報告した「安井算哲の世界地図」を算哲自筆と信じ、2）1973年当時、所蔵者のヘーレンは地図に、3）A～Dや数値を記入後、地名や注記をローマ字化し、翻訳したと述べた。また、4）秋岡同様にゴアによる球面形成は不可能であり、5）地図は粗略で、職人等へ渡した春海の腹案か、大型リッチ図の模写図を球面に描く参考用と見なし、6）地球儀は未完であると結論づける一方、「春海先生實記」の記載どおりなら完成したと、オルタナティブな記載を残している。

3.2.3.4 Heeren論文及び付図（写真地図）の原図（Heeren図）について

安井算哲の地球儀の一級資料は、「Mittheilungen der Deutschen Gesellschaft für Natur-und Völkerkunde Ostasiens」Heft 2（Juli 1873）掲載のO. Heerenによる「Eine japanische Erdkugel」[8] で、彼の報告は、独書籍[9] では、いち早く紹介されているが、本邦では、秋岡（1962, 88）の指摘[10] 以前は当然のこと、以後もその存在はあまり知られず、評価は十分でない上に誤認識されていた。そこで、本論文の掲載学協会及び掲載誌について記載する。

3.2.3.4.1 Die deutsche Gesellschaft für Natur-und Völkerkunde Ostasiensについて

Heeren論文の掲載誌の発行機関「Die deutsche Gesellschaft für Natur-und Völkerkunde Ostasiens」は日本を研究し、ドイツ語圏へ紹介するため、1873（明治6）年3月22日の天皇誕生日に江戸と横浜在住の独人が集まり準備会を開き、4月26日の総会で設立された研究交流会である。創立2年後にはFossa Magnaで有名なお雇い外国人地質学者のHeinrich Edmund Naumannも名を連ねており、日本人学者や著名人も参画している。この研究交流会は、現在も存続し、ドイツ文化会館に他機関と同居している。ただ、文部科学省の活動評価では活動度が？とされるが、この「OAG・ドイツ東洋文化研究協会」は、現在も月1度の頻度で講演会や文化活動を行っている（同協会の会誌、報告及び、OAGのwebpage他）。以上から、この組織が、独国内でなく、日本国内で創立され、本邦に事務局を置く研究交流組織であることが明らかであろう。

3.2.3.4.2 Mittheilungen der Deutschen Gesellschaft für Natur-und Völkerkunde Ostasiensについて

この協会の学術交流誌「Mittheilungen der Deutschen Gesellschaft für Natur-und Völkerkunde Ostasiens（以下、協会誌とする）」は、1873年創刊で、その研究会の研究発表内容をまとめた研究交流誌である。東大駒場図書館の皮背表紙装丁の合本、中表紙に「Mittheilungen der Deutschen Gesellschaft für Natur-und Völkerkunde Ostasiens / HERAUSGEGEBEN VON DEM VORSTANDE. / BAND I. HEFT 1 INCL. NEBST INDEX / MIT 47 TAFELN UND VIELEN IN DEN TEXT GEDRUCKTEN / PLAENEN UND ZEICHNUNGEN. / 1873-1876. /Für Europa / im Allein-Verlag von Asher & Co / Berlin W. Unter den Linden 5. / YOKOHAMA / Buchdruckerei des "Écho du Japon."」とあり、同協会理事会がUnter den Lindenの現在のドイツ歴史博物館近くに存在したAsher & Co社を通じて西洋の読者のため発行し、印刷所は横浜の恐らく居留地内の仏人経営の印刷所"Écho du Japon."と知れる。目次から、横浜以外に、神戸、その他で会合を持っていること、初年度は、横浜、江戸（当時の在日独人の認識では東京でなく江戸）で2ヶ月に1度の頻度で、時には臨時会議をはさみ研究交流会が開催されており、その記録がMittheilungenに掲載されている。3年後の1875年には毎月、会合が開催されており、ナウマンの名前も登場する。なお、この会誌にはリプリント版があり、同上図書館蔵の、その中表紙には、Johnson Reprint 10. / fifth Ave. New York NY. 1003/ Johnson Reprint Company Limited/ Barkley Sequere House, London W. Iと記されてある。

3.2.3.4.3　Heeren論文“Eine japanische Erdkugel”及び付図の“EIN JAPANISCHER GLOBUS”について

3.2.3.4.3.1　論文執筆者のO. Heeren及び論文概要について

Heerenの論文“Eine japanische Erdkugel.”は1873年7月5日開催の横浜集会で発表されたO. Heerenの地球儀に関する論文である（図2）。著者のHeerenについて「OAG・ドイツ東洋文化研究協会」、Grassi博物館や、大東文化大のDr. Christian W. Spang氏に問い合わせたが、OAGからは無回答で、Grassi博からは、新見が撮影したという地図は無く、寄付者リストにもHeerenの名はないとされた。同会の初期の日本人会員に関する論文をものしたDr. Spang氏に問い合わせたところ、O. HeerenがMOAG1-1の28番目の会員であること以外の情報は一切見つからないとのことであった。明治初期の在日外国人は横浜や築地の外国人居留地（一つの植民地国家をなす）居住が一般的であり、Heerenもそこに居住したと思われるが、日本製の地球儀を調べていることから日本人と接する機会があり、文化活動にも参加できる裕福な商人か知識人ということは読み取れる。初年度から発表するということは、この会の主要構成員であったとみられる。なお、Heeren論文には、例えば、chがtsch, tsh, tsと、jがdsch, ds, djなどと混用され、日本語表記が異なるため、対応表を委員会が会報に付している。

Heeren論文は、地球儀に関する形態、寸法や素材、製作者の概説を欠き、地球儀球面に描かれる注記のアルファベット表記及び翻訳のみで、球面上の地理情報及び注記の真偽についても吟味していない。これらの重要で基本的な事項を欠くことは、推定ではあるが、地球儀を傍らに置き聴衆に提示していたため、説明する必要は無く、球面の注記のみが報告されたものであろう。この点から、Heerenは水陸の配置、形態や位置、島弧の有無などの名称や地理的分布に興味がなく、記入された文字や意味に注目したことがうかがえる。注記は、図葉ごとに番号順に説明されるが、数値は必ずしも、北→南、西から東に系統的には厳密に振られてはいない。独文訳ではHeeren図の元図描画者（球面に世界図を描いた地球儀製作者）の説明の正確な翻訳に努めており、元図描画者の意図が、単なる世界地図の球体化に留まらないことを表している。たとえば、Heeren図Aの太平洋中、赤道を挟み南北回帰線の

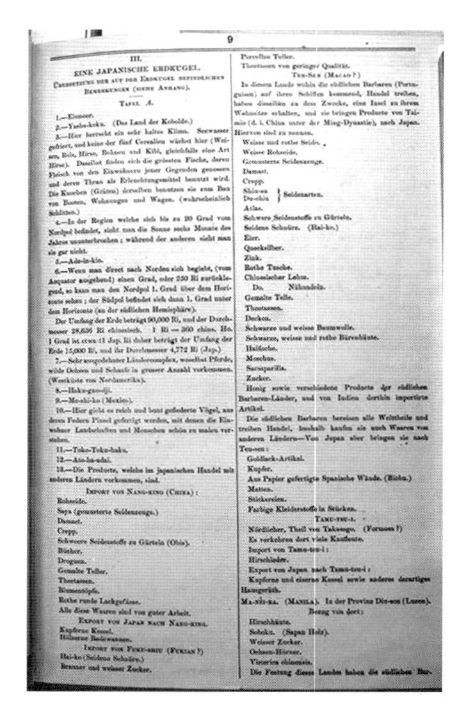

9

III.

EINE JAPANISCHE ERDKUGEL.

Uebersetzung der auf der Erdkugel befindlichen Bemerkungen (siehe Anhang).

Tafel A.

1.—Elemoor.

2.—Yasho-koku. (Das Land der Kobolde.)

3.—Hier herrscht ein sehr kaltes Klima. Seewasser gefriert, und keine der fünf Cerealien wächst hier (Weizen, Reis, Hirse, Bohnen und Kibi, gleichfalls eine Art Hirse). Daselbst finden sich die grössten Fische, deren Fleisch von den Einwohnern jener Gegenden genossen und deren Thran als Erleuchtungsmittel benutzt wird. Die Knochen (Gräten) derselben benutzen sie zum Bau von Booten, Wohnungen und Wagen. (wahrscheinlich Schlitten.)

4.—In der Region welche sich bis zu 20 Grad vom Nordpol befindet, sieht man die Sonne sechs Monate des Jahres ununterbrochen; während der anderen sieht man sie gar nicht.

5.—Ade-la-kle.

6.—Wenn man direct nach Norden sich begiebt, (vom Aequator ausgehend) einen Grad, oder 250 Ri zurücklegend, so kann man den Nordpol 1. Grad über dem Horizonte sehen; der Südpol befindet sich dann 1. Grad unter dem Horizonte (an der südlichen Hemisphäre).

Der Umfang der Erde beträgt 90,000 Ri, und der Durchmesser 28,636 Ri chinesisch. 1 Ri = 360 chins. Ho. 1 Grad ist etwa 41 Jap. Ri daher beträgt der Umfang der Erde 15,000 Ri, und ihr Durchmesser 4,772 Ri (Jap.)

7.—Sehr ausgedehnter Ländercomplex, woselbst Pferde, wilde Ochsen und Schafe in grosser Anzahl vorkommen. (Westküste von Nordamerika).

8.—Haku-gan-dji.

9.—Me-shi-ko (Mexico).

10.—Hier giebt es reich und bunt gefiederte Vögel, aus deren Federn Pinsel gefertigt werden, mit denen die Einwohner Landschaften und Menschen schön zu malen verstehen.

11.—Toko-Toku-haku.

12.—Ato-ka-adal.

13.—Die Producte, welche im japanischen Handel mit anderen Ländern vorkommen, sind.

Import von Nang-king (China):

Rohseide.

Saya (gemusterte Seidenzeuge.)

Damast.

Crepp.

Schwere Seidenstoffe zu Gürteln (Obis).

Bücher.

Droguen.

Gemalte Teller.

Theetassen.

Blumentöpfe.

Rothe runde Lackgefässe.

Alle diese Waaren sind von guter Arbeit.

Export von Japan nach Nang-king.

Kupferne Kessel.

Hölzerne Badewannen.

Import von Fuku-shiu (Fukian?)

Hai-ko (Seidene Schnüre.)

Brauner und weisser Zucker.

Porcellan Teller.

Theetassen von geringer Qualität.

Ten-Sen (Macao?)

In diesem Lande wohin die südlichen Barbaren (Portuguisen) auf ihren Schiffen kommend, Handel treiben, haben dieselben zu dem Zwecke, eine Insel zu ihrem Wohnsitze erhalten, und sie bringen Producte von Tai-min (d. i. China unter der Ming-Dynastie), nach Japan. Hiervon sind zu nennen.

Weisse und rothe Seide.

Weisse Rohseide.

Gemusterte Seidenzeuge.

Damast.

Crepp.

Shin-en / Du-chin } Seidenarten.

Atlas.

Schwere Seidenstoffe zu Gürteln.

Seidene Schnüre. (Hai-ko.)

Eier.

Quecksilber.

Zink.

Rothe Tusche.

Chinesischer Lehm.

Do. Nähnadeln.

Gemalte Telle.

Theetassen.

Decken.

Schwarze und weisse Baumwolle.

Schwarze, weisse und rothe Bärenhäute.

Haifische.

Moschus.

Sarsaparilla.

Zucker.

Honig sowie verschiedene Producte der südlichen Barbaren-Länder, und von Indien dorthin importirte Artikel.

Die südlichen Barbaren bereisen alle Welttheile und treiben Handel, deshalb kaufen sie auch Waaren von anderen Ländern—Von Japan aber bringen sie nach Ten-sen:

Goldlack-Artikel.

Kupfer.

Aus Papier gefertigte Spanische Wände. (Biobu.)

Matten.

Stickereien.

Farbige Kleiderstoffe in Stücken.

Tamu-tsu-i.

Nördlicher, Theil von Takasago. (Formosa?)

Es verkehren dort viele Kaufleute.

Import von Tamu-tsu-i:

Hirschleder.

Export von Japan nach Tamu-tsu-i:

Kupferne und eiserne Kessel sowie anderes derartiges Hausgeräth.

Ma-nii-ra. (Manila). In der Provinz Dis-son (Luzon).

Bezug von dort:

Hirschhäute.

Soboku. (Sapan Holz).

Weisser Zucker.

Ochsen-Hörner.

Victoria chinensis.

Die Festung dieses Landes haben die südlichen Bar-

(a)

(b)

図2　Heeren論文（a）「Eine japanische Erdkugel」及び（b）その付図（写真地図）“EIN JAPANISCHER GLOBUS”

「Mittheilungen der Deutschen Gesellschaft für Natur-und Völkerkunde Ostasiens」Heft 2（Juli 1873）合本オリジナルの撮影によるが、各シートの影から写真の貼付けは明らかである。

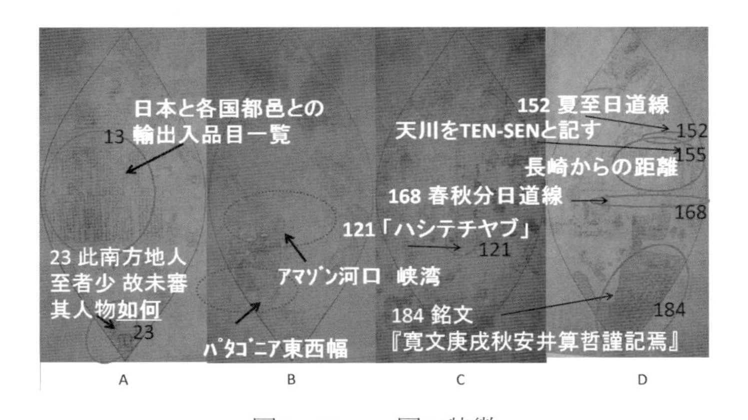

図3　Heeren図の特徴
（歴史地理17（4）口絵写真（Heeren図；新見吉次撮影, 1911）に加筆）

間の注13では日本と南京、天川（マカオ?）、タカサゴ、タムスイ（?）、マニラ、ガガヤン、ブルネル、東京、コーチン、サイゴン（?）、シャム、マルッカ、ゴア、セイロン等の輸出入品が列記されている（図3）。この図葉A範囲外のサイゴンは小さな都邑で日本の輸出品は目にしない、また、セイロン島では蘭人と原住民の紛争が絶えないなど世界情勢まで言及している。なお、注13では注14の「赤道昼夜平分線」と季節に関する注記で、この線は南北に分かつ線で、ここでは年（の季節）が8分され、春、夏とも2回あり、南北で季節は逆であること等が述べられている。これから、Heeren図の元図描画者（即ち地球儀製作者）は1670年の時点で、日本と諸外国との貿易品目や海外事情にも詳しい情報を有していたことを示すが、これはどこから取得したものであろうか。この注記の記載位置は、嘗ては、利瑪竇（マテオ・リッチ）が日本を説明する注記で埋めた部分で、地理情報の少ない余白部分の活用といえるが、この距離の説明部分については、梶木源次郎の地球儀、「万国富貴球」（1873）に「大日本東京築地ヨリ‥」と各国/都邑との距離を示す注記の方法と類似し、ここに聊かの気懸かりな点が残される。

3.2.3.4.3.2　地図について

新見が新発見したGrassi博蔵のABCDの各圖はHeerenの“Eine japanische Erdkugel.”「日本の一地球儀」中の写真付図“EIN JAPANISCHER GLOBUS”の原図である。論文の写真図が余りにも小さく、判別は容易でないため、今では、唯一の地図史料となっている新見の残したHeeren図写真図と別途入手した電子複写の論文付図、撮影写真及び伊勢神宮蔵渋川春海の地球儀との比較では筆者蔵の作業図や、世界図と比較した。唯一と記したが、秋岡は昭和4年に多田文男東大地震研助教授より四ツ切版4枚の写真を受領した（秋岡, 1962）とあり、探せば、秋岡旧蔵書類の中にこの貴重写真は残されているかも知れない。

Heeren論文中の各図葉の南極圏にABCDが、地名や注記の先頭に1～184の数値が付与され、本文中の各説明と対応する。Heeren図は、記述の索引地図をなすが、A4版の1頁中に貼り付けられた小さな（6.6×12.2cm）ABCDの4枚の写真は長年月を経て黄変している。このHeeren図の海陸分布は、主に坤輿萬國全圖によると推定されるが、描画はこれより劣っている。作業者への腹案として描かれた（海野, 2005）との解釈もあるが、坤輿萬國全圖が畳4枚ほどで、余りにも大きいため、これには直接には依らず、銘文に記されているとおり、三才圖會、圖書編等の地図をもとにその海陸分布を描き、坤輿萬國全圖を参考に修正が加えられていると見て良い。ただし、著しく粗雑な三才圖會の縮図は除外してもよい。Heeren図は圖書編の巻二十九（33, 34丁）の「輿地山海全圖」と南米アマゾン河口の大きな湾入、パタゴニア付近の南米大陸の膨らみ（東西幅の大きなこと）が一致する（図4）。伊勢神宮蔵渋川春海の地球儀ではパタゴニア（長人國）も東西幅は広く[11]、アマゾン河の長大な河川は、同じく描かれるが、

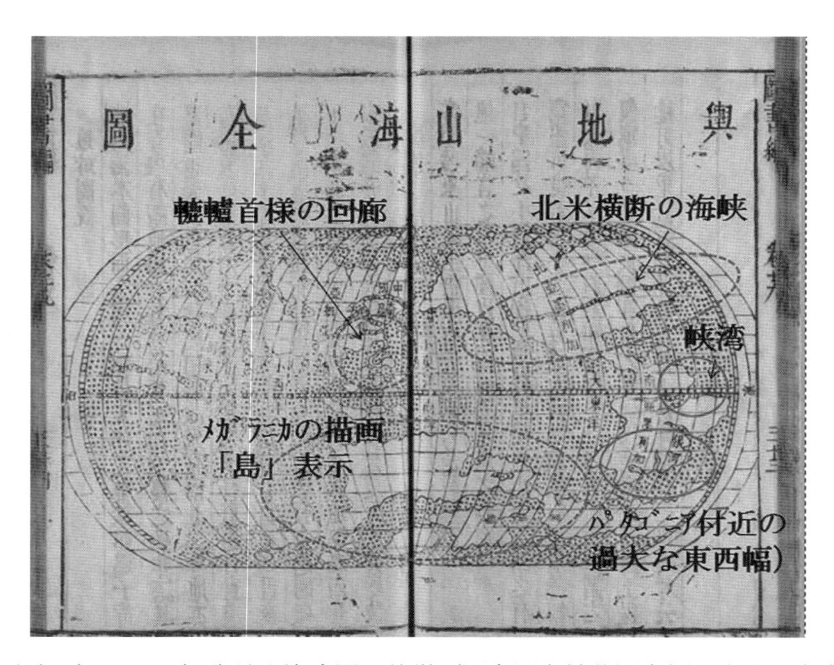

図4　圖書編　巻二十九（33, 34丁）輿地山海全圖の特徴（国会図書館蔵圖書編の輿地山海全圖に加筆）
「圖書編」（1613）の本文では、国内は詳細であるが、朝鮮、日本国、琉球、東南アジア陸続国の記載は少ない。メガラニカは島状で、支那から突出する轆轤首様の回廊、北米を横断する海峡、アマゾン河口の峡湾、パタゴニアの過大な東西幅から、坤輿萬國全圖（1602）とは別の（より古い）世界図情報に拠ることを示す。「算哲」は、Amazon河口の峡湾、パタゴニアの過大な東西の幅などを引き写したが、他は利瑪竇（マテオ・リッチ）坤輿萬國全圖（1602）に従う。なお、平川（1969）はリッチが1584年11月30日広東発の手紙で、世界図を製作したが、ミスが多く冷汗ものです。にもかかわらず、肇慶知事（王泮）の指示で印刷されたが、非売で、自家の装飾や、高官への贈答用として利用されたと書き送っていることを紹介している。

Heeren図には無い河口付近の右岸側の湖沼が坤輿萬國全圖に基づいて描かれている。Heeren図及び伊勢神宮蔵渋川春海地球儀のメガラニカの豪州付近は坤輿萬國全圖と同じく、陸続の一大大陸をなし、北米横断の海峡はない。圖書編の同じくリッチの世界図「輿地山海全圖」ではメガラニカの豪州が南極と分離して描かれ、また、北米を横断する海峡を描くなど、萬暦壬寅（30年, 1602年）の「坤輿萬國全圖」とは異なる。卵形で、経緯度が同じく描かれているが、萬暦壬寅の版より古いリッチの版図によったものかもしれない。平川（1969）は「マテオ・リッチ伝」1で、1584年11月30日広東発、耶蘇会總会長宛のマテオ・リッチの手紙に、「そのほかにヨーロッパ風の世界地圖を肇慶の知事の命令で作製したが、すぐに知事の声がかりで印刷された。知事は売らせず、自宅に飾り、要人には贈り物とした。」につづいて、知事（知府）は王泮であることを紹介している[12)]。1584年11月30日の書簡発送以前に、肇慶で古い世界地図が印刷されていたこと、王泮から要人に贈呈されたことが明らかにされており、圖書編の著者らが1584年の地図に目を通していた可能性はあるが、圖書編の地図「輿地山海全圖」がこれに基づくか否かは不明である。なお、上述のように、三才圖會の世界図（山海輿地全圖）を除外したのは、円形の枠内にフリーハンドで描かれたアフリカ、南米の錯誤のある海陸の輪郭が著しく粗雑であり（図5）、リッチの1602年の坤輿萬國全圖より古い版ながら卵形世界図に倣い経緯線や海陸の輪郭を描く圖書編の「輿地山海全圖」のそれには全く及ばないためである。ただ、Heeren図の元図描画/地球儀製作者「安井算哲」は、どの地図が正しいのか判断材料がなく選択は困難であったと思われる。Heeren図ではパタゴニアの東西幅が大きく、1690年の伊勢神宮蔵渋川春海の地球儀でも同様に過大である。アマゾン河河口部の峡湾もこの図と同様であるため、リッチの1602年版の坤輿萬國全圖による修正も全面的ではなかったことを示す。上記のような伊勢神宮蔵渋川春海地球儀球面上の地図との類似は、球面上の元図の描画者「安井算哲」が単なる名前でなく、渋川春海と同一人であることを示唆する。

インド亜大陸は1602年の坤輿萬國全圖でも逆三角形をなさないが、このC図では西に向く、のこぎりの刃先様の

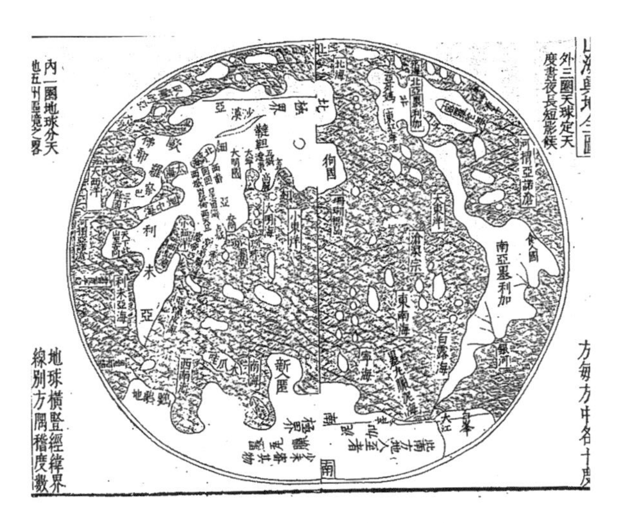

図5　三才圖曾の山海輿地全圖

この山海輿地全圖は（王圻（1607）三才圖曾（成文出版、台北、台湾）の別丁の圖（見開き2頁）を接合したものである。メガラニカが南極と陸続で一大大陸をなすため、マテオ・リッチの坤輿萬國全圖（1602）に基づくことは明らかであるが、海陸分布が殴り書きに等しく、旧図によるとはいえ、圖書編の輿地山海全圖より、余りにも稚拙であるため、三才圖曾の本文以外は「算哲」の参考にはならなかったと推定される。

輪郭を示している。B図の南北アメリカ大陸は、やや、東西に圧縮されて描かれるが、特に南アメリカはパタゴニアの「長人國」の東西幅が大きいためか葡萄の房または瓜状をなす。また、リッチが「馬良溫河」と記したAmazon河口の巨大な峡湾をなすことは、1602年の世界図にはなく、其れよりも古い圖書編で紹介された世界地図「輿地山海全圖」の元図によることを示す。しかしながら、D図の南方大陸及びメガラニカの豪州付近は島でなく、1602年の坤輿萬國全圖に基づき一体化されている。これは、三才圖曾の世界図「山海輿地全圖」のような粗雑さは無いため、フリーハンドにより、下絵とした圖書編の世界図を、坤輿萬國全圖により部分修正して、仕上げたことを示す。地図に示された地物の描き方は，海野や秋岡に、腹案とか習作とまで云わせるほどの稚拙さを示しているが、経緯度を球面に引き、それに従い汀線を注意深く移写すれば、圖書編のような原図に忠実な世界図（?）となる。坤輿萬國全圖など地図に描かれた特徴を捉えてはいるものの、フリーハンドによる手書きのため、汀線の描き方は雑である。作者が銘文で記しているように、作者の目的が地球儀上の図形や地物の配置に注意を払わず、地図の球体表面への表現のみにあったのだろうか。三才圖曾あるいは圖書編が参考とされているが、この両者を適当に混在させた世界図に、坤輿萬國全圖で加筆修正したものであろう。時代を降るが、神宮徴古農業館蔵の、経緯線を描いた天球儀に対して、経緯線を欠く地球儀のように、世界図の描き方も稚拙に描かれた地図とも見える。

3.2.3.4.3.3　アルファベット表記

Heeren図の地名や注記は説明と対応するが、地図上の地名・注記のみに注目したものであり、spellingは、外人（Heeren）の耳で聞き取れた音声のままのアルファベット表記であり、一部は独訳（例えば氷海は“Eismeer”）されており、単なるローマ字化ではない。誤訳なきにしもあらずだが、「寛文庚戌」を1670年と注釋とするなど、内容はおおむね把握されている。

3.2.3.4.3.4　No.23「故未審其人物如何」について

Heeren図の圖幅Aのメガラニカ（現在の豪州ニューサウスウエールズ南方を想起させる位置）にNo.23「此南方地人至者少/故未審其人物如何」と表記される（図3）。これは、国立科学博の谷家（秦山後裔）旧蔵の渋川春海作とされる地球儀では「如何」であり、Heeren図と同じである。しかしながら、この記入位置は伊勢神宮蔵渋川春海の地球儀ではメガラニカの豪州クイーンズランド、ニューサウスウエールズ地方に、坤輿萬國全圖では現在の豪州ノーザンテリトリの地方を想起させる位置の注記「此南方地人至者少/故未審其人物何如」に対応する。注記の多寡、内容や記入空間は製作時期や球の直径（球の表面積）の違いから、当然ながら、個体ごとに異なる。渋川春海が、後年（1690年）、製作した伊勢神宮蔵の地球儀は「〜何如」と坤輿萬國全圖のそれに忠実であり、Heeren図や国立科学博蔵地球儀の「如何」とは異なる。Heeren図の元図製作者と渋川春海を同一人としても、言葉遣いの差異から、Heeren図の元図は別人の製作と疑われるが、論語には何如、孟子には如何が多いとされ、本人のそれぞれの時期における読書/関心分野の違いにもよるかも知れない。

3.2.3.4.3.5　No.152の北回帰線No.168の赤道について

Heeren図のNo.152の北回帰線は、夏至日道線、No.168の赤道は、赤道晝夜平線に加えて「春秋分日道線」が記されている。南回帰線には対応する名称を欠くが、「日道線」は特異である（図3）。これは、国立科学博の谷家旧蔵の渋川春海作地球儀ではそれぞれ、「夏至日道晝長線」、「春秋分日道晝夜平線」、「冬至日道晝短線」とされ、伊勢神宮蔵渋川春海の地球儀上では太平洋中の北回帰線に「夏至日道線」、赤道には「春秋分日道晝夜平線」が、南回帰線には「冬至日道線」が、それぞれ注記されている。坤輿萬國全圖（Vatican版、以下、図は全てこれによる）の北回帰線、赤道及び南回帰線はそれぞれ、「晝長線」、「赤道晝夜平線」、「晝短線」と示されている。

以上の吟味から、渋川春海が1690年に製作し、伊勢神宮に奉納した地球儀に、「日道線」が注記されるため、このHeeren図の元図製作「安井算哲」と無関係ではない（渋川春海（算哲）の可能性がある）と推定される。なお、三才圖會　巻四　天文の「太陽中道之圖」の説明に「夏至之日道自夏至而秋分由〜　春分之日道」とあるが、巻四の「天地儀」圖の中のそれぞれの注記は「晝長圏、赤道、晝短圏」とある。説明に利山人（山海地輿圖外三圏天球載周天〜）とある。この「日道線」の表記は改暦に熱心な「安井算哲」が、圖書編や三才圖會の記述に影響をうけたとみることもできよう。特に後者の三才圖會から、注No.72に、住民は夜間活動し、昼は休息する。その口は顔の上部にあるなどの荒唐無稽な話を転載していることからも推定される。

3.2.3.4.3.6　カリフォルニアの名称について

Heeren図に半島として描かれるカリフォルニアには、「墨是可」（メヒコ）の名が付されている。神宮蔵渋川春海の地球儀では無記名で、谷家旧蔵の渋川春海作とされる地球儀には、ネバダ、ユタ、アリゾナを含む地域に「ト（小?）ダ（タ?）アテア」、坤輿萬國全圖の二幅では、「角利弗尔?」と記されている。なお、?は判読不能を示す。

3.2.3.4.3.7　インド洋の島々について

Heeren図のインドの南方、赤道から南回帰線の間にある注記No.121の「ハシテチヤブ」は、解説ではBa-shi-de-tchi-ya-ngaであり、神宮蔵渋川春海の地球儀では岩洲と記載される（図3）。これは、チャゴス諸島（S5°）や、マダガスカルに近いが、モーリシャス諸島やロドリゲス島（S20°）の何れかに相当する島々である。しかし、バチカン蔵「坤輿萬國全圖」（1602）では、注記に覆われ、西の方の島を除き、地物そのものが描かれていない。この部分は、「坤輿萬國全圖」以外の資料、銘文にある三才圖會や圖書編に依ると推定されるが、いずれの掲載図にも、島影や名称はない。あるいは、圖書編の巻二十九（33, 34丁）「輿地山海全圖」の元図か、当時の他の資料に依ったものであろう。

マダガスカル島は注記No.124「サンロレンソ」と表記され、伊勢神宮蔵渋川春海の地球儀では「ロレン?/マタ加スカ□」、坤輿萬國全圖では、「仙労冷祖島/一名麻打曷失曷」と記されている。なお、宮城県立図書館蔵坤輿萬國全圖（版本）も、バチカン版と同一であり、砂州や岩礁はない。「坤輿萬國全圖」の写本着色とされる、ルビ付き地名の多い宮城県立図書館と東北大学付属図書館蔵の写本彩色版「坤輿萬國全圖」では、セイロンの西に萬島が、その南、赤道の北に万嶋「マンチイラ」が、赤道の南側では、「仙労冷祖島」の間に「フルウゴ」、その西に「ジヤガ」、「マスカレイニアス」諸島がある。「ジヤガ」の南方には、「アホウリヨス」、「モウリン」と「マダカルサル」が追加されている。この加筆版「坤輿萬國全圖」の由来も重要な課題であるが、伊勢神宮蔵の地球儀に渋川春海が「岩洲」と記入した、これらの島々は1602年のリッチによる世界図制作後、渋川春海による地球儀製作年までの半世紀余の間に蓄積されたポルトガルやオランダ等の航海により得られた地理情報と推定されるが、その情報源が何であり、情報をどこから入手したかは今後の課題となる。但し、□内の文字は不明瞭、□?は判読不可を示す。

3.2.3.4.3.8 No.155の注記について

Heeren図Dの日本の南方、赤道から北回帰線の地域に注記No.155があり、下記のように長崎と諸外国及び都邑の間の距離が列記されている（図3, 図6)。□内の文字は判読不明瞭を示す。

この一覧表には、日本より西方の国々のみが挙げられ、英、蘭に及ぶ。また、地名は、日本近傍に多く、インドのゴア以西は英と蘭の2国のみで、それ以外の国名はない。本文では、Ten-Sen（MACAO?）とマカオではないかと疑問が示されているが、表中の地名一覧では、天川は「Ten-Sen」とspellingされている。山村昌永は「亜瑪港」と記すが、一般には、アマカ（コ?）ウと呼ばれ、「天川」と記されるマカオをHeerenは「Ten-Sen」と綴っている。地名の呼称に神経を使う地理愛好家の態様とは違うため、Heerenは地理学とは縁が薄く、あるいは、漢文を読み下し、平易に説明した彼の日本人相談相手に地理の基礎的知識がないか、彼の説明不足に起因することが、言い換えれば、Heeren周辺の日本人が地理に疎い人物で、Heeren自身にも地理的素養は少なかったと推定される。

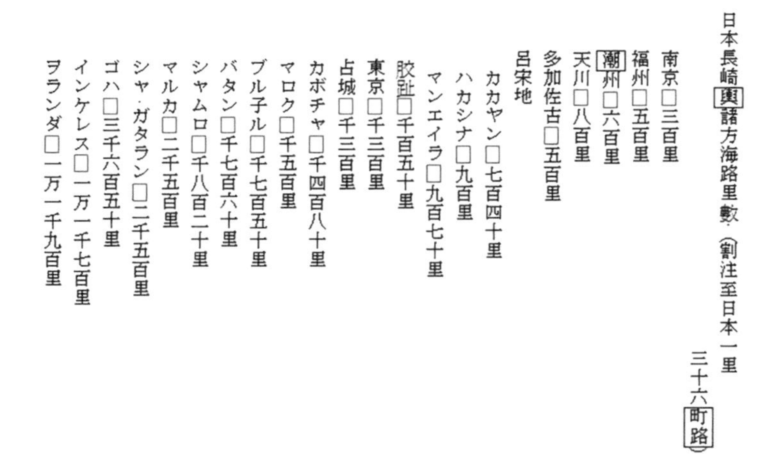
日本長崎輿諸方海路里數（割注至日本一里三十六町路）
南京□三百里
福州□五百里
潮州□六百里
天川□八百里
多加佐古□五百里
呂宋地
カカヤン□七百四十里
ハカシナ□九百里
マンエイラ□九百七十里
胶趾□千百五十里
東京□千三百里
占城□千三百里
カボチャ□千四百八十里
マロク□千五百里
ブル子ル□千七百五十里
バタン□千七百六十里
シャムロ□千八百二十里
マルカ□二千五百里
シャ・ガタラン□二千五百里
ゴハ□三千六百五十里
インケレス□一万一千七百里
ヲランダ□一万一千九百里

図6 Heeren図 No.155の注記（翻刻：宇都宮）
Heeren図Dの日本南方の赤道から北回帰線の地域に注記No.155があり、長崎と諸外国及び都邑の間の距離が列記されている。地名と距離の数値の間を□で一字空けた。なお、□枠内の文字は判読不明瞭を示す。占城はチャンパ王国である。天川をTENSENと記すが、著者及び邦人協力者が地理に不慣れであったことを示す。

このような、長崎から各国や都邑への距離の表示は、伊勢神宮蔵の、球径の小さい渋川春海の地球儀や、他の古地球儀にもほとんど見られない。例外には、明治期に製作された梶木源次郎（1873）の萬国富貴球があり、ほぼ類似した球面上の位置に、こちらは「大日本東京築地ヨリ･･･、････インドカルカッタ、ポルトガル、イギリス、アメリカ、メキシコ、ワシントン、同ニウヨウク･･･」と、築地からの距離が示されている。

利瑪竇が支那国内で支那人への布教用に製作した、バチカン蔵「坤輿萬國全圖」の日本南方に描かれる注記では、当然ながら「日本の海（日本海のことか）の内に、それぞれ領主が治める66の諸州からなる、長3200里、辺600里の大きな島があり、武に勝るが学問には疎い。また、銀や鉄を産し、王は30才で譲位する。この国では宝石より金銀及び古陶器が重視される」とあり、宣教師を通じて権力者（信長、秀吉らの（?））の茶道具収集癖などを適切に把握するなど、支那人向けの日本の説明に終始している。

3.2.3.4.3.9　注記No.184について

Heeren図の注記No.184には以下のような銘文が記されてある（図7）。ただし、□内の文字は判読不明瞭を示す。

この注記184には、「天空は高く、地は平坦であることは座して分かる。また、全てに旅することは出来ない。我が國に徳があるため、万国から人が来日する・・・三才圖繪、圖書編、地球萬國圖により国々や説明を描いた。地が平面といい、球体とは何故かと問われ、圖書編に地球が丸いことを記している。そこで、図を描き地球儀を製作した。」と記し、最後に「寛文庚戌秋安井算哲謹記焉」と寛文10（1670）年秋の安井算哲の署名がある。球面を透写して作成したゴアと認識できず、この地図を単に古地図とみて、作図方法にも関心を示さず、銘文の最後の「寛文庚戌秋安井算哲謹記焉」のみをもって、新見吉次は「安井算哲の自筆たるらし」と思い込み、後学に著しい影響をあたえた。この中の「我國之有徳萬國人來往子・」の一文は、愛国心のなせるわざか、単に枕詞として加えたか不明であるが、1670年頃の日本では、万国からの異国人の来訪は多くないであろう。外国人の来日が日常的になったのは江戸中期以降幕末、明治に入ってからのことである。それ故、枕詞でなければ、この一文はそのような環境（時期）のもとで書かれたことを示唆するであろう。

天之高也可坐見之地卑之也不可行盡矣我
國之有德萬國人來往子此内聞其俗従其説文
考三才圖繪圖書編等作地球萬國圖或畜地
本方今國之何哉日圖書編云地輿圓形而此仝為
一球予據之而巳
寛文庚戌秋：安井算哲謹記焉

図7　Heeren図No.184の注記（翻刻：宇都宮）
（ただし、□内の文字は判読不明瞭を示す。）

3.2.4　考察

新見の解釈どおりHeeren図を算哲の自筆とした場合、いくら不注意な独人、Heerenでも、この証拠品である貴重史料の古地図に直接、文字を書き込む暴挙をとるだろうか、常識的に見て、普通は加筆しないであろう。算哲の球儀類の製作方法は、秋岡も指摘しているように、球面に直に地図を描くか銅の球面に鏤刻する方法であり、球面にゴアを貼り付ける地球儀の製作法は認められない。また、赤道90°間隔で作成されているHeeren図のゴアのスケール、83×42cmから算出される円周は、極方向、赤道方向はそれぞれ166cm、168cmで、ほぼ等しく、描画後の絹布全体の縮み、新見の計測ミス、cm以下の切り捨てを含むが、絹布の伸縮はほとんど無いとして、球体の直径を算出すると約53cmとなる。この直径は、国立科学博物館蔵、熊本藩主細川家旧蔵の寛文十年安井算哲記　同13年津田友正写図と記される天球儀の直径55cmにほぼ等しい。

Heeren図は絹布に描かれており、絹布は紙に比べると著しく高価である。裕福な算哲であっても、常識的に見て、職人に手渡す腹案用の下絵を絹布に描くことはないであろう。平面の地図を筆写する場合も同様であるが、球面の透写法は、大黒屋光太夫を根室に送還してきたAdam Laxmanが目付の鈴木熊蔵の宿舎（?）を訪問した際に、前日

（12月26日）に貸した地球儀を透写している熊蔵を目撃し、「翌日、地圖の上に薄葉紙を広げ毛筆にて聊かの間違ひすらなく巧みに写し居たり。薄葉紙は其下の細字までも其上より明瞭に透視し得る程薄き透明の紙なり。～」と日記に残している（播磨楢吉翻訳, 1923）が、この鈴木熊蔵の透写方法と同じく球面に絹布を被せ、透写してHeeren図を作成したと推定される。和紙の伸縮性は洋紙より大であるが、絹布の伸縮性は、それよりもさらに大きいため、球面の東西方向90°を包むことが出来たであろう。この方法では、隣り合うゴア間との境界をなす曲線については曲線定規を使う必要はなく、薄く削った竹の直線定規を球面に当て直線を引きさえすれば、平面に展開した図面上では曲線となり、容易に曲線が得られるため、「左右の輪郭曲線を経験的に何回も引きなおしながら、試行錯誤的に」何度も書き直す必要もない。順序としては、まず赤道を4分割し、境界線をなす経線を引き、次にその内部の地物や注記を透写したであろう。なお、秋岡の計算した縮尺2380万分の1は概ね正しいが、赤道周長168cmとすると、縮尺は23,809,523分の1、両極間を通る周長では24,096,385分の1となる。単純計算では、2395万分の1となるが、2380～2400万分の1と見てよいだろう。ただし、秋岡はあくまでも赤道付近の経緯線をもって、地図の縮尺を算出している。以上のように、曲線の描画や地図作成法を秋岡とは逆の認識にすれば、難解な計算や煩瑣な作業は必要ないことになる。

以上の手順による透写地図（Heeren図）ABCDはHeerenの作業図であり、論文の説明索引図でもあるが、これは、貴重な古地図ではないため、Heerenは躊躇なく書込みを加えたものと推定される。新見がHeeren図のD図の汚れを指摘していることから、保存状態も良くなかったと推定されるが、Heeren論文（Heeren図）は、新見の1911年の発見に先立つ40年前（1873年）の研究成果であり、新見の観察した時点で、透写図は汚れているが解読可能と説明しているように、Heerenの加筆部分も含め古色蒼然とした（絹布）地図であったろう。Heeren図の絹布がその一部でも残されていれば、C14年代測定法、絹布の織り方などにより、解明できようが、亡失のため、確認の術は無い。

Heeren論文の独文題名のみでも素直に読めば、実際の地球儀について報告したことは理解でき、それに気付けば地球儀のゴアから地球儀球体の直径の計算、その所有者や所在などの疑問が生じ、詳細な調査が実施されたはずであろう。

海野も秋岡と新見と同様の認識に立って論を進め、ゴアは球面に貼付けられず、海陸の描画も粗略で、作業する画家か細工職人に手渡した春海の腹案であり、大判のリッチ図模写本の図形を球面に転写する際の参考用と断定したが、秋岡の記載についての筆者の指摘と同じことが言える。新見が報告したゴアの極方向、赤道方向のスケールから円周を求めれば、その差は2cmながら球面に貼り付けられることは明白である。なお、図面を注意すれば解るとおり、アルファベット表記についてHeerenは単なるローマ字化だけに留まっているわけではない。

元文4年（1739年）に土御門に提出した佐竹義根（1689-1767）の悪文加筆ではあるが、養子のひ孫、圖書（春水）が書いた曾祖父賛歌の「春海先生實記」のとおり、渋川春海の地球儀製作の可能性は大である。重ねて指摘するが、Heeren論文、「Eine japanische Erdkugel（日本の一地球儀）」は、1873年7月5日開催のDie deutsche Gesellschaft für Natur-und Völkerkunde Ostasiensの横浜集会におけるHeerenの発表内容であり、秋岡、海野の記述はいずれも、その解釈の前提が間違っている。ただし、秋岡は、春海の地球儀は球面に直接描くのが通例として、このゴアに一瞬疑問を持ったにも拘わらず、空想を膨らませた一文を残している。Heerenが日本国内で調べ報告したことを知れば、秋岡は地図が球面を透写したゴアであることを、直ちに気付いたと思われる。これは、深澤論文に触発された新見の「寛文庚戌秋安井算哲謹記焉」による速断と投稿写真及びその解説がその後学に悪影響を与えたことによる。Leipzig滞在の新見には、図面や、その注記と文字を詳細に吟味する時間があり、「汚れ居るも記載の文字は猶悉く讀むを得」ならば、第三者が解読出来るように地図上の文字を活字化し、薄色ながら、何色がどこにどのように着色されているか等の、地理情報の詳細を、Grassi博側の入手経緯も含め記載する義務があった。但し、彼が、透写による地図で、地球儀の存在に気付いたとしても、それと比較できる地球儀や史資料が、当時では乏しく、その真贋の判断は困難であった可能性はある。

3.2.5　まとめ

算哲（渋川春海）が伊勢神宮に奉納した1690年製地球儀に先立つ地球儀の製作については、ほとんどの研究者は否定的である。これは、①唯一目撃し、簡単な測定を加えた新見（1911）の写真図と「安井算哲の自筆らしい」という情報が、後進の学者らの思考停止を引き起こしたこと、②Heeren論文とその公表の経緯を正しく理解できず、③掲載誌やOAGを、ドイツ国内で創刊された雑誌、及び研究組織と速断したこと、④新見が算哲直筆としたHeeren図の観察と吟味の不足により、多くの迷妄が表明されたことによる。しかし、上記の詳細吟味により、渋川春海（正確には安井算哲）が細川家旧蔵の直径55cmの天球儀（1670（73））の直径に近い、直径53cmの地球儀を1670年に製作したと解釈せざるを得ない。ただし、Heeren図に記された注記の文言や内容は、あるいは、歴史精通者による後世の極めて精巧な模作/贋作（fake）を疑わせるところもある。長崎からの距離、貿易相手国とその交易品や注記184中の「～我/國之有徳萬國人來往子此～」は、算哲の時代に来航する外国人が記載に値するほど頻繁で、目立っていたかという疑問を生む。現今の訪日客の爆買い同様の、明治初年頃のお雇い外国人による日本の美術工芸品や錦絵の旺盛な購入（爆買）もあり、これに便乗した贋作の可能性もある。同年、1873年（明治6年）の梶木源次郎作、風船型地球儀、「万国富貴球」の球面のほぼ同様の位置に、東京築地（本邦）からの距離が表示されているという類似性から、歴史に強く、あざとい日本人本人かその協力者による贋作の疑いも捨てきれない。

謝辞

資料収集にあたり、東京大学駒場図書館、梅谷氏、三重大学附属図書館、柴田佳寿江氏、GRASSI Museum für Völkerkunde zu Leipzigの東及び東南アジア担当キュレータのDietmar Grundmann氏には新見の発見した地図の所在の有無について、四天王寺大学の矢羽野隆男教授には、圖書編について、大東文化大学准教授のDr. Christian W. Spang氏にはOAGの創始期の独人会員情報について、三重大学人文学部の福田和展教授には春海先生實記の一部について教示いただいた。記して謝意を表する次第である。

注

1）春海先生實記　p.491

2）春海先生實記　p.492

3）春海先生實記　p.495

4）歴史地理17巻第4号口繪　安井算哲の世界地圖

5）歴史地理17巻第4号104-105頁の「口繪安井算哲の世界地圖」の解説

6）秋岡武次郎（1988）世界地図作成史　pp.187-192.

7）海野（2005）江戸時代地球儀の系統分類　東洋地理学史研究　pp.429-430.

8）O. Heeren Eine japanische Erdkugel., Mittheilungen der Deutschen Gesellschaft für Natur-und Völkerkunde Ostasiens. Heft 2 (Juli 1873), pp.9-13.

9）Richard Andree著のEthnographische Parallelen und Vergleiche, Verlag von Julius Maier. 1878. Stuttgart.

Google公開のFull text, 455p.のpp.337-338ではHeeren論文に基づき、1670年に既に算哲が地球儀を製作したことを紹介しているが、それはポルトガルの単なる地図をコピーしたものと、この著者は記載している。しかし、これは、著者、Andreeの錯誤であり、東洋の地図製作の事例から、この算哲も同様とみなして、筆を滑らせたものであろう。このように、算哲の地球儀製作は、その真偽は兎も角、西欧ではいち早く受け入れられてはいる。

10）秋岡武次郎（1988）世界地図作成史　p.187

11）2002年における筆者の神宮蔵渋川春海地球儀の調査では、球面に観察されたパタゴニアの膨らみ（東西幅の過大）は、経緯線を描き、その後に大陸の汀線を描く方法でないため、坤輿萬國全圖を見ながら、直接、球面へ描いたことよる、写し間違いと解釈していたが、三才圖曾や圖書編などの縮小図を基に描き、後に坤輿萬國全圖で修正したと解釈すれば、手本とした世界図の錯誤をそのまま描いたと理解できる。

12）平川平祐「マテオ・リッチ伝」1　東洋文庫　1969　東京　平凡社　pp.79-80.

文献

秋岡武次郎（1962）坤輿萬國全図屏風総説, 渋川春海描並に藤黄赤子描の世界図天文図屏風, 法政大学文学部紀要, 8, 2-28.

秋岡武次郎（1988）世界地図作成史（遺稿）272p. 河出書房新社, 東京.

藤田元春（1942）改訂増補　日本地理学史（1942版刀江書院, 東京　復刻版），原書房, 677p.

深澤聰吉（1910）元禄年間の地球儀と天球儀. 歴史地理16 (1), 43-55.

播磨楢吉（1923）露國最初の遣日使節アダムス・ラクスマン. 史学雑誌34 (1), pp.49-67, 34 (2), pp.113-130.

播磨楢吉（1923）露國最初の遣日使節アダムス・ラクスマン日誌（播磨楢吉譯註）. 史学雑誌34 (2, 5, 6) 附録, 2, (1-16), 5, (17-24), 6, (25-39).

平川平祐　「マテオ・リッチ伝」1　東洋文庫　1969, 東京　平凡社　306p.

O. Heeren (1873) Eine japanische Erdkugel. Mittheilungen der Deutschen Gesellschaft für Natur-und Völkerkunde Ostasiens Heft 2 (Juli 1873), 9-13pp. 本報告は横浜集会の発表論文であり，会報も横浜で印刷発行されている.

王折（萬暦35年; 1607）三才圖會　全6冊　成文出版社有限公司, 中華民国59（1970）年復刻版, 台北, 台湾.

春水（渋川敬也）春海先生實記. 文部省編日本教育史資料　No.9, 490-495, 1970, 臨川書店　京都.

新見吉治（1911）口絵 安井算哲世界地図. 歴史地理, 17 (4), p.369.

新見吉治（1911）口絵安井算哲世界地図の解説. 歴史地理, 17, 474-475. 本短報は，新見吉治と歴史地理編集委員会共作とすべきかも知れない．この地図は，後年（WWII後），探索した研究者によると，行き方知れずであったという．筆者の問合せ（2015）に対し，同館の東亜細亜担当，Dietmar Grundmann氏は，地図は，現収蔵品リストになく，嘗て存在したという点についてもリストにない．また，Heerenの名も寄贈，関係者名簿にも無いとの回答を得た．2度の大戦を経ており，特にWWII後は共産国ソビエト占領下にあり，戦後の略奪で不明になったものであろう.

章潢著，明章撰（1613）圖書編　127巻（国立国会図書館デジタルコレクション）.

谷秦山　新蘆面命上，下　三十輻　早川純三郎編　国書刊行会　1917　pp.121-156

海野一隆（2005）江戸時代地球儀の系統分類　426-487. 東洋地理学史研究　日本篇. 清文堂出版, 大阪, 625p.

海野一隆（1999）地図に見る日本―倭国・ジパング・大日本―. IV蝦夷地　地理情報をめぐる東西の鍔ぜり合い，pp.147-195. 大修館書店, 東京, 197p. +29p.

宇都宮陽二朗（2015）日本地球儀製作史　拾遺－渋川春海（安井算哲）製作に係る最古の地球儀. 日本地理学会要旨集 No.87, 243p.

表1　渋川春海（安井算哲）の球儀類製作

	地球儀・等の区分	直径(cm)	製作年	論文紹介著者	地球儀類の名称	地球儀類の所蔵機関など
1	ゴア様の地図	53	1670	O. Heeren（1873）	「安井算哲」を透写し、翻訳のため注記に番号を付加した原図	帰国したO. Heerenか、関係者が寄付または手放す（?）。但しGrassi博は宇都宮（2015）の問合せに現存せずと回答。
	ゴア様の地図	53	1670	新見吉次（1911）	安井算哲の世界地図	ライプチッヒ市立Grassi Museum人種学部
	ゴア様の地図	53	1670	秋岡武次郎（1988）	地球儀用舟型世界図	ドイツ・ライプチッヒ民族博物館 但し、現存せずとの伝聞記載。
	ゴア様の地図	53	1670	海野一隆（2005）	寛文十年安井算哲記焉の序文を持つ舟底型世界図	Grassi博旧蔵
	地球		1670	渋川敬也＋佐竹義根（1716, 39）	地球　　（一圓球　地球）	
2	渾天儀		1670	渋川敬也（1716, 39） 藤田元春（1942）	渋川春海	
3	天球		1670	渋川敬也＋佐竹義根（1716, 39）	渋川春海	
4	天球儀	55	1670 (73)	秋岡（1988）	寛文十年安井算哲記　同13年津田友正写図　天球儀　旧熊本藩主細川家旧蔵	国立科学博物館
5	天球儀		1683	秋岡（1988), 渋川 敬也＋佐竹義根（1716, 39）	天和3年（1683）作　天球儀	将軍綱吉に献じ大成殿（湯島聖堂）に奉納さる。
6	天球儀	32	1690	秋岡（1988）	元禄3年（1690）作　天球儀	徴古農業館
7	地球儀	25	1690	秋岡（1988）	元禄3年（1690）作　地球儀	徴古農業館
	地球儀	24	1690	海野（2005）	元禄3年（1690）　　地球儀	徴古農業館
8	天球儀	24 26	1690	秋岡（1988） 西城恵一（2000）	元禄三年（1690）作　天球儀?? 渋川春海	国立科学博物館　兵庫県井本家 （井本進氏）旧蔵
9	天球儀			藤田元春（1942）	京都帝大図書館蔵の天球儀	京都帝大図書館
10	天球儀			藤田元春（1942）	京大文学部地理学教室蔵天球儀	京都大学文学部地理学教室
	天球儀		1692	秋岡（1988）	京大文学部地理学教室蔵天球儀	京都大学文学部地理学教室
11	地球儀			藤田元春（1942）	京大文学部地理学教室蔵地球儀	京都大学文学部地理学教室
	地球儀		1692	秋岡（1988）	京都大学文学部地理学教室蔵地球儀「元禄五年壬申仲春日～」	京都大学文学部地理学教室
12	地球儀	30	1695	海野（2005）	元禄8年（1695）　地球儀	国立科学博物館
	地球儀	32	1695	秋岡（1988）	谷秦山所持　（球体のみ）	国立科学博物館
	地球儀	30.2	1695	西城（2001）	谷秦山所持	国立科学博物館
13	天球儀	36.5	1697	秋岡（1988）	谷秦山所持	国立科学博物館
14	天球儀		1700	秋岡（1988）	安井図書　天球儀	兵庫県川西市　多田神社
15	天球儀	46	9999	西城恵一（2000）	渋川春海	

（但し、網掛けは不明又は本人以外が製作。なお、直径、53cmは新見の計測値に基づき宇都宮推定）

3.3　稲垣定穀の製作した地球儀

3.3.1　はじめに

稲垣家旧蔵地球儀についてはHP等で広く紹介されている他は海野の解説程度で、不明な点が多い。一方、これと深く関係する「桂川所蔵地球圖共十二枚」(ゴア)については、甫周訳の世界図や、石黒、松井家蔵ゴア等とともに吉田(2006)により吟味され、桂川甫周の地球儀(亡失?)像の議論が試みられた。海野も、船越による石黒、松井家蔵ゴアの研究(船越, 1995)を紹介しつつ、稲垣家旧蔵のゴア(モノクロ画像)を掲載してはいるが、内容の吟味はなされていない(海野, 2005)。筆者は2008年2、3月以降、数回にわたり、稲垣文庫の地球儀や天球儀等を調査した。その後、製図・整理途次の多忙化で作業に遅滞が生じたが、2010年の日本地理学会で予察結果を報告した。その後の調査や情報収集により、一応の成果を得たので中間報告として纏めておきたい。

3.3.2　稲垣家

稲垣本家　私家史(稲垣年，2005, 平成17年10月)他によると、津市八町に稲垣家初代の開店した、年貢の徴収窓口/取扱いを行う納所屋〈のうそや〉(2代目が江戸支店開設)を32才で引継いだ五代目、信久(定穀)(1764(宝暦14)〜1835(天保6))は橘南谿に天文を学んだといわれ、本田利明らと交流をもち、地理・天文に造詣が深く、天・地球儀一対を製作し、伊勢国を中心とした測量も行った。稲垣家が1996(平成8)年以降、津市立図書館へ寄贈した著作や蔵書(2527冊)及び器機類は定穀本人が係わらなかった品々も含めて、津市生涯学習課によると、合わせて300点にのぼるといわれ(津市生涯学習課HP)、爾来、稲垣文庫として整備されている。その中には知人より接受した蔵書、書画が含まれるという(中川, 2014)。特に、五代目の稲垣定穀(号は子戩)は、地図類の制作と書写や地誌執筆など、その地理癖は東の沼尻墨僊に負けない。稲垣定穀(子戩)は享和2(1802)年に坤輿全圖説(42丁)及び坤輿全圖を刊行したが、内容は利瑪竇(マテオ・リッチ)系統の地理情報に基づく書や地図で、この時点(1802年)までの定穀の地理学的知識の集大成であったといえる。これから述べる彼の地球儀製作における地理情報は、彼の世界地理知識の一新を示している。その契機は一体何であったかは興味ある課題であるが、恐らく本多利明からの「桂川所蔵地球圖共十二枚」(ゴア)の入手に始まる(後述)と推定される。その解明は郷土史家に任せ、彼の製作した地球儀を記載し、その基となった桂川所蔵の地図「ゴア」について触れるが、聊かこの学界における通り一遍の定説とは異なることも述べざるを得ない。上記のとおり、定穀は、直径約36cmの地球儀に加えて直径22cmの天球儀を製作しているが、球儀や収納箱のいずれにも製作年は記されてない。以下、地球儀についての測定調査結果の記載から始めたい。

3.3.3　稲垣家旧蔵地球儀

3.3.3.1　地球儀

この地球儀は木製台座と4脚で一体化する地平環に収まる真鍮の子午環を備えた球体からなり、高さは44.6cm、球径は平均で35.7cmをなし、木の収納箱に納められている(写真1, 写真2)。

3.3.3.1.1　架台

3.3.3.1.1.1　地平環

無垢木材からなる架台は獣脚(猫足)の4脚や(台輪を欠く)中央支柱(蘭語でVoetje; 足)と台座に固定される地平環が一体となったいわゆる「球儀の椅子」をなす。地平環左右180°の位置に刻まれるノッチと下方の中央支柱の頂部の溝(写真3)が子午環を挟む。地平環の内、外径は各々、365.3mm及び443.5〜447mmで、両ノッチ間は

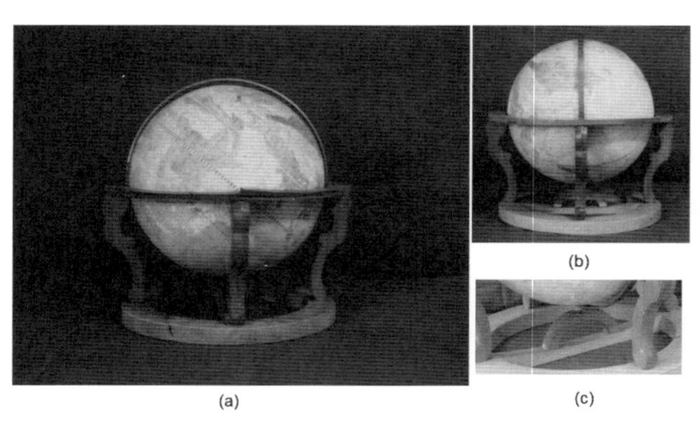

写真1　稲垣家旧蔵地球儀
(a) 稲垣製作の地球儀
(b) 稲垣製作の地球儀
(c) 地球儀の台輪支柱（足）相当部分

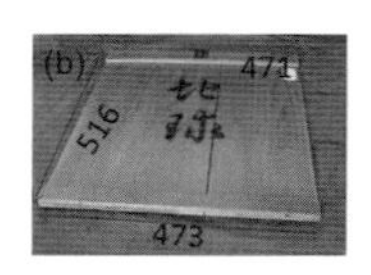

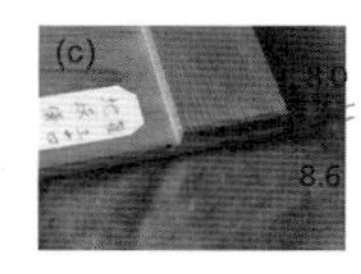

写真2　地球儀収納箱
(a) 扉前面の「地球」の箱書き
(b) 扉　(c) 扉上端　(d) 扉下端

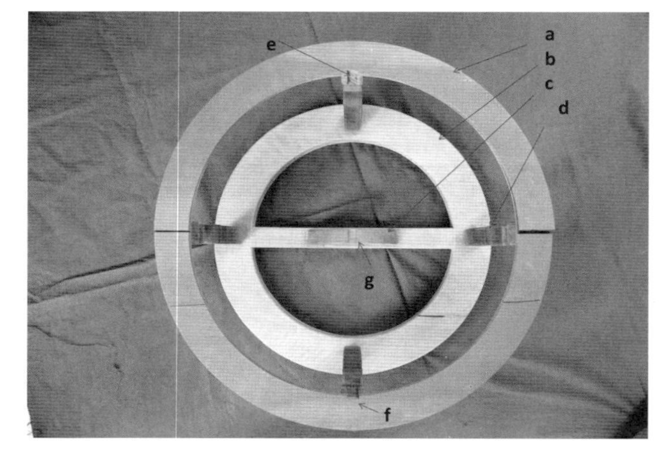

写真3　地球儀の架台（地平環、台座、脚からなる所謂、球儀の椅子）真上より撮影
(a) 地平環　(b) 台座（台輪）(c) 台輪支柱（足）(d) 脚（4本）(e) ノッチ
(f) ノッチ　(g) 台輪支柱（足）の溝

374mmを示す（図1)。地平環は少なくとも2枚の板を貼り合わせて丸く切り出しているが、その製作に必要な厚さ11.5mmで板幅45cmの一枚板を調達できず、2枚の板を突き合わせている。接合部分は、板の下半部を厚さ1/2に削り、当て板を添えて、突き付け芋継ぎ法により接合している（図2 (a), (b))。写真1に示されるように、接合部分は、一部の当て板が剥離し、突きつけ部の板が上に反り返っている。

3.3.3.1.1.2　台座（台輪）

台座も地平環と同様に円環をなす（写真3)。これは、厚さ27〜28mmのやや厚みのある3枚の板を蟻継ぎ法により接合する（図2 (a), (b))。中板が男木で、外側の2枚が女木をなす。材質が同じため、一見では見分けがつかないが、側面から蟻継ぎ状況は明瞭に確認される。円環の中央部の横木の中ほどには、これは子午環を下から支える中央台輪支柱（足）に相当するアーチ型の横木を乗せる。この横木は一見では、木目など台座のそれと調和し、あたかも厚さ22〜26mmの台座の板を刳り抜いているように見える（写真3, 図2 (b))

3.3.3.1.1.3　脚

地平環と台座（台輪）を繋ぐ高さ22cmの4本の四角の脚は、その幅を上部の26mmから下部の23mmに細くした板を刳抜いて作製した獣足（猫足）を台座の中心から四方に向かうように固定している（写真1 (a), (b), 図2 (a), (b))。

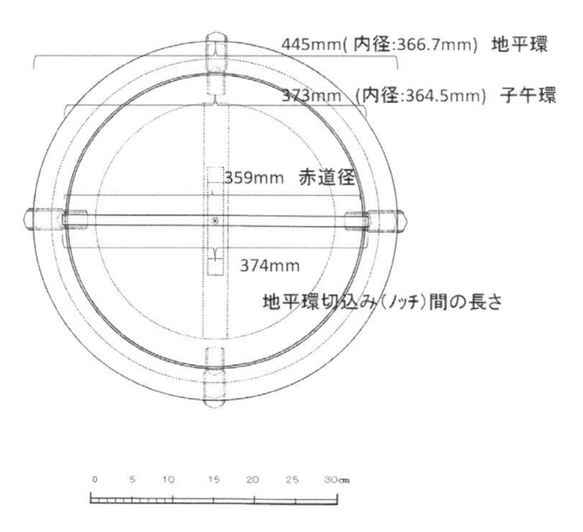

図1 稲垣家旧蔵地球儀平面図
( ) 内の数値は平均値

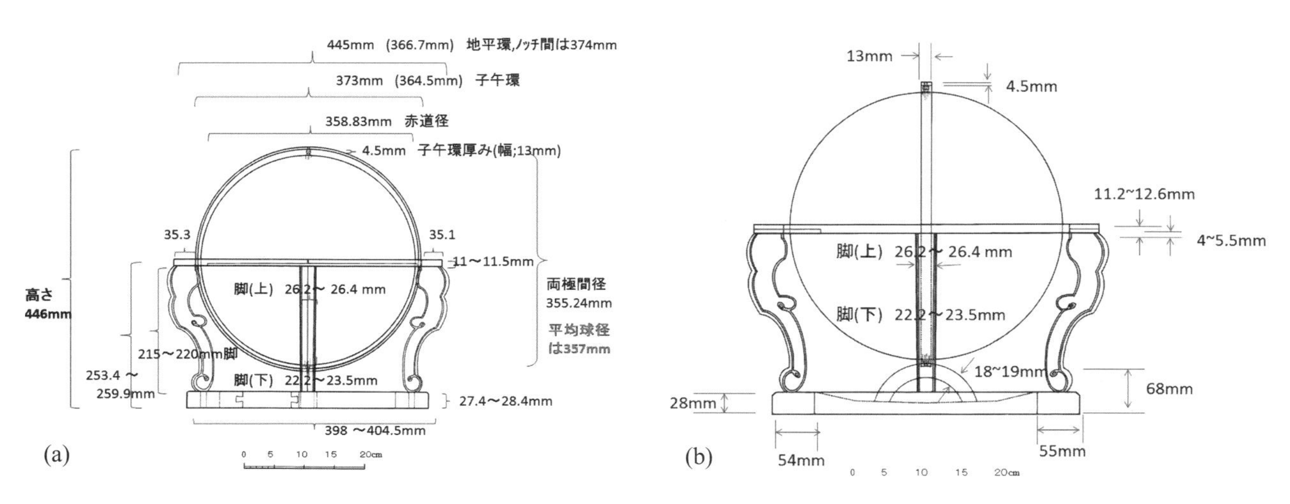

図2 稲垣家旧蔵地球儀断面図
( ) 内の数値は平均値

3.3.3.1.2 球体部

3.3.3.1.2.1 子午環

球体の地軸に差し込まれた地軸受けピンが真鍮製の子午環の受け孔に填め込まれている（写真4)。この子午環は厚さ4.5mm、幅13mmの真鍮からなる。内外で一般に観察される通常の子午環が縦を厚くとり、円環の強度を確保しているが、これは異なり、縦方向が薄く変形しやすい。そこで、地平環にセットし、歪みを押さえて測定したが、その内・外径は各々、364.5mm及び373mmを示す。撓みがちな子午環の垂直方向の厚みの薄さは、球儀の製作に不慣れな錺職が係わったか、製作依頼者が既存の地球儀を実見しなかったことを示していよう。また、子午環の北極の地軸受け孔の刻線を0として（写真4（b))、その外側の面に刻まれた約5度毎の刻線を数えると、左右両方向とも、南極側に向かい36本の刻線を認めるが、いずれも度数を示す数値を欠く。南極側の地軸受け孔は刻線上になく、左右の各々36本目の刻線から、2.5°（刻線間隔を5度とすると）離れた中間位置にある（写真4（d))。

太陽の年間の周天度を365日余とした二十八宿の概念は高松塚古墳の壁画にも見られるように7、8世紀に既に渡来しているが、江戸時代においても、蘭学系学界以外では、支那経由の天文知識が中心的概念であり、上記の各36本目の刻線の間が5°であれば、2（5×36+2.5）で、製作者の理解は円周＝365°となる。

この子午環の刻線数は、同時に調査した天球儀のそれでも同様であり、現在の円周360°の認識とは明らかに異な

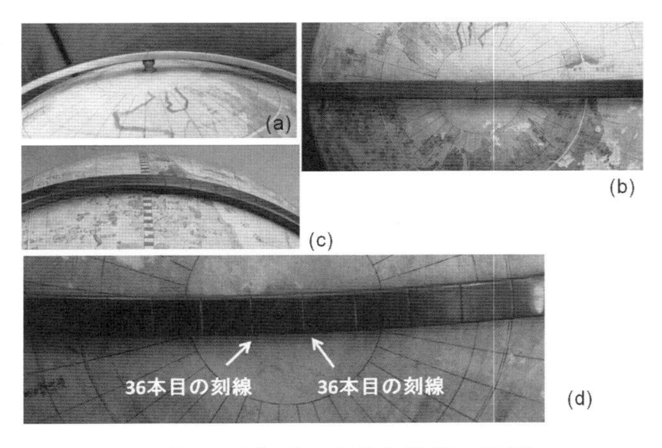

写真4　子午環の刻線と緯線の位置
(a) 北極側地軸
(b) 北極側地軸と子午環の上の刻線。約5°間隔で北半球の高緯度では緯度にほぼ一致。
(c) 赤道と刻線の不一致。
(d) 南極側地軸受穴と子午環の刻線の不一致。北極地軸受穴上の刻線を0として、両半球ともに36本を数える。従って、円周が365°となる。

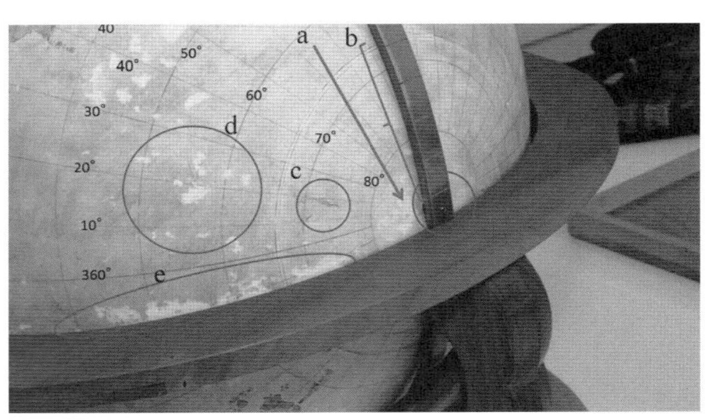

写真5　南極部における子午環上の刻線と地軸の位置
(a) 緯度との齟齬
(b) 南極部における子午環の刻線と地軸位置
(cd) 和紙の毛羽立ちと剥がれ
(e) 下張りの反古紙。なお、東経40°は現在の20°に相当し、地平環には突き付け芋継ぎ法による接合が見える。

る。なお、天球儀の子午環も厚みの取り方が地球儀のそれと同じである。子午線上の刻線については、稲垣の球儀のみでなく、国立科学博に展示中の江戸時代の製作に係る天球儀も南極部に刻線はなく、一年365日に合わせてあり、当時の、この分野では一般的な認識であったことが窺える。この度数は「圖書編」25巻20丁で、周天三百六十五度三千四十分度、26巻、35丁の「授時暦法黄道宿度之圖」に続き、「～周天都計三百六十五度二十分五十秒～」(都は誤字か(?)、筆者注)などと記されている。畑違いであるが、漢学の素養のある医師、橘南谿に、天文を習ったとされる稲垣が、周年の日数に合わせた支那経由の暦学、天文知識の二十八宿を踏襲したことを示す。あるいは、錺職が、前例に倣って製作したものであろうか。

3.3.3.1.2.2　球体

地球儀の球径は、極方向の南北直径で355.25mm、赤道方向の東西直径で358.83mmと異なるが、製作時の誤差とも言える(図2a)。子午環の内、外径は各々、364.5mm及び373mmを示す(図1)。写真5は観測を容易にするため、地平環上に南極部分を移しているが、本図によると、南半球のS40-75°経度で350-360°及びS40°付近に下貼りの反古紙が、経度、0-20°には和紙の毛羽立ちや剥離が認められ(写真5(c),(d))、反古紙による張り子の球面(写真5(e))が和紙の養張りにより覆われていることを示す。地理情報の表示では、球体へのゴア貼付けがより簡単であるが、桂川甫周のゴア(後述)にもとづき、フリーハンドで直接、球面に世界図が描かれている。これは、赤道円周長による球径算出方法の不明、ゴアの南北極部分の欠落で、極軌道円周が不確かなこと、周天度365度と赤道360度の齟齬による混乱のいずれかによるかもしれない。

球面の地理情報は桂川甫周の「地球萬國圖説」やゴアに従って、経度は本初子午線<福島付近(三六:360°)即ち0°から東に10°毎に、緯度は、南北緯80°まで10°毎に引かれている。経緯線は定規を当てたように比較的整然と描かれるが、高緯度では、経線の間隔に広狭がみられる。緯度は、10度の緯度間隔から幅広い赤道の梯状シンボル(帯状)の南北端を各々0°としてカウントし、南・北半球の経線が描かれたことが知られるが、度数の記入はない。子午環の刻線と同様、天文上の周天度との一致に努めたであろうが、球面の赤道は子午環の刻線とは合致しな

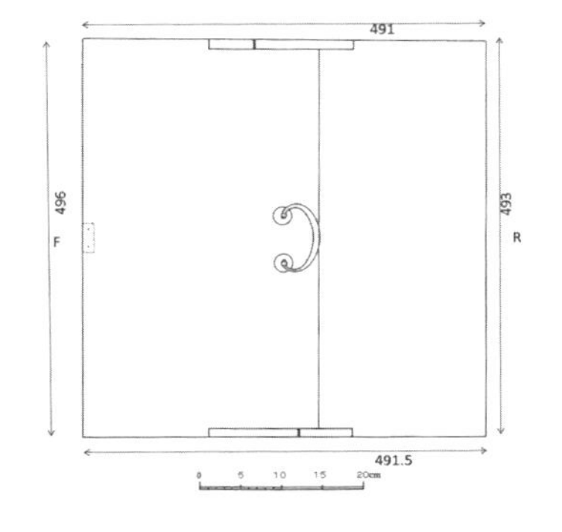

写真6　収納箱の内部及び蓋
(a) 収納箱内部　(b) 下部の溝　(c) 扉（蓋）の裏面
(d) 蓋上部の施錠部分　(e) 収納箱上部の錠受け金具

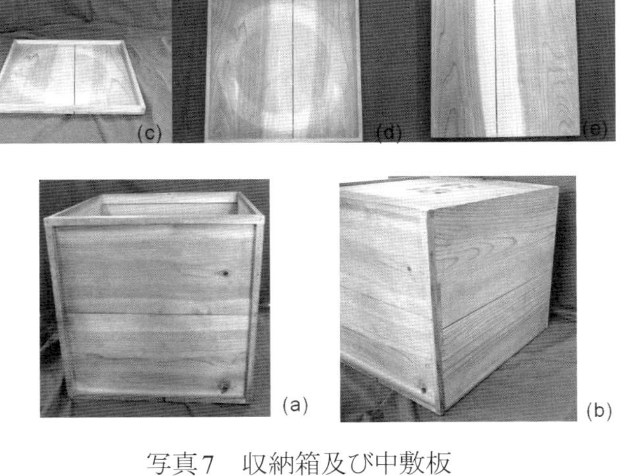

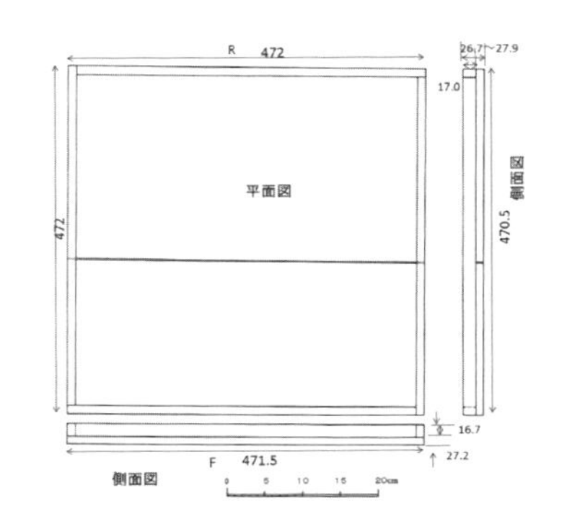

写真7　収納箱及び中敷板
(a) 収納箱底面　(b) 収納箱底と左側面　(c) 中敷板の外観
(d) 中敷板の平面　(e) 中敷板の裏面

図3　地球儀収納箱平面図
F: Front　R: Rear

図4　地球儀収納箱の中敷板（平面図及び断面図）
F: Front　R: Rear

い（写真4（c））。あるいは、赤道の梯状シンボルの南北端の処置などで緯度を適当に処理したとしても、齟齬が生じている。世界図のほぼ正確な移写は、まず初めにフリーハンドではなく、球面に定規等で経緯度が描かれ、次にこの径緯線を基準として地物が描かれたことを示している。なお、球面上の陸域や島嶼、所領及び属国は、それぞれ、赤、紫、ベージュ、緑、黄、茶に、海域は青に彩色されている。

3.3.3.2　収納箱

素材は中敷板を含めて松又は杉板であり、横496〜493mm、縦491.5〜491mm、高さ556〜552mmである（写真2）。前面の表に「地球」と縦書きに箱書きされた扉（蓋）は、障子と同様に、扉（蓋）を箱の敷居の溝に差し込み、扉の上辺を背後の止め板と錠の間に挟み施錠する（写真6（a））。蓋の中央上部には、赤錆びた鍵が施錠された状態で残され（写真6（d））、これに対応する収納箱天板には錠受け金具の剥取った痕跡が見られる（写真6（a））。破壊され曲がった鍵受け金具が残されてあり、鍵を紛失して、蓋を強引に開けたことを示す（写真6（e））。箱の底板の3辺は補強用の木枠が下側に貼り付けられている（写真7（a），（b））。この箱の内側、底板の上には、472×472mmで深さ17mmの木枠に固定された厚さ0.7〜10.9mm中敷木板があり、地球儀はこの上に収納される。収納箱の中に保管されていたにも拘わらず、長年の収納状態を示す台座の跡が明瞭である（写真7（c），（d））。図3は収納箱の平面図で、図4は中敷板の平面及び断面図である。

3.3.4 桂川所蔵とされるゴア

稲垣家には同家蔵地球儀に密接に関係するゴア（地図）が残されている。同様のゴアは、稲垣家のみでなく富山県射水（旧名、新湊）市の石黒家、石川県七尾市の松井家にも保存され（写真8）、前者は高樹文庫として公開されている（船越, 1995）。稲垣家旧蔵ゴアは、「桂川所蔵地球圖共十二枚」と表書され、「従雉堂蔵」が押印された半紙の折封に、南半球、北半球のそれぞれ6枚の半紙が内包され、北側で綴じられた半紙にも蔵書印が押されている（写真9）。半紙には経度20°幅（実寸79mm）のゴアが3枚描かれ、各半紙に北（南）一から北（南）六の番号が振られ、両半球とも、各々合計18枚のゴア（gores）からなるが、それぞれには、10°毎の経緯線が引かれている（写真10）。経線は福島から東へ360°、緯線は南北80°まで描かれる。ゴアの幾枚かには、地物の線描が図郭線を兼ねる子午線や赤道からはみ出て、外側の余白にも描かれ、このはみ出し部分の線画は、稲垣家、石黒、松井家旧蔵のゴアのいずれにも同じ位置に、全く同形に描かれており、同一原図をもとにゴアが透写されたことを示す。所領及び属国は、それぞれ赤、紫、ベージュ、緑、黄、茶に手彩されるが、海域の着色はない。このゴアの緯度は赤道の梯状シンボル（ladder-symbol）の南北幅の1/2を0°として数える。この点が稲垣地球儀球面の緯度0°の位置表記との相違である。なお、この梯状シンボルを欠くゴアも存在する。この赤道20°のゴアの東西幅を加算した円周は北、南半球側で各々、1427.4mm、1421.2mmであり、単純計算で求めた赤道方向の直径は平均453.6mmとなる。船越昭生（1995）が報告した松井家蔵のゴア（船越は「断裂地球儀図」と称する）の南三、2枚目のゴアの極圏には「寛政壬子冬十二月/桂川甫周國端製」が記入されてあるが、稲垣家旧蔵のゴアにはその記入はない。

桂川甫周（1754～1809）は1786（天明6）年にBlaeu（1648）の世界図を抄訳して「地球萬國圖説上、下」（蘆田文庫/lib.meiji.ac.jp)を、後年、情報を更新して、ゴアによる地球儀を製作したと考えられている（吉田, 2006）。

本多利明への稲垣家6代目、信實の派遣による「亜細亜諸嶋志」の謄写（中川氏私信）、稲垣文庫に残されている磁石（コンパス）代金に係る本多利明の書状（解読は土浦市立博物館の木塚久仁子学芸員の尽力による）など

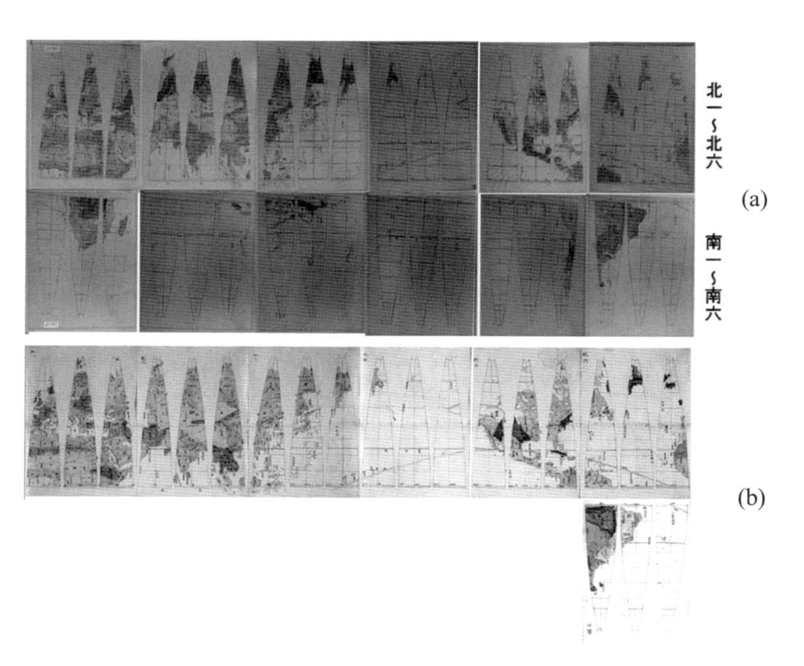

写真8 稲垣家旧蔵「桂川所蔵地球圖　共十二枚」及び石黒家旧蔵舟形地球図
(a) 稲垣家旧蔵　桂川所蔵地球図　共十二枚
(b) 石黒家旧蔵ゴア「舟形地球図」(高樹会提供)

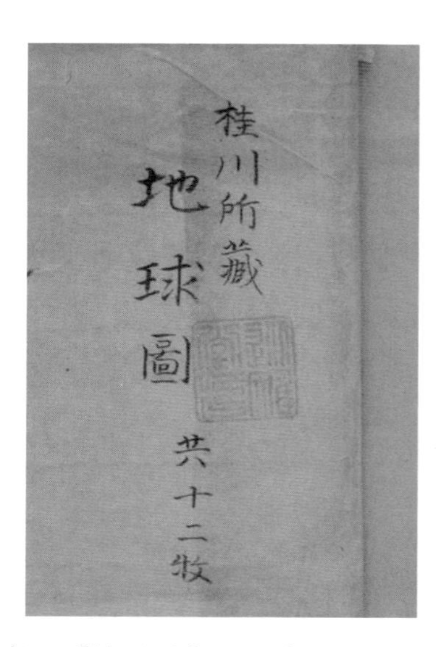

写真9 「桂川所蔵　地球圖 共十二枚」表書と印影

入手後、時間をおかず押印したとすれば、この印影は、稲垣文庫蔵「東砂葛記」の定穀の寛政10、11（1798, 99）年以降の号とされる「従雉堂蔵」と全く同一であるため、このゴアは1798、99年以降の入手であり、地球儀の製作もそれ以降となる。

から、この稲垣家蔵のゴア（透写図）も本多利明由来と推定されるが、ゴアの表す赤道の梯状シンボルの部分的欠損や誤字は、多くの手を経た、言い換えれば、透写に透写を重ねたゴアであることを示すであろう。稲垣家旧蔵のそれは、日頃の交流から、六代目就任前のフットワークの軽い信實、或いは実毅本人が写したか、本多利明側で透写したゴアの入手も考えられる。そうであれば、「桂川所蔵地球圖共十二枚」の表書は稲垣の筆との記述もあるが、同家入手前に記入されていた可能性がある。船越（1995）は、本多利明経由と推定した石黒家、松井両家蔵のゴアに関しては、石黒家に1831年5月24日に錺屋より石黒信由がゴアを借用した旨、借用簿に記載があり、さらに松井家六代（義平）の所持したゴアに「寛政壬子冬十二月　桂川甫周國瑞製」の記入と利明の押印があることから、本多利明からの借用と推定した。稲垣家蔵のゴアは、石黒家、松井両家蔵のゴアの水涯線、所領その他が酷似するが、ゴアの彩色の細部までは一致しない。尤も、これらの比較によれば、石黒家、松井両家蔵のゴアの間でも、彩色が異なり、南米の注記も同位置にはない。なお、生年や本多との個人的な交流を考慮すると、稲垣は彼ら（石黒、松井家の所持者）より前にゴア透写図を入手していた可能性がある。となると、本多所持の元図（当然、本多側による桂川の原図透写図の中の一図）に忠実か、松井家蔵ゴアの「寛政壬子冬十二月　桂川甫周國瑞製」や利明の押印は、後日、利明自身が（記憶により?）補入したことも考えられる。

ところで、桂川甫周がゴアを制作したとされる寛政4年12月は、西暦では1793年1月12日～2月10日にほぼ相当する。表1は甫周のゴアの製作に係わる歴史的事項を整理したものである。根室で、1792年12月26日（寛政4年11月24日）に、松前藩士の目付の鈴木熊蔵がラクスマンから借りた地球儀球面の世界図を透写する様は、翌日（25日）のラクスマンの日記に活写されている。しかし、1793年1月10日（寛政4年12月10日）の幕吏到着後、彼らの訪問は途絶えたが通訳を介した交流は続いたとラクスマンは日記に記してある。熊蔵（寛政5年3月23日死去、日記では4月6日に記録）が透写した世界地図が、ゴアか、高緯度では極から扇骨状に経線が放射して描かれた地図であろう。しかしながら、日本側の史料には、熊蔵の手になる透写地図は全く記録されず、表に出ない。従って、この透写地図は幕府の最大秘密事項として処理されたと考えざるを得ない。地球儀の図形をそれに違わず透写したとラクスマンを驚嘆させた熊蔵の筆写図は、球面上の図形（球体を保ったままの図）の正確な平面図化であり、当然ながら、一枚の平面図としては描けないため、ゴアまたはゴアに極めて近い形態（極側は極の一点から放射状に子午線が描かれた図）を取っていたはずである。あるいは、地球儀に貼られているゴアのとおりの紙片であったかもしれない。それには、ラクスマン（通訳）の助けを借り、日本語へ翻訳済みか、翻訳完成間近で、解説又は説明も付加されたであろう。根室における幕吏の借用は地図のみで地球儀を借りていないため、熊蔵の透写図は貴重な最新地理情報であり、幕府が見逃す筈はなく、熊蔵の生前に、完成後、あるいは完成を待たず直ちに幕府召上げとなり、他の聴取結果に加えて江戸へ継飛脚で迅速に送達されたであろう。なお、球面の地理情報がロシア語表記であったことはLaxmann日記中の「通訳」の文言から明らかであろう。

それまでの「地球萬國圖説上（天明6（1786）年）に挿入された東西半球図と未刊ながら、ほぼ同時期に刊行された江漢の世界図と同じく、5°毎の経緯線の引かれた直径75cmの西半球図で、大槻玄沢の題言「題地球全図」（寛政3（1791）年）により海野一隆（1968, 2003）が製作年を寛政3（1791）年に少し先立つと推定した「月池桂川氏地球図（木村兼葭堂旧蔵）」及び秋岡旧蔵の「万国地球全図　全」など、翻訳や当時の類書による球状図法（globular projection）の世界図の再描しか実績のない桂川甫周が、舶来地球儀球面を包んだ紙にゴアの経緯線や地理情報を写し取るという単純な帰納的方法で図法や図化手順を会得したとすれば話は別であるが、突如とも見える、高度な計算や図化技法を必須とするゴアの制作や、その2年後の地球儀の製作には技術的飛躍があり奇異でもある。表1より熊蔵の透写図作製と甫周の件のゴア製作を時系列的にみると、最大で40日（最短で数日か）の短時間のtime gapであるが、地図の製作経験があれば、即座に会得し、製作に取りかかれるため、甫周のゴアは熊蔵の透写図（ゴア?）に深く関係すると推定される。何よりも、熊蔵の透写図が最重要ではあるが、日本側の記録には皆無である。ラクスマン所持の地球儀球面の地理情報と稲垣家、石黒家及び松井家のゴアの地理情報及び、内閣文庫や公文書館蔵の地図類と比較すれば一目瞭然となろう。ロシア側資料（特にラクスマンが熊蔵に貸与した地球儀）を未調査であるため、現在のところ不明である。稲垣家旧蔵のゴア北3-2中で樺太を「泊瓦里卯」（㋚ガリ㋖）と名付け、ロシア名の（サガリン?）の呼称が与えられている。なお、松井家蔵ゴアには「泊瓦里印」、石黒家蔵ゴアで「泊瓦里卯」の漢字が当てられている。樺太の探検不十分な時期に、正保の国絵図では意図的に（?）粗図として描かれ、島や半島あるいはカラフトとサガリインを別島とした地図（林子平, 1786）もあり（海野, 1999）、ブラウ（Joan Blaeu）の1648年版『新地球万国図』(Nova Totius Terrarum Orbis Tabula) 説明の訳出による「地球萬國圖説上（天明6（1786）年）」では「沙瓦里印」島のみが描かれている。ラクスマン日記に「～熊蔵は蝦夷及び之に接セルカラブと称する島の地図を所持し～」（ただし、強調のため下線は筆者補筆）とあるのは「蝦夷」に極めて近い「島」と解すると、「カラフト」に相当する。林蔵以前に、鈴木熊蔵は松前藩命によりカラフトを踏査しており、現地人の情報から島と認識し、「カラブ」と称していたか、ラクスマンの耳には「カラブ」の音声のみ聞き取れたのであろう。この時期に、江戸で、将軍家奥医師として将軍に接近でき、洋学にも明るく重用された甫周は、露船出現後ロシア事情調査の幕命により蘭書をもとに報告しているように、迅速に現地情報を取得できる立場にあり、事の初めから相談相手となっていたからこそ、後日、光太夫の尋問担当者に抜擢されており、熊蔵の透写図（又は地図情報）も、極めて早い時期に迅速に桂川甫周の手に渡ったと考えざるを得ない。甫周のゴアが、熊蔵の透写図と同一図とは断定できないが、甫周のゴア製作やゴアによる地球儀製作への一足飛びの図化技術の向上に関する上記の疑問はこの様に解釈すると氷解し、自然であろう。上述のとおり、ゴア製作年も甫周自筆か疑問なため、本邦の地球儀製作史で甫周のゴアによる地球儀製作が、時代に著しく先駆けていること（別稿の日本地球儀製作史参照）や、地理情報の取得困難な時代に、特権的に蘭書を手に出来たとしても、タイミングが余りにも合いすぎると考えることは、穿ちすぎであろうか。製作過程には聊か腑に落ちない点があるが、秋岡の記載から知られるとおり桂川甫周はゴアや地球儀を製作していることは事実で、取得できた最新情報を直ちに形ある成果として残したことには大きな意義がある。

3.3.5　球面の世界図とゴアの比較

既述のように、稲垣家旧蔵の地球儀は直径35.7cmとゴアより算出される直径45cmとは異なる上に、ゴアそのものを生かさず、ゴアに記載された地理情報が地球儀球面に手書きされている。球面上の世界図に見られる地物や汀線の形態、所領とその属国、山海、河川等の名称、注記とその記入位置は、ごく一部を除き、「桂川所蔵地球圖共十二枚」（ゴア）の地理情報に一致するが、その細部では異なる（表2）。稲垣家旧蔵の地球儀とゴアの地理情報が一致すると速断した記載もあるが、多少とも両者を比較すれば、素人でさえ、直ちに相違は解るはずで、既存報告は一瞥のみで、観察不充分と言わざるを得ない。

以下、ゴアと地球儀球面の地理情報の比較を表2により、ゴアのシート番号に従い、北1～6、南1～6とし、各シート内の西から東へのゴアの配列に従って、1、2、3の枝番を付し、そのいくつかを記載することにしたい（写真10（a),（b））。

北1, 1では、地球儀ではスピツベルゲン「島私筆咨山」を10°西寄りに誤描している（写真11）。しかし、稲垣はイングランドを「諳入利亜（アンケリア）」と記し、ゴアの「漢入利亜」の誤字を、桂川の「地球萬國圖説上（天明丙午: 1786）」「歐羅巴諸島」により訂正している。甫周本人の錯誤は無いであろうから、稲垣所持ゴア中の「漢入利亜」は地理的素養のない素人により筆写されたことを示していよう。また、ゴアの「第那馬原亜」は球面では「第那馬原加」に訂正されるが、「馬」は「瑪」でなく、両者とも「馬」のままである。球面上では、北1, 2の、ゴアの

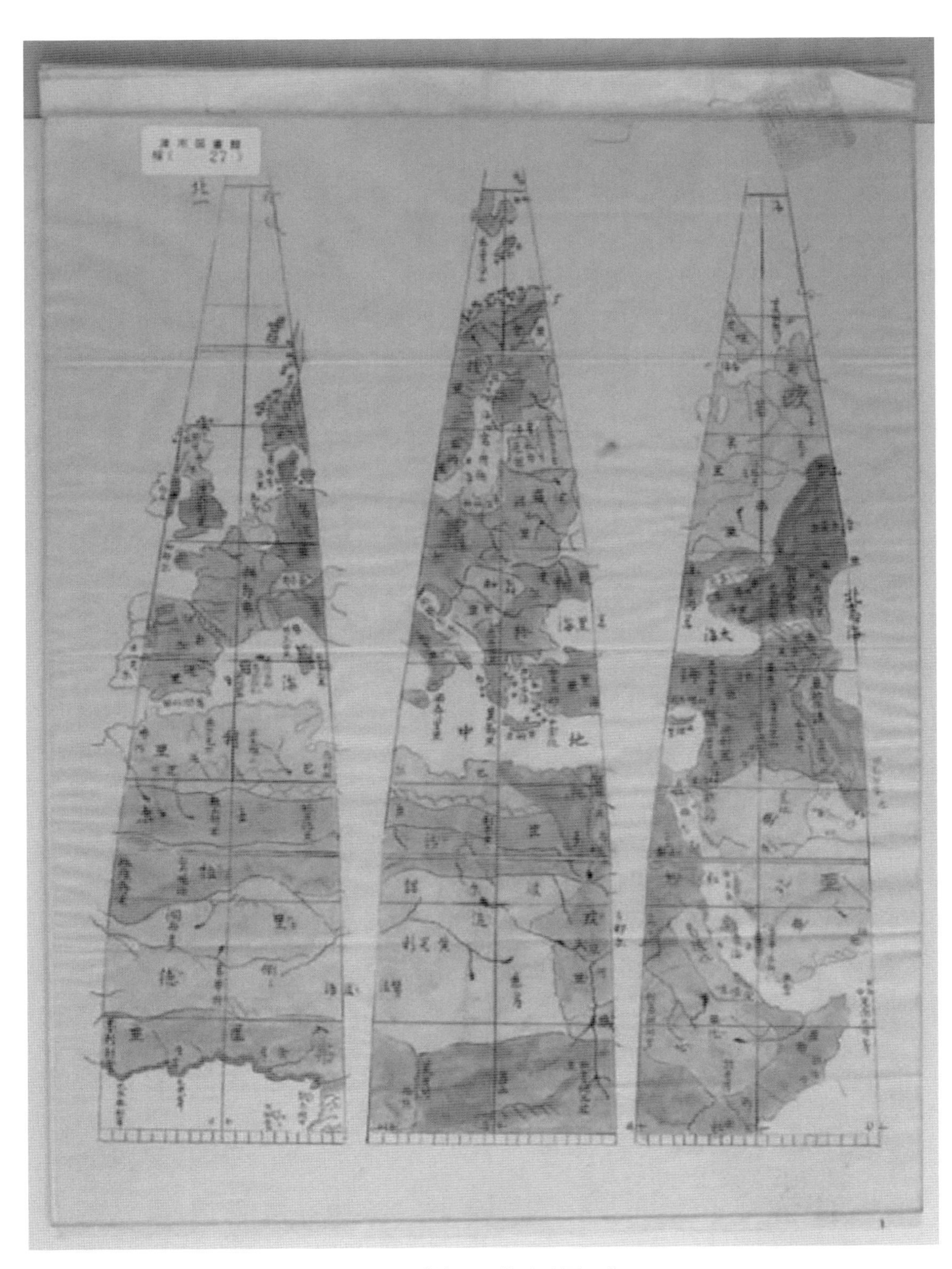

北1

写真10（a）「桂川所蔵地球圖」北1－6

北（北極）側を綴じてあり、上に同じ「従雉堂蔵」の印影が認められる。

なお、左上の津市図書館　資料番号27を示すシールは、惜しいことにゴア上に貼られている。

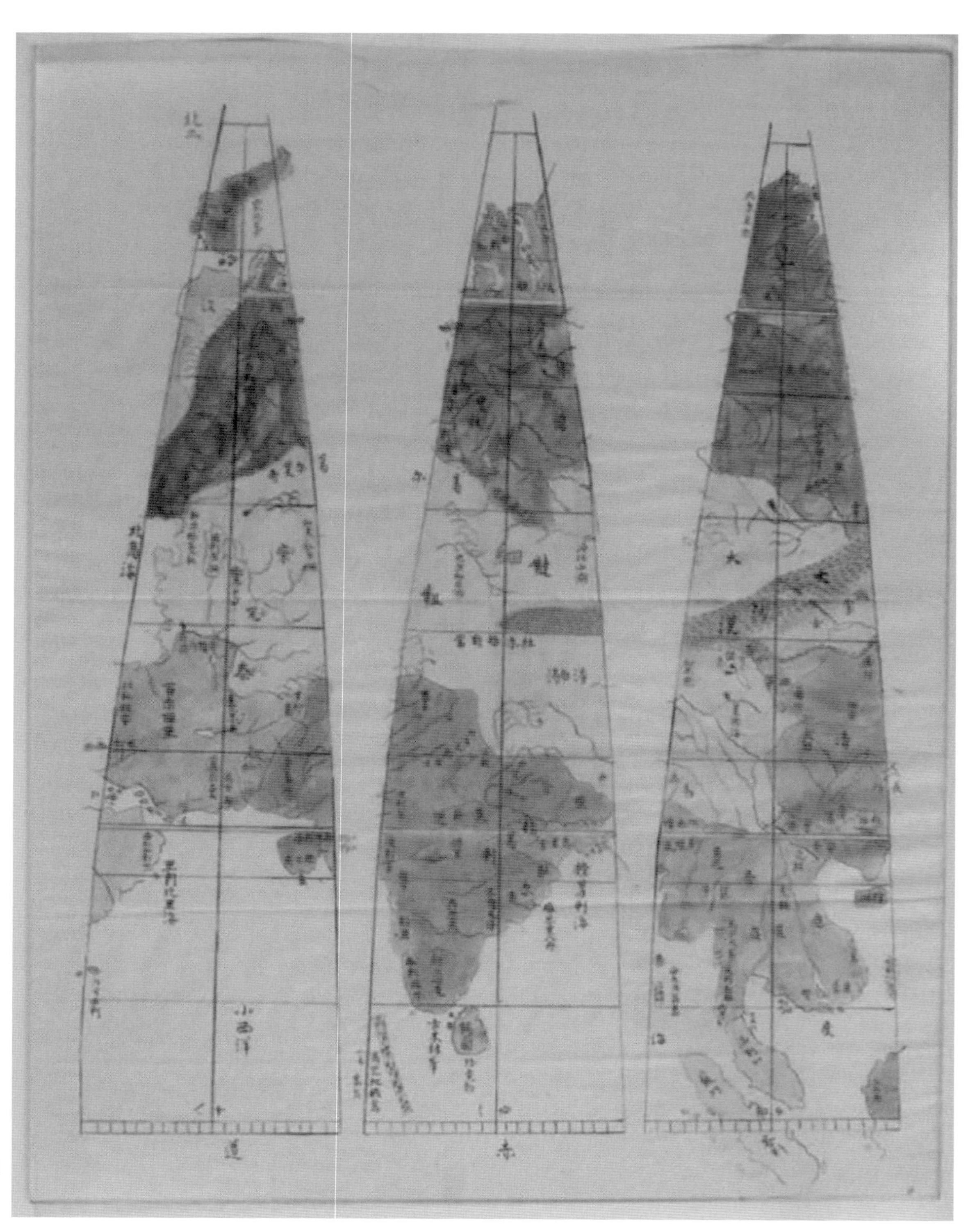

北2

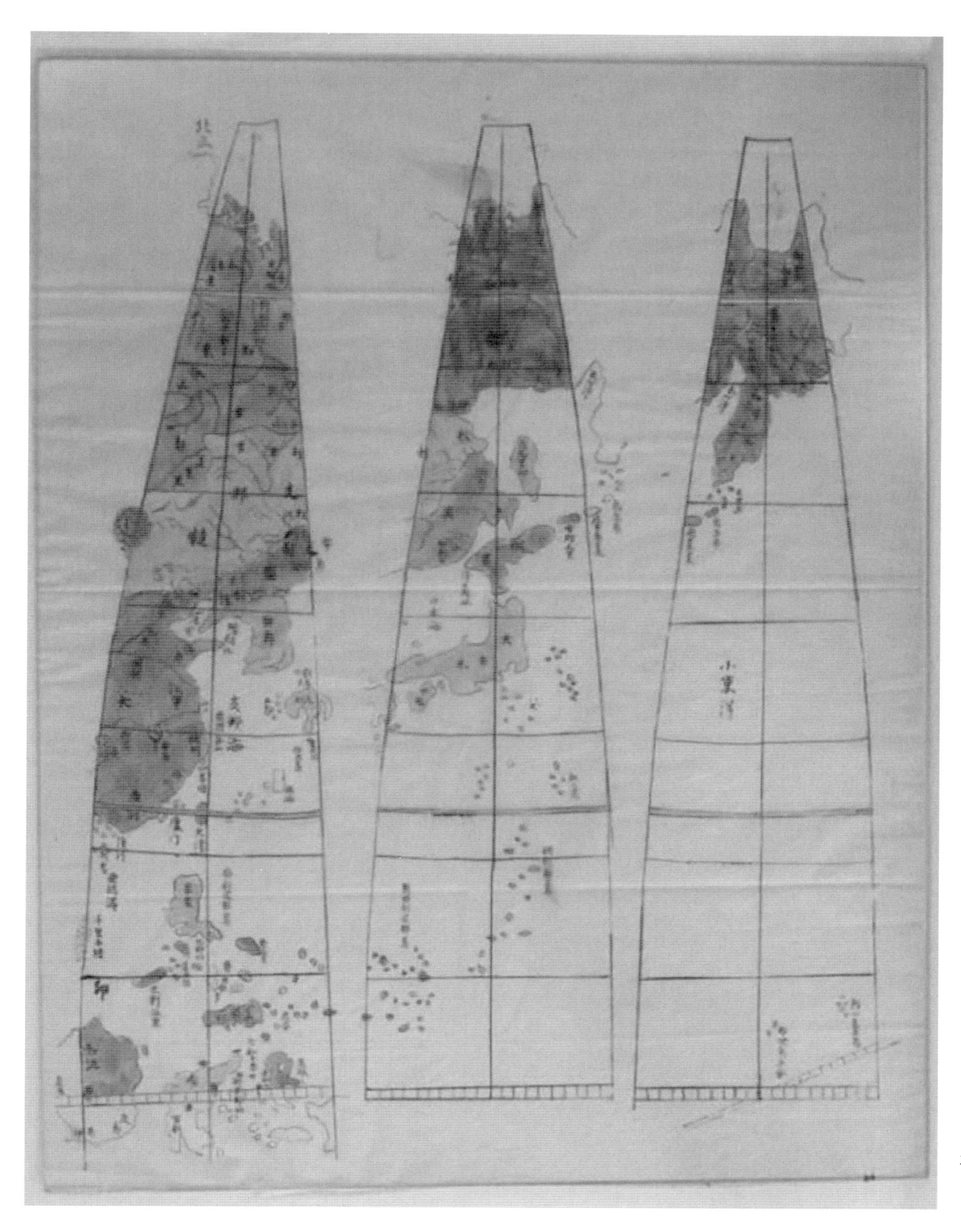

北3

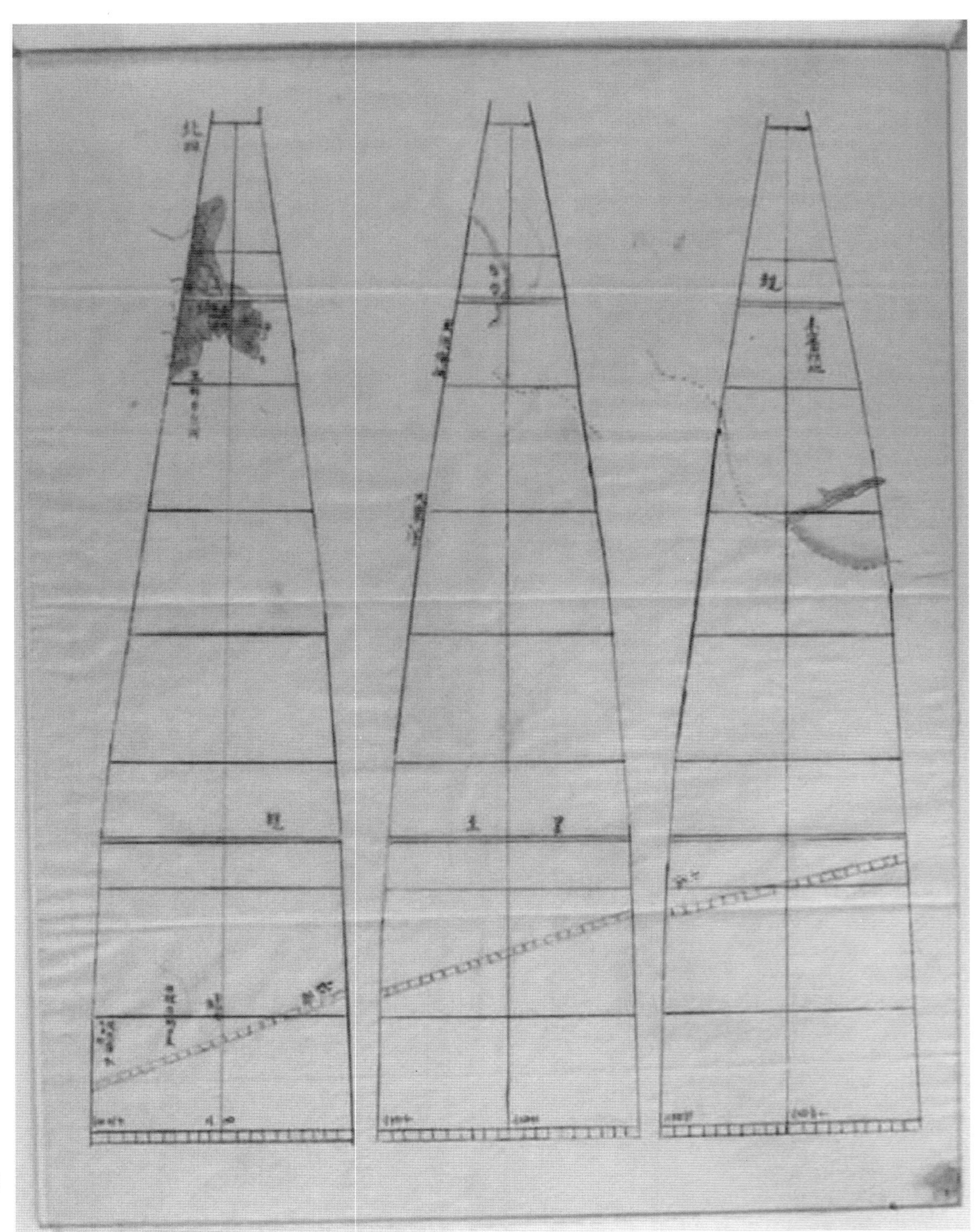

北4

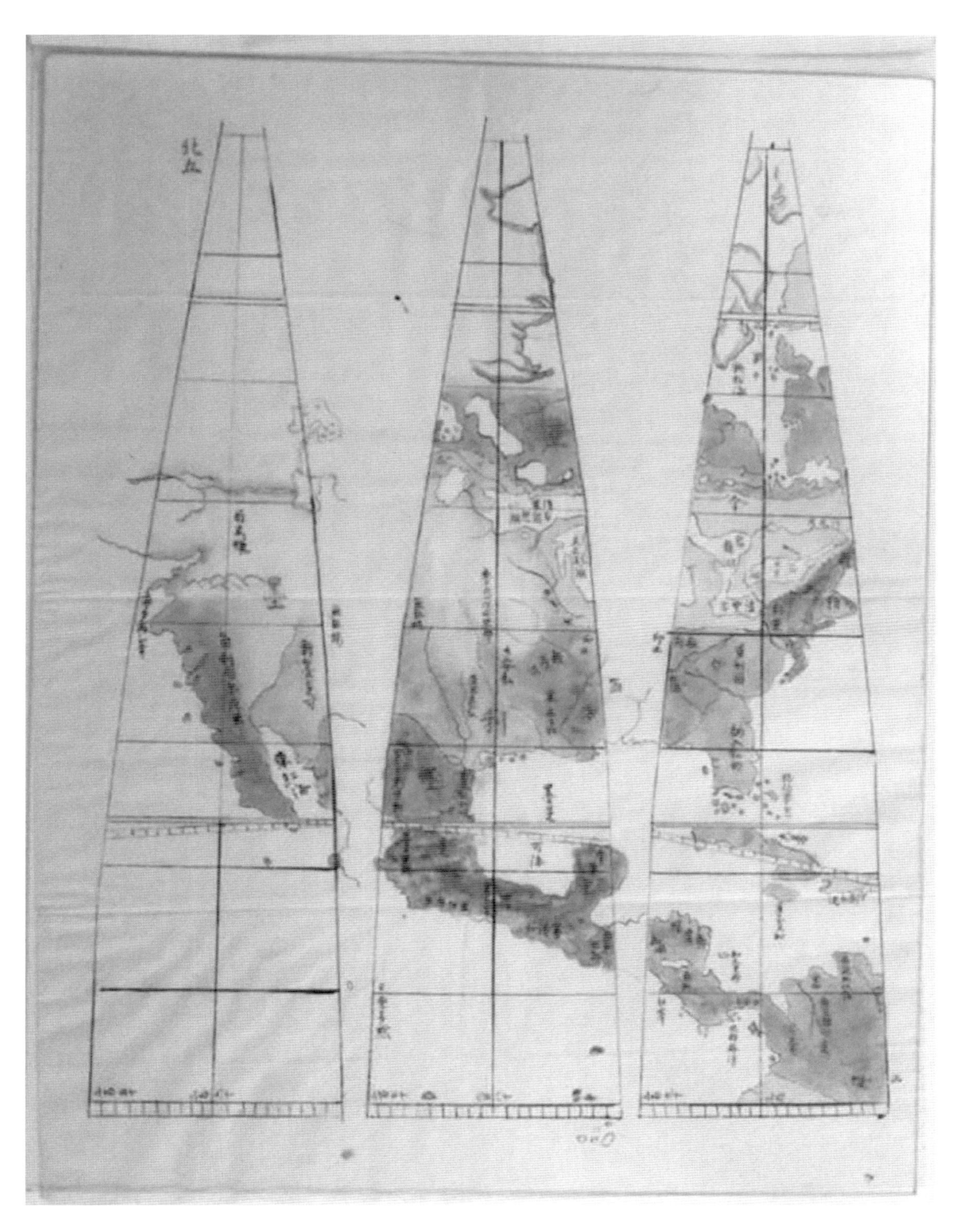

北5

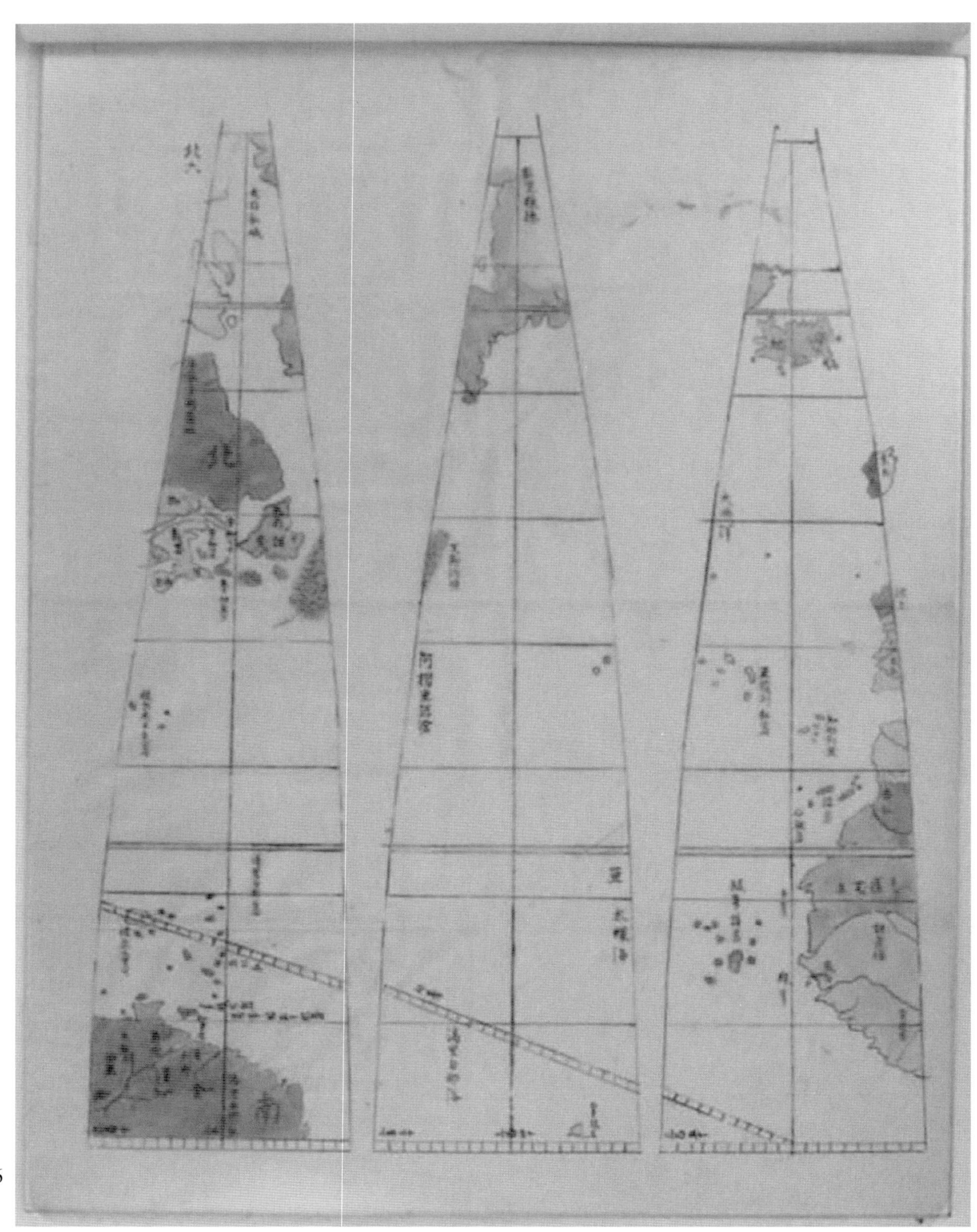

北6

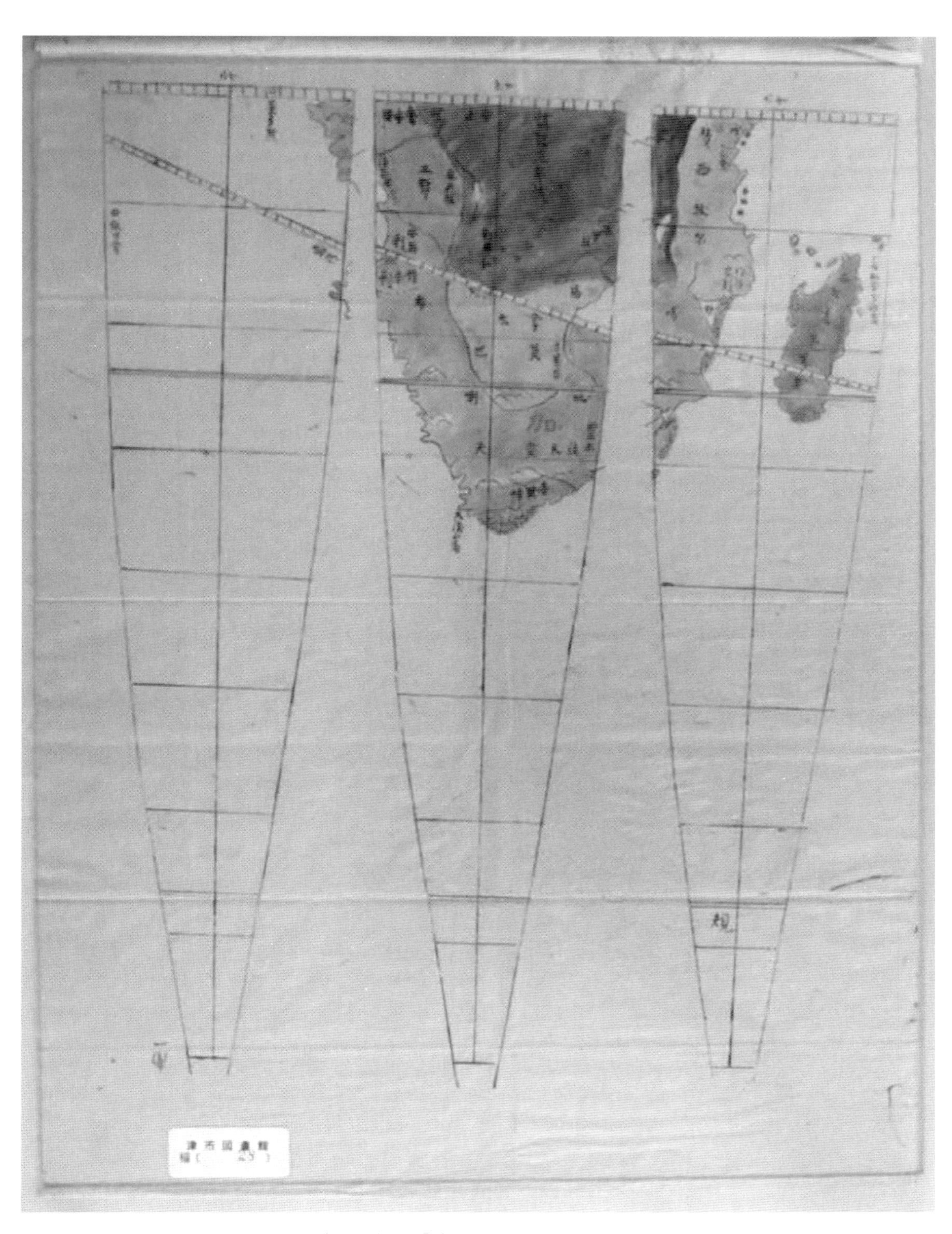

南1

写真10（b）「桂川所蔵地球圖」南1－6

北（赤道）側を綴じてあり、上に「従雉堂蔵」の印影が認められる。

なお、左下の津市図書館　資料番号28を示すシール。

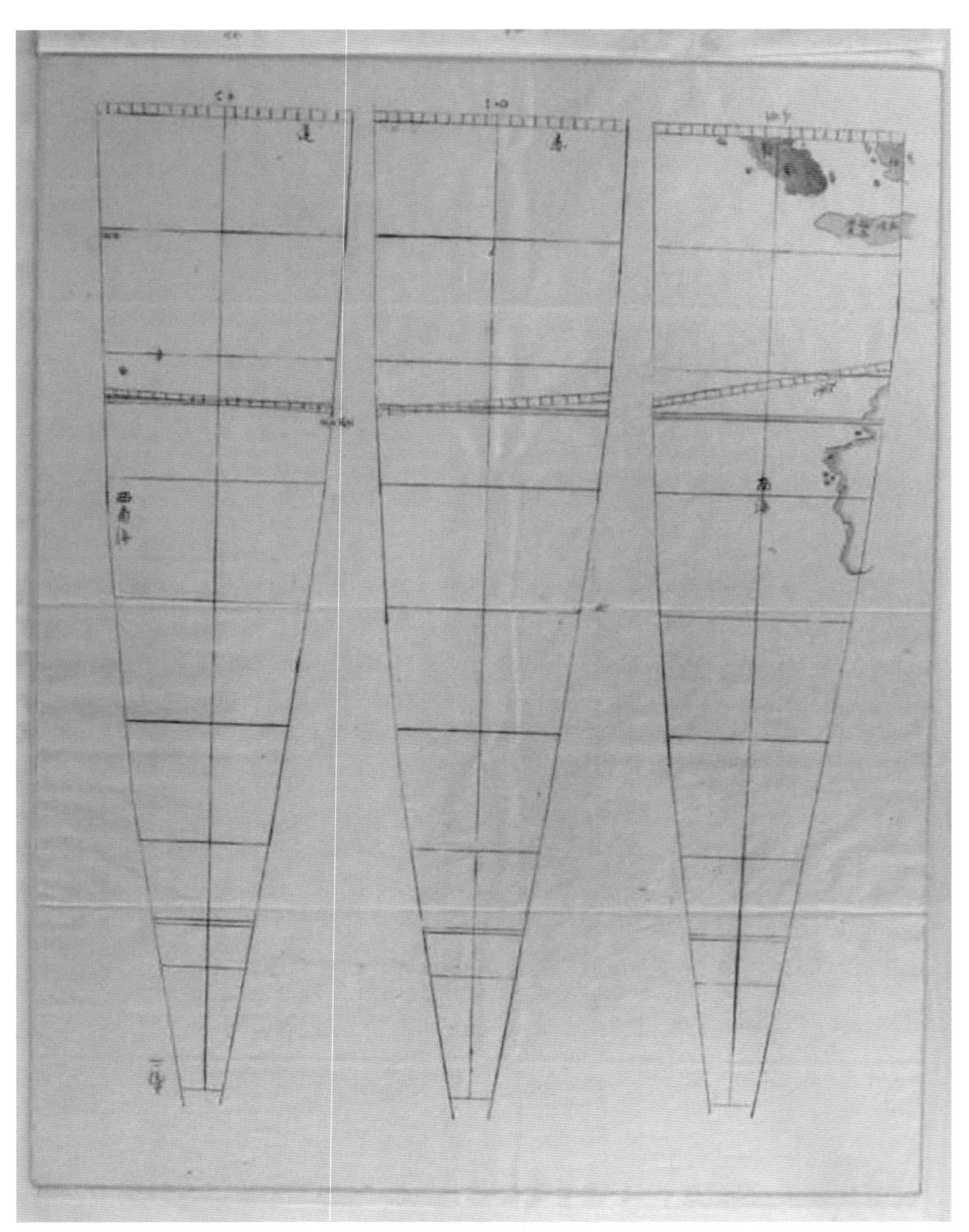

南2

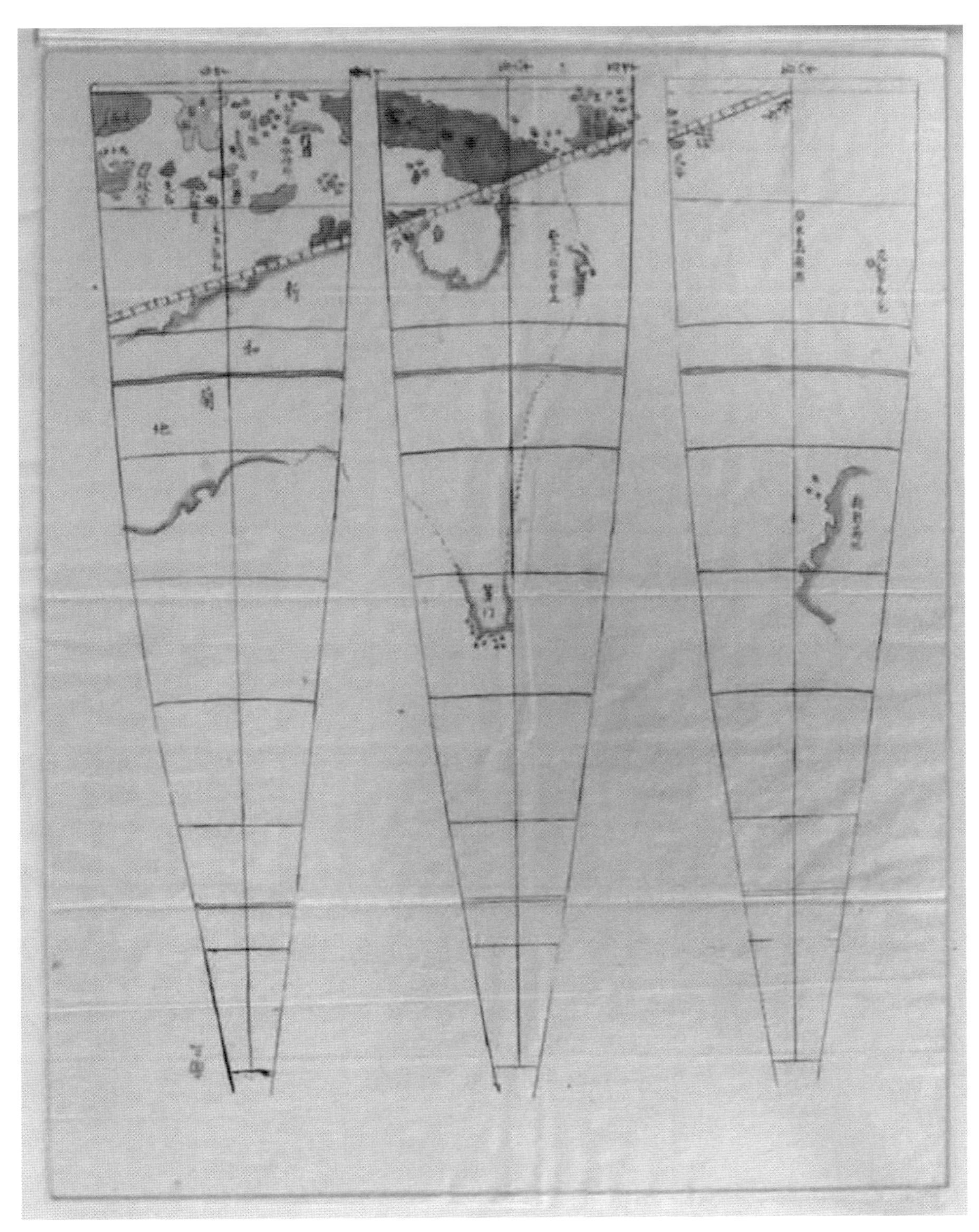

南3

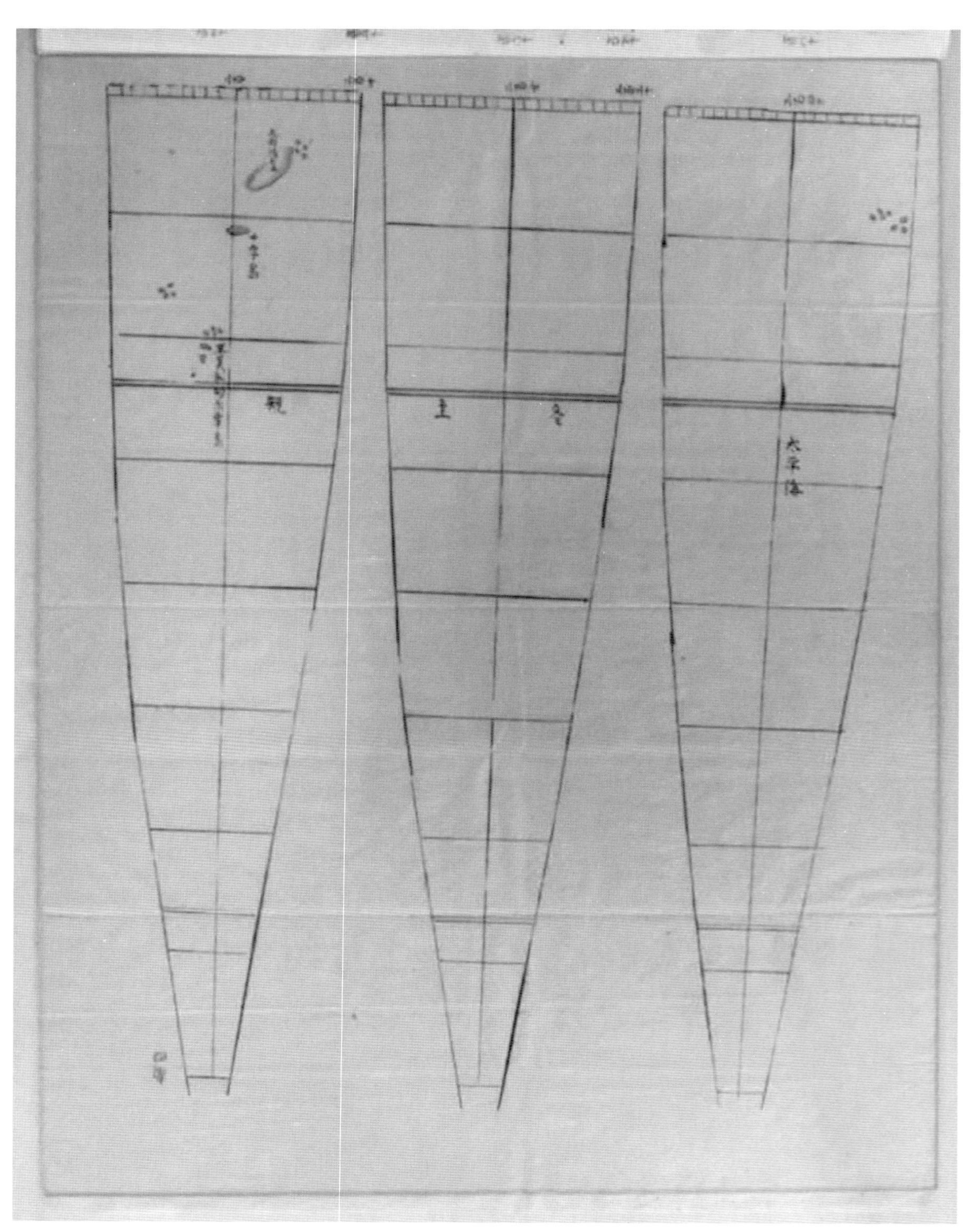

南4

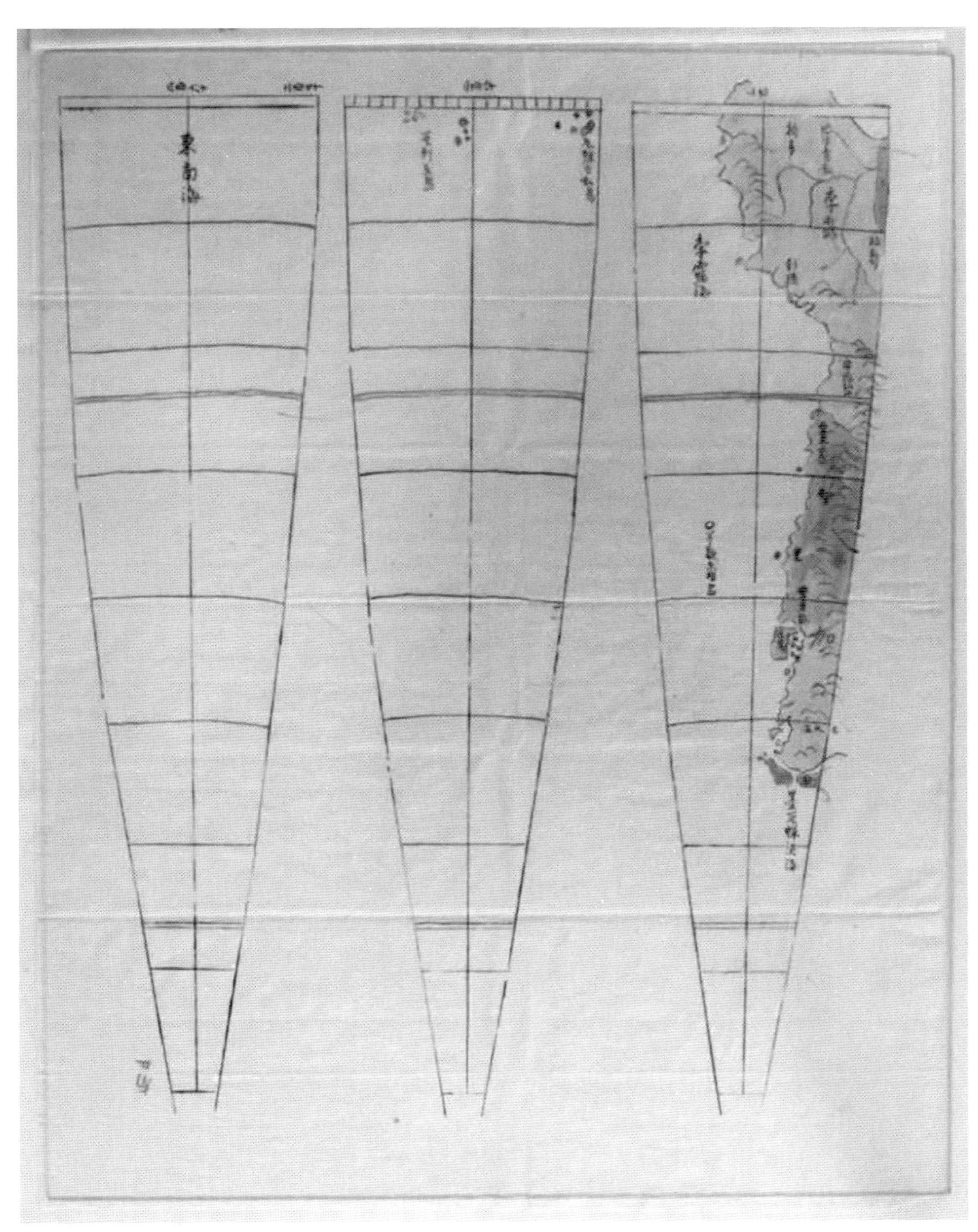

南5

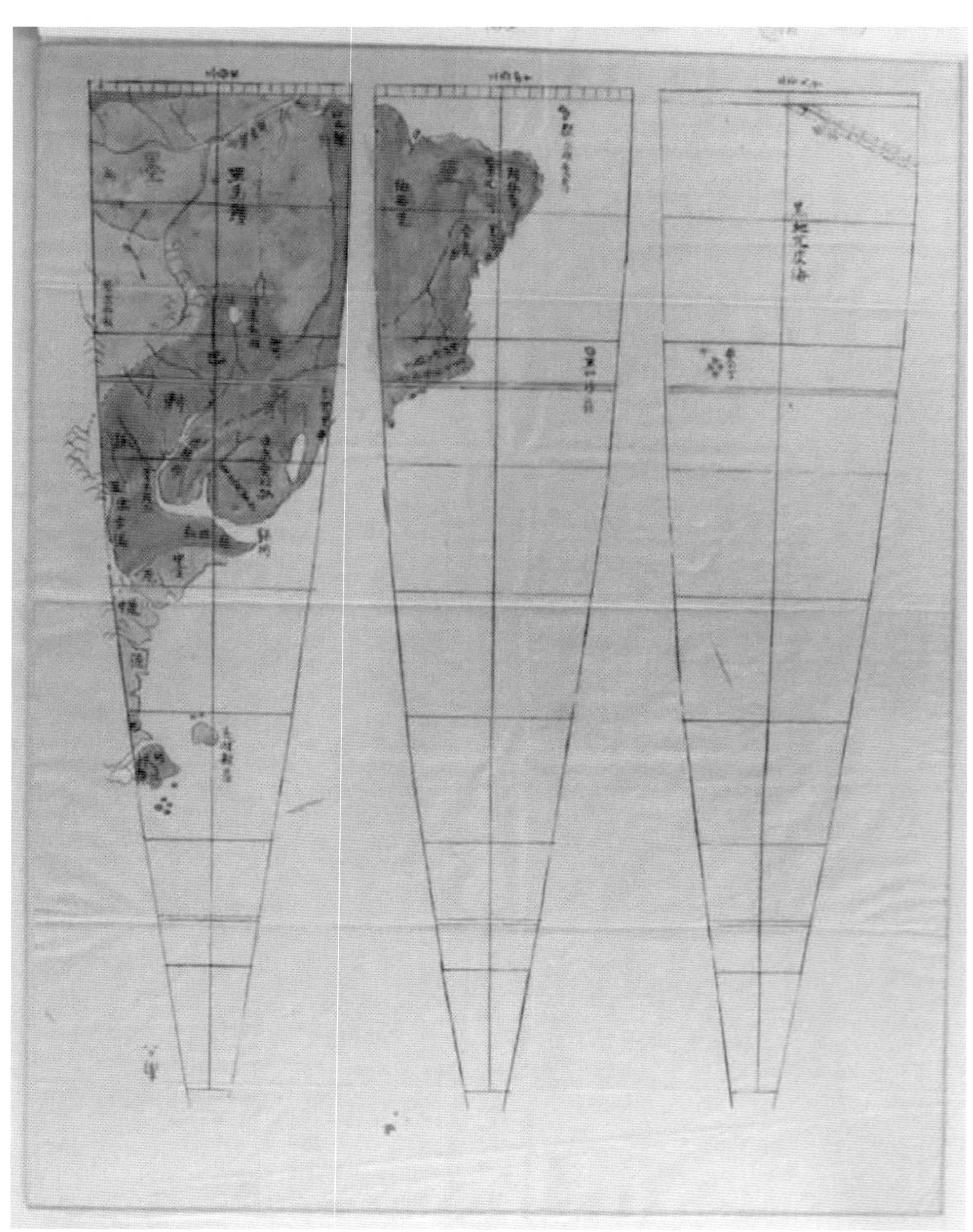

南4

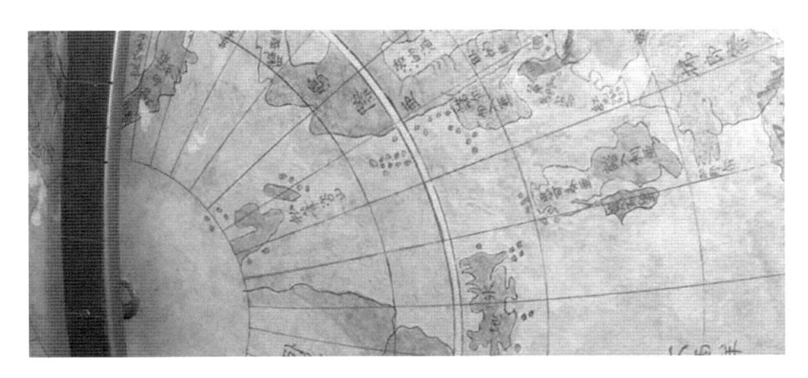

写真11　10°西側に誤写されたスヴァーバル諸島（スピッツベルゲン島）

ポー川が、北1, 3の、「默瀰那」、「亜耶」、「訝徳児」及び「那由抜」の地名がそれぞれ、欠けている。

北2, 1では、ゴアの「人仙」が球面では「仙徳」に変更され、「亜剌原湖」東の水系を欠く。北2, 2では、地名「以田」「里抜」「剌抜」「勃尔」がない（写真10（a））。

北2, 3ではゴア、球面とも甫周の「應帝亜〈インテア〉」とは異なり、ゴアは「帝應」で、北2, 2に「亜」があり、これを合わせて右斜め下から左上方向に下から上へ逆順に読むように配置されている。一方、球面では北2, 2に一部剥離しているが「應」の一部が、北2, 3には「帝亜」が、いずれも文字を斜めにして記される。なお、石黒家ゴアでは「亜」が北2, 2にあり、北2, 3の「帝應」と合わせ、稲垣定穀家ゴアと同様に逆表記された「應帝亜」であり、松井家でも「亜」が北2, 2にある。北2, 3では「帝應」と逆順で且つ接近した配置で記され、これらに北2, 2の「亜」を加えた3文字を一括した「應帝亜」とは読み難い。文字の配列からは、松井家ゴアは亜と應帝を別個と見なしていると言える。

北3, 1では、ゴアの「利奈古」は球面では「利奈河」へ訂正されている。また、現在のアムール河「黒龍江」とその支流や、「大清」国内の省の区分を欠く。北3, 2では、ゴアは、現在のカラフト（江戸時代は北蝦夷）を「泊瓦里卯」と名付け、ロシア名で呼称するが、「地球萬國圖説下」では「サカリイン」とルビが振られた「沙瓦里印」であり、「泊」と「卯」、特に「卯」は明らかな誤写であろう。江戸時代でも珍しい呼称の「北蝦夷」でなく、このようにロシア発音読みで名付けられていることはゴアがブラウの世界図かロシア側の地図により描かれたと見て良い。なお、ここでは球面の表記は剥離のため明瞭ではないが、「沙瓦里印」の「沙」の一部分の右側が「少」でなく、「自」の一部が、また、「印」でなく、「卯」の「匚」か「丿」の一部が残されており、ゴア中の誤字、「泊」や「卯」がそのまま踏襲されたことを示している。北蝦夷「泊瓦里卯」は、支那、韃靼と同じ黄色、蝦夷は大清、萬州と同じ赤で、黄色の大日本とは別色であるが、朝鮮と九州が黄色であり、使用できる色数が少ないために、同色を多用したとみられる。

北5, 1では、東紅海を西紅海と同じく紫で彩色してあり、北5, 2では、米止〻比（ミシシッピ河）中流の水系や、河川名「印里乃私」（*イリノイ*）、「新阿尔」が記されず、北5, 3では「麻列卯土」「勿羅洛多」間を南西流する水系や「的入私的」西方の水系が欠けている。最大の相違点は、松井・石黒・稲垣家旧蔵のいずれのゴアにも島名のない最大の島に「古巴島」（クーバ）の名称が、ゴアと同じ彩色の島々の中に追加されていることである。北6, 1では、球面に地名「新思可斉亜」がなく、北6, 3では、ゴアに欠けている「氷地」北方、N70-80°のグリーンランド、「卧児狼徳」の東海岸線が補筆されている。ゴアでは経度を二百四十などと漢数字で記すが、球面では二百九十を二九と、三百二十を三二と「十」を略記する他、一例のみではあるが、「三十」が「三〇」と記され、漢数字とアラビア数字の「0」の混在が、認められる。

ゴアの南4, 1では、松井家蔵のゴアで「厄利泊皇」とされ、このゴアでは「厄利洎（自でなくムの下に目）皇」と記されるギルバート島は、球面では「厄利治皇」と表記されている。南5, 3では、ゴアの孛露（足でなく豆）東の緑は、球面では黄色に彩色されている。南6, 1では球面で「亜馬鑽河」、北西方の水系が欠けている。南6, 2では、ゴア上の「巠洕尓発度尓」（*サルヴァドル*）は球面では「巠治尓発度尓」と記されている。ただし、この文字については、石黒家ゴアでは「泊」、松井家ゴアでは「泊」又は「洎」の文字が当てられている。

以上の観察から、桂川甫周のゴアに基づき、地球儀球面に世界図が描かれるが、水涯線の細部は異なり、極圏では10°の移写位置の錯誤が見られる。政治的境界、水系、山岳も同様に位置の誤記入、見落しや省略がある一方、ゴアの錯誤訂正や地名の補足が認められる。所々の錯誤がそのまま球面に移写され、見落しも散見されるが、稲垣定穀がゴアを絶対視せず、桂川甫周の「地球萬國圖説　上・下」、その他により、内容を吟味しつつ、地理情報を移写したことを示す。稲垣家旧蔵のゴア「桂川所蔵地球圖　共十二枚」上の錯誤は、それが素人の手による透写図であることを示唆するであろう。これは、やや吟味不足の誹りを受けるかも知れないが、石黒、松井両家のゴアについても同様な錯誤が散見され、桂川甫周自身が自著の「地球萬國圖説」の記述を変更又は書き誤ったのでなければ、いずれのゴアも、本人自筆でなく、透写に透写を重ねた透写図に基づくことを示している。尚、稲垣定穀が、球にゴアを貼り付けて地球儀を製作しなかったことは、ゴアの極圏部分が欠落し、極軌道方向の円周が不確かであったこと、赤道の360°に対する緯度方向の度数が365°という当時の支那天文学（暦学）上の認識及び、ゴアの幅を合算した赤道円周長から球径を算出する方法に不慣れか、又は不明であったため、ゴアの地理情報の訂正を兼ねて改描を球面上で試みたと思われる。ただ、権威ある支那天文学/暦学の柵があり、蘭学系知識との硲で、定穀の判断は困難であったことも事実であろう。

3.3.6　地球儀の製作年代

地球儀製作の時期については没年以前とする常識的な推定がある（海野, 2005）。定穀以外に稲垣家の家人らには地理癖はあまりみられないため、彼の生年（1764（宝暦14）～1835（天保6））に球儀及び測器類が製作されたことは明らかである。定穀の「八国接壌図」を刊行した定穀実子の之保（中川2014）にも地理癖があったとすれば、この代も考慮しなければならないが、今は、定穀に限定して、製作年を絞り込むとすれば、活躍期の開始年をやや遅く16才とすると、定穀の活躍期を1780's～1835年間と推定できるが、寛政壬子冬十二月（1793年1月12日～2月10日）の桂川甫周によるゴア作製以前はあり得ない。

定穀の所持している桂川甫周所蔵地球圖共十二枚の折封の表書及び、各ゴアの描かれた半紙毎に押されている印影は、稲垣文庫「1072七曜暦（寛政暦）」に寛政11から13（1799-1801）年に押印される「従雉堂」（中川, 2011）」と同一であるため、このゴアは1799或は1800年以降に入手されたと推定される。さらに、齢38の彼の日頃の地理研鑽の賜であり、「坤輿萬國全圖」の地理情報（三才圖會や圖書編などを加え（?））によるやや古い知識の総決算ともいえる自著「坤輿全圖説（享和2（1802）; これには随雉樓蔵版とある）（中川, 2011）」刊行に先だって、甫周の新世界図に基づく地球儀を製作することはあり得ないため、その刊行後であることは当然であろう。

これを考慮すると、1802年＋αから没年1835年の間となる。また、稲垣は本多利明の蔵書類を筆写しており、稲垣が子息信實を本多利明へ遣わし、亜細亜諸嶋志を謄写させた文化8年（1811）頃か、定穀自ら、利明の「渡海新法」を筆写した文化壬申冬十月（1812/11/04～12/03）頃に件のゴアを入手したことも推定される。但し、1816年に6代目を相続した信實のフットワークは重くなり、逆に定穀は身軽になったとも考えられる。以上のことから、地球儀は1810年台（1811～12年頃）から没年の1835年の間に製作されたと推定される。なお、地球儀より小振りな天球儀も、子午環の撓みを含めて同構造であるため、不確かではあるが、同時期の製作に係ると考えてよいかも知れない。

3.3.7　まとめ

以上をまとめると以下のとおりである

1）稲垣家旧蔵の稲垣定穀が製作した地球儀の球径、地平環幅及び高さは、それぞれ35.5cm、44.5cmおよび44.6cmで、張り子の反古紙球体に蓑張りした和紙に地理情報が直接描かれており、真鍮の子午環及び木製の架台、脚、地平環一体型の所謂、「球儀の椅子型」の架台からなる地球儀である。

2）子午環の外面には、約5°間隔に横線が刻まれ、北極の地軸受けの刻線を0として除くと、刻線は左右各半円で南極方向に36本を数える。この両36本目の刻線間に南極軸の受け孔があるため、円周は全体で365°となる。なお、稲垣家旧蔵の天球儀も子午環の刻線は同数である。これは、国立科学博物館に展示中（2015年3月末）の江戸時代製作とされる天球儀も同様で、圖書編などに見る支那由来の暦法、二十八宿の天度365°余がそのまま踏襲されたとみられる。

3）地球儀球面には10°間隔の経緯線、世界図が手書きされ、緯線は南北80度まで描かれる。緯線は、高緯度、特に極域では幅に広狭が見られ、正確な10°の間隔を示さない。また、国、所領、海域は色分けされるが、山岳地は緑、西・東紅海（今日の紅海及びカリフォルニア湾）は紫に着色されている。

4）地球儀球面の世界図は稲垣家旧蔵の「桂川所蔵地球圖共十二枚」（折封表書）のゴアの地理情報に酷似する。ゴアの赤道幅を積算した赤道円周から算出される球の直径は45.4cmで、地球儀の直径、35.5cmより大であるが、地球儀球面の世界図はこのゴアに基づき描かれている。なお、このゴアは松井家や石黒家蔵のゴアにほぼ一致するが、細部では異なり、いずれも別人、それも素人（?）による透写図であることを示す。松井家旧蔵のゴアには「寛政壬子冬十二月/桂川甫周國端製」の銘文があるが、甫周自身の「地球萬國圖説」の記述と異なる箇所もあり、この筆写図は原図に書かれた署名も含めて透写が繰り返されたことを示唆する。稲垣家蔵ゴアと松井家ゴアの彩色は一致しており、松井家ゴアは本多利明経由とされるが、稲垣定穀は子息信實を本多利明に派遣し「亜細亜諸嶋志」を透写させ、あるいは自らも彼の著書を筆写し、磁石代金額を記した封書を受け取るなど、懇意にしており、このゴアも本多利明より入手したと推定することが自然であろう。さらに地球儀の製作年は、甫周のゴア製作年及び、当人の坤輿全圖説刊行年、1802年から1835年の没年の間であることは確実であるが、本多利明の蔵書や地図類の信實による透写（1811）及び定穀自身の筆写（1812）を考慮すると、1812～1835年の間に限定できよう。

5）地球儀球面の世界図は、ゴアに酷似するが、ゴアの誤字訂正や誤写、水系の欠落（省略か?）、球面の面積の制約によると思われる清国内の行政界の省略などがあり、細部では異なる。顕著な誤写は、スヴーバル諸島が経度で10°の西漸して描かれていることである。なお、稲垣家旧蔵ゴアに見られる錯誤は、甫周の「地球萬國圖説（1786）」等に基づき定穀本人が球面上で訂正したと推定される。

6）球体にゴアを貼付けた地球儀の製作でない拘りや理由はゴアの南北極部分が欠落し、極軌道方向の円周が不確かなこと、二十八宿など支那暦学の周天度365度と赤道360度の齟齬、赤道円周による球径算出法の不明のいずれかによると思われる。或いは、ゴアの錯誤に気付き、直径の異なる球面上で訂正を図ったことも考えられる。

7）桂川甫周のゴアの考察は本報告の主題で無いが、甫周自身の「地球萬國圖説」中の世界地図（東、西半球図）や直径75cmほどの「月池桂川氏地球図」及び「万国地球全図全」の半球図の製作技術から、18世紀末のこの時期に、ゴア制作に移ったことは唐突かつ不自然である。ゴアの境界をなす子午線の曲線の描画は容易ではなく、甫周によるゴア制作やそれによる地球儀製作は本邦における地球儀製作史上、他者のゴア及び球面にゴアを貼り付けた地球儀製作に比べて遥かに古い。根室でラクスマンが貸与した地球儀の球面上の地理情報を松前藩目付、鈴木熊蔵が透写しているが、球面上世界図の正確なその透写図はゴア又はこれに近い世界地図であり、甫周のゴアの完成時が正しければ、熊蔵と甫周の地図作業に最大で40日、最短で数日の時間差があり、最新情報入手に特権的な立場にあった甫周は、ことの始まりから情報を得て、利用したか、或いはこれに触発されて、ゴアを作製したと考えられ、ゴア製作には熊蔵のゴアまたは、それに近い透写図が不可欠であったとみる方が自然であろう。しかしながら、最新情報を形あるものとして残した甫周の努力は貴重であると言えよう。

謝辞

帝塚山大学心理福祉学部（現中京大学）の中川豊先生には、稲垣定穀関係資料を、三重郷土会事務局の渡辺一夫氏には稲垣家文書の論文を、根室市歴史と自然の資料館猪熊樹人学芸員、札幌大学川上淳先生には、鈴木熊蔵に関する史料・情報を、四天王寺大学の矢羽野隆男教授には、圖書編について教えて頂いた。明治大学の藤田直晴教授には、資料収集でお世話になった。特に、土浦博物館の木塚久仁子学芸員には定穀と利明の緊密さを示す貴重な本多利明の稲垣定穀宛書状の崩し字解読の労を頂いた。なお、三重県津市教育委員会の熊崎司氏、中村光司氏、松尾篤氏はじめ、津市立図書館の方々には、地球儀や天球儀の調査と撮影、稲垣文庫資料の撮影、本多利明の稲垣定穀宛書状の複製画像で非常なお世話をいただいた。（財）高樹会事務局の加治徹氏には石黒家旧蔵のゴアの利用についてお世話になった。記して感謝の意を表する次第である。

文献

稲垣年（2005）稲垣本家　私家史. 平成17年10月稲垣年記すと示された「稲垣本家」は「寛文5年（1665）或いは寛文2年に　初代　浄運　八町西入口に「納所屋」を構える　現在に至る」の記述で始まるA4版11頁にわたる家系図と歴史に関する私家史である.

津市図書館（2001）稲垣文庫仮目録　津市図書館　H13/3, 126p.

船越昭生（1995）「高樹文庫蔵断裂地球儀図について」史窓52号　1-18, 18Figs. 京都女子大学史学會.

海野一隆（1968）桂川甫周の世界図. 蘭学資料研究会研究報告　No.208, 169-171.

海野一隆（1999）: 地図に見る日本　倭国・ジパング・大日本　大修館書店, 東京 本文197p. 蝦夷地地理情報を廻る東西の鍔ぜり合い. 147-195.

海野一隆（2003）: 東西地図文化交渉史研究　清文堂　718p., pp.442-458「桂川甫周の世界図について」.

海野一隆（1968）: 桂川甫周の世界図について. 人文地理, 20 (4), 371-382.

海野一隆（2005）東洋地理学史研究　日本篇　625p.,「江戸時代地球儀の系統分類」pp.425-487 445-447頁に第24図として甫周のゴアがあり，稲垣地球儀についてはp.450に第27，28図で写真が示される．また，p.451では製造年を没年（1835）年以前と推定している.

根室・千島歴史人名事典編集委員会（2003）: 根室・千島歴史人名事典　根室・千島歴史人名事典刊行会, 根室市博物館開設準備室, pp.162-163.

桂川甫周　地球萬國圖説　上・下（写本）. 筑波大学図書館蔵

桂川甫周　新製地毬萬國圖説；地球萬國圖説（表紙直書）明治大学蘆田文庫　明治大学蘆田文庫
http://www.lib. meiji.ac.jp/perl/exhibit/ex_search_detail?detail_sea_param=110,1,0,b

岩井憲幸（2000）: 1794年6月2日「オランダ商館日記」にみえるロシア製地図の小記事について. 明治大学人文科学研究所紀要, No.47, 12p.

播磨楢吉（1923）譯註『露國最初の遣日使節アダムス・ラクスマン日誌』史学雑誌付録　史学雑誌34 (2), 1-16, 34 (5), 17-24, 34 (6), 25-39.

渡辺一夫（1997）: 津市八町稲垣家文書について. 三重の古文化, 77, 216-222.
本多三郎右衛門（　）: 稻垣左兵衛宛書簡. 稲垣文庫14.
加藤九祚（1990）桂川甫周著・亀井高孝校訂　北槎聞略　岩波文庫　484p. 解説　pp.475-484に将軍家斉臨席の尋問日は寛政5年9月18日と記され，北槎聞略は1794年8月の編纂とある.
中川豊（2011）: 稲垣定穀の名称と別号　郷土史の原典　知ろう私たちの郷土. ようこそ図書館へ, 10号 (2011.11), 5p.
中川豊（2012）: 稲垣文庫と稲垣定穀の伝. 東海近世文学会資料4p, 図版1p.
中川豊（2011）: 稲垣文庫と稲垣定穀. 中京大学図書館学紀要No.32, 23-39.
中川豊（2014）: 稲垣定穀の転写本. 中京大学図書館学紀要, 35, 1-14 (2014-09-30) 中京大学図書館学紀要.
大島明秀（2014）: 津市図書館稲垣文庫蔵「東砂葛記」について　－志筑忠雄訳「阿羅祭亜来歴」の一転写本. 熊本県立大学日本語日本文学会　国文研究, 59号, 1-13.
https://chukyo-u.repo.nii.ac.jp/?action=pages_view_main&active_action=repository_view_main_item_detail&item_id=223&item_no=1&page_id=13&block_id=21
中川豊氏私信
矢羽野隆男（1994）:『圖書編』の書誌学的考察. 待兼山論叢. 哲学篇. 28, 15-27.
章　潢（1613）: 圖書編　萬暦41刊　国立国会図書館デジタルコレクション.
http://dl.ndl.go.jp/info:ndljp/pid/2596449?tocOpened=1
http://dl.ndl.go.jp/info:ndljp/pid/2596440?tocOpened=1

表1　桂川甫周のゴア製作に関する歴史的経緯

太字は史料に記載された月日、斜字は変換後の各暦における年月日
（歴日変換は「http://keisan.casio.jp/exec/system/1239884730による）

グレゴリオ暦	露歴	ユリウス歴	和暦	Laxmann日記の抜粋・ほか　（太字は日記播磨訳から抜粋）
	1791 0925		寛政3年	エカテリーナ勅命
	1792 0925			オホーツク河口より解纜す。
	1792 1006			国後を通過、北海道の村に偵察上陸
	1792 1020			北海道西別上陸　厚岸は危険と根室港へ日本人案内
1792 1101	**1792 1021**		*寛政四年9月17日*	エカテリーナ号（ラクスマン遣日使節）根室湾内に投錨 西別を隔てること24露里。なお、1792 1020根室入港は岩波文庫北槎聞略解説（加藤）の錯誤。
	1792 1106			根室の役人、来船す。
	1792 1129			根室の営舎落成。上陸。
1793 01 04	**1792 12 24**	1792 12 24	*寛政四年（壬子）11月22日*	松前より、高級藩吏鈴木熊蔵、医師加藤肩吾、ムンヅケ（不明）来着す。
1793 01 05	**1792 12 25**		*寛政四年（壬子）11月23日*	**25日〜藩吏が手帖より折紙を取出したるを見るに其折紙は東西両半球の地圖にして、紙上の4大洲即ち亜細亜、欧羅巴、阿弗利加、亜米利加の圖を指し示す。之を一見するに其地圖は頗る古き出版物にして且つ幾度も模寫したるものなれば最近出版のものとは大に相違せる點少からず。 余は新版の地球儀及び世界地図を出して藩吏に示した〜〜**
1793 01 06	**1792 12 26**		*寛政四年（壬子）11月24日*	**26日双方の同意により交際のしるしとして総督よりの土産物〜通訳官をして土産物を持参せしむ。〜尚ほ藩吏は熊蔵〜が若し宜しくば余等の地球儀及び地理書を写し度き為め暫時の間借用せんこと希望し居る由を話したるに付き地球儀を貸し與ふ。**
1793 01 07	**1792 12 27**		*寛政四年（壬子）11月25日*	**翌日熊蔵を訪問したるに彼は地図の上に薄葉紙を拡げ毛筆にて聊かの間違ひすらなく巧みに寫し居たり。**
				〜熊蔵は蝦夷及び之に接セルカラブと称する島の地図を所持し
1793 01 21	**1793 01 10**		*寛政四年（壬子）12月10日*	**〜幕吏来着　1月10日重要公務を帯びて松前に来れる幕吏2名根室に到着す。ゴフシンヤク（御普請役?）タバニヤスゾウ（?）及びオゴピト・メツブヤク（?）タクサコワ・レンジロー（?）と言ふ。**
1793 01 22	**1793 01 11**		*寛政四年（壬子）12月11日*	**11日上記2名の幕吏、医師と共に余等を訪問〜幕吏は我が露国への距離、面積、大きさ、風俗習慣等に就て色々質問し、余等が種々の物品を所持し居るを見て工場技術のことをも聞き、露国の金銀銅の貨幣を眺め又世界地図をも一見して同じく復寫の為め借用せんことを乞ふ。**
				〜幕吏到着後藩吏は最早や余等を訪問せざるやうになれり。通訳には露西亜語を教ふる為め毎日藩吏の許に通はしむ、之れ地図の欧文を日本語に訳する必要上、通訳の労を乞ひしが故なり。
1793 01 12 *1793 02 10*			「寛政壬子冬十二月　桂川甫周國瑞製」の製作時期を寛政4年12月1〜30日までとする。	松井家ゴアの「寛政壬子冬十二月　桂川甫周國瑞製」記載から、これを1-30日とすると露暦では1793年1月1日から1月**30**日、西暦では1月12日から2月の10日となる。
1793 05 15	**1793 05 04**		*寛政5年4月6日*	熊蔵死去 葬式　5月4日朝、藩吏の許に人を遣はしたるに藩吏熊蔵死去せりとの訃音を齎らせり。〜4個月間仲善く〜
1793 10 22	1793 10 11		寛政5年9月18日	寛政5年 9月18日　将軍家斉臨席した光太夫と磯吉の尋問に桂川甫周列席
1794 09		1794 08	寛政6年甲寅8月	桂川甫周　将軍家斉の命により、北槎聞略編纂

表2　稲垣家旧蔵（桂川所蔵）ゴアと地球儀の地理情報の相違

半紙	仮番	地名等	稲垣家旧蔵地球儀	桂川所蔵ゴア
1	1	スピツベルゲン島	10度西寄りに誤描	ゴアでは私筆沓山は40度
		イングランド	諳入利亜（アンケリア）	漢入利亜
			第那馬原加	第那馬原亜
			島の名（馬玉尓加）なし	島の名（馬玉尓加）あり
			マリを東西に流れる水系なし	
			北部「入匿亜」に山脈を描く	
1	2	フィンランド湾	賔海（賓の旧字）	賓海
			亜を削除	亜雪
		ダニューブ河	河名なし	河系あり
			伯任	伯恁
1	3		地名なし	地名「新谷」を「達馬」の西に置く
			地名の「默無那」なし	「默無那」あり
		紅海	西紅海を紫に彩色	彩色なし（洲のみ灰色）
			「亜耶」「訝泣児」地名なし	「亜耶」「訝泣児」地名あり
			地名の「那由抜」なし	
2	1		「亜刺原湖」東の水系なし	
			「仙徳」に変更	人仙
2	2		厄尓米尓	厄尓米尓
			地名「以田」なし	地名「以田」
			地名「里抜」「刺抜」「勃尓」なし	地名「里抜」「刺抜」「勃尓」
			得白得	淂白淂
			社尓斯當の領域と同色	
2	3		泊木とし10°東に記す	泊本
			「星宿海」と「島勃」の間に水系なし	「星宿海」と「島勃」の間に水系あり
		應帝亜	「帝亜」のみ「應帝亜」の「應」が欠落	帝應「應帝亜」の「亜」が欠落し、逆
3	1		利奈河	利奈古
			なし	現在のアムール河と支流あり
			なし	現在のアムール河と支流あり
			北西は支那韃靼の黄色に彩色	
			「大清」国内の省区分はなし	国内の省区分は破線で示す
			水系　欠　黄河もなし	
3	2		なし	現在のアムール河と支流あり
			剥離部分があり、部分的だが、北蝦夷（樺太）は「泊瓦・卯」と読め、ゴアのロシア呼称の踏襲は明らか。	「泊瓦里卯」北蝦夷（樺太）を（ソガリウ）と名付け、ロシア名で呼称する。
			北蝦夷を韃靼（蒙古）と同じく黄色で、蝦夷（北海道）を満州と同じく赤で彩色。蝦夷を大日本と別色で彩色する点も、ゴアを踏襲する。	北蝦夷「泊瓦里卯」は、支那 韃靼と同じ黄色、蝦夷は大清、萬□と同じ赤で彩色。黄色の大日本とは別とみなした。但し、朝鮮と九州が黄色であるため、色数が少ないために、同色を多用したと思われる。
			大清　国内の省区分はなし。	大清　国内の省の区分と省名が記される。
			水系を欠き、黄河もなし。	水系あり。
3	3		---	180°（現在の161.5°）で黄道が赤道をクロスし、カナリア諸島を通る本初子午線に対応する。
4	1		「夏至規」記載なし。	4-2と合わせ、「夏至規」あり。
4	2		---	---
4	3		「規」なし。	極圏を示す線に「規」のみ記入
			「未審此地」なし。	「未審此地」記入
5	1		「未審此地」（ゴア4-3）より移動	
			東紅海　紫に彩色。	東紅海に彩色なし。
5	2		米止ヾ比（ミシシッピ河）中流の水系なし。	米止ヾ比（ミシシッピ河）中流の水系

			河川名「印里乃私」なし。	河川名「印里乃私」(*イリノイ*)
			「新阿尓」を欠く。	「新阿尓」(*ニューアチジ　?*)
			地名表記のため、「新皮私カ以」、「寡太刺牙刺」、「墨古亜剛」、「寡私太」、「亜加布尓」の地名枠内を彩色せず。	
5	3		水系なし	「麻列卯土」「勿羅洛多」間を南西流する水系
			水系なし	「的入私的」西方の水系あり
			ゴアと同じく色区分される島々があり、最大の島に甫周の著作により「古巴島」(クーバ)を追加。	松井・石黒・稲垣家旧蔵のいずれのゴアにも島名はない。
6	1		地名「新思可斉亜」なし。	地名「新思可斉亜」(*ノバスコシア*)あり。
			安知可士を「安知可土」と記す。	「安知可士」と記す。
6	2		瓦郎徳礁	瓦郎徳礁　(崩し字)(*グランドバンク*)
6	3		「氷地」北、N70-80°「臥児狼徳」海岸線を描画	「氷地」北、N70-80°「臥児狼徳」海岸線を欠く。
			二百九十を二九と、三百二十を三二と一の位を略記する。	ゴアでは二百四十と経度を漢数字で記述。
			三十は三〇と漢数字、アラビア数字が混在	
			黄道にゴアには無い「秋分」を加筆	
南				
1	1		—	—
1	2		—	—
1	3		黄道に「小雪」を加筆	—
			「規」なし	「規」のみ表記される。
2	1		—	—
2	2		—	—
2	3		—	—
3	1		—	—
3	2		—	—
3	3		—	—
4	1		「厄利洽皇」と訂正している。	厄利湆皇(ギルバート)但し、松井家蔵のゴアでは「洎」と記す。単なる誤記か?
4	2		—	—
4	3		—	—
5	1		—	—
5	2		—	—
5	3		孛露の東、黄色に彩色	孛露(足でなく豆)の東、緑色に彩色
6	1		亜馬鑽の河の北側の水系なし	地名「亜馬鑽(アマゾン)」河の北側の水系
6	2		垩治尓発度尓と記す。	ゴア上では垩湇尓発度尓(*サルヴァドル*) 石黒家ゴアは洎、松井家ゴアは洎又は泊 稲垣家は湇と筆写されている。
6	3		—	—

本初子午線はカナリア諸島、□は判読不明瞭、－は記載の無いことを示す。
地名に続く(…)は現代の地図帳より追加。辞書にない漢字は(　)に注釈した。
ゴア中の地名で、北蝦夷に相当する島の「洎瓦里卯」北蝦夷(樺太)を(サガリン)と名付け、ロシアの呼称とすることは、この情報がラクスマンとともに舶来したロシアの地図に拠ることを示すであろう。ただし、ロシアの地理情報のあるものは既に蘭はじめ西欧の地図編集者に渡っており、断定はできない。

3.4　下関市立美術館蔵、香月家地球儀について

3.4.1　はじめに

筆者は先に沼尻墨僊が1855年に製作し、各地に出荷した地球儀と、これに極めて類似する英国製地球儀を紹介した（宇都宮, 1991, 1992a, b, 1994）。ここでは、江戸末期に製作された香月家旧蔵の地球儀について報告することにしたい。筆者の研究は、観察・測定に基づき地球儀の構造及び球面上の世界図を記載し、製作時の木工・金工技術と世界図情報による製作者とその周辺の世界知識・世界観を明らかにすることにある。

3.4.2　地球儀の保存状態

ここで報告する香月家旧蔵の地球儀（写真1）は調査当時、下関市立美術館に収蔵されており、木本信昭副館長によれば、山口県大津郡三隅久原の画家、香月泰男氏が手土産として東京在住の輸入雑貨商、河村幸次郎氏に贈った家蔵品の一つで、同氏没後に下関市立美術館に寄付されたものである。地球儀の支持台には「昭和廿七年香月君三隅より持参寄贈　香月泰男君の父（萩藩医）（山口県大津郡三隅久原）の所蔵地球儀」の紙片が紐で結ばれている。この紙片には製作者の情報はないが、地球儀が香月家に代々、伝えられてきたものと考えてよい。資料によれば、香月家は漢方医の秦文齢が広島から三隅中村に移住し、子の玄齢（香月姓に改姓）、別姓の文袋、孫の春齢の三代にわたって医院を開業したとされる。その曾孫が香月貞雄（歯科医）で、曾曾孫が地球儀を手放した香月泰男（画家）である。なお、上記の紙片に記された「萩藩医」は疑わしい。

後述のように、本球儀には傷が少なく、白地色の球面には日焼けや手垢、退色も見られず、保存状態が良いため、長持ちなどに収納され蔵内に保存されていたと考えられるが、現在では収納箱を欠いている。香月泰男氏が地球儀のみ持ち出したことも考えられるが、香月家では蔵を既に整理しており、確認の術はない[1)]。

写真1　香月家旧蔵地球儀

3.4.3　地球儀各部の形態

地球儀各部の計測方法は地球儀に関する筆者による既存の報告と同様、棒定規、スチール尺、曲尺、曲線定規及びノギスを用い、0.1mmまで測定した。溝状の傷部分では、針金等を傷部に挿入して記録し、間接的に定規で深さを求めた。

3.4.3.1　本体

3.4.3.1.1　支柱および支持台

球体の支持台は木製で、1枚の台木（厚みのある木板）と2本の同高の支柱からなる（図1及び写真2, 3)。支柱は長さ206-205mm、最大幅が166-163mm、厚さ14-15mmの2枚の板で、それぞれ上部には、地軸の軸受として半円状の凹形の溝がある。台木に組み立てた状態で支柱の底から溝までの高さは168mmである。また、これらの支柱の底には、4個の各々、高さ25-30mm、幅8mmの突起があり、台木（板）の溝に差し込まれる（図2)。台木は長さ366mm、幅175mm、厚さ30mmの板からなり、その各両端から13mmの上半面には、152.7×8.2mmの長方形の溝が

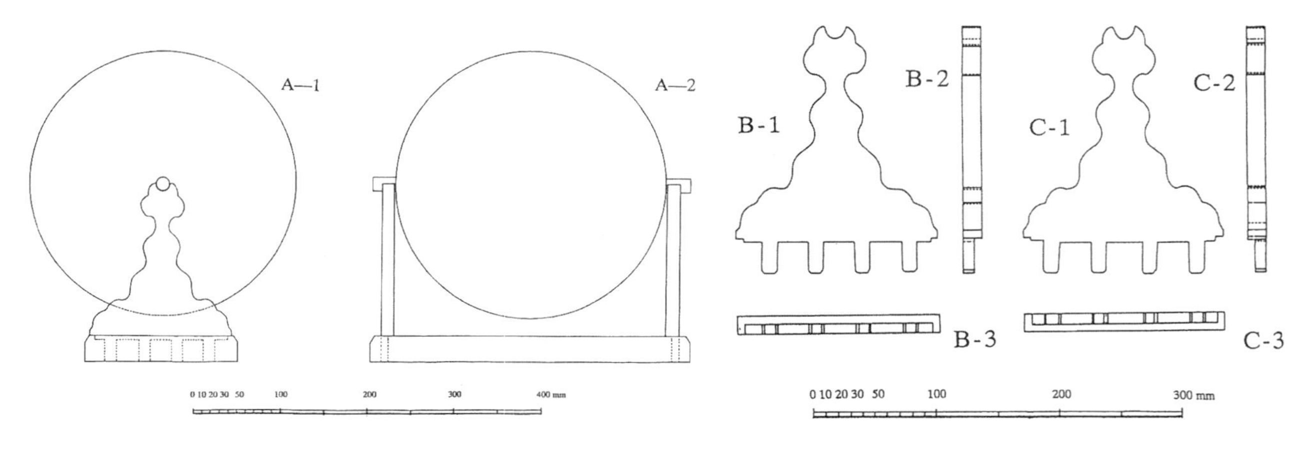

図1　香月家旧蔵地球儀　赤道及び極方向の断面図　　図2　香月家旧蔵地球儀　支柱の平面及び断面図

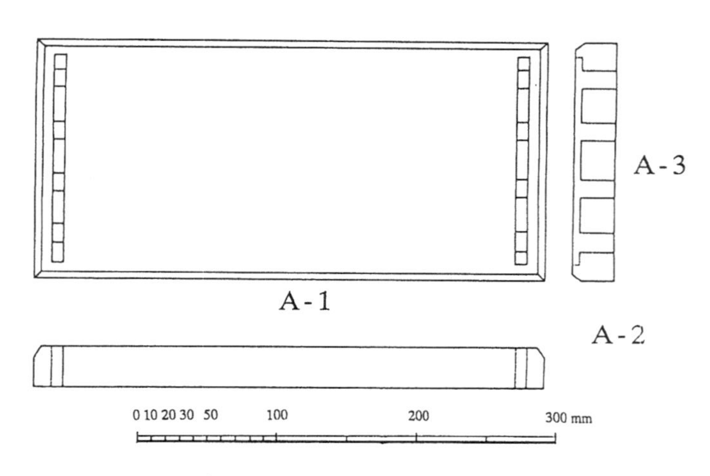

図3　香月家旧蔵地球儀　台木の平面及び断面図

ある。この溝は深さ4-5.5mmの長方形をなすが、下半部では支柱の底部をなす4個の突起の受け口として深さ25mm、幅8.3mmの角穴が台木を貫通する（図3, 写真4）。この台木の溝に上記の支柱下部の突起を差し込み、支持台として組み立てる（図1）。図1A-1は極方向、A-2は赤道からみた組み立てた状態を示す。

台木に支柱を差し込み組み立てると、ほぼ等しい高さの2本の支柱で支えられる球体の南・北極側の地軸は水平をなし、あたかも逆さにした自転車の車輪とforkの形をなすため、車軸型地球儀とも呼べよう（図1, 写真5, 6, 7）。両極の高さが等しいことは、単に安定上の都合か否かは不明である。少なくとも、地球儀の地軸の傾きを天文学上の地軸傾度に合致させていない。また、墨僊（1855）のような、地軸傾度を、学童に上から見下させる教育的配慮や、我が皇国を上に配するという政治的配慮はみとめられない。

写真2　台木と支柱

写真3　台木と支柱

写真4　支柱下部の突部と台木の溝及び角穴

写真5　香月家旧蔵地球儀　赤道部分

写真6　香月家旧蔵地球儀　北極部分

写真7　香月家旧蔵地球儀　南極部分

3.4.3.1.2　地軸

地軸は褐色の木の円柱からなり両極に固定され、球と一体をなす（写真8)。球体の内部は不明であるが、両極に接続する地軸の切り口が微かに斜めをなし、その長さは南極部では27.2〜28.3mm、北極部では26.4〜25.1mmと異なる。さらに、北極、南極側に接する地軸の直径も、それぞれ、15.4〜16.5mm、16.3〜17.1mmを示す。微細であるが、両極側で長さと直径が異なる地軸に鱗片状の削り跡が認められるため、地軸は轆轤の回転による加工ではなく、刃物で円柱状に削り出されたことを示す。

写真8　地球儀　南極側の地軸

3.4.3.1.3　球儀

球の直径は地軸すなわち子午線方向で309mm、赤道上で305mmを示し、測定方向により異なる。球の表面には所々に黒褐色の染みが散在するが、白色で光沢を有する。球面上の2ケ所の傷のうち深さ1.5mmの傷には白色の胡粉[2)]が見られる。瑚粉の厚さは、少なくとも、傷の深さ以上と推定されるが、球内部の構成物質は不明である。両極に接続する地軸は堅牢であり、上述の鱗状の削り跡は、一塊の木から球が削りだされ、球と地軸が一体をなすことを示唆する。大まかな球と南北極の地軸を削り、荒削りの木球の表面を粘性の強い胡粉でオキアゲ（上塗り）し、球体に整え、さらに薄めた胡粉を塗布し、乾燥後、磨いたと推定される。艶のある球面に一定方向を示す擦痕が認められ、乾燥したトクサで磨いたことを示す。なお、球を軽く弾いても、中空を示す特有な音が聞かれないため、上記の推定を支持するが、詳細は英博物館で一般的な調査手法であるX線写真撮影で明らかとなろう。

3.4.4　球面上の世界図

一般に地球儀の球面はゴア（舟形様の断裂世界図）を貼り合わせて製作されるが、この地球儀では胡粉からなる球表面に直接、世界図及び長さ475mm余の12本の子午線が描かれている。写真9は球面を多角度撮影してゴアを試作したもので、世界図の詳細な観察には必須であるが、筆者の研究を除く既存研究には皆無である。これらは、球面上の一面あるいは特異事象にのみ焦点を当てた、所謂つまみ食い的な研究を示す。本図により、詳細な吟味を進めなければならないが、ここでは、その2、3について記載する。子午線間隔は約30°で、球面上で測定すると赤道上の子午線間隔は約80mmである。赤道は経度を示す数値とチックを欠いた黒の太い実線のみで、所謂、梯状記号（Ladder symbol）ではない。子午線に対応した緯線は描かれず、リッチ系世界図に一般的な正帯、暖帯、寒帯の境界線を示す肉太の実線が描かれている。その境界線の幅は一様でない。地軸を左右に移動しないよう支柱に

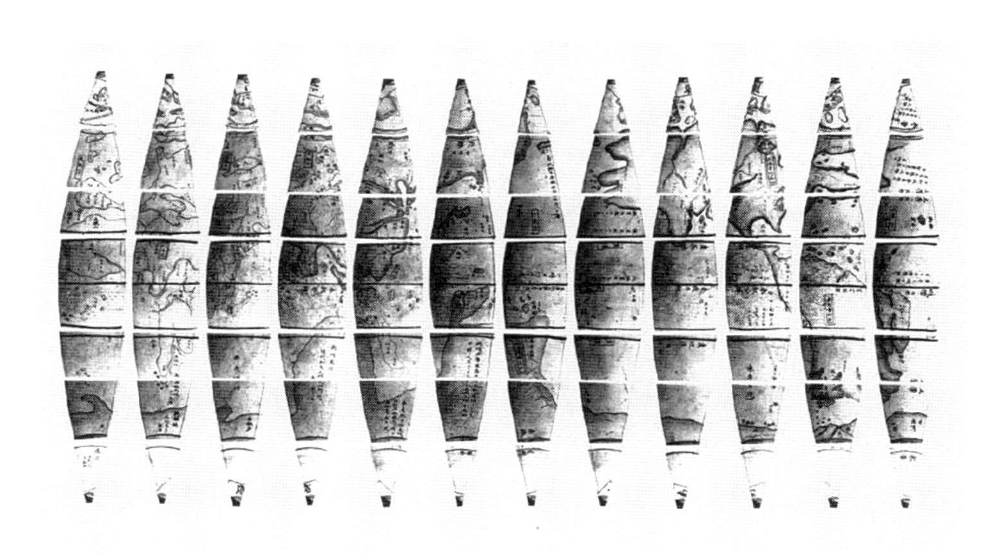

写真9　香月家旧蔵地球儀球面上の世界図
（部分撮影によるゴア表示、但し、接合部の重複を含む）

留め、筆先を球面に接触させ、球を回転すれば、比較的、容易に同幅の線を描くことは可能であるが、線幅がランダムに変わるため、筆先を機械的に固定せず、単に手で支えたのみの、フリーハンドによる線描と考えられる。これに比べて、12本の子午線は、ほぼ同じ幅のシャープな細線で描かれる。これらの細線の記入には大工の使用する墨壷あるいは竹箆の使用が考えられるが、墨壷は平面では正確に直線を描けるが、球面に沿う直線を引くことは難しい。また、墨壺の糸では糸のケバが線に加わり、シャープな細線は描けない。弾力のある薄い金属板または薄い帯状の竹を球に巻き付け、その縁に沿い竹箆か細筆で線を記入したと推定される。

球表面の世界図で本初子午線の特定はできないが、子午線の一部は鐵島の西、アフリカ西岸沖の2島の西（現在の経度で西経25°付近、但し、世界図の水涯線が現在とは異なるため、地域により数度の誤差がある。なお、国、地域名は主に球面のそれに加え、現今の名称を使用する）を通る。また、アフリカのザンベジ河の東から、英国のグリニッジ、イギリスとイベリア半島部分では30度毎に描かれるが、東アジアの朝鮮や日本付近の子午線間隔は誤差が大きいようである。北半球側で、赤道と子午線の交点に「┐」を加え、矩形枠を描き、十二支が記入されている。この世界図では東南アジアの島々の相対位置すら不充分であるため、正確ではないが、日本の琉球と台湾の間からセイラとエンテを通る子午線（以下、数値は現在の経度を示す）125～130°Eまたはセラム島の西の127°E、に申が、そこから時計回りに、酉（「スマタンラ」西、100°E)、戌（インド洋モルジブ諸島の西、65°E)、亥（モザンビークの35°E付近)、子（英国グリニッジ付近からフランス、ガーナの5°E付近)、丑（福島、鉄島の西、20°W付近)、寅（ニューファンドランド島を切りアマゾンを通る、55°W付近)、卯（フロリダ東、パナマ東、南米では、西岸沖、100°E)、辰（東紅海（カリフォルニア湾）の東、105°W)、巳（140°W付近)、午（ベーリング海峡の175°W、オーストラリア大陸の東、サモア付近180°W)、未（カムチャッカ半島東、オホーツク海、日本東方、ノウハキ子ア（ニューギニア、ヨーク岬半島の東、メガラニカ東部を切る150°E付近）が記入されている。ここでは、日本の南を「午」とする製作者の意図はなく、原図に描かれたとおりの図形や記載に従って球面に描いたことがうかがえる。

山地、山脈を示す黒色の「∧」記号と水系を除くと、海域と未記入の陸域は胡粉の白色をなすが、アジア、ヨーロッパ、北米、南米、メガラニカの5大陸の海岸線は各々、赤、黄、青、緑、茶色で縁取られている。なお、原図の特定に重要な文字情報として子午線の「午」と「未」に挟まれる赤道北側の「一時日行二十度」（写真10）が挙げられる。文字部分を拡大すると、文字の「行」と「二」間に認められる黒褐色の点はその周辺の球面上でも散在

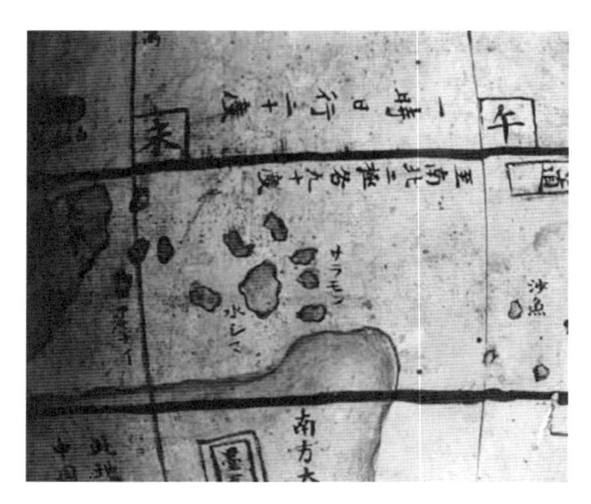

写真10　子午線「午」、「未」の間に記された「一時日行二十度」

写真11　写真10の部分拡大
「二」の上の点は周辺に見られる変色と同じ変色部分で、「三」ではない。

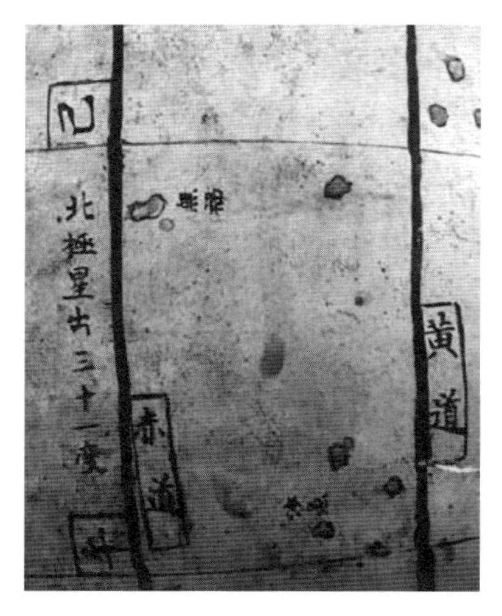

写真12　文字「三」の筆跡

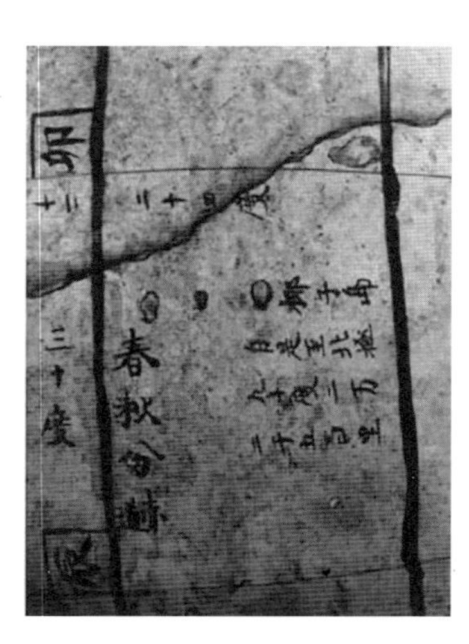

写真13　文字「三」及び「二」の筆跡1

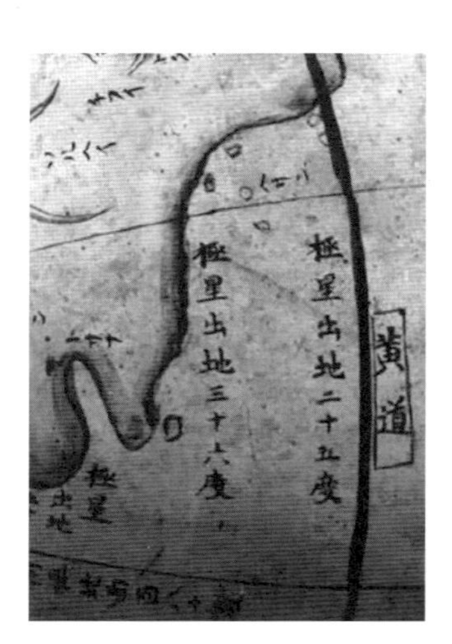

写真14　文字「三」及び「二」の筆跡2

する変色であり、「三」の文字の「一」の部分が消えているわけではない（写真11）。念のため、「二」と「三」の文字の運筆を球面上の他の部分の文字を抽出して比較すると（写真12, 13, 14）、両文字の区別は容易である。

江戸時代の本邦製世界図はリッチ系世界図、蘭学・洋学系世界図と仏教系世界図に区分される（鮎沢, 1949）が、鮎沢文庫蔵の諸地図の観察によれば、この地球儀球面の世界図の海岸線の輪郭は「地球一覧図（三橋釣客: 天明3, 1783）」、「地球萬國山海輿地全圖説（長久保赤水, 1788）」、「地球萬國山海輿地全圖説（田謙校閲, 天保15年, 1844）」、「地球萬國山海輿地全圖説（山崎美成, 嘉永3年, 1850）」などのリッチ系世界図に類似する。注記や「南極」及び「北極」の文字が長方形の枠内で囲まれる点は赤水の世界図（赤水図）と同様である[3)]。そこで、赤水図及びその普及版世界図と本地球儀の世界図を吟味すると、普及版世界図の中の山崎図および田謙図に酷似することが明らかとなった。山崎図、田謙図と球面上の世界図の比較結果を列記すると以下のとおりである。

1）山崎図の「小東洋」南方の注記「一時日行三十度」は、田謙図では「一時日行二十度」であり、球面世界図の「一時日行二十度」と一致する。

2）球面世界図のメガラニカ北方の文字「申」南東の「美峯」などの地名のある半島の輪郭は田謙図のそれに近い。

3）球面世界図の「鶴島」は田謙図にあるが山崎図にはない。

4）田謙図と同様に、「フル子ホ」の南東～東にかけて島が描かれていない。

5）スマトラ島の輪郭は山崎図よりも田謙図のそれに一致する。

6）ポルトガル、スペイン付近の地名は同一である。

7）マゼラン海峡の南の地名、フェゴ島「空」「南湾」は一致する。

8）北アメリカ大陸の地名は一致する。

9）球面世界図のカリブ海に見られるケバ状の3島は田謙図に一致する。ただし、山崎図はケバの上に濃い彩色しているため、これを無視すればケバ表示となる。

10）大陸の文字が角枠に囲まれている。

11）文字が類似の位置にある。

12）山崎図では「イギリス」、球面上世界図では「インギリス」となる。

13）注記、文が一致する。

14）「春秋分晝夜平線」の注記が一致する。

15）南北極の文字が長方形の枠で囲まれている。

以上を総合すると、本地球儀球面上の世界図は多くの点で田謙校閲のいわゆる田謙図に一致するため、香月家旧蔵地球儀の世界図は田謙図にもとづき製作されたことは明らかである（写真15）。香月家旧蔵地球儀が「一時日行二十度」の錯誤を含めて田謙図に忠実に基づくとしても、詳細にみれば、手本とした田謙図と球面上の世界図とは30余の相違が指摘される（表1）。なお、Kawamura他（1990）、海野ら（1990）は田謙の世界図の球形化と注記した一覧表を公表したが、その根拠は記載していない。

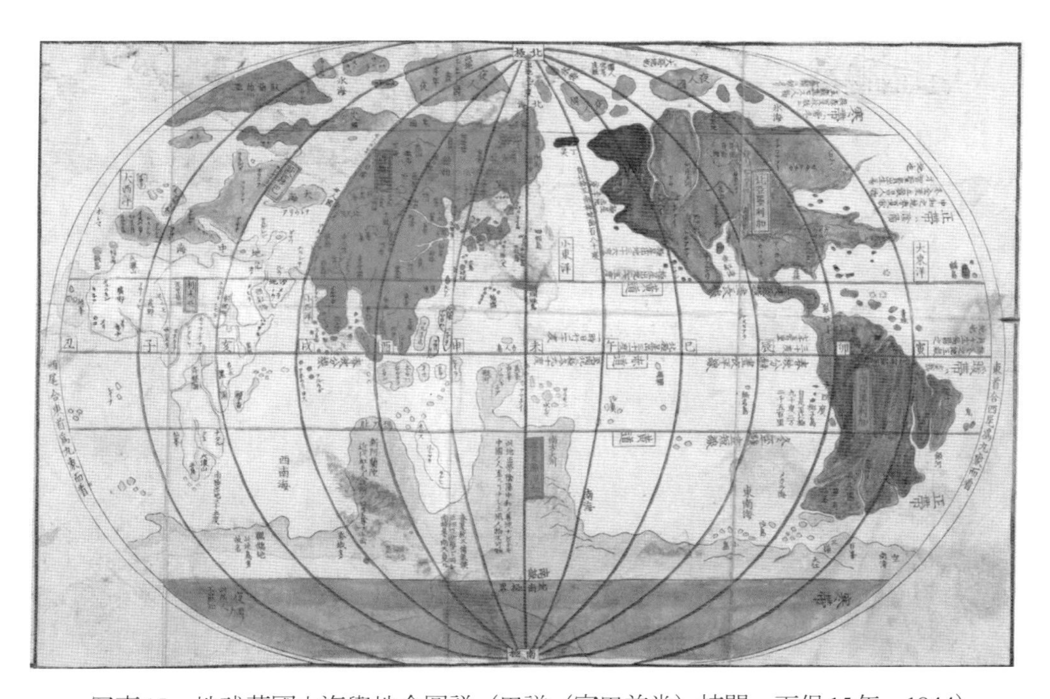

写真15　地球萬國山海輿地全圖説（田謙（家田兼堂）校閲、天保15年、1844）
筑波大学付属図書館蔵田謙図の図郭内、世界図のみを示す。

なお、田謙図に関して、若干の解釈を加えれば、以下のとおりである。鮎沢文庫蔵の赤水図、田謙図及び山崎図の観察によれば、赤水図と山崎図は、既に記載したように子午線の間隔は、いずれも「一時日行三十度」であるが、田謙図には「一時日行二十度」と記載されている。編集・校閲または発行者に天文学的知識があれば、原図及び試刷段階で、「二十度」の誤りを訂正したであろう。鏤刻者の「二十」の誤りを試刷りで発見しても採算重視で印刷したことも考えられるが、印刷後でも「二」の上に「一」を加えて訂正することは容易なため、監修者の田謙には測地・天文学的または地理学的素養が皆無であったと考えてよい。田謙図が「山崎美成の校訂図よりはるかによくできている」との指摘（鮎沢; 1953, p.217）が、少なくとも記載内容に関するものであれば、錯誤と言わざるを得ない。したがって、赤水図の普及版世界図の監修者としての田謙は、現今の出版物で見るところの「発行者」に相当する一般識者と考えてよい。同じ普及版でも山崎図は「三十度」であり、その意味を理解していたか否かは別として、赤水図の値に忠実である。なお、この田謙を尾張藩儒学者、冢田謙堂（1804-1868）とする説を目にしたことがあるが、詳細は不明である。そうであれば、「二十」の錯誤は納得できるが、江戸当時には本人了解なしの借名出版物もあり、本人は無関係かもしれない。

3.4.5　地球儀の製作環境

地球儀の製作年は田謙図の刊行、明治の学校教育及び香月家檀家寺の過去帳などで推定可能である。本地球儀の製作は田謙図の発行年（1844年）を遡ることはないが、田謙図刊行と地球儀の製作者または依頼者の当該地図の入手のタイムラグを考慮し、1844（＋α）年に製作されたとする。明治5（1972）年の学制下付、明治元（1868）年刊小幡篤次郎著「天変地異」、福沢諭吉の慶応2（1866）年刊「西洋事情」、明治2（1869）年刊「世界国尽」、明治3～7年刊のゴールドスミスらの邦訳教科書「輿地誌略」等の教科書による初等教育[4]で迅速に天文知識や最新地理情報が移入されたが、子供を通した知識の親の世代への普及は遅れたとはいえ、旧態然としたリッチ系世界観は払拭されたと考えざるを得ない。明治9（1876）年の「改正小学入門双録」中の錦絵（筑波大図書館蔵）には、日本及び世界地図の掛地図で説明する教師と生徒が描かれている。この点から、リッチ系の世界図による地球儀の製作は明治以降では考えにくい[5]。中央、地方の就学率も異なるため[6]、明治以降をどの時点とするか迷うが、ここでは学制下付の明治5（1972）年を目安としておこう。一方、香月家の檀家寺の過去帳によると、泰文齢が天保11年没（-1840）、文袋が安政3年没（-1856）、玄齢（1834-1874）が明治7年没、春齢（1852-1942）が昭和17年没とされている。当然、泰男や朝鮮で客死した放蕩三昧の貞雄に学問的探究心は皆無として除き[7]、彼らの生年と活躍年代から判断すると、この地球儀は、文袋（-1856）か玄齢（-1874）の代に香月家に入手されたと推定される。以上のことを総合すると、田謙図刊行年と地球儀の製作者または依頼者の当該地図入手の間のタイム・ラグが不明なためαとし、この地球儀の製作は1844（＋α）～明治初年の1872年、遅くとも1874年の間に製作されたと推定される。

江戸時代では、赤水（1788）の地球萬國山海輿地全圖説、三橋（1783）の地球一覧図、稲垣（1802）の坤輿全圖、田謙（1844）の地球萬國山海輿地全圖説、山崎（1850）の地球萬國山海輿地全圖（説）などのリッチ系世界図が作製される一方、地球分双卯酉五帯之図（沢田員矩, 1759）、萬國地球全圖（桂川, 18世紀末）、北槎聞略中の地球図（桂川甫周, 1792）、圓球萬國地海全圖（石塚崔高, 1802）、喎蘭新譯地球全圖（橋本宗吉, 1796）、新訂萬國全圖（高橋景保, 1810）、銅版新訂萬國全圖（高橋景保, 1816）、大日本輿地便覧中の五界萬國地球全圖（山崎義故, 1834）、北極中心世界地図（小坂井道豪, 1837）、櫟齋阿部喜任の嘉永校定東西地球萬國全圖（栗原信晁再校, 1838）、新製輿地全圖（箕作省吾, 1844）など、それぞれの時期において入手しうる西欧最新情報による世界図が作製され、そのいくつかは刊行されている。

このように、最新西欧情報に基づく世界地図の発行と、その充分な流布時間があるにもかかわらず、著しく古い世界観を示す田謙図が地球儀製作の手本とされている。橋本、高橋らによる世界図[8]の40〜50年後における地球儀製作であるため、これらの地図が既に入手困難であった可能性もある。西欧の最新地理情報は、鎖国時代では一部支配階級/知識階級に囲い込まれ、あるいは秘守されたが、1830年代前半には、江戸市中で世界地図を路上販売する売り子が円光寺住職により観察されており（鮎沢, 1949）[9]、その新旧は問わないが、世界図が必ずしも限定されたとも思えない。

最新世界情報の入手が長崎や九州の港などに、また、その充分な咀嚼と世界図発行が江戸、大阪などの都市に限定されたため、製作依頼者及び製作者の居住する山陰・山陽地方では入手困難であったことも考えられる。香月家旧蔵の地球儀と同型の車軸型地球儀が、北海道（森町）、中国地方（萩）、奥州（一関）、九州（久留米）、国立科学博物館（東京）に残存している。萩は台木が収納箱を兼ねる点で異なるが、一関市博、萩市博とこの香月家旧蔵の地球儀は、台木の板と支柱がほぼ同じ形態の車軸型地球儀である。当時、漢・蘭方の両医学界に反目があれば、漢方医を生業とした香月家が唐渡りの情報を重視したことも十分に考えられるが、これらの解明には、当時の両医学界の相互関係の把握が重要となる。

この地球儀球面の世界図は、ほぼ同時代に製作された沼尻墨僊（1855）、角田桜岳（1856）[10]らの地球儀に比べると、著しく粗雑である。江戸時代の片田舎では最新の世界図情報の収集と比較検討は困難で、当時、リッチ系世界図の赤水図やその系統の世界地図が庶民に深く浸透していたため、地球儀の製作依頼者または製作者が西欧文化を軽視する環境（?）にあれば、漢方医の秦家にとっては、赤水図系統の地図のみが拠所であったことも推定される。出島や九州の港から大阪や江戸を結ぶ幹線沿いにあり、最新情報の伝達者の頻繁な往来にもかかわらず、その沿道の諸国へ情報が伝達しなかったことは注目に値する[11]。これと同様なことは、21世紀の情報通信化時代にも、PCや技術の有無や、通信ケーブルへの接近の度合いあるいは通信速度如何などによって起こりうるであろう。

3.4.6　まとめ

下関市立美術館蔵の香月家旧蔵地球儀の形態、地球儀球面の世界図を記載し、残存する世界図のうち、田謙図に基づくことを明らかにした。本地球儀は田謙図刊行の天保15（弘化元）年の数年後（1844＋α）から明治5（1872）年、遅くとも1874年以前に製作され、玄齢の代までに香月家により入手されたと推定される。江戸末期の地理情報として、田謙図は著しく古いが、江戸、大阪からの遠隔地では最新情報が必ずしも伝わらず、地球儀の製作者または依頼者がリッチ系世界図の田謙図のみを保持したか、支那経由の情報を重視する環境にあったと推定される。

3.4.7　あとがき

地球儀の研究段階としては①単なる発掘、②収集、③一部に着目した予見的な記載や考察、④定性・定量的記載による科学的記載及び考察が考えられるが、②③の段階では事実の記載が故意に省略または歪曲されることがあり、情報の囲い込みにより、読者に著しい誤解を招くことが多い。筆者は④段階の科学的記載を主眼とした研究を進めているが、今後、多くの地球儀を記載し、考察段階に近づけたいと考えている。一瞥と直感による記載も一概には否定しないが、実体を見ずに史資料にのみに依存する記述は科学論文からは、ほど遠い作文と言わざるをえない。

謝辞

地球儀の調査から本稿執筆まで長期間を要したが、地球儀の計測・撮影と調査を快諾された下関市教育委員会、下関市立美術館館長、副館長をはじめ、館員の方々、特に、貴重な情報を頂いた木本副館長、濱本聰学芸員、実際の調査、計測で多大な協力を頂いた井土、藤本両学芸員に謝意を表する次第である。

注

1) 木本副館長の入手した資料による。

2) 水海道在住の彫刻家で人形製作者の鳥山建治氏によると、胡粉は牡蛎殻を粉末にし、膠を加え練り上げたもので、調合により粘土状にも液状にもなる。人形の顔、手足などは粘土様の胡粉で下地を作り、固化した後にナイフで削り整形する（オキアゲ）。表面の仕上げ加工には薄い液状で粘性の少ない胡粉を用い、仕上げには目の細かい網で濾した牡蛎殻粉と濃度の低い膠を混合した胡粉を使用し、乾燥後、表面を乾燥したトクサで磨き艶出しを行うと説明された。

3) 赤水図の赤道には、30度毎の子午線の間に5度毎にチックが付されているが、方位を示す十二支は記載されていない。

4) 明治5年に義務教育の施行、明治6年に東京師範の開校をみる。筑波大図書館蔵の錦絵「改正小学入門双録」には、日本地図、球形世界図の描かれた掛地図を前にする教師と生徒が描かれている。「改正小学入門双録」は明治9（1876）年出版の錦絵の双六で、掛図「小学教授双六」にも同じ世界図が描かれている。福沢諭吉は、明治2年に七五調の文体で世界地理を解説した5巻5冊、付録1冊からなる「世界国尽」を著した。また、明治3年から7年には世界地誌の抄訳教科書「輿地誌略」が広く普及したとされる。この項は筑波大学附属図書館　1997年8月4日～8月9日開催の特別展『明治のいぶき』黎明期の近代教育-幻灯・錦絵・教科書—資料を掲載したHP情報による。

http//www.tulips.tsukuba.ac.jp/exhibition/Ibuki/frontpage.html　http//www.tulips.tsukuba.ac.jp/exhibition/bakumatu/setumei.html 20041204

5) 仏教系世界図や球儀については明治期に至っても製作されたことが知られている。

6) 卜部（2000）によれば、明治19年（1886）の小学令発布前の明治6年では、男女の就学率は各々、40%、18%で高くはないが、すでに初等教育が軌道にのっていたことを示している。なお、明治19年の中国地方における女子就学率は鳥取を除くと40～50%に達している。

7) 逆に、遊び人の貞夫の交流範囲の広さが地球儀の入手に利したとの逆説的な見方もできる。

8) 新訂萬國全圖（高橋, 1810）、銅版新訂萬國全圖（高橋, 1816）などの流通は極めて制限された。蘆田文庫所収の長久保赤水の筆写本では「部外秘」の注意書きが記されてあり、知識階級の間でも、西欧最新情報の伝達が秘密裏に行われたことを示している。

9) これらの地図が、最新地理情報に基づくとは限らないが、状況は、西部開拓時を時代背景とした映画「Far and Away」の中で、米国東部の港に上陸した主人公が雑踏で目にした声高に叫ぶmap売りと同様であろう。

10) 角田桜岳の地球儀と球面の世界図については調査中であり、比較のための詳細情報を開示せず記載せざるを得なかった。

11) 岡本（1948）によれば、1590年、遣欧使節が上京途次、諸侯の訪問を摂津室津で受けた際、西欧将来品を披瀝した（岡本, 1948, p.173）とされる。既知のとおり、その後もシーボルト、ケンプフェルなど、西欧知識人の往来が認められる。

文献

鮎沢信太郎（1948）: 地理学史の研究. 愛日書院, 429p.

鮎沢信太郎（1949）: 近世日本の世界地理学. 50-51, 66p. 東光協会, 東京.

卜部朋（2000）: 明治期の女子初等教育不就学者対策—発展途上国に対する日本の教育経験の移転可能性に関する研究— 広島大学教育開発国際協力研究センター　国際教育協力論集, 3 (2), 115-132.

鮎沢信太郎（1953）: 世界地理の部 p.217, 鎖国時代 日本人の海外知識. 開国百年記念文化事業会編, 乾元社, 498p. 東京.

Kawamura, Hirotado, Kazutaka Unno & Kazuhiko Miyajima (1990): List of old globes in Japan. Globusfreund, 38 173-177.

Elly Dekker and peter van der Krogt (1993): Globes from the western world. Trevor Philip&Sons Ltd. Of St. James's, London,.183p.

岡本良知（1948）: 九州三侯遣欧使節の贈答品. 153-206. 桃山時代のキリスト教文化. 206p.

冢田謙堂（1844）: 地球萬国山海輿地全圖説（田謙校閲, 天保15年, 1844）筑波大学付属図書館蔵.

筑波大学附属図書館　1997年8月4日～8月9日開催の特別展『明治のいぶき』黎明期の近代教育-幻灯・錦絵・教科書―資料を掲載した　HP www.tulips.tsukuba. ac.jp/exhibition/Ibuki/frontpage.html　http//www.tulips.tsukuba.ac.jp/exhibition/baku-matu/setumei.html 20041204
海野一隆・宮島一彦・川村博忠（1990）：現存和製地球儀・天球儀一覧表　地図情報, 9 (4), 35-36.
宇都宮陽二朗（1991）：江戸時代地理学史研究への新たな視点. 地理, 36, 6, 45-51.
宇都宮陽二朗（1991）：沼尻墨僊の考案した地球儀の制作技術. 地学雑誌, 100, 1111-1121.
宇都宮陽二朗（1992）：沼尻墨僊作製の地球儀上の世界図. 地学雑誌, 101, 117-126.
宇都宮陽二朗・杉本幸男（1992）：幕末における－舶来地球儀について－土井家（土井利忠）資料中の地球儀, 日本地理学会予稿集, 42, 130 - 131.
宇都宮陽二朗（1993）：地球儀にまつわる傘のはなし.筑波応用地学談話会会報 TAGS, 5, 71-85.
宇都宮陽二朗・杉本幸男（1994）：幕末における一舶来地球儀－英国BETTS社製携帯用地球儀について, 地図32, 12-24.

表1　球面世界図と田謙図の相違点

球面上の世界図	香月家地球儀	田謙図
アジア／西欧の境	モスコビッチの北にも赤線あり	亜細亜の北で終わる
北極海　　赤い線	あり	なし
北天竺の南の地名「波斯」	なし	あり
「戎」の東、南天竺の「南」の島の位置	面積小で西に移動	面積大で正確な位置
北京の西　「山西」	あり	なし
北京の西　「冀」	なし	あり
ジャワ島「西」の南　ジャガタラ　ジャガタラ	ジヤカラ（タ抜ける）	ジヤガタラ
ホルス西の4島	位置が異なる	正確
ホルス北東の島嶼の数	4島	5島
エゾ、三十七島	位置が異なる	
野島、金、桂の島の文字	全て嶌と標記	
日本、“へ”の形	富士山形	半月形
銀島	嶌と標記	
USAとアラスカ国境付近「キヒラ」	なし	あり
北亜墨利加の帝清河	清の「月」が「日」となる	清　正確に「月」である
椰子島の南の線の名称「冬至黃道」	なし	あり
東南海の南の小島	嶋と標記	
北米ハドソン湾付近　地名	ホタヲカ　　ア、チが欠	ホタアチカ
南亜墨利加西方の地名　マカリ	なし	あり
正帯ハ	中和ノ	中和之
寅の東	偏陽ノ地ナリ	偏陽之地也
トソ	？ノ	トソ
キ子アの西　緑峯など3島に名前	なし	あり
利未亜の東の地名	２つナシ	トル子シ
利未亜の南	コフマシテヤ	カフマンテヤ
モスコビチ	モスユビチ	モスコビチ
亜細亜の西　　一目國	なし	あり
中天竺の南の2地名　東女國	なし	あり
ベンガラ	なし	あり

3.5　萩博物館蔵妙元寺旧蔵の地球儀について

3.5.1　はじめに

この国に現存する地球儀の研究では、その一部と球面上世界図の一瞥が大多数を占める。萩博物館蔵の地球儀も、詳細な調査による記載を欠くが、下関美術館蔵の香月家旧蔵地球儀[1]に外観上、酷似する。平成7年（萩市郷土博物館）及び20年（萩博物館）の2回にわたりこの地球儀を計測・調査を実施したので、これらの調査結果について報告する。なお、本稿は日本地理学会（2009年3月）及び三重大学人文学部研究誌「人文論叢」26号（2009年）に報告した内容に若干の修正・加筆したものである。

3.5.2　地球儀の保存状態

ここで報告する地球儀は萩市郷土博物館当時の樋口尚樹学芸員（当時）によれば、萩市の妙元寺の中所（ナカゾ）住職が所蔵した地球儀（写真1, 2, 3, 4）で、同寺の廃寺後、同館の所管となり、平成20年現在では萩博物館蔵の所蔵となっている。この地球儀は、収納箱の蓋が地球儀の支持台を兼ねている。その収納箱の内側の底部には新聞の切れ端が敷き詰められている。それには「大相撲夏場所四日目夕刊続き、双葉の妙味愈々冴ゆ、白扇ひらめき夏気分、大相撲夏場所四日目の十日は・・・好取組豫想五日目（11日）・・・、株式名義/當會社定款第二/十五日ヨリ定時株/書換ヲ停止ス/昭和12年5月10日」（「/」は改行を示す）などの記事から昭和12年5月10日ないし11日附

写真1　萩博蔵地球儀　赤道上より撮影

写真2　萩博蔵地球儀　北極

写真3　萩博蔵地球儀　南極

写真4　萩博蔵地球儀　赤道　メガラニカ及びニューギニア・豪州

割引新債券賣出

株式名義書換停止公告

倉敷絹織株式會社

東京日本橋三越前 大黒屋

日本燃料工業株式會社

写真5　昭和12年5月附新聞記事株式名義書換停止公告

大相撲夏場所 四日目

双葉の妙味 愈々冴ゆ

白星ひらめき夏気分

写真6　昭和12年5月附新聞記事
大相撲4日目の取組み結果

新聞の一部であることが知られる（写真5, 6）。若干の前後はあろうが、素直にみれば、地球儀は、新聞発行日以前に存在していたことになる。

萩市郷土博物館では、収納箱の中に、「地球儀全高七二、球径三十　幕府天文方　堀田仁助によって文化五年（1808）頃に作られた　萩市郷土博物館」[2)]と墨筆の和紙片が同封されていたが、萩博物館における再調査の際には、この紙片は見出せなかった。

3.5.3　地球儀各部の形態

地球儀各部の計測方法は既報告と同様であり、棒定規、スチール尺、曲尺、曲線定規及びノギスを用い、0.1mmまで測定した。溝状の傷部分では、紙や針金等を間に挿入し、間接的に定規で長さを求めた。なお、取材や文学調査ならいざ知らず、物理的測定では当然のことであるが、測定は3回行い、測定値の平均を求めている。地図の皺などを考慮すればmm単位の測定は無意味との意見や、飾職や指物師が、目の子で製作した物品を精密測定することの是非もあるが、測定値の丸めは随時可能であり、かつ、詳細値からうかがえる事実も少なくないため、精密測定を実施している。ここで、麻縄と布紐により十字結びで収納箱を固定する黒塗の角盆状の台が存在するが、これは法具収納箱の下台に相当し、明らかに地球儀及びその収納箱とは別物であるため除外したことを断っておきたい。

3.5.3.1　本体

3.5.3.1.1　支柱および支持台

球体の支持台は木製収納箱の蓋と着脱可能な2本の支柱からなる（図1）。支柱は長さ162-161mm、最大幅が137-138mm、厚さ14-15mmの2枚の板で、それぞれの上部に地軸の軸受として半円状の凹形の溝がある（写真7）。支持台に組み立てた状態で支柱の底から溝までの高さは152-153mmである。これらの支柱の底には、断面が台形をなす、長さ30-31mm、幅6mmの3本の突起があり（写真7）、支持台をなす蓋の左右端にある3個の台形の穴に差込まれる（図2, 写真8）。支持台は地球儀収納箱の蓋で兼用されるため、収納箱の説明で記載することにしたい。（図1, 2, 3）。

図1（a）は赤道から、（b）は極方向からみた地球儀及び収納箱の断面図を、図2（a）はその平面図を示す。収納箱の蓋上面の左右端に穿孔された3個の台形の穴に高さの等しい2本の支柱を差込み、組立てると、支柱で支えられた球体の南・北極の地軸は水平をなし、あたかも上下を逆にした1輪車様を呈し、車軸型とも言える（図1（a),

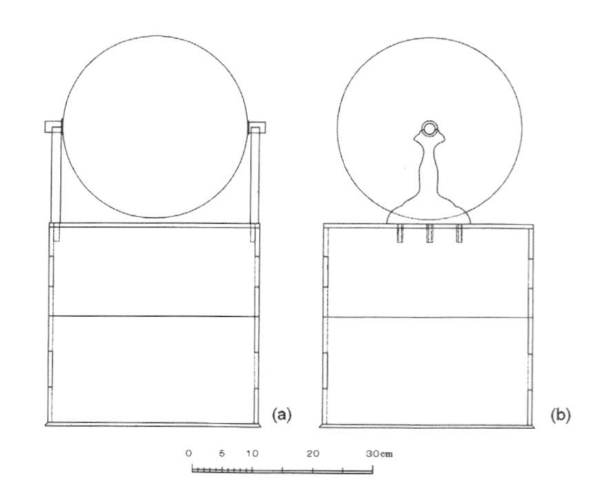

図1　萩博蔵車軸型地球儀（側面図）
（a）赤道方向の側面図　（b）極方向の側面図

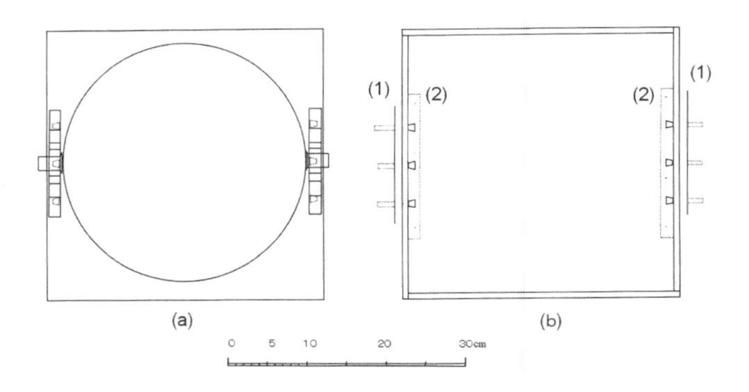

図2　萩博蔵車軸型地球儀（球体と収納箱蓋の平面図）
（a）平面図　（b）下方から見た平面図
左右の（1）は内壁側面の擦痕　（2）は剥離痕

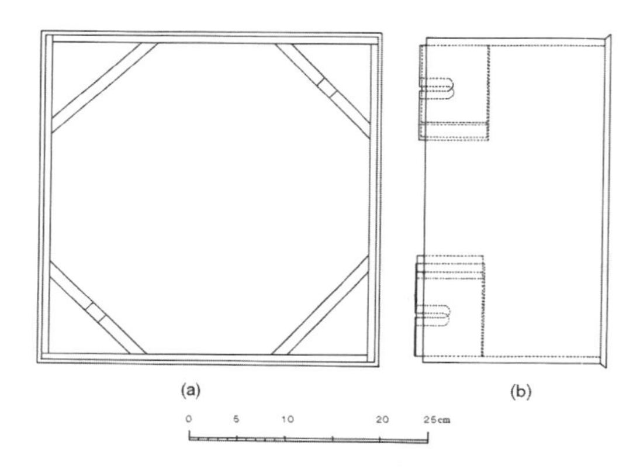

図3　萩博蔵車軸型地球儀（収納箱の平面図及び断面図）
（a）収納箱平面図　（b）収納箱断面図

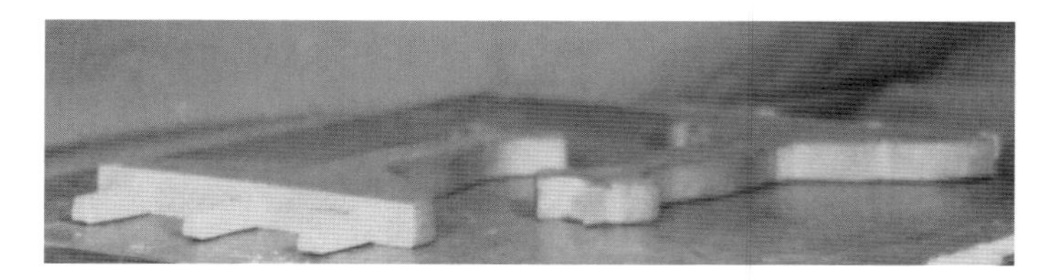

写真7　支柱下部の突起

写真8　収納箱蓋と支柱（直上から撮影）

写真4)。この地球儀で両極の高さを等しく配しており、少なくとも、地軸の傾きを天文学上の地軸傾度の23.5°に合致させてはいない。これは、製作の都合上で水平としたか、製作者又は発注者が地軸の傾きに無理解であったことを示すであろう。従って、墨僊（1855）が日本を直上に配したように地軸を傾けた教育的・政治的配慮はみとめられない[3)]。ただし、後述のように原図（世界図）に忠実に（?）従い、山陰から四国に南下する子午線を「午」の方角に一致させている。

3.5.3.1.2　地軸

地軸は木（推定）の円柱を覆う黄褐色のつばのある銅のトップハット状キャップ（直径18mm, 長さ30mm）からなり、両極部に固定され球と一体をなす（図1（a），図2（a），写真4)。ただし、北極側では球体とキャップの縁の間に1mm余の隙間がある。この地軸とそれを覆うトップハット状キャップの隙間のため、北極側のキャップは空回りする。なお、既報の下関美術館蔵の車輪型地球儀では直径15～17mm、長さ25～28mmの地軸が木製であるため、これと形態の類似するこの地球儀の片方の地軸の材質も木と考えられる。この確認には、上記の空回りするキャップを地軸から外すか、ずらす必要があり、現況では確認不可であった。

3.5.3.1.3　球儀

球の直径は、子午線方向で304.2mm、赤道上で305.1mmを示し、測定方向で異なるが、ほぼ同じとみてよい。組立てた状態で、蓋上面から球の頂部までの高さは、310.7mmである。なお、収納箱底面から球の頂部の高さは、653mmを示す（図1, 2)。

光沢のある球面の胡粉部分には日焼けが少ない。胡粉の特性にもよるが、収納箱に格納され、保存状態が良好であったためであろう。しかし、球面の数カ所では手書きによる世界図の水涯線、地名や注記が剥離している。また、ランダムな線の書込みや方位尺の円の中心に窪みが認められる。この窪みはコンパスにより円を描く際に生じたと考えられる。[4)]

瑚粉の厚さや内部の構成物質は不明であるが、両極部に固定される地軸と球を合せた重量感から、両極部で地軸を突出させた荒削りの木球を瑚粉で被覆し球に整形したと考えられるが、その内部構造と材質は今後のX線撮影かCTスキャンにより明らかとなろう。

3.5.3.2　収納箱

収納箱は、あたかも、立方体の木箱を上半部、下半部に二分し、下部を収納箱、上部を蓋としている（図1, 2, 3)。箱の縦横は、蓋の部分で349×349mm、収納箱の部分で349×348mmであり、ほぼ正方形をなす。厚さ5.6-5.5mmの収納箱の底板は箱の側板から4.2-5.2mm斜め外側に突出する飾り縁をなすため、底板部分の縦横の寸法は356×357mmである。高さは蓋で156～157mm、収納箱で187mmであり、閉じた状態で底部から蓋の上端までの高さは343mmで、この箱の縦・横・高さは、ほぼ等しくなる。図3（a, b）及び写真9に示すように対角線方向で箱部の内側の2隅に固定された軸受板と、赤道に相当する2隅の補強用（?）の保護板が収納箱の上端から12～15mm突出するため（図4, 写真10)、下の収納箱と球儀の架台をなす支柱と、台木を兼ねる上の蓋

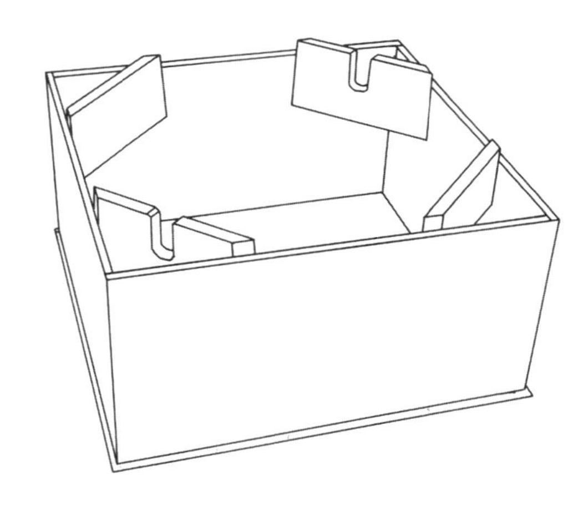

図4　萩博蔵車軸型地球儀（収納箱の俯瞰図）

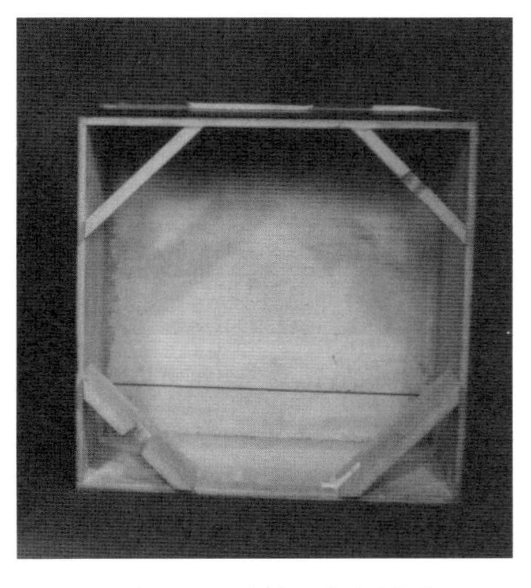

写真9　収納箱の内部構造

写真10　収納箱の構造（斜め上より撮影）

が固定される。赤道側に相当する保護板は、機能的には箱の補強保護と蓋と収納箱部分を固定するためのもので、これらの軸受板と保護板が4枚1セットで、蓋と収納箱を密着させる機能を果たすことになる。

組立てには、支柱下部の突起が、両極側に相当する上蓋表面の左右側（図1（a)）に穿孔された3個の長辺が内側、短辺が外側の台形の穴に（図2（a, b)）挿入される。図1（a, b）は蓋表面の孔に突起を挿入した状態を赤道側及び極側（側面）から見た断面図である。図2（a）は組立て時の平面図、図2（b）は蓋の内側からみた平面図で、点線に囲まれた（2）部分には板の剥離痕があり、ここに補強用の板が貼られていたことが推定される。この平面図の左右（1）の部分に、蓋の底面（閉じた場合に収納箱の上端との接合部）から内側壁上19-25mmまでに認められる擦過疵を示した。なお、博物館による整理用シールの貼り付け以外は収納箱と蓋のいずれにも、地球儀の記述は認められない。萩博以前の郷土資料館の時代には存在した収納箱の底の新聞紙の切断片が敷かれていない。これは地球儀の製作時期を推定する手掛かりとなる些細であるが重要な役割を果たす資料であろう。

3.5.4　球面上の世界図

3.5.4.1　経緯線について

この地球儀では胡粉からなる球表面に直接、利瑪竇（マテオ・リッチ）の坤輿萬國全圖と新訂萬國全圖の中間に近い地理情報に基づく世界図が、その上に5°毎に72本の経線と34本の緯線が描かれる。ただし、ハリソンのクロノメータ開発（1735年）とそれが実用化される1750年代以前の世界図では、東西方向の距離が不正確で、当然、地理的位置や水涯線は現在の世界図のそれとは異なる。江戸時代の地球儀上で5°毎の経緯線が描かれる例は珍しく、1800年頃に5°毎の経緯線が世界図に引かれることは極めて珍しい。地図の特性を熟知する者は、不確かな地理情報に基づく地図上で位置決定のための経緯線を詳細に引くことは、逆に海陸分布を示す水涯線、言い換えれば地図の粗さを強調するということを理解できるはずだが、この地球儀製作者は経緯度を大胆にも5°間隔で引いている。球が大きく10°間隔の経緯線では粗いため、5°線を描いたとすれば、デザイン感覚の問題であるが、この地球儀製作者には地図の素養がないか、基図とした世界図を最新の地理情報と盲信したためであろう。

写真11～16に球面上の世界図の一部を示す。球面上の地理情報をみると、黒い実線の子午線間隔は5°であるが、北緯50-80°付近では等間隔ではない（写真11）。赤道は金色の太い実線のみで、度数目盛を示す梯子シンボルを欠く。リッチ（利瑪竇）系世界図に一般的な正帯、暖帯、寒帯の境界線を示す肉太の実線が描かれている。地図上の正帯と暖帯の境界線は金色、寒帯と正帯の境界線では黒色で上書きされ（写真3, 4)、南米北方のカリブ海及び日本南東方の北緯23.5°の南に「夏至晝長線」が、南米西方及び印度南方の南緯23.5°の南側に「冬至晝短線」が、印度南方には「赤道」、南米西方の赤道の南では「赤道」及び「春秋分晝夜平線」が記入されている。この線はフリーハンドで描かれているためか、線幅は一定しない。なお、「夏至晝長線」と「冬至晝短線」は「暖帯」と「正帯」を、極圏は北半球では「寒帯」・夜國と「正帯」、南半球では「正帯」と「寒帯」・南極夜国の境界をなす。これに比べて、72本の子午線（経線）は、詳細に見れば差があるが、ほぼ同じ幅のシャープな細線で描かれている。これらの細線の記入には、香月家旧蔵地球儀と同様、弾力性を有する薄い帯状の竹を球に巻き付け、その縁に沿って竹篦か細筆で線を引いたものと思われる。

緯線については「ローインヤー子」西方の北緯60°付近、「カリホルニヤ」から「小東洋」間の45°N、「北高海」45°N～50°N付近（写真12)、「マダガスカル」東方15～20°S、「ホッテントッテン（現ケープタウン)」～「墨瓦腊泥加」の35～45°Sになどは緯線が二重に描かれている。一方、子午線（経線）についても、「の-ハセンブラ」「氷海」から「クビレ峯」の75～85°N（写真13)、マダガスカル東方、20～30°S、「レウイン（現オーストラリア)」南、南東方の35～45°S、南米南端、パタゴニアの「長人國」西方35～50°S、「墨瓦腊泥加」の南、65～75°S及び75～80°S、

写真11　カリフォルニア島とその北部西の緯線の重複
緯線の重複は他にも認められるが、製作者が経緯線/経緯度の意義に無知なことを示す。

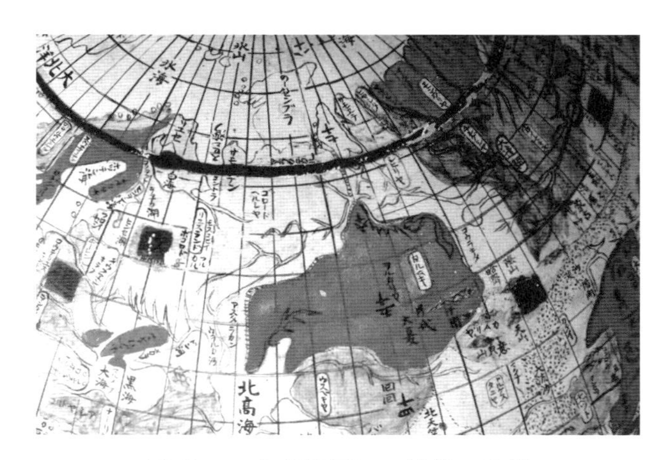

写真12　北高海周辺の緯線の重複

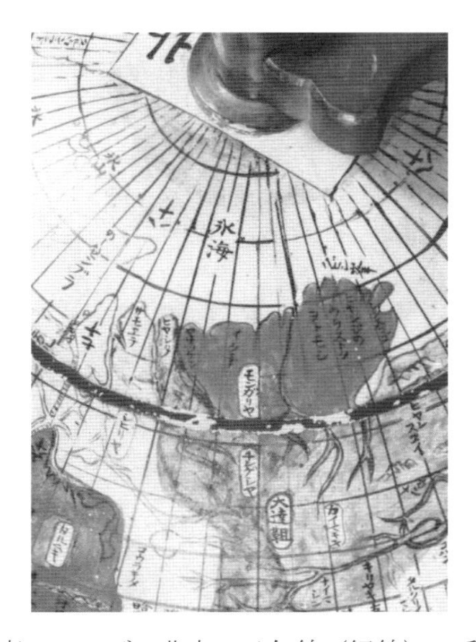

写真13　アジア北方の子午線（経線）の重複

写真14　地中海における経緯線の重複

その南東方の55〜70°S付近などに、子午線が二重に描かれている。イタリア周辺の地中海では、経緯線がいずれも二重に引かれている（写真14）。なお、細部に注意すると、下書きとして引かれた極細線が認められるが、上述の二重線とは明らかに異なる。

二重の経緯線は、製作者が位置特定に重要な経緯線の意義を理解せず、球面上に形式的に径緯線を移写することのみに努力を払ったことを示す。これらの重複は胡粉の上塗りで消去でき、その上で正確な線を再描すれば修正できるが、ここでは無視されている。この点から経緯線は原図の径緯線の単なる引き写しであり、地球儀の製作者が地図または地理に対して全くの素人であったことを示すであろう。

緯度を示す数値は両半球とも80°まで、10°毎に緯度値（漢数字）が記入されている。一方、子午線では経度を示す数値を欠き、赤道にそって30°毎に、12方位が記入されている。12方位を「子」から「亥」に見ると、アマゾン川河口付近（45°W、以下、括弧内の数値は地理的位置や水涯線が現在とは異なるが、水涯線に基づく推定経度として示した）に「子」、ハバナ諸島の「ルカイス島」南方（75°W）に「丑」、メキシコ南方（105°W）に「寅」、カリホルニア島「ヘルマのス」の南方（115°W）に「卯」、アラスカから南に続く（150°W）付近に「辰」、アラスカから南に、「テルパボス」、「の一ハクイ子ヤト稱ス」の東方（160°W付近）に「巳」、日本の「山イン」、「山ヨウ」、「四コク」からルソン、セレベス、ミンダナオの東方（133°E）に「午」、マラッカ、ジャワ島付近（105°E）に「未」、インド洋モルジブ諸島の南（72°E）に「申」、紅海のマンダブ海峡、モザンビーク（42°E）付近に「酉」、イタリアのローマを通り、コンゴ川河口西方（10°E）に「戌」、カナリア諸島（17°W）付近に「亥」がそれぞれ記されている。

江戸時代の本邦製地図には、本初子午線を鉄島あるいは京や江戸に設けた例があるが、この地球儀球面では、カナリア諸島（福嶋）に想定されている。南を示す「午」は四国の土佐、山陰の出雲、現在の地名では島根・鳥取の県境付近から、ルソン、セレベス、ミンダナオ東方を通る子午線が赤道と交わる位置にある。このことから、原図及びそれを採用した製作者ないしその依頼者が西日本に関係していたことを推定させる。なお、黄道が球面上に描かれていないことは、些かでも黄道の意味を理解していたため、この車軸型の地球儀に描かなかったか、全く理解できずに外したことも考えられる。

3.5.4.2　世界図について

球面に描かれた世界図の水涯線は黒色のアークで、山地、山脈は黒色の「へ」の字形で描かれる。山地・山脈の一部は緑に塗色されるが、海域は胡粉の白色のまま残されている。五大陸を示すアジア、ヨーロッパ、北米、南米、アフリカは各々、深緑色の不揃いな四角の中に一文字毎に黒文字で「亞細亞」、「歐邏巴」、「北亞墨利加」、「南亞墨利加」、「亞弗利加」がそれぞれ上書きされている。この世界図ではリッチ系世界図に一般的な、いわゆる「墨瓦臘泥加」の名称はあるが、巨大大陸としては示されていない（写真4）。

国別の着色では、西欧列強は赤、黄色、緑、茶色などに着色されるが、東南アジア、新大陸、アフリカの植民地は宗主国と同色でなく、単にそれらの属領（植民地）の境界を示すにとどまる。

この地球儀を少し詳しく見ると、カリフォルニアは島として、また、東南アジアのニューギニアからオーストラリアにかけての海岸線は連続した陸続きであり（写真15）、カリフォルニア南方の太平洋上、「カリフォルニア海」、「ヘルマのス」の文字南方周辺の北緯13°から30°にかけては、断続的な水涯線が描かれている（写真16）。

「大日本」の文字の10°東方、30°N、大西洋上の子午線「子」の文字位置、30°N、「長人國」文字の西方15°の太平洋上、40°S、マダガスカル南方、45°Sにはこれを中心として方位尺が描かれている。球面上のその位置は北半球では30°Nに統一されているが、南半球では40、45°Sと差が見られる。

カリフォルニアは利瑪竇（マテオ・リッチ）の坤輿萬國全圖及びその系統の長久保赤水の「地球萬國山海輿地全

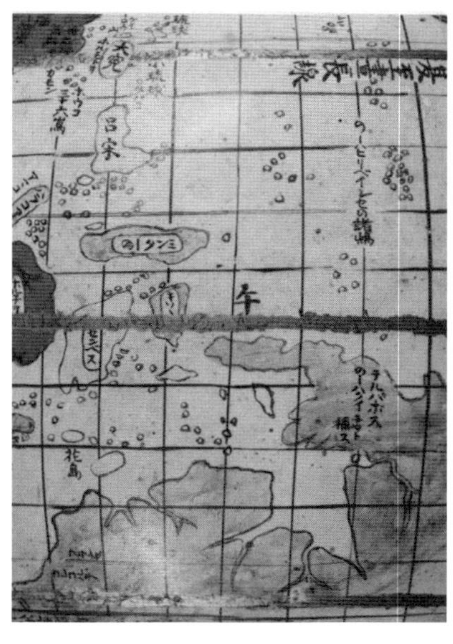

写真15　ニューギニア・豪州付近の海岸線

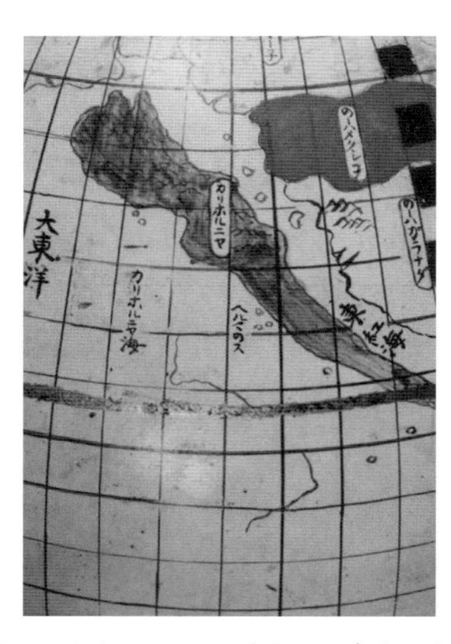

写真16　カリフォルニア島とその南方の水涯線

圖説」（天明8（1788））、山崎図「地球萬國山海輿地全圖説」（嘉永3（1850））では半島をなすが、遙か後年、1720年頃のGerard van Keulenのグリッド型世界図、1725年のJohn Senexの東・西半球型世界図、1720年頃のVander AAの世界図「Nova Delineatio Totius Orbis Terrarum per Petrum」ではカリフォルニアは島として描かれているため、地図業者の最新地理情報への対応に差があったことを示す。しかし、マーチン（1744）の「NIEUWE WEERELD KAART volgens de laatste ontdekkingen」、地理書中のマイヤー（1768）の両半球図「WERELD KAAT」とボウエン（1744）の両半球図、Aaron Arrow Smithの東・西半球型世界図「map of the World on a Globular projection（1794）」では、カリフォルニアは、半島として示されている。ただし、Arrow Smithを除き、ニューギニアからオーストラリア北部の一連の海岸線は連続して描かれる[5)]。このように半島または島など表示が定着しないカリフォルニアは、高橋景保の新訂萬國全圖（1810）や、桂川甫周の「北槎聞略」中の地球全図（寛政6（1794））では正しく半島として描かれている。

江戸時代にカリフォルニア「島」を採用した本邦製世界図は、橋本宗吉の「喎蘭新譯地球全圖」(1796)、石塚催高の「圓球萬國地海全圖」(1802, 享和2年）や田島柳卿の「和蘭地球全圖」(1840, 天保11年）など多くはない。宗吉の世界図では東南アジアのニューギニアからオーストラリアにかけて連続する海岸線が描かれ、カリフォルニア南方の太平洋上、「カリフォルニア海」、「ヘルマのス」の文字周辺の北緯13°から30°の海域（現在の太平洋東部に相当する海域）には水涯線が描かれてあり、この水涯線のパターンや方位尺は地球儀球面上の全く同位置に描かれている。

また、経緯度を5°毎に描く世界図を内外で探すと、1700年代前後から1800年代に刊行された世界図では、ほとんどが10°間隔の経緯度であり、特定しやすく、5°毎の経緯線が描かれている本邦製世界図は、司馬江漢の銅版「地球図＝地毬全圖（寛政5年（1793））」及び、橋本宗吉の「喎蘭新譯地球全圖」(1796）の2点のみである。江漢は「地毬全図略説」で「余絵事の餘暇、和蘭船舶し来ところの奇器画図の類を摹製す、・・・西刻の図を得て、是を模写し銅版に刻す、・・」[6)]と記しており、地図を含む西欧からの舶来品に直接触れたことが知られる。江漢の5°間隔の経緯線が描かれた世界図ではカリフォルニアは半島である。土浦市博（1994）の画像[7)]によると、永青文庫蔵の江漢の地球儀でも同様に、5°毎の経緯線が、さらにカリフォルニアは半島として描かれている。鮎沢文庫蔵、「喎蘭新譯地球全圖」で確認すると、経緯線は5°間隔で、カリフォルニアが島と表示されている。海野（2003）は宗吉の原図について考察したが、「喎蘭新譯地球全圖」の特徴を列挙したにとどまっている[8)]。宗吉の世界図の原図は上記5度間隔の経緯線や、カリフォルニアの島の表示に着目すれば絞り込め、芝蘭堂の蔵書リスト、才助の酷評から明らかに出来る筈で、筆者も興味が尽きないが、ここでは、地球儀球面上の世界図との比較考察の範囲に留め、宿題としておきたい。

3.5.4.3　球面上世界図の地名について

地球儀球面に描かれる世界図の地名は、例えば、「ハタゴーラス」に「長人國」を併記するなど、「坤輿萬國全圖」の地名に倣うかそれを併記させている。「メガラニカ」は球面上ではニューギニアからオーストラリア付近に続く陸地「の-ハホルランド」と「智里国」から「の-ハセーランテヤ」につづく島に二分されている（写真4）。Hendrik Brouwerの調査（1643年）に基づき命名された橋本の「の-ハセーランデア」（新入謁蘭垤亜）及びJacob Le Maireの発見（1616年）による「智里国」[9)]は当然、リッチ系世界図にない地名である。さらに、日本付近では日本を「大日本」と記し、他に、恐らく江戸と京都を示す都邑のシンボル「□」や「エゾ」、「ツカル」、「松マエ」、「サド」、「東山」、「東海」、「北リク」、「山イン」、「山ヤウ」、「四コク」、「西海九州」や「五所」などが認められる（写真17）。

西欧の「イギリス」、「ホルトカル」では、それぞれ「ロンドン」、「リスボン」などの都市名が、中欧には「ドイツランド」の名がみられ、西欧に限らず、地名及び国名にはカナ書きが多用されている。それらの全てではないが、カナ表記の中に、たとえば、「テルラの-ハ」「の-ハメクシコ」、「の-ハセーランテヤ」のように、単一地名に「カナ」と「平がな」を混用している。

ところで、江漢の世界図「地球全圖」(1792)、橋本宗吉の「喎蘭新譯地球全圖」(1796)や新発田収蔵の「新訂坤輿略全圖(1852)」では、地名や国名のカナ表記がみられるが、江漢や新発田の世界図にはこのような「かな」と「カナ」の混在はない。しかし、残る宗吉の世界図ではこの地球儀球面の世界図と同様、同一地名に「カナ」と「かな」表記の混在が見られ、表記方法もほぼ一致する。江漢の世界図では「リスボン」を欠くが、宗吉の世界図や新発田収蔵の「新訂坤輿略全圖(1852)」には「ロンドン」や「リスボン」または「リッサボン」などの名が認められる。さらに、上述の国や都市名、都市のシンボルを示す「□」記号の他に「智里国」、「新入謁蘭垤亜」が記されている。また、「ヲ・ステンレイキ」を含み、デンマーク以南からイタリアにかけた領域が「ドイツラント」として描かれている。一部のカナ書きを除けば、日本付近の地名も前記の球面上の地名のそれとほぼ同一である。

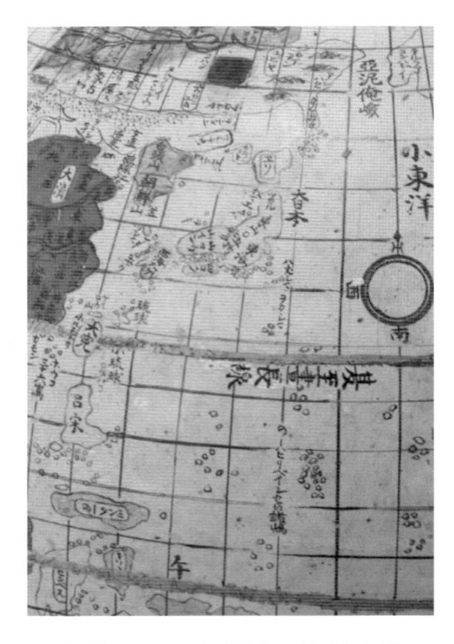

写真17　日本付近の地理情報

以上のことから、本地球儀の球面に描かれている世界図は宗吉の世界図、「喎蘭新譯地球全圖」に基づくことが明らかとなった[10)]。ところで、地球儀球面の世界図の基図とされる宗吉の世界図の日本をみると、京の「御所」以外には考えにくい「五所」があり、「江戸」に相当する都市の□シンボルに名称の記載がないことは、宗吉の世界図発行元の書房が江戸東叡山池之端　北澤伊八、大坂高麗橋壹町目　淺野弥兵衞、同　尼町二町目　岡田新次郎と、2店が大阪、1店が江戸であり、刀工が京、大坂である点からも推察できるが、彼の世界図刊行は関西を中心としたマーケットを強く意識したことを示すであろう。江戸書房界の台頭、京の書房との市場利権争奪も指摘されており、幕末(19世紀中頃)の赤水没後約半世紀ころの通俗版世界図(赤水圖)と同様に、水戸 赤水長先生閲も無断借名と解釈する余地はあろう。

3.5.5　製作者と製作時代について

上述のような5度間隔の経緯線、地名や国名、方位尺や注記及び球面上の記入位置の酷似や彩色状況から橋本宗吉の「喎蘭新譯地球全圖」の地理情報をほぼ踏襲して地球儀が製作されたことが明らかとなったが、球面上の世界図に見られる不揃な子午線間隔や経緯線の重複は宗吉の世界図の忠実な転記ではないことを示す。春海のように、天球儀に対して地球儀が稚拙な例[11)]もあり、一概に素人とも断定できないが、多少とも地理の素養のある者が製作したとは考えにくい。製作年代については、宗吉の世界図が刊行された1796年以降の製作に係ることは明らかである。一方、地球儀収納箱の底に緩衝材として敷かれた新聞紙の発行年が昭和12年(1937)5月であることから、それ以前に製作されたと推定してよいであろう。ここで、製作時期に141年の幅をもたせたのは、骨董趣味のある(?)中所住職の周辺に仲介者らを想定したこと、新しい時代においても、最新情報から乖離した工芸品を愛でる尚古趣味を有する人士の存在を無視できないためである。球面上の世界図及びその原図である宗吉の世界図の「ドイツラント」については、1796年当時はプロイセン王国の時代で、ドイツ連邦(1815〜1866)またはドイツ帝国(1871〜1918)[12)]ではない。この地球儀と宗吉の世界図の製作時期には当然、タイムラグがあるため、仮に、堀田仁助(1747〜1829)製作とすれば、地球儀は1818年頃より前に、ドイツ連邦と見てドイツ帝国とすれば、明治期以降に製作さ

(a)

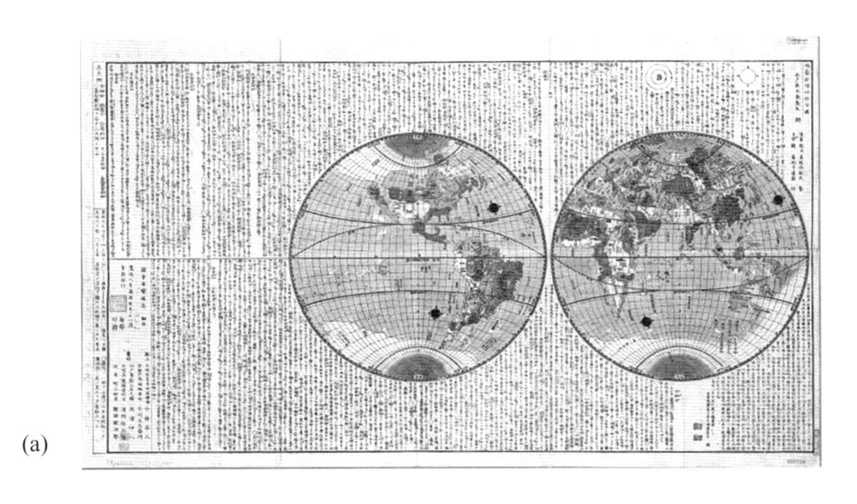

(b)

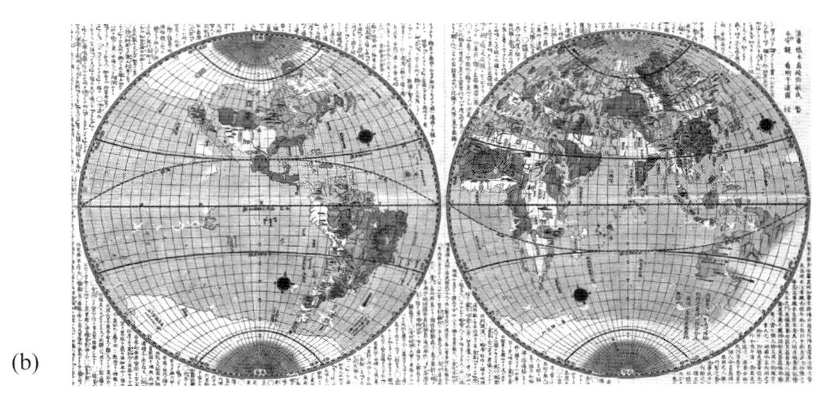

写真18　橋本宗吉の喎蘭新譯地球全圖
(a)世界図及びその説明　(b)世界図部分のみ表示
明治大学図書館蘆田文庫（ORG004-041)による

れたことになる（写真18)。

不十分な画像解析ではあるが、津和野の太皷谷稲成神社が公開している地球儀の部分画像[13]の東南アジア～ボルネオ、セレベス、ジャワからニューギニア・オーストラリア北部の海岸線を本地球儀のそれと比較すると、屈曲線の精粗を除けば酷似するが、カリフォルニア付近は不明である。この東南アジアの水涯線の近似から、文化五年(1808) 頃に堀田仁助が製作したとする紙片の指摘に従えば、太皷谷稲成神社蔵地球儀の製作時期に近く、少なくとも、当人の没年、1829年以前に限定される。なお、海野（2005）は地球儀の15分類[14]の中で、この地球儀を桂川甫周系に分類しており、同神社蔵地球儀の球面上世界図が桂川甫周の世界図に近似するとすれば、萩博物館蔵地球儀は別人の作ということになる。

仁助が幕府天文方として出仕した期間に、幕府天文方や蘭学者等が収集した世界地理情報及び仁助の閲覧記録、津和野藩主（亀井家）が神社に献納した仁助作の天・地両球儀（太皷谷稲成神社蔵）などの精査後に真偽判断を残しておきたい。

3.5.6　まとめ

萩博物館蔵地球儀の形態と球面上の世界図について記載し、内外、特に本邦製世界図との比較を試みた。その結果、本地球儀は、経緯線、地名や国名、方位尺や注記及びそれらの球面上への記入位置の一致や彩色状況から橋本宗吉の世界図、「喎蘭新譯地球全圖」の地理情報に基づき製作されたことが明らかとなった。ただし、不揃な子午線間隔や経緯線の重複から、球表面への転記に厳密さを欠くため、地理の素養のある者の製作とは考えられない。製作者を堀田仁助作と擬したこの地球儀の真偽判定は、経緯線の描き方から否定的であるが、津和野の太皷谷稲成神社蔵地球儀の詳細調査の後に残しておきたい。そのため、現時点では萩博物館蔵の車軸型地球儀は、宗吉の世界図刊行年の1796年から収納箱内包の新聞発行年の昭和12年（1937）の141年の間に製作されたと解釈せざるを得ない。

あとがき

先の日本地理学会（2008年春季大会）でも指摘したが、おざなりな観察と性急な推論及び当人の思い込みは後進にとり極めて危険である。さらに、一瞥や実体を見ず、史資料一辺倒の論説も見られるが、これは現実でなく仮想空間に熱中する若者と何ら変わらない。過不足なく調査対象の説明的記載ができてはじめて一人前という言葉を聞いたことがあるが、その前提として、精査は言うまでも無い。現実はどうであろうか。小生も含めて心すべきことである。

謝辞

小生の非力さから、調査から執筆まで長年月を費やしたが、前後二回にわたる調査で地球儀の計測調査と撮影を快諾された萩市教育委員会、萩市郷土博物館の吉田俊彦館長、樋口尚樹学芸員（当時）、現萩博物館長及び道迫真吾研究員の各位に謝意を表する次第である。

注

1） 宇都宮陽二朗（2005）下関市立美術館蔵、香月家地球儀について。人文論叢22, 201-212.

2） 堀田仁助（延享4年（1747）～文政12年（1829））は、天明3（1783）年から幕府天文方として勤務し、暦作や蝦夷航路開拓のための測量業務にたずさわり、文政10年（1827）に津和野へ帰藩したとされる。

3） 宇都宮陽二朗（1991）：沼尻墨僊の考案した地球儀の制作技術. 地学雑誌, 100, 1111-1121.

4） コンパスは江戸時代には、コンパス（渾発）、ぶんまわしとも呼ばれ、松宮観山（1686-1780）の「分度余術（国会図書館蔵）」では蠻規と記され、コンパスのルビが振られている。

5） マーチン（1744）とマイヤー（1768）の両図は二宮陸雄（2007）による。なお、二宮もp.179で同地域の海岸線の連続を指摘している。彼の「高橋景保と「新訂万国全図」」は、町医者の道楽研究の成果とはいえ、学術的に貴重である。尤も筆者のこの駄文も道楽研究による一文であるが、ついでながら、二宮氏の貴重な地図を含む恐らく膨大な蔵書を一般に閲覧できる機会が早く到来することを切に希望する。

6） 司馬江漢（1994）：司馬江漢全集3, 385p.（索引p.51）八坂書房, 東京, p.16.

7） 土浦市立博物館（1994）：地球儀の世界．p.15及びpp.48-49.

8） 海野一隆（2003）：東西地図文化交渉史研究 清文堂出版　718p.「喎蘭新譯地球全圖」における参照資料－山村昌永の批評との関連においてー　pp.504-534の521-522頁で江漢の原図にも言及するが、宗吉の世界図については、数点の特徴を指摘するに留まる。

9） 百科事典による。

10） なお、本地球儀が宗吉の世界図に基づくことは土浦市立博物館（1994）地球儀の世界75p., p.49、海野（2005）東洋地理学史研究〈日本篇〉清文堂出版、大阪　p.459で指摘されてはいるが、いずれも証拠となる事実記載と比較検討がなく、記載は十分とは言えない。

11） 宇都宮陽二朗（2006）：神宮徴古館農業館蔵のいわゆる渋川春海作地球儀に関する研究　（第1報）人文論叢23, 29-36. のp.35.

12） ドイツなど西洋の歴史については百科事典による。

13） http://www.tsuwano.ne.jp/inari/sisetu/hobutuden.html　及び海野（2005）東洋地理学史研究〈日本篇〉pp.451-452に掲載される仁助の地球儀写真。

14） 海野（2005）は、本邦製地球儀を原図に着目し、1南蛮系、2本邦模写改描リッチ卵形図系、3リッチ単円世界図系、4湯若望系、5万国総界図系、6ファルク系、7桂川甫周系、8司馬江漢系、9橋本宗吉系、10石塚崔高系、11官版「新訂万国全図」系、12田謙系、13箕作省吾系、14新発田収蔵系、15系統不明として15分類を試みている。労作であり、参考にはなるが、詳細な記載の欠如と事実誤認の多さから、今後の精査を必要とする。

文献

橋本宗吉:「喎蘭新譯地球全圖」横浜市立大学鮎沢文庫蔵，及び明治大学蘆田文庫，http://servi.lib.meiji.ac.jp:9001/StyleServer/calcrgn?cat=Ashida&item=/004/004-041-00-00.sid&wid=950&hei=700&lang=en&style=simple/ashida_view.xsl&plugin=false

松宮観山 分度余術3巻．第1冊国立国会図書館デジタルコレクション，http://dl.ndl.go.jp/info:ndljp/pid/3508471/21

長久保赤水（1788）：地球萬國山海輿地全圖説　横浜市立大学鮎沢文庫蔵

二宮陸雄（2007）：高橋景保と「新訂万国全図」新発見のアロウスミス方図．北海道出版企画センター，札幌，242p.

司馬江漢（1994）：司馬江漢全集3, 385p.（索引51p.）八坂書房，東京.

冢田謙堂（1844）：地球萬国山海輿地全図説　いわゆる田謙図で，塚田謙堂と推定されているので，それに従った 横浜市立大学鮎沢文庫蔵

土浦市立博物館（1994）：地球儀の世界75p.　土浦市立博物館，土浦.

海野一隆（2003）：東西地図文化交渉史研究　清文堂出版，大阪，718p.

海野一隆（2005）：東洋地理学史研究〈日本篇〉清文堂出版，大阪625p.

宇都宮陽二朗（2005）：下関市立美術館蔵，香月家地球儀について．人文論叢22, 201-212.

宇都宮陽二朗（1991）：沼尻墨僊の考案した地球儀の制作技術．地学雑誌，100, 1111-1121.

宇都宮陽二朗（2006）：神宮徴古館農業館蔵のいわゆる渋川春海作地球儀に関する研究（第1報）人文論叢23, 29-36.

宇都宮陽二朗（2009）：萩博物館蔵妙元寺旧蔵の地球儀について．人文論叢26, 15-28.

山崎美成（1850）：地球万国山海輿地全図（説）横浜市立大学鮎沢文庫蔵

橋本宗吉（1796）：喎蘭新譯地球全圖　横浜市立大学鮎沢文庫蔵

高橋景保（1810）：新訂萬國全圖　横浜市立大学鮎沢文庫蔵

蓑作省吾（1844）：新製輿地全圖（半谷二郎（1991）箕作省吾，375p., 旺史社，東京，pp.18-19.）

Peter Whitfield (1994): The image of the world 20 centuries of world maps. The British Library, 144p.

Carl Moreland and David Bannister (1989) Antique maps. 3rd ed., Phaidon Press Ltd. London, 326p.

http://www.tsuwano.ne.jp/inari/sisetu/hobutuden.html

http://www.lib.meiji.ac.jp/perl/exhibit/ex_search_detail?detail_sea_param=4,41,0,a

http://www.lib.meiji.ac.jp/perl/exhibit/ex_search_detail?detail_sea_param=4,69,0,a

http://edb.kulib.kyoto-u.ac.jp/exhibit/k149/shiba_cont.html

http://ja.wikipedia.org/wiki/%E3%82%B7%E3%83%AB%E3%82%AF%E3%83%8F%E3%83%83%E3%83%88 Wikipedia及びTop hat http://en.wikipedia.org/wiki/Top_hat

http://edb.kulib.kyoto-u.ac.jp/exhibit/maps/map020/image/index.html

http://edb.kulib.kyoto-u.ac.jp/exhibit/k157/image/01/k157s0001.html

http://edb.kulib.kyoto-u.ac.jp/exhibit/maps/map021/image/index.html

http://jpimg.digital.archives.go.jp/kouseisai/category/ezu/hokusabunryaku.html

http://www.lib.kagawa-u.ac.jp/www1/kambara/tenji2006/tenji206-1.html

3.6　角田家地球儀について

3.6.1　はじめに

筆者は沼尻墨僊が1855年に製作した傘式地球儀と1855～58年に製作された英国BETTS社製地球儀、渋川春海作とされる伊勢神宮蔵地球儀を紹介してきた（宇都宮, 1991, 宇都宮他1992, 1994, 2005, 2006）。本研究も観察・測定に基づき、地球儀の構造を記載し、製作時の木工・金工技術と世界図情報による製作者とその周辺の世界知識・世界観を明らかにすることを主目的とするが、本研究では、諸資料を交え製作者とその製作過程も加味することとしたい。なお、本稿は富士宮市教育委員会の伊藤昌光氏と連名で人文論叢（2008）に執筆した原稿に追補したものである。

3.6.2　地球儀製作者とその背景

ここで報告する角田家旧蔵（現富士宮市ふるさと資料館蔵）の地球儀（写真1）は諸資料によれば、角田桜岳が製作に深く関わったとされている。角田家地球儀は、富士宮市の角田本家所蔵の球面に世界図が手書きされた地球儀と東京の角田家から寄贈された収納箱入りの地球儀（美装地球儀と仮称）、両極域が著しく破損した地球儀（破損地球儀と仮称）が存在する[1)]。後二者は球体に印刷による世界図（ゴア）が貼付けられている。ここで記載する地球儀は3点中の最も保存状態の良い「美装地球儀（仮称）」である。ただし、地平環の保存状態は破損地球儀の方がよい。富士宮市教育委員会の刊行した「角田桜岳日記」、富士宮市史及び未公刊資料等によると、角田桜岳（文化12（1815）～明治6（1873）年）は静岡県富士宮の富豪の家に生まれ、幼少より江戸遊学後、15才で帰郷して町役人となった。天保13（1842）年の吉原宿の助郷免除嘆願を主導し、嘉永元（1848）年以降の水利事業（万野原開墾）に関わるなど郷土に尽くしたことが知られている。この間、度々、江戸に出向しており、山岡鉄舟、津田真道らとの交流が郷土史家の間ではよく知られている。一方、道楽ともいえる地球儀製作にも情熱を傾けており、「角田桜岳日記」により新発田収蔵（文政3（1820）-安政6（1859）年）、松浦武四郎（文政元（1818）-明治22（1888）年）、沼尻墨僊（安永4（1775）-安政3（1856）年）らとの親交が明らかとなった。地球儀製作には、米国初の地球儀製造業を起業したWilsonの労苦が示すように、世界地理情報の収集、編集と作図及び印刷技術、金工、木工などの技術を必要とし、今日でもその全ての技術を一人で兼ね備えることは無理であるが、江戸末期の桜岳とて同様である。角田家本家蔵の手書き地球儀を桜岳本人の試作版（?）とみれば容易に理解できるが、「角田桜岳日記」及び使用人の春吉が認めた「東都紀行録」の記述から桜岳が地球儀製作を手がけ、各部品の製作依頼者で、全体のコーディネーターとしての役割を担っていたことが窺える。

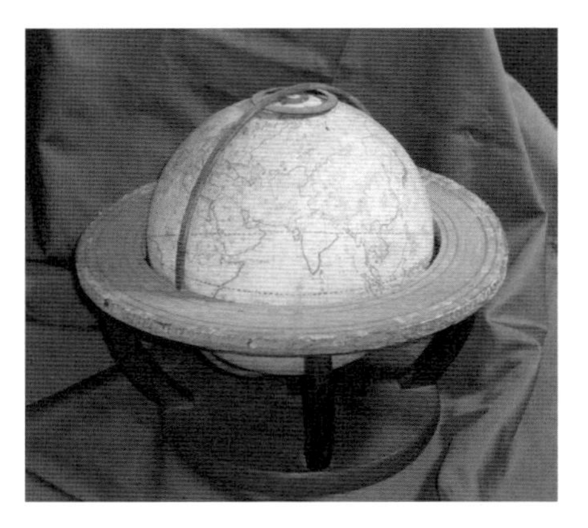
写真1　角田桜岳の地球儀　（美装地球儀）（撮影:宇都宮）

地球儀製作過程の記録が少ない中で「角田桜岳日記」の記録は貴重であり、角田桜岳日記（四）所収の桜岳の残した農作業メモ「安政6巳未正月吉辰　田畑山林雅俗見聞雑記（駿大宮佐野）」にも、南北23.5度の南北回帰線、各地の経緯度の求め方、日本と和蘭やサントウス島（現在のハワイ諸島）の時刻差や、地平環による日本と西洋の暦月の対比、高弧環による太陽高度の算出方法などを記載している。このように地球儀とその利用法について、相当の知識を有していたことが窺えるが、角田桜岳日記に名を留める地理学者や和蘭留学後、法学の礎を築いた津田真道との交流で取得されたものであろう。津田の歌集「愛桜集」には「地球小儀題言　代佐野余一」の一文が残されている。これは題言を借りた教育啓蒙の一文で、技術的な記載は少ないが、津田の示唆も否定できない。なお、「地球儀用法畧」でも地平環の西洋暦に触れているが、桜岳が日本の旧暦と西洋暦との差異を認識していたことは明らかである。しかしながら、日記中に度々出てくる当時第一級の地理情報の保持者であり、「新訂坤輿略全圖（嘉永5（1852）年)」の著者で、幕府蕃書調所絵地図調書役の新発田収蔵から世界地理・地図情報を取得している。というより、新発田収蔵がこの地球儀製作に深く関わり、球面に貼るゴア（断裂世界地図あるいは舟形図とも言われている。春吉が舟図と記したところを見ると、桜岳や收藏ら、或いは墨僊による呼称かもしれない）製作/作図から球の寸法、台座の設計まで深く関わったことが見て取れる。

3.6.3　地球儀各部の形態

地球儀各部の計測方法は既報告と同様、棒定規、スチール尺、曲尺、曲線定規及びノギス等を用い、0.1mmまで測定した。 定規を当てられない溝状部分では、針金等を挿入して記録し、間接的に定規で深さを求めている。

3.6.3.1　本体

3.6.3.1.1　架台（地平環および台座）

図1（a）は極の上方から見た地球儀の平面図、図1（b）は赤道真横からみた断面図を示す。地球儀の架台は木製で、地平環、4本の支柱と台座からなり、高さは14.5mmである。(図1-b)。装飾を意図して長方形の2隅が丸く削られ∪字形をなす湾曲した支柱は高さ124.2-125.4mmで、柱の上、中、下部、基部の縦横の寸法は、それぞれ、15.3×20.2、15.6×19、15.9×19.2、15.5×22.0mmを示し、下部でやや太くなる。地平環は内径205.5mm、外径293mm、厚さ10.98mmのリングをなし、その内側の2カ所に子午環を通す「コ」形の切込み（ノッチ）があり(写真2, 3)、上面と内側側面には紙が貼られている。側面から見ると、この地平環には虫喰い穴が多く、外見上、材質がコルク材のように見える。分解不可であるため、確認できないが、その4脚の支柱の少なくとも1脚は、下部の台座から少し浮き上がり微かに隙間がある。支柱より小さな（恐らく矩形の）凸部が台座の穴に差し込まれていると推定される。台座は厚さ18.7mm、最大直径211.5mm（角に丸みを持たせているため、上部は206mm、下部

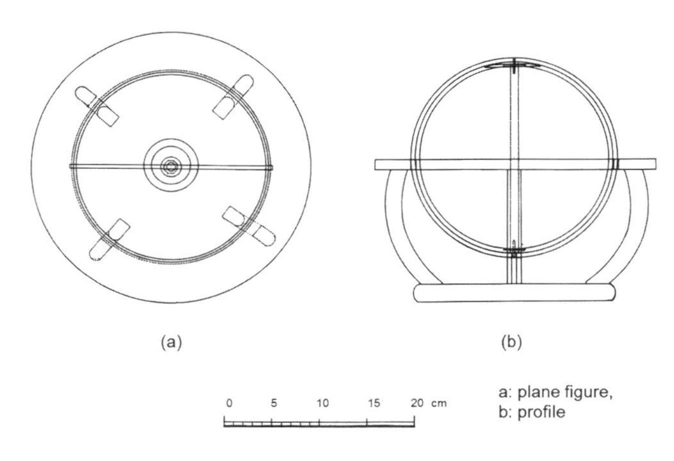

図1　角田地球儀平面図及び断面図
（a）plane figure　（b）profile

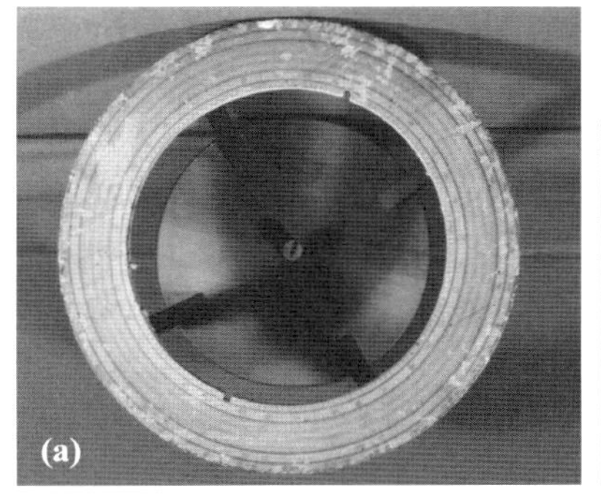

写真2　角田桜岳の地球儀（撮影：宇都宮）
（a）地平環　（b）地平環の一部

写真3　角田桜岳の地球儀の架台（所謂、球儀の椅子）（撮影：宇都宮）

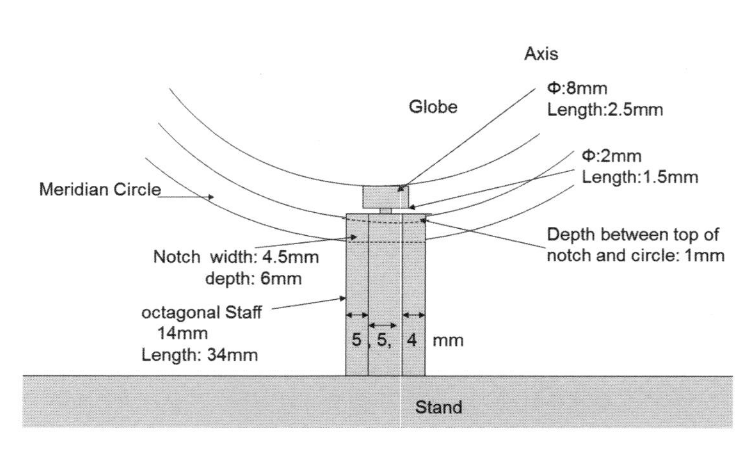

図2　角田地球儀南極部分の地軸、子午環と台座中央の支柱（足）

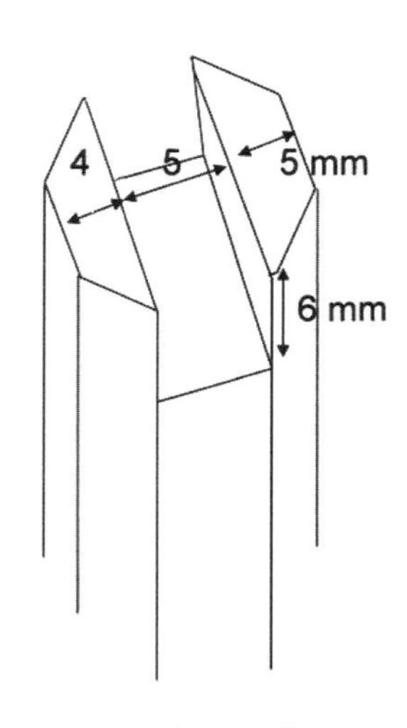

図3　角田地球儀
台座中央の支柱（足）

は208mm）の鏡餅様の木の円盤をなし、上面の中央部に子午環を支える8角形の支柱（台輪中央支柱、蘭では“足”）が差し込まれている（図2）。材質が異なるためか、台座、脚及び中央の支柱には地平環に見られるような虫喰い穴はない（写真3）。この八角柱（足）の上部には幅5mm、深さ6mmの切込溝があり、この溝中に子午環を挟み安定させる（図3）。球体を架台に組立てた状態で地球儀の高さは約257mmである。地平環、支柱、台座は一体であり、所謂、球儀の椅子をなす。仔細にみれば、この地平環の一部が歪み、浮き上がっている。これは、図1（a）の平面図に示されるとおり、地平環と台座の双方の受け穴が整合せず、組立て時に脚を強引に地平環と台座に固定したため、その後の長年月を経て地平環に撓みが生じたものと思われる（図1（a））因みに、破損地球儀には撓みはない。

球体と架台を組み立てると、両極で球体を支える子午環は地平環の切込みと8角形の支柱（足）上部の溝で支えられ、溝内で自由に360度、回転できる。(図1（b），写真1)。

地平環の上面には少なくとも5層（第3層を細分すれば7層）の輪が印刷された紙が、内側側面には紙の貼付痕がある（写真2, 3)。写真3に示すように、目立たない内側部分に化粧紙（?）の貼付痕があることから、外側にも貼付けられていたと推定されるが、虫喰い穴の目立つ木部のみで、現在では不明である。

写真2（a）（b）に示す様に、地平環の上面に貼り付けられた木版印刷には、5層の輪の外側から内側に向かって、第1輪は方位角、第2輪は12ヶ月の各暦月の名称、第3輪は黄道面の太陽の出現場の全度数に対応する月日、第4輪は黄道十二宮の名称を、第5輪は黄道十二宮の度数を刻んでいる。第3輪を細かく見ると外側から①「アベセデエフゲ」7文字の繰返しとその区切り、②一～三十の数値の繰返し、③区切り、④一～三十の数値の繰返しとその区切り及びハッチが印刷されるが、①と②の間及び②と③の間の区切り間隔は異なり、それぞれの区切りには微妙なずれがある。

地球儀収納箱の蓋裏にある「地球儀用法畧」（資料1）の凡例以外には、子午環による太陽高度の求め方及び、西洋の時刻では24時/日、15度/時、逆に1度は1/4時であり、2点間の時刻差により各地の距離を得ることを記した。地平環には黄道十二宮に対応して、平年から閏年までの4年間の日暦を配当した。任意の日の太陽に対応する黄道上の点を求め、子午環と時輪を操作することにより任意の日時の太陽高度が解る。そのため、地平環の最も内側に360度区分を、最も外側には針路ノ方名を東西南北32方位で示したとあり、地球儀各部、時輪、子午環、地平環上の記載についてその意義と用法を説明している。少し遅れるが、ほぼ同時代の西欧製地球儀の地平環上の8輪の説明（Johnston, 1899）に比べると角田地球儀の地平環上の情報は少なく、記載の順序も異なる。しかしながら、幕末の本邦製地球儀の中では細部まで精緻に作られているものの一つであろう。この地平環上にあるアルファベット、黄道十二宮、任意の日の太陽高度を把握できる閏年間の西欧暦日などの再現には天文知識の他に舶来地球儀の鋭い観察が不可欠であり、「日記」から窺われるように公私に多忙な桜岳自らが観察に直接携わったとは考えにくい。「角田桜岳日記」中の「東都紀行録　書物扣」（資料2）には書籍の貸借、書写等が頻りに行われ、桜岳が経費を支弁していたことがうかがわれるが、地球儀の精密さから、製作上は、書物よりも舶来地球儀そのものの観察が必須であったと推定される。

3.6.3.1.2　地軸

ネジ山のある細い真鍮芯を嵌めるために両端が穿孔された地軸は直径8mmの木の円柱からなり、球の両極部に留められ、球と一体をなす（写真4）。この「美装地球儀」の球内部は不明であるが、両極部に大きな裂け目のある「破損地球儀」では地軸に丸い木製の円柱が使用されているため、この「美装地球儀」も同一構造をなすと考えられる。ここで報告する「美装地球儀」で球の両極部から2.5mm突出した直径8mmの円柱が地軸とみなされる（図2, 写真4）。この地軸は子午環の北極部では、直径2mm、長さ15mm真鍮のネジで固定されるが、地軸に挿入されるネジの下部は円く棒状をなす。これは長さ4.5mm（正確には6mm、しかし、2mm程はネジ山が潰され、その痕跡が残るのみである）にはネジ山が切られており、ネジ頭のマイナス溝に精密ドライバ様の工具を溝にあてて子午環のメネジにネジ込み固定される（写真5）。一方、子午環の南極部の穴には木片が差し込まれており、これを地軸の穴（写真11）に挿入することにより、球は子午環に据え付けられる（写真6）。真鍮の代用としての木棒は、南極部の留め金が亡失し、木棒で代用したのか、製作費抑制のため、金属ネジを使用しなかったのかは不明である。この子午環の南極部の孔で内側のネジ山の有無を確認すれば明らかとなるが、現状では不明である。ただし、地平環側面に化粧紙を貼付けるなどの拘りから判断すると北極側と同様の真鍮のネジが失われ、木片で代用されたと考える方が自然であろう。

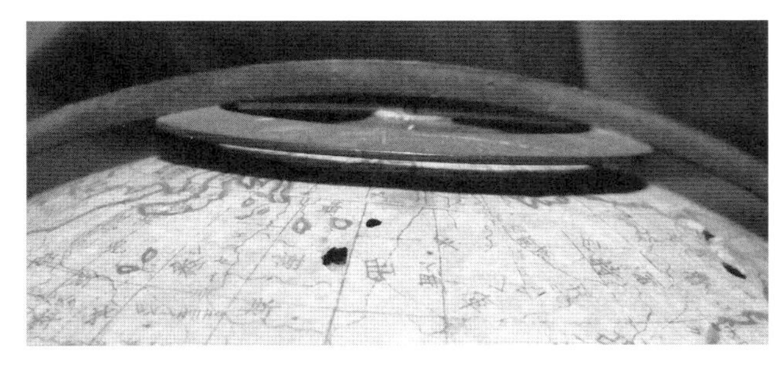

写真4　角田桜岳の地球儀の時輪（撮影：宇都宮）
子午環外側に固定される西欧製の平板な時輪を湾曲させ、子午環内側へ取付け、360度回転を可能としたことは、西洋を含め他に例がないため、この地球儀製作者独自の改良と推定される。

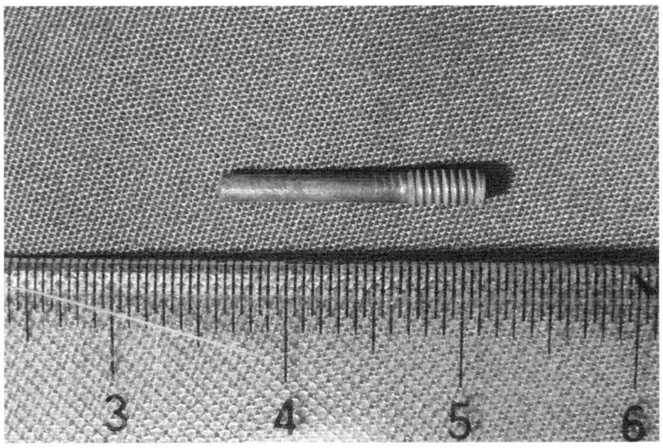

写真5　北極側地軸の固定用ピン（撮影:宇都宮）
子午環の北極側の受け孔に固定するためのピンで、地平環側にはネジ山が切られており、子午環側の雌ネジ加工を含め、当時の錺職の切削・研削技術の高さが窺える。

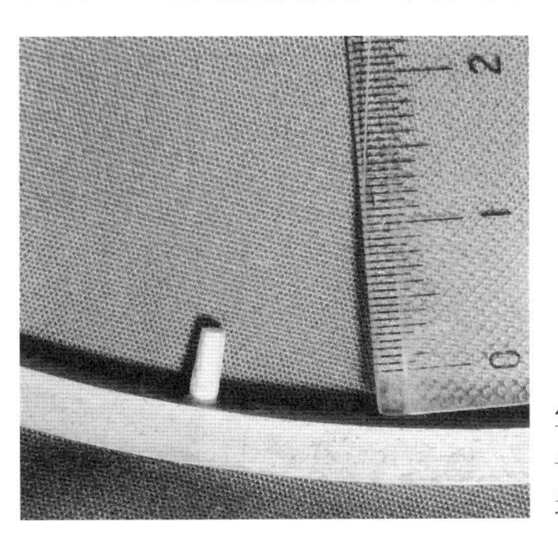

写真6　南極側地軸の固定用木ピン（撮影:宇都宮）
子午環に固定された南極側の地軸受け用の木ピンは、孔径の大きな地軸側の受け孔に挿入される。なお孔径は北極側のそれに等しい。

3.6.3.1.3　子午環と時輪

子午環の外径直径は約214.3mm、内径は207mmで、球との隙間は両極及び赤道部の何れも約3mmを保っている。子午環は4×4mm角の真鍮からなり、上下（南北極側）の各々に、地軸を留める孔があり、少なくとも北極（上）側にはメネジのネジ山が切られており、ここに地軸を留めるネジが入る。子午環の片側の側面には度数を示す分割線が刻まれるが度数を示す数字はない（写真7）。子午環の北極側の内側には外径直径57.5mm、内径43mm、厚さ約1mmのやや上に湾曲した鍋蓋様の横断面をなす時輪（従って平面ではない）があり、表面の両半円には子午環から始まり時計回りに、各々12分割され、一～十二の数値が刻まれる（写真8）。子午環の目盛り側の片面に接する時輪の径は29mm、反対側では25mmをなす（図1a, 図4, 写真8, 9）。これは目盛りが彫まれた子午環の片面を時輪の中心線としたことによる。この半径29mmの半円上では12分割の目盛が表示されるが、時輪と子午環が鋲で固定される片方の半円では幅4mmの子午環直下の文字を確認できない。厚さ4mmの子午環の下側2カ所を厚みの半分程穿穴し、時輪の2つの穴を通し鋲留めしており、江戸時代の金工技術の高さが知られる（写真9）。このことから、「東都紀行録」（資料2）中で、特注とはいえ、時計職人が示した高額な見積金額も首肯されよう。

この地球儀は、西欧製地球儀に忠実な構造をなすが、時輪の位置が異なる。西洋製地球儀では、一般に子午環の北極側外側に時輪が設えてあり、時輪の横断面は平板である。この地球儀の時輪の横断面は子午環の湾曲の角度に合わせた弧状をなし、子午環の内側に固定されている。そのため、地平環や、足に妨げられることなく、子午

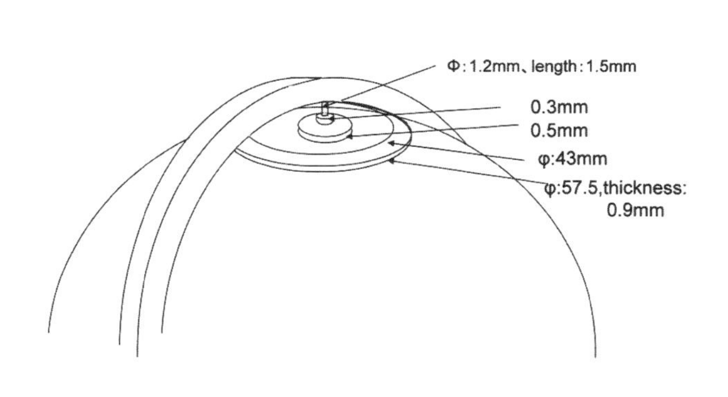

図4　角田地球儀　北極部の時輪及び地軸

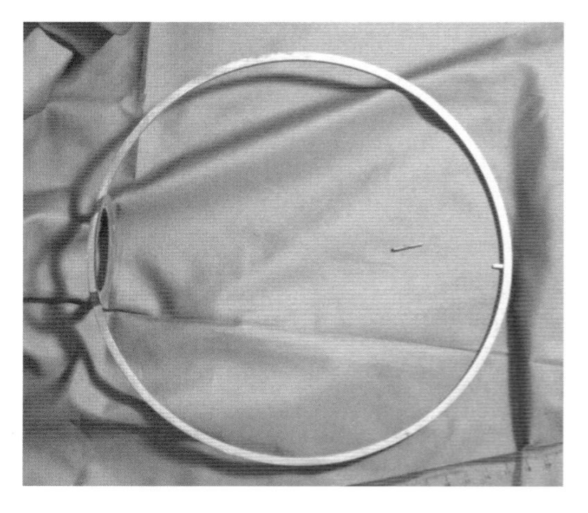

写真7　子午環及び時輪（撮影：宇都宮）

写真8　時輪、子午環及び北極側の地理情報（撮影：宇都宮）

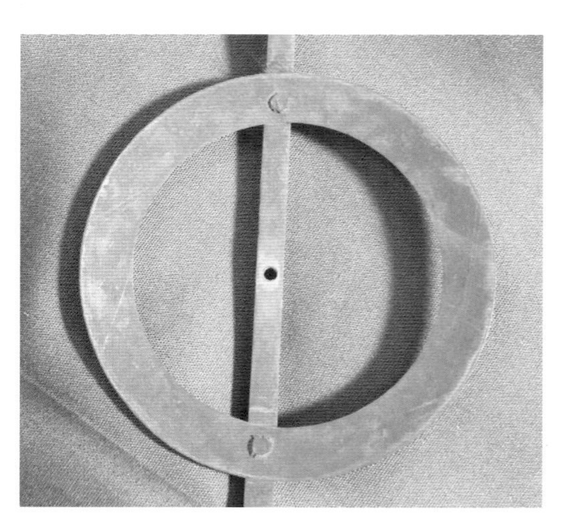

写真9　時輪（内側から見た時輪）（撮影：宇都宮）

環を360度、自由に回転できる。この時輪の固定方法は、当時は勿論のこと、今日における球儀の椅子型地球儀にさえ、ほとんど見かけないため、この地球儀を製作した桜岳ら、実質的には新発田収蔵による改良とみることができる。これは、単なる書籍の知識でなく、実際の舶来地球儀を普段から熟覧/操作し、その欠点を熟知していることから生まれる改良である。製作者は、普段からそれに接している人物であり、桜岳周辺では新発田収蔵のみがそれができる立場にあり、上記の時輪部分の取付け位置の改良は彼によると思われる。京都盲唖院が明治期12年頃に製作した起伏地球儀（京都府立盲学校蔵）に見られる半子午環の改良（回転により全円子午環に変わる）と同様、日本人の得意とする技術改良/工夫と言えよう。佐倉の国立歴史民俗博物館に残されている地球儀と同様に、時針が付属したはずであるが、この富士宮市の角田地球儀の時輪では亡失している（写真19, 参考1）。

3.6.3.1.4　球儀

球の直径は198.6mmである。灰白色（無地）の球面には世界地図を印刷したゴアが貼付けられているが、所々に褐色の染みや虫喰い穴がみられ、その幾つかは連合している。ほぼ同型の「破損地球儀」では両極圏に大きな裂け目があり、その破損部分から内部を見ると中空で、球体が張子構造をなすため、この「美装地球儀」の内部も中空で、上述の地軸とこの球儀は両極部で接合されていることが知れる。球面には10度毎に経緯線が引かれ、赤道、南北回帰線、極圏及び黄道が描かれている。「地球儀用法畧」にも記載があるが、この地球儀の本初子午線はカナリー諸島の鉄島付近に設けられ、ここで、黄道は赤道と交わり、春分点を示す牡羊座のシンボルが描かれている。シンボルは30度毎の子午線を切る黄道の南側に東へ向かって右回りに、順次、牡牛座、双子座等の黄道十二星座記号が配されている。このゴアを貼る前の球型は外注により製作されたが、満足のいく形でないため、作り直しが要求されたことは春吉の東都紀行録に見える。なお、ここには4個の玉の記述があり、少なくとも2個の外注は確認される。

球の北極部、南極部の緯度70～90°ではゴア上に別途印刷された地図（ポーラキャップ）が貼られている（写真10, 11）。やや灰白色のゴアが示す五大陸の海岸線などは、蓋裏の地球儀用法畧の凡例に示される緑（アジア）、赤（西欧）、黄（アフリカ）、紺（北米）、紫（南米）、土（豪州）色の各線で彩色/補筆されている。この作業はやや粗雑で、印刷図面上の補筆線の太さはランダムで、印刷による水涯線や境界線などから外れ気味のところも認められる。また、各国及びその植民地などの境界も緑（ロシア）、赤（英国）、土（オランダ）、黄緑（スペイン）、紫（ポ

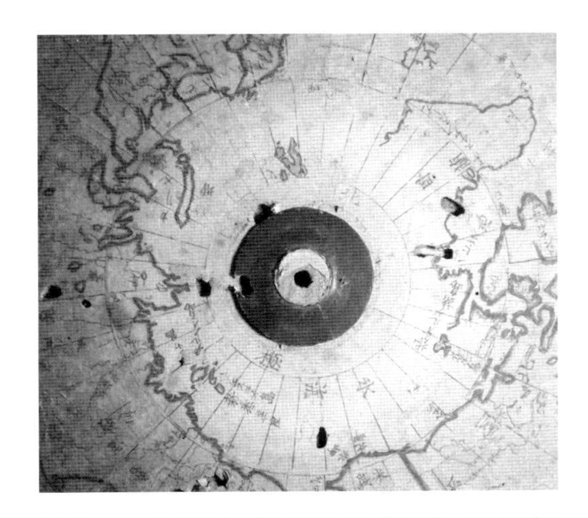

写真10　北極側の地理情報（撮影：宇都宮）
北緯70°以北は別途印刷されたポラーカップが貼付けてある。

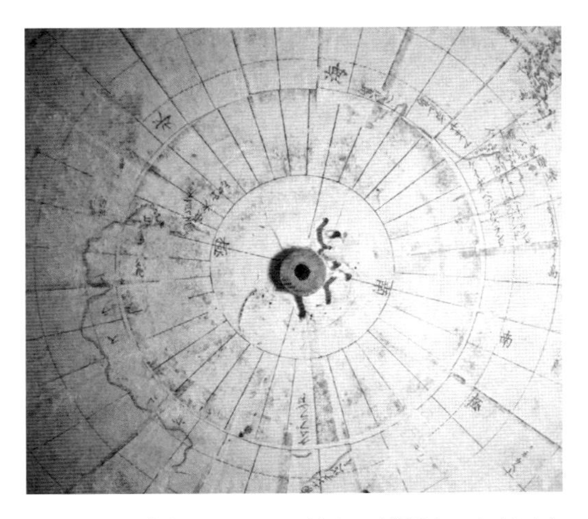

写真11　南極側の地理情報（撮影：宇都宮）
南緯70°以南は別途印刷されたポラーカップが貼付けてある。なお、ロス海奥77.5°のMt.Erebusの位置に「エレビュス、噴火山島」と注記してある。1841年Ross発見の活火山の情報を天文方出入り自由の新発田が把握していたことを示す。

ルトガル)、薄青(仏)、薄青(デンマーク)、青(ドイツ)、黄(スエーデン)、肌色(伊)、灰色(トルコ)で区分されている。なお、着色幅が不定なため、フリーハンドで補筆されたことは明らかであるが、ゴア(断裂図)接合部でも補筆線が滑らかであり、これらの着色がゴアを球面に貼り合わせた後に行われたことを示している。他に、都、山脈のシンボルや大河(国河と記載される)、国境が表示されるが、球面上には、西欧の地球儀で見られる海獣や諸国の民族風習を示す図柄、装飾や、マテオリッチ系の世界図に基づく同時代の本邦製地球儀のような注釈はない。

3.6.3.2 収納箱

この地球儀の収納箱は幅326mm(内寸303.5mm以下括弧内は内寸)、高さ335mm(306mm)、奥行き324〜325.5mm(306mm)で、前面に蓋が設えてある(写真12)。蓋は幅304mm、高さ309.5〜310.5mm、厚さ8.0〜8.7mmである。蓋の前面には上部は細く、基部が大きい八角形の摘みがある(図5,写真13)。その基部は上から55〜85.6mm、蓋に向かって左から12.6〜15.6mmの位置にある。収納箱の底は上げ底で、箱の下から8.6〜10.4mm上に底板がある。各部の寸法が微妙に異なり、背面の幅321.5mm、高さ335.5mmであることから、木工作業に厳密な寸法取りが行われたとは思えない。これは地球儀の台座と地平環部の歪みからも首肯される。ただし、傘職人でも、正確な寸法取りをせず、目の子で裁断するため、この木工細工職人も同様な方法で寸法を決めていたことが考えられる。

蓋は、横223mm、高さ224mmの板の四囲を幅が、左39.4mm、右41mm、上45.3mm、下40.3mmの組み板で挟む構造であるが、これは通常見られる本邦古来の古い箪笥や茶箪笥の小扉と同様である。この蓋は箱の前部の上、下部に掘込まれた幅8.1〜8.6mm、深さが各々、6mm及び3mmの溝に上下の角部を斜めに削り細くした蓋の上、下端を差込み固定する。上部の溝が深いことは蓋を取り付ける際に、深さ6mmの上溝に一旦、上端を入れて押し上げ、次に下端を下の溝に引下げて取り付ける(取外はこの逆)ためである。収納箱に格納されている美装地球儀本体の地平環、球体に比し、収納箱には虫喰い穴が少なく、保存状態は良いが、木部の一部に欠落がある(写真3, 14, 15)。

収納箱の蓋の表側には「地球儀」、裏側には、印刷による「地球儀用法畧」の箱書が貼付けられ、五大陸、国境及び山川の凡例と子午環や地平環の説明、本初子午線など、地球儀の用法が概略されている(図5, 写真16)。地球儀の意義や用法が記載された箱書きの後段にある五大陸、当時の西欧諸国と列強による植民地を含む領土の区分などの凡例下部には、「安政3年丙辰仲冬　谷邦樓蔵板　江戸　杉本宇兵衛　駿河　佐野與市　發」と地球儀の箱書(地平環を含むか?)の鏤刻と版木製作に係わった3名の名前が列記され、杉本宇兵衛と佐野與市の共同発行であるが、版木所有権は谷邦樓の取得に係ることが知られる(写真17)。谷邦樓が既に所持していた版木をもとに先の2名が出版したと解釈する向きもあるが、箱書「地球儀用法畧」の内容を十分に吟味すれば、これらの記載が地球儀、特に子午環や地平環の記載に密接であり、五大陸、西欧列強とその植民地を含む国境などの色分けや国境、山川のシンボルが地球儀球面世界図(ゴア)の凡例をなすことから、谷邦樓が所蔵する既存の版木を使用して杉本・佐野の両名が発行したという解釈は全く的外れで成り立たない。以上のことから、地球儀完成とその収納箱の箱書きの製作時期は同時と判断される。従って、地球儀は安政2年の2月以降から安政3(1856)年丙辰仲冬(11月)」の製作に係るもので、完成は箱書に示される安政3(1856年)仲冬(11月)と考えて良い。

地球儀製作年については、地球儀本体と箱書に記載された安政三年の同時性の吟味が充分ではなかったため、安政三年に極めて近い頃と考えられていたが、以上の考察から、箱書(地球儀用法畧)の安政三年が製作完成年と解釈される。なお、一般常識として、地図作製でも、地図とその内容を判読するための凡例は同時に作成される。凡例は方位、縮尺と同様、地図の必須事項であり、図のみ制作した後、長年月を経て凡例のみを作成することは地図製作においては皆無である。少なくとも地図・地理に関わる者にとっては、江戸時代であれ、これは常識であろう。後に詳述するように、多くの場合、行動を共にしていた新発田収蔵から多大の情報を得ていたことを考えれば、

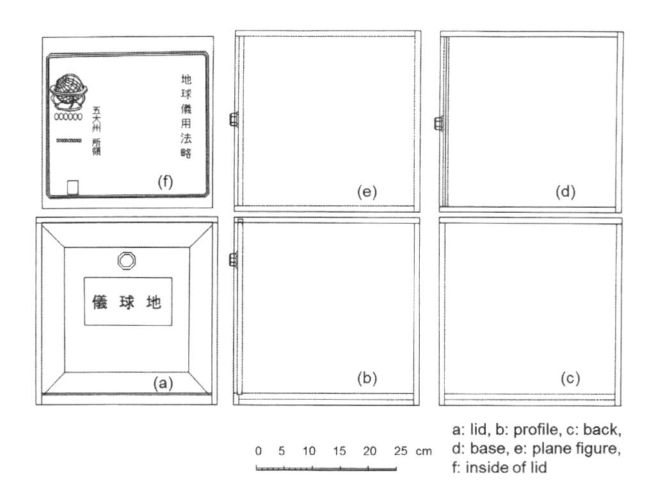

図5　角田地球儀収納箱
(a) lid　(b) profile　(c) back　(d) base　(e) plane figure
(f) inside of lid

写真12　地球儀の収納箱（正面）（撮影：宇都宮）

写真13　地球儀収納箱の蓋（撮影：宇都宮）

写真14　地球儀収納箱の内側（撮影：宇都宮）

写真15　地球儀収納箱の底部（撮影：宇都宮）

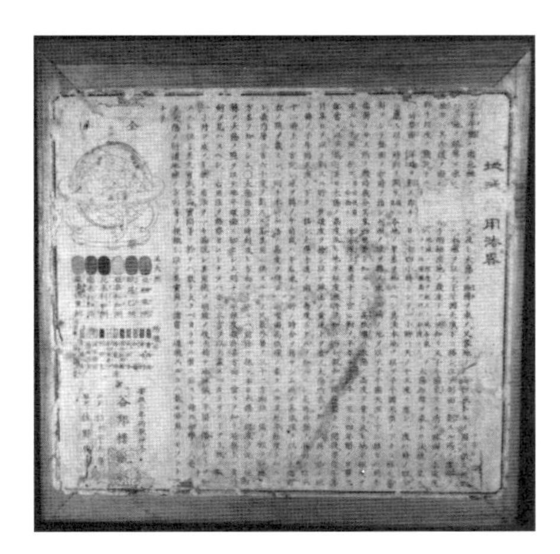

写真16　地球儀収納箱の蓋裏の箱書き「地球儀用法畧」
（但し、コントラスト等の画質調整を加えた）

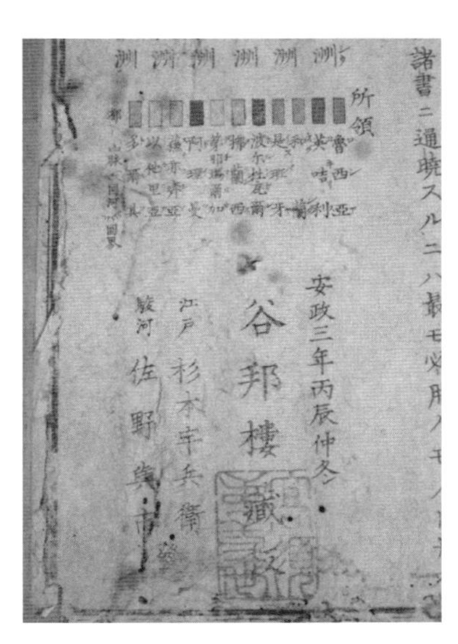

写真17　箱書きに記された製作者名及び製作年安政3年丙辰仲冬（1856年11月）

当然理解できよう。ただし、上記の地球儀製作年の考証より遙かに降った元治元（1863）年の角田桜岳日記四p.361の「元治元年（四十二番）」には、「九月廿七日・・・今夕方髪結ニ行ニ伊勢宇亭主来リタリトテ迎来ル、同人ト地球儀拵ノ儀・常州サワキノ咄等同人ヨリキヽ居タルヲ話、夜五ツ半時後帰」とある。しかしながら、「東都紀行録」に記載された個々の地球儀の球、真鍮の子午環や恐らく時輪も含む金工/彫金・鏤刻職人との交渉、台座製作のための木工や玉の加工者または口入れ屋の記録（発注、納品、作業依頼者への謝礼（額）や奉公人の春（女）及び春吉自身の手作業と作業経費）など、微細にいたる製作過程の記録からは、元治元（1863）年の客人との会話は、地球儀をこれから製作するための計画話と解することには全く不可能である。安政6（1859）年正月吉日「田畑山林雅俗見聞雑記」の1月23日に始まる農事記録の前に記入された経緯度の件（正月9日の事例から当日又は前後に書き留められたことになるが）は上記の安政3年より3年後の記事である。これも地球儀を見つつ、時折思い出すままに綴ったメモと解釈してよいであろう。この地球儀用法畧の落款（雅）印については、印影の篆刻文字を全く解読できないため、篆刻にたずさわっておられる篆刻美術館の松村一徳館長及び熊本市在住の荒牧平齋氏に個別に伺ったところ、「高須第▲世」とされた。但し、▲の部分の「弐」の文字の「二」部分が連続か不連続で二又は三と解読されるが、印影が版木印刷文字と重合するため、判読が難しいとされた。後日、荒牧氏が「二」と修正されたが、ここでは鹿児島の尚古集成館と佐倉の国立歴史民俗博物館に収蔵されている地球儀で確認するまで、「高須第▲世」としておきたいと既報で認めた。歴博及び尚古集成館の当該地球儀は収納箱とともに所蔵されており、いずれも木板刷りの「地球儀用法畧」が箱書きに認められる。ここでは、旧稿では「・・第二あるいは三世」の雅印の句が当時、世間に普通であったかと疑問を呈したのみであったが、今、少し吟味すると、この地球儀の雅印の鏤刻者は西欧事情に接近できる人士で、ナポレオン三世（在位, 1852-1870）の治世下である当時のフランス国内情勢を知悉し、雅印に「〜第2/3世」と鏤刻したことが容易に推定できる。とすれば、これは第3世と解する方が自然かも知れないが、「高須の子供」と見れば第2世とも言える。この「高須」を桜岳や収蔵らの周辺で探すと横文印の写しを収蔵に依頼した「高須松亭」が見られる。押印者が「谷邦樓」と同一人であれば、この高須なる人物を谷邦樓と推定して良いかもしれないが、押印者と別人の可能性もある。

ここで、本稿の記載前に印影を解読した海野一隆（2005）はこの印影を「高槻秀豊」と解読し、高木の書斎号として論を進めた。古文書を読めても篆刻文字については彼の力量には疑問があり、筆者は懐疑的であったが、この印影の専門家による解読結果は上記のとおりで、海野の解読が全くの誤りで空想の所産であることを示している。科学者の常識でもあるが、不得手の分野での曲解は影響力のある者ほど戒めるべきことであろう。さらに、角田のメモ「田畑山林雅俗見聞雑記」に見られる重複記事は、記載の真偽、初出時期や資料相互間の吟味が必須であることを示しており、断片的に残存する古文書一辺倒で、これを中心に据えた研究論文や研究書、これらの信奉者に対する警告でもあるといえよう。雅（落款）印について付言すれば、生業とはしなかったが、収蔵本人が、この修業の為、遊学もした玄人跣の鏤刻の専門家であることを考慮すれば、この雅印は余人ではなく、収蔵本人が鏤刻したと考えられる。それは、歴博蔵の角田桜岳の地球儀（資料2）の印影から推定される。解読を依頼した篆刻専門家、荒牧平齋氏によって杉本宇兵衛/佐野與市發の下の雅印は「缶求之王玉」と解読され、人名とは全く無関係な、鏤刻者の思い入れ或いは手慰みとも解される句が鏤刻されていることが知られる（写真20, 参考2）。なお、篆刻専門家のお墨付きはないが、最近、尚古集成館松尾千歳館長のご好意により提供された画像から、同館蔵地球儀の箱書きの雅印は富士宮市蔵の箱書きの印影と同じく「高須第二世」または「高須第三世」であることが明らかとなった。富士宮及び尚古集成館と歴博の箱書き「地球儀用法畧」の印字が異なり、変幻自在の鏤刻は市井の判子屋では対応できないため、収蔵本人の鏤刻であることは間違いなかろう。想像をさらに逞しくすれば、これも収蔵の腕の見せ所であったかも知れない。なお、春吉の東都紀行録に雅印代金の支払記録が認められないことも傍証として挙げられる。

3.6.4　球面上の世界図

一般に地球儀球面の世界図は、金属球面への彫金、球表面への直接の描画や、印刷されたゴア（舟形様の断裂世界図）の貼合せによるが、この地球儀では印刷された断裂世界図（ゴア）が球面に貼付けられている。球面上に貼られたゴアの両極圏70°以北及び以南ではその上に極中心投影[2]による印刷図（ポーラキャップ）が貼付けられている。但し、地図は北極圏では北緯80度、南極圏では南緯78度付近まで描かれ、ここでは、ロス海奥77.5°のMt. Erebusの位置に「エレビュス、噴火山島」と注記してある。1841年にSir James Clark Rossの発見した活火山の情報を天文方出入り御免の新発田が把握していたことを示す（写真10, 11）。これは、構造上の違いもあり無理からぬことであるが、同時代に製作された印刷世界図に基づく墨僊の傘式地球儀にはポーラキャップは無い。この点では、同時代に製作されている地球儀より精緻であると言えよう。なお、世界図及びポーラキャップは当時の製版技術及び「地球儀用法畧」とゴアに示される製作関係者から木版印刷によると推察される。Raisz（1938）は、紙の伸縮率、紙（図）の中心と外縁部の収縮の違いなどを考慮したゴアの作図が必要であるが、これは経験に依存すると述べている。本地球儀用の世界図製作でも伸縮の著しい半紙（和紙）に印刷するため、試行錯誤が繰り返されたと推定される。経緯度の接合には細心の注意が必要とされるとしても、伸縮性に富む和紙の方が便利であったという逆説的な見方もできる。世界図自体の記載は後の考察に譲り、ここでは球面上世界図（ゴア）のニュージランド東方、西経140-120°、南緯40-50°の間にゴアの製作に係わった松木愚谷閲、高木秀豊校、三木一光齋圖、江川仙太郎刀の4名の名が印刷されていることを指摘する。この記入により、2名が校閲に、三木一光齋が版下図作成に、江川仙太郎が鏤刻に関わったことが知られる（写真18）。松木及び高木姓を桜岳と収蔵の交友関係から探すと、「高木秀豊」については、資料2中に出現する「高木」と見なされるが、今のところ確証はない。次の「松木愚谷」については、あえて「愚谷」と名乗り、才走った性格が推し計られるが、新発田周辺で校閲できる者は「蕃所調所」と蘭学塾などの関係者であろう。新発田は安政3年の暮にそこの正職員となるが、幕府の世界図改訂作業に深く関わり、また、資料2の安政2年の記事には、浅草天文台の新発田と記載されている。当時、新発田は蕃所調所の世界図の重訂事

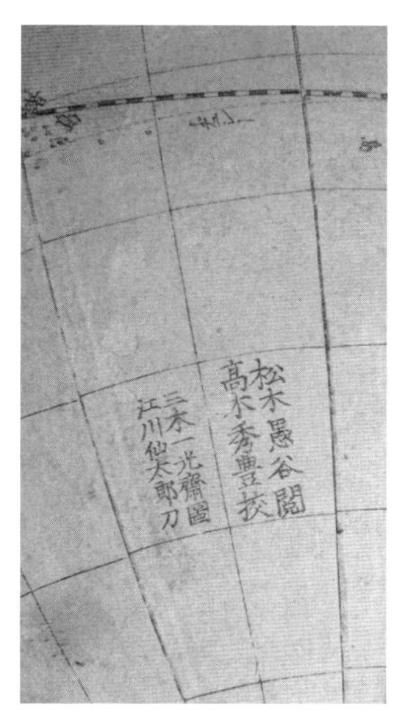

写真18　地球儀球面に記された絵師、刀工及び校閲者名（撮影：宇都宮）
版下原図は新発田収蔵、下絵図を描いたのは絵師の三木一光齋（歌川芳盛）、彫師は江川仙太郎である。校閲者の高木秀豊は不明ながら、松木愚谷は松木弘安の仮名と推定される。本文参照。

業で山路諧孝の子、彰常を助け「重訂萬國全圖」製作に関わっており（鮎沢,1943)、自由な出入を許された実質的な職員否それ以上の顧問の立場にあったといえよう。そのため、浅草天文台関係者との頻繁な交遊は容易に考えられ、「柴田収蔵日記」中には、玄朴の塾生を希望する開業医が新発田に斡旋を頼むなども記され、蘭方医仲間との交流は当然であるが、「安政3年江戸日記12月晦日」には「･･･漏落子を高畠、松木に導く。･･･松木に至る。･･･漏落子、松木と幾何学を論ず。･･半夜に松木を去る。･･･」とある。蘭学や西洋の語学に通じており、西洋科学の知識を翻訳又は仕入れるばかりでなく議論できる人士は多くはないであろう。語学に堪能で、当時江戸にいた松木姓で新発田らと議論できるのは、恐らく伊東玄朴の象先堂で収蔵の後輩門下生にあたる松木公安であろう。「伊東玄朴傳」の門人の記録8頁には、嘉永四亥九月十二日入門/薩州鹿児島藩松木弘安/請人 松平薩摩守内 上村良徹 印/と記載されており、収蔵より数年後の入門生である。幕府天文台関係者を吟味しなければ断定できないが、作業仮説として松木公安を挙げておきたい。ちなみに、この松木公安は幕末の薩摩藩命による英国密航者/後の明治政府外交官の寺島公則である。ただ、全く別人の雅号であるが、半世紀前の寛政3（1791）年に、松本愚山輯録に係る「五経図彙」に「愚山」が見られ、愚谷は愚山と同じく常套的な号の可能性がある。やや牽強付会に近いが、公安の生地、薩摩国出水郡出水郷脇本村字槝之浦（阿久根市脇本）は海に近いが谷間にあり、それに因み、公安自ら名乗ったとも考えられる。富士宮教育委員会の伊藤昌光氏の私信によれば、解読中の角田桜岳のメモ帳に、地球儀製作に松木弘安の関与を示唆する記録があるという。

3.6.5 角田地球儀製作者の役割と作業過程

資料2の東都紀行録（抄録）中の、土浦の沼尻墨僊や松浦武四郎などの記述から、地球儀製作関係及び新発田収蔵に関わる部分のみ抜出し、さらに地球儀に関わる記載及び新発田収蔵日記から関連部分を加え、表1にまとめた。この資料2及び表1は桜岳との密接な関係を示す重要史料として採録したものである。表1の右欄には新発田との関連を示す事項欄を設けたが、桜岳の指示により春がメッセンジャーとして、時期によっては毎日のように新発田宅或いは実質的な勤務先の天文台を訪れており、両者には頻繁な往来のあったことが知られる。

角田地球儀の製作過程と関係者の役割を纏めた表1によれば、2月21日に、春が新発田の所に玉張抜を持ち込んだこと、2月22日には土浦の沼尻墨僊と酒食を交え情報交換したこと、その後、地球儀の玉型を和泉屋や三河屋に試作させたこと、和泉屋には仕上げを督促し納品させたが、不備なため形直し（修正）させたことなどが記録されるが、玉の型は2月下旬から3月22日頃の間に作製されたことが知られる。現時点では確たる証拠はないが、春とその主人である桜岳が、ゼロから独自に球を作製することは極めて疑問であるため、東都紀行録に欠ける2月21日以前にも新発田収蔵の指導があったことは当然のこととして推定される。

ここで春吉は「玉張抜」、「玉の形」、「玉」、「玉捺る」、「玉捺合る」と使い分けているが、やや不明確なところがある。球体の作製には、恐らく花火玉の玉作り技術が応用され、「玉の形」は、「型」の作製であり、轆轤で容易に整形できる木製と思われる。この型をもとに、4月10日の支払い記録に示されるように、反古紙を糊づけして球を作製したと推定される。球体、恐らく半球の作製には、紺屋町挽物屋の国松、三河屋、春、春吉らが当たり、4月1日の「春玉を捺合る」の記述から、これらの半球に地軸を加工・接着して球体化したと推定される。子午環と球の隙間が3mmと一様で、正確な球体をなすことが知られるが、「型」ではなく、張子の球体表面の円周とゴア（世界図）の縮尺は一致させなければならず、世界図作成に高度な数値計算と材質の伸縮を考慮した製図が不可欠となる。ただし、角田地球儀の直径は約199mmで、結果としては2パルムに等しいが、これについては、球の直径の寸法に係る単位「palm」を3月16日に天文師などに問い合わせており、新発田も、これらの換算値を知らず、球体を製作したことを示し、舶来地球儀の直径や、蘭書の記述を参考とした可能性が高い。

架台（支持台）は、恐らく新発田収蔵の設計・指導で、3月18日に春が紙でひな型を試作し、これを3月19日に新発田収蔵の意見を加えて、和泉屋に持ち込み、3月25日には製品を和泉屋から持ち帰っている。子午環や時輪については、4月10日の真鍮の記載には「ラオ竹」とあり、刻み煙草の喫煙に使用するキセルの可能性がある。7月18日には輪直し、地球尺四半規、地球玉真鍮九輪2組の支払いが記録されており、この時点で部品が仕上がっていたことになる。輪直しとは、直径などの修正と推定されるが、詳細は不明。7月25日には浅草大住源助、柳原札屋の金次郎への尺目盛刻印の代金支払い記録がみられ、18～25日の間に子午環や時輪の目盛りや文字が刻まれたことになる。時輪の子午環への接合はこの後に行われたと考えられる。ここで、7月29日にも、一金壱朱也　地球尺四半規とある「地球尺四半規」がどのようなものであるか、現存する地球儀に付属していないため不明であるが、子午環に着脱できる四分の一環で、地球儀用法略で説明されている高弧環に相当する。残念ながら、国立歴史民俗博蔵の同型地球儀にもこれを欠く。この四分の一環は着脱自由のため、西洋の古地球儀でも残存することは希で、長年の間に散逸したものであろう。

張り子の球の表面に貼られているゴア（世界地図）については、4月8日に春が新発田の指示により、向島手の御前の「国芳」の所で書かれた「かく面」を持参しているが、この「国芳」は浮世絵師の歌川豊国の弟子；「歌川国芳（号は一勇斎：寛政9（1797）年～文久元（1861）年）」であり、彼の工房から、「かく面」即ち、図面を持ち来たったことを示している。錦絵では絵師が画稿を制作し、版下絵を描く。版下絵は行事の検閲後、彫師に渡り、ここで板木が制作される（版下絵は消滅する）。板木は摺師に渡り、ここで完成品となる。この出版事業では最初の制作依頼から完成/販売までの一切を版元が仕切るシステムがとられている。この地球儀球面の世界図が同じ工程を辿ったとは限らないが、絵図制作と同様の体裁を示している。記録に「かく面」持参とあるが、地球儀球面には国芳の名は無く、関係者として「一光斎」の名が認められる。歌川国芳の多くの門下生は▲の一字が異なる「一▲斎」を号しており、国芳門下生中で、一光斎を名乗る弟子は、武者絵や時事絵を得意とした歌川芳盛（1830-1885：号は一光斎）一名である。従って、芳盛が「かく面」を描いたことになる。ここで問題となるのは、球面のゴアには「三木一光斎」と記されている点である。桜岳は江戸で病気の際に、幕府奥医師の伊東玄朴に薬を処方してもらうなど（資料2）、著名人との交流が深いことから、ゴア作成のための世界地図の版下図の製作を「歌川国芳工房」に依頼したと思われる。すでに沼尻墨僊との会合で絵師らの情報は得ていたであろうが、ここでは、世界図の公表経験もある幕府（浅草天文台）の新発田収蔵の仲立ちで、売れっ子の浮世絵師に作業を依頼したことは十分に考えられる（資料2, 表1）。「柴田収蔵日記」の「江戸日記」安政三年九月三日には「･･･岡村に至る。「徳音孔昭」を売る。此に芳盛に会。･･･」とあり、収蔵と芳盛が顔見知りであり、その関係が推し測られる。ここで「工房」としたのは、幼時より入門していた芳盛をはじめ多くの弟子を国芳が抱えていたこと、西洋でもレンブラント、リューベンスをなど著名画家が弟子を抱え、各自の工房（ブランド）で絵画を制作していた例を考慮したためである。ウイーン大の絵師データベースによれば、安政2年（1855）秋から悪化した脳疾患の後遺症（中風）に悩まされ、筆力の衰えた国芳の工房では、それ以前から弟子らが国芳を補佐し作品を仕上げていたと推定される。なお、芳盛は植物の「木」と関係深い「桜ん坊」の号も称しており、想像を逞しくすれば、桜月が三月の別名であることから「三木」を名乗ったことも考えられる。なお、富士宮市のwebpageでは三木一光齊の「三木」は不明なまま、歌川芳盛と解している。

表1によると、田原町和泉屋や三河屋半三郎が玉の形を加工したが、三河屋半三郎及び栗田らが新発田を訪ねた際に不在であったため、2人で玉について話し合っている。また、新発田、百枝両名が田原町和泉屋の作った玉の形を桜岳のところに持参したことなども見える。ここでは三河屋が玉の型を製作したこと、さらに、浅草田原町和泉屋伊左衛門も3月5日に型を持参し、その後3月14日にも玉之形を受け取りに赴いたことが記されている。3月19日には茅場町三河屋半三郎が玉形を持参している。

3月16日には新発田や田原町和泉屋が春を通じ、時計師の弥三郎から尺の加工賃が2パルムで2両であるとの見積（これは地球儀4セット分、一括の代金と推定されるが（?））を得、また、天文道真師の新次郎や庄兵衛からは2パルムの寸法を聞いている。このことは、この3月16日の時点で、両者が和蘭はじめとする西欧のパルマ（長さの単位）と尺の換算値について知識を有していなかったことを示している。Palmは人体尺で、その長さは国、時代及び個人で若干異なるが、現在のメートル法では76.2mmに相当する。東都紀行録の天文道師による尺貫法換算値をもとに（寸=3.03cm、分=寸/10=0.303、厘=3.03/1000、毛=3.03/10000として）現在のメートルに換算すると、地球玉一パルムは3寸2分8厘9毛48、2倍の二パルム、6寸5分7厘8毛96は、寸=3.03cm、分=寸/10=0.303、厘=3.03/1000、毛=3.03/10000とすると、18.18＋1.515＋0.2121＋0.02424＋0.0029088＝19.934248であり、計算上では約20cmになる。これは、角田地球儀の直径にほぼ等しい。新発田が2パルマに拘るのは、手本とした地球儀の直径が2パルマであった可能性もある。地球儀収納箱については、春が7月2日に下谷の佐藤より、7月23日に岩井町で2箱購入している。収納箱は少なくとも3箱で、デザインの同じ型が2箱存在することが予想される。なお、秋岡の世界地図作成史p208の写真、及び実見によると同型地球儀の収納箱では摘みの型が異なるため、出来合の箱を活用した可能性もある。以上のことから、角田地球儀（仮称美装地球儀）は、口入れ屋、金工、木工など専門の職人に部品製作を依頼して製作されたもので、玉の仕上げは春（伊藤昌光氏の指摘するように春吉が「吉」を略し自分を「春」と表記したものか?)、他によることが知られる。

地球儀各部の詳細な製造過程を書留めた「角田桜岳日記」の「東都紀行録」では、一般に玉の製作に関する記述が多い。しかしながら、球面に貼る世界図に関する、地図の編集、作図といった重要な製作過程は一切、記述されていない。豆腐一丁も落とさず記録した桜岳や春吉の記録に欠落がないとすれば、情報がなく、この「東都紀行録」に収録し得なかったためと思われる。日記にその件が残されていないことは非常に重要なところである。箱書の製版・発行者及びゴアに記された4名については理解できるが、彼らは地図・地理学の専門家としては、全く無名に等しい人士であり、況してや絵師の芳盛にさえ世界図の編集・製図に至る一括作業を行えたとは全く考えられない。張り子の球面でなくゴアを貼り付ける球体表面のなす球の直径に対応させてゴア（世界図）の縮尺を一致させなければならない。このように球とゴア製作は不離であるにも関わらず、三春屋や三河屋その他で同時並行的に製作された地球儀の球に対して世界図の編集と製図の時期は不明である。唯一、描画を依頼された国芳工房からの納品「かく面」の記載が世界地図を示唆し、辛うじて、新発田が中心となり、彼が描いた「画稿」としての世界図（ゴア）原図に基づき、歌川国芳に版下地図を描かせたと推定されるが、世界図の編集とゴアの製図に係るプロセスは一切語られていない。地球儀に最も重要な世界図（ゴア）の原図作成という基本作業は、球の円周を直接測るという便宜的方法もあるが、上述の様に高度な数値計算が必須であり、桜岳の手代春吉や春、出入りの和泉屋や三河屋には不可能である。さらに、沼尻の傘式地球儀の球面上世界図の経線が直線であるのに対し、本地球儀のゴアのそれは曲線をなすなど、作図技術も格段に高度であり、市井の単なる知識人には製作は困難である。国芳へ依頼した世界図の原図作成者を特定することは容易ではないが、現時点では桜岳の周辺で地理学や世界地図の豊富な情報/知識を有したものは当時日本の世界地図/地理情報の収集・解析機関である天文台に出入りしていた新発田収蔵以外に適当な名は浮かばない。想像を逞しくすれば、世界図の重訂を実質的に担当した地図専門家である新発田が自ら収集した地理情報をもとに（錦絵では画稿に相当する）世界図編図や製図を行い、版下（地）図の描画依頼から印刷まで指揮したことが考えられる。1841年発見のエレバス火山は、嘉永五（1852）年の世界図「新訂坤輿略全圖」に収録し得なかった新発田ならではの記載であろう。

なお、彫師の江川仙太郎は高井文右衛門著・前北齋卍老人画の「繪本孝經（天保五（1834））及び元治元（1864）」、宮大棟梁・平内大隅延臣編の「四天王寺流正統（嘉永元（1848））」、笠亭仙果著、一陽齋豊國画の「あぢさゐ物語・

三都妖婦傳（安政2（1855））」、高井文右衛門著・前北齋卍老人画の「繪本孝經（嘉永三（1850））」、林泉堂の「女実語教（嘉永6（1853））」、大賀範国の「大工絵様 雑工棚雛形（明治9（1876））」などを、地図関係では、橋本兼次郎の「御江戸圖説集覽（嘉永6（1853））」、總房旅客 画狂老人卍齢八十一の「中国鳥瞰図」、沼尻墨僊の「大輿地球儀（いわゆる傘式地球儀）の球面世界図（安政二（1855））」などを単独で、白井通氣の「嘉永壬子新鐫（外題）白井通氣著 改正萬國輿地全圖（内題）新訂萬國全圖（嘉永三, 1850）」では竹口貞斎と共同で鏤刻するなど、幅広く活動している。桜岳（ら？）は、安政2年2月22日に三春屋で老齢の墨僊（安政2年1月に傘式地球儀製作）を招いて一席設けており、ここでは地球儀製作に関して意見交換をしたと推定できる。松浦多気志楼も同席し、舟図を写して、四ツ時に帰ったとある。この席に新発田収蔵が同席したという記録は残されてないが、収蔵も当然、主催者側として同席したと推定される。ゴアの地理情報は「新訂萬国全圖」や彼の世界図「新訂坤輿略全圖」に基づくため、収蔵には参考にはならなかったが、和傘技術の改変による折り畳みできる携帯用地球儀の製作には意表を突かれたと思われる。時輪の取り付け位置の改良と曲面化により子午環を360度回転可能とした構造上の工夫は彼の地球儀を実見した影響と見ることも可能であろう。良い意味での類は友を呼ぶということであろうか。

なお、新版松浦武四郎自伝（笹木義友編, 2013）から抜粋した資料3が示すように、松浦武四郎は安政2年正月五日に角田邸を訪問しており、両者には面識があったが、4日後の九日に角田邸で逢った新発田とは初見であったらしく、佐渡の岩根木出身と誤字ながら但し書きしている。12日には、桜岳訪問後、収蔵と連れ立ち国芳工房の蘭画見学にでかけたが、蘭画でなく古銭譜の重量の方に驚いている。15日、2月8日には収蔵を訪問し、2月13、14日の両日及び22日にも角田を訪れているが、22日は、「二十二日、本藤、野田、樋口、山忠、角田、梅渓へ行。」と訪問の事実のみを記している。3月1日には芝居見物後に、4月5日、5月7日と角田を訪れており、5月1日には新発田を訪問している。

武四郎の日記には、夷船の頻繁な侵入、江戸の華による連日に近い被災、噂（艶？）話を含めた諸事件や、野宿までして調べた安政2年10月2日の大地震被害状況が関係者の聞取りを含め記されている。また、無類の芝居好き（?）で、開演初日の見物では、役者の首痛で出し物が変わったことなど、あたかも、今時の芸能/事件記者の様な記録である。当該自伝編集者による削除がないとすれば、2月22日に桜岳が墨僊を招いた三春屋での一席で、製図や単なる地図筆写は兎も角、武四郎自身の初体験と思われる舟図（ゴア）筆写の記載を欠くことは興味深い。また、武四郎をはじめ、江戸の知識人ら（フットワークの軽いフィールドワーカーの武四郎は特に）が頻りに外出して情報交換に努めたことを含め、桜岳の交際の幅の広さが改めて窺われる。

3.6.6　まとめ

本研究では、破損や本家蔵と破損のない美装の角田家地球儀の中で保存状態の良い「美装地球儀」の形態を明らかにするとともに、「東都紀行録」の記述から製作関係者とその役割を整理した。さらに、収納箱蓋裏に貼られた地球儀用法略の記述及び凡例から地球儀製作は安政2年に始まり、安政3（1856）年仲冬（11月）に完成したと推定した。この地球儀製作において、角田桜岳周辺で製作に係わった者を消去法で探すと、「角田桜岳日記」の春吉の覚書で頻繁に名のあがる幕府蕃書調所絵地図調書役の新発田収蔵が中心的な役割を担っていたと考えざるをえない。少なくとも地球儀球面上のゴアについては、新発田収蔵本人が製作したか、或いは彼がその編集と製図作業に深く関与したと考えられる。ポーラーカップの採用、1841年Rossが発見したロス海奥、南緯77.5°のErebus火山の記載はその情報に接しうる（桜岳の周辺で）唯一の人物である新発田によることは間違いなかろう。この一点で見ても、ゴアは、収蔵の手によることは明らかである。あるいは、収蔵は自身の世界図「新訂坤輿略全圖」をこの地球儀のゴアで更新することに心血を注いだと想像を巡らせることも出来よう。何れにしても、この地球儀製作の知恵袋は新発田収蔵であることは疑いのないことであろう。本報告では多点撮影によるゴアの復原を省いたが、今後、球面上のゴアを復原し詳細な吟味を加え、当時の世界地理情報、特に関係の深い新発田収蔵の新訂坤輿略全圖や重訂萬国全圖などの地理情報との比較考察を試みる必要がある。

謝辞

地球儀の前後2回の調査から本稿執筆まで長期間を要したが、地球儀の計測・撮影と調査を快諾された富士宮市教育委員会の関係各位、寺島公則の経歴を教えていただいた阿久根市教育委員会の河北篤司氏及び阿久根市文化財保護審議会の濵之上訓衞会長に謝意を表したい。印影の不鮮明による難解な篆刻文字の解読の労を執っていただいた当時篆刻美術館館長の松村一徳氏及び熊本市在住の篆刻専門家、荒牧平齋氏にお礼を申し上げたい。また、尚古集成館の松尾千歳館長は貴重な画像の提供に加えて、調査を快諾され、調査では同館学芸員の山内勇輝氏、小平田史穂氏のお手を煩わせた。国立歴史民俗博物館の調査では、平川南館長、青山宏夫教授、中村理美氏のお世話になり、一度ならず二度もお願いした荒牧平齋氏には快く印影解読を引き受けて頂いた。記して謝意を表する次第である。

注

1) ほかに、秋岡所蔵品を受け継いだ国立歴史民俗博物館（千葉県佐倉市）や尚古集成館（鹿児島市磯庭園）に同型地球儀の収蔵が知られており、国立歴史民俗博物館については、調査のみ実施している。

2) 所謂、平面図として作図される極中心投影図法ではない。極域の球面に貼り合わせて360°となるように、作図されている。球の直径に対応する扇面への世界図の作図は極中心投影図法よりも複雑であろう。

文献

秋岡武次郎（1971）: 日本地図作成史, 日本古地図集成併録. 鹿島研究所出版会, 東京, 7-16, 156p.

秋岡武次郎（1971）: 日本古地図集成. 1-89, 鹿島研究所出版会, 東京, 156p.

秋岡武次郎（1988）: 世界地図作成史. P.193,208, 河出書房新社, 東京, 272p.

富士宮市教育委員会（1971）: 富士宮市史　上巻, 富士宮市. pp.900-905.

富士宮市教育委員会（2006）: 駿州富士郡大宮町　角田桜岳日記　三. 富士宮市, 378p.

富士宮市教育委員会（2006）: 駿州富士郡大宮町　角田桜岳日記　四. 富士宮市, 420p.

犬塚孝明（1974）: 薩摩藩英国留学生. 中央公論社, 182p.

桑原伸介（1992）:「地球儀」異聞. 歴史手帖, 524, 48-50.

小山忠之（1988/89）角田桜岳とその周辺　上・中・下　岳麓拾遺　岳南朝日（19881211, 19890204, 19890211）

大久保利兼・桑原伸介・川崎勝編（2001）: 津田真道全集　地球小儀題言　代佐野余市　愛桜集　津田真道全集上・下所収　みすず書房, 東京, 736p. p.585-596中p.595.

佐野與市（1859）: 駿大宮　佐野　田畑山林雅俗見聞雑記　（安政6巳未正月吉辰）帳面の書込み, 1-4丁か）

笹木義友編（2013）: 新版松浦武四郎自伝. 北海道出版企画センター, 札幌, 355p.

高橋景保（1809）: 新紳總界全綖. 横浜市立大学（鮎沢文庫蔵）

鮎沢信太郎（1943）: 鎖国時代の世界地理学. 150-155, 日大堂書店, 東京, 363p.

田中圭一編注（1996）: 柴田収蔵日記1　村の洋学者. 平凡社, 東京, 391p.

田中圭一編注（1996）: 柴田収蔵日記2　村の洋学者. 平凡社, 東京, 364p.

松浦武四郎研究会編（1988）: 校注簡約　松浦武四郎自伝. 北海道出版企画センター, 札幌, 436p.

海野一隆（2005）: 東洋地理学史研究日本篇. 清文堂, 大阪, 625p.

宇都宮陽二朗（1991）：沼尻墨僊の考案した地球儀の制作技術．地学雑誌，100, 1111-1121.
宇都宮陽二朗（1992）：沼尻墨僊作製の地球儀上の世界図．地学雑誌，101, 117-126.
宇都宮陽二朗・杉本幸男（1992）：幕末における一舶来地球儀について－土井家（土井利忠）資料中の地球儀，日本地理学会予稿集，42, 130-131.
宇都宮陽二朗・杉本幸男（1994）：幕末における一舶来地球儀－英国BETTS社製携帯用地球儀について，地図，32, 12-24.
宇都宮陽二朗，X. Mazda, B. D. Thynne（1997）：土井家旧蔵のBETTS携帯型地球儀球面上の世界図に関する2，3の知見．地図，35(3),1-11.
宇都宮陽二朗（2005）：下関市立美術館蔵，香月家地球儀について，人文論叢22, 201-212.
宇都宮陽二朗（2006）：神宮徴古館農業館蔵のいわゆる渋川春海作地球儀に関する研究（第1報）人文論叢23, 29-36.
宇都宮陽二朗；伊藤昌光（2008）：角田家地球儀について，人文論叢，三重大学人文学部文化学科研究紀要，25, 1-31.
絵師　http://kenkyuu.jpn.univie.ac.at/karikaturen/jp/db_use.htm　20071124
歌川国芳　http://ja.wikipedia.org/wiki/Category:%E6%B5%AE%E4%B8%96%E7%B5%B5%E5%B8%AB
切附本書目年表稿　http://www.fumikura.net/other/kiridata.html　20071126
高井蘭山著編述書目（覚書）http://www.fumikura.net/other/ranzan.html　20071126
世界図・地域図　明治大蘆田文庫 http//www.lib.meiji.ac.jp/ashida/catlg/catlg/node4.html
Worldmark Encyclopedia of the Nations on Conversion Tables http://www.bookrags.com/Conversion_of_units
国内都市図　http://www.library.pref.gifu.jp/map/worlddis/mokuroku/kochizu/menu13.html
How Many? A Dictionary of Units of Measurement　http://www.unc.edu/~rowlett/units/dictP.html（Russ Rowlett and the University of North Carolina at Chapel Hill）
Palm (length)　http://en.wikipedia.org/wiki/Palm_(unit)
Raisz, Erwin(1938): General cartography. 370p. McGrawHill Book Com, NewYork & London

写真19　参考1　国立歴史民俗博物館蔵（秋岡コレクション）角田桜岳の地球儀（撮影：宇都宮）
時輪に可動する時針が付属しているが、用法略に描かれる髙弧環（四分の一環）は欠ける。柿渋塗り（?）の化粧紙が残る地平環側面及び球面の虫喰い穴が少なく、文久堂（山本右衛門）や秋岡の保存環境の良かったことを示す。

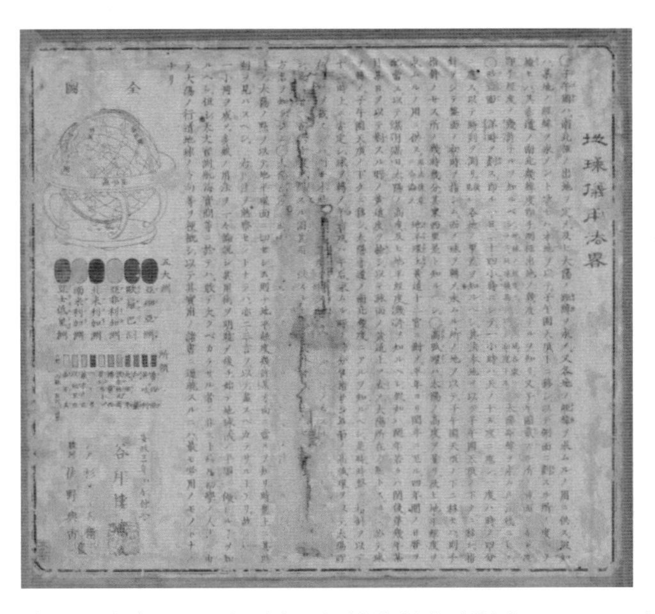

写真20　参考2　国立歴史民俗博物館蔵（秋岡コレクション）角田桜岳の地球儀蓋裏の地球儀用法畧（撮影：宇都宮）

表1　角田家地球儀の製作過程と作業関係者の役割　（角田桜岳日記、東都紀行録及び柴田収蔵日記より抜粋・編集）

年	月日	玉の型と整形および組み立て					玉の寸法調と子午環、時輪の作製、度数、日盛り刻印	スタンド、台及び地平環の製作	収納箱の製作及び蓋裏の凡例作製・作図・鏤刻、印刷、貼付け	世界図編集・縮尺の決定・図化・ゴア製作、鏤刻、印刷、貼付け	新発田収蔵の関与	柴田収蔵日記2（村の洋学者　田中圭一編注、平凡社、1996）及び東都紀行録中にみる左記作業以外の件
		春と春吉作業分	和泉屋作業分	三河屋半三郎作業分	春紺屋町挽物屋国松作業分	傘谷保之助および佐藤様作業分（前者は作業せず）						
安政2年（1855）	221		春天文台新発田様江玉張抜持参								（春天文台新発田様江玉張抜持参）	
安政2年（1855）	222											常州土浦地球玉抜人沼尻氏八時より三春屋ニ而酒飯・・松浦多気志楼先生来る、舟図写、四時帰り（東都紀行録より抜粋）
安政2年（1855）	224			三河屋半三郎殿酒出ス								
安政2年（1855）	228		神田小柳町和泉屋より書面									
安政2年（1855）	229		春・・浅草田原町和泉屋江立寄、・・・天文台新発田様立寄	三河屋半三郎殿玉持参							（春・・浅草田原町和泉屋江立寄、・・・天文台新発田様立寄）	
安政2年（1855）	230			三河屋半三郎殿来る、春吉天文台新発田様江案内同道、御留主ニ而本所駒留石栗田様江立寄、玉の咄し							（三河屋半三郎殿来る、春吉天文台新発田様江案内同道,御留主ニ而本所駒留石栗田様江立寄、玉の咄し）	
安政2年（1855）	305		芝田様・百枝先生・田原町和泉屋玉のかた持参									
安政2年（1855）	306			春・帰りに三河屋江立寄、留主、八半時三河屋半三郎殿来る					五拾六文　本箱ふち尺板代			
安政2年（1855）	307			春吉・・茅場町三河屋江立寄、玉形持参								
安政2年（1855）	313		春栗田様・田原丁いつミや・新発田様使、三間とも留主				*四百文　大住源助二而唐筆書本代*				（春栗田様・田原丁いつミや・新発田様使、三間とも留主）	
安政2年（1855）	314		春浅草田原町和泉や伊左衛門様江玉之形受取ニ行、新発田様御留主								（春浅草田原町和泉や伊左衛門様江玉之形受取ニ行、新発田様御留主）	

安政2年(1855)	316						春暮方天文台新発田様・田原町和泉やよりの差図二而、浅草田町時計師之弥三郎殿江尋る、二パルムノ尺弐両位之由、外二職人茅町江戸勘之近所菓子屋之裏天文道真師幸松殿、同福井町いちう八幡之近所新次郎殿、神田鎌倉横丁天文道真師庄兵衛殿、地球玉一パルム三寸弐分八厘九尾四八、二パルム六寸五分七厘八毛九六なり				(春暮方天文台新発田様・田原町和泉やよりの差図二而、浅草田町時計師之弥三郎殿江尋る、二パルムノ尺弐両位之由、外二職人茅町江戸勘之近所菓子屋之裏天文道真師幸松殿、同福井町いちう八幡之近所新次郎殿、神田鎌倉横丁天文道真師庄兵衛殿、地球玉一パルム三寸弐分八厘九尾四八、二パルム六寸五分七厘八毛九六なり)	
安政2年(1855)	318		春天文台新発田様江使、田原町和泉屋来る					八拾文　地球玉台ひな形表紙買			(春天文台新発田様江使、田原町和泉屋来る)	
安政2年(1855)	319			春茅場町三河屋半三郎殿玉形持参、・・・				春地球台ひながた紙二而拵　春吉浅草天文台新発田様江使、田原町和泉屋江地球台ひな形持参			(春地球台ひながた紙二而拵　春吉浅草天文台新発田様江使、田原町和泉屋江地球台ひな形持参)	
安政2年(1855)	320		田原町和泉屋江玉ノ形催促、天文台新発田様	三河屋半三郎殿来る、九時二帰る							田原町和泉屋江玉ノ形催促、天文台新発田様	
安政2年(1855)	322		春・・、七時田原町泉屋形受取、			春夜五時ゟ本郷傘谷保之助様江玉の張抜頼二行、世話しき由二而ことわり	春・・橋本丁かざりや江しん中之尺頼、					
安政2年(1855)	324			三河屋半三郎殿来る	弐百三拾弐文玉張抜之反古代							
安政2年(1855)	325	春吉玉張抜仕事					春しん中之尺取二行/　弐百文　地球玉しん中之尺之代、橋本丁/玉之心棒はり金代	春夕方浅草田原町和泉江玉之台誂				
安政2年(1855)	326		春吉、立寄、田原丁和泉屋玉之形直し								春吉六時天文台新発田様江立寄	
安政2年(1855)	327		田原町和泉屋二而玉形持参									
安政2年(1855)	328	春吉玉張抜		三河屋半三郎殿玉持参								
安政2年(1855)	329	春・夕方玉拵る										
安政2年(1855)	401	春玉を拵合る	春浅草田原丁泉屋江使								春帰り天文台新発田様へ寄	

安政2年(1855)	405		春夜入浅草田原町泉屋江使									
安政2年(1855)	406			三河屋半三郎殿玉持参							新発田様・諧伝様御同道来る	
安政2年(1855)	407			春茅場町三河屋江用事				春田原町泉屋ゟ地球儀台出来持参			帰り二天文台江立寄/八半時ゟ新発田様・諧伝同道二而帰る	
安政2年(1855)	408				春紺屋町挽物屋国松殿江玉形誂					春吉・、浅草天文台新発田様之用向、向しま手之御前二而国芳之処かく面持参、	(春吉・、浅草天文台新発田様之用向、向しま手之御前二而国芳之処かく面持参。)	
安政2年(1855)	409										八半時ゟ信夫様・春天文台新発田様江行/新発田同道二て蔵前之初音二て酒食、信夫様払、春・新発田様同道栗田様江進物菓子	
安政2年(1855)	410	弐百四十八文反古代・のり代・春吉張分		金壱分　三河屋半三郎殿	拾弐匁　玉之形代/　弐百文同直し		弐百廿四文　真中尺はり合らを竹					
安政2年(1855)	413				拾弐匁　玉之形壱ツ、紺屋町国松殿							
安政2年(1855)	621										暮六時新発田収蔵様来る、さけ、夜九半時御帰り	
安政2年(1855)	629										新発田様・諧伝様御出	
安政2年(1855)	630										春五時二天文台江使	
安政2年(1855)	701										春天文台使/夕七半時新発田様御出、本之小口書、夜入さけ、五時御帰り	
安政2年(1855)	702								春箱求二岩井町江行/壱朱ト百弐拾文　箱弐ツ			
安政2年(1855)	704										春新発田様江使/新発田様用事亀井町江立寄	
安政2年(1855)	705										夕方皆伝様・新発田様御出	
安政2年(1855)	708									*壱朱ト弐拾四文　佐久間町伊藤万歳様二而絵図裏打三枚分*		
安政2年(1855)	709										春天文台江使	
安政2年(1855)	710							久右衛門町へ玉尺誂		*春伊東万歳様ゟ絵図三枚持参*		

安政2年(1855)	712										春夜入春新発田様江使	
安政2年(1855)	713										春天文台江使/旦那様五半時ゟよし原江御出、宇都宮徳三郎様同道二成、新発田様三人二而坂七ゟ上る	
安政2年(1855)	716										春信夫様ゟ天文台新発田様絵図書也佐藤覚蔵様使	
安政2年(1855)	717										春高矢様より橘町三河屋半三郎殿	
安政2年(1855)	718						出百八文　同輪直し/金壱朱也地球尺四半規/三朱弐百文　地球玉真中九輪弐組	出金壱分地球玉台弐つ			春早朝二信夫様ゟ新発田様江使/皆伝様・新発田様来る、夜九半時新発田様御帰り	
安政2年(1855)	722										春本綴、新発田様江使	
安政2年(1855)	723								春新発田様ゟ下谷佐藤様箱買		(春新発田様ゟ下谷佐藤様箱買)	
安政2年(1855)	724										春天文台御使	
安政2年(1855)	725			入金壱分也佐藤様江地球玉手間遣候分/壱分也同断江			春天文台使、浅草大住源助殿江めもり誂/弐百四拾八文　柳原札屋金次郎殿尺之代				春天文台使、浅草大住源助殿江めもり誂・・・春夕方天文台	
安政2年(1855)	727						拾六文　文まわし/三十弐文　文まハし、はけ筆壱					
安政2年(1855)	802						入金壱分也尺之もり代也受取					
安政2年(1855)	803					壱分弐朱也　佐藤様地球玉代						
安政2年(1855)	804						入金弐朱也　大住源助殿尺目もり代之節/弐朱ト三百九拾弐文地球尺目もり代					
安政2年(1855)	812							四拾八文　地球玉定木				
										松木愚谷閲・高木秀豊校・三木一光齊圖・江川仙太郎刀	(松木愚谷閲・高木秀豊校・三木一光齊圖・江川仙太郎刀)	

安政3年（1856）9月												和泉屋利・・召使市太郎、植田啓蔵に打たる。古賀、塾生牟田、田中と会う、長谷川、窪田、先生に面す。浜田、凝庵先生、今井歳二郎、赤井主人、今井等、「深江謙蔵入塾、佐藤革蔵来る。岡村に至る。此に芳盛に会。山下越亭、周英、栗田来る。八木。周英、彰斎と酌む。「八木光悦来る。愛宕下川勝・・。大槻恒助。犬塚与七郎来る。山下伊勢屋、竹野、会計は犬塚。「鈴木彦助来る。山岡君（佐渡奉行）、小野寺謙二、大槻後斎。三浦乾也、綾部来る。石井道平、松井、高畠、高山、赤井。「中村貞蔵、深川縁者大谷林平、玄琳、安武元凱、猪股に玄琳より遣せし会話の浄写遣す。天野、岩間郁蔵（佐渡奉行地役人）、岩間、岡村、周英、「中沢、玄琳来る。神田孝平来る。杉田梅里が描せる星図貸す。栗田が遣せし図の原図、古賀、窪田と古賀先生及益田、窪田下田。天文花、地球図凡例の改竄を請ふ。調所出役の事、山岡の言。塾生長谷川等と談、岡村、千々岩了庵明日退塾。「了庵に東印度等紀行書を返す。蟹行字様二葉贈りて贐となす。猪股より石筆。田村、赤井、「十日、中沢、周英、長谷川啖来る、竹四郎の竹島志を貸す。深江、伊亭、岡村、須郷に会す、文進等と、「福原玄寿、良悦、小林八十五、古賀先生、伊左衛門を召す、天野、岩間、相川下戸丸岡伝右衛門（所謂浪華屋）に会す。羽倉翁、天野、遠藤、丸岡、文進等と、「12、玄琳の英荷（英蘭）会話の浄書字体の改竄を請ふ。　犬塚、深江、犬塚に応接書貸す。中沢恒太郎来る、周英、吉田寿平来る。赤井、今井歳二郎、今井、金左衛門、高山氏、石井、「13・・・・・・
安政3年（1856）10月												十五日、調合所当直。高須松亭が頼の横文印を写す。未刻地震、松岡五郎兵と出る。・・・・「十九日、高須が請ふ所の横文印を写す。
安政3年（1856）11月											（谷邦楼蔵板・江戸杉本宇兵衛・駿河佐野輿市發安政三年丙辰仲冬に地球儀用法の作成）	十一日、・・・日本図写す。夜岡村に至る。「初問」訂未成。・・・「十三日、長谷川啖が請ふ日本図写し了る。岡村より「初問」を贈り来る＜十二部＞一部を塾の用本に付す。・・・先生に「初問」五部を呈す。「十五日、・・・此に高井良采在り。「初問」を調所へ納むと云。「十七日には、初問のことの記載2件ある。「22日、・・・団右衛門、与七郎が蝦夷遊歴の為に、竹四郎が「夷蝦図」を展て、彼地の風土山川を談す。

安政3年（1856）12月												朔日、・・原玄誠来り、地球の事を問ふ。「四日、竹四郎・・ 「十一日、礼太郎地球（図）を出して字を布かしむ。・・・ 「廿三日、・・蕃所調所掌図を命じ、・・・「廿五日、に出仕の儀式がある。「晦日、・・・漏落子、松木と幾何学を論ず。漏落子と高畠を訪ふ。不在。・・・半夜に松木を去る。

本表は角田桜岳日記中の、東都紀行録（三十一番）及び、地球儀の収納箱蓋裏の凡例等をもとに作製した。
相互の往来、来訪・談笑・遊行は直接には地球儀の製作に関係ないが、製作に係る情報交換ありとして記載した。
但し、（*斜字*）は地球儀の製作に関係ない不確実な事項を示す。
筆、半紙・美濃紙などの購入は、写本と製本に当てたと推定されるため省略した。
新発田収蔵の関与欄の（　）は新発田の関与を示唆する左欄の記載を重複させた。

資料1　地球儀用法畧（ただし、シンボル及び五大洲と所領の色区分と送りカナは省略した。翻刻:宇都宮）

地球儀用法畧

◎子午圏ハ南北極ノ出地ヲ定メ。及ヒ大陽ノ距緯ヲ求メ。又各地ノ経緯ヲ求ムルノ用ニ供ス。仮如ハ其地ノ經緯ヲ求メ△△△セハ。本地ヲ以テ。子午圏天頂下ニ移シ。以テ側面ニ劃スル所ノ度分ヲ検セハ。其赤道ノ南北幾度△△即チ兩極出地ノ幾度ナルヲ知リ。又子午圏截スル所ノ球面ノ赤道度。
即チ經度ノ幾許ナルヲ知ルヘシ。地球ノ経度ヲ起スノ地。各家一ナラス。此球鉄島ヲ以テ初度トス。太陽距緯ヲ求ムル法。後ニ見ユ。

〇時盤面ニ洋時ヲ劃ス。即チ一日二十四小時ニシテ。一小時ハ。天ノ十五度ニ應シ。一度ハ時ノ四分ニ應ス。以テ時刻ヲ測リ。後ニ見ユ各地ノ里差ヲ知ルヘシ。其法本地ヲ以テ子午圏天頂ノ下タニ移シ。指針ヲシテ盤面ノ初時ヲ指シム。而メ球ヲ転メ。求ムル所ノ地ヲ以テ。子午圏天頂ノ下ニ移セハ。則チ指針ノサス所ノ幾時幾分。其東西里差ト知ルヘシ。〇高弧環ハ。太陽ノ高度ヲ量リ。及ヒ地平經度ヲ求ムルノ用ニ供ス。用法後章ニ合論ス地平環上。黄道十二宮ニ對メ。平年ヨリ閏年ニ至ル。四年間ノ日暦ヲ配當ス。以テ某月某日。太陽ノ高度。及ヒ地平經度幾許ヲ知ルヘシ。仮如ハ閏年若クハ閏後。第幾年某月某日ヲ以テ對スル𠩄ノ黄道ヲ検シ。以テ球面ノ黄道上ヲ査メ。太陽所在ノ點トス。此ニ於テ。球ヲ転メ。子午圏天頂ノ下タニ移シ。太陽赤道ノ南北幾度ニアルヲ知ルヘシ。是時。時盤ノ指針ヲ以テ。十二時上ニ安定シ。球ヲ転メ。午前或ハ午后。求ムル𠩄ノ時分ヲ指サシム而ノ高弧環ヲ以テ。太陽𠩄在ノ點ヲ截スレハ則チ本時太陽ノ高度ヲ得。△地平環面。高弧環ノ截スル𠩄。其地平経度ト知ルヘシ。最内層三百六十度ヲ劃スル圓。其用ニ供スルナリ。又最外層ノ三十二方向位ハ。備テ以テ針路ノ方名ヲ知ラシム。〇太陽出没ノ時刻。及ヒ方向ヲ求ムルハ。前法ニ依テ。本日太陽ノ躔度ヲ記シ球ヲ転メ。太陽ノ點ヲ以テ。地平環面ニ切セシム。則チ地平経度幾許其方向ニ當ルヲ知リ。時盤上ニ其時刻ヲ見ハスヘシ。右用法ヲ熟察セントナラハ。亦二三言ヲ以テ。盡スベカラザル事アリ。故ニ別ニ一小冊ヲ成メ。多般ノ用法ヲ一々論説シ其用術ヲ明暁ノ後チ。始テ地球儀ノ平圖ニ優レル事ヲ知ルヘシ。但シ。天文實測。航海實問等ニ於テハ。敢テ欠クベカラサル者ニ非スト雖モ。初學ノ人是ニ以テ太陽ノ行道。地球ノ方向等ヲ梗概シ。以テ其實用ノ諸書ニ通暁スルニハ。最モ必用ノモノトナスナリ

五大州	所領
亜細亜州	魯西亜
欧羅巴州	英吉利
亜非利加州	和　蘭
北亜米利加州	是班牙
南亜米利加州	波尓杜瓦爾
亜士低里州	拂蘭西
	牙邪瑪爾加
	阿理曼
	蘇亦齋亜
	以他里亜
	多爾其

都　山脈　国河　国境

安政三年丙辰仲冬
谷邦樓蔵板

江戸　杉本宇兵衛　發
駿河　佐野與市

資料2　東都紀行録、日記、「小遣扣」、覚、「書物扣」、書籍貸借控并ニ写料払方、「地球玉之扣」、覚　など
（ただし、日付の前後、当て字、欠落は本文のママとした。なお、・・は資料2としては省略した部分を表す）

安政2年　東都紀行録（三十一番）　二月吉日
日記
二月廿一日寅・・・春天文台新発田様江玉張抜持参、帰りニ横山町ニ而漢胡手本買、・・・旦那様中村屋より帰り、浅草大代地百枝先生へ立寄、天文台新発田様江御立寄留主、・・・・
二月廿二日卯・・・常州土浦地球玉抜人沼尻氏八時より三春屋ニ而酒飯、・・・・松浦多気志楼先生来る、舟図写、四時帰り、・・・
二月廿四日巳・・・早夕飯、安藤先生来る、三河屋半三郎殿酒出ス、四時二帰る、・・・・・
二月廿五日午・・春浅草天文台新発田様伊勢之国絵図置、米沢町おふじ殿之処ニ而色々咄し、七時より旦那様御むかひ、坪内様内大久保伝吾様江写本之催促、・・・
二月廿六日未・・春新発田様江使、・・・八半時安藤先生来る、新発田様同道ニ而旦那様向島花見御泊まり、・・・
二月廿七日申・・安藤先生来る、年号の政事之本写行、・・松浦様たんサク持参、・・
二月廿八日酉・・・神田小柳町和泉屋より書面来る、返事遣ス、
二月廿九日戌・・・春・・浅草田原町和泉屋江立寄、・・・天文台新発田様立寄、米沢町湯屋、九半時ゟ七時ニ帰る、・・三河屋半三郎殿玉持参、四時帰る、・・小柳町三河や二而和田小左衛門様江手紙使、・・・
二月卅日亥・・三河屋半三郎殿来る、天文台新発田様江案内同道、御留主ニ而本所駒留石栗田様江立寄、玉の咄し、三河屋両国ニ而別、春四時ニ帰る、・・春小柳町三河屋与兵衛殿方二而小左衛門様江使、・・・・
三月朔日子・・安藤先生来る、写本点付、・・・松浦多気志楼様来る、夕飯小西より酒壱升、安藤先生・松浦様四ツ時ニ帰る、・・夜九半時より小網町壱丁目始出火・・・又春吉宿へ帰り龍土江水くむ、屋根へ水上る、・・・福井町浅田様・天文台新発田様はたらき
三月四日卯・・旦那様・・音羽湯入湯、帰り二本箱買、・・本しらべ、・・松浦様来る、夕飯出ス、・・松浦様五時帰る、・・・
三月五日辰・・春早朝二小柳町三丁目三河屋与右衛門殿方二而小左衛門様江書面使、・・有馬水天宮江参詣、雨大ひニふる、帰りニ三河屋半三郎殿へ立寄、八時に宿江帰る、・・・和泉橋たはこや江尋行、芝田様・百枝先生・田原町和泉屋玉のかた持参、帰りニくらやみニ而大ひニ難儀する、・・旦那様三春屋二而酒飯、新発田様来る、松村保之助様近火見舞上酒壱升、新発田様夜九時迄酒盛り、豆州様来る
三月六日巳・・・春・帰りに三河屋江立寄、留主、八半時三河屋半三郎殿来る、・・・暮方帰る、松浦多気志楼先生来る、・・・・
三月八日未・・・留主江おたつ様尋来る
三月七日午・・・・春吉・・茅場町三河屋江立寄、玉形持参、・・・旦那様三春屋御立寄、松浦様来る、・・・春吉本所栗田様江使、留主、はや寐之所江谷屋様来る、めいわく二て九時寐る
三月十日酉・・・大宮町松浦様来る、九時より神田橋本多加賀守様江かこ訴、・・春本郷傘谷杉むら保之助様江立寄、界之図持参、・・旦那様神田橋より傘谷経保様江廻る、湯島六丁目房州屋真助殿にて松浦様逢二行進物すし、帰りに保之助江立寄、・・・・
三月十一日戌・・・春・・夜入帰る、松浦武四郎様来る、さけ、　昼八時風吹、松浦様夜飯出る
三月十二日亥・・信夫様江半紙十状・・・
三月十三日、早朝くもる、五半時二安藤先生来る、春栗田様・田原丁いつミや・新発田様使、三間とも留主、おひさ殿来る、・・・・
三月十四日丑、・・・春佐竹様内高矢半右衛門様江炮術全書写本請取二行、近火之節取込紛失いたし候由、・・・・旦那様・春湯に行、湯屋なかしに弐百文留桶分遣ス、八時帰り昼飯、旦那様御休、春浅草田原町和泉屋伊左衛門様江玉之形受取ニ行、新発田様御留主、暮方帰る、旦那様五半時二御目さめ夕飯、・・・・
三月十五日寅、・・・旦那様七時二御帰り、松浦様来る、・・・旦那様・松浦様・菊屋同道二而柏屋江御出・・・・
三月十六日卯、・・・安藤先生弐枚計り写物、・・・旦那様同道二而安藤氏帰る、旦那様・宿鉄之助殿本所御

支配江御出、・・・八半時二御帰り、・・・早夕飯、春暮方天文台新発田様・田原町和泉やよりの差図二而、浅草田町時計師之弥三郎殿江尋る、二パルムノ尺弐両位之由、外二職人茅町江戸勘之近所菓子屋之裏天文道真師幸松殿、同福井町いちう八幡之近所新次郎殿、神田鎌倉横丁天文道真師庄兵衛殿、地球玉一パルム三寸弐分八厘九尾四八、二パルム六寸五分七厘八毛九六なり、暮方御支配様之御侍来る、旦那様手紙認メ・・・・

三月十七日辰、・・すくに本所大橋江為替之金子受取二御出、支配人留守ニテ請取らず、・・・大久保伝吾様より御沙汰書来り、・・・

三月十八日朝巳、・・春天文台新発田様江使、田原町和泉屋来る、・・・・・・・

三月十九日午、・・安藤先生来る、春地球台ひながた紙二而拵、松浦様尋来る、旦那様御休、・・・・春茅場町三河屋半三郎殿玉形持参、・・・春吉浅草天文台新発田様江使、田原町和泉屋江地球台ひな形持参、夕暮六時二帰る、

三月廿日未、・・三河屋半三郎殿来る、九時二帰る、・・・・田原町和泉屋江玉ノ形催促、天文台新発田様、暮方品川偏二出火、六ツ時青山通り出火、田川屋為吉殿来る、三春屋二て大酔なり、・・・・

三月廿二日酉、・・春四時伊東様江薬礼薬もらひ、七時田原町泉屋形受取、橋本丁かざりや江しん中之尺頼、春夜五時ゟ本郷傘谷保之助様江玉の張抜頼二行、世話しき由二而ことわり、玉子偏二出火あり、四半時帰る、・・・・

三月廿三日戌、・・旦那様五時御ぜん、春飯倉伊勢卯様江金子五両之返済二行、神田前岡田や嘉七殿江金子四両相渡し、五分五厘釣、伊勢宇二而酒食馳走二成、八時二帰る、安藤先生少々之写物、・・・・春吉河津様へ海苔進物、休明光記附録壱巻持参、殿様留主なり、・・・・

三月廿四日亥、・・春吉伊東玄朴様江薬取十帖、・・吉原宿米屋安兵衛様来る、・・・三河屋半三郎殿来る、金壱歩渡ス、・・・・栗原様江行二小風呂敷本壱冊、伊東元啓様来る、□江弐百文、・・・・・・

三月廿五日子、・安藤先生定例、春吉玉張抜仕事、・・・・春しん中之尺取二行、伊勢宇様来る、春夕方浅草田原町和泉江玉之台誂、・・・

三月廿六日丑、・伊東玄朴様江薬取十帖・・・上州六三郎殿四時より八時迄昼食、国定之忠治之咄し有、春泉香買二行、・・春米沢町湯屋おふじ殿江手本の使、・・春吉、立寄、田原丁和泉屋玉之形直し、・・・六時天文台新発田様江立寄、五時帰る、・・・・

三月廿七日寅、・・・安藤先生定例、金壱朱也万葉集質物二置候咄し受出し之代金、旦那様願書認メ、春高矢様ゟ写本持参、信夫様江立寄、御留主なり、・・・・四時二春吉帰り、芝居町二而方角違ひ、三谷橋迄行、・・・田原町和泉屋二而玉形持参、四時半二宿江帰る、旦那様おふじ殿と聖天町江泊まり

三月廿八日卯、・・・信夫様来る、春吉玉張抜、安藤氏万葉本預り、はなわ次郎様江万葉の講釈二行、・・・伊豆記四巻はなわゟ借る、・・旦那様夕方暮二成帰り、三輪田様御出、三河屋半三郎殿玉持参、旦那様・三輪田様何れか御出掛、夜入雨ふる、九時旦那様御帰り

三月廿九日辰、・・・三輪田様使弥三郎殿六丁からみ鉄炮持参、・・春伊勢宇様江八半時帰り、信夫様環海異聞見合、旦那様願書認メ、夜入旦那様津久井屋江御出、春米沢町江使、入湯、夕方玉拵る、・・・

四月朔日巳、・・弥八郎様ゟ佐竹様・仙台様箱館御警固之御沙汰書借る、安藤先生写、・・・・・津久井屋ゟ鉄炮帰る、春玉を拵合る、八時半ゟ信夫様御出、春浅草田原丁泉屋江使、松月江傘帰ス、帰り天文台新発田様へ寄、旦那様・信夫様三春屋二て酒、

四月二日午、・・・・・津久井屋ゟ鉄炮持参、弥三郎殿へ帰ス、・・・春本之拵、信夫様写物、・・・春留主休ミ、

四月三日未、・・・・・高矢半右衛門様江本催促、本拵、伊勢宇様来る、・・春先へ帰る、本拵、・・・

四月四日申、・・・・・春本拵、信夫様来る、・・・信夫様来る

四月五日酉、・・・・・社領松浦様来る、大村政二郎様来る、吉原宿質屋宇兵衛様本所柏木様江□、・・会津雨耕老人来る、写本置金壱分遣ス、・・・春夜入浅草田原町泉屋江使、五時二帰る、・・・

四月六日戌、・・・三河屋半三郎殿玉持参、高矢様ゟ炮術全書持参、・・・新発田様・諳伝様御同道来る、酒望、・暮方旦那様同道下谷・池端ヲ廻り吉原江御出、・・・高矢様ゟ写本遣ス

四月七日亥、・・春高矢半右衛門様江写本頼、茅場町三河屋江用事、・・春昼食三春屋、九半時ゟ旦那様御むかひ二行、田町成田屋江、田中屋より、江戸町壱丁目大口江御遊、八半時ゟ新発田様・諳伝同道二而帰る、旦

那様聖伝町ニ用向有之廻る、春田原町泉屋ゟ地球儀台出来持参、帰りニ天文台江立寄、諧伝様御同道ニ而帰る、旦那様三春屋まで先江御出、三春屋三人酒、五半時三春屋ゟ帰り、諧伝様御泊り、大ひニ雨ふる、田中之勘定壱両弐分、諧伝様壱分出ス、新発田様弐分三朱出ス、信夫様夕方帰り

四月八日、・・・諧伝様・安藤氏・高橋礼之進様三人同道ニ而番町江御出、春紺屋町挽物屋国松殿江玉形誂、三春屋ニ而昼飯、信夫様来る、旦那様・春髪結、清助殿に旦那様御羽織染ニ頼、染返之物遣ス、春吉たはこ買、山口屋江手紙届ケ、浅草天文台新発田様之用向、向しま手之御前ニ而国芳之処かく面持参、・・夕方帰る、・・・

四月九日、・・・四時ゟ晴天風吹、八半時ゟ信夫様・春天文台新発田様江行、迚中ニて信夫様酒食、新発田同道ニて蔵前之初音ニて酒食、信夫様払、春・新発田様同道栗田様江進物菓子、五半時ニ帰る、・・・・・

四月十日、・・安藤先生定例、吉原宿質屋右兵衛様之使、柏森米安様之居所聞合ニ来る、・・・・

是ゟ末、旦那御控ニ相成候

日記

六月十六日未、・・・安藤様・木島村医師壱人・信夫様・諧伝様十弐枚写物、八時ニ御帰り、・・暮六時ゟ築地飯田様ゟ飯倉伊勢宇様江四末ニ行、・・・

六月十七日申、・・五半時春吉龍王屋之用向ニて伊東玄朴様江使、九時ニ帰る、・・・春吉薬研堀名倉様江矢之根石帰ス、・・・

六月十八日酉、・・・春本拵、飯倉江廻り伊勢宇様江炮術全書四冊帰ス、・・・・

六月廿日亥、・・・春吉蓮屋江立寄、黒田村之一件伺、十七日に御呼出し、・・・八半時今井鉄弥様伊豆志御持参、

六月廿一日子、・・・九時駿府中川屋金八様来る、寛永六年之手紙本・墨壱丁進物、暮六時新発田収蔵様来る、さけ、夜九半時御帰り、旦那様・春吉八時ニ寝る、五半時春日本橋江はみかき求に行、雨耕・安藤・天文台之人

六月廿二日丑、・・春吉伊東様江薬取十帖、・・・・・春川津様江使

六月廿三日寅、・・伊東様ゟ薬十、春川津様江使・・・・春佐竹様・平田様江稲生物語帰ス、写本代払、・・・・

六月廿四日卯、・・春伊東様江薬十つつみ、・・・安藤様来る、信夫様来る、高矢様伊豆志持参

六月廿七日午、・・・春夕方高矢様江使、・・・春本帙拵、

六月廿八日未、・・・今井様来る、唐山紀事写本、夕方御帰り、天門台足立様御子息来る、本所割下水竹細工人小市郎様田舎ゟ帰りかけ立寄、・・・・・

六月廿九日申、・・・池ノ端本屋今井様・安藤様夕方御帰り、新発田様・諧伝様御出、伊東之弟子玄考様来る、しやうちう馳走、春日本橋江使

六月卅日酉・・・宇都宮・青山・上野様・仙台様大河原宿高橋忠左衛門様御出立、甲府栗林様夕方迄、今井様・安藤様さけ、春五時ニ天文台江使、旦那様三春屋而すゞみ

七月朔日戌、・・・春天文台使、信夫様江使、今井・安藤・信夫右三人書物調、高矢半右衛門様ゟそうめん馳走、写本持参、夕七半時新発田様御出、本之小口書、夜入さけ、五時御帰り、大久保伝吉様来る

七月二日亥、・・大ひに暑甚敷、春箱求ニ岩井町江行、客無シ・・・・・

七月三日子、・・・春飯倉伊勢宇様江使、・・七時ニ大ひに地震

七月四日丑、・・・旦那様朝御帰り、・・・春中沢先生ニ而河田様江使、新発田様江使、四時ゟ信夫様江使、新発田様用事亀井町江立寄、栗田万次郎様江本持参、米沢町江使、夕方皆伝様御出、旦那様三春屋

七月五日、朝ゟ天気、寅・・・春ニ階ニ而本直し、夕方皆伝様・新発田様御出、両国米沢町村田新見世江御出、四時半御帰り、春手本認メ

七月六日朝ゟ天気、卯・・・九時ゟ上野御成道紙徳ニ而本御求、池端ニ而酒食、上野ニ而すゞみ、・・・・

七月七日天気、辰・・・神谷次郎様・大土肥村祖平様・信夫様絵図書、・・伊勢宇様来る、・・・

七月九日午・・・春天文台江使、旦那様御支配様江御出、九時ニ御帰り、春本しらべ、・そうじ、・・・

七月十日未・・・春伊東万歳様ゟ絵図三枚持参、亀吉ゟ荘子ニ壱冊求、久右衛門町へ玉尺誂、三春屋・・・・

七月十一日申・・・旦那様・・茅場町島庄・日本橋たる市釘店河幸・本波屋丁島様・・・・、留主江安藤様・大久保伝吾様ゟ本帰る

七月十二日朝ゟ天気、酉・・・春本拵、夜入春新発田様江使

七月十三日戌・・・春天文台江使、杉村保之助様勘定済、新発田様夕方迄、夜入新発田様吉原江御出、旦那様御同道之積もりにて、おひさ女来り見合二成、春天文台迄言わり二行、又々旦那様五半時ゟよし原江御出、宇都宮徳三郎様同道二成、新発田様三人二而坂七ゟ上る

七月十六日丑・・・春本綴、・・・皆伝様御出、同道二而御出かけ、・・・春信夫様ゟ天文台新発田様絵図書也佐藤覚蔵様使、夜入帰る、旦那様四半時御帰り

七月十七日寅　春高矢様より橘町三河屋半三郎殿、御船蔵前信夫様留主、安藤様御出・・・

七月十八日卯　春早朝二信夫様ゟ新発田様江使、信夫様来る、春本拵、安藤様来る、塙様江行、山忠来り本返ス、・・・皆伝様・新発田様来る、夜九半時新発田様御帰り、皆伝様御泊り・・・

七月廿二日未・・・かこ、信夫様写物、春本綴、新発田様江使、留主江皆伝様来る、・・・

七月廿三日申・・・春新発田様ゟ下谷佐藤様箱買、今井鉄弥様来る、・・旦那様・・牛込山梨様江御泊り、金子様より大小借帰る

七月廿四日酉・・・春天文台御使、膳箱荷作、諸品たるつめ、・・・

七月廿五日戌・・・春天文台使、浅草大住源助殿江めもり誂、四日市たる市江使、・・・夕方天文台・下谷佐藤・池端岡村・小石川金子様江使、・・・・・

七月廿六日亥・・・春本拵、・・・・

小遣ひ扣

七月十八日　入百文　新発田様ゟ時かり

七月廿五日　弐百文　三春屋江質物利

七月廿一日　入金弐両　三春屋より質物の分

七月廿四日　入金壱両也　同断

同日　入金壱分　弥八郎様ゟ時借

同日　出金壱分　地球玉台弐つ

同日　出百八文　同輪直し

廿六日　入金壱分壱朱也　弥八郎様ゟ東達紀行代

同日　出金壱分也　同人江時借分返ス

廿九日　一百文　安藤様

同日　出金弐朱也　足立様御次男江筆耕代

同日　一金壱朱也　地球尺四半規

八月八日　一三百五十文　高矢様写本代

「小遣扣」

覚

二月廿一日　一金壱分也　安藤野雁先生質物受出し不足分

二月廿二日　出金弐朱也　松浦多気志楼様、休明光記附録代

二月廿三日　一百六拾四文　剣術伝授巻物五本、本郷二而

二月廿四日　一三百弐拾六文　通旅籠町平野屋二而、稲生物語、相州図

同日　出金三朱也　通油丁橋キワ芝屋名家物語四・擁書漫筆四

三月朔日　一百文　出火之節わらし弐足・ろうそく

二月廿四日　出金弐朱ト五百六拾八文　新発田様同道はな見、向島二而

同日　一四拾八文　高木二而筆壱本

三月三日　出金壱分弐朱也　江川町加賀屋弥吉殿本箱代

三月六日　一五拾六文　本箱ふち尺板代

同日　一百文　新発田様御出御酒出ス節しやけ代

三月一日　一入金壱両也　尾張屋二而小左衛様ゟ時借分

覚

三月六日　入金五両也　芝飯倉弐丁目伊勢屋宇兵衛様ゟ時借、春吉使

三月九日　出百文　神田橋かこ訴訟之所、茶見せ茶代

三月十日　　出金三朱　　湯島明神下二而きせき老人 天保御社祭日記也、外二品々反古壱巻、天明中御沙汰書也
同日　　　　出弐百壱拾六文　社領松浦氏江進物すし代
三月六日　　出金壱両也　　三春屋勘定内金
三月十一日　　一弐拾文　　入湯銭、金切賃
三月十二日　　出三拾六文　　芝居町絵図代
三月十三日　　一四百文　　大住源助二而唐筆書本代
三月十六日　　出金弐朱ト百弐拾八文　　菊屋・松浦様同道ニて柏屋行　二割合分菊屋渡ス

覚

三月十八日　　一八拾文　　地球玉台ひな形表紙買
三月十九日　　一金弐朱也　　美濃紙五状
同日　　　　　一百拾四文　　柳川半切百枚
三月十九日　　一弐拾四文　　はんし壱状
三月廿二日　　一弐拾四文　　はんし壱状
三月廿三日　　一百文　　　　はんし四状

覚

三月廿四日　一弐百三拾弐文　玉張抜之反古代
三月廿五日　一弐百文　　　　地球玉しん中之尺之代、橋本丁
同　　　　　一拾弐文　　　　玉之心棒はり金代
三月廿七日　　一百弐拾四文　東海談壱冊、浅草蔵前二而
四月四日　　　入金壱朱也　表紙買節預り
同　　　　　　一弐百五拾六文　表紙十三枚
同　　　　　　一七拾弐文　　本とぢ糸、横山町二而
同　　　　　　入金壱朱也　半紙買節預り
同　　　　　　一三百九拾三文　半紙拾状、鼻紙四状
同　　　　　　一百三拾弐文　鉄之助殿・幸助殿筆代
四月六日　　　入金壱朱也　　諧伝様・芝田様御成之節買物時
四月十日　　　一百七拾三文　柳川半切紙店ニ而百枚
『四月十一日より春吉播勝江行、日記・小遣ひ之扣六月十六日迄相休申候』

覚

六月十七日　一弐百七拾八文　本帙切五尺五寸代
同日　　　　一三拾六文　　　本直し壱合
十八日　　　一百拾六文　　　本帙裏紙四枚
廿一日　　　一百文　　　　　写本紙三枚
六月廿一日　一百七拾弐文　　酒五合、新発田様御出
六月廿三日　一金弐朱ト弐百七十弐文　　平田様江写本代払
六月廿六日　一百文　　百人一首本古ちんこう記
六月廿七日　一四拾八文　　本帙・小はぜ六組
同日　　　　一六拾四文　　高矢様江持参半紙弐状
六月廿八日　一弐百拾八文　　白紙弐枚、本外題
六月廿九日　一百文　　　　同月廿八日分　安藤様分、鉄之助様江返ス
六月廿八日　一弐百文　　　本綴糸四品
六月卅日　　一弐百文　　　筆品々八本
同日　　　　一弐百四拾八文　　美濃紙壱、上はんし三状
　　　　　　一百三拾四文　　□□すり表紙代

覚

七月朔日　　一七拾壱文　　本表紙四枚

七月二日　一金壱朱ト百弐拾文　箱弐ツ
同日　一百七拾三文　半切百枚
同日　一八文　のり代
六月二日　一七拾弐文　岡田屋ニ而表紙弐枚
五日　一百文　菓子代、新発田・皆伝様
八日　一百四拾八文　みの紙壱状
七月十日　一三百弐十七文　本亀ニ而荘子拝本二巻壱冊
同日　一金壱朱ト弐拾四文　佐久間町伊藤万歳様二而絵図裏打三枚分
七月一八日　入金壱朱也　半紙買節
同日　一八拾文　半紙三状
同日　入金壱分　絵絹買節
同日　一弐百拾六文　画絹尺八壱尺
同日　一六百五十六文　同弐尺六寸
七月十八日　一金三朱弐百文　地球玉真中九輪弐組
七月廿壱日　一三拾弐文　同人写本はんし代
七月廿五日　一三拾弐文　上はんし壱状
同日　一三拾弐文　本表紙壱枚
七月廿五日　入金壱分也　佐藤様江地球玉手間遣候分
同日　一金壱分也　同断江
同日　一弐百四拾八文　柳原札屋金次郎殿尺之代
七月廿七日　一拾六文　文まわし
同日　一三十弐文　文まハし、はけ筆壱
七月廿八日　一四拾文　早見年代両面摺弐枚
同日　一拾弐文　うす美濃四枚

覚

八月二日　入金壱分也　尺之もり代也受取
同日　入金弐朱也　新発田様ゟ
八月三日　一金壱分弐朱也　佐藤様地球玉代
八月四日　入金弐朱也　大住源助殿尺目もり代之節
同日　一金弐朱ト三百九拾弐文　地球尺目もり代
四日　一六拾四文　筆耕半紙弐状
五日　一三十弐文　はんし壱状
八月五日　一三拾四文　筆壱本
同　一弐百文　両掛棒壱本
同　一百四拾八文　大概順弐冊
八月十五日　一弐拾四文　浅草二而はんし壱状
八月九日　一六拾四文　たる市写本代
八月十二日　一四拾八文　地球玉定木

「書物扣」

書籍貸借控并ニ写料払方

覚

一丑年風説　皆河様ヨリ借、大久保伝吾様ニ有
一魯西亜ヲウセツ　松浦サマヘ貸
一イギリスヲウセツ　芝田様貸

覚

一遠近總珍和解　半紙弐十五枚　　高矢様　八料〆弐百八文
一魯説問答　美濃紙廿五枚　　　同人、九料〆弐百三十三文
一兵話　半紙十一枚　　　　　　同人　八料〆八十八文
一亜墨利加書翰楷書　美ノ廿五枚　同人　九料〆弐百三十三文
一海上炮術全壱　美ノ　　　　　同人　九料〆五拾八枚　壱冊八重ニ写、近火節うしなひなり
　　　　　　　　　　　　　　　　　惣〆　五百四十弐文　内金弐朱也相渡し置
一江葉山神塞記　　　　　　　　同人　　八号紙拾八枚　　料〆百四十八文
半紙　〆四百四十八文　　五十四枚
みの　〆壱貫拾弐文　百八枚
二口　〆壱貫四百六拾文　内八百弐拾四文引
四月十一日改メ
差引　〆六百三十六文
一馭戒問答　　みの　　　　　　同人
一治安策　　　　　　　　　　　新発田様

　　　　　　　今井鉄弥様
一三家考　　　五拾八枚　半紙　白弐枚
同三冊読合
一豆州志　九・十・十一・十二・十三冊　〆五冊　墨付弐百三十五枚　美濃　白紙拾枚
一ロセツ問答　　草書壱冊　　ミの墨付三十六枚　　白弐枚
一カンチン　　　半紙十三枚　　白弐枚
　　　　　　高矢様
一四百弐十壱文　　伊豆志九壱冊
一弐百十六文　　　半紙本廿六枚
一十弐文　　　　　たし紙
〆六百四拾九文　此壱朱ト弐百三十七文使江払
　　　　　　覚
三月十九日　一金壱分也　美濃紙外ニ半切買節
同廿日　　　一金壱分也　こり紙買節
「旦那様ゟ金銭相預り分」

　　　　「地球玉之扣」
四月十日改メ
　　　　一拾弐匁　　　　　玉之形代
　　　　一弐百文　　　　　同直し
　　　　一金壱分　　　　　三河屋半三郎殿
　　　　一弐百廿四文　　　真中尺はり合らを竹
　　　　一弐百四十八文　　反古代・のり代・春吉張分
　　　　〆金弐分ト三百四十六文
四月十三日
　　　　一拾弐匁　　　玉之形壱ツ、紺屋町国松殿
「是より旦那様御手元より払方分扣、春吉預りゟ扣分前二あり」
　　　　　　覚
七月二日　　一金三分　　　三春屋勘定
七月五日　　一金壱分　　　宇都宮徳三郎様かし
同日　　　　一金弐朱ト六百六十四文　　新発田様・皆伝様・村田様三人

六日　　　入金弐両也　　　三春屋ゟ質物分
同日　　　一金弐分三朱也　紙徳ニ而エン石雑志三へん・古図纂
同日　　入金一両弐朱也　　同人ゟ、読藩カン譜代
同日　　　一三朱也　　岡庄ニ而百石物弐・古図一
同日　　　一弐朱也　　実証風俗壱
八日　　　一八拾四文　　阿達様差上候半紙三状
十日　　　入金壱両弐分　　三春屋ゟ質物分
十一日　　　一金弐朱也　　高木二而筆品々
十二日　　　一六拾八文　　同菊やニ而半紙四枚分
・　・・・・・・・・・・・・・・・
・　・・・・・・・・・・・・・・・
「旦那様ゟ払方之分扣、前より是二つゞく」
七月十四日　　入百文　　　芝田様ゟ吉原帰り時借

資料3　新版松浦武四郎自伝における桜岳及び収蔵との関連記述の抜粋

和暦	月日	西暦年月日（魯暦）		記　　述
安政二年	正月元日	1855	2.17（魯2.5）	
安政二年	五日（1/5）	1855		風出、平野、野田、川北、金幸、角田等訪ふ。今日も御城御退出七ツ半過に相成しよし。
安政二年	九日（1/9）	1855		風雨霧、昼後より平野三郎野田九十郎金幸、川北、向山、角田へ行、新発田収造に逢。佐渡岩根木村産
安政二年	十二日（1/12）	1855		角田に尋、収造同道一勇斎国芳方へ蘭画を見物に行、其内古銭譜八冊・・・
安政二年	十五日（1/15）	1855		昼後南摩を尋、新発田、幸へ行帰る。
安政二年	二月朔日	1855	3.18（魯3.6）	
安政二年	八日（2/8）	1855		藤田慎八来る。野田、新発田、幸、新井三郎へ行、夜に入帰る。・・・
安政二年	十三日（2/13）	1855		朝帰る。霧深し。昼後より平野、幸、玉蘭、向山、角田へ行く、・・・
安政二年	十四日（2/14）	1855		藤田慎八、尾道甚吉広瀬六兵衞来る。夕、角田、樋口、幸、川北へ行、良弼宅にて一宿す。
安政二年	二十二日（2/22）	1855		本藤、野田、樋口、山忠、角田、梅渓へ行。
安政二年	二十九日（2/29）	1855		昼比より野田、山田、向山、新発田、幸へ行、夜に入り帰る。四ツ比西久保出火。
安政二年	三十日（2/30）	1855		広瀬六兵衞野田□一郎来る。夕、津田、藤田へ行、七ツ頃、浅草材木町火事、・・・・
安政二年	三月朔日	1855		大風、幸同道三丁目芝居へ行、今日河原崎座舞台開の由の処、板東秀佳首痒にて出来兼候に付、三番叟斗にて仕舞候。梅渓へ行、夜、角田へより帰る。・・・・
安政二年	二日（3/2）	1855		平野へ行釜の飯を重箱に詰一樽酒携金幸へ行、其時先々白酒を樽の口より呑て渇を凌ぎ皆々はたらく。 新発田、角田、幸へ行帰る。・・・
安政二年	四月朔日	1855	5.16（魯5.4）	
安政二年	五日（4/5）	1855		角田、向山、山忠へ行、長崎へ又英仏二艘宛来り候由届出、箱館へも又亜英一艘宛来り候由届出、・・・
安政二年	五月朔日	1855	6.14（魯6.2）	平野、荒木、新発田。金幸堂、北賀へ行。
安政二年	七日（5/7）	1855		向山、角田、樋口、三好、文鳳堂、岡田へ行。
安政六年	十二日（1/12）＊	1859		豊島町鍛冶吉重、新発田収蔵来る。英船一艘品川へ入るよし。

但し、関連記述以外も含めた。‥はこの本抜粋における省略を示す。なお、編集者による、武四郎の記述/文言の改変や削除がないとして抜粋している。抜粋では　二日のような日付のみでは不明なため、月名を補筆し（3/2）とした。また、記載のある西暦年月日（魯暦）は別欄とした。「はたらく」の文言は東都紀行録中で春吉は火事場の消火作業に使っているため、これも消火応援であろう。
＊　収蔵は安政6年4月10日の死去の約三月前に武四郎を訪れていた事になる。

4. 携帯地球儀

本章では、支那ランタン型、傘式地球儀、風船型地球儀、ポケット地球儀、ハンド地球儀、厚紙切込み地球儀、パズル地球儀などの携帯用地球儀の中で製作史上、ユニークな地球儀である傘式地球儀について記載する。この地球儀は、土浦の町人にして寺子屋師匠の沼尻墨僊が考案した大輿地球儀と英国Betts社の製作した“BETTS'S NEW PORTABLE TERRESTRIAL GLOBE”で、いずれも傘の構造技術を転用して製作された地球儀であり、本邦に残されている。はじめに、沼尻墨僊の地球儀の製作技術と球面上の世界図（ゴア）及び地名について、次に、Betts社の新携帯地球儀の構造および世界図について記載し、最後に本邦では混同理解されているBettsの支那ランタン型の旧型携帯地球儀を加えて、両傘式地球儀の新旧を論ずることにしたい。

4.1 沼尻墨僊の考案した地球儀の製作技術

4.1.1 はじめに

筆者は先に江戸時代の常陸に多くの地理研究者の輩出したことを紹介した（宇都宮, 1991)。華々しい常陸の地理学者の中では比較的地味な沼尻墨僊（1775-1856）が1855年に公表し各地に出荷した地球儀は、柳沢（1913）、豹子頭（1923）、土浦町教育会（1924）、長南（1927）、秋岡（1932）、土浦尋常高等小学校（1940）、青木（1982, 1989）、土浦市教育委員会（1983）らの紹介により知られている。一般に古地図の研究は活発であるが（秋岡, 1971）、深澤（1910）、伊木（1928）、秋岡（1930, 1932, 1933）、鮎沢（1948）、家入（1965）、織田（1962, 1965a, b, 1988）、藤田（1984）ら以外には地球儀の研究は少ない。国立歴史民族博物館にも谷らの地球儀説明文[1]があり、同時代に各地で地球儀の製作されたことが知られるが、地球儀製作者が限られ、種類と数が少ないこと、紙に比べて、立体で破損と廃棄の機会が多いため、研究者の接近が困難なことによろう。しかしながら、地球儀は地図と各種関連技術の集約であり、製作当時の木工・金工技術とその精度を知りうる。沼尻墨僊の地球儀は江戸末期の傑作であるが、中條家の地球儀と資料に関する長南（1927)、および同型地球儀に関する秋岡（1932）の記載も人物評伝と周辺情報を中心とするものであり、充分な記載とは言い難い。そこで、墨僊製作の地球儀をより詳しく記載し、若干の考察を加えることにしたい。

4.1.2 地球儀の保存状態および修復

本研究では土浦市真鍋の八坂神社宮司の本間氏が所有し、土浦市立博物館に常設展示されている地球儀を記載する。本地球儀は本間氏の入手後、昭和40年代以降は茨城県阿見町の自衛隊武器学校の展示館で、昭和50年代以降は土浦市郷土資料館で展示されるなど、本間氏以外で管理されてきたが、つくば科学万国博覧会（1985年開催）で展示するため、1984年の5〜6月に修復されている。地球儀の修復作業の工程控[2]によると、12本の竹骨の内の11本が新しく製作されている。針金が、地球儀の中で折れていたこと、地図の印刷された和紙は極薄の和紙で裏打ちされたこと、欠損部は本間氏所蔵の板木をもとに印刷して補修したことなどが記録されている。この地球儀は破損とその後の修復のため、製作当時の状態ではない。後世の第三者による補筆、落書も否定できないが、ここでは、まず、観察した事実の記載に努める。

4.1.3 地球儀各部の形態（寸法）と考察

各部の計測では棒定規、スチール尺、キャリパー、マーコおよびノギスを用いて、mm単位まで測定した。直接測定できない部分は針金を隙間に入れ、長さを記録した後、定規で計測した。また、球中の計測不可能な部分については、外形寸法とこれらの値の差から寸法を求めた。寸法および形態は作図後、1984年の修復者（高橋氏）に示して確認したが、修復を専門としたことと、6年前の記憶のため寸法の詳細確認は不可能であった。ただし、高橋氏に予見を与えないため、和傘の製作工程は質問時には提示していない[3)]。

4.1.3.1　収納箱

長さ、幅、深さがそれぞれ、455×130×101mmの長方形の白木よりなる収納箱は（図1）。板の厚さは7mm、場所により8mmである。収納箱は上面の蓋と箱からなり、蓋の裏には箱とのズレを防ぐ止め板が2枚貼られている。箱の側面には赤線入りラベルの中に「一番」とあり、その横には黒線枠の中に「郡役所第　号」の文字がある。これは、時の政府（江戸又は明治）の郡役所に歴史的貴重物として届け出され、いったんは登録されたこと（或いは製造の許可番号）を示す。各地に出荷された同型地球儀（以下、出荷版地球儀または同型地球儀とする）に箱書きとして蓋の表面に貼り付けてある、「大輿地球儀」の紙片はなく、製作途中または試作品とも推定される。蓋の表面にはシールの断片が2ヵ所あり、一つは赤枠の付箋紙に「壱号地球儀入」、もう一つは切手大の紙で「710. 2, 193」の印刷数字と「東京望月」の手書き文字が記入されてある。これらの付箋は明らかに明治以降に貼付けられたもので、地球儀の収納箱の持ち主と管理者の変遷を示す（写真1）。

蓋の内側には箱書き（木版刷りによる安政2年の趣意文（図2））が貼付けてある。これについては長南（1927）、柳沢（1913）、土浦市教育委員会（1978）らによる読み下し文がある。その文意は筆者の別解読を含めて「大地は渾然一体で、上下、左右、高卑、向背（表裏）がない。この地球儀で北を枢軸とし、斜めに設定したのは、我が神皇国を地球の中心として、天を配し、尊いものとするためであった。余（墨僊）は少壮の時に、すでに地球儀を製造してはいたが、永らく隠していた。最近、このことを知り、しきりに、広く同好者に伝えよと勧めてくれるので、歳80の高齢になった今、一大決心して、愚息の就道（即ち墨潭）に校正させ、有識者にも質問した。官の許可もいただいた。鏤刻（板木に刻む）も迅速に出来たので、同好の方々の高覧をいただくとともに、後世に伝えたい所存である。これは、年老いた余（墨僊）の生涯の慶事である。」（括弧は筆者補注）であり、最後に、安政二年乙卯孟昏、常陸土浦八十一翁墨僊一貞誌并書　押印がある。印影は名の一貞で、「弌」と「貞」がそれぞれ別の角枠に囲まれている（写真2）。門人の吉見元鼎による取扱説明書の板木が木間氏により所蔵されてあり、その印刷文は出荷版地球儀に添付されたと推定されるが、本地球儀には添付されていない。ただし、その全文は中條家資料に基づき長南（1927）が紹介している（資料1）。意味は「この図は北を36度高く、南を36度低く台にセットしている。日本を上とすると赤道は斜めに回転し、航海の道筋も把握出来る、外国について踏測るときは、そこを上とし、或いは両極、赤道を動かし、半年昼、半年夜などを指導する子供の理解の際の手引きとして作成した」となろう。写真3は地球儀の地軸の傾きを示すため真横からと、日本を真上にした球面を真上から見た状態を示す（写真3a, b）。また、出荷版地球儀に添付された同門人の執筆による折本「大輿地球儀附録」（資料2）は、この本間家蔵の地球儀では欠けている。資料2は、毛利候旧蔵の地球儀に付属する大輿地球儀附録（毛利博物館蔵）の写真で、この地球儀の地軸傾度を36度に設定した理由が事細かに記されている。なお、墨僊の少壮の頃製作した地球儀が、傘式地球儀であったと推定されることが多いが、傘の構造による折畳み可能な地球儀であったとする証拠はない。ただし、吉見元鼎の題言に万國輿図（利瑪竇の坤輿萬國全圖か?）が市販されて久しく、その後、楕円図、東西半球図、又は正方図が刊行されており、西洋の図には劣らない。しかしながら、平面図であり、子供達に大地、天文の全体像、陽の運行、日没や昼夜の分界を教えにくいため、先生（墨僊のこと）が昔製造した地球儀を出してきて示すと、日夜の反対、時、暁と黄昏や地球一周の航海の理が明瞭に理解できるなど、地理や天文の理解に有効であるため、大量に製造して同好者に配布した旨が記されてあるが、「・・先生昔年製造する所の一球儀を抜き示すに・・」の昔製造し、隠していた地球儀の形や構造を変えず、安政2年に大輿地球儀と名付けて（大量）生産したと解釈すれば、昔年、既に傘式地球儀を製作していたことになる。しかし、ここでは、確実なことは地球儀の製作のみと述べるに留めたい。

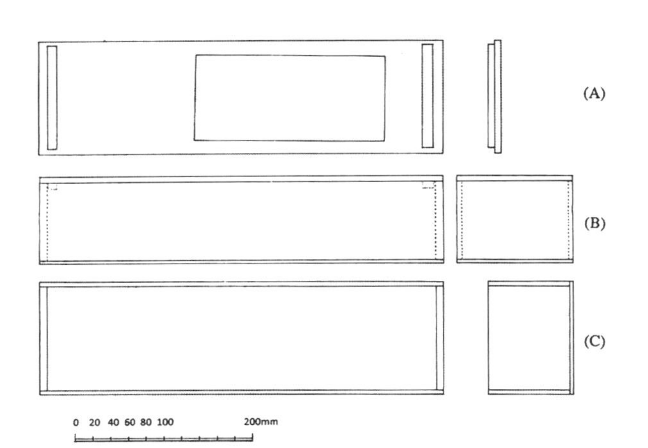

図1　地球儀の収納箱

写真1　沼尻墨僊考案の携帯用地球儀の収納箱

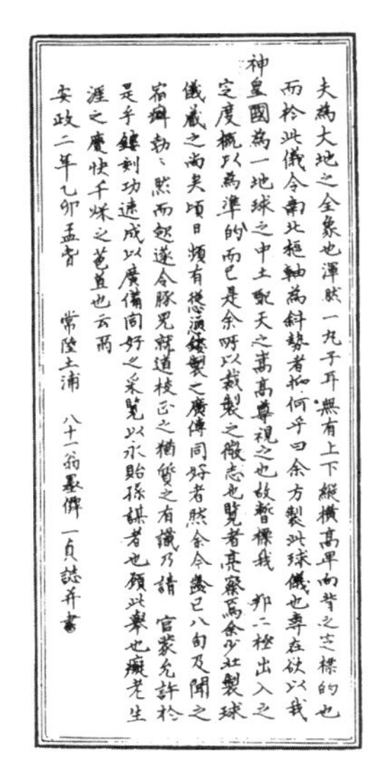

夫為大地之全象也渾然一丸子耳無有上下縦横高卑向背之定標的也
而於此儀令南北極軸為斜勢者抑何乎曰余方製此球儀也専在欲以我
神皇國為一地球之中土配天之嵩高尊視之也故暫標我　邦二極出入之
定度概以為準的而已是余所以裁製之微志也覧者亮察焉余少壮製球
儀蔵之尚矣頃日頻有慫慂鏤製之廣傳同好者然余今齢已八旬及聞之
宿痾勃々然而起遂令豚児就道枝正之梢質之有識乃請　官蒙允許於
是乎鏤刻功速成以廣備同好之采覧以永貽孫謀者也願此擧也癡老生
涯之慶快千咪之菴置也云爾
安政二年乙卯孟春　常陸土浦　八十一翁墨僊　一貞誌并書

図2　地球儀収納箱の蓋裏に貼られた箱書き
（地球儀製作公表の趣意書）

夫為大地之全象也渾然一丸子耳無有上下縦横高卑向背之定標的也
而於此儀令南北極軸為斜勢者抑何乎曰余方製此球儀也専在欲以我
神皇國為一地球之中土配天之嵩高尊視之也故暫標我　邦二極出入之
定度概以為準的而已是余所以裁製之微志也覧者亮察焉余少壮製球
儀蔵之尚矣頃日頻有慫慂鏤製之廣傳同好者然余今齢已八旬及聞之
宿痾勃々然而起遂令豚児就道枝正之梢質之有識乃請　官蒙允許於
是乎鏤刻功速成以廣備同好之采覧以永貽孫謀者也願此擧也癡老生
涯之慶快千咪之菴置也云爾
安政二年乙卯孟春　常陸土浦　八十一翁墨僊　一貞誌并書

写真2　地球儀収納箱蓋裏側の箱書き

写真3a　墨僊考案の地球儀（横より撮影）

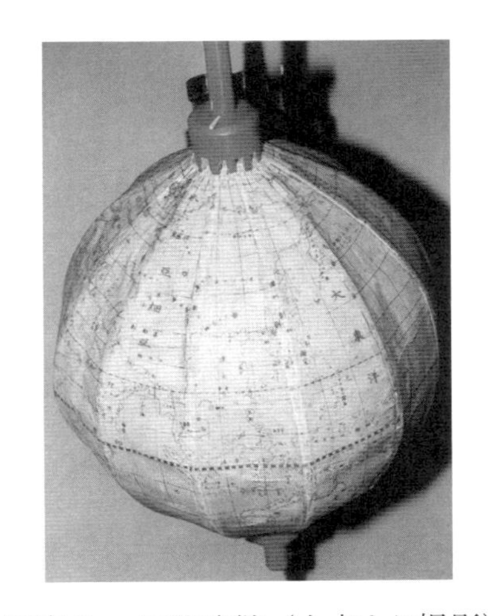

写真3b　同地球儀（上方より撮影）

資料1　吉見元鼎の地球儀組立て説明

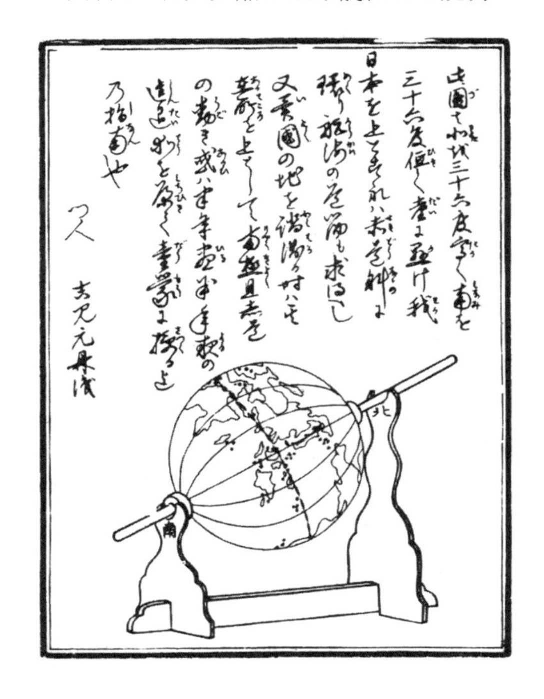

資料2　毛利家旧蔵の大輿地球儀附録

（a）毛利博物館蔵大輿地球儀附録　折本　表紙及び裏表紙

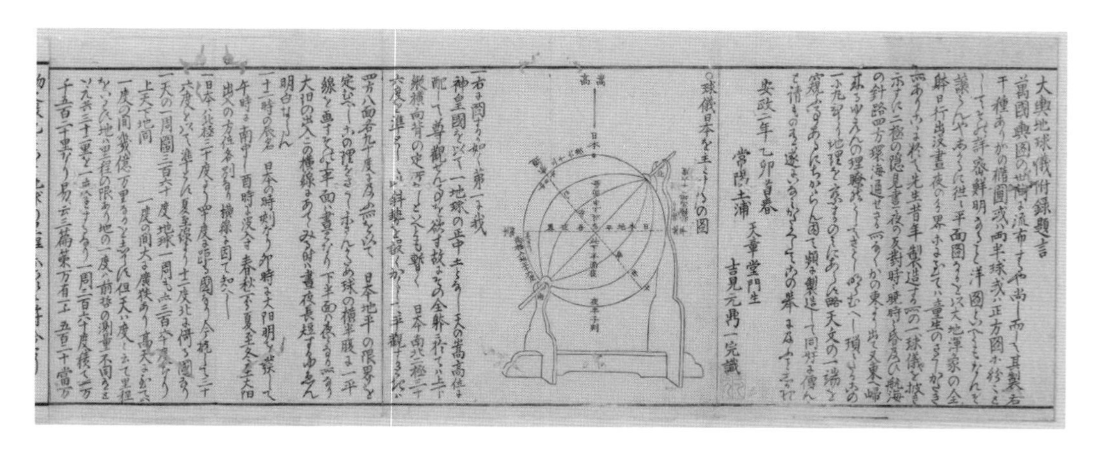
大輿地球儀附録題言

安政二年乙卯首春

常陸土浦　天章堂門生

吉見元鼎一光識

（b）毛利家旧蔵の大輿地球儀附録

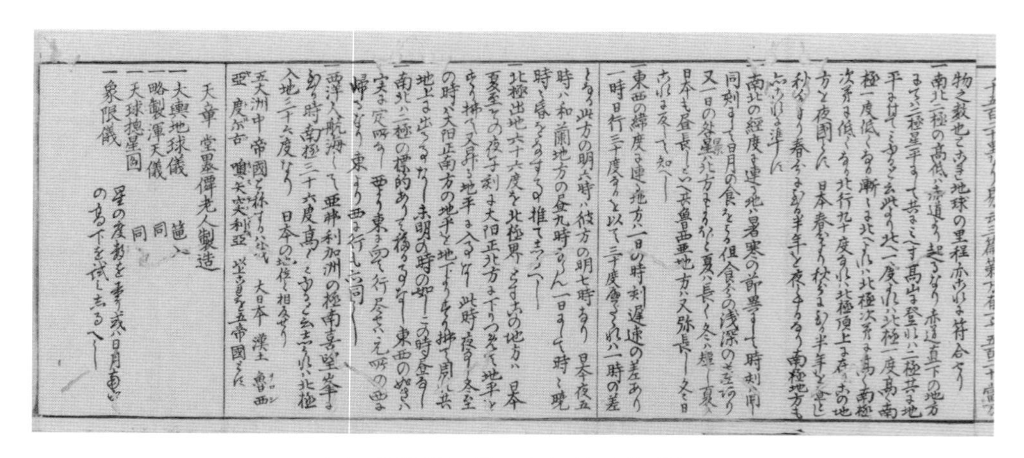
天章堂墨僊光人製造

一大輿地球儀

一略製渾天儀　同

一天球想星図　同

一象限儀

（c）毛利家旧蔵の大輿地球儀附録

毛利侯へ献上された大輿地球儀の附録　折本（帖装本）の表紙及び裏表紙部分。この写真では紙面は裏側にあり、省略した裏面の一部に左右逆の文字が写る。本文及び表紙は各地に出荷した大輿地球儀の附録と同一の板木により刷られ、門人の吉見元鼎の製作であることが、その題言から窺える。なお、折り本のため、資料2（b）、（c）は重複させた。

4.1.3.2　本体

4.1.3.2.1　支柱

黒塗りの木製で、2本の長短の支柱と1本の台木からなる(図3)。長い支柱は長さ363mm、幅88mm、厚さ12mmで、短い支柱は長さ183mm、幅88mm、厚さ12mmの板からなる。それぞれの支柱には、上部に各々、半円の凹形をなす切込み（溝）があり、後述の地軸を支える。支柱の底から溝までの高さは支柱をなす板の表裏で異なり、長い支柱で349と352mm、短い支柱で166と169mmである。また、これらの支柱の底には、深さ26mm、幅12mmの溝があり、台木に差し込まれる。台木は長さ394mm、幅52mm、厚さ12mmの板からなる。台の両端から67mmの位置の上半分には支柱を差し込む深さ26mm、幅12mmの溝があり、支柱を「キ」の字形に留める。「キ」の字形に組み立てた際に支柱の下部が脚を兼ねる（写真3a)。台木の2個の溝間の長さは249mm、内側で237mmである。従って、支柱が垂直をなすと仮定すると、長短の2個の支柱の上方にある半円の溝を結ぶ仮想勾配は36.3度となる。ただし、台木の溝間の長さを溝の内側の長さとすると37.2度となる。当時の技術ではこの程度の誤差はやむを得ないことであったと思われる。台木には二重赤線入り付箋の断片が付着しているが、文字は認められない。

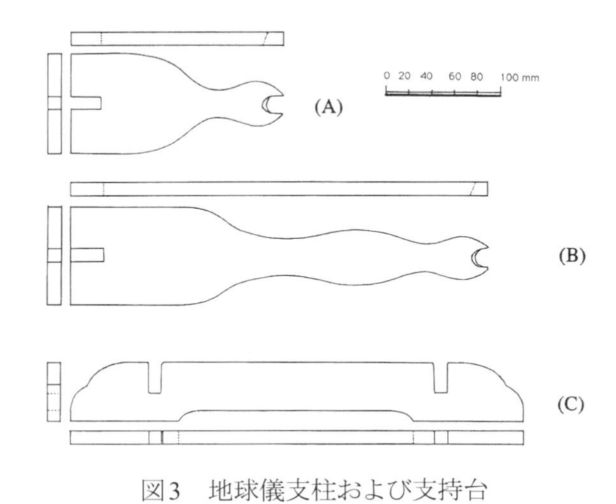

図3　地球儀支柱および支持台

4.1.3.2.2　轆轤

頭轆轤、手元轆轤の2個からなり、直径35mm（手元轆轤）および36mm（頭轆轤)、高さ30mmの木の円筒の中心に地軸（芯部）を通す穴と、片面の外周には竹骨を止めるための深さ8mm、幅4～5mm、長さ12mmの12個の切込み溝がある。切込み部を除く轆轤の表面は、朱に着色されている。頭轆轤、手元轆轤の各々12個の溝は後述の竹骨の両端にそれぞれ留められる。傘では、親骨と子骨に頭轆轤、手元轆轤が各々繋がるが、ここでは、親骨の片方の縁に相当する部分に直接、手元轆轤が繋がる。この見取図を図4Cに示す。傘との類似、構造上からの推定によると、頭轆轤（地球儀では南極）は柄（地軸）に固定されている。固定には膠か[4]、傘に一般的な目釘（木又は竹釘が使用されたであろう。従って、この地球儀では地軸と球が一体となり支柱上部の半月形の溝を中心として回転する。一方、手元轆轤（地球儀では上側の北極）は傘の手元轆轤と同様に、下側（頭轆轤方向）に移動させることにより、地球儀の12本の竹骨が外側に湾曲し、全体として球形となる。

4.1.3.2.3　地軸（柄）

地軸は朱色の円く細い木棒からなり、傘の頭轆轤および手元轆轤を通す柄に相当する（図4B)。地軸（ここでは球体の南・北極側より突出する部分も含め、一括して地軸とする）の長さは440mm、直径は上側（北極）で12mm、下側（南極）で14mmを示し、微かに差がある。

地軸の上（北極側）の端から118mmの部位に孔があり、木釘（長さ14mm余、径2mm）が差し込まれ、手元轆轤を留めている。修復後ではうつぎの木が木釘として使用されている[5]。手元轆轤を留める目釘の機能として、傘に使われる竹ハジキがあるが、柄が中空の竹でなく木であるため、技術的には無理があろう。ただし、番傘に使われている金属ハジキが用いられたかも知れない。

同型地球儀で秋岡（1932）は「柄に附けられあるバネが飛び出で、轆轤を留める」と記載しており、鋼鉄のハジ

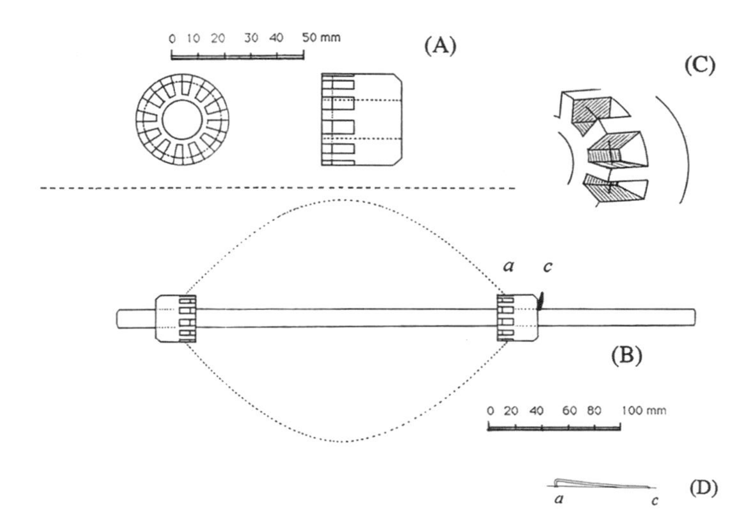

図4　地軸、轆轤および地球儀の断面図、和傘ハジキの模式断面
（A）轆轤の断面　（B）轆轤の模式図　（C）地球儀の断面図　（D）和傘ハジキの模式断面
/c：卯木のピン及びその位置　a：推定される孔
a、cは（B）断面図に説明の便宜上、付与した。和傘のハジキは写真5参照。

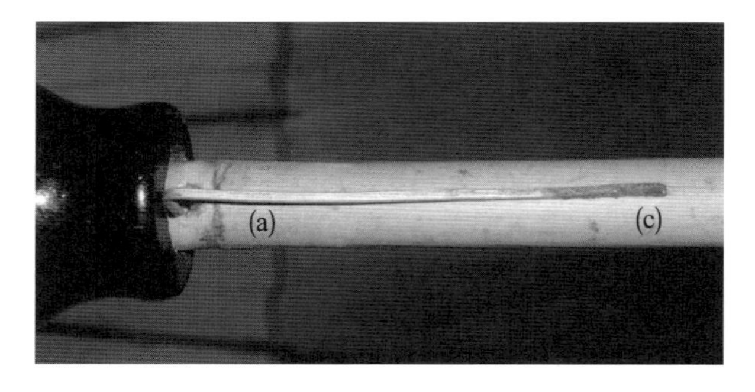

写真4　和傘のハジキと孔
和傘のハジキ、手元轆轤に近い孔（a）及びハジキ固定用孔（c）

キの可能性もある。鉄のハジキは竹骨の項で記載する針金の存在が証拠となるが、傘と同形の金属ハジキならば、本地球儀では構造上、地軸にハジキの埋まる浅い溝がなければならない。溝に相当する部分は組み立てられた球体及び手元轆轤の内側にあり、観察できなかった。金属のハジキであれば、図4（D）ハジキ模式断面のaで手元轆轤が止まる。上述の卯木の目釘が、図4（B）のcに差し込まれていれば、直径は線分acほど長くなり、結果として楕円形となるが、修復者に問い合わせても確認できなかった（写真4参照）。この地軸の径が部位により異なり、頭轆轤に相当する南を大としたのは頭轆轤の固定に便利なためであろう。ここで報告する地球儀では、箱の長さ（内径）と地球儀本体（地軸）の長さがほぼ等しいため、地軸を含む本体の箱への収納は容易でない。箱と本体が同じ規格でないのか、箱の中で本体の上下のガタツキ防止のため、意図的に上下に隙間のない寸法としたとも考えられる。後日、大関氏より、本間氏が散逸していた墨僊縁の品々を蒐集・整備した旨の話を聞いたことがある。これは収納箱に貼り付けられた「東京望月」の紙片のあることからも窺える。

4.1.3.2.4　竹骨

地球儀の球体の骨格をなす竹骨は真竹よりなる。構造上、竹骨には両端につなぎのための目尻があるが（図5A）、破損した竹骨には、そのすべてか、片方が欠損している（図5）。その最も長い竹骨の長さ、幅及び薄い部分の厚みは、それぞれ、324mm、3.9～4mm、0.5～0.6mmである（図5B-1, B-2）。これには両端の目尻部分がなく、両端からそれぞれ8mmの長さの箇所（図5Bのaおよびa’の部分）に削り跡とは異なる剥離の痕跡が認められ、目尻部分が欠落したことを示す（写真5）。他の竹骨の目尻部分が一般に長さ10mm（図6）であるため、少なくとも各端は2mm長いことになり、本来の竹骨の全長は328mmと推定される。また、残された竹骨には竹節がない。節の部分は湾曲した時に形が不揃いとなるため避けたと思われる。なお、真竹の節間の長さは充分に長いため、この地球儀の長さ

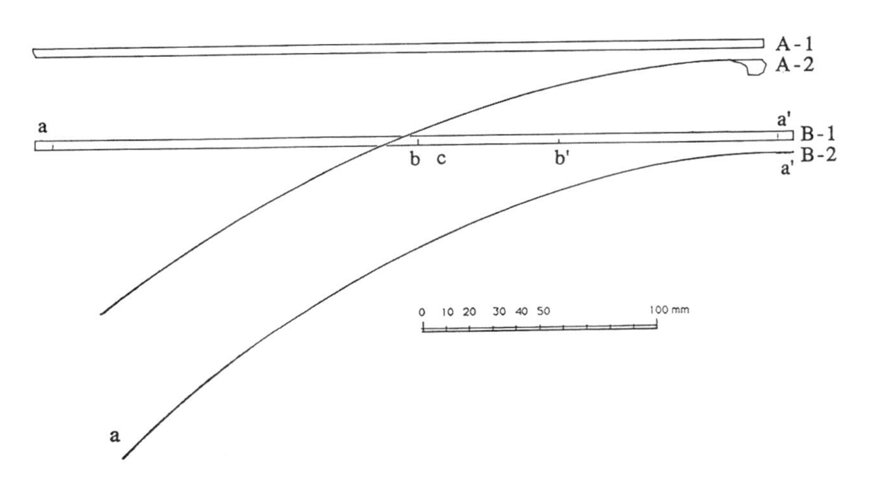

図5　破損した竹骨の平面および断面図

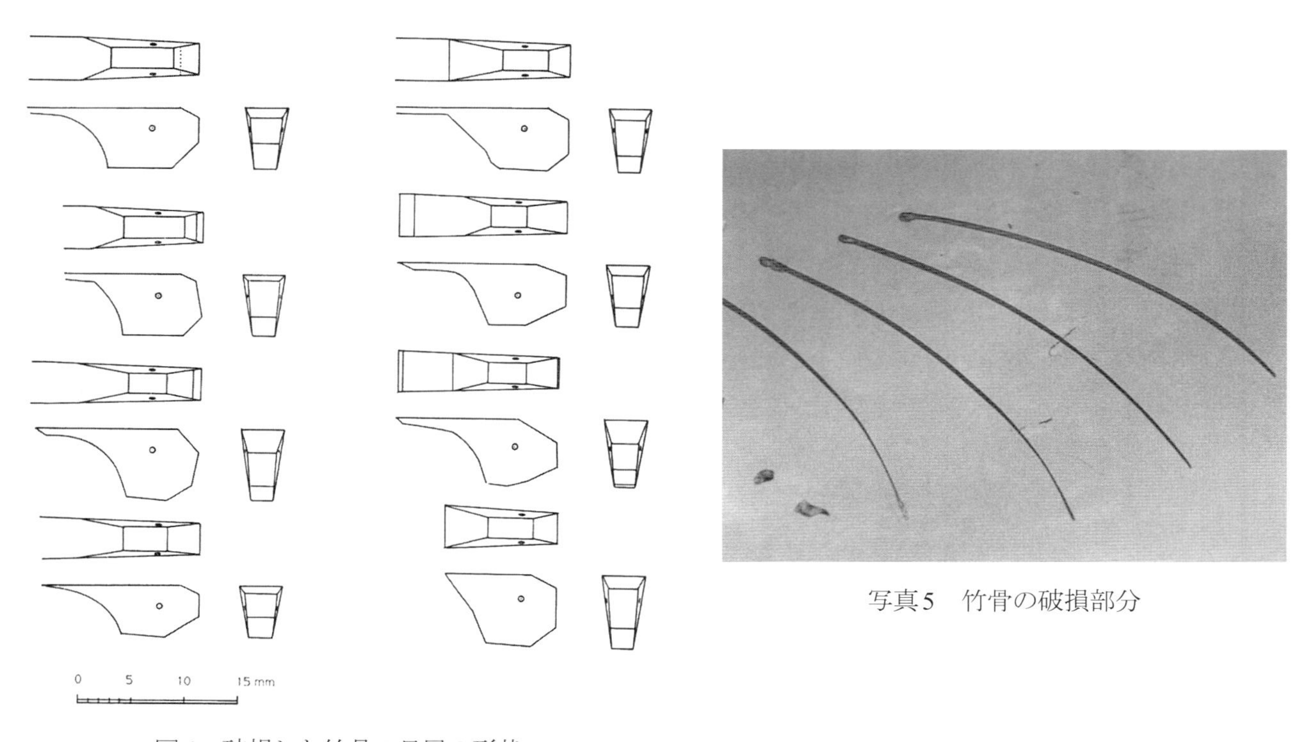

写真5　竹骨の破損部分

図6　破損した竹骨の目尻の形状

330mm弱の竹骨の製作は可能である。図5のb-b'には糸が巻き付けられており、図5cには「九」の文字が見られる。また竹の表皮の強い弾力性を利用するため、表皮から0.5～0.6mmを残し薄くする一方、両端（両極）の目尻部分を6mmと厚くとり、つなぎの孔をあけている（図5A-2,図6)。図6に示すように目尻部分は類似するが同一形状を示さない。佐原和傘製造者への聞き取りによると、傘の製作では数本の竹骨がとれる幅に丸竹を割り、その中で必要な本数の竹骨を削ることが経験的に行なわれている。目尻の形状が異なるが、その幅は轆轤の中心側に向かって減少させてある（図6)。この竹骨の製作も傘と同様に、寸法あわせ後の細部の削りは経験によったと推定される。また、竹皮が用いられている竹骨では、地図紙（ゴア）の接着には、蕨糊その他の、より接着力の強い糊が利用されたであろう[6]。

この破損した竹骨はゆるく湾曲し（図5A-2, B-2)、長期の球体化による湾曲クセと思われるが、閉じた状態で保存されている同型地球儀の写真でも湾曲するため、火炙りによる若干の曲げ加工が施されたと推定される。竹骨の湾曲については組み立てた状態でマーコを当てて測定した。なお、高橋氏によると11本の補修のための竹骨には古番傘の骨を削り代用したため、本来、竹骨が備えている竹の表皮は用いられていない[7)]。竹骨は後述の地図紙の南北長よりも長く、展開時に円よりもラグビー球状に湾曲する（図4B）。神戸市立博物館の同型地球儀は球状をなし、その修復前の写真の観察では地図紙（ゴア）の南北端が轆轤部分に貼付けられている。従って、竹骨の長さはここで報告する地球儀より短いと推定される。中條家の地球儀を報告した豹子頭（1923）はフットボール、長南（1927）によると楕円形、秋岡（1932b）は球状と記載している。秋岡論文の写真では板木と球状の地球儀が示され、明らかに楕円ではない。当時では中條家以外に存在が知られていない板木も撮影されているため、秋岡も同家の地球儀にもとづき記載したと推定される。球状の範囲が問題であるが、記載どおりであれば、形態上の差異から地球儀は球とラグビーボール（楕円）の形態のものが存在するようにみえるが、土浦市教育委員会（1983）の写真では、ここで報告する形態より少し球に近いようである。修復後では竹の表皮が使用されていないため、湾曲しにくいと考えることもできる。

4.1.3.2.5　竹骨と轆轤の接続

轆轤と竹骨の接続（つなぎ）には、修復後は三味線のナイロン糸が使用されているが、修復時に、球の中の轆轤と竹骨の噛み合わせ部分に長さ3cm程度の針金の破損が認められたことから[8)]、轆轤とのつなぎ部分の穴に針金が使用されていたことも考えられる。そうであれば、傘のつなぎでは木綿のカタン糸（蛇の目では絹糸）が使用されるが、この地球儀では強度の点で針金に替えられたものかも知れない。高橋氏は、同氏の作業以前の修復があり、元来は強靭な糸、例えば琴糸などが用いられた可能性があると推定したが、詳細は不明である。選択的な議論となるが、この針金を上述の地軸部分で記載した金属ハジキの破損と解釈すれば、つなぎには糸が用いられたことになろう。針金の断片の吟味が必要であり、通常の針金か、弾性のある鋼鉄線か否かが判断材料になるが、現時点では確認できない。

4.1.3.2.6　組み立て

地軸の留め具の種類は地球儀の形態に影響する。留め具が金属ハジキであれば、前述のように軸方向の長さが短かくなり、竹骨はさらに湾曲し地球儀は、より球形に近い形状をなす。しかしながら、この地球儀の赤道円周長は676mmであり、竹骨（地軸）方向の長さが256mmであるため、直径を215-218mm以上に増すことはできない。一方、竹骨の最大長は328mmであり、轆轤部分の切込溝の深さ8mmを除くと実質的な直径は20mmとなる。球面の骨組みをなす竹骨はこれに45°ないし60°の角度をなすとする。ここで、その斜め長さを両角度の平均値をとり26mmとすると、長軸方向の円周は（326+26）×2となり、推定直径は225mmとなり、球体部分は、ほぼ球に近い。しかし、この地球儀は、ラグビー球状をなす（図4B）。

赤道のスケールを基準とした球とするには、竹骨と轆轤の接点部分の関係にもよるが、切込み部分を極点とすると、竹骨の長さを308mm（円周676mm/2－（轆轤の径（36+35mm）/2一轆轤切込部のつなぎ糸までの深さ（3×2mm））としなければならない。

この地球儀は構造上、赤道部分が傘の縁に相当するため、地球儀の竹骨を伸開し球状にした状態で、木綿糸を赤道部分に巻き付け、一回転させている。傘のつなぎでは、縁糸（ヘリイト）を通し、縁紙（ヘリガミ）を貼り、頭轆轤から放射状に発散する親骨を等間隔に調整すると同時に、破損に対する補強としているが、この地球儀でも、各竹骨の間隔を揃え、地図（ゴア）の貼付を容易にすることと、伸開時の開き過ぎの防止のための安全装置として糸を張ったと考えられる。赤道部分に相当する位置の竹骨に残されている糸クズから推定し、修復者の高橋氏にも確認した結果、赤道部分に縁糸状に巻かれていたことは明らかである（図5）。

4.1.3.2.7　ゴア（地図）

ゴアは既に報告されているように、4枚の鏤刻地図（墨線彫り）に基づく木版一色刷りの12枚の舟底型断片（織田, 1962）、または舟形図（秋岡, 1932）よりなるが、赤道で56.2ないし56.5mmの幅を、南北で308mmの長さを示す。緯度は南北80度まで示され、それより高緯度は図化されていない。樺太など、正確な島として記載されているため、少壮の頃に製作した地球儀（1800年?）上の世界図はそれ以降の地理情報をもとに修正されたことは明らかであろう。地球儀球面上には木版印刷のゴアには無い地名と十二支（方位）、日出、日入情報が記入（または押印）されているが、官許の印影はない。また、地図には海域、国境などが着色されているが、非常に薄い色[9]で赤と紫などの区別は難しい。

4.1.4　製作手順

今、佐原和傘の報告（千葉県工業試験場生活工芸課, 1990）を参考に、部品の構成、組立、高橋氏の情報および工程控から考察した地球儀の作成手順を図7のフローチャートに示す。製作は本体と収納箱に分れるが、箱の製作と同時に蓋の内側に貼る趣意文を印刷する。この一文は世界図（ゴア）と同時期に印刷されたものであろう。本体については支柱と地球儀本体に分けられる。台と柱の各々を整形し、組み立て用の切込み溝をつけ、黒漆で塗装する。地球儀の重要な要となる轆轤については地軸の入る孔をくり抜き、円筒状に木を整形した後、30mm幅に切断して、竹骨の目尻を挟む12個の深さ8mm、幅4mm以下の溝（幅は中心に向かって狭くなる）を彫り、つなぎの穴を穿孔する。

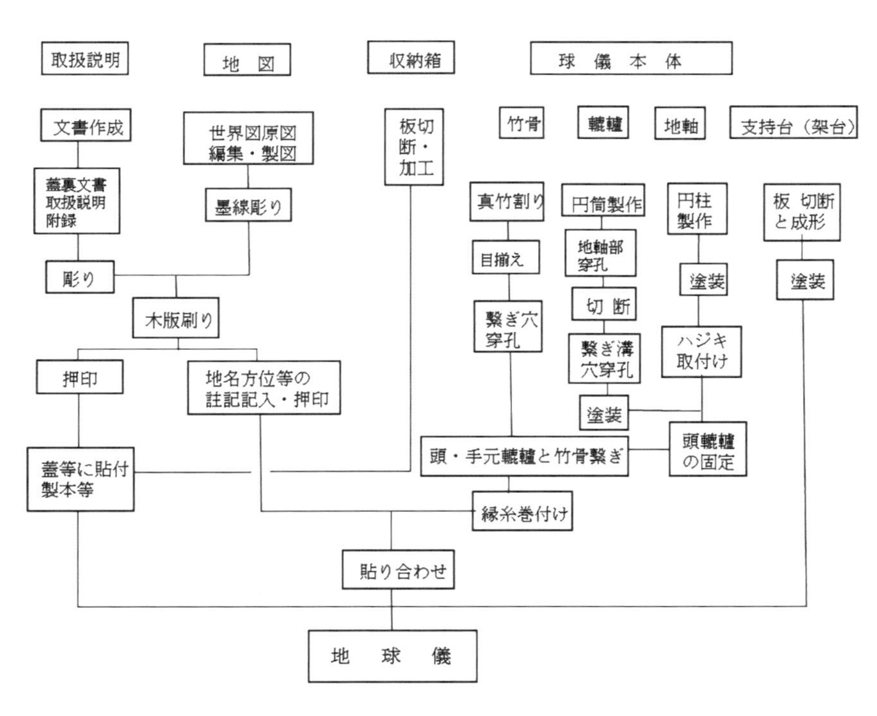

図7　地球儀の製作工程

もう一つの重要な竹骨については真竹の節の部分を避け、328mm（推定）の長さに揃えて切断する。両端部約10mm、厚さ6mmのつなぎ用の目尻を残して、竹の表皮を含む厚さ1〜0.5mmの竹板状に整形した後、目尻にはつなぎ用の穴（直径0.7mm）を穿孔する。つぎに、竹骨と轆轤をつなぐことになるが、この繋ぎは傘と同様の木綿か針金が使用されたものであろう。手元と頭轆轤のつなぎの後、伸開して竹骨の赤道に相当する中間部分に補強も兼ねて糸を張り、赤道の円周長を決め、地図の貼付け間隔に固定している。

一方、世界地図の作成であるが、地名や国名を含む世界図の下絵を描き、板に刻み、木板刷りを行なう。この後、一部の地名、十二方位、日出点、日入点、地平および注記を筆または押印により補入する。これらの世界図を竹骨に貼付けて地球儀の球体を完成させたと思われる。ただし、地図作成とそれぞれの工程は前後したことであろう。特に、収納箱、本体と支柱、地軸と轆轤、竹骨、世界地図（ゴア）印刷、地名の補入などの工程の順序は異なり、あるいは、木工、傘作りの各々の専門職人に並行して作業させたとも推定される。

4.1.5　製作技術、他の技術との関連

傘式地球儀といわれている本地球儀は、上記のように竹と木と和紙、一部、針金（?）によって製作された。親骨の両端に連なる2個の轆轤のうち、上（北極に相当）の手元轆轤の上げ下げにより地球儀の球体部分が閉開し、使用時以外では折り畳むことができ、携行に便利である。この轆轤の上下移動は和傘の轆轤と同様で、開閉と閉じた状態の形が和傘のそれに類似することから、傘式地球儀と呼ばれている。筆者も同様の立場から和傘の部分名称を記載に用いたが、和傘と本地球儀の相違と類似点は以下のとおりである。轆轤は傘と異なり、手元轆轤と頭轆轤の形状と寸法はほぼ等しい。また、傘では40ないし50本の親骨、子骨に対応する轆轤の切込み（溝）があるが、この轆轤では切込み溝は12個と少ないため、工作が容易である。傘の柄に相当する木製の地軸は丸竹のような矯正を必要としないため、加工しやすい。竹骨は傘では糊の接着を良くするため竹の表皮を削り、強度の確保のため厚みをもたせるが、この地球儀では曲線を確保するため、強靭な弾力性のある竹の表皮部分を残し、内側を削り薄く仕上げ、曲げやすくしている。なお、和傘では節が中節として親骨、子骨の接合に利用されるが、地球儀では利用されていない。これに使用した竹材は、節と節の間が30数cm以上ある、かなり大きな竹であったことを示す。

4.1.6　地球儀の作成環境

地球儀の公表は、墨僊が記載しているように、周囲の要望によって可能となったが、その製作は地図と関連する工作技術の知識あるいは興味により、はじめて可能と思われる。この地球儀を製作した沼尻墨僊の地理学へのアプローチは、少し先立つが、同じ江戸時代の土浦藩の山村才助（昌永）が天才的な語学力を駆使し、外国の既存知識の吸収に専念して、専ら世界地誌研究と地図編集にとどまったことと対照的で、寺子屋（天章堂）での教育のための実学、応用派あるいは創造派ともいえる。墨僊は、寺子屋を経営し、子弟の教育に尽くしたが、そのための教育機器の一つとして地球儀を製作したと記している。ただし、天体を観測し、地図や地理書を筆（透）写しており、教材研究のみに留まらない興味をもって、地理に親しんだことが窺える。秋岡（1932）も指摘したように、墨僊の地理分野の成果は既存の地理学、天文知識によるものと推定される。地球儀製作は上記の素養によるが、一つには、寺子屋経営などによる墨僊のある程度の財政力のためと思われる。地球儀の各部を構成する個々の精巧な部品の製作は、一町人、寺小屋の師匠としての知識・技術のみでは不可能で、出入りまたは懇意の職人に製作を依頼したと推察される。また、各地に出荷した出荷版地球儀（大輿地球儀）は、齢81歳の高齢のため、当然、町の職人や弟子達の分業により大量生産されたものであろう。出荷版地球儀と少壮のころ（寛政12（1800）年）、製作した初期の地球儀とされる「萬國全圖圓機」が同一視されている（豹子頭, 1923; 香草生, 1931）。豹子頭（1923）と香草生

(1931) は安政2年、墨僊の地球儀を水戸斉昭が閲覧した際に紀州侯宅で先年、見たものと同一であるとして興味を示したという水戸藩士、藤田東湖の山岡（國の誤読か?）喜八郎宛書状をもとに、1800年と1855年の地球儀が同一であると記載した。この「先年」が何年に相当するかということは、紀州侯所有の地球儀とその入手年、献上者など紀州側の記録により確認しなければならない。土浦市史（土浦市史編纂委員会, 1975)、549頁によると、叔父の修平が秘かに献上したものと記されている。水戸公への献上後、六月二十四日附「山國喜八郎様 藤田誠之進」の表書きで、「渾天地球二儀・・」に始まる書状に「・・前黄門公・・・・再三御熟覧・・地球の方ハ先年 紀公ニて御取入ニ相成候品ニ暗合、奇なる事ニ・・」（囲み枠の語は土浦市史に従う）と認められた文言を土浦博で筆者も確認したが、少なくとも1年前に紀州侯に贈呈されていたことになり、本体（試作品?）のみの献上と思われる。この安政2年に公表された地球儀の構造が寛政十二（1800）年の「萬國全圖圓機」のそれと同一である確実な証拠はないが、同一としても、少壮の頃製作した地球儀球面上の世界図（ゴア）の島嶼、海岸線などの地理情報は、最新情報をもとに修正されたことは当然であろう。なお、上記書状は傘式地球儀を案出/製作した年が箱書きに記す大量生産/公表の年、安政2年でなく、前年の安政元（1854）年又はそれ以前であることを示している。

また、図録写真（赤木・三好, 1989）により比較すると、神戸市立博物館蔵の墨僊製作の同型地球儀と本地球儀との間には形態、色などの差が認められる。神戸市博の地球儀は手元轆轤が下（南極）側に取り付けてあるが、同館学芸員によると修復時に地軸の方向を取り違えたが、そのまま展示されているとのことである。墨僊は地軸の勾配を科学的な天文上の値、23.5度でなく、附録に記されているように、36度（筆者の計算では36.3ないし37.2度となるが大差はない）としている。蓋裏の一文と地軸勾配の設定は、東インド艦隊を引き連れたペリーの支那海と日本への遠征、国内における尊皇攘夷など政治的動乱時における配慮と考えられる。

4.1.7 まとめ

沼尻墨僊の考案・製作した「大輿地球儀」は傘様と表現され（長南, 1927)、または傘式地球儀（秋岡, 1932）と呼ばれているが、詳細な記載がないため、地球儀本体とその製作環境について記載し、若干の考察を加えた。同型地球儀は球をなすが、本間家蔵の地球儀はラグビー球状である。地球儀の地軸の留め具が金属のハジキであれば、2個の轆轤の間隔は短く、地球儀球面の形態は球に近づくが、現在の地球儀のように卯木の木片が使用されているため、言い換えれば、轆轤の間隔は長くなり、球儀は結果としてラグビーボール状をなす。他方、地球儀用世界図（ゴア）の紙と貼合わせるため、形状と寸法の制限もあろう。地球儀球面をなす世界図（ゴア）の記載は別稿に譲り、その形態と製作技法を中心に記載した。傘との類似性を確認するため、和傘の構造と製作技術と比較した結果、基本的な構造は同じであるが細部においては異なることが明らかとなった。なお、本地球儀と他の出荷版地球儀、例えば、毛利家に献上（?）された地球儀の支柱側面は朱塗りであるなど、塗装が異なるため、個別には架台やゴアの彩色などが異なることも予想される。今後、各地に出荷された同型地球儀との詳細な比較も必要となろう。

本研究は非破壊測定にもとづくため、一部、詳細を明らかにできず、推定の部分を含む。そこで、修復の際には単に修復だけを目的せず、ノギス等の精密測定器による測定、設計図相当の精密な部品の製図とその寸法（mm単位）や見取図の作成と分解時における詳細な観察結果を記録して、科学的資料を残すことを勧めたい。

謝辞

本稿の執筆にあたり、地球儀の計測・撮影と調査を快諾された沼尻墨僊の後裔にあたる本間隆雄氏をはじめ、本間家にまず謝意を表したい。次に、調査を了承され便宜をはかって頂いた土浦市立博物館の黒崎千晴館長、実際の調査・計測作業の補助と関連資料・情報の収集に多大の協力を頂いた木塚（大関）久仁子学芸員、計測器を快く貸与された明治大学考古学博物館の黒沢浩学芸員、特別閲覧の措置をとられた明治大学図書館長の石井素介教授に謝意を表する。法政大学大原社会問題研究所の河原由治氏、牛久高等学校の青木光行教頭、および土浦第一高等学校の川村和夫教諭、同進修同窓会活用委員会副委員長の小泉明氏には墨僊資料の収集でお世話になった。なお、和傘については、千葉県大多喜県民の森管理事務所磯野順子氏、千葉県工業試験場の澤田外夫、林正治両氏、水沢高等学校の阿部和夫教諭、実際に傘を製作している佐原市の佐伯達雄氏、岐阜市石正商店の石川正夫氏、花巻の滝田工芸の滝田信吉氏をはじめ、多くの方々に情報と知識を提供して頂いた。また、高橋持法堂工房の高橋真一氏には、修復時の記憶に基づき教授いただいた。大輿地球儀附録（折本）の画像の複製利用については、公益財団法人毛利報公会 毛利元敦会長、毛利博物館 館長代理の柴原直樹氏のお世話になった。折本の頁の読み方の情報は国文学研究資料館の武部氏に頂いた。合わせて感謝する次第である。

補筆

資料2に示す大輿地球儀附録について

これは毛利侯へ献上された大輿地球儀附録（現、毛利博物館蔵）の写真で、博物館より提供された。ここに示す写真は、折り本（帖装本）の表紙及び裏表紙部分と本文である。表紙、裏表紙の写真では木版印刷による本文は裏側にあり、「〃」で省略した裏面に、文字が左右、逆に写る。門人の吉見元鼎が製作した本文及び表紙は各地に出荷された大輿地球儀の附録と同じく板木によって刷られていることが、その題言から窺える。

この附録の題言では、沼尻墨僊の寺子屋「天章堂」の門下生が執筆したことは、吉見元鼎一完識の署名の下に「完壱」（右から読む）が押印されており、「識」とこの印影からこの附録は吉見元鼎の製作であることは明らかである。但し、この印影は、別途、入手した同型の折り本（複製；別文書と仮称）には見られない。

さらに、この毛利家旧蔵の附録の図では、第一丁に相当する頁の「球儀日本を主とするの図」で日本を球儀の頂点に配して、「日本」の下に朱点が付され、「日本」の直上に「髙嵩」（スウコウと右から読む。現代では嵩高）が注記されている。この「日本」と「髙嵩」注記の間に朱色の垂線が引かれている。注目すべきことは、この赤点と赤の垂線が別文書にはみられないことである。別文書はモノクロコピーであるが、赤い点や線は充分に複写できるため、元々別文書には無く、この附録のみに補筆されていることが知られる。浅学のため、解読不十分で誤読を含むが、「一　南北の経度に連る地ハ暑寒の節異なるも時刻ハ同し/同刻にして日月の食をミる但食分の浅深の差なり/又一日の咎星ハ北方によるなと、夏ハ長く冬ハ短し夏ハ/日本も昼長しといへ共魯西亜地方ハ又弥長し冬日古れに反するを知へし/一　東西の緯度に連る地方ハ一日の時刻遅速の差あり/一時日行三十度なるを以て三十度離れざれハ一時の差/となる此方の明六時ハ彼方の明七時なり　日本夜五/時ハ和蘭地方の昼九時ならん一日にして時と暁/と昏をなす事を推して志るへし～」と記されている部分で、「咎星」の「星」に朱入れされ、「景」に訂正されている。この朱入れは、吉見元鼎が自ら加えたのか、他者によるか不明である。吉見が加えたなら、別文書にもある筈であるが存在しない。少なくとも蘭癖との噂の無い毛利侯が補筆したとは考えられず、家臣のうちの識者が補筆したものか、この附録を読んだ後学の誰かの所業かもしれない。この朱入れは先の点と線の補入と同時であろうが、献上品に朱筆の訂正はお手軽な訂正で失礼でもあり、本人ならば、鏤刻からやり直したのではないかという疑問が生ずる。「咎星」は（台湾の）國民常用標準字典によれば、「日月星辰運行之径路即軌迹」であり、前後の説明内容の流れからここに「景」の文字を宛てる不自然さは否めず、「地球儀」を入手した第三者がこの附録に朱入れしたことが考えられ、家臣や毛利侯の知り合いが入手し、侯に献上した品物であるかも知れない。なお、本附録で、元鼎は経緯度の記述で「緯度」とすべき所を「経度」、「経度」を「緯度」と錯誤するが、地球儀の経緯度は支那流天文学の天度でなく、正しく360度（南北90度）と把握している。

注

1） 地学雑誌の論文中で、「谷月」と記したのは誤りである。沼尻墨僊の地球儀研究の実施以前に訪れた国立歴史民俗博物館での一瞥で「邦」の字が剥離し「月」と見誤ったことによる。ここではこの文字を削るのみにとどめ原文を生かした。なお、その時点では、この「用法略及び凡例」は実質的には新発田収蔵であるが（後述）、角田桜岳が製作した地球儀の収納箱蓋裏の「地球儀用法畧」であることを理解していなかったことも付記する。

2） 高橋持法堂工房主人高橋真一氏によって修復された。

3） 情報を提示した問い合わせの可否は判断の分かれる所ではある。

4） 高橋氏によると膠で固定されていたらしいということであるが、明らかではない。

5） 修復者の高橋氏によると全体として破損していたので、地軸の孔に木釘をさし、地球儀を開いた状態に固定したが、木釘としてウツギの木を使用したとのことである。

6） 佐原市で和傘を製造している佐伯達雄氏によると傘の竹骨の場合、糊の接着力が弱いため、一般には、竹の表皮の部分を剥離するということである。実際の傘では竹の表皮は使用されていない。

7） 修復者の高橋氏によると竹骨の修復には、古番傘の骨を削って竹骨に代用したということである。

8） 修復の工程控および修復者（高橋氏）からの聞きとりによると地球儀の球の中に破損した長さ3cm弱の針金が存在していた。

9） 修復者によると修復時の水中に浸した洗浄でも、地図紙部分の色は退色しなかったといわれるが、その時点で充分に退色していたため、色の退色は生じなかったと考えられる。なお、修復後の着色部分のニジミは認められない。

文献

赤木康司・三好唯義（1989）：秋岡古地図コレクション名品展．神戸市立博物館，117p.

秋岡武次郎（1930）：ウイレム・ブラウの古地球儀．地理学評論，6, 367-370.

秋岡武次郎（1932）：沼尻墨僊の地球儀並に地球儀用地図（上）－湯若望著渾天儀説中の地球儀用地図の我国への渡来－．歴史地理，60, 425-436.

秋岡武次郎（1933）：安鼎福筆地球儀用世界地図－東洋製作の古地球儀用舟形図の1－．歴史地理，61, 107-114.

秋岡武次郎（1971）：日本地図作成史，日本古地図集成付録．鹿島研究所出版会，7-16, 156p.

秋岡武次郎（1971）：日本古地図集成．鹿島研究所出版会，156p.

青木光行（1982）：沼尻墨僊の世界地理研究．茨城史学，18, 3-14.

青木光行（1989）：入江善兵衛と沼尻墨僊．江戸時代「人づくり風土記」8巻，ふるさとの人と知恵．農山漁村文化協会，397p.

鮎沢信太郎（1948）：地理学史の研究．愛日書院，429p.

千葉県工業試験場生活工芸課（1990）：佐原和傘．千葉県の伝統的工芸品，229p.

藤田元春（1984）（初版は1932）：改訂増補日本地理学史．原書房，677p.

藤田誠之進（1855?）：「山國喜八郎様藤田誠之進」表書きの書状

深沢鏸吉（1910）：元禄年間の地球儀と天球儀．歴史地理，16, 43-55, 278-286.

豹子頭（1923）：隠れたる地理学者－沼尻墨僊翁に関する事蹟－．国本（国本社），3-7, 107-114.

家入敏光（1965）：天理図書館蔵球儀に見られるインスクリプションの翻刻．ビブリア，32, 176-209.

伊木壽一（1928）：明治天皇御即位式と地球儀．歴史地理，52, 489-503.

門屋光昭（1988）：民具／花巻傘と口内傘．岩手県文化財愛護協会：用と美の世界－岩手の手仕事－．122-135.

香草生（1931）：市隠の科学者沼尻墨僊翁．亀城会会報，2, 6-14.＜本名：石島徳一＞

長南倉之助（1927）：贈従五位沼尻墨僊翁．進修，25, 31-43.

新見吉治（1911）：安井算哲作舟形図（口絵写真図）．歴史地理，17-4, p.104.

織田武雄（1962）：天理図書館蔵Vope11の地球儀について．ビブリア，23, 449-462.

織田武雄（1965a）：Mercator地球儀の2つの特色．東北地理，17, p.44.

織田武雄（1965b）：メルカトールの地球儀について．ビブリア，32, 78-101.

織田武雄（1988）：マルテイン・ベハイムと地球儀．古池図研究200号記念論集，原書房，3-27.

土浦町教育会（1924）：贈従五位山村才助先生，贈従五位色川三中先生，贈従五位沼尻墨僊先生略伝．土浦教育会，16p.
（従五位の叙勲の記念式典で配布された略伝である．長南倉之肋らが基礎資料を作成した可能性がある.）

土浦尋常高等小学校（1940）：沼尻墨僊．　土浦郷土読本，37-40,（子供用解説書で，さし絵等誤謬を含む.）

土浦市教育委員会（1978）：土浦市の文化財，114p.

土浦市教育委員会（1983）：町の科学者沼尻墨僊．20p.

土浦市史編纂委員会（1975）：土浦市史、土浦市史刊行会　1156p. 土浦市

土浦市立博物館（2009）：沼尻墨僊ー城下町の教育者，111p. 土浦市

宇都宮陽二朗（1991）：江戸時代地理学史研究への新たな視点．地理，36-6, 45-51.

宇都宮陽二朗（1991）：沼尻墨僊の考案した地球儀の製作技術　地学雑誌, 100 (7), 1111-1121.

柳沢坦堂（1913）：土浦の地理学者．放光堂，11-13, 17p.（誤謬もあるが最古の解説書である）

吉見元鼎（1855）：大輿地球儀附録　折り本　5折

https://books.google.co.jp/books?id=ILiusf0IWVgC&printsec=frontcover&hl=ja#v=onepage&q&f=false

國民常用標準字典　正中書局．流傳文化．墨文堂文化, 1989, 2428p.

4.2　沼尻墨僊の製作した地球儀球面上の世界図

4.2.1　はじめに

筆者は先に墨僊の作製した地球儀の作製技術について報告したが、地球儀の形態を中心に記載したため、球面上の地図の記載は充分でなかった（宇都宮, 1991)。秋岡（1932）も内容的には長南論文（1927）に若干の情報を追加したのみで、地図の基礎的な記載すら行なわれていない。本稿では墨僊の地球儀球面を構成する地図について記載する。なお、ここで報告する地球儀は本間家所蔵の地球儀で、少なくとも1度は修復されている。本稿ではやむを得ない事象を除き、既報（宇都宮, 1991）との重複を避けた。

4.2.2　地図の全般的特徴・概要

本稿では観察事実のうち、地図の全体的特徴と個別事項の特徴ある事実を記載することにしたい。地球儀球面上の世界地図（一般に6, 12枚の舟形の地図（ゴア）により構成される）を概観すると、10度ごとの経緯線は実線で、南北の回帰線および南北66.5度の極圏は一点鎖線で示され、赤道は梯子状シンボル（Ladder symbol）をなす。極圏には、それぞれ、「北極界」、「南極界」の黒文字注記が、北回帰線には「夏至黄道」、南回帰線には「冬至黄道」の赤文字注記が、また、南回帰線には「磨羯線」、北回帰線には「巨蠏線」の黒文字注記がある。一般に黒文字注記は彫刻された板木により印刷された部分で、赤（朱）文字注記は手書きまたは押印により、印刷後に加えられたものである。経線（子午線）は10度ごとに引かれるが、経度を示す数値はなく、東経、西経の区別もない。一方、緯線には10度ごとに黒文字数値の注記がある。

本稿では記載の都合から、この36分割された子午線にはFerro島を本初子午線とした（後述）西経、東経の10度単位の度数を仮に付与して記載を進める。梯子状シンボルをなす赤道には10度間隔の子午線間を10分割する白黒のチックがあり、地図に一般的な鉄道記号と同様である。このチックは現在及び当時の世界図に一般的な表示で、赤道には「赤道春秋二分昼夜平線」の赤文字の注記が認められる。

板下図および彫刻（板木製作）による印刷後に若干の地名を加え、十二方位、日出、日入の情報が記入（または押印）されている。方位は、東経130度の日本南方を午とし、時針回りで30度ごとに、未（100°E)、申（70°E)、酉(40°E)、戌（10°E)、亥（20°w)、子（50°w)、丑（80°w)、寅（160°W)、卯（140°W)、辰（170°W)、巳（160°E）と赤道に沿って記入されるが、文字の形から押印と思われる（写真1)。地平線も同様にゴアの印刷後に加筆されている。薄い水色に着色されていたと推定される海域は，ほとんど褪色して無色に近い。このように、すでに充分に褪色していたため、修復時の水洗いでも脱色しなかったと思われる。

1984年の地球儀の修復の際、板木をもとに半紙4枚に印刷されたゴア（新規）および地球儀球面を構成するゴアによると、子午線30度ごとに1枚の断裂図としてまとめられた12枚のゴアは南北85°より高緯度の地理情報は除かれている。ゴアの2本の子午線間の緯線は曲線でなく、直線をなす。これらと交差する子午線は全体としてみると、曲線からなり、各断裂図（ゴア）は両端の切れた紡錘形をなす（図1)。地図上には、これらの経緯線、海岸と国境（後述）以外に、余分な線、例えば、ポルトラノ図に見られる見通し線やコンパスローズおよび、坤輿萬國全圖をはじめ、当時の市販の世界図に一般的な、それぞれの場所や大陸に関する注記はない。

以上、述べた事実と黄宏憲・朱光大（1636）の「地球十二長円形図」(海野, 1968)、および、その約1世紀後に描かれたと推定される安鼎福の地球儀用舟形世界図[1]（中村, 1933; 秋岡, 1933）と比較すると、このゴアの経緯線の表現、地図投影および作図方法は、ほぼ同じである。また、墨僊の世界地図の南緯30-60°付近に認められる製作年月、彫刻者名の記入位置も黄宏憲・朱光大（1636）のゴアのそれに近い。

以上の点から、墨僊は世界図作成にあたり、地球儀の基本となる世界図の描法は独自の考案ではなく、これらの

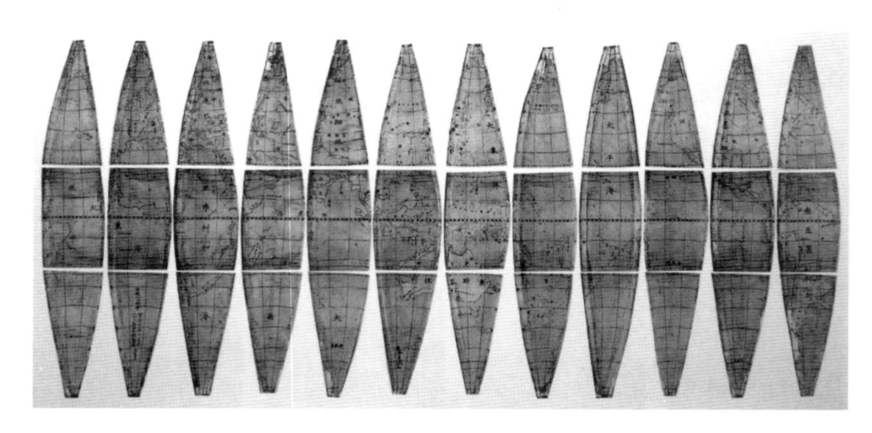

写真1　沼尻墨僊が考案した大輿地球儀球面の世界図

地球儀上の世界図は当然ながら断裂はないが、平面表示のため、この写真では北、南半球および赤道を各々12枚撮影して、36枚の部分図を示したものである。個々の写真および直線の歪みは、凹凸のある曲面（地球儀）の撮影により生じたものである。また、写真の南北部および東西の接合部分を重複させたが、球面の世界図（ゴア）には重複はない。著しく白い部分は補修部で、黄色の点は島ではなく、シミなどの汚損である。

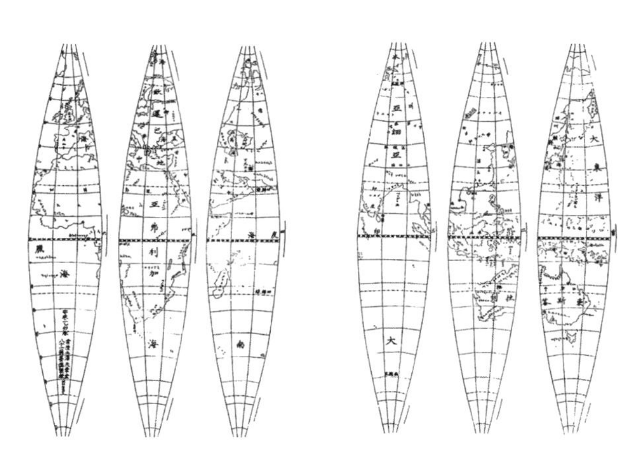

図1（a）　墨僊の板木により印刷された12枚のゴア（首ー六）

高橋持法堂工房が修復時に板木から新たに印刷したゴア。球面上の地理情報はゴアのそれとは異なり、注記、黄道などが加筆されている。

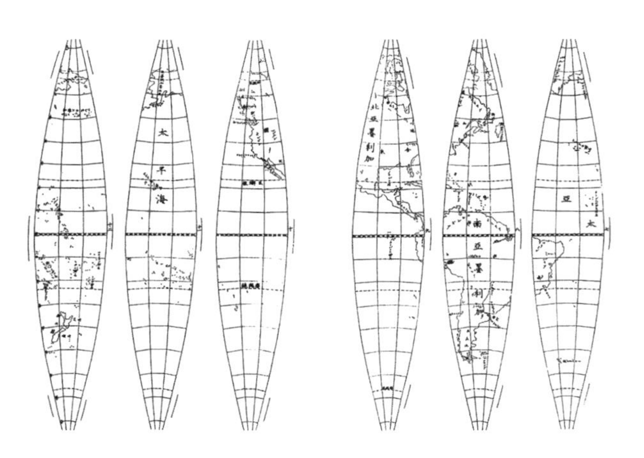

図1（b）　墨僊の板木により印刷された12枚のゴア（七ー十二）

地図投影法に倣ったことが知られる[2)]。墨僊が両者またはいずれかの断裂世界図に接する機会がいつ、どこであったのかは不明であるが、この図を伝聞したか、観察あるいは筆写したものと推定される。ただし、このような断裂世界地図の原始的な作製技術は地球儀製作を目的としてはいないが、沢田員矩（1759）の「地球分双卯酉五帯之図」などにも見られ、また、半世紀以前であるが、蘭学系の最新世界図に基づく桂川甫周のゴアも筆写され、地方に残存するなど、当時としては、新奇なものではなかったようである。なお、子午線30度のゴア内の経線間にはないが、ゴアとゴアの間、隣接するゴアとの接合部には経線のズレが認められる[3)]。

4.2.3　地平

地球儀球面上のゴアには地平線が黒の点線で記入され、「日本地平昼夜界」、「日本地平」の赤文字の注記が認められる。地球儀を36度傾けたことに対応して、この地平線の最北部の北緯55°、西経50度には、「北極入地三十六度」、東経130（132）度の最南部、南緯55°には「南極入地三十六度」の赤文字注記が認められる。

木版印刷によるゴアには地平を示す破線がないため、木版刷りのあとに手書きで補入されたことは明らかである（写真1）。この地平をなす破線は線の太さが異なり、破線自体の走向と個々の破線の両端の消え方（はねる方向）が不揃いであることから、フリーハンドにより補入されたと推定される。地球儀球面上では、この線の走向が各ゴアの接合部で不連続をなす箇所がある。そのため、地平の破線の記入は地図を竹骨に貼る前に記入したと推定されるが、地平線を引く時に、子午線30°毎の竹骨間では平面をなすゴアと150°の角度で隣接するゴアに移る際に、筆を誤ったとも考えられる。選択的な議論となるが、修復の際に正確に元の状態に復旧している場合にのみ、この推論が可能である。

この地平の記入者は不明であるが、墨僊には、天文・暦学の素養があり、実際に渾天儀を製作し、天文観測も行なった。その観測記録は「測験草」、「彗星運転の図」、「二十四節図」、「二十四気日道盈縮晝夜長短図」、「星宿度数」（香, 1931; 土浦市立博物館, 2009）に残されている。さらに、渾天地球地平線図（文化10年（1813））（土浦市立博物館, 2009）では地平の解説が見られる。

この事実から、彼は天体の運動、黄道、天頂、地平などを熟知していたことは明らかである。この地平線の位置は、経緯度および海岸線の不正確さによる誤差を除けば、ほぼ正確な記入であるため、墨僊本人によるか、天文などの素養のある者が記入したと考えられる。ただし、この地球儀の由来の不明確なことと、地球儀を開き、地軸を傾けた状態で、水平面をトレースすれば誰でも容易に地平を記入できるため、単純には記入者を特定できない。なお、墨僊の門人の吉見元鼎の執筆した「大興地球儀附録」によると「日本地平」などの記述があり、墨僊とその弟子達による加筆の可能性は高い[4)]。

4.2.4　日出、日入

夏至と冬至のそれぞれの「日出」、「日入」の位置を、直径2.5mmの赤丸で球面（ゴア）上に示している。これら日本から見た「日出」の方向は、夏至では東北東、冬至では東南東に、「日入」の方向は夏至では西北西、冬至では南南西にあり、それぞれの点は南北の回帰線との交点に位置する。赤道との交点には、「二分日出」の点と赤文字の注記がある。また、東経130（132）度の南方で北回帰線との交点には、「夏至日中」が示されている。しかし、それと南回帰線との交点には予想される文字注記はなく、赤丸点のみである。これは注記の記入を忘れた単純な誤りと推定される。記載漏れとすれば、この地球儀は、多くの出荷版地球儀の中の一つであり、収納箱蓋裏に記されているとおり、墨僊自身が校正に時間をかけず、就道に一任したことを示すと考えられる。

4.2.5　子午線

「瓊浦偶筆巻1」、「蘭學階梯巻上」、「訂正増譯采覧異言」にもとづき、阿部（1932）は1809年頃には国際的な一定の経度基点（本初子午線）がなく、福島（カナリー諸島）中の鉄島またはテネリハ島、ロンドン近郊、アゾレス島、パリ、北京等が基点とされていたと記載している。その位置は秋岡（1955, 1971a, b）によれば、「15世紀の西欧の一般認識としてはプトレマイオス世界図の最西端ホスチュナテ（Insulae Fortunatae）で、1622年のブラウ地球儀ではカナリー諸島の最高峰（Tenerife）におかれた。1630年のパリ会議（リシリュー召集）でカナリー諸島の最西端（Ferro島）と取り決めた。英国ではLizardとSt. Paul寺院の双方とされたが、1738年のFearon, Eyesの地図でグリーニッジとなる（Helen Wallis and Anita McConnell, 1995）。1884年ワシントン会議でグリーニッジに統一されたが、フランスはパリに固執していた。1602年、利瑪竇の坤輿萬國全圖では福島（プトレマイオス世界国のホスチュナテ（Insulae Fortunatae）のこと）があてられている。江戸時代の世界図では、福島または鉄島を本初子午線（東に360度を数える）としている。1810年高橋景保の「新訂萬國全圖」ではカナリー諸島、1846年永井則の「銅版万国方図」ではグリーニッジで（東に360度を数える）、1858年武田簡吾の「輿地航海図」ではグリーニッジ（東経西経180度とする）に本初子午線がおかれた」とされている。また、山田聯（1811）の北裔図説集覧から海野（1984）が転載した説明文によれば、「当時、オランダおよびロシアでは一般にテネリア島（西経17度）が、フランスでは鉄島またはパリ、イギリスではロンドン、中国では北京が本初子午線にあてられた」とされている。

墨僊の地球儀球面上の世界図では、子午線が同時代および現在の世界図のグリーニッジを基準とした10°単位の子午線に対し約2度、東に位置する。そのため、同時代の本邦作製の世界図の0、10度などの10度単位の子午線とは位置が若干異なる。本初子午線をどこに設定したかは判別しにくいが、墨僊の地球儀球面上の世界図（ゴア）の子午線の一つがカナリー諸島の西、現在の経度で西経18度付近の島をぬけ、アフリカ最西端の海岸線を切らないため、本初子午線は西経18度に位置するHerro島（18°W、27°40'N、スペイン語の鉄）を通ることになる。もし、オランダ式にテネリア島を通るとすれば、10度毎に描かれた子午線はアフリカの西海岸を切ることになる。国別の本初子午線の位置に一般性があるとすれば、墨僊は鉄島を本初子午線とする原図（ここでは、本邦製世界図）に倣って設定したことになる。

ところで、青木（1989, 1982）、土浦市教育委員会（1983）、土浦町教育会（1924）、長南（1927）、豹子頭（1923）らによると、墨僊は、「喎蘭新譯地球全圖」、「新製輿地全圖」、「銅版万国輿地方図」、「校訂輿地方円図」「新訂坤輿略全圖」、「唐土歴代州郡沿革地図」、「大明都城図」、「清二京十八省輿地全国」、「伊豆七島全図」等の地図を収集し、「訂正増譯采覧異言」、「喎蘭新譯地球全圖説」、「坤輿図識」、「地球萬國山海輿地全圖説」、「訂正増譯采覧異言世界図」、高橋景保の「新鐫総界全図＜1809＞」、「新訂萬國全圖＜1810＞」（1832筆写）、「大清広輿国＜1821＞」（1821筆写）、「本朝往古沿革図説＜1832＞」（1832筆写）などを筆写したとされている。土浦市立博物館第30回特別展「沼尻墨僊－城下町の教育者」における墨僊資料の公開までは蔵書と筆写のそれが明らかではなく、本稿執筆時では墨僊の地図情報の吟味は充分でなく，同時代の若干の地図（秋岡, 1971b; 中村ほか, 1972; 赤木・三好, 1989; 赤木ほか, 1991; 伊能, 1809）との比較を試みた。残念ながら、西洋作成の世界図をも含む同時代の地図の吟味は、入手し得た公開資料（地図類）の解像度に限定せざるを得ない。

墨僊の地球儀上では、日本を通過する子午線は東経130（132）度である。この子午線[5]は広島と徳山の間を通る。本邦の中心子午線を、東経140（142）度とすれば銚子の東を通り、著しく東に偏する。西欧の世界図の本初子午線を採用すると、10°ごとの子午線は、本邦のみの中度（本初子午線）とは一致せず、勤皇攘夷への対応を考慮し判断には苦慮したであろう。世界図では京都を中心とすることはできず、蘭、仏、英などの西洋の方式に従って本初子午線をカナリー諸島に置いたと思われる。その10度間隔の子午線の一つが偶々ここを通過したのみではあるが、本邦製地図の中度（京都）に近いため、やや西に偏るが、本邦の中心的な子午線とされているのであろうか。

緯度の中心は、吉見元鼎に係る地球儀使用説明書の「大輿地球儀附録」中で北緯36度を強調しているように、36度であろう。また、地球儀の収納箱の蓋裏に貼られた地球儀製作に係る趣旨文の「我神皇國…」は幕末の尊皇攘夷の風潮を反映している。蓋の内側の趣旨には「地球には上下、左右‥‥がない」ということ、また、「相談した」のくだりには日本の中心をどこに置くかということも含まれていたのではないだろうか[6]。緯度については，説明文の北緯36度は京都の北緯35度よりも江戸の36度（春日部の北）に近い。これは墨僊が少壮の頃（1800年）の「製萬國全圖圓機序」に記され、永らく秘匿していた地球儀「萬國全圖圓機」の製作時では江戸を日本の中心としていたが、この傘式地球儀では、中心を京の方に移行させた。しかしながら、緯度は京と江戸では1度の差で大差ないため、製作当時のまま残したと推測される。地軸の勾配に科学的な天文上の値を適用せず、36度を当てたことと、地球儀の収納箱の蓋裏の一文は、幕末の動乱時代の政治趨勢、特に尊皇攘夷等、混沌とした情勢に対する配慮であろう。

4.2.6　海岸線

国境とともに、海岸線については地球儀製作当時（1855年頃）に入手できた世界図や地理書から地理情報を収集し、少壮の頃に製作した地球儀球面の世界図に修正を加えたであろう。樺太の輪郭は1810年の高橋景保の「新訂萬國全圖」で北蝦夷が島として表わされているが、高橋の世界図より輪郭は明瞭で、工藤康平の「大日本沿海要彊全図」(1854) に近似し、現在の世界地図の海岸線にほぼ近い形状をなす。この地図は間宮林蔵の探検、伊能図及び新発田収蔵の新訂坤輿略全圖などの情報に基づき当然、修正されたであろう。北海道、本州、四国の形態は参考としたであろう赤水図あるいは伊能図よりも稚拙であり、房総半島、東京湾の輪郭などは、著しく歪曲されている（写真2)。

写真2　日本、朝鮮付近

朝鮮半島、特に南（木浦）から南東（釜山）にかけた海岸線は沿岸部の群島の扱いによって異なる。群島を省略すると、高橋景保の「新訂萬國全圖」、「日本辺界略図」、「工藤東平の「大日本沿海要彊全図」(1854) などは東西走向を示している。墨僊の地球儀製作後に刊行された世界図は当然ながら参考にはならないが、本図の海岸線は浪花書林其由堂・旭榮堂合梓の「大日本接壌三国之全圖 (1816)」、橋本玉蘭齋（歌川貞秀）の「大日本四神全圖 (1871)」、武田簡吾の庸普爾地（1845年）の翻刻による「輿墜㼐海図 (1858)」に近似した北東の走向を示し、現在の海岸線のそれに近い。

この地図のカリフォルニア半島、北米、南米大陸の形状は現在の世界図に示される形状と同じく正しく半島として示され、アリューシャン列島も描かれている。今日のアラスカはアメリカロシアであり、1867年の領土売買前のロシア領を示している。南半球では南緯60度以南の陸域（南極大陸やメガラニカ、宗吉の世界図にある知里など）の記入はなく、北半球では、ロシアおよびアメリカロシア、北米の北岸が描かれるが、一般に北緯75度以北の極域の地図は描かれていない。その海岸線の形状は武田簡吾の輿墜航海図のそれに近似し、ハドソン湾、バフイン島、グリーンランド島などが記入されている。ただし、ハドソン湾については北岸（バフイン島では南岸)、フロビシャーベイなどは破線で示されている。このような破線による表示は不確かな事象と確実な事象とを区別する墨僊の研究姿勢を示すものであろう。ロシアの北では、ほぼN70-78°のノバヤゼムリア、ノボシビルスク（N73-76°）諸島が描

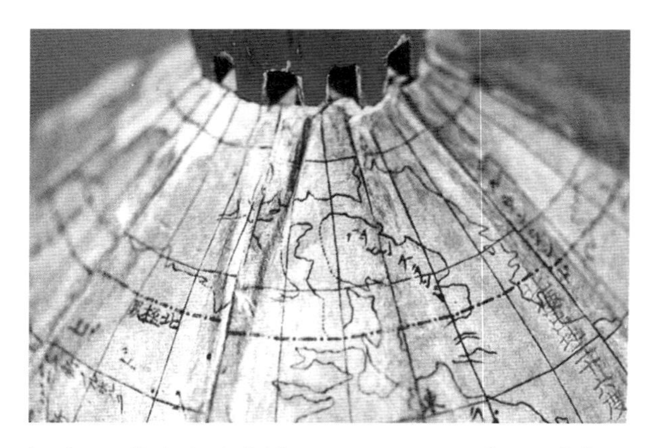

写真3　北米大陸北端、クィーンエリザベス諸島バフイン島付近

写真4　アフリカ南部（現モザンビークおよび南アフリカ）内陸部の国境線

写真5　北蝦夷、千島付近

かれている。

ロシアの北岸にある諸島に比較すると情報の多いノルウエーのスピッツベルゲン島、およびグリーンランド島付近は北緯80度以北も描かれるが、北極海沿岸については、西欧及びロシア側の調査により1780年以降、シベリア沿岸が明らかにされ、1830年代以降は東シベリア沿岸も精査されて、ほぼ全容が知られていた。また、北米北岸が大陸を介してグリーンランドに連続する高橋景保の「新訂萬國全圖（1810年）」、小佐井道豪の「北極中心世界地図（1837）」より正確に描かれており、北極海の広大な大陸は想定されていない。ただし、グリーンランド北部は未記載で、クィーンエリザベス諸島付近では不明確となる（写真3）。なお、北緯76-78°、東経130°付近には海岸線様の曲線が東西に引かれており、墨僊の入手した地理情報では当該地域が不明確であったことを示している。

4.2.7　国境線

国境線は赤、紫（赤が褪色した色とは異なる）、黄（橙）、青、黒色の各線、およびそれらが混合した細線と太線（縁どりを含む）から構成される。国境線は一般に黒以外で示されるが、漢土と蒙古および安南、カンボヂャの境、高韃靼とトルコスタンの境界は黒線で、北極海から黒海の加山（現在の地名ではウラル山脈、プリボルガ高地に相当する）までのヨーロッパロシアとシベリアの境は黒の破線である。国境線は海岸線のように確実な線で描かれず、稚拙で帯状をなす。アフリカの「ゴイ子（現在のガーナ）」、「チェニス（チュニジア）」、「モノモタッパ、モザンピキュー（モザンビークの内陸部を示す）」など途中で消滅する国境線もあり、海岸線の細密な線と著しい対照を示す（写真4）。むしろ、仮に記入したような不確かな、あるいはいたずら書き様の線として認められる。これは、大陸内陸部の探検時代であり、それらの成果を反映した世界図は乏しく、当然、蘭を通じた交流では時間差も含めて、最新地理情報が充分に伝わってこなかったことによる。さて、日本北辺の境界であるが、九州、四国、八丈、日本本土、北海道、樺太全島は赤く縁どりされている。千島については、北緯50度線に沿って国境を意味する薄い青線が認められるが、東経150度以西の島々では赤く縁どりされ、日本の属領とされている（写真5）が、間宮林蔵、木村謙次などの常陸の探検家らに踏査された島々であることを認識していたためか、後年の書き込みか不明である。

4.2.8　地名の補筆

地名は漢字とカタカナで記入されており、ほとんどが板木に鏤刻された地名であるが、日本の本州南東方の「八丈」と南の「リーキウ」の二件が加筆されている。これは残された板木による印刷図（ゴア）には認められないため、手書きで加えられたことは明らかである。

4.2.9　まとめ

墨僊製作に係る地球儀球面を構成する12枚のゴアを記載し、若干の考察を加えた。ゴア作製技法では湯若望著渾天儀説の断裂世界図（黄宏憲・朱光大の地球十二長円形図）の流れをくむものと推定される。ゴアに描かれた世界図と同時代の世界図、特に墨僊が入手または筆写した地図との比較には、墨僊の収集に係る書籍と地図情報を吟味する必要があるが、本稿では同時代の世界図のうち、主に本邦製の世界図と比較した。同時代の他の世界図に比較し、墨僊の地球儀用地図の10度毎の子午線は経度で約2度東にある。1855年当時では本初子午線の位置は世界共通でなく、福島、鉄島や各国独自の指定もあり、本邦製世界図では、どの方式に従うか混乱したと思われる。また、地球儀の刊行に際しては、特に、日本の中心位置の設定など、幕末混乱期における政治的配慮に注意したであろう。逆に言えば、政治的、社会的風潮に譲歩することにより、地球儀の発行が許可されたと考えられる。

あとがき

本研究では、関連する当時の世界図の観察が充分でない。本邦のみならず西欧作製の世界地図や地球儀の観察が必要であるが、浅学のため充分に尽くせなかった。比較した世界図は専ら図録などによるが、眺めることを主目的とした図録であり、また編纂者の興味で切り出された部分図も多く、詳細部分の判読には不都合であった。既存資料も基礎的な事実の記載が少なく、参考とするには充分でない場合が多い。経験の蓄積による直感的な考察は否定しないが、今後は科学的な説明的記載とアプローチが必要と思われる。

謝辞

本稿の執筆にあたり、地球儀の調査を快諾された本間家にまず謝意を表したい。次に、調査を了承され便宜を図って頂いた土浦市立博物館の黒崎千晴館長、実際の調査と関連資料の収集に多大の協力を頂いた大関（木塚）久仁子学芸員をはじめ、館員の方々に感謝したい。なお、神戸市立博物館の三好唯義学芸員からは、直接あるいは間接に大関（木塚）女史を通じて有益な情報を提供いただいた。記して謝意を表する次第である。

注

1) 秋岡（1933）によって紹介された論文中の断裂世界図は小図であるため、詳細は不明であるが、秋岡の記載によれば、緯線は屈曲しており、緯線は不揃いで不規則な曲線から構成され、地球儀の極域に貼るポーラーキヤップを欠くとされる。

2) 秋岡（1932）は墨僊の地球儀の紹介記事で、証拠となる具体的事実を記載せずに、唐突に「湯若望著渾天儀説の世界図‥」の副題を付した。その着眼はよいが、論文中に具体的事実を欠き、一語の関連記事もないため論文価値はない。未執筆のままであるが、想定される同名の論文（下）で記載予定の未完論文と好意的に解釈したい。

3) この地球儀を修復した高橋氏によると、修復前に存在したズレは忠実に再現したとのことであるが、再現の正確さ如何は地平線の記入などの議論に影響する。

4) 神戸市立博物館蔵の「大輿地球儀附録」のネガをもとに土浦市立博物館の大関（木塚）学芸員が現像した写真による。

5) 当時の伊能忠敬その他の日本図では、京が中度とされた。ただし、同じ忠敬の地図についても、文政4年（1821年）の大日本沿海実測全図（実測輿地図）では京都三条台を、文化元年（1804年）の陸地配置の図では江戸を0°に設定し（保柳, 1974)、文化6年（1809年）の日本輿地図藁でも江戸を0°としているため、作図範囲と時代の違いによって本初子午線の位置は変更されている。なお、高橋景保の新訂萬國全圖（文化7年: 1810）の副図に京を中心とした平射図法による半球図のあることが指摘されている。

6) この相談相手には、友人関係にあったといわれ、墨僊の少壮のころ製作した地球儀の公表を断念させた大久保要（土浦藩士）がいたであろう。友人関係とはいえ、町人と武士であり、身分の差は明らかである。大久保は藩政に深く係わり腕を奮っており、日本を上とするために36度傾け、中心となる子午線を京付近に設定するなどの政治風潮への迎合は新旧を問わず有能な役人の得意とするところであり、大久保の発案の可能性が高い。許可する行政側としては、当時の佐幕、倒幕、尊皇攘夷など錯綜する政治的風潮の中で、官許の申請を容易にするために必要な措置であったとも考えられる。

文献

阿部真琴（1932）: 江戸時代の「地理学」（上）（下）. 歴史地理, 60, 455-462, 546-552.

赤木康司・三好唯義（1989）: 秋岡古地図コレクション名品展. 神戸市立博物館, 神戸市スポーツ教育公社, 117p.

赤木康司ほか12名（1991）: 神戸市立博物館蔵名品図録. 松尾隆・松谷武夫・宮本郁雄編, 神戸市立博物館, 神戸市スポーツ教育公社, 117p.

秋岡武次郎（1932）: 沼尻墨僊の地球儀並に地球儀用地図（上）－湯若望著渾天儀説中の地球儀用地図の我が国への渡来－. 歴史地理, 60, 425-436.

秋岡武次郎（1933）: 安鼎福筆地球儀用世界地図－東洋製作の古地球儀用舟形図の1－. 歴史地理, 61, 107-114.

秋岡武次郎（1955）: 日本地図史, 河出書房, 217p.

秋岡武次郎（1971a）: 日本地図作成史, 日本古地図集成（図録別冊）. 鹿島研究所出版会, 156p.

秋岡武次郎（1971b）: 日本古地図集成. 鹿島研究所出版会, 96図葉.

青木光行（1982）: 沼尻墨僊の世界地理研究, 茨城史学, 18, 3-14.

青木光行（1989）: 入江善兵衛と沼尻墨僊. 江戸時代「人づくり風土記」8巻, ふるさとの人と知恵　茨城. 農山漁村文化協会, 321-327.

保柳睦美（1974）: 伊能忠敬の科学的業績, 古今書院, 510p.

豹子頭（1923）: 隠れたる地理学者－沼尻墨僊翁に関する事蹟－. 国本（国本社）, 3-7, 107-114.

伊能忠敬（1809）: 日本輿地図藁.（神戸市立博物館蔵, 同館展示）

香草生（1931）: 市隠の科学者沼尻墨僊翁. 亀城会会報, 2, 6-14.

小坂井道豪（1837）: 北極中心世界地図.（神戸市立博物館蔵, 同館展示）

三好唯義・小野田一幸（1999）: 世界古地図コレクション. 河出書房新社, 東京, 139p.

長南倉之幼（1927）: 贈従五位沼尻墨僊翁. 進修, 25, 31-43.

中村拓（1933）: 安鼎福筆地球儀用世界地図, 歴史地理, 61-2, 口絵写真.

中村拓・海野一隆・織田武雄・室賀信夫（1972）: 日本古地図大成　解説. 講談社, 95p.

歴史学研究会（1984）: 新版日本歴史年表. 岩波書店, 389p.

沢田員矩（1759）: 地球分双卯酉五帯之図.（神戸市立博物館蔵, 同館展示）

土浦市教育委員会（1983）: 町の科学者沼尻墨僊. 20p.

土浦町教育会（1924）: 贈従五位山村才助先生, 贈従五位色川三中先生, 贈従五位沼尻墨僊先生略伝. 10-16.

宇都宮陽二朗（1991）: 沼尻墨僊の考案した地球儀の製作技術. 地学雑誌, 100, 1111-1121.

海野一隆（1968）: 湯若望および蒋友仁の世界図について. 人文地理学の諸問題. 大明堂, 523p.

海野一隆（1984）: 江戸時代の本初子午線. 古地図研究, 14-11, 2-4.

横浜市立大学図書館（1990）: 鮎沢信太郎文庫目録. 272p.

吉見元鼎（1855）: 大輿地球儀附録, 5折.

Helen Wallis and Anita Mc Connell (1995): Historian's Guide to Early British Maps. Cambridge Uni. Press, 475p., pp.67-68.

4.3 沼尻墨僊の製作に係る傘式地球儀上の地名について

4.3.1 はじめに

本稿は1994年開催の土浦市立博物館第12回特別展「地球儀の世界」図録中の同名の暫定版原稿に修正・加筆したものである。暫定版原稿は、誤謬を含み、不十分であった。そこで、墨僊の地球儀球面の地図（以下、墨僊図とする）と18、9世紀当時の地理情報と比較し、訂正するとともに考察を加えて報告することにした。

4.3.2 墨僊の地理学的素養の背景

既報では墨僊の地球儀球面の地理情報[1]を東アジア以外についてはTimes Atlasの地理情報と比較したが、本稿では新製地球萬國図説（桂川）、地球萬國圖説（沼尻墨僊, 1800）、訂正増譯采覧異言（山村才助、墨僊は一部のみを筆写か?）、西洋紀聞（新井白石）、蘭説弁惑（大槻玄沢）、紅毛雑話（森嶌中良）などの地誌・地理書及び、日本辺海接壌図（林子平・墨僊筆写）、喎蘭新譯地球全圖説（橋本宗吉1796・墨僊はその解説のみ筆写か?）、坤輿萬國全圖（利）、新訂萬國全圖（高橋景保、墨僊筆写図；以下、前者を高橋図とする）、新訂坤輿略全圖（新発田収蔵；以下、新発田図とする）などの世界図、特に新発田図の地理情報と比較した。なお、この比較は、墨僊の大輿地球儀（傘式地球儀）（写真1）を新発田収蔵の新訂坤輿略全圖の球体化とみなす通説の吟味にも重要である。ここで下線は墨僊筆写および彼の経営する寺子屋（天章堂）蔵書を示す。

写真1　沼尻墨僊の大輿地球儀（傘式地球儀）

ゴアに描かれた国、地方、都邑、自然（山岳、河川・湖沼、島嶼、海）等の名称を表1に整理した。19世紀は西欧列強の植民地経営の只中にあり、現在とは政治的境界は当然異なり、西欧の列強内部における勢力変化で国境や所領が変わる。新発田図の刊行は、墨僊の地球儀製作直前で一般人の入手可能な最新世界地理情報であり、両者の比較は妥当と思われる。江戸中〜末期には、いくつかの作者製作年不詳の大衆向け世界図が巷間で販売されているが（室賀コレクション展示会目録、鮎沢文庫・他）、少なくとも土浦市博に寄託されている本間家蔵の沼尻墨僊関係図書・地図類の中には見あたらない。これは、墨僊が信頼性のある地理情報のみを収集したことを意味するか、他の関係資料が散逸し、偶々、これらのみ残存しているのかも知れない。喎蘭新譯地球全圖説では世界図が欠落しており、筆写部分も、宗吉本来の解説順序とは異なり、記述内容が前後している。筆写図が、元々存在しなかったと解釈すれば、この記載順の相違は、当時としては陳腐な地理情報と墨僊が気付き、宗吉の手になる世界図の筆写を中止したことを意味するかもしれないが、真偽は不明である。

国名、地名は基本的に12枚のゴア上に含まれる地理情報に基づく。ただし、不鮮明な文字等は、1984年の地球儀修復時に本間家（中条家旧蔵）蔵の板木を用いて新たに印刷された新規のゴアを参照した。全国に100余以上出荷された地球儀の製作による板木の潰れにより、後者の新規ゴア中の不鮮明な文字は、逆にゴアのパターンを参照して解読した。また、赤丸や赤の注記は新規ゴア（当然ながら版木そのもの）にはなく、一部の地名も球面上のゴアに直接書き込まれるか、または押印されたものである（写真2）。

墨僊の傘式地球儀球面を構成するゴア（以下、墨僊図とする）の地名は、一般に漢字及び仮名書きであり、総数

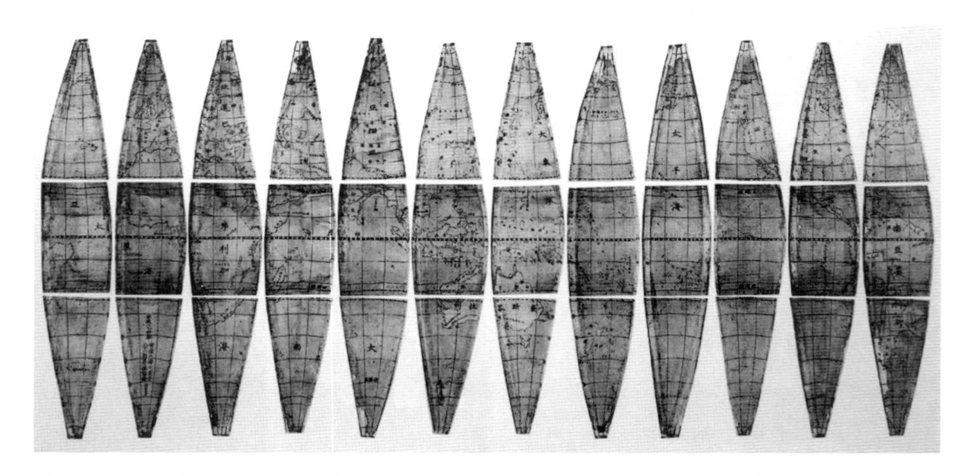

写真2　沼尻墨僊の大輿地球儀（傘式地球儀）球面をなすゴア（木版図に加筆・彩色）

で263件ある。現在では単に島嶼や地方とみなされるが、当時では国、属領と理解されているため、地理書、主に訂正増譯采覧異言に従って区分した（表2）。表2によると、湖沼、河川、山岳・高原、海洋、島嶼、砂漠・半島、都邑、国・国に準ずる地方、地方、大陸などの名称の割合は、各々、1.1、0.4、0.4、6.1、12.2、1.5、14.1、48.7、12.9、2.6%を示し、人文関係の名称が76%、自然関係が24%で、前者の地名が多く、なかでも、国・国に準ずる地方の割合が大である。

当然ながら、地理情報量は製作当時に入手可能な地理情報、情報源、情報の多寡に依存するが、地球儀球面をなすゴア（世界図）の地理情報量は、「沈黙の地球儀」[2)] を除き、物理的には、球体の直径、言い換えればその表面積に比例する。地名を含めた情報量は経緯線、島嶼、海岸線など全休の線画とのバランスや、美的配置、文字の大きさ、配列、フォントや見やすさを含めたデザインや、地球儀製作者の地理空間概念、政治的信条、体制、商業主義など世界地理情報の取捨選択上の意図にも依存する。収納箱に同封されたと推定される門人吉見元鼎の「大輿地球儀附録」の「‥童生のさとしかたき‥」や、挿絵つきの説明などに「‥童蒙に授る‥」とあり（大関, 1992）、専ら教材としての使用を意図して地理情報が選択されたことが知られる。ただ、現在でも同様であるが、当時の世人の地理情報は少ないため、これは一般人への啓蒙目的も兼備したとも言える。

4.3.3　ゴア上の地理情報

4.3.3.1　国名

国名は西欧各国と中南米の名称が比較的多い。表2では、墨僊図の地理情報を新発田図及び高橋図のそれと比較した。国名の同定では前記の1780～1850年代の和書に基づくが、属領（コロニー）を含む国・地方は128件を数える。豪州の国名については、高橋図は「新阿蘭陀」、その墨僊による筆写図では「新和蘭」と「豪斯答拉利」の国名が二重表記されている（写真3）。豪州は当時の他の地図では、「豪斯多拉利」とも表記されるが、江戸時代の外国地名や国名の漢字表記には墨僊（1800）もしたためているように、統一性がなく、地図製作者や著者が漢字を自由に（?）当てている。現在、使用されている漢字表記の欧文国名や地名は、江戸時代の学者や人口に膾炙された「漢字表記の名称」が明治以降の地理教科書[3)] を経て確定（?）し、生き残ったものと言えよう。豪州については、墨僊が注記の意味を込めて、新しく邦訳された新名称を追記したと好意的に解釈も出来るが、墨僊はその他の国名を二重に示してはいないため、豪州の新旧の和訳国名を文字どおりに別国と理解したものとみられる。蓋裏の箱書（写真4）に次男の就道に校正させた件があり、直接的には校正者の責任であるが、墨僊の筆写した新訂萬國全図にも

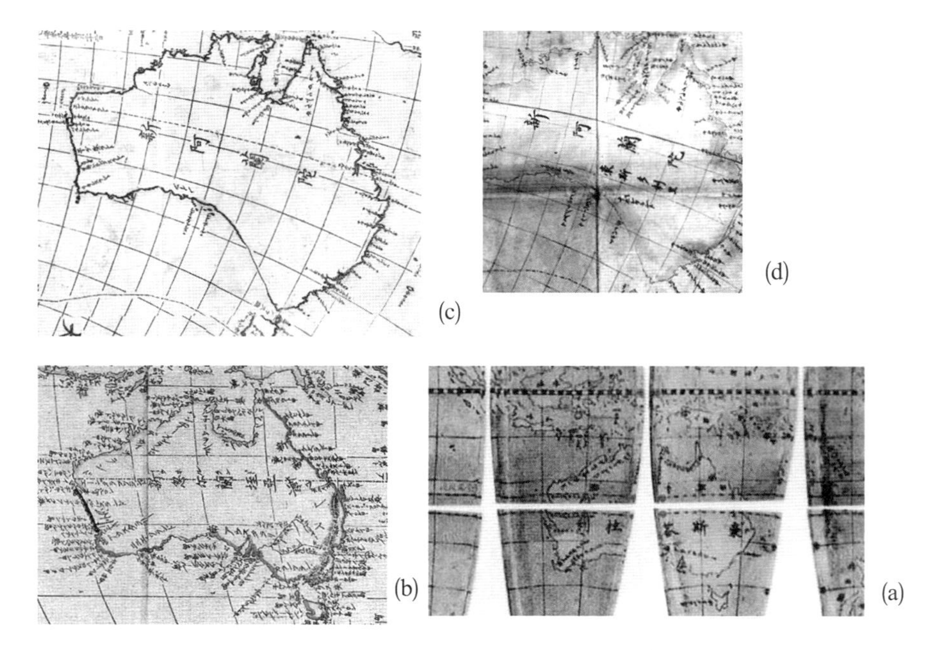

写真3　豪州の名称　新和蘭陀と豪斯答拉
(a) 沼尻墨僊　大輿地球儀ゴア　安政2年（1855）（宇都宮, 1992による）
(b) 新発田収蔵　新訂坤輿略全圖　嘉永5年（1852）（明治大図書館蘆田文庫による）
(c) 高橋景保　新訂萬國全圖　文化13年（1816）（国会図書館蔵）
(d) 墨僊筆写による新訂萬國全圖（天保3年（1832）写）（土浦博物館蔵本間家文書による）

写真4　沼尻墨僊の大輿地球儀収納箱の箱書

二重表記されてあるため、本人に責があろう。墨僊図では「加山」、新発田図では有名府としての「加山」とその中心都邑名の「加山」が、高橋図では仮名書きの「カサン」のみが記されている。地名などは、一般に漢字又は仮名書きのいずれかである。新発田図の地理的名称の重複は、漢字表記の「伊蘭」にルビとして付される「イラン」他の数件にカナが併記されるのみである。

4.3.3.2　都邑名

都邑名は37件で、南米内陸部では大きな街とは思われない「シント子」、「シントヘ」などの都邑が記されている。新発田図では、「シントヤゴ」のみである。他に、「シントヤゴ」、「ビュエノスアイレス」、「ヤ子イロ」等がある。「ヤ子イロ」は新発田図では「リオヤ子イロ」であり、墨僊図では「リオ」が欠落している。高橋図ではほぼ同位置に「シントセバスチヤン」が見られる。同様の見落し、あるいは省略による欠落は「チーソンランド、ドミンコ（新発田図ではハンチーソンランド、聖ドミンゴ）」等がある。他にマラノン、パライバ、ブラジルのサルバドル西方のバイアなど内陸部の小さな都邑名がみられる。

4.3.3.3　自然名称

山岳・高地は1件、湖沼は3件と少なく、河は銀河（ラプラタ川）の1件のみである。山岳及び高地は北米の、ヒュドソンハーイランド（現在のローレンシア盾状地）、砂漠・半島は4件で、アラスカ半島が見られる。新発田図のウラル山脈「烏拉山脉」は墨僊図にはない。河川については、南米の銀河（ラプラタ川）と同等又はそれ以上の黄河、ナイル川、アマゾン川等の大河はみられない。

4.3.3.4　島嶼

大航海時代以降に発見された情報によるが、島嶼は32件と多い。表1の東南アジアでは、比較的小さな島、例えば「ギロロ」の名前も記載されている。ハルマヘラ諸島の小島にしか過ぎず、現在でも目立たないギロロがこの地球儀では採用されているが、植民地経営をも含む東インド会社の事業で重要視されたルソンやジャワ島周辺の島々の情報が多く、時代を遡るが、本邦における南方貿易地のルソン、ジャワ、バタビヤなどに関する情報が蓄積されていたためであろう。サルヂューは北のコルシカ島より比較的小さい小島にしかすぎない。同様にカリブ海のドミンゴ（現在のドミニカ共和国）に対して、ジャマイカ島およびキューバの名称は見られない。Spitsbergenは他の地図・地理書に従い尖島と表記されている。

写真5　沼尻墨僊の大輿地球儀のゴア（ニューファンドランド、ワシントン）

北米東北岸のニューフォンドランドは高橋図では、現在の「Newfoundland」と東方の堆に相当する位置にそれぞれ「新ホウントラント」が記載され、その島や洲を忠実に写した墨僊図では「新州」と「新フウントラント」とされている（写真5）。新発田図では、「新洲」、「新砂洲」とされている。また、「NEW YORK」はあるが、1791年9月9日命名の「WASHINGTON」を欠く。高橋図の原図とみられるアロースミスの世界図（Arrowsmith, Aaron (1790) Chart of the world on Mercator's projection）では、陸上の島とその南東方の堆にそれぞれ、「New Foundland」、「Great bank of Newfoundland」の名称が認められる。同図には、他にMy lady's hole Sable I., Banquerau, Green bank, Whale Bank, Jaquet Bank, Outer Bank or Flemish Capなどの砂堆や洲、1700年8月22日発見の岩礁を含むいくつかの無名の岩礁が示されている。高橋景保が、堆の名前を陸上の名称と同名にした理由は不明であるが、この19世紀初頭では恐らくは「bank」の意味を理解できなかったのではなかろうか。新発田図での「新洲」と「新砂洲」の区別は19世紀中頃では理解されていたか、少なくとも収蔵がそれを理解していたことを示していよう。

横道に逸れるついでに、二宮睦雄氏の精力的調査で高橋図の重要資料として明らにされた「アロースミス方図」に関連していくつか記載したい。アロースミスの1799刊行の球面投影法に基づく世界図「Map of the world on a globular projection, exhibiting particularly the nautical researches of capten James Cook」にはWashington, New York, UNITED STATESが記載されてある。ただし、高橋景保が、世界図製作にあたり、桂川甫周の半球図、あるいは司馬江漢や宗吉の世界図で採用されている球面投影法に倣ったか、このArrowsmithの1799年版世界図「Map of the world on a globular projection,～」を実見したか否かは不明であるが、高橋図とこの世界図が同じく球面図であることは注目されてよい。なお、二宮氏（2007）の「このたび国内で発見した「アロウスミスのメルカトル世界」図は、1790年に初刊された地図の1797年以降1804年以前に改訂された増補版であって、・・・底本であることが明らかである。」とされた部分は、「Washington」、「Anatolia（後述）」などの地理情報の欠如より、修正が必要で、高橋景保の地理情報の底本であれば、それは改訂増補版ではなく、1790年版そのものであると言えよう。

東アジアでは、新発田図の「海南島」に対し、墨僊図では「瓊州」とする。高橋図は「瓊州」であり、山村昌永は「海南即瓊州」と説明するが、墨僊の地図では高橋図にならい「瓊州」と記されている。

4.3.3.5　海

海域名は16件あり、日本近海では朝鮮海、日本海、大東洋が見られる。墨僊は、現在の日本海を「朝鮮海」とし、日本東方近海（北西太平洋）を「日本海」、現在の太平洋を「大東洋」と名付けている。高橋図は日本海を「朝鮮海」、日本東方近海を「大日本海」、太平洋を「大東洋」及び「北・南太平海」、他に主なものとして、大西洋は「大西洋」、南極海を「大南海」、アラビア海、インド洋を「亞剌皮亞海」、「東印度海」、ベンガル湾を「榜葛剌海」、メキシコ湾、カリブ海を「墨斯哥彎」「カリベン海」と表記する。新発田図は、日本海を、「日本海」、日本東方近海を「大日本領」、その東方を「寧海」、「南海」、大西洋を「亞太蠟海」、南極海を「氷海」、アラビア海、インド洋を「波刺斯海」、「印度海」、ベンガル湾を「榜葛剌海」と記す。メキシコ湾、カリブ海を「墨是可湾」「カライベセ海」と表記する。山村昌永は亜細亜洲輿地図で、日本海を「日本海」、太平洋を「東洋」と表記しており、墨僊の「朝鮮海」は高橋図に依拠することは明らかである。

墨僊が筆写した「日本辺界接壌圖、即ち林子平の「接壌萬國之圖」」では、現在の日本海が「朝鮮海」と表記されており、墨僊の「朝鮮海」は高橋図の他、この林の地図にも影響を受けているであろう。林子平の禁書「海国兵談」の寛政3年春の筆写[4]は墨僊の禁書も厭わない好奇心旺盛なことを示している。林子平の「日本辺界接壌圖」「接壌萬國之圖」の情報源は不明であるが、日本海を「朝鮮海」とした記載は、異国に囲繞される日本の強調のため、周辺海域名称を意図的に与えるための名称と解釈可能であるが、子平の地図上の名称から既に日本海の名称を与えていたマテオ・リッチの世界図ほか古今の地理資料蒐集の程度が推測できるため、林子平の地理学的知識は浅かったと言わざるを得ない。ところで、「海国兵談」に序文を寄せた桂川甫周になぜ教示を受けなかったのか疑問である。甫周は「萬國地球全圖（寛政4頃）」、北槎聞略中に「地球全圖」を製作している。彼の「新製地球萬國圖説」では、小図のため、日本周辺海域のオホーツク海を「黒龍海」と示すに留まる。桂川甫周が所持した（もしこれが事実であれば）とされるゴア（稲垣文庫）の日本海には「日本海」が記載されており、林子平の稿本に目を通したはずの甫周から何も指摘されなかったことは不思議である。原稿のみで、地図は添付されてなかったか、それとも、盲判ならぬ盲序文であったのだろうか。

墨僊は他に、林子平の蝦夷図、朝鮮図、琉球三省三十六島全図并台湾三県図、無人島図（小笠原島）も筆写している。土浦市博の墨僊筆写図では一部を除き原図製作者の林子平の名を欠くが、津市立図書館の稲垣文庫中の林子平関連図（稲垣定穀筆写か?）では製作者の林子平の名が明記されているため、これらの墨僊筆写図の元図の製作者が明らかとなる。稲垣が原図に制作者名を記して忠実であることに対し、墨僊が故意に原図製作者名の「林子平」を省いている点は筆写時に周囲がそれを許容しない状況にあったことを意味するのであろうか。今後、江戸時代知識人の学術的活動やその中における墨僊と稲垣の比較も興味ある対象となろう。墨僊が地球儀を製作していながら、永らく秘匿したとあるように、墨僊本人の周囲に対する気配りの多い性格（?）が窺われる。

4.3.3.6　地方

地方名は南・西アジアとアフリカの海岸地域及び中南米に多い。中南米では、エクアドルでのQuito地方の、西アジアでは「ナトリア」の名がある。高橋図及びその墨僊筆写図は同様にこのアナトリアを「ナトリア」と誤記するが、新発田図にはこの名称はない。1790年のArrowsmith世界図では、オスマン帝国の黒海、エーゲ海、地中海に囲まれ、コーカサスに及ぶ小アジア（アナトリア半島をなす）の地方名「ANATOLIA」が記載されている。Bibl. Nazionale Centrale Di Firenzeの1799年版Arrowsmith世界図（球面図）には「アナトリア」はなく、「TURKY」のみ表示される。さらに、David Rumsey Map Collections　2436001_images73894 World Atlas 1804（球面図）、2436002_

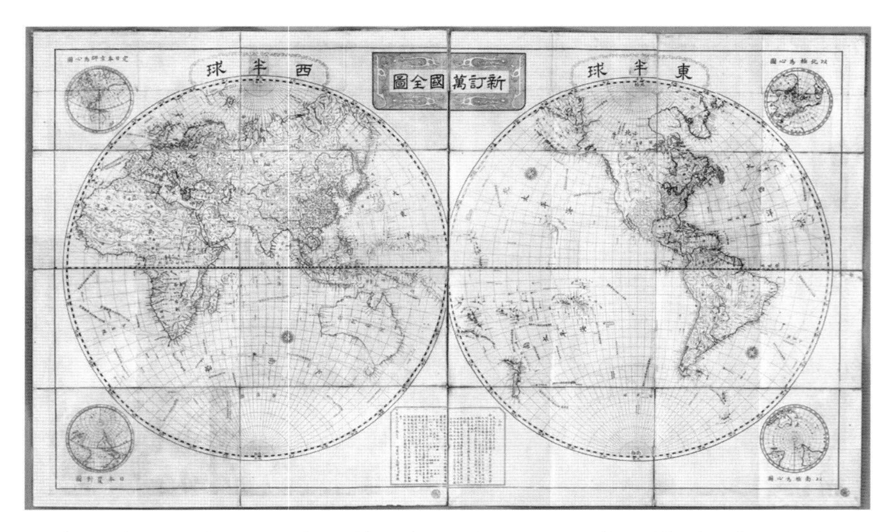

写真6　銅板鏤刻による新訂萬國全圖（文化13年（1816））（国会図書館蔵）

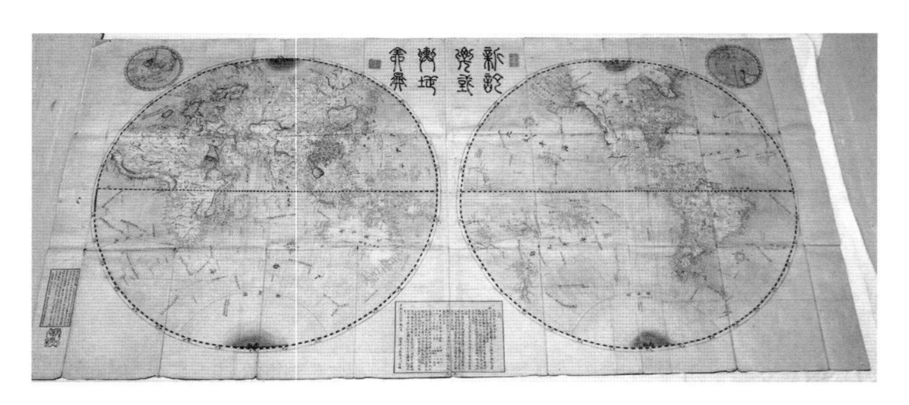

写真7　新訂萬國輿地全圖（墨僊による筆写図）（113x196cm）（本間家蔵）
1816年刊行の銅版鏤刻による新訂萬國全圖を墨僊が天保3年（1832）に筆写したもの。

images72327 World Mercator's projection 1804 (2) のいずれの世界図にもアナトリアの名称はない。このように、アナトリアの地方名は、1790年版 Arrowsmith 世界図（メルカトル投影図）にはあるが、それ以降には認められないため、前述の「島嶼」で述べたとおり、高橋景保はこの地理情報をもとに、新訂萬國全圖を製作し（写真6）、墨僊は高橋の世界図を忠実に筆写したものといえる（写真7）。一方、新発田収蔵は高橋図の元資料が半世紀前の地図情報でアクセス困難なため、「アナトリア」を欠く新しい世界地理情報をもとに新訂坤輿略全圖を編集したことになろう。

4.3.4　考察

墨僊図（墨僊の傘式地球儀ゴア）の地名は、墨僊自身が、紅毛雑話（森嶌中良）、日本水土考、華夷通商考（西川如見）、長久保赤水の地図類、三才圖會、橋本宗吉の喎蘭新譯地球全圖などの世界地理情報に拠り、1800年に執筆した「地球萬國圖説」（写真8）の地理情報を、高橋景保の「新訂萬國全圖」の地理情報により大幅に修正し、ごく一部のみを、新発田収蔵の「新訂坤輿略全圖」に基づき更新・加筆したことが明らかとなった。したがって、巷で流布している、墨僊の傘式地球儀が新発田収蔵の新訂坤輿略全圖の球体化との通説は誤りであると言わざるを得ない。同一地（国）名に新旧の名称をあてるなどの新旧地名の混在や重複などは、高齢で、墨僊自らが校正せず、作業を次男の就道に一任したこと、この校正者の地理的素養の乏しさと墨僊自らの誤写に起因するであろう。既述のように、「オーストラリア」を「新和蘭」と「豪斯答拉利」と二重表記したことは、墨僊の世界地理の情報源が和

写真8　地球萬國圖説の表紙
（本書は、紅毛雑話（森嶌中良）、日本水土考、華夷通商考（西川如見）、赤水、三才國會、宗吉の喎蘭新譯地球全圖説等の世界地理情報により執筆されている）

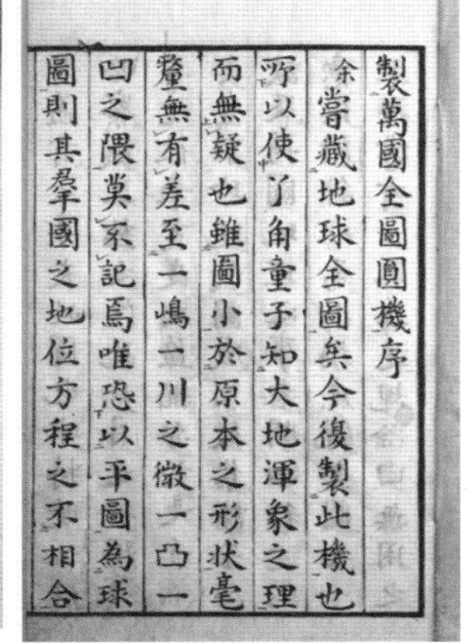

製萬國全圖圓機序
余嘗蔵地球全圖矣今復製此機也
所以使了角童子知大地渾象之理
而無疑也雖圖小於原本之形状毫
釐無有差至一嶋一川之微一凸一
凹之隈莫不記焉唯恐以平圖為球
圖則其舉國之地位方程之不相合

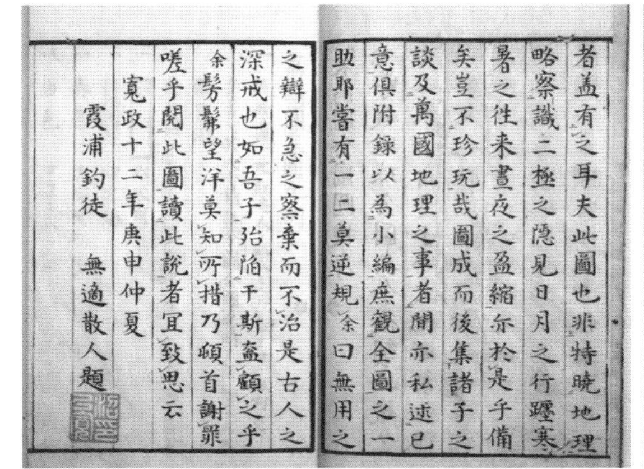

者蓋有之耳夫此圖也非特暁地理
略察識二極之隠見日月之行躔寒
暑之往来晝夜之盈縮亦於是乎備
矣豈不珍玩哉圖成而後集諸子之
談及萬國地理之事者間亦私述已
意倶附録以為小編庶観全圖之一
助耶嘗有一二莫逆規余曰無用之
辯不急之察棄而不治是古人之
深戒也如吾子殆陥于斯蓋顧之乎
余髣髴望洋莫知所措乃頓首謝罪
嗟乎閲此圖讀此説者宜致思云
寛政十二年庚申仲夏
霞浦釣徒　無適散人題

写真9　地球萬國圖説の序文「製萬國全圖圓機序」（本間家蔵　土浦市立博物館寄託）
本書（外題/題簽は、地球萬國圖説、内題は地球萬國山海輿地全圖説）1、2丁に記された寛政十二（1800）年の序文「製萬國全圖圓機序」。本書は他に「萬國圓象圖ノ凡例」を含む。

（訳）書や本邦製世界図であるため、その取捨判断が困難であり、やむを得なかったと思われる。また、たとえば、「ワシントン」、「合衆国」などの新しい地理情報が、本人が筆写した新訂萬國全圖上に付箋で貼り付けられているなど、最新情報の収集に努めてはいるが、新名称の代わりに旧名称を採用していることは、官撰世界図である新訂萬國全圖に記された地理情報の重視とその強い影響が窺える。なお、上記、沼尻墨僊の「地球萬國圖説」は、外題が「地球萬國圖説」で、内題は「地球萬國山海輿地全圖説」であり、製萬國全圖圓機序（写真9）、萬國圓象圖ノ凡例及び本文に続いている。

4.3.5　まとめ

以上のことから、墨僊の大輿地球儀ゴアの地名は、紅毛雑話、日本水土考、華夷通商考、長久保赤水の地図類、三才圖會、橋本宗吉の喎蘭新譯地球全圖などを拠り所とした「地球萬國圖説（1800）」の地理情報を、愚息の就道に校正させたと墨僊が箱書に記しているとおり高橋景保の「新訂萬國全圖」により修正し、ごく一部のみを、新発田収蔵の「新訂坤輿略全圖」に基づき更新・加筆したことが明らかとなった。墨僊の大輿地球儀は新発田収蔵の新訂坤輿略全圖の球体化とする通説は誤りである。沼尻墨僊の地球儀球面の地理情報は、国名では西欧の国々と中南米の名称が比較的詳細であり、地方名はアジア大陸、特に支那などの内陸よりも中南米の内陸に精密であるほか、南・西アジアとアフリカの海岸地方に認められる。島嶼では、東南アジアの諸島が詳しい。これらは、参考とした世界地理情報に基づくが、当時の世界地理知識が嘗てのスペイン・ポルトガルなどによる西欧列強の植民地経営・侵略により収集された情報であり、それが蘭書等をつうじて邦訳されたためであろう。

あとがき

墨僊の傘式地球儀のゴアに記載された地理的名称の同定に際し、特に山村昌永の訂正増譯采覧異言を参照したが、この時代は、宗主国間の勢力関係による属国の変動が激しく、墨僊の地球儀製作時期と才助の執筆時期とは状況は異なるため、同定は容易ではない。さらに、これらの邦文を通じ、地理情報をどれだけ墨僊が把握し、理解していたかを推し量ること（言い換えれば墨僊の頭で考えること）が必須となるが、これも困難であるため、本題にどれだけ肉薄できたか些か心許ないが、一応の調査結果を記しておきたい。なお、本稿は2010年3月の日本地理学会における発表を訂正し、加筆・修正したものである。また、データ処理はDell製Optiplex740及びPanasonic Let's noteによった。

謝辞

本稿執筆に際し、本間隆男氏には土浦市立博物館に寄託された本間家蔵の天章堂蔵書、墨僊筆写図など沼尻墨僊関係図書・地図類の撮影と調査に快諾いただき、調査では同市博の木塚久仁子氏をはじめとする学芸員諸氏にお世話になった。また、筑波大学図書館希覯本、明治大学図書館の蘆田文庫、国立国会図書館貴重書データベース、横浜市立大学図書館鮎沢文庫の古地図、地理書などを活用させていただいた。蘆田文庫の新訂萬國全圖、新訂坤輿略全圖の地図画像は、明治大学学術・社会連携部図書館事務室、中村正也氏に、蔵書復刻版の一部の入手では、同大学地理学教室の藤田直晴教授、同大学研究知財事務室、栗原瑞穂氏に、明治初期の地名に関連した書籍及び教科書等の情報収集では（株）グローバルプランニングの樋口米蔵社長にお世話になった。記して謝意を表する次第である。

注

1）ゴア（gores）は縫製の世界では三角布と訳されるが、地球儀では球面を構成する紡錘形の断面をなす地図片を指し、各研究・著者により地球儀用世界地図、紡錘形地図、地球儀用舟型図、地球儀用地図とも記載されている。なお、ゴアは一般に複数で表記される。

2）沈黙の地球儀は'Stummer Globus'または'silent globe'と言われる（地球儀製作史の注43参照）。

3）「西洋紀聞」「訂正増訳采覧異言」「新訂坤輿略全圖」及び明治の小学校教科書・他の比較によれば、江戸時代～明治期を通じた地名表記に統一性はなく、その定着は、支那経由の地理書の漢字表記の地名の踏襲に加え、江戸以降の蘭学者らによる、西欧人の地名発音の漢字の当て字及びこれら漢字表記による地名の引用回数、教科書への地名の採用に依存することが明らかとなった。

4）さらに、禁書直前であったか否かは不明であるが、海国兵談については、土博の説明では寛政3年春、墨僊ら写とあり、海国兵談の刊行直後に、齢、若干16才にして筆写したことになり、探求心旺盛で、また、長年、それを秘匿したことも注目される。当時の知識人が、禁書の類、またその情報を陰で共有していたことはよく知られているが、墨僊もその一人であったことが窺われる。墨僊は享和3（1803）年の時習齋以前に寛政8～9（1796～97）年の開塾（青木他, 1997）があるとしても、寛政3年の写本に墨僊の弟子が関与したであろうか。ここ数年、日本海を「朝鮮海」と呼称すべきとの論議が喧しく、国際機関でもロビイストが暗躍しているが、18、19世紀に林子平・その他の素人地理学者が、自ら編纂した世界図の中で政治的境界も然る事ながら、日本海を「朝鮮海」と誤使用したことが、結果としてこれらの論議に油を注ぐこととなっている。子平の作製した地図中にハングル文字を含むことは、朝鮮の地図を元地図として用いたことは明らかであろう。ヴァチカン図書館蔵及び宮城県立図書館蔵の西欧人宣教師マテオ・リッチ（支那名、利瑪竇）の編纂に係る坤輿萬國全圖（1602年）には、正しく「日本海」と明記されている。権力者による自国内の街路名等の頻繁な変更とは異なるものであり、国際的地理名称を、証拠捏造を含む一部の国粋過激主義者とその無節操な追随者達の主義主張に左右され、頻繁に変更することは適切ではない。ところで、高橋景保らは、何に基づき官選図にこの名称を与えたのであろうか？安政2年の山路諧孝、新発田収蔵による重訂萬國全圖では日本海とされているが、嘉永5年の新訂坤輿略全圖で同名称を充てた新発田収蔵が編纂に加わっているため当然であったといえよう。

文献

土浦市立博物館（2009）: 展示図録名『第30回特別展　沼尻墨僊－城下町の教育者－』土浦市立博物館, 土浦, 111p.

海野一隆（1968）: 湯若望および蒋友仁の世界図について．人文地理学の諸問題 大明堂，東京，523p., pp.83-93.

秋岡武次郎（1933）: 安鼎福筆地球儀用世界地図－東洋製作の古地球儀用舟形図の一. 歴史地理 61, 107-114.

秋岡武次郎（1932）: 沼尻墨僊の地球儀竝に地球儀用地図（上）－湯若望著渾天儀説中の地球儀用地図の我が國への渡来－歴史地理 60, 425-436.

大関久仁子（1992）: 資料紹介「大輿地球儀附録」解題. 土浦市立博物館紀要 No.4, 49-57.

沼尻墨僊（1800）: 地球萬国図説　寛政12年　本間家蔵　土浦市立博物館寄託

新発田収蔵（1852）: 新訂坤輿略全圖　本間家蔵　土浦市立博物館寄託，嘉永5年「沼氏珍蔵書画之記」,「天章堂図書部」印あり.

沼尻墨僊（1813）: 渾天地球地平線図　文化10（1813）年

高橋景保（1810）: 新訂萬國輿地全圖　墨僊写　天保3年（1832）

橋本直政（1796）: 喎蘭新譯地球全圖説　墨僊写　寛政8年（1796）

林子平（1786- 91）: 海国兵談　墨僊ら筆写　寛政3年（1791）年

長久保赤水（天明5（1776））: 大清広輿図　文政4年（1821）墨僊写

林子平（9999）: 資料No.105　蝦夷図　墨僊写　江戸　稲垣文庫の「北方図　仙台林子平図　天明五年秋　日本橋北室町三丁目　東都須原屋市兵衛梓」

林子平（9999）: 資料No.106　朝鮮図　墨僊写　江戸　（漢字とハングル文字も筆写）

林子平（天明5（1776））: 資料No.107　日本辺海接壌図　墨僊写　カムチャッカから台湾まで，日本から離島間の距離を示す．経線入　稲垣文庫の「接壌萬國之図　仙台林子平図」に墨僊の「日本辺界接壌図」がほぼ一致.

林子平（9999）: 資料No.108　琉球三省三十六島全図并台湾三県図　墨僊写

林子平（9999）: 資料No.109　無人島図（小笠原島）　墨僊写　江戸

山村昌永（文化元年1804）: 訂正増訳采覧異言・五大州分図1～4巻，墨僊写「天章堂蔵」

京都大学附属図書館　室賀コレクション展示会目録，4.　マテオリッチ系・蘭学系世界図 http://edb.kulib.kyoto-u.ac.jp/exhibit/muroga/history.html

青木光行・塚本福衛・大塚博・雨谷昭（1997）沼尻墨僊. 土浦市文化財愛護の会，土浦, 211p. p.8

宇都宮陽二朗（1994）: 沼尻墨僊の製作に係る傘式地球儀上の地名について. 土浦市立博物館第12回特別展図録「地球儀の世界」，土浦市立博物館，土浦，75p. pp.60-65.

（但し，9999は年不詳，製作者無記名の地図等は，筆者が調査した稲垣家蔵の林子平の地図（筆/透写図）から推定した.）

表1　沼尻墨僊の地球儀球面上に表示された地理情報の比較

表中の○は一致、△は一部相違、×は相違を示す。＊は坤輿萬國全圖（1602）に既に命名されている日本海。但し、地理情報は墨僊の地球儀ゴアの地理情報を基礎として比較した。＜＞はルビあり、（浦）は夾、甲などのシンボルを示す。（　）は筆者注記

ゴア番号	墨僊の地球儀	新訂坤輿略全図（新発田収蔵）	新訂萬國全図（高橋景保）墨僊写 1832（天保3）年	新訂萬國全図（蘆田文庫蔵の木板鏤刻）
1	カムサッカ	東察加	加莫沙都葛＜カムシャヅカ＞	加模沙都葛＜カムシャツカ＞
1	チ島	キューリス諸島	所謂千島	チプカ諸島所謂千島
1	北エゾ	北蝦夷	北蝦夷	北蝦夷
1	エゾ	蝦夷	蝦夷	蝦夷
1	満州	○（墨僊と一致）	満州	満洲
1	朝鮮海※	×日本海	朝鮮海	朝鮮海
1	佐渡	左渡（相川シュク子ギを併記）	佐渡	佐渡
1	オキ	○	隠岐	隠岐
1	江戸	○	江戸	沍戸
1	京	○	水	京
1	アハヂ	○	（かすれ又は無し）	淡路
1	四国	○	南海道	南海道
1	八丈	○	八丈	八丈
1	大東洋	寧海	大東洋	大東洋
1	日本海（日本東方の海域）	東方近海を「大日本領」その東を「寧海」	大日本海（日本東方の海域）	大日本海（日本東方の海域）
1	●夏至日中			
1	マリアー子ン諸島	マリア子諸島	マリア子一名ラドコ子諸島	マリア子一名ラドロ子諸島
1	カロリ子ン諸島	カロリナ諸島	カロリナス諸島	カロリナス諸島
1	新イルランド	新意尓蘭太島	イルラント	新イルランド
1	新入匿	○	新為匿亞＜タレイグイ子ヤ＞	新為匿亞＜ニイゴイ子ヤ＞
1	新ブリタニイ	○	新ブリタニヤ	新ブリタニヤ
1	サロモン諸島	沙蝋門諸島	ソロモン	ソロモン
1	午			
1	アル子イムスランド	アル子ームランド	アル子イムスラント	アル子イムスラント
1	カルペンタリアランド	○	カルベンタリイ	カルペンタリイ
1	新南ワレス	○	なし	なし
1	新和蘭	新忽尓蘭垤亞＜ニイーウホルランド＞	新阿蘭陀	新阿蘭陀
1	●			
1	豪斯答拉利		「豪斯多剌里」筆写図にのみあり。新訂萬國全図*）にはなく、追加は明らか。	なし
1	シド子ー	シド子イ（ポルトヤク子ン）	ボタネイ（浦）	ボタネイ（浦）
1	南アウスタラリー	南アウスタラリ	ナボレヲラント	なし
1	デイソンランド	ハンデーメンランド（ソの誤か）	デイメンランド	デイソンラント
1	日本地平			
1	南極入地三十六度			
2	ヤコツカ	ヤキュツカ	ヤクツク	ヤクツク
2	イルコツカ	○（バイカル湖西方の都邑）	イルクツカ（バイカル湖西方の都邑）	イルクツク（バイカル湖西方の都邑）
2	バイカル湖	白合児湖	バイカル水	バイカル水
2	蒙古	○	蒙古	蒙古
2	ゴビ沙漠	戈壁砂漠	瀚海	瀚海
2	朝鮮	○	朝鮮	朝鮮
2	九州	○	西海道	西海道
2	リーキウ	琉球諸島	琉球	琉球
2	北京	○	京	京
2	漢土	支那領	漢土	漢土

2	南京	江寧	江寧	江寧
2	廣東	廣州	都邑名は廣州、地方名は廣東と記す	都邑名は廣州、地方名は廣東と記す
2	瓊州	海南島	瓊州	瓊州
2	暹羅	○	暹羅	暹羅
2	呂宋	○	呂宋	呂宋＜ロソン＞
2	安南	○	交趾、交南、老撾、東蒲際寨	交趾、交南、老撾
2	カンボチヤ	なし	東蒲寨（都邑名にカムボヤあり）	東蒲塞＜カンポチヤ＞（都邑名にカムボヤあり）
2	サマル	サマル（島）	サマル	
2	ミンダノ	茗荅閤島	ミンダノ	ミンダノ
2	パラワン	○	バラゴア	バラゴア
2	ギロロ	キロロ	及勤々	及勤々
2	マラカ	満剌加マラツカ	満剌加	満剌加＜マラカ＞
2	セレベス	食カ百私	セレベス	セレベス
2	浡涅（泥）	○	渤耳匿何＜ボル子ヲ＞	渤耳匿何＜ボル子ヲ＞
2	未			
2	セラム	○	セラム	セラム
2	スマタラ	蘇門荅剌	沙馬荅剌	沙馬荅剌
2	瓜哇	○	爪哇＜ジャワ＞	瓜哇＜ジャワ＞
2	シユムバ	○	シムバ（島）	ノムバ（島）
2	シユムバハ	○	ケムバハ	クムバハ
2	バリ	○	ハルリ	パルリ
2	チモル	地木児	ロテス（島）	チモル
2	フロレス	フロレス	アトナレ（島）	エンデ（島）
2	ハンヂイソンランド	ハンヂーメンランド（ソの誤植か）	なし ヂイメン（ソの誤植か?南緯15°海岸付近のみで狭い。テイメンスラントに相当するか?）	なし ライメンスランド（海岸付近のみ）
2	ヂウィツチランド	デウイツランド	ウイツラント	ウイツラント（範囲が狭い）
2	エーンダラフトランド	エーンダラフツランド	エンタラクトラント	エンタラクトラント
2	エデルスランド	○	エーデルスラント	エーデルスラント
2	西アウスタラリイ	○	デ井ンニンクスラント	デ井レニングスラシト
2	ニユエイツランド	○	リヲンスラント　と　ノイツラント	リヲンスラント　と　ノイツ
3	氷海	○	冰海	冰海
3	エニセイスキ	エニツセイスク	エニセイ（川）（エニセイスキはなし）	エニセイ（川）（エニセイスキはなく、一部、サモイーテにあり）
3	北極界	なし	北極圏	北極圏（西半球図中にあり）
3	トポルスキ	なし	なし	なし
3	トムスキ	トムスク	トムスク	トムスク
3	魯西亞※	羅叉	魯西亞	魯西亞
3	亞細亞	○	亞細亞	亞細亞
3	喀尓喀國	喀尓喀國	喀爾喀	喀爾喀
3	準噶尓	準噶尓	なし	
3	高韃靼	高韃而靼	なし	
3	セイクス	○	なし	
3	土伯特	○	圖伯特＜ツベデ＞及び小チベツト	圖伯特＜ツペテ＞
3	子パル	戹八児	なし	
3	ホータン	ボータン	小佛單	
3	アセム	○	アセム	
3	ベンカラ	なし	榜葛剌＜ベンガラ＞	榜葛剌＜ベンガラ＞
3	印度	印度斯當	應帝亞＜インテ＞	應帝亞＜インテ＞
3	ビルマン	ビルマ	瓦牛　及び　阿琵　の2国あり	

3	ベンガラ海	榜葛剌湾	榜葛剌海＜ベンガラ＞	榜葛剌海＜ベンガラ＞
3	デカン	○	なし	なし
3	コロマンデル	○	コロマンデル	コロマンデル
3	マラバル	○	マラバル	マデラ
3	錫蘭	錫狼島	セイロン	セイロン
3	申			
3	印度海	○	印度海	印度海
3	冬至黄道			
3	大南海	なし	南海	南海
3	南極界	なし「氷海」はあり。	南極圏	南極圏
4	新センプラ	新曽白腊	新増白腊＜センブラ＞	新増白蠟＜センプラ＞
4	加山	○（地名の「加山」と郡・地方名の「加山」がある。高橋景保「新訂萬國全図」中に地名の「カサン」及び「カシン」あり）	(北高海の北、高橋景保「新訂萬國全図」中に地名の「カサン」及び「カシン」あり)	
	西亞※	なし	西亞	西亞
4	イスキマステッペ	イスキマツセステツ	なし	
4	トルコスタン	土児客私堂	トルキメスタン	トルキスタン
4	アラル海	アラル水	アラル水	アラル水
4	北高海	○	北高海	北高海
4	カウカシュス	○	なし	
4	チュラン	○	イスバン	
4	アフガニスタン	○	なし	
4	百児西亞	波剌斯	百兒齊亞	百兒西亞
4	伊蘭	伊蘭	百兒齊亞	??
4	ヒリュドシュスタン	ヒリュトシスコン	なし	
4	オマン	なし	マスカテ	
4	ヘヂアル	○	エルカリフ	
4	亞剌比亞※	曷剌比亞「アラビン」のルビあり	亞剌皮亞	亞剌皮亞＜アラビヤ＞
4	回帰線			
4	ハトスマウト	ハドラマウト	なし	
4	エイメン※	○	イイメン	
4	ソコトラ島	沙哥多剌島	ソコテラ（島）	ソコテラ（島）
4	アデル	なし。(かわりに、「サウマリイルス」「訝徳児又」「セイラ」あり)	ダデル	ダデル
4	アヤン	亞約那	アヤン	アヤン
4	酉			
4	●二分日入			
4	マタカスカル	麻打葛所葛尓	麻打曷矢葛尓＜マタカスカル＞	麻打曷矢葛尓＜マタカスカル＞曷措葛
4	回帰線	冬至規		
4	冬至日入			
4	大南海※	なし	大南海	大南海
5	尖山	尖山	七冰島	七冰島
5	スウェン　ア	穢亦齊	蘇亦齋＜スウエシヤ＞	蘇亦齋＜スウエシヤ＞
5	歐邏巴	歐領羅	歐邏巴	歐邏巴
5	ペイトルビュルグ	シントペテルスビュルグ	ベテルフルク	ベテルフルク
5	モスコー	莫斯哥	モスクワ	モスクワ
5	プロイセン	獨乙國（不明だが、「獨乙國」あり）	フロイセン	フロイセン
5	オーステンレイキ	噢失突利亞	入爾馬泥亞＜ゼルマニア＞	入爾馬泥亞＜ゼルマニア＞
5	黒海	○	黒海	黒海
5	都尓格	都尓其	歐邏巴都兒格及び亞細亞都兒格	歐邏巴都兒格＜ヨウロハトルコ＞及び亞細亞都兒格＜アジヤトルコ＞

5	イ多リア※	意太里亞	意太里亜＜イタリヤ＞	意太里亜＜イタリヤ＞
5	ギリシア	ギリイケン	なし	なし
5	ナトリア	なし	ナトリア	ナトリア
5	セイリア	西利牙	セイリア	セイリヤ
5	地中海※	○	地中海	地中海
5	バルカ	把尓加	巴里亞＜パリヤ＞	巴里亞＜パリヤ＞
5	チリポリ	○	テリボリ	ティリポリ
5	ヘヂヤス	ヘヂ゛ャス	アラビイヘウレワセ	アラビイヘウレウセ
5	エイメン	エイメン	アラビイヘウレワセの南部	アラビイヘウレウセの南部
5	エギプテ	黒入多	阨日多＜エジツト＞	阨日多＜エジツト＞
5	チブボス	○	なし	なし
5	ヘッサン	ヘサン	ヘスサン	ヘスサン
5	夏至日入			
5	紅海	○	西紅海	西紅海
5	ニエビイ	怒皮亞	ニユビヤ	ニュビ子イ
5	荒漠沙刺 (?)	荒漠沙刺	沙拉＜サーデ＞、及び、大曠野	沙拉＜サーラ＞及び大曠野
5	アビシニー (?)	亞昆仁域	亞昆心域	亞昆心域＜アビシニー＞
5	コルトバン (?)	コルドハン	ゴルラム (?)	ゴルラム
5	亞弗利加	○	亞弗利加	亞弗利加
5	ソウタン※	ソウダン	泥乂利西亞＜ニギリシヤ＞	泥乂利西亞＜ニギリシヤ＞
5	カ子ム	加子ム	カナラ (?)	ガラガ
5	ボルノー	波児諾	コーボル (?)	ボルノウ
5	ベカルミイ	ベカルミ	(?)	なし
5	カルラス	ガルラス	ガルレス (緯度では南ガルレス)	ガルレス
5	ミニマイス	ニーミイマイス	黒地兀皮亞＜エチヲ△ヤ＞	黒地兀皮亞＜エチヲピヤ＞
5	戌			
5	サンギュハル	貲皿抜尓	サングエバル	サングエバル
5	マツチュバス	マッチムバス	なし	なし。(位置的にはコンゴ)
5	アンゴラ	○	なし	なし。(位置的にはコンゴ)
5	キュエリムボ	キュエリンボ	なし	なし
5	モサムビキュー	門沙皮刻	なし (モサムビケ (海峡) のみ残る)	なし (モサムビケ (海峡) のみ残る)
5	カセムベル?	○	曷叭布剌＜カツ△ル＞	曷叭布剌＜カツフル＞
5	ベングーラ?	ベンギュエラ	なし	なし。(位置的にはシムベバス)
5	モノモタッパ	萬拿莫太巴	モノモタバ	モノモタパ
5	ソハラ	初法脲	ソハラ	サハラ川
5	ホッテントッテン	ホッテントッテン國	ホッテントッツ	ホッテントッツ
5	ナマキュアス	○	なし	なし
5	ナダル渚	那太児渚	ナダル (港)	ナダル (港)
5	カッフル	假佛尓	なし	なし。(曷叭布剌＜カツフル＞は墨僊の同位置になく広域を示す。)
5	カープ	カープ部　カープ府	なし	なし。(曷叭布剌＜カツフル＞は墨僊の同位置になく広域を示す。カープとカッフルを別箇と見なしたためか?)
5	喜望峰	○	喜望峰	喜望峯
6	ノールウェゲン	諾尓京	諾爾勿入亜＜ノルウエジヤ＞	諾爾勿入亜＜ノルウエジヤ＞
6	ドイツ	(前出、獨乙國)	なし　入爾馬泥亞＜ゼルマニヤ＞	なし　入爾馬泥亞＜ゼルマニヤ＞
6	スコシア	スコツトランド	スコシヤ	スコシヤ
6	英吉利	英吉利	アンゲリヤ	アンゲリヤ
6	イルランド	意尓蘭土	イルランテヤ	イルランデヤ
6	ホルランド	和蘭	阿蘭陀	阿蘭陀
6	佛蘭西	○	拂郎察＜フランス＞	拂郎察＜フランス＞

6	是班牙	○	伊斯把你亜<イスハニヤ>	伊斯把你亜<イスパニヤ>
6	ホルトカル	波尓廿兎尓	波爾杜瓦爾<ホルトガル>	波爾杜瓦爾<ホルトガル>
6	サルヂニー	○	サルデニヤ	サルデニヤ
6	チユニス	堵涅素	チエニス	テユニス
6	ソウタン	ソウダン		なし（位置的には泥又利西亜<ニギリシヤ>）
6	バルバリア	巴尓巴里亜	巴尓巴里亜<ハルバリヤ>	巴尓巴里亜<バルバリヤ>
6	マロツコ	馬羅可	マロツク	マロツク
6	福島	福島諸島	カナリヤ諸島	カナリヤ諸島テ子リハ *(島)*
6	パムベラ	パムハラ		なし
6	セ子ガムビア	息匿兎	セ子ガ及びセ子ガル	セ子ガ
6	ゴイ子ア	上為匿亜下	為匿亜<ゴイネヤ>	為匿亜<ゴイネヤ>
6	シントトーマス島	仙多黙島	シントトーマス *(島)*	シントトーマス *(島)*
6	亥			
6	ロアンノ	ロアンゴ	コンゴ	コンゴ
6	亜太蠟海※	亜蠟海	大西洋	大西洋
6	アスセンシオン	アスセンレオク島	アスセンシオン *(島)*	アスセンション *(島)*
6	シントヘレナ	仙衣カ拿島	シントヘレナ *(島)*	シントヘレナ *(島)*
6	安政二乙卯春			
6	常陸土浦天章堂			
6	八十一翁墨僊製蔵			
	江川仙太郎刀			
7	グルウンランド	臥蘭的亜	臥児狼徳<グルーンランド>	臥児狼徳<グルーンランド>
7	エイスランド	氷國	エイスラント	エイスラント
7	日本地平			
7	アソリセ諸島	アソリセ　又　フライムス諸島	アソーレス、一名ウエストルン諸島	アソーレス、一名ウェストルン諸島
7	カープヘルヂセ諸島	緑峰諸島	カボヘルテ諸島	カポヘルデ諸島
7	子			
7	マラノン	馬良温	シントロイステマランハン	シントロイスデマランハン
7	パライパ	○	ハライバ	パライバ
7	バイア	埋衣耶	なし	なし
7	伯西兒※	伯西兒※	伯西兒<ブラジル>	伯西兒<ブラシル>
7	ヤ子イロ	リオヤ子イロ	シントセバスチヤン	シントセバスチヤン
7	新ゲオルキイ	南島　又　新ゲオルゲ	ジョルジヤ *(島)*	ジョルジヤ *(島)*
8	北極出地三十六度			
8	ハッヒンスランド	バッヒンスランド	ブリンセウイリヤムラント	ブリンセウイリヤムラント
8	ラプラドル	○	新貌利太泥亜<△ブリタニヤ>	新貌利太泥亜<△ブリタニヤ>
8	東マイン	東マインス	東マイン	東マイン
8	新洲	○	新ホウントラント	新ホウントラント
8	新フウントランド	新砂洲	新ホウントラント	新ホウントラント
8	ハリハキス	○	新思可齋亜	新思可齋亜
8	ヒュドソンハーイランド※	ヒュドソンスバーイランデ		
8	加納達	加拿達	加拿太<カナタ>	ボストン
8	ボストン	○	ボストン	ボストン
8	子ウヨルク	新ヨルク	子ウヨルク	子ウヨルク
8	皿印度	西印度	カリベン海	カリベン海
8	ポルトリコ	○	ホルトリコ *(島)*	ホルトリコ *(島)*
8	ドミンコ	聖ドミンゴ	トミンコ	トミンゴ
8	ゴイアナ	寡亜納	為亜那<ゴイアナ>	為亜那<ゴイアナ>
8	南亜墨利加	○	南亜墨利加	南亜墨利加

8	コロンビア	なし	テルラヒル　及び　カラカス	テルラヒル　及び　カラカス
8	丑			
8	シュキニサカ	なし	なし	なし
8	ボリヒア	○	なし	なし
8	白露	孛露	孛露＜ベリュ＞	孛露＜ベリュ＞
8	リマ	○		
8	バラキュアイ	巴辣歪	把剌寡巳＜パラガイ＞	把剌寡巳＜パラゴイ＞
8	ラプラタ	○	なし	なし（同位置にはなし。川の名前として「ラプラタ＜河口＞」はあり。）
8	シリ	智里	知里	知里
8	ウラギュアイ	ウラグアイ	なし	なし
8	シント子	なし	なし	なし
8	シントヘ	なし		なし（川の東に「シントヤアゴ」あり）
8	シントヤゴ	聖ヤゴ	サンチヤゴ	サンチヤゴ（他に内陸部に「シントヤーゴ」あり。川の東にも「シントヤアゴ」があるが、ここでは「一」と伸ばす。）
8	銀河	リオ・デ・ラ・プラタ即銀河	パラナ *(川)*（パラナ *(川)* のみ記す。同位置に、**ニラナタ** *(河口)* あり。）	パラナ *(川)*（河口部に川の名前として「ラプラタ *(河口)*」はあり。）
8	ビュエノスアイレス	○	ビユーノスアイレス	ビユーノスアイレス
8	馬太温	巴太温	巴太温	巴太温＜パタコン＞
8	ハルクランド	豕島諸島	ハルクラント諸島	ハルクラント諸島
8	火地	○	墨加蝋尼加＜メカラニカ＞墨僊は「加」を当てる	墨瓦蝋尼加＜メカラニカ＞
9	新南ワレス	新南ワレス	新南哇列斯＜△△ワレス＞	新南哇列斯＜△△ワレス＞
9	北亞墨利加	○	北亞墨利加	北亞墨利加
9	ワシントン	ワスヒントン	ワシントン（付箋紙に記し、図に貼付け）	なし
9	合衆國	合同國	合衆国　付箋紙に記す	なし
9	フロリタ	花地	（フロリダの内、東フロリダを指す。）	（フロリダの内、東フロリダを指す。）
9	メキシコ湾	墨是可湾	墨斯哥灣	墨斯哥灣
9	メキシコ	墨是可	メキシコ	メキシコ
9	メキシコ	○	メキシコ	メキシコ
9	ウカタン	宇華堂	ユカタン	ユカタン
9	ギュアチマラ	哇的麻剌	グワティマラ（新イスハニヤの一地方か？）	グッティマラ
9	パナマ	パナマ港	バナマ及びハナマ *(浦)*	バナマ　及び　ハナマ *(浦)*
9	寅			
9	クイト	所多（位置的にはこれに相当）	クイト	クイト
9	カラバコス諸島	加蠟巴可諸島	ガラバゴス諸島	ガラバゴス諸島
9	南極界		南極圏	南極圏
10	北極界		北極圏	北極規
10	新ノルホルク	○	なし	なし
10	新コルンフツル	新コルンワッル	なし	なし
10	新ハノーフル	新ハノーフル	なし	なし
10	シャルロッテ島	カルロッテ王島	シマルロツテ	カルロッテ王島
10	マンダン	○	アシニブールス（?）	なし
10	オレゴン	オレガン	新アルバン（?）	新アルパン（?）
10	シントフランシスコ	シントフランシスコ港	シントフランシスダラケ *(港)*	シントフランシスダラケ *(港)*
10	カルホルニイ	旧角利弗尓井	カルホ△ニヤ	カリホルニヤ
10	巨蟹線	夏至規		夏至規
10	夏至日出			
10	日本地平昼夜界			

10	卯			
10	磨羯線	冬至規		冬至規
11	亞墨利加魯西亞	米里幹羅叉（アメリカロシアのルビあり）	亞墨利加魯西亞	なし
11	アラスカ	半島アラスカ	アリヤスカ	アリヤスカ
11	太平海	寧海	大日本海、大東洋、北太平海、南太平海	大日本海、大東洋、北太平海、南太平海
11	サンドウィク諸島	サンドウィク島	サントウィス諸島	サントウイス諸島
11	赤道春秋二分昼夜平線			
11	辰			
11	ホミチュエイル	ホミュチュエイル	ソシイテイ諸島、ロウ諸島、マルケーサ諸島	ソシイテイ諸島、ロウ諸島、マルケーサ諸島
11	●冬至日出			
12	チュユランド	チュコックランド	チユユコツコイ	チユコツコイ
12	アレウッチス諸島	アレウッチセ諸島	アレウツキヤ諸島	アレウツキヤ諸島
12	夏至黄道			
12	マルサル諸島	マルサル島	マリヤー子ス諸島	マリヤー子ス諸島
12	巳			
12	エキソモア諸島	エキソモア　又　航客諸島	フリ子レイ諸島	フリ子レイ諸島
12	ヒディ諸島	ヒヂ゛イ　又　ウイルレム島	ヘーエー諸島	ヘーエー諸島
12	新ヘブリデン島	新ヘブリデン諸島	新ヘブリデス島	新ヘブリデス島
12	ドンガ諸島	トンカ　又　親友島	なし	ロウ諸島
12	新カレドニア	○	新カレドニア	新カレドニア
12	北島	○エベイノーマウヘ　又　北島	エアヘイノーマウエ	エアヘイノモウエ
12	新西蘭	新則蘭	新セーラント	新セーラント
12	南島	プーナモア　又　南島	タハイブトナムモー	タハイプーナムモー
合計	263			

表2　墨僊の地球儀球面の地理的名称の数とその比率

	湖沼	河川	山・高原	海洋	島嶼	砂漠・半島	都邑	国・国に準じる地方	地方	大陸など	
名称の数	3	1	1	16	32	4	37	128	34	7	（件）
名称の比率	1.1	0.4	0.4	6.1	12.2	1.5	14.1	48.7	12.9	2.6	（%）

1: 湖沼、2: 河川、3: 山岳、4: 海洋、5: 島嶼、6: 半島、7: 都邑、8: 國及びそれに准ずる地方、9: 地方、10: 大陸、99: その他に分類した。国属領は、江戸時代当時における認識に従った国、属領とした。

4.4 幕末における一舶来地球儀－英国BETTS社製携帯用地球儀について

4.4.1 はじめに

筆者は、常陸国土浦の寺子屋師匠であった沼尻墨僊の製作した大輿地球儀について、和傘との比較を含めた構造や、ゴアを記載した（宇都宮; 1991, 1992a)。墨僊製作の地球儀については調査・記載の余地を残すが、ここでは福井県大野市の七代大野藩主土井利忠（1868年（明治元）58歳没）[1]を奉る神社（柳廼社）が所有し、大野市歴史民俗資料館（現大野市歴史博物館）が展示しているロンドンのBETTS社製の携帯用地球儀（写真1）を記載することにしたい。

本地球儀は、大野藩主が柳廼社に寄進した所持品のひとつである。大野藩が所有する以前の入手経路その他については不明な点が多いが、大野藩が幕末に創業した「大野屋」[2]の交易の中で入手された可能性がある。さらに、柳廼社が大正14（1925）年に開催した土井家とその関連資料の展示会における出品目録には、この地球儀は見当たらない。地球儀は、藩主の私用品として開封が禁じられた「開かずの長持ち」に保管され、土井家から奉納された状態であったと言われる。この地球儀は一見したところ、保存状態がよく、著しい修復は加えられていないようである。

写真1a　地球儀収納箱（上方より撮影）

写真1b　地球儀収納箱（斜め前方より撮影）

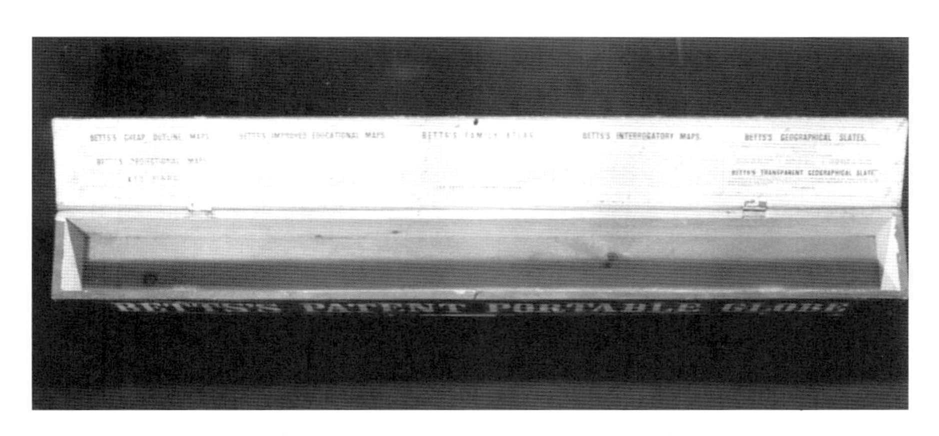

写真1c　地球儀収納箱（内部及び蓋裏）

4.4.2 BETTS社の地図について

地球儀は木箱に収納されるが、蓋の裏面にはBETTS社の発行した地図類の宣伝文が貼り付けられている（写真2)。これは英国における当時の地図教育、地図の価格、さらに本地球儀の製作時期を特定する情報を含むため、以下に抄訳する。なお＜＞内の数値は左から右へ向かう仮の枠順を、【】は推定または補筆部分を示す。

＜1＞BETTSの安価な白地図：17インチ×13.5インチの良質画紙からなる白地図は3ペンスで、スチール製版により河川と国境、政治的境界などが示され、地名の記入が意図されている。イングランド、スコットランド、アイルランド、フランス、パレスチナ、ヨーロッパ、アジア、アフリカ、北米、南米、東半球と西半球の各種がある。

BETTSの投影図：上記と同サイズで同価格、同種類の地図で、経緯線が引かれ、自然と政治の項目を描く練習用として最適である。基本図〔KEYMAPS〕：上記地図と同サイズのカラー刷りで、6ペンスである。地名の記入だけでなく、【地理空間を】パターンとして認識させることを意図している。

＜2＞BETTSの改良版教育用地図：2フィート2インチ×1フィート11インチのカラー地図は普及版で、1シリング6ペンス、クロス張りでケース入りの場合は2シリング6ペンス、巻軸のワニス塗りは、3シリング6ペンスである。スチール製版による、これらの地図は美麗で、自然地形は明瞭にマークされ正確であり、その表示を妨げるほど地名は多くない。配置と組合せを工夫し、比較的重要な町は明瞭に示してある。製図上の工夫により、大版の地図よりも明瞭に認識できる。イングランド、スコットランド、アイルランド、ヨーロッパ、アジア、アフリカ、アメリカ、パレスチナ、東半球と西半球の各種がある。

＜3＞BETTSの家庭用地図帳：一般および自然地理（地勢）について約55,000の地名索引を備え、優雅で潤沢なモロッコ革の半革装[3)]で、3ギニー[4)]である。王立地理協会の会長は会長講演で、「最近、BETTS氏は地図帳を発行した。約55,000の地名の索引があり、非常に価値がある。また、経緯度に加え、任意地点の位置を容易に検索する参照記号が付されている」と紹介している。多数の新しく非常に重要な地図が紹介され、64図葉に達する。注意深い改訂作業の結果である。イングランド、ウェールズ、スコットランド、アイルランド及び英国植民地は特に大縮尺で示した。新発見と入植地の紹介には注意を払っている。価格と質のいずれも他に比類のないことを確信している。John Betts, 115, Strand, London

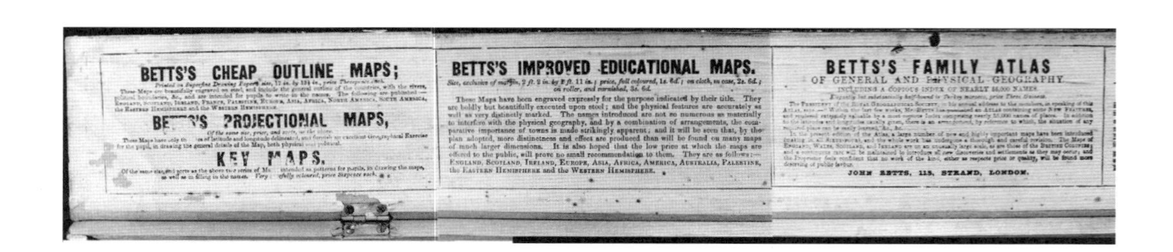

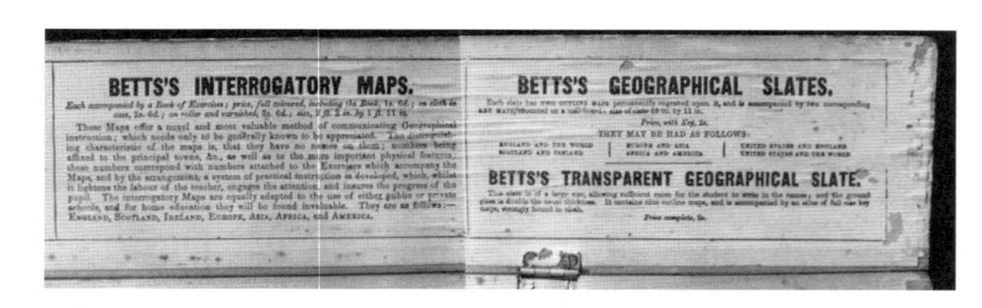

写真2　地球儀収納箱蓋裏側の宣伝文
（写真5枚を貼り合わせたため、それぞれの接合部に齟齬が生じている。）

＜4＞BETTS社の質問用地図：2フィート2インチ×1フィート11インチのフルカラーで練習本とのセット価格は1シリング6ペンス。ケース入りのクロス張りなら、2シリング6ペンス。ロールのワニス塗りでは3シリング6ペンスである。これらの地図は理解すべき地理情報の把握のために製作した。地名を欠くことが顕著な点である。さらに、重要な地形と主要都市に練習問題の番号と一致する数値を付した。教師の仕事を軽減し、生徒への注意に専念させる。これは、公私立の学校及び家庭教育に貴重であろう。イングランド、スコットランド、アイルランド、ヨーロッパ、アジア、アフリカ及びアメリカの各図がある。

＜5＞BETTSの地理練習用スレート（石板地図）：2種類の地図のアウトラインが刻み込まれた13インチ×11インチの石板で、ミルボード[5)]に装着され、2種類の基本図を伴なう。価格は手引書こみで2シリングである。イングランドと世界、スコットランドとアイルランド、ヨーロッパとアジア、アフリカとアメリカ、アメリカ合衆国とイングランド、アメリカ合衆国と世界の各種がある。

BETTSの透明な地理練習用スレート（石板地図）：この石板はサイズが大きく、地名記入のための余白は十分で、ガラスの厚さは通常の2倍である。9つのアウトライン地図を含み、クロス製本された地図帳が付属する。価格は揃いで9シリングである。

以上はBETTSの宣伝文である。この宣伝文に王立地理協会の会長演説の引用があり、同社が教育用白地図、掛図、石板地図など、地図と地図帳を手広く製造・販売していたこと、地理情報の改訂に努力を払っていること、普及用の地図に加え、クロス張り、ワニス塗りなどの高級品も製造しており、世界図を布に印刷する充分な技術を有していたことが知られる。

4.4.3　地球儀各部の形態と考察

本地球儀は収納箱と地球儀本体からなり（写真1～6）、本体は名称のとおり、携帯用で、「洋傘」と類似の構造を有し、折り畳みでき、構造は沼尻墨僊の大輿地球儀のそれに酷似する（写真3）。地球儀は地軸とリブの両端がトップノッチ（写真3b）及びランナー（写真3c）に接続され、ランナーを上げ、トップスプリングで留めると各リブが外側へ湾曲し球体となる[6)]。構造上洋傘技術が応用されているため地球儀各部の説明に洋傘の名称を充当させた。この地球儀には支持台がなく、地軸の上端に環があり、吊すことができるが、現在ではアクリル角筒を板に直角に取り付けた支持台に地軸を差し込み展示されている（写真3a）。

この地球儀の各部の計測には棒定規、スチール尺及びノギスを用いて、ミリメートル単位まで測定した。直接測定できない部分は細い棒等を隙間に差し入れ、長さを記録した後、定規で計測した。

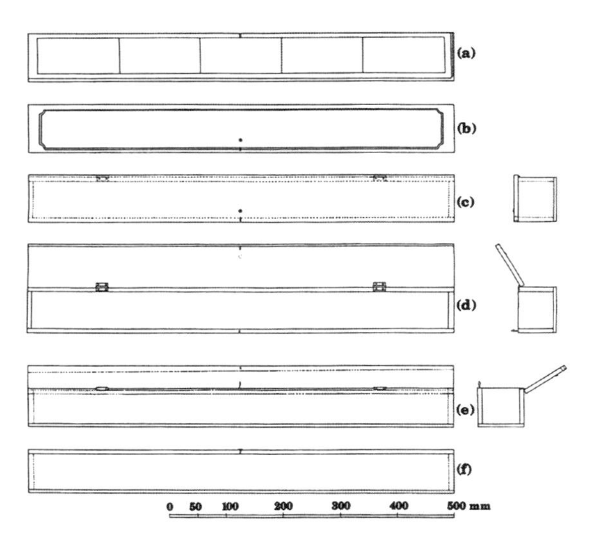

図1　地球儀の収納箱
(a) 収納箱蓋裏の宣伝文の配置　(b) 同蓋表面（平面図）
(c) 同投影断面図　(d) 同蓋開時の平面投影図
(e) 同蓋開時の投影図（前面）
(f) 同蓋閉時の側面投影図（前面）

4.4.3.1　収納箱

箱は長さ、幅、深さがそれぞれ、749mm×85mm×76mmの長方形の白木の板よりなる（図1）。板の厚さは、一般に、7mm、場所により8mmである。ただし、底面の厚さは5.5mmである。上面の蓋と箱は、2個の蝶番で接合されている。蓋の縦の寸法が背後で箱より3.3mm長く、開けた場合、蓋と箱の上面との角度は149度をなす。これは、前述した蓋裏の宣

写真3a　BETTS社の地球儀球面（横より撮影）

写真3b　同地球儀（斜め上方より撮影）

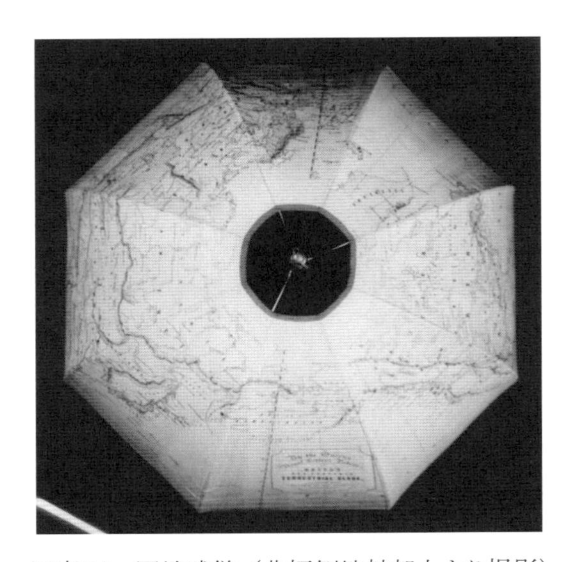

写真3d　同地球儀（北極側地軸部上より撮影）

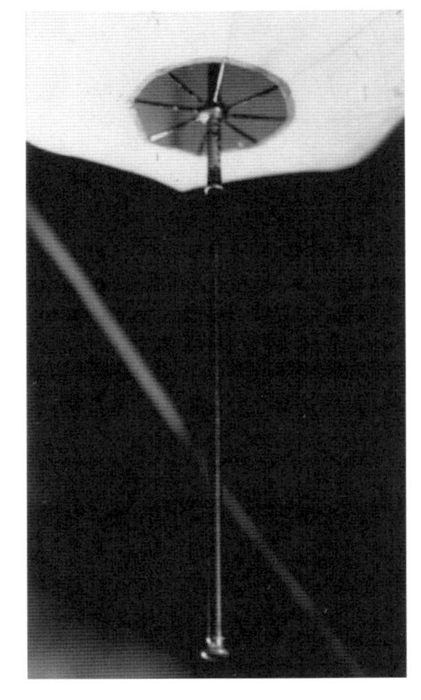

写真3c　同地球儀（斜め下方より撮影）

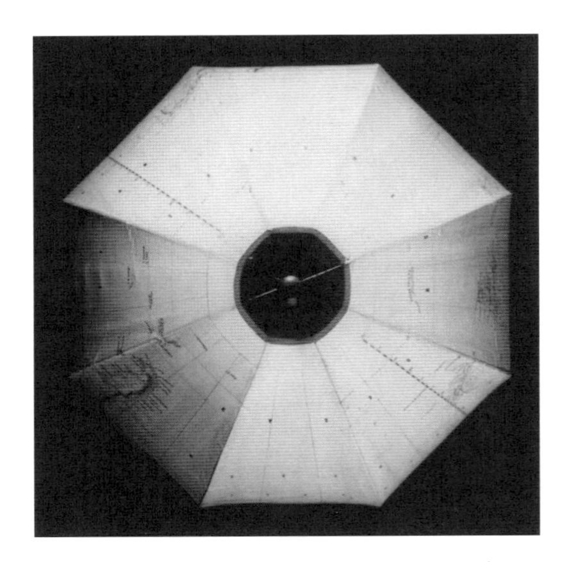

写真3e　同地球儀（南極側地軸部下より撮影）

伝文の読みやすい角度をなすため、意識的に背後を突出させたと推定される。収納箱の蓋の表面、箱の上縁面、前面、後面と左右の側面には黒赤褐色の化粧紙が貼付けてあるが、底面は白木のままである（写真1c）。

蓋の表面の化粧紙には白の飾り枠の中に「BETTS'S PATENT PORTABLE GLOBE」、その下にはやや小さく、「115, Strand, London W. C.」が、前面、後面では枠を欠き「BETTS'S PATENT PORTABLE GLOBE」と、いづれも白ヌキ文字で印刷されている。以上のことから、この地球儀が「PORTABLE GLOBE」であること、ロンドンで製作されたこと、さらに「PATENT」とあり、特許[7]の申請が知られる。

蓋表の前面の化粧紙に印刷されたPATENTのTとPORTABLEのPの間にはボタン様の座金が木ネジで留められている（写真1a, b）。座金の一部は単なる飾りではなく、蓋を閉じた時に留める口金の痕跡と推定される。なお、その前面には針金を通す6～2.5mmの紡錘形の孔がある（写真1c）。木箱前面の上部には直径1.2mmの針金があり、上述の孔に差し込まれるが、針金の位置と上述の蓋の孔の位置は齟齬し、針金がよじれていることから、本来の口金が破損したため、針金に交換されたと推定される。箱全体として見た場合、口金として使用されている針金は貧弱で、部品の素材としてバランスを欠く。この金具部分の補修から土井家入手の前に、箱、地球儀ともに頻繁に使用されていたことが推定される。あるいは、神社（柳廼社）に奉納後、鍵の亡失のため、強引に開けられたとみることもできる。なお、箱の内側は蓋を除き白木である（写真1c）。

4.4.3.2　本体

本地球儀は支持台を欠くが、久保譲次訳（1874, 明治7年）の地球儀用法及び、1876年（明治9年）の庄野欽平が著した『地球儀問答』の挿絵の傘様の地球儀にはいずれも、支持台が描かれている。しかし、英国内に現存するBETTS社の同型地球儀では支持台を欠くため、携帯性を重視したこの地球儀には支持台がなかったとも考えられる。ただ、ランナーの下半部では黒い塗装部分に剥離があり（写真6）、石突きの底にも光沢が見られる。塗装の剥離は球儀の開閉で、光沢は現在の展示でも生じた可能性もあるが、管部の塗装の剥離は上記の挿し絵では支持台の留め具の位置に相当するため、収納箱から取り出した後には、支持台を別途設えて使用した可能性も否定できない。

4.4.3.2.1　ランナー及びトップノッチ

黒塗装のトップノッチ（写真3b）及びランナー（写真3c）の直径は各々15mm、14.4mmで、高さは各々、3.5mm、8.0mmである。ただし、ランナーでは連続する管部と合わせると全体で、50.1mmとなる。直径3.5mmのトップノッチの金属の円の中心には地軸を通す穴が、円の片面にはリブを留める深さ2.3-3.0mm、幅1.1mm、長さ4.3mmの8個の切込み溝がある。図2に地球儀の開閉時のランナーの位置を、図3（A）と（B）に各々、トップノッチとランナーの拡大図を示す（写真5, 6）。洋傘では、トップノッチがゴアの張付けられた親骨に、ランナーが子骨に連続するが、この地球儀では親骨の両端に、それぞれ、トップノッチとランナーが連続する。

北極にあたるトップノッチが地軸に直径1.4mmの目釘で固定されるため、地軸と球は一体となり回転する。一方、南極にあたるランナーを洋傘と同様、上のトップノッチ方向に移動させると、地球儀の各リブが外側に放射状に湾曲し、球を形成する。これらのトップノッチとランナーは真鍮製と推定される[8]。

4.4.3.2.2　地軸（ステッキ）

地軸は黒色の鉄製円柱で、トップノッチ及びランナーの軸をなす（写真3b, c, 写真4）。頂部には、太さ2.3mm、径8.4mmの円環が頂華（finial、又は小球（bullet））をなす金具に付けられ、底部には石突きが見られる（図3（A）A-1,（C）C-2）（写真3b, c, 写真5, 6）。頂部の円環と頂華の金具および底部の石突きは真鍮製と推定される。円環を除く

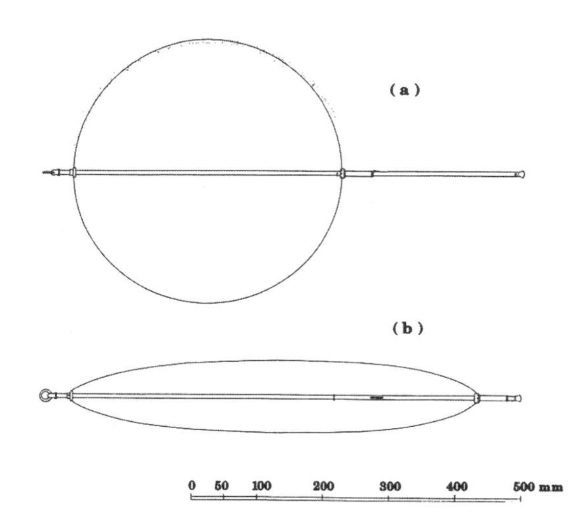

図2　地球儀の推定断面

(a) 展開時の断面　(b) 畳んだ状態の断面

なお、図 (a) のは球断面測定による点の投影を示す。

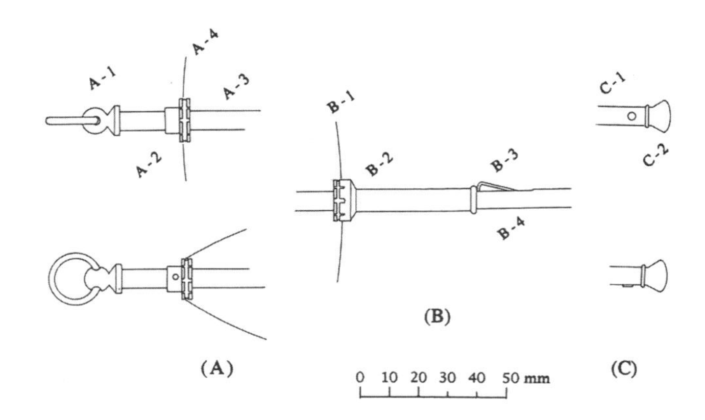

図3　トップノッチ、ランナー、石突き及び飾ボタン様金具の断面

(A) 頭部の断面　(B) ランナーとトップスプリングの断面

(C) 石突き部の断面

A-1 : 飾ボタン様金具、A-2 : トップノッチ、A-3 : 地軸、A-4 : ゴア（地図布）、B-1 : ゴア（地図布）B-2 : ランナー、B-3 : トップ スプリング、B-4 : 地軸、C-1 : 地軸、C-2 : 石突き。

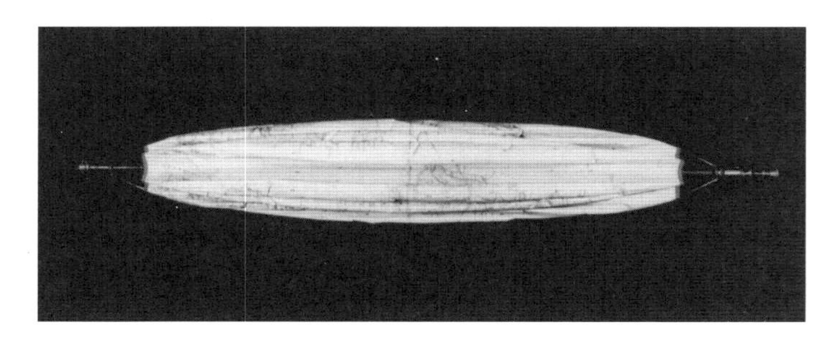

写真4　折り畳み閉じた状態の地球儀

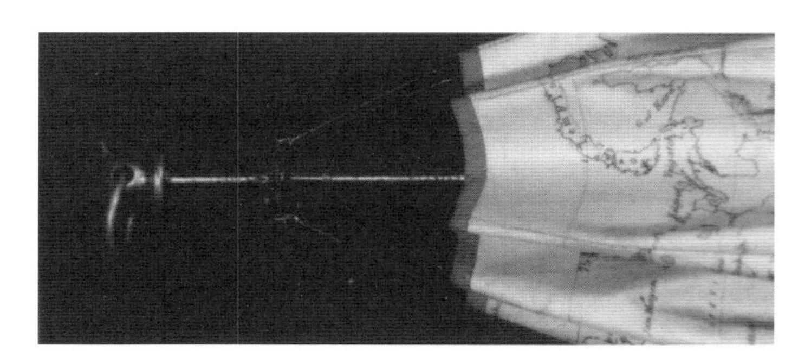

写真5　地軸頂部の飾ボタン様円環部分とトップノッチ

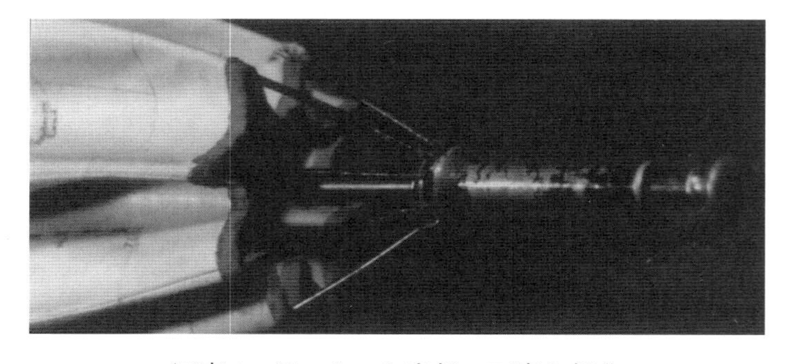

写真6　ランナーと底部の石突き部分

(塗装の剥離に注意)

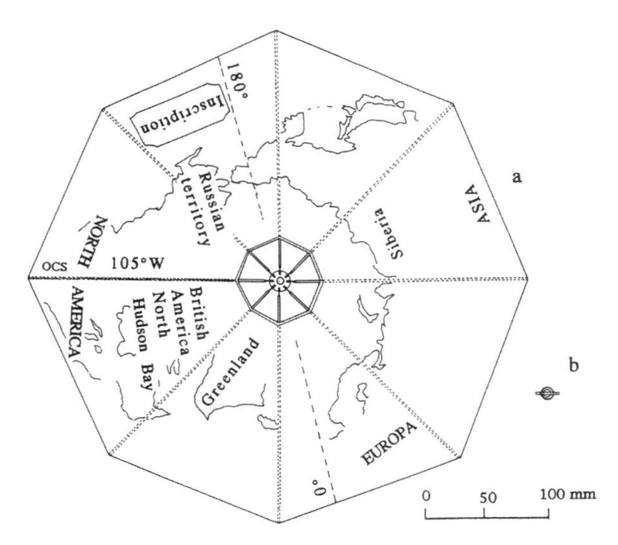

図4　北極中心の球面と飾ボタン様金具部分の平面図
a：球面の極投影図　b：飾ボタン様金具部分平面図
a：球面の極投影図に北半球の世界図概略を描入した。なお、中心部分はトップノッチとリブのつなぎ（接続）を示すためbの擬宝珠状金具部分を取り除いている。大文字、小文字で示した地名は地球儀に記入された地名で、インスクリプション、緯度の数値、大文字地名は理解を容易にするため付与した。OCS：かがり縫いの縫い目。

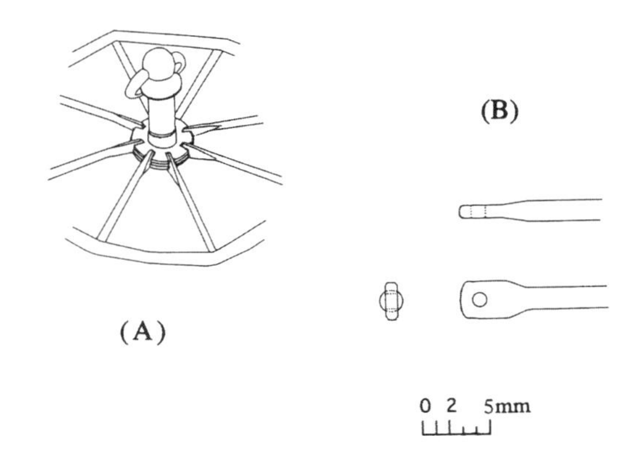

図5　トップノッチとリブの繋ぎとリブの目先部分
（A）斜め上方から見たトップノッチとリブのつなぎ
（B）リブの断面及び平面図

地軸の長さは717.5mmで、直径はトップノッチ、ランナー部分ともに6.5mmを示す。下の石突きから207〜217mmの部位に、ランナーを止め、リブを曲げて球に保つための鋼鉄のトップスプリングがある。その上方の地軸で、下端から約281mmの部位には直径1mm、長さ、約10mmの目釘が開きすぎ防止のストッパーとして地軸に差し込まれている。地軸をなす金属の棒は重量感が乏しく、また、はじき（ストッパー）、飾ボタン様状の金具などの取り付け状況から中空と推定される。

4.4.3.2.3　リブ

地球儀球面の骨格は45度ごとの子午線にほぼ一致した位置にある8本のリブから構成される。このため、両極から赤道方向を見ると赤道部でほぼ八角形をなす（図4, 写真3d, e）。このリブには弾力性があり鋼鉄線と推定され、両端につなぎのための目先がある（図5）。

測定不可能な部分の存在と地図を印刷した布よりなるカバーのよじれのため、正確ではないが、トップノッチとランナー間の長さは約632mmである。リブは、両端から4.5-5.0mmの目先部分を除くと、径1.8mmの鉄線となる。この目先は洋傘の目先の構造と同様であり、すべて同一形状をなすため、傘製造工場で工作機械により製造されたと推定される（図5B）。

リブは閉じた状態でゆるく湾曲しているため、伸開時にその湾曲方向に曲がり易くするため製作過程で若干の曲げ加工が施されたと推定される（図2（b））。なお、リブの曲面については、伸開した状態ではマーコを当て（正確にはゴアやリブに触れるか触れない程度に当て）て測定できるが、閉じた状態では、リブとゴアのたるみに依存するため、一定間隔を定規で測定した。なお、開いた状態の球部の曲線は図2に示すように半径204mmの円に近似する。この半円にマーコで計測した点をプロットすると、図2（a）球の上半部に示した点が示すように半円とは一致せず、若干の歪みを示す。これらのリブとトップノッチ、ランナーとのつなぎには、直径0.9-1.0mmの針金が使用されるが、赤錆の状態から、鉄線と推定される。なお、今日のコウモリ傘でも鉄線がつなぎに利用されている。

4.4.3.2.4　赤道円周と子午線方向の円周

エナメル線による計測では、図4aに示す本地球儀の赤道円周に相当する八角形[9]の周囲長は1245mmである。8面の赤道部分の定規による計測では、カバーの接合部の測定に布の弛みとよじれにより計測に難があり、厳密ではないが、これらの誤差を含む、その合計は1239mmである。一方、極軌道の円周は1293mmとなる[10]。赤道長の1245mmと子午線長の1293mmでは長さが5cmほど異なるが、上述のようにリブの計測が正確でないことと、八角形の周囲長を計測した誤差と思われ、ほぼ球をなすとみてよい。

4.4.3.2.5　ゴア

球面は世界図が直接印刷されている布のゴアで構成されている。これらの各々のゴアは赤道部で148ないし157.5mmの幅を、南北方向で553mmの長さを示す[11]。ゴアの南北端にはそれぞれ、4.2-4.5mm幅の赤褐色の縁布があり、三つ折縫いで縫製されている。世界図の印刷されたゴアの表面には光沢があり、布自体の折り曲げに対する抵抗と重量感からクロス張りの掛図と同様、ワニスによる仕上げが行われたと推定される。前述のとおり、蓋裏の宣伝文によると、発行元のBETTS社はクロス掛図も販売しており、布表面への印刷と仕上げには充分な技術を有していたことが窺える。ルーペによる観察では、8枚の各舟形の断片地図（ゴア）は舳先と艫のなす南北方向が印刷する布の経糸、緯糸の布目の方向に一致する。以上のことから、各ゴアの南北を一定方向にそろえて印刷したことは明らかであり、球体として開いた場合の伸縮性を考慮し、布目の方向を揃えることにより、その歪みを最小限にとどめたものと推定される。

厚みと重量感及び顕微鏡観察により、地図の印刷された布は綿であることが確認された（写真7）。地球儀は文化財であるため、試料は地球儀の地図布の両端からはほぼ、4〜5cm以内の球体裏側にセロテープを当てて、繊維を接着面に付着させて取得した。この繊維のサンプルを倍率100-200倍の顕微鏡で観察し、一部は写真撮影を行った。ゴアの大部分をなす、やや黄変した繊維（写真7）は、平面でよじれが、切断面では空洞がみられ、管状の綿繊維の特性を示す。繊維のよじれの間隔が密であり、上質綿であることが知られる。また、検鏡によると、赤褐色の縁

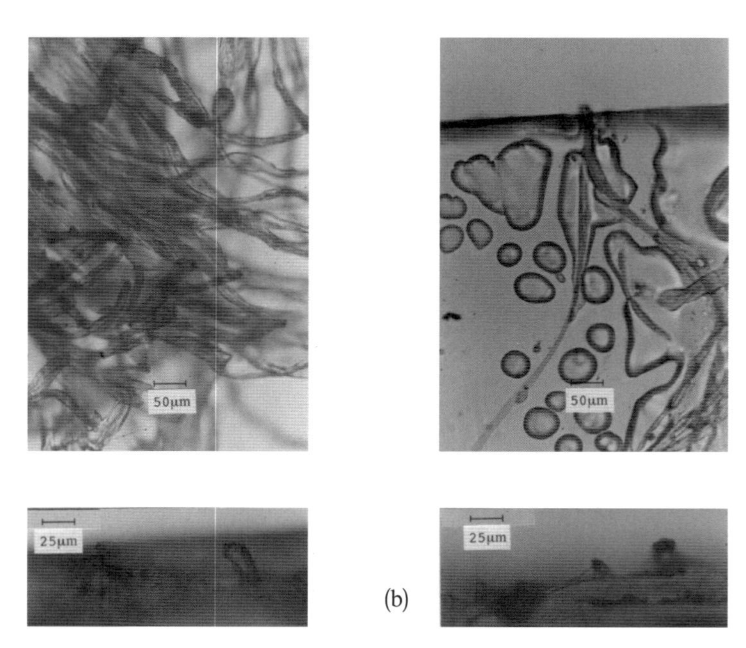

写真7　地球儀球面を構成するゴア繊維の顕微鏡写真

(a) ゴア（白布）部分の繊維　平面及び断面　綿繊維の特色を示す。

(b) 縁布（赤褐色）の繊維　平面（但し水滴様模様は気泡）及び断面　絹繊維の特色を示す。

布に由来する赤色の細い繊維にはよじれがなく、直線状を呈し、その断面は不明瞭な三角形の絹の特性を示す[12]。合成繊維のない19世紀中期では絹と推定される[13]。一方、英国に残存するBETTS社製同型地球儀のゴアの素材は、絹と報告されている。その繊維が地球儀のどの部分から採取されたものか不明であるが、上述の素材の吟味で明らかなように、ゴアの部分によって素材が異なる。縁布からゴア全体を絹と解釈したことも予想されるため、英国の素材については再吟味する必要があろう。あるいは地球儀の等級による素材の差とも考えられるが、果たして強度上、素材に絹が用いられたか疑問ではある。ついでながら、Schmidt氏宅で観察と撮影をさせていただいたMs. Wohlschläger所有のBETTS社製同型地球儀も、ここで記載する柳廼社蔵の地球儀と同様の質感と重量から、縁布を含むコーティングされたゴアの素材は上質綿と絹と考えられるが、詳細は確認していない。

これらのゴアでは本初子午線はロンドンにあり、赤道は今日、地図上で鉄道記号に使用される枕木状シンボル（ladder symbol）で表現されている。球面は8枚のゴアよりなるため（図4）、経度で45°が一枚のゴアをなす。さらに、その一枚のゴアは2本の経線により3分されるため、経線は15°ごとに引かれていることになる。一方、緯線も15°ごとに南北両半球の75度まで引かれている。北欧からロシア北部にかけた一部の極域では、島や半島などの海岸線が、この北緯75°を越えて描かれている。しかしながら、地球儀の構造上から、当然ではあるが、一般に75度より高緯度では地図は描かれていない。さらに、西経、東経の各90度の位置で、それぞれ南・北回帰線と接する黄道が記入されている。

地球儀球面の北緯29-48°、西経150-180°付近の花枠飾りには「“By the Qeens Royal Letter's Patent” “BETTS'S NEW PORTABLE TERRESTRIAL GLOBE” “Compiled from THE LATEST AND BEST AUTHORITIES” “London, John Betts, 115 Strand”」のインスクリプションが認められる。しかし、製造年は記入されていない。インスクリプションはこの携帯地球儀が改訂版で、特許として申請されている製品であり、権威ある機関の信頼できる最新情報にもとづくことを示している。なお、その機関は、不明であるが、当時、迅速に世界地理情報が集積される機関であった王立地理協会（Royal Geographical Society）と推定される。商業主義の発達した西欧では、正確さが要求される地図の類では、誤謬は直ちに販売に影響するため、最新情報を得るために製図業者は労を厭わず、また、入手した最新情報は迅速に製品に反映されたであろう。

ゴアにはそれぞれの国が異なる色で示されている。日本付近について紹介すると、樺太は島をなし、日本海北部、樺太とシホターリン山地に挟まれる海域は「G. of Tartary」とされ、「Jedo, Miyako, Matsmai」などの地名が認められている。但し、ゴアの“Matsmai”は“Matsumai”の誤植である。日本と清帝国のMANCHOURIAまたはロシアとの国境は樺太にあり、島は南北に2分されている。千島列島も列島の北東、南西に区分され、いずれも、その南半部が日本の領土として着色されている。当時、大野藩などの国土防衛の危機感を抱いた諸藩や財政の建直しのために行われた樺太経営などの実績が、欧米にも知られていたことが、領域の着色に顕れていると見るべきか、間宮海峡の発見によりそれ以東の島は当然日本に属すると植民地主義の真っ只中にある西欧では認識されていたのか定かではない。

ロシアはRUSSIAN EMPIRE、中国はMONGOLIA, CHINA, MANCHOURIAからなるCHINESE EMPIREとされている。両者の極東での境界はSEA OF OKHOTSKのShantar I'付近からほぼ西進し、Stanovoi mountain (Stanovoy Khrebet), Iablonnoi（現在のYablonovyy Khrebet）の両山脈を通り、ロシアによる清帝国への侵略後の愛琿条約で設定された国境線より古い位置（北側）にある。

4.4.4　地球儀の製作方法

地球儀の製作は本体と収納箱に別れるが、箱の製作と同時並行的に蓋の内側に貼る宣伝文、箱の化粧紙が印刷されたと考えられる。宣伝文は化粧紙と同様、紙に、地図は布に印刷されており、材質の違いがあるが、ゴアとほぼ同時期に印刷されたであろう。本体については支柱を兼ねる地軸とトップノッチ及びランナー、頂華（頭部の飾り金具）、石突きがそれぞれ、整形された後に、頂華と石突きを除く各部が黒塗装されている。

和傘の親骨に相当するリブは径1.8mmの鋼鉄の線を632mm+ αの長さに切断し、両端部から約5.5mmの部位を、厚さ1.1-1.0mm、深さ1.9-3.0mmの板状に整形し目先とした。目先にはつなぎ用の穴（直径1.0mm弱）が穿孔され、リブとトップノッチまたはランナーとのつなぎには、こうもり傘と同様に、針金が使用されている。

地球儀の要となるトップノッチ及びランナーは、真鍮を整形し、つなぎ線の入る溝を刻み切断して、リブの目先を挟む8個の溝をつけた。

ゴアは地図の印刷前にはインクの染み込み防止と平面の保持のためのコーティングを、印刷着色後には表面保護のコーティング（ワニス塗り）を行う。縫い代部分を残して裁断し、仮縫い後、ミシンで縫製[14]した。この部分のミシンによる縫製は「くるみ縫い」による。その後、ゴアの裏側の縫い代部分にミシン縫いによりリブを通すための筒をつけた。地図の接合を正確にするため、地図の印刷された2枚のゴアの接合を優先し、その後にリブとゴアを接続したと思われる。

ゴア裏側の縫い代部分はゴアの裏側に張りつけられるか、単に幅8mmほどの縫い代として残る。これらのゴアは上述のようにミシン縫いで縫製されるが、図4aに示されるように、西経105度の子午線に沿って、「まつり縫い」による縫い目があり、最後はこの部分で手縫いにより球として閉じられたことが知られる。リブを通す筒状の布をミシン縫製した後にリブをこの筒状部分に差し込み組み立てたことが知られる。その後、トップノッチとランナーとリブのつなぎを行うが、まず、リブの目先につなぎの鉄線を通し、トップノッチとランナーの各々8個の目先用の溝に差し込むと同時に、つなぎ線用の溝に鉄線を埋め込み締め付けたであろう。

球として閉じるゴアのまつり縫いは、余分な地軸などの保持を避け、縫製作業の容易さと地図の接合を正確とするために、つなぎの前に行われたと考える方が自然であろう。以上のように、球の製作工程では、ゴアとリブの接続後、トップノッチ及びランナーとリブのつなぎが行われたと考えられる。この点、頭・手元轆轤に竹骨をつなぎ、球を形成した後にゴアを張り付ける、沼尻墨僊の地球儀の製作工程とは異なる。

以上のようにBETTSの携帯用地球儀は布、鉄、鋼鉄及び真鍮、針金によって製作されている。南極に相当するランナーを上げ、8本のリブを外側に湾曲させてゴアを押し開き、トップスプリングで止めることにより、球が形成される。このランナーを下げ折り畳めば、携行用として便利である。この地球儀のランナーの上下移動は洋傘のランナーと同様であり、開閉方法と閉じた状態が洋傘に酷似するため、これも一種の傘式地球儀とみてよい。この地球儀で使用される部品の大部分には、在来のこうもり傘の部品が転用されたと推定される。また、ミシンと手縫いによる縫製技術が用いられているが、現在の洋傘のカバーにまつり縫いが、縫い代部分にリブの包み込みが見られないことから、洋傘の縫製技術をベースとして若干の縫製の変更が加えられたと考えられる。これらの部品、技術の検討には同時代の洋傘の形態と製作順などを調べる必要があろう。

4.4.5　製作時期について

本地球儀には製作年月が記載されていないため、正確な製作時期は不明である。しかしながら、樺太が島として描かれていることから、1809年の間宮海峡発見の英国への伝聞より新しい。シーボルトは1832-51年にかけて20分冊の「Nippon」を発刊しており、1839年までには高橋景保（1809）の日本辺界略図を刊行し[15]、1840年には伊能の日本図を編集した。また、「英国庸普爾地氏・・原刻一千八百四十五年」を原本とする武田簡吾（1858）の「輿地航海図」では、樺太が島として図示されている。武田の模写と翻訳が原図に忠実であることを前提とするが、英国では1845年には樺太島が認識されていたことになる。一方、1868年の明治維新よりも古い地名の江戸、都（京のこと）、松前などがあり、アラスカはRUSSIAN TERRITORYと1867年以前の情報に基づいている。地球儀の構造をなす洋傘については英国では、J. Hanwayにより使用され、1840年にはH. Hollandによって管状の鉄のリブが、続く1852年にはS. FoxによるU断面の鉄のリブが製作されている。しかし、鉄骨のリブは1822年の鯨髭の価格高騰の代替品として開発が試みられており（Sangster, 1871; 石山, 1972; Crawford, 1970; Farrell, 1985）、BETTSの地球儀の製作は技術的には、少なくとも1822年以降であることが知られる。1840年以降の鉄管のリブ（傘骨）を利用した傘の大衆化（低価格化）が、地球儀への傘技術の導入を促したとすれば1840年以降に限定されよう。ただし、本地球儀のリブ（傘骨）は管でなく、鋼鉄線であるため疑問も残る。 管より弾力性に富む鋼鉄線に改良されたのであろうか。

今一つの事実は、中露国境である。本地球儀の世界図上の中露国境が1858年の愛琿条約及び1860年の北京条約による国境線の位置ではなく、それ以前の位置にあることから、1809～1858年の地理情報に基づくことは明らかである。上述のように樺太島の知識はシーボルトによって1932年にはドイツを中心とした西欧に、英国では1845年には知られていた。シーボルトは『NIPPON』の刊行の資金援助を仰ぐため、西欧諸侯を歴訪していることもあり、日本の情報は1830年代には既に知られていたことが推定される。

独裁国家は別として、現在は当然のことであるが、当時でも西欧の地図製作者は同業者に先んじ、販売促進のため最新情報による不断の改訂が不可欠であったと思われる。従って、日本周辺の地理情報の入手後、1年足らずで改訂版が出されたと推定できよう。情報伝達に要する時間もオランダ商人を介するとしても、1年はかからないのではないかと推定される。西欧から日本へのカメラの伝来に要する時間は発明後1年足らずであり（田中, 1967）、慶応大学の田中茂助教授によれば、幕末の西欧の最新情報は半年程で、長崎に到来した例があるという。これらを総合すると、西洋と日本の間の情報伝達には1年前後のタイムラクを考慮すれば充分であろう。従って、この地球儀は1858年以前か、その後、少なくとも、1、2年以内に製作されたと推定される。

金属リブの開発と大衆化を考慮すると作製時期の範囲は、1840年＜　≦（1858年＋1, 2年）で、シーボルトの日本周辺の地図紹介の1832年と英国庸普爾地氏の地図刊行の1845年を考慮すれば（1845年－1, 2年）＜　≦（1858年＋1, 2年）となる。なお、権威ある最新情報による改訂が行われたと記載され、また、本地球儀のインスクリプションに「new」とあるため、携帯型地球儀の改訂版と推定される。しかしながら、地球儀や世界図、地図帳のタイトルとして、洋の東西を問わず、「最新地図帳」などと、新しさを競っており、同型の携帯地球儀が存在しない可能性も否定できない。旧版が存在したとすれば、その製作年が問題となる。以上のことから推定すると、ここで記載した「NEW」の付されたBETTS社のポータブル地球儀は、沼尻（1855）の地球儀と、ほぼ同時代か、後に製作されたことになる[16]。

4.4.6　舶来地球儀中のBETTS地球儀について

船舶搭載の実用的地球儀[17]では航行の危険回避のため、旧版の地図情報が描かれた旧版地球儀の廃棄処分は必須であり、特注の献上品では製作数が限定される。宣教師によって招来したものは耶蘇教の排斥により破壊を受けた。さらに鎖国（輸入制限）によって舶来地球儀は皆無に近い。元々、地球儀自体が立体形で破損されやすく、現存する地球儀は地図に比較して著しく少ない。舶来地球儀中のBETTS地球儀の位置づけは本邦に残されている個々の地球儀の記載後に可能であるが、不十分ながらも地球儀に関する既存資料を整理し、若干の比較を試みることにしたい。

シナで好評を博した世界地図、地球儀（平川, 1989）は、日本でも献上品に加えられ、宣教師と信長、秀吉及び家康とアダムスとの会見では地球儀や世界図が用いられている（村上・渡辺, 1928；藤田, 1984；岡本, 1949, 1973）。1580年（天正8年）京都における信長によるオルガンチーノとロウレンソの引見ではオルガンチーノの携行した[18]地球儀上で、彼ら宣教師の旅程が問われた（村上・渡辺, 1928；岡本, 1973）。上京途中の巡察使ヴアリニャーノと天正少年使節らは播磨の室津で、1591年2月（天正19年1月25日）に年頭の慶祝に向かう毛利はじめ西国大名が立寄った際に、地図、世界図、海図、地球儀、観象儀、時計などを供覧した（岡本, 1949, 1973）。フロイスは秀吉への献上品に地球儀を記載していないが[19]、同品目は秀吉にも供覧されたと推定されている（岡本, 1973）。1592年（天正20）[20]に修道士ファン・コーボは肥前名護屋で、漢字表記のスペイン領、属国名のある地球儀を示し、秀吉にスペインの属国と相互の距離等を説明した（岡本, 1973）。林道春（羅山）が「排耶蘇」で「・円模の地図を見る・・」と記した1616年（慶長11年6月15日）の耶蘇会士不干（ハビアン）との論争記事については、金沢英之（2004）は利瑪竇（マテオ・リッチ）の坤輿萬國全圖をはじめとしたシナ経由の楕円型地球図と解釈しているようであるが、前後関係から地球儀と推定する方が自然であろう。なぜなら、地図を見て、上下は如何と問うことはなく、球体に表された世界図を指差し、議論を仕掛けたとみる方が理にかなうであろう。最近の、研究ではこの「排耶蘇」の一文にはその記載内容から、林道春でなく、後年の作であるとの疑問が呈されており（PARAMORE Kirilov, 2006）、少なくとも、林道春と地球儀の議論は再考が必要かも知れないが、今少し従前の研究に従い、その解釈に疑問を呈し地球儀として加えた。

家康については世界図、地図屏風に関連した記録はあるが、地球儀については見られない。ただし、江戸初期では幕臣の井上筑後守が1657年時点で1643年以前に和蘭から献上された地球儀を所持し（モンタヌス, 1669）、1657年（明暦3）、1659年（万治2）では各々、「天之図、地之図」及び「天地之図二つ」（藤田, 1984及び図書刊行会, 1913；モンタヌス, 1669）が、1672年（寛文12）では「世界図二つ」（図書刊行会, 1913）など、地球儀類が献上されている。藤田（1984）は、1659年の献上品は1658年アムステルダム製の銅製地球儀とみている。藤田の指摘が事実であれば、この製作後一年足らずの地球儀の到来は、当時の西欧と日本間の情報伝達の速度を示す。また、松浦史料博物館に現存する1700年、アムステルダムで製作されたファルクの天・地球儀は、1737年頃の北島見信による翻訳（今井, 1960）以前に舶来したことがうかがえる。旧鍋島藩蔵（武雄市教育委員会）のファルクの1745年製地球儀及び1750年製天球儀は1750年から数年後の到来と推定されている（織田ら, 1975；海野, 1987）。江戸天文台蔵の1640年製造の天・地球儀は馬道良により1792-94年に補修され、地名と北辺図の訂正や翻訳がなされている（鮎沢, 1953）。これらを整理すると以下のとおりである。()は地球儀と明示されていないが、地球儀が「・・図」と表記されることもあるため記載した。

1580年　信長　オルガンチーノ携行の地球儀を見る。
1591年　ヴアリニャーノと使節　立寄る毛利他の西国領主らに地図、海路図、観象儀、地球儀、時計等を供覧
1592年　ファン･コーボ　秀吉に漢字記入の地球儀を示す。
（1611年　慶長16年9月　西域国 駿府に世界図屏風の献上）
（1611年　慶長16年9月20日　家康 世界図屏風で各国事情を考・・）
（1612年　慶長17年6月20日　エスパニアより自鳴鐘1　世界図3　贈品）
1616年　林羅山「排耶蘇」の耶蘇会士不干との論争に「・円模の地図を見る・・」と記す。
1657年　井上筑後守　1643年前に献上された和蘭製地球儀を所持
1657年　阿蘭陀人　天球儀、地球儀を献上

1659年　ワフケナル　1658年アムステルダム製の天・地球儀献上

（1672年　ヨハノスカムフイシ　世界図二つ献上）

1737年以前　松浦藩に1700年アムステルダム製ファルク地球儀到来

1750年以後　鍋島藩に1745年製ファルク地球儀到来

1792年以前　江戸天文台に1640年製地球儀到来

以上のように時の権力者や江戸幕府が所蔵する地球儀に比し、諸藩所蔵の地図、地球儀類は少ない。情報は充分でないが、幕府及び長崎近傍小藩の所持する紙・木（?）及び銅製の球儀に対し、北陸小藩の土井家所蔵BETTS地球儀は当時、旅行などの携帯用、あるいは教育用玩具として製作された実用重視の簡便な布製地球儀である。現在でも地球儀はステータスシンボルとしての室内装飾と実用に供されるが、地球儀伝来の初期では献上目的の地球儀が、江戸時代中期以降では、これに加えて実用重視の地球儀が伝来したと推定される。ただし、直径40-50cm程度の卓上型や床上型地球儀は航海用や家庭教育用などの実用品であり、各地に残されている地球儀は、西洋における装飾された架台を備え、或いは球径が1m近くの「本格的な」献上品ではない。なお、舶来地球儀が稀少・高価で入手困難なことと、啓蒙（教育）用として地球儀の必要性が高まり、例えば、沼尻墨僊の大輿地球儀のように、幕末の本邦各地における地球儀製作を後押ししたものと考えられる。

4.4.7　まとめ

沼尻墨僊の地球儀に製作工程と様式が類似する英国BETTS社製の舶来地球儀を記載した。本研究では大野藩が所持し維新後、柳廼社に一括保管され、現在は大野市歴史民俗資料館（現大野市立博物館）に展示されている地球儀とその製作にかかる事項を記載し、若干の考察を加えた。その製作年代は、1840年～1858年+1、2年の範囲と推定され、沼尻の地球儀の製作時期と時代的に近い。装飾よりも実用重視の本地球儀は沼尻の大輿地球儀（傘式地球儀）に構造上酷似するが、当然のことながら洋傘の技術により製作され、当時、英国が入手できた最新の世界地理情報[21)]に基づくこと、製品として自由に販売されていた点が異なる。ここでは地球儀球面上の地図、いわゆる地球儀用世界図の記載と沼尻の傘式地球儀との比較は別稿に譲り、その形態と製作技法を中心に記載した。

あとがき

本稿は、筆者が取纏め1992年日本地理学会秋季大会で発表した内容にその後の調査結果を加えて「地図」に1994年、投稿した杉本幸男氏との共著「幕末における一舶来地球儀－英国BETTS社製携帯用地球儀について」の錯誤を訂正し、修正・加筆したものである。BETTS地球儀の位置づけは充分な調査後の予定であったが、日本国際地図学会機関誌「地図」編集担当の勧めにより追補している。この部分は未定稿に近いが、当時の儘に残した。

謝辞

本稿の執筆にあたり、地球儀の計測・撮影と繊維のサンプリングを快諾された柳廼社の宮司、笠松常和氏、大野市教育委員会、田中義一教育長、大野市歴史民俗資料館（大野市博物館）の松田光男及び岩井孝樹 両館長にまず謝意を表したい。なお、グローバルプランニングの樋口米蔵社長には地球儀に関連する資料を、特許庁国際課佐藤達夫氏には英国特許制度に関する情報を、慶応大学理工学部の田中茂助教授にはカメラの渡来による幕末の世界情報伝達のタイムラグについて教示いただいた。お茶の水女子大学家政学部の大久保尚子助手には情報収集で、文化女子大学図書館の石山彰館長には洋傘及びステッチの資料で特にお世話になった。同大学の被服材料学研究室の成瀬信子教授、松尾順子助教授には繊維の鑑定について直接に教授いただいた。国立環境研究所の上野隆平研究員には顕微鏡撮影の便宜をいただいた。シーボルト記念館の福井英俊館長にはシーボルトの初版本NIPPONと書簡など未発表の調査資料をもとに教授いただいた。国際コロネリ学会のSchmidt会長宅で同氏蔵のBETTS旧型（支那のランタン型）の携帯地球儀をはじめ、多数の地球儀の提示・概要説明と関連資料の提供を受け、同事務局のMs. Heide Wohlschläger所蔵のBETTS新型（傘式）携帯地球儀の閲覧・撮影をさせて頂いた。文献の入手ではJonathan T. Lanman氏のお世話になった。記して謝意を表する次第である。

注

1） 7代藩主の土井利忠（1818年（文化15年7月）襲封、8歳、文久2年11月致仕、1868年（明治元年12月3日）没、58歳）は幕末の弱小大野藩の藩政改革を行ない産学の振興を図った。宗家古河藩の「土井利位」は雪華図説の著者でもあるが、幼少の利忠を後見人として助けたとされる。利忠が洋学の摂取に熱心であったのはその影響とも言われる。

2） 大野屋は今日の第三セクター形式の商社に相当し、安政2年（1855）から明治30年頃?にかけて営業された。越前の山間盆地に位置する幕末小藩の事業としても興味深い。

3） 半革装は背表紙と表紙の各コーナーに革のパッチを当てる装本形式のことである。

4） Guineasは昔の通貨単位で、1Guineaは21sで1ポンドに相当する。従って3ポンドまたは63シリングとなる。

5） 書籍表紙用の丈夫な厚紙のこと。

6） 洋傘のリブ、トップノッチ、ランナー及びトップスプリングは和傘では各々、親骨、頭轆轤、手元轆轤、ハジキに相当する。

7） 英国の特許の歴史は1331年と古く、1800年代には現代特許制度がすでに施行されていたといわれる（久木, 1983；飯田, 1993）。資料による本地球儀を含む地球儀一般の特許の検討も興味ある問題であろう。

8） 真鍮と鉄の区別は磁石に反応するか否かで行った。

9） リブのなす8角形の間のカバーは内側に凹の弧をなし、厳密には八角形を示さない。

10） 極軌道の円周は南北極域を結ぶリブのトップノッチとランナー間の長さ（約632mm）＋ランナーの径（14.4mm）＋トップノッチの径（15mm）の合計から1293mmとなる。

11） 地図布の南北方向はリブの長さ（632mm）－トップノッチ、ランナー付近のカバーを欠く部分の長さ（41+38mm）より553mmとなる。

12） 繊維と切断面が直交せず、ちぎれた状態となったため、明瞭な三角形を示さない。これは綿繊維の断面でも同様で、管の一部が見られる。

13） 文化女子大学の成瀬信子教授の教示による。

14） 1790年にトマスセントによって発明されたミシンは1851年で、現在とほぼ同様の機構に改良された。これらのミシンによる縫製技術の発達は、地球儀の製作当時には相当、進んでいたと推定される。

15） シーボルト記念館の福井館長によると「『日本辺界略図』は初版の『NIPPON』（20巻）の第7巻に収録されている。現在では第1-8巻が1839年10月までに、第20巻が1851年9月に刊行されたことが明かにされているが、各巻の発行年は特定出来ない。しかし、樺太島の紹介は1827年のオランダ宛報告にあり、同報告は1832年発行のバタビヤ芸術科学協会の会報13号に掲載されている。『NIPPON』の刊行に相前後して、シーボルトは西欧の宮廷旅行を行ったが、1834年秋にはサンクトペテルブルグを訪問し、クルゼンシュタインにも面会した。地図の返却に添えた1834年10月12日のシーボルト宛のクルゼンシュタインの手紙には、樺太の島であるか否かの疑問の晴れたことと、地図発行の勧誘がみられる。これに対して、シーボルトは日本の友人に迷惑が及ぶため、発行を辞退していることが手紙等から明かである」とされた。この点を考慮すると、地図印刷は高橋景保の死後、1839年10月の間で限りなく1839年に近いと推定されるが、西欧では、一部貴族には1832年以降、一般には1840年代に樺太が島として認識されていたと推定される。

16） 沼尻が1800年に製作したといわれる地球儀が、和傘の技術によるものであれば、沼尻墨僊の傘式地球儀がBETTSのそれよりも40-50年早いことになる。BETTSの「NEW」に対する「旧版」については、現在の一般地図制作で「最新」とか「新」と名称の前につけ、他社よりも新情報による改訂を強調するのと同様の扱いと考えられる。

17) 有力者への献上物とは異なり、和田萬吉訳「モンタヌス日本誌」357Pのような航海用地球儀は、効率と危険防止から常に最新地理情報を備えたものに更新されたと推定される。

18) イルマン・ロウレンソ・メシヤの手紙を村上・渡辺（1928）は「前にみたることある地球儀を再び同所に持参せしめ」と訳し、岡本（1973）は原著をもとに「オルガンチーノの携行した」と記載している。日本語文書、特に歴史時代の文書では主語の省略が多いが、前者の格調高い（?）文語調の訳では主語が2カ所省略されているため、誰が見たのか、誰が持参せしめたのかが曖昧なことと、後者が原著をもとづく記載であることを考慮し、後者を採る。いづれにしても、地球儀の記録があることは共通する。

19) 松田・川崎訳フロイス日本史2 豊臣秀吉編II, p.95には、地球儀、地図の類は記載されていない。

20) 本文では1593年8月（文禄2年7月末）と記載されているが、前後の関連記事から誤植であることは明らかなため修正した。

21) 米国の台頭はあったにせよ、近代化の牽引車の役割を担い、世界各地に植民地を持ち、未だその野心を持つ大英帝国に最新の世界地理情報が集中したと推定される。国会図書館蔵で第二期（あるいは正式に?）として再開された当時の会誌を散見すると、王立地理協会は、上品に表現すれば、これらの情報交流のサロンの役目を果たしたことがうかがえる。

文献

鮎沢信太郎（1953）: 鎖国時代日本人の海外知識. 開国百年記念文化事業会, 東京, 498p.

Crawford, T.S. (1970): A history of the umbrella. David & Charles: Newton Abbot, London, 220p.

Farrell, J. (1985): Umbrellas and Parasols. The Costume Accessories Series, Ed. Dr A. Ribeiro, B.T. Batsford LTD., London, 96p.

Sangster William Edwin (1871): Umbrellas and their history. Cassell Petter and Galpin, London, 80p.

藤田元春（1984）: 改訂増補　日本地理学史　原書房, 東京, 677p. 初版1942

間和夫（1990）: わかりやすい絹の科学. 文化出版局, 東京, 119p.

平川祐弘（1989）: マテオリッチ伝1　平凡社, 東京, 初版1969.

飯田幸郷（1993）: 40カ国特許出願マニュアル. 発明協会, 東京, 345p.

今井湊（1960）: 松浦天地球両儀. 蘭学資料研究会研究報告No.62, 95-100.

石山彰（1977）: 日英仏独対照語付服飾辞典. KK.ダウイッド社, 東京, 935p.

金沢英之（2004）: 《地球》概念のもたらしたものー林羅山「排耶蘇」を読みながら. 比較文化論叢（札幌大学文化学部紀要 14, 15-41.

河原哲郎（1988）: 歴史と史跡 大野. 福井県大野市, 大野, 115p.

久木元章(1983): イギリス特許制度の解説. 発明協会, 東京, 306p.

県社柳廼社神徳記念展覧会（1925）: 県社柳廼社神徳記念展覧会出品目録. 大野, 130p.

村田八千代他（1972）: ソーイング・ブック. 衣生活研究会, 東京, 309p.

Arnoldus Montanus (1669): John Ogilby英訳本「ATLAS JAPANNENSIS」による和田萬吉の再訳版（1925年）「モンタヌス日本誌」, 丙午出版社. 469p.

ATLAS JAPANNENSIS: Being RemarkableAddresses By way of Embassy from the East-India Company of the United Provinces, to the Emperor of Japan containing a description of their several Territories, Cities, Temples, and Fortresses; Their Religions, Laws, and Customs; Their Prodigious Wealth, and Gorgeous Habits; The Nature of their Soil, Plants, Beasts, Hills, Rivers, and Fountains. with the Character of the Ancient and Modern Japanners. Collected out of their several Writings and Journals By Arnoldus Montanus. English'd, and Adorn'd with above a hundred several Sculptures, By John Ogilby Esq; Master of His Majesties revels in the Kingdom of IRELAND London Printed by the Johnson for the Author, and are to be had at his House in White Fryers. M. DC. LXX., この488頁の英訳本はMontanusの通信文や文書をもとにJohn Ogilbyが編訳したものであり，p.331に海図，p352

取調，416p.に地球儀の無心がそれぞれ記載されている．LondonでJonsonが印刷．なお，これは，現在（2016年）では，http://shinku.nichibun.ac.jp/kichosho/new/books/01/suema000000000bd.htmlで自由に閲覧できる．

成瀬信子（1985）：基礎被服材料学．文化出版局，東京，220p.

アンリー・ベルナール，アブランシェス・ピント，岡本良知編訳（1949）：「九州三侯遣欧使節行記」続編，東洋堂，東京，266p. 第2部　帰国後の経過及び副王使節の使命遂行（アパラートスより抄出）p.140-141.

岡本良知（1973）：十六世紀における日本地図の発達．八木書店，東京，306p. 本書は地理分野からの注目は少ないが，専門の語学力を駆使したマテオ・リッチ世界図，その他に関する考察もあり，地図史研究の重要文献と言える．

織田武雄・室賀信夫・海野一隆（1975）：日本古地図大成　世界図編，284p.及び同解説95p.，講談社，東京．

リーダズダイジエスト（1976）：世界の家庭選書ホームソーイングブック．日本リーダズダイジエスト社，東京，527p.

村上直次郎・渡辺世佑（1928）：耶蘇会士日本通信（下），駿南社，523p.

Sangster W. (1871): Umbrellas and their history. Cassell, Petter, and Galpin, London, 80p.

Siebold, P.F. (1832): NIPPON 第1巻は1932年，未完の最終配本である20巻が1851年とされ，13回に分けて配本されたことが知られている．オランダで合本・製本されているシーボルト記念館蔵の初版本も，刊行年の印刷された中表紙を欠くため，各巻の配本年は不明である．なお，この初版本では，各巻に図表が付属する．従って図録を別巻とした上に異版の図を追加した講談社版「NIPPON, 1975年刊行」の資料的価値は著しく低いと言わざるを得ない．

Siebold (1897): NIPPON　2巻本 (1) 421p., (2) 342p.は簡約版である．

庄野欽平（1876, 明治9年）：小学地球儀問答．横関昂蔵/庄野欽平校正，和装　全18丁　三書堂，大津．

久保譲次訳（1974, 明治7年）：地球儀用法 40丁．松栢堂，東京．

高橋景保（1810）：新訂萬國全圖．（鮎澤文庫所収）全1図葉．

高橋景保（1809）：新鐫總界全圖・日本辺界略図．（鮎澤文庫所収）1軸．

武田簡吾（1858）：輿地航海図．（鮎澤文庫所収，他）全1図葉．

田中茂（1967）：写真術の発明と日本への渡来　190p. 手書原稿．

図書刊行会編（1913）：通航一覧　第6，図書刊行会，東京，539p.

海野一隆（1987）：ファルク地球儀伝来の波紋．日本洋学史研究，8, 9-34.

宇都宮陽二朗（1991）：沼尻墨僊の考案した地球儀の制作技術．地学雑誌，100, 1111-1121.

宇都宮陽二朗（1992a）：沼尻墨僊作製の地球儀上の世界図．地学雑誌，101, 117-126.

宇都宮陽二朗・杉本幸男（1992b）：幕末における一舶来地球儀について－土井家（土井利忠）資料中の地球儀，日本地理学会予稿集，42, 130-131.

宇都宮陽二朗・杉本幸男（1994）：幕末における一舶来地球儀－英国BETTS社製携帯用地球儀について．地図，32, 3 12-24.

宇都宮陽二朗（1993）：地球儀にまつわる傘のはなし．筑波応用地学談話会会報 TAGS, 5, 71-85.

山口好文（1979）：実用服飾用語辞典　増補版．文化出版局，東京，217p.

PARAMORE,Kirilov (2006) 政治支配と排耶論－徳川前期における「耶蘇教」批判言説の政治的機能　東京大学学位論文要旨．

4.5　土井家旧蔵のBETTS新型携帯地球儀のゴアに関する2、3の知見

4.5.1　はじめに

幕末に舶来した土井家旧蔵のBETTS携帯地球儀の形態を中心に記載し、洋傘の鋼鉄製リブの開発、樺太島の認識と露清国境の位置から、その製作年代を1840年〜1858年+1、2年と推定した（宇都宮・杉本, 1994）。しかしながら、球面上の世界図に示された世界各地の地理情報の吟味により製作時期をさらに限定できるため、本稿では土井家旧蔵のBETTS携帯地球儀の地理情報とインスクリプションをもとに製作年代を推定し、あわせて地球儀製作社であるBETTS社及び現存する同社製地球儀に関する基礎情報を記載する。

これらの記載により本地球儀の製作技術上の意義と製作当時の世界地理情報及び文化的・政治的背景が明らかとなるため、将来においては、これらの情報をもとに、洋の東西で、ほぼ同時期に開発された折畳み（傘式）地球儀の比較を試みることにしたい。

4.5.2　球面上の地理情報による製作年代の推定

土井家旧蔵のBETTS地球儀の収納箱の蓋裏の宣伝文（宇都宮・杉本; 1994）は、1847年5月24日におけるRoyal Geographical SocietyのLoad Colchester会長の演説を若干変更して引用している[1]。会長演説では「フンボルトのKosmos第2巻が発行されたが、まだ英訳版はない」など、BETTS社の地図帳を含む新刊の地理書・地図類が[2]、さらに「新図を加えたBETTSの地図帳は、ほぼ60,000の項目索引がある。新奇ではないが、図郭外の文字の配列により検索が容易で、インド、カナダ、ポリネシア等の新地図が追加されている」とBETTS社の製品を紹介している。従って、この土井家旧蔵のBETTS社製地球儀は1847年の会長講演以降で、1858+1、2年の間に製作されたことになる。

写真1は地球儀球面を多くの角度から撮影して合成したゴアである。これによると、MONGOLIA, CHINA, MANCHOURIAからなるCHINESE EMPIREとRUSSIAN EMPIREとの国境は、愛琿条約（1858年）及び北京条約（1860年）による国境変更前の位置にある（写真2）。日本では、樺太島と「Jedo, Miyako, Matsmai[3]」が見られ、1868年以前の情報が示されている。アラスカはUSAによる1867年のアラスカ購入前の名称で、RUSSIAN TERRITORYと表示される（写真3）。

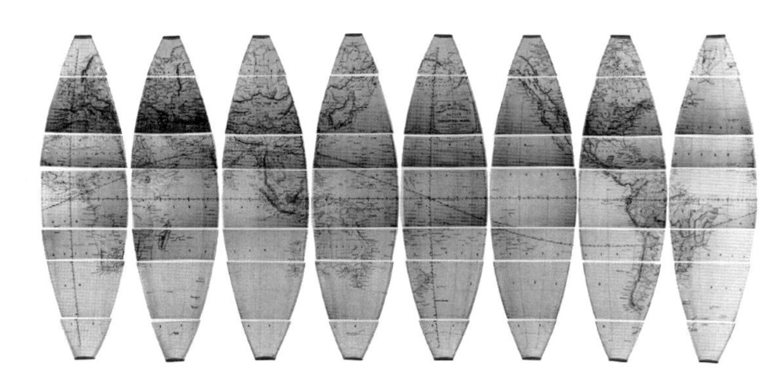

写真1　BETTS携帯地球儀上の世界図（撮影・編図：宇都宮）
多角撮影による世界図（ゴア）の復原。但し各部分図はそれぞれ縁辺部分が一部分重複する。

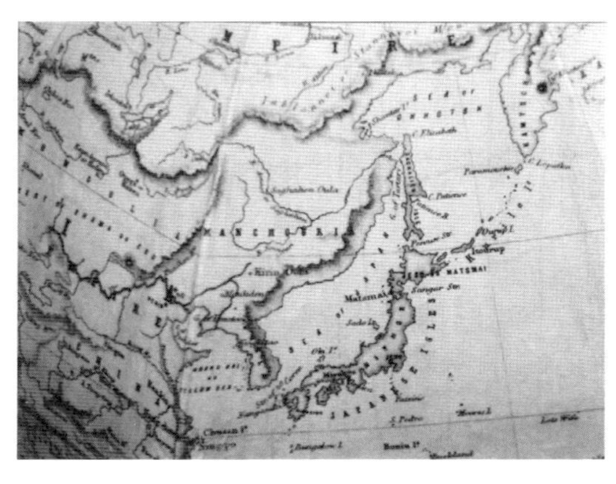

写真2　アジア東部における露西亜とその周辺国の国境地域（撮影：宇都宮）
現在の都邑名、ChumikanからStanovoy山脈に東西に走る国境を示す彩色の違いが見られ、南はMANCHURIAに、さらに南の北京付近より南をEMPIRE CHINAに彩色している。日ソ国境は、樺太で北緯50°、千島で東経150°付近にあり、戦前の千島全域の日本領を示していない。

写真3　米ロシア国境を中心とした地域（撮影：宇都宮）
現在のアラスカ州は、1867年USA購入前の、RUSSIAN TERRITORYで表示されてある。

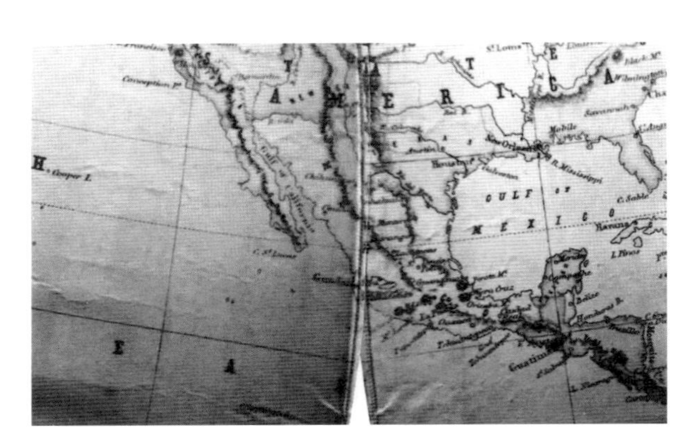

写真4　米メキシコ国境を中心とした地域（撮影：宇都宮）
1854年のGadsden購入以前の国境を示す。

USAとメキシコ国境では、西のSan Diegoから、Yumaをへて、R. Gila水系を通り、Poenixをへて、El. Paso北方、R. Rio Grande支流のR. Pecosから、R. Rio Grandeの河口に至る。この国境線は現在のそれより北方を通り、1848年のUSA・メキシコ戦争後の位置にあり、1853年のGodsden購入前の位置にある（写真4）。なお、Lanman（1987）は、後年に製作された同型地球儀でもUSAとメキシコ国境が、1853年のGodsden購入前の状態にあり、USA購入後のアラスカが示されていないことから地理情報の更新が不完全であると指摘している。Lanmanが最古とみなした同型地球儀で、アラスカを「Russian Alaska」と記載しているが、彼が「Russian Territory」を言い換えたものであろう。さもなければ別版の携帯地球儀となる。

1867年に自治連邦となったカナダにはBRITISH AMERICAの表示があり、現在のオンタリオとケベック州南部がCANADA、ケベック州北部とラプラドルが、LABRADORと記載されるのみである。なお、Baffin島のFoxe Basin（フォックス湾）に面するFrobisher Bay沿岸及びFoxe半島沿岸の海岸線（The Foxe Basin Coasts）を欠く。

西欧では、紫色のプロシアと黄土色のオーストリアが広大な面積を占めるが、両国の国境は1814年のウイーン会議後の国境で、プロシアの対オーストリア勝利（1866年）後の北ドイツ連邦のそれではない。群雄割拠するイタリアでは、Veniceを含むベネト地方（1866にイタリアに合併、以下各括弧内は合併年）、パルマ公領（1860）、モデナ公領（1860）、ロンバルド地方（1859）がオーストリアと同様の黄土色で示され、少なくとも、1859年以前の地理情報が示されている。

1830年にトルコから独立したギリシアとトルコとの国境はKefallinia島からKardhitsa南方のTimfristos Mt.付近を経てAlmirosに至り、現在のギリシア領土の大部分はトルコの支配下にある。Candia（Kreta）島もトルコと同様の緑色で表され、ボスポラス海峡に臨むConstantinopleが認められる。

アフリカ内陸部は西欧列強の本格的な植民地拡張に先立つ情報収集（探検）期で、地理情報は多くない[4)]。同型の地球儀で、Lanman（1987）が記載したように、Niger RiverはJolibaと名付けられ、中流域にあたるTimbuctooの東（Lanman（1987）は西と記載）は点線をなす。しかしながら、後述のSchmidt氏蔵のBETTS旧型地球儀では実線で示されている。Lake Albert及びLake Victoriaの2湖沼の記載はない。なお、1864年にBakerの発見したLake Albertが見られないため、Lanman（1987）は、同型地球儀の製作時期を1860年頃と推定した。

土井家旧蔵の地球儀の世界図上には、ザンベジ川の30°EからVictoria Falls（1855年発見）付近及びザイール水系上流部における1854年までのLivingstoneの探検ルート沿いが破線ではあるが、後述する同時代の地図よりも精密に表されている。また、Livingstoneは英艦の寄泊するアンゴラ滞在時（1854年6～9月）に、現地の新聞へ提言

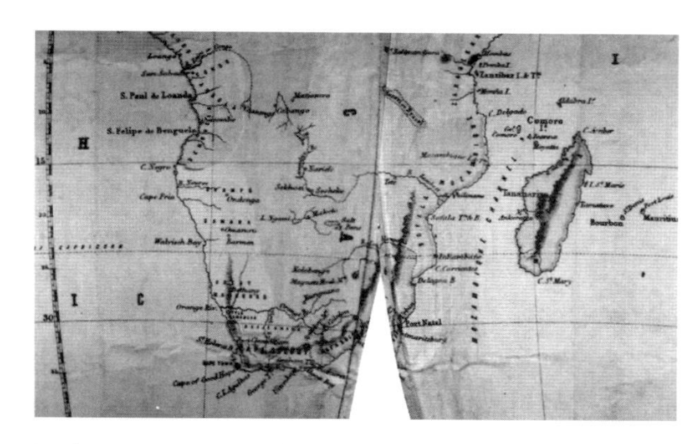

写真5　アフリカ中部、Zambezi河流域を中心とした地域（撮影：宇都宮）

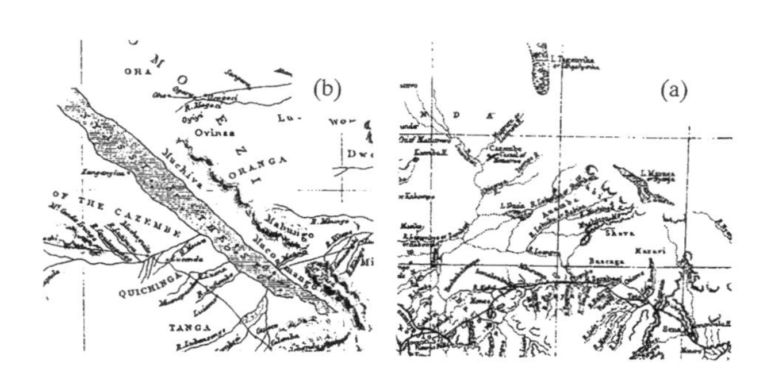

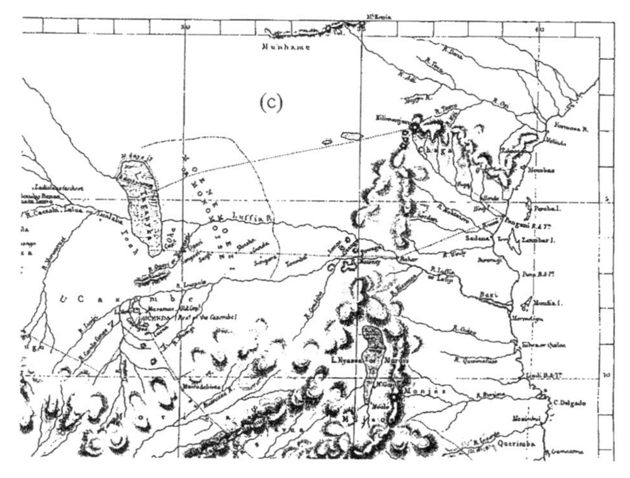

図1　1845-57年の西欧諸国におけるアフリカ中央部の地理情報
（a）Livingstone (1857)　（b）Cooley (1845)
（c）McQueen (1856)

と旅行記を発表する他、Royal Geographical Societyへ手紙により報告した（Livingstone, 1854, 1855, 1856)。その結果、同協会から1855年に金メダルを受領している。内陸の中継基地であるリニヤンテイに帰着した1855年には、既にMrs. Moffat[5]他から送られた食料郵便物及びニュースが届いていた（Livingstone, 1857）このような文書の交換及び、手紙または代読による同協会の例会報告から、英国（Royal Geographical Society）では1854、55年中には、カラハリ砂漠、塩湖、ヌガミ湖（1849年到達）、ザンベジ上流域及びアンゴラまでのLivingstoneの探検による地理情報（1851-54）を把握していたことが明らかである。

一方、1855年からのアンゴラ行の後に発見・命名されたVictoria fallsは記載されておらず、ザンベジ河支流の破線で示されるMalawi（ニアサ）湖の長軸方向と位置は正確でない（写真5)。湖岸線が破線であること、ザンベジ～ニヤサ湖間の水系を欠くこと、天測とクロノメータによる位置決定の正確さで知られるLivingstoneの探検結果としては位置、方角の不正確なことから、1859年のマラウイ（ニアサ）探検結果に基づいていないと推定される。なお、Livingstone（1857）の付図「Map of South Africa showing the routes of the Revd. Dr. Livingstone between 1849 & 1856. By John Arrowsmith. 1857」では、それぞれ南北方向及び北西－南東方向の長軸を有するタンガニカ湖南半分（28.5-29.5°E, 5.5-8°S）とニヤサ湖（32-34.5°E, 11-12.5°S）が破線で示されている（図1, a)。このニヤサ湖の長軸方向は土井家旧蔵地球儀上のそれに、ほぼ一致する。

しかしながら、既に、1845年にはW.D. Cooleyが古典資料とアラブ人の情報により、30-35°E、8-12°Sで北西方向に長軸を示すニヤサ湖を図示しており（Cooley, 1845）（図1, b)、BETTS地球儀上のニヤサ湖（30-35.1°E, 7.6-11.5°S）の地理的位置はそれに近似する。また、アラブ人の情報に基づくMc. Queenの南及び中央アフリカ図中の、タンガニーカ湖（28-29.4°E, 3.5-6.5°S）とニヤサ湖（35.3-36°E, 8.5-10.8°S）の形状及び位置も正確ではない（Mc.Queen, 1856）（図1, c)。このように、英国で当時知られていた地図情報と比較すると1856年及び1857年の時点でも、両湖の地理情報は不十分であるが、土井家旧蔵の地球儀上のニヤサ湖はCooleyのそれにほぼ一致するため、リビングストン及び本地球儀上のニヤサ湖はCooley（1845）の地図情報に基づくことが知られる。ナイル源流部のヴィクトリア湖（1862年スピークがナイル源流と確認)、タンガニーカ湖（1858年にバートンとスピークが到達）は土井家旧蔵の地球儀上には示されていない。

土井家旧蔵の地球儀上のパプアニューギニア及びオーストラリアでは、オーストラリア内陸部の地名は、ほとんど無く、Strut砂漠以北のBarcoo River上流部の水系が示されるのみで、下流部及び流入先のEyre湖及び、Gardner, Torrens, Fromeの各湖沼を欠く。オーストラリアは東岸から入植が進み、自然的な条件もあり、South Australia州の開発が遅れたためであろう（Heathcote: 1975, 金田: 1985）。

129°Eの子午線はNorth Australiaと西のWestern Australiaの境界線をなし、129°Eと132°Eの間では、North Australiaは大陸南岸に達している。North AustraliaとSouth Australia及びNew South Walesの境界線は132°Eの子午線と26°Sの経線が充てられている（写真6）。141°EはSouth AustraliaとNew South Walesの境界をなし、1859年に分離したQueenslandはなく、North Australiaに一括されている。North AustraliaとNew South Walesの境界は、South AustraliaとNorthern Australiaのなす26°Sの境界線の東方延長線が充てられている。1851年入植のVictoriaとSouth Australiaは141°Eで接し、New South Walesの境界線はMurray Riverの水系からMt. Kosdiuskの西、Bombalaの南を経て、Cape Howeに至る現在の境界線と同じ位置にある。オーストラリア北方のNew Gunea島のTorres海峡付近とPapua湾より南東部の海岸線は描かれていない。

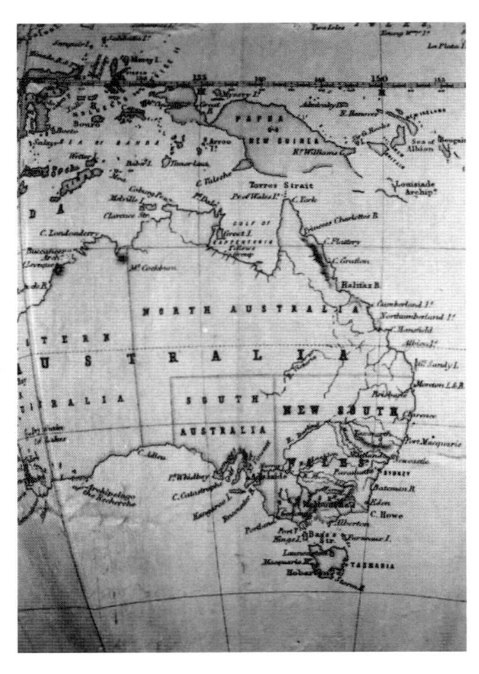

写真6　オーストラリアにおけるコロニー線の境界（撮影：宇都宮）

以上のことから、土井家旧蔵のBETTS地球儀には、アフリカでは、Livingstoneのヌガミ湖とその周辺の塩湖、ザンベジ河上流域など、少なくとも1854年までの探検結果が記載されるが、1855-6年の東岸旅行の成果は収録されず、また、バートンとスピークにより1858年に確認されたタンガニーカ湖の範囲は推定のままである。オーストラリアの地理情報は、1851年のVictoriaが独立の植民地となった後であり、1859年のQueenslandの植民地再分割以前のそれを示す。

地球儀の製作当時の英領地域以外で、英国による植民地化の意図が少ない地域、英国に直接には関わらない米国とメキシコやロシアと清などの国境については、すでにLanman（1987）が指摘したように地図情報の更新の遅れが見られるが、製品の販売に関わるコマーシャルベースを含めた、英国の国益に直接関わる、植民地の再分割/整理に伴う境界線の修正と植民地拡張を意図したアフリカの情報の改訂に時間を要したと考えられない。

このBETTS地球儀球面上の世界図は、自国（英領）植民地の動向に詳しい本国で作成されたこと、地図発行の自由競争下では、迅速な地図改訂が商業上、不可欠であり、当時、特に注目されたアフリカ及びオーストラリアの地理情報から、この土井家蔵地球儀は1855～1858年、より狭く見ると1855-56年に製作されたと推定される。

4.5.3　BETTS携帯地球儀の製作過程と現状

4.5.3.1　特許にみるBETTS地球儀

この地球儀球面上のインスクリプションには「Patent」が印刷され、既得のように権利主張がなされているため、特許データベースをもとに、1617年から1900年の間のアルファベット順検索と1852-1900年の年別検索によりBETTS社の特許申請状況を調べた。これによると、John Bettsの特許申請は「地図とその他のデザインを印刷するための面の確保」に関する1858年6月25日付け（申請番号, No.1432）の1件のみである。しかしながら、これは仮の特許で所定の期間内に手続きが未完了であるため、正式な特許登録はなされていない。さらに、1617-1872年間の「地図と地球儀」のsubject matter indexによる検索でもBETTS又は携帯用地球儀に関する追加記事が見られないため、BETTSのポータブル地球儀の特許は未取得であったと見なさざるを得ない。以上のことから、特許未申請にもかかわらず、BETTSがインスクリプションに「Patent」と記載したのは独占的な製作と販売権益の確保を意図した販売戦略上のものと考えられる。さらに、特許申請期限内の手続が未完了であるという事実から、同社にはこれらの事務に通じた人材を欠いていたことも窺える。

4.5.3.2 現存するBETTS携帯地球儀について

次に、土井家旧蔵の地球儀に関する重要な資料として、Schmidt氏及びNational Maritime Museum蔵の地球儀を記載する。Schmidt氏蔵のBETTS地球儀は、ボール紙の薄い化粧箱に格納される本体、小冊子と付図からなる[6]。赤道部で相互に連結され、表面に世界図が印刷された紡錘形の8枚の厚紙からなるゴアの長さは、南北極間で、200mm、赤道部の経度45度間で、50mm、従って誤差を含む赤道周長は400～404mmとなり、円周を仮定すると赤道の直径は12.7～12.9mmとなる。2枚の厚紙を張り合わせ、国境などが着色されるゴアを相互に連結させるため、赤道部の南北7°付近の裏側には幅約16mmの帯状の紙（布?）が挟み込まれている。ゴアの南北両端の各tipにそれぞれ8本の縒り紐が取り付けられ、象牙製の留め具の穴を通じて束ねられ、端の木片にそれぞれ結ばれる（写真7)。留め具をゴアの各tip（南及び北極）方向に移動し、極に近づけて、tipが留め具に集まると8枚のゴアは外側に弯曲し全体として球形化する（写真8)。なお、留め具の穴は束ねた8本の紐を留めるのに充分な摩擦を有するため、弯曲状態を保持できる。インスクリプションにはBETTS'S/PORTABLE/TERRESTRIAL GLOBE/LONDON/John Betts 115 Strandと示されている。付属のリーフレット最終頁の宣伝文に、「May, 1850」とあるため、1850年5月にはこの旧型地球儀が製造されていたと推定される[7]。

National Maritime Museumの地球儀は、それぞれ、G231、G207、G232として登録され、直径140mmのG231が1850年、直径410mmのG207が1880年頃、直径420mmのG232が1920年の製作とされている。

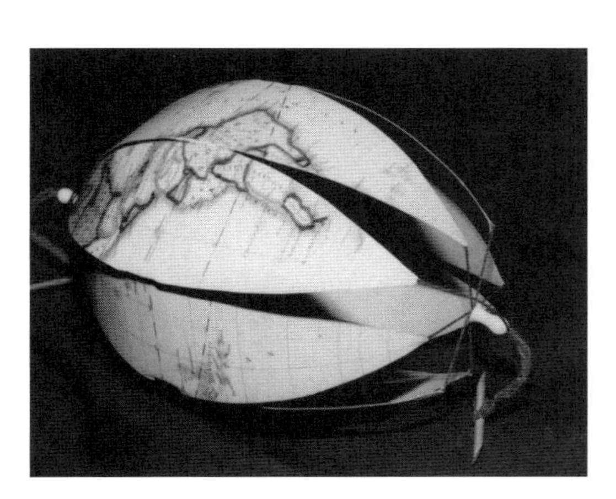

写真7　Schmidt氏蔵BETTS旧型携帯地球儀（伸開途中の状態）
球体化する直前の形態で、ゴア南北両端（南北極）に接続する赤い8本の縒糸及び象牙の留具。（撮影：宇都宮）

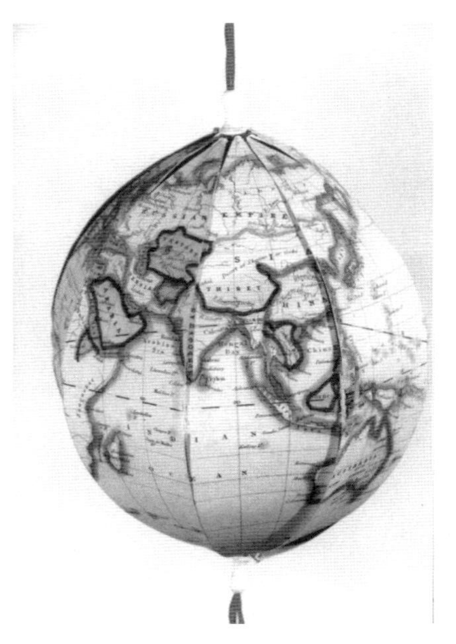

写真8　Schmidt氏蔵のBETTS旧型携帯地球儀（伸開した状態）
縒紐を束ねる象牙の留具を両極に移動させ球体化する。赤道部裏面南北5°程の帯が各ゴアを連結する。
（写真はSchmidt氏提供）

G231のインスクリプションはBetts's/Portable/Terrestrial Globe/London/John Betts 115 Strandで、色刷りの8枚の紙のゴアに接続する赤い綿の紐（両端は小さな木片で結ばれる）を引き、2個の象牙のストッパーにより極の部分で保持して球形化する。G207のインスクリプションはBy the Queen's/Royal Letters Patent/BETTS'S/NEW PORTABLE/TERRESTRIAL GLOBE/Compiled from/THE LATEST AND BEST AUTHORITIES/London John Betts 115 Strandで、8枚の絹のゴアが傘タイプのスチールと真鍮のフレーム上に張られている。この地球儀には、ラベルと宣伝文の貼られたオリジナルの木箱が付属する。

G232のインスクリプションはBy Royal Letters Patent/BETTS'S/Portable/Terrestrial Globe/compiled from/the latest and best authorities London George Philip & Son Ltd 32 Fleet Street Liverpool Philip Son and Nephew Ltd 20 Church Streetで、8枚の綿のゴアが傘タイプのスチールと真鍮のフレーム上に張られている。これはオリジナルの厚紙からなる円筒に格納される。これらのインスクリプションと説明から、BETTS社の携帯型地球儀には新旧の2様式があり、旧式は紙、新式は布製のゴアからなること、BETTS社の携帯型地球儀はBETTS社からPhilip社にブランド名と販売権が移動したこと、格納ケースは紙製の（安価な）円筒であることが知られる。

1850年にRoyal Geographical Societyが入手したBETTS地球儀とNational Maritime Museumの1850年製の地球儀及びSchmidt氏蔵の1850年製携帯用地球儀の同一性の解明は十分ではないが、少なくとも直径410-420mmの携帯型地球儀については、直径とインスクリプションから、ほぼ土井家旧蔵の地球儀と同形式と推定される。

従って、土井家旧蔵BETTS地球儀は、Schmidt氏、Royal Geographical Society及びNational Maritime Museumが所蔵する1850年製のBETTSの旧型携帯地球儀の改訂版であり、インスクリプションの「new」は、文字どおり「新製品」を意味する[8]。なお、この携帯用地球儀の販売権が、Philip社にブランド名とも一括して引き継がれたことは、この地球儀のユニークさが認識されていたためであろう。

以上のことから、BETTS製の新・旧携帯用地球儀は、Royal Geographical Society、1個、Science Museum、1個、National Maritime Museum、3個、コロネリ国際地球儀学会長のMr. Schmidt、同事務局のMrs. Wohlschläger及び土井家旧蔵の各1個を合わせると、少なくとも8個現存する。他に米国のLibrary Congressに1個（Lanmanは4個を記載したが、1個のみ出所を明記）、オークションのカタログに記載された一個及び尾島家蔵の（秋岡; 1933）[9]を含めると合計11個（14個?）で、このうち新型はNational Maritime Museum、1個、コロネリ学会同事務局のMs. Wohlschläger及び土井家旧蔵及びLibrary Congress、1（4?）個で計4（7）となる。その後、海外のディラーやオークション出品の同型地球儀を4、5点見かけてはいるが、オランダ製もあり、10個程度と推定される。しかし、次の会社履歴から知られるとおり、実際にBETTS社が製造し、現存する傘式地球儀の数は極めて限られるであろう。

4.5.3.3　BETTS社について

各年別にアルファベット順に整理され、1841年からは街区とtradeのタイプごとにリストアップされるKelly's Dictionary (LondonのTrading Establishments) の1825-1881年間のほとんどの版を、さらに矛盾が無いように相互チェックのため、subject directoryの中で「地図及び海図販売と出版社」を指定して、John Bettsを調べたところ、John Betts社は1827年に7 Compton Street Brunswick Squareに文具、書籍商として設立され、1841年には書籍販売商と出版社となっている。1845年には、第2のJohn Betts社が地図出版社、書籍販売・文具商として115 Strand地区に設立された。Kelly's Dictionaryの1846年版では、115 Strandの同一住所にJohn Bettsの名称で、2社が登録され、一つは書籍販売・出版社で、他は地図出版社、書籍販売・文具商であるが、7 Compton Streetの旧住所にはBETTS社の名前はない。1847-74年の間、John Betts社は115 Strandで、地図出版社、書籍販売・文具商として登録されている。しかし、1875年以降には記録はなく、115 Strandは出版物販売商、print sellerが占めている。

Tooley's dictionary of Mapmakers（1979版）のBETTSの項では、活躍した時代（fl.）は、1844-63年で、London, 7 Compton St. Brunswick Sq.及び115 Strand.で出版社を営業し、Itinerant and commercial map England (1939), Family Atlas (1848 1863, with Carson), Six penny Maps (1846), portable globe (1850), educational maps (1852-1861) などを発行したとされる。なお、Tooley's dictionary中の地球儀はBETTSが1850年に初めて販売した製品のみを例示しているが、これはBETTS旧型携帯地球儀のことである[10)]。

以上から、BETTS社は初めCompton St. Brunswick Sq.に設立され、次に115 Strandに進出し、LONDONを中心に1827から1874年にかけて事業を展開した文具店兼地図・書籍の出版販売会社で、後に地図、地球儀を製作・販売するなど事業を拡大したことが知られる。BETTSの携帯用地球儀については、その後、Philip社が製作と販売権を取得したが、それはPhilip社が地球儀を最初に販売した1880年ではなく、John Bettsの閉店（倒産？）の年（1875年）まで遡ることが可能であろう。

4.5.4　まとめ

BETTS社の沿革、同社製の新旧携帯型地球儀、特許申請状況及びLivingstoneの1854年までの探検結果は記載されるが、1855-56年の東岸旅行の成果を欠き、バートンとスピークによる1858年のタンガニーカ湖の確認が反映されていないこと、オーストラリアでは1859年のQueenslandの再分割以前であるなどの地理情報から、土井家旧蔵のBETTS地球儀は1855-1858年、さらに細かく見ると、1855-56年に製造されたと推定される。また、型式と記載内容の異なるBETTS社の新旧携帯地球儀は日本の他、英米、オーストリアに現存し、写真記録を含めると、少なくとも10個（14個？）を数える。インスクリプション中の傘構造による折り畳み方式（?）の特許については、その特許の申請も取得もないことが明らかとなった。BETTS社は、文具と書籍販売店として1827年に設立され、書籍（1841）から地図（1845）の出版、地球儀の製作・販売（1850-1859年、1874まで販売か？）まで手広く営業したが、1874/75年に閉店し、その後、BETTS携帯地球儀の名称と販売権は同業者のPhilip社に移った。その時期はBETTS社閉店の1875年まで遡及されよう。

あとがき

本稿は、X. Mazda (Science Museum), B. D. Thynne (National Maritime Museum) との共著として、筆者が取り纏めた研究報告「土井家旧蔵のBETTS携帯型地球儀球面上の世界図に関する2，3の知見」に加筆修正を加えたものである。

謝辞

1996年7月のISPRS「写真測量とリモートセンシング国際会議（ウイーン）」の合間をみて、国際コロネリ学会のSchmidt会長宅を訪問し、同氏から、本稿の執筆完遂に貴重な同氏蔵のBETTS旧型（支那のランタン型）携帯地球儀をはじめ、多数の地球儀の提示・概要説明と関連資料の提供を受けた。なお、同時に同事務局のMs. Heide Wohlschlägerには、同女史所蔵のBETTS新型（傘式）携帯地球儀を閲覧・撮影する機会を与えられた。Royal Geographical SocietyのA. F. Tatham氏及びBritish LibraryのG. Armitage氏には会長演説、旧型地球儀及び文献に関する貴重な情報をいただき、Jonathan T. Lanman氏には文献の入手でお世話になった。リビングストンの原著へのアクセスでは東京大学理学部大学院生物学教室の近藤矩朗教授にお世話いただいた。記して謝意を表する次第である。

注

1） Geographical Journalの前身、Royal Geographical Societyの名称及び機関誌の名称は時代により変わる。Journ. of the Royal Geographical Society, Vol.17 (1847)

2） A. F. Tatham氏によると、当時の会長演説では、一般に刊行された地理書の紹介が行われており、BETTS氏と会長が個人的に親密であったわけではないということである。

3） 原文のまま（誤植か?）

4） コンゴ及びザンベジの両河口はいづれも、ポルトガル領植民地であったが、英国はその再割譲を意図しており、宗教的目的の下になされた宣教師、リビングストンによる探検もそれらの戦略/政策の中に組み込まれていたと推定される。進出のための主交通路として可航河川か否かに彼の注意が注がれている。

5） Mr. MoffatはRoyal Geographical Societyの会誌にアフリカ南部の探検記を記載している。

6） BETTS社の旧型携帯用地球儀は、極めて短時間の観察であり、ここでは概要にとどめ、将来の詳細な調査により稿を改めて記載したい。

7） originalの所有者でないとしてLanman氏が依頼したNational Maritime MuseumのMr. Thynne氏から贈られた旧型地球儀のリーフレットのコピーは、筆者の手元にあったが、BETTS地球儀の新旧の存在の疑問と、土井家蔵地球儀と同型の地球儀に添付されたものか不明なため、本文以外に充分な注意を加えなかった。Schmidt宅における1996年の短い観察から、同氏蔵のBETTS旧型地球儀に、リーフレットの付属することが確認された。なお、リーフレット中の宣伝文の記述からこの旧型地球儀の製作年が推定可能なことをSchmidt氏から指摘され、リーフレットの表紙に加えられた手書き文字の1850がThynne氏を介して筆者へ届いたコピーのそれと一致するため、Schmidt氏藏旧型地球儀付属のleafletのコピーであることが判明した。

8） 最近の地図類でも「最新」「新版」を冠することが多いが、その開始はコマーシャリズムからの要請に始まったもので、ほぼ、この時代以降であろう。

9） 尾島琢宥氏蔵で絹張りと記載されているが、戦災を経ており、現存の可能性は薄い。この本は、小光社製の風船式折り畳み地球儀用の説明書で商業的色彩の強い記述を含み、一般啓蒙書とは性格を異にする。東経110°の赤道付近を中心とする地球儀の写真中のオーストラリアは、129°Eと132°E間で、North Australiaが南岸に達し、South AustraliaとNorthern Australia間の26°Sの境界線の東方延長線がNorth AustraliaとNew South Walesの境界をなす。以上のように、秋岡が十分な根拠を示さず1853-58年製と推定した尾島家蔵の地球儀中の、少なくとも、オーストラリアのコロニーの境界線は土井家旧蔵の地球儀に類似している。

10） 日本においては、ここで報告しているBETTS社新型携帯用地球儀を1850年製の厚紙製の（旧型の）携帯用地球儀と誤解した記載がみられるが、新旧地球儀の2種の存在を確認せず、単にTooley等の書誌資料にのみ依拠し、記載したことによる事実誤認である。歴史家を中心とする地図学（史）研究では、対象自体より古文書等の2次あるいは間接資料への依存度が高く、そのアプローチが主流をなすが、少なくとも、現存する対象に関する研究においては、対象自体の確認とその科学的記載が、まず、最初に行われるべきであろう。

文献

Betts, J. (ca 1850): A companion to Betts's Portable Globe and Diagrams. John Betts, London, 16p. advertisement, 2p. Fig., 2 sheet

Cooley, William. Desborough (1845): The geography of N'yassi, or the Great Lake of Southern Africa, investigated; with an account of the Overland Route from the Quanza in Angola to Zambezi in the government of Mozambique. "Map of Nyassi or the Grest Lake of Southern Africa with the country between it & the eastern coast. exhibiting also the line of communication between the Quanza in Angola and the Zambezi in the Government of Mozambique." The Journal of the Royal Geographical Society of London, 15, 185-235.

Heathcote, R. L. (1975): Australia - The world landscapes-. Longman, London, 246p.

Lanman, J. T. (1887):Folding or collapsable terrestrial globes. Der Globusfreund. Nr. 35/37, 39-44.

Livingstone David (1854): Explorations into the Interior of Africa. "Exploration of Africa. Sketch of a route from the River Chobeto Loando performed by the Rev. Dr. Livingstone. 1853-54." The Journal of the Royal Geographical Society, 24, 291-306.

Livingstone David (1855): Explorations into the Interior of Africa. "Exploration of Africa. Sketch of a route from the Barotse valley, on the river Leeambye, to Loando; performed by the Rev. Dr. Livingstone." The Journal of the Royal Geographical Society, 25, 218-237.

Livingstone David (1856): Explorations into the Interior of Africa. The Journal of the Royal Geographical Society, 26, 78-84.

Livingstone David (1857): Missionary Travels and Researches in Soutth Africa; including a sketch of sixteen years's residence in the interior of Africa, and a journey from the Cape of Good Hope to Loanda on the west coast; thence across the continent, down the River Zambesi, to the eastern ocean. John Murray, London, 687p. 付図2葉.

Livingstone David (1887): A Popular Account of Dr. Livingstone's Expedition to the Zambesi and its Tributaries: and of the Discovery of Lake Shirwa and Nyassa, 1858-1864. John Murray, London, 1878. 5.1の死後出版される.

Lord Colchester (1847) An address of the president of Royal Geographical Society. Journ. of Royal Geographical Society Vol.17, xxix-xlviii.

McQueen, James (1856): Note on the geography of Central Africa, from the research of Livingstone, Monteiro, Graca, and others. "Map of Southern Central Africa." The Journal of the Royal Geographical Society, 26, 109-130.

Murray, Jocelyn ed. (1981): Cultural Atlas of Africa. Phaiden Press Ltd., Oxford, 240p.

Museum Boerhaave (1994): The world in your hands - An exhibition of globes and Planetaria from the collection of Rudolf Schmidt. CHRISTIE'S, Lithoflow ltd. 122p., London.

Shepherd, W. D. (1980): Shepherd's Historical Atlas. Barnes & Noble.Inc., 226p.

秋岡武次郎（1933）: 地球儀の用法. 小光社, 東京, 70p.

平凡社（1984, 85）: 平凡社百科事典 (1)1289p. (8)1274p. (14)1339p. (15)1408p.

平凡社（1981）: 世界大百科事典(6)712p., (30)642p.

金田章裕（1985）: オーストラリア歴史地理－都市と農地の方格プラン. 地人書房, 京都, 282p.

増田義郎監訳（1995）: タイムス・アトラス世界探検歴史地図 "The Times Atlas of World Exploration. edited by F.F. Alfmest, Harper Collines 1991", 290p., 原書房, 東京.

中村能三訳（1979）: リビングストン　アフリカの旅「Elspeth Huxley (1974): Livingstone. Weidenfeld & Nicolson Ltd., London」の訳, 東京, 草思社, 209p.

塩谷太郎訳（1976）: リビングストン　秘境アフリカ探検. あかね書房, 東京, 189p.

高橋景保（1809）: 日本辺界略図（鮎沢文庫）

東京科学博物館（1934）: 江戸時代の科学. 1995年　名著刊行会, 復刻版, 345p.+49p.

海野一隆（1996）: 地図の文化史, 八坂書房, 東京.

宇都宮陽二朗（1991）: 沼尻墨僊の考案した地球儀の製作技術. 地学雑誌, 100, 1111-1121.

宇都宮陽二朗（1992a）: 沼尻墨僊作製の地球儀上の世界図. 地学雑誌, 101, 117-126.

宇都宮陽二朗・杉本幸男（1992b）: 幕末における一舶来地球儀について－土井家（土井利忠）資料中の地球儀, 日本地理学会予稿集, 42, 130-131.

宇都宮陽二朗・杉本幸男（1994）: 幕末における一舶来地球儀－英国BETTS社製携帯用地球儀について. 地図, 32,3 12-24.

4.6 沼尻墨僊の大輿地球儀とBETTS携帯用地球儀（新旧）の比較

4.6.1 はじめに

一般に傘式地球儀として知られる沼尻墨僊の大輿地球儀とBETTSの新型携帯地球儀（花枠飾りに"~BETTS'S NEW PORTABLE TERRESTRIAL GLOBE"~」と記す地球儀、以下、新型携帯地球儀と呼ぶ）との比較のため、表1を作成した。本表にはこれに密接なカードボード製のBETTS携帯地球儀（花枠飾りに"BETTS'S PORTABLE TERRESTRIAL GLOBE"と記され、NEWを欠く地球儀で、ここでは旧型携帯地球儀と呼ぶ）も加えた。以下では作成した表1により、大輿地球儀と新型携帯地球儀に加え、旧型携帯地球儀についても比較してみたい。

4.6.2 製作時期について

製造時期は墨僊の大輿地球儀では箱書きに「安政二乙卯孟旹（安政2年孟春《1855年1月》）」と記され、明白である。ただし、水戸斉昭の言を認めた藤田誠之進（東湖）の書状によると同型の地球儀は安政元（1854）年又はそれより前に製作されていたことになる。これに対してBETTS社の新型、旧型のいずれの携帯地球儀にも製造年は記載されていない。福井県の大野城主土井利忠を祀る柳廼社（やなぎのやしろしゃ）蔵のBETTS新型携帯地球儀は、鯨髭のリブ（親骨）から鋼鉄のリブに替わって、洋傘の大量生産が開始された後の製品であり、ゴアに描かれた、豪州におけるコロニーの境界線、中ロ国境、合衆国とメキシコの国境（ガッデム購入によるメキシコ領の併合）、ロシアアラスカの名称、アフリカ内陸部における地理情報（ザンベジ川の30°EからVictoria Falls（1855年発見）付近及びザイール水系上流部の1854年までのLivingstoneの破線による探検ルートの記載、1855年に西欧人が発見したVictoria fallsなどザンベジ河上流部の情報の欠落、「マクドナルド島、1854年発見」の注記、BETTS社の1875年の閉鎖とPhilip社への経営権移動、明治維新（1868年）前に入手された大野藩、土井家の所蔵品であることから、製造年が絞られ、製造年は、1855≦ ＜1858と推定された（宇都宮他, 1994, 1997, Utsunomiya, 2009）。

一方、BETTS社製旧型携帯地球儀については、1996年7月12日、Schmidt氏宅を訪問し、Ms. Wohlschläger所蔵の新型携帯地球儀とSchmidt氏蔵の旧型携帯地球儀（写真1）を撮影させていただいた。旧型携帯地球儀の納まる紙製化粧箱には説明書「*A companion to Betts's Portable Globe and Diagrams*」が同梱されてあった。同氏はそのコマーシャル頁の記述から1850年製作とみて、その表紙に「1850」と手書きしている。その根拠を問うた筆者に同氏は、無言でその箇所を示し、筆者もそれを確認した。BETTS携帯用地球儀の製作年については、日本ではBETTSの携帯地球儀に新旧の存在することは知られていなかった。そのため、それらを同一視し、新型携帯地球儀の製作年が1850年であり、墨僊の傘式地球儀の製造年より先であると見る者もおり、一般啓蒙書にも転載されている。これは、洋書中の文言のみで1850年製造と即断したものである。当該意見の初出以前にBETTSの携帯地球儀に新旧の2種が存在すること及び、BETTSの新型携帯地球儀の製造年を筆者が記載していたにもかかわらず、錯誤が生じている。これは、洋書中の「portable terrestrial globe」の名称のみを認識し、現物の確認を怠ったことによる誤りである。BETTSの新型携帯地球儀の記載不足は洋書著者の落ち度（調査不足）によるが、英国では、BETTS社の倒産、Philip社の買収と版権取得、改訂版（?）や別会社及び幾度かの製造年がみられ、BETTS社による新型携帯地球儀の製作時期が、最近まで不確かであったことも否めない。この新型携帯地球儀は、BETTS社の名を残したまま、それを引き継いだ販売者（Philip & Sons）が、後年（1910年台）、新型の（傘式）地球儀に付与されていた「new」を外し、旧型携帯地球儀と同じ名前の「portable terrestrial globe」に改名し、安造りのカードボード製の円筒ケースに収納して販売しており、これも混乱に拍車をかけている。しかしながら、欧米ではJ. T. Lanman (1987)の報告以降、BETTS社による新型携帯地球儀の製作時期は、彼の推定した「1860年頃」が製造年として踏襲されているようである。

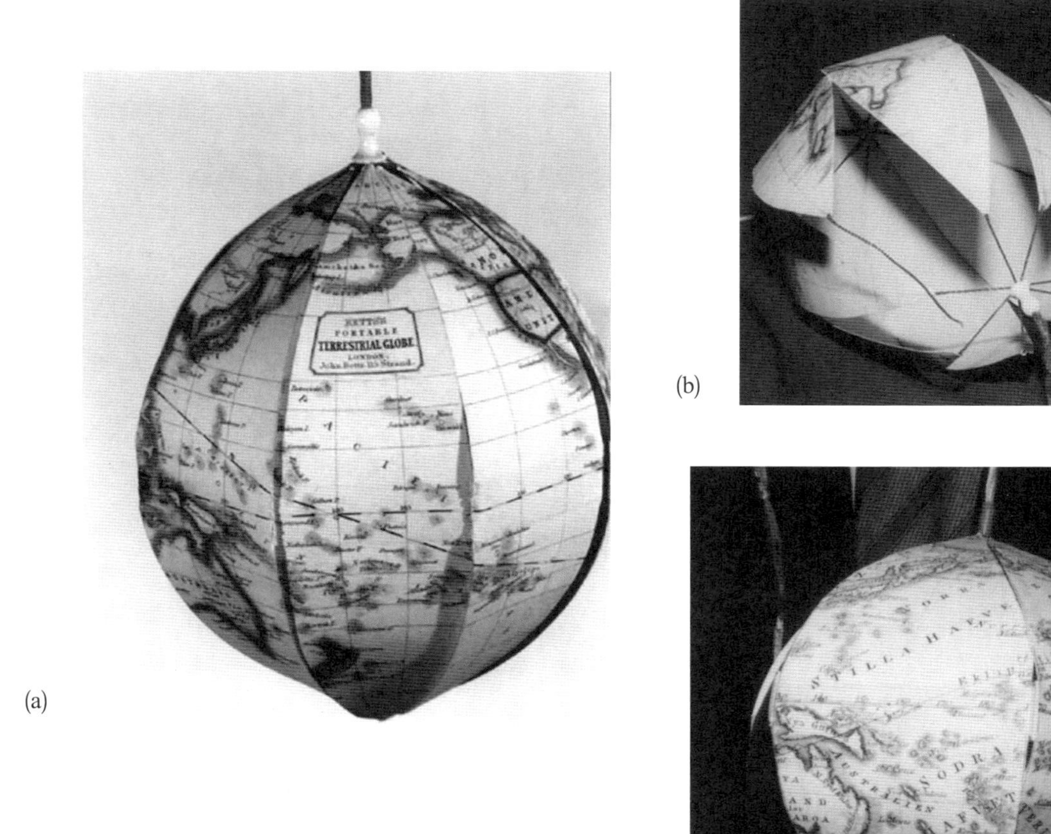

写真1　BETTS旧型携帯地球儀

(a) 球体化（組立て後）のBETTS携帯地球儀（Rudolf Schmidt氏提供）

(b) 南極部分の構造
球儀（a）の組立て中の球体内側及び8枚のゴア両端に接続する縫糸と象牙のリングを示す。(1996年7月12日, 同氏宅で宇都宮撮影)

(c) スエーデン語表記のBETTS社製とは異なる旧型携帯地球儀（参考）
球面の地理情報がスエーデン語表記の旧型携帯地球儀で、ゴアは8枚でなく6枚で構成されている。(1996年7月12日, 同氏宅で宇都宮撮影)

4.6.3　構造について

構造については、旧型携帯地球儀と、墨僊の傘式地球儀及び新型携帯地球儀とは全く異なり、後者は傘の製造技術の転用による。旧型携帯地球儀はゴアを貼り付けた厚紙（カードボード）製で、地球儀を球体へ展開する直前は、支那のランタンに似る（Mokre, 2008）とされ、素材は紙と縒り紐及び象牙様の留め輪（ストッパー）である。写真1に示すように、これは赤道部で紙または布の帯で連結された8枚の厚紙製ゴアの両極にそれぞれ接続する紐を留め輪の細穴に通して絞り、球体化する構造となっている。具体的には、南北両側にある2つの留め輪を極に近づけ一点に絞ることにより、ゴアの赤道部分が外側に凸面をなし、全体として球状化し、収納時には逆に遠ざけることによりゴアが平面に戻り、一枚のゴアの大きさに折り畳め重ねることが出来る。BETTSのそれは単体であるが、スペインやイタリア製の同種の携帯地球儀は、同構造の天球儀や、オーラリィを含む3点セットとなっている。このカードボード型の地球儀には球面をなす6枚のゴアがスエーデン語で表記された地球儀があり、個人の所有となっている。

墨僊の傘式地球儀の素材は、和傘と同様、紙、竹、木で、BETTS社の新型携帯地球儀のそれは、洋傘と同様、布（綿又は絹布)、鋼鉄、鉄または真鍮と異なるとはいえ、両地球儀は、いずれも、雨を防ぐ傘紙または布（ゴア）を乗せる親骨を下から支える子骨を取り、頭轆轤に親骨の一方を接続させ、片方を直ちに手元轆轤に連結させる。洋傘は、鋼鉄の親骨は弾力性があり、そのまま活用できるが、和傘の親骨（竹）はそのままでは曲らないため、墨僊の地球儀の親骨は竹皮を残し内側を薄く削り、弾力性をもたせている。BETTSの新型携帯地球儀では、洋傘の鋼鉄のバネ（親骨）はそのまま手元轆轤に連続させる。ただし、親骨の露先部分は、手元轆轤の溝に接続するため、頭轆轤の接続部と同様の加工が施されている。地球儀を球体化するには、柄（地軸）の手元轆轤を頭轆轤に近づけ、親骨を撓ませ、球体化し、弾き（留め具）で固定する。BETTS新型携帯地球儀では、ランナー（手元轆轤）をトップノッチ（頭轆轤）の（北極）側に下から押し上げ、リブ（親骨）を湾曲させ、球体化してハジキで留める。なお、手元轆轤の位置は異なり、墨僊の大輿地球儀では北極側に、BETTSの新型携帯地球儀では南極側に設えてある。BETTS旧型では、留め輪に通した縒り紐を南北のそれぞれ、極方向に移動させて紙を湾曲させて球体化する。傘式の地球儀では球体をなす親骨は和紙や布で覆われるが、墨僊のそれは12枚の木版刷りのゴアを親骨に貼り付け、BETTS社の新型携帯地球儀は、ミシン縫製によりゴアを繋ぎ、最後を手縫いで繋いでいる。収納する場合は、墨僊のそれは折り畳み、BETTSでは巻き付けて、コンパクトにする。なお、BETTS社の新型携帯地球儀のゴアが絹布であるとする報告もある。製作者が強度の劣る、高価な絹を地球儀に使用したか、甚だ疑問であるが、少なくとも筆者らの調べた柳廼社のBETTS社の新型携帯地球儀（写真2）のそれは検鏡によると綿布であり、ゴアの南北両端の解れ防止の縁布部分にのみ絹が使用されている。絹とする報告者は、この縁布部分のみの観察から、ゴア全体を絹布とみなしたとも考えられる。

墨僊の傘式地球儀（写真3）では、刀かけに似た組み立て式の架台があり、支柱下部が脚を兼ねる。長短の支柱

(a)

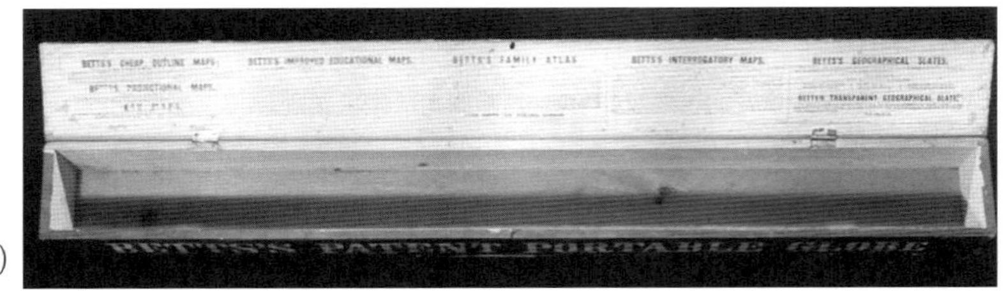

(b)

写真2　柳廼社（土井利忠旧蔵）のBETTS新型携帯地球儀
(a) 伸開したBETTS新型携帯地球儀　　(b) 収納箱と蓋裏の宣伝文

写真3　沼尻墨僊の大輿地球儀（宇都宮, 1991）

のそれぞれ上縁は半円形の凹部をなし、ここに南北の地軸を乗せ、地軸傾度を36°に保たせる。これに対し、BETTSの新・旧型携帯地球儀のいずれにも支持台や支柱は無く、吊すか、花瓶あるいはペンスタンドに地軸を挿しこみ使用する。

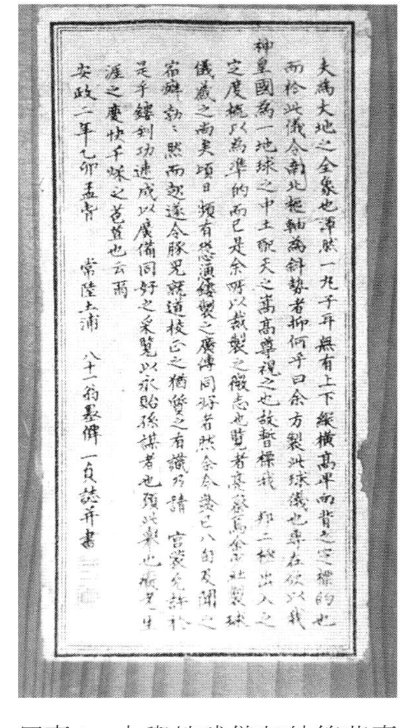
夫為大地之全象也渾然一丸子并無有上下縱横高卑向背之定標的也
而於此儀令南北極軸為斜勢者抑何乎曰余方製此球儀也專在欲以我
神皇國為一地球之中土戴天之高高尊視之也故暫標我邦二極出入之
定度純以為準的而已是余所以裁製之微志也覽者莫怪焉余亦社製球
儀藏之而其頃日頻有慫慂鏤梓之廣傳同好者然余今齡已八旬又聞之
宿痾勃勃然而趑趄遂令豚児就道枝匠之猶豫之有識乃請 官裳允許於
是乎鏤刻功速成以廣備同好之采覽以永貽孫謀者也頃以梨也版是生
涯之慶快千咏之芸並也云爾
安政二年乙卯孟春 常陸土浦 八十一翁墨僊 一貞誌并書

写真4　大輿地球儀収納箱蓋裏の箱書（宇都宮, 1991）

4.6.4　製作過程

製作目的は、墨僊では、教育啓蒙用、BETTSでは、旅行に携帯する実用あるいは教育玩具用で商業販売を目的としている。墨僊の傘式地球儀の地軸は、支持台の支柱の軸受けに、日本を直上にするため、36°傾かせている。蘭学者経由の間接的な西洋知識の入手であったが、天体観測も行った墨僊が、23.5°に無知でなかったが、寺子屋の門人達に日本を真上から観察させる教育的配慮の他に、箱書き（写真4）から覗われるように、幕末動乱の世相下における政治的配慮があったことは、否めない。BETTS地球儀は携帯性重視のためか、地軸傾斜の23.5°は製品に生かされていない。

製造者は、墨僊の傘式地球儀が、傘職人と弟子ら（付録の作成は明らかに門人）による、所謂、自費製作であろうが、BETTSの新型携帯地球儀の製作は、リブと地軸は洋傘職人により、ゴアは印刷や縫製工による、一貫した工場生産品である。旧型携帯地球儀は厚紙製paper-craftによる簡単な構造であり、紙細工など手内職や印刷工場の職人によると思われる。

4.6.5　球体部分について

これらの地球儀の球体部分は、正確な球を示さないが、球と仮定して、ゴアの南・北極間の長さと総赤道（周）長から円と見なし円周の長さから、直径を推定すると、墨僊の傘式地球儀及びBETTSの新型携帯地球儀、旧型携帯地球儀はそれぞれ、22.2cm、40.4cm、12.8cmとなる。

球面を構成するゴアは、墨僊では木版印刷による12枚のゴアで、一般にモノクロであるが、国境などごく一部分にフリーハンドによる手彩や押印及び補筆がみられる。BETTSの新旧型地球儀の8枚のゴアはいずれも、カラー印刷によるが、新型では布に印刷後、表面に光沢（ワニス塗り?）が施され、旧型では、厚紙又は洋紙に印刷されている。ゴアの経緯度間隔は墨僊では10°、BETTSでは15°となっている。現在の欧米の地球儀にも15°間隔の地球儀がみられ、特異ではない。これらのゴアに描かれる世界図は、それぞれの地球儀製作者が、当時の最新地理情報と判断される情報に基づくが、墨僊のそれは、蘭学者らの手による2次的あるいは3次的な地理情報に基づくもので、いわば西欧からの間接的な情報である。時代を問わず、地図作製者は販売戦略として重要な最新情報を求めるが、当時のBETTSはじめとした地図業者は、英国王立地理協会で開催される各植民地や探検の報告会などの最新情報を直接入手できた点に、極東の一寺子屋師匠の情報収集とは大きな違いがある。

本間家蔵の地球儀には欠くが、各地に配布された傘式地球儀「大輿地球儀」には「大輿地球儀付録」が付属している。同じ傘式でありながら、BETTSの新型携帯地球儀には説明書は付属しない。しかし、旧型の携帯地球儀には説明書「A companion to Betts's Portable Globe and Diagrams」が同封されている。

以上、表1に従って、墨僊の大輿地球儀（傘式地球儀）とBETTS社の新型携帯用地球儀を比較してきたが、その製造年については前述のとおり、墨僊の方が古いと言えよう。尤も、墨僊の傘式地球儀の収納箱蓋裏の箱書きには、「・・・余少壮製球儀蔵之・・・」とあり、壮年のころ地球儀を製作し秘匿してきたが、周りが頻りに催促する

製萬國全図圓機序

余嘗蔵地球全圖矣今復製此機也
所以使了角童子知大地渾象之理
而無疑也雖圖小於原本之形状毫
釐無有差至一嶋一川之微一凸一
凹之隈莫不記焉唯恐以平圖為球
圖則其羣國之地位方程之不相合
者盖有之耳夫此圖也非特暁地理
略察識二極之隠見日月之行躔寒
暑之往来晝夜之盈縮亦於是乎備
矣豈不珍玩哉圖成而後集諸子之
談及萬國地理之事者間亦私述巳
意倶附録以為小編庶観全圖之一
助耶嘗有一二莫逆規余曰無用之
之辯不急之察棄而不治是古人之
深戒也如吾子殆陥干斯祭顧之乎
余髣髴望洋莫知所措乃頓首謝罪
嗟乎閲此圖讀此説者宜致思云

寛政十二年庚申仲夏

霞浦釣徒　無適散人題　押印

図1　沼尻墨僊の地球萬國圖説の序文「製萬國全圖圓機序」　寛政12（1800）年5月（翻刻：宇都宮）

ので公表した・・と製作動機が記されている。墨僊の少壮の頃を30才前後とみて、その頃の著述に寛政12年（1800）仲夏（5月）霞浦釣徒　無適散人（霞浦釣徒、無適散人のいずれも沼尻墨僊の雅号）の「製萬國全圖圓機序」（図1）がある。そこには門弟達の教育用に「・・・以平圖為球・・・」と地球儀を製作したことが記されている。この地球儀の構造が大輿地球儀と同じであれば、墨僊の傘式地球儀はBETTSのそれより遙かに古いことになるが、この短文以外は記されず、図も欠くため、詳細は不明である。ただ、長く仕舞い込んでいた地球儀をみた周囲の者が頻りに公表を勧めた動機が「傘技術の援用」という意外性/独創性にあれば、あるいは傘式地球儀であったかも知れない。仮に、傘式であったとすれば、江戸に近い常陸土浦在の一介の寺子屋師匠が世界地球儀製作史上、そのはるか先を走っていたことになろうが、真偽の程はわからない。

古物商らのwebpageには、BETTSの新型携帯地球儀が、1852年製造と記載されているが、真偽は不明である。その中の少なくとも1件については、「Mc.Donald島1854年発見」の画像を付して質問したところ、丁重な訂正メールを頂いた。画像や情報を省いて質問した他の一件については米国内の地図情報から推定したと回答を受けたことがあるが、疑わしく、再度の問合わせにも返信はなかった。

4.6.6　まとめ

本表から、墨僊及びBETTSの新型携帯地球儀はいずれも傘の構造の一部を省き改造した地球儀であり、文字どおりたためる携帯性を重視した地球儀であるが、その製造は、箱書き及び販売用コマーシャルから、前者が教育用を重視した自費出版あるいは今で言うオンデマンド出版（?）であり、後者は商業目的であることが、容易に理解できる。さらに、その製作時期について比較すると、BETTS社の旧型携帯地球儀が1850年であり、新型携帯地球儀は1855≦　＜1858となる。墨僊の大輿地球儀（傘式地球儀）が、安政2年1月（1855年2月）、或は1954年以前であるため、沼尻墨僊の地球儀製作は世界地球儀製作史上のフロンティアをなしたと言える。墨僊は寛政12年仲夏（1800年6～7月）の「製萬國全圖圓機序」で地球儀の製作を書き留めており、構造説明や図を欠くため、詳細不明であるが、これが「傘式」であれば、この分野の遥か先頭（半世紀先）を走っていたことになろう。

謝辞

コロネリ国際地球儀学会のRudolf Schmidt氏には、BETTS社旧型携帯地球儀の写真を提供いただき、同事務局のMs. Heide Wohlschlägerには、BETTS新型携帯地球儀のSchmidt宅での撮影許可を頂いた。本研究の遂行上、貴重な情報を頂いたRudolf Schmidt氏、Ms. Heide Wohlschlägerの両氏には謝意を表したい。

文献

藤田誠之進（1855?）:「山國喜八郎様藤田誠之進」表書きの書状

豹子頭（1923）: 隠れたる地理学者 沼尻墨僊翁に関する事績. 国本（国本社）, 3-7, 107-114.

香草生（1931）: 市隠の科学者 沼尻墨僊翁. 亀城会会報, 2, 6-14.

宇都宮陽二朗（1991）: 沼尻墨僊の考案した地球儀の製作技術. 地学雑誌, 100, 1111-1121.

宇都宮陽二朗（1992a）: 沼尻墨僊作製の地球儀上の世界図. 地学雑誌, 101, 117-126.

宇都宮陽二朗・杉本幸男（1992b）: 幕末における一舶来地球儀について－土井家（土井利忠）資料中の地球儀, 日本地理学会予稿集, 42, 130-131.

宇都宮陽二朗・杉本幸男（1994）: 幕末における一舶来地球儀について－英国BETTS社製携帯用地球儀について, 地図, 32-3, 12-24.

宇都宮陽二朗, X. Mazda, B. D. Thynne (1997): 土井家旧蔵のBETTS携帯型地球儀球面上の世界図に関する2、3の知見. 地図, 35(3), 1-11.

宇都宮陽二朗（2010）: 沼尻墨僊の製作に係る傘式地球儀ゴアの地名について, 2010年日本地理学会春季学術大会日本地理学会発表要旨集, No.77, 214.

Yojiro Utsunomiya (2009): The Amount of Geographical Information on 'Betts's Portable Terrestrial Globe' (S. 100) Globe Studies, No. 55/56 (2009, for 2007/2008) Die Menge geographischer Informationen auf ‘Betts’ tragbarem Erdglobus’ Der Globusfreund, No. 55/56 (2009, für 2007/2008) (S. 103-114)

霞浦釣徒 無適散人（1800）:「地球萬国圖説」首目又は1, 2丁.「製萬國全圖圓機序」寛政十二年庚申仲夏

Betts, J. (ca 1850): A companion to Betts's Portable Globe and Diagrams. John Betts, London, 16p. advertisement, 2p. Fig., 1 sheet

Jonathan T. Lanman (1987): Folding or collapsible terrestrial globes. Der Globusfreund Nr. 35/37, 39-44

http://keisan.casio.jp/exec/system/1274864212

表1　沼尻墨僊の大輿地球儀（傘式地球儀）とBETTS社の新旧携帯地球儀の比較

	墨僊製作の大輿地球儀（傘式地球儀）	BETTS新携帯地球儀（傘式地球儀）新型	BETTS携帯地球儀（カードボード製）旧型
製造年（年月）は西暦	安政2年孟晋（1855年2、3月）安政元（1854）年又はそれ以前（?）	1855≦＜1858、（あるいは1855〜56年）	1850
製作年の記載の有無及び根拠	ゴア上の記述及び箱書き	なし。マクドナルド島、1854発見の注記及びゴアに描かれる世界図	なし。付属説明書中の宣伝文に1850の情報あり。
収納箱の有無と材質	有り。木箱	有り。木箱	有り。紙箱（底の浅い紙箱）
構造	折りたたみ（ゴアは糊付け接合）	折りたたみ（ゴアは縫合）	折りたたみ（ゴアは赤道部の裏打ちされた帯で連結される）
関連する類似品	なし　BETTS社携帯用地球儀の情報	なし　沼尻墨僊の傘式（大輿）地球儀の情報	BETTS社以外の数社から同型の地球儀は販売されている。
部品の素材	木・竹・和紙・糸・漆	布（綿・絹）、鋼鉄線、真鍮、銅?	紙（洋紙・厚紙）、糸、象牙、木棒（これは後に付加?）
ゴア	紙　和紙	綿布	洋紙　厚紙
球体の骨組みなど	竹、糸、木	鋼鉄線、真鍮、銅?	厚紙、糸、象牙、木棒（これは後に付加?）
架台	台座と支柱　組み立て式	なし	なし
折畳み時のゴアの状態	ゴアは和傘と同様に谷（内側）折り。	ゴアは洋傘と同様に地軸に螺旋状に巻き付ける。	板状に折り畳み、重ねる。
球体の直径（*）	221.5mm	403.5mm	127.9mm
ゴアの数	12枚（ゴア1枚の東西間隔は30度）	8枚（ゴア1枚の東西間隔は45度）	8枚（ゴア1枚の東西間隔は45度）
経緯度の間隔	経緯線は10度間隔	経緯線は15度間隔	経緯線は15度間隔
ゴア印刷法	木版印刷、モノクロを基調とするが、極一部分に手彩、押印及び補筆。	カラー印刷、布に印刷、布表面に光沢（ワニス塗り?）	厚紙又は洋紙に印刷
国境線	手彩	カラー印刷	カラー印刷
説明書	門人執筆の付録あり。	なし（収納箱蓋裏に宣伝文あり）	有り（天体の運行、地球儀の構造など）
製作目的	自費出版、教育用	販売目的　教育用　玩具用	販売目的　教育用　玩具用
地軸の傾き	地軸傾度は36度、日本を真上に設定	吊す。長くした南極側地軸（傘で言えば柄）を持つか花瓶様に差し込む。	吊す。南北の両極側に貼付けてある各々、8本の糸を両手で支える。
組み立て	手元轆轤を下（赤道）側に押し下げ、親骨を湾曲させ、ハジキで留める。支持台の支柱上部の軸受けに乗せる。	ランナーをトップノッチ（北極）側に押上げ、親骨を湾曲させ、球体化して留める。	各象牙リングに通した糸を極方向に移動することにより紙が湾曲して球体化する。
製造作業者	和傘職人　弟子達?　献上及び希望者配布（有償か?）	印刷、縫製及び洋傘部品組み立て職人工場生産、一般販売品	印刷、厚紙　工場生産、一般販売品
球面の地理情報	本邦で刊行された地図及び地理書から間接的に取得している。	Royal Geographical Societyなどの年次報告から直接・間接的に取得している。	Royal Geographical Societyなどの年次報告から直接・間接的に取得している。
備　　考	「てびかえ」には本邦各地に100個以上、出荷したと記載されている。	この種の地球儀は、Elsevierが1880年販売しており、英国内ではBETTS社を買収したPhilip社が、BETTS社の製品名を残して、1880年、1910年に販売しているが、「new」を外す名称変更や、木箱から厚紙円筒製収納ケースへの簡略化も見られる。	同型の地球儀は、初め、オーストリアで1820年、30年台に製作されたが、1850年台に、イタリア、スペイン及び英で製作された。なお、ゴアの注記がスエーデン語の製品もある。

(*)　球を仮定した場合の球体の直径

5. 地球儀研究の新たなアプローチ1 －地球儀上の情報量

地球儀研究上、球面に描かれている地理情報はその製作時期の推定で重要な鍵となるが、球面に表示される情報の質や量は、製作目的/用途による編集方針と球体の表面積（球直径）で決定される。デザイン上では煩瑣にならず疎にもならない最適な数や量があるはずであるが、これらは文字フォント、大きさ、斜体字などを考慮しても、美的感覚や経験的に取捨選択されているようである。そこで、これらの情報の言外の意味は別に置き、その量に着目して球体のスケール、その製造国別、時代別の比較を試みるために情報量の評価法を米国の地球儀をもとに開発した。この手法はGIS（地理情報システム）やRS（リモートセンシング）研究における一手法の適用であるが、球面の情報量は目視計測/カウントという労力消費型の作業以外方法は無い。国別比較は、本来はそれぞれの国内で平均情報量を求めた後に、比較しなければならないが、個人の手に余る作業量となるため1例のみにとどめ、日本の一地球儀に同手法を適用して、情報量を評価し、米国のそれと比較した。さらに、時代の異なる古地球儀としてBETTS新型携帯地球儀へ適用し、評価を試みた。

国別の情報量比較では、英語、日本語の違いで文字数も異なるなど言語の問題で容易でないが、同一言語による古地球儀には手法を適用でき、その量的比較が可能であるといえよう。ただし、経度が不明確で、海陸分布など地理情報が著しく異なる時代の例えばBeheimやSchönerの地球儀のような古地球儀との比較には、おのずと限界はある。

5.1 球儀上に表された地理情報量の評価法について

5.1.1 はじめに

筆者は江戸末期の本邦製地球儀と舶来地球儀について報告してきた（宇都宮, 1991, 1992, 1994, 宇都宮・杉本, 1992, 1994)。これらの研究を通じて、球儀上に表示された地理情報の情報量評価法の必要性が認識されてきた。一方、地理情報システムの研究では、システム開発と各種業務に伴う解析が中心であり、多量の地理情報量自体の吟味は、必ずしも十分ではなかった。限定された空間上の情報は、情報の取得量、重みづけと表示法にもよるが、情報伝達の最適情報量をも示唆すると考えられる。そこで、現在、販売されている地球儀をもとに、球面上に表示された情報量の評価法を開発し、若干の検討を試みる。本研究の対象とした地球儀は研究室の手元にあった米国Replogle Globes Inc. のHeirloom型Globe（内部照明付）である（写真1（a),（b))。本解析の試料として上記の地球儀を使用したのは、ある地球儀製作者から、同社が著名な地球儀製作者の一つであると紹介されたためである。

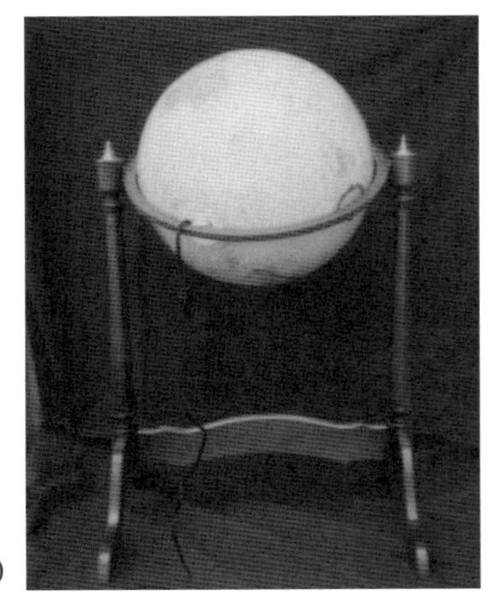
(a)

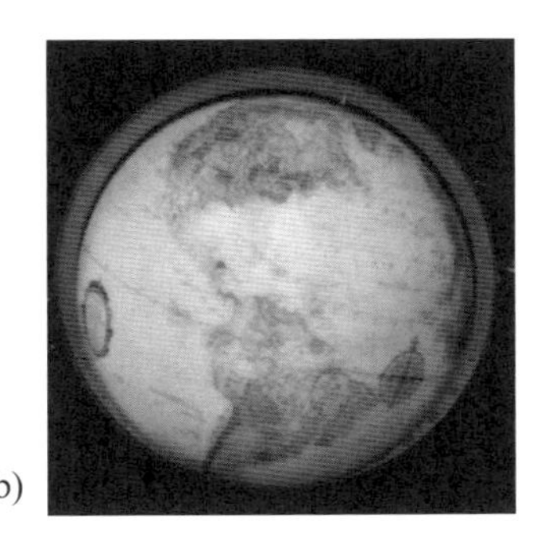
(b)

写真1　Replogle社のHeirloom型地球儀
(a) 球体と架台（内部照明用スイッチは地理情報を欠く南極部のソケットに近接する）
(b) 球体部分

5.1.2　地球儀の概要

直径16インチの本地球儀の球体は高さ約60cmの同高の2本の支柱からなる架台にセットされた子午環で支えられる。球体はプラスチック（?）の球とその表面に貼り付けられた12枚の紙のゴアからなり、表面にはコーテングが施されている。ゴアには15度毎に経緯線が描かれ、球体内部には照明用電球がセットされている。南極軸部にあるソケットキャップは地軸を兼ねるが、ソケット部の約80°以南の極圏には構造上の制約のため、ゴアが貼付けられておらず、同地域の地理情報が欠落している。なお、本地球儀には、地平環がなく、地球儀球面に黄道は描かれていない。製作年は無記入であるが、ロシア（1991年12月30日）、クロアチア、ボスニア&ヘルツェゴビナ（1992年3月3日）などの新しい国名が見られるため、この地球儀購入年月を考慮すると、1992年3月から（本地球儀の購入時期の1994年3月 －輸送期間の1、2ケ月）の間、1992年3月から1994年1月の間に製作されたと推定される。

5.1.3　方法

本研究の解析フローは図1に示すように、まず、地球儀球面を15×15度の経緯度ごとに分割し、各分割された領域（セル）内の地理情報について計測する。次にこのセルごとの単位面積当たり情報量を算出して、コンター表示と評価を加えた。これらの情報量の評価には適切な測定項目の選定と計測が必要となるが、その前に各々の計測基準を決定しなければならない。しかし、既存研究がないため、以下のように項目と基準を定めた。

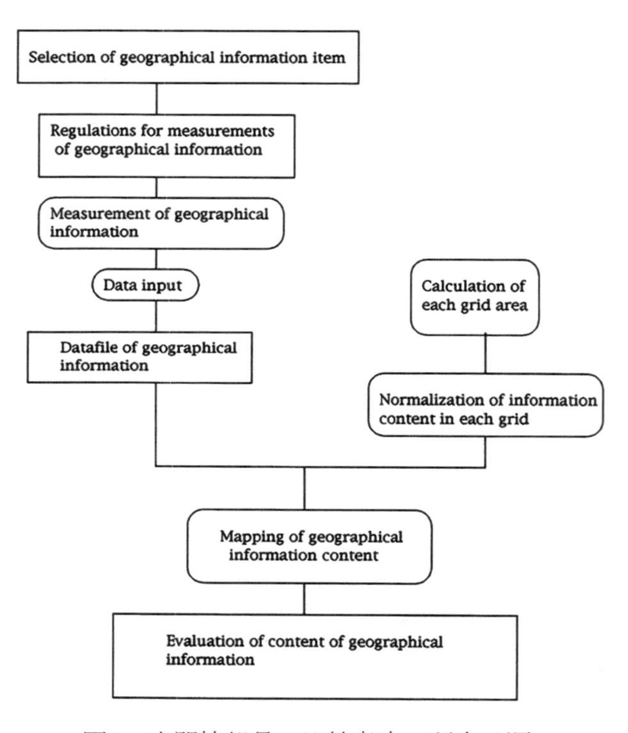

図1　空間情報量の比較考察の研究手順

5.1.3.1　計測項目

15°間隔の経緯線に囲まれる各空間を1セルとして、その内部の①文字、②都邑と集落、③国・地方と（群）島、④自然地名（河流、岬と山岳）、⑤弧の各項目の数を計測し、セル内における地理情報の情報量とした。これらの項目の配置、アークの走り方、シンボルの種類と数、色数、配色及びコントラスト、文字フォント及びデザインも情報であり、情報の図化表示された地図は、絵画と同様に芸術的表現に満ちており、単なる計量化手法や評価項目を5項目に限定することは、充分でないが、ここでは計数可能な項目に限定した。

5.1.3.2　計測条件

上述のように、1セル内の地理情報5項目を計測するが、一定条件のもとに計測しなければ、セル間の比較は不可能であるため、計測条件を以下のように定めた。

①文字数はセル内の文字の各々一文字を1として積算した総数で、経線又は緯線と重複する文字は0.5とした。

②都市数はセル内の各都市名を1として積算した総数で、数セルに含まれる一つの都市名はそのセルの数で除した。なお、都市の地点位置を示す「○」印のシンボルと都市名が同一セルに存在しない場合はシンボルは無視して、計数対象から除外し、文字の位置するセルの情報量とした。

③国・地方、島名称の計測法も都市名と同様である。ただし、地方名と次の自然地名の区別は厳密でなく、群島及び大洋名、コラ半島などで代表される名称は地方名とした。

④自然地名の計測条件も都市名と同様である。この項目には河川、湖沼、岬、山脈・山岳名などが含まれる。山岳のシンボル「▲」は計測対象から除外した。

⑤弧（アーク）数はセル内の湖・海岸線、河系、国・州境などの弧（アーク）の数である。各アークは各々の交会点で分離し、別々の弧として計測した。たとえば、一本の海岸線に一本の国境が交会する場合は弧の数は3本となる。ただし、点在する小島は点として表示される場合でも1本とした。なお、本研究では都市、山岳及び経緯線、回帰線と海流を示すシンボル「→」とそれに付随する情報は除外した。

5.1.3.3　データ入力及びファイル作成

12（南北；縦）×24（東西；横）、合計288個の各セルについて、文字、都市名、国・地方、自然地名及びアーク（弧）の数を各項目順に入力し、60（12×5項目）×24の配列とした。なお、上述のように、南緯80°以南では球内部の照明用電球のソケットキャップによる情報欠落のため、南緯75-90°にあるセルでは情報量をゼロとした。

5.1.3.4　面積計算及び前処理

経緯度15×15°のセル面積は極から赤道に向かって増加するため、当然、セル内に含まれる情報量は増加する。そこで、セルのスケールを基準化するため、緯度別のセル面積を求めて、各項目の情報量を面積で除し、単位面積当り情報量を算出して、項目別のファイルを作成した。さらに、等値線作図のため、データの配列変更などの前処理を行った。面積については、任意の経緯度に囲まれるセル面積は積分法による概算で算出できるが、解析的には、式(1) により求まる。なお、地球は回転楕円体であるが、半径、数十インチの地球儀では球とみなすことが可能である。

$$S = r^2 (\sin\Theta_2 - \sin\Theta_1)(\delta_2 - \delta_1) \quad .... (1)$$

但し、S：面積、r：球の半径、Θ_2、Θ_1：緯度（単位：度）、δ_2、δ_1：経度（単位はラジアン）

直径16インチ（40.64cm）の地球儀で、積分法と式(1) による計算結果を表1に示す。積分法は高緯度に近づくに従い、誤差が増大するが、表1に示すように、cm単位では小数点以下3桁目の値が異なるのみであるため、ほぼ同様に扱えよう。なお、積分法では緯度15度間を15万回計算して求めた。数値は当然、倍精度計算による。経緯度で、15° × 15°領域の計算時間はPCのCPU処理速度やメモリ容量で決まるが、今となってはアンチーク機種であるデスクトップPC、NECのPC9821Bpで5、6分、PC98XL2で50分余であった。

表1　緯度別の15×15°の面積比較（単位：cm^2）
式（1）による面積計算と、積分法による計算結果の比較

Latitude	integration	Equation (1)
0-15	27.9777	27.9777
15-30	26.0712	26.0710
30-45	22.3880	22.3877
45-60	17.1793	17.1787
60-75	10.7999	10.7989
75-90	3.6845	3.6833

(Unit: cm^2)

5.1.3.5　等値線図化

以上の項目別ファイル（12 × 24）をもとに、面積で除（基準化）した情報量をコンター表示した。コンター表示では森（1974）に基づき開発（塩野ら, 1985）されたアプリケーション「CONTOR. MAP（塩野ら, 1988）」を用いた。このアプリケーションのデータ読込み方向が、作成したデータファイルのそれと異なるため、数ステップであるが、データ配列を変更する配列変更ルーチンを新たに追加した。

5.1.4　結果

写真2は球面上に表示されている、赤道アフリカ、カナダ、日本・朝鮮半島、USA、西欧の一辺がほぼ、1900km弱の等積な空間に表示される地理情報量を示している。表示された情報量は日本・朝鮮半島、USA、西欧に著しく多い。カナダ、赤道アフリカでは少ないが、その密度はUSAと西欧に著しく大であることが、定性的に見て取れる。次に、このような定性的な観察ではなく、面積による基準化を加えたセルごとの情報量を、図2〜図6に等値線で示した。これらの図は、全球を東西では、0°から東に180°、そこから、さらに東方に向かって0°に戻る。南北では、北極から赤道を経て南極に至るグリッド図として表示している。

図2はセル内の文字数の総和を示したものである。文字数は最大で23.55、一般には12.5程度を示す。西欧で17.5、

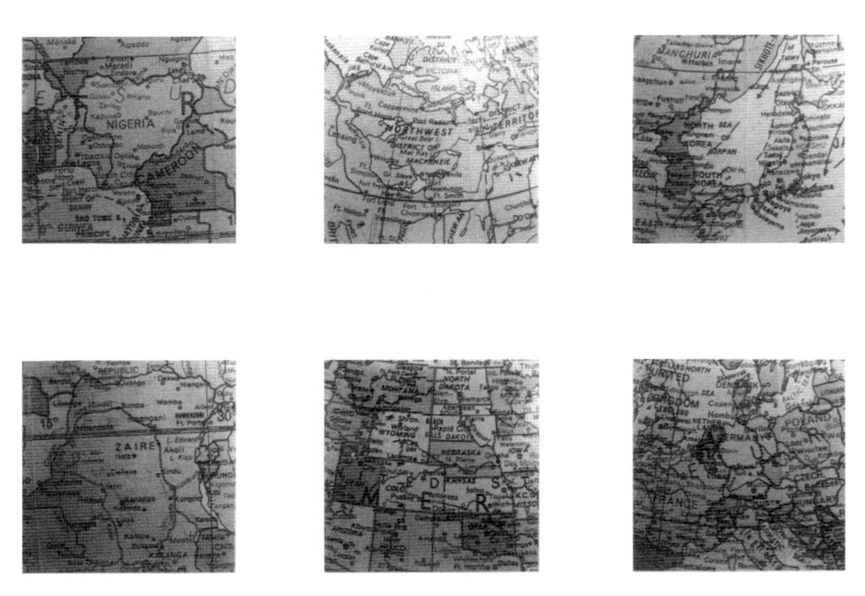

写真2　地球儀の球面上に表示された情報量

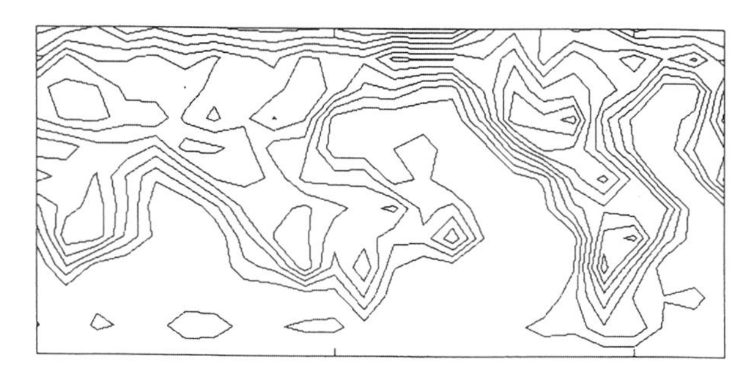

MAX:23.55, UPPER VALUE: 23.5, INTERVAL: 2.5

図2　球儀面の文字数

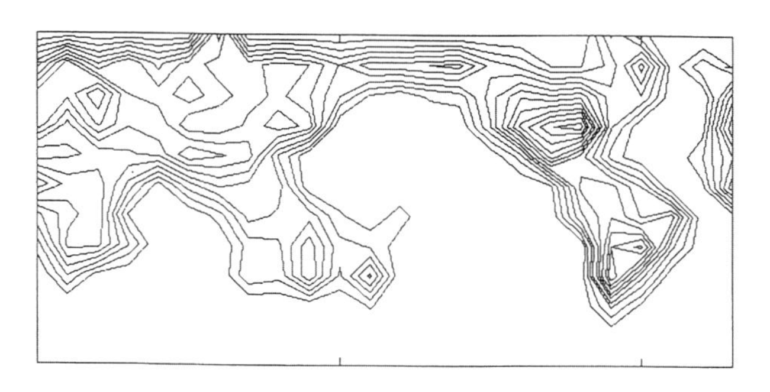

MAX: 2.52, UPPER VALUE: 2.5, INTERVAL: 0.2

図3　球儀面の都市・市街地数

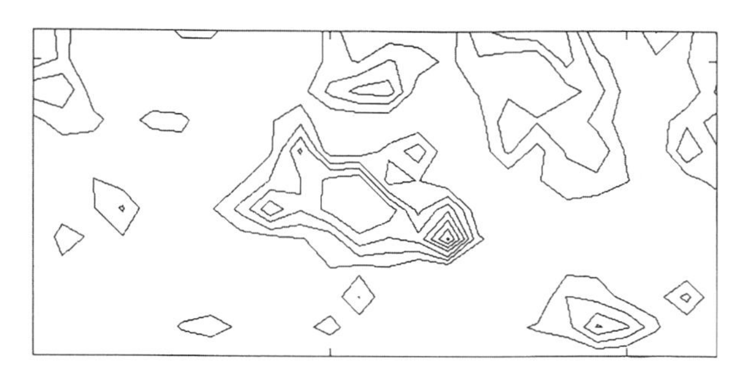

MAX: 1.44, UPPER VALUE: 1.4, INTERVAL: 0.2

図4　球儀面の国・地方名称数

MAX: .6, UPPER VALUE: .6, 0.05

図5　球儀面の自然名称数

北米には20から最大の23.55が見られる。

図3は都市・市街地数である。都市・市街地数は最大で2.52、一般には1.4程度を示す。西欧では2.0、北米に2.2〜最大の2.52が見られる。

図4は国・地方及び大陸と海洋の名称である。これらの名称は、最大で1.44、一般には0.4程度を示す。西欧では0.4、北米では0.4〜0.6であるが、南アジアから豪州にかけては0.6、0.8〜1.4の大きな値が見られる。これは、群島などの名称が多いことによる。

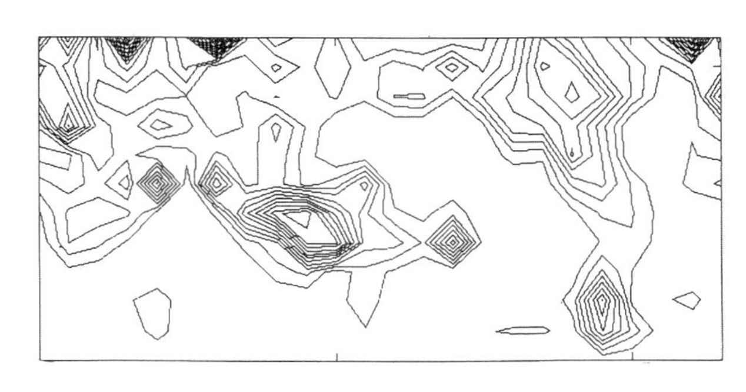

MAX: 6.52, UPPER VALUE: 6.5, INTERVAL: 0.5

図6　球儀面のアーク数

図5は自然名称である。河川、湖沼、山岳・岬などの自然名称は、最大で0.6、一般には、0.25〜0.3を示すが、南アジアから豪州にかけて、0.45〜0.50、北米、カナダでは、0.3〜0.6が見られる。

図6はアーク数である。アーク数は最大で6.52、アジア大陸では一般に1.5〜2.0、南米の南端、カナダでは3.5〜4.0を示す。南アジアでは5.0〜5.5が見られ、最大の6.5はグリーンランド東岸の小島群に認められる。カナダで値が大きいのは湖沼と島の多いこと、南アジア、南米南端では群島の多いことによる。

5.1.5　考察

写真2が示すように、地図上には情報量の分布に粗密が認められる。情報の高密度部分では煩瑣となるため、地図、地球儀球面のいずれの媒体に地理情報を表示する場合でも、表示上の最適情報量が想定されよう。これらの情報量の表示項目とその数は歴史的に集積された地理情報量で、軍事、政治・経済的、文化的な重要度、世界の注目度などに依存する。製作/編集者の立場および視点にもよるが、一方では表示できる空間の制限による取捨選択などのスクリーニングを経ている。

以上のように、球体上の地理情報は、情報の取得、編集、表示の各過程の総合された結果であり、どの段階の情報量が主に表示に反映されているかの区別は容易ではない。空間内で最適な表示のためには情報の限界量が存在し、一方、美的感覚から表示情報量とその配置・配色、相互の関係が重要となるが、多くの情報の記入は、最終的には編集と表示に依存すると考えられる。極端な例は絵画で、著しく恣意的な表示をなすが、地図、地球儀は他の出版物と同様に利用者を想定して、記載する情報の項目と量の取捨選択が行われている。これらの選択には、編集主幹者、地球儀製作社の政治的意図、科学的世界観と自然観、就中、商業主義が反映する。これはマスメディアの中における宿命といえる。

本研究で扱った地球儀の文字数や都市の数は西欧及び北米に多く、特にUSAに情報量の偏在することが注目される。これは一つには収録数が販売上の問題となるためと推定される。日本製の地球儀の数量的吟味は充分ではなく、定性的な観察のみであるが、北米のような情報量の偏在は認められない。日本、西欧など歴史的に情報の蓄積が多いため、表示される情報量の空間的重みづけがあるとしても、地球全体としてみた場合、バランスを保つことが望まれる。

5.1.6　まとめ

地球儀球面に表示された地理情報量の評価のため、球面上の15度ごとの経緯線に囲まれる空間を1セル単位として、文字、都邑と集落名、国・地方と（群）島名、河流、岬と山岳などの自然地名、弧の各項目を計測し、単位面積で除す方法を提唱した。さらに、この評価法に基づき、若干の検討と考察を加えたが、今後は、経緯線、回帰線、海流などの情報量等を加え、全情報量をもとに評価することと、国内外の各種地球儀及びその直径による情報量の検討により、球体上の平均的または最適な情報量を明らかにすることも必要となろう。

あとがき

本稿は、筆者が取り纏め、日本地図学会機関誌「地図」に、1995年、松本幸雄氏と連名で投稿した論文「球儀上に表された地理情報量の評価法について」原稿に加筆・修正を加えたものである。なお、現在、製作され販売中の地球儀の検討は、歴史に例えれば現代史に相当する部分であるため、難しい。宣伝や非難でなく客観的な記載を試みたつもりである。また、本研究におけるデータ処理は、今となっては、アンチーク品であるが、全て、NEC9821Bp、98XL2、NS等のPCにより実施した。

謝辞

本稿の執筆にあたり、連名の論文原稿の掲載を快諾された松本幸雄氏と、地球儀に関する情報を提供していただいたグローバルプランニングの樋口米蔵社長、リプルーグルグローブスジャパン社の北原次郎社長、Replogle Globes Inc.のVice PresidentのMr. Jon Hultman氏に謝意を表する次第である。なお、北原次郎氏の労によりMr. Hultmanから内部照明のマウントされたHeirloom型Globeの球面部分（南極域）から除かれたゴアを同型製品のゴアから切出して別途、提供を受けたが、残念ながら本稿では追加、再計算処理していない。

文献

森正武（1974）: 曲線と曲面. 教育出版社, 東京, 150p.

塩野清治・弘原海清・升本真二（1985）: パソコンによる格子データのコンターマップ作成プログラム. 情報地質10, 47-54.

塩野清治・升本真二・弘原海清（1988）: BASICによるコンターマップ　1　基礎編, 共立出版, 東京, 114p.

宇都宮陽二朗（1991）: 沼尻墨僊の考案した地球儀の制作技術. 地学雑誌, 100, 1111-1121.

宇都宮陽二朗（1992）: 沼尻墨僊作製の地球儀上の世界図. 地学雑誌, 101, 117-126.

宇都宮陽二朗・杉本幸男（1992）: 幕末における一舶来地球儀について－土井家（土井利忠）資料中の地球儀. 日本地理学会予稿集, 42, 130-131.

宇都宮陽二朗・杉本幸男（1994）: 幕末における一舶来地球儀－英国BETTS社製携帯用地球儀について. 地図, 32 (3),12-24.

宇都宮陽二朗・松本幸雄（1995）: 球儀上に表された地理情報量の評価法について. 地図, 33 (1), 7-13.

5.2　和製地球儀球面上の地理情報量について

5.2.1　はじめに

筆者は江戸末期の本邦製地球儀と舶来地球儀について調査してきたが、これらの研究を進める中で、地理情報の比較・吟味が必要となり、米国製地球儀を用いて球儀上の地理情報量の評価法を開発した（宇都宮・松本, 1995）。ここでは、現在、日本で製作・販売中されている地球儀について球面上の地理情報量の評価手法の吟味を試みることにしたい。対象とする地球儀は、輸入品や委託生産品に自社ラベルを貼付するのみの会社でなく、日本国内で、自社で生産から販売まで一貫した実質上の生産体制をとっている地球儀製作会社の製品である。

5.2.2　地球儀の概要

調査対象としたグローバルプランニング社製地球儀GP-435型は、直径42.4cmの球体からなり、半円の子午環支持枠（腕）を含むと高さ51cm（柱部のみは21cm）の金属製架台に留められた子午環で支えられている（写真1）。地平環を欠く2重回転式の地球儀球面に貼付けられた世界図（ゴア）にはコーティングが施され、黄道は認められず、10°毎の経緯線が描かれている。一般に販売されている地図類と同様に、本地球儀の製作年も無記入であるが、1995年2月の購入以前に作製されたことは明らかである。

5.2.3　方法

本研究の解析フロー図（図1）に示すように、まず、地球儀球面上で緯度方向に15, 45, 75°の緯線を、経度方向には15, 45, 75, 105, 135, 165°の経線を補入して（写真2）、球面を緯経度15°のセルに分割した後、各セル内に含まれる地理情報を計測した。次に単位面積当たり情報量を算出して、コンター表示により評価を加えた。これらの情報量の評価に適切な測定項目の選定と計測基準は、既報（宇都宮・松本, 1995）に従う。ただし、本地球儀では計測すべき項目が多く、若干の項目を追加した。これらを以下に示す。

写真1　グローバルプランニング社製地球儀

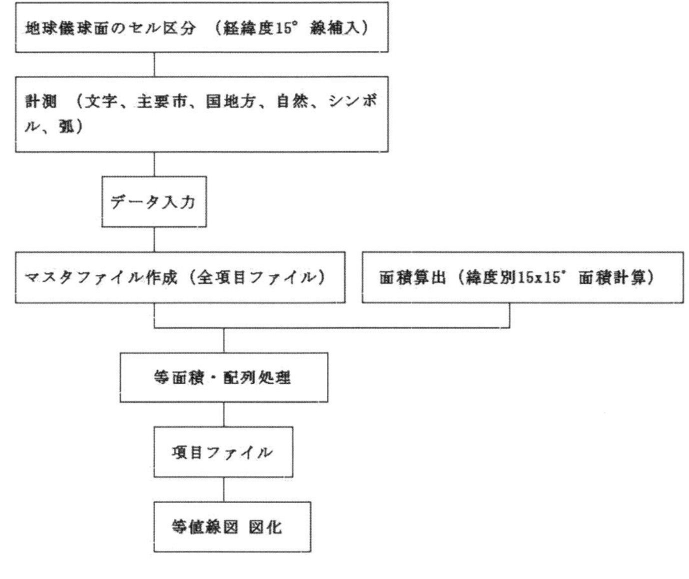

図1　データ解析フロー

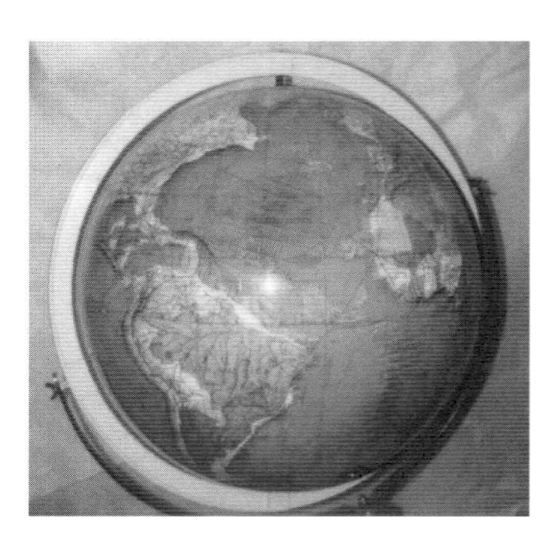

写真2　グローバルプランニング社製地球儀の球体部分

5.2.3.1　計測項目

経緯線15°間隔に囲まれた空間を1セルとして、その内部の①文字（地方名、山岳、河川・海域、山頂高度)、②都邑名称（漢字と英文表記)、③国・地方、（群）島の名称（漢字と英文表記)、④自然地名（岬、山脈、川・湖沼など（漢字と英文表記))、⑤シンボル（海流、海底地形、山、都邑など)、⑥アーク（河系、鉄道、航路・航空路、汀線や国境）などの項目それぞれをカウントし、それらの合計値をセルの地理情報量とした。文字はカナ漢字と英文併記であるため、カナと英字を分けて計測する。これらの項目以外に、例えば文字の配置、アークの走り方、シンボルの種類と数、表示色の数、配色及びコントラスト、文字フォント及びデザインなども重要な情報量であり、評価項目を6項目[1)]とすることは、充分ではないが、本研究でも上記の計数可能な項目に限定して解析をすすめた。

5.2.3.2　計測条件

1セル内の地理情報6項目の計測では、一定基準による計測が不可欠であり、計測条件を以下のように定めた。

①文字：文字数はセル内の、カナ、漢字、アルファベット、注記、海流・航路、山岳高度などのそれぞれ一文字を、1として積算した総数で、経線又は緯線と重複する文字は0.5又は0.25として計測する。

②都邑名称：都邑名称数はセル内の各都邑、集落名を、それぞれ、1として積算した総数で、数セルにまたがる単一の都邑名はそのセルの数で除した。なお、都邑の地点位置を示す「○」印のシンボルと都邑名が同一セルに存在しない場合はシンボルの位置を無視し、文字の位置するセルの情報量とする。

③国・地方、島名称：この計測条件も都邑名と同様である。ただし、地方名と次の自然地名の区別は厳密でなく、群島及び大洋名、コラ半島などで代表されるような一般名称として認識されている名称は地方名とした。

④自然地名：自然地名の計測条件も都邑名称と同様である。この項目には河川、湖沼、岬、半島、山脈・山岳名などが含まれる。山岳を示す「▲」はシンボルとして計測するものとし、地名の計測対象から除外した。

⑤シンボル数：シンボル数は、山岳「▲」、海流「→」、海底地形「〜」、都邑「○」などのシンボルの数である。

⑥弧（アーク)：アーク数はセル内の湖・海岸線、河系、国・州境、航路・航空路などの弧（アーク）の数である。各アークは各々の交会点で分離し、別々の弧とした。たとえば、水系に国境線が交差又は海岸線に国境線が交会する場合は、弧は4本又は3本として計数される。ただし、水系上に境界線が重合する場合は分離せず、一本とする。なお、点在する小島は点として表示される場合でも閉曲線とみなし、それぞれを1本のアークとした。

5.2.3.3　データ入力及びファイル作成

12（縦）×24（横）の配列からなる合計288個の各セルで測定された①文字数（国、地方その他を含む全文字数(カナ漢字、注記及びそのアルファベット、海流、航路及びそのアルファベット))、②都邑数、③群島・島・国・地方などの国・地方名称、④岬・山脈、川などの自然名称、⑤海流、山、都邑などのシンボル、⑥アーク（境界、水涯線、鉄道、航路・航空路など）の順に入力してマスタファイルを作成した。

5.2.3.4　面積計算及び前処理

地理情報は極から赤道へ経緯度15°×15°で囲まれるセル面積の増加により、当然増加する。そこで、セルの面積を基準化するため、15°ごとのセル面積を求めて、各セルの項目ごとに情報量を除すことにより、単位面積当りの情報量を算出し、項目別のデータファイルとした。なお、15°×15°の経緯度に囲まれるセル面積は積分法により算出した。解析的方法と積分法による面積計算結果の比較によると、15°ごとの計算結果では、小数点以下3桁目で値が異なるのみであるため（宇都宮・松本, 1995)、ほとんど差がないとして、本研究では積分法により面積計算を行った。

直径、約43cmの球面上の経緯度15°×15°の面積計算結果を表1に示す。なお、既報告と同様、ここでも緯度15度間を15万回計算して面積を求めた。数値計算は既開発のDOS版BASICプログラムによるが、当然、倍精度で実施した。経緯度15°×15°の領域の計算時間はDell Inspiron5100、CPU、2.53GHzでは数秒程度であり、既報告のPC（NECのpc9821Bpの5、6分、PC98XL2の50分余）による計算時間とは比較にならないほど高速であった。

表1　緯度別の15×15°の面積（単位：cm^2）

緯度	積分法による面積
0-15°	29.109427
15-30°	27.125785
30-45°	23.293674
45-60°	17.874036
60-75°	11.236693
75-90°	3.833567

球の直径：42.475cm

5.2.3.5　等値線図化

以上の項目別ファイル（セル数は12×24個）をもとに、情報量をコンター表示した。これには㈲電脳組のインタプリター（BASIC/98ver. 5）を介してMSDOS版コンター地図化ソフト「CONTOR. MAP（塩野ら, 1988）」をWindowsXP上で稼働させた。なお、プログラムの実行では、既報で用いたCONTOR. MAPのソースプログラムに若干の修正を加えた。

5.2.4　結果

地球儀球面上の地理情報量には歴史的な情報の蓄積および自然条件の違いにより、空間的な粗密があることは当然であるが、東アジア、西欧先進国に多く、途上国に少ない。このような定性的な観察ではなく、基準化された各セルの情報量計算値をもとに、等値線図（図2〜7）に示した。なお、記載では小数点以下3桁は四捨五入したが、作図は計算値に基づく。

これらのコンター図は、全球を東西方向で、西端の0°から東に東経180°（西経180°）を経て、東の西経0°に戻るように、南北方向では北極から赤道を経て南極に至るグリッド図として太平洋を中心として描画されている。外囲が補間されているため、図郭線部分では問題を孕むが、ここではCONTOR. MAPにより作図している[2)]。

図2はセル内の文字数を示したものである。文字数は最大で13.71、一般には5〜6程度を示す。西欧で8〜9から最大の13.71、北米では8が、南米では4〜5が、アフリカでは、5〜6、東南アジアでは4〜5が示される。

図3は都邑数である。都邑数は最大で1.34、一般には0.52〜0.91程度を示す。西欧では一般に1.04〜1.31で、最大の1.34が、北米では一般に0.9〜1.17、アフリカ、0.65、東南アジアで0.26〜0.52、南米で0.39〜0.52が見られる。

図4は国・地方名称である。これらの名称は、最大で1.12、一般には0.33程度を示す。西欧では最大の1.12を示し、北米では0.11〜0.33、南アジアから豪州にかけては0.11〜0.33の値を示す。これは、歴史的蓄積により、名称が多いためであろう。

図5は自然名称である。河川、湖沼、山岳・岬などの自然名称は、最大で0.52、一般には、0.1〜0.15を示す。南アジアから豪州にかけては、0.1〜0.15、北米、カナダでは、一般に0.1〜0.15であるが、最大の0.52も認められる。ロシア〜フェエノスカンジアに0.35、西アジアに、0.45の大きな値が見られる。

図6はシンボル数である。シンボル数は最大で6.29を示し、アジアから太平洋、南アフリカからインド洋付近では6、大西洋では1.5〜2.0、北米では4.5〜6、南太平洋で3〜3.5となる。このような高い値は、主に海域の海底地形、海流のシンボルに依存している。

図7は球面上のアークの総数である。アーク数は最大で6.38、東南アジアでは一般に1.2〜3.6、南米、カナダでは2.4〜4.8を示す。最大の6.3はグリーンランド付近に認められる。カナダ北部では4.8を示す。

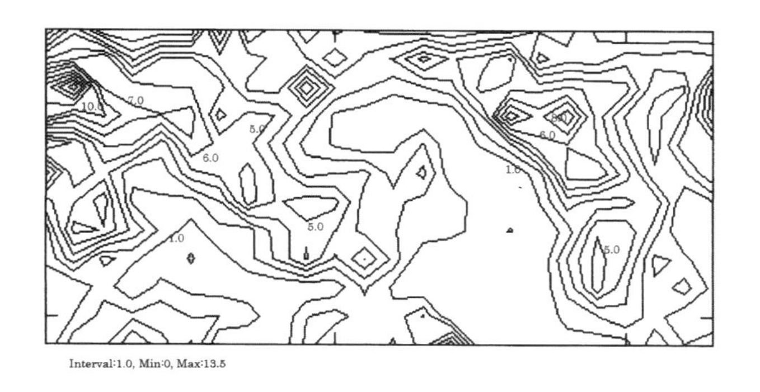

図2　文字数（カナ・漢字数）

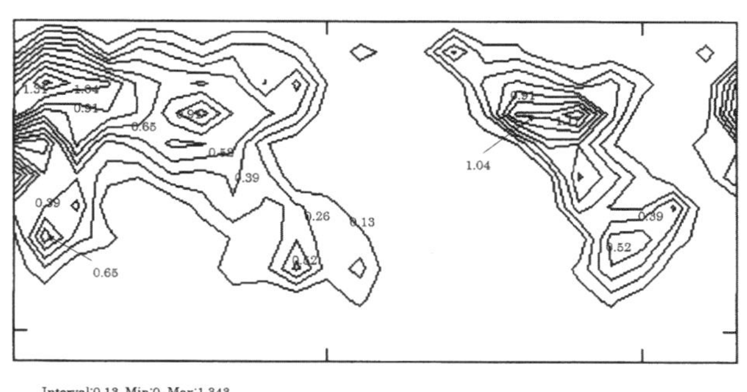

図3　都邑名数

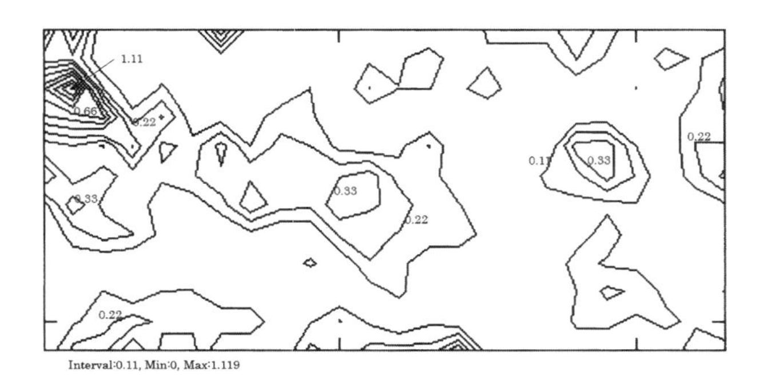

図4　国・地方名数

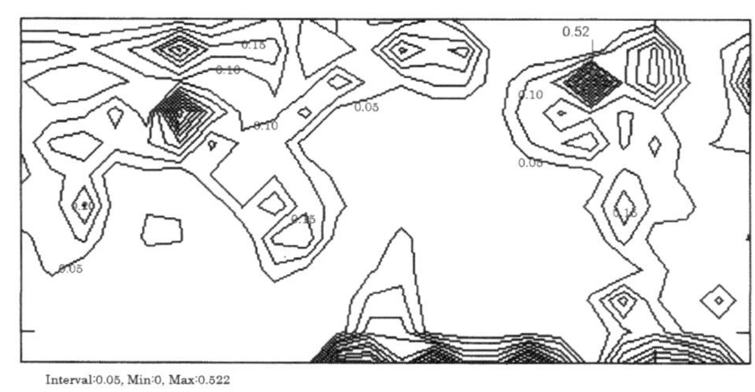

図5　自然名称数（岬、山脈、火山、川、湾などの自然地名）

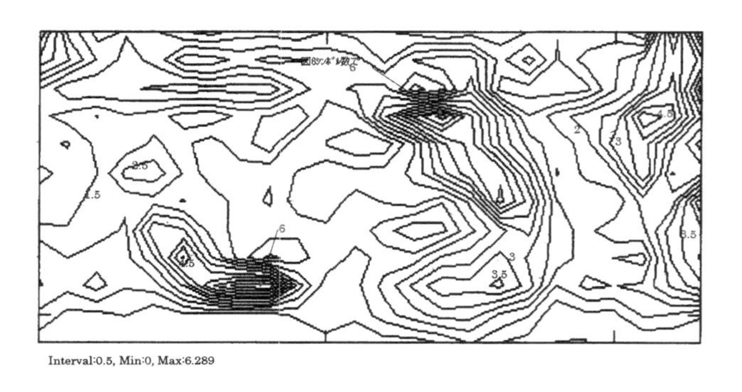

図6　シンボル数（海流→記号 、海底地形、山脈、山、都市○の5シンボルを含む）

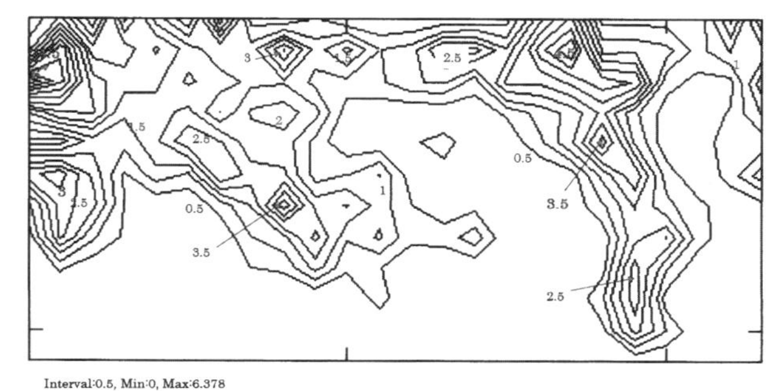

図7　アークの数　湖・海岸線、河系、国・州境、航路・航空路などの弧（アーク）の数

5.2.5　考察

地球儀球面上に示される地理情報は、歴史的蓄積や現代における生産活動の活発な地域に密であるが、製作/編図者の情報の取得、編集、表示の各プロセスにおける地理学的素養・知識や経験の総合されたものである。球の直径（正確には球面空間）の制約は製作/編図者に地理情報のスクリーニングを強いる。地理情報量の最適性の認識には利用者側の興味や知識レベルにより差が生ずることは言うまでもないが、球面に情報を高密度で表示する場合、最適な地理情報量が存在するであろう。

美的感覚やデザインから表示情報量とその配置・配色、相互の関係も重要であるが、情報量は、最終的には編集と表示に依存する。地図、地球儀は他の出版物と同様に利用者、たとえば、小学校教育用、一般社会人用などを想定して、記載する情報の項目と量の取捨選択が行われている。学校教育用では、日本の場合、学習指導要領に従って取捨されることは、明らかであろう。これらの情報選択で、編集主幹者、地球儀製作会社の意図、科学的世界観と自然観、就中、商業主義が反映されることは資本主義体制下の生産活動であり、現代社会（?）の宿命でもある。これは数少ない共産圏の地球儀についても、政治的恣意性やノルマから類推できるが、これらの比較は今後の興味ある地政学的な問題であろう。

本研究で扱った日本製地球儀の文字数や都邑の数などの地理情報は、国際社会・経済情勢や植民地経営などを含む歴史的な情報の蓄積を反映して西欧及び北米に多いが、既報の外国製地球儀のような生産国への地理情報量の偏在は少ないようである。本邦製の地球儀の吟味は、今のところ、この地球儀のみであるが、地理情報の多くが歴史的に蓄積されている国々に、空間的重みづけがあるとしても、世界全体としてみた場合、バランスが保たれていると推定される。詳細な吟味には、世界の各国においてそれぞれ数社の地球儀を対象として、同様な手法で情報量を算出し、その平均値を算出した後に議論すべきであり、一社の地球儀の解析例のみをもとに、本邦製地球儀全体の傾向を論ずるつもりはなく、作業仮説として提示したまでである。

5.2.6 まとめ

現在、本邦で製造されている地球儀球面に表示された地理情報量の評価のため、任意の地球儀を例に、球面上の経緯度15°のセル空間を1単位として、文字、都邑名、国・地方と（群）島名、河流、岬と山岳などの自然地名、シンボルおよび弧の各項目を計測し、吟味した。その結果、既報の評価法が有効であることが確認された。さらに、本邦製地球儀の解析例では地理情報量の製造国への偏在が少ないことが明らかとなった。

あとがき

筆者は、球儀上の地理情報量の評価法（宇都宮・松本, 1995）を本邦製地球儀に適用し、その有効性を確認した後、人文論叢, 24, (2007) に「和製地球儀球面上の地理情報量について」を投稿した。本稿はこの原稿に加筆修正を加えたものである。なお、内外を問わず、現在、販売中の地球儀を検討することは、商業上の問題もあり難しいが、前報告と同様に客観的な記載を試みたつもりである。本研究におけるデータ処理は、筆者所有のDell Inspiron5100により実施した。

謝辞

本稿の執筆にあたり、グローバルプランニング社長の樋口米蔵氏には地球儀に関する情報を提供していただいた。記して謝意を表する次第である。

注

1) 詳細に区分すれば、21項目である。

2) 球面であるため隣接する直近データを外囲に与えてマトリックスを12 × 24から14 × 26に拡大すれば、少しは解消される筈であるが、ここではソフトウエアに素直に計測値を適用させた。

文献

塩野清治・弘原海清・升本真二（1985）：パソコンによる格子データのコンターマップ作成プログラム. 情報地質10, 47-54.
塩野清治・升本真二・弘原海清（1988）：BASICによるコンターマップ　1　基礎編, 共立出版, 東京, 114p.
宇都宮陽二朗（1991）：沼尻墨僊の考案した地球儀の製作技術. 地学雑誌, 100, 1111-1121.
宇都宮陽二朗（1992）：沼尻墨僊作製の地球儀上の世界図. 地学雑誌, 101, 117-126.

宇都宮陽二朗・杉本幸男（1992）：幕末における一舶来地球儀について－土井家（土井利忠）資料中の地球儀. 日本地理学会予稿集, 42, 130-131.

宇都宮陽二朗・杉本幸男（1994）：幕末における一舶来地球儀－英国BETTS社製携帯用地球儀について. 地図, 32 (3), 12-24.

宇都宮陽二朗（1994）：下関市立美術館蔵、香月家地球儀について. 日本地理学会予稿集, 45, 324-325.

宇都宮陽二朗・X. Mazda, B. D. Thynne (1995): BETTS携帯地球儀上の地理情報について. 日本地理学会予稿集, 日本地理学会予稿集, 47, 298-299.

宇都宮陽二朗, X. Mazda, B. D. Thynne (1997): 土井家旧蔵のBETTS携帯型地球儀球面上の世界図に関する2, 3の知見. 地図, 35 (3) 1-11.

Yojiro Utsunomiya (2002): A terrestrial globe kept in the museum of Ise Shinto shrine, Japan. 10th Coronelli Symposium - Nürnberg 23-25 Sept. 2002.

宇都宮陽二朗（2003）：神宮徴古館農業館蔵のいわゆる渋川春海作地球儀に関する研究　日本地理学会要旨集63, p.272. 日本地理学会2003年度春期学術大会　2003/0329-31　東京.

宇都宮陽二朗（2005）：下関市立美術館蔵、香月家地球儀について. 三重大学人文学部文化学科「人文論叢」22, 201-212.

宇都宮陽二朗・松本幸雄（1995）：球儀上に表された地理情報量の評価法について. 地図, 33 (1), 7-13.

宇都宮陽二朗（2006）：和製地球儀球面上の地理情報量について. 日本国際地図学会平成18年度定期大会発表論文・資料集, 75-76. 日本国際地図学会, 200601026, 東京.

宇都宮陽二朗（2007）：和製地球儀球面上の地理情報量について. 人文論叢, 24, 33-40.

宇都宮陽二朗（2006）：神宮徴古館農業館蔵のいわゆる渋川春海作地球儀に関する研究（第1報）三重大学人文学部文化学科「人文論叢」23, 29-36.

5.3　英国BETTS社製地球儀球面上の情報量について

5.3.1　はじめに

筆者は球儀上の地理情報量評価法を開発し（宇都宮・松本, 1995）、現在販売中の本邦製地球儀に適用した（宇都宮, 2007）。本報告では洋傘の構造を改良し、8本の親骨の両端を頭轆轤、手元轆轤に直結させ、頭轆轤に手元轆轤を近づけ直径12インチの球体とするBetts社製新型携帯地球儀の球面上に表された情報量を吟味し、古地球儀球面上に描かれる地理情報量の定量的研究の可能性を検討する。

5.3.2　地球儀の概要

調査対象とした英国BETTS社製地球儀はコウモリ傘の構造を活用した直径12インチと推定される球体（正確には八角の球状体）である。正確な球ではなく南北に長軸を有する紡錘形をなす（写真1）。展示用のアクリル製の仮の架台に差し込まれた地球儀には架台はなく、収納箱にも、架台を収める余分な空間はない。世界図には15°毎の経緯線と黄道が描かれている。球面上の地理情報を写真2に示した。この復元ゴアや多角度から撮影した写真により地理情報を吟味しGlobusfreundに報告した（Utsunomiya, 2009）。本稿は、その翻訳に若干の修正を加えている。

なお、既報（1995, 97）でこの携帯地球儀の製作年を1855〜1858と推定したが、2009年の調査において球面上の地理情報をしらみつぶしに調べて吟味した結果、「1854年、Mc. Donald Is. 発見」の注記を見出し、製作年は1854年以前には遡及せず、それ以降であることを明らかにした。最近でも、同型の地球儀の製作を1852年とするwebpageが2件あり、連絡したところ、1件は訂正された。他の1件への後の問合せには回答がないが、本体、収納箱とその宣伝文を見る限り、恐らく当該記事は錯誤であろう。

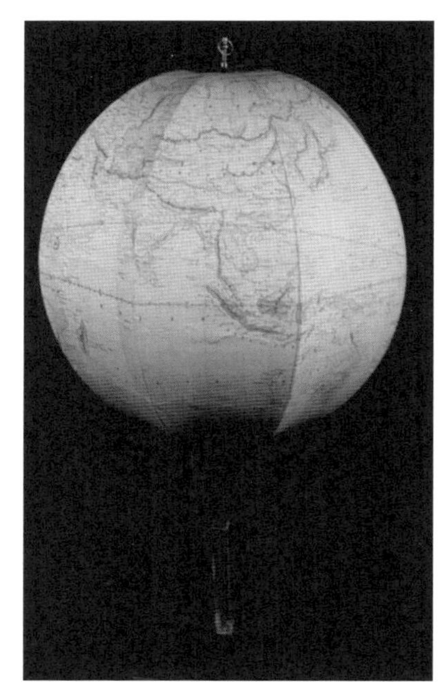

写真1　BETTS社の新型携帯地球儀

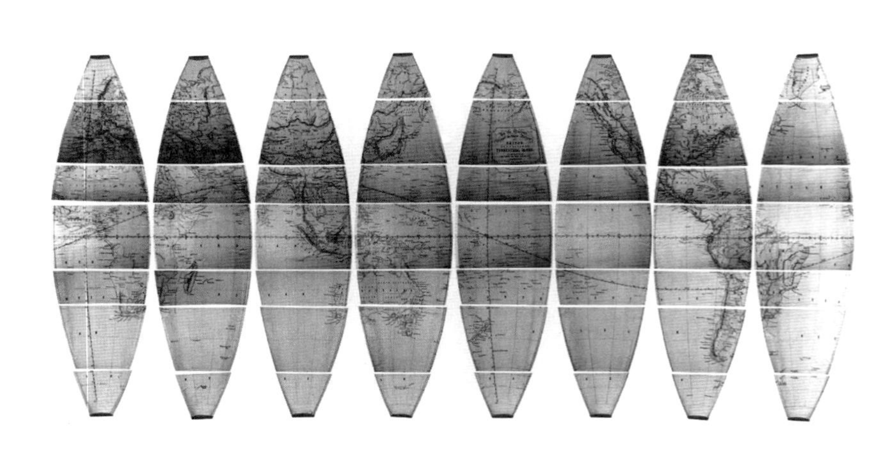

写真2　BETTS社の新型携帯地球儀のゴア（重複部分を含む）

5.3.3　方法

本研究の解析フローは図1に示すように、地球儀球面上に引かれた15°ごとの緯経線で分割される各セル内に含まれる文字数、都市・市街地数、国・地方名称、河川、湖沼、山岳・岬などの自然名称、アークの総数などの地理情報を計測する。次に単位面積当たり情報量を算出して、コンター表示と評価を加えた。これらの情報量の計測基準は、既報（宇都宮・松本, 1995）に従う。ただし、本報告では南・北極域と本初子午線付近で15°の帯状の領域のデータを重複させ、データファイルのデータ配列、12×24から14×26のマトリックスのデータファイルを生成している。

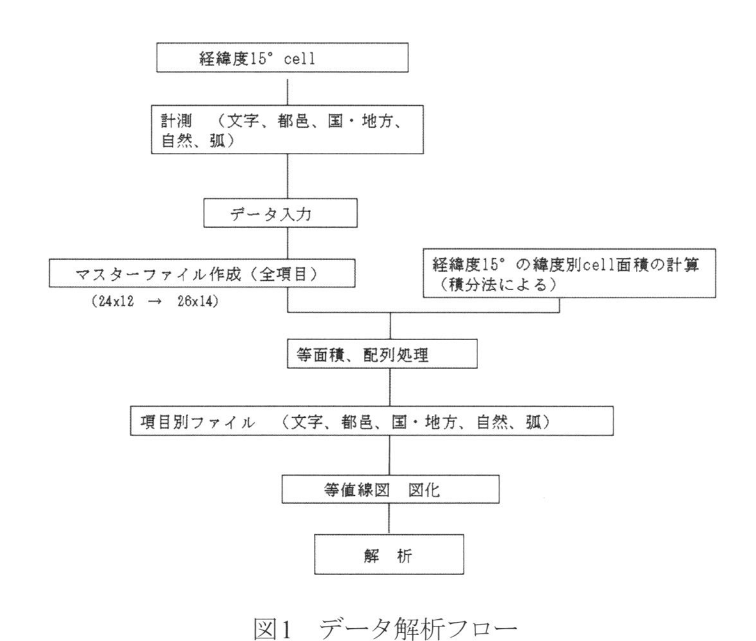

図1　データ解析フロー

5.3.3.1　計測項目及び計測条件

前報告と同様に、データ計測と入力に先立ち、各セル内部の地理情報の項目及び計測条件を以下に定めた。①文字数：地方名、山岳、河川・海域、山頂高度等の1文字を各々1としてカウントしたセル内の積算数で、経緯線と重複する文字は0.5又は0.25とする。②都市名称の数：都市名を、それぞれ、1とした積算数で、数セルにまたがる単一の都邑名はそのセルの数で除した。なお、都邑の地点位置を示す「○」印のシンボルと都邑名が同一セルに存在しない場合はシンボルの位置を無視し、文字の位置するセルの情報量とする。③国・地方、（群）島の名称：この計測も都邑名と同様である。ただし、これと次の自然地名との区別は厳密ではく、群島及び大洋名、コラ半島などで代表されるような一般名称として認識されている名称は地方名とした。④自然地名数：岬、半島、山脈、峰、川・湖沼などの自然地名の計測条件も都邑名と同様である。⑤アーク数：アーク数はセル内の湖・海岸線、河系、国・州境、航路などの弧（アーク）の数である。ただし、各アークは各々の交会点で分離し、別々の弧とした。たとえば、水系に国境線が交差又は海岸線に国境線が交会する場合は、弧の数は4本又は3本として計数される。ただし、水系上に境界線が重合する場合は分離せず、一本とする。点在する小島は点として表示される場合でも閉曲線とみなし、1本のアークとする。これらの項目以外にも重要な情報量があるが、評価項目を計数可能な5項目に限定して解析をすすめた。なお、球面の表記が漢字やひらがな（カナ）とアルファベットなどの差により、本邦や英国及びその他の国々で製作された地球儀の比較は、例えば、この球面では、Miyako, JEDOであるが、東京の2文字とTOKYOの5文字の文字数の違いがあり、単純ではない。

5.3.3.2　データ入力及びファイル作成

12（縦）×24（横）の配列からなる合計288個の各セルで測定された①文字数、②都邑数、③群島・島・国・地方などの国・地方名称、④岬・山脈、川などの自然名称、⑤アーク（境界、水涯線など）を項目順に入力してマスタファイルを作成した後、セル数を14×26個に拡張した。

等値線図は、方格図の各4辺の図郭外で適当な数値を充てて、図郭外処理/補間を行うが、球体をなす地球儀では図郭の右辺は直ちに図郭の左辺となるため、補間をより自然にするため、右辺の右25カラムとして、カラム1の測定値を、1カラム目の左側 のマイナス1カラム相当に、24カラムの測定値を入力した。北緯75-90°の北側には各セルに隣接するセルの値を記入した。これは南緯75-90°でも同様である。なお、数値が著しく多くはないため、手作業で補入し、12×24から14×26のマトリックッス（364セル）のデータファイルとしている。

5.3.3.3　面積計算及び前処理

極から赤道への経緯度15° × 15°のセル面積の拡大により地理情報は増加する。そこで、セルの面積を基準化するため、15°ごとのセル面積を求め[1]、各セルにおける項目ごとに情報量を除すことにより、単位面積当りの情報量を算出して、項目別のデータファイルとした。赤道と極方向の円周がそれぞれ、124.5cm、129.7cm（宇都宮・杉本, 1994）で直径は39.63cm、41.28cm、平均では127.1cm、直径は約40.45cmとなる。この平均値に基づく球表面の緯度15度間を既開発のN88BASICプログラムの積分法により15万回計算して算出した。経緯度15°×15°の面積を表1に示す。経緯度15°×15°のセル面積により、等緯度域における、各セルの情報量を除して単位面積当り情報量を求め、項目別ファイルを作成した。

表1　緯度別の15×15°のcell面積（単位：cm^2）

緯度	積分法による面積
75-90°	3.65147
60-75°	10.70298
45-60°	17.02513
30-45°	22.18712
15-30°	25.83719
0-15°	27.7266

5.3.3.4　等値線図化

以上の項目別ファイル（セル数は14 × 26個）をもとに、情報量をコンター表示した。既報告における解析と同様に、㈲電脳組のインタプリター（BASIC/98 Ver.5）を介してMSDOS版コンター地図化ソフト「CONTOR. MAP（塩野ら, 1988）」をWindows XP上で稼働させた。なお、プログラムの実行では、既報で用いたCONTOR. MAPのソースプログラムの入力部分に若干の修正を加えた。

5.3.4　結果

面積により基準化された情報量をもとに、等値線図（図2〜7）を描いた。図の東西方向では、東に向かい、西経15°から東/西経180°を経て東経15°までを、 南北方向では、北緯75°からN90°、 赤道、 S90°を経て南緯75°までを示す。作図上、これらの図の上下（75〜90° の極域）、左右（西経15° 〜東経15° のセル）が重複するため、矩形枠で東西360°南北90°の範囲を示した。

図2はセル内の文字数の総和を示したものである。文字数は最大で15.71、一般には5〜7程度を示す。西欧で6〜11から最大の15.71、北米東部には5〜8が、豪州には10.0、南アフリカには6.0が見られる。

図3は都市・市街地数である。都市・市街地数は西アジアから西欧で、1〜1.26、一般には0.2〜0.6〜0.8程度を示す。南西アジアでは最大の1.26、北米では0.1〜0.6が、豪州では0.4、アフリカでは0.6〜0.3が見られる。

図4は群島、島、国・地方を含む国・地方の名称である。これらの名称は、最大で0.387、一般には0.04〜0.18を

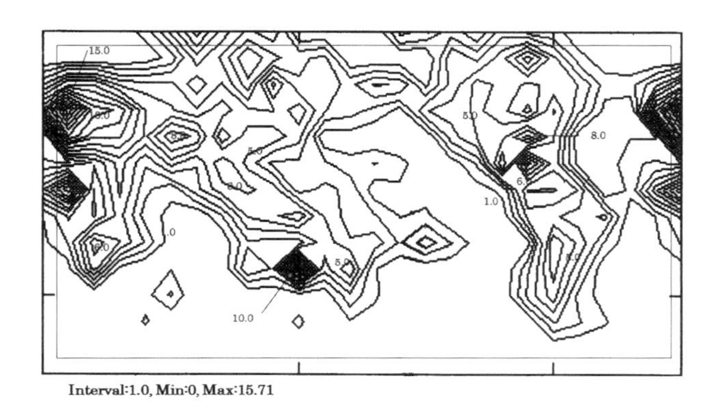

図2　文字数

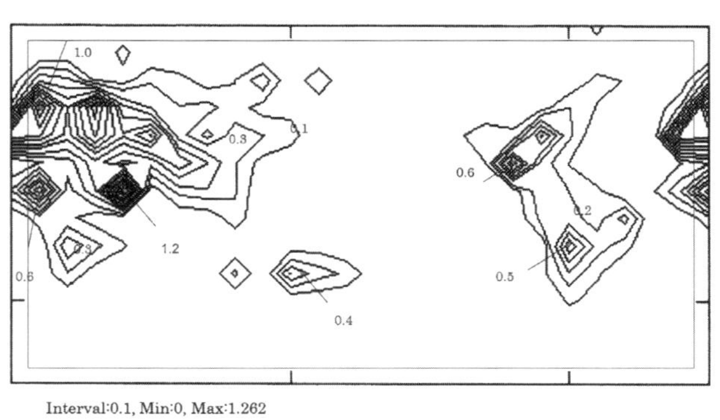

図3　都市・市街地数

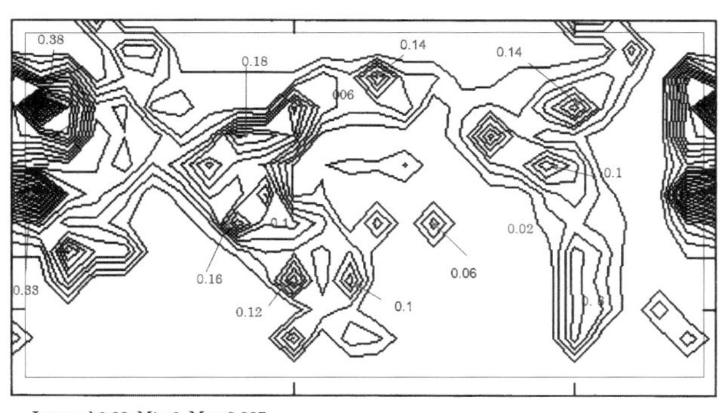

図4　国・地方数（群島、島、国、地方）

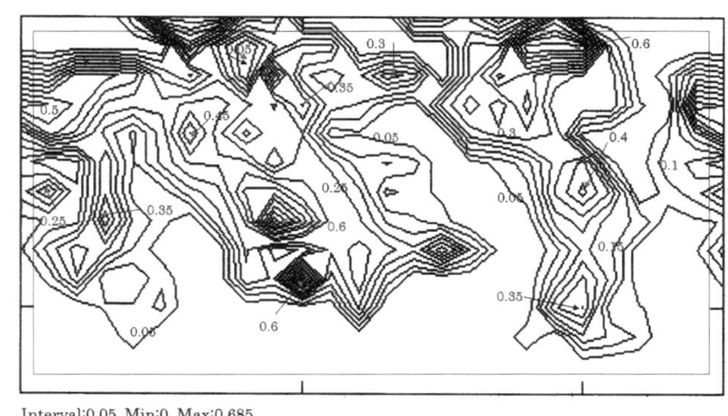

図5　自然地名数（岬、山脈、火山、川、湾などの自然地名）

示す。西欧では最大の0.38を示し、北米では東北岸に0.14がみられ、北西部も高い値を示すが、一般には0.02～0.06である。南アジアから豪州にかけては0.02～0.16の値を示す。これは、群島などの地方名称の多さによる。また、西アフリカも0.33の高い値がみられる。

図5は自然名称である。河川、湖沼、山岳・岬などの自然名称は、最大で0.685、一般には、0.1～0.35を示す。一般に、南アジアから豪州にかけて、0.1～0.35、北米、カナダでは、0.25～0.6を示し、南米では、0.15～0.35が、インドから豪州に0.6の大きな値が見られる。英領植民地で名称が多く、大きな値を示している。

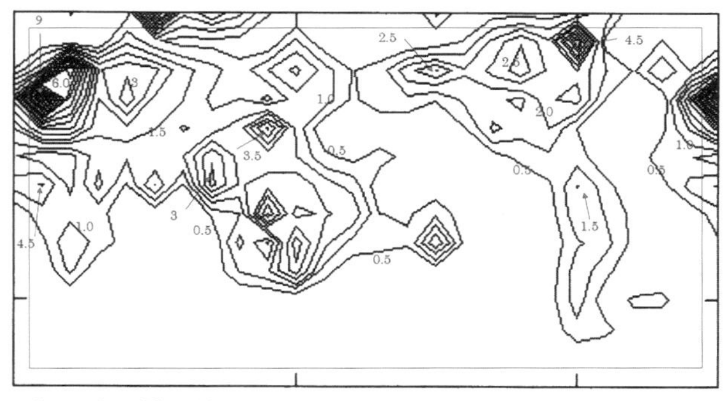

図6　アーク数

図6はアークの総数である。アーク数の最大値の9.05が西欧にあり、アジア大陸では一般に1～3.5、南米の南端、及びカナダでは1～1.5を示す。北米の北～東部では最大の4.5～2.5が、南アジアでは0.5～3.5がみられる。西欧の最大値、9.05は英国周辺に認められ、フェノスカンデアでは、6.0を示す。

5.3.5　考察

英国Betts製地球儀ゴア上の文字数、都市・市街数、国地方のいづれの地理情報を見ても、西欧とその属国に著しく多いことが等値線図から読み取れる。これらの地理情報量は歴史的に蓄積された世界知識、蘭、スペイン、ポルトガル、仏そして最後の英国による探検、それと表裏関係の植民地争奪/経営などの歴史的所産とも言える。

端的に言えば、西欧特に英国とその植民地、植民地獲得の意図の下の探検が行われた地域及び北米に地理情報量の偏在が認められる。自然条件の違いにより、空間的な粗密の存在は当然ではあるが、自然名称自体も、「発見者」により命名されるため、当時の西欧及び植民地や西欧に興味を持たれた（?）地域や大陸に多い。文字数や都市・市街名称は英国に深く関係する北米、インド、豪州などの植民地に多いことは当然で、南米の情報は旧宗主国である西班牙による情報蓄積による。

多くの情報量は文字やシンボル、フォントの種類、それらの大小や美的配置、デザイン・配色、それらの相互関係により、限定空間上に表示可能である。観察や理解の容易さの視点を加えて、表示限界値の吟味が必要となるが、無地の上でなく、歴史的に蓄積された空間情報の上で議論することは容易ではないであろう。

地理情報の選択では発見や調査収集の段階もあるが、最終的には編集主幹者、地球儀製作会社の政治的意図や自然観、就中、商業主義が反映され、そのバランスに依存する。花枠飾りに、「NEW」及び「Compiled from THE LATEST AND BEST AUTHORITIES」と最新と謳い、権威づけている点を見ても、このBETTS社製地球儀が前節（5.1）に報告した米国製地球儀と同等の販売戦略のもとに、大衆の興味を球面に反映させた販売品であり、それらの意識のもとに取捨選択されたことが窺われる。

このマーケットとして、社会のどの階層をターゲットにしているか、例えば家庭や学校教育か、一般社会向けの地球儀であるかによって、その情報量は異なるが、収納箱の宣伝文に示されている教育用の地図類とは異なり、一般向け商品とみえる（本書（4.4.2）参照）。このように解釈すれば、球面に描かれた地理情報とその情報量は社会の要請に応えたもので、最新の発見情報をいち早く加え、社会の興味を惹いたものであろう。

5.3.6 まとめ

球面上の経緯度15°に囲まれたセル空間を1単位として、文字、都市名、国・地方と（群）島名、河川、岬と山岳などの自然地名および弧の各項目を計測し、地理情報量を評価した。その結果、本手法による地理情報量評価法の有効性を再確認するとともに、既報の米国製地球儀と同様の販売戦略の下で製作されたこと、社会の要請に応えた地理情報とその情報量が地球儀球面上に表示されていることが明らかとなった。南米の情報は、宗主国による情報蓄積に負うが、その他についての情報量は北米、インド、豪州などの植民地に多く、英国の大衆の興味を反映していることが窺える。

BETTS社の携帯地球儀に英文表記以外の地球儀の発売がないことは、蘭のElsevier社による1880年の傘式地球儀の製造を無関係として扱えば、世界の最新地理情報を独占できた大英帝国の地球儀販売戦略では英語圏のみを対象としたことがうかがえる。日の沈まぬ大宗主国、英国としては、当然であったかも知れない。

あとがき

筆者は、球儀上の地理情報量の評価法（宇都宮・松本, 1995）を本邦製地球儀に適用（宇都宮, 2007）した後、古地球儀のBETTS社製新型携帯地球儀の情報量を吟味し、Globusfreund, 55/56 (2009) に「The Amount of Geographical Information on Betts's Portable Terrestrial Globe」を投稿した。本稿はこれをベースに加筆修正を加えたものである。

注

1） 任意の経緯度に囲まれるセル面積は式（1）で求めるスリット面積の積分で概算できる。

$$S = \sum_{n=1}^{150,000} ((2\pi r \times KSPAN/360) \times (2\pi r/(360 * ISPAN)) \times COS(EQUAT) \cdots (1)$$

文献

宇都宮陽二朗・杉本幸男（1992b）：幕末における一舶来地球儀について－土井家（土井利忠）資料中の地球儀, 日本地理学会予稿集, 42, 130-131.

宇都宮陽二朗・杉本幸男（1994）：幕末における一舶来地球儀－英国Betts社製携帯用地球儀について. 地図, 32, 3 12-24.

宇都宮陽二朗・X. Mazda, B.D.Thynne (1995): BETTS携帯地球儀上の地理情報について. 日本地理学会予稿集, 47, pp.298-299.

宇都宮陽二朗, X. Mazda, B.D.Thynne (1997): 土井家旧蔵のBETTS携帯型地球儀球面上の世界図に関する2, 3の知見. 地図, 35 (3) 1-11.

宇都宮陽二朗（2007）：英国BETTS社製地球儀球面上の情報量について. 日本地理学会2007年春季大会発表要旨集71, p52.

宇都宮陽二朗・松本幸雄（1995）：球儀上に表された地理情報量の評価法について. 地図, 33(1), 7-13.

宇都宮陽二朗（2007）：和製地球儀球面上の地理情報量について. 人文論叢, 24, 33-40.

Utsunomiya Yojiro (2009): The Amount of Geographical Information on 'Betts's Portable Terrestrial Globe'. Globe Studies, 55/56, 100-110, and Globusfreund, No. 55/56 (2009, for 2007/2008), 103-114.

6. 地球儀研究の新たなアプローチ2　－画像や影像の中の地球儀

本章では、実体としての地球儀でなく、絵画をはじめとする画像、モニュメントや影像に併存する地球儀に焦点を当てた地球儀研究の新アプローチを提示した。絵画や写真では、作品の製作時代における歴史事件や作品発注者が作品にこめた政治/政策的意図を、リーパやパノフスキーのイコノロジーなどを援用し報告した（Utsunomiya, 1999)。本稿は、さらに事例を追加し、モニュメントなども対象として、再検討を加えた。その情報収集の中で、米国における「Hitlerの地球儀」騒ぎを知り、関連した情報を集め、また実際にColumbus社の大地球儀をベルリンやミュンヘンで確かめ、鷲の巣詣でまでして、2、3の新事実を得たので記録にとどめることとした。この一連の調査で、世界的に有名なLIFE誌の報道写真については、専属の戦場/報道写真家の手になる写真の画像解析とその同伴者のフイルムに収まる画像の吟味などから、Hitlerの事務机上には地球儀は存在せず、穏やかな表現では、この写真家による芸術創作、厳密には捏造であり、米国で騒ぎの中心となったBerghof由来の地球儀はこれと同一である可能性の高いことを指摘した。

6.1　画像や影像の中の地球儀　－情報伝達と寓意の表示として－

6.1.1　はじめに

ウイーン美術史美術館で、プレダ（Antonio de Pereda）やダイク（Van Dyck）の絵画に地球儀が描かれていることに気づき、画像に描かれる地球儀の地理的、技術的意義や地球儀によって伝達される寓意について興味を抱き、絵画、エッチング、フレスコ画、書籍の挿絵、影像、テレビや映画を含むメディアの中に表現されている地球儀の地理学的並びにイコノロジー的な意義を考え始めた。イタリアのリーパ（Cesare Ripa）が当時の画像の表象的分類と意義付けを集め、Iconologia（1618）に、画像それぞれの意味を整理した。その後、Erwin Panofskyがそれらを再構築してIconlogy（図象学、図象解釈学）の手法を確立した。この手法による一義的な解釈に異議が唱えられてはいるが解釈手法としては貴重である。絵画に関する評価や解説は、所謂、美術評論家らによる描画技術、感覚的、夢想的な解説が氾濫する中で、フランスや日本の人類学や歴史家（Aillaud, et al., 1986; 若草, 1984; 高知尾, 1991）の寓意よりみた考察を除くと、ほとんど注目されていなかった。筆者は日本地理学会（1997年）で画像中の地球儀について、地球儀の形状、情報量、視点、光源、絵画の中の相対的位置関係、動画か否かなど任意の指標に基づく分類基準を提唱した後、無情の寓意、トマスハワード書斎、オルテリウスの肖像画など、絵画、エッチング、フレスコ画、書籍の挿絵、影像及び映画やTVを含むメディアの中の地球儀を、技術的、地理学的情報及び寓意から吟味し、伝達手段と世界観、宗教的、富と財力の象徴、目的地表示、地球環境、インテリアデザインなど属性に基づき地球儀を分類した。本稿はGlobusfreundの拙稿（Utsunomiya, 1999年）を修正し、影像やモニュメントの地球儀など新たな情報を加えて作成したものである。

6.1.2　画像中の地球儀の分類

地球儀を形状、含まれる情報量、視点、光源、フレーム内の相対的位置関係、動画か否かなど地球儀区分の指標を図1のようにまとめた。図1は分類の枠組みであり、画像の客観的観察に基づく統計処理を目的とするが、現在、残されている地球儀を描いた絵画には、一見して理解できるように、宗教的色彩の強いものが多く、母集団そのものが限られた分野に属するため、統計上のサンプルの偏りを懸念し、実施に至っていない。宗教画など、分野別の処理は或いは可能であろう。

地球儀の絵画中の配置は、人物の属性、その左右か直前に、宗教では幼子が地球儀に手を添えており、一方で

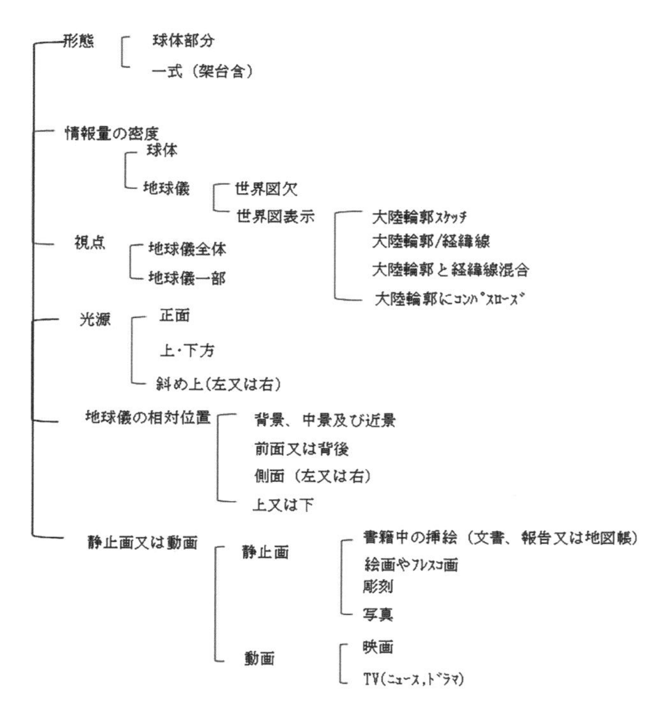

図1　画像や彫像中の地球儀の分類

は、祝福を受ける者の上方に天帝が左手で球を持つ姿が描かれている。信仰心の表示に地球（儀）を足蹴にする女を、他にネメシスなど球に乗る姿、絵画の中で下方に置かれる地球儀も見られ、それぞれ画像中の位置は地球儀を描いた意義を示すであろう。その直径についてもインテリアでは小さな球が、富の象徴では大地球儀が用いられる傾向がみられる。

6.1.3　画像の中の地球儀

画像中の地球儀は、一つ一つの画像や絵画の解釈により、1）世界観、2）宗教的、3）政治的（権力のシンボル、侵略/戦略的）、4）経済的（富の象徴）、5）人物の属性、6）目的地の指示、7）地球規模、グローバルの表示として、8）インテリアの小物として用いられていることがうかがわれる。但し、時には同一の地球儀が複数に分類され、あるいは、解読により、分類は異なることもあろう。ごく数少ないが画像や彫像中に認められる地球儀について、筆者の解釈をも加えて以下のようにまとめた。

6.1.3.1　世界観を表す地球儀

6.1.3.1.1　「無情の寓意（Allegory of Vanitas "uncertenty"）

スペイン人画家、Antonio de Pereda（1608/11-78）は1634年、無情の寓意（Allegory of Vanitas）、Kunsthistorisches Museum蔵で机のそばの精霊を描いた（写真1）。同館の説明には「美しい翼のある精霊は現世のはかなさ/無常を具現する。バロック様式の品々に囲まれた中での隠遁で、瞬時に過ぎ去る時、権力の空虚さ、生・快楽のはかなさを示す。食卓には『nil omne（全ては無常)』が刻まれ、カールV世肖像のカメオから推定される優雅な食卓は、ハプスブルグ家を暗示する」とある。斜め右前方を向き、時計、ネックレス、金・銀貨、メダル、ポートレート立て、カードを載せる宝石箱（?）上の地球儀を左肘と腕で支え、左の掌中にカメオを保持し、右手の人差し指で地球儀上の一点を指し示す天使（精霊）は、左前方の木製テーブルの銃、剣、燭蝋と燭台、トランペット、髑髏、砂時計、トランプカード、甲冑（?）などの品々を見返す。これらの品々は、イコノロジーによれば地球上の権力、名声（金属のトランペット）、富と財宝、一瞬の生命・時間（砂時計）、生命の儚さ、無情を意味し、はかなさを示す。ちなみに地球儀は全世界、現世を意味するとされる。当館の説明は、机上に描かれる「全ては無常」という格言に言い尽くされている。

球面には南方未知大陸（テラ・インコグニタ）、一部暗雲に覆われるアフリカと南米の一部、それに西欧が描かれる。西欧、中央アフリカは幾分、陰の中にある。南回帰線がマダガスカル南部でなく、中部を通るなど、絵画上のデフォルメ（錯誤）はいくつかあるが、経緯線や黄道が描かれている。球面上の経緯線及び地図情報を想像のみで描写することは、知識人でもない画家には不可能で、モデルとして地球儀が存在したことは明らかである。モチーフとしての地球儀のスケールは、図上のカメオを掴む掌の指の配置、掌や指の間の寸法から推定できる。写真上の親指と薬指、親指と小指のそれぞれは、72-65mm、地球儀の直径は170mmであるため、実際の指の距離を11.5～11.0cmとすれば、単純な比率計算から、地球儀の直径は26-30.1cmとなり、この地球儀の直径が約30cm程度と推定される。

写真1　Antonio de Pereda（1634）無情の寓意 Allegory of Vanity（Kunsthistorisches Museum Wien; https://commons.wikimedia.org/wiki/File:Antonio_de_Pereda_-_Allegory_of_Vanity_-_Google_Art_ Project.jpgによる）

精霊の指さす喜望峰（20°E, 40°, S-35°S）を（光の）中心とし、南米の一部を含む。反面、北半球、西欧側が闇になり、本初子午線はアフリカ西岸の沖合まで接近して描かれる。カールⅤ世を刻むカメオはいずれも梯状シンボルで描かれる赤道と本初子午線の交点上に立ち、その下には北西－南東方向のカルマン渦流れが、海洋の数カ所には数条のコンパスローズが見られる。宗教・道徳あるいは政治的寓意図に描かれるorb（球体または上側/北極部に十字架を取付けた球体や地球儀）で、2、30年前の本邦では“インペリアルグローブ”と訳されたが、今日では廃れ、小型の卓上地球儀メーカの固有名詞となっている。宗教・道徳あるいは政治的寓意図で描かれる十字架は北極にあり、倒立のそれは混沌を意味する。ここでは十字架の代替としてのカメオが大西洋の中央部、当時の本初子午線と赤道の交点上に立てられている。前述のような大西洋中のカメオはアメリカ植民地を含むカールⅤ世の広大な支配圏を示唆することについては疑い得ない。このカメオの下の海上に描かれる北西から南東に消えるカルマン渦状の模様は、明らかではないが混乱を示すと推察される。絵画は、1588年のスペイン艦隊の敗北による大西洋制海権の英国への移動後に描かれており、十字架の代用とされるカメオの位置から混沌/栄枯盛衰を、言い換えれば新興国、英国の台頭と南米と大西洋に権力を持つイスパニア及びハプスブルグ家（旧勢力）の衰退という混乱を意味するであろう。ただ、精霊が光の中心にある喜望峰（元々は嵐の岬）を指さし、無情の中の光を唱えているとも見えるが、明らかではない。これに対し、闇を意味する影の部分は西欧、中央アフリカにある。この「光と影」の宗教的に意図するところはそれぞれ「神の栄光」、「悪徳と愚鈍」であり、いくつかの新・旧約聖書の中でワード検索すると、これらの語は、391から433件ほど出現している。この絵画の意図するところは、イスパニアの無敵艦隊壊滅後の新興国、英国の台頭と旧勢力の衰退を意味していることは明らかであろう。イコノロジーに基づく博物館の説明によると、この絵画のモチーフは「世の無常」であり、日本においても、13～16世紀の鎌倉時代以降のいわゆる戦国時代には、この世界観は広く行き渡っており、世界観の歴史的変化において、洋の東西で軌を一にしていることは興味深い。この地球儀のモデルは1621年以降に製造された、1602年版のBlaeuの直径34cmの地球儀のようであるが、詳細は不明である。

6.1.3.1.2 「オランダの諺, Netherländish Sprichwörter (Bruegel , 1559)」

ネーデルランドの画家であるBruegel（ca.1525-1569）は、「バベルの塔（1563）」、「堕天使：The Fall of the Rebel Angels（1562）」、「オランダの諺：Netherländish Sprichwörter（1559）」、「狂女メグ：Dulle Griet/Mad Meg（1562）」、俗世間を意図する透明の球体オルブ（orb）に半身を入れ、卑屈に出世を希求する者、オルブ（orb）を隠れ蓑にして隠遁者から金子をまさに奪おうとする悪漢を描いた「隠遁者あるいは人間嫌い：Der Misanthrop（1568）」他、多くの絵画の中に地球儀を描いている（ベルリン絵画館; Marijnissen, 1971; Prater, 1977, Timothy Foote, 1969）。これらの中で描かれる球およびオルブ（orb）は現世、現実世界あるいは、俗世間を模している。彼の作品の「悦楽の園」、「大罪,（1558）」、「憤怒」、「うぬぼれ」、「オランダの諺Netherländish Sprichwörter（1559）」（翻訳者の思い込みで不誠実を意味する「青い外套」と名付けられたこともある）に多く登場する。彼の作品の一つである「オランダの諺」はベルリンの絵画館に「猿」などと並んで展示されている（写真2a）。彼のorbは抽象化された現世であるため、地理学的な情報は少ない。その反面、世界観やモラルへの警告が明確に示されている。オランダの諺、126件の諺の中に4個のorbがあり、図の左方で、①家屋の壁に逆さ吊りされた球へ脱糞する男（写真2b）、図の下方で②透明な球に半身を滑り込ませる男、それを右手で示し、③左手指で球を回す/手玉にする男、中央やや右で、④左手を球に乗せ腰掛けるキリストに髭を付けようとする男などが描かれる（写真2c）。①は世界が逆さまで混乱しており、その世界を嫌悪・軽蔑する人間、②は世間で認められるには卑屈になれ、③は他人を思い通り踊らせ、世間を手玉に取る、④は全世界の救世主に亜麻の付け髭で、偽善のマスクの裏には詐欺ありなど、ベルリン絵画館の説明パネルが示している。同世代の別の画家の作品にも、あからさまな球への脱糞があり、地球儀にとっては災難であるが、諺の様々な表現に地球儀が用いられている。この絵画に示された地球儀を手玉に取る構図は、たとえば、チャップリンの「独裁者」ヒンケルが左手3本指で直径1m余の風船型の地球儀を回すシーンなどに見られ、後世への影響は少なくない。しかしながら、絵画の中の多くの球体の扱いはBruegel独自の発想ではなく、同様の球体は彼の半世紀前のBosch（1453-1516）の悦楽の園（Garten der Lüste：プラド美術館蔵, 1500/05頃）の作品中にあり、同館での観察によると、構図や対象は非常に似ており、Bruegelはこれに触発されて「悦楽の園」の一連の作品を残したものであろう。彼の多くの作品中には模写を疑わせる作品もみられ、Boschの後続世代の画家達に好まれたこれらの構図をブリューゲルは模倣したと考えられる。なお、「諺」については同世代の画家にも多くの作品があり、寓意画の中に球を描くことが当時、流行していたことを示している（森洋子, 1992）。ちなみに、この絵画に描かれる40余の諺の中には、例えば、「壁に耳あり、障子に目あり、豚に真珠、過ぎたるは及ばざるがごとし」など日本にもなじみ深い諺があり、西洋、東洋と文化や時と処が変わっても、人口に膾炙される諺は同じであることは興味深い。余り知られていないが、壁の「目」を注視すると、下から「目」を切取ろうとする鋏が壁に描かれていることが浮き上がり、のぞき見禁止の戒めや画家の思いが垣間見える。蛇足であるが、魔界の風景の多い水木しげるの漫画「ゲゲゲの鬼太郎」にはブリューゲルあるいはBoschの強い影響が見られる。

6.1.3.1.3 大使達（The Ambassadors）

2年後に宮廷画家となったHans Holbein the younger（1497-1543）が1533年に描いた大使達（The Ambassadors）は依頼者の意図が織り込まれているであろうが、この絵画については多くの議論がある（写真3a）。後に国内のカトリック教会から分離し英国教をたちあげたヘンリー八世（HenryVIII：1491-1547）統治下にあり、ローマ教皇の特権

写真2 (a)　Pieter Bruegel the Elder (1559) のオランダの諺 Netherländish Sprichwörter (Gemäldegalerie, Berlin) (Photo : 宇都宮)

写真2 (b)　Pieter Bruegel the Elder (1559) のオランダの諺細部：逆さまの地球儀 Netherländish Sprichwörter (detail; upside-down orb) (Gemäldegalerie, Berlin) (Photo: 宇都宮)

(逆さまの地球儀 (orb) が描かれており、男の不浄に遭う逆さまの地球儀は世の混沌を示している。その右に描かれる壁の目は、本邦の諺「壁に耳あり、障子に目あり」に相当し、考え方は洋の東西を問わないことを示すであろう。ただし、ここでは、下から目を切ろうとする鋏を描き、戒めをも示している。)

写真2 (c)　Pieter Bruegel the Elder (1559) のオランダの諺細部：地球儀を手玉に、地球儀への滑り込み、神に付け髭 Netherländish Sprichwörter (detail; Orb turning around a finger, man sliding into orb; beard ornament to God) (Gemäldegalerie, Berlin) (Photo: 宇都宮)

このorbへ滑り込む男を冷笑し、親指でorbを回す/手玉にする男のモチーフの一部はチャップリンの「Great Dictator」に採用されており、さらに外相執務室の地球儀 (週刊誌の4コマ漫画；マナ板紳士録) に影響を与えた。

剥奪が進行する只中で説得/調整のため渡英し、不調に終わった仏大使Jean de Dinteville（左）と仏の聖アラン・デ・ラヴル教会の司教Georges de Selve（右）を描いた肖像画で、木の棚の両サイドに立つ2人の大使が、それぞれ棚に肱掛けている。クロースで覆われる上の棚には、架台付きの天球儀、天体観測機器、測高計などがあり、下の棚には、球体のみの地球儀、しおりを挟み開かれたままの書籍、弦の一本が切れたリュート（弦楽器）、開かれたままの新旧両教会で歌われたルター訳とされる賛美歌の楽譜、筒に収まる地図及びコンパスが置かれている。棚の上段が天球儀に象徴される天を、下段が地球儀で表象される俗世界を示し、更に左右の人物の服装で左が世俗の正装、右は聖職服と対置させ、床の絨毯はウェストミュンスターの床を模したという。画面の中央前面には紡錘形の物体が斜めに描かれているが、これは、絵画のモチーフと目されるMemento-mori（死を想え）を顕す髑髏であり、展示室の指示により、絵画の右手上から、画布を斜めに見下すと引き延ばされた形状が元に戻り、髑髏が出現する仕掛けとなっている。この絵画については、ヘンリーの男系世継ぎ欲しさの婚姻破棄に端を発したカトリック教皇権力と王権下の国教という宗教争議、或いは教会と資本主義の統一を示すとか論評は多い。図中の地球儀には北極側にハンドルがあり、これで回転させる地軸の役目をなす。現在、市販されている多くのレプリカには、南極側にもハンドルを推定し追加されてあるが、絵画には北極側のみが描かれてあることを注意しておきたい。Dekker (1999) によると少なくとも2度の修復の最初の時点で、球のみの地球儀の北極側にハンドルが追加され、次にはトルデシリャス条約による境界線西側の汚損部分が、米国に現存する1560年頃のゴアによって補筆されているため、1533年以前の地理情報は不明であるという。

絵画中の地軸/ハンドルが北極側に固定された地球儀球面（写真3b）には0, 30, 60, 90, 120, 330°の黒色の子午線と、Canary諸島に設定された本初子午線西方の1494年、葡萄牙、西班牙間で批准された世界山分けのトルデシリャス条約による境界線「LINEA DIVISONIS CASTELEANORV ET PORTVGALIEN」が描かれている。このラテン語の文言は、「CASTELEANORV（スペイン）とPORTVGALIEN（ポルトガル）の境界線」となる。また、赤で引かれた赤道、南北回帰線や極圏が明瞭で、西欧の大陸及び英国（ANGLI及びSCOCIA）、北米と南米ブラジルの海岸線が認められる。英国と東のモスコビアに接したウクライナを含むオレンジ色の西欧は地球儀球面の正面にあり、赤道からアフリカ北部にかけた範囲、地中海、近東、東欧及び南米大陸の東海岸や水色の海、オレンジ色に着色され

(a)

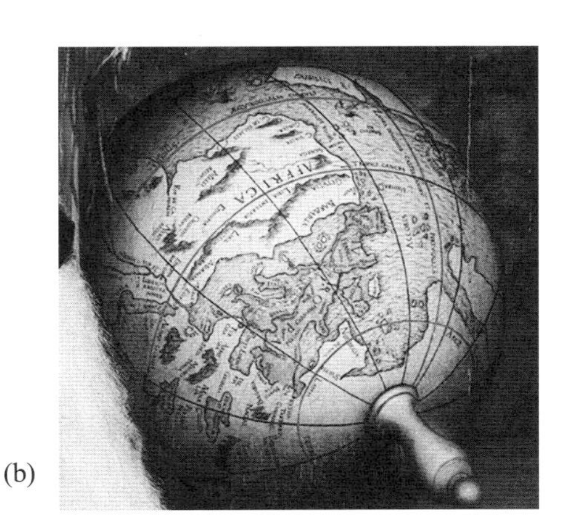

(b)

写真3　Hans Holbein the Younger (1533) の大使達 The Ambassadors（National Gallery蔵）
(Wikimedia Commons; https://commons.wikimedia.org/wiki/File:Hans_Holbein_the_Younger-_The_ Ambassadors_-_Google_Art_Project.jpg による）
（a）Hans Holbein the Younger（1533）の大使達　（b）大使達に描かれる 地球儀の拡大

るアトラス山脈のような山岳地以外の内陸部では彩色されていない。

地球儀の直径は印刷した写真上では大使達の頭部、身長及び、顎から頭頂までの寸法が、26mm、人物が182-187mm、地球儀の直径が22mmであるため、相対比から地球儀の直径は、22-24cmで、直径は25cm程度と推定されよう。同様に、天球儀の直径は、32-35cmと算出される。ここで、地球儀より天球儀の大きいことは、天の重視を意味するのであろうか。斜めに引き延ばされた髑髏の騙し絵描法による表現は、人が意識しない人生の儚さを髑髏に気付いた時の“驚き”をもって、この絵画を観る者に強く印象づけさせることを意図しているであろう。このような所謂、だまし絵は、The National Galleryのほかの展示でも見たことがあり、ドーム状天井のフレスコ画の描法とも云われ、一種の流行でもあったともみえる。余談ではあるが、本邦では江戸時代の粋人たちの間で、小さな力士の集合体で力士、あるいは猫の集合体で猫を描いた浮世絵や、だまし絵が親しまれており、その中には絵画に刀の鞘を立て、その側面の漆面に映して本来の画像を楽しむという鞘絵がある。間接的に画像を（武士達が?）楽しむこちらの方が手の込んでいる騙し絵といえよう。

6.1.3.1.4　デューラー（Dürer）の絵画類

アルブレヒト・デューラー（Albrecht Dürer）は、メランコリア/憂鬱（Melancolia I, 1514）及び夢（ca. 1497/98）で、球を画像の左下に描いている。ところが、球に乗るthe small fortuneと類似する、幸運（Nemesis/The Great Fortune, 1502頃：1495以前）では、画像中央部の右向きの女神が球の上に立つ姿を描いている。Salvator Mundi（ca. 1502）では球は左手にある。この他に王権を示す、カール大帝（1512）、シーグモンド王（1512）、マキシミリアン大帝の凱旋（1518/19）など、多くの作品があり、これらの画像では、王は右手に剣又は王笏（Septre）を、左手にorbを持っている。“Triumphal Arch”では3王が、それぞれが右手に王笏、左手にorbを乗せている。“St. Ann and the Virgin”（1500以前）では、orbは中央上部に描かれる。“Die Heilige Familie mit der Heus (ca.1495)”、“Die heilige Familie mit der Heushrecke (The Holy Family with the Dragonfly) (b. 1495)”蜻蛉と聖家族では、orbをもつ全能の神が認められる。Dürerはまた、Messer（1504）の著書、“Science of Circular Motion”の口絵に椅子に腰掛け、左手の球儀を右手のコンパスで測定する“The Astronomer”を描いている。天帝の手にある球は現世（全世界）で、諸王の持つorbは王権であり、また著書の属性を示す天体である。他に、Jobst Harrich（ca. 1580 -1617）の1614年の複製ではあるが、デューラーが1509年に描いた「昇天と聖母戴冠」（ドミニコ教会トーマス祭壇）には、跪くマリアに冠を被せる、腰掛けた天帝は左手で膝上の球を掴む。これらの作品から、画家のデューラーは球/球儀を限定して描かず、それぞれの属性や意図、言い換えれば画家自身の感性または依頼者の要望に応じて描き分けたとみられる。

6.1.3.1.5　「はだしのゲン」

中沢啓治原作の政治的誇張の強いプロパガンダ漫画「はだしのゲン」を映画化した山田典吾監督の同タイトルの映画（1976）では、ゲンの兄が今、将に出征しようとする時に、彼の学習机から小さな半子午環型の地球儀を手に取り、しばらくの間、現在位置かどこかを調べた後に、静かに球面を回すシーンがある。位置を見る場面は距離や目的地などの意味を持つが、次の回転させるシーンは、それまでとは全く違って、現実社会（現世）への別れを告げるという象徴的な場面をなすように見える。漫画にはこの場面を確認できないため、これは映画化にあたって映画監督/脚本家が新たに加えたシナリオの1シーンであろう。

6.1.3.2　宗教的な地球儀

6.1.3.2.1　「バラのマドンナ（Madonna of the Rose）」

「バラのマドンナ（Madonna of the Rose; Gemäldegalerie Dresden蔵）（1528/30）」を描いたParmigianino（1503-1540）は、ほぼ同時期の1529/30年に「Allegorical Portrait of Charles V：チャールスV世の寓意的人物画」に地球儀を描いている（Encyclopedia of World Art, 1972, 若草, 1984, 高知尾, 1991）。「薔薇のマドンナ」はDresden絵画館中の一点にしかすぎないが、流麗で豊満なマリアの左には、ソファの肘に寄りかかり右手に一輪の薔薇を掲げ、左手で地球儀の北極に手を添える幼子キリストが描かれている（写真4）。球面には黒海付近を中心に、カスピ海、ペルシャ湾、大西洋、西・北欧、西アジア及び北アフリカが表され、西及び北にはイベリア半島、北極海沿岸の海岸線が描かれるが、経緯線や黄道はない。海域は黒く、他は褐色または金色に彩色されているようである。写真印画紙上で、幼子キリストの顎から頭頂部は44mm、手首から指先は30mmで、地球儀の直径は62mmである。それぞれの寸法を27cm、15cmとすれば、地球儀の直径は31～38cmとなる。この場合、マリアとキリストは優雅さを表現するために誇張されていることは留意しなければならない。それ故、幼子キリストの長さを最大の70～80cmと仮定すれば、地球儀の直径は20～23cmとなろう。大陸の形状の抽象化は否定できないが、当時の地球儀に忠実であるとすれば、海岸線の形、北極海の島の配置などは、マテオ・リッチが支那で刊行した世界図に類似する。ただし、この絵は、マゼランの世界一周達成後、ほどなくして描かれているため、この地球儀は、マテオ・リッチが坤輿萬國全圖や輿地山海全圖の手本とした世界図あるいは地球儀の一つとも推定される。この地球儀の意味するところは、現世であり、意図するところは世界を包む/救済するキリストにあることは、言を俟たない。

写真4　Parmigianino（1528-30）薔薇のマドンナ Madonna of the Rose (Dresden, Gemäldegalerie蔵;.wikimedia commons; https://commons.wikimedia.org/wiki/File: Parmigianino_001.jpg による）

6.1.3.2.2　信仰の寓意 The Allegory of Faith（1672/73）

フェルメール（JohannesVermeer, 1632-1675）は、天文学者Der Astronom（1668）、地理学者Der Geograph（1669）や信仰の寓意The Allegory of Faith（1672/73）を描いている（Gowing, 1970; Grimme, 1977; Aillaud, et al., 1986）が、「信仰の寓意」では、地球儀は椅子に腰掛け、斜め上を見つめる女性の足下に踏みつけられている（写真5a, b）。一方、天上から透明なガラス球が青紐で吊されており、ある評者はこれを天球儀とみなしている。これは、現世/俗世間を乗り越え信仰に生きるという女性の強い意志を示すとされるが、この透明球が青色の紐で吊され、聖杯、開かれた聖書（?）や十字架を載せる卓のテーブルクロスや彼女のガウンも同じく青色であり、ブリューゲルのオランダの諺の不誠実/欺瞞を示す青いマントを連想させる。また、彼女の左肘横の聖杯と十字架を置くテーブルの端から斜めにはみ出た分厚い書籍（聖書か?）が、今にも落下する状態に描かれてあることは、決心の表れという単純な解釈/評論の危険さを示すであろう（写真5a）。一方、この足下に描かれている地球儀（写真5b）はAillaud et al.（1986）により、Jodocus Hondiusが1618年に製作した地球儀の一つであることが明らかにされている。Aillaudらは、この同定のため絵画の傍らに地球儀を置き、同一のアングルから観察するという実証的方法をとっている。

(a)  (b) 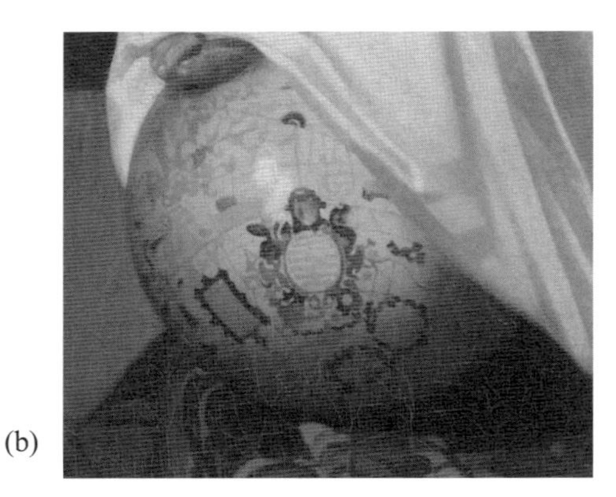

写真5　Vermeer（1672/73）信仰の寓意 Allegory of the new testament
（The Metropolitan Museum of Art蔵; wikimedia commons; https://commons.wikimedia.org/wiki/File:Johannes_Vermeer,_Allegory_of_the_Catholic_Faith,_The_Metropolitan_Museum_of_Art.jpgによる）
（a）信仰の寓意　（b）足下の球儀（detail; a trampled globe）

(a)  (b) 

写真6　大天使ガブリエル The archangel Gabriel（Cathedral of Hagia Sofia, Istanbul, ca. 876 AD）
（Dumbarton Oaks Research Library, Byzantine Studiesの提供による © Dumbarton Oaks Research Library）
（a）大天使ガブリエル　（b）大天使ガブリエル 左手の球体 The archangel Gabriel（detail）

6.1.3.2.3　大天使ガブリエル（The Archangel Gabriel）

大天使ガブリエルは876年頃に描かれた、イスタンプールのHagia Sofia教会のモザイク画である（写真6a）。ガブリエルは、右手に縦の細長い羊飼いの杖（?）を握り、左肩は破損で欠けるが左手の掌に模様のある球を乗せている。天使の親指が透けて見えるため、球体は透明なガラス/水晶の球とみられる（写真6b）。この球には掌から手の甲及び波のような模様が球の左上近くに描かれ、十字架もT字状の帯もないが、9世紀頃の現世としての「球」に相当する。後の世紀には、球体にT型のパターンが描かれた球（orb）が出現してくる。このパターンの（T）の文字の横線より上の半円はアジア、下の半円はさらに地中海を示すTの縦線で2分され、左右に西欧とリビア（アフリカ）を、地中海の東に当たるアジアに世界の中心（Jerusalem）を据え、全世界を表象するTOマップそのものである。遅れて登場する球体や地球儀（現世界）の上（北極側）に十字架を乗せたorbは神や、教皇権力、後には王権の絶大さを顕す引き立て役を担う。これらの構図はTOマップの三次元化かもしれないが、TO図が先か球体上のTが先か不明であり、単純に、その発端は十字架を球に取り付けるベルトと見ることも可能である。このような球は仏教（日本）では、平泉中尊寺境内のお堂の一つにある掛軸の「日天」及び「月天」（日光菩薩、月光菩薩）に見られるが、画面右向きの月天は両手で球体が乗る四角い盆を掲げ、画面左向きの日天は右手で球を直接支えており、その中には黒鳥が描かれている。黒鳥は3本足で神話の八咫烏を意味するが、掛軸が、後世の奉納であれば時代がくだるため、このモチーフが平泉時代のものであるかは不明である。

6.1.3.2.4　イエズス会士の宣教の寓意（Allegory of the Missionary Work of the Jesuits; ca. 1691/94）

Andrea Pozzoは1691/94年にローマの教会、Chiesa di Saint Ignazioに「Allegory of the Missionary Work of the Jesuits（イエズス会士の宣教の寓意）」と題するフレスコ画を描いた。フレスコ画の中には、ヨーロッパを意味する女神/女王が馬の腹をソファーに深々と寄りかかり、馬の頭ごしに右手で王杓をもち、左手で、馬の左脇腹上で、天使らに支えられる地球儀（球体）を抱いている。球面は馬と同じく青紫色であるが、球面を支える天使の右腕から手先にかけた部分と女王が球面を押さえる手首から先の部分の球面は赤褐色系の色で縁取られるが、陸域ではないようである。岡田ら（1993）によれば、このフレスコ画は、現世における神の栄光や宣教の祝福および、アジア、アフリカやアメリカの三大陸に対するヨーロッパの優位性を象徴的に示しているという。なお、Tiepoloが1753年に描いた天井のフレスコ画、「ヨーロッパ」（後述）では、馬が牛に、馬体がソファーに替えられた点を除くと、この構図に酷似する。彼は、恐らく教会の天井画を目にしていたと思われる。

6.1.3.2.5　救世主としてのキリスト（Christus als Salvator）

フランクフルト アン マインのStädel美術館（Städelsches Kunstinstitute）の「救世主としてのキリスト」は1450年頃、ライン中流域のダーマルシュテート（Darmstädt）情熱派の画家により描かれたとされる（写真7a）。その構図は、一般的な「世の救い主（Salvator mundi）」の絵画と同じく左掌にorbを乗せ、右肘を曲げ2本指を上に立て、ここでは視線はやや右にそらしているが、正面を向き祝福する救世主の絵画である。このorbは十文字に藤蔓または木の帯で締められ、上に十字架をのせた直径20cm余の透明な球体として描かれる。意味するところは世（現世）であるが、球の中には波打つ海面が描かれ、波間には都会のシルエットが描かれていると説明にはある（Herausgegeben von Herbert Beck und Jochen Sander (2002) のKataloge der Gemälde im Städelschen Kunstinstitut Frankfurt am Main IV Deutsche Gemälde im Städel 1300-1500)。見方を変えれば、向かい合う人影が疎らに浮かぶ。画像を詳細に見ると、波頭が曲線をなし、頭らしき部分もあり無数の人の集合により波を描いているようにも見える（写真7b）。模様（人物?）の描き込みは球体内、右下に数名の人影（?）背後の波或いは山並み模様はイスタンブールのHagia Sofia大聖堂の大天使ガブリエルのそれに似ている。同じStädel美術館に所蔵される、Maestro del Bambino Vispo（1400/30年頃, フォローレンスで活躍）の「救世主としてのキリスト、受胎告知の天使とマリア（Christus als Salvator Mundi, Verkündigungsengel und Maria Annunziata)」では、中央のパネルに、左手にorbを持つキリストが「救世主」のポーズで座し、左右のパネルにそれぞれ天使とマリアを配している。画題はキリストだが、告知の時点では存在しないため創造主又は天の王であるべきであるが、宗教画にありがちな時間無視で成人後の姿を描いたものかも知れない。

(a)  (b) 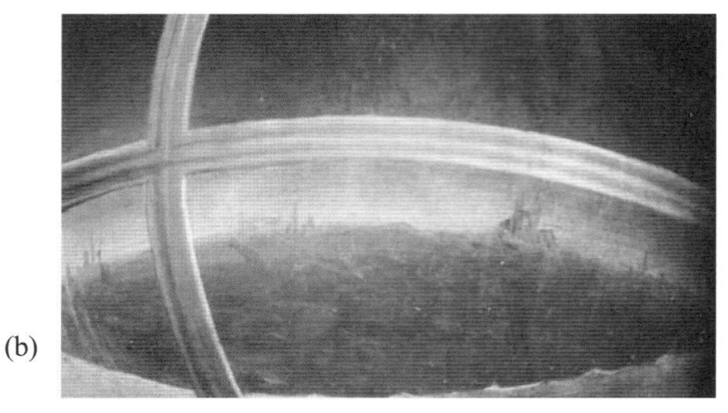

写真7　救済者キリスト Christus als Salvator Mundi
（15世紀1450年頃、ダーマルシュタット派画家Meister der Darmstädter Passionの製作 Städel Museum 提供による、© Städel Museum, Frankfurt am Main）
（a）救済者キリスト　（b）救済者キリストの地球儀拡大（detail）

(a) 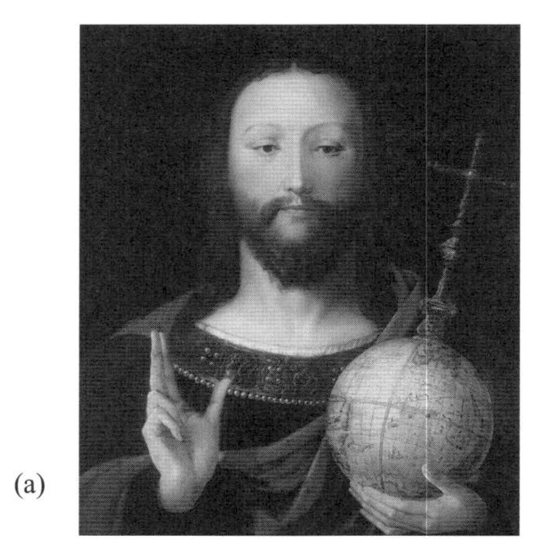 (b) 

写真8　地球儀を抱く救済者キリスト16世紀Salvator mundi Christus mit der Weltkugel 16.Jh.
（Deutsches Historisches Museum, Berlin提供 ©DHM）
Dieter Vorsteherによれば、ライン派（Rheinische Schule）又は/Caper Vopell（1511-1561）の制作とされる。
（a）地球儀を抱く救済者キリスト　（b）救済者キリストの地球儀拡大

その球体（orb）の下半部をアジア（ASIA）、上の4分円（球）の左右をアフリカ（AfricA）、西欧（urope）として描いている。小文字でなく「A」が記され、「E」の欠字もあり、1890年の修復による可能性もあるが、ここではTOマップが描かれていることが注目されよう。

6.1.3.2.6　世の救い主　ー地球儀とキリスト（Salvator mundi Christus mit der Weltkugel）

独歴史博物館蔵のキャンバスに描かれたライン派（Rheinische Schule）の16世紀の作品とされる油絵の「世の救い主ー地球儀とキリスト」は左掌に球体（orb）を乗せ、右肘を曲げ2本指で天上を指差し祝福する救世主の絵画である（写真8a）。レオナルド・ダ・ヴィンチ（透明の球体）、Vittore Carpaccio（赤い球の上に細い十字架）、Tiziano Vecellio（c. 1488/1490-1576; 英ではTitian）（透明な球に金のベルトで十字架）、Andrea Previtali（透明な球に金のベルトで十字架）などの画家が、orbに透明な、あるいは簡素な球体を描く中で、この16世紀に描かれた「世の救い主」の球体に描かれる地理情報は著しく詳しい（写真8b）。Dieter Vorsteher（1977）は、描かれた地理情報や関連資料から、バルトゼーミュラー、フリシウスやメルカトールら、有名な地図製作者の陰に隠れ、第2列ともみなされるCasper Vopelの製作に係ると推定し、さらに、この絵画自体が彼のメッセージであると述べている。球面には10°間隔の経緯線、黄道、赤道、南北回帰線と極圏、本初子午線や西欧、アフリカ、大西洋、南米東半分と南極大陸が描かれ、掌から直径は26～30cm程度と推定される。このorbの北極には球の1.2倍長い十字架が設えられてあり、LondonのVA（Victoria and Albert Museum）の絹に銀入りの刺繍のパネル「Christ in Majesty（1300-20）」の中でT分割され、アジア、リビア、ヨーロッパを表記したorbに見られるような著しく長い十字架を除くと、他の絵画に描かれるorbのそれに比べ著しく長い。

6.1.3.2.7　聖家族（Die Heilige Sippe）

フランクフルトの無名画家により1505年頃に描かれたフランクフルトのドミニコ教会のアン祭壇の「聖家族（Die Heilige Sippe）」は、背もたれ部分に、日輪を背に飛翔する白鳩が描かれる椅子に腰掛け、両脇の2人に支えられる幼子は聖書を捲くり、その頭上には、左手に十字架のあるorbを抱き、天上を指差し、右手を挙げる天帝を描いている。この鳩と天帝（ポーズは別として）は、Dürerの作品に多く見られる構図であるが、当時の画家達に好まれたものであろう。

ところが、地理的発見の時代、西欧の海外進出の活発化にともない、以上のような、世界観や宗教的な救済すべき「現世、俗世間、人間社会」を意味する宗教画中の球体・地球儀に加えて、肖像画に書かれる人物の属性attributeとして描かれようになり、orbも王権の誇示に、また地球儀自体が富、政治的な、例えばマダガスカルの植民地化を意図する政治的な属性や、航海や子弟教育の必需品として描かれてくる。

6.1.3.3　政治的

6.1.3.3.1　アトリエThomas Howard卿, Arundel城主とその妻Alatheia Talbot

Anthony van Dyckが1639/40頃に「アトリエ Thomas Howard卿, Arundel城主とその妻Alatheia Talbot」を描いている（写真9）。Dyck（1599-1641）はアントワープの画家で、英国へ渡り、宮廷画家として活躍している。Arundel卿（1586-1646）は、内乱勃発の1642年までスチュアート王朝の式部官長の要職にあり、熱心な美術収集家であるとともに、その保護者でもあった。さらに、Dyckのイタリア滞在に関連し、旅行免状を供給しており、イタリアでは伯爵夫人のベネチアからパドウア及びマンツアまでの旅行のお供をし、彼女を通して、貴族からの注文を受けたという。英帰着後、伯爵は彼に肖像画を注文したが、この肖像画が関係するとされる。この肖像画はいわゆる「マダガスカル・ポートレート“Madagascar portrait”」といわれる作品で、中央の頚飾勲章を着けた左向きThomas Howard卿の左手は地球儀上の玉杖を掴み、右手の指先はマダガスカル島を指差し、左手前に腰掛けるその妻Alatheia Talbotが右手に開脚したコンパス/ディバイダーで距離を測定しようとしている。写真上の卿の頭長及び肩幅はそれぞれ、25-27mm及び56-

写真9　Van Dyck（1639/40）書斎のトマス・ハワード卿と妻アリーシア・タルボ A Studio, Thomas Howard lord Arundel and his wife Aletheia Talbot、別名、マダガスカル ポートレート（wikimedia commons; https://commons.wikimedia.org/wiki/Anthony_van_Dyck?uselang=ja#/media/File: Anthonis_van_Dyck_035.jpgによる）

60mm、地球儀の直径は90mmを示す。実際の頭長を30cm、肩幅を60cmとすると、地球儀の直径は108cm、96cm余と算出されるため、地球儀の直径は100cm前後と推定される。頑丈な架台には木製の地平環があり、子午環も認められる。球面にはインド洋を中心に、アフリカ東岸、アラビア半島、インドの沿岸、スリランカ、北西南東の細長いモルディブ諸島及びマダガスカルなどの地理情報が描かれる。城主はアフリカ東部のマダガスカル、40°E、15°S付近を指さすが、他に赤道、20°S、南回帰線、10°S、北緯10°および70°Eの各経緯線が引かれている。美術史美術館の解説では、Thomas Howard卿のマダガスカル島の植民地化の意図を、両胸像は、学術への体系的な興味を示す（Künsthistorisches Museum）とされている。解説どおりであれば、フランスが1626年に占領した、14、5年後には、早くも、卿及び英国上層部が、マダガスカル島を英植民地化する野心を持ったことを示す。画家個人の意図、色使い、筆捌きや技法が著しく重視される近代絵画以前は依頼者の指示が忠実に画像化された時代であることを考慮すれば、絵画類は単なる画像ではあるが、当時の特権階級の政治的、宗教的あるいは世界観/地球観が織り込まれた貴重な史料であり、歴史の総合的な把握には、文字のみの古文書解析ばかりでなく、政敵を写真から削除した極端なコラージュ画像や修復時の補筆/改描、捏造や改竄のない画像が理想的ではあるが、それをも含めた画像解析や分析が重要であることもこの絵画から指摘される。後述のように、近代以降では、風になびく旗から、合成が指摘されたごく最近の某TVニュースばかりでなく画像改竄用ソフトウエアの氾濫もあり、画家や映像制作者の主義主張、政治的意図が入り込む素地が多いが、これをも含め、資料解析を進める必要があろう。

6.1.3.3.2　独裁者The Great Dictator（Charles Chaplin監督）

Charles Chaplin監督（1940）による「独裁者The Great Dictator」の、独裁者ヒンケルが中央支柱に支えられる地平環から大きな風船タイプの地球（儀）を持ち上げ、踵で蹴り上げ、ふくらはぎ、腰、臀部及び頭で弾ませるいわゆる地球儀シーンに地球儀が使われ、そこでは左手指の先で、地球（儀）を回転させている（写真10）。地球儀は最終的には、彼の頭上で破裂することになる。英語のkick up one's heels（踵で蹴る）は、「退屈で興味のない仕事の続いた期間後に、浮かれ騒ぎまわること」を意味し、俗には「死ぬ」ともされている。これらは、風船の破裂シーンのお膳立てであろう。チャップリンは世界統治の野望を示すために地球儀を登場させたことは間違いないが、この地球儀の独楽回しシーンは彼の発案ではない。この作品が制作されるかなり前に、飛ぶ鳥を落とす勢いのHitlerの別荘「Berghof」応接間である大広間（Grosse Halle）の北向き大窓（Picture window）の西側隅に据えられたColumbus社製大地球儀がニュースや画像として既に公開されており、これらの情報とブリューゲルの作品「オランダの諺」の親指先で球を回す傲慢な男を組み合わせたものと思われる。なお、この他のシーンは単なる絵画の模倣ではなく、彼の創作であろう。これは、俗に言われるところのヒューマニズムや反戦を意図した映画ではなく、第三帝国に対する当時の敵対勢力の政治的プロパガンダであることは言うまでもない。このようにUSAへ貢献の高いチャップリンも後年、別の意味での独裁者、マッカーシズム/赤狩りで米国を追われているのは歴史の皮肉ではある。なお、このHitlerの地球儀の調査を精力的に進めたWolfram Pobanz氏はHitler自身が地球儀を傍らにポーズをとった肖像写真のないことに着目し、彼自身は地球儀に対して特別な意識を持ってなかったと見ている。

写真10　Charles Chaplin（1940）独裁者The Great Dictator

6.1.3.3.3 ヨーロッパ　Europe（Würzburg Residenceの天井画）

独、伊、仏の建築技術により建造された、世界遺産にも登録されている邸宅（Würzburg Residence）は内装もAntonio Bossi, Wolfgang van der Auvera、G. Adam GuthemannやGiovanni Battista Tiepoloらが手がけているが、伊のTiepoloが1753年に描いた天井のフレスコ画、「ヨーロッパ」では、地球（儀）は女王の右下に置かれている。細い杖を掴む右手首を、文化、宗教と音楽を形にした牡牛の右角にあずけ、ヨーロッパの擬人化である女王の右前には、左手にパレットを持つ、一人の召使い（画家/地理学者?）が女王を仰ぎながら、絵筆で地球儀球面に、今まさに何かを描こうとして、女王の指示を待っている（写真11）。海域と陸地や2、3の地名が球面に描かれ、赤茶色や明るい緑に着色されているが、この写真では文字が充分に判読できず、パターンからも地域や場所は特定できない。画像の肱と指先のスケールの割合から概算すると、この地球儀の直径は126cmとなり、ほぼ130cm前後と推定される。筆先の緑色は球面への加筆と見て取れるが、細部の観察ができず、不明である。それとも、世界はいかようにも塗りかえることができるという暗示なのであろうか。すでに、6.1.3.2.4で指摘したが、ヨーロッパの部分は、半世紀前に描かれた同じイタリアの画家、Pozzoの天井画の構図と同じで、芸術家の模倣は時代を選ばないことを示している。

写真11　Battista Tiepolo（1696-1770）のヴュルツブルグ・レシデンツの天井フレスコ画（1753）のEUROPE部分 European part of Deckenfresko, Treppenhaus, Residenz Würzburg
（この天井画の構図はAndrea Pozzoが1691/94年にローマの教会, Chiesa di Saint Ignazioに描いたフレスコ画「Allegory of the Missionary Work of the Jesuits（イエズス会士の宣教の寓意）」に酷似する。Wikimedia Commons; Photo: Welleschik, 10 Aug.2006；https://commons.wikimedia.org/wiki/File:W%C3%BCrzburg_ tiepolo_1.jpgよりEUROPE部分をトリミングした）

6.1.3.3.4 幼時の昭和天皇肖像写真Snapshot of the infant Japanese Emperor

1904（明治37）年に東京麻布の海軍中将川村純義邸で撮影された、地球儀の地平環に乗り金属の子午環に掴まる幼児期の昭和天皇と秩父宮のスナップ写真はWebpage「ジャパンアーカイブス1850-2100」、秋岡（1933）他で公開されている（写真12）。写真12は、「迪宮裕仁親王と淳宮雍仁親王」上記Webpage開設者から提供されたオリジナル画像から「（左）摂政宮、（右）秩父宮」の加筆部分を除き転載した。秋岡（1933）のモノクロ写真（同一構図）説明には、「1887年ロンドン製の球儀、明治天皇以来宮中にて使用された　東京科学博物館現蔵」とある。これは宮内省又は川村家による写真撮影であり、宮内省の公開画像によろう。この肖像写真は、明治天皇即位式で足を地球儀に乗せた事例に倣ったものと見られる。明治天皇即位式の写真は無いが、使用された地球儀の記述は残されているという。なお、最近の皇族写真では、小型の卓上型地球儀を囲みソファに腰掛けて観察する穏やかな構図の写真が新聞各紙（皇太子家, 2016年2月14日, 秋篠宮家, 2011年11月18日撮影）で公開されており、時代の流れが感ぜられる。

サイト管理者であるジャパンアーカイブス理事長の安井裕二郎氏から次頁の肖像写真は絵葉書の画像をuploadしたと知らされた。この絵葉書に貼られた記念切手には、大正十三年六月五日消印の記念スタンプが押されてあり、絵葉書が大正13年のこの日以前に発売されたことを示す。この画像では、両親王が見下ろす位置の球面上方には赤色の本邦が描かれている。球面の本邦東方の太平洋や南西太平洋に海域と異なる彩色が施され、台湾がなく、支那南部は直ちに海域で、東南アジアを欠くなど、当時の世界図に見る一般的な海陸分布とは異なる。彩色にあたり、

写真12　幼時の昭和天皇肖像写真Snapshot of the infant Japanese Emperor（ジャパンアーカイブスによる）©Japan Archives Association
この画像は、絵葉書をもとにアップロードされたwebpage「ジャパンアーカイブス1850-2100」の彩色画像「迪宮裕仁親王と淳宮雍仁親王」の加筆「(左) 摂政宮、(右) 秩父宮」部分をトリミングしたものである。ジャパンアーカイブス代表の安井裕二郎氏は、1904（明治37）年、東京麻布の海軍中将川村純義邸で撮影された写真に光村印刷が原色版印刷技法で彩色したものとされた。未使用の葉書に貼られた立太子礼記念/日本郵便/壹錢五厘の記念切手には皇太子殿下/東京/東京/大正十三年六月五日消印の記念スタンプが押されてあり、絵葉書が大正13年のこの日以前に発売されたことが窺える。秋岡（1933）のモノクロ写真（同一構図）の説明では、「1887年ロンドン製の球儀、明治天皇以来宮中にて使用された　東京科学博物館現蔵」とある。両親王の手前の球面には赤色の本邦が描かれている。本邦東方の太平洋や南西太平洋に海域とは異なる彩色が施され、本邦南方では、台湾がなく、支那南部は直ちに海域で、東南アジアを欠くなど、彩色にあたり、地理情報に意図的な改描が施されているとみられる。

地理情報に意図的な改描が施されているとみられる。不鮮明ながら、秋岡などが紹介しているモノクロ画像でも、同様のパターンを示しているため、絵葉書の彩色版の画像の転載も考えられる。なお、沼津御用邸記念公園にパネル展示されている同構図のモノクロ写真では、地平環全体は見えるが、架台部分のトリミングが異なる。

この写真では足下に置かれてはいないが、明治期に撮影された地球儀は、現世＝地球上に君臨するという天皇の神格化を示すものとして、重要な役割を担っているであろう。現在の皇族（親王家）が小さな地球儀をほぼ水平的に眺める構図は現在の象徴天皇を顕していると言えよう。明治天皇の例に倣うとしても地平環に乗り、子午環を掴む姿は、その中間を示すものであろうか。同様な地球儀の役割は、左手にorbを握った王や天帝を描くデューラー（Dürer）など西欧絵画に普通に見られる。これらは、球体をもつ大天使ガブリエル、orbを片手にしたキリストや絶対王の宗教画に倣い、王家の威厳や支配権を示すために描かれ、「神」を「王」に替えただけであるが、西班牙の無敵艦隊撃破（1588年）を記念して描かれた、Armada Portraitと呼ばれる「エリザベスの肖像画」やドイツ各地で見られる諸王の肖像画に見られる地

写真13　無名画家によるエリザベスの肖像画（Elizabeth）。Armada Portraitとも呼ばれる。（Woburn Abbey蔵）
1588年にスペイン艦隊壊滅を記念し、宮廷画家George Gowerにより描かれたと見られたが、最近では無名画家による肖像画とされている。（Wikimedia; Elizabeth I, Armada Portrait (by Buchraeumer October 2010) https://commons.wikimedia.org/wiki/File:Elizabeth_I_%28Armada_Portrait%29.jpgによる）

球儀と同等の意味をもつであろう。「エリザベスの肖像画」では、手で机上の地球儀（球体）を押さえる女王背後の壁に海戦や船団（?）の絵画が掲げられ、クロス掛けの机上には他に王冠が見られる。地球儀球面には、南北アメリカ大陸が描かれ、女王の掌は、北米北東部を押さえている（写真13）。これは、制海権を奪い、支配権を手中にしたことを誇示しているであろう。この地図は、南米と未知大陸（メガラニカ）が陸続きであり、黄道と赤道の交点を本初子午線とすれば、トルデシリアス条約の境界線がこれに当てられ、ブラジル東部がイベリア半島を越え、ギニア湾に入り込むなど拡大されており、大陸の相対位置や輪郭の意図的な改描に画家または依頼者の意図が表れている。なお、人物の配置や地球儀に添えられる手の構図は無名画家によるドレークの肖像画（NPG蔵）に酷似する。

6.1.3.3.5　エカテリーナ2世の肖像（Portrait of Catherine II）

ドミトリー・レヴィツキー（Dmitry Grigoryevich Levitsky）が1782年にエカテリーナ2世の肖像画を描いている。彼女は大黒屋光太夫をサンクトペテルブルグで引見し、交易を念頭に帰国許可を図った、広い意味でも精力的な女帝である。パニエで膨らむスカートに身を包む彼女が握る扇子の右手後方、サイドボード上には、宝玉装飾付きの逆T字の帯で締められた透明な球体に、同じく宝石で象った小さな十字架が乗る。横の王冠よりこの球体（orb）は小さく描かれているが、誇張がないとして、王冠の帽子部分を2/30cmと見るとorbの直径は20cm足らずになる。

6.1.3.3.6　「アレツサンドロ・ファルネーゼを抱擁するパルマ（Parma abbraccia Alessandro Farnese）

Girolamo Bedoli Mazzola（ca. 1500-1570）は1556年、「アレツンドロ・ファルネーゼを抱擁するパルマ; Galleria Nationale Parm蔵」を描いている。画題のとおり、彼女の右側には地球（儀）に腰掛けるアレツンドロ・ファルネーゼを、同じく甲冑に身を包み擬人化されたパルマがやや見上げる姿勢で抱擁する構図である。球儀の椅子型の架台に納まる地球儀は西班牙を中心として、南米の一部、アフリカ、西欧が描かれ、ファルネーゼは西欧北部に腰掛けた状態である。この背後の机上に、台座付きの球に乗りトランペットを高らかに吹き鳴らす黄金の天使像が置かれている。地球儀球面の西欧部分に腰掛ける姿は大西洋から南北米大陸を手中にした西班牙全盛期の権勢を示していよう（写真14）。ここには、地球を意図する球体（一つは台上の天使の乗る小球、一つは大地球儀）が2個描かれていることになり、製作者の思い入れの強さが窺われる。

写真14　Girolamo Mazzola Bedoli (1556) アレツサンドロ・ファルネーゼを抱擁するパルマ Alessandro Farnese, Duke of Parma and Piacenza, son of Ottavio Farnese, Duke of Parma and Piacenza, (Galleria nazionale di Parma蔵)
(Wikimedia commons; File:Alessandro Farnese1.jpg, by Caro1409~commons wiki; https://commons. wikimedia.org / wiki/File:Alessandro_Farnese1.jpgによる)

このほか、酒場で卓上地球儀をターツボードに見立てて、ミサイルのダーツを次々に投げ込む某大統領似の主人公が隣の長髪の男に、「ジュン、君も我々を『世界への脅威』だと思っているかい?」と質している大手新聞の一コマ漫画（山田紳, 2006年6月30日附某新聞）がある。ここでは、球面に一部の島影（?）と経緯線が描かれ、ダーツ（矢）が次々に投げ込まれる球面の標的部分は破れている。10年後の今日、別陣営の暴走にはどのような一コマが描かれたであろうか? 胴体に手足を持つ定番の美人を描いた地球儀の日本南西諸島沖で、侵略の手始めとして強引に天然資源採掘を手掛ける隣国と本邦を描き「仲よくできないか」と脳天気な台詞を吐かせた小島功氏の一コマ漫画や、日本の某政治家が外務大臣執務室に地球儀がないと大騒ぎした頃、風船型地球儀を投げ込む外務省（?）

担当者をして扉に独裁者と張紙させた、やくみつる氏の風刺漫画（マナ板紳士録478回, 週刊ポスト，2001年6月1日号, 198p.）もあるが、これは映画「独裁者」を知る作家の登場人物に対する個人的な見解が強いであろう。

6.1.3.4　富の象徴

6.1.3.4.1　Cornelis van der Gheestの画廊（The Gallery of Cornelis van der Geest）

富の象徴として地球儀が描かれる典型的な絵画は「Cornelis van der Gheestの画廊」であろう。Willem van Haechtは1628年、「Cornelis van der Gheestの画廊（The Gallery of Cornelis van der Geest.; アントワープのRubenshuis蔵）」を描いている。アントワープの香辛料貿易商、Cornelis van der Gheestがお雇い画家のHaechtに描かせた絵画の中に、壁の絵画や床の彫像などの彼のコレクションに混じり、彼の交流関係者を時系列無視で描かせている（写真15a）。絵画の左前側に本人が描かれ、小さな天球儀、アルミラリスフェアは図左側の窓際の机上に置かれている。図の右下の床の上に、サンダイアル、測高器、取り外された球体と子午環及び球儀の椅子型架台が置かれ、4人が球体を囲み、1人がコンパスで地球面上の北極からの距離の計測を試みており、それを2人が見ている。地球儀（写真15b）を囲む人物は何れも画家達で、彼の左肩、正面を見据え右手を指しているのがJan Wildens、その左肩背後にFrans Cnijdersを描いている。その球体の直径は、人物の姿勢などから約40-60cm、少なくとも1m以下と見受けられる。Thill編集（Uitg. THILL, N. V. BRUSSEL）によるAntwerpen Rubenshuis蔵の絵画の複製画をもとに地球儀の細部をみると、球面には、不明瞭ながら大西洋を中心として南北アメリカが認められる。また、経緯度及び方位を示すコンパスローズも描かれている。Haechtは1626-28年には、この豪商収集品の管理人として従事したため、スケッチは富の象徴としての地球儀類も含むが、収集品の記録帳を果たしていると見ることが出来る。尤も、この収蔵庫/室入口の外側階段を登り、この部屋に入ろうとする人物にHaecht自身を描き込んでいるが、クライアントの指示であろうか、画家の特権であろうか。彼は、また、1620/30年の間に「Studio of Apelles（Apellesの工房）」を描いている。ここでは、奥の窓際の3人の人物がコンパスを広げ、床置き椅子型架台の地球儀を覗き込み、測ろうとしている。絵画では球儀が小さいが、拡大画像によると、海陸の着色状況から地球儀と推定され、コンパスで地球儀上の距離を測ることが一般的であるため、地球儀と判断できよう。

(a)

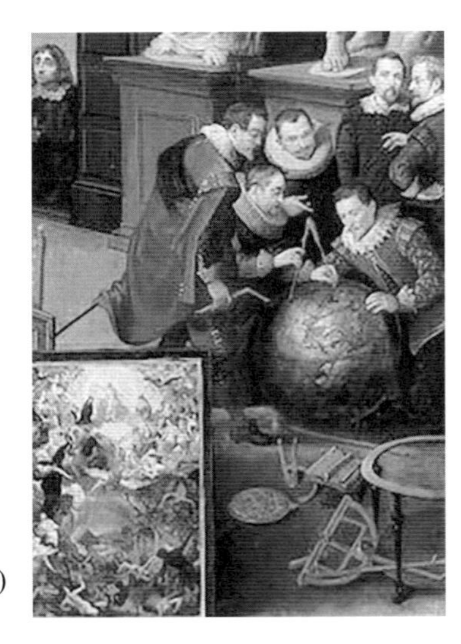
(b)

写真15　Willem van Haecht (1628)のコルネリス・ヴァン・ジーストの書斎（The Gallery of Cornelis van der Geest.; Rubenshuis蔵）(photo: Jklamo from Wikimedia commons; https://upload.wikimedia.org/wikipedia/commons/e/eb/The_Gallery_of_Cornelis_van_der_Geest.JPG による）

(a) Rubenshuisnの説明図によると、収集品や画家その他の知人を描き込み、右手入口の階段に立つのはHaecht本人という。

(b) 細部拡大　地球儀と測定器類（detail; globe and measurement instruments）

6.1.3.4.2　マルサの女（**Woman Tax Inspector**）

伊丹十三監督（1987）の「マルサの女（女査察官）」では、脱税容疑の経営者が小躍りして、商売の成功を喜んでいる場面に女査察官が乗り込んでくるシーンに地球儀が出てくる。マルサが税務調査に入った応接間には豹の剥製や骨董が陳列され、後方の事務室には大きな地球儀が置かれている。地球儀はこれらの高価な装飾品とともに富の象徴として加えられている。経営者の小躍りする所作には地球儀は使われないが、「独裁者」が地球儀と戯れる浮かれたシーンに類似する。床置き地球儀の地平環より上（北半球）が、高さ70~80cmの事務机の天板より20～30cm高く、直径70cm程度、大きくても1m以下の地球儀と推定されるが、本邦製の地球儀とは異なり、重厚であり、外国製のアンチークにみえる。なお、米のコメディ映画「Road to Singapore, (Victor Schertzinger監督; Paramount, USA, 1940)」では船会社の社長室で、社長の机背後、左側に地球儀があり、これらは、いずれも登場人物、肩書きや富を示す属性、富の象徴として置かれている。

6.1.3.5　人物の属性

6.1.3.5.1　オルテリウスの肖像画（**Portrait of Abraham Ortelius**）

リューベンスPeter Paul Rubens（1577-1640）は「Principun Brabantiae又は侯爵の年代記（Annals Ducum seu Principun Brabantiae, 1623」の口絵に、岩に腰掛ける女の右脇に経緯線、アジア、アフリカ大陸や地名を記した地球儀を、「オルテリウスの肖像 (Portrait of Abraham Ortelius, 1630/36年), Museum Plantin-Moretus蔵」や「La Chute des Anges rebelles (1620)」、「Henri IV part pour la Guerre d'Allemagne (1621/27)」、「Les Horreurs de la Guerre (1637/38)」、「L'Historie de Marie de Médicis (1621/25)」、「Le Gouvernment de la Reine、Le Félicitet de la Régence、Entrevue de la Reine avec son Fils, Les Horreurs de la Guerre vers (1637-1638)」など、多くの宗教的、政治的絵画の中に地球儀または球体を描いている。「オルテリウスの肖像画」では、左向きのAbraham Ortelius（1527-98）が左手で地球儀を掴んでいる。経緯度の引かれた地球儀は球体の1/4の範囲しか描かれていないが、球面にはHISPANIA, EVROP, MARE, BAR[B]AN[I]A, C DEN[O]M, ATLAS MORE[S], LIB[IA]などの文字が認められる（但し、□は判読不明瞭)。大西洋のCanary Islandsの西方、西欧及びアフリカの西岸沖には、北緯30、40と50の数値が記された黄色ないしブラウンの帯状の本初子午線が引かれ、この西側にAzores諸島及びアメリカ大陸の北東部が描かれてある。この複製は、日本の臨川書店復刻の「Theatrum Orbis」のブックレットにも収められている。写真上の球のなす弧を外挿して、その直径を求めると外挿された球体の直径は124mmで、顎と頭頂の長さは47mm、人差し指の第2関節と指先は17mmであることから、実際の人物の頭の長さを27cm、指の長さを6.5cmとすれば、比例計算によりこのモデルとなった球体の直径は43-47cmとなり、地球儀の球体の大きさは40～50cm程度とみられる。オルテリウスは地球儀の製作を手がけてはいないが、その基礎となる地図、地図帳を製作し、地球儀の製作事業に多大な貢献をしている。そのためか、リューベンスは彼の属性として地球儀を描いたものであろう。別章（2.1.2.4）で既述ではあるが、オルテリウスは、大陸の輪郭から大陸移動に気付いていたという。

6.1.3.5.2　天文学者及び地理学者

フェルメール（Vermeer）の描いた天文学者（1668)、地理学者（1669）にはそれぞれ天球儀、地球儀が描かれているが、パリのルーブル博物館蔵の「天文学者」(1668頃）では、椅子から立ち上がり、中腰で、窓際の机上に開かれた書を前にして少し離れて置かれた、球儀の椅子型の卓上天球儀の水平環に右手首を添え、中指を球面に当てて回転させ、目的の星座を探そうとしている天文学者を描いている。天球儀は実物と変わらないほど、鮮やかに星座が描かれているが、写真印画紙上の頭長が2cm、パルムが8mm、球径2.5cmであり、頭長を30cm、パルムを

15cmとすれば、単純比から天球儀の球径は37.5cmあるいは46.9cmで、直径がほぼ40cm程度の天球儀となる。絵画史研究者はVermeerの描いた絵画では、写真技術の助けを借りて詳細部分が描かれたことを明らかにしている（Grimme, 1977）。なお、Aillaud et al.（1986）は、「天文学者」中の天球儀がHondiusの1600年製の天球儀をモチーフとしていることも明らかにしている。

Frankfurtのシュテーデル美術館（Das Städel）蔵の「地理学者」（1669）では右手にコンパスを持ち、地図（?）から右前方の窓越しに外の景色に目を移した地理学者が描かれている（写真16a）。背後のVerMeersの署名の左側の書棚（この書棚は天文学者のそれと同じ）上に、球儀の椅子型架台に納まる小さな地球儀が置かれるが、球面上の地図は明瞭ではない（写真16b）。不明瞭ながら、10度おきの経緯線、海岸線（アフリカ?）の描かれる南半球側（?）S30-50°付近には、円みを帯びた四角の窓枠飾り（cartouche）が認められる。これは、Hondiusの地球儀上に描かれているそれに酷似する。なお、ここに描かれる地球儀の直径は、書棚の奥行き、肱と指先、膝と足の寸法や、人物と地球儀の距離を考慮すると直径54-55cm以下と推定される。なお、フェルメールの「絵画芸術」のような絵画に描かれているモデルや服装には当時のものでなく、時代がかかったものが多いとされる。既述したが、これらの天球儀と地球儀はAntoni van Leeuwenhoekから借りたものという（Arthur K. Wheelock, 1997）。また、天文学者とこの地理学者に描かれたモデルについては、同一人で、顕微鏡で微生物を観察したアントニ・ファン・レーウエンフックと目されるという（福岡, 2010）。この両作品の製作年は異なり、柄の違いはあるが、テーブルクロスの掛け方、背後の書棚、窓に向かう人物の配置などの類似や、天文学者（天球儀）と地理学者（地球儀）の対比から、制作年は異なるが、これらの絵画は間を置かず一気に描かれたように見受けられる。

(a)

(b)

写真16　Jan Vermeer van Delft（1632-1675）のDer Geographフェルメールの地理学者
（Städel Museumの提供による © Städel Museum, Frankfurt am Main）
（a）フェルメールの地理学者　（b）地理学者に描かれる地球儀

6.1.3.5.3　越後、山本五十六元帥

リプルーグル社元社長の北原氏より、カラーコピーを同封した手紙に、東京大田区の川端龍子記念館に山本五十六元帥が奥村越山堂製の直径40cmの地球儀の横で海図を眺めている作品があると知らされた（北原次郎氏H25528附私信）。この「越後」と題する作品には卓上地球儀を右斜め前におき、机上の図面を見下ろす山本五十六が描かれている。記念館の木村学芸員によると川端龍子が依頼されて、新聞などの写真を参考に1943年に描いたもので、長岡市への寄付を断られ、今に至るとのことである。机の端にのせる山本五十六の右親指と人差し指の間にコンパスを挟み、左手は腰にあてがわれている。全円子午環型の卓上型地球儀ながら地平環が無く、中央支柱上端のT型のアームに子午環を乗せ固定具で、アームに挟み留めてある。球面には、ほぼ、ニューギニア島を含む太平洋が描かれ、海軍軍人としての属性を示す。当時の写真に旗艦「長門」艦内で、テーブルを前にした山本と三名の将官がおり、中央の左に地球儀が、地球儀の左で宇垣纏参謀長がコンパスで卓上に広げた地図上で距離を測るさまを、地球儀を間に挟み、卓に両手をそえる山本他2名の将官、藤井茂、渡辺安次が注視している（写真17）。ここに写る地球儀は地平環の無い全円の子午環付きの卓上型地球儀で、絵画と全く同一の、全円子午環付き卓上型地球儀でありながら地平環が無く、支柱上端のT字形をなす短いアームに子午環を乗せ、アームの左右端近くで子午環を洗濯鋏様の固定具で留めている。この型の地球儀は珍しく、全円の子午環を備える地球儀は、揺れる船内では球儀の椅子型架台の地平環に納まるのが一般的であるが、赤道付近の太平洋を遮る地平環を除くために特注したものであろうか、あるいは狭い艦内では地平環は無用物であったのだろうか。球面の日本列島と見える島影から、作戦領域の太平洋を正面に向けていることは明らかで、山本のコンパスや所作を除き、絵画はこのモデル（地球儀）に忠実である。日本人の平均全頭高を23.1cm（dh.aist.go.jp）とし、山本のそれと直径の比率から地球儀の直径は39.7～44.6cm（最大でも47cm）と推定されるが、この写真の地球儀は、絵画のモチーフから製品と直径を認識したプロの地球儀屋、北原次郎氏の指摘する奥村越山堂製の直径40cmの地球儀であることは間違いなかろう。

(a)

(b)

写真17　戦艦長門艦内の山本五十六と幕僚（宇垣纏参謀長、山本、藤井茂、渡辺安次）

(a) は、昭和17年12月1日発行の大本営海軍報道部　編纂　海軍作戦写真記録I（朝日新聞社出版印刷部）の口絵写真「連合艦隊司令長官山本五十六大将」で、日本の広告写真会社「Graphic Time Sun; G.T.サン」社報道班員（山端庸介・望月東美雄・石毛・石井清・山中宏）が1941年頃撮影した戦艦長門艦内の山本五十六と幕僚（宇垣纏参謀長、山本、藤井茂、渡辺安次）の映る原版から山本に焦点を当てるためトリミングしてある。米軍占領下で検閲将校であったGordon William Prangeが戦利略奪品として持ち去った原版は「トラトラトラ（和訳版）」134～135頁にクレジットなしで掲載された。(b) は原版に映る宇垣参謀長の右半身のカットを除き、原版にほぼ近い。撮影時期は、1941.12.08のハワイ奇襲以前と推定されている。

なお、(a) は国会図書館デジタルコレクションの大本営海軍報道部編纂海軍作戦写真記録I、(b) はWikimedia Commons; https://upload.wikimedia.org/wikipedia/commons/0/02/Yamamoto_with_staff_on_Nagato.jpgによる。

6.1.3.5.4　ドレーク（Drake）の肖像

Drakeは世界一周と地球儀に関係深いため、肖像画は数多く描かれているが、英南部プリマス（Plymouth）に建立された彫像では、帯剣するDrakeの右手のコンパスが傍らの地球儀の前に添えられる。この球面には緯線はなく、30°毎の子午線と世界図が刻まれている。地球儀とともに描かれたDrakeの肖像画は幾枚もあり、National Portrait Gallery（NPG）の1583年頃にGeorge Vertueにより完成されたHonduis作とされる肖像画では、丸めた地図（?）を握る左手を腰の剣に添え右手は甲冑の冑を鷲掴みしており、背後の窓枠に地球儀様（球体）が吊されている。1590、91年のMarcus Gheeraerts the youngerにより描かれた2枚は、卓上に地球儀（球体）を描いている。前者は右手を球体に添え、後者は卓上に置かれたままである。NPGのカラー版のもう一つの無名作家による肖像画（1581年と推定される）では、正装、帯剣するDrakeが、彼の右側のテーブル上の水ないし褐色で海陸を表示する地球儀を右手で鷲掴みする。構図が、地球儀と甲冑の違いはあるが、Hondius作と推定される肖像画と酷似しており、Hondiusのそれに倣ったものと推定され、彼の制作後の絵画であり、地球儀を鷲掴みさせるという攻撃的所作から愛国的画家の作品とみられる。地球儀球面の地理情報はMarcus Cheeraerts the youngerのものが最も詳細で、経緯度や海陸が描かれている。1590年では黄道が描かれているが、1591年にはなく、経緯線間隔が10°で大西洋を中心に回帰線や極圏が描かれている。

6.1.3.5.5　コンスタンチン・ホイゲンスと秘書（Portrait of Constantijn Huygens and his Clerk）

Thomas de Keyseは「コンスタンチン・ホイゲンスと秘書（Portrait of Constantijn Huygens and his Clerk, NG蔵）」を1627年に描いている。振り返りながら、肩越しに秘書から書類を受け取ろうとするConstantijn Huygensをレンブラントに影響を与えたAmsterdamの肖像画作家Thomas de Keyseが描いている。数学、物理学者のChristian Huygensの父で、作曲家で、オーレニ（Oranie）公の外交官でもあったConstantijn Huygensは、机から振り向きざまに右手で秘書から紙片を受け取ろうとしている。地球儀及び天球儀は机の後方にあり、机上の大型のリュートは広げられた図面に覆われ、左手はその上に置かれる。The National Galleryのホームページで細部を見ると、図面には地図とその凡例らしき文字が記されている。球面の模様から手前が天球儀で、後方が地球儀であり、地球儀球面上の海陸が着色され、不明瞭ながら西欧らしきパターンが見られる。

6.1.3.5.6　メルカトルとホンディウスの肖像画（1611/33）

アムステルダムでHondiusにより1633年に発行された「地図帳または世界全般の表現」新版に挿入された向かい合うMercatorとHondiusの肖像画（銅版彩色）では、2基の地球儀が描かれている（写真18）。この球儀の椅子型架台を備える地球儀の場合は子午環が必須であるが、この両者では不明瞭である。図の左側で右向きに描かれ、フラットキャップを被るMercatorの左手は書の頁をめくり、右手はコンパスで北米大陸らしき陸塊の表示される地球儀球面を測定している。向かって右側のHondiusは左手を地平環に添え、右手は広げたコンパスを極圏に当てている。その地球儀は、開かれた地図帳の上に置かれるが、地平環に添えるHondiusの左手部分に予想される脚は描かれていない。この肖像画は、2年

写真18　MercatorとHondius（肖像画銅版彩色）1633年の地図帳挿絵(wikipedia commons; https://upload.wikimedia.org/wikipedia/commons/a/ad/Hondius_Portrait_of_map-makers.jpgによる)

後に妻のColetta Hondiusにより彫刻・再販されており、National Portrait Gallery所蔵の肖像画はほとんどが、17世紀中期の無名作家の再刻とされている。ここでは、地図製作者で、地球儀製造業者でもあるメルカトールの属性として地球儀が描かれている。なお、本邦では、有名な図法の陰に隠れ、地球儀製作者としてのメルカトールは余り知られていない。この図の構図は、Mercator Hondiusのアトラス1611年版に挿入された図（秋岡, 1933）や、神戸市博蔵のメルカトール・ホンディウスアトラス（1620）などと同一で、幾度か再刻されていることがうかがえる。

6.1.3.5.7　家庭教師と2人の生徒（Hauslehrer mit seinen beiden Schülern）

ベルリンの独歴史博物館（Deutsches Historisches Museum, Berlin）には、1830年頃、当時の芸術界で最初に認められたユダヤ系のドイツ人画家、Moritz Daniel Oppenheim（1800-1882）の描いた「家庭教師と2人の生徒」があり、彼らと共に描かれる地球儀がその属性を示している（写真19）。この図には、机に向かい椅子に腰掛ける家庭教師の左右に生徒の立ち姿があり、右側の生徒は教師の左肩に寄りかかり、左側で右向きの生徒は、右手を斜め前にして説明する教師を見つめる。生徒と教師の間の後方には、床置きの地球儀がおかれているが、地平環と同様に厚みのある子午環の縁は赤く塗装され、いずれも木製であることが窺われ、仏で製作・販売されていた地球儀に似ている。経緯線が、かすかに読み取れる球面には北米太平洋岸らしき単調な海岸線が描かれている。この他、ベネチアのPietro Longhiの描いた「Geography lesson（1752及び54/58）」の2点や、Eleuterio Paglianoの地理学講義「Lezione di geografia（1880）」などがある。前者は良家の家庭教育を描いている。後者（写真20a）では東南、極東アジアから西太平洋が球面に見られ、諸外国への興味と子女の地理教育の高まりが描かれている。Eleu-

写真19　Moritz Daniel Oppenheim（C. 1830）2人の生徒に囲まれる家庭教師Hauslehrer mit seinen beiden Schülern
（本地球儀の子午環はその厚みから、仏のDelamarche製作の地球儀に見られるような木製の子午環と推定される。Deutsches Historisches Museum, Berlin提供による。©DHM）

(a)

(b)

写真20　Eleuterio Pagliano（1880）の地理学講義Geography lessons（Milan, Gian Icilio Calori 蔵）（Photo: Artgate Fondazione Cariplo; Wikimedia Common; https://commons.wikimedia.org/wiki/File:Artgate_Fondazione_Cariplo_-_Pagliano_Eleuterio,_La_lezione_di_geografia.jpgによる）
（a）地理学講義 Geography lessons、（b）地理学講義の地球儀に描かれる日本付近
球面にはインドシナ半島にかかる黄道と日本の中部地方を南北に貫くサラゴサ条約の境界線らしき、かなり明瞭な赤い子午線が描かれている。従って、指摘されている女子学生の服装のみでなく、この8本脚の地球儀も、1880年当時では時代遅れの地理情報の描かれた古地球儀をモチーフとしたことが窺われる。

terio Paglianoが1880年に描いた卓上型で球儀の椅子に納まる地球儀では（写真20b)、本邦は四国、九州を欠き、朝鮮が九州付近まで伸長した形をなし、塊状の蝦夷（北海道）と大陸と陸続の樺太が描かれている。地理情報はSieboltのシリーズ分冊出版の「Nippon（1832-52)」の情報が反映されていない。また、赤道と黄道の交会点より西を走り、駿河付近を抜けて北上する赤色の子午線はサラゴサ条約による分界線であり、女学生2人の前世紀の服装（art-gate-cariplo.it）に合わせて、モチーフの地球儀の方もアンチーク物が使用されたものであろうか。手指の寸法をもとに球径を推定すると502mmで、ほぼ直径は50cm程度で、子午環は幅に厚みのある赤い縁をなす。

6.1.3.6　目的地或いは位置の指示

6.1.3.6.1　ホット・ショット（Hot Shots Part Deux）

中東の湾岸戦争後に制作されたJim Abrahams監督による1993年のホット・ショットは、ブッシュ似の俳優演ずるところの米国大統領が専用機中で側近と国際問題について討議する場面に、地球儀が出てくる。アイク（後の大統領）の意向で、1942年のクリスマスに米陸軍から英首相チャーチルとルーズベルトへ贈られた直径50inch（128cm）の地球儀が大統領執務室におかれていたが、この映画では機内で、大統領の地球儀を登場させ、地球儀で中東問題を論じるシーンで、イラクを含む中近東の全く反対側（太平洋側）を棒で指示しながら会話している。中近東の目的とする地域を示すために使われてはいるが、地球の全く裏側を指す主役の喜劇的役割（政治的風刺）を誇張する役目を果たしている。1991年の湾岸戦争の政策決定過程とその決定者の地理的素養の乏しさをパロディ化したものと推定される。

6.1.3.6.2　男はつらいよ（シリーズ41寅次郎心の旅路）

山田洋次監督の「男はつらいよ」シリーズ作品（1989）で、主役の寅次郎が小さな卓上用の半子午環型地球儀を手に取り、東京とこれから向かうウィーンの位置関係を見た後に、これを手で独楽のように回すシーンがある。地球儀の独楽回しはポリスアカデミーでも認められる幼稚な所作と言えるが、ここでは、目的地の確認のために地球儀が使われている。

6.1.3.6.3　星の王子ニューヨークへ行く（Coming to America）

John Landis監督の1988年の作品、「星の王子様ニューヨークへ行く（Coming to America)」ではアフリカ/アラブの王子がニューヨークに遊学し、ドタバタ劇を演じる内容であるが、主人公のAkeem王子が遊学先を決めるシーンで富を象徴する装飾品である宮殿の大地球儀が使われている。ルーレットよろしく地球儀を高速回転させた後に、開いた両手の掌で球面を押さえて止め、New Yorkか、Los Angelsのいずれかを適当に遊学先として決めるシーンで目的地選定の重要な役割を地球儀が果たしている。

6.1.3.6.4　「ポリスアカデミー（Police Academy: Mission to Moscow)」

Alan Metter監督の「ポリスアカデミー」（1994）では警察学校の校長（?）が部下のモスクワ派遣を決定し、机上の小さな半子午環型の地球儀を左手に持ち、独楽回しのように球体を素早く回すシーンに地球儀が登場する。ここでは、地球儀は目的地を指示する他に、異なる国に派遣するという異国を示す小道具としての役割も持たせている。他のシーンでは、若い警官が教室で宙返りする横の教卓に地球儀が置かれているが、ここでは、地球儀は単なる教材の小道具とされている。

6.1.3.6.5　地中海の波止場（Hafenszene am Mittelmeer）

「地中海の波止場（フランクフルト　シュテーデル蔵）」は1669年にJohannes Lingelbach（1622-1674）が描いた作品で、港に停泊する船から降ろされた荷物を運ぶ船員、船主（?)、現地住民に騎馬兵らしき人物などが描かれている（写真21a)。前景の船荷の山を動かそうとしている人物の左足近くの書類箱の横で、樽、巻かれた図面、地図帳(?)、ヤコブの杖（今の六分儀）とともに地球儀が赤・褐色のシートで覆われている（写真21b)。地球儀の高さは樽や人物の脚などから、50〜70cmで、直径は50cm程度と推定される。この地球儀は揺れる船内での安定性確保のためか、子午環、地平環や台輪、中央台輪支柱のある「球儀の椅子型」の架台のオーソドックスな形を示している。球面には経線や、東西に長い海らしき模様が描かれているが明らかではない。ここでは、目的地を意味するが、地球儀は海図や測器とともに航海の必需品として備えられていたことが注目される。海図が不十分で、Portlan chartのように陸を見通した海岸沿いの航行の時代およびそれ以降も、海域では天測に加えて地球儀が重要な位置決定手段であったことは、江戸時代に本邦に漂着した南蛮船乗組員による、幕府役人の尋問への回答でも知られる。

(a) 

(b) 

写真21　Johannes Lingelbach (1669)の地中海の波止場Hafenszene am Mittelmeer,（Städel Museum蔵、Städel Museum, Frankfurt am Main提供による。© Städel Museum, Frankfurt am Main）

(a) 地中海の波止場には、ターバンからアラブ商人と推定される数人が描かれているため、アラブ支配下の港風景で、球儀の椅子型架台の地球儀やヤコブの杖が航海の常備品をであったことを示す。(Städel Museum, Frankfurt am Main提供による。© Städel Museum, Frankfurt am Main)

(b) 地中海の波止場；地球儀と測器の拡大部分

樽の蓋（鏡）の直径、人夫の脚から球儀の椅子に納まる地球儀の大きさは40〜50cm程度であることが推定できる。球面上の東西方向の黒い部分は地中海が描かれているようにも見える。他に地図（海図）やヤコブの杖（測角器）などが描かれている。

6.1.3.6.6　気象予報や報道番組中の地球儀

FNN気象情報番組（2003年8月15日放映）の寒気団や気圧配置の説明材料と記憶するが、西欧（北海）を左手で指さすお天気キャスター氏の傍らには直径約30cmの半子午環型地球儀が置かれていた。このように、天気図の説明に地球儀を使う例は極めて少ない。また、朝の報道番組、「おはようクジラ；(MBS大阪)」ではヨットによる世界一周への出航直前の大阪府岬町淡輪ヨットハーバーから地球儀を用いて女性リポーターが予定航路を説明している。このようなニュースの現場中継に地球儀を持ち出し積極的に活用したことは、充分に使いこなせたか否かは別として、珍しく、その意欲は評価されよう。

ほかに、コマーシャル中で企業の立地場所を示すため、地球儀球面（北西太平洋）で日本列島に拡大鏡をあて、一昔前に環境問題で有名になった会社名を示した広告（2007年3月24日某大手新聞）は位置表示の単純手法として解りやすい表現である。また、この会社にはガラス製地球（儀）を指3本で支え、「そのてがあったか」と意味不明な文言の広告もある。

6.1.3.6.7　丸山総合公園（加西市）の地球儀

兵庫県加西市丸山総合公園に平成10年に設置された直径5mの地球儀時計は、ステンレス鋼板で、陸は研磨された光沢面からなり、海域は樹脂塗装されている。球面には東経135度の子午線が描かれ、24時間で1回転する。このモニュメントは日本標準時とされる明石天文台、東経135度を記念して製作された。天文経緯度では135度であるが、平成14年の測量法改定で世界測地系への変更後では、この測地系に従い正確に言えば、その位置は120m東になり異なるが、一時期、日本標準時とされた歴史事実は否定できない。

6.1.3.7　地球規模/地球環境

CNN、ドイツのDW、World Business TodayやWorld Marketsなど、ニュース番組のオープニング画面に地球儀類や衛星写真、大陸の輪郭をあしらうロゴやタイトルが世界を示すシンボルマークとして表示される。これらは世界観や宗教的意味の地球（儀）とは異なり、現実世界を示している。コマーシャル上の地球儀については、平成4年5月の「地球を知ろう、地球を守ろう」に内部照明で明るくした直径30cmほどの地球儀をはさみ、向き合う、北極部分に手を添えたおむつ姿の幼児を配する構図や、新聞紙面上に立つ小学生6人が直径50cm前後の風船型地球儀を囲み、片方の手を北極圏に添えた構図など、地球儀が、「世界」の情報や、地球規模を示すシンボルとして取り扱われている。これらは2次元空間の中の地球（儀）であるが、3次元空間としては、公共機関や、民間企業による観光地のレジャー施設には、様々な寸法の地球儀モニュメントまたは地球儀を模した構築物が展示されている。地球（儀）の北極圏上で玉乗りする象の彫像の公園展示など、単なる制作者の芸術感覚で地球（儀）をあしらう構築物を含むwebsiteの画像コレクションには180余の地球（儀）が集められるが、以下に日本の例を中心にいくつかを紹介する。

6.1.3.7.1　本郷郵便局のモニュメント

本郷郵便局前には郵便記号を模した高さ4mほどのTマークの柱が街路に沿って5、6本並べられ、「平成15年4月1日　日本郵政公社スタート」の看板と玄関脇に2基のポストがあり、赤く四角い通常のポストの右側には、その1.2倍程の黒褐色のポスト（モニュメント）があり、上に、地球（儀）球体が置かれている（写真22）。これには、「郵便は世界を結ぶ」、「1971 郵便創業100年記念」と浮文字があり、100周年記念に建立されたことを示す。球の直径は20～30cm程度で、少なくとも子供達を交えた男女9体のブロンズ像に支えられている。玄関への入口に面する球面にはインド洋の周りの島々や豪州は浮彫りされるが、海洋底は平坦である。浮文字の示すとおり、この地球儀は世界各地（国）を示す。同様の地球儀の扱いは、ロンドンのScience Museum展示の、1913-84年発刊された雑誌「WIRELESS WORLD」「Radio for All」の表紙（Vol. II, No.23, Feb., 1915）に見られる。そこでは右下の客船と左上の陸地局を結ぶ電波（国際電話ケーブルや衛星通信となる1950/60年

写真22　東京文京区、本郷郵便局のモニュメント（photo:宇都宮）
（本郷郵便局の入口に設置されており、四角い台座も亦、旧来の赤い丸形ポストでなく新しい箱型郵便ポストを模した記念碑である。）

までは主役）が中央に大きく描かれた地球を廻る様が描かれている。また、GコードでTV録画予約の広告「Gコードは世界のスタンダード」では、摩天楼の都市部を乗せた地球（儀）を廻る人工衛星を描き、世界を強調している。逓信総合博物館前には、半球に横一文字の溝に直交する地軸の球を当てた「万国郵便連合加盟100年記念1877-1977」のモニュメントが、日本郵政 本社前には「1991郵便事業120年記念」の天球儀のポストが設置されている（rikatime.blog110.fc2.com)。天球儀は大仰ではあるが、宇宙郵便という壮大な将来を見据えてのことかも知れない。

6.1.3.7.2　岐阜県図書館世界分布図センターの地球儀

岐阜県図書館世界分布図センターのロビーには、ランド・マクナリー製の直径1.8mの地球儀が設置されている。この他の図書館やWashingtonのNational Geographicsの大地球儀など、各地に地球儀が設えられている。

6.1.3.7.3　地球儀を模した甲南大学図書館

甲南大学ポートアイランドキャンパスには、隣接する建物の高さの4階に達する程の直径の地球を模した球体の建物の中に3階（一部4階）建て図書館が設置されている。160余年前のLondonのレスター広場（Leicester Square）に1851年から1862年の約11年にわたり、Wyld IIが設置した直径18mの地球儀よりも規模は明らかに大きいが、南極圏が地下一階部分をなす地球儀の球体を模したこの建物は斬新な外観を持つデザインで、意外性があるが、利用空間としては、制約が多いであろう。

6.1.3.7.4　YANMARびわ工場の地球儀

湖周道路（331号線）からも見える（株）ヤンマーびわ工場内に地球儀のモニュメントが建立されている（写真23)。同社によると、高さ約14m、球の直径は約7mで、素材は鋳鉄・鍛造及びモリブデン鋼で、経緯度で20°毎の骨組枠は経緯線にほぼ一致するが、鋼板（?）の大陸とはやや位置があわない。構造上、強度を確保できないため移動させたか、陸域のパネルを枠組みに熔接する際のミスであろう。これは世界的な事業を展開中のびわ工場のシンボルとして、当時の社長が発案し、1995年に某工務店が製作したという。

写真23　YANMARびわ工場の地球儀モニュメント（photo:宇都宮）

地球儀のモニュメントは世界環境とは意味合いが異なるが、世界の中の位置を強調する西欧北端のノルトカープなど、大陸の端や能登半島の珠洲市狼煙町（北半球のみ)、ディズニーシー、葛西臨海公園駅前広場、あるいは、岩手県下閉伊郡普代村の北緯40度のシンボルなど観光用として、あるいは国機関（国土地理院）の日本列島中心の縮尺1/20万の地勢ドーム、自治体や甲南大学など教育機関が多いなかで、一企業がモニュメントとして地球儀を建立した例は珍しい。

6.1.3.7.5　地理情報の有機EL球面表示

日本科学未来館（東京）に有機EL球面表示があり、利用者の命令（コマンド）入力により、データベース（サーバーに蓄積されたデータ）から地図や文字情報が出力される。現在、例示されている「エネルギー消費量とGDP」、「女性国会議員の誕生」「タイムゾーンの対立」などは、広報用動画を見る限り、帯状のパターン表示など、理解は容易ではない。また「平均寿命」の表示はIngo Güntherによる編図の再現表示であるが、主題毎の表示としては種類が多い。データベースの性質や、精粗雑多な情報の出所、処理方法の曖昧さのため、表示結果の信頼性は吟味する必要があろう。ただ、地球儀の常時表示とは異なり、迅速表示と瞬時の切替えや結果が消滅するため、球面に表示された主題図を熟覧して想像/考察するという思考プロセスは薄く、あくまでも、ブラウン管と同様の表示装置と言えよう。球面の印刷文字や地図（情報）が消えない昔ながらの地球儀球面でなく、観察者の要求により瞬時に表示・更新できる表示装置が良いか否かは意見が分かれるであろう。この場合、一般の地球儀では編集者に依存する球面の地理情報は、利用/操作者の知識や能力に応じたものとなり、そのため、利用者の地理的素養が重要となる。また、情報発信/受信用のメディアとしての活用には、小型であっても球状液晶パネルや連動するソフトを備えたPCが各人に必要であろう。

6.1.3.8　インテリア及び舞台小道具

6.1.3.8.1　室内インテリア

インテリアや小物としての地球儀は映画やTVのドラマ、バラエティ番組、対談その他で、一般に出演者の背景に置かれる地球儀で、映画の、「男はつらいよ、花も嵐も寅次郎（山田洋次監督, 1982）では、菓子製造の「虎屋」の居間に続く奥の部屋の箪笥上に小さな地球儀が見られる。ここでは、小学生の教材用地球儀が室内インテリアの役割を果たしている。日高義樹のワシントン・リポート第36回「緊急報告：このつぎ、世界経済に何が起きるのか（平成10年9月20日テレビ東京）」ではインタビュー相手後方の書棚にブックエンドとは明らかに異なる小地球儀が置かれていた。2008年12月10日（テレビ東京）の気象番組で、お天気キャスター左後方の陳列棚に直径約20cmの半子午環型地球儀が、別の雇用問題の対談番組中では、コメンテーター後方に、透明球に大陸を配した地球儀が配され、NHK講座（2008. 12. 11放送）の中高年パソコン教室では、出演者が見入るLaptop PCの天板前（カメラ側）に犬の縫いぐるみと直径10cm足らずの地球（儀）が置かれてある。ここでは、南極を45〜60度高くした正面にアフリカ大陸が据えられていた。真逆ではないが、「逆さまの地球」の意味には無頓着に南極部分が斜め上となっている。また、TVニュース番組の出演者背後の経緯線を模した丸籠に納まる球体、あるいは、後方の椅子に卓上地球儀を乗せるなどの配置は、明らかに舞台小道具、インテリアとしての利用を示している。

6.1.3.8.2　舞台小道具

他のドラマや報道番組では、既述の数例を除いて、地球儀は殆どが室内インテリア品の役目を担わされるが、Münchenの市立博物館（Müncher Stadtmuseum）には、人形劇中の教室シーンの、恐らく授業で実際に動かして使う舞台装置として製作された、高さ10cm足らずの小さな地球儀模型（写真24）を目にすることが出来る。中央支柱と4本の支持枠で支えられた地平環に収まる全円の子午環を備え、ミニチュア地球儀の代用とも見えるが、球面の世界図は架空の劇中の世界を反映したものか、適当に描かれている。架空の世界を描く地球儀等については、舞台小道具とは異なるが、Mallockの小説（Human Document）などに触発されたTom Phillipsによる架空の島と都市を描く高さ20cm程度（?）の天・地球儀一対‘Humument globes’（1992）がLondonのVictoria and Albert博物館に展示されている。

写真24　ミュンヘン市立博物館（Münchner Stadtmuseum）に展示されている人形劇小道具の地球儀（Photo：Y. Utsunomiya）
展示保護ガラスに接して立掛けた折尺から地球儀の高さは凡そ8〜10cm程度と推定される。

6.1.4 画像の中の地球儀の意義

以上、記載してきたモニュメントや画像中の地球儀の利用法と意義を整理すると地球儀の利用の意義は、8分類されるが、これらには、重複して複数に分類すべきものもあろう。評論家の著しく個性的な意見も散見される芸術作品の解釈には主観は避けられず、観察者による新事実の発見や、視点の相違によっては、別の分類もあろう。本稿では世界観、宗教的意味合いを強調した画像類、政治権力又は地位の象徴、富の象徴、人物の属性、目的地の表示、世界または地球環境及び、インテリアや舞台小道具として扱われる地球儀に分類し、以下のように整理してみた。

(1) 世界観の寓意　Allegory of world view

1) 無情の寓意　Allegories of Vanitias (Antonio de Pereda, 1634)
2) オランダの諺　Netherlandish Proverbs (Peter Bruegel)
3) 大使達　The Ambassadors　(Hans Holbein the younger, 1533)
4) Dürerの絵画類
5) はだしのゲン（山田典吾, 1976）

(2) 宗教的意味　Religious meanings

1) 薔薇のマドンナ　Madonna of the Rose (Parmigianino, 1528/30)
2) 信仰の寓意　Allegory of the New Testament (Vermeer, 1672/73)
3) 大天使ガブリエル　The Archangel Gabriel (ca. 876)
4) イエズス会士の宣教の寓意　Allegory of the Missionary Work of the Jesuits (Andrea Pozzo, 1691/94)
5) 救世主としてのキリスト　Christus als Salvator (Darmstädt派の画家, 1450年頃)
6) 世の救い主ー地球儀とキリスト (Salvator mundi Christus mit der Weltkugel), Casper Vopel (?)
7) 聖家族（Die Heilige Sippe）1505年頃

(3) 政治権力又は地位の象徴　Political significance/Symbol of power or status

1) アトリエ　Thomas Howard卿, Arundel城主とその妻Alatheia Talbot (Anthony van Dyck, 1639/40)
2) 独裁者　Dictator (Charles Chaplin, 1940)
3) ヨーロッパ　レシデンツのフレスコ画　Europe, Residenz in Würzburg (Giovanni Tiepolo, 1753)
4) 幼時の昭和天皇の肖像写真　Portrait of the infant Japanese Emperor Showa and Prince Chichibu (1904)
5) エカテリーナの肖像　Portrait of Catherine II (Dmitry Grigoryvich Levitsky, 1782)
6) アレツサンドロ・ファルネーゼを抱擁するパルマ　Parma abbraccia Alessandro Farnese (Gerolamo Redoli Mazzola, 1556)
7) カール大帝　The Emperor Charlemagne (Dürer, 1512)
8) シーグモンド王　The Emperor Sigismund (Dürer, 1512)
9) マキシミリアン大帝の凱旋　The Triumphal Arch of Emperor Maximilian I (Dürer, 1518/19)
10) Charles Vの肖像　Allegorical Portrait of Charles V (Parmigianino, 1529-1530)
11) リューベンスの連作　メディチ家のマリー　L'histoire de Marie de Médicis, ヘンリーIV, part pour la Guerre d'Allemagne (1621/27), etc.

(4) 富の象徴　Symbol of wealth

1) Cornelis van der Gheestの画廊（Willem van Hacht, 1628）
2) アペルの工房　Studio of Apelles (Willem van Haecht, 1620/30)

3）マルサの女（伊丹十三, 1987）

4）シンガポール珍道中　Road to Singapore (Victor Schertzinger; Paramount USA, 1940)

（5）人物の属性　Attributes of the model/motif

1）オルテリウスの肖像画　Portrait of Abraham Ortelius (Peter Paul Rubens, 1630/36)

2）天文学者及び地理学者　Der Astronom und Der Geograph (Vermeer, ca. 1668, 1669)

3）越後　山本五十六元帥（川端龍子, 1943）

4）ドレイクの肖像　Portrait of Sir Francis Drake (Jodocus Hondius (estimated), 1577)

5）コンスタンチン・ホイゲンスと秘書　Portrait of Constantijn Huygens and his Clerk (Thomas de Keyse, 1627)

6）メルカトルとホンデウスの肖像　Portrait of Mercator and Hondius (Hendrick Goltzius, 1576/77) (1578)

7）家庭教師と2人の生徒　Hauslehrer mit seinen beiden Schülern (Moritz Danel Oppenheim, ca.1830)

（6）目的地の表示　Attribute of destination

1）ホット・ショット パートII　Hot Shots! Part Deux (Jim Abrahams, 1993)

2）男はつらいよ－こころの旅路（山田洋次, 1989）

3）星の王子ニューヨークへ行く　Coming to America (John Landis, 1988)

4）ポリスアカデミー　Police Academy: Mission to Moscow (Alan Metter, 1993)

5）地中海の波止場　Hafenszene am Mittelmeer (Johannes Lingelbach, 1669）

6）気象予報や報道番組中の地球儀

7）丸山総合公園（加西市）の地球儀

（7）世界または地球環境　Attribute of worldwide/global

1）TVニュースキャスター背後の地球儀　Small articles placed behind TV news casters

2）ニュース映像のロゴマークまたはタイトル　Title or logotypes of TV news

3）本郷郵便局のモニュメント

4）甲南大学図書館の地球儀を模した球体の建物

5）YANMARびわ工場の地球儀

6）日本科学未来館のGeo-Cosmos地理情報の有機EL球面表示システム

（8）インテリア及び舞台小道具　stage prop and interior design

1）TVニュースキャスター背後の地球儀　Small articles placed behind TV news casters

2）TVニュース又は映像の小道具やインテリア　stage prop of TV drama and news program

3）男はつらいよ－花も嵐も寅次郎（山田洋次, 1982）

4）人形劇中の舞台装置（ミュンヘン市立博物館展示）

6.1.5　まとめ

1）絵画・画像等中の構図、位置、内容の精粗などの特性による地球儀の区分基準を示したが、収集中のサンプル数が限られることと母集団の偏りを考慮し数値処理は将来の問題として残した。さらに、モニュメントや画像中の地球儀の意義について吟味した結果、地球儀は、（1）世界観の寓意、（2）宗教的意味、（3）政治権力又は地位の象徴、（4）富の象徴、（5）モデルの属性或いはモチーフ、（6）目的地の表示、（7）世界または地球環境、（8）舞台小道具及びインテリアなど利用され、意義付けされていることを述べた。

2）近代絵画以前の多くの絵画には依頼者（まれに芸術家自身）の世界観、宗教観、政治的意図が織り込まれており、絵画に地球儀を描いた時期における世界観やそれぞれの意図が含まれる。特に、西欧各地の教会には当然ながら、宗教的意義の地球儀が描かれており、宗教的意義では地球儀の経年変化は乏しいといえよう。

3）宗教的絵画に描かれる球体（orb）は、初期には透明の球体、次にT型の帯で分割された球のみが描かれ、それに遅れて、西欧、リビアとアジアの名前が記入されてくる、最後に球の上（北極）に十字架が付されたようである。中世においても球体のみが描かれ、それぞれが混在して描かれている。Orbの球体の中は、一般に透明であるが、人影や波模様を表す球体も見られる。Tの模様や十字架は、単なる球から中世のT-Oマップや世界観の表象から、地上における王権、支配性を表すシンボルに変えられてきた。ただし、西欧では司教が領主を兼ねる時代的背景もそれに無関係では無かったであろう。

4）西欧諸国における地理的発見時代及びそれ以降では、画像中の地球儀は宗教的意味から絵画に描かれるモデルやモチーフなど主体の属性として、主体の強調や説明材料へと変化した。1577年から1630年頃では、これらの双方の意味が混在している。一つは、植民地化の意図や世界一周を、もう一つは、地上あるいは現世を表すために描き込まれ、リューベンスの労作、1620-30年頃に描かれた「メディチ家のマリア」のように政治的権力を示すための地球儀が描かれている。これは、最近の映画の中では、主人公のステータスシンボルや、単に旅行目的地を示すものとして扱われてくる。例外はライン派の画家又はカスパー・ヴォーペル作とされる「地球儀を抱く救済者キリスト」で、作図は地球儀そのもので、精緻を極めている。

5）大きな地球儀は権力と富の象徴として扱われ、小地球儀はインテリア・デザインとして扱われている。マス・メディア、特にTVでは、世界認識を示すロゴマークや舞台小道具があり、希なものとしては人形劇の舞台小道具としての地球（儀）が見られる。

謝辞

リプルーグル・グローブス・ジャパン元社長、北原次郎氏、元東京外国語大学の高知尾仁氏、川端龍子記念館の木村学芸員、webpageの匿名ながらハンドルのyatiyochan氏、アジア歴史資料センター佐久間健研究員・他の担当者、山本五十六記念館の瀧澤学氏の各位に地球儀や画像に関する情報収集で、画像収集では、筆者撮影の画像を含むが、Städel MuseumのSander, Jochen氏及びWolf, Fabian氏、Deutsches Historisches MuseumのMs. Svenja Kasper氏、Münchner StadtmuseumのDr. Pohlmann及びMs. Elisabeth Stürmer氏のお世話になった。1941年当時、海軍を撮影した日本の会社「Graphic Time Sun; G.T.サン」の山端庸介・望月東美雄・石毛・石井清・山中宏、各撮影班員の画像、Wikimedia commons及びGoogle Art Projectによる画像も利用させて頂いた。TV東京、NHKなどのTV放映画像は局毎の独特な規制により掲載できず割愛した。なお、本稿に生かせなかったがFNN専任局次長の奥津信弘氏には貴重な助言を頂いた。記して謝意を表する次第である。

文献

秋岡武次郎（1933）：地球儀の用法．小光社 東京 69p.

浅野徹・阿天坊耀・塚田孝雄・永澤峻・福部信敏訳（1971）：イコノロジー研究 ルネッサンス美術における人文主義の諸 テーマ．Erwin Panofsky<1962>Study in iconology: Humanistic themes in the art of the Renaissance. Harper & Row, New York.

坂崎乙郎監修・訳ティモシー・フート著; タイムライフブックス編集部編 ブリューゲル 東京: タイムライフブックス, c1969 193p Time-Life library of art "The world of Bruegel, c. 1525-1569, by Timothy Times Life International, 1969 Time-Life library of art "The world of Bruegel, c. 1525-1569, by Timothy Foote and the editors of Time-Life Books, New York, Time-Life Books [1968] 192 p.

福岡伸一（2010）：パリの天文学者，フェルメールの旅 パリ編，翼の王国No.498, 98-109.

船越昭生（1991）：オルテリウス 世界地図帳 地球の舞台 解説 臨川書店，東京

伊丹十三（1987）：映画；マルサの女 東宝映画

岡田裕成・高橋裕子・宮下規久朗・他（1993）：名画への旅 (11)；バロックの闇と光. 151p. 講談社 東京

小林頼子・堤委子・高橋達史・他（1993）：名画への旅 (13)；豊かなるフランドル. 153p. 講談社 東京

鶴岡真弓・安発和彰・高野禎子・他（1993）：名画への旅 (3)；天使が描いた. 150p. 講談社 東京

水之江有一（1991）：図像学事典ーリーパとその系譜ー 岩崎美術社，492p.

森洋子 ブリューゲルの諺の世界 民衆文化を語る 1992，白凰社，東京

大野芳材・西野嘉章訳（1991）：アレゴリーとシンボル 図像の東西交渉史 平凡社 東京 447p. ＜Rudolf Wittkower Allegory and the Migration of Symbols Thames and Hudson Ltd/Westview Pres Inc., Boulder, Colorado＞

高知尾仁（1991）：球体遊戯 同文社 東京 307p.

若桑みどり（1984）：薔薇のイコノロジー 青土社 東京382p.

山田典吾（1976）：映画；はだしのゲン 現代ぷろだくしょん

山田洋次（1982）：映画；男はつらいよ 花も嵐も寅次郎 松竹

山田洋次（1989）：映画；男はつらいよ 寅次郎心の旅路 松竹

宇都宮陽二朗（1997）：画像の中の地球儀 日本地理学会要旨集，No.52, pp.104-105

宇都宮陽二朗（1999）：絵の中の地球儀 地図ニュース，平成11年5月号，pp.3-6.

ABRAHAMS Jim (1993): Hot Shots! Part Deux directed by Jim Abrahams, (USA, 20th Century Fox, 1993).

AILLAUD Gilles, Albert BLANKERT and John Michael MONTIAS,1986 Vermeer, p. 50-51, Fig. 40, 41, 42, 43, (Paris: Hazan, 1986).

BAILLY J. Christophe (1992): Regarder la Peinture -100 chefs- d'ceuvre (1992). p.81, Japanese Trans. by R. Kokatsu and T. Takano, (Tokyo: Iwanami, Ltd., 1994), 219p.

BLAND David (1969): A history of book illustration.-The illuminated manuscript and the printed book. Pl.28, 39, 45, 123, 148, 163, (London: Faber and Faber Ltd., 1969), 459p., plts.

BÖHME Hartmut (1989): Albrecht Dürer Melancholia I im Labyrinth der Deutung. Japanese Trans by Atsuo Katoh, p.71-72, pl.27, (Tokyo, Sangensya Ltd., 1994), 163p.

CABANNE Pierre (1967): Rubens. P.192-193, pp. 242-243, p. 27, (London: Thames and Hudson, 1967), 285p.

Cesare Ripa, 1988 (1618) Iconologia Ⅰ(267P.), Ⅱ(305P.) Fogola Edtore in Torino. 1709 tranlated in London.

CHAPLIN Charles (1940): The great Dictator directed by Chaplin, (USA, United Artists, 1940).

PEREDA Antonio de (1634): Allegory of Vanitas (1634), Wien Kunsthistorishes Museum.

DIETER Vorsteher (1977): Bilder und Zeugnisse der Deutschen Geschichte 1.(p428), 2.(p428-822) Deutsches Historisches Museum, Berlin.

DÜRER Arbrecht (1928): [Arbrecht Dürer.samtliche kupferstiche in grösse der Originale], pl.2 (B.44), 9(B.9), 14(B.75), 17(B.76), 36(B.77), 41(B.67), 79(B.74), B.45, (Linz: Hrsg von Hildegard Heyne, 1928), + 105 plts.

Encyclopedia of World Art, p. 98-104, (New York: McGraw Hill Book Co., 1972), 939p.

Elly Dekker (1999): The globes in Holbein's painting "The Ambassadors", Globusfreund, No.47/48, 19-37(-52).

Felipe Fernandez-Armesto (1991): The Times world exploration. Harper Collins Publishers, London, 286p.

GRIMME Ernst Günther (1977): Jan Vermeer van Delft, pp. 66-68 pl.16[Kat. Nr. 25], p.76 pl.16 [Kat. Nr. 24], p. 92 pl.24[Kat. Nr. 35], (Köln: Du Mont Buchverlag. 1977), 111p.

GOWING Lawrence (1970): Vermeer, (London: Faber and Faber, 1952/1970), 160p. and 80 plates.

HUMPHREYS H. Noel (1868): A history of the art of printing from its invention to its wide-spread development in the middle of the Sixteen Century. pl.48, 50, 51, 80, 87, 99, (London: Bernard Quaritch, 1868), 216p.

LANDIS John (1988): Coming to America directed by John Landis, (USA, Paramount Pictures, 1988).

MARIJINISSEN Siedel, R. H. (1971): Bruegel, (New York: G. P. Putnam's Sons,1971), 351p.

McGraw Hill Dictionary of Art. ed. Bernard S. Myers, (London: McGraw Hill Co., 1969), p.308-310, Vol. 2, 565p.

McGraw-Hill Encyclopedia of world art, p.586-598, pl. 304, Vol. VII, (New York: McGraw-Hill Co, 1971) , 987p.

McGraw-Hill Encyclopedia of world art, (New York: McGraw-Hill Co., 1972) pp.770-786, Vol. XI, 939p.

METTER Alan 1994 Police Academy: Mission to Moscow directed by Alan Metter, (USA, Warner Bros., 1994).

National Gallery, Hans Holbein the Younger, http://www.nationalgallery.org.uk/paintings/Hans-Holbein-the-younger, the ambassadors

OBERLEITNER Wolfgang (1988): Guide to the collections of the Kunst Historisches Museum, p110., (Wien: Kunst Historisches Museum, 1988), 431p.

ORTELIUS (1570): Theatrum Orbis, reprint ed. *Rinssen Shoten* Co. Ltd. Tokyo, 1991.

PARMIGIANINO (1527/31): Madonna of the Rose, Gemäldegalerie, Dresden.

OXFORD UNIV. PRESS (1929): Commemorative Catalogue of the Exhibition of Dutch Art held in the Galleries of the Royal Academy, (London: Oxford Univ. Press, 1929), 311p., 120 leaves.

PRATER Andreas (1977): Pieter Bruegel der Ältere um 1525-1569, pp. 36-37, (München: Bruckmann, 1977), 97p.

PROHASKA Wolfgang (1988): Guide to the collections of the Kunst Historisches Museum. (Wien: Kunst Historisches Museum, 1988), 431p.

RICKERT Margaret 1954 Printing in Britain the middle ages, p.135, p.162, (London: Penguin Books, 1954), 253p.

MARTIN John Rupert and Gail FEIGENBAUM, 1979 Van Dyck as Religious Artist. pp.132-135, (Princeton, New Jersey, The Art Museum Princeton University, 1979), 177p.

SCHERER Valentin (1909): Dürer des Meisters Gemälde kupferstiche und Holzschnitte in 473 Abbilddungen, klassiker der Kunst IV, p.25, 27, 47, 48, 50, 51, 60, 91, 99, 104, 105,108, 109, 128, 139, 186, 190, 193, 215, 222, 231, 247, 276-287, 294, 295, 313, 322-329, 332, 343, 344, 353, 354, 375, 376, 378, (Stuttgart: Deutsche Verlags, Anstalt, ca. 1909), 424p.

STECHOW Wolfgang (1977): Bruegel (Köln: DuMont Buchverlag 1977I), 153p.

STEIDER Peter (1978): The hidden Dürer. p.35, p.129, p.136, pp.150-151, (Oxford: Phaidon Press Ltd., 1978), 191p.

The Oxford Companion to Art. ed. Harold Osborne, p.826, p.351-352, (Oxford: The Clarendon Press, 1970), 1277p.

The world of Bruegel Time life Library of Art, p.84-87, p.140, p.152-152, (Tokyo, Time life International Inc., 1969)

The World of Rubens. Time life Library of Art, p. 110-119, (Tokyo: Time life International Inc., 1968), 192p.

The typographic book (1450-1935): - a study of fine typography through five Centuries; exhibited in upwards of three hundred and fifty title and text pages drawn from presses working in the Europian tradition with an introductory essay by Stanley Morison and supplementary material by Kenneth Day, pl.47, 60, 118, 120, 192, (Chicago:The University of Chicago Press, 1963), p.99 and plts. 377

Van Dyck (1639/40): A Studio, Thomas Howard; Lord Arundel and his Wife Alatheia Talbot.(1639/40), Wien Kunsthistorishes Museum.

WALTHER Angelo (1992): Die Madonna mit der Rose. Gemäldegalerie Dresden Alte Meister, Katalog der Ausgestellten Werke p.56, pl. 8, p.293, (Leipzig: Staatliche Kunstsammlungen Dresden und E. A. Seemann Kunstverlagsgesellschft mbH, 1992), 473p.

WHITEFIELD Peter (1994): The image of the world 20 Centuries of world maps. pp.12-20, (San Francisco: Pomegranate Artbooks, 1994), 144p.

UTSUNOMIYA Yojiro (1999): Terrestrial globes depicted in images - The globe as a communicative instrument of information and allegory/Erdgloben auf Bildern- Der Globus als Übermittler von Information und Allegorie (für/for 1999/2000), Globusfreund Vol.47/48, 89-106, 107-124 (tran. English to German by Rudolf Schmidt)

Abraham Ortelius　http://en.wikipedia.org/wiki/Abraham_Ortelius

本郷郵便局玄関前の写真　http://blog-imgs-55-origin.fc2.com/r/i/k/rikatime/1004-4.jpg

万国郵便連合加盟100年記念ポスト大手町にある逓信総合博物館　http://rikatime.blog110.fc2.com/blog-entry-921.html

ジャパンアーカイブズ　https://jaa2100.org/entry/detail/043527.html

6.2　画像や影像の中の地球儀　－Hitlerの地球儀－

6.2.1　はじめに

2010年初夏のスイス山巡りの帰途、筆者は念願のオーバザルツベルグ（Obersalzberg）の鷲の巣（Eagle's Nest : 正式名称はKehlsteinhaus[1)]）を訪れた。念願とはいえ、ここ最近のことである。それは、Foxnews他に掲載された2007年暮れのニュース、鷲の巣から獲得した「Hitlerの地球儀、元GIオークションに出品」の見出しに始まる。筆者は、チャップリンの映画「独裁者」中で政治的意図のもとに登場させられた地球儀のシーンは、ブリューゲルの「オランダの諺」によるものであると記載したこともあり、Hitlerと地球儀に注意を払っていたところに、このニュースである（宇都宮, 1999, 2011）。以下では、Pobanz氏の報告や、2011年のBerlinのドイツ歴史博物館（DHM）及び、メルケシュ博物館（Märkisches Museum）、ミュンヘン（München）市立博物館（Stadtmuseum）などの大地球儀の観察とweb検索[2)]及びBeierl氏の「History of the Eagle's Nest」（F. M. Beierl, 2007）や当時のニュース映像をもとに、いくつかの社会批判も含め、Hitlerの地球儀について述べてみたい。

6.2.2　Obersalzberg及びKehlsteinhausについて

オーストリアの音楽の町ザルツブルグ（Salzburg）南方、約21.3kmに位置するケールシュタイン山荘（Kehlsteinhaus; 以下、山荘と略す）は石灰岩からなる標高1,834mのKehlstein山頂付近に建造されており（図1）、遠く北西に連なる高山型山地[3)]や眼下のオーバザルツベルグ、ベルヒテスガーデン（Berchtesgaden）、ケーニッヒ湖（Königssee）や盆地に霞む音楽の都Salzburgを一望できる（写真1（a），（b），（c））。これは、Hitler、50歳の誕生日祝いとして贈られ、全長1,270m、比高670mの索道システムや、地山との調和（偽装上か?）のため、最近では有名なK国海苔の養殖への遅ればせながらの乱用を見るが、酸性の化学物質散布による地衣類を中心とする植生回復促進など、最先端技術を駆使し、3,000人の労力をかけて、13ヶ月で完成された（Beierl, 2007）。Hitler本人は、高所恐怖症や内装が気に入らなかったとの揶揄気味の説もあるが、WWI従軍時における毒ガスの後遺症か（?）、眩暈に悩まされており、十数回程度訪れたのみで、パートナーのEva Bräunは頻繁に利用し、その妹はここで結婚式を挙げている。しかしながら、その歴史は米軍第三歩兵師団（?）の占領により幕が降ろされた。

Eagle's Nestから地球儀が持去られたとするFoxnewsの記事に導かれ、2010年夏、欧米、特に米では、山裾のオーバザルツベルグ（Obersalzberg）に位置するHitlerの別荘 ベルグホーフ（Berghof）やSSなどのNazi施設と山荘を一括してEagle's Nestと総称することを知らないまま、山荘を訪れた筆者は、売店のある部屋でパノラマツアー案内者にニュース記事を見せながら、Eagle's Nestのどの部屋で、地球儀を乗せていた机はどのあたりに存在していたのかと聞いた。ドイツ人（?）案内者は、この山荘は破壊されておらず、ここではない[4)]。はるか下方の、大型バスから山岳バスに乗り換えた駐車場（ここから山荘直下までの山岳道路は道幅が狭く専用小型バスへの乗換えが必須）の近辺（標高, 920-960m）だろう（図2）。さらに畳みかけて、この記事は正しくないと言う始末。彼にとっては、地球儀を聞くツアー客は私が初めだったのか、この地から略奪された品（?）の競売ニュースなどは、見たくもなかったのかもしれない。その後、関係資料を収集し、Obersalzbergの第三帝国時代における施設の配置図を作成した（図3)。図3は第三帝国時代の地図（縮尺4000分の1）をトレースして作成した建造物と道路のレイヤーを航空写真（Google Map）にオーバレイしたものである。この図から、GIの立ち入ったHitlerの別荘（Berghof）[5)]やホテル（Hotel Zum Türken?）のほか、親衛隊兵舎、ゲストハウス、ゲーリング、ボーマンなどの有力側近の別荘、幼稚園、モデル農園として宣伝されたハウス栽培用の温室、Hitlerが好んで訪れた茶室（Teehaus）などの位置が明らかになる[6)]。このObersalzberg一帯（写真1（b））は爆撃により廃虚と化し（Thirdreichruins.comのHPおよびHistory of the Eagle's Nest)、その7年後、1952年に、独人気質故か、Hitlerの命日を特に選び、バイエルン州当局により、Nazism

写真1（a） Kehlsteinhaus（鷲の巣; Eagle's Nest）傍からの眺望（宇都宮, 2010年撮影）
Kehlsteinhausとババリア山地北西部の高山型山地を臨む。
西方のReiteralpe（2287m）からLatten-Gebirge、Sonntagshorn（北西方）、山荘右遠方のUntersberg（標高1870～1891m）を経て北方の盆地Salzburg（標高430m）に至る。

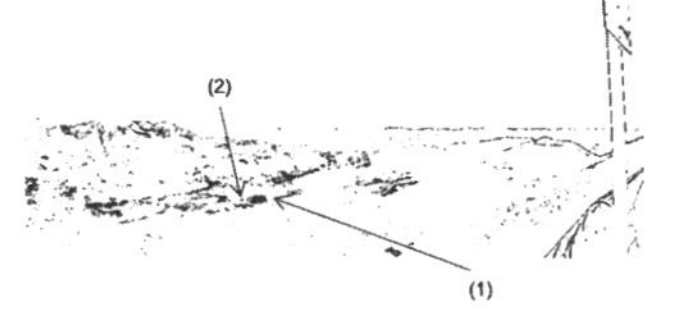

写真1（b） Kehlsteinhaus（鷲の巣; Eagle's Nest）駐車場からのObersalzberg眺望（宇都宮, 2010年撮影）
遠目でも目立つ中央の建物が元ゲーリングの丘を占拠するHotel Intercontinental（1）で、その左の白い道路が手前の松の枝間に消える処に見えるHotel Zurken（2）の左傍に嘗てHitlerの別荘、Berghofが存在した。

写真1（c） Kehlsteinhaus（鷲の巣; Eagle'sNest）の隧道入口（宇都宮, 2010年撮影）
Kehlsteinhaus直下のエレベータへ続く隧道入口に「ERBAUT 1938」1938年建設の刻銘があり、後方の山上にはKehlsteinhausが見える。

図1 オーバザルツベルグとケールシュタイン山荘の位置概念図

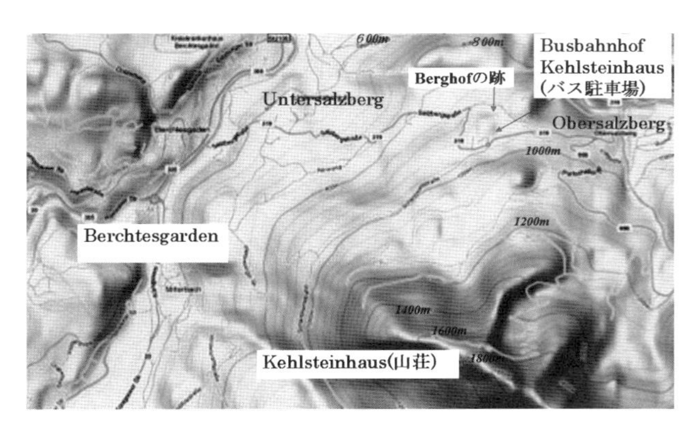

図2 オーバザルツベルグとケールシュタイン山荘周辺の地形
（なお、山麓のBerchtesgardenからObersalzberg一帯に展開したBerghofやNazi施設等の配置図は報告書でも曖昧であり、近年設置の小案内標識でも ～一帯と表示。Kehlsteinhausの標高は公称1834mであるが、北西方に延びる山脚の肩に建設されている。GoogleMapに加筆。コンターの首曲線は40m、計曲線は200m間隔。なお、Google Earthで詳細な航空写真を閲覧できる）

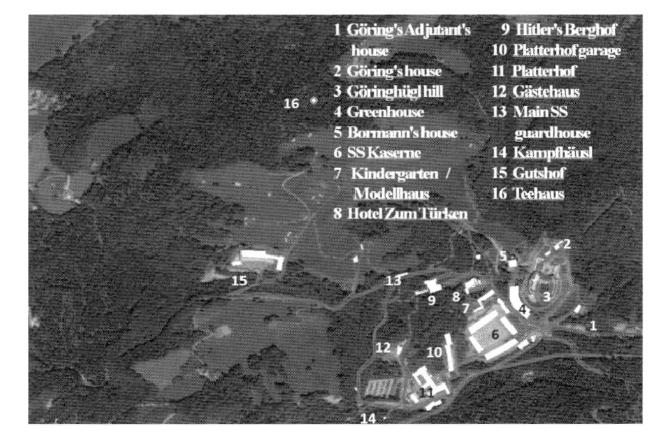

図3 オーバザルツベルグ一帯における第三帝国時代の施設分布
（当時の大縮尺図（1:4000）上の施設をトレースし、Google Mapの航空写真上にGISソフト地図太郎でオーバレイして作成）

払拭も兼ねてBerghofの廃屋は爆破・撤去された。ゲーリングの丘は、今や、戦勝国欧米系資本のリゾートホテルに占められ、一帯は山荘への観光拠点となっている[7)]。

6.2.3 Hitlerの地球儀

6.2.3.1 Columbus社製大地球儀について

Columbus社製大地球儀（Columbus Grossglobus）はPobanz氏によれば、クラシック型もあるが、架台や脚柱の形態から、標準型、特注1型及び特注2型の3タイプに分類され（図4）、直径106cm、円周333cm、高さ165-175cmを有し、いずれも錆びない金属の球面に貼付けられた縮尺1:12,000,000の世界図（ゴア）から構成されるが、これは25,000,000分の1の既存世界図の更新と写真拡大により作成された。2個の半球を合わせた球面は24枚のゴアと2枚のポーラキャップから成るとされる（Pobanz, 2008）。この地球儀は、チャップリン（Charles Spencer Chaplin, Jr : 1889-1977）が1940年10月15日に公開した反Nazi宣伝映画「The Great Dictator」中では風船型地球儀にデフォルメされ、当時の欧米、特に米国ではよく知られていた。ベルリンのDHM（ドイツ歴史博）に展示中のRibbentrop（第三帝国外務大臣）由来の大地球儀の傍らには総統執務室と思われるが、ソ連兵に囲まれる大地球儀の写真とともにその映画の一コマが添えられている。

Münchn市博の大地球儀は、Hitler執務室に由来する地球儀で、ミュンヘンのNazi党ビルに設えるためにHermann KasparのデザインによりTroost工房で1935年頃に製作された2基のうちの1基であり、他に同型の地球儀は、Obersalzbergとベルリンの大統領府及びロンドンの大使館にあったという。確認できなかったが、1937年のムッソリーニのミュンヘン、ベルリン訪問に対して、ファシストイタリア党と第三帝国の両紋章をつけた市の装飾があると説明されている。DHM及びMünchn市博のColumbus社製大地球儀の球面は、筆者の観察によれば、金属球に貼付けられた縮尺1:12,000,000の世界図（印刷された紙のゴア）から成る（写真2）。従って、計算上、ゴア表面をなす地球儀の直径は106cmと算出される。折尺と目測による測定ではこの地球儀球体の直径は100cm<　<110cmで、その高さは市博の説明文と同様、約170cmであった。これとBerlinのDHMやMärkische Museum蔵の大型地球儀のゴアも縮尺は1:12,000,000であるが、それぞれの架台の形状や欠落により、高さは異なる。これら3博物館の地球儀にある弾痕や赤道部のゴアの剥落部分でみられる金属球面は灰白色を示し、材質はアルミと判断される。後に、DHMのwebpage説明により、同館常設のRibbentrop旧蔵のそれは、アルミ製で、高さは150cmであることを知った。この中空のアルミ半球を赤道部で接合く北半球の球縁の外側を（差し込み部）、南半球縁辺内側（差し受け部）を、それぞれ削り、北半球を差し受けの南半球に挿入し、南の半球の外側から皿ネジにより固定したことがうかがえる（図5）（写真3）。皿ネジはほぼ10度毎であるが、等間隔でないため、ボルト（雄ネジ）とナット（雌ネジ）との厳密な位置決定やメネジ加工を必要としないタッピングネジ（又はドリルネジ）と推定される。なお、両半球の差し受け、差し込みは地球儀ごとに異なり、皿ネジはDHMのそれは北半球側に（写真3）、Münchn市博では南半球側に認められ、ゴアの貼り付け作業で、差し込み、差し受け半球を固定せず、単に球体として適当に扱われたことを示す。DHMの大地球儀では、北緯85度でpolar capと東西30度ごとのゴアの貼り付けが、北緯40°を境に以北と以南でゴアが異なることが認められる（写真4）。台座と支柱を欠くMärkisches Museumの地球儀では、南緯40°にゴアの接合が認められ、南・北半球とも同じく接合されていることを示す。南半球の南緯85-90度のpolar capは未確認であるが、北極部のそれと同一であることは容易に想像がつく。写真5は1934/38年のFrankl撮影による画像（Bundesarchiv, B 145 Bild-P019275）で、このColumbus社の地球儀製作現場の記録写真は、大地球儀のアフリカ大陸を中心とした東経10～40度、南緯40度～北緯40度のゴアが今正に球面に貼り付けられる様を示すが、赤道部にゴアの接合を示す切れ目（継ぎ目）はない。筆者の観察とこの写真から、polar capsの存在と、南北の緯度方向では、北・南緯40°を境に

図4　Columbus社製大地球儀の分類（Pobanz, 2008）
Pobanz（2008）によると、Columbus社製大地球儀は上から標準モデル、特注モデル2、特注モデル1に分類される。特注モデル2はベルリンのDHMで、特注モデル1はミュンヘンの総統執務室由来で、現在、市立博に展示されている。この型は、Berlinの総統執務室等に見られる。Berghof大広間の写真の大地球儀も酷似するが、台座が異なり、地平環支持枠が地平環上に突出している。Märkisches Museumの支柱を欠く大地球儀の地平環支持枠下部に残る横木は標準モデルのそれと同じで、標準モデルであったことを示す。

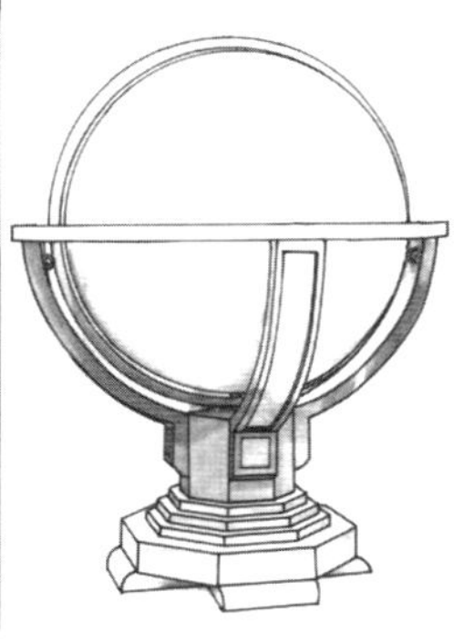

写真2　ミュンヘン市立博物館蔵（Münchener Stadtmuseum）ミュンヘンの総統執務室由来のColumbus社製大地球儀（Columbus Grosseglobus）、別名、Hitler's Globe（Münchener Stadtmuseum提供; K- 94-13##ZBA）
現在の照明の乏しい室内のガラスケース展示では観察や撮影は困難な状況にある。子午環を支える滑車などが明瞭な構図で撮影したが、ガラス面の反射、画質不良のため館提供の画像に替えた。以下に、スケッチで、左右の地平環支持枠内側に設えた滑車を示す。支柱上面中央の子午環を支える突起部分の溝と滑車は本図では不明とした。

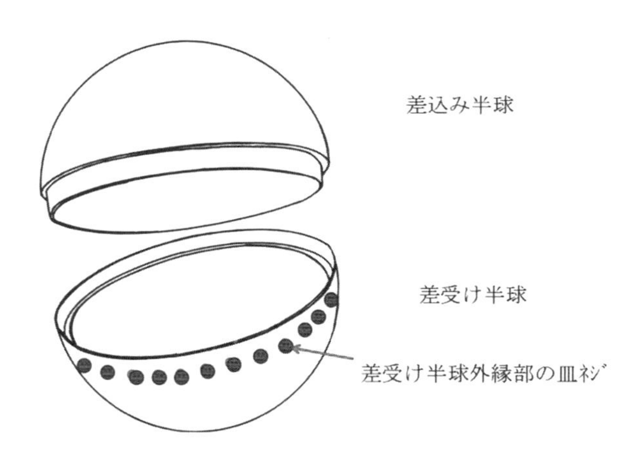

図5　アルミ製の両半球接合の模式図
（ネジ留めは約10度毎で厳密に等間隔でない為、タッピンまたはドリルネジと推定される。）

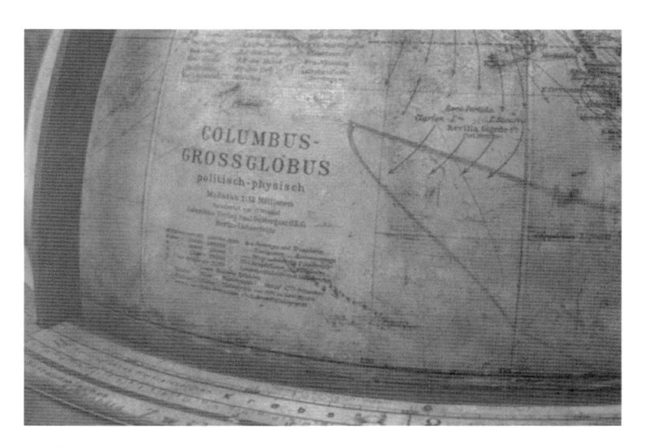

写真3　ドイツ歴史博物館（Deutsches Historisches Museum; DHM）のColumbus社製大地球儀（Columbus Grossglobus）の赤道部分（Photo: Y. Utsunomiya）
南北半球の接合部　この写真の範囲では北半球側の西経112°、123°及び135°に平ネジが、範囲外では同じく、西経100.5、89、77、64°に皿ネジが認められる。なお、地球儀球面をなすゴアの縮尺「Massstab,1:12 Millionen」から直径106cmと知れる。なお、ミュンヘンの市立博物館蔵の大地球儀（Pobanz氏が指摘する総統執務室由来の純正のHitlerの地球儀2基の中の一つ）では、半球接合部の南半球側、東経87°、及び98°に平ネジが見られ、ベルリンのメルケシュ博（Märkisches Museum）のそれと同様、南半球が差し受け半球をなす。ゴアの接合は、E70°に明瞭で、他にW140、W20°、E10°、E40°、E70°、E100°、E130°にもあり、東西方向では経度30度毎に接合された12枚のゴアが貼付けられていることを示す。この平ネジは等間隔でないため、タッピングネジまたはドリルネジと推定される。

写真4　ドイツ歴史博物館（DHM）蔵Columbus社製大地球儀の北緯40度線に沿うゴアの接合（Photo: Y. Utsunomiya）

北緯40度を境に南北でゴアが異なり、東西方向では、西経110及び80度の子午線でゴアの異なることから30度毎の接合が知られる。

写真5　Columbus社における大地球儀球面のゴア貼付作業

ゴア貼付作業中で、南北が逆となっているが、赤道部にGoresの接合のないことを示す。人物後方の作業卓上に置かれたフェノール樹脂又はポリ塩化ビニルなどの合成樹脂製の複数の透明球はゴア貼付け前の小地球儀球体を示す。従って、球体が熱に弱いことは明らかである。

Bundesarchiv B 145 Bild-P019275 Berlin: Herstellung von Globen Berlin-Lichterfelde.- Columbus Verlag GmbH, Welt-Verkehrs-Globus, ; 1934/1938頃（Photo: Frankl, A）

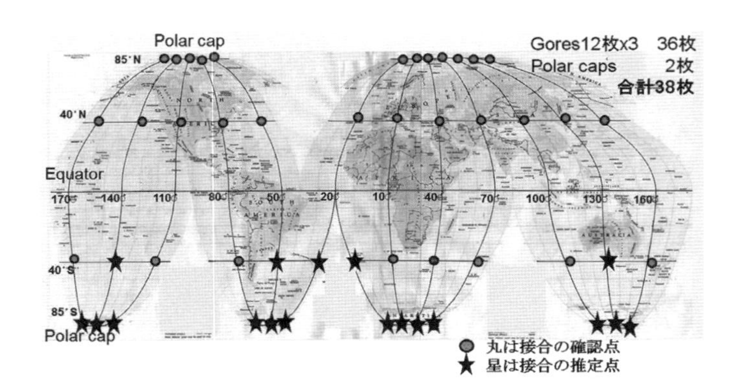

図6　Columbus社製大地球儀球面を覆うgoresの接合状況

DHM、Märkisches博及びミュンヘン市博に所蔵される大地球儀の観察/撮影とBundesarchiv画像によると、DHMの大地球儀では北緯40°のゴアの接合、85°以北にpolar capsが確認できる。Märkisches Museumの大地球儀では、40°Sにゴアの接合部が一部、確認でき、南・北半球ともその接合の同じことを示すが、不鮮明な写真上の接合は北半球の配置から推定した。南極付近のpolar capは構造上、北極部付近と同一と推定される。ゴア貼付作業を記録したBundesarchiv画像で明らかなように、残存する大地球儀の赤道部にある裂け目は接合ではない。この大地球儀では85度より高緯度にはpolar capsが、南北方向では緯度40°に、東西方向では、経度30°ごとにゴアの接合が見られる。従って、球面にはゴア、（12×3）36枚、polar caps2枚、合計38枚が貼付けられていることが知られる。なお、BaseMapはGoode's Homolosine Equal Area Projectionを使用した。

3分割され、東西方向では経度30°ごとの12枚のゴアが球面に貼り付けられていることが知られる。従って、Columbus社製大地球儀のアルミ球面はPobanz氏の指摘とは異なり、ゴア（12×3）、36枚＋南北合わせて2枚のpolar caps、総数38枚で覆われることが明らかとなった（図6）。人物後方の作業卓上に置かれた透明な小球は、地球儀の球体でアクリル樹脂又はポリ塩化ビニールなどの合成樹脂製の透明球で、右後方の白球体とともに、下貼りやゴア貼付け直前の小地球儀球体を示す。小球体が地球儀用であることはBundesarchiv B 145 Bild-P019280（後述）の画像でも認められる。

写真は割愛するが、Märkisches Museumの地球儀では、一見すると赤道部にみられる破断で航路等が不連続をなす箇所があり、南・北の両半球が別々のゴアをなすと疑われた。しかしながら、両半球を固定するネジの緩みや欠損による差し受け側半球の浮きやズレで生じたゴアの破断による錯覚である。これは、写真5に示すColumbus社の

(a)

(b)

写真6　Columbus社における小地球儀球面のゴア塗装作業
(a) オリジナル画像
左手で地軸を掴み、球面のゴア表面に保護用の光沢塗装を施している
(b) 棚上の小地球儀の拡大画像
(a) の右上方棚に乗る小地球儀の部分拡大（豪州西方のColumbus社の花枠飾りにも注目）で、球面の反射は、ゴア上の光沢塗装を示す。なお、円形台座及び直立の串刺し支柱兼地軸は作業用。Bundesarchiv B 145 Bild-P019279 Berlin: Herstellung von Globen Berlin-Lichterfelde.- Columbus Verlag GmbH, Welt-Verkehrs-Globus, ; 1934/1938頃（Photo: Frankl, A）

大地球儀の製作過程の記録写真で証明される。独公文書館蔵のBundesarchiv B 145 Bild-P019283には、Pobanzの分類で標準型とされるColumbus社の大地球儀を前にした長身の美女モデルが小地球儀を小脇に抱えており、視覚的に両者のスケールを比較できる。また、同じくFrankl, A.が1934/1938頃撮影したBundesarchiv B 145 Bild-P019280には、大地球儀出荷前の包装作業と大、小地球儀の球体が映っている。脚立に乗り、保護紙で大地球儀の球面を覆う作業員の右側でもう一人の作業員がそれを補助している。その前面の画面中央には架台据付け直前の大、小地球儀の球体があり、その背後には、写真5と同じ合成樹脂製の小さな透明球が認められ、ゴア貼付け前の小地球儀球体の素材を示している。これらの背後の白い小球面の放射状の線は透明球を包む下貼紙に描かれたゴア貼付用のガイド線であろう。いずれにしても、小地球儀の球体が熱に弱く容易に変形や溶融を受ける素材であることを示している。

なお、写真6（a）Bundesarchiv B 145 Bild-P019279はColumbus社における小地球儀の球体へのゴアの貼付け作業を示し、その一部を拡大した写真6（b）の小地球儀球面上に見られるゴアの糊代部の厚みは、経度30度ごとにあり、小地球儀でも東西方向で12枚のゴアが貼付けられていることを示している。さらに、この写真6（b）から、Columbus社の花枠飾りが、豪州西方に表示されていることも知られる。再び大地球儀に話を戻すと、球面上の世界図については、当時の政治・軍事的境界を反映し、DHMとMärkisches Museumの大地球儀のゴア（世界図）の国境や地名の相違が指摘されているが、筆者の観察は、ごく限られた一部にしか過ぎず、不十分なため、その記載はここでは割愛する。この吟味は、現存する各地球儀の球面を10～15度毎に撮影した648枚ないし288枚の部分画像からゴアを復原して比較することが不可欠であり、地の利のある西欧で根気強い研究者の手に委ねたい。なお、球面上の東亜では、当然ながら、1930～40年代前半、当時の満州国などが記載されていることは言うまでも無い。

6.2.3.2　Columbus Grossglobusの所在

Pobanz氏はHitlerの地球儀と目される3タイプのColumbus Grossglobus、26基を調査し、Hitler執務室及びNazi行政庁由来の真正のHitlerの地球儀がMünchenに現存することを明らかにした。それによると、Berlinには、個人蔵2点、Staatsbibliotek、Technische Universitätの他にDeutsche Historische Museum（DHM）に展示中の外務大臣Ribbentrop由来の大地球儀、Märkisches Museumを含めた数点が存在する（Pobanz, 2008）[8]。

第三帝国終焉前後におけるBerlinの画像（Bundesarchiv）によれば、一部重複の恐れもあるが、政府関係では、

写真7　新総統府Hitler執務室のColumbus社製大地球儀（Photo: O. Ang）
卓を囲むソファーの左側に大地球儀が置かれている。Bundesarchiv Bild 146-1985-064-28A Berlin, Neue Reichskanzlei Arbeitszimmer 1939頃

写真8　新総統府帝国内閣府のColumbus社製大地球儀（Photo: O. Ang）
Bundesarchiv Bild 146-1985-064-29A Berlin, Neue Reichskanzlei.- Reichskabinettsaal 1939頃。なお、旧総統府の会議室（Bundesarchiv Bild 146-1991-041-36及びBild 146-1991-041-34 Berlin.- Alte Reichskanzlei, Innenaufnahme. [Großer Kongresssaal?] im alten Reichskanzleipalais 1933/1938）にも大地球儀が見られるが、ここに移されたものかも知れない。

写真9　旧総統府庭内に見るHitler執務室の地球儀の残骸（Photo: Donath, Otto）
Bundesarchiv Bild 183-M1204-316 Berlin Im Garten der ehemaligen Reichskanzlei die Überreste des Globusses, der einst in Hitlers Arbeitszimmer stand. 1947. 但し、第三帝国崩壊2年後に撮影された写真の潰れた半球は地球儀の球体であろうが、Hitler執務室にあった大地球儀のなれの果てとの説明には疑問なきにしもあらずと言えよう。なお、子供の靴の長さ26cm、球体をその4.1倍とすれば球の直径は106cm、4.5倍で117cm平均では、111.5cmとなり、Columbus社の大地球儀のそれに近い。

Hitler執務室（Bundesarchiv_Bild_146-1985-064-28A）（写真7）がある。また、旧首相府大会議室には八角台座の大地球儀（Bundesarchiv, Bild 146-1991-041-36及び、その撮影角度を変えた写真Bild 146-1991-041-34があり、新首相府会議室（Bundesarchiv_Bild_146-1985-064-29A）（写真8）など、少なくとも3基のColumbus社製大地球儀（Columbus Grossglobus）が認められる。旧首相府のそれは新首相府に移された同一品とすれば正味2基となる。

SPIEGELTV “Fuehrerbunker_Reichskanzlei_Original” on YouTube（uploaded by Steiner1961 on Aug 14, 2008、カウント308-312及び323-331）の映像によると、ベルリン陥落後、無数の弾痕のあるフォルクスワーゲンの映像に続き、数人のソ連兵に囲まれる行政庁執務室のほぼ無傷の大地球儀が登場する。また、首相府の地球儀と戯れる4人のソ連兵のカラー画像（Soviet Soldiers at World War 2 in Color _ English Russia_files; DHM展示に添えてある写真と同一）を見るが、その後の行方は知られていない。8角の台座と短く太い8角形の支柱、4本の地平環支持枠を有するHitler執務室の地球儀はベルリン陥落後、1945年夏まで放置され、旅行者も見ることが出来た（Pobanz, 2008; 同氏談, 2011）ことは、映画「独裁者」中の地球儀を知る連合軍、特に米兵とそれを知らない（?）ソ連兵の対応の差か、米・ソ同時進駐下における指揮系統の混乱（?）によるものと思われる。

ところで、戦後2年を経た1947年のBerlin行政庁の庭で、縁のやや潰れた2つの大きな半球に、それぞれ腰掛けるベルリン児2人の写真（Donath, Otto 1947撮影; Bundesarchiv Bild 183-M1204-316）（写真9）がある。写真家が球面に残るゴアの断片や、球体を欠く庁舎内の架台（地平環やその支持枠）を確認したかは定かでは無いが、写真には、「旧連邦首相府の庭、Hitler執務室にあった地球儀の残骸」と説明されている[9)]。とはいえ、戦後の混乱の中で、2つの大きな半球を、どこから誰が、なぜ、その場に運び込んだかなど、明らかでは無い。この半球の縁部が内側へ捲れ込むため、中空と推定される。半球の直径を少年の靴の爪先から踵までの長さから推定すると、国内外のwebsite上に見る靴サイズ情報をもとに右の男の子の靴長を26cmとして、やや変形した縁を有する半球の直径をその4.1倍とすれば球の直径は106cm、半球の縁を推定復元し、その4.5倍とみれば117cmで、平均をとれば、球の直径は111.5cmとなる[10)]。このような直径1m余の半球を敗戦の混乱期にあって、遠方から、この庭に持ち込み放置するとは考えにくい。とすれば、この中空の半球は近くの廃屋から球体として転がされてきた地球儀のなれの果てと見ることができよう。ただし、同型の大地球儀は行政庁会議室にも備えられていたため、Hitler執務室のそれと断定することは出来ない。この他に、首相府内の瓦礫の中にHitlerの胸像と穴があき潰れた大地球儀の残骸が4月時点でLIFE誌カメラマンMr. William Vandivertのフイルムに記録されている（William Vandivert, 1945 englishrussia.com, 2012）。球面の千切れたゴアの残片から地球儀と確認できるが、どの部屋に設置されていたかは説明を欠くため、確認できない。Pobanz氏はJenaの国際地球儀学会（2011）の休憩時の個人的な会話で夏頃まで大地球儀を自由に見学できたと述べたが、それがHitler執務室のものであれば、この残骸は別室のものとなる。胸像と地球儀は偶然同一場に放棄されたのか、作為かは確認できないが、一連の“the bunker of Hitler in April 1945”の画像（現場兵士らの説明/証言による撮影）を見る限り、このVandivert（LIFEカメラマン）の写真には、同じLIFE誌のカメラマンでありながら積極的な作為性は少なく、（最近の新事実はこの「歴史事実」に疑問を呈するが）指し示された眼前に存在する対象物体をそのままに記録する姿勢が強いようである。

6.2.3.3　Berghofの大地球儀

第三帝国当時のニュース映画（Wochenschau Nr.534）には有名な北側の窓（Picture Window）やテーブルを背に対話する人物らの傍ら（左側、即ち部屋の北西隅）に一瞬ながら、大地球儀が、北側の窓を正面にすえた写真（Hoff13501）では、左側（北西隅）に大地球儀が映る。その他、図面を前に討議するHitlerらを見つめる人物の背後（hoff-26932）の大地球儀には木製の台座が見える。子供と戯れるHitlerの背後（hoff-14727-4）にもこの地球儀が映る。窓を右手に、西側に向かい撮影した写真10（a）、（hoff-13466）とその拡大写真（写真10（b））がその姿をよく示している。これらの一連の写真は総統に近い写真家の一人、Heinrich Hoffmannの撮影によるもので、整然とした室内は、連合軍の爆撃よりかなり前に撮影されたことは明白である。木製台座部分はテーブルに隠れ、暗いため不明確であるが、明るさやコントラスト調整によると、四角形（又は五角形）の分厚い板状の木製台座と推定され、明らかにMünchenやBerlinの総統執務室の八角台座とは異なる。また、地平環上に地平環支持枠（半月腕またはフォークとも言う）の上端が角状に突出している。この突出はBerlin及びMünchenのいずれの大地球儀にもなく、Berghofの大地球儀の地平環支持枠及び地平環は、台座を含めて、別のデザインと言えよう。この木製の重厚な地平環と支持枠や子午環を有する床置き大地球儀は、オークション出品物（後述）とは、明らかに異なる。これらの大地球儀は同一スケールであろうが、写真（写真10）上でスケールを推定すると、遠近を考慮しても、手前の会議テーブルより高く、グランドピアノの高さを遙かに超える。グランドピアノの高さは西欧産では101.6cm（http://in-forent. Dreamblog.jp/blog/114.html及び、http://www. bohemiapiano. cz/ dimensions /grandpiano.htm）、国産のYAMAHA製では99cmであり、高さを100cmとして、背後の格子模様のサイドボードや腰壁板[11)]に沿って右方に追うと、地球儀の地平環が、やや下に相当する。球の上端は、ピアノ高の少なくとも1.5倍はある。一方、会議テーブルの陰に隠れる球体下端をピアノ高の半分の高さとすると、球の直径は1m余と推定できる。地球儀を詳細に見ると、この

(a)  (b) 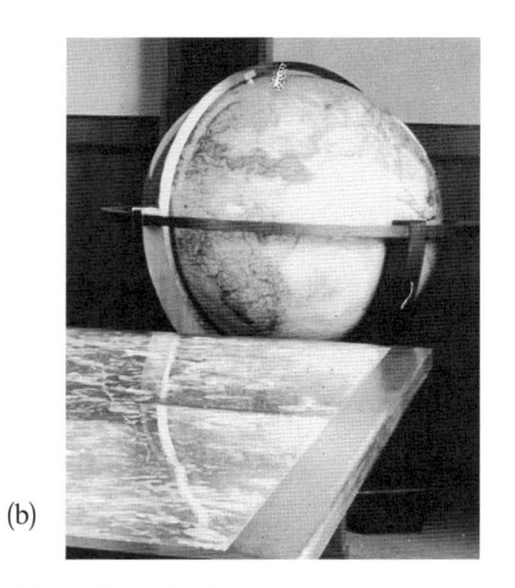

写真10　Berghof大広間のColumbus社製大地球儀（Photo: Heinrich Hoffmann)
Heinrich Hoffmann Picture Archive of BSB the Bayerische Staatsbibliothek München / Fotoarchiv Hoffmann
（a）hoff-13466、（b）hoff-13466の部分拡大
この画像以外に、（a）の左手（南）から右手方向（北側）に撮影したUntersberg山地が透けるPicture windowの左手に地球儀が映る画像、hoff-13501及び、側近と図面を見下ろす主人後方にこの地球儀が写るhoff-26932や、地球儀の傍で子供の遊びを眺める主人などの写真がある。なお、台座の吟味のため拡大した写真（b）に見える北極圏及び地平環支持枠の傷（?）はフイルムあるいは提供/処理段階の傷である。

写真11　Berghofの書斎（Photo: Heinrich Hoffmann）
(a)、(b)、(c）はそれぞれ、Heinrich Hoffmann Picture Archive of BSB, the Bayerische Staatsbibliothek München / Fotoarchiv Hoffmann（a）hoff-1956、（b）hoff-13505、（c）hoff-68886で、Hitlerの書斎を示すが、撮影時期が写真a、bとcで異なることは花瓶の花により明らかである。(b)、(c）は事務机から、（a）に映るHitler後方から手前に向かい撮影しており、書斎のほぼ全容が知られる。これらの画像に見る限り、書斎の事務机及びテーブル、Hitler後方に見える壁際の書棚付近のいずれにも地球儀の姿は無く、机上に小地球儀を置く習慣は主人になかったことが知られる。

地球儀球面の海岸線がアフリカ大陸赤道以南、赤道コンゴ付近を示すことが解る[12]。一方、Walden氏蒐集のカラー絵はがきには南北に連なる青い海域（大西洋）と褐色の南米大陸の特徴的な輪郭が認められ、西欧、大西洋を中心とする範囲が部屋の中心部に向けられていたことが知られる。次に、このBerghofに大地球儀以外に別の地球儀が存在したか否かを彼の書斎で検証してみよう。

写真11（a）（hoff-1956）は、不作法にも机に斜め掛けするHitler本人から窺えるように彼の書斎を示す。窓に向かう彼の机上（写真11（b),（hoff-13505））には、机の天板左端に電話が、その手前に地図帳やファイル（?）、小辞書をのせた書類・書籍が並び、やや中程にランプが、その奥に2個のインクボトルが並ぶインクスタンド（?）、ペン立てと花瓶（天板右側）が置かれている。その手前の天板中央には、円筒のペン立て（?）を挟み書類ファイルが、右にはインク吸取器（ブロッター）がある。(a)、(b）は机上の配列等が異なるが、花瓶の花の形態からほぼ同

時の撮影と見られる。この机上をHugo Jaeger撮影によるLIFE誌掲載写真（1939. 10.30, p.58）で見ると、左側から電話、中程にランプと2個のインクボトルが並ぶインクスタンド（?）、円筒状のペン立てと花瓶がその奥に置かれている。手前の右側には、拡大鏡の乗るメモ用紙（?）の下に、地図帳、その下には黒カバーのファイル（地図帳か?）が重ねて置かれている。その奥、机の中央に茶色の書類ファイル、さらに後にはブロッターが置かれてある。この地図帳はキャプションにもあるが、ANDRES HANDATLASと読める。しかしながら、机上には地球儀はない。写真11では、腰掛けるHitler後方壁際の書棚付近及び前方のテーブルのどこにも地球儀の影はなく、これらの写真に見る限り、彼の机上や書斎には小型の地球儀は存在しないことが知られる。これは、机上に小型の卓上型地球儀を置く習慣は主人になかったことを示す。撮影のための移動もありうるが、花器とは違い、知的色彩の強い地球儀を机上から除いた撮影は考えにくく、もともと、地球儀は机上に存在していなかったと解釈できよう。事務机でなく、テーブル上に地球儀が置かれていた可能性は写真11（c）で見る限り、否定される。余談であるが、応接テーブルに地球儀を常時置き、ソファーで寛ぎながら見ることは筆者にもなく、水文学者の元東京農工大学教授 安部喜也博士が昔国際会議の現地見学会で見かけた地球儀を背負って歩き回るカナダ人の国際陸水学会会長のような地球儀マニア（狂）のみがもつ習性であろう。

写真11による吟味では疑わしいが、このBerghofの中で大地球儀（Columbus Grossglobus）の他に、「Hitlerの地球儀」と呼ばれる地球儀が存在したとされる。それは、2007年、米国で競売に出されたBerghof由来のColumbus社製の小型卓上地球儀である。他に、「Hitlerの地球儀」とされるものとして、LIFE誌に掲載されたミュンヘンのHitler宅の地球儀写真及び、ヨーロッパ米軍司令部Campbell兵舎Keyesビルのロビーを飾る地球儀がある。これらは、いずれも卓上型小地球儀である。次にこれらの地球儀について、吟味してみたい。なお、本稿では、不確かで、疑問の多い、これらの小地球儀を「」付きの「Hitlerの地球儀」とする。

6.2.4　いわゆる「Hitlerの地球儀」

6.2.4.1　Berghof由来の「Hitlerの地球儀」

Hitlerの別荘、Berghofから持ち去った卓上型小地球儀を退役軍人John Barsamian（取材時91歳で、当時は28歳）氏が2007年11月13日Greg Martinの競売に出品した（Dailymail他）。これは、Hitler所持の地球儀として米国で注目を集め、記事は世界に配信された。その三日後のニュースでErin Morris記者は、サンフランシスコ在住のユダヤ人Bob Pritikin氏が10万ドルでこの地球儀を競り落としたと報じている。この落札者には、後に再登場してもらうこととして話を先に進めよう（写真12）。

また、Fox Newsは、当時28歳の彼が戦争終結の数日後にBerchtesgadenにあるHitlerの別荘、Berghofで発見し、記念品、銃、剣とともに故郷へ送った木箱に、“1 Global Map, German, Hitler's Eagle Nest”と書かれた米軍手続書類一式も添えられてあり、疑問の余地はないと伝えている。別の記事では、Hitler's Eagle's Nestの廃墟のまっただ中で発見された。めぼしい品々が略奪された後に、残っていたものは瓦礫に埋まる机上の地球儀だけであった。これを上官の許可を得て

写真12　Berghof由来の所謂「Hitlerの地球儀」（Photo: AP/AFLO（aflo_ LKGA_ AP071011042182））
オークション前の地球儀及び当時の所有者（Barsamian氏）とカメラとの距離がほぼ同じであるため、顎から頭頂（正確には斜め後ろ、後頭部、従って垂直な上下の頭長より長めである）までの長さを25-30cmとすれば、比率1.36から直径は34-40.8cmと推定できる。同様に比率、1.962から高さは49-58.9cmと推定できる。なお、台座は、木製の2段の円形台座からなる。支柱の右に隠れる刳貫き穴様部分は磁石/又はその痕跡か不明である。オークションの開示情報では、「10.1.1941」の記入された卓上型地球儀の高さは18インチで、球体の円周は41インチ、メートル法では高さ45.7cm、直径33.2cmの球体である。これをもとに頭長を逆算すると、頭長は24.3cmで、短過ぎるようである。

持ち帰ったと報じている。また、別の記事では、ドア近くの小机の上に地球儀が乗っており、その台座には抉り出した窪み穴があったと記されている。奪った地図、当時の写真、各種書類とEagle's Nestを訪れ、Hitlerの家から地球儀を獲得し故郷に送付したことを記した日記や1945年5月10日附の両親への手紙（コピー）などが添付されているが、そこには、「今日、BerchtesgadenのHitlerの家や、彼が食事し、GoeringやMussoliniらと寛いだホテル[13]にも立ち入った。Hitlerの家からは、大きな球状の世界図を土産として獲得できた。Boghosians[14]の家のものと同じだが、こいつは、独語で書かれている。Hitlerの家から獲得したのだから、HitlerやMussoliniが触ったとしても驚きやしない。いい物を手に入れた。そうだ！うちの店に飾って、来客にHitlerの穴窟からもってきたものだと言えるヨ。」などと興奮気味に綴られている。図3に示されるようにBerghofの東にホテル（Hotel Zum Türken）が隣接し、目と鼻の先にあるため、彼がBerghofに立ち入ったことは間違いないようである。なお、最近であるが、独のGerman Obersalzberg Museumが開設するwebpage (http://www.obersalzberg.de/plnderer.html?&L=1) の「Looters in the ruins Obersalzberg after 1945」に名誉ある略奪者の一人としてこの元GIが写真入りで紹介されていることを目にした。「Hitlerの地球儀」は疑問（後述）であるが、この記事の文言から、独人も第三帝国の呪縛から卒業しつつあることが窺える。

写真12はFoxnews.com/story（oct. 15, 2007）に掲載されたオークション前の写真（Photo: AP/AFLO:(aflo_LKGA_AP071011042182)）でAFLOを介しAP通信から購入したものである。この写真から、金属の半子午環（セミメリディアン）、木製の支柱と中央部がやや高く2段の階段状をなし、磁石嵌込み穴（?）を備えた厚めの木製円盤状台座及び円柱からなる卓上型小地球儀であることが知られる。セミメリディアンの上・下端には23.5度傾く地軸が接する[15]。Greg Martinオークションカタログ、Lot番号1569に「10. 1 .1941」と記述があり、この地球儀の高さ及び球の円周は測定方法は不明ながら、それぞれ、約18インチ、41インチ（2.54cm/インチとすると104.14cm）とあり、メートル法に換算し、高さと直径で示すと、各々45.7cm、33.2cm、となる。「10. 1. 1941」が、元から記入されていたものであれば、几帳面な個人を除き、組織や機関が購入したとすれば、1941年1月10日の購入か登録日を意味しよう。地球の円周を4万キロとして、円周長、41インチ（104.1cm）から、球面上の世界図（ゴア）の縮尺は、38,409,833分の1と算出されるが、Columbus社が、現在、販売中の直径34cm、縮尺にして375,000,000分の1の地球儀に近似する[16]。

この写真では、地球儀及び競売前の所有者であるBarsamian氏とカメラレンズとの距離がほぼ等距離であるため、人物の顎から写真上の頭頂（正確には斜め後ろ、後頭部、従って垂直な上下の頭長より長めである）までの長さを25〜30cmとすれば、画像上の両者の比率1.36から地球儀の直径は34〜40.8cmと推定できる。同様に、頭長と地球儀の台座〜地軸上端の高さとの比率1.962から地球儀の高さは49〜58.9cmと算出される。

なお、オークションカタログの地球儀のスケールから、画像中の被写体の比をもとに、彼の頭長を逆算すると、24.3cmとなり、彼の顎から頭頂までの長さが短かすぎる印象を受ける。同じく、2007年11月11日のAFP（Hitler's globe goes under hammer, 62 years on (AFP) (http://afp.google.com /article/ALeqM5gPTfggy Ggpr7 xsH6cRgynxH7uY-lA)）の写真によると、この地球儀の75-96°E、21-33°Sの範囲にColumbus社のロゴとカルトシェ（花枠飾）がある。そこには、Columbus Erdglobus/Wirtschafts-Politische ausgabe/Bearb/s.Dipl.-HDL.W.Bockisch/Politisches kartenbild Dr. R. Neuse u C. Luther/Columbus-Verlag Paul Oestergaard. K-G./Berlin- Lichterfeldeと書かれており、Columbus社の政治経済地球儀の改訂版であること、商学士のW. Bockisch氏、政治地図はDr. R. NeuseとC. Luthe氏によること、初代社長のPaul Oestergaard及びBerlin南西の同社の住所Lichterfeldeが読み取れる。この花枠飾は、写真6（b）の小地球儀球面のそれと同一である。なお、同社のHP（http://www.columbus-verlag.de/englisch/COLUMBUS.html）によれば、Hitler執務室はじめRibbentrop、NSDAPの大地球儀や「Hitlerの地球儀」と騒がれている小地球儀の製作会社であり、現在も営業中の老舗企業である。[17]

写真12及びWebpageの画像を拡大すると、赤道部での半球の接合を示す赤道に沿った膨れがあり、球面上のアラ

ブ首長国連邦のBu Hasaからペルシャ湾のHalol島（何れも現在の地名）に続く深さ1cm程度の表層部の破損（裂け目）部分から、印刷されたゴアの下地に、褐色の大鋸屑/コルク様の材質（MDF繊維板内部の材質）や同色の亜麻布の平織りが見える。ごく一部の断片で確実ではないが、亜麻布は下地を何層にも包むようである。さらに、球面のゴアにも布繊維の平織りパターンが浮き上がって見える。この球体では、Frankl撮影による1934/38年のColumbus社の記録写真に映る合成樹脂製の透明球は確認できないが、あるいは合成樹脂の球体がこれらの下地に被覆されているのかも知れない。いずれにしても材質が可燃物であることは明らかである。先ほどの「1941年」の記述が事実であれば、当時の我が国と同様に物資欠乏となり、張子の球体の材質がMDFに変わったものであろうか? youtube画像（https://www.youtube.com/watch?v=HYaW12HxYsk）にみるBarsamianの説明では、故郷への送付時に米軍による検閲で、球体が分離されたことが知られるが、この球体の南半球、中〜高緯度の不自然な接合はこれによると推定される。なお、上記の裂け目の凹みとゴアの剥がれの形状は北東から南西方向に鋭利なアイスピック様の棒を斜めに突き刺して北東の差込み口をテコにして抉ったことを示し、意図的な破壊でなければ、同じく検査により生じたものと推定される。従って瓦礫などの落下物による傷では無いことは明らかで、球体は彼の発見時に無傷であったことが知られる。SSの放ったBerghofの火炎による焼け焦げ、煤の痕や溶解も認められない。

6.2.4.2 MünchenのHitler宅で撮影された地球儀

1945年5月28日附LIFE誌には、München, 16, PrinzregentenplatzのHitler私邸にある事務机の写真が掲載されている。この写真は後年、LIFE誌編集者となるDavid E. Scherman[18]（当時、LIFE誌通信員・従軍カメラマン）が米軍のMünchen進駐に便乗して撮影した写真である。ミュンヘンの徒歩ツアーガイドに教えられて訪れた2011年10月には、薬局の隣で警察署に転用されているこの建物は改装工事中で、Hitlerの居室は特定できなかった。図7はHitlerの事務机のイラストである。これは「編集目的使用のみに限定」という規則（本社英文規約の誤訳か?）を盾にした日本Getty支社の提供拒否によりLIFE誌の写真が入手不可なためである。ただし、画像はGoogle.comのHPで「Life May 28 1945」のキーワード検索をすれば、だれでも閲覧できるが、2016年現在でも連合国以外はLicense延長のため、本稿では、スケッチ図とする。ただし、ほぼ同様の被写体はLee Miller撮影の写真でも確認でできる（後述）。写真解析用としては画像が粗いため、米国から古雑誌LIFEを取り寄せて吟味したが、LIFE誌の掲載画像でも網点写真で、解像度の劇的向上は望めなかった。このHitler宅の事務机写真のキャプションには「机上にはフランコからの贈り物の、カギ十字やスペイン国旗を絡ませたワインが乗る。数冊の豪華なアルバムが残されている。」と記述されてある。図に示すように、後方、左方にカーテンがある部屋の角に置かれた机を部屋の中央から斜め撮りしている。机上を後方に向かい、左手に受け台に受話器の乗る2台の電話機、8角のランプシェードの電気スタンド、その右手（天板の中央より）には2個のインク壷の乗るインクスタンドが置かれている。これらの後方（机の左端近く）に2本の細長いワインボトル、その後には不明瞭ながら物体が認められる。机上の中央には布様の物体が、右側手前には薄い紙（?）が置かれ、その後方に地球儀が、更にその後方には、緊急警告/警告燈

図7　Hitler私邸の事務机（LIFE誌掲載写真の素描）
現在、市販されている商品カタログから事務机の高さを76cmと仮定すると、写真上の比率から、地球儀の高さと球径は、各々49.5cm、31.4cmと推定される。東欧でそれとなく測った事務机、窓机やテーブルの高さは各々、77.5cm、78cm、80cmであり、これによると地球儀の高さと球径は、50.4〜52.06cm及び、32〜33cmと推定される。高さと球径は、Berghof由来の「Hitlerの地球儀」の直径33.2cm、高さ45.7cmにほぼ等しい。

(?) が乗る。写真の画面左方に映る椅子はスケッチ図では本質的でないため省略した。

この地球儀は、卓上型小地球儀で、木製の台座と円い支柱を有し、やや厚みのある台座は中心部が一段高く2段を呈する。セミメリデアン（半子午環）の上・下端にそれぞれ北極、南極側の地軸が接する。真横からの撮影でないため不明確であるが、傾きは23.5度に近い。ルーペで写真を吟味すると、厚みのある2段の円盤状台座を認めるが、嵌込み磁石（?）は不明である。セミメリデアン（半子午環）の形状はBerghof由来のそれと同様である。後年、それとなく測ったWienのホテルの机、Cesky Crumlov城の窓机やテーブルの高さは各々、77.5cm、78cm、80cmであり、これらの値を採用し、写真上の比率をもとに、Hitlerの事務机の高さから推定すると、地球儀の高さと球径は、50.4〜52.06cm及び、32〜33cmと推定される。地球儀の寸法や外見は前述のBerghof由来の「Hitlerの地球儀」に酷似する。数年前、この地球儀の行方をBSB図書館などに問い合わせたが、不明であった。このように、机上に存在した筈の地球儀はその後の記録に無く、行き方知れずとなっている。これは、撮影後に、撤去されたことを示唆する。

後になって、Lee Miller.comのwebsite（Lee Miller Archives）にHitlerのミュンヘンのアパート（インテリア）を写したベタ焼き写真中の2枚に件の事務机が写っていることを見出した。1枚はアップライトピアノと仕切壁を隔てた後方の事務机に卓上地球儀が映る。一見では、後方のカーテンが見え、遮るものが無く事務机の天板には何も乗ってないと速断したが、購入した画像では地球儀が存在する。疑り深い筆者は、注文前にwebpageで公開されていた画像とは異なるのでは（?）と疑い、保存してあった古いweb画像はある程度拡大し、一方、購入画像は逆に縮小をかけ画素を粗くして比較したところ、地球儀が消えて背後のカーテンの部分に溶け込み、透けて見え、web画像と同じ状態になるため、地球儀を含む被写体がある同一写真と確認した（Interior of Hitler's apartment, Lee Miller in Hitler's apartment and US artillery and German prisoners outside Hitler's apartment ; http://www.leemiller.co.uk/media/gRuSsc-l-vy2tx7Lsr98nA..a）。

購入した写真13では事務机は壁に隠れ、机右半部のみ映る。インクスタンドの一個のインクボトルには先端装飾/蓋があり、天板の右側、地球儀の左手前に2個の円筒の陶器に似たペン立て（?; Berghofのそれに似る）、奥にインク吸取器（ブロッター）の頭が見える。地球儀の右奥に緊急警報/警告燈の半分が隠れており、手前の机の右端の紙は天板からはみ出ている。もう1枚の写真14は、写真13を撮影した位置の少し右寄の位置から撮影された構図で、画面左側の兵士の弾くピアノを、右腕を前屋根に預けながら聞くポーズをとらせたヘルメット姿の兵士が映る（写真14（a),（b））。ヘルメット姿でカメラストラップを襷掛けした兵士は不明であるが、ピアノを弾く兵士は同じくLeeが撮影した、左手の受話器を耳にあてがい、Mein Kampfを右手にベットに寝そべるSgt. Arthur Petersと同一人である（Sergeant Arthur Peters on Hitler’s bed）。

写真14には、机の天板のほぼ全容が映り、天板の左端に八角ランプシェードの電気スタンドを挟み左右2台の電話機がある。しかし、この右側の一台では受話器が受け台から外されている。その右横の2本のブルゴーニュ型ワインボトルの右の一本には、ビンの首から胴の部分にかけて、しめ縄の紙垂の様に、紙/布が結わえ付けてある。しかしながら、Schermanがキャプションに記した鉤十字や国旗は確認できない。その右後方には翼を広げた鷲の小さな置物（或いは2個のワイングラス?）があり、2本のワインボトルの間の奥には、その鷲の右翼がガラス面に反射して見える。あるいはこれらがグラスに反射した画像とすれば、少なくとも2個のグラスが置かれていたことになる。天板の中央前左には布（革?）手袋様の物体が置かれている。その後方右側（天板の中央より）には長方形の台に2個のボトルを乗せるインクスタンド（Berghofのそれに似る）がある。地軸傾度がほぼ23.5°の半子午環の卓上型地球儀は同じく天板右手にあり、木製のやや部厚い台座は2段からなり、支柱は円柱をなす。地球儀の背後に置か

写真13（a） MünchenのHitler邸内部
（Photo: Lee Miller; Hitler's apartment_munich_ Germany _1945, © Lee Miller Archives, and © Roland Penrose Estate, England 2016）

写真13（b） MünchenのHitler邸内部 細部拡大 Details enlarged from photo 13（a）
（Photo: Lee Miller; Hitler's apartment_munich_Germany _1945, © Lee Miller Archives, and © Roland Penrose Estate, England 2016）
天板上の地球儀の左にインク吸取器ブロッター、ペン立て（2個）、さらに左方の壁に隠れるインクスタンド（何れも、Berghofの事務机と同様）が、地球儀の背後には、緊急警報/警告燈があり、そのケーブルは天板右袖から、その前面の書類は天板角部分から、はみ出ている。

れた緊急警報/警告燈の一部は隠れて確認できない。この天板からはみ出るコードの形は角度の違いのみでScherman撮影の画像と全く同じである。カメラ側に向く球面は、Schermanの件の写真が撮影角度から南北米大陸中心となるが、Leeの写真では東太平洋の赤道を中心とした南北米大陸が示されている。この撮影角度の違いは、Leeが斜め後方から撮影したことを示すが、天板上の物品、配置が違い、Schermanの撮影機材も映り込んでいないため、彼の撮影準備中に斜め後方から撮影したことは明らかである。なお、ワインボトルはSchermanの写真の細めのボトルに比し、こちらは、やや太くズングリした感じに映るが、撮影角度が違うためであろうか。写真13の天板右端の書類(?)は端から張り出すが、この写真14では天板の角からほとんどはみ出ていない。また、写真13に映る2個の陶器に似た物体（ペン立て）はこの写真14には存在しない。

以上のように、机上の物品や配置はLee Miller撮影による写真13、写真14やScherman撮影の写真で異なる。受話器の外された電話機は撮影時間の短い間で、机上の物品に占拠者の誰かが触ったこと、位置の違いは、撮影用の再配置のみならず、そのいくつかが机上に存在しなかったことを示している。なお、Lee Millerは、4月30日（?）にHitlerの受話器で通話を試みたことを記しており、この写真の被写体や構図のセッテイングのために、机上に元々存在した物品にも触れたことは明らかである。さらに、この私邸にBarsamianの地球儀に酷似する件の地球儀が残されておらず、その所在は不明とされている。これについては、Schermanが1993年5月にLIFE元編集者、John Loengardとの「HitlerバスタブのleeMiller」撮影に関連した対談で、この私邸からHitlerのイニシャル入りのシェクスピア全集などを含め、手当たり次第に略奪し、後日（インタビューの数ヶ月前）に手放し1万bucks（ドルの俗語）儲けたと打ち明けている*) ため、元々、被写体が私邸に存在したか否かは別として、彼が掠奪したと考えてよかろう。

*) http://time.com/3502547/lee-miller-the-woman-in-hitlers-bathtub-munich-1945/

本題から逸れるが、市街地の破壊にもかかわらず、Leeの写真で明らかにMünchenの私邸のシャンデリアは点灯しており、市のインフラの破壊は壊滅的でなかったことや、本邦の空襲の例に見る如く、計画的にこの一角が空爆エリアから外されていたことが示唆される。

写真14（a） MünchenのHitler邸で寛ぐ2人の米兵
（Photo: Lee Miller; US_soldiers_at_Hitler's_apartment_Munich_Germany_1945, © Lee Miller Archives, and © Roland Penrose Estate, England 2016）
1945.4.30〜5.3のHitler私邸の占拠中に、事務机に置いた地球儀をSchermanが撮影し、LIFE誌を飾ったが、Leeの写真は彼の撮影前後の撮影を示す。彼の撮影位置がベストショット位置であることは、少しの絵心があれば誰でも容易に理解できるが、Leeが彼の撮影した位置を使わせてもらえなかったこと（所謂隠し撮り）が窺える。

写真14（b） MünchenのHitler邸で寛ぐ2人の米兵 細部拡大 Details enlarged from photo 14（a）
（Photo: Lee Miller; US_soldiers_at_Hitler's_apartment_Munich_Germany_1945, © Lee Miller Archives, and © Roland Penrose Estate, England 2016）
兵士の奏でるピアノを弾き、それを聴き寛ぐ米兵と事務机上の品々を撮影した写真は、構図から、写真13とほぼ近い位置から、2、3日の滞在時中の、ほぼ同時期に撮影されているが、ペンスタンドは無く、電話の受話器が外れており、LIFE誌掲載写真に比し、太めのワインボトルであるなど、SchermanやLee自身の撮影による写真間でも、モチーフに相違が認められる。

6.2.4.3 米軍西欧司令部の地球儀

星条旗新聞（Stars and Stripes; February 24, 2009）掲載のNancy Montgomery記者による記事「西欧米軍はHitler時代の遺物を所持（U. S. Army Europe uses artifacts remaining from Hitler's Germany）」には、米軍西欧軍司令部に第三帝国時代の品々が保管展示されており、米本土で話題になったBerghof由来のそれとは、また別の「Hitlerの地球儀」の存在が紹介されている。Stars and StripesのMontgomery記者及び本部事務局の好意により提供された写真15は卓上型の小地球儀を示すが、画像中に地球儀との比較対象物がなく、写真判読による地球儀の高さや球径は推定できない。しかしながら、2、3のことは明らかにできる。

写真の範囲に限られるが、この地球儀には、Berghof由来の地球儀と同位置の豪州西方（75-96°E、21-33°S）にあるべきColumbus社の花枠飾りがなく、Columbus社の製品でないことは明らかである。記者のインタビューに応じた米軍歴史担当者のAndy Morris氏は、Bavarian AlpsのHitler's office（即ちBerghof；筆者注）で使用されていたと記者に語っている。この担当者自身も「だろう」「信じる」などと発言しているとおり、確証は無く、非常に疑わしい。

Berghof由来やLIFE掲載の「地球儀」の台座は2段からなるが、この地球儀の台座は3段をなし、支柱の形も丸みを帯び異なる。写真撮影時のフラッシュの発光加減や角度にもよるが、戦後64年余の長年月による褪色で、球面

写真15 米軍西欧本部（Campbell Barracks）の「Adolph's Globe」と称する地球儀（Photo: N. Montgomery）
「Adolph's Globe」は半子午環に固定金具を介して木製支柱が直結し、3段の台座を備える卓上型地球儀で、台座には磁石が埋め込まれている。この地球儀写真はStars and Stripes（Feb. 24, 2009）掲載記事のオリジナル写真で、同紙記者Ms. Nancy Montgomery及びLicensing AdministratorのMs. Jenifer N. Stepp両女史の好意により提供されたものである。

の海域（青）はくすむはずであるが、青々としており、鮮明すぎる。さらに、写真に写る範囲のみのゴアを見ると、豪州の西、インド洋には「OCEAN」とあり、「OZEAN」ではない。ドイツ語で「Z」を「C」と取違えることは、まずあり得ない。百歩譲って、英語圏向けの輸出品とみてもインド洋が「INDISCHER OCEAN」と独英混在であり、統一性を欠く。独語使用国では、このような小学生でも犯さない初歩的なスペルミスはあり得ない。さらに、当時の国粋主義下では、今日の独とは異なり、Ordnungを大切にする当時の独人がこのようなミスを見逃さないであろう。したがって、これはドイツ製でなく、英米系企業により製作された地球儀で、かなり質の劣るfakeであることは明白である。

6.2.5 「Hitlerの地球儀」の信憑性

Hitlerの地球儀の中で、ミュンヘンに残存するColumbus社の大地球儀のみが真正のHitlerの地球儀であるというPobanz氏の調査結果には疑問の余地は無いが、「Hitlerの地球儀」とされている卓上小地球儀には疑問が多い。John Barsamianがやや興奮気味に手紙に書いているにもかかわらず、Hitlerの別荘（Berghof）の机上で瓦礫に埋もれていた、或いはドア近くの小机上に置かれていたという地球儀をHitlerが実用に供したという確証はない。机がHitler本人のものか否かもさることながら、爆撃やSSによる焼き払いに遭っており、本来の状況で存在したとは限らない。さらに、前述のように可燃性素材で出来ている球体からなる小地球儀が邸内から、1、2カ所の欠損を除き、ほぼ無傷に近い状態で残されたことも奇妙である。Pobanz氏は、Hitler自身が意図的に地球儀と収まる写真を残していないため、総統が地球儀好きで、地政学的な意味を理解し、積極的に地球儀をプロパガンダに活用したとは考えられないとMichael Kimmelman記者に答えている（Michael Kimmelman, 2007)。たとえば、英国エリザベス女王の肖像（アルマダポートレート）やDrakeの肖像画のような地球儀を鷲づかみにした極端な構図はない。さらに、財力や権力者のステータスシンボルである地球儀の直径は大きく、当時、飛ぶ鳥を落とす程の権力者の所持品にしては、直径33cmの、オークションに出品されたBerghof由来の卓上地球儀は小さすぎる。この真偽確認については、本人が事実をそのまま語らなければ混迷に輪をかけることになるが、1945年4月の空爆とSSによる焼却前にこの卓上地球儀が置かれていた正確な位置や状況に関するBerghof側の元メイド、側近や親衛隊など関係者の証言も必要となる。Barsamianの期待したようにHitlerやMussoliniが触れたものであれば、球面等に付着する指紋や付着物のDNA鑑定で判定できるかも知れない。これらは確実な方法であるが、長年月を経て、多数の者が地球儀に触れており、困難である上に、否定的な証明が出されても関係者としては困るため、科学的な真偽鑑定が行われることはないであろう。なお、ミュンヘン在住でBerghofの元メイドの老婦人（Mrs Rosa Mitterer）はミュンヘン市への筆者の問合せの前年（2010年）に他界され、真偽確認の術は閉ざされてしまった。

LIFE誌（19450528）に掲載されたMünchenのHitler宅の地球儀写真のキャプションには「机上にはフランコからの贈り物の、カギ十字やスペイン国旗を絡ませたワインが乗る。数冊の豪華なアルバムが残されている。」と記述されているが、ここでは、独裁者仲間のスペインのフランコまで登場させ、その贈り物（?）のワインに、ご丁寧にも国旗やカギ十字（?）を絡ませる強調といい、最後に地球儀と戯れる独裁者（ヒンケル）のチャップリン映画の一場面を彷彿させる、反Nazi映画に関連づける地球儀を登場させるなど、被写体の全てが揃いすぎており、著しく念の入りすぎた陳列と考えざるを得ない。Scherman撮影のワインボトルは、取り替えたのか撮影角度の違いか、細長に映る。フランコ贈答品のワインボトルに付けた鍵十字や国旗はLee Millerの撮影写真でも不鮮明で確認できない。一般には、寛ぎながら応接テーブルや食卓でワインを飲むのが普通であるが、ここでは事務机上に置かれ、Leeのフイルムに残された、なで肩で太めのワインボトルの形から仏（ブルゴーニュ）産ワインと見える。これがラ・フリュート型ボトルとしても、贈り物として、スペイン国産以外のワインを国家元首のフランコが相手国の元首（総統）に贈るか疑問であろう。

Schermanの画像と全く同構図のLee Millerによる火炎に包まれ煙を吐き出す夕闇のBerghofの写真は、彼の撮影する脇で彼女が同一被写体を撮影したことを示しており、この写真13、写真14の構図の酷似性から、ピアノ演奏する兵士の追加などインテリアの撮影でSchermanの撮影に便乗して密かに斜め後方から撮影したことが窺える。少なくとも、撮影位置としてSchermanならずとも選ぶ最適な撮影角度の画像と同じ構図でないことは、この撮影はSchermanの了解がなかったことを示している。

ところで、この写真「Hitlerの机〜」の撮影者であるDavid E. Schermanには、行動を共にした元モデルで、同じ戦場写真家のLee Millerを被写体とした有名な「ヒトラー浴槽のリー・ミラー」(Lee Miller in Hitler's Bathtub; http://www.leemiller.co.uk/ 及び、Homepage Iconic Photos参照）がある。Lee Millerの記録には、「近くのユダヤ人収容所の帰り、Hitler自殺の4月30日から3日間このMünchenのHitler私邸に宿泊した・・浴槽の写真撮影時にはタオルを投げ渡されるなど米兵の顰蹙を買った」とあり、彼らの行動が、戦時下の若い（?）兵士にとって常識の範囲を越えたものであったことを示すが、「Hitlerの机〜」と「バスタブのLee Miller」の両画像はこの3日間の間に撮影されたことを示す。宿としたのは、身の安全のためか、厚かましさか、戦勝国の奢りか、はたまた話題作りのためかは解らないが、野心的戦場写真家のスクープ狙いであったことは断言できよう。

有名な「バスタブのLee Miller」の写真はHitlerのバスタブで左向きのLeeが右手で左肩を拭う仕草を捉えたものである。写真の左側、前方のバスタブの縁にはA4判大の額入りで、腰に両手をあてる背広姿のHitlerのポートレート写真を、裸体を注視させる意図のもとに、彼女の方に向けて立てかけ、バスタブの手前、写真の右側、小机上（鏡台か?）には高さ30〜40cm程の左向きのビーナス（?）の裸婦像を配している。右手を頭上にあてがう裸婦像のそれに似せたLeeのポーズから写真の意図は明らかである。ここでは、常識的には誰も置かない、湯水にぬれる浴槽の縁にHitlerの写真をわざわざ配し、手前の裸婦像と同じポーズの彼女（元Vogueモデル、この時点では戦場写真家）との対置といい、戦勝に沸く米国大衆向けの意図的な構図であることは容易に理解でき、Iconic PhotosのHP掲載者[19]の指摘も頷ける。Leeのアーカイブス「Sergeant Arthur Peters on Hitler's bed」はHitlerのベット脇の床に雑嚢としわくちゃの地形図（?）を置き、ベッドに寝転び「わが闘争」を読みながら受話器を耳にあてがうポーズをとらせた兵士の写真であるが、その頭付近に額なしの同一写真（Hitlerが壁に自らの肖像写真を飾る例は見られないため、これも作為であろう）があり、Laurie Monahanの私信（2015.8.7）で、ここから浴室に移したものと指摘された。浴室の方には額入りを配したことは手がこんでいるが、この点をみても、Schermanが報道でなく、極めて上品な表現をすれば、芸術的写真家（?）であり、風貌からも、あるいは独艦船の臨検で、フイルムを練り歯磨きに隠したエピソードからも推定されるが、端的に言えば、野心家であったことが窺われる。

なお、Lee Millerのフイルムに、「バスタブのLee Miller」の撮影とほぼ同時の男の入浴シーンが3カット残されており、LeeがSchermanを撮影したことを示す（http://www.leemiller.co.uk/media/HEzzYEQd9SCCG77iT-txFg..a)。タオルは水を含み、入浴に使用されたことを示すが、Schermanの洗髪の仕草と頭上のシャワーヘッドの角度は連動していない。Schermanは「バスタブのLee Miller」について、この入浴を戦争の悲惨さ（?）を洗い落とす上品な方法によるLeeのシグナルと説明（Monahan論文中の引用）したが、交互の撮影のモデルとなった、入浴中の彼の笑顔や行動からはそれは窺えない。兵士でないにも拘わらず、ここを占拠し、交互に入浴シーンまで撮影するという傲りがみてとれる。だからこそ若い兵士が拒否反応を示したのであろう。なお、Monahan（2011）107頁にある一連のベタ焼き写真のネガ番号はSchermannの入浴で79-16-R6から79-17-R6（露光で不鮮明)、Leeの入浴では、79-18-R6から79-23-R6（ただし、79-21-R6は欠番）となっている。Lee Miller撮影のベタ焼き写真の撮影順をネガ番号に対応するかLee Miller.comに問合わせたが、英国Vogue社がMillerの撮影済フイルムを受取り、焼付作業した際の仮番号であるため、前後関係は不明とされた。また、Leeのフイルムには、壁面の反射で撮影者の姿（?）が映り込んでおり、Leeから自らのカメラでも撮影することを頼まれて、Schermanが十分な準備をしないまま適当に撮影したためか、プロの作品としては出来が良いとは言えない。このバスタブのLeeに関しては、ホロコーストとプロパガンダへの儀式というJ. R. Roseの難しい芸術的解釈（J. R. Rose, 2000）があり、Laurie Monahan（2011）はLeeの生い立ちも含め、シュールリアリズムの視点から薀蓄を傾けている。これに対して、筆者の解釈は皮相的であるが、浴槽で交互に撮影することもLeeやSchermanらの深謀遠慮の上の行動であろうかという疑問は拭えない。LeeのみならずSchermanと交互に撮影し合うという一連の写真は筆者の推論をさらに強化する材料とも言える。

Lee Millerの写真やこれらのことを念頭におき、改めて「Hitler's desk～」の写真を再吟味すると、キャプションには「Hitlerの机上には卍とスペイン国旗を絡ませてあるスペインの独裁者フランコからの贈物のワインがあり、加えて豪華なアルバム数冊が残されている」とある。国旗やカギ十字は不明瞭であるが、そこにある登場物品及び独裁者仲間のフランコから贈られ、国旗、カギ十字を絡ませてあるとSchermanが主張するワインボトルと主役（?）の卓上型地球儀があまりにも、Chaplinの“Dictator”や“Nazi”に強引に関係づけられており、その不自然な配置やキャプションそのものと、Lee Millerのフイルムに残された被写体の異同と一連の入浴写真はこれらがSchermanよって準備されたことを証拠づけると判断せざるをえない。また、彼による「Leeの入浴」写真を意味づける後追い説明も微妙である。このように見ると、机上の地球儀はじめとする品々を写した写真は、上品に言えば芸術作品、正確に言えば全くのfakeとみなすべきであろう。なお、地球儀の存在については、自明なためか、或いは読者に気づかせ、チャップリンの「独裁者」を想起させる効果を強くするためにキャプションでは省いたと解釈されよう。

Monahanの私信（2015）によると、Hitlerの個人写真家によるカラー写真には、地球儀は見られないということであるが、主にHugo Jaegeが撮影しているカラー写真のどの写真か現在のところ不明である。

さらに、重要な事実として、この写真の撮影者であるDavid E. ShermanとLee Miller[20]は、米軍GIのBarsamianが地球儀を発見した5月10日よりも5日前に、夕闇の中で、5月4日退去のSSによる放火で、窓から火煙が吹出すBerghofを撮影した写真を残している。この“Adolf Hitler's mountain retreat in frames”および、“Berghof in Flames Berchtesgaden Germany”の2枚の写真は、戦場カメラマンが常に最前線に在ることは当然であるが、Nazi親衛隊の焼払いによるBerghofの火勢が衰えていないため、米軍第三歩兵師団（?）の占領日の4日又は翌5日に撮影されたことを示す。窓から火炎が吹き出し、可燃物を燃え尽くすほどの火勢の中では、可燃性素材で出来ている球体と木製の支柱や台座は、灰燼に帰したはずで、さらに、瓦礫に埋まっていたという記事から、数m上から落下した、かなりの重量の瓦礫の下で地球儀が潰れず、ほぼ無傷で発見されたこと自体が奇妙である。地球儀がドア近くの小机上に乗っていたという記事もあるが、火に弱い地球儀がその形を保っていたことは疑問である。火が消え、冷めたBerghof邸内に何者かが置き、上から瓦礫を被せるなどの小細工を施したと推定される。今となっては、証人となる関係者不在のため、藪の中であるが、彼らの写真に映る火勢やThirdreichruins.comのwebpageの焼け跡の廃墟の画像で見る限り、可燃物が無傷で残ること自体が物理的、化学的に全くあり得ないことである。

LIFE誌のScherman撮影の地球儀とLee Millerにより撮影された「地球儀」が同一に見えることから、Millerの写真とBerghof由来の「Hitlerの地球儀」の写真を吟味したところ、モノクロ写真の陰や撮影角度によると思われる地球儀の木製円柱（支柱）や台座上段の直径の映り方の違い[*)]を除き、両者はほぼ一致する。Berghof由来とMünchenで撮影された2つの地球儀の酷似することは、Hitlerが地球儀を所有していたことを示唆するが、逆に、両者が同目的のもとに入念に練られた作為の所産と見ることもできる。火炎の中にあった地球儀が焼失せず無傷で発見されたという物理・化学的に不可能なことを見れば、誰の細工かは自明であり、いずれも非常に手の込んだ全くのfakeとなる。これらの小さな地球儀とHitlerを関係づけることは、戦後、皮肉なことに「赤狩り」で追われたチャップリンの反Naziプロパガンダ映画「The Great Dictator（1940）」に便乗する歴史を欺く一大贋作に手を貸すことになろう。

*) 但し、Barsamianの略奪した地球儀とScherman/Lee撮影の写真の地球儀では台座の上段の厚み及び径が異なる様に見えるが、撮影俯角の違いによる差とすれば、同一地球儀と見なせる。

6.2.6　Berghof由来の「Hitlerの地球儀」の肖像権騒動

競売の後年、2009年1月2日附のNY Postは、ユダヤ人の地球儀落札者、Pritikinが、Nazi信奉者による宣伝材料としての使用を阻止するため、この地球儀の肖像権を獲得し、反Nazi教育以外の一切の利用を差し止める権利を有すると称して、Hitler暗殺計画の実話にもとづく2004年の独TVドラマ、シュタウフェンベルク（Stauffenberg）のリメイク版である、Tom Cruise主演映画「Valkyrie」中にHitlerの地球儀が無断で複製使用されているとして、法的行動を検討中のため、Tom Cruiseと“Valkyrie”制作側が訴訟に直面していると報じた。そこで、訴訟話が持ち上がった映画の地球儀と件の地球儀の異同の確認のため、映画「Valkyrie」のDVDを借りて観察した。以下にValkyrie中の地球儀について述べることにしたい。

6.2.6.1　Valkyrieと地球儀

映画中には2シーンに地球儀が登場する。その一つは、「狼の巣」視察帰途のHitlerを土産の酒の木箱に忍ばせた時限爆弾で飛行機もろとも爆破/暗殺することに失敗したトレスコウ少尉が、後日、ベルリン総司令部ブラント大佐の執務室でその木箱を返却されるシーンに登場する（図8(a)）。登場するのは事務机に向かう大佐の左手後方に映る床置型地球儀で、金属の子午環、木製の架台と地平環を備える。架台、支柱は机に隠れるが、サイドボードや腰壁板の高さで比べると腰掛けるブラント大佐の肘の高さ（80～90cm程度?）に地平環があり、その地平環支持枠の一部が事務机上に見える。HPの製品カタログによると、机の高さは事務机で73～76cmであるが、前出の東欧の机や窓机の高さ、77.5cm、78cmの値をもとに、架台、支柱の高さを考慮すると、その直径は100cm程度と推定される。

図8　映画「Valkyrie」中に登場する大地球儀の素描
(a) ベルリン総司令部ブラント大佐執務室の地球儀
(b) Berghofの大広間の大地球儀
（シュタウフェンベルグがHitlerに署名を求めるシーンで、地球儀とテーブル、大窓の配置はBerghof大広間のそれを再現しているが、地球儀はその支柱や台座から標準モデルで代用したと知れる）

次のBerghofのシーンに登場する地球儀より小さいようにも見える。もう一つは、ObersalzbergのBerghofの大広間（通称Great Room）の地球儀で、Tom Cruise演じるところのシュタウフェンベルグがHitlerに面会し、非常時緊急出動の修正書類に署名を求めるシーンにある（図8（b））。第三帝国当時のHoffman撮影の写真にみる大広間に対して、やや手狭で、備品や、それらの配置は貧弱であるが、登場する地球儀は、当時の地球儀と同位置に配され、頑丈な木製の地平環、4本の地平環支持枠からなる架台に乗り、球径は1m余と推定される。Berghofに実在した地球儀に顕著な支持枠上端の地平環上への突出や八角台座を備えた型ではないが、Columbus社の大地球儀（Pobanz氏の標準型に相当）を登場させている。オークションの説明を読むまでもなく、一見で、映画「Valkyrie」に登場する2基の重厚な床置地球儀が競売落札者の所持するBerghof由来の小さな卓上型地球儀とは異なることが理解できよう。

6.2.6.2　肖像権訴訟騒動の顛末

この地球儀の元所有者（退役軍人）がオークションに出品した際も、地球儀は（たとえ独裁者に関係するとしても）略奪（盗）品であり、出品自体が（米国人として）恥ずかしいとの意見や、他の国々を奪ったNaziから分捕ったとしても盗品にはならないという盗人の詭弁がネット上に現れたが、地球儀落札者のPritikinによる訴訟騒動に対し、twitterやブログなどのネット社会では、地球儀の製作者ならともかく、単なる所有者の肖像権主張には法的に無理があるとする真面目な意見、地球儀の製造社の権利が消滅している今日では落札者の肖像権主張は有効とする独断的で無知な意見や、騒動自体がおきるような米国司法制度を嘆く者、子飼いの法律屋を通じ権利をちらつかせ薄汚い金をせびり取る輩との嘲笑などで、喧しい一時期があった。

記事には、当時、収集品を売り出し中の落札者の意向として、Peter Marino代理人（?）を通じ、所有する地球儀を含むNazi関連の収集品一切をTom Cruiseが買取り、Simon Wiesenthal Center（米国のユダヤ法人施設）に寄付するという法廷外の解決法があることを示唆するなど、地球儀落札者の本音が見える。Pobanz氏の労作を知り、これを贋作と見抜いているウィーンの知人から、後日聞いたところでは、この地球儀か定かでないが米国から「Hitlerの地球儀」の購入勧誘メールがあったということである。当人の記憶はないが、恐らく発信人は件の落札者側関係者だったと思われる。

前述のように、この地球儀がHitlerの所有物であるということ自体に大きな疑義があるが、この国では、ケネディ暗殺者とされたオズワルトの棺桶の競売も取り沙汰され、資本主義国の常として、日本TV番組のスタッフ降板騒ぎで名が知られた「鑑定団」よろしく何でも金額へ換算ということが通常かも知れない。なお、本来の製作者でなく単なる所有者に肖像権を認めるような風潮も問題で、地球儀を製造したColumbus社の権利侵害であることに気づくべきであろう。落札者の主張がまかり通れば、本稿のように、「Hitlerの地球儀」の議論や、同社製の地球儀の所有自体も法に触れることになろう。ニュース記事によると、落札者は収集品を売却中であり、Tom Cruiseが買取りユダヤ協会へ寄付したらどうかという意向の提示に、その本音が見える。ユダヤ協会への寄付ならば、ご当人が直接寄付すればよい。因みにTom Cruise側は完全無視と報じられてはいたが、彼のブログへの筆者の遅ればせながらの質問にも返信は無かった。もともと、新聞の「Page SIX」欄の記事は、議論に価しないものかもしれないが、一連の騒動自体（反応も含めて）が“何でも訴訟という米国社会”の現実を示している。ただし、米軍西欧軍司令部の卓上型地球儀を紹介した星条旗新聞（Stars and Stripes）の専属記者さえも、件の落札者が“脅した”[21]と言葉を選んでおり、必ずしも、米国社会全体が、落札者の言動に同調しているわけではない。結局は、映画制作側の格好のコマーシャルとなり、また、Kehlsteinhaus（鷲の巣）詣でに筆者や米国人を誘う一役を担ったようである。

6.2.7　まとめ

「Hitlerの地球儀」に関する話題をいくつか紹介してきたが、これらをまとめると以下のとおりである。

1）Columbus社製の直径106cmで、高さ150～170cmほどの大地球儀は赤道部で差し受け、差込みの中空のアルミ半球を接合し、差し受け側の外縁を約10度間隔にタッピングネジ等でネジ留めして球体とし、縮尺1 : 12,000,000の世界図からなる36枚のゴアと2枚のポーラカップを貼付けたものである。Hitlerに直接関わる地球儀はPobanz氏の指摘によると、MünchenのNSDAPや執務室の2基以外は亡失している。ドイツ公文書館の写真やWebpageによると、陥落後、Berlinの首相府或いはHitler執務室に残されていた大地球儀は、45年4月の瓦礫中の潰れた球体やその2年後の旧行政庁/首相府中庭で縁の潰れた2個の半球と化したようである。これが、同一でないことは、球面の破れ孔の多さや変形の度合いが前者に著しいことから推定されるが、写真が単一方向からの撮影であるため、疑問は残る。

2）空爆による被災やSSによる焼払い後のBerghofの瓦礫に埋まった机上からGIが持去った、無傷に近い小地球儀が「Hitlerの地球儀」として競売に付されたが、Hitlerの所持品としては疑問が多い。小地球儀を構成する可燃の球体及び支柱/台座が、火炎の中で、焼失あるいは焼け焦げや溶けもせず、瓦礫にも潰されずに、ほぼ無傷で残ることは物理的、化学的にあり得ない。被爆前の写真によるとBerghof内部の大広間の直径1m余の大地球儀を除き、彼の書斎のテーブル及び事務机にも卓上型地球儀の影はない。MünchenのHitler宅の机上で撮影された卓上型小地球儀については、独裁者と地球儀というチャップリン映画に強引に結びつけた被写体が異常に揃いすぎており、同撮影者の別写真（Hitler浴槽のLee Miller）の構図と別部屋にあったHitlerのポートレートを額縁に仕込みバスタブの縁に立て掛けるなどの明らかな作為やLee Miller撮影によるHitler事務机上の被写体の異同を考慮すると、この地球儀の信憑性は薄い。机上の地球儀とBerghof由来の件の競売に付された地球儀は同一か酷似する同型地球儀で、両者ともに捏造の可能性が高い。炎に包まれた室内にもかかわらず可燃性素材で出来ている地球儀がほぼ無傷で残っていることが最大の証拠であろう。半子午環の卓上型地球儀が、同一又は酷似品であることは、GIの5日以上前にBerghofに接近（立入）出来た関係者が秘かにBerghofの一室に置いたと見なさざるを得ない。LIFEやTIMEなど写真誌に見られるこの類いの捏造や手法は、カメラマンにもよるが当時（?）のLIFEやTIME誌記者を含めphotojournalistの常套手法であり、ピュリッツアー賞ものを含め、全てを真実とみることは難しい。歴史を欺く手の込んだ捏造とみるほうが理にかなっていよう。さらに、米軍西欧軍司令部蔵の卓上型地球儀は、当時の独語圏の製品でなく、ましてやHitlerの地球儀でもない。その証拠はインド洋の「OCEAN」に見られ、「Z」とすべきところを「C」とした誤字一字のみで明白である。
3）映画「Valkyrie」中の地球儀が肖像権を侵害するとして落札者から横やりがあり、Tom Cruiseなど映画制作者側を悩ませたが、映画の中の地球儀は床置型のColumbus社製の大地球儀（標準モデル）を模したもので、落札者の所持する半子午環で卓上型の「Hitlerの地球儀」とは全く別物であり、収集品の転売を意図した落札者の言動から、本音はビジネスにあったことは明白で、ユダヤ協会への寄付目的ならば、より簡単な本人が直接寄付という方法があろう。
4）単なる購入者が取得した物品の肖像権を主張するような米国社会の風潮は異常であり、その承認は現存するColumbus社の権利侵害となろう。その時々の都合にあわせて、声高に反Naziを旗印に何事も係争に持込もうとする社会は正常でなく、このような主張への消極的な加担自体も、背後の大量圧殺や侵略を隠蔽させ、結果として受益者側に組み込まれていることを忘れてはならないであろう。米国社会の良識が必ずしもそれを支持してないことは、Stars and Stripes（星条旗新聞）専属記者の記事中の一語からも覗える。

謝辞

ミュンヘン市立博物館（Münchener Stadtmuseum）及びバイエルン州立図書館（Bayerische Staatsbibliothek）からHitlerの地球儀及び関連する画像の提供を、ドイツ歴史博物館DHM（Deutsches Historisches Museum）には筆者撮影画像の掲載許可を受けた。米軍西欧本部の地球儀写真は、星条旗新聞（Stars and Stripes）のMs. Nancy Montgomery記者及びStars and StripesのLicensing AdministratorのMs. Jenifer N. Stepp両女史の好意により提供されたものである。2011年の筆者の地球儀調査/撮影時に、Deutsches Historishes MuseumのMs. Karin Raltscherには、旧首相府庭内に残る半球写真の情報を、Münchner Stadtmuseumの展示室担当者にはリーフレットを頂くなど、お世話になった。地図専門家のWolfram Pobanz氏には自著論文、Hitler's Grosse Globusの写真や文献を頂き、バイエルン州立図書館のDr. Horn氏を紹介された。Eagle's Nestの歴史の著者、Florian M. Beierl氏よりFotoarchiv Hoffmannを教えられ、その入手ではバイエルン州立図書館（Bayerische Staatsbibliothek）のDr. Horn及びスタッフにお世話になった。California

University（Santa Barbara）のMs. Laurie MonahanにLee Millerアーカイブスの画像に関する情報を、画像入手では同アーカイブス画像管理者Ms. Sarah Frenchから情報を、さらに日本繊維板工業会顧問の姫野富幸氏には地球儀の素材判別に貴重な情報を頂いた。以上の諸機関及び各位に、謝意を表する次第である。

注

1） 米英などの西側諸国で通称Eagle’s Nestと呼ばれるが、この渾名は仏外交官André François Poncetによるとも、Hitlerに伴われて訪れたイタリアの第1次大戦退役軍人らの案出とも言われる。

2） 斜め読みしたままで済ませたいくつかのHPに、後日、改めてアクセスしたが、「not found」と痕跡のみで情報は当時に比べて少ない。

3） 地球が寒かった時代（第四紀の氷河期）に氷河の侵蝕を受け、谷氷河、カール、ホルンなどの氷蝕地形が明瞭に残されている山地を指す。

4） webpageによると、この山荘は、攻撃目標として小さ過ぎるため、英軍の爆撃を免れたとされるが、米軍占領後のGIらによる獅子型ドアノブの捥ぎ取り、暖炉下部の大理石破砕や略奪などの軽微な損傷を除き、ほぼ無傷で残された。登頂には、士官のみがエレベーターを使用できたとされ、捥ぎ取られた獅子型ノブの片方は、米元軍人にして戦後の有力政治家某氏の手に移っているということであり、恐らく誰かが献上したものであろう。

5） 山荘の下方、標高550m程にある農家を、Martin Bormannが改造し、提供してくれたが、Hitlerは後に買い取り、別荘Berghofとして利用した。これはしばしば、総統本部も兼ね、政治、外交の表舞台の場とされた。

6） この地図を見る限り、現在の道路網は当時のそれをほぼ踏襲しており、航空写真の実体視によれば廃道も復元可能であろう。

7） 米系情報により筆者も誤解していたが、米英のニュース及びweb記事はHitlerの別荘Berghofを含むNazi施設群が展開した山麓部のObersalzbergと支稜の山頂にあるKehrsteihaushaus（鷲の巣山荘）などを一括して鷲の巣（Eagle's Nest）と呼称している。バイエルン州が観光客の立ち入りとNeo Nazi対策のため、1952年4月30日の（通説の）Hitler死亡日に合わせて、廃虚のままであったBerghofを爆破するなど、過去を払拭したい複雑な事情が窺える。周辺の案内地図はなく、「History of the Eagle’s Nest」にも当時の地図は掲載されていない。なお、山荘への観光ツアーは、アクセスの容易さもあって、隣国のSalzburg発着が多いようで、米国ではこの地がよく知られているためか、筆者の参加したザルツブルグ発のEagle's Nest（鷲の巣）半日ツアー客のほぼ7割強は、米国人であった。

8） 共産圏地図上の基地など隠蔽施設の解読に携わった元地図専門家Wolfram Pobanz氏（当時, 68歳）はHitlerの地球儀がフォルクスワーゲンと同じ大きさで、高価な特注の木製架台を設えた大地球儀と聞いた過去の記憶をもとに調査を進めていた。オークションに先立つ9月18日附The New York Times掲載の「Hitler地球儀の謎、世界を廻る」と題したMichael Kimmelman記者のインタビューに答えている。その後、Pobanz氏は10月31日のDHMでの講演を基にHitlerの地球儀と目されるColumbus Grossglobusを3タイプに分類し、画像中のそれを含め26基が、Aalen, Berlin, Greifswald, Kassel, Kochel am See, Lübeck, Mayen (Eifel), München, Breslau, Warschau, Berchtesgaden, Frankfurt am Main, Templin-Gross Döllnなどに存在したことを明らかにし、Münchenには当地のHitler執務室及びNSDAP由来の真正のHitlerの地球儀が現存すると記載した（Pobanz, 2008）

9） Original title: ADN-ZB/Donath Berlin 1947: Im Garten der ehemaligen Reichskanzlei die Überreste des Globusses, der einst in Hitlers Arbeitszimmer stand.でHistoric original-description: In the garden of the former Reich Chancellery the remnants of the Globusses, which was located once in Hitler's work rooms.オリジナルの説明：第三帝国時代の行政庁の庭に、Hitler執務室にあった地球儀の残骸。

10） 靴のサイズ換算表では、ジュニア用は20-23.5cmであり、大人の足の長さの最大は、男、24-28cm、女、22-26cmである。靴の爪先から踵までの長さは足の長さの+2cmあるとして。靴の最大値は男、30cm、女で28cmとなるが、ここでは靴の長さを子供の最大値23.5cmを四捨五入し足長24cmを採用すると靴の長さは26cmとなる。

11） 腰壁板とは、壁面下部、床上1mまたは適当な高度まで壁面と異なる色・素材のパネルを貼付け、美観や、壁の汚損からの養生とする内装材である。

12) 上記の写真5および6の花瓶に活けられた花の形状が同じであり、同一日の撮影と推定されるが、撮影時期が異なるとすれば、会議用テーブルに向かい、ヨーロッパを中心とした球面がセットされていたことになる。

13) Berghofに隣接する民間経営のHotel Zum Türkenを指すと思われる。戦後、米軍に強制接収されていたが、当時の経営者が再取得し、現在も営業中である。

14) GI（Barsamian）の知人で、子供か?

15) 別HPの画像によれば、地軸の傾きは約23.5度を示している。

16) 同社HPのカタログ製品一覧による。

17) 初代Paul Oestergaard GmbHがColumbus Verlagを1909年、Berlinに創設、2012年現在は三代目のTorsten Oestergaardが社長を継いでいる。1945年Berlin陥落後、Paul Oestergaard Jr（Peter Oestergaardのことか?）がStuttgartに会社移転、1963年、Peter Oestergaardの下で、地球儀の機械化生産開始、1993年、Peter&Torsten Oestergaardの下で地理情報の電算化を図り、1999に同業社買収、2000年に磁気浮揚型地球儀、直径約2mの大地球儀、2011年、音声地球儀の生産などを手がけてきた。

18) 歯磨きと髭剃りクリーム中に潜ませ密輸した彼のフイルムが独の偽装急襲船の排除に役立ったというエピソードもあり、LIFE誌の目次の下にある、David E. Schermanの写真付き紹介を見ると、戦時中では皆、そのような顔立ちであったかも知れないが、その風貌は、機転の利く一癖ありそうな面構えであることに気付く。さらに、報道写真は、現場で見た事実をありのままに撮影したとされてはいるが、我々は、今では、ピュリッツア一賞ものの写真も含め、大いに眉唾ものであると気付かされてきている。LIFE別号の戦車と日本兵の頭蓋骨（Severed head of a Japanese soldier, propped up on a disabled tank, Skull on a tank Guadalcanal, 1942.（Ralph Morse））も、タンク上に首が刺さった状態で頭蓋骨のみが残ることは、物理的にあり得ないことであり、誰が見てもやらせ写真で米国大衆への憎いJAPへの戦意鼓舞のための宣伝画像と容易に理解できよう。あるいは硫黄島の星条旗、天皇と進駐軍司令官会見写真の様に構図として、明らかに作為的で作られたものであり、軍と行動を共にする同誌の通信員や報道写真家達に、このような手法が一般的に用いられていたことが理解されよう。なお、敵兵であれ、遺体の扱いでは問題視されてしかるべきであろう。

19) キーワード検索により関連サイトで閲覧できる。このショット以外に同入浴シーンがあること、Scherman撮影の写真と全く同じ構図で彼女の撮影した煙を上げるBerghofの写真（The funeral pyre of the Third Reich the 'Berghof in Flames'）もあることを追記しておきたい。

20) Lee Millerは1944年以降Vogue写真モデルから戦場写真家に転向し、前パートナーと別れ、David E. Schermanと行動をともにした。4月30日ダッハウの収容所の帰途にMünchenのHitler宅に泊まり、ここで、部屋の所有者の自殺を聞く。事務机の電話で諸処に通話を試みたなどの回想記録がある。これは机上の物品に触れたことを白状しており、浴槽の写真撮影では、護衛の米兵がタオルを投げてよこすなど嫌悪感をあらわにしたなどと述べているが、Schermanの事務机の写真撮影については記載が無い。バスタブのモデル写真から、それまでの輝かしい戦場写真家から単なる女に変わったなどと某英国美術館特別展の説明文で揶揄されている。なお、注意深い読者は違和感を覚えるであろうが、本稿の記載は欧米の異常なまでの、或いは国内の唾棄すべき対象とされているHitlerではない。筆者は彼等に与する者でないが、古い時代の元と朝鮮軍の3度にわたる日本侵略（元寇）、欧米列強の中南米・アジアアフリカ侵略と植民地化は脇に置いても、日本によるWWIIの大陸侵攻以降、支那のチベット侵略、東シナ海や南シナ海、インド国境での帝国主義的挙動、米国のアフガン、ベトナム、ソビエトのチェコ、ポーランド、アフガン侵略・軍事介入、北方4島侵攻、最近のウクライナ介入など、第2次大戦から現在に及ぶ各国権力者の所業も彼らのそれと同類であり、HitlerやNaziのみを帝国主義と誹謗する一方的な非難・排斥は、それにより隠蔽される影の利得者（実質的侵略者）側を逆に擁護することになると指摘しておきたい。

21) 原文では、has threatened to sue Tom Cruise for using the globe's likeness in his latest movie.と「脅した」という表現である。

文献

宇都宮陽二朗（2011）：画像の中の地球儀 その２ －Hitlerの地球儀－　日本地理学会要旨集No. 79, p.144.

宇都宮陽二朗（2012）：画像の中の地球儀 その２ －続Hitlerの地球儀－日本地理学会要旨集No.81, p.208.

AP/AFLO :(aflo_LKGA_AP071011042182), Foxnews.com/story (oct.15, 2007)

Charlie Chaplin (1940): The Great Dictator. Charles Chaplin Film Corporation

Columbus-verlag webpage of columbus-verlag http://www.columbus-verlag.de/englisch/ COLUMBUS.html

Daily Mail Reporter (2012): Hitler at home: Never-before-seen wartime pictures show rooms where the Fuhrer spent his quiet time. http://www.dailymail.co.uk/news/article-2091261/Inside-Hitlers-private-world-Wartime-pictures-rooms-Fuhrer-spent-quiet-time.html#ixzz3iStAH6a7 Updated: 10:08 GMT, 25 January 2012 (photos of a guest room in the Berghof the interior of Hitler's Berghof estate by Hugo Jäger (1939-45)

David Scherman (1945) Lee Miller in Hitler's bathtub by Iconic Photos https://iconicphotos.wordpress.com/2010/01/07/lee-miller-in-hitlers-bathtub/

David Scherman (1945): Lee Miller in Hitler's bathtub, Hitler's apartment http://www.leemiller.co.uk/media/Lee-Miller-in-Hitler-s-apartment-at-16-Prinzregentenplatz-Note-the-combat-boots-on-the-bath-mat-now-stained-with-the-du/WDCDbTDMLParKJgh-r89Pdw..a?ts=bfMFkbuw0QZ-Eeuq4lXFAQ..a

David Scherman (1945): Lee Miller in Hitler's bathtub, Hitler's apartment fogged image http://www.leemiller.co.uk/media/Lee-Miller-in-Hitler-s-apartment-at-16-Prinzregentenplatz-Note-the-combat-boots-on-the-bath-mat-now-stained-with-the-du/BH6a27G-BhNk_hgFobELncA..a?ts=_DpJb_Hhw8IjWsM04ZI2VA..a

David Scherman (1945): Lee Miller in Hitler's bathtub, Hitler's apartment http://www.leemiller.co.uk/media/Lee-Miller-in-Hitler-s-apartment-at-16-Prinzregentenplatz-Note-the-combat-boots-on-the-bath-mat-now-stained-with-the-du/6cTasvvyRHYzFoMxb-skvxw..a?ts=ucwTguDlQ5qdDq_lMoM7BQ..a

David Scherman (1945) Lee Miller in Hitler's bathtub, Hitler's apartment http://www.leemiller.co.uk/media/Lee-Miller-in-Hitler-s-apartment-at-16-Prinzregentenplatz-Note-the-combat-boots-on-the-bath-mat-now-stained-with-the-du/bsw88oH7msYbO-0Cl48L69g..a?ts=9ocqwIpDmZvGqlxivkdKPw..a

David Scherman (1945): Lee Miller in Hitler's bathtub, Hitler's apartment http://www.leemiller.co.uk/media/Lee-Miller-in-Hitler-s-apartment-at-16-Prinzregentenplatz-Note-the-combat-boots-on-the-bath-mat-now-stained-with-the-du/kX36YYnRPRhGQ1uHw-G83hA..a?ts=q0bsrkEj9Wk8B1V-i1nGhw..a

David Scherman (1945): Hitler's woman –A little home in Munich adds details to legend of Eva Brawn. LIFE, May 28, 1945, 81-84.

David E. Scherman (1945): "Berchtesgaden, Germany, 1945 / Adolf Hitler's mountain retreat in frames." http://lifephotographers.tumblr.com/page/2 及び https://jp.pinterest.com/pin/504895808195785026/

Die Deutsche Wochenschau Nr. 534 https://archive.org/details/1940-11-28-Die-Deutsche-Wochenschau-534

Donath, Otto (1947): Bundesarchiv Bild 183-M1204-316; Berlin, Im Garten der ehemaligen Reichskanzlei die Überreste des Globusses, der einst in Hitlers Arbeitszimmer stand.

English Russia (2009): Soviet Soldiers at World War 2 in Color (Posted on Jan. 28, 2009 by SERG) http://englishrussia.com/2009/01/28/soviet-soldiers-at-world-war-2-in-color/3/

Florian M. Beierl (2007): History of the Eagle's Nest. –a complete account of Adolf Hitler's alleged "Mountain Fortress". Verlag Plank Berchtesgaden. 208p.

Frankl, A.(1934/38): Bundesarchiv B 145 Bild-P019275; Berlin, Herstellung von Globen Berlin-Lichterfelde.- Columbus Verlag GmbH, Welt-Verkehrs-Globus

Frankl, A.(1934/38): Bundesarchiv B 145 Bild-P019279, Berlin, Herstellung von Globen Berlin-Lichterfelde.- Columbus Verlag GmbH, Welt-Verkehrs-Globus

Frankl, A.(1934/38): Bundesarchiv B 145 Bild-P019283 (a) 及びB 145 Bild-P019280 (b) Berlin: Herstellung von Globen Berlin-Lichterfelde.- Columbus Verlag GmbH, Welt-Verkehrs-Globus

Greg Martinオークションカタログ，Lot番号1569 Hitler's globe goes under hammer, 62 years on, 2007年11月11日 (AFP)

Geoff Walden "Third Reich in Ruins", http://www.thirdreichruins.com/berghof.htm

Heinrich Hoffmann (ca.1940?): Heinrich Hoffmann Picture Archive of BSB the Bayerische Staatsbibliothek München/ Fotoarchiv Hoffmann (a) hoff-13501, (b) hoff-26932, (c) hoff-13466, (d) hoff-13466 (detail)

Heinrich Hoffmann (ca.1940?): Heinrich Hoffmann Picture Archive of BSB the Bayerische Staatsbibliothek München/ Fotoarchiv Hoffmann (a) hoff-1956, (b) hoff-13505, (c) hoff-68886

Hugo Jaeger (?)(1939): Photos in "Hitler helped design his own home". Life1939/10/30, pp.56-58.

Josh R. Rose (2000): "Occupying" Hitler's Bathtub: Linking Space and Ritual to the Holocaust and Propaganda. http://castle.eiu.edu/~modernity/rose.html, 編集者のDr. Stephen Eskilsonから，2000年の査読済みonline journal (Modernity)の論文と聞くが，頁はない。

Lee Miller (1945): Interior of Hitler's apartment, Lee Miller in Hitler's apartment and US artillery and German prisoners outside Hitler's apartment in Lee Miller archives., http://www.leemiller.co.uk/media/gRuSsc-l-vy2tx7Lsr98nA..a?ts=pEb6FBP-RizhPUfv-VPrz9A..a

Lee Miller (1945): Hitler's house burning 'Berghof in Flames', http://www.leemiller.co.uk/media/TqCBTxm7CID_HDWI0922uQ..a?ts=tL6d6FAPmnlg57Om1_GkMA..a

Lee Miller (1945): David E. Scherman in Hitler's bathtub http://www.leemiller.co.uk/media/ HEzzYEQd9SCCG77iT-txFg..a

Marc Castillon (2007/2008): Globus fur den Reichsaussenminister von Ribbentrop. Humboldt Universitaet zu Berlin Institute fuer Geschichtswissenschaten Wintersemester 2007/2008, 1-18pp. Dokument Nr. V113544 http://www.grin.com ISBN 978-3-640-14431-0

Michael Kimmelman (2007): The Mystery of Hitler's Globe Goes Round and Round. The New York Times, Sept. 18, 2007

Nancy Montgomery (2009): U.S. Army Europe uses artifacts remaining from Hitler's Germany. Stars and Stripes (February 24, 2009)

O. Ang (ca.1939): Berlin, Neue Reichskanzlei.- Arbeitszimmer Bundesarchiv Bild 146-1985-064-28A

O.Ang (ca.1933/38): Berlin, Alte Reichskanzlei, Innenaufnahme. [Großer Kongresssaal?] im alten Reichskanzleipalais. Bundesarchiv Bild 146-1991-041-36

O.Ang (ca.1933/38): Berlin, Alte Reichskanzlei, Innenaufnahme. [Großer Kongresssaal?] im alten Reichskanzleipalais. Bundesarchiv Bild 146-1991-041-34

O.Ang (ca.1939): Berlin, Neue Reichskanzlei.- Reichskabinettsaal. Bundesarchiv Bild 146-1985-064-29A

SPIEGELTV "Fuehrerbunker_Reichskanzlei_Original" on YouTube (uploaded by Steiner1961 on Aug 14, 2008, count 308-312及び323-331)

William Vandivert (1945): Bunker in April 1945. (Posted on Feb. 23, 2012 by Kulichik) The broken globe and Hitler's bust among the ruins of the Chancellery illustrate the best the condition of Berlin in April 1945. http://englishrussia.com/2012/02/23/the-bunker-of-hitler-in-april-1945/3/

KK. インフォレント グランドピアノの種類と寸法，http://inforent.Dreamblog.jp/blog/114.html

UKPIANOS Pianos For Sale, Piano Advice, http://www.ukpianos.co.uk/bohemia-dvorak-272及びhttp://www.bohemiapiano.cz/dimensions/grandpiano.htm

Wolfram Pobanz (2008): Heutige Stadorte von Columbus Glossgloben. Die Mitteilungen des Freundeskreises für Cartographica, Heft 21 2008, pp.42-49.

German Obersalzberg Museum Looters in the ruins Obersalzberg after 1945, http://www.obersalzberg.de/plnderer.html?&L=1

http://inri.client.jp/hexagon/floorA6F_hc/a6fhc350.html

7. 資料

7.1　地球儀にまつわる傘のはなし

7.1.1　傘との出会い

お化けの傘を除くと夜目・遠目・傘の内、相合傘、シェルブールの雨傘など傘にはロマンチツクな響きがある。一頃は結婚式場の引立て役として活躍していたこともある。しかし、普段に使われる傘はあまりにも日常的すぎて、雨模様の天気になって、はじめて注意が払われ、晴れればじゃま者扱いか忘れて置き去りにあう。今日、普段見かける傘はほぼ100%がコウモリ傘であり、たまに和服に合わせた和傘を見かけると左棲か「粋とキザ」と映る。昔物語になるが、我々の子供時代は和傘が主流で、コウモリ傘は羨望の的であった。また、学校帰りには傘の骨で相手の傘紙（ゴア）を突き、穴を穿けてまわるガキ大将もいた。現在ではこのような風景は見られない。「麦藁帽子」ならぬ、あの多くの和傘たちはどこへ行ってしまったのだろうか。さて、筆者は必要にせまられ、皆無に近いこの和傘の情報を集めることになり、電話帳がわりの104に「茨城の和傘製造者」を問い合わせた。そこで紹介された茨城南部の数軒も全く製造してないことを知り、あらためて驚かせられた。仕入れ先を聞き、生産量の多い岐阜までたどり、資料の有無を問い合わせたところ、体得により技術を伝承するため、技術書に類する資料は無いとのことであった。その後、佐原の和傘製造者からの聞きとりと番傘の購入などを通じて、まず、観察をはじめた。

7.1.2　傘の種類・形と構造

筆者の記憶の中の傘は、番傘であり、蛇の目傘それに舞台の踊り傘であるが、千葉県工試（1990)、関屋（1988)、阿部（1989）らによれば、傘の種類は、現在では、番傘、蛇の目、紅葉傘、野点傘、青目傘、大黒傘、長柄傘、雨傘、日傘、踊り傘、歌舞伎傘、子供傘、三階傘、みやげ用のミニ傘、壁掛け傘などを含む20余以上あると言われる。これらは材料と構造が若干異なるが、傘そのものの形態や構造は単純であり、傘骨は雪つりの縄のような幾何学的な美しさを示している。しかしながら、この傘の各部の形や名称を文章や口頭で表すことは難しく、図示により確実に説明できる。とくに、時代が変われば、言葉と説明は無力となる。言葉のみでは単純なものでも無用な解釈あるいは誤解を生む。もっとも、これが研究者の飯の種かもしれないが、その点で筆者が苦労させられた傘各部の名称などを記録に留めておくことは今後の研究者にとって無意味ではないと思われる。ただし、地域によって名称が異なるため、一般的な名称は無いが、ここでは千葉県工試の資料、佐原市の傘製造者、佐伯氏の聞き取りを中心に記載する。筆者の聞き誤り、誤解もあろうが、その点は今後、訂正することとして、まず傘の外観を図1に示そう。

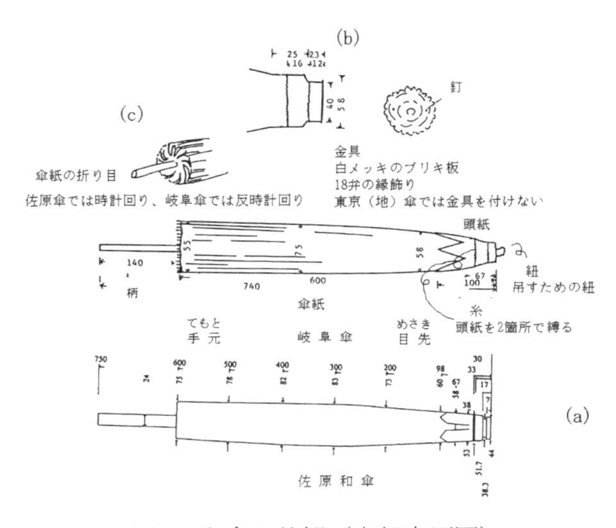

図1　和傘の外観（宇都宮原図）

説明に用いる和傘は佐原市の佐伯達夫氏製造の佐原和傘と国立歴史民俗博物館の売店で購入した和傘である。後者は担当者によると岐阜からの仕入品とのことであった。本稿では主に佐伯氏製造の傘について記載するが岐阜産(?）の和傘（岐阜傘）との比較も試みる。図1は畳んだ状態で、柄、傘紙、頭紙が見られる。頭紙は傘紙の頂部の保護と雨の浸込みを防ぐ紙である。佐原和傘では糸及び紐でしばった羽二重であるが、後者の岐阜傘ではビニールで、その上に、18弁の細かい縁飾りのある（図1b)、ブリキ板が2本の小釘で留められている。金具には紐が取り付けてあり、鈎に吊すことができる。佐原傘では直径38.3mmの頭紙の部分に紐が取付けられ、吊せる様になっている。畳んだ状態の傘紙の折り目は佐原和傘では時計回りに、岐阜傘は反時計回りに内側に巻き込まれるが、一般性はないようである（図1c）。

図2は開いた状態を斜め下方（内側）から見た模式図で、竹骨の数は省略してある。図2には手元轆轤、頭轆轤、縁紙、縁糸（ノキ（軒か?）糸と言われる）、親骨、子骨とそれをつなぐ糸、中糸、中節、柄が見られる。親骨は傘紙を貼る骨で、上端は頭轆轤に接続し、一方の端は放射状に発散する。親骨の本数は40から50本とされるが、佐原和傘は44本、岐阜傘では48本よりなる。福井県立一乗谷朝倉氏遺跡資料館及び藪下（1987）によれば、越前、（一乗谷）朝倉氏城下の町屋の井戸中から出土した和傘の頭ロクロは38本の親骨を有する。この事実から時代とともに傘骨の本数が増加したことが知られるが、親骨の長さ1尺9寸では44本、2尺では50本とされることから、親骨の長さによることも考えられ、一概には言えない。この骨の中間、やや上方に子骨と接続するための中節（ナカフシ）がある。子骨は一方の端で、この中節に、他端で手元轆轤に接続する。つなぎには木綿糸（カタン糸）（蛇の目傘では絹糸）が使用されるが、後者の岐阜傘では麻糸が使用されている。中節のつなぎ糸は中糸と呼ばれる（図2）。図3aは中糸の接続状態を示す。佐原傘では一本の糸が用いられているが、岐阜傘では親骨の孔を一回転する黒のより糸とこの孔と子骨の孔の両方をくぐらせる黄色のより糸の2種の糸が用いられている。黄色の糸はつなぎの

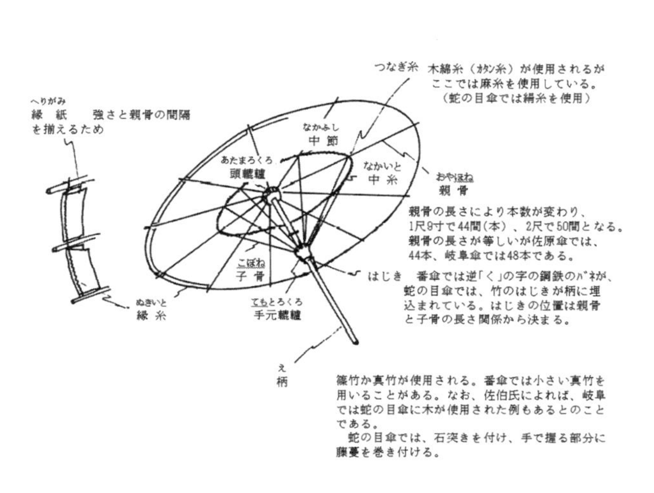

図2　和傘の内側（宇都宮原図）

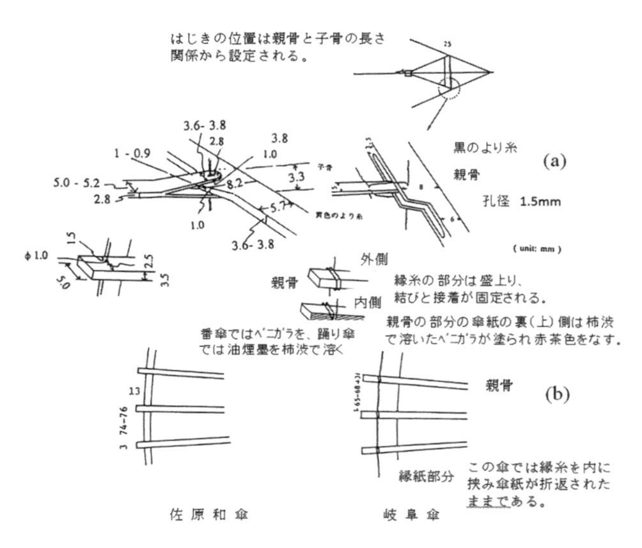

図3　中糸および縁糸部分の拡大図（宇都宮原図）

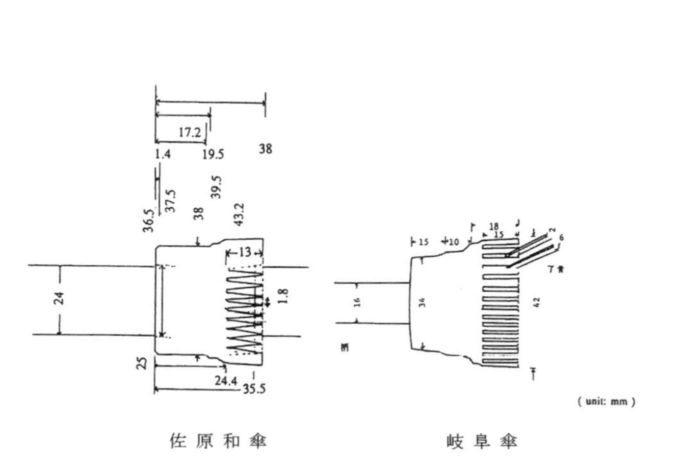

図4　手元轆轤の見取図（宇都宮原図）

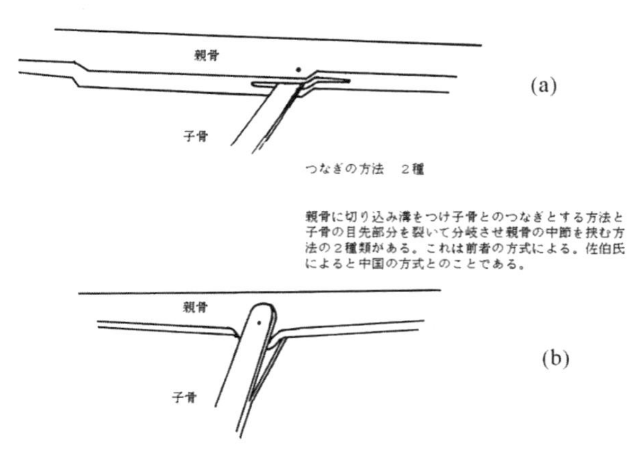

図5　中節部分のつなぎの方式の違い（宇都宮原図）

補強と飾りをなすようである。柄は傘の主骨格で傘全体の支柱をなし、手で握る部分であり、その上部には頭轆轤が竹釘で留められ、可動する手元轆轤（図4）とともに親骨、子骨を支える軸をなす。この柄には一般に篠竹か真竹が使用される。番傘では小さい真竹を利用することがある。なお、佐伯氏によれば、岐阜県では木の柄が使用される例もあるとのことである。蛇の目傘の場合は下端に石突きを付け、手で握る部分に藤葭を巻きつける。これは見栄えをよくするために、1段から3段に分けられる。中間よりやや上には傘を開いた状態に保つ手元轆轤を留めるハジキがある。ハジキは番傘では「く」の字型の鋼鉄のバネであるが、蛇の目傘では竹のハジキが柄竹の中に埋め込まれている。このはじきの位置は親骨と子骨の長さの割合からそれぞれ設定される。さらに、上方には傘の開き過ぎ防止のための横棒が柄に差し込まれている。縁紙と縁糸は傘紙の縁を強くすることと親骨の間隔を揃えるため取り付けられる（図2, 3b）。縁糸は佐原傘では親骨の孔（図3）を通すが、岐阜傘では親骨に巻き付けている。

佐伯氏製造の傘と岐阜傘の観察から、傘の各部の形と名称には製作された地域による違いのあることが知られる。この詳細な比較は傘の発生地と伝播経路を探る上で興味ある課題となるが、ここでは、図5に示すつなぎの方法のみ述べるにとどめる。傘のつなぎの方法は岐阜傘では親骨に切込み溝（図5a）をつけ、子骨とのつなぎとする方法であるが、佐伯氏の傘では、子骨の目先部分を裂いて分岐させ、2枚にして親骨の中節（竹の節を利用した突起）に挟む松葉という方法である（図5b）。中節には佐原傘では竹の節が用いられている。佐伯氏によれば、親骨に溝を掘る方式は中国の方式とのことであるが、筆者は詳細を確認していない。

7.1.3　傘の伝来

門屋（1988）によると、傘は日本古来のものではなく、古墳時代の欽名天皇（540-571）に百済（聖王）から贈られた絹張りの傘が初めての傘といわれる。江戸時代の大阪で紙張りの雨傘が製作されはじめ、江戸では番傘とよばれたが、元禄年間（1688-1704）に高級品として蛇の目などの傘が生まれた（門屋, 1988; 千葉工試, 1990）。門屋（1988）によると傘は柄の有無で、和名 類聚（源順, 931）に柄のある笠とされた「簦（オオガサ）」と聖徳太子のきねがさとして残され、従者が頭上で天蓋を吊す形式の「蓋（キヌガサ）」形式に分けられており、現在の傘は前者の系統とされる。

ところで西洋のコウモリ傘の方はどうであろうか。明治のハイカラ族の絵にはよくコウモリ傘が出てくるが、この傘の伝来は西洋の文物と人の到来に始まると思われる。おそらく、明治を遙かに遡り、種子島への鉄砲伝来（1543）以降、立て続けにもたらされた西洋文化、安土・桃山（1573-1600）頃、さらに時間を絞れば、信長の活発な活動時期（1550-1580）における対僧徒統治の道具として優遇（利用?）され、来邦した耶蘇会士、南蛮人の日用品として到来したであろう。一般に、単純な道具ほど形態の変化が少ないため、コウモリ傘も形の変化は少ない。古い時代のコウモリ傘については、少し時代は降るが、ここでは幕末の画人で国学者でもある平尾魯僊が函館で目にしたコウモリ傘の説明に今しばらく耳を傾けてみよう。

彼は「傘は大卒八本骨、又十本骨のよし。予か伍たるは八本骨にして、径三尺二三寸深サ一尺許なり。枢留鉄受骨は皇国の傘に似たりと雖、貼りたるものは絹にして、此を捜察るに蝙蝠の羽に觝るかことく、黒白の二色有りて端に織着の繊糸数条文を為し、又受身にも色糸のかかりあり。晴雨倶に用ひて水を受るに、露の荷葉を浮むかことく滚々として更に止まる事なし。柄は竹にて 長サ三尺六七寸、唐葭の割たることきを巻て上表突抜き、真鍮にて製えたる鈎型の物を冠らせ畳むときは此絹内外に出るを其まま骨に巻き牙籤を以て留置くなり。最手かろくして佳なる物なり。」と洋傘すなわちコウモリ傘について観察している。また図6に示すスケッチも残している。現在のコ

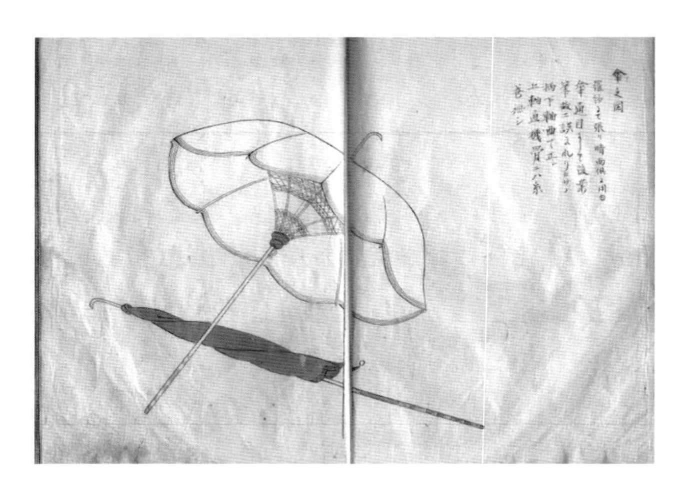

図6（a） 傘之圖（平尾魯僊（1856）洋夷茗話による）
（弘前市立弘前図書館 佐藤光氏撮影、©弘前市立弘前図書館）

図6（b） 江戸末期、傘を翳す西洋人（平尾魯僊（1856）洋夷茗話による）
（傘の使用状態を実際にスケッチしたものであれば、日傘としての使用例であろう。弘前市立弘前図書館 佐藤光氏撮影、©弘前市立弘前図書館）

ウモリ傘と形態の変わらないことが窺えるが、上方の金具が鈎型に湾曲することは危険防止の点で現在よりも安全上は優れているのかも知れない。ここで、和洋の比較は、平尾が傘を閉じて保管している状態で観察していれば、また違った記載があろう。あるいは壁に吊すため曲げた可能性もある。ここで枢（ロクロ）、留鉄（トメカネ）、受骨、骨などの名称を用いているが、それぞれはロクロ、ハジキ、子骨、親骨に対応すると思われる。当時の職人の間で使われた名称か魯僊が与えた名称かは不明である。

紙と絹の素材の違いにも左右されるが、閉じた状態では、和傘が内側に折れ曲がる（谷折り）に対し、洋傘が外折り（山折り）であり、畳んだ和傘のシャープな曲線に対し、洋傘は帆巻き様の形を示す。これらは素材に大きく依存するが、文化様式の東西の差を示すものであろう。あるいは美的感覚の東西の差もあろう。折り目正しいとか、bendingとすべきところを日本人は文字どおり、折れ曲がると訳すと警告されるところをみると，日本文化の特性は折り畳みの好きな、折り畳み文化なのかもしれない。

7.1.4 傘の生産工程

傘の製作順序は千葉県工試（1990）では図7のようである。佐伯氏からの聞き取りを加えて補足すると、傘の竹骨を作るためにまず、竹の表皮を削る。これは糊の付きをよくするためである。次に竹を割り、穿孔の後、竹の長さをそろえ、目揃えの後、切断する。竹割りには、まず、4本分をまとめた幅を「ワリハン」で区分して切り取り、次にその中を4分割する。この分割は目分量で行うため、5、6年の経験が必要とされる。柄竹つくりでは竹の曲がりを火にあぶり矯正する。轆轤と別途、組み立てたハジキを柄に取り付ける。手元轆轤と子骨を付け、本体を組み立て、傘紙を貼り、油引きと乾燥の後、漆を塗り、柄に籐を巻く。この図7では籐を巻くため、番傘でなく蛇の目傘の工程を示したものである。千葉

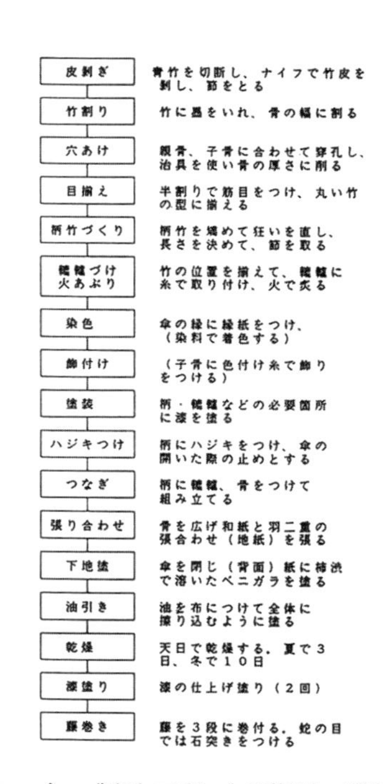

図7 傘の製造工程（千葉県工業試験場、1990を佐伯氏の指摘により修正）

県工試の報告では一人の製作者による作業工程として報告されているが、岐阜の石川氏からの聞き取りによれば、傘の製作には骨屋、つなぎ屋、張り屋などの分業化が進んでいることが知られる。この分業が傘製作の本来の生産形態であるのか、需要に応じた大量生産のために分業化がすすんだ、岐阜特有の生産形態か、衰退化途次の一生産形態か、それらを探ることも興味ある問題となろう。

7.1.5　傘と地球儀

江戸時代の土浦の町人、沼尻墨僊は寺子屋経営のかたわら、天文、地理にも造詣が深かく絵画につうじ、達筆でもあった。彼は持ち運びに便利な折り畳み用地球儀を製作している（写真1）。これは支柱、轆轤、地軸、竹骨、地図紙（ゴア）から成るが、ここでは傘と類似する地球儀の球体部分について紹介したい。図8に地球儀本体の断面を示す。

写真1　沼尻墨僊の大輿地球儀（宇都宮, 1991）

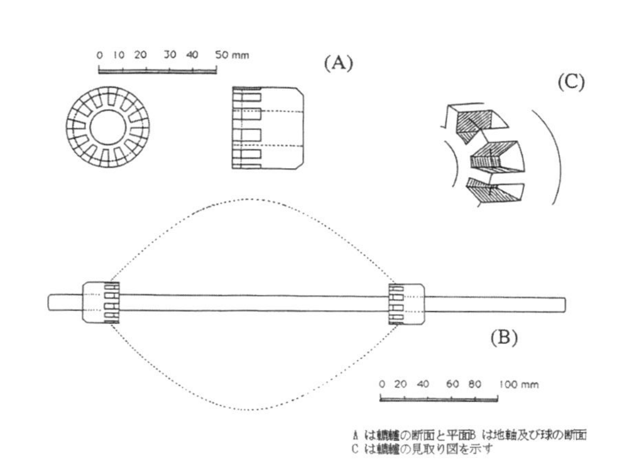

図8　沼尻墨僊の地球儀、地軸・轆轤と竹骨部の断面（宇都宮, 1991）

轆轤は傘と同様に頭轆驢、手元轆轤の2個からなり中心に柄（地軸）を通す穴と、片面の外周には竹骨（親骨）を止めるための12個の切込み溝があり、頭轆轤（地球儀では下側の南極）は傘の柄（地軸）に固定され、傘と地球儀の頭轆轤の機能は同様である。そのため、この地球儀では地軸と球が一体となり回転する。一方、手元轆轤は傘では別の竹骨（子骨）に連なるが、地球儀では、頭轆轤に接続した竹骨（親骨）の反対端がこの手元轆轤（地球儀では北極）に接続される。地球儀では、手元轆轤（北極）を傘と同様に下側の頭轆轤（南極）方向に移動させることにより、地球儀の12本の竹骨が湾曲し、全体として球形となる。地軸は朱色の木の円柱で、頭および手元轆轤の中心軸をなし、傘では柄に相当する。地球儀では竹骨は節目のない真竹よりなり、両端につなぎ用の目尻を有し、全長、328 mmの竹籤である。湾曲部に、弾力性のある竹皮を利用するため、表皮から1mm程度を残し薄くする一方、両端（両極）の目尻部分を6mmと厚くしてあり、ここにつなぎのための孔をあけてある。竹骨と轆轤の接続（つなぎ）には、傘には一般に木綿のカタン糸（蛇の目では絹糸）が使用されるが、修復後の地球儀にはナイロン糸が使用されている。

組み立てた際に手元轆轤を固定する止め具として、傘のハジキに相当する部分に、地球儀では木片が使用されている。金属ハジキであれば、さらに下方の頭轆轤に近くなり、竹骨の湾曲は増して、地球儀の球体は、より球に近くなるであろう。地球儀の竹骨の赤道部分には木綿糸が巻き付けてあるが、傘では、縁糸（ヘリイト）を通し、縁紙（ヘリガミ）を貼り、頭轆轤から放射状に発散する親骨を等間隔に調えると同時に補強としている。地球儀でも各竹骨の間隔を揃え、地図紙の貼付を容易にすることと、開きすぎ防止として、この木綿糸が張られたものであろう。傘紙の貼りつけと同様、地球儀でもこれらの作業のあとに地図紙（ゴア）が貼られる。

地球儀は、上側（北極に相当）の手元轆轤を上げると球体を折り畳めるため携行に便利である。この形態や製作技術が和傘に類似するため、傘様（長南 1928）あるいは、傘式地球儀（秋岡1932）と呼ばれているが、墨僊が各地に出荷した地球儀は「大輿地球儀」と名づけられている。地球儀の轆轤は傘と異なり、手元、目先ともほぼ同形状と寸法の轆轤からなる。また、傘では40ないし50本の親骨、子骨に対応する轆轤の切込み（溝）があるが、この轆轤では12個と少ないため、工作が容易である。傘の柄に相当する木製の地軸は丸竹のような矯正が不要で、加工しやすい。竹骨は傘では糊の接着を良くするため竹皮を削り、強度の確保のため厚みをもたせるが、地球儀では曲線を確保するため、この竹皮部分を残し、内側を薄く削り弾力性を確保している。なお、傘では節が中節として親骨、子骨の接合に利用されるが、この地球儀の竹骨では節がない。傘では傘布を貼る親骨と親骨を支える子骨の2本から構成されるが、地球儀では両端が頭、手元のそれぞれの轆轤につながる一本の竹骨（傘では親骨に相当）からなる。以上述べた各部の類似性及び傘の技術の活用から、これは和傘の製作に準ずる製造工程が考えられる。そこで、傘の製作工程から推定した地球儀の製造手順を図9に示す。

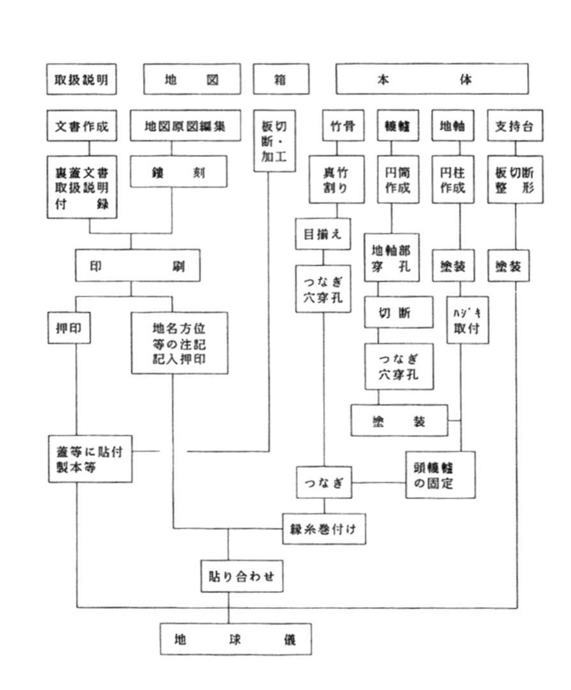

図9　地球儀の製造工程

7.1.6　日本の和傘生産地

和傘の形態とその技術に基づく地球儀を記載したが、藪下（1987）他の資料によれば、傘の生産地の形成は江戸時代の各藩の政策によるところが多い。なかでも、岐阜は明治以降の職人組合の形成などで、一大産地となり今に至っている。岐阜の主産地形成には信長が馬標（うまじるし）として唐傘を採用したことも無縁ではないようである。ちなみに、浅野幸長は唐人笠（広島城展示）、佐竹義宣は僧のかぶる笠に似た馬標を用いている。また、旗差物として三階傘、唐傘が知られている。ところで、現在の和傘の産地は日本全体でも数えるほどで、花巻、岐阜、千葉などに細々として生産されているようである。岐阜は日本の7割程度生産しているとも言われている。日本全域の傘生産地の分布を図10に示す。これは昭和50〜平成元年の25年間に生産されていた地域で、今日では数地域が失われている可能性がある。和傘は材料生産地に近接して立地するが、東京、京都など消費地近くにも認められる。このような分布図の作成は興味あるテーマで、数時期の分布図を作成すれば、その（衰退の）変遷も知ることができよう。また、傘は日常の必要性から各大陸、同時発生的なものと考えられるが、その源や、日本伝来の時期とその種類、竹骨の数や長さなどの形態とその変遷、地域性など興味ある問題が生じ、ここに傘研究の発展性があるように思われる。TV番組「世界の市場」中の国境近くのミヤンマーの市場で日除けとして和傘に似た傘が用いられていた。材料は不明であるが、いわゆる「和傘」は竹と紙の文化圏に特有な製品であろう。

図10　日本の主な和傘産地（昭和50年〜平成元年）

あとがき

「傘について書く」との筆者の宣言を聞いた相手の目と顔には「ン！地形学や地質学の専門研究者の交流の場であるTAGS（筑波応用地学談話会）と何の関係があるのか」という文字が無数に浮かび上がった。このような知的ゲームは我々が得意とするところであり、この楽しみを分け合うことが最も楽しい時である。いま、筆者の研究室には2本の番傘が残されている。和傘と比較して、洋傘一コウモリの骨は何本か、各国ではどうなっているのかなど、我々につきぬ疑問を与える。鋭い観察眼の読者には蛇足であるが、論文作成には基礎となる周辺情報が重要であること、傘など確実に失われつつある物や事物には絵画による各部名称を図示する絵画辞典が必要なこと、さらにその使用方法、製作手順、細部の構造、その製作に使用する道具とその使い方などの記録が緊急を要することを本稿の行間に述べたつもりである。なお、本稿はTAGS5号（1992）に投稿した原稿を修正したものである。

謝辞

千葉県大多喜県民の森管理事務所磯野順子氏、千葉県工業試験場の澤田外夫、林正治両氏、水沢高等学校の阿部和夫教諭、岐阜市歴史博物館の藪下浩学芸員、福井県立一乗谷朝倉氏遺跡資料館の水野和雄学芸員、実際に傘を製作している佐原市の佐伯達雄氏、岐阜市石正商店の石川正夫氏、花巻の滝田工芸の滝田信吉氏、弘前図書館の佐藤光氏をはじめ、多くの方々に情報と知識を提供して頂いた。各関係者には謝意を表する次第である。洋夷茗話の洋傘の図を撮影・提供いただいた佐藤光氏、花巻傘及び傘の名称、製造技術の調査で世話をいただいた阿部教諭、佐伯達雄氏の方々には特に感謝したい。

文献

朝倉氏遺跡調査研究所 (1979) : 特別史跡一乗谷朝倉氏遺跡X, 昭和53年度発掘調査整備事業 概報10, 本文18, 写真17, 図13.

朝倉氏遺跡調査研究所 (1981) : 特別史跡一乗谷朝倉氏遺跡X11, 昭和55年度発掘調査整備事業 概報12, 本文22, 写真19, 図19.

阿部和夫（1989）: 生きのこった和傘 花巻傘 地理34 (5), 122-126.

阿部和夫（1991）: 私信.

秋岡武次郎（1932）: 沼尻墨僊の地球儀並に地球儀用地図（上）－湯若望著渾天儀説中の地球儀用地図の我国への渡来－, 歴史地理, 60, 425-436.

牛久保順一（1981）: 和傘骨師. 伝承する手〈37〉. サンケイ新聞（1981.9.10朝刊, 千葉版）

宇都宮陽二朗（1991）: 沼尻墨僊の考案した地球儀の製作技術. 地学雑誌, 100 (7), 111-1121, 及び口絵写真.

宇都宮陽二朗（1992）: 沼尻墨僊作製の地球儀上の世界地図. 地学誌, 101 (2), 117～126及び口絵写真.

宇都宮陽二朗（1992）: 傘の話. 筑波応用地学研究会会報 TAGS, No.5, 71～85.

門屋光昭（1988）: 花巻傘と口内傘. 用と美の世界一いわての手仕事. 122-125.

門屋光昭（1988）: 花巻傘. 岩手県の諸職－諸職関係民族文化財調査報告書－岩手県文化財調査報告. 第88集, 71-74.

清野文男（1991）: 手仕事の匠たち. 千葉職人紀行 倫書房 245p.

工業技術連絡会議工芸連絡部会（1976）: 伝統的工芸技術調査. [149]leaves

工業技術連絡会議工芸連絡部会（1977）: 続 伝統的工芸技術調査. [133]leaves

工業技術連絡会議工芸連絡部会（1978）: 完 伝統的工芸技術調査. [102]leaves

笹間良彦（1981）: 安土桃山時代の馬標・旗差物, 428-450. 図録日本の甲冑武具事典, 柏書房, 519p.

長南倉之助（1927）: 贈従五位沼尻墨僊翁. 進修, 25, 31-43.

千葉県工業試験場（1990）: 佐原傘. 千葉県の伝統的工芸品. 千葉県伝統的工芸品の実態調査報告書. 230p. 中の pp.132-133.

伝統的工芸品産業振興会（1990）: 全国伝統的工芸品総覧. 397p.

平尾魯僊（1856）: 洋夷茗話 乾之巻, 稿本 洋夷茗話・箱館紀行, 八坂書房（1974年）211p.

藪下浩（1987）: 加納の和傘, その歴史としくみ. 岐阜市歴史博物館研究紀要, 創刊号, 30-44.

歴史学研究会（1984）: 新版日本史年表. 岩波書店. 389p.

福井県立一乗谷朝倉氏遺跡資料館（1989）: 図録「一乗谷のくらしと木」47p.

謝　辞

本書執筆上の情報収集、調査遂行に際して、多くの方々にお世話になった。各章節で詳しく述べてはいるが、ここでは、組織名ごとに整理し、順不同ながら、以下に列記させていただいた。

国外では、Auckland Art Gallery Toi o TāmakのMs.Camilla Baskcomb、AnnaAmalia Lib.のMokansky, Olaf氏、地図研究家のWolfram Pobanz氏、Britisch Library, Map LibrarianのG. Armitage氏、BnFのChristine Baril、同館Department of Maps and Chartsのvice-director、François Nawrocki氏、Bundes Archiv Federal Archives DivisionのMs. Lisa Hellmann、California Univ.のHistory of Art & Architecture, Associate ProfessorのMs. Laurie Monahan、米国のJonathan T. Lanman氏、David Rumsey社のMr. David Rumsey、DHMのMs. Karin Raltscher、同館Picture Archive StiftungのMs. Svenja Kasper、Grassi Museum für Völkerkund zu LeipzigのKustos Südostasien/Ostasien Referat Bildung und AusstellungのDietmar Grundmann氏、History of the Eagle's Nest- A complete account of Adolf Hitler's alleged "Mountain Fortress" の著者、Florian M. Beierl氏、Internationale Coronelli-Gesellschaft für Globenkunde (The International Coronelli Society for the study of Globes) 元会長、Rudolf Schmidt氏（故人）、事務局のWawrik Franz（故人）、同事務局総務のMs. Heide Wohlschläger女史、Secretary GeneralのJan Mokre氏、"Lee Miller Archives & The Penrose CollectionのMs. Sarah French、ニュージランドMaritime Museum、registarのMs. Anne Harlow、Die Bayerische Staatsbibliothek (BSB) 州立図書館、Dr. Horn氏、Munchen stadtermuseumのDr. Pohlmann、Ms.Elisabeth Stürmer、英National Maritime MuseumのB.D.Thynne氏、豪州Sydney のHordern House Rare books and manuscripts 社のMs. Rachel Robarts氏、米国、Replogle Globes Inc.のVice PresidentであるMr. Jon Hultman氏、独MainzのRGZM (Römisch-Germanisches Zentralmuseum) Image libraryのDr. Ute Klatt女史、Royal Geographical Societyの Dr.A.F. Tatham氏、Science MuseumのX. Mazda氏、Städelmuseum Wissenschaftlicher Volontär/Assistant CuratorのWolf, Fabian氏、Sander, Jochen氏、Dumbarton Oaks Research Library Librarian (Byzantine Studies) のMs. Deborah Brown, National Geographic CreativeのMs. Rebecca Dupont、Stars and Stripes Administrative Support SpecialistのMs. Stepp, Jenifer及びEuropean Stars and stripes記者のMs. Nancy Montgomery、RMN-Grand Palais (Château de Versailles) Versailles, Chargé du récolement des dépôts Informatisation des collectionsのOlivier Delahayeの各氏にお世話になり、国内では、アジア歴史資料センターの佐久間健研究員他,担当者、安中市ふるさと学習館 主任学芸員の佐野亨介氏、お茶の水女子大学家政学部の大久保尚子助手、川端龍子記念館の木村学芸員、㈱グローバルプランニンク社長の樋口米蔵氏、京都府立盲学校資料室の岸博実氏、久留米市市民文化部文化財保護課の穴井綾香氏、国際日本文化研究センター資料課の坪内奈保子氏、（財）高樹会事務局の加治徹氏、札幌大学文化学部教授の川上淳氏、シーボルト記念館の福井英俊館長、四天王寺大学人文社会学部の矢羽野隆男教授、下関市立美術館の木本副館長、同館学芸員の濱本聰氏（故人）、井土、藤本両学芸員、古河歴史博物館の石川治館長、大東文化大学教授のDr. Christian W.Spang氏、中京大学准教授の中川豊氏、古河篆刻美術館長の松村一徳氏、熊本市の篆刻家、荒牧平齋氏、天理図書館の澤井勇治氏、東京大学駒場図書館情報サービス係の金子、白井両氏、大野市教育長の田中義一氏、同教育委員会生涯学習課の佐々木伸治氏、大野市歴史民俗資料館長の松田光男氏、同館（大野市博物館）学芸員の杉本幸男氏、大野市博物館長の岩井孝樹氏、同館学芸員の田中孝志氏、福井県立一乗谷朝倉氏遺跡資料館の水野和雄氏、福山誠之館同窓会会長の武田浩二氏及び同事務局長の三村敏征氏、富士宮市教育委員会文化課 伊藤昌光氏及び梶山沙織学芸員、松前町教育委員会文化社会教育課文化財担当主幹、前田正憲氏、三重郷土会事務局の渡辺一夫氏、三重大学人文学部の山田雄司教授、福田和展教授、同大学図書館の上村ようこ、蒔田けいこ、柴田佳寿江の各氏、明治大学文学部教

授の小疇尚氏及び藤田直晴教授、同大学図書館長の石井素介教授、同大学の森滝健一郎元教授、同大学考古学博物館の黒沢浩学芸員、同大学図書館、学術/社会連携部の栗原瑞穂、菊池氏、中村正也氏、リプルーグル・グローブス・ジャパン（Replogle Globes Japan）会長の北原次郎氏（故人）、阿久根市教育委員会の河北篤司氏、阿久根市文化財保護審議会会長の濱之上訓衛氏、研究助成頂いた岡三加藤文化振興財団、弘前図書館の佐藤光氏、花巻の滝田工芸の滝田信吉氏、岐阜市石正商店の石川正夫氏、岐阜市歴史博物館の藪下浩学芸員、牛久高等学校教頭の青木光行氏、熊本県立大学文学部の大島明秀准教授、慶応大学理工学部の田中茂教授、国文学研究資料館の武部氏、公益財団法人毛利報公会会長の毛利元敦氏、毛利博物館館長代理の柴原直樹氏、弘前市立弘前図書館の佐藤光氏、高橋持法堂工房の高橋真一氏、国立環境研究所主任研究官の松本幸雄氏、同研究所の上野隆平研究員、国立歴史民俗博物館の平川南館長、同館教授の青山宏夫氏、同館事業課の中村理美氏、根室市歴史と自然の資料館

学芸員の猪熊樹人氏、佐原市の傘製造者、佐伯達雄氏、佐渡市教育委員会事務局社会教育課の池氏、同小木事務所の影山元明氏、佐渡博物館館長の高藤市郎兵衛氏、山本五十六記念館の瀧澤学氏、尚古集成館の松尾千歳館長、同館学芸員の山内勇輝氏、松浦武四郎記念館館長の高瀬英雄氏、同館学芸員の山本命氏、神宮徴古館・農業館の中西和夫及び矢野憲一両館長、同館文化部神掌の尾崎友季氏、学芸員の深田一郎、本多久子両氏、神戸市立博物館の谷田徳七、濱野義郎氏、同館学芸員（当時）の三好唯義氏、水海道在住の彫刻家人形製作者、鳥山建治氏、水沢高等学校の阿部和夫教諭、千葉県工業試験場の澤田外夫、林正治両氏、千葉県大多喜県民の森管理事務所磯野順子氏、太子町の斑鳩寺住職の大谷康文氏、筑波大学附属図書館の新岡氏、津市在住の茅原弘氏、津市教育委員会事務局の中村光司、松尾篤、熊崎司の各氏、土浦第一高等学校図書部の川村和夫氏、同高進修同窓会活用委員会副委員長の小泉明氏、土浦市立博物館の黒崎千晴館長、同館学芸員木塚久仁子、中村光一、宮本礼子の各氏、墨僊末裔で土浦在住の本間隆男氏、東京外国語大学アジア・アフリカ言語文化研究所の高知尾仁氏、東京大学駒場図書館の梅谷氏、東京大学名誉教授の西川治氏、東京大学理学部大学院の近藤矩朗教授、元東京農工大学教授の安部喜也博士、元宮崎公立大学学長の内嶋善兵衛博士、特許庁国際課佐藤達夫氏、日本繊維板工業会顧問の姫野富幸氏、萩市郷土博物館長の吉田俊彦氏、同館学芸員の樋口尚樹氏（現萩博物館副館長）、萩博物館学芸員の道迫真吾氏、三浦梅園資料館学芸員の岩見輝彦氏、福武学術文化振興財団の棚田直彦氏、ふくやま芸術文化振興財団福山城博物館の皿海弘樹氏、文化女子大学被服材料学研究室の成瀬信子教授、松尾順子助教授、同大学図書館の石山彰館長、法政大学大原社会問題研究所の河原由治氏、柳迺社の宮司、笠松常和氏（故人）、ジャパンアーカイブス代表の安井裕二郎氏、webpage開設者の川瀬健一氏、ハンドル, yatiyochan及び、河合半兵衛の各氏にお世話になった。時の変化で、存命中にお礼しなければならなかった方々には、筆者の力不足と要領の悪さの為に感謝を伝えることが出来ず申し訳ないと思う。時間経過による職名は当時の儘とし、最小限の更新に留めてあり、他に書き残した方々の名前も少なくないと思われるが、ご容赦いただくとともに改めて各位に謝意を表したい。

あとがき

地球儀学入門と題して記載してきたが、入門の手引きにはほど遠く、題名に「私の」と加えた方が良かったかも知れないと思いつつ、これを認めている。内容は、地球儀の基礎、地球儀製作史から国内に残されている地球儀の調査記録に続く。地球儀製作史では、未収が多いながら、筆者の調査を加え年表整理を試み、収集、作成方針、分類・整理基準を定め、形式分類など属性を含めた年表と国際協力の必要性について問題提起を試みた。地球儀の記述では携帯用の地球儀は独立させ、携帯地球儀でまとめた。著者が最初に調査した沼尻墨僊の大輿地球儀（傘式地球儀）、これと同構造のBETTS社の新携帯地球儀、最後にそれらの比較考察である。本書ではほぼ製作年順に並べたが調査時期は相前後する。そのため、各報告の序文で違和感を覚えるであろうが、ご寛恕願いたい。この中の渋川春海（保井算哲）の最古の地球儀については文献考証或いは古文書学的な報告にならざるを得なかったため、筆者の旨とする実測調査とは統一がとれていない。以上の実測調査に加え、新しい調査法による地球儀研究のアプローチを示した。その一つは、地球儀球面における地理情報の量に関する調査であり、これはRS（リモートセンシング）やGIS（地理情報システム）の初歩的手法を援用したものである。他の一つは絵画や影像などイメージの中の地球儀の調査研究で、ヒトラーの地球儀も加えた。これにはイコノロジーの見方や歴史事件を背景とした解釈を取り入れているが、事実とは異なる芸術的表現過剰な（直言すれば、捏造）報道写真を吟味し、所謂、報道写真及び写真家などの問題点も指摘した。これらはいずれも、研究の緒についたばかりである。第7章には研究資料として、傘の話を加えた。これは沼尻墨僊の（傘式）地球儀の理解に不可欠な知識であろう。地球儀研究において実測による実証研究や掲載誌自体の詳細吟味の必須なことを指摘した地球儀学こぼればなしは割愛した。かく言う筆者も錯誤が多く、批判される立場となることに戦々恐々としているが、今後も事実の掘り起しと、必要にして充分な、過不足の無い記載に努めようと思う次第である。本書中の筆者の力不足による錯誤や遺漏は後続の、無駄を厭わない碩学にいつの日か補われることであろう。最後に、出版は何時と何度となく問うては叱咤激励されてきた恩師や先輩、貴重な情報、資料ばかりか労力を快く提供して頂いた内外の方々に、少しは恩返しできたと、聊か気が安らいでいる。

平成29年11月吉日　　つくばの拙家にて

宇都宮陽二朗（陽）

研究一覧（地形、リモートセンシング、GIS及び環境研究を除く）

宇都宮陽二朗（1990）世界地誌学者－山村才助について－TAGS No. 3, 66-71.

宇都宮陽二朗（1990）江戸時代地理学史研究への新たな視点 地理36 (6), 68-74.

宇都宮陽二朗（1993）地球儀にまつわる傘のはなし. TAGS No.5, 71-85.

宇都宮陽二朗（1991）沼尻墨僊の考案した地球儀の製作技術 地学雑誌100 (7), 1111-1121.

宇都宮陽二朗（1992）沼尻墨僊作製の地球儀上の世界図 地学雑誌101 (2), 117-126.

宇都宮陽二朗・杉本幸男（1994）幕末における一舶来地球儀－英国BETTS製携帯用地球儀について－. 地図32 (3), 12-24.

宇都宮陽二朗（1994）沼尻墨僊の製作に係る傘式地球儀上の地名について. 土浦市立博物館第12回特別展図録「地球儀の世界」, 土浦市立博物館, 土浦, 75p. pp. 60 - 65.

宇都宮陽二朗・松本幸雄（1995）球儀上に表された地理情報量の評価法について 地図33 (1), 7-13.

宇都宮陽二朗・Xerxes MAZDA・Brian Duncan THYNNE (1997): 土井家旧蔵のBETTS携帯型地球儀球面上の世界図に関する2、3の知見. 地図35 (3), 1-11.

宇都宮陽二朗（1997）画像の中の地球儀 日本地理学会要旨集 No.52, 104-105.

UTSUNOMIYA Yojiro (1998) Terrestrial Globe Depicted in Images-The Globe as a Communicative Instrument of Information and Allegory 9th Int. Symposium of Coronelli Gesellschaft fur Globen unt Instumentenkunde kurzfassungen 5, Berlin 10 Oct. 1998.

UTSUNOMIYA Yojiro (1999) Terrestrial blobes depicted in images - The globe as a communicative instrument of information and allegory/ERDGLOBEN AUF BILDERN - Der Globus als Übermittler von Information und Allegorie. (November 1999 (für/for 1999/2000)), Globusfreund Vol.47/48, 89-106, 107-124.

宇都宮陽二朗（1999）絵の中の地球儀 地図ニュース, 平成11年5月号, 3-6.

Utsunomiya Yojiro (2002) A terrestrial globe kept in the museum of Ise Shinto shrine, Japan. 9th Int. Symposium of Coronelli Gesellschaft für Globen und Instumentenkunde kurzfassungen, Nürnberg, 23-25, http://www.coronelli.org/index.html_20031217.

宇都宮陽二朗（2003）神宮徴古館農業館蔵のいわゆる渋川春海作地球儀に関する研究 日本地理学会要旨集No.63, p. 272.

宇都宮陽二朗（2005）下関市立美術館蔵, 香月家地球儀について 人文論叢（三重大学）22, 201-212.

宇都宮陽二朗（2006）神宮徴古農業館蔵のいわゆる渋川春海作地球儀に関する研究（第1報）人文論叢（三重大学）23, 29-36.

宇都宮陽二朗（2007）英国BETTS社製地球儀球面上の情報量について 日本地理学会要旨集No.71, p.52.

宇都宮陽二朗・伊藤昌光（2008）角田家地球儀について 人文論叢（三重大学）25, 1-31.

宇都宮陽二朗（2007）和製地球儀球面上の地理情報量について 人文論叢（三重大学）24, 33-40.

Utsunomiya Yojiro (2009) The Amount of Geographical Information on 'Betts's Portable Terrestrial Globe' Globe Studies, 55/56, 100-110, and Globusfreund, No. 55/56 (2009, for 2007/2008), 103-114.

宇都宮陽二朗（2009）萩博物館妙元寺旧蔵の地球儀について 日本地理学会要旨集No.75, p.100.

宇都宮陽二朗（2009）萩博物館蔵妙元寺旧蔵の地球儀について 人文論叢26, 15-28.

宇都宮陽二朗（2010）沼尻墨僊の製作に係る傘式地球儀ゴアの地名について 日本地理学会要旨集No.77, p.214.

宇都宮陽二朗（2011）画像の中の地球儀 その2－Hitlerの地球儀－日本地理学会要旨集No. 79, p.144.
宇都宮陽二朗（2012）画像の中の地球儀 その2－続Hitlerの地球儀－日本地理学会要旨集No.81, p.208.
宇都宮陽二朗（2013）稲垣家旧蔵地球儀－予報－日本地理学会要旨集No.83, p.247.
宇都宮陽二朗（2014）日本地球儀製作史－構造及び技術的側面から見た製作史－日本地理学会要旨集No.85, p.120.
宇都宮陽二朗（2015）日本地球儀製作史 拾遺－渋川春海（安井算哲）製作に係る最古の地球儀. 日本地理学会要旨集No.87, p.243.
宇都宮陽二朗, 三村敏征, Heide Wohlschläger (2016) 福山誠之館同窓会蔵の一地球儀（Max Kohl's globe）に関する疑問. 日本地理学会要旨集No.89, p.121.

図表写真リスト

（所蔵、版権所蔵者/機関及び作成・作図/撮影者を示す）

章節	図表/写真番号	タイトル	所蔵等	撮影/作成（作図）者
1.1　地球儀の各部名称				
1.1	図1	地球儀及び天球儀の各構成部分名称		宇都宮作図
1.1	図2	卓上型地球儀	Raisz (1938)	Raiszに宇都宮加筆
1.1	図3	ゴア及びポーラカップ	Raisz (1938)	Raiszに宇都宮加筆
1.1	図4	アナレマの一例	MS. Heide Wohlschläger撮影・提供	Heide Wohlschläger
1.1	図5	四分の一環の装着状況と時輪	Schmidt (2007) Modelle von Erde und Raum	R. Schmidt
1.1	図6	日本製古地球儀の地軸及び時輪		宇都宮撮影
1.1	図7	十字型地軸の模式図		宇都宮作図
1.1	図8	地球儀の模式平面図と情報		宇都宮作図
1.1	図9	アーミラリスフィア	Rudolf Schmidt (1989): Modelle von Erde und Raum. 19, pp.99.	R. Schmidt
1.1	表1	地球儀の構造・名称の一覧		宇都宮作成
1.2　地球儀の分類試案				
1.2	表1	地球儀の分類		宇都宮作成
2.1　欧米における地球儀製作について				
2.1	図1	クラテスの地球儀想定復元図	Erwin Raisz,1938による	Raisz
2.1	表1	西欧とアメリカにおける地球儀製作史	既存史資料、webpageをもとに編集作成	宇都宮作成
2.1	写真1	ナポリ国立考古学博物館 (Museo Archeologico Nazionale di Napoli)」の直径65cmの大理石製の天球を背負うアトラス	Berthold Werner, Wikimedia Commons	Photo: Berthold Werner
2.1	写真2（a)	50-220AD頃、ローマ帝国東方の属州で製作された直径約10cmの天球（儀）オリジナル	Römisch-Germanisches Zentralmuseum, Inv. O. 41339	©RGZM photo: Iserhardt
2.1	写真2（b)	50-220AD頃、ローマ帝国東方の属州で製作された直径約10cmの天球（儀）の複製	Römisch-Germanisches Zentralmuseum, Inv. 42696	©RGZM photo: Steidl
2.1	写真3（a)	フランス国立図書館新館のミッテラン館に展示中のコロネリ製作の直径3.8mの天・地球儀一対	BnFミッテラン館	宇都宮撮影
2.1	写真3（b)	フランス国立図書館新館のミッテラン館に展示中のコロネリ製作地球儀球面上の日本付近	BnFミッテラン館	宇都宮撮影
2.1	写真4	Giovanni Maria Cassini Venedigが1790/92年、ローマで製作した直径33cmの地球儀	Schmidt (2007): Modelle von Erde und Raumより転載	Rudolf Schmidt
2.1	写真5	ゲルマン博蔵Martin Behaimの地球儀	Germanisches Nationalmuseum蔵画像WI1826、同館提供	©GNM
2.1	写真6	ゲルマン博蔵、Johannes Shönerの地球儀	Germanisches Nationalmuseum蔵、同館提供	©GNM
2.1	写真7	WeimarのHerzogin Anna Amalia Bibliothekが所蔵するJohannes Schöner製作の地球儀	1515年Bamberg製　掲載許諾取得済	宇都宮撮影
2.1	写真8	WeimarのHerzogin Anna Amalia Bibliothekが所蔵するJohannes Schöner製作の地球儀	1534年より前Nürnberg製　掲載許諾取得済	宇都宮撮影
2.1	写真9	Schmidt氏蔵Doppemayrの地球儀	Rudolf Schmidt (2007): Modelle von Erde und Raumによる	Rudolf Schmidt
2.1	写真10	Schmidt 氏蔵のAnders Akermann とFredric Akrel共作による天・地球儀一対中の地球儀	Rudolf Schmidt (2007): Modelle von Erde und Raumより転載	Rudolf Schmidt
2.1	写真11	Weimarの市立博物館		宇都宮撮影
2.1	写真12	WeimarのHerzogin Anna Amalia Bibliothek所蔵の地理研究所 (Geographische Institut) で製作された地球儀	掲載許諾取得済	宇都宮撮影
2.1	写真13（a)	福山誠之館同窓会蔵、Max Kohl社製の床置き地球儀	福山誠之館同窓会webpageによる	©福山誠之館同窓会
2.1	写真13（b)	Max. KOHL A.G. CHEMNIRZ社の床置き地球儀の花枠飾り部分	福山誠之館同窓会提供	©福山誠之館同窓会 phot: 三村征雄
2.1	写真14	WeimarのAnna Amalia図書館蔵の1541年より前にメルカトールの地球儀	Anna Amalia図書館蔵提供・掲載許諾取得済	©HAAB
2.1	写真15	WeimarのAnna Amalia図書館蔵の1650年より前に製作されたBlaeuの地球儀	掲載許諾取得済	宇都宮撮影
2.1	写真16（a)	Valk父子の天・地球儀一対　地球儀	Rudolf Schmidt (2007): Modelle von Erde und Raumによる	Rudolf Schmidt
2.1	写真16（b)	Valk父子の天・地球儀一対　天球儀	Rudolf Schmidt (2007): Modelle von Erde und Raumによる	Rudolf Schmidt
2.1	写真17	Versailles宮殿に所蔵されるMentelleとMercklein の共作による地球儀	©RMN-Grand Palais (Château de Versailles) ©AMF)	©RMN-Grand Palais ©AMF
2.1	写真18（a)	パリ天文台		宇都宮撮影
2.1	写真18（b)	Le Verrierの銅像		宇都宮撮影
2.1	写真19（a)	グリニッジ天文台　天文台		宇都宮撮影

章節	図表/写真番号	タイトル	所蔵等	撮影/作成（作図）者
2.1	写真19（b）	グリニッジ天文台　本初子午線の位置を示す標示		宇都宮撮影
2.1	写真20	Molyneuxが1592年に製作した英国最古の地球儀	National Trust提供・掲載許諾取得済	©National Trust Images
2.1	写真21	ポケット地球儀	Rudolf Schmidt (2007): Modelle von Erde und Raumより転載	R. Schmidt
2.1	写真22（a）	福山誠之館同窓会蔵、Wyldの地球儀	福山誠之館同窓会提供	©福山誠之館同窓会
2.1	写真22（b）	福山誠之館同窓会蔵、Wyldの地球儀 花枠飾り	福山誠之館同窓会提供	©福山誠之館同窓会 phot: 三村征雄
2.1	写真23	英国海事博物館蔵Pocock, Georgeの1830年製風船型地球儀	英国海事博物館蔵、GLB0230　同博物館提供	©NMM
2.1	写真24	大野市博物館蔵BETTS新型携帯地球儀	大野市博物館提供	©大野市博物館
2.1	写真25（a）	大野市博物館蔵BETTS新型携帯地球儀の「マクドナルド島発見の注記」　マクドナルド島の位置		宇都宮撮影
2.1	写真25（b）	大野市博物館蔵BETTS新型携帯地球儀の「マクドナルド島発見の注記」　マクドナルド島発見の注記		宇都宮撮影
2.1	写真26	National Geographic Society蔵のJames Wilsonの天・地球儀一対	掲載許諾取得済	宇都宮撮影
2.1	写真27（a）	Kappのパズル地球儀　組立てた状態	Hordern House Rare Books (Sydney) の好意による(www.hordern.com)	©Hordern House Rare Books
2.1	写真27（b）	Kappのパズル地球儀　分解した球体部分	Hordern House Rare Books (Sydney) の好意による(www.hordern.com)	©Hordern House Rare Books
2.1	写真28	Schmidt氏蔵、スエーデン語表記の厚紙製地球儀		宇都宮撮影
2.2　本邦における地球儀製作について　－製作技術及び構造からみた本邦における地球儀製作史－				
2.2	図1	須彌山世界（仏教世界観）及びその南北断面（須彌山より南端の鉄囲山まで）	龍光山正寶院飛不動のwebpage他により模式化	宇都宮作図
2.2	図2	須彌山南方の沿岸洲（瞻部洲）の概念図（逆三角形に注意）	総合佛教大辞典に基づき、改描・加筆した	宇都宮加筆・作成
2.2	図3	宝永7（1710）年における浪華子（仏僧；鳳潭）の地理情報	明治大学図書館蘆田文庫の「南瞻部洲萬國掌菓之圖」に加筆した	宇都宮加筆・作成
2.2	図4	Heeren論文の付図；Ein Japanischer Globus	O.Heeren (1873) Eine japanische Erdkugel. Mittheilungen der Deutschen Gesellschaft für Natur-und Völkerkunde Ostasiens」Heft 2 (Juli 1873)	Heeren
2.2	表1	構造による地球儀の分類とコード表		宇都宮作成
2.2	表2	日本の地球儀製作史	既存の史資料等をもとに作成	宇都宮作成
2.2	写真1（a）	伊勢神宮徴古農業館蔵の渋川春海の地球儀　地軸を傾けた状態	宇都宮（2006）人文論叢23による	宇都宮撮影
2.2	写真1（b）	伊勢神宮徴古農業館蔵の渋川春海の地球儀　地軸を水平にした状態	宇都宮（2006）人文論叢23による	宇都宮撮影
2.2	写真2	佐倉暦博蔵　入江修敬作と見なされている地球儀	掲載許諾取得済	宇都宮撮影
2.2	写真3	角田桜岳の地球儀（最も保存のよい地球儀）	宇都宮・伊藤（2008）人文論叢25による	宇都宮撮影
2.2	写真4	沼尻墨僊製作の大輿地球儀（別名、傘式地球儀）	宇都宮（1991）地学雑誌100 (7)による	宇都宮撮影
2.2	写真5	梶木源次郎製作の風船型地球儀「万国富貴球」	土浦市立博物館、『地球儀の世界』図録から転載	©土浦市立博物館
2.2	写真6	斑鳩寺の起伏地球儀	土浦市立博物館『地球儀の世界』図録から転載	©土浦市立博物館
2.2	写真7（a）	京都府立盲学校の凸型地球儀（起伏地球儀）半子午環(Semi-meridian circle/ring)型起伏地球儀	京都府立盲学校資料室、岸博実氏 撮影提供	©京都府立盲学校 phot: 岸博実
2.2	写真7（b）	起伏地球儀の半子午環の内側の半子午環を180°回転させ、全円子午環(full meridian circle/ring)型の地球儀に変えた状態	京都府立盲学校資料室、岸博実氏 撮影提供	©京都府立盲学校 phot: 岸博実
2.2	写真8（a）	地球儀状器具と呼ばれる球儀（盲人用の"沈黙の地球儀"とも言える）　球体収納状態	京都府立盲学校資料室、岸博実氏 撮影提供	©京都府立盲学校 phot: 岸博実
2.2	写真8（b）	地球儀状器具と呼ばれる球儀（盲人用の"沈黙の地球儀"とも言える）　球体収納時に地平環の斜め下方より見た状態	京都府立盲学校資料室、岸博実氏 撮影提供	©京都府立盲学校 phot: 岸博実
2.2	写真8（c）	地球儀状器具と呼ばれる球儀（盲人用の"沈黙の地球儀"とも言える）　組み立てた状態	京都府立盲学校資料室、岸博実氏 撮影提供	©京都府立盲学校 phot: 岸博実
3.1　神宮徴古館農業館蔵の渋川春海作地球儀				
3.1	図1	球と子午環	宇都宮（2006）人文論叢23による	宇都宮作図
3.1	図2-1	地軸（南極側）	宇都宮（2006）人文論叢23による	宇都宮作図
3.1	図2-2	地軸（北極側）	宇都宮（2006）人文論叢23による	宇都宮作図

章節	図表/写真番号	タイトル	所蔵等	撮影/作成（作図）者
3.1	図3	支持台の台木及び脚の断面	宇都宮（2006）人文論叢23による	宇都宮作図
3.1	図4	支持台の平面図	宇都宮（2006）人文論叢23による	宇都宮作図
3.1	図5	収納箱と箱書の位置	宇都宮（2006）人文論叢23による	宇都宮作図
3.1	図6	収納箱の内側面の補助板	宇都宮（2006）人文論叢23による	宇都宮作図
3.1	図7	モザイク写真によるゴアの試作	宇都宮（2006）人文論叢23による	宇都宮作図
3.1	図8	球面上世界図の彩色	宇都宮（2006）人文論叢23による	宇都宮作図
3.1	写真1	地球儀の正面及び斜写真	宇都宮（2006）人文論叢23による	宇都宮撮影
3.1	写真2	支持台の斜写真	宇都宮（2006）人文論叢23による	宇都宮撮影
3.1	写真3	上下方向から見た台木及び脚	宇都宮（2006）人文論叢23による	宇都宮撮影
3.1	写真4	収納箱及び箱蓋の箱書	宇都宮（2006）人文論叢23による	宇都宮撮影
3.1	写真5	収納箱底面の箱書	宇都宮（2006）人文論叢23による	宇都宮撮影
3.1	写真6	収納箱の内壁と上部の補助板	宇都宮（2006）人文論叢23による	宇都宮撮影
3.1	写真7	南回帰線の不連続	宇都宮（2006）人文論叢23による	宇都宮撮影
3.2　渋川春海（安井算哲）の製作に係る最古の地球儀				
3.2	図1	Heeren論文の原図　（仮称Heeren図）	歴史地理17 (4) の折込み口絵写真（新見吉次撮影, 1911）より	Heeren phot: 新見吉次
3.2	図2	Heeren論文 (a)「Eine japanische Erdkugel」及び (b) その付図（写真地図）“EIN JAPANISCHER GLOBUS”	「Mittheilungen der Deutschen Gesellschaft für Natur-und Völkerkunde Ostasiens」Heft 2 (1873) 合本オリジナルより	Heeren
3.2	図3	Heeren図の特徴	歴史地理17 (4) 口絵写真（Heeren図; 新見吉次撮影, 1911）に加筆	宇都宮加筆
3.2	図4	圖書編　巻二十九（33, 34丁）輿地山海全圖の特徴（国会図書館蔵圖書編の輿地山海全圖に加筆）	国会図書館蔵　輿地山海全圖に加筆	宇都宮加筆
3.2	図5	三才圖曾の山海輿地全圖	王圻（1607）の三才圖曾（成文出版、台北、台湾）の別丁の圖（見開き2頁）を接合したものである。	宇都宮編図
3.2	図6	Heeren図 No.155の注記（翻刻:宇都宮）	Heeren (1873) Eine japanische Erdkugelより	翻刻:宇都宮
3.2	図7	Heeren図 No.184 の注記（翻刻:宇都宮）	Heeren (1873) Eine japanische Erdkugelより	翻刻:宇都宮
3.2	表1	渋川春海（安井算哲）の球儀類製作		宇都宮作成
3.3　稲垣定穀の製作した地球儀				
3.3	図1	稲垣家旧蔵地球儀平面図		宇都宮作図
3.3	図2（a）	稲垣家旧蔵地球儀断面図		宇都宮作図
3.3	図2（b）	稲垣家旧蔵地球儀断面図		宇都宮作図
3.3	図3	地球儀収納箱平面図		宇都宮作図
3.3	図4	地球儀収納箱の中敷板（平面図及び断面図）		宇都宮作図
3.3	表1	桂川甫周のゴア製作に関する歴史的経緯		宇都宮作成
3.3	表2	稲垣家旧蔵（桂川所蔵）ゴアと地球儀の地理情報の相違		宇都宮作成
3.3	写真1	稲垣家旧蔵地球儀		宇都宮撮影
3.3	写真2	地球儀収納箱		宇都宮撮影
3.3	写真3	地球儀の架台（地平環、台座、脚からなる所謂、球儀の椅子）真上より撮影		宇都宮撮影
3.3	写真4	子午環の刻線と緯線の位置		宇都宮撮影
3.3	写真5	南極部における子午環上の刻線と地軸の位置		宇都宮撮影
3.3	写真6	収納箱の内部及び蓋		宇都宮撮影
3.3	写真7	収納箱及び中敷板		宇都宮撮影
3.3	写真8（a）	稲垣家旧蔵「桂川所蔵地球圖　共十二枚」及び石黒家旧蔵舟形地球図　稲垣家旧蔵　桂川所蔵地球図　共十二枚	津市立図書館 稲垣文庫蔵	宇都宮撮影
3.3	写真8（b）	稲垣家旧蔵「桂川所蔵地球圖　共十二枚」及び石黒家旧蔵舟形地球図　石黒家旧蔵ゴア「舟形地球図」	射水市新湊博物館 高樹会 高樹文庫蔵	©高樹会
3.3	写真9	「桂川所蔵　地球圖　共十二枚」表書と印影	津市立図書館稲垣文庫蔵	宇都宮撮影
3.3	写真10（a）	「桂川所蔵地球圖」北1-6	津市立図書館稲垣文庫蔵	宇都宮撮影
3.3	写真10（b）	「桂川所蔵地球圖」南1-6	津市立図書館稲垣文庫蔵	宇都宮撮影
3.3	写真11	10°西側に誤写されたスヴァーバル諸島（スピッツベルゲン島）	津市立図書館稲垣文庫蔵	宇都宮撮影
3.4　下関市立美術館蔵、香月家地球儀について				
3.4	図1	香月家旧蔵地球儀　赤道及び極方向の断面図	宇都宮（2005）人文論叢22による	宇都宮作図
3.4	図2	香月家旧蔵地球儀　支柱の平面及び断面図	宇都宮（2005）人文論叢22による	宇都宮作図
3.4	図3	香月家旧蔵地球儀　台木の平面及び断面図	宇都宮（2005）人文論叢22による	宇都宮作図
3.4	表1	球面世界図と田謙図の相違点	宇都宮（2005）人文論叢22による	宇都宮作成
3.4	写真1	香月家旧蔵地球儀	宇都宮（2005）人文論叢22による	宇都宮撮影

章節	図表/写真番号	タイトル	所蔵等	撮影/作成（作図）者
3.4	写真2	台木と支柱	宇都宮（2005）人文論叢22による	宇都宮撮影
3.4	写真3	台木と支柱	宇都宮（2005）人文論叢22による	宇都宮撮影
3.4	写真4	支柱下部の突部と台木の溝及び角穴	宇都宮（2005）人文論叢22による	宇都宮撮影
3.4	写真5	香月家旧蔵地球儀　赤道部分	宇都宮（2005）人文論叢22による	宇都宮撮影
3.4	写真6	香月家旧蔵地球儀　北極部分	宇都宮（2005）人文論叢22による	宇都宮撮影
3.4	写真7	香月家旧蔵地球儀　南極部分	宇都宮（2005）人文論叢22による	宇都宮撮影
3.4	写真8	地球儀　南極側の地軸	宇都宮（2005）人文論叢22による	宇都宮撮影
3.4	写真9	香月家旧蔵地球儀球面上の世界図	宇都宮（2005）人文論叢22による	宇都宮撮影
3.4	写真10	子午線「午」、「未」の間に記された「一時日行二十度」	宇都宮（2005）人文論叢22による	宇都宮撮影
3.4	写真11	写真10の部分拡大	宇都宮（2005）人文論叢22による	宇都宮撮影
3.4	写真12	文字「三」の筆跡	宇都宮（2005）人文論叢22による	宇都宮撮影
3.4	写真13	文字「三」及び「二」の筆跡1	宇都宮（2005）人文論叢22による	宇都宮撮影
3.4	写真14	文字「三」及び「二」の筆跡2	宇都宮（2005）人文論叢22による	宇都宮撮影
3.4	写真15	地球萬国山海輿地全図説（田謙（家田兼堂）校閲、天保15年、1844）	筑波大学付属図書館蔵（世界図のみ）・掲載許諾取得済	©筑波大学付属図書館
3.5　萩博物館蔵妙元寺旧蔵の地球儀について				
3.5	図1（a）	萩博蔵車軸型地球儀（側面図）　赤道方向の側面図	宇都宮（2009）人文論叢26による	宇都宮作図
3.5	図1（b）	萩博蔵車軸型地球儀（側面図）　極方向の側面図	宇都宮（2009）人文論叢26による	宇都宮作図
3.5	図2（a）	萩博蔵車軸型地球儀（球体と収納箱蓋の平面図）　平面図	宇都宮（2009）人文論叢26による	宇都宮作図
3.5	図2（b）	萩博蔵車軸型地球儀（球体と収納箱蓋の平面図）　下方から見た平面図	宇都宮（2009）人文論叢26による	宇都宮作図
3.5	図3（a）	萩博蔵車軸型地球儀（収納箱の平面図及び断面図）　収納箱平面図	宇都宮（2009）人文論叢26による	宇都宮作図
3.5	図3（b）	萩博蔵車軸型地球儀（収納箱の平面図及び断面図）　収納箱断面図	宇都宮（2009）人文論叢26による	宇都宮作図
3.5	図4	萩博蔵車軸型地球儀（収納箱の俯瞰図）	宇都宮（2009）人文論叢26による	宇都宮作図
3.5	写真1	萩博蔵地球儀　赤道上より撮影	宇都宮（2009）人文論叢26による	宇都宮撮影
3.5	写真2	萩博蔵地球儀　北極	宇都宮（2009）人文論叢26による	宇都宮撮影
3.5	写真3	萩博蔵地球儀　南極	宇都宮（2009）人文論叢26による	宇都宮撮影
3.5	写真4	萩博蔵地球儀　赤道　メガラニカ及びニューギニア・豪州	宇都宮（2009）人文論叢26による	宇都宮撮影
3.5	写真5	昭和12年5月附新聞記事株式名義書換停止公告	宇都宮（2009）人文論叢26による	宇都宮撮影
3.5	写真6	昭和12年5月附新聞記事　大相撲4日目の取組み結果	宇都宮（2009）人文論叢26による	宇都宮撮影
3.5	写真7	支柱下部の突起	宇都宮（2009）人文論叢26による	宇都宮撮影
3.5	写真8	収納箱蓋と支柱（直上から撮影）	宇都宮（2009）人文論叢26による	宇都宮撮影
3.5	写真9	収納箱の内部構造	宇都宮（2009）人文論叢26による	宇都宮撮影
3.5	写真10	収納箱の構造（斜め上より撮影）	宇都宮（2009）人文論叢26による	宇都宮撮影
3.5	写真11	カリフォルニア島とその北部西の緯線の重複	宇都宮（2009）人文論叢26による	宇都宮撮影
3.5	写真12	北高海周辺の緯線の重複	宇都宮（2009）人文論叢26による	宇都宮撮影
3.5	写真13	アジア北方の子午線（経線）の重複	宇都宮（2009）人文論叢26による	宇都宮撮影
3.5	写真14	地中海における経緯線の重複	宇都宮（2009）人文論叢26による	宇都宮撮影
3.5	写真15	ニューギニア・豪州付近の海岸線	宇都宮（2009）人文論叢26による	宇都宮撮影
3.5	写真16	カリフォルニア島とその南方の水涯線	宇都宮（2009）人文論叢26による	宇都宮撮影
3.5	写真17	日本付近の地理情報	宇都宮（2009）人文論叢26による	宇都宮撮影
3.5	写真18	橋本宗吉の喎蘭新譯地球全圖	明治大学図書館蘆田文庫（ORG004-041）・掲載許諾取得済	©明治大学付属図書館
3.6　角田家地球儀について				
3.6	図1（a）	角田地球儀平面図及び断面図　plane figure	宇都宮・伊藤（2008）人文論叢25による	宇都宮作図
3.6	図1（b）	角田地球儀平面図及び断面図　profile	宇都宮・伊藤（2008）人文論叢25による	宇都宮作図
3.6	図2	角田地球儀南極部分の地軸、子午環と台座中央の支柱（足）	宇都宮・伊藤（2008）人文論叢25による	宇都宮作図
3.6	図3	角田地球儀　台座中央の支柱（足）	宇都宮・伊藤（2008）人文論叢25による	宇都宮作図
3.6	図4	角田地球儀　北極部の時輪及び地軸	宇都宮・伊藤（2008）人文論叢25による	宇都宮作図
3.6	図5	角田地球儀収納箱	宇都宮・伊藤（2008）人文論叢25による	宇都宮作図
3.6	表1	角田家地球儀の製作過程と作業関係者の役割（角田桜岳日記、東都紀行録及び柴田収蔵日記より抜粋・編集）	宇都宮・伊藤（2008）人文論叢25による	宇都宮作成
3.6	写真1	角田桜岳の地球儀（美装地球儀）	宇都宮・伊藤（2008）人文論叢25による	宇都宮撮影

章節	図表/写真番号	タイトル	所蔵等	撮影/作成（作図）者
3.6	写真2（a）	角田桜岳の地球儀　地平環	宇都宮・伊藤（2008）人文論叢25による	宇都宮撮影
3.6	写真2（b）	角田桜岳の地球儀　地平環の一部	宇都宮・伊藤（2008）人文論叢25による	宇都宮撮影
3.6	写真3	角田桜岳の地球儀の架台（所謂、球儀の椅子）	宇都宮・伊藤（2008）人文論叢25による	宇都宮撮影
3.6	写真4	角田桜岳の地球儀の時輪	宇都宮・伊藤（2008）人文論叢25による	宇都宮撮影
3.6	写真5	北極側地軸の固定用ピン	宇都宮・伊藤（2008）人文論叢25による	宇都宮撮影
3.6	写真6	南極側地軸の固定用木ピン	宇都宮・伊藤（2008）人文論叢25による	宇都宮撮影
3.6	写真7	子午環及び時輪	宇都宮・伊藤（2008）人文論叢25による	宇都宮撮影
3.6	写真8	時輪、子午環及び北極側の地理情報	宇都宮・伊藤（2008）人文論叢25による	宇都宮撮影
3.6	写真9	時輪（内側から見た時輪）	宇都宮・伊藤（2008）人文論叢25による	宇都宮撮影
3.6	写真10	北極側の地理情報	宇都宮・伊藤（2008）人文論叢25による	宇都宮撮影
3.6	写真11	南極側の地理情報	宇都宮・伊藤（2008）人文論叢25による	宇都宮撮影
3.6	写真12	地球儀の収納箱（正面）	宇都宮・伊藤（2008）人文論叢25による	宇都宮撮影
3.6	写真13	地球儀収納箱の蓋	宇都宮・伊藤（2008）人文論叢25による	宇都宮撮影
3.6	写真14	地球儀収納箱の内側	宇都宮・伊藤（2008）人文論叢25による	宇都宮撮影
3.6	写真15	地球儀収納箱の底部	宇都宮・伊藤（2008）人文論叢25による	宇都宮撮影
3.6	写真16	地球儀収納箱の蓋裏の箱書き「地球儀用法畧」	宇都宮・伊藤（2008）人文論叢25による	宇都宮撮影
3.6	写真17	箱書きに記された製作者名及び製作年安政3年丙辰仲冬（1856年11月）	宇都宮・伊藤（2008）人文論叢25による	宇都宮撮影
3.6	写真18	地球儀球面に記された絵師、刀工及び校閲者名	宇都宮・伊藤（2008）人文論叢25による	宇都宮撮影
3.6	写真19	参考1　国立歴史民俗博物館蔵（秋岡コレクション）角田桜岳の地球儀	掲載許諾取得済	宇都宮撮影
3.6	写真20	参考2　国立歴史民俗博物館蔵（秋岡コレクション）角田桜岳の地球儀蓋裏の地球儀用法略	掲載許諾取得済	宇都宮撮影
3.6	資料1	地球儀用法畧	宇都宮・伊藤（2008）人文論叢25による	宇都宮抜粋
3.6	資料2	東都紀行録、日記、「小遣扣」、覚、「書物扣」、書籍貸借控并ニ写料払方、「地球玉之扣」、覚など	宇都宮・伊藤（2008）人文論叢25による	宇都宮抜粋
3.6	資料3	新版松浦武四郎自伝における桜岳及び収蔵との関連記述の抜粋	新版松浦武四郎自伝による	宇都宮抜粋
4.1　沼尻墨僊の考案した地球儀の製作技術				
4.1	図1	地球儀の収納箱	宇都宮（1991）地学雑誌100 (7) による	宇都宮作図
4.1	図2	地球儀収納箱の蓋裏に貼られた箱書き	宇都宮（1991）地学雑誌100 (7) による	宇都宮作図
4.1	図3	地球儀支柱および支持台	宇都宮（1991）地学雑誌100 (7) による	宇都宮作図
4.1	図4	地軸、轆轤および地球儀の断面図、和傘ハジキの模式断面	宇都宮（1991）地学雑誌100 (7) による	宇都宮作図
4.1	図5	破損した竹骨の平面および断面図	宇都宮（1991）地学雑誌100 (7) による	宇都宮作図
4.1	図6	破損した竹骨の目尻の形状	宇都宮（1991）地学雑誌100 (7) による	宇都宮作図
4.1	図7	地球儀の製作工程	宇都宮（1991）地学雑誌100 (7) による	宇都宮作図
4.1	写真1	沼尻墨僊考案の携帯用地球儀の収納箱	宇都宮（1991）地学雑誌100 (7) による	宇都宮撮影
4.1	写真2	地球儀収納箱蓋裏側の箱書き	宇都宮（1991）地学雑誌100 (7) による	宇都宮撮影
4.1	写真3a	墨僊考案の地球儀（横より撮影）	宇都宮（1991）地学雑誌100 (7) による	宇都宮撮影
4.1	写真3b	同地球儀（上方より撮影）	宇都宮（1991）地学雑誌100 (7) による	宇都宮撮影
4.1	写真4	和傘のハジキと孔		宇都宮撮影
4.1	写真5	竹骨の破損部分	宇都宮（1991）地学雑誌100 (7) による	宇都宮撮影
4.1	資料1	吉見元鼎の地球儀組立て説明	宇都宮（1991）地学雑誌100 (7) による	宇都宮撮影
4.1	資料2	毛利家旧蔵の大輿地球儀附録	毛利博物館撮影提供・掲載許諾取得済	©毛利博物館
4.2　沼尻墨僊の製作した地球儀球面上の世界図				
4.2	図1（a）	墨僊の板木により印刷された12枚のゴア（首一六）	高橋持法堂工房が修復時に板木から新たに印刷したゴア	高橋真一
4.2	図1（b）	墨僊の板木により印刷された12枚のゴア（七一十二）	高橋持法堂工房が修復時に板木から新たに印刷したゴア	高橋真一
4.2	写真1	沼尻墨僊が考案した大輿地球儀球面の世界図	宇都宮（1992）地学雑誌101 (2) による	宇都宮撮影編集
4.2	写真2	日本、朝鮮付近	宇都宮（1992）地学雑誌101 (2) による	宇都宮撮影
4.2	写真3	北米大陸北端、クィーンエリザベス諸島バフィン島付近	宇都宮（1992）地学雑誌101 (2) による	宇都宮撮影
4.2	写真4	アフリカ南部（現モザンビークおよび南アフリカ）内陸部の国境線	宇都宮（1992）地学雑誌101 (2) による	宇都宮撮影
4.2	写真5	北蝦夷、千島付近	宇都宮（1992）地学雑誌101 (2) による	宇都宮撮影
4.3　沼尻墨僊の製作に係る傘式地球儀上の地名について				
4.3	表1	沼尻墨僊の地球儀球面上に表示された地理情報の比較		宇都宮作成
4.3	表2	墨僊の地球儀球面の地理的名称の数とその比率		宇都宮作成
4.3	写真1	沼尻墨僊の大輿地球儀（傘式地球儀）	宇都宮（1991）地学雑誌100 (7) による	宇都宮撮影

章節	図表/写真番号	タイトル	所蔵等	撮影/作成（作図）者
4.3	写真2	沼尻墨僊の大輿地球儀（傘式地球儀）球面をなすゴア	宇都宮（1992）地学雑誌101 (2) による	宇都宮撮影編集
4.3	写真3（a）	豪州の名称　新和蘭陀と豪斯答拉　沼尻墨僊　大輿地球儀ゴア　安政2年（1855）	沼尻墨僊　大輿地球儀ゴア（宇都宮, 1992）より部分図作成	宇都宮撮影編集
4.3	写真3（b）	豪州の名称　新和蘭陀と豪斯答拉　新発田収蔵　新訂坤輿略全圖　嘉永5年（1852）	明治大図書館芦田文庫蔵、新訂坤輿略全圖より部分図作成	©明治大学付属図書館
4.3	写真3（c）	豪州の名称　新和蘭陀と豪斯答拉　高橋景保　新訂萬國全圖　文化13年（1816）	高橋景保　新訂萬國全圖（国会図書館蔵）より部分図作成	©国会図書館
4.3	写真3（d）	豪州の名称　新和蘭陀と豪斯答拉　墨僊筆写による新訂萬國全圖（天保3年（1832）写）	墨僊筆写、新訂萬國全圖（土浦博物館蔵本間家文書）撮影・部分図作成	宇都宮撮影
4.3	写真4	沼尻墨僊の大輿地球儀収納箱の箱書	宇都宮（1991）地学雑誌100 (7) による	宇都宮撮影
4.3	写真5	沼尻墨僊の大輿地球儀のゴア（ニューファンドランド、ワシントン）	宇都宮（1992）地学雑誌101 (2) による	宇都宮撮影
4.3	写真6	銅板鏤刻による新訂萬國全圖（文化13年(1816)）	国会図書館蔵・掲載許諾取得済	©国会図書館
4.3	写真7	新訂萬國輿地全圖（墨僊による筆写図）(113×196cm)（本間家蔵）	掲載許諾取得済	宇都宮撮影
4.3	写真8	地球萬國圖説の表紙　寛政十二（1800）年	掲載許諾取得済	宇都宮撮影
4.3	写真9	地球萬國圖説の序文「製萬國全圖圓機序」寛政十二（1800）年	掲載許諾取得済	宇都宮撮影
4.4　幕末における一舶来地球儀　一英国BETTS社製携帯用地球儀について				
4.4	図1	地球儀の収納箱	宇都宮・杉本（1994）地図32 (3) による	宇都宮作図
4.4	図2	地球儀の推定断面	宇都宮・杉本（1994）地図32 (3) による	宇都宮作図
4.4	図3	トップノッチ、ランナー、石突き及び飾ボタン様金具の断面	宇都宮・杉本（1994）地図32 (3) による	宇都宮作図
4.4	図4	北極中心の球面と飾ボタン様金具部分の平面図	宇都宮・杉本（1994）地図32 (3) による	宇都宮作図
4.4	図5	トップノッチとリブの繋ぎとリブの目先部分	宇都宮・杉本（1994）地図32 (3) による	宇都宮作図
4.4	写真1a	地球儀収納箱（上方より撮影）	宇都宮・杉本（1994）地図32 (3) による	宇都宮撮影
4.4	写真1b	地球儀収納箱（斜め前方より撮影）	宇都宮・杉本（1994）地図32 (3) による	宇都宮撮影
4.4	写真1c	地球儀収納箱（内部及び蓋裏）	宇都宮・杉本（1994）地図32 (3) による	宇都宮撮影
4.4	写真2	地球儀収納箱蓋裏側の宣伝文	宇都宮・杉本（1994）地図32 (3) による	宇都宮撮影
4.4	写真3a	BETTS社の地球儀球面（横より撮影）	宇都宮・杉本（1994）地図32 (3) による	宇都宮撮影
4.4	写真3b	同地球儀（斜め上方より撮影）	宇都宮・杉本（1994）地図32 (3) による	宇都宮撮影
4.4	写真3c	同地球儀（斜め下方より撮影）	宇都宮・杉本（1994）地図32 (3) による	宇都宮撮影
4.4	写真3d	同地球儀（北極側地軸部上より撮影）	宇都宮・杉本（1994）地図32 (3) による	宇都宮撮影
4.4	写真3e	同地球儀（南極側地軸部下より撮影）	宇都宮・杉本（1994）地図32 (3) による	宇都宮撮影
4.4	写真4	折り畳み閉じた状態の地球儀	宇都宮・杉本（1994）地図32 (3) による	宇都宮撮影
4.4	写真5	地軸頂部の飾ボタン様円環部分とトップノッチ	宇都宮・杉本（1994）地図32 (3) による	宇都宮撮影
4.4	写真6	ランナーと底部の石突き部分	宇都宮・杉本（1994）地図32 (3) による	宇都宮撮影
4.4	写真7（a）	地球儀球面を構成するゴア繊維の顕微鏡写真ゴア（白布）部分の繊維	宇都宮・杉本（1994）地図32 (3) による	宇都宮撮影
4.4	写真7（b）	地球儀球面を構成するゴア繊維の顕微鏡写真縁布（赤褐色）の繊維	宇都宮・杉本（1994）地図32 (3) による	宇都宮撮影
4.5　土井家旧蔵のBETTS新型携帯地球儀のゴアに関する2、3の知見				
4.5	図1（a）	1845-57年の西欧諸国におけるアフリカ中央部の地理情報　Livingstone (1857)	Missionary Travels and Researches in Soutth Africa. 付図より作成	Livingstone
4.5	図1（b）	1845-57年の西欧諸国におけるアフリカ中央部の地理情報　Cooley (1845)	Cooley, William. D.(1845) Jour. of R.G.S. 15, 185-235. 付図より作成	Cooley
4.5	図1（c）	1845-57年の西欧諸国におけるアフリカ中央部の地理情報　McQueen (1856)	McQueen, James (1856) The Jour. of R.G.S. 26, 109-130. 付図より作成	McQueen
4.5	写真1	Betts携帯地球儀上の世界図	宇都宮·MAZDA·THYNNE (1997) 地図35 (3) による	宇都宮撮影・編図
4.5	写真2	アジア東部における露西亜とその周辺国の国境地域	宇都宮·MAZDA·THYNNE (1997) 地図35 (3) による	宇都宮撮影
4.5	写真3	米ロシア国境を中心とした地域	宇都宮·MAZDA·THYNNE (1997) 地図35 (3) による	宇都宮撮影
4.5	写真4	米メキシコ国境を中心とした地域	宇都宮·MAZDA·THYNNE (1997) 地図35 (3) による	宇都宮撮影
4.5	写真5	アフリカ中部、Zambezi河流域を中心とした地域	宇都宮·MAZDA·THYNNE (1997) 地図35 (3) による	宇都宮撮影
4.5	写真6	オーストラリアにおけるコロニーの境界	宇都宮·MAZDA·THYNNE (1997) 地図35 (3) による	宇都宮撮影
4.5	写真7	Schmidt氏蔵BETTS旧型携帯地球儀（伸開途中の状態）	宇都宮·MAZDA·THYNNE (1997) 地図35 (3) による	宇都宮撮影
4.5	写真8	Schmidt氏蔵のBETTS旧型携帯地球儀（伸開した状態）	Rudolf Schmidt氏提供	Rudolf Schmidt
4.6　沼尻墨僊の大輿地球儀とBETTS携帯用地球儀（新旧）の比較				

章節	図表/写真番号	タイトル	所蔵等	撮影/作成（作図）者
4.6	図1	沼尻墨僊の地球萬國圖説の序文「製萬國全圖圓機序」 寛政12（1800）年5月	墨僊の「製萬國全圖圓機序」原文の転記	翻刻：宇都宮
4.6	表1	沼尻墨僊の大輿地球儀（傘式地球儀）とBETTS社の新旧携帯地球儀の比較		宇都宮作成
4.6	写真1（a）	BETTS旧型携帯地球儀 球体化（組立て後）のBETTS携帯地球儀	Rudolf Schmidt氏提供	Rudolf Schmidt
4.6	写真1（b）	BETTS旧型携帯地球儀 南極部分の構造	宇都宮・MAZDA・THYNNE（1997）地図35（3）による	宇都宮撮影
4.6	写真1（c）	BETTS旧型携帯地球儀 スエーデン語表記のBETTS社製とは異なる旧型携帯地球儀		宇都宮撮影
4.6	写真2（a）	柳廼社（土井利忠旧蔵）のBETTS新型携帯地球儀 伸開したBETTS新型携帯地球儀	宇都宮・杉本（1994）地図32（3）による	宇都宮撮影
4.6	写真2（b）	柳廼社（土井利忠旧蔵）のBETTS新型携帯地球儀 収納箱と蓋裏の宣伝文	宇都宮・杉本（1994）地図32（3）による	宇都宮撮影
4.6	写真3	沼尻墨僊の大輿地球儀	宇都宮（1991）地学雑誌100（7）による	宇都宮撮影
4.6	写真4	大輿地球儀収納箱蓋裏の箱書	宇都宮（1991）地学雑誌100（7）による	宇都宮撮影
5.1 球儀上に表された地理情報量の評価法について				
5.1	図1	空間情報量の比較考察の研究手順	宇都宮・松本（1995）地図33（1）による	宇都宮作図
5.1	図2	球儀面の文字数	宇都宮・松本（1995）地図33（1）による	宇都宮作図
5.1	図3	球儀面の都市・市街地数	宇都宮・松本（1995）地図33（1）による	宇都宮作図
5.1	図4	球儀面の国・地方名称数	宇都宮・松本（1995）地図33（1）による	宇都宮作図
5.1	図5	球儀面の自然名称数	宇都宮・松本（1995）地図33（1）による	宇都宮作図
5.1	図6	球儀面のアーク数	宇都宮・松本（1995）地図33（1）による	宇都宮作図
5.1	表1	緯度別の15×15°の面積比較 （単位：cm^2）	宇都宮・松本（1995）地図33（1）による	宇都宮作成
5.1	写真1（a）	Replogle社のHeirloom型地球儀 球体と架台	宇都宮・松本（1995）地図33（1）による	宇都宮撮影
5.1	写真1（b）	Replogle社のHeirloom型地球儀 球体部分	宇都宮・松本（1995）地図33（1）による	宇都宮撮影
5.1	写真2	地球儀の球儀面上に表示された情報量	宇都宮・松本（1995）地図33（1）による	宇都宮撮影
5.2 和製地球儀球面上の地理情報量について				
5.2	図1	データ解析フロー	宇都宮（2007）人文論叢24による	宇都宮作図
5.2	図2	文字数（カナ・漢字数）	宇都宮（2007）人文論叢24による	宇都宮作図
5.2	図3	都邑名数	宇都宮（2007）人文論叢24による	宇都宮作図
5.2	図4	国・地方名数	宇都宮（2007）人文論叢24による	宇都宮作図
5.2	図5	自然名称数（岬、山脈、火山、川、湾などの自然地名）	宇都宮（2007）人文論叢24による	宇都宮作図
5.2	図6	シンボル数（海流→記号、海底地形、山脈、山、都市○の5シンボルを含む）	宇都宮（2007）人文論叢24による	宇都宮作図
5.2	図7	アーク数 湖・海岸線、河系、国・州境、航路・航空路などの弧（アーク）の数	宇都宮（2007）人文論叢24による	宇都宮作図
5.2	表1	緯度別の15×15°の面積（単位：cm^2）	宇都宮（2007）人文論叢24による	宇都宮作成
5.2	写真1	グローバルプランニング社製地球儀	宇都宮（2007）人文論叢24による	宇都宮撮影
5.2	写真2	グローバルプランニング社製地球儀の球体部分	宇都宮（2007）人文論叢24による	宇都宮撮影
5.3 英国BETTS社製地球儀球面上の情報量について				
5.3	図1	データ解析フロー	Utsunomiya（2009）Globusfreund, 55/56による	宇都宮作図
5.3	図2	文字数	Utsunomiya（2009）Globusfreund, 55/56による	宇都宮作図
5.3	図3	都市・市街地数	Utsunomiya（2009）Globusfreund, 55/56による	宇都宮作図
5.3	図4	国・地方数（群島、島、国、地方）	Utsunomiya（2009）Globusfreund, 55/56による	宇都宮作図
5.3	図5	自然地名数（岬、山脈、火山、川、湾などの自然地名）	Utsunomiya（2009）Globusfreund, 55/56による	宇都宮作図
5.3	図6	アーク数	Utsunomiya（2009）Globusfreund, 55/56による	宇都宮作図
5.3	表1	緯度別の15×15°のcell面積（単位：cm^2）	Utsunomiya（2009）Globusfreund, 55/56による	宇都宮作成
5.3	写真1	BETTS社の新型携帯地球儀		宇都宮撮影
5.3	写真2	BETTS社の新型携帯地球儀のゴア（重複部分を含む）	宇都宮・MAZDA・THYNNE（1997）地図35（3）による	宇都宮撮影
6.1 画像や彫像の中の地球儀 ー情報伝達と寓意の表示としてー				
6.1	図1	画像や影像中の地球儀の分類		宇都宮作成
6.1	写真1	Antonio de Pereda (1634) 無情の寓意 Allegory of Vanity (Kunsthistorisches Museum Wien)	commons.wikimedia;(Allegory of Vanity- Google Art Project.jpgによる	commons.wikimedia
6.1	写真2（a）	Pieter Bruegel the Elder (1559) のオランダの諺 Netherlandish Sprichwörter（Gemäldegalerie, Berlin）	Gemäldegalerie, Berlin蔵で、Wikimediacommonsでは、File:Pieter Bruegel the Elder- The Dutch Proverbs anagoria. JPGとして公開	宇都宮撮影
6.1	写真2（b）	Pieter Bruegel the Elder (1559) のオランダの諺細部：逆さまの地球儀 Netherlandish Sprichwörter (detail; upside-down orb) (Gemäldegalerie, Berlin)	Berlin Gemäldegalerie, この絵画は国内外でpublic domainとなっている	宇都宮撮影

章節	図表/写真番号	タイトル	所蔵等	撮影/作成（作図）者
6.1	写真2（c）	Pieter Bruegel the Elder (1559) オランダの諺 細部：地球儀を手玉に、地球儀への滑り込み、神に付け髭 Netherlandish Sprichwörter (detail; Orb turned by fingertip; sliding into orb; beard ornament to God) (Gemäldegalerie, Berlin)	Berlin Gemäldegalerie	宇都宮撮影
6.1	写真3（a）	Hans Holbein the Younger (1533) の大使達 The Ambassadors（National Gallery蔵） Hans Holbein the Younger（1533）の大使達	National Gallery蔵、Wikimedia Commonsによる	commons.wikimedia
6.1	写真3（b）	Hans Holbein the Younger (1533) の大使達 The Ambassadors（National Gallery蔵） 大使達に描かれる 地球儀の拡大	National Gallery蔵、Wikimedia Commonsによる	commons.wikimedia
6.1	写真4	Parmigianino (1528-30) 薔薇のマドンナ Madonna of the Rose	Dresden, Gemäldegalerie蔵、Wikimedia Commonsによる	commons.wikimedia
6.1	写真5（a）	Vermeer (1672/73) 信仰の寓意 Allegory of the new testament　信仰の寓意	The Metropolitan Museum of Art蔵、Wikimedia Commonsによる	commons.wikimedia
6.1	写真5（b）	Vermeer (1672/73) 信仰の寓意 Allegory of the new testament　足下の球儀	The Metropolitan Museum of Art蔵、Wikimedia Commonsによる	commons.wikimedia
6.1	写真6（a）	大天使ガブリエル　The archangel Gabriel (Cathedral of Hagia Sofia, Istanbul, ca. 876 AD)	Dumbarton Oaks Research Library (Byzantine Studies) 撮影・提供による	©Dumbarton Oaks Research Library
6.1	写真6（b）	大天使ガブリエル 左手の球体　The archangel Gabriel (detail)	Dumbarton Oaks Research Library (Byzantine Studies) 撮影・提供による	©Dumbarton Oaks Research Library
6.1	写真7（a）	救済者キリストChristus als Salvator Mundi	Städel Museum 撮影・提供　掲載許諾取得済	©Städel Museum, Frankfurt am Main
6.1	写真7（b）	救済者キリストChristus als Salvator Mundi 救済者キリストの地球儀拡大（detail）	Städel Museum 撮影・提供　掲載許諾取得済	©Städel Museum, Frankfurt am Main
6.1	写真8（a）	地球儀を抱く救済者キリスト16世紀Salvator mundi Christus mit der Weltkugel 16.Jh	Deutsches Historisches Museum, Berlin (DHM) 提供・掲載許諾取得済	©DHM
6.1	写真8（b）	地球儀を抱く救済者キリスト16世紀Salvator mundi Christus mit der Weltkugel 16.Jh　救済者キリストの地球儀拡大	Deutsches Historisches Museum, Berlin (DHM) 提供・掲載許諾取得済	©DHM
6.1	写真9	Van Dyck (1639/40) 書斎のトマス・ハワード卿と妻アリーシア・タルボ　A Studio, Thomas Howard lord Arundel and his wife Aletheia Talbot、別名、マダガスカル ポートレート	https://commons.wikimedia.org/wiki/ Anthony_van_ Dyck?uselang=ja#/media/File:Anthonis_van_Dyck_035.jpg	commons.wikimedia
6.1	写真10	Charles Chaplin (1940) 独裁者 The Great Dictator		Chaplin
6.1	写真11	Battista Tiepolo（1696-1770）のヴュルツブルグ・レシデンツの天井フレスコ画（1753）のEUROPE部分 European part of Deckenfresko, Treppenhaus, Residenz Würzburg	Photo: Welleschik, 10 Aug.2006; Wikimedia, File:Würzburg tiepolo 1. jpgからEUROPE部分をトリミングした	commons.wikimedia, Phot:Welleschik
6.1	写真12	幼時の昭和天皇肖像写真Snapshot of the infant Japanese Emperor（ジャパンアーカイブスによる）	ジャパンアーカイブズ1850-2100「迪宮裕仁親王（昭和天皇）と淳宮親（秩父宮）」による。開設者の安井裕二郎氏の説明によると絵葉書画像のuploadである。川村海軍中将邸における両親王の撮影は宮内省又は川村家により実施されたであろう	©Japan Archives Association
6.1	写真13	無名画家によるエリザベスの肖像画（Elizabeth）。Armada Portraitとも呼ばれる。（Woburn Abbey蔵）	Ater Wikimedia; Elizabeth I, Armada Portrait (by Buchraeumer October 2010)	Wikimedia commons
6.1	写真14	Girolamo Mazzola Bedoli (1556) アレツサンドロ・ファルネーゼを抱擁するパルマ Alessandro Farnese, Duke of Parma and Piacenza, son of Ottavio Farnese, Duke of Parma and Piacenza, (Galleria nazionale di Parma蔵)	Wikimedia commons File:Alessandro Farnese1.jpg, by Caro1409~commons wiki,	Wikimedia commons
6.1	写真15（a）	Willem van Haecht (1628) のコルネリス・ヴァン・ジーストの書斎（The Gallery of Cornelis van der Geest.; Rubenshuis蔵）	photo: Jklamo from Wikimedia commons	Jklamo, Wikimedia commons
6.1	写真15（b）	Willem van Haecht (1628) のコルネリス・ヴァン・ジーストの書斎　細部拡大　地球儀と測定器類 (detail; globe and measurement instruments)	Wikimedia commonsよりトリミング	Jklamo, Wikimedia commons
6.1	写真16（a）	Jan Vermeer van Delft (1632-1675) のDer Geograph フェルメールの地理学者	Städel Museum 撮影・提供、掲載許諾取得済	©Städel Museum, Frankfurt am Main
6.1	写真16（b）	Jan Vermeer van Delft (1632-1675) のDer Geograph フェルメールの地理学者　地理学者に描かれる地球儀	Städel Museum 撮影・提供、掲載許諾取得済 Jan Vermeer van Der Geograph (detail; Städel Museum提供画像のトリミングによる)	©Städel Museum, Frankfurt am Main
6.1	写真17	戦艦長門艦内の山本五十六と幕僚（宇垣纏参謀長、山本、藤井茂、渡辺安次）	大本営海軍報道部編纂,海軍作戦写真記録Ⅰ（朝日新聞社出版印刷部）、米軍検閲将校、Gordon William Prangeに略奪された原版による画像は「トラトラトラ（和訳版）」にクレジットなしで掲載	G.T.サン社報道班員（山端庸介・望月東美雄・石毛・石井清・山中宏）

章節	図表/写真番号	タイトル	所蔵等	撮影/作成（作図）者
6.1	写真18	MercatorとHondius（肖像画銅版彩色）1633年の地図帳挿絵	https://upload.wikimedia.org/wikipedia/commons/a/ad/Hondius_Portrait_of_map-makers.jpgによる。	Wikimedia commons
6.1	写真19	Moritz Daniel Oppenheimum (c.1830) 2人の生徒に囲まれる家庭教師 Hauslehrer mit seinen beiden Schūlern	Deutsches Historisches Museum撮影・提供、掲載許諾取得済	©DHM
6.1	写真20（a）	Eleuterio Pagliano (1880) の地理学講義Geography lessons	Photo: Artgate Fondazione Cariplo; from Wikimedia Common Milan, Gian Icilio Calori Collection	Artgate Fondazione Cariplo, Wikimedia Common
6.1	写真20（b）	Eleuterio Pagliano (1880) の地理学講義Geography lessons　地理学講義の地球儀に描かれる日本付近	(Photo: Artgate Fondazione Cariplo; from Wikimedia Common)	Artgate Fondazione Cariplo, Wikimedia Common
6.1	写真21（a）	Johannes Lingelbach (1660) の地中海の波止場 Hafenszene am Mittelmeer	Städel Museum, Frankfurt am Main撮影・提供、掲載許諾取得済	©Städel Museum, Frankfurt am Main
6.1	写真21（b）	Johannes Lingelbach (1660) の地中海の波止場 Hafenszene am Mittelmeer　地中海の波止場；地球儀と測器の拡大部分	Städel Museum, Frankfurt am Main撮影・提供、掲載許諾取得済	©Städel Museum, Frankfurt am Main
6.1	写真22	東京文京区，本郷郵便局のモニュメント		宇都宮撮影
6.1	写真23	YANMARびわ工場の地球儀モニュメント		宇都宮撮影
6.1	写真24	ミュンヘン市立博物館（Münchner Stadtmuseum）に展示されている人形劇小道具の地球儀	Münchner Stadtmuseum；ミュンヘン市立博物館展示・掲載許諾取得済	宇都宮撮影
6.2　画像や彫像の中の地球儀　－Hitlerの地球儀－				
6.2	図1	オーバザルツベルグとケールシュタイン山荘の位置概念図		宇都宮作図
6.2	図2	オーバザルツベルグとケールシュタイン山荘周辺の地形		宇都宮作図
6.2	図3	オーバザルツベルグ一帯における第三帝国時代の施設分布		宇都宮作図
6.2	図4	Columbus社製大地球儀の分類（Pobanz, 2008）	Wolfram Pobanz (2008) Die Mitteilungen des Freundeskreises für Cartographica, Heft 21より転載	Wolfram Pobanz
6.2	図5	アルミ製の両半球接合の模式図		宇都宮作図
6.2	図6	Columbus社製大地球儀球面を覆うgoresの接合状況		宇都宮作図
6.2	図7	Hitler私邸の事務机（LIFE誌掲載写真の素描）		宇都宮作図
6.2	図8（a）	映画「Valkyrie」中に登場する大地球儀の素描　ベルリン総司令部ブラント大佐執務室の地球儀		宇都宮作図
6.2	図8（b）	映画「Valkyrie」中に登場する大地球儀の素描　Berghofの大広間の大地球儀		宇都宮作図
6.2	写真1（a）	Kehlsteinhaus（鷲の巣；Eagle's Nest）傍からの眺望		宇都宮撮影
6.2	写真1（b）	Kehlsteinhaus（鷲の巣；Eagle's Nest）駐車場からのObersalzberg眺望		宇都宮撮影
6.2	写真1（c）	Kehlsteinhaus（鷲の巣；Eagle'sNest）の隧道入口		宇都宮撮影
6.2	写真2	ミュンヘン市立博物館蔵（Münchener Stadtmuseum）ミュンヘンの総統執務室由来のColumbus社製大地球儀（Columbus Grosseglobus）、別名Hitler's Globe	Münchener Stadtmuseum提供；K-94-13##ZBA・掲載許諾取得済	©Münchener Stadtmuseum
6.2	写真3	ドイツ歴史博物館（Deutsches Historisches Museum; DHM）のColumbus社製大地球儀（Columbus Grossglobus）の赤道部分	掲載許諾取得済	宇都宮撮影
6.2	写真4	ドイツ歴史博物館（DHM）蔵Columbus社製大地球儀の北緯40度線に沿うゴアの接合	掲載許諾取得済	宇都宮撮影
6.2	写真5	Columbus社における大地球儀球面のゴア貼付作業	Bundesarchiv B 145 Bild-P019275 Berlin: Herstellung von Globen　Berlin-Lichterfelde.- Columbus Verlag GmbH, Welt-Verkehrs-Globus,; 1934/1938頃	Frankl, A
6.2	写真6（a）	Columbus社における小地球儀球面のゴア塗装作業　オリジナル画像	Bundesarchiv B 145 Bild-P019279 Berlin: Herstellung von Globen　Berlin-Lichterfelde.- Columbus Verlag GmbH, Welt-Verkehrs-Globus,; 1934/1938頃	Frankl, A
6.2	写真6（b）	Columbus社における小地球儀球面のゴア塗装作業　棚上の小地球儀の拡大画像	Bundesarchiv B 145 Bild-P019279 Berlin: Herstellung von Globen　Berlin-Lichterfelde.- Columbus Verlag GmbH, Welt-Verkehrs-Globus,; 1934/1938頃	Frankl, A

章節	図表/写真番号	タイトル	所蔵等	撮影/作成（作図）者
6.2	写真7	新総統府Hitler執務室のColumbus社製大地球儀	Bundesarchiv Bild 146-1985-064-28A Berlin, Neue Reichskanzlei Arbeitszimmer 1939頃	O. Ang
6.2	写真8	新総統府帝国内閣府のColumbus社製大地球儀	Bundesarchiv Bild 146-1985-064-29A Berlin, Neue Reichskanzlei.- Reichskabinettsaal 1939頃	O. Ang
6.2	写真9	旧総統府庭内に見る Hitler執務室の地球儀の残骸	Bundesarchiv Bild 183-M1204-316 Berlin Im Garten der ehemaligen Reichskanzlei die Überreste des Globusses, der einst in Hitlers Arbeitszimmer stand. 1947	Donath,Otto
6.2	写真10（a）	Berghof大広間のColumbus社製大地球儀 hoff-13466	Heinrich Hoffmann Picture Archive of BSB the Bayerische Staatsbibliothek München / Fotoarchiv Hoffmann (a) hoff-13466	Heinrich Hoffmann
6.2	写真10（b）	Berghof大広間のColumbus社製大地球儀 hoff-13466の部分拡大	Heinrich Hoffmann Picture Archive of BSB the Bayerische Staatsbibliothek München / Fotoarchiv Hoffmann (b) hoff-13466の部分拡大	Heinrich Hoffmann
6.2	写真11（a）	Berghofの書斎　hoff-1956	Heinrich Hoffmann Picture Archive of BSB, the Bayerische Staatsbibliothek München/ Fotoarchiv Hoffmann (a) hoff-1956, (b) hoff-13505, (c) hoff-68886	Heinrich Hoffmann
6.2	写真11（b）	Berghofの書斎　hoff-13505	Heinrich Hoffmann Picture Archive of BSB, the Bayerische Staatsbibliothek München / Fotoarchiv Hoffmann (a) hoff-1956, (b) hoff-13505, (c) hoff-68886	Heinrich Hoffmann
6.2	写真11（c）	Berghofの書斎　hoff-68886	Heinrich Hoffmann Picture Archive of BSB, the Bayerische Staatsbibliothek München / Fotoarchiv Hoffmann (a) hoff-1956, (b) hoff-13505, (c) hoff-68886	Heinrich Hoffmann
6.2	写真12	Berghof由来の所謂「Hitlerの地球儀」	Photo: AP/AFLO (aflo_LKGA_ AP071011042182)	©AP/AFLO
6.2	写真13（a）	MünchenのHitler邸内部	Leemillerarchives_Hitler's apartment_ munich_ Germany_1945, ©Lee Miller Archives, and © Roland Penrose Estate, England 2016	Lee Miller, ©Lee Miller Archives, and ©Roland Penrose Estate
6.2	写真13（b）	MünchenのHitler邸内部　細部拡大　Details enlarged from photo 13（a）	Leemillerarchives_Hitler's apartment_ munich_ Germany_1945, ©Lee Miller Archives, and © Roland Penrose Estate, England 2016	Lee Miller, ©Lee Miller Archives, and ©Roland Penrose Estate
6.2	写真14（a）	MünchenのHitler邸で寛ぐ2人の米兵	LeeMillerArchives_US_soldiers_at_Hitler's_ apartment_Munich_Germany_1945, © Lee Miller Archives, and © Roland Penrose Estate, England 2016	Lee Miller, ©Lee Miller Archives, and ©Roland Penrose Estate
6.2	写真14（b）	MünchenのHitler邸で寛ぐ2人の米兵　細部拡大 Details enlarged from photo 14（a）	LeeMillerArchives_US_soldiers_at_Hitler's_ apartment_Munich_Germany_1945, © Lee Miller Archives, and © Roland Penrose Estate, England 2016	Lee Miller, ©Lee Miller Archives, and ©Roland Penrose Estate
6.2	写真15	米軍西欧本部(Campbell Barracks)の「Adolph's Globe」と称する地球儀	Stars and Stripes (Feb. 24, 2009) 掲載。同紙の Ms. Nancy Montgomery及び、Ms. Jenifer N. Stepp両女史の好意による	N. Montgomery
7.1　地球儀にまつわる傘のはなし				
7.1	図1	和傘の外観	宇都宮（1993）TAGS, No.5による	宇都宮作図
7.1	図2	和傘の内側	宇都宮（1993）TAGS, No.5による	宇都宮作図
7.1	図3	中糸および縁糸部分の拡大図	宇都宮（1993）TAGS, No.5による	宇都宮作図
7.1	図4	手元轆轤の見取図	宇都宮（1993）TAGS, No.5による	宇都宮作図
7.1	図5	中節部分のつなぎの方式の違い	宇都宮（1993）TAGS, No.5による	宇都宮作図
7.1	図6（a）	傘之圖（平尾魯僊（1856）洋夷茗話による）	弘前市立弘前図書館　佐藤光氏撮影、同館提供。©弘前市立弘前図書館	©弘前市立弘前図書館, phot: 佐藤光
7.1	図6（b）	江戸末期、傘を翳す西洋人（平尾魯僊（1856）洋夷茗話による）	弘前市立弘前図書館　佐藤光氏撮影、同館提供。©弘前市立弘前図書館	©弘前市立弘前図書館, phot: 佐藤光
7.1	図7	傘の製造工程（千葉県工業試験場、1990を佐伯氏の指摘により修正）	宇都宮（1993）TAGS, No.5による	宇都宮作図
7.1	図8	沼尻墨僊の地球儀、地軸・轆轤と竹骨部の断面	宇都宮（1991）地学雑誌, 100 (7) 及び（1993）TAGS, No.5による	宇都宮作図
7.1	図9	地球儀の製造工程	宇都宮（1991）地学雑誌, 100 (7) 及び（1993）TAGS, No.5による	宇都宮作図
7.1	図10	日本の主な和傘産地（昭和50〜平成元年）	宇都宮（1993）TAGS, No.5による	宇都宮作図
7.1	写真1	沼尻墨僊の大輿地球儀	宇都宮（1992）地学雑誌による	宇都宮撮影

索　引

人名、組織名等

地名・国名・事項索引

【著者略歴】

宇都宮陽二朗

1943 年	大分県生まれ。
1963 年	明治大学 文学部史学地理学科地理学専攻入学
1967 年	明治大学大学院 文学研究科修士課程地理学専攻入学
1969 年	明治大学大学院 文学研究科博士課程自然地理学専攻入学
1972 年	国際航業株式会社 地質海洋事業部地質部
1974 年	環境庁国立公害研究所研究員
1990 年	学位 理学博士（筑波大学）
2000 年	三重大学 人文学部教授
2007 年	三重大学 人文学部特任教授
2010 年	（財）国際環境研究協会 プログラムオフィサー
2011 年	退職

本書は公益財団法人日本地理学会の出版助成を受けて刊行されたものです。

地球儀学入門

発行日	2018 年 1 月 31 日
著　者	宇都宮陽二朗
発行所	三重大学出版会 〒 514–8507　津市栗真町屋町 1577 三重大学総合研究棟 II – 304 号 TEL/FAX　059–232–1356
社　長	濱　森太郎
印刷所	伊藤印刷株式会社 〒 514–0027　津市大門 32–13

ISBN 978-4-903866-45-1 C3025 ¥16200